GAS DYNAMICS THEORY AND METHODS

气体动力学
原理 和 方法

王洪伟　编著

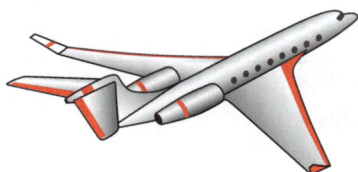

人民邮电出版社
北京

图书在版编目（CIP）数据

气体动力学原理和方法 / 王洪伟编著. -- 北京：
人民邮电出版社，2025. -- ISBN 978-7-115-65389-5

Ⅰ. O354

中国国家版本馆 CIP 数据核字第 2024M2N058 号

内 容 提 要

　　本书的目的是引领读者深入理解气体动力学的原理并掌握基本计算方法，为从事相关的工程计算、数值模拟和实验研究等工作打下扎实的基础。本书共 11 章，主要内容包括气体的基本性质、热力学基础知识、流动的基本方程、可压缩流动的基本关系式、压力波、准一维定常管内流动、一维非定常波、简化理论和计算方法、跨声速流动、高超声速流动、数值计算方法简介等。和现有教材相比，本书的一个特色是尽量使用通俗的语言和基本力学概念解释大量数学关系式的由来和物理意义；另一个特色是书中大部分插图是作者边写作边绘制的，插图和文字论述结合更紧密，有助于读者对内容的理解，并使本书整体上更精美和易读。

　　本书可作为高等工科院校飞行器动力工程、能源与动力工程、工程热物理等相关专业的基础教材，也可供从事飞行器设计、航空动力和其他气体动力学相关工作的科技人员自学和参考。

◆ 编　　著　王洪伟
　　责任编辑　刘盛平
　　责任印制　马振武

◆ 人民邮电出版社出版发行　　北京市丰台区成寿寺路 11 号
　　邮编　100164　　电子邮件　315@ptpress.com.cn
　　网址　https://www.ptpress.com.cn
　　北京九州迅驰传媒文化有限公司印刷

◆ 开本：787×1092　1/16
　　印张：37.25　　　　　　　　　　2025 年 8 月第 1 版
　　字数：883 千字　　　　　　　　2025 年 9 月北京第 2 次印刷

定价：179.00 元

读者服务热线：(010)53913866　印装质量热线：(010)81055316
反盗版热线：(010)81055315

本书可以看作《我所理解的流体力学》一书的延续，保持了通俗易懂、深入浅出、简单直观、插图精美的风格。气体动力学是流体力学的一个分支，主要处理可压缩流动的相关问题。与一般的流体力学相比，气体动力学中的数学公式更多，与热力学知识耦合强，并且在发展中积累了众多工程问题的简化计算方法。

初学者在接触流体力学的时候，首先面对的困难是对物理现象和物理概念的理解，可以说许多学过流体力学的学生，虽然考试分数尚可，可以用学过的流体力学知识解题，但仍没有理解最基础的流动原理。因此，作者在写《我所理解的流体力学》的时候，更注重让读者理解相关流动原理而不是如何解题，书中甚至没有安排例题和习题。在准备本书写作的时候，作者一开始也是本着这样的思想，甚至打算将书名就定为"我所理解的气体动力学"。随着写作的深入，作者逐渐认识到，气体动力学相较流体力学的延伸更多的是在处理方法上，理解流动原理固然很关键，但熟练掌握各种处理方法也同样重要。很多处理方法的出现与当时遇到的实际问题密切相关，由历史上某个人或某些人开发，借助了（有时甚至是创造了）一些数学手段。对于这些数学手段，作者本人也没有完全理解，顶多是熟练应用而已。因此，本书取名为"我所理解的气体动力学"显然不太合理，故最终决定取名为"气体动力学原理和方法"。并且，要掌握的不仅有原理，还有方法，因此本书中包含一些例题和习题，用于帮助读者练习和掌握这些方法。

在写作风格上，本书有两个特点。第一个特点是追求语言通俗易懂，尽量少使用专用术语，这可能使得本书的严谨性和学术性受到一些影响，但能明显增强易读性。在此基础上，使用比喻和举例手法来介绍可压缩流体在运动时的各种特点，不仅要推导出关系式和用其解决问题，还要在此基础上使用简单牛顿力学和热力学概念剖析流动参数变化的原理。比如，气流速度减小一定是受到了阻力，而温度降低则对应着内能的减少，必然是因为对外做功或放热。在一些较难理解的地方，作者还专门安排了独立的小节进行流动原理的分析。

本书的第二个特点是书中的大部分插图由作者边写作边绘制，从读者的角度考虑是否需要插图来辅助理解。图作为科学语言，能有效地帮助读者理解文字。例如，当感觉用文字解释不清时，就增加一个示意图或曲线图，而绘制完插图之后，可能发现原本的文字叙述不够合理，又再修改文字。这样做的效果是图文结合紧密，而且避免了冗长且难以理解的文字叙述。本书共有插图 500 幅左右，一些特有的流动示意图应该会对读者有帮助。

在内容编排上，作者并不期望读者必须掌握流体力学和工程热力学之后才能阅读本书，因此书中包含了一些必要的基础知识。例如，第 1 章对气体的基本性质和气体动理论进行介绍；第 2 章对热力学的基本概念和理论进行介绍，并注重其在流动中的应用；第 11 章则增加对计算流体力学的初步介绍，以适应现代工程需要。在附录中，本书用几个计算程序替代一般气体动力学教材附录中的各种气体参数和气动函数表格，在计算机得到广泛应用的今天，应该比人工查表的方式更实用一些。本书的第 3 章到第 10 章是气体动力学的核心内容。其中，第 3 章概述流动的基本方程，原则上所有气体动力学问题都可以通过求解这些方程得到解决。不过由于理论求解复杂问题几乎不可能，而数值求解复杂且不能保证准确性，工程上常用各种简化处理方法。第 4 章到第 10 章所述内容都属于简化处理方法，通过忽略黏性、换热、多维性、非定常性之中的一个或多个，可以极大地简化工程问题。这些简化处理方法不但能方便地解决实际问题，还通过提取单一影响因素进行分析，创造出很多新的理论或方法，比如气体的一维等熵关系式、波的反射和相交、等截面定常管流、一维运动波、跨声速和高超声速流动等。其中，小扰动线性化理论和特征线法被单独列在第 8 章，因为它们几乎是纯数学知识，对气体动力学来说属于方法而不是理论。

总的来说，本书涵盖一般气体动力学的常规内容，满足普通高等教育对气体动力学教材的要求，可以作为一般的本科生教材或研究生教材，也适合作为辅助教材和学生的自学资料，以及供相关工程技术人员自学、参考。

因为作者水平有限，加上为了便于理解而在书中加入了很多个人理解的内容，书中难免存在不严谨之处，恳请广大读者和同行专家不吝指正。

王洪伟

2024 年 10 月于北京航空航天大学

目录
CONTENTS

第 10 章　高超声速流动 ······························· 495

第 11 章　数值计算方法简介 ······················· 523

第 1 章

气体的基本性质

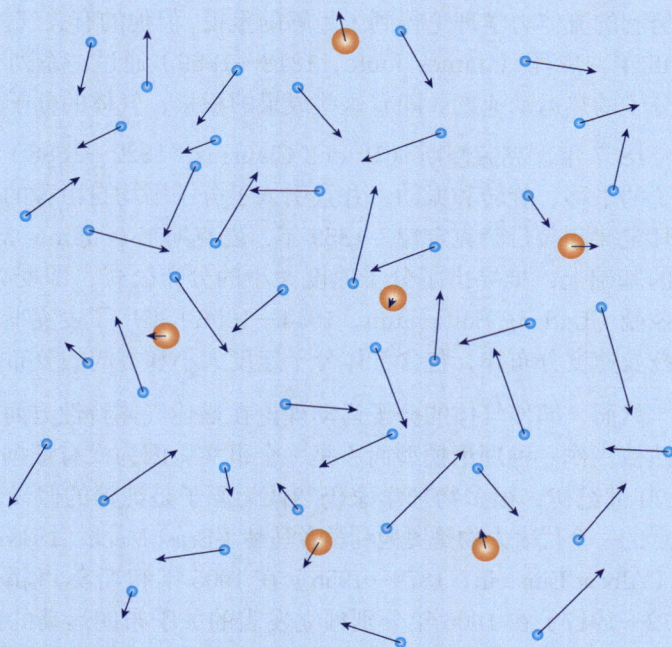

气体的宏观性质是微观分子热运动的体现。

1.1 气体动理论

气体是由不停地做随机运动的分子（原子）组成的。由于分子（原子）太小，无法直接看到，人们经过了几百年的摸索，才最终确定了物质是由分子或原子组成的这个事实。对气体性质的研究经历了一个从宏观特性到微观运动，再用微观运动来解释宏观特性的过程。

1662年，玻意耳（Robert Boyle，1627—1691）根据实验总结出了气体的等温膨胀规律，即玻意耳定律，并基于实验结果提出了两种气体微粒模型：第一种模型认为气体由挤在一起的弹性微粒组成；第二种模型认为气体由随机运动的微粒组成。虽然第二种模型给出了正确描述，但在当时并未产生多大影响。1738年，伯努利（Daniel Bernoulli，1700—1782）在他的经典著作《流体动力学》（*Hydrodynamica*）中首次明确提出，气体是由运动着的大量分子组成的，压力是分子对壁面撞击的总效果，温度是分子动能的体现。伯努利的流体力学理论得到了足够的重视，但他的有关气体组成的论断并未得到广泛认可。1848年，焦耳（James Joule，1818—1889）通过一系列有关能量的测量间接计算出了气体分子的热运动速度。随着这些成果的积累，气体的分子运动理论逐渐得到了重视。

1857年，克劳修斯（Rudolf Clausius，1822—1888）提出了气体分子运动模型，包括分子的平移、旋转和振动，并且引入了分子平均自由程的概念。这个模型较好地解释了玻意耳定律和盖吕萨克定律。1859年，麦克斯韦（James Maxwell，1831—1879）在克劳修斯的基础上，推导出了分子速度大小的分布公式，即麦克斯韦速率分布律。1871年，玻尔兹曼（Ludwig Boltzmann，1844—1906）推广了麦克斯韦的理论，提出了麦克斯韦–波尔兹曼速度分布律，包含气体分子速度大小和方向的分布规律。

然而，即使气体的分子运动理论在描述气体特性方面取得了巨大的成功，但在当时它仍然被当作一种理论模型而不是一个事实，因为没有证据直接证明分子或原子的存在。直到20世纪初，很多物理学家仍然认为原子是纯粹的假设，而非真正物质的结构。持这种观点的一个代表人物是奥地利学者马赫（Ernst Mach，1838—1916）。重要的转折点是爱因斯坦（Albert Einstein，1879—1955）在1905年和斯莫卢霍夫斯基（Marian Smoluchowski，1872—1917）在1906年分别独立发表的关于布朗运动的论文，图1-1所示为布朗运动与分子热运动的关系，这样的解释有力地证明了分子的存在。

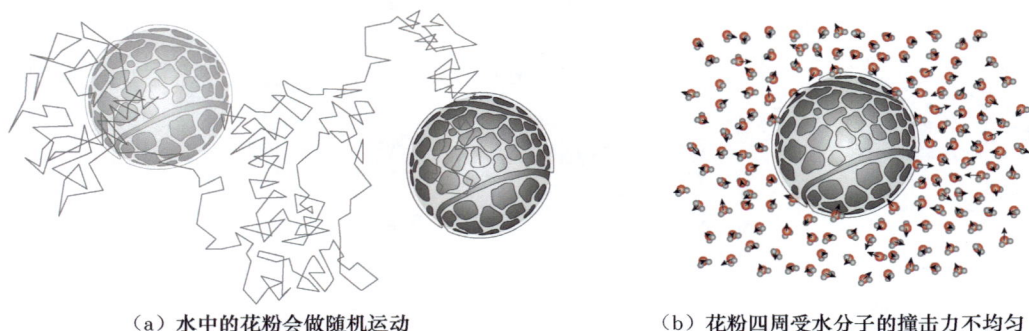

（a）水中的花粉会做随机运动　　　　　　　（b）花粉四周受水分子的撞击力不均匀

图1-1　布朗运动与分子热运动的关系

同一时期，在化学和物理学等方面取得的诸多研究进展也使物质是由原子构成的观点成为主流。气体动理论终于不再是理论假设，而被公认为是对气体微观状态的事实描述。

气体的分子之间有复杂的引力和斥力作用，各种气体的分子形状不同，分子除了平动，还有自转和振动等运动模式，因此分子之间的碰撞不是简单的弹性小球碰撞。图 1-2 所示为双原子气体的分子碰撞情况。可以看到，分子的自转和振动对碰撞后的轨迹影响很大，即使是以同样轨道间距对撞的两个分子，碰撞后的轨迹分散度也很大，而不同轨道间距的碰撞效果很难用同一直径的弹性小球碰撞来表示。例如，当两个分子距离很近"擦肩而过"时，并不是互不影响，而是在引力作用下发生轨迹偏转。这是无法通过简单的碰撞模型来模拟的，因为在碰撞模型中，分子之间只在碰撞瞬间有斥力，而无引力。

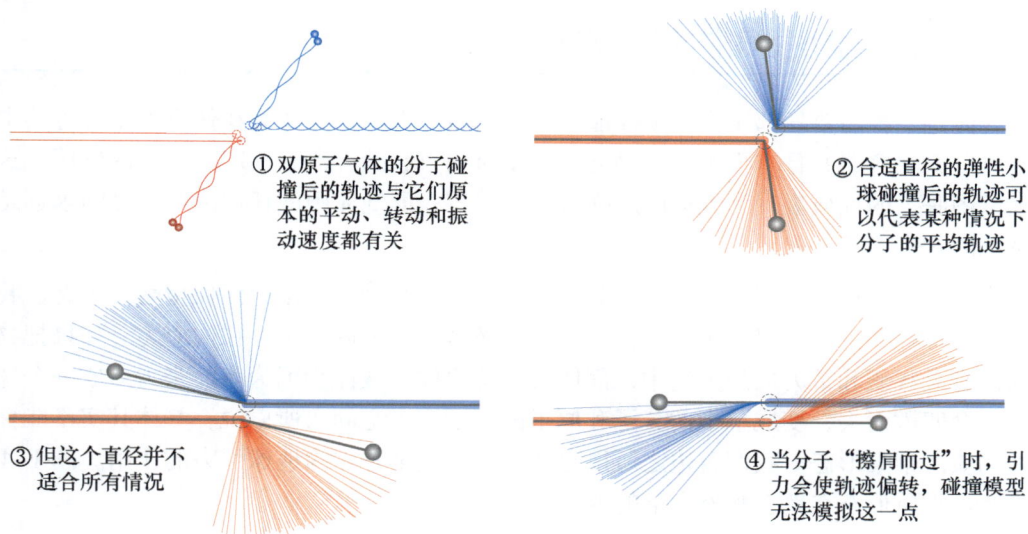

①双原子气体的分子碰撞后的轨迹与它们原本的平动、转动和振动速度都有关

②合适直径的弹性小球碰撞后的轨迹可以代表某种情况下分子的平均轨迹

③但这个直径并不适合所有情况

④当分子"擦肩而过"时，引力会使轨迹偏转，碰撞模型无法模拟这一点

图 1-2　双原子气体的分子碰撞情况

不过，在麦克斯韦和玻尔兹曼的时代，弹性小球模型已经可以足够准确地描述气体的宏观性质了。用弹性小球来代替分子，如图 1-3 所示，人们建立了一个一般性的气体理论，定义了一种理想气体，基本假设如下。

（1）气体分子的尺寸远小于它们的间距，即分子的大小可忽略。

（2）所有分子的性质完全相同。

（3）分子数量巨大，满足统计规律。

（4）分子不停地做随机运动，分子之间、分子与壁面之间的碰撞都是完全弹性碰撞。

（5）分子之间没有引力和斥力，只在撞击时相互作用。

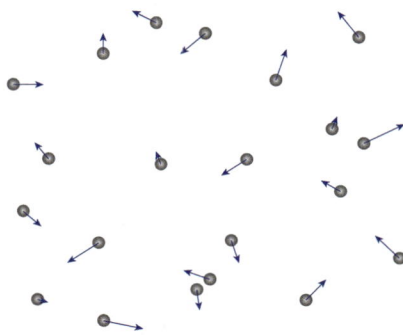

图 1-3　理想气体的弹性小球模型

（6）相对于分子自由运动时长，碰撞时长可忽略。

（7）分子的运动完全符合经典力学规律，相对论效应和量子效应都可忽略。

满足上面这些假设的理论属于经典的**气体动理论**。现代的气体动理论还在不断发展中，新的理论考虑了分子尺寸和形状的影响，上面这些假设条件多数都可以放宽，只保留最后一条（无相对论效应和量子效应）就可以了。不过，基础类教材介绍气体动理论的原理时，为了在数学上简单易懂，使用的仍然是上述经典的理想气体模型，所得出的结论较为符合单原子气体，对双原子气体和多原子气体来说不完全符合。

从理想气体模型出发可以推导出很多有用的结论，如气体的状态方程，这样就把早期的玻意耳定律和盖吕萨克定律等实验规律总结成了理论。

1.2　压力、温度、气体状态方程

气体是一种需要外部压力约束才能存在的物质形态。把气体装在任意大小的容器中，它都可以充满容器并且有再胀大的趋势，这就对约束它的容器壁面产生了力的作用，这种永远试图胀大的性质表现为气体的压强永远大于零，即气体中的任何两部分之间永远是相互挤压的状态。

作为比较，液体和固体内部各部分之间就可以认为没有作用力而保持聚集形态。我们身边的环境存在大气压以及重力的作用，通常液体和固体内部也存在内应力。如果把物体放到没有大气压和重力的外太空中，固体会保持原样，液体会因为表面张力形成一个球，而气体会四散而去，变成单个的分子和原子散布于宇宙空间。所以说，气体其实不能算是一种物质的聚集形态。我们身边之所以存在气体，完全是因为地球引力的作用。图 1-4 所示为 3 种物质形态在地表和外太空的形状。

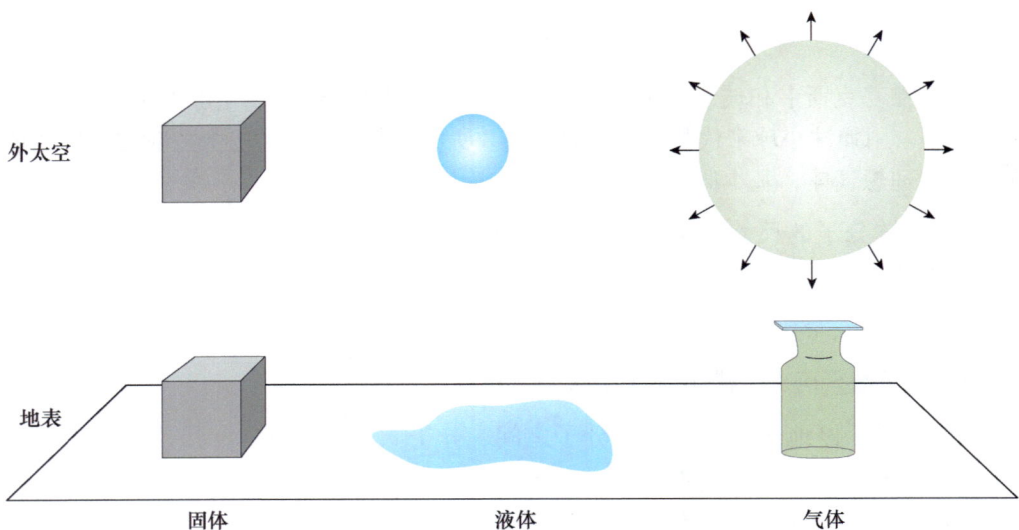

图 1-4　固体、液体和气体在地表和外太空的形状

　　这里解释一下流体力学和气体动力学教材中的压力和压强这两个名词的称谓问题。严格地说，流体力学中常说的压力都是指压强，即单位面积上的压力。不过叫压力也是有道理的，因为无论在固体力学还是流体力学中，物体内部的受力都是用应力来表示的，应力指单位面积上的力。垂直表面作用的叫正应力，沿表面作用的叫切应力。压力和拉力属于正应力，而摩擦力属于切应力，这些称谓都以"力"来结尾。因此，本书依照传统把压强称为压力，这样可以更好地和黏性力相对应。

　　温度的定义不像压力那样明确，历史上很长时间，人都是通过感受来定义温度的。从气体动理论观点看，温度是物体分子运动平均动能的标志，是大量分子热运动的集体表现，是一种宏观统计量。现代的温度测量方式通常测量的都是温度的效应，比如体积变化或电阻变化等，而不是分子热运动本身。

1.2.1　宏观的压力、温度和气体状态方程

　　人们很早就发现气体的压力和温度存在明显的关系，并通过实验总结出了一些规律，主要有以下几个定律。

　　（1）玻意耳定律，即气体的等温过程规律，表达式为

$$pV = \text{Const} \tag{1-1}$$

　　（2）盖吕萨克定律，即气体的等压过程规律，表达式为

$$V/T = \text{Const} \tag{1-2}$$

　　（3）查理定律，即气体的等容过程规律，表达式为

$$p/T = \text{Const} \tag{1-3}$$

式中，p 为气体的压力；V 为气体的体积；T 为气体的温度；Const 表示常数。

　　从这 3 个定律可以推导出压力、温度和体积三者之间的关系，也就是气体的状态方程。下面根据玻意耳定律和盖吕萨克定律，采用图 1-5 所示的一次等温膨胀加一次等压加热，让气体从初态（V_A, p_A, T_A）变为终态（V_C, p_C, T_C）来得到一般的气体状态方程。

　　首先，气体从状态 A 到状态 B 经历等温膨胀，根据玻意耳定律，有

$$p_A V_A = p_C V_B \tag{1-4}$$

　　然后，气体从状态 B 到状态 C 经历等压加热，根据盖吕萨克定律，有

$$\frac{V_B}{T_A} = \frac{V_C}{T_C} \qquad \text{或} \qquad V_B = \frac{T_A}{T_C} V_C \tag{1-5}$$

　　把式（1-5）代入式（1-4），消去状态 B 的参数，可得

$$\frac{p_A V_A}{T_A} = \frac{p_C V_C}{T_C}$$

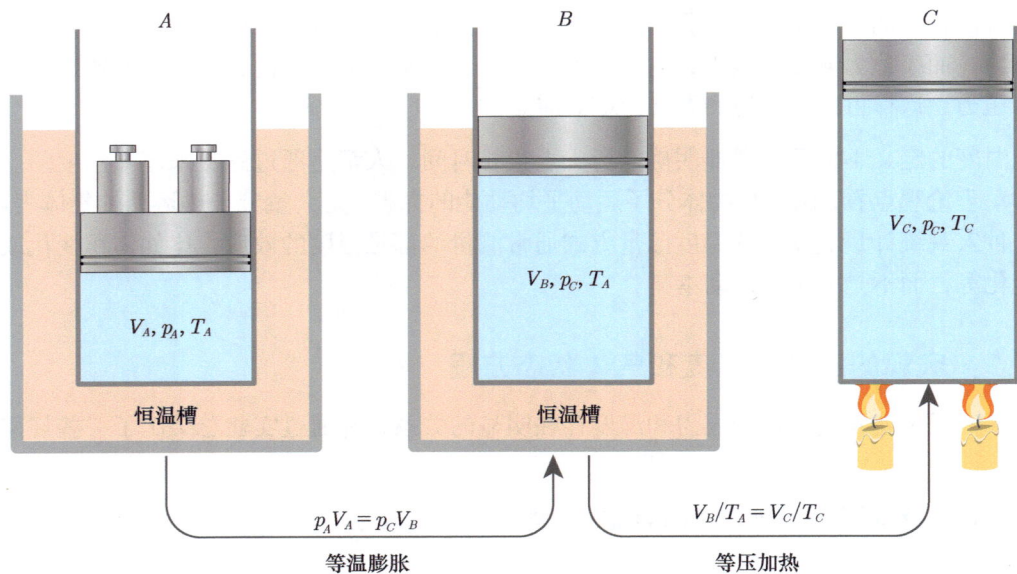

图 1-5 气体经过一次等温膨胀和一次等压加热

因为这里的状态 A 和 C 都是任意的，我们就得到了任意状态下气体的压力、温度和体积的关系，即

$$\frac{pV}{T} = C_a \qquad\qquad (1-6)$$

常数 C_a 最早是通过实验测量得到的，有了气体动理论，可以从理论上推导这个常数。

气体动理论假定气体的分子尺寸相对于分子间距可以忽略，那么气体的体积就应该只取决于分子个数，而与气体种类无关。阿伏伽德罗（Amedeo Avogadro，1776—1856）最早提出了气体的体积只与分子个数相关，并定义了阿伏伽德罗常数，其大小为

$$N_A = 6.022\,140\,76 \times 10^{23}$$

分子数量为阿伏伽德罗常数的气体的物质的量称为 1 摩尔（mol），在标准状态（$T = 0\ ^\circ\mathrm{C}$，$p = 101\,325\ \mathrm{Pa}$）下的体积是 22.414 L。这样，通过引入物质的量，就把气体微观的分子数量和宏观的体积联系起来了。那么为什么阿伏伽德罗常数和其对应的体积都不是整数，1 摩尔为什么要这么定义呢？这是因为阿伏伽德罗常数是用 12 g 碳 12 中含有的原子数来定义的，而碳 12 的原子质量在当时易于测量。

把式（1-6）中的常数 C_a 定义为气体常数，以 R_A 表示，就得到气体状态方程为

$$pV = R_A T \qquad\qquad (1-7)$$

式中，V 为 1 摩尔气体的体积，而 R_A 对所有气体都一样，即

$$R_A = \frac{pV}{T} = \frac{101\,325 \times 0.022\,414}{273.15} \approx 8.314\,47(\text{J/(mol} \cdot \text{K)})$$

用密度 ρ 替代式（1-7）中的体积 V，可以得到完全用气体性质表示的状态方程

$$p = \rho \frac{R_A}{M} T \qquad\qquad (1-8)$$

式中，M 为气体的摩尔质量，即 1 摩尔气体的质量。这个关系式就和气体的种类有关了，因为不同气体的分子质量不一样，所以其摩尔质量和密度都不同。相对分子质量是分子质量的度量，等于 1 摩尔气体的质量（单位为 g/mol）。空气是一种混合气体，标准空气的相对分子质量为 28.964，摩尔质量为 0.028\,964 kg/mol，从而可以得到**空气状态方程**

$$p = \rho R T \qquad\qquad (1-9)$$

式中，R 为空气的气体常数，大小为 8.314\,47/0.028\,964 ≈ 287.06，单位是 J/(kg · K)。

1.2.2　微观的压力和温度

　　密度、温度和压力都是气体的宏观性质，在分子层次上都失去了意义。但压力和温度是由气体分子的微观运动产生的，理论上可以建立起气体微观运动与宏观性质的关系，建立起这个关系的桥梁就是气体动理论。图 1-6 所示为气体分子与壁面碰撞产生压力的情况。根据牛顿第三定律，气体分子被壁面弹回，同时传递给壁面一个力，这就是气体压力的来源。我们已经推导出了空气状态方程（1-9），发现压力受密度和温度的共同影响，现在从微观上分析一下其中的道理。

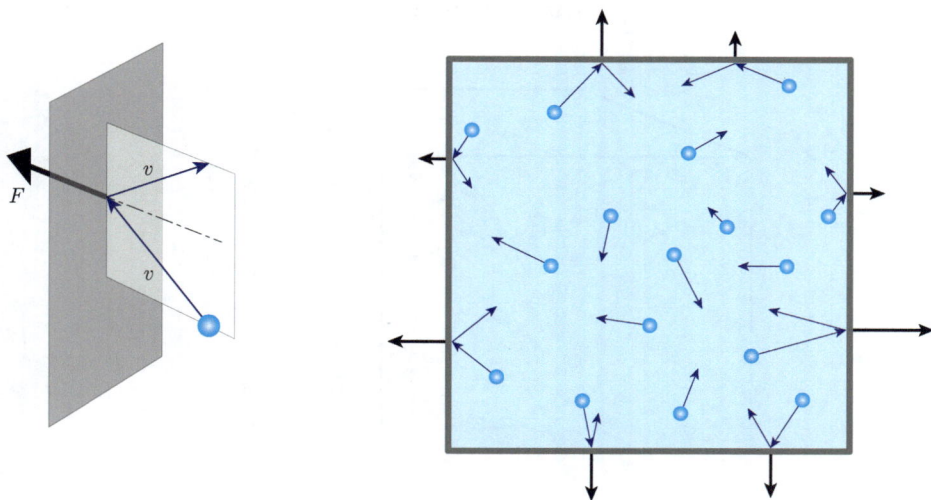

图 1-6　气体分子与壁面碰撞产生压力的情况

　　密度是单位体积的质量，微观上密度由单位体积内的气体分子数和单个分子的质量决定。温度是气体分子平均动能的标志，所以温度的高低由分子的质量和其热运动速度决定。如果把某种气体放在固定的空间内，则气体的密度是不变的。温度升高意味着分子平均速度增加，这显然会增加单位时间内分子与壁面碰撞的次数以及单次碰撞的力度，从而体现出压力的增大。在这种情况下，气体符合等容换热规律，即查理定律（$p/T = \text{Const}$）。

　　根据动量定理，对于一个固体壁面来说，压力的大小取决于单位时间内气体分子传递给壁面的动量。这个动量的大小与两个因素相关：一个是单次碰撞传递的动量，另一个是单位时间的碰撞次数。前一个因素与气体的温度和分子质量有关，后一个因素与气体的密度和温度有关。温度升高，对应分子速度增大，单个分子可传递的动量增大，且分子撞击壁面的次数也增多。密度增大，单位时间内撞击壁面的分子数量会增多。因此，密度和温度的增加都会使压力增大，体现为气体状态方程（$p = \rho RT$）。

　　上面只是定性分析，下面使用气体动理论定量地推导气体压力与温度的关系。这里不用严谨的统计学方式来推导，而是用简单的模型，这样做虽然不够严谨，但是在物理概念上较为清晰、易懂。严谨的分子动理论请参阅统计物理、热学或者气体物理等相关教材。

　　如图 1-7 所示，假设气体处于一个边长为 d 的立方体容器内，分子的质量为 m，与壁面碰撞前的速度为 v，动量大小为 mv。气体分子与壁面发生弹性碰撞，离开壁面后分子的动量大小仍然是 mv，只改变了方向。现在来计算分子作用在容器某一个壁面上的力，这个力除以面积就是这个壁面所受的压力。图 1-8 所示为壁面附近的气体分子分布情况，某一瞬时，只有那些紧邻壁面且在垂直壁面方向有速度的分子才会碰撞壁面，假设这一层分子与壁面的平均距离是 Δl，则这一层的体积为 $A\Delta l$，在 Δt 时间内，其中一半的分子会撞向壁面，另一半则朝远离壁面方向运动。用 n_1 代表单位体积的分子数，v_1 代表分子垂直壁面的速度分量，则在 Δt 时间内，撞向壁面的分子数为

$$\frac{1}{2}n_1 A \Delta l = \frac{1}{2}n_1 A v_1 \Delta t$$

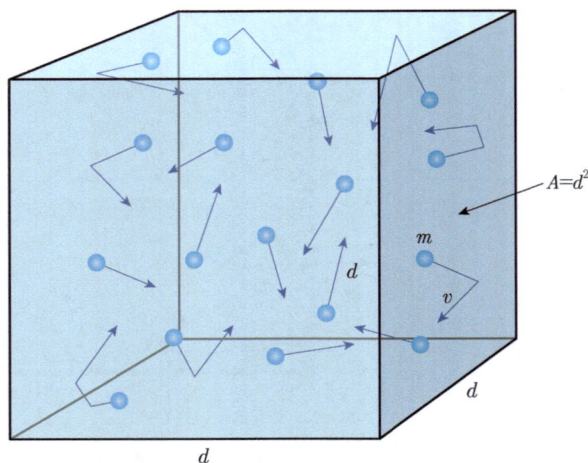

图 1-7　正方体容器中气体分子的热运动

注意，这里还加了一个假设，就是这一薄层的分子只与壁面发生碰撞，而不互相碰撞。这个假设是合理的，因为这些将要与壁面碰撞的分子与壁面的距离 Δl 是分子间距的量级，而分子之间碰撞的自由程要远大于分子间距（可参见 1.5 节）。

分子与壁面碰撞后，垂直壁面的动量的改变量为 $2mv_1$（从 mv_1 变为 $-mv_1$），设分子与壁面的撞击力为 F_1，根据动量定理，有

$$F_1 \Delta t = \frac{1}{2} n_1 A v_1 \Delta t \times 2mv_1$$

壁面获得的力为

$$F_1 = n_1 A m v_1^2$$

壁面所感受到的压力为

$$p_1 = \frac{F_1}{A} = n_1 m v_1^2$$

上面这个表达式只表示了速度为 v_1 的分子产生的压力，对应的 n_1 只代表单位体积内速度为 v_1 的分子数。对于分子速度为 v_2 的分子，其产生的压力为

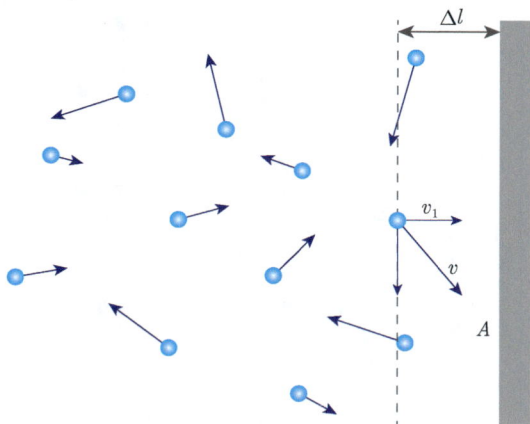

图 1-8 壁面附近的气体分子分布情况

$$p_2 = n_2 m v_2^2$$

把不同速度的分子产生的效果加起来，则总的压力为

$$p = n_1 m v_1^2 + n_2 m v_2^2 + n_3 m v_3^2 + \cdots$$

对所有可能进行平均后，可以定义分子在某一方向速度平方的平均值为

$$\overline{v_x^2} = \frac{n_1 v_1^2 + n_2 v_2^2 + n_3 v_3^2 + \cdots}{n_V}$$

式中，n_V 是单位体积内所有的分子数，$n_V = n_1 + n_2 + n_3 + \cdots$ 。于是可以得到压力为

$$p = n_V m \overline{v_x^2} \tag{1-10}$$

以上只是对某一个面的分析，结果同样适用于另外 5 个面，只需要把速度换成垂直相应面的速度即可。分子速度的平方等于 3 个方向速度平方之和，即

$$\overline{v^2} = \overline{v_x^2} + \overline{v_y^2} + \overline{v_z^2} \tag{1-11}$$

式中，$\overline{v_x^2}$、$\overline{v_y^2}$、$\overline{v_z^2}$ 分别代表容器内所有分子相应速度分量平方的平均。因为容器内的气体在宏观上是静止的，所有分子都在做随机运动，显然分子沿各个方向的速度平均后都是相

等的，如图 1-9 所示，从而有

$$\overline{v_x^2} = \overline{v_y^2} = \overline{v_z^2}$$

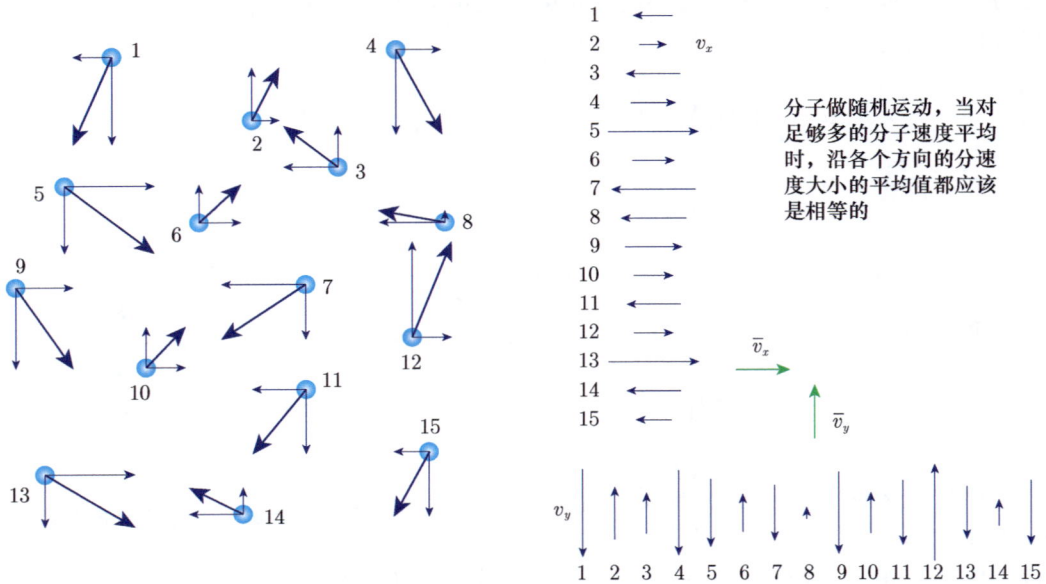

图 1-9　分子的分速度与平均分速度

因此，由式（1-11）可得 $\overline{v^2} = 3\overline{v_x^2}$，代入式（1-10），有

$$p = \frac{1}{3} n_V m \overline{v^2} \tag{1-12}$$

我们知道，$mv^2/2$ 表示单个分子的动能，式（1-12）可以写成压力与分子平均动能之间的关系

$$p = \frac{2}{3} n_V \left(\frac{1}{2} m \overline{v^2} \right) \tag{1-13}$$

1 摩尔气体的数量为阿伏伽德罗常数 N_A，体积为 V，则单位体积的气体分子数为

$$n_V = \frac{N_A}{V}$$

把上式代入式（1-13），得

$$pV = \frac{2}{3} N_A \left(\frac{1}{2} m \overline{v^2} \right) \tag{1-14}$$

这就是我们从微观的分子运动得出的气体状态方程。对比式（1-14）和前面的式（1-7），可以发现下面的等式成立。

$$R_A T = \frac{2}{3} N_A \left(\frac{1}{2} m\overline{v^2}\right)$$

即气体温度可以用分子的平均动能表示为

$$T = \frac{2}{3} \cdot \frac{N_A}{R_A}\left(\frac{1}{2} m\overline{v^2}\right) \qquad (1-15)$$

从式（1-15）我们可以看到，气体温度反映了气体分子热运动的平均动能。这个关系式是基于理想气体模型推导出来的，理想气体的分子间没有作用力，所以气体的微观机械能中不包含势能，只包含动能。

气体常数与阿伏伽德罗常数的比值为玻尔兹曼常数，即

$$k_B = \frac{R_A}{N_A}$$

式中，$k_B = 1.380\,649 \times 10^{-23}$ J/K。可以这样理解，气体常数 R_A 是针对 1 摩尔气体的常数，而玻尔兹曼常数 k_B 则是针对单个分子的常数。使用玻尔兹曼常数来表示式（1-15），气体的温度就与分子数量无关而只与分子的平均动能有关，即

$$T = \frac{2}{3} \cdot \frac{1}{k_B}\left(\frac{1}{2} m\overline{v^2}\right) \qquad (1-16)$$

式（1-13）和式（1-16）从微观上分别给出了气体压力和温度的表达式，可以看到温度只取决于分子的平均动能，而压力还与分子数量有关。对应到宏观的空气状态方程即式（1-9）上，压力除了与空气的温度有关，还与密度（单位体积内的空气分子数）有关。

从式（1-15）和式（1-16），我们还可以得出气体分子速度的均方根与温度之间的关系为

$$v_{rms} = \sqrt{\overline{v^2}} = \sqrt{\frac{3k_B T}{m}} = \sqrt{\frac{3R_A T}{M}} \qquad (1-17)$$

1.3　气体的内能

1.3.1　理想气体的内能

理想气体的内能只包含分子热运动的动能，从式（1-15）可知，1 摩尔气体的内能为

$$N_A \left(\frac{1}{2} mv^2\right) = \frac{3}{2} R_A T$$

两边都除以气体的摩尔质量 M，就可以得到单位质量气体的内能为

$$u = \frac{3}{2} \cdot \frac{R_A}{M} T \tag{1-18}$$

从热力学基本知识可知，内能等于温度乘以气体的定容比热容 c_V，即

$$u = c_V T \tag{1-19}$$

比较式（1-18）和式（1-19），可以得到理想气体的定容比热容为

$$c_V = \frac{3}{2} \cdot \frac{R_A}{M} \tag{1-20}$$

现在用式（1-20）来计算一下空气的定容比热容

$$c_V = \frac{3}{2} \times \frac{8.314\,47}{0.028\,964} \approx 431 (\text{J}/(\text{kg} \cdot \text{K}))$$

但根据实验测量结果，空气在 0 ℃和一个大气压下的定容比热容是 716 J/(kg·K)，与这里的计算结果相差较大，显然，理想气体模型并不适用于空气，主要原因是空气是双原子气体，而简单的气体动理论把气体分子假设成无限小的微粒，不考虑分子形状的影响。对于单原子气体来说，单个分子（即原子）可以假设为球形，其定容比热容较为精确地符合式（1-20）。例如，20 ℃和一个大气压下，氦气的定容比热容为 3116 J/(kg·K)，而按照式（1-20）计算的值是 3115.4 J/(kg·K)，两者非常接近。但如果是双原子气体或多原子气体，则分子的自转和振动也储存能量，定容比热容应该会更大。由于常见的气体是双原子结构，下面来推导双原子气体的内能与定容比热容的关系。

1.3.2　双原子气体的内能

在由大量分子构成的宏观静止气体中，分子朝任何方向运动的概率是相同的，任意时刻 3 个坐标方向分速度构成的动能平均值相等，即

$$\frac{1}{2} m \overline{v_x^2} = \frac{1}{2} m \overline{v_y^2} = \frac{1}{2} m \overline{v_z^2}$$

分子的动能为 3 个方向动能之和，因此有

$$\frac{1}{2} m \overline{v^2} = \frac{1}{2} m \overline{v_x^2} + \frac{1}{2} m \overline{v_y^2} + \frac{1}{2} m \overline{v_z^2} = \frac{3}{2} m \overline{v_i^2} \tag{1-21}$$

式中，v_i 代表任意方向的分速度。

式（1-21）是针对无限小质点分子的理想气体模型得出的，较为符合单原子气体，这已经得到了试验的证实。常见的气体多数是双原子或多原子形式，这时分子不能再简化成球形。当双原子气体分子碰撞时，可能会把原来平动动能的一部分转换为分子自身的转动

或振动动能。在图 1-10（b）中，两个双原子气体分子一开始都做平动，碰撞后两个分子都开始旋转，部分平动动能转换成转动动能。

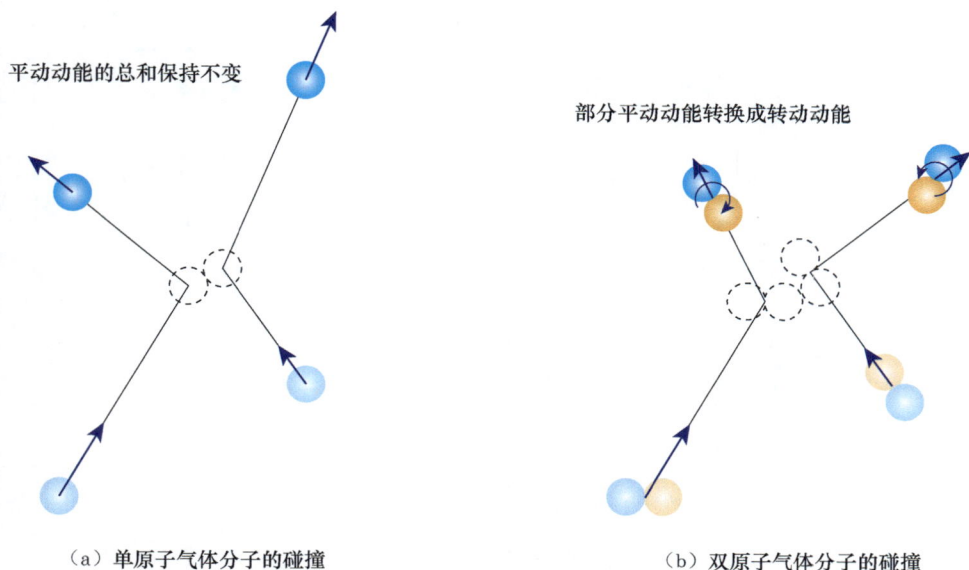

平动动能的总和保持不变

部分平动动能转换成转动动能

（a）单原子气体分子的碰撞　　　　　　　　　（b）双原子气体分子的碰撞

图 1-10　单原子气体和双原子气体分子的碰撞

分子的自转和振动都可以储存动能，双原子气体分子有两种自转方式可以储存动能，多原子气体分子则有 3 种自转方式可以储存动能。这些所谓的几种储存动能的方式对应运动的自由度，双原子气体分子的平动有 3 个自由度，转动有 2 个自由度，振动时的机械能既包含动能，又包含势能，相当于有 2 个自由度。因此，双原子气体的机械能如下。

（1）平动的能量（自由度为 3）：$E_{\text{trans}} = \frac{1}{2}mv_x^2 + \frac{1}{2}mv_y^2 + \frac{1}{2}mv_z^2$

（2）转动的能量（自由度为 2）：$E_{\text{rot}} = \frac{1}{2}I_1\omega_1^2 + \frac{1}{2}I_2\omega_2^2$

（3）振动的能量（自由度为 2）：$E_{\text{vib}} = \frac{1}{2}mv_{\text{vib}}^2 + \frac{1}{2}kx^2$

上面各符号的含义可以参考图 1-11，I_1 和 I_2 分别为绕两个旋转轴的转动惯量，ω_1 和 ω_2 分别为对应的角速度。v_{vib} 和 k 分别为分子内原子的振动速度和原子间的弹性系数。把这 3 种能量加起来，就是双原子气体的总能量。

$$
\begin{aligned}
E_{\text{tot}} &= E_{\text{trans}} + E_{\text{rot}} + E_{\text{vib}} \\
&= \frac{1}{2}mv_x^2 + \frac{1}{2}mv_y^2 + \frac{1}{2}mv_z^2 + \frac{1}{2}I_1\omega_1^2 + \frac{1}{2}I_2\omega_2^2 + \frac{1}{2}mv_{\text{vib}}^2 + \frac{1}{2}kx^2
\end{aligned}
\tag{1-22}
$$

麦克斯韦在总结前人研究的基础上提出，对于平衡状态的气体，分子的能量会均摊在每一个自由度上，即**能量均分定理**。3 个平动动能相等很好理解，但平动动能会与转动和振动动能相等，就不那么显而易见了。能量均分定理后来被玻尔兹曼用统计方法证明了，并且在很多物质的特性实验上得到验证，但也存在一些例外情况，应对这些例外情况需要量子力学的知识，不属于经典力学的内容。

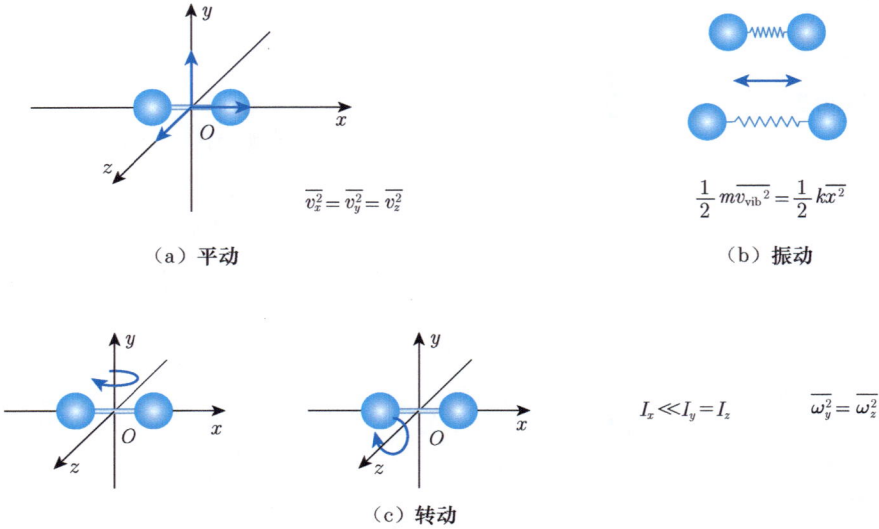

（a）平动

（b）振动

$$\overline{v_x^2} = \overline{v_y^2} = \overline{v_z^2}$$

$$\frac{1}{2}m\overline{v_{\text{vib}}^2} = \frac{1}{2}k\overline{x^2}$$

（c）转动

$$I_x \ll I_y = I_z \qquad \overline{\omega_y^2} = \overline{\omega_z^2}$$

图 1-11　双原子气体储存动能的方式

对常见的气体，能量均分定理的计算结果较符合实际情况，自由度为 f 的气体分子含有的总能量为

$$E_{\text{tot}} = \frac{1}{2}k_{\text{B}}Tf = \frac{f}{2}k_{\text{B}}T \qquad （1-23）$$

根据前面的分析，双原子气体有 3 个平动自由度、2 个转动自由度和 2 个振动自由度，因此双原子气体的总能量应该为

$$E_{\text{tot}} = \frac{3+2+2}{2}k_{\text{B}}T = \frac{7}{2}k_{\text{B}}T$$

单位质量气体的总能量（即内能）为

$$u = \frac{7}{2} \cdot \frac{R_{\text{A}}}{M}T$$

空气主要是由双原子气体（氮气和氧气）构成的，我们用这个关系式来计算一下空气的定容比热容

$$c_V = \frac{7}{2} \times \frac{8.314\,47}{0.028\,964} \approx 1004.7 \ (\text{J/(kg} \cdot \text{K)})$$

前面已经给出了空气的定容比热容是 716 J/(kg·K)，可以看到这次得到的值与真实值仍然相差较大。（有的读者可能发现了，上面这个式子算出的定容比热容约等于空气的定压比热容，这是有道理的，有关分析请参见 2.5.2 小节。）

如果取 5 个自由度，计算出的定容比热容与实验值非常吻合。

$$c_V = \frac{5}{2} \times \frac{8.314\,47}{0.028\,964} \approx 717.6 \ (\text{J}/(\text{kg} \cdot \text{K}))$$

这个问题在历史上曾经给人们造成了很大的困扰。而且实际测量发现气体的定容比热容是与温度有关的。图 1-12 所示为氢气的定容比热容随温度的变化情况。进一步研究发现，分子的转动动能和振动动能只有在其热运动速度高于一定值之后才会被激发。常温下的氢气只拥有平动动能和转动动能，而振动动能并未被激发，所以自由度是 5，当温度超过 3000 K 时，振动动能被激发，氢气的自由度才是 7。并且，大量分子的速度分布有一个宽广的范围（见1.4节），

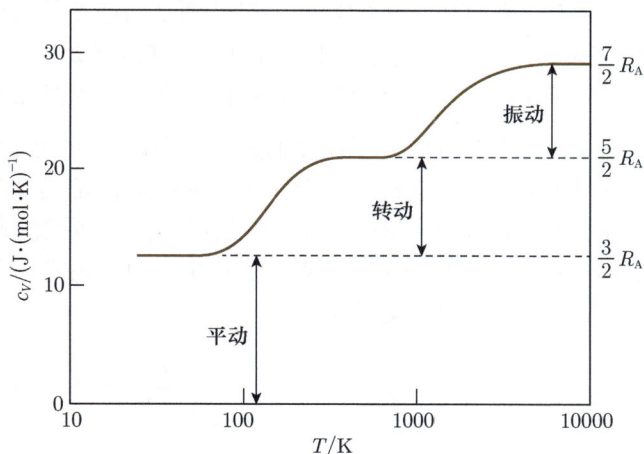

图 1-12　氢气的定容比热容随温度的变化情况

定容比热容中的系数在 3/2、5/2 和 7/2 之间还存在着过渡区，如图 1-12 所示。因此，由气体动理论和能量均分定理只能定性地得到气体的定容比热容，真实值还要通过实验获取。

多原子气体的情况要复杂得多，比如二氧化碳，按理来说常温下应该比氢气多 1 个转动自由度，但实际上它的定容比热容测量值与理论算出的值有较大差异，经典的气体动理论对于多原子气体不是很适用。表 1-1 所示为几种气体在常温（振动态未激发）下的摩尔定容比热容，可以看到单原子气体和双原子气体的理论值与实际值较吻合，而多原子气体的摩尔定容比热容理论值则与实际值相差较大。

表 1-1　几种气体在常温（振动态未激发）下的摩尔定容比热容

气体类型	自由度	理论摩尔定容比热容	实际摩尔定容比热容
单原子气体	3	$c_V = \frac{3}{2} R_A \approx 12.5 \ \text{J}/(\text{mol} \cdot \text{K})$	氦气：12.5 J/(mol·K) 氩气：12.6 J/(mol·K)
双原子气体	5	$c_V = \frac{5}{2} R_A \approx 20.8 \ \text{J}/(\text{mol} \cdot \text{K})$	氮气：20.7 J/(mol·K) 氧气：20.8 J/(mol·K)
多原子气体	6	$c_V = \frac{6}{2} R_A \approx 24.9 \ \text{J}/(\text{mol} \cdot \text{K})$	氨气：29.0 J/(mol·K) 二氧化碳：29.7 J/(mol·K)

1.4 气体分子的速度

当气体处于某一特定温度下时，大量分子的平均速度是一个定值，而单个分子速度的大小和方向则具有随机性。分子速度大小分布范围很宽广，总有些分子在某一瞬时几乎静止，还有一些气体分子的速度可以达到平均速度的几倍。想要计算出每一个分子的瞬时速度是很难的，但大量做随机运动的分子速度满足一定的统计规律。麦克斯韦在 1859 年给出了分子速度大小的分布公式，我们现在称之为**麦克斯韦速率分布律**。

现在只考察气体分子速度的大小，即速率 v，理论上它可以是从 0 到无限大的任何值。从概率上来说，v 精确地等于任何值的可能性都是 0，但如果寻找一个范围，比如有多少个分子的 v 在 $300 \sim 310$ m/s，则是可行的。所谓的速率分布就是要给出速度大小在 v 和 （$v+\mathrm{d}v$）之间的分子数 $\mathrm{d}N_v$，以及这个数量占总分子数 N_v 的比例 $\mathrm{d}N_v/N_v$。定义概率密度为 $f(v)$，则有如下关系式

$$\frac{\mathrm{d}N_v}{N_v}=f(v)\mathrm{d}v \tag{1-24}$$

这个概率密度 $f(v)$ 就是我们要推导的速率分布函数。

理想气体分子可以看作各自独立运动的完全弹性小球，如果一个完全弹性壁面的容器内只有一个小球，则它的速度大小永远不变，这是因为它和壁面的碰撞只会改变速度方向，而不改变速度大小（宏观上对应绝热壁面）。但如果有两个小球，则它们在碰撞后各自的速度大小就可能会发生变化。现在有数量非常多的分子位于某容器中，它们各自的初始速度可以是任意大小，速度较快的分子和其他分子发生碰撞后，自身速度一般会变小；速度较慢的分子和其他分子发生碰撞后，自身速度一般会变大，如图 1-13 所示。

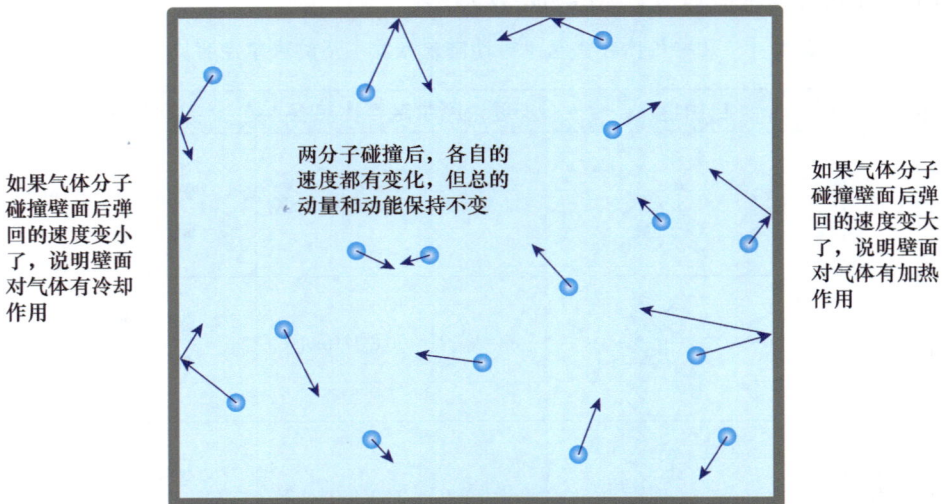

图 1-13 容器内的气体分子碰撞效果

经过一段时间后，容器内的分子总体上会达到一种统计平衡状态，在这种平衡状态下，速率在平均值附近的分子应该最多，速率与平均速率差别越大的分子数量越少。

虽然原理上很简单，但要推导出精确的数学表达式还是要费一番功夫的。麦克斯韦用概率统计方法得出了气体分子的速率分布函数，对推导过程感兴趣的读者可以参考统计物理或热学等相关教材，这里直接给出结果，如下

$$f(v) = \left(\frac{m}{2\pi k_B T}\right)^{\frac{3}{2}} 4\pi v^2 e^{-\frac{mv^2}{2k_B T}} \qquad (1-25)$$

式中，m 为分子质量。式（1–25）也可以用分子的摩尔质量和气体常数表示为

$$f(v) = \left(\frac{M}{2\pi R_A T}\right)^{\frac{3}{2}} 4\pi v^2 e^{-\frac{Mv^2}{2R_A T}} \qquad (1-26)$$

用式（1–26）就可以计算理想气体的分子速率分布，图 1–14 所示为氦气在不同温度下的分子速率分布函数曲线，图 1–15 所示为几种单原子气体在 25 ℃时的分子速率分布函数曲线。这里举的例子都是单原子气体，因为只有单原子气体能较精确地满足理想气体假设。

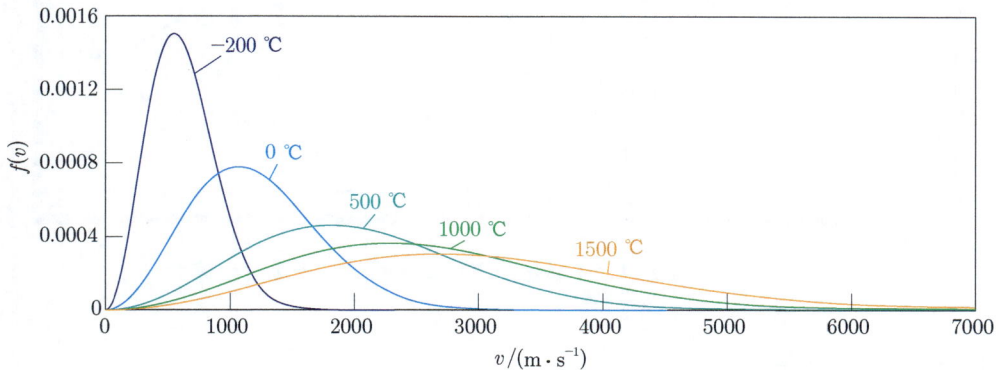

图 1–14　氦气在不同温度下的分子速率分布函数曲线

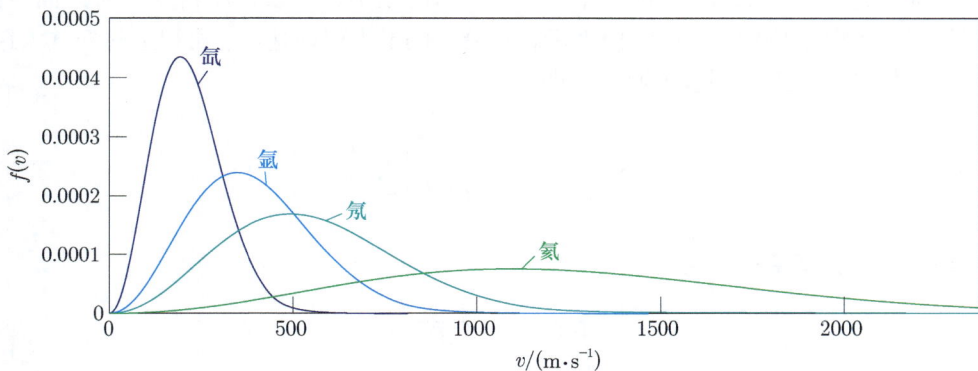

图 1–15　几种单原子气体在 25 ℃时的分子速率分布函数曲线

可以看到，在某一特定温度下，相对分子质量越小的分子的运动速度就越高。这是因为温度反映的是分子的平均动能，在动能相同的情况下，分子质量越小，则其运动速度就应该越高。如果把不同相对分子质量的气体混合起来，它们会掺混并达到同样的温度，这时较小的分子以较高的速度运动，较大的分子以较低的速度运动。这也可以用弹性小球碰撞的模型来解释，想象一下质量差别很大的两种球之间的碰撞，小球会被撞飞，大球的速度变化则很小，最终平衡后的结果就是两种气体分子的平均动能相同，速度相差很多，如图 1-16 所示。

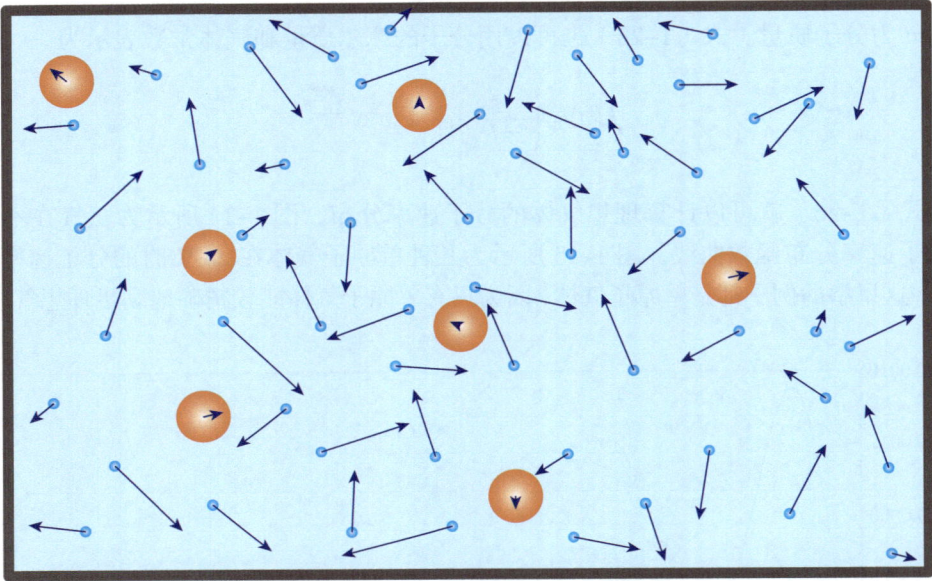

图 1-16　不同相对分子质量的气体混合后的分子热运动速度

1. 最大概率速度

在特定温度下，气体分子的速率分布范围很宽，任意观察一个分子，它的速度最有可能是多大呢？这就是最大概率速度。图 1-14 所示的纵坐标代表概率密度，所以曲线的最高点就代表最大概率位置，对应的横坐标就是分子的最大概率速度。可以通过对式（1-25）求导，让导数等于零来得到这个速度，即

$$\frac{\mathrm{d}f(v)}{\mathrm{d}v}=-8\pi v e^{-\frac{mv^2}{2k_\mathrm{B}T}}\left(\frac{m}{2\pi k_\mathrm{B}T}\right)^{\frac{3}{2}}\left(\frac{mv^2}{2k_\mathrm{B}T}-1\right)=0$$

于是得到最大概率速度为

$$v_\mathrm{p}=\sqrt{\frac{2k_\mathrm{B}T}{m}}=\sqrt{\frac{2R_\mathrm{A}T}{M}} \tag{1-27}$$

2. 平均速率

对于宏观看起来静止的气体，分子的平均速度必然是零。如果不考虑速度方向，只考虑速度的大小，则可以得出气体分子的平均速率。对分子速度进行平均，就是平均速率

$$\bar{v} = \int_0^\infty v f(v) \mathrm{d}v$$

把式（1-25）代入上式，整理后可以得到

$$\bar{v} = \sqrt{\frac{8k_\mathrm{B}T}{\pi m}} = \sqrt{\frac{8R_\mathrm{A}T}{\pi M}} \tag{1-28}$$

3. 速度的均方根

上面的平均速率是一种算术平均，实际很少用到，一般用分子速度的均方根来表示分子的平均速率，即

$$v_\mathrm{rms} = \sqrt{\overline{v^2}} = \sqrt{\int_0^\infty v^2 f(v) \mathrm{d}v}$$

把式（1-25）代入上式，整理后可以得到

$$v_\mathrm{rms} = \sqrt{\frac{3k_\mathrm{B}T}{m}} = \sqrt{\frac{3R_\mathrm{A}T}{M}} \tag{1-29}$$

这个速度也可以用简单的碰撞分析得到，见前面的式（1-17）。

4. 声速

声速代表小的压力扰动在气体中传播的速度，是一个宏观速度，一般使用宏观的气体惯性与弹性的关系推导得到，详见本书 4.3.1 小节的声速推导部分。不过气体中压力信息的传递本质上是靠分子的热运动实现的，所以声速和分子速度有直接的关系。

使用宏观方法得到的声速为

$$c = \sqrt{\frac{\kappa R_\mathrm{A}T}{M}} \tag{1-30}$$

式中，κ 是气体的绝热指数。可以看到声速与前面几种分子速度一样，都是温度的函数，它们之间的关系为

$$v_\mathrm{p} = \sqrt{\frac{2}{3}} v_\mathrm{rms}, \quad \bar{v} = \sqrt{\frac{8}{3\pi}} v_\mathrm{rms}, \quad c = \sqrt{\frac{\kappa}{3}} v_\mathrm{rms}$$

把它们画在麦克斯韦速率分布律曲线上，结果如图 1-17 所示。

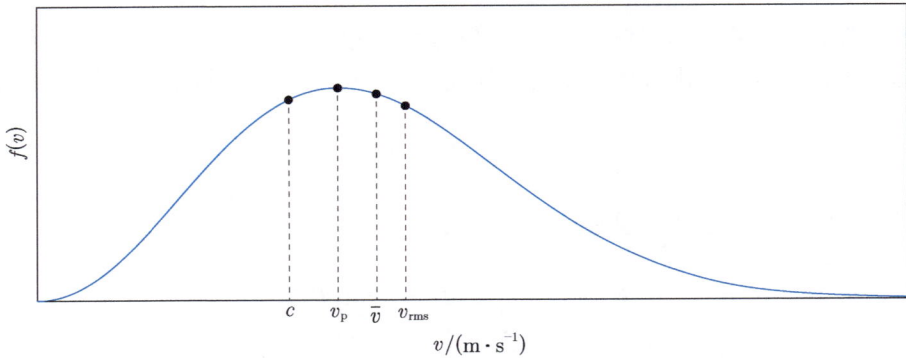

图 1-17　几种典型分子速度在麦克斯韦速率分布律曲线上的位置

1.5　气体分子的自由程

气体分子的自由程指气体分子在两次碰撞之间所走过的直线距离，如图 1-18 所示。显然这个距离可能很短也可能很长，大量分子自由程的平均才有意义，即**分子的平均自由程**，用符号 $\bar{\lambda}$ 表示。

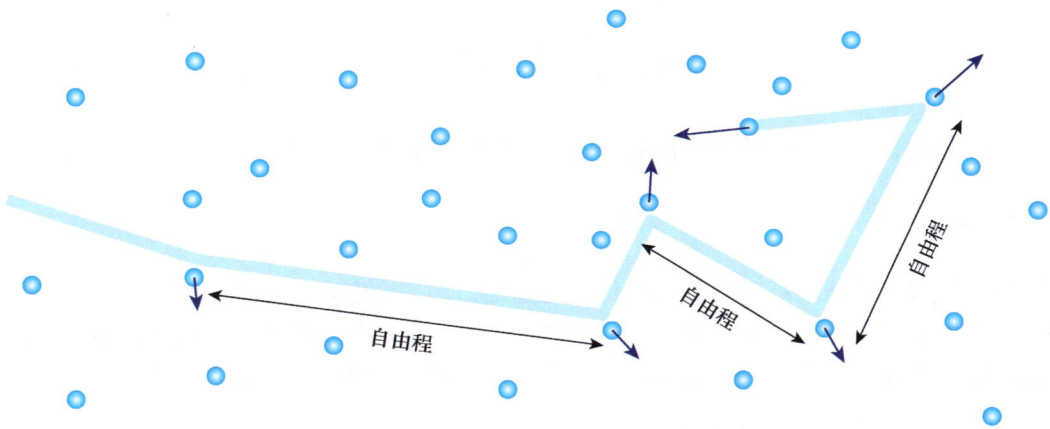

图 1-18　气体分子的自由程

可以用随机运动小球模型估算分子自由程的大小。用直径为 d 的球来表示气体分子，一个分子与其他分子发生碰撞的范围在直径为 $2d$ 的圆面内，如图 1-19 所示。我们把这个圆面称为碰撞截面，它的面积 $A = \pi d^2$。当分子以速度 v 运动时，在一段时间 t 之内，这个碰撞截面扫过的体积为

$$V = \pi d^2 vt$$

设气体单位体积内的分子数为 n_V，则碰撞截面扫过的体积内含有的分子数为

$$n = \pi d^2 v t n_V$$

于是我们可以用分子运动的距离除以它在这段运动时间内和其他分子的碰撞次数来估算分子的平均自由程，即

$$\bar{\lambda} = \frac{s}{n} = \frac{\bar{v}t}{\pi d^2 \bar{v} t n_V} = \frac{1}{\pi d^2 n_V}$$

但这样的估算有一个很大的问题，就是假设被撞的分子是固定不动的，而撞过去的分子速度则保持不变。考虑被撞分子的运动，需要用分子之间的相对速度来代替分子的绝对速度。这个相对速度与分子平均速度的关系为

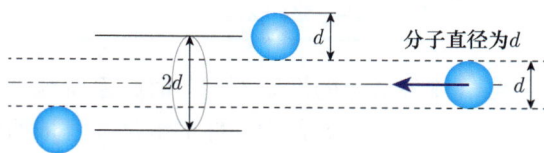

中心位于直径为 $2d$ 圆面内的分子都会被撞到

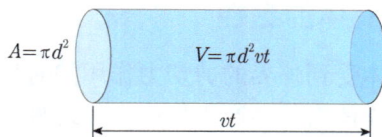

图 1-19   分子碰撞区域

$$\overline{v_{\text{rel}}} = \sqrt{2}\bar{v}$$

用这个相对速度替换前面式中用于计算碰撞次数的分子速度（分母中的 $\bar{v}$），可以得到分子平均自由程为

$$\bar{\lambda} = \frac{\bar{v}t}{\pi d^2 \sqrt{2}\bar{v} t n_V} = \frac{1}{\sqrt{2}\pi d^2 n_V} \tag{1-31}$$

根据气体状态方程即式（1-7），n_V 可以用宏观的气体参数来表示为

$$n_V = \frac{N_{\text{A}}}{V} = \frac{N_{\text{A}}}{R_{\text{A}}T/p} = \frac{N_{\text{A}}p}{R_{\text{A}}T} \tag{1-32}$$

把式（1-32）代入式（1-31），就可以得到分子平均自由程的表达式：

$$\bar{\lambda} = \frac{R_{\text{A}}T}{\sqrt{2}\pi d^2 N_{\text{A}}p} = \frac{k_{\text{B}}T}{\sqrt{2}\pi d^2 p} \tag{1-33}$$

分子平均自由程的关系式是把分子当成直径为 d 的刚性小球得到的，实际的分子显然不是这样的，式（1-33）对于单原子气体较为准确，而对于双原子气体和多原子气体则有一定的误差，但量级上是合理的。分子的平均自由程比一般人直观感觉的要大得多。比如，大气压下的某种理想气体，分子直径为 0.3 nm，分子平均间距为 3.3 nm，分子平均自由程为 93 nm，可以看到，分子平均自由程几乎是分子平均间距的 30 倍。

在气体动力学问题中，分子自由程可能是一个很重要的参数，尤其是在高超声速运动中，气体可能很稀薄，分子自由程较大，导致连续性假设不成立，这时就不能使用常规的气体动力学理论，而应该使用稀薄气体动力学理论。

1.6 气体的输运现象

当气体各部分的性质不均匀时，系统就处在非平衡状态下，这时系统会自发地向平衡状态发展，这种现象称为气体的输运。一般所说的气体输运现象涉及气体的 3 种性质，即气体的黏性、导热和扩散，它们分别对应流速、温度和密度不均匀时的输运现象。

1.6.1 气体的黏性

当流体受到外界的剪切力作用的时候，它会不断地变形下去，在这种连续的剪切变形作用下，流体内部会产生切应力，这种性质称为流体的**黏性**。理想气体分子之间没有作用力，但仍然会有黏性作用，原因是分子之间频繁地碰撞产生动量传递，不但可以产生压力这样的正应力，也可以产生黏性力这样的切应力。当各层分子的宏观运动速度不同，比如上层运动速度快、下层运动速度慢时，上层的分子在热运动的作用下不断地跳入下层，推动下层低速运动的分子使其加速，下层的分子也会不断地跳入上层，拖累上层高速运动的分子使其减速。从宏观上看来，这种动量交换表现为上层和下层之间存在拖动作用，也就是摩擦作用，这就是气体的黏性。

1. 宏观上的黏性

从宏观上来说，黏性体现为气体的摩擦力。当气体受到外界剪切力时会发生流动，在流体内部会产生切应力来与外界剪切力平衡。气体和液体的黏性在宏观上并无不同，这也是它们被统一称作流体的原因。

最早定量地研究液体黏性的人应该是牛顿 。1686 年，牛顿通过实验测量了液体的黏性力，并建立了描述流体内部摩擦力的**牛顿内摩擦定律**。实验是基于图 1–20 所示的模型进行的。在两个平行壁面之间充满液体，保持下壁面静止，让上面的平板水平匀速运

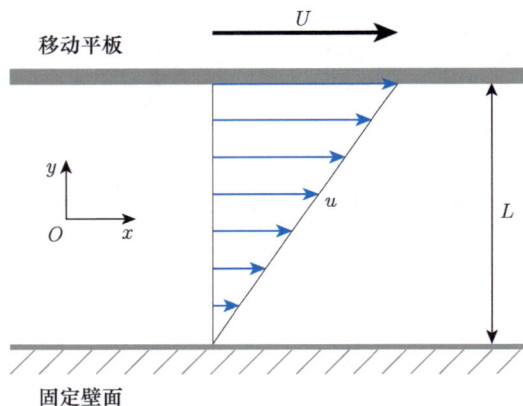

图 1–20 牛顿的液体黏性实验模型

动。由于液体与固体壁面存在附着力，挨着固体壁面的液体会粘在固体表面上。与下壁面接触的液体保持静止，与上平板接触的液体以速度 U 随之运动，形成线性分布的流场。从这个实验总结出了一般的关系式，平行流动中，任意两层流体之间的切应力可以写为

$$\tau = \mu \frac{\partial u}{\partial y} \tag{1-34}$$

式中，τ 为切应力；u 为流体的水平速度；y 为垂直坐标；μ 是一个描述流体黏性大小的系数，称为黏性系数或黏度。

符合式（1–34）的流体称为牛顿流体，不符合的称为非牛顿流体，所有的气体都属于

牛顿流体。气体的黏性作用由分子的热运动产生，图 1-21 所示为气体黏性的这种机理，其中上层的分子运动快，下层的分子运动慢，但它们都进行着热运动，互相交换很频繁，黏性也就因此产生了。显然，要深入理解黏性的物理本质，应该从气体动理论入手。

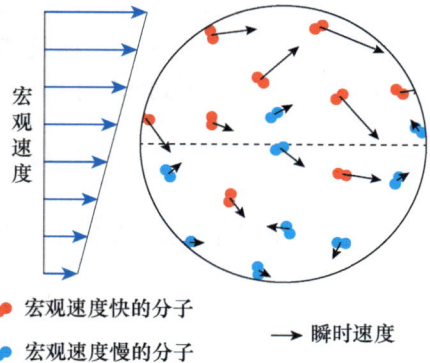

图 1-21　气体黏性的宏观原理

2. 黏性的微观推导

仍然用牛顿黏性力实验模型来分析，但这次观察微观分子运动，如图 1-22 所示。在气体内部取一个平行于流动方向的平面，其面积为 dA，计算出在 dt 时间内有多少个分子穿过这个平面，就可以算出发生了多少动量交换，进而算出黏性力。

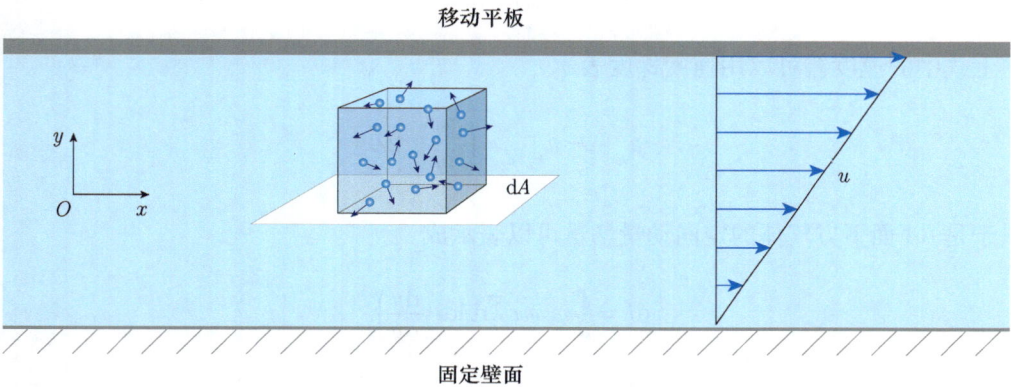

图 1-22　气体黏性的微观推导模型

假设分子的平均热运动速度为 $\bar{v}$，气体宏观向右的速度为 u。一般情况下 u 远小于 $\bar{v}$（大概对应于气体动力学中的低速不可压缩流动），因此仍然可以认为气体的分子热运动是各向同性的。图 1-22 中立方体容腔内的分子穿过 6 个表面中的任何一个跑出去的概率都相同，因此平均有 1/6 的分子会穿过 dA 面。用 n_V 表示气体单位体积的分子数，则在 dt 时间内，从下向上穿过 dA 面的分子数为

$$\frac{1}{6}n_V dA \cdot \bar{v} dt$$

这些分子在穿过 dA 面之前的最后一次碰撞位置与 dA 面的平均距离可以认为是分子的平均自由程 $\bar{\lambda}$，如图 1-23 所示。穿越

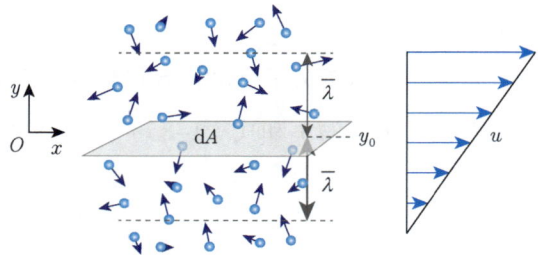

图 1-23　分子平均自由程与平面 dA 的关系

$\mathrm{d}A$ 面之前，这些分子位于 $(y_0 - \bar{\lambda})$ 处，设其具有的定向动量为 $mu_{y_0 - \bar{\lambda}}$（定向动量的意思是不考虑分子热运动速度的气体整体沿某一方向的动量）。于是，在 $\mathrm{d}t$ 时间内，由于分子热运动，从下向上带到 $\mathrm{d}A$ 面上的定向动量为

$$I_1 = \frac{1}{6} n_V \mathrm{d}A \cdot \bar{v}\mathrm{d}t \cdot mu_{y_0 - \bar{\lambda}}$$

同理，在 $\mathrm{d}t$ 时间内，从上向下带到 $\mathrm{d}A$ 面上的定向动量为

$$I_2 = \frac{1}{6} n_V \mathrm{d}A \cdot \bar{v}\mathrm{d}t \cdot mu_{y_0 + \bar{\lambda}}$$

上面两式相减，就可以得到 $\mathrm{d}A$ 面下方气体在 $\mathrm{d}A$ 面处产生的定向动量增量为

$$\begin{aligned}
\mathrm{d}I &= I_2 - I_1 \\
&= \frac{1}{6} n_V \mathrm{d}A \cdot \bar{v}\mathrm{d}t \cdot mu_{y_0 + \bar{\lambda}} - \frac{1}{6} n_V \mathrm{d}A \cdot \bar{v}\mathrm{d}t \cdot mu_{y_0 - \bar{\lambda}} \\
&= \frac{1}{6} n_V \mathrm{d}A \bar{v}\mathrm{d}t \cdot m\left(u_{y_0 + \bar{\lambda}} - u_{y_0 - \bar{\lambda}}\right)
\end{aligned}$$

上式中的速度差可以用速度梯度表示

$$u_{y_0 + \bar{\lambda}} - u_{y_0 - \bar{\lambda}} = \left(\frac{\mathrm{d}u}{\mathrm{d}y}\right)_{y_0} 2\bar{\lambda}$$

于是 $\mathrm{d}A$ 面下方气体的定向动量增量可以表示成

$$\mathrm{d}I = \frac{1}{3} n_V m\bar{v}\bar{\lambda} \mathrm{d}A\mathrm{d}t \left(\frac{\mathrm{d}u}{\mathrm{d}y}\right)_{y_0}$$

这个动量增量是在上方气体的摩擦力 $\mathrm{d}f$ 作用下产生的，根据牛顿第二定律，有

$$\mathrm{d}f = \frac{\mathrm{d}I}{\mathrm{d}t} = \frac{1}{3} n_V m\bar{v}\bar{\lambda} \mathrm{d}A \left(\frac{\mathrm{d}u}{\mathrm{d}y}\right)_{y_0}$$

切应力的定义为单位面积的力，即 $\tau = \mathrm{d}f/\mathrm{d}A$，从而有

$$\tau = \frac{1}{3} n_V m\bar{v}\bar{\lambda} \left(\frac{\mathrm{d}u}{\mathrm{d}y}\right)_{y_0} \tag{1-35}$$

这就是从微观分子运动推导得到的黏性力表达式。

对比式（1-34）和式（1-35），可以得到气体黏度与分子性质的关系为

$$\mu = \frac{1}{3} n_V m\bar{v}\bar{\lambda} \tag{1-36}$$

可以看到，黏度与单位体积分子数 n_V、分子质量 m、分子平均速度 $\bar{v}$ 和分子平均自由

程 $\bar{\lambda}$ 都成正比。前三者较容易理解，因为它们都会直接增加不同层气体的动量交换，为什么分子平均自由程越大黏度就越大呢？这是因为黏性力等于黏度与速度梯度的乘积，即式（1-34），分子平均自由程越大，分子沿 y 轴方向可能跳跃的距离就越大，当速度梯度一定时，相撞的两个分子的速度差就会越大，产生更大的动量交换。

把分子平均速度、单位体积分子数和分子平均自由程的表达式分别用宏观的气体参数 T 和 p 表示，即

$$\bar{v}=\sqrt{\frac{8k_{B}T}{\pi m}} \ , \quad n_{v}=\frac{N_{A}p}{R_{A}T} \ , \quad \bar{\lambda}=\frac{R_{A}T}{\sqrt{2}\pi d^{2}N_{A}p}=\frac{k_{B}T}{\sqrt{2}\pi d^{2}p}$$

把上面这 3 个关系式代入式（1-36），整理可得

$$\mu=\frac{2}{3}\sqrt{\frac{mk_{B}T}{\pi^{3}d^{4}}} \tag{1-37}$$

式中，m 是分子质量；d 是分子直径。对于理想气体，可以认为质量与直径的三次方成正比，于是可以消去分子质量，只在分母中剩下分子直径。从而得到结论：理想气体的黏度主要与两个因素有关：温度和分子直径。**对于同一种气体来说，黏度只与温度有关，温度越高，黏度就越大**。这比较好理解，因为温度越高，气体热运动越剧烈，单位时间内上下层交换的动量就越多。对于同温度的不同气体，则分子直径越大黏度越小，原因是直径越大则分子平均自由程越小，分子迁移距离小，产生的动量交换小。

需要注意的是，式（1-37）的黏度是基于很多假设导出的，可以用来描述理想气体的黏度，对双原子气体和多原子气体的适用性差一些，实际工程中使用的黏度数值一般是通过实验得到的。

1.6.2　气体的导热

当物体各部分温度不均匀时，内能会从高温处向低温处传递，这种现象叫作**热传导**，或**导热**，过程中所传递的内能大小叫作热量。对固体来说，原子都固定在某个位置上振动，振动慢的原子被振动快的原子带动而加快速度，温度就上升了。另外，对于导体，还存在着大量可以自由移动的电子，电子的移动也会产生内能传递的作用，这就是一般电的良导体也是热的良导体的原因。气体的情况相对复杂一些，因为气体分子并不固定在某个位置，所以导热实际上与分子的热运动速度相关，是一种气体的输运现象。

1. 宏观上的导热

从宏观上来看，固体和流体的热传导规律是一样的，都是热量从高温端传到低温端，定量关系都满足**傅里叶定律**，这是傅里叶（Joseph Fourier，1768—1830）在 1822 年提出的一条定律，是基于实验结果归纳总结的关系式。单位时间内通过给定截面的导热量，正比于垂直于该截面方向上的温度变化率和截面面积，热量沿着温度降低的方向传递。

$$\dot{q}_n = -\lambda \frac{\partial T}{\partial n} \tag{1-38}$$

式中，$\dot{q}_n$ 为沿 n 方向的单位面积的传热速率；λ 为物质的导热系数。

既然热传导直接和分子的热运动相关，就可以用类似于推导黏度的方式来推导气体的导热系数。

2. 导热的微观推导

如图 1-24 所示，两平板间充满宏观静止的气体，上平板温度高，下平板温度低，形成向下的热传导。在内部取一个平行于上、下平板的平面，面积为 dA。计算出在 dt 时间内穿过这个平面发生的内能交换，就可以算出导热系数。

假设分子的平均热运动速度为 $\bar{v}$，温差不大时，仍然可以把气体当作各向同性考虑，在 dt 时间内，从下向上穿过 dA 面的分子数为

图 1-24　导热系数推导的微观模型

$$\frac{1}{6} n_V dA \cdot \bar{v} dt$$

在 dt 时间内，由于分子热运动，从下向上带到 dA 面上的分子动能为

$$E_{k1} = \frac{1}{6} n_V dA \cdot \bar{v} dt \cdot \frac{1}{2} m \overline{v_{y_0-\bar{\lambda}}^2} = \frac{1}{12} n_V m \bar{v} dA dt \cdot \overline{v_{y_0-\bar{\lambda}}^2}$$

同理，在 dt 时间内，从上向下带到 dA 面上的分子动能为

$$E_{k2} = \frac{1}{12} n_V m \bar{v} dA dt \cdot \overline{v_{y_0+\bar{\lambda}}^2}$$

由于上面温度高，从上面到 dA 面的分子比从下面到 dA 面的分子带有更多的动能，两者之差就是下方气体获得的内能增量，即

$$dE_k = E_{k2} - E_{k1} = \frac{1}{12} n_V m \bar{v} dA dt \cdot \left(\overline{v_{y_0+\bar{\lambda}}^2} - \overline{v_{y_0-\bar{\lambda}}^2} \right)$$

速度平方的差可以用速度平方的梯度表示，即

$$\overline{v_{y_0+\bar{\lambda}}^2} - \overline{v_{y_0-\bar{\lambda}}^2} = \left(\frac{d\overline{v^2}}{dy} \right)_{y_0} 2\bar{\lambda}$$

于是，dA 面下方气体获得的内能增量可以表示为

$$dE_k = \frac{1}{6} n_V m \bar{v} \bar{\lambda} dA dt \left(\frac{d\overline{v^2}}{dy} \right)_{y_0}$$

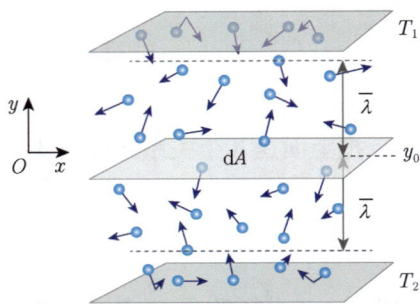

单位时间通过单位面积的内能就是传热速率 $\dot{q}_n$，根据坐标定义，向上的导热系数为正，而本模型中由于上面温度高，热量是从上面传导到下面，所以导热系数要带一个负号

$$\dot{q} = -\frac{\mathrm{d}E_k}{\mathrm{d}A\mathrm{d}t} = -\frac{1}{6}n_V m\bar{v}\bar{\lambda}\left(\frac{\mathrm{d}\overline{v^2}}{\mathrm{d}y}\right)_{y_0} \tag{1-39}$$

根据气体动理论，温度与分子平均动能的关系为

$$\frac{1}{2}m\overline{v^2} = \frac{3}{2}k_B T$$

用这个关系式可以把式（1-39）中速度平方的梯度转化为温度梯度，即

$$\left(\frac{\mathrm{d}\overline{v^2}}{\mathrm{d}y}\right)_{y_0} = \left[\frac{\mathrm{d}(3k_B T/m)}{\mathrm{d}y}\right]_{y_0} = \frac{3k_B}{m}\left(\frac{\mathrm{d}T}{\mathrm{d}y}\right)_{y_0}$$

把这个关系式代入式（1-39），可得

$$\dot{q} = -\frac{1}{2}n_V k_B \bar{\lambda}\bar{v}\left(\frac{\mathrm{d}T}{\mathrm{d}y}\right)_{y_0} \tag{1-40}$$

对比式（1-40）和式（1-38），可以得出导热系数

$$\lambda = \frac{1}{2}n_V k_B \bar{\lambda}\bar{v} \tag{1-41}$$

注意，式（1-41）中的 $\bar{\lambda}$ 是分子平均自由程，和导热系数 λ 没有直接关系。

可以看到，导热系数与单位体积分子数 n_V、分子平均速度 $\bar{v}$ 和分子平均自由 λ 程都成正比。与黏度相比，少了分子质量 m 这个变量。原因是虽然一方面分子质量越大携带的动能越大，但另一方面分子质量越大则相同温度下气体的分子速度越小，这两种影响相互抵消了。从式（1-36）和式（1-41）可以直接得到黏度和导热系数的关系，如下

$$\lambda = \frac{3}{2}\cdot\frac{k_B}{m}\mu \tag{1-42}$$

可见，导热系数与黏度之间就差一个分子质量。

从单个理想气体分子的内能关系式可得

$$U = mc_V T = \frac{3}{2}k_B T \implies \frac{k_B}{m} = \frac{2}{3}c_V$$

代入式（1-42），可得

$$\lambda = \mu c_V \tag{1-43}$$

可见，黏度大、定容比热容大的气体，导热系数也大。这个关系式适用于理想气体，对于双原子气体和多原子气体具有定性上的参考价值。

1.6.3　气体的扩散

物质分子从高浓度区域向低浓度区域转移，直到均匀分布的现象，称为扩散。扩散作用可发生在几种物质之间或同一种物质之内，由不同区域之间的浓度差或温度差所引起。对于由密度不均匀导致的气体扩散，单位时间内通过某单位面积 dA 的某组分气体质量为

$$dm = -D \frac{\partial \rho}{\partial n} dA dt \tag{1-44}$$

式中，ρ 为某种气体的密度，而不是混合气体的总密度；D 称为扩散系数。扩散系数也可以通过气体动理论推导得到，跟求黏度或导热系数的方法类似，这里就不进行推导了，直接给出结果

$$D = \frac{1}{3} \bar{v} \bar{\lambda} \tag{1-45}$$

可见，扩散能力只与两个因素相关：一个是分子的平均速度，另一个是分子的平均自由程。分子平均速度越大，扩散能力就越强；分子平均自由程越大，扩散能力也越强。

对比扩散系数、黏度和导热系数，扩散系数只与 $\bar{v}$ 和 $\bar{\lambda}$ 相关，导热系数则增加了单位体积分子数 n_V，黏度又增加了分子质量 m，它们之间的关系如下

$$\mu = \frac{2}{3k_B} m\lambda = n_V m D \tag{1-46}$$

1.7　连续介质假设

对于经典的气体动力学而言，处理的是宏观的流速、温度、压力等之间的关系，没有必要去研究单个分子的行为。因此，气体动力学的基本理论中，把物质看作连续可分的，**称为连续介质假设**。

在气体动力学中经常使用"某点的温度"和"某点的速度"这样的描述语言，这个"点"实际上指的是一个微小的空间，或一小团气体。从宏观上看，这个微小空间的体积应该足够小，可以近似地被看成一个点；从微观上看，这个微小空间则要足够大，能包含足够多的分子，使所关心的宏观物理量不受微观的分子热运动随机性的影响。

判断气体流动是否满足连续介质假设的标准是所研究的流动问题尺度与分子平均自由程大小的关系。对于常温常压的气体，其分子平均自由程大概为 7×10^{-5} mm，只要研究的对象远大于这个尺度，就满足连续介质假设。一般我们所见的流动都满足连续介质假设，但雾霾的尺度就不完全满足连续介质假设，当计算雾霾在空气中下落的速度时，用气体动力学方法只能给出定性的结论，而得不到准确的计算结果。在 120 km 的高空运动的火箭

和飞船也不满足连续介质假设，因为此处空气分子的平均自由程达到了 0.3 m，相比火箭的尺寸已经不算小了。这类不满足连续介质假设的问题应该使用分子动力学理论或者稀薄气体动力学理论来解决，不属于经典气体动力学的问题。

1.8 气体的压缩性

只要是气体，内部就会存在压力，具有向外膨胀的趋势。所以，可压缩性是气体的基本属性：压它，其体积就会缩小；放松对它的限制，其体积就会自发地胀大。另外影响气体体积的因素是温度，对气体加温，它内部的压力就会增大，产生向外膨胀的趋势，如果气体不是装在固定体积的容器中，其体积就会增加。然而，在流体力学中，很多情况下的气体流动都可以看作不可压缩，也就是气体的密度在流动中保持不变，称为不可压缩流动。这是为什么呢？

原因是多数流动问题中的气体都不处于密闭空间中，而是在一个相对开放且压力变化不大的环境中。当气体在某一个或几个方向受压时，总可以有逃跑的地方，从而避免被压缩。图 1-25 所示为行驶中的汽车对其前方的空气产生的影响，空气基本没有被压缩，而是朝四面散开了。其实固体也类似，要压缩它必须从相对的两边一起推，只推一边的话，固体会移动，未必会被压缩。

图 1-25　行驶中的汽车对其前方的空气产生的影响

来看图 1-26 所示的 3 种固体的情况，最上面是刚体金属棒，下面两个是不同刚度的弹簧。从左侧突然推动时，同一瞬间弹簧的右侧并不开始运动，而是要等到力传过来，因此有一瞬间弹簧被压缩了，压缩程度与左侧推动的速度和弹簧本身的刚度和质量（即惯性）有关。现在把弹簧换成管道中的气体，左侧换成活塞，如图 1-27 所示。当突然推动活塞时，右侧的气体并不会立刻跑出管道，于是管内的气体就被压缩了。这种所谓的突然推动指的是速度快到让气体来不及"反应"。气体的"反应"速度是多大呢？和声速有关。小的压力扰动在气体中传播的速度是声速，也就是说左侧受压的信息会以声速传播到右侧，当右侧的气体感受到这种压力变化时才会发生运动。大的压力扰动传播的速度可以比声速快，具体速度取决于压升的大小。这种大的压力扰动，如果是压升，就会产生激波；如果是压降，就会产生膨胀波。当活塞突然推动非常小的距离时，产生的是小压力扰动，传播速度是声速；当活塞突然推动一个较大的距离时，产生的是大压力扰动，传播速度是超声速。

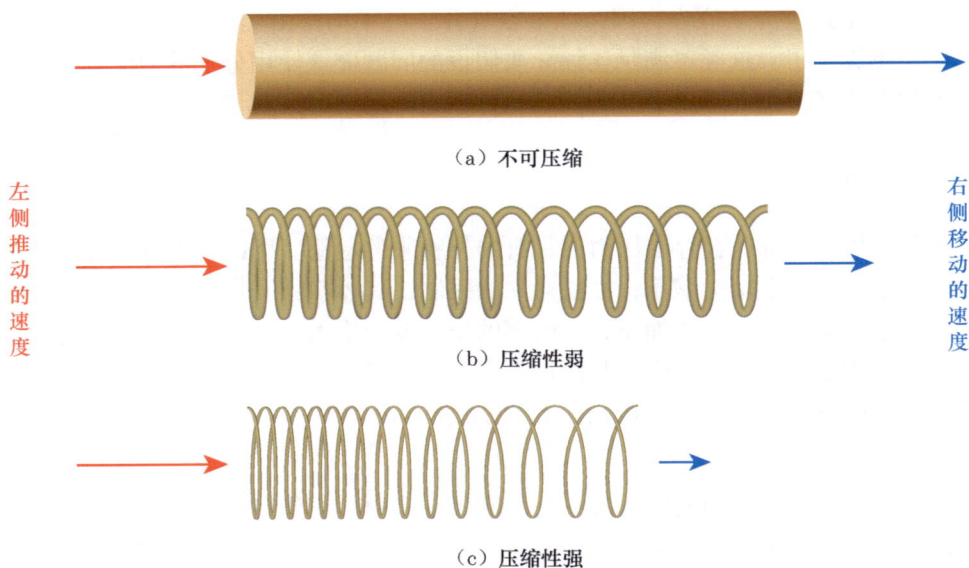

（a）不可压缩

左侧推动的速度

右侧移动的速度

（b）压缩性弱

（c）压缩性强

图 1-26　刚体金属棒和弹簧的压缩性

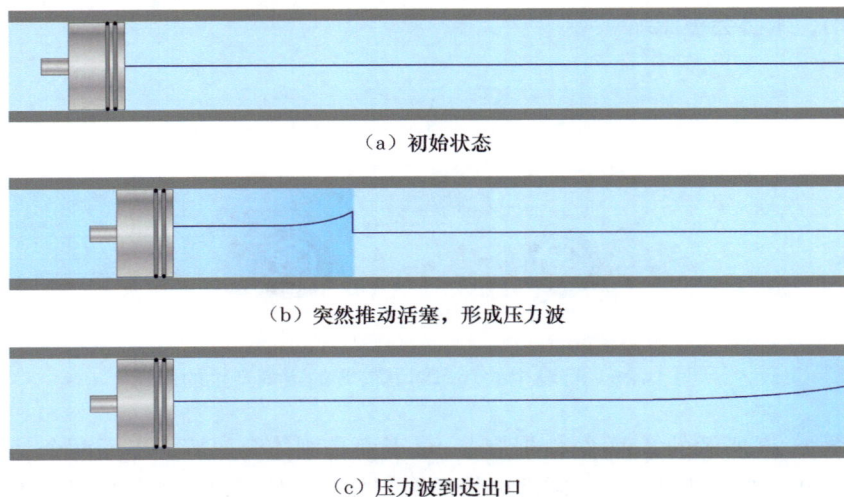

（a）初始状态

（b）突然推动活塞，形成压力波

（c）压力波到达出口

图 1-27　管内气体的压缩性

　　严格来说，判断流动是否可以看成不可压缩的唯一标准就是看气体在流动过程中的体积（或密度）是否发生了改变。由于气体的密度较难监测，一般通过其他参数来判断流动的压缩性，具体可以根据以下几点来判断。

　　（1）如果气体处于密闭空间中，则空间体积的改变会导致气体压缩或膨胀。

　　（2）如果气体处于开放空间中，局部扰动气体的速度足够快，也会造成气体压缩或膨胀。

　　（3）气体温度变化会连带压力的变化，只要不是处于固定容积的密闭空间中，气体一般就会发生压缩或膨胀。

（4）重力和惯性力等体积力会使气体内部压力分布不均匀，同时对应密度的不均匀，气体在不同密度的区域之间流动就会发生压缩或膨胀。

图 1-28 所示为几种可压缩流动的例子，图 1-29 所示为几种不可压缩流动的例子，读者可以根据这些例子来体会在什么情况下需要考虑压缩性，在什么情况下可以忽略压缩性。需要知道的是，不可压缩流动只是对真实流动的一种近似，实际上所有气体流动都是可压缩的，但采用了不可压缩假设之后，关系式会变得简单很多，问题可以得到明显的简化，易于求解。

现代喷气式飞机的速度很快，空气绕过飞机的流动是可压缩流动

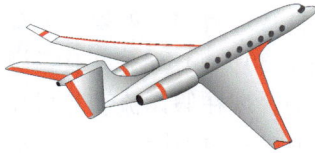

气体从储气罐喷出，密度下降很多，是可压缩流动

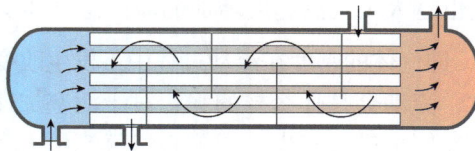

换热器中的气流温度变化很大，是可压缩流动

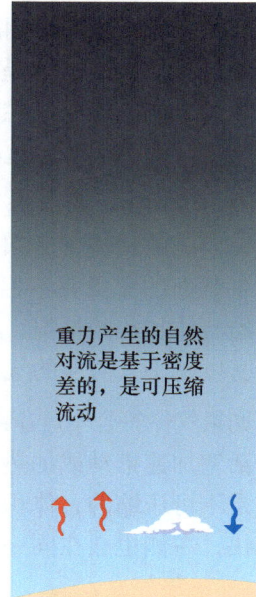

重力产生的自然对流是基于密度差的，是可压缩流动

图 1-28　几种可压缩流动的例子

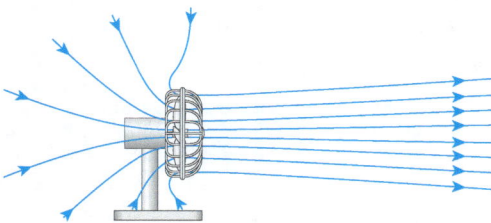

（a）电风扇产生的流动

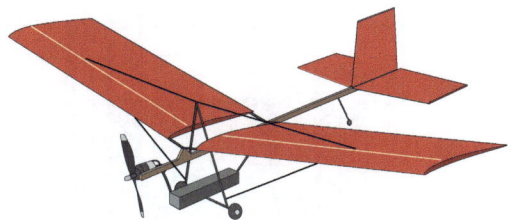

（b）低速模型飞机的流动问题

（c）足球的空气阻力问题

（d）一般汽车的空气阻力问题

图 1-29　几种不可压缩流动的例子

1.9　不可压缩流动假设

气体发生压缩或膨胀时，机械能和内能之间会发生转换，也就是说，当气体发生的是可压缩流动时，机械能就不守恒了，这时问题就会复杂得多。除了压缩之外，摩擦是机械能转换成内能的另一种方式，气体流动时有摩擦对应的是有黏性的流动，如果把这两种作用都忽略，就是无黏不可压缩流动，这时气体在流动中机械能守恒。可描述机械能守恒的有名的流体力学定理是伯努利定理，它具有非常简单的形式和明确的物理意义。

现在来看这样一个问题，气体沿等直管道流动，如果是无黏不可压缩流动，那么各个截面上的气体速度必然是相等的，如图1-30（a）所示，或者说，所有地方的流动速度都是相等的，流体相当于在整体做刚体运动。现在假设流动是可压缩的，并已知下游气体的密度比上游气体的低，这种流动在现实中对应两种情况：非定常流动或有换热的流动。

图1-30（b）所示为气体在左侧活塞的加速推动下的流动，这是一种非定常的可压缩流动，左侧的气流密度和速度都大，而右侧的气流密度和速度都小，这种情况下同一时刻通过各截面的流量并不相等，左侧的流量大，右侧的流量小。图1-30（c）所示为在直管外部给气体加热的情况，流动是定常的，沿管道流量守恒。这时，越往下游气体的温度越高，密度越小，对应的气流速度也越大（气流速度增加的原因是气体受热膨胀）。

如果气体符合不可压缩假设，即气体的密度在流动过程中不发生改变，仍然给定图1-30中的活塞加速推动或加热的条件，流动会是什么样的呢？对于活塞加速推动的情况，由于气体是不可压缩的，体积不变，左侧推进去多少，右侧必然就流出去多少，也就是左侧运动多快，右侧也会在同一瞬时以相同的速度运动，或者说，扰动的传播速度是无穷大的，

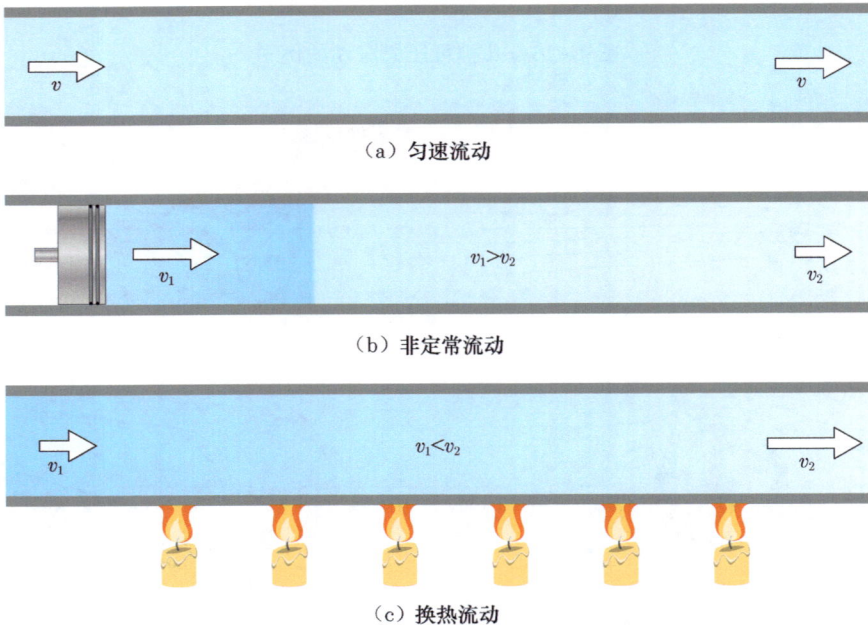

（a）匀速流动

（b）非定常流动

（c）换热流动

图1-30　几种气体沿等直管道的流动

因此，这种情况的效果是空气整体做加速运动。对于加热的情况，气体越往下游温度越高，但是温度变化并不引起密度的变化。根据质量守恒定律，在密度和横截面积都不变的条件下，流速也保持不变。也就是说，加热只改变内能，对宏观动能没有影响。

可见，一旦流动是不可压缩的，问题就显著地简化了。这就说明专门分出一类不可压缩流动的意义在于简化分析和计算。当然，把不可压缩流动单独分出来还有很多考虑，比如在应用数值计算时，如果流速很低，虽然理论上仍然可以使用可压缩流动方程进行计算，但计算较难收敛，而如果假设压力不引起密度变化，使用压力校正法就能较为方便地求解。

对于不可压缩流动，气体微团的密度在流动过程中都保持不变，那气体的压力和温度之间的关系是什么呢？对于图 1-30（c）所示的加热管流，如果流体是不可压缩的，则流动过程中温度上升，流速不变，压力也不变。还有一个常见的情况是气体以无黏不可压缩流过一个绝热的扩张管道，根据伯努利定理，速度沿流向降低，压力升高，而温度不变。可以看到，不可压缩流动中，压力和温度可以分别独立变化。

对于不可压缩流动，压力的绝对值本身没有意义，有意义的是压差，压差只和流体所受的外力和自身的加减速（对应惯性力）有关。而温度对应内能，其变化只和流体与外界的换热有关，也就是说不可压缩流动中温度和压力不相关。不可压缩假设定义了一种实际并不存在的气体，这种气体不符合一般的气体状态方程。

1.10　重力对气体的影响

1.10.1　重力的效果

重力是一种体积力，特点是作用在全部流体质点上，且方向都是竖直向下的，因此重力是保守力，重力做功也可以表示为重力势能的变化。重力对流体的影响比较简单，它总是试图使流体微团在竖直方向做加速运动，并对流体做功。对于静止的流体，为了平衡重力，流体下部的压力总是大于上部，产生竖直向上的压差，液体的密度一般可以按常数处理，于是液面（此处压力为 p_0）以下深度为 h 处的压力为

$$p = p_0 + \rho g h$$

对于气体，其密度随压力和温度的变化较大，应该使用微分关系式

$$\mathrm{d}p = \rho g \mathrm{d}h$$

如果流体只沿水平方向流动，重力的影响就仍然和静止流体中的相同，求解时不需要考虑重力，在结果中加入重力就可以。例如，对图 1-31 所示的水平管道内完全发展的不可压缩流动，即哈根 - 泊肃叶流动，如果不考虑重力影响，速度和压力分布分别为

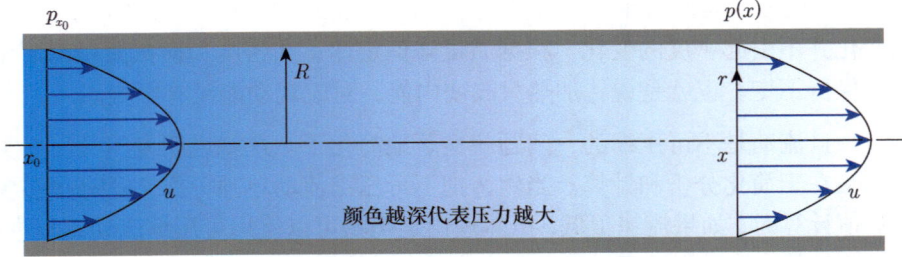

图 1-31　不考虑重力影响的哈根－泊肃叶流动

$$u(r) = 2U\left[1 - \left(\frac{r}{R}\right)^2\right]$$

$$p(x) = p_{x_0} - \frac{32\mu U}{D^2}(x - x_0)$$

式中，r 为径向距离；x 为流向距离；x_0 为管道进口截面的中点；R 和 D 分别为管道的半径和直径；U 为截面平均流速；p_{x_0} 表示管道进口截面的压力。图 1-31 中用颜色的深浅表示压力的大小，颜色越深代表压力越大。

　　从这两个式子可以看出，不考虑重力影响的情况下，流速只沿竖直方向（径向）变化，压力只沿水平方向（流向）变化。当有重力影响时，因为流动是沿水平方向的，重力并不会对流速有任何影响，所以流速分布还是不变的。但压力分布会有所不同，管道下部的流体压力应该比上部的高。对于不可压缩流动，密度为常数，把重力引起的压力变化关系式 $p = p_0 + \rho g h$ 代入上面的压力分布关系式中，有

$$p(x, y) = p_{x_0} - \frac{32\mu U}{D^2}(x - x_0) - \rho g y$$

　　根据上式可以把图 1-31 重新画一下，如图 1-32 所示，其中 y 的正方向为竖直朝上。上式中的 x_0 表示管道进口截面的中点，p_{x_0} 表示此处的压力。仍然用颜色的深浅表示压力的大小，这时压力的变化仍然是线性的，不过沿水平方向和竖直方向都有变化。最大压力点在左下角，最小压力点在右上角。重力影响了流场中各点压力的大小，但并不影响沿流向的压力梯度，这个压力梯度只与流速、流体的黏度和管道直径有关。

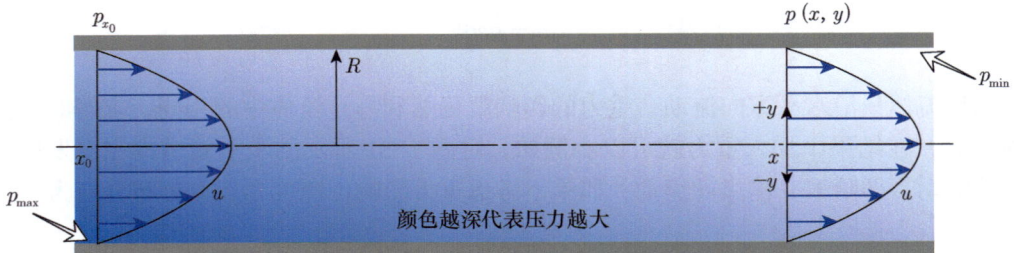

图 1-32　考虑重力影响时的哈根－泊肃叶流动

$$\frac{p(x,0)-p_{x_0}}{x-x_0}=-\frac{32\mu U}{D^2}$$

即压差只取决于管壁的摩擦力，而与重力无关，因为流体是沿水平方向流动的。

即使流体不是沿水平方向流动的，只要是等截面直管道内的哈根 – 泊肃叶流动，流速就不受重力影响。不过这时沿流向的压力梯度是受重力影响的，因为重力在流向有分力，沿流向的压差要同时与管壁摩擦力和重力两者平衡。如果是在垂直方向有加速度的流动，比如倾斜的变截面管流，重力就会同时影响流速和压力分布，这时需要在一开始计算时就考虑重力。比如，伯努利方程里面就有重力的影响，如下

$$\frac{V^2}{2}+\frac{p}{\rho}+gz=C$$

式中，V 为流体的速度；p 为流体的压力；为流体的密度；g 为重力加速度；z 为流体高度；C 为常数。

图 1-33 所示为一种典型的伯努利方程问题，水在倾斜放置的变截面管道中流动，假设流动无黏、不可压缩。根据连续方程，面积决定了水的流速，而从牛顿定律角度来看，水的加减速则是外力的结果，外力有两种，即重力和压差。对于收缩管道，当水从低处流往高处时，压差是驱动力，而重力是阻碍力；当水从高处流往低处时，压差和重力都是驱动力。因此，虽然水的加速程度相同，但右侧出口处的水的压力更大一些。

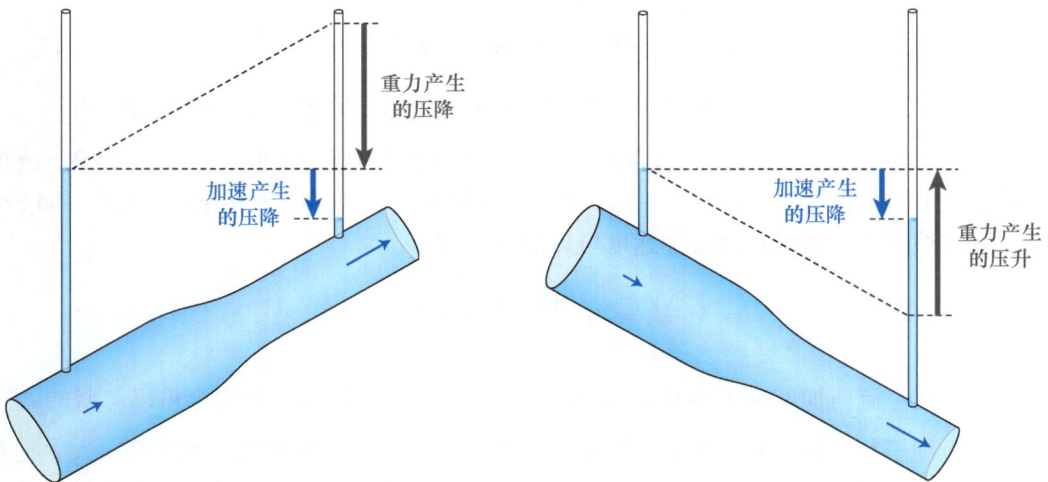

图 1-33　有重力作用时，收缩管道中水流的压力变化

对于更复杂的三维可压缩黏性流动，重力作用也更为复杂。不过在很多情况下，重力是可以忽略的。何时可以忽略重力，何时需要考虑重力，主要看重力的影响有多大。

1.10.2　重力可忽略的情况

如果流动中的重力比其他力小得多，就可以不考虑重力。流场中的任何流体微团只受到 3 种力的作用：重力、压差和黏性力（这里不考虑存在电磁力等其他体积力的情况）。

如果我们站在流体微团上随其一起运动，即以流体微团为参考系，则还有惯性力。

常见流动的雷诺数较高，黏性力不起主要作用，起主要作用的是重力、惯性力和压差这3种力。压差可以看作一种结果力，意思是说压差是重力和惯性力作用的结果。重力和惯性力越大，相应的压差也越大，总是能保持流体微团的平衡。所以，要考察重力的影响，应该看其和惯性力大小的比较，当重力相对于惯性力来说很小时，就可以忽略重力。

一种误解认为气体流动都可以忽略重力，而多数液体流动不能忽略重力，理由是气体的密度小，相对较轻。然而，较小的密度也对应较小的惯性力，并不说明重力相对惯性力就更小。可以举个简单的例子来评估流动中惯性力与重力的大小。如图 1–34（a）所示，假设流体以 $V = 20$ m/s 的速度通过一个转弯半径 $r = 10$ mm 的转角，则离心加速度为

$$a = \frac{V^2}{r} = 40\,000 \text{ m/s}^2 \approx 4000g$$

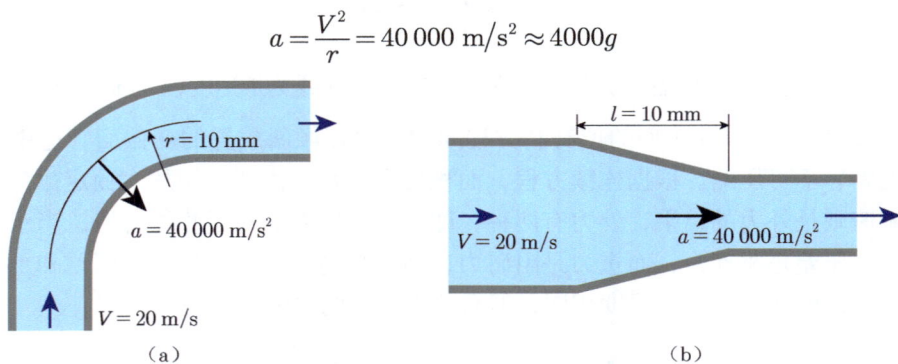

图 1–34　两种可以忽略重力的流动实例

可见，在这样一个常见的流动中，惯性力远大于重力，完全可以忽略重力作用。

再举一个收缩管道的例子，假设流体以 $V = 20$ m/s 的速度通过一个长度为 10 mm 的收缩管道，面积线性收缩为原来的一半（速度变为原速度2倍，即 40 m/s），如图 1–34（b）所示，则收缩段流体的平均对流加速度可以用下式估算

$$a = V\frac{\Delta V}{l} = 20 \times \frac{40 - 20}{0.01} = 40\,000 \ (\text{m/s}^2)$$

可见，这个流向加速度大小和上面的离心加速度相同，重力也是完全可以忽略的。

这两个例子都是较温和的流动，流速不算大，转弯或者收缩的程度也不算很大，但对应的惯性力都远远超过了重力。因此，很多常见的流动中，重力确实是可以忽略的。这里的分析中并没有出现流体的密度，也就是说结论与密度无关，因此对于气体和液体都适用。

然而，在实际工程问题中，经验告诉我们重力对液体运动的影响比对气体的影响大，这是因为气体的密度小，产生同样流速需要的压差更容易达到。例如，$V = 20$ m/s 的流动，对于空气和水，对应的动压分别如下。

空气：　　$\frac{1}{2}\rho V^2 = \frac{1}{2} \times 1.2 \times 20^2 = 240 \ (\text{Pa}) \approx 0.002 \text{ atm}$

水：　　$\frac{1}{2}\rho V^2 = \frac{1}{2} \times 998 \times 20^2 = 2 \times 10^5 \ (\text{Pa}) \approx 2 \text{ atm}$

式中，atm 为标准大气压，1 atm=101 325Pa。

可见，让空气产生这样的流速只需要很小的压差，而让水产生这样的流速则需要两个大气压，是一个不小的值。再如，我们用嘴吹气可以轻松地达到 20 m/s 的速度，这时嘴内的气压只需要比大气压高千分之二就可以了，但如果是用嘴来喷水，要想达到 20 m/s 的速度，就需要嘴内的气压比外界高出两个大气压，这就很困难了。流体一般是在压差驱动下流动的，相同的压差驱动下，气体会以高速运动，液体则以低速运动。因此，重力对水流影响大，对气流影响小。实际上本质的原因是重力对低速流动影响大，对高速流动影响小，因为水流速度一般远低于气流，所以受重力影响更大。

总之，重力对气体或液体流动影响的不同，并不是因为密度的不同，而是因为流速的不同。低速流动的气体也需要考虑重力，高速流动的液体也可以忽略重力。比如，在气体的自然对流现象中，重力就是主要驱动力，是不能忽略的。由于这时的雷诺数较低，黏性力的影响很大，经常用格拉晓夫数（浮力与黏性力之比）来评价流动。对于高速流动的液体，比如工业上的水切割装置中的射流，则基本可以不考虑重力的影响。

1.11　国际标准大气

气体动力学中最常研究的气体是空气，而空气是一种混合气体，其性质随组分、温度和高度的变化差异很大，需要一个统一的标准。国际标准化组织（ISO）、世界气象组织（WMO）、国际民用航空组织（ICAO）和空间研究委员会（COSPAR）等都发布过标准大气模型，但影响较大、采用较广的是美国标准大气（USSA），它有 1962 年和 1976 年两个版本。目前的国际标准大气（ISA）与美国标准大气（USSA-1976）一致。

USSA-1962 反映了中纬度地区大气全年平均状况。后来人们发现这一模型不够准确，于是编制了 USSA-1976。这个标准在 51 km 以下与 USSA-1962 完全相同，50 ～ 80 km 采用了 ISO 的国际标准。表 1-2 所示为标准大气的一些主要性质。

表 1-2　标准大气的一些主要性质

物理量	值
压力	101 325 Pa
密度	1.225 kg/m^3
温度	15 ℃
声速	340.3 m/s
黏度	1.789×10^{-5} N · s/ m^2
导热系数	0.0253 W/(m · K)
气体常数	287.06 J/(kg · K)
定压比热容	1005 J/(kg · K)
定容比热容	716 J/(kg · K)

空气本身对太阳能的吸收率很低，绝大多数太阳能会到达地面，空气通过与地面的换热得到热量，所以越靠近地面的空气温度越高。在对流层内，气温随高度的增加而线性降低。另外，对流层内水汽等杂质多，空气竖直运动较为剧烈，标准大气温度只是全球长时间监测的平均结果，显然不能代表任何时刻、任何地方对流层的真实温度。在平流层下层，温度基本保持为常数；在平流层上层，臭氧吸收来自太阳的紫外线，温度随高度的增加而线性增加。对上述的大气温度分布规律进行简化后，国际标准大气（ISA）规定大气温度随高度的变化规律表示如下

$$T = \begin{cases} 288.15 - 0.0065y & (0 \leqslant y \leqslant 11\,000 \text{ m}) \\ 216.65 & (11\,000 \text{ m} < y \leqslant 20\,000 \text{ m}) \\ 216.65 + 0.001 \times (y - 20\,000) & (20\,000 \text{ m} < y \leqslant 32\,000 \text{ m}) \end{cases} \qquad (1\text{--}47)$$

式中，y 为距地面的竖直高度。

有了温度分布，大气压力和密度可以根据当地的温度、空气状态方程和重力的影响计算得到。根据流体静力学，重力场中流体的压力与高度的关系为

$$\mathrm{d}p = -\rho g \mathrm{d}y$$

把空气状态方程 $p = \rho R T$ 代入上式，得

$$\frac{\mathrm{d}p}{p} = -\frac{g}{RT}\mathrm{d}y$$

把式（1-47）所示关系式代入上式中，并取重力加速度为常数：$g = 9.806\,65 \text{ m/s}^2$，气体常数 $R = 287.06 \text{ J/(kg} \cdot \text{K)}$，可以得到大气压力和密度随高度的变化规律，如下

$$p = \begin{cases} 101\,325 \times \left(\dfrac{T}{288.15}\right)^{5.2557} & (0 \leqslant y \leqslant 11\,000 \text{ m}) \\ 22\,633\mathrm{e}^{\frac{11\,000-y}{6341.8}} & (11\,000 \text{ m} < y \leqslant 20\,000 \text{ m}) \\ 5475.3 \times \left(\dfrac{T}{216.65}\right)^{-34.162} & (20\,000 \text{ m} < y \leqslant 32\,000 \text{ m}) \end{cases} \qquad (1\text{--}48)$$

$$\rho = \begin{cases} 1.225 \times \left(\dfrac{T}{288.15}\right)^{4.2522} & (0 \leqslant y \leqslant 11\,000 \text{ m}) \\ 0.3643\mathrm{e}^{\frac{11\,000-y}{6341.8}} & (11\,000 \text{ m} < y \leqslant 20\,000 \text{ m}) \\ 0.088\,13 \times \left(\dfrac{T}{216.65}\right)^{-35.162} & (20\,000 \text{ m} < y \leqslant 32\,000 \text{ m}) \end{cases} \qquad (1\text{--}49)$$

图 1-35 所示为大气温度、压力和密度随高度变化的分布规律。其中，p_0、ρ_0 和 T_0 分别为海平面的压力、密度和温度。在附录 B.1 中给出了计算标准大气参数的 MATLAB 程序源代码，供读者使用。

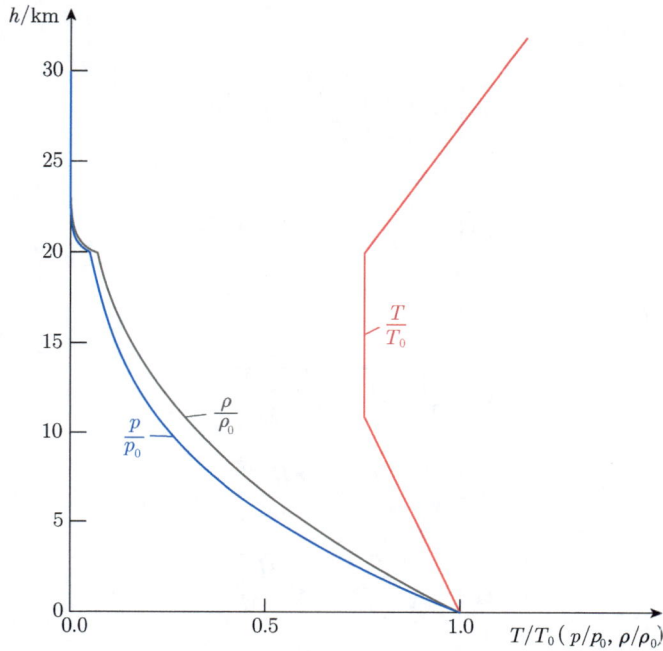

图 1-35　大气温度、压力和密度随高度变化的分布规律

重要关系式总结

理想气体状态方程

$$p = \rho \frac{R_A}{M} T \tag{1-8}$$

空气状态方程

$$p = \rho R T \tag{1-9}$$

压力与分子平均动能的关系

$$p = \frac{2}{3} n_V \left(\frac{1}{2} m \overline{v^2} \right) \tag{1-13}$$

温度与分子平均动能的关系

$$T = \frac{2}{3} \cdot \frac{1}{k_B} \left(\frac{1}{2} m \overline{v^2} \right) \tag{1-16}$$

理想气体分子含有的总能量

$$E_{tot} = \frac{1}{2} k_B T f = \frac{f}{2} k_B T \qquad (1-23)$$

麦克斯韦速率分布

$$f(v) = \left(\frac{m}{2\pi k_B T} \right)^{\frac{3}{2}} 4\pi v^2 e^{-\frac{mv^2}{2k_B T}} \qquad (1-25)$$

$$f(v) = \left(\frac{M}{2\pi R_A T} \right)^{\frac{3}{2}} 4\pi v^2 e^{-\frac{Mv^2}{2R_A T}} \qquad (1-26)$$

气体分子的速度

$$v_p = \sqrt{\frac{2k_B T}{m}} = \sqrt{\frac{2R_A T}{M}} \qquad (1-27)$$

$$\bar{v} = \sqrt{\frac{8k_B T}{\pi m}} = \sqrt{\frac{8R_A T}{\pi M}} \qquad (1-28)$$

$$v_{rms} = \sqrt{\frac{3k_B T}{m}} = \sqrt{\frac{3R_A T}{M}} \qquad (1-29)$$

$$c = \sqrt{\frac{\kappa R_A T}{M}} \qquad (1-30)$$

气体分子平均自由程

$$\bar{\lambda} = \frac{R_A T}{\sqrt{2}\pi d^2 N_A p} = \frac{k_B T}{\sqrt{2}\pi d^2 p} \qquad (1-33)$$

黏度

$$\mu = \frac{2}{3} \sqrt{\frac{m k_B T}{\pi^3 d^4}} \qquad (1-37)$$

导热系数

$$\lambda = \frac{3}{2} \cdot \frac{k_B}{m} \mu \qquad (1-42)$$

$$\lambda = \mu c_V \qquad (1-43)$$

扩散系数

$$D = \frac{1}{3} \bar{v} \bar{\lambda} \qquad (1-45)$$

$$\mu = \frac{2}{3k_B} m\lambda = n_V mD \tag{1-46}$$

标准大气

$$T = \begin{cases} 288.15 - 0.0065y & (0 \leqslant y \leqslant 11\,000 \text{ m}) \\ 216.65 & (11\,000 \text{ m} < y \leqslant 20\,000 \text{ m}) \\ 216.65 + 0.001 \times (y - 20\,000) & (20\,000 \text{ m} < y \leqslant 32\,000 \text{ m}) \end{cases} \tag{1-47}$$

$$p = \begin{cases} 101\,325 \times \left(\dfrac{T}{288.15}\right)^{5.2557} & (0 \leqslant y \leqslant 11\,000 \text{ m}) \\ 22\,633\,e^{\frac{11\,000-y}{6341.8}} & (11\,000 \text{ m} < y \leqslant 20\,000 \text{ m}) \\ 5475.3 \times \left(\dfrac{T}{216.65}\right)^{-34.162} & (20\,000 \text{ m} < y \leqslant 32\,000 \text{ m}) \end{cases} \tag{1-48}$$

$$\rho = \begin{cases} 1.225 \times \left(\dfrac{T}{288.15}\right)^{4.2522} & (0 \leqslant y \leqslant 11\,000 \text{ m}) \\ 0.3643\,e^{\frac{11\,000-y}{6341.8}} & (11\,000 \text{ m} < y \leqslant 20\,000 \text{ m}) \\ 0.088\,13 \times \left(\dfrac{T}{216.65}\right)^{-35.162} & (20\,000 \text{ m} < y \leqslant 32\,000 \text{ m}) \end{cases} \tag{1-49}$$

习 题

1-1 容积为 500 mL 的封闭刚性容器内装有压力为 101 325 Pa、温度为 15 ℃的空气，当将其加热到 300 ℃后，容器内的气体压力变为多少？

1-2 室温 15 ℃的室内有一个压缩空气瓶，容积为 40 L，其中的压缩空气压力为 20 atm，现在每天需要使用 1.0 atm、100 L 的空气，试计算够用几天。

1-3 按质量计算，空气由 76% 的氮气、23% 的氧气和 1% 的氩气组成，忽略其余组分，试计算空气的摩尔质量。

1-4 固定质量的空气温度升高，但压力下降，试分析气体可能经历了怎样的变化。

1-5 一个氢气球在缓慢上升过程中，因外界大气压不断减小而膨胀，若气球内部压力和温度始终与外部大气保持相等，气球在上升过程中所受的浮力是否变化？

1-6 已知某单原子理想气体的相对分子质量为 20.18，求这种气体的定容比热容。

1-7 在室温下，1 mol 氢气和 1 mol 氮气的内能各是多少？ 1 kg 氢气和 1 kg 氮气的内能呢？

1-8 已知某理想气体在一定温度下的单个分子平均动能为 e，单位体积的分子数为 n，求这时的温度和压力。

1-9 计算氮气分子在 15 ℃时的最大概率速度。

1-10 已知某理想气体的速率分布函数为 $f(v)$，求速率在 $v_1 \sim v_2$ 的分子数占总分子数的比例。

1-11 温度相同的氮气和氢气，求两者最大概率分子速度之间的关系。

1-12 分别计算常温空气和氦气中的声速。

1-13 一个直径为 1 m 的超声速航空压气机试验件需要在叶尖切线马赫数为 1.2 的条件下做实验，试计算分别使用标准状态的空气和氟利昂来做试验时，试验件的转速。

1-14 计算氦气（原子直径为 3.1×10^{-11} m）在一个大气压和 15 ℃时的分子平均自由程。

1-15 空气分子的直径大概为 0.4 nm，试估算平流层上界处（20 km）的分子平均自由程。

1-16 已知氦气的黏度为 1.89×10^5 N·s/m²，求其分子平均自由程及氦原子的直径。

1-17 已知氦气的黏度为 1.89×10^5 N·s/m²，求其导热系数和扩散系数。

1-18 查找资料，对比相同温度下氢气和氦气的黏度哪个大并分析原因。

1-19 分别计算珠穆朗玛峰（约 8848 m）上和民航飞机巡航高度（约 12 000 m）的大气压力。

1-20 一个装满标准状态氢气的薄壳轻质容器，体积为 20 m³，质量为 2 kg，假设它足够坚固，试计算在标准大气条件下悬停的高度。

第 2 章

热力学基础知识

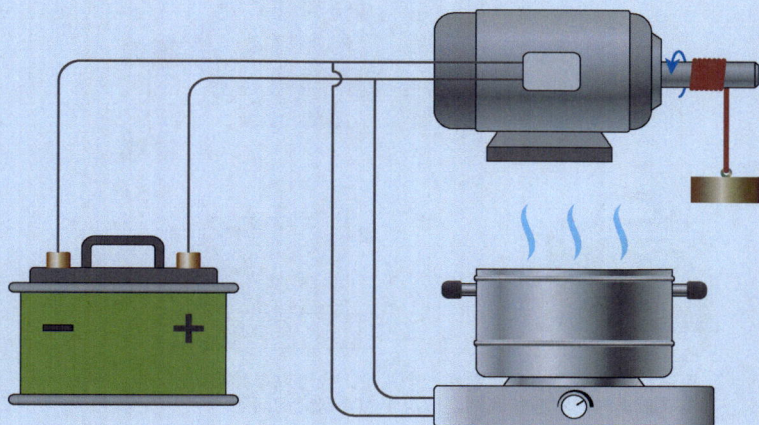

热力学是研究热与功的学科。

气体动力学与流体力学的主要不同是要考虑气体高速运动的压缩性。气体的压缩与膨胀过程会发生动能与内能的相互转换，涉及功与热的问题。因此，学习气体动力学比学习低速流体力学需要更多的热力学知识，本章将对热力学的基本概念做简要的介绍。

2.1 热力学系统

热力学系统即热力学研究的对象。由于热力学研究得最多的是气体，而气体并不具有固定的形状和体积，所以明确所研究的对象并不简单。研究对象是由人为划定的空间所构成的，空间内的物质就称为**热力学系统**，也称体系。系统之外的物质则称为**外界**或**环境**，系统与外界之间通过**边界**进行能量传递或物质迁移，这个边界可以是真实的某种边界，也可以是假想的物质内部的分界。任何有热力作用的东西都可以看作热力学系统，系统和外界的划分取决于想要研究的问题。图 2-1 所示为几种热力学系统和外界。

可以把上图中所有东西看作一个系统，也可以单独把电机或锅内的水看作系统，取决于想要研究的问题

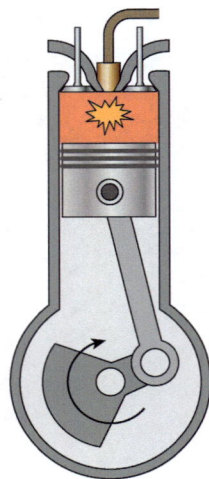

把内燃机当作热机来研究其工作原理时，可以把气缸内的工质看作系统，气缸壁、活塞和环境空气等都看作外界。系统与外界之间有质量、热量和功的交换

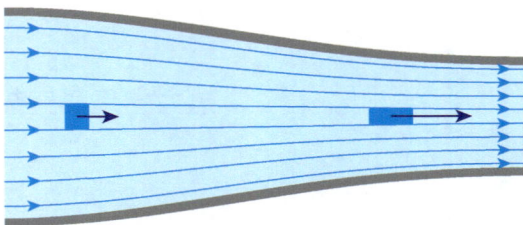

把管道流动中某流体微团看作热力学系统，周围的流体就成了外界的一部分。系统与外界之间有热量和功的交换

图 2-1　几种热力学系统和外界

根据系统与外界是否有物质交换，热力学系统可分为**闭口系统**和**开口系统**，几种理想的系统（比如**绝热系统**和**孤立系统**等）也做了相应的定义。

绝热系统指与外界没有热量交换的系统，这个系统可以是闭口系统，也可以是开口系统。对于绝热的闭口系统，系统内外的流体没有热量和质量的交换，但可以有功的交换，比如完全密封且绝热的气缸仍然可以和外界进行能量交换，是通过活塞移动做功实现的。对于绝热的开口系统，有流体进出的边界上，流体和相应上下游的环境流体之间无热量传递，但可以有内能和动能的流入和流出，以及推动功的交换。

孤立系统是指与外界没有任何物质与能量交换的系统，从热力学的角度来说这个系统与外界没有任何联系。现实中并不存在绝对的孤立系统，只有近似的孤立系统。有一个相对严谨的孤立系统定义，就是把系统和外界加起来，就称为孤立系统。其实也就是把一切都包含进来，不再有外界，也不再有与外界的关系，成为真正的孤立系统。图 2-2 所示为开口系统、闭口系统和近似的孤立系统，图 2-3 和图 2-4 所示分别为气体动力学中常见的绝热闭口系统和绝热开口系统与外界的交互作用。

以容器中的水为热力学系统

（a）开口系统　　　　　　　　　（b）闭口系统　　　　　　　　　（c）近似的孤立系统

图 2-2　开口系统、闭口系统和近似的孤立系统

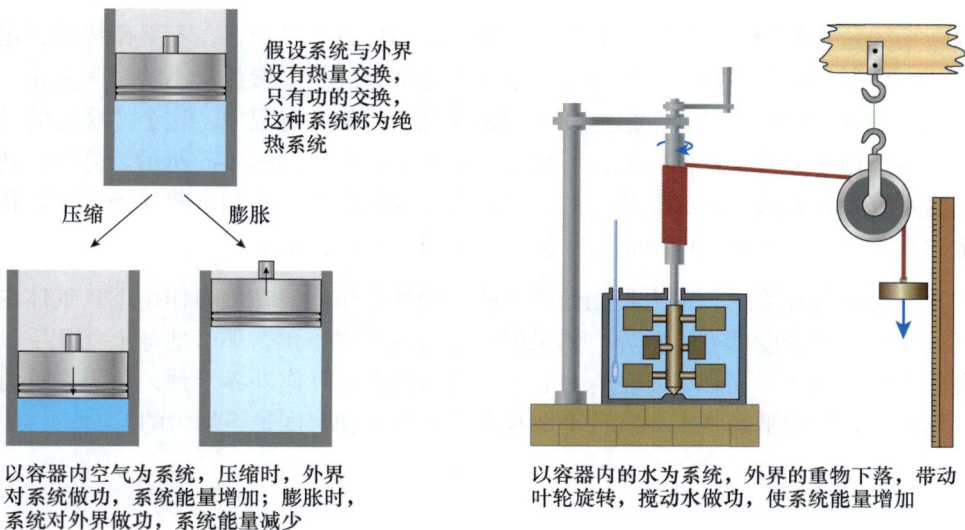

假设系统与外界没有热量交换，只有功的交换，这种系统称为绝热系统

压缩　　　膨胀

以容器内空气为系统，压缩时，外界对系统做功，系统能量增加；膨胀时，系统对外界做功，系统能量减少

以容器内的水为系统，外界的重物下落，带动叶轮旋转，搅动水做功，使系统能量增加

图 2-3　绝热闭口系统与外界功的交互作用

取管道流动中的一段为系统，只要这个系统和壁面及上下游流体之间绝热，这个系统就称为绝热开口系统

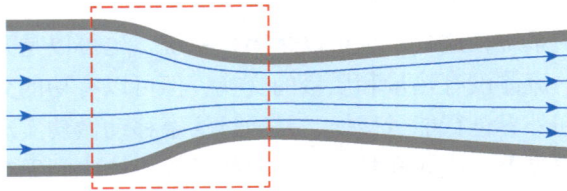

绝热壁面指的是壁面与流体之间无热传导和热辐射

在进出口有质量进出，同时也带进/带出内能，但系统不与外界发生热传递

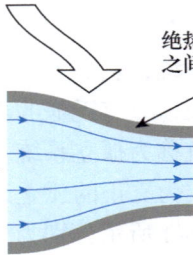

在进出口，系统内的流体和外界流体之间相互挤压而做功

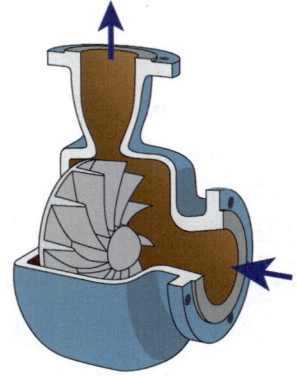

一般研究压气机和泵的流动时，把壁面看成是绝热的不会带来很大的误差

图 2–4　绝热开口系统与外界的质量、功和能量的交换

2.2　热力学平衡

在没有外界干预的情况下，如果系统的状态参数保持稳定而不随时间变化，就称该系统处于平衡状态。当然，这里所说的状态参数指的是宏观参数，如温度、压力、密度等。在微观层次，粒子总是在不停地运动，就没有所谓的平衡了。

系统状态不平衡一般由某种状态参数的不均匀引起，比如压力不均匀会产生流动；密度不均匀会产生扩散，并且在重力的参与下可能引起自然对流；温度不均匀会产生导热，还可能附带密度和压力不均匀引起的流动。压力的自发均匀化现象称为力平衡，温度的自发均匀化现象称为热平衡。对于有相变和化学反应的情况，还涉及相平衡和化学平衡等。

判断系统是否处于平衡状态，需要看系统内部和边界上是否存在不平衡势差，比如温差、力差、化学势差等。在某些状态下，系统中各部分的状态参数也不随时间变化，比如稳态导热过程或定常流动过程，但这只表明系统处于稳定的过程中，这个"稳定的过程"是在有外界干预（势差）下保持的，不是真正的平衡状态，如图 2–5 所示。另外，处于平衡状态的系统中，参数也未必是均匀的，比如有相变的情况，水和水蒸气处于平衡状态，这时水和水蒸气的压力和温度都相同，但密度不同，比热容也不同。

在我们所处的环境中，重力是无处不在的一种外界作用，在重力作用下，气体内部不同高度处的压力和密度都有所差异。如果把重力当成外界干预，那么地球上就几乎没有处于平衡状态的系统了。所以，工程热力学中一般不把重力算作外界干预，认为在重力作用下的平衡也是系统的平衡状态，这种平衡状态下的压力和密度是不均匀的。

恒压罐中的气体射流进入大气，取喷管为系统，这个系统中任意位置的气体参数都不随时间变化，这种流动在流体力学中一般称为定常流动，也可以叫稳态流动

把一根金属棒的两端分别与不同温度的恒温热源接触，经过足够长时间后，金属棒中的温度分布不再随时间变化，这种导热状态称为稳态导热

恒压罐

无论是稳态流动还是稳态导热，都是在有势差（压差或温差）的情况下维持的，所以都不算是平衡状态

恒温源

恒温源

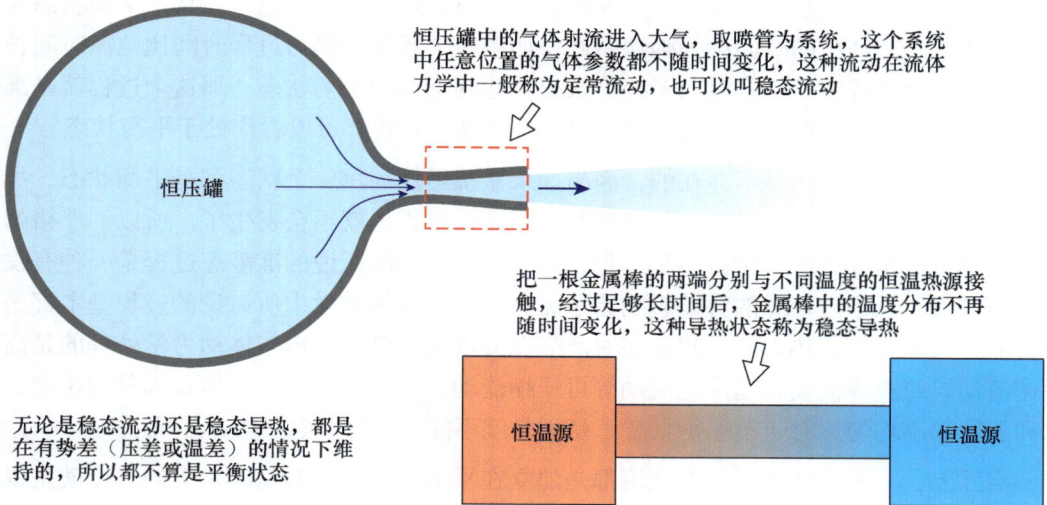

图 2-5　两种定常（稳态）但非平衡的情况

2.3　准静态过程

当系统处于平衡状态时，可以用一些宏观的物理参数来描述它，常见的气体状态参数是温度、压力和密度。当存在某种不平衡势差时，原有平衡被打破，系统的状态发生变化，变化过程称为**热力过程**，简称为**过程**，图 2-6 所示为两种打破平衡状态产生过程的例子。

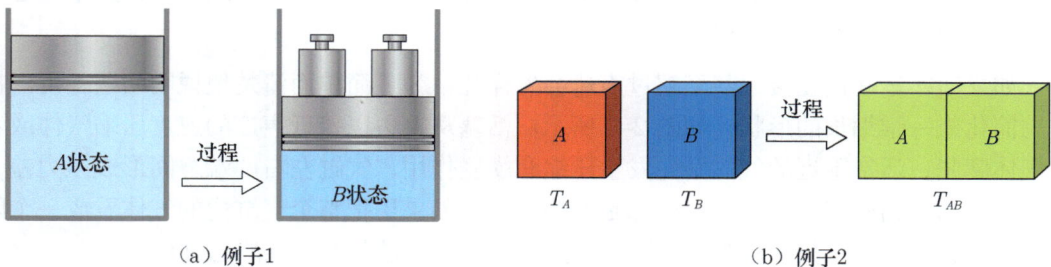

A 状态　过程　B 状态

A　B　过程　A　B

T_A　T_B　T_{AB}

（a）例子1　　　　　　　　　　　　　　　（b）例子2

图 2-6　两种打破平衡状态产生过程的例子

显然，一个过程中的任何状态都是不平衡的。而当系统处于不平衡状态，比如热不平衡时，其内部各处的温度是不均匀的，也就无法用一个统一的温度来描述这个系统。但我们经常需要用一系列的瞬间状态来描述某个过程，**准静态过程**就是为了这个目的而定义的。比如，对一个气缸内部的气体进行压缩时，应该是接触到活塞那一层的气体先被推动，所以这一层的气体比其余部分的气体密度、压力和温度都高一些。但实际上气体分子热运动的速度非常快，活塞产生的扰动会迅速地传遍整个气缸内部（扰动以声速传播）。只要活塞运动的速度相对声速来说较小，就可以认为气缸内部的气体是被同步压缩的，密度、压力和温度同步升高。这样，在这个过程中的每一个时刻，都可以用统一的状态参数来描述整个气缸内部气体的状态，这就是定义准静态过程的意义。

因此，一个过程是否可以看成是准静态的，要看过程发生的速度。从不平衡状态恢复到平衡状态所需经历的时间称为**弛豫时间**，如果一个系统的热力过程时间比弛豫时间长很多，使在这个过程中的每个时刻系统都来得及达到近似的平衡状态，那这个过程就是准静态过程。也就是说，在准静态过程中的每一个时刻，系统都可以看作处于平衡状态。

严格的准静态过程是不存在的，因为如果系统经历的每一个状态都是平衡状态，那么系统就可以随意地停留在过程中的任意状态不动，过程也就不会发生了。所以，严格的准静态过程只能是静态的，也就不是过程，而是状态。一般所说的准静态过程是一种有发展方向的过程，只不过外界的势差影响趋于无穷小。工程热力学中所讨论的过程基本都是准静态的，属于平衡态热力学，建立在对准静态分析的基础上。但气体动力学处理的是高亚声速流动、跨声速流动和超声速流动等可压缩流动，这些流动中，气体各部分的密度、压力和温度都不均匀。对于不平衡状态，是不是就不能应用平衡态热力学了呢？

实际上，一般的气体动力学理论都是建立在平衡态热力学的基础之上的。也就是说，即使是超声速流动，只要马赫数不是太大，仍然可以把流动过程看成是准静态的。这是因为在气体动力学中，并不像在工程热力学中那样把整个工质看成一个整体的系统，而是分割成小的气体微团来分析和求解，把每个气体微团看作一个小的微系统，各个微系统在流动过程中都是准静态的。下面我们结合气缸压缩的问题来分析。

一般内燃机中的活塞运动速度大概是 10 m/s，而气缸中气体压力扰动的传播速度是声速，远大于活塞的速度。气体被压缩的时候，虽然理论上是活塞附近的气体先被压缩，但压力很快就传遍全流场，相当于是整个气缸的气体压力同时升高。因此，不考虑内部流动时，可以把内燃机气缸内的气体看成一个闭口系统，共同经历一个压缩过程，这个过程是一个典型的热力学准静态过程。

如果活塞运动速度接近甚至超过声速会怎样呢？为了简单而清楚地说明问题，可以把气缸简化成一维细长的形状，如图 2-7 所示。活塞从左边以接近声速的速度压缩气体或者使气体膨胀，活塞附近的气体率先发生压缩和膨胀作用，气缸左右两端之间形成压力差，整个气缸内部的密度、压力和温度都是不均匀的。如果还把整个气缸内的气体看成一个闭口系统，它的状态参数就很难定义了，显然这时的压缩过程不是准静态过程。

不过，在气体动力学中，跨声速流动和超声速流动很常见，且仍然使用平衡态热力学的参数来描述流动。这时，总是使用微分法来分析问题，关注流体微团，以微团为热力学系统，而不是把整个控制体内的气体当成一个热力学系统。图 2-8 所示为一维收缩管道中的高亚声速流动，近似求解时可以把这个流动当作一维来看，即流动参数只沿流向变化，各个截面上的气体参数是均匀的。对于任意截面，取流向长度 dx，把这个薄片看作一个热力学系统，它的变化满足准静态过程的要求。气体在从进口到出口的流动过程中加速并膨胀，假设整个过程发生的时间为 t_1。在这个过程中，气体每向下游走到一个新位置，环境压力和温度都比原来低，这个变化要从薄片的表面向内传递直到整个薄片内均匀，这个传递时间就是弛豫时间，记为 t_2。显然，$t_2 \ll t_1$，因为尺度 dx 比起管道的长度要小得多。弛豫时间是压力和温度在微尺度上的传播时间，要远小于气体从进口到出口的流动时间。

当活塞运动速度较快时，活塞附近的气体温度和压力先变化，缸内参数变得不均匀，这个过程不是准静态过程

压缩

活塞附近的气体的状态参数先开始变化

膨胀

当活塞的运动速度接近声速时，压缩和膨胀过程不能看作准静态过程

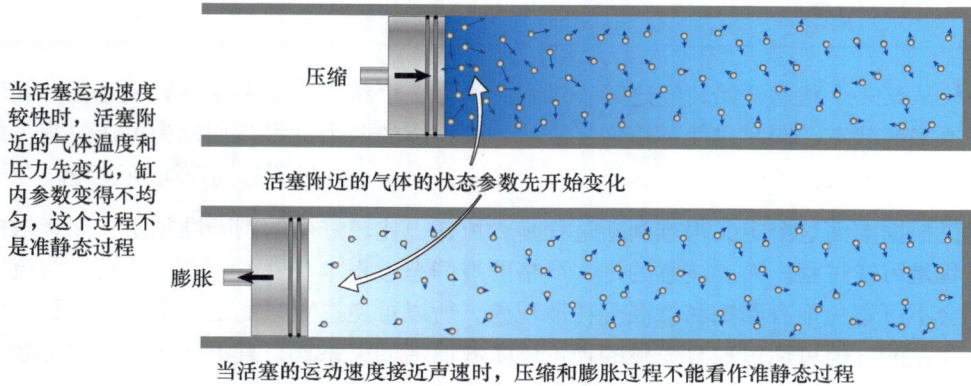

图 2-7　把气缸简化成一维细长的形状

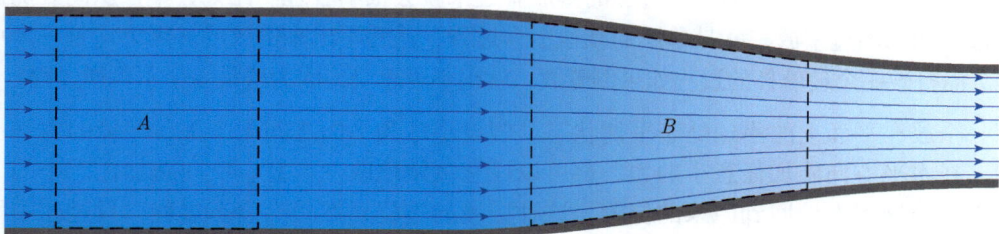

如果取直管内的一段流体作为热力学系统，这时它处于平衡状态 A，当这段流体进入收缩段后，其内部的参数是不均匀的，也就是说，B 不是一个平衡状态，因此这个流动过程不是准静态的

如果取直管内的一个微元段流体作为热力学系统，当这段流体进入收缩段后，其内部的参数可以看作是均匀的，也就是说，B 是一个平衡状态，流动过程就可以看作是准静态的了

图 2-8　一维收缩管道中的高亚声速流动

　　工程热力学中之所以要定义准静态过程，是因为需要使用统一的参数来描述热力学系统，通过把薄片选取为系统，就使这个系统所经历的过程符合准静态过程。显然，这种一维方法有一定的误差，因为实际的收缩管道流动是三维流动，在同一截面处，壁面附近和管道中心处的气体参数并不相同，精确的方法应该是使用三维描述。在三维流动中，把气体分成微团，每个微团无论是处于亚声速流动还是超声速流动中，其自身的密度、压力和温度等状态参数都可以认为是均匀的。这样，通过使用微分法，就可以在气体动力学中使用平衡态热力学理论。

2.4 可逆过程

系统从某一个状态开始，经过某一过程到达另一个状态，如果存在另一过程，能使系统回到原来的状态，同时也使环境恢复原状，则这样的两个过程互相称为**可逆过程**。如果无论采用何种办法都不能使系统和外界完全复原，则原来的过程称为**不可逆过程**。

仅仅根据上面这个定义很难判断过程是否可逆，比较好用的判断准则是：**无耗散的准静态过程是可逆过程**。需要注意的是，严格的准静态过程本身就不存在，并且任何流动过程中都会不可避免地有摩擦和掺混等耗散现象，所以可逆过程只能是一个理想过程，实际上是不存在的。但可逆过程有完整的理论体系和简洁的关系式，且很多实际过程都较为接近可逆过程，所以研究可逆过程是非常重要的。

很多时候我们依靠常识就可以判断过程是否可逆。把一个可逆过程录下来，然后倒序播放，看起来应该是合理的，而不可逆过程的倒放看起来就会很不合理。比如，单摆从高处加速下落的过程如果倒过来放，就是单摆的减速上升过程，是看不出来倒放的，因为这是一个可逆过程。而打破一个玻璃杯的过程如果倒着放，就很不可思议，因为这是一个不可逆过程。

一个放在平面上的小球处于平衡状态，假设小球和平面之间无摩擦，环境的空气也无阻力，在水平方向施加任意小的力，都可以让它缓慢地改变位置，反向施加任意小的力，又可以让小球缓慢地回到原来的位置。这种缓慢的过程显然是准静态过程，且过程中无耗散，所以这是一种是较为严格的可逆过程。如果增加任意小的支撑力让支撑小球的平面缓慢地上升并停在新的位置上，除了小球本身的重力势能增加了，小球和环境没有其他的变化，再减小任意小的支撑力让平面缓慢下降到原来的位置，小球的重力势能恢复到和原来一样，环境也没有变化，这种过程也是较为严格的可逆过程。

如果让小球做自由落体运动，其下落的过程似乎是不会自动反向发生的，这是可逆过程吗？把自由落体运动录下来并倒序播放的话，我们会发现这是一个可以理解的过程，相当于是对小球做上抛运动。因为这时我们不仅要考察小球的位置，还要考虑小球的速度，把小球的动能也包含在内考虑，机械能是守恒的，而机械能守恒过程是可逆的，所以，自由落体运动是可逆过程。要想让自由落体运动的逆过程自动发生也容易，用一个完全弹性的小球，下面放一个完全弹性的地面，把它们放在抽成真空的大容器中，小球就会永远做往复弹跳运动，下落和弹回是一对逆过程。图 2-9 所示为自由落体运动、上抛运动和反复弹跳运动这几个过程。

实际上，所有理想的纯力学过程都是可逆过程。这可以从力学关系式中看出来，比如所有牛顿力学的关系式，或者不含有时间，或者是相对时间对称的，都可以反向发生。取一个纯力学过程中的任意状态，让速度反向，系统就会严格按照反向发生。所谓的纯力学过程，就是不涉及热的过程，当存在摩擦力和空气阻力这些影响时，运动就不是纯力学过程，而是伴随着热能的变化，这时过程就是不可逆的。自然界中不存在完全弹性体，即使没有摩擦和空气阻力，物体在受力变形的时候也会不可避免地把一部分机械能转换为热能，这种转换不是完全可逆的。所以，弹跳的小球注定会逐渐停下来，形成一个不可逆过程，如图 2-10 所示。

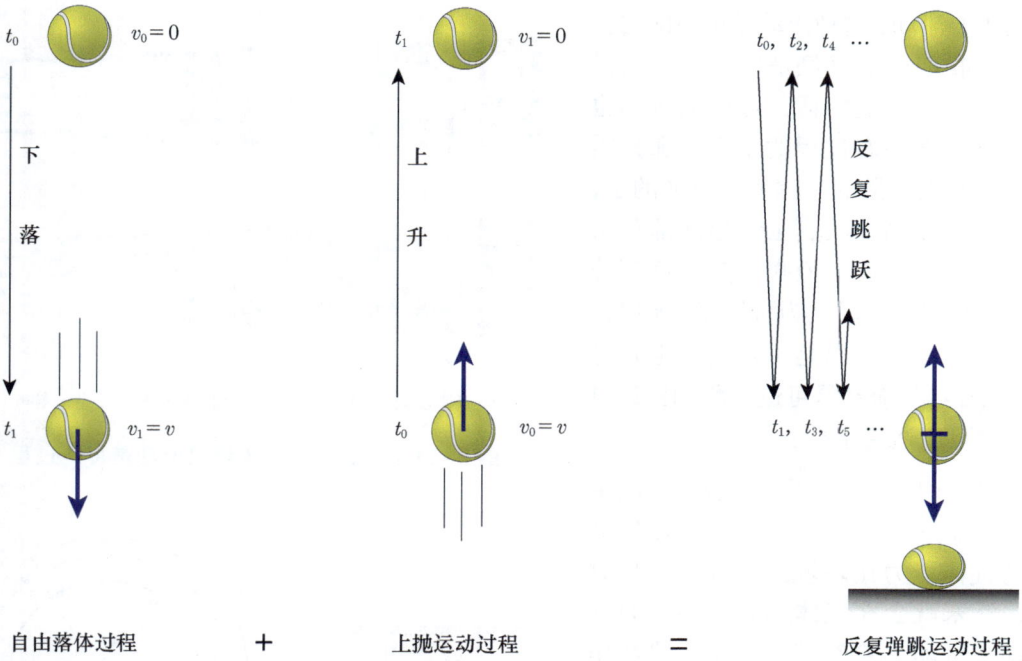

t_0 $v_0 = 0$

下

落

t_1 $v_1 = v$

t_1 $v_1 = 0$

上

升

t_0 $v_0 = v$

t_0, t_2, t_4 ...

反复跳跃

t_1, t_3, t_5 ...

自由落体过程   **+**   上抛运动过程   **=**   反复弹跳运动过程

图 2-9   几个运动过程

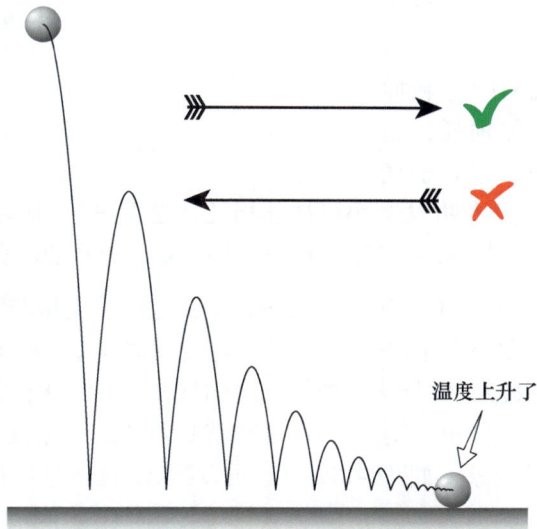

温度上升了

图 2-10   真实的小球弹跳是不可逆过程

无黏不可压缩流动可以看作一种纯力学过程，因为这种流动中的机械能守恒。流体即使和外界有热交换，也只影响流体的内能，而对其机械能没有影响，也就不会影响其流动状态。不过，传热是一种高温到低温的不可逆过程，所以要让流动过程可逆，需要加上绝热这个条件，即无黏不可压缩绝热流动是可逆过程，如图 2-11 所示。

无黏可压缩流动是气体动力学研究的主要流动，这种流动是可逆的吗？首先，我们前面已经证明了，采用微分方法分析问题的话，可压缩流动也基本满足准静态过程的要求，那只需要流动是无耗散的过程就是可逆的了，这对应着无黏。虽然压缩会使部分机械能转换为内能，但膨胀时，这部分内能还可以完全转换为机械能，所以，可压缩流动也可以是可逆的。也就是说，**无黏绝热流动是可逆过程**。图 2-11 所示也可以适用于高亚声速的流动。

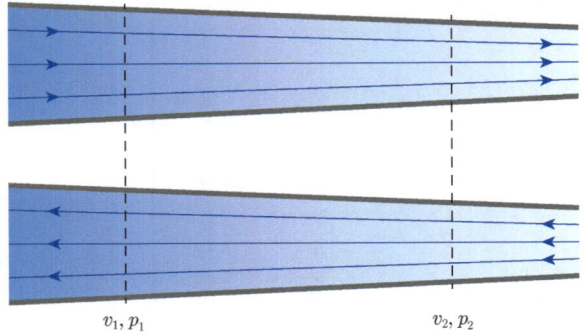

让流速反向，相应位置的压力和速度大小完全一样

图 2-11　无黏不可压缩绝热流动是可逆过程

可以用图 2-12 所示的装置来演示压缩和膨胀的可逆性。一开始让气缸内的气体压力比环境压力大，一旦放开，活塞就会在气体膨胀推动下向外运动，带动飞轮旋转，飞轮在惯性作用下又可以带动活塞压缩气体。如果这个系统和外界绝热，且过程中无摩擦，整个过程会不停地进行下去吗？

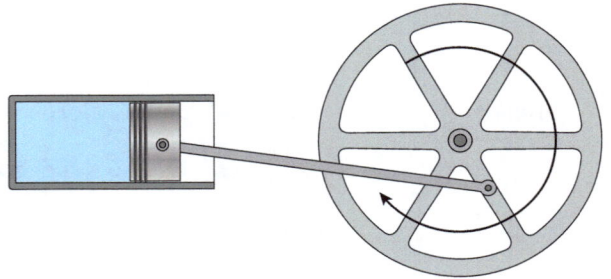

图 2-12　气缸和飞轮构成的循环运动系统

我们可以通过减小机械摩擦和抽真空等方法尽量减小机械能损耗，制造出可以运动很久的单摆。但对于气缸和飞轮构成的装置，即使再想办法减小机械能损耗，也无法达到单摆那样的效果，一般循环不了几次就会停下来，因为即使忽略了机械摩擦，这个过程也不是可逆过程。

把气缸内的气体看作一个系统，就要求压缩和膨胀过程发生得非常缓慢才符合准静态过程的定义，这是因为速度太快会导致气缸内的气体参数不均匀，不满足准静态过程的要求，也就不是可逆过程了。如果使用微分法，把气缸内的气体分成很多微团，单独看来，每个微团的流动可以满足准静态过程的要求，不过这时就必须考虑压缩过程中微团与壁面的摩擦和微团之间的掺混等耗散现象，如图 2-13 所示。可以看出，这一过程有耗散，因此不可逆。

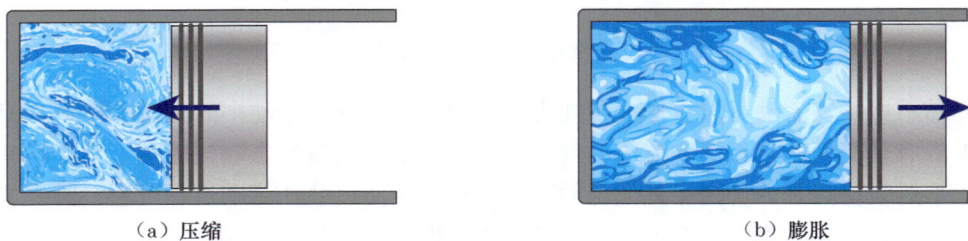

（a）压缩　　　　　　　　　　　　（b）膨胀

图 2-13　压缩和膨胀时气缸中的复杂流动

正是因为气体可流动这种特点，气体构成的系统比起固体系统来说更难满足可逆过程的要求。但正如前面所说，如果把研究对象定为气体微团，那么每个气体微团即使高速运动，也仍然满足准静态过程的要求。当这个气体微团在运动过程中的黏性、导热和扩散作用都可以忽略时，就可以近似为可逆过程。

最后来总结一下可逆流动的条件。

我们说，无耗散的准静态过程是可逆过程。研究可逆过程时，任意时刻都应该有确定的状态参数，即密度、压力、温度、焓和熵等都应该有确定的值，这时就要求过程必须是准静态过程，要满足准静态过程要求，核心是系统的弛豫时间远小于过程时间。

对于常见的固体来说，运动过程中其内部基本可以保持均匀性，只有在碰撞时才会产生不均匀。比如橡胶球撞在壁面上时，变形较大，球各部分不均匀，过程不是准静态的。如果是钢球，变形很小，相对来说更符合准静态。所以，钢和钢碰撞比起橡胶和橡胶碰撞更接近于可逆的弹性碰撞，用钢球和钢壁面做实验，可以弹跳得更久一些。

相对来说，流体更容易变形，要想让流动满足准静态过程的要求，通常有两个途径：一个是过程进行得非常缓慢；另一个是选取气体微团为研究对象。总之，要让系统内部一直保持平衡状态。耗散是气体输运作用（黏性、导热和扩散）产生的，可以分为两种：一种是系统内部从非平衡到平衡的过程引起的耗散；另一种是系统与外界相互作用产生的耗散。如果采用微分法，系统是一个流体微团，其内部的参数被当作是均匀的，可以认为耗散只发生于系统和外界之间（该微团与相邻的微团或壁面之间的摩擦作用）。

在分析实际的工程问题时，要求过程发生得非常缓慢是没有意义的，因为实际的过程都不是缓慢发生的。所以气体动力学采用微分法，以气体微团为研究对象，当无黏且绝热时，就可以认为过程是可逆的，这时的过程也称为**等熵过程**，根据等熵关系可以推导出大量有用的关系式。

2.5 功、热、热力学第一定律

2.5.1 功与热

功是一种能量交换方式，外界对物体所做的功等于物体所受的力与物体沿力方向位移的乘积。一种较为严谨的定义是：功是系统与外界的一种相互作用，其全部效果可归结为举起了一个重物。这个定义虽然严谨，却不太好理解，因为很多时候系统所做的功并没有举起重物，其实这里的"举起了一个重物"不过是强调功必须有力和位移两个因素。流体的运动较为复杂，外力对流体做的功不但产生位移，还会产生较大的变形。

热也是系统与外界的一种相互作用，是系统和外界在温差的作用下传递能量的方式。对热还有一种定义，即一个质量不变的系统，不通过做功而通过边界和外界传递的能量称为热量。也可以用热来定义功，即功是除了热以外的任意交互作用。也就是说，系统与外界之间只有两种能量传递方式：**做功和换热**。功和热这两种作用是截然不同的，功对应力和相应的位移，热则对应温差。

对于简单的机械运动和加热现象，功和热这两个概念是比较好区分的，但在更为复杂的作用下，就不那么容易区分了。例如，系统和外界之间可以传递电能，这是功还是热呢？电流可以驱动电动机举起重物，即电可以做功，而对于纯电阻电路，电能则可以完全转换为热量。根据热的定义，必须是通过温差而传递的能量才是热，显然电流通过电线的传递并不需要温差，而根据功的定义，必须有力和位移才有功，电能的传递可以理解为电荷在电场力的作用下移动，所以可以认为是做功过程。不过要注意的是，单纯的电荷移动只是电能的传递，并不对外做功，电能转换成其他形式能量的过程才是做功。即使是用电加热，也是通过电功的形式加热的，即电能通过做功的形式转换为热能。

功和热都是过程量，而不是状态量。所谓的**状态量**就是描述物质在某状态下的性质的量，而**过程量**是用来描述热力过程中状态量变化的量，对应两个状态量之差。热力学中规定：系统对外界做功为正，外界对系统做功为负；系统从外界吸热为正，系统对外界放热为负。早期，人们没有意识到功和热之间的等价关系，给它们规定了不同的单位。用力和位移的基本单位定义功，把物体在1 N的力作用下移动1 m的距离定义为1焦耳（J）。用水的温升来定义热量，把1 g水在一个标准大气压下、温度升高1 ℃所需要的热量定义为1卡路里，简称卡（cal）。功的单位焦耳是一个很好的定义，热量的单位卡就不是很好的定义了，因为它依赖于水的比热容，不是一种相对客观的定义。当认识到了热和功的等价性后，使用焦耳来衡量热量显然成为更好的选择。

2.5.2　热力学第一定律

热力学第一定律就是能量转换和守恒定律，是19世纪最重要的自然科学发现之一。可以这样描述热力学第一定律：**一切物质都具有能量，能量不能被创造或消灭，只能从一种形态转换成另一种形态，或从一个物体传递给另一个物体，转换和传递过程中能量总和保持不变。**

在建立热力学第一定律之前，机械能和机械功的转换关系已经得到确认，唯有热被排除在外。很多科学家都在想办法弄清楚热的本质，尤其是英国科学家焦耳，他在1849年左右进行了大量的实验，得到了热与功的等量转换关系。

著名的焦耳实验的装置如图2-14所示，重力对重物做功使其下落，通过绳子带动叶轮旋转，对容器中的液体做功，增加液体的动能。由于液体在容器中做混乱运动，最终动能在黏性耗散作用下转换为液体的内能，温度上升。测量出重物下落的距离、重物的最终速度和容器内液体的温升，就能得到功与热的对应关系。

焦耳实验在历史上的重要性不言而喻，不过焦耳最大的贡献可能不是设计了这样的装置，而是制作出了灵敏度极高的温度计，可以识别出液体温度的上升量。由于一般液

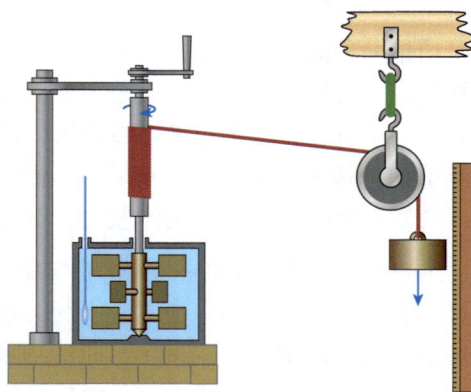

图2-14　焦耳实验的装置

体的比热容很大，焦耳实验中的温升量非常微弱，人根本察觉不到，一般的温度计无法识别，也正因为如此，功与热的当量关系才迟迟没有确定。焦耳制作了一个号称能测量 1/200 ℃ 的温度计，才较为精确地测出了实验中的温升，从而为建立热力学第一定律奠定了基础。

1. 闭口系统的热力学第一定律

对于闭口系统，没有工质流入流出，若系统从外界获得的热量为 Q，系统对外界做的功为 W，则系统的总能量的变化量 ΔE 为

$$\Delta E = Q - W \tag{2-1}$$

式中，总能量 E 包含系统的内能 U 和宏观机械能（宏观动能 E_k 和宏观势能 E_p），即

$$E = U + E_k + E_p \tag{2-2}$$

宏观动能就是系统做宏观定向运动时所携带的动能，宏观势能主要指重力势能，在气体中也有压力势能的说法。不论是重力势能还是压力势能，都可以理解为重力做功或者压力做功，而不当作能量看待。

内能代表热力系统内部所有微观粒子能量的总和，是一种微观能量，包含内热能、化学能和核能，内热能包含微观分子的微观动能和微观势能。对于理想气体来说，分子之间没有作用力，因此没有微观势能，只有微观动能，内热能直接由气体温度决定

$$U = c_V T \tag{2-3}$$

工程热力学中在研究闭口系统时，经常采用观察者随系统一起运动的参考系，这样系统的宏观动能和宏观势能的变化就都为零，所以闭口系统的能量只有内能。对于没有相变也没有化学反应与核反应的气体来说，内能是与温度有关的内热能，因此能量方程可以简化为

$$Q = \Delta U + W \tag{2-4}$$

式（2-4）也称为热力学第一定律的表达式，意义是：**闭口系统从外界吸收的热量用于系统内能的增加和对外做功**。式中的 W 可以是任何种类的功，比如电功和表面张力功等，但对于气体来说一般指体积功，即系统膨胀时对外所做的功。当做功仅限于体积功时，式（2-4）可以写为

$$Q = \Delta U + \int_1^2 p\,\mathrm{d}V \tag{2-5}$$

或写成单位质量的形式

$$q = \Delta u + \int_1^2 p\,\mathrm{d}v \tag{2-5a}$$

式中，u 代表单位质量的内能，不是流体力学中常用来表示的速度；V 为体积；p 为压力；v 为比容。式（2-5）和式（2-5a）是积分形式的方程，表示从状态 1 到状态 2 的变化。对于连续的状态变化，微分形式的热力学第一定律表达式为

$$\delta q = \mathrm{d}u + p\mathrm{d}v \qquad (2-6)$$

在气体动力学的基础理论中，多数问题都可以看成是绝热的，即系统与外界没有热交换，这时闭口系统的热力学第一定律表达式可以写为

$$\Delta U = -\int_1^2 p\mathrm{d}V \qquad (2-7)$$

或

$$\mathrm{d}u = -p\mathrm{d}v \qquad (2-8)$$

当气体膨胀时，对外做功，自身的内能减小，因此亚声速气体在收缩管道中流动时，速度增加，压力和密度下降，同时温度也下降。不过用式（2-7）这种积分关系式不适合描述收缩管道的流动过程，原因在前面的图 2-8 中已经分析过，收缩管道的流动对整个气体来说不是一个准静态过程，在收缩段找不到一个可以代表全局的压力或温度。

工程热力学中研究最基础的热力关系时，所举的例子一般都是缓慢压缩或膨胀的气缸。如图 2-15 所示，绝热气缸内的气体缓慢膨胀，内能降低，对外做功，每一瞬间的做功大小等于当时的压力乘以体积变化量，即 $p\mathrm{d}V$。如果整个过程无摩擦，则这个过程是可逆的，同样的力还可以将活塞缓慢压回到初始状态。从微分角度，气缸内的所有气体微团都满足式（2-8），前提是微团与微团之间、微团与壁面之间都没有摩擦，要想尽量接近这种无摩擦的情况，较好的途径就是活塞缓慢运动，避免在气缸中产生宏观的流动。

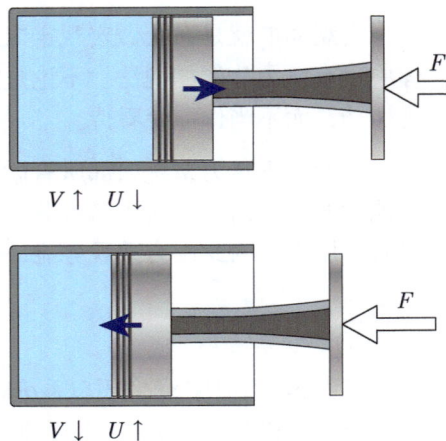

图 2-15　膨胀和压缩构成可逆过程

以体积 V 为横坐标，压力 p 为纵坐标，可以把图 2-15 所示的过程画成曲线，这种图称为 p-V 图，如图 2-16 所示。用 A 表示气体的最大压缩状态，B 表示气体的最大膨胀状态，则 $A \rightarrow B$ 的过程中，气体对外界做的功为

$$W = \int_A^B p\mathrm{d}V$$

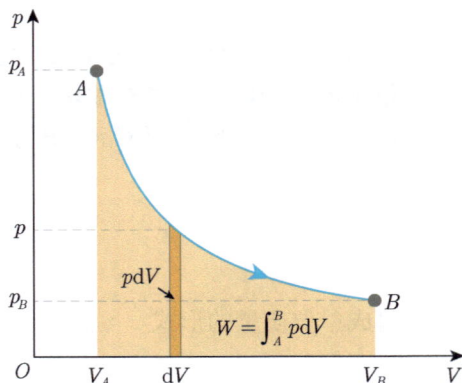

图 2-16　p-V 图

这个功体现在图 2-16 上就是过程曲线与横轴所包含的面积。这个过程的逆过程 $B \to A$ 是压缩过程，功的大小也是曲线与横轴所包含的面积，不过是负的，表示外界对气体做功。

气体膨胀未必会对外做功。如果气体膨胀时不存在一个外部的力来抵抗气体的运动，气体也就不需要克服外界的力来做功，这种膨胀称为**自由膨胀**。自由膨胀的气体不对外做功，自身的内能保持不变。图 2-17 所示为气体自由膨胀的示例，绝热的容器用隔板分为两部分，左侧充满某种理想气体，右侧抽真空。突然抽掉隔板，气体就开始向右膨胀，经过一段时间后达到平衡，气体的压力下降了，但容器保持静止不动，气体不对外做功，所以气体的内能不变，温度也不变。

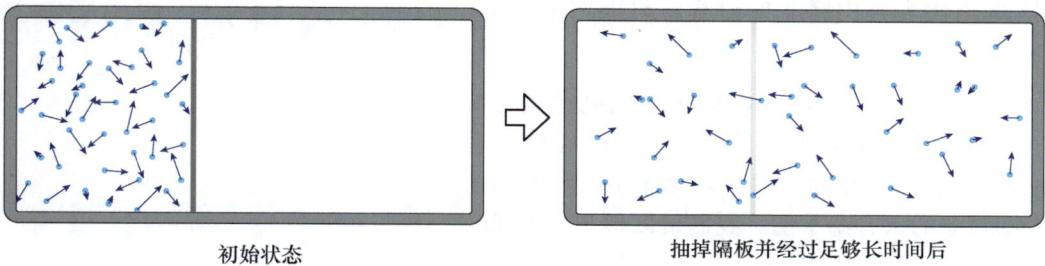

初始状态　　　　　　　　　　　　抽掉隔板并经过足够长时间后

图 2-17　气体自由膨胀的示例

虽然自由膨胀时气体温度不变，但和等温膨胀是两码事。原因是自由膨胀不是准静态过程，而等温膨胀指的是满足准静态过程要求且温度不变的膨胀。图 2-18 所示为一种让过程缓慢进行且保持气体恒温的方法，容器壁面导热良好，置于恒温槽中，活塞上面放一杯水，随着水的蒸发，气缸内的气体就经历缓慢膨胀过程，在膨胀过程中，气体举起了重物（水杯和杯里的水），所以气体对外做功了。

随着杯中水的蒸发，缸内气体缓慢膨胀，过程中从恒温槽吸热，温度保持不变

恒温槽　　　　恒温槽　　　　恒温槽　　　　恒温槽

图 2-18　气体的等温膨胀

图 2-19 所示为绝热可逆膨胀和等温膨胀的 p-V 图，当两者的开始体积和结束体积分别相同时，等温膨胀做的功更多，因为相比绝热可逆过程，等温过程从外界获得了热量，在膨胀过程中可以保持更高的压力。

那么自由膨胀的 $p\text{-}V$ 图呢？因为自由膨胀不是准静态过程，所以是无法画出 $p\text{-}V$ 图的。自由膨胀的气体只在开始和结束时有确定的 p，过程中气体是不均匀的，找不到一个合适的 p，如果非要画 $p\text{-}V$ 图，可以类似图 2-20 那样。在隔板抽掉的瞬间，气体的一侧面临真空，失去外部力的约束，整体的压力降为零，等充满整个容器后，又重新建立起压力，即图 2-20 中的 $A \to A' \to B' \to B$ 曲线。该曲线与横轴之间的面积为零，所以气体不对外做功。当然，这并不符合实际情况，因此不能真正代表自由膨胀的过程，只能用来帮助理解。

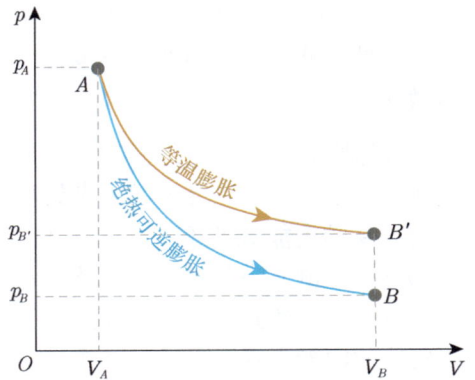

图 2-19 绝热可逆膨胀和等温膨胀的 $p\text{-}V$ 图

焦耳本人花了几年的时间来精确测定热与功的当量关系，现代的测量给出 $1 \text{ cal} \approx 4.19 \text{ J}$。也就是说，用 4.19 N 的力移动物体 1 m，所做的功能够使 1 g 的水升温 1 ℃。我们可以举几个实际的例子来让大家对热与功的当量关系有一个直观的印象。

（1）烧开水的能量

把 1.5 L 水从 20 ℃ 加热到 100 ℃ 需要的热量为

$$Q = 1500 \times (100 - 20) = 120\,000 (\text{cal}) = 502\,800 \text{ J}$$

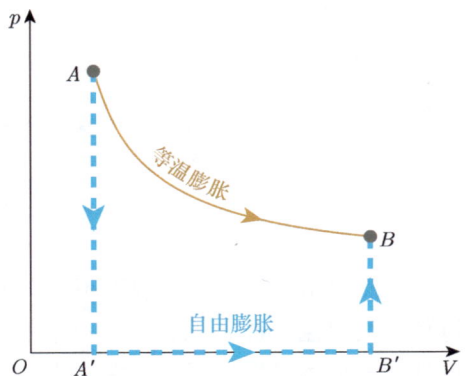

图 2-20 自由膨胀过程的理解

这个热量相当于把 1 t 重的物体提升 50 m 所做的功，是很巨大的，可见一点热就对应很大的功，这就是焦耳实验中重物下降做功所带来的温度上升量非常有限的原因。

（2）气流减速产生的温升

一般家用电风扇吹出的风速为 10 m/s 左右，当这样的气流在室内逐渐减速到静止时，其动能通过掺混作用完全转换为空气的内能。这个掺混过程是等压的，所以气体温度的增加量用定压比热容 c_p 来计算

$$\Delta T = \frac{u^2/2}{c_p} = \frac{10^2/2}{1005} \approx 0.05 (\text{℃})$$

可见，一般的低速气流中，减速引起的温升是十分有限的，通常可以忽略。

（3）计算机的功耗

台式计算机的功耗一般为 200 W 左右，其中只有很少数是通过机械功产生的，几个冷却风扇加起来的功率一般也就 10 W 左右，机械硬盘的功率是 10 W 多一点，多数功耗

是 CPU、GPU、内存、固态硬盘和主板上的一些芯片产生的，这些芯片消耗了电功但并没有产生运动，能量主要是通过热量散发的。

2. 开口系统的热力学第一定律

工程中遇到的热力学问题很多都不是闭口系统，而是和外界有工质交换的开口系统。这时，系统会和外界有质量交换，并且会有内能的带入和带出，所以热力学中有专门针对开口系统的第一定律表达式。

在气体动力学中，处理问题的方法分为拉格朗日法和欧拉法。对于一个流动问题，如果采用拉格朗日法，则系统是一团特定的气体，可以看作闭口系统，如果采用欧拉法，则系统是一个空间，气体可以流入和流出，就是开口系统。对于多数流动问题，欧拉法较为方便，所以气体动力学中用到的热力学第一定律一般针对的是开口系统。

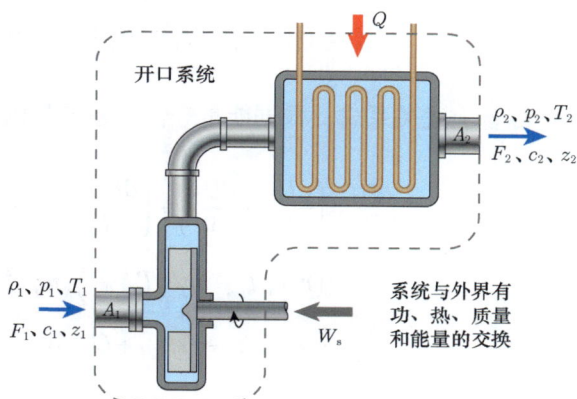

图 2-21 开口系统与外界的作用

图 2-21 所示为开口系统与外界的作用，流体从左侧的管道进入，经过离心泵后进入换热器，然后从右侧的管道流出。假设进出口的参数都已知，其中 c_1 和 c_2 分别代表进口和出口的流速，则单位时间内流入和流出系统的质量（即流量，用 $\dot{m}$ 表示）分别为

$$\dot{m}_1 = \rho_1 c_1 A_1 , \quad \dot{m}_2 = \rho_2 c_2 A_2$$

单位时间内进出系统的内能分别为

$$\frac{dU_1}{dt} = \dot{m}_1 c_V T_1 , \quad \frac{dU_2}{dt} = \dot{m}_2 c_V T_2$$

单位时间内进出系统的动能分别为

$$\frac{dE_{k1}}{dt} = \frac{1}{2} \dot{m}_1 c_1^{\ 2} , \quad \frac{dE_{k2}}{dt} = \frac{1}{2} \dot{m}_2 c_2^{\ 2}$$

单位时间内换热器给流体的加热量（即热流量）为

$$\dot{Q} = \frac{\delta Q}{dt}$$

图 2-21 中的离心泵对流体做功，这种功称为**轴功**，用 W_s 表示，轴功率用 $\dot{W}_s$ 表示。有关轴功的物理本质将在 3.7.3 小节微分形式的能量方程中讲述，这里暂时把它理解为一

种往复或旋转运动的部件对流体做功的方式。

流体从进口到出口的过程中，克服重力对外做的功为

$$W_g = g(\dot{m}_2 z_2 - \dot{m}_1 z_1)$$

在进出口处，上游的流体对下游的流体有压力的作用，且流体有速度，所以系统与外界有功的交换，这种功称为**推动功**。在进口处，外界对系统做功，在出口处，系统对外界做功，其大小分别为

$$\dot{W}_1 = F_1 c_1 = p_1 A_1 c_1 = \dot{m}_1 \frac{p_1}{\rho_1} , \quad \dot{W}_2 = F_2 c_2 = p_2 A_2 c_2 = \dot{m}_2 \frac{p_2}{\rho_2}$$

综合上述关系式，根据能量守恒，系统的内能增量为

$$\frac{dU}{dt} = \left(\frac{dU_1}{dt} - \frac{dU_2}{dt} \right) + \left(\frac{dE_{k1}}{dt} - \frac{dE_{k2}}{dt} \right) + \dot{Q} - \dot{W}_s - \dot{W}_g - \left(\dot{W}_2 - \dot{W}_1 \right)$$

$$= (\dot{m}_1 c_V T_1 - \dot{m}_2 c_V T_2) + \frac{1}{2}(\dot{m}_1 c_1{}^2 - \dot{m}_2 c_2{}^2) + \left(\dot{m}_1 \frac{p_1}{\rho_1} - \dot{m}_2 \frac{p_2}{\rho_2} \right)$$

$$+ g(\dot{m}_1 z_1 - \dot{m}_2 z_2) + \dot{Q} - \dot{W}_s$$

工程热力学和流体力学中常处理的流动情况都是定常流动，即开口系统内的气体参数不随时间变化，这时进出口的流量也必然是相等的。上式中的$dU/dt = 0$，$\dot{m}_1 = \dot{m}_2$，并用比容v替代密度ρ，用q和w_s分别代表单位质量流体所吸收的热量和做的轴功，这样，上式可以改写为

$$q - w_s = c_V(T_2 - T_1) + (p_2 v_2 - p_1 v_1) + g(z_2 - z_1) + \frac{1}{2}(c_2{}^2 - c_1{}^2) \qquad (2\text{--}9)$$

式（2-9）就是**适用于定常开口系统的热力学第一定律的表达式**。

如果系统不是图 2-21 所示那样的有限大小，而是图 2-22 所示那样的沿流管的微型开口系统，则式（2-9）变为微分形式

$$\delta q - \delta w_s = c_V dT + d(pv) + gdz + d\left(\frac{c^2}{2} \right) \qquad (2\text{--}10)$$

从式（2-9）和式（2-10）可以看到，等式左边为系统与外界的热和功交互作用，而等式右边全部是由系统自身的状态和流动参数构成的。其中的p、v和T是状态参数，而c是流动参数。$c_V T$是单位质量流体的内能，$c^2/2$是单位质量流体的宏观动能，gz是单位质量流体的重力势能，pv则是推动功。我们知道，功应该是过程量，但推动功有所不同，p和v都是气体的状态参数，因此pv也应该是状态参数。单纯的pv并不表征系统与外界功的交换，系统进出口的推动功之差才是系统与外界功的

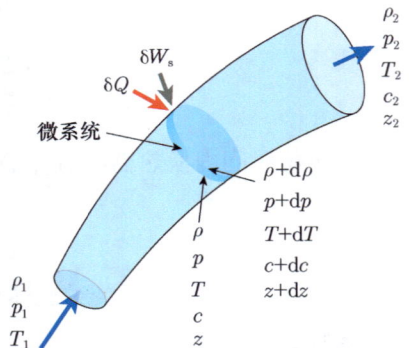

图 2-22　沿流管的微型开口系统

作用，即**流动功**。流动功又可以分为**体积功**和**移动功**，表示如下

$$\mathrm{d}(pv)=p\mathrm{d}v+v\mathrm{d}p$$

流动功　　体积功　　移动功

推动功是一个状态量，把它称为"功"并不太合适，实际上它代表一种能量。参照重力做的功，$g\mathrm{d}z$ 是重力功，gz 则表示重力势能。类似地，$\mathrm{d}(pv)$ 表示流动功，而 pv 可以叫作"流动能"，不过本书中我们还是依据传统叫它推动功。

因此，式（2-9）和式（2-10）右侧的几项都表示系统的能量变化，用语言来描述就是：一个定常的开口系统从外界得到的热量和轴功产生的效果是出口处流体的几种能量比进口处增加了，这几种能量包括内能、推动功（流动能）、重力势能和宏观动能。

重力势能和宏观动能都属于流体宏观的机械能，与宏观的高度和速度有关系，而内能和推动功则只与流体的状态参数有关。实际上内能和推动功可以合起来称为流体本身所具有的能量，这个能量就是**焓**（enthalpy）。焓这个概念出现得较晚，最早由昂内斯（Heike Onnes，1853—1926）在 1909 年提出，并在 1922 年正式被命名，用 H 表示，其与内能的关系为

$$H=U+pV \tag{2-11}$$

即焓等于内能与推动功之和。实际使用时，更多地用单位质量的焓，即**比焓**，表达式为

$$h=u+pv \tag{2-12}$$

和内能一样，焓的绝对大小意义并不大，其变化量才是需要关心的，焓的变化量由内能变化量和流动功两个因素决定，即

$$\mathrm{d}h=\mathrm{d}u+\mathrm{d}(pv) \tag{2-13}$$

有了焓的概念，定常开口系统的热力学第一定律的表达式可以写为

$$q-w_{\mathrm{s}}=(h_2-h_1)+g(z_2-z_1)+\frac{1}{2}\left(c_2{}^2-c_1{}^2\right) \tag{2-14}$$

$$\delta q-\delta w_{\mathrm{s}}=\mathrm{d}h+g\mathrm{d}z+\mathrm{d}(\frac{c^2}{2}) \tag{2-15}$$

我们知道，理想气体的内能只由温度决定，实际上理想气体的焓也只由温度决定，以空气为例，根据状态方程 $pv=RT$，焓可以写为

$$h=u+pv=c_VT+RT=(c_V+R)T \tag{2-16}$$

式中，(c_V+R) 等于气体在等压换热时的比热容 c_p，下面给出证明。

如图 2-23 所示，两个完全一样的气缸内封闭有相同的气体，唯一不同之处是左侧的

活塞被固定住。对气体进行加热，则左侧是等容加热，而右侧是等压加热。加热过程中，右侧的活塞被顶起，气体对外做功，因此需要更多的加热量才能让右侧气体的内能增加到与左侧相同。用 Q_V 表示等容过程的加热量，Q_p 表示等压过程的加热量，则有如下关系式

$$\delta Q_V = \mathrm{d}U = C_V \mathrm{d}T$$

$$\delta Q_p = \mathrm{d}U + p\mathrm{d}V = C_V \mathrm{d}T + p\mathrm{d}V$$

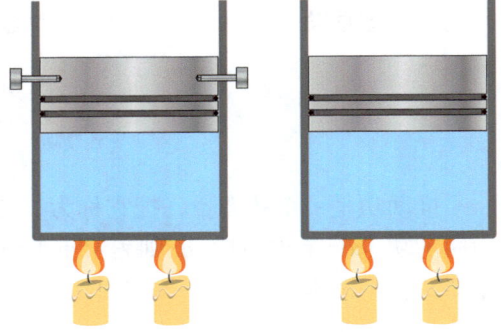

图 2-23　等容换热与等压换热过程

等压换热是一种很常见的情况，因此定义了等压热容 C_p，加热量为

$$\delta Q_p = C_p \mathrm{d}T$$

可见，等容热容与等压热容满足如下的关系

$$C_V \mathrm{d}T + p\mathrm{d}V = C_p \mathrm{d}T$$

两边同时除以气体的质量，则得出用比热容和比容表示的关系式

$$c_V \mathrm{d}T + p\mathrm{d}v = c_p \mathrm{d}T$$

对于等压换热过程，对气体状态方程 $pv = RT$ 的左右两边取微分可得 $p\mathrm{d}v = R\mathrm{d}T$，从而可得定压比热容与定容比热容的关系

$$c_p = c_V + R \tag{2-17}$$

根据式（2-16）和式（2-17），比焓可以写为

$$h = c_p T \tag{2-18}$$

在 1.3.2 小节中，我们用气体动理论推导出了空气的定容比热容为 $(f/2)R$，其中 f 代表分子的自由度，常温时，f 为 5，所以空气的定容比热容为 $(5/2)R$。根据式（2-17），可以看出空气的定压比热容为 $(7/2)R$，即定压比热容比定容比热容多出两个自由度，这两个自由度对应着气体向外扩张时分子与活塞撞击的过程。

定压比热容与定容比热容之比称为比热比，用 κ 表示，常见的双原子气体在常温时的比热比为

$$\kappa = \frac{c_p}{c_V} = \frac{f+2}{f} = \frac{7}{5} = 1.4$$

空气在常温时的比热比非常接近 1.4，在高温时，振动态的自由度被激发，理论上比

热比会变为 $9/7 \approx 1.286$。不过由于空气分子速度有一个宽广的范围,并不是所有分子同时激发振动态自由度,因此,比热比的变化是连续的,并不是在某一温度下突然变化的。可以参考图 1-12 中氢气的定容比热容随温度的变化来理解空气的比热比随温度的变化规律。

气体动力学中较常遇到的过程不是等容过程和等压过程,而是绝热过程。因为力平衡的速度较快,而热平衡的速度较慢,在多数流动问题中,气体来不及和外界有充分的换热,因此很多过程都可以近似看成绝热过程。对于绝热、无轴功、忽略重力影响的过程,开口系统的热力学第一定律表达式即式(2-14)简化为

$$h_1 + \frac{1}{2}c_1{}^2 = h_2 + \frac{1}{2}c_2{}^2 \qquad (2\text{-}19)$$

如果要研究一个流体微团的能量变化,则需要使用闭口系统的关系式,绝热过程的闭口系统的热力学第一定律表达式为

$$\mathrm{d}u + p\mathrm{d}v = 0$$

也可以写成用焓表示的形式

$$\mathrm{d}h - v\mathrm{d}p = 0$$

上面两式移项后相除,可得

$$\kappa = \frac{\mathrm{d}h}{\mathrm{d}u} = -\frac{v\mathrm{d}p}{p\mathrm{d}v}$$

整理可得

$$\frac{\mathrm{d}p}{p} + \kappa\frac{\mathrm{d}v}{v} = 0$$

积分可得

$$pv^{\kappa} = \mathrm{Const} \qquad (2\text{-}20)$$

这就是绝热过程压力和比容的关系,根据状态方程,还可以衍生出其他两个关系式

$$Tv^{\kappa-1} = \mathrm{Const} \qquad (2\text{-}21)$$

$$pT^{\frac{\kappa}{1-\kappa}} = \mathrm{Const} \qquad (2\text{-}22)$$

式(2-20)~式(2-22)是气体动力学基本理论中气流参数变化的基础。

2.6 热机、熵与热力学第二定律

热力学第一定律描述了能量在传输和转换过程中是守恒的,但并没有给出能量传递的

方向，也就是说，只要总能量是守恒的，无论是功生热，还是热生功，都是符合热力学第一定律的。但在实际的热力过程中，有些过程是不可能反过来发生的，热力学第二定律就是描述热力过程方向的定律。

可逆过程是没有方向的，任何时刻正向发生和反向发生都可以，不可逆过程则天然具有方向性，如果不去干涉，它总是自发地朝一个方向发生，这种自发地发生的过程称为**自发过程**。比如，前面讨论过的气体自由膨胀就是一种自发过程，想让气体从充满容器退回到容器的一边，则需要外界的干涉。再举一个简单的热传导过程的例子，两个物体 A 和 B 具有不同的温度（T_A、T_B，且 $T_A > T_B$），让它们接触，经过一段时间后，它们的温度变成一样的（即 T_{AB}），如图 2-24 所示。这个过程是自发过程，是不可逆的。

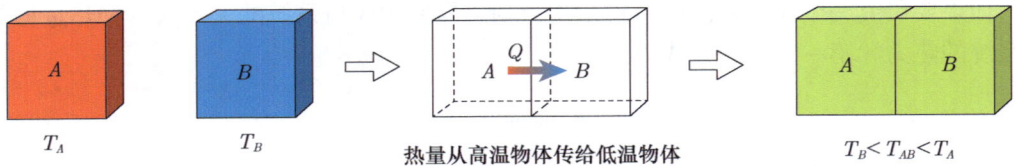

热量从高温物体传给低温物体 $T_B < T_{AB} < T_A$

图 2-24 自然导热过程是一个自发过程

热力学第二定律就是用来描述这类不可逆过程的。历史上众多研究者在发现热力学第二定律的过程中作出了重大贡献，所以热力学第二定律有好几种表述，可以证明它们都是同一个意思，是从不同方面来描述的。其中一个较为基本的表述是克劳修斯给出的（实际上卡诺更早地认识到了这条定律，但并未明确提出），即**热量不能自发地从低温物体转移到高温物体**。

这个定律是由经验总结出来的，是自然界的基本定律，不依赖于其他基本定律而存在。热量总是自发地从高温物体传给低温物体，而不会反过来进行，如果需要把热量从低温物体转移到高温物体，就需要施加外部干涉。比如冰箱把热量从低温的内部转移到高温的冰箱外，空调把热量从低温的室内转移到高温的室外，这些方式都需要输入额外的功来实现，而且这个额外的功还要足够大。要想计算这个功，需要热机的知识，实际上热力学第二定律也是伴随热机的改进而发展来的，所以需要先介绍一些热机知识。

2.6.1 热机与热力学第二定律

热机是能把吸收的热量转换成机械功输出的机器，能把多大比例的热量 Q_H 转换为功 W，就是热机的热效率，简称效率，定义为

$$\eta = \frac{W}{Q_H} \tag{2-23}$$

最早发明的、能连续工作的热机是蒸汽机，第一代蒸汽机的效率非常低，远低于1%，瓦特（James Watt，1736—1819）对其进行了重要的改良，使之实用化。据后来的估算，瓦特热机的效率可以接近3%。经过一百多年的发展，现代的内燃机和燃气轮机的效率可以达到 40% ~ 50%。图 2-25 所示为热机的效率随年代变迁的大致情况。

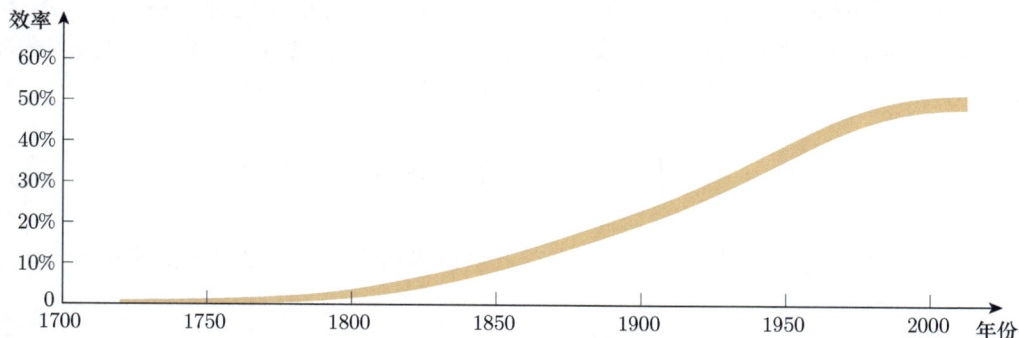

图 2-25　热机的效率随年代变迁的大致情况

由于早期蒸汽机效率偏低，如何提高其效率就成为当时工业界和学术界的重要研究内容，然而当时提高蒸汽机效率的努力都基于机械结构等方面的改进，缺乏理论的指导。卡诺（Sadi Carnot，1796—1832）看到这一点后，思考在理论上提高热机效率的方法，提出了以下 3 个问题。

（1）什么样的热机效率最高？

（2）效率与工质有关吗？

（3）热机的效率有理论上限吗？

为了回答这些问题，卡诺从理论上构建了一种简单的可逆热机，由 4 个过程构成循环：等温吸热膨胀→绝热膨胀→等温放热压缩→绝热压缩，如图 2-26 所示。

① 把气缸置于高温恒温热源中，缓慢减小外力 F，气体经历等温吸热膨胀过程

② 把热源换成绝热材料，继续减小外力 F，气体经历绝热膨胀过程

③ 换成低温恒温热源，缓慢增大外力 F，气体经历等温放热压缩过程

④ 换成绝热材料，继续增大外力 F，气体经历绝热压缩过程，回到原来状态

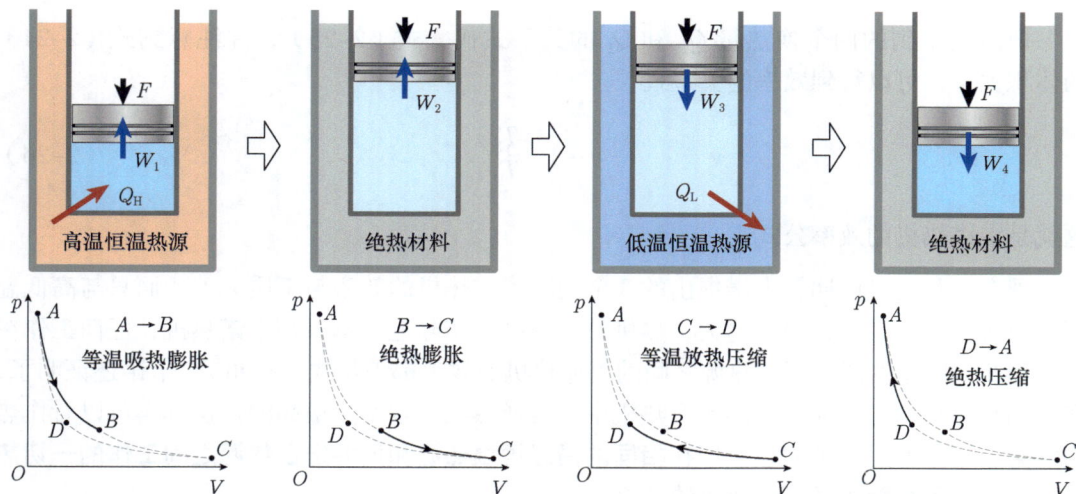

图 2-26　卡诺循环的 4 个过程

卡诺热机在理论上较为简单，因为这种热机中两个热源的温度都保持不变。图 2-26 中 $A \rightarrow B$ 是等温吸热膨胀过程，气体的内能不变，所以吸热量 Q_H 等于对外所做的功 W_1，而对外所做的功为体积功，可以根据气体状态方程来计算，如下

$$Q_H = W_1 = \int_A^B p \mathrm{d}V = \int_A^B \frac{nR_A T_H}{V} \mathrm{d}V = nR_A T_H \ln \frac{V_B}{V_A}$$

式中，下标 H 表示高温恒温热源。用 L 表示低温恒温热源，$C \rightarrow D$ 过程的换热量为

$$Q_L = nR_A T_L \ln \frac{V_C}{V_D}$$

对于两个绝热过程，气体参数满足关系式 $TV^{k-1} = \mathrm{Const}$，从而有

$$T_H V_B^{\,k-1} = T_L V_C^{\,k-1}$$

$$T_H V_A^{\,k-1} = T_L V_D^{\,k-1}$$

将上面两式相除，可得

$$\frac{V_B}{V_A} = \frac{V_C}{V_D} \tag{2-24}$$

对于可逆热机，系统没有耗散，所以其对外所做的功就等于吸热量与放热量之差，于是其效率为

$$\eta = \frac{W}{Q_H} = \frac{Q_H - Q_L}{Q_H} = 1 - \frac{Q_L}{Q_H} \tag{2-25}$$

把前面得到的两个换热量 Q_H 和 Q_L 的关系式代入式（2-25），并注意到式（2-24）的体积关系，可以得到效率的关系式

$$\eta = 1 - \frac{T_L}{T_H} \tag{2-26}$$

这就是卡诺热机的效率公式。

现在，我们可以回答卡诺提出的 3 个问题了。热机的效率与工质无关，而只与高低温恒温热源的温比有关，温比越大，热机效率越高。实际上，不只是卡诺热机，任何工作在温度为 T_H 和 T_L 的两个恒温热源之间的可逆热机的效率都满足式（2-26）。卡诺还证明了，在相同热源和冷源之间工作的所有热机中，可逆热机的效率是最高的。这其实可以看作热力学第二定律的另一种表述，即**在相同的高温恒温热源和低温恒温热源之间工作的一切热机，其效率不可能大于可逆热机的效率**。

由式（2-26）可知，热机的效率理论上不可能达到 100%，即没有办法制造出只从高

温热源吸热而不向低温热源放热的热机。实际上，这也是热力学第二定律的另一种说法，称为开尔文表述：**不存在将全部热转换成功的循环。**

把所有热都用来做功的循环热机可以称作第二类永动机，所以热力学第二定律的开尔文表述也可以写为：**第二类永动机是不可能制成的。**

图 2-27 所示为正常的热机（左侧）和两种违反热力学第二定律的热机。中间的热机就是第二类永动机，其效率是 100%，是不可能制造出来的。右侧的制冷机则实现了热量从低温向高温的传递而不对环境产生影响，也是不现实的。

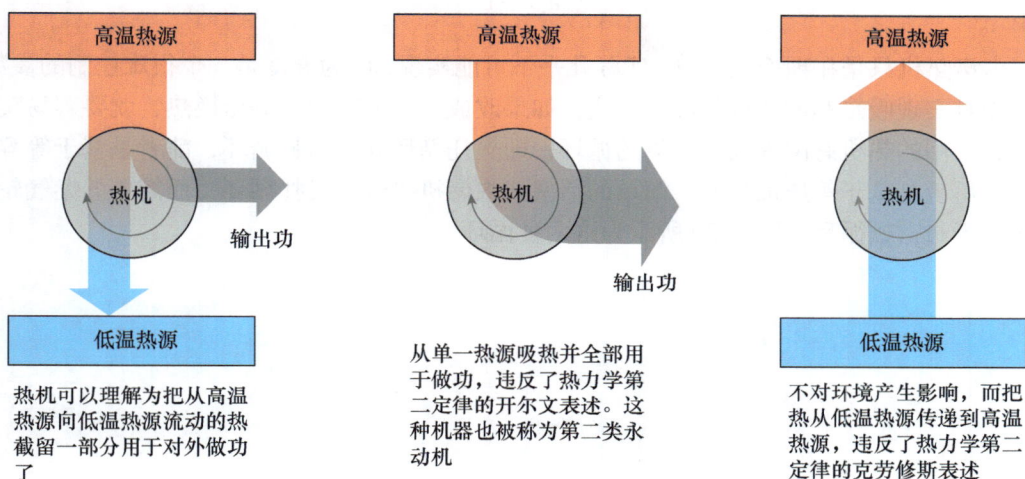

热机可以理解为把从高温热源向低温热源流动的热截留一部分用于对外做功了

从单一热源吸热并全部用于做功，违反了热力学第二定律的开尔文表述。这种机器也被称为第二类永动机

不对环境产生影响，而把热从低温热源传递到高温热源，违反了热力学第二定律的克劳修斯表述

图 2-27　正常的热机和两种违反热力学第二定律的热机

热机的效率在理论上也不能达到 100%，这一说法也可以从热流的角度来理解。实际上在卡诺的时代，传热确实被理解为一种物质的流动，即热素说，卡诺的理论一开始就是基于热素说建立的。虽然热素说早已被抛弃，但有时也可用于理解，即把热量传递看成一种流动，热机是利用热流来做功的机器。一些纯力学的机械，比如水轮机和风力发电机是用流体的流动来做功的。以风力发电机为例，目前的水平轴风力发电机的效率在 40% 左右，理论最大效率接近 60%。也就是说，排除一切耗散因素，风力发电机也只能利用风能的 60%。这是因为气流推动风力发电机叶片旋转发电后，还需要有一定的流速来流入下游，所以风力发电机获得的能量只占气流动能的一部分。图 2-28 所

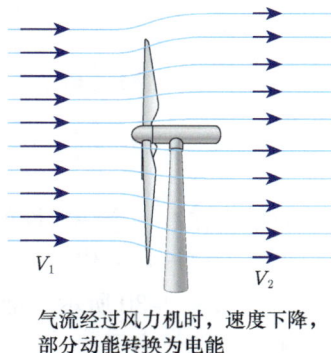

气流经过风力机时，速度下降，部分动能转换为电能

图 2-28　风力发电机的能量利用情况

示为风力发电机的能量利用情况。热机利用的是热量的流动，因此必须同时有热源和冷源，让热量流动起来，才能对外做功，只有一个热源是产生不了热流的。目前，活塞式内燃机效率可以达到 40% 左右，在这种意义上与风力发电机是相当的。

对于可逆热机，从式（2-25）和式（2-26）可以得到如下关系式

$$\frac{Q_H}{T_H} = \frac{Q_L}{T_L} \qquad (2-27)$$

实际的热机都不是可逆热机，效率比可逆热机的低，运转过程中会产生一些额外的热，这些热也会排入低温热源中，因此，实际热机产生的 Q_L 要比可逆热机大一些。所以，对于工作在一个高温恒温热源和一个低温恒温热源之间的不可逆热机，有如下关系式

$$\frac{Q_H}{T_H} < \frac{Q_L}{T_L} \qquad (2-28)$$

卡诺热机只是在理论上简单，实际几乎不可能实现，因为温度是一个很难控制的参数，所以很难实现吸热和放热过程温度不变。如果改成等容换热或者等压换热，就要容易实现得多，实用的热机有两种较为常见的循环，即奥托循环和布雷顿循环，前者是基于等容加热的，后者是基于等压加热的。简单的活塞式内燃机接近于奥托循环，而简单的燃气轮机则接近于布雷顿循环。图 2-29 所示为这两种循环。

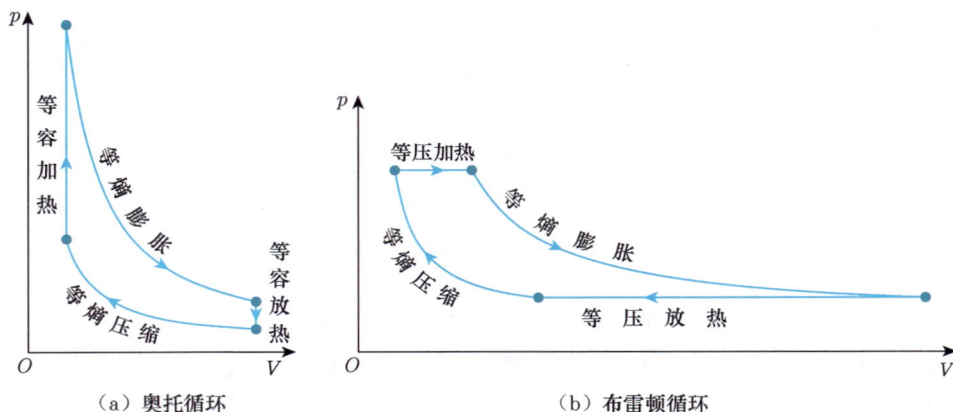

图 2-29　奥托循环和布雷顿循环

如果现在有一个一般性的可逆循环，它的吸热和放热都不是等温过程，但我们可以用无限多个卡诺循环来代替这个一般性的循环，把不等温换热过程转换为多个等温热源的换热过程，如图 2-30 所示。把每一个卡诺循环的功和吸热量分别加起来，就可以算出任意可逆循环的总效率了。

为了便于运算，这里对前面的式（2-27）进行一点更改，规定系统从外界吸热为正。这样，式中的 Q_L 就应该是负的，把式（2-27）和式（2-28）组合起来，有

$$\frac{Q_H}{T_H} + \frac{Q_L}{T_L} \leq 0 \qquad (2-29)$$

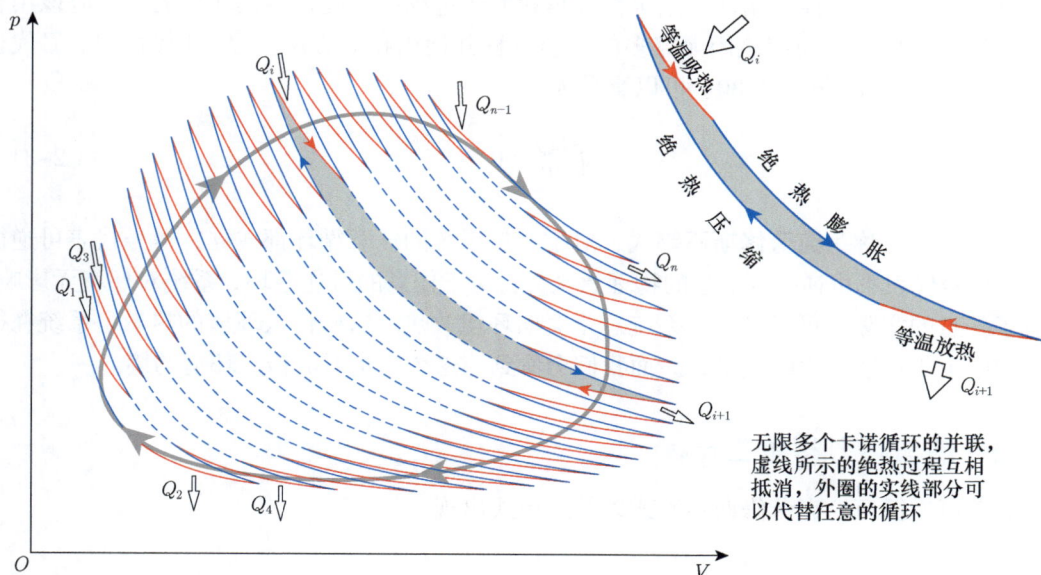

图 2-30　用多个卡诺循环代替一个任意可逆循环

式（2-29）对于任意的在两个恒温热源之间工作的热机循环都是成立的，其中的等号表示可逆循环，小于号表示不可逆循环。对图 2-30 来说，其中的任何一个卡诺循环都满足式（2-29）。现在我们把这个一般性的循环中的热源分成 n 份，温度分别为 $T_1, T_2, \cdots,$ $T_i, \cdots, T_n$，则任何一个卡诺循环满足

$$\frac{Q_i}{T_i} + \frac{Q_{i+1}}{T_{i+1}} = 0$$

把图 2-30 中所有卡诺循环的等式相加，有

$$\left(\frac{Q_1}{T_1} + \frac{Q_2}{T_2}\right) + \left(\frac{Q_3}{T_3} + \frac{Q_4}{T_4}\right) + \cdots + \left(\frac{Q_i}{T_i} + \frac{Q_{i+1}}{T_{i+1}}\right) + \cdots + \left(\frac{Q_{n-1}}{T_{n-1}} + \frac{Q_n}{T_n}\right) = 0$$

从而可以表示为

$$\sum_{i=1}^{n} \frac{Q_i}{T_i} = 0$$

对于不可逆循环，上式变为

$$\sum_{i=1}^{n} \frac{Q_i}{T_i} < 0$$

对于所有循环，有

$$\sum_{i=1}^{n} \frac{Q_i}{T_i} \leqslant 0 \tag{2-30}$$

显然，对于一般性的循环，系统在吸热和放热过程中温度是连续变化的，不应该用有限的等温过程代替，而应该用无穷多的等温过程并使用积分方法。以 δQ 代替 Q_i，T 代替 T_i，积分代替求和，式（2-30）可以重写为

$$\oint \frac{\delta Q}{T} \leq 0 \qquad (2-31)$$

式（2-31）称为**克劳修斯不等式**，对于闭口系统的任意循环都成立，等号代表可逆循环，小于号代表不可逆循环。它的物理意义为：对于任意的可逆循环，系统对环境无影响，而对于任意的实际不可逆循环，系统总是会向环境放热。这些传入环境的热量是系统在循环过程中由于耗散产生的热量，后面我们会看到，这个热量对应传入环境的熵。

2.6.2　熵与热力学第二定律

对于可逆循环，克劳修斯不等式以等式形式出现

$$\oint \frac{\delta Q_{\mathrm{rev}}}{T} = 0 \qquad (2-32)$$

式中，δQ_{rev} 表示可逆过程中的吸热量；下标 rev 是英文 reversible 的缩写。

$\delta Q/T$ 沿任意可逆的循环曲线积分都为零，那就意味着这个量与路径无关。我们知道，系统从一个状态变化到另一个状态时，状态量的改变与路径无关。图 2-31 所示为气体从状态 $A(V_A, p_A)$ 到状态 $B(V_B, p_B)$ 的变化。无论经历怎样的路径，状态 B 的压力和体积都是确定的，但过程中对外做功量是不一样的，因为功是过程量，与路径有关。

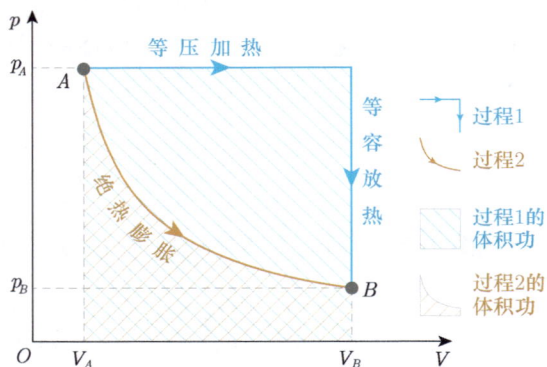

图 2-31　状态量与路径无关，过程量与路径有关

如果是一个循环过程，比如图 2-32 所示的两个布雷顿循环，都从初始状态 A 开始，但经历的循环大小不同。做功量就等于 p-V 图上的封闭曲线所包含的面积，所以这两种循环对外做的功是不一样的，但经过一个循环后，状态量（压力和体积）总是会回到初始值。以压力 p 为例，用数学关系式可以表示为

$$\oint p = 0$$

也就是说，状态量的一个数学特征

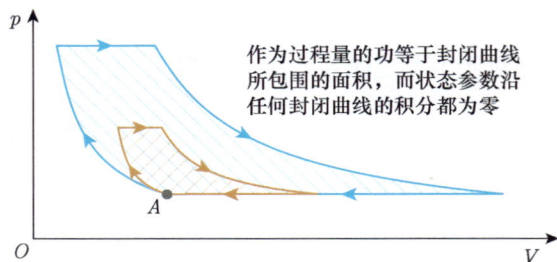

图 2-32　经过任意循环后状态量保持不变

就是经过任意循环后其值不变，显然式（2-32）中的 $\delta Q/T$ 也具有这种性质。唯一需要注意的是，因为换热量 δQ 是过程量，所以要沿着可逆循环积分才能保证它的值唯一，即应该写成 $\delta Q_{rev}/T$。

克劳修斯最早意识到了 $\delta Q_{rev}/T$ 的状态量属性，认为它代表着一种新的状态量，并将其命名为熵（entropy），以符号 S 表示，定义式为

$$dS = \frac{\delta Q_{rev}}{T} \qquad (2-33)$$

气体动力学中经常使用的是单位质量的熵，即比熵，用小写的 s 表示，$s = S/m$。

需要强调的是，既然熵是状态量，那么它沿任何封闭曲线的积分都应该为零，而不仅限于可逆循环。根据克劳修斯不等式，有

$$\oint \frac{\delta Q_{irr}}{T} < \oint dS$$

式中，下标 irr 表示不可逆。

只有沿着可逆循环积分的 $\delta Q/T$ 才代表熵，而沿着不可逆循环积分的 $\delta Q/T$ 不代表熵。

有了熵的定义式，就可以像计算其他状态参数一样计算系统的熵变。系统从状态 1 变化到状态 2，熵变为

$$S_2 - S_1 = \int_1^2 \frac{\delta Q_{rev}}{T} \qquad (2-34)$$

熵是状态量，不管过程是否可逆，两个状态之间的熵变都是确定的。如果这两个状态之间发生的过程不可逆，就不能使用这个过程的换热量来计算熵变，而应该寻找其他方法。我们可以通过计算气体自由膨胀的熵变，来理解换热量与熵的关系。

如图 2-33 所示，刚性绝热容器被无厚度的隔板分成相等的两部分，下部充满某种理想气体，上部抽成真空，当突然抽掉隔板后，气体会发生自由膨胀并充满整个容器。刚性绝热容器保证了气体与外界无功和热的交换，因此，过程中气体的温度不变。那这个过程的熵变能否像下面这样计算呢？

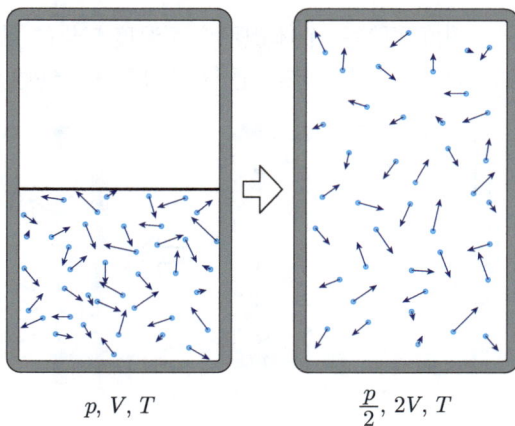

$$S_2 - S_1 = \int_1^2 \frac{\delta Q}{T} = \frac{1}{T}\int_1^2 \delta Q = \frac{1}{T}\int_1^2 0 = 0$$

显然不能，因为气体的自由膨胀不是一个可逆过程，不能用这个过程中的换热来计算熵变。我们需要在初始状态和终止状态之

p, V, T 　　　　 $\frac{p}{2}, 2V, T$

图 2-33　气体的自由膨胀

间找到某种可逆过程，让气体体积同样能膨胀到原来的两倍，并且温度保持不变，然后才可以用式（2-34）来计算熵变。

缓慢的等温膨胀就是这样一个可逆过程，如图 2-34 所示，把图 2-33 中的装置改变一下，在隔板上边加一根杆，穿过上壁面后托起一杯水，通过水的缓慢蒸发来让隔板缓慢向上运动。同时把下壁面从绝热换成热阻为零的壁面，在下面加一个恒温源，让气体在膨胀过程中保持恒温。最终，隔板被推到最上面，容器内的气体状态与自由膨胀之后的一样，压力和密度降为原来的一半，温度保持不变。显然，作为状态参数的熵，其改变量也和自由膨胀时一样，不过现在可以用过程中的换热量来计算熵变了。虽然我们并不知道图 2-34 所示这一过程中的吸热量，但已知气体内能不变，吸热量就等于对外做功量，而对外做功量就是体积膨胀功，计算如下

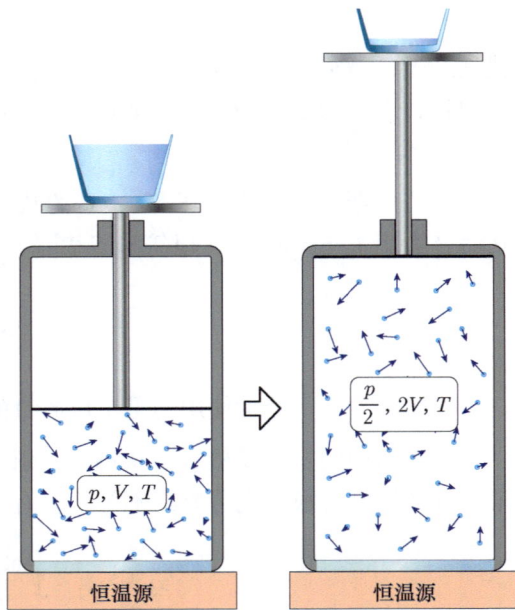

图 2-34　气体的可逆等温膨胀

$$\frac{\delta Q}{T} = \frac{\delta W}{T} = \frac{p\mathrm{d}V}{T} = nR_\mathrm{A}\frac{\mathrm{d}V}{V}$$

式中，n 代表气体的物质的量。从而可以得到从状态 1 到状态 2 的熵变为

$$S_2 - S_1 = \int_1^2 nR_\mathrm{A}\frac{\mathrm{d}V}{V} = nR_\mathrm{A}\ln\left(\frac{V_2}{V_1}\right) = nR_\mathrm{A}\ln 2$$

这个结果既适用于等温膨胀，也适用于自由膨胀，因为这两种过程对应的初始状态和终止状态是一样的，熵变也就一样。

我们再举一个体积不变而温度变化的例子，即等容换热。如图 2-35 所示，对刚性容器内的气体进行缓慢加热，让气体的温度达到原来的两倍。过程中加热量与温度的关系为

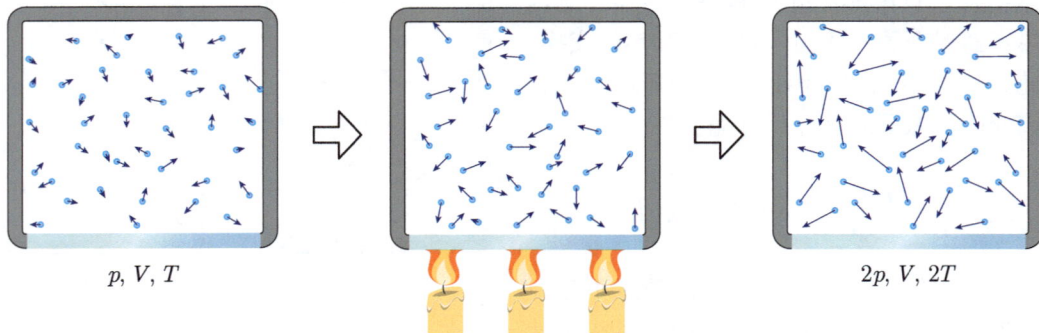

p, V, T　　　　　　　　　　　　　　　　　　　　$2p, V, 2T$

图 2-35　气体的等容换热

$$\delta Q = C_V \mathrm{d}T$$

一般计算中假定等容热容 C_V 不随温度变化，就可以计算熵变，如下

$$S_2 - S_1 = \int_1^2 \frac{\delta Q_{\mathrm{rev}}}{T} = C_V \int_1^2 \frac{\mathrm{d}T}{T} = C_V \ln\left(\frac{T_2}{T_1}\right) = C_V \ln 2$$

类似地，还可以计算出等压加热过程的熵变为

$$S_2 - S_1 = C_p \ln\left(\frac{T_2}{T_1}\right)$$

用熵的定义式来计算熵变并不是很方便，因为总是需要找到一个可逆过程并已知其换热量。通过上面的计算可以看到，对于理想气体，在等温过程、等容过程和等压过程中，熵变都可以用气体的状态参数直接计算，而不需要考虑换热量。在 1.2.1 小节推导气体状态方程时我们已经发现，任何一个实际过程总是可以由上述 3 个过程中的两个来合成，比如等温过程 + 等容过程，等温过程 + 等压过程等，这给我们提供了一种计算熵变的思路。

如图 2-36 所示，现在以等温过程 + 等容过程为例，把这两个过程的熵变加起来，就是整个过程的熵变了。把前面式子中的熵都改成比熵，热容都改成比热容，并设工质为空气（可看作理想气体），则等温过程和等容过程的熵变分别为

$$s_2 - s_1 = R \ln\left(\frac{V_2}{V_1}\right)$$

$$s_2 - s_1 = c_V \ln\left(\frac{T_2}{T_1}\right)$$

图 2-36 中的等温过程 + 等容过程的总熵变为

$$s_2 - s_1 = (s_a - s_1) + (s_2 - s_a) = R \ln\left(\frac{V_a}{V_1}\right) + c_V \ln\left(\frac{T_2}{T_a}\right)$$

由于第一个是等温过程，$T_a = T_1$，第二个是等容过程，$V_a = V_2$，上式变为

$$s_2 - s_1 = c_V \ln\left(\frac{T_2}{T_1}\right) + R \ln\left(\frac{V_2}{V_1}\right) \tag{2-35}$$

也就是说，无论过程是什么样，理想气体的熵变都可以归因于两个变化：一个是气体温度的变化，另一个是气体体积的变化。

使用等温过程 + 等容过程的推导是最简单的，其他如等温过程 + 等压过程、等压过程 + 绝热过程等任何两个过程也都可以实现两个状态之间的变化，不过推导更复杂一些。但是我们其实可以用空气状态方程（$pV = mRT$）和比热容关系（$c_p - c_V = R$）对式（2-35）进行变换，得到另外两种熵变的表达式如下

用一次等温过程和一次等容过程来表示从一个状态变化到另一个状态

$$s_2 - s_1 = c_p \ln\left(\frac{T_2}{T_1}\right) - R\ln\left(\frac{p_2}{p_1}\right) \qquad (2\text{-}36)$$

$$s_2 - s_1 = c_p \ln\left(\frac{V_2}{V_1}\right) + c_V \ln\left(\frac{p_2}{p_1}\right) \qquad (2\text{-}37)$$

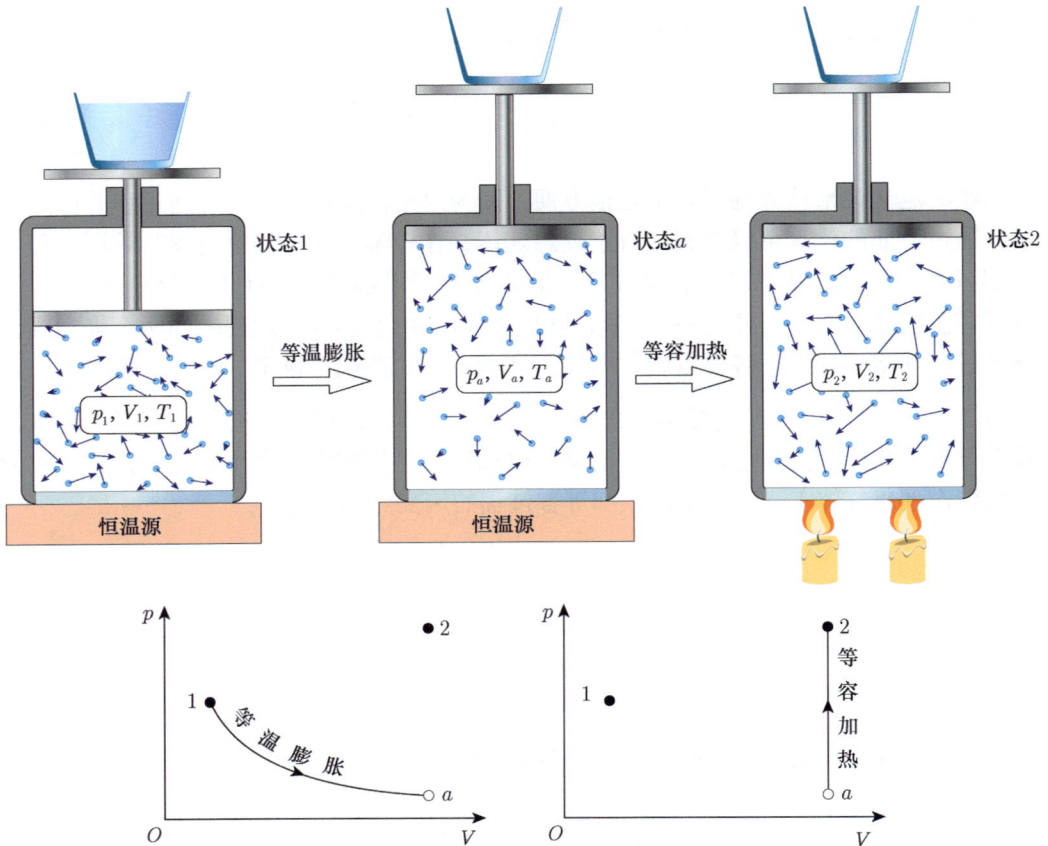

图 2-36　用一次等温过程和一次等容过程来表示从一个状态变化到另一个状态

有了式（2-35）～式（2-37），就可以不再考虑换热量，而用基本参数来计算熵变。

系统从一个状态变到另一个状态，熵始终保持不变的过程称为**等熵过程**（叫定熵过程更严谨一些，本书遵照习惯，仍称为等熵过程）。气体动力学中最常见的一种等熵过程是绝热可逆过程，即无耗散的绝热膨胀与压缩过程，常称为**绝热等熵过程**。

图 2-37 所示为绝热可逆膨胀过程（过程 A）和一种实际过程（过程 B）的对比，这两种过程都可以让系统从状态 1 变化到状态 2，过程 B 包含一次绝热有摩擦膨胀过程和一次等容放热过程。因为体积功 $\delta W = p\mathrm{d}V$，换热量 $\delta Q_{\mathrm{rev}} = T\mathrm{d}S$，所以热力学中习惯用 p-V 图来形象地表示过程中与外界交换的功，而用 T-S 图来形象地表示过程中与外界的换热。从图 2-37 中所示的 p-V 图和 T-S 图中，可以更进一步地理解实际过程和绝热可逆膨胀过

程的区别。从 $T\text{-}S$ 图可以看到，在绝热可逆膨胀过程中，系统的熵始终保持不变。而在绝热有摩擦膨胀过程中，系统的熵增加了，这些增加的熵在接下来的等容放热过程中释放给了外界，所以系统的熵可以恢复到和初始状态一样，但外界的熵增加了。

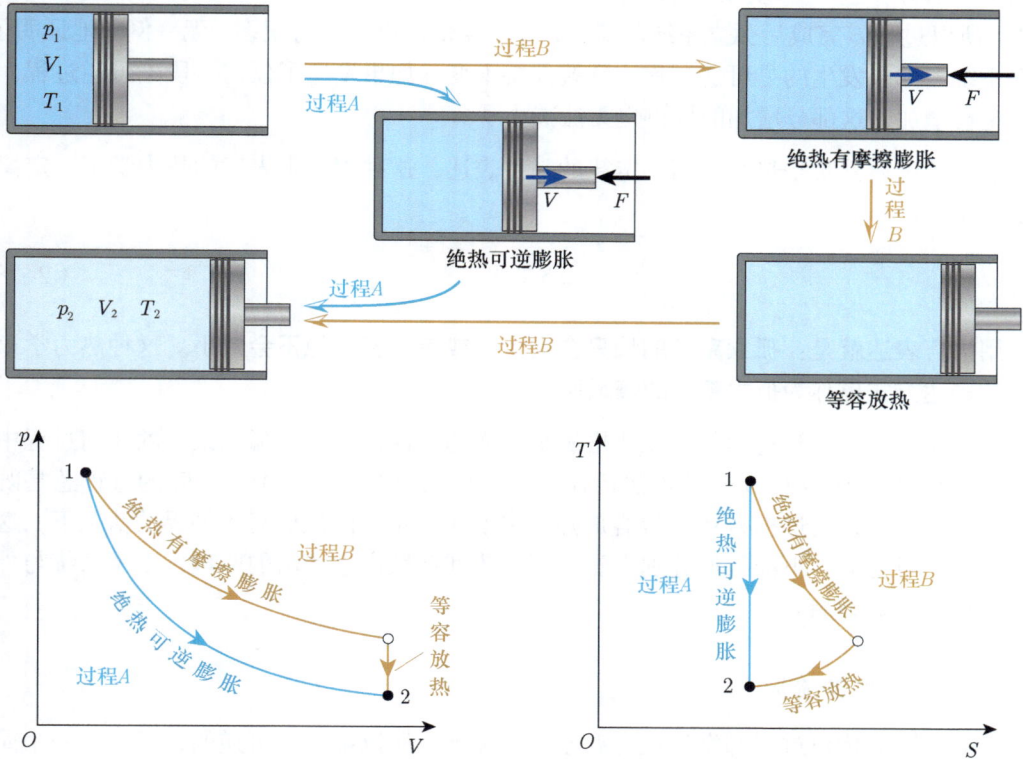

图 2-37　等熵膨胀过程和一种实际过程的对比

现在假设在过程 B 的等容放热过程中，系统与外界的温差保持无限小，过程缓慢地进行，则该过程可以看作是可逆的。设该过程中的换热量大小为 δQ，则系统（system，下标写为 sys）的熵的减少量为

$$\mathrm{d}S_{\mathrm{sys}}=\frac{\delta Q}{T_{\mathrm{sys}}}$$

外界（enviroment，下标写为 env）的熵的增加量为

$$\mathrm{d}S_{\mathrm{env}}=\frac{\delta Q}{T_{\mathrm{env}}}$$

内外温差无限小，所以有

$$\mathrm{d}S_{\mathrm{env}}=\mathrm{d}S_{\mathrm{sys}}$$

即系统的熵的减少量等于外界的熵的增加量，或者说熵从系统流入了外界。

图 2-37 中所示的过程 A 是一个可逆过程，熵只由换热决定，$\mathrm{d}S = \delta Q_{\mathrm{rev}}/T$，由于此过程没有换热，系统内的熵保持不变，外界的熵也保持不变，把系统和外界加起来算作一个孤立系统的话，这个孤立系统的熵保持不变。过程 B 是一个不可逆过程，膨胀过程中熵增加了一部分，这部分增加的熵在等容放热的时候被转移到了外界，但仍然在整个孤立系统中，所以过程 B 完成后孤立系统的熵增加了。类似的例子还有很多，无一例外地证明了：孤立系统内如果发生的是可逆过程，则熵保持不变；如果发生了任何一段不可逆过程，则熵一定会增加，这部分增加的熵再也无法减小了。

上面的论述其实是热力学第二定律的一种表述，这种用熵来表述的热力学第二定律的数学关系式即

$$\Delta S \geqslant 0 \qquad\qquad (2\text{-}38)$$

用语言表达就是：**孤立系统的熵只会增大，或者不变，绝不会减小**。这种热力学第二定律的表达方式也称为**孤立系统的熵增原理**。

由于实际的热力学过程都不能严格满足可逆的条件，所以在孤立系统的任何过程中，熵总是会增加。图 2-37 所示的绝热可逆膨胀过程只存在于理论中，实际的过程总是既有传热又有耗散的，而过程 B 中的等容放热一定发生在系统的温度高于外界的情况下，这种换热也是不可逆的。下面我们分别来看一下传热和耗散产生熵增的原理，以及系统与外界功的交换对熵的影响。

1. 传热产生的熵增

任何实际的传热过程都发生在有温差的情况下，所以都是不可逆的，可以举一个简单的导热例子来计算系统的熵变。把图 2-24 所示的例子重画在这里，如图 2-38 所示，高温固体 A 的初始温度为 T_1，低温固体 B 的初始温度为 T_2，让它们接触后，经过足够长的时间，共同的温度为 T_3。设这个系统为孤立系统，与外界无热交换，换热的过程缓慢进行，符合准静态过程，即每个固体在任何时刻都有一个确定的均匀温度。

设整个过程中换热量的大小为 δQ，吸热为正，放热为负。固体 A 从 T_1 降温到 T_3 所产生的熵变为

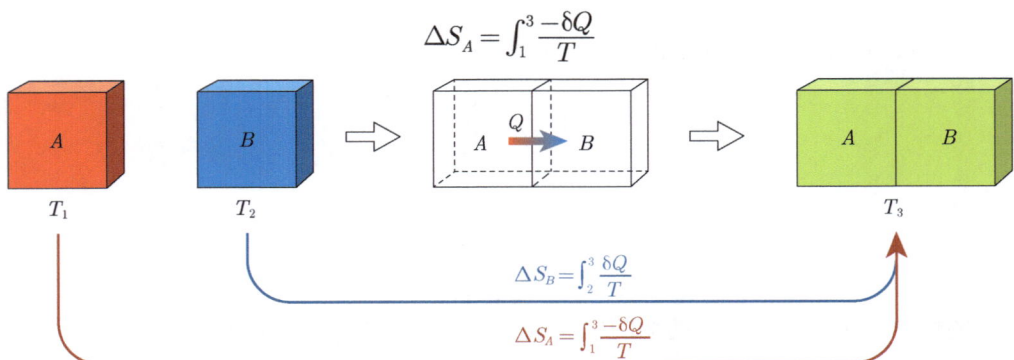

$$\Delta S_A = \int_1^3 \frac{-\delta Q}{T}$$

$$\Delta S_B = \int_2^3 \frac{\delta Q}{T}$$

$$\Delta S_A = \int_1^3 \frac{-\delta Q}{T}$$

图 2-38　导热过程中系统熵的变化

固体 B 从 T_2 升温到 T_3 所产生的熵变为

$$\Delta S_B = \int_2^3 \frac{\delta Q}{T}$$

两个固体构成的孤立系统的熵变为

$$\Delta S = \Delta S_A + \Delta S_B = \int_1^3 \frac{-\delta Q}{T} + \int_2^3 \frac{\delta Q}{T}$$

高温固体 A 在过程 $1 \to 3$ 中的温度始终大于低温固体 B 在过程 $2 \to 3$ 中的温度，所以 B 的熵增加量大于 A 的熵减少量，整个孤立系统的熵是增加的，即

$$\Delta S = \Delta S_A + \Delta S_B = \int_1^3 \frac{-\delta Q}{T} + \int_2^3 \frac{\delta Q}{T} > 0$$

这个结论可以推广到一般情况，任意几个物体或者一个物体的不同部分存在温差引起的导热会使整个系统的熵增加，这些物体可以是固体，也可以是液体或气体。

2. 耗散产生的熵增

耗散是指机械能不可逆地转换为内能，固体之间的摩擦、流体与固体的摩擦、流体之间的摩擦和掺混，以及高速流动时的激波等都包含耗散。显然，实际的气体耗散作用是一种功的交互作用，因为机械能向内能转换的过程就是一种机械功作用。本质上，气体中的摩擦和掺混耗散是黏性力做功（详细情况请见第 3 章 3.7.2 小节和 3.7.3 小节），但这种功的效果仅仅是使内能增加，而不能用于对外做功，所以耗散从结果上来看更像是一种热交互，而不是功。对于封闭系统来说，我们可以把耗散当作一种额外的热源项。

由于耗散涉及流体微团的变形和各微团之间的黏性力做功，属于流动问题，应该使用流动方程来分析，且只能使用微分方法分析，相关内容请见本书第 3 章 3.7 节部分，从其中的式（3-61）可以看出，耗散项总是大于零，也就是说耗散热总是正的，因此总是使内能增加，从式（3-67）还可以看出，耗散项总是使系统的熵增加。

3. 体积功对系统熵的影响

由式（2-35）可得微分形式的熵变关系式

$$ds = c_V \frac{dT}{T} + R \frac{dV}{V} \tag{2-39}$$

当系统与外界绝热且无耗散时，与外界功的交互仅为体积功，热力学第一定律表达式变为

$$dU + pdV = 0$$

利用内能关系式 $dU = c_V dT$ 和气体状态方程 $p = \dfrac{RT}{V}$，可以从上式得到

$$c_v \frac{\mathrm{d}T}{T} + R \frac{\mathrm{d}V}{V} = 0$$

结合式（2-39）可见，当气体发生绝热无耗散的压缩或膨胀时，系统的熵变为零，或者说，体积功对系统的熵值没有影响。

4. 系统熵变的总结

综合前面的讨论，可以给出以下关于系统熵变的结论。

（1）系统从外界吸热时自身熵增加，向外界放热时自身熵减少。

（2）系统内部的耗散会使自身的熵增加。

（3）系统与外界的功交互作用不影响系统和外界的熵。

（4）熵可以通过换热在系统和外界之间流动，但熵并不守恒，换热作用会额外产生一部分熵。

（5）让系统熵减小的唯一方法是向外界放热。

（6）没有办法让系统和外界加起来形成的孤立系统的熵减少。

2.6.3　熵的进一步讨论

1. 宏观的熵

熵虽然和压力、温度、内能等同样是表示系统状态的量，但它到底表示的是系统的什么性质，就没有那么直观了。从定义式看，它和物质的热容量具有相同的量纲，似乎表征了系统与外界的换热能力；既然做功也可以达到和加热同样的效果，那么也可以认为熵的变化对应某种功的作用。以气体的自由膨胀为例，容器内的熵是增加的，外界的熵不变，所以整体的熵增加了。如果这个过程是以可逆等温膨胀进行的，则气体的熵增一样，但由于过程可逆，整体的熵不变，容器内增加的熵完全是由外界（通过导热）传入的，因此外界的熵减少了。对比两个过程，等温膨胀会对外做功，整体熵不变；自由膨胀不对外做功，整体熵增加，可见，增加的熵对应一种做功潜力的损失。

再来看两个不同温度的固体导热，导热过程中整体的熵是增加的。如果我们在两者之间放一个可逆热机，就可以用它们的温差产生的热流来对外做功，直到两者温度相同，过程中整体的熵不变，可见这个熵增也对应做功潜力的损失。温度不同的两个物体可以对外做功，只需加一个热机，而温度相同的两个物体就没办法再对外做功了。

可见，熵可以看作一种能量级别的度量，熵增就意味着能量退化了，从好用的能量变成了不好用的能量。热力学第一定律描述了能量是守恒的，认为热和功是等价的，热力学第二定律则告诉我们热和功并不等价，功可以完全转换为热，但热不能完全转换为功。当能量以机械功的形式表现时，我们可以称之为机械能，这时的熵值较小，当机械能转换为内能时，通常熵会增加，内能再也没有办法100%地变回机械能了。这种能量的退化在宇宙中是普遍现象，孤立系统的机械能总是会自发地产生热能，而热能不会自发地做功而产生机械能，因此孤立系统的熵总是自发地增加。

2. 微观的熵

前面我们一直从宏观的角度来描述熵和热力学第二定律，但气体宏观的性质完全是由微观的分子热运动产生的，因此，熵的微观含义和热力学第二定律的微观解释也是人们很感兴趣的问题。对微观热力学研究成果贡献较多的人有麦克斯韦和玻尔兹曼，尤其是玻尔兹曼给出了熵的微观表达式（也有说法是，这个关系式是普朗克给出的），这个表达式后来被刻在了他在维也纳的墓碑上。

以气体的自由膨胀为例，如图 2-39 所示。一开始系统处于状态 A，所有分子都被隔板限制在左侧，右侧是真空。打开隔板后，气体开始自发地整体向右移动，形成状态 B，直到经过足够长时间后，达到状态 C，在 $A \rightarrow B \rightarrow C$ 的过程中，容器内气体的熵是增加的。虽然状态 C 在宏观上已经是平衡状态，但微观上气体分子仍然会不断地运动，在经过一段时间，会继续形成 D、E 和 F 等状态。宏观上看来气体的熵值不再变化，但 D、E 和 F 这 3 种状态的气体分子分布是完全不一样的。甚至有时候气体分子会汇聚成一堆一堆的，或者整体偏向一侧而看起来很不均匀。比如，仔细看状态 F，如果在原来隔板的位置画一条线，数一数左右两侧的分子数，会发现左侧有 14 个分子，右侧有 26 个分子，相差较大。但我们仍然认为这时气体的熵和状态 C（左侧 21 个分子，右侧 19 个分子）时的相等。

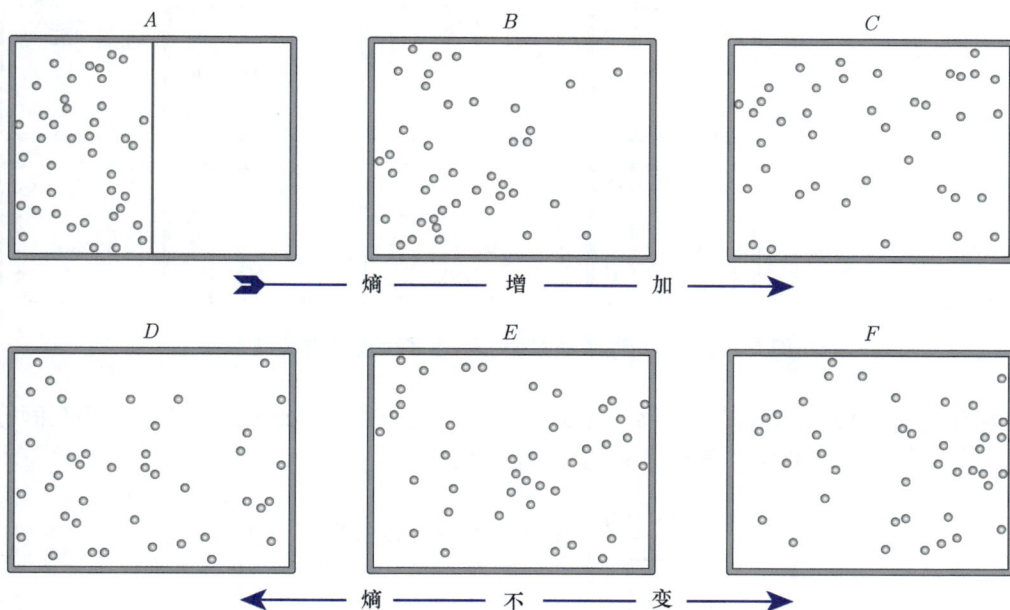

图 2-39　气体分子在自由膨胀过程中所占据的位置及熵的变化

状态 F 的熵比状态 B 的大这一论断并不是很有说服力，既然分子热运动是完全随机的，气体由状态 F 在某一时刻变成状态 A 也是有可能的，也就相当于气体自发地从充满容器变成完全跑到左侧的状态。显然，实际上并不会发生这样的事。原因是实际情况的分子数量巨大，全都在左侧的概率实在是太小了，小到永远都不会发生，这就是微观和宏观的差别所在。

假设现在容器很小，气体非常稀薄，稀薄到整个容器中只有 2 个分子，如图 2-40 左侧一列所示。那么，它们同时在左侧的概率为 1/4，而左右各一个的概率为 1/2，气体从"充满"容器自发地变成都在左侧是完全可能且经常发生的事。如果有 4 个分子，如图 2-40 右侧 4 列所示，分子全部都在左侧的概率就是 $(1/2)^4 = 1/16$，就不是很常见的事了，但仍然会时有发生。

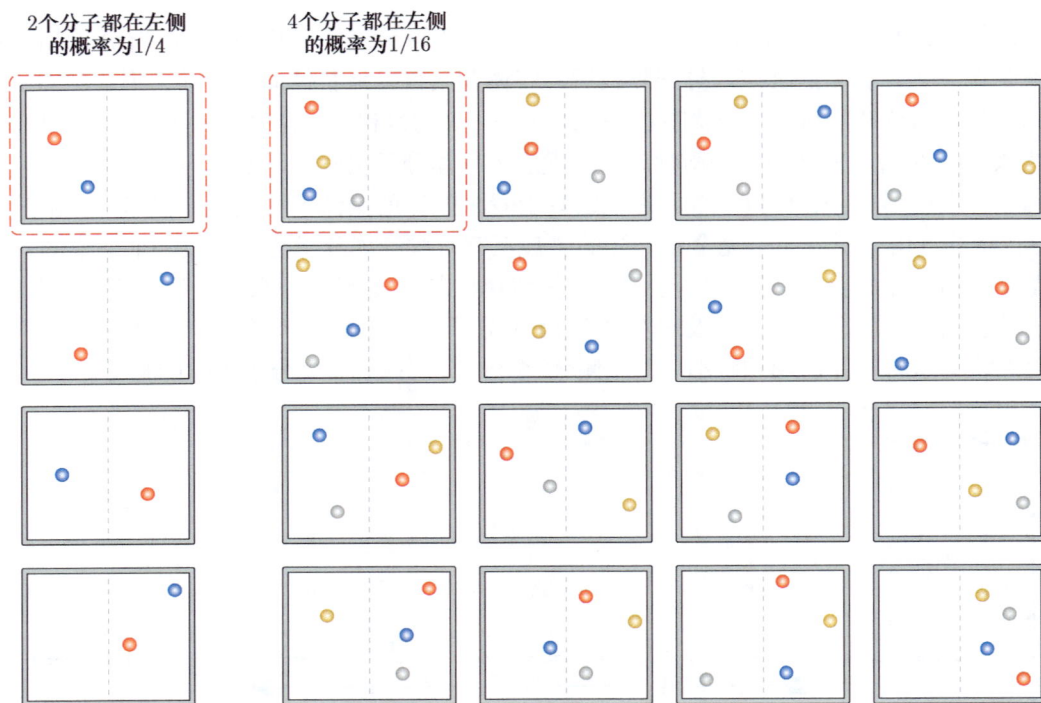

图 2-40　不同粒子数量情况下粒子位置分布的概率

现在来看一种实际情况，容器大小为 $1\,\mathrm{mm}^3$，左右各 $0.5\,\mathrm{mm}^3$，一开始左侧充满标准状态下的气体，右侧真空。气体含有的分子数量是

$$\frac{0.5/100^3}{22.4} \times 6.02 \times 10^{23} \approx 1.3 \times 10^{16}$$

气体分子全部都在左侧的概率是

$$\left(\frac{1}{2}\right)^{1.3\times10^{16}} = \frac{1}{2^{1.3\times10^{16}}}$$

这是一个超级小的概率，小到完全不会发生。可见，即使在 $1\,\mathrm{mm}^3$ 空间内，气体仍然

不会自发地汇聚到一侧。把单位 mm 换成 μm，结论仍然一样，可见，我们生活的宏观尺度下，气体总是会自发地从一侧膨胀充满整个容器，而不会反过来发生，这就是热力学的不可逆性。

微观上，理想气体分子满足力学规律，运动完全可逆，当分子数量巨大时，可逆性就被打破了，系统总是向更大可能性发展。为了说明这一点，来看图 2-41，几个理想气体分子从绝热容器的一个角落开始（状态 1），最后"充满"整个容器（状态 2），分子间的碰撞、分子与壁面的碰撞都是完全弹性的，因此符合力学规律，是可逆的。理论上可以让状态 2 的这几个分子的速度反向，大小不变，则系统会用相同的时间回到状态 1，这种情况显然也适用于大量分子的情况，这岂不是说宏观上气体可以回缩到一个角落了吗？

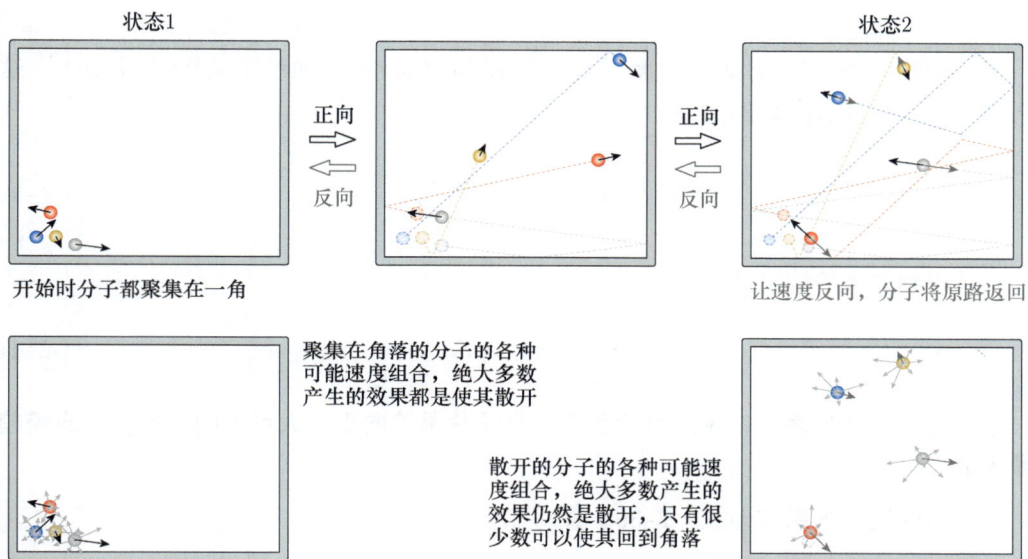

状态1　　　　　　　　　　　　　　　　　　　　　　　　　　　　　　　　状态2

正向
反向

正向
反向

开始时分子都聚集在一角　　　　　　　　　　　　　　　　　　让速度反向，分子将原路返回

聚集在角落的分子的各种可能速度组合，绝大多数产生的效果都是使其散开

散开的分子的各种可能速度组合，绝大多数产生的效果仍然是散开，只有很少数可以使其回到角落

图 2-41　微观上理想气体分子运动完全可逆，但大量分子会趋向于概率最大的状态

确实存在这种可能性，只不过可能性实在太小了。如图 2-41 下面两图所示，当分子数量巨大时，状态 1 的气体分子速度大小和方向可以有无数种组合，几乎无一例外地会导致分子遍布容器。状态 2 的气体分子则只有一种速度组合让它们回到状态 1，而绝大多数组合都会使气体分子仍然是遍布容器的状态。因此，气体只会自发地从状态 1 变化到状态 2，而不会反向。这就解释了微观的可逆性与宏观的不可逆性之间的关系，关键不是微观或宏观，而是分子数量的多少。较少的分子数量具有的状态数也较少，变成任何一种状态的概率都很大，较多的分子数量的状态数是呈指数增长的，系统出现任何一种状态的概率都非常小，而遍布容器拥有最多的状态数。因此，可以用概率来定义的熵。下面来推导玻尔兹曼熵方程。

假设在气体自由膨胀实例中，1 摩尔的气体一开始都在左侧，体积是 V_1，膨胀后充满容器，体积是 V_2。用 P 代表可能的微观状态数，P_1 为气体全部在左侧的微观状态数，P_2 为气体充满容器的微观状态数，根据前面的讨论，P_1 和 P_2 的关系为

$$\frac{P_2}{P_1} = \left(\frac{V_2}{V_1}\right)^{N_A}$$

对上式两边取对数，有

$$\ln\left(\frac{P_2}{P_1}\right) = N_A \ln\left(\frac{V_2}{V_1}\right)$$

两边都乘以 R_A/N_A（R_A/N_A 即玻尔兹曼常数 k_B，见 1.2.2 小节），可得

$$k_B \ln\left(\frac{P_2}{P_1}\right) = R_A \ln\left(\frac{V_2}{V_1}\right)$$

上式中的 $R_A \ln(V_2/V_1)$ 等于 1 摩尔气体自由膨胀时熵的增加量（见 2.6.2 小节），这样就得出了熵与微观状态数的关系

$$S_2 - S_1 = k_B \ln\left(\frac{P_2}{P_1}\right) \tag{2-40}$$

于是得到如下的熵定义式

$$S = k_B \ln P \tag{2-41}$$

也就是说，**熵代表了系统的可能状态，系统总是趋向于最大可能的状态，对应熵趋向于最大值。**

把前面的熵变关系式即式（2-39）重写如下

$$ds = c_V \frac{dT}{T} + R \frac{dV}{V}$$

这个式子表示了温度增加和体积增加是两种让系统的熵增加的因素。温度增加，分子的平均动能上升的同时，根据麦克斯韦速率分布律，每个分子速度的可能性增多，大量分子的速率分布组合也增大，因此系统的熵增加。体积增加，分子所能占据空间位置的可能性增大，因此系统的熵增加。

有时候熵被认为是系统无序程度的度量，熵增就是系统从有序走向无序。这个说法大致上是正确的，因为一般来说无序分布的可能性比有序分布的可能性大得多。然而，什么样的情况是有序，什么样的情况是无序，并没有很好的定义。比如，在 100 个格子里放 50 个球，如图 2-42 所示的几种情况，不同的人有不同的看法。显然许多人会认为 50 个球都在一侧的情况（状态 A）是非常有序的，组成图形和文字的情况（状态 B 和 C）也是很有序的。不过，对于完全没见过中文的人来说，状态 C 也可能看起来不太有序。虽然分子总是自发地从聚集状态趋向于均匀状态，但完全均匀的情况（状态 D）反而被认为是特殊的，而有均布也有聚集的情况（状态 E 和 F）则被认为是无序的。实际上任何一种分布

都是概率极小的独特存在，只不过人们主观上把一类依照自己的文化知识看不出规律的情况认定为无序。图 2-42 所示的 6 种分布的概率其实是一样的，没有哪种更特殊，之所以人们会认为自由运动分子形成状态 E 和 F 的概率较大，是因为能被定义为有序的分布只占很少数，而绝大多数分布都是类似于状态 E 和 F 这样的"无序"分布，它们代表了一大批分布，这一大批分布加起来，概率就很大了。

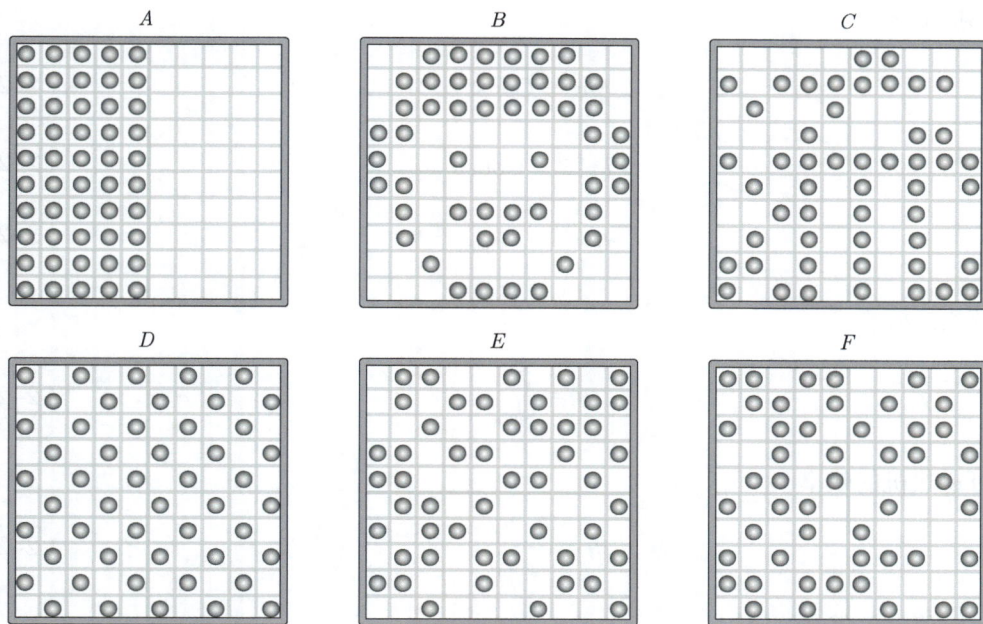

图 2-42　各种分布是有序还是无序并没有很好的度量

因此，说熵是系统无序程度的度量不完全合理，还是用概率的说法比较严谨，熵是系统可能状态数的度量。从微观角度来说，熵增不是绝对的，只是熵增的概率远远大于熵减的概率而已。从宏观角度来说，把熵增看作是绝对的则没有问题，原因是当分子数量巨大时，熵减的概率实在是太小了。

重要关系式总结

闭口系统能量方程

$$\Delta E = Q - W \tag{2-1}$$

$$Q = \Delta U + \int_1^2 p\mathrm{d}V \tag{2-5}$$

$$q - w_\mathrm{s} = c_V(T_2 - T_1) + (p_2 v_2 - p_1 v_1) + g(z_2 - z_1) + \frac{1}{2}(c_2^2 - c_1^2) \tag{2-9}$$

一维开口系统能量方程

$$\delta q - \delta w_{\mathrm{s}} = c_V \mathrm{d}T + \mathrm{d}(pv) + g\mathrm{d}z + \mathrm{d}\left(\frac{c^2}{2}\right) \tag{2-10}$$

$$q - w_{\mathrm{s}} = (h_2 - h_1) + g(z_2 - z_1) + \frac{1}{2}(c_2{}^2 - c_1{}^2) \tag{2-14}$$

等熵关系式

$$pv^{\kappa} = \mathrm{Const} \tag{2-20}$$

$$Tv^{\kappa-1} = \mathrm{Const} \tag{2-21}$$

$$pT^{\frac{\kappa}{1-\kappa}} = \mathrm{Const} \tag{2-22}$$

热机的效率

$$\eta = \frac{W}{Q_{\mathrm{H}}} \tag{2-23}$$

可逆热机的效率

$$\eta = 1 - \frac{T_{\mathrm{L}}}{T_{\mathrm{H}}} \tag{2-26}$$

克劳修斯不等式

$$\oint \frac{\delta Q}{T} \leqslant 0 \tag{2-31}$$

熵的定义式

$$\mathrm{d}S = \frac{\delta Q_{\mathrm{rev}}}{T} \tag{2-33}$$

熵的计算式

$$s_2 - s_1 = c_V \ln\left(\frac{T_2}{T_1}\right) + R \ln\left(\frac{V_2}{V_1}\right) \tag{2-35}$$

$$s_2 - s_1 = c_p \ln\left(\frac{T_2}{T_1}\right) - R \ln\left(\frac{p_2}{p_1}\right) \tag{2-36}$$

$$s_2 - s_1 = c_p \ln\left(\frac{V_2}{V_1}\right) + c_V \ln\left(\frac{p_2}{p_1}\right) \tag{2-37}$$

孤立系统的熵增原理

$$\Delta S \geqslant 0 \qquad\qquad\qquad (2-38)$$

玻尔兹曼熵定义式

$$S = k_{\mathrm{B}} \ln P \qquad\qquad\qquad (2-41)$$

习 题

2-1 假设焦耳实验中，重物质量为 1 kg，总下落距离为 1 m，容器内水的体积为 1 L，求水的温升。

2-2 使用柴油机带动水泵将 50 t 的水抽到 10 m 高的水塔中，假设柴油机的效率为 40%，并忽略所有其他摩擦和能量损失，需要多少升柴油？（柴油的热值为 3.3×10^7 J/L。）

2-3 手机的电能最终是如何用掉的，以什么方式传递给了环境？查阅资料看看各种方式所占的比例。

2-4 航空用燃气轮机的效率主要受什么制约？试举出几种可以提高其效率的措施。

2-5 焓与内能的关系是怎样的？为什么闭口系统用内能来表示能量，开口系统用焓来表示能量？

2-6 两个完全相同的边长为 10 cm 的立方体铜块，一开始温度分别为 500 ℃和 200 ℃，使它们相接触导热并达到平衡，过程中两铜块组成的系统与环境绝热，求这一导热过程所产生的熵增。

2-7 气体的体积等温膨胀到原来的两倍，产生的熵增是多少？试从熵的概率定义解释为什么体积增加会引起熵的增加。

2-8 气体在等温膨胀时，吸收的热量全部用于对外做功，这是否违反热力学第二定律？为什么？

2-9 1 kg 的氦气温度从 15 ℃增加到 80 ℃，分别经历如下 3 种过程：① 压力保持不变；② 体积保持不变；③ 与外界绝热。分别求这 3 种过程中气体内能的改变、吸收的热量和对外做的功。

2-10 判断下列过程是否为可逆过程，并说明理由：① 容器内的气体非常缓慢地等温膨胀；② 气体沿收缩管道绝热无黏流动；③ 超声速气体绝热等熵地在扩张管道内加速流动；④ 内燃机的压缩过程。

第 3 章

流动的基本方程

复杂的流动也一样遵守基本运动方程。

气体动力学作为流体力学的一个分支，并不引入更多的基本方程，只是根据气体的特点在可压缩流动方面有所扩充，并且增加了一些简化理论和计算方法。因此，在学习气体动力学之前，需要先熟悉流动的基本方程。

3.1 流体中的力

3.1.1 体积力和表面力

根据作用方式的不同，物体所受的作用力可以分为两类：一类是不需要接触，作用于全部流体上的力，称为体积力（或质量力）；另一类是直接与物体相接触而施加的力，称为表面力。重力（万有引力）和磁力都属于体积力，如果分析问题时采用非惯性坐标，则惯性力也是一种体积力。压力和摩擦力都属于表面力，压力与作用面垂直，摩擦力与作用面相切。图 3-1 所示为几种体积力和表面力。

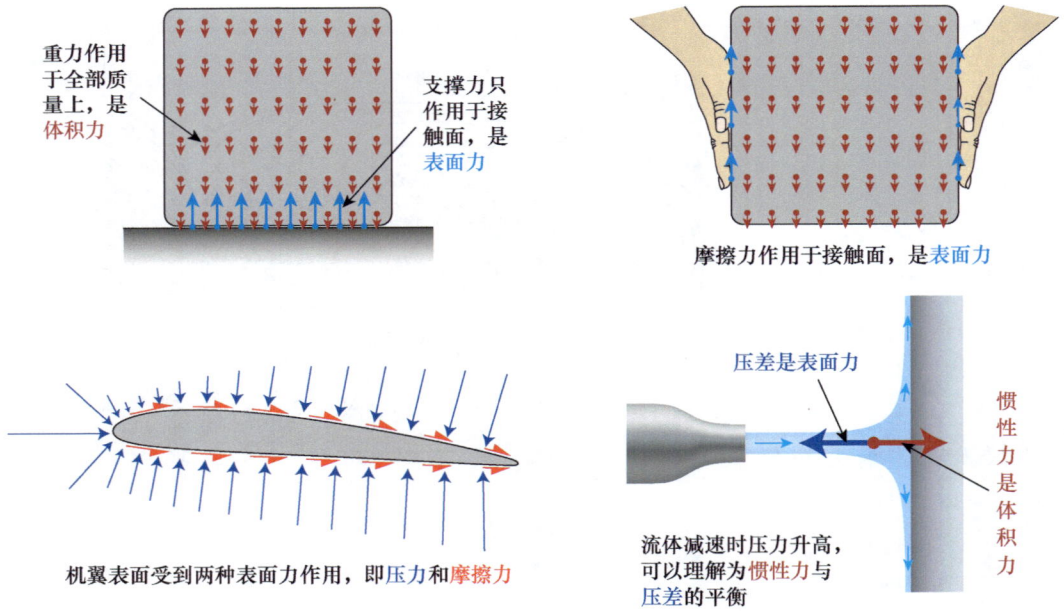

重力作用于全部质量上，是体积力

支撑力只作用于接触面，是表面力

摩擦力作用于接触面，是表面力

机翼表面受到两种表面力作用，即压力和摩擦力

压差是表面力

惯性力是体积力

流体减速时压力升高，可以理解为惯性力与压差的平衡

图 3-1　几种体积力和表面力

在静止的流体中或者运动着的黏性较小的流体中，任意点的压力大小与其作用方向无关，这个性质使流体的压力具有标量属性，可以将压力看作流体的一种状态参数。也就是说，流体力学中的压力与热力学中的压力（即压强）是等价的。

3.1.2 流体内部的应力

物体内各部分之间可能相互作用着内力，单位面积上的内力称为**应力**。沿截面法向的分量称为**正应力**，沿截面切向的分量称为**切应力**。从表面指向外部的正应力称为拉应力，指向表面内部的正应力称为压应力。

上面论述中的物体既可以指固体，也可以指流体。不过，流体和固体有两个主要不同点：一个是流体内部没有拉应力，只有压应力[1]；另一个是流体在静止的时候，内部没有切应力。运动的流体内部存在压应力和切应力，压应力基本等于气体的热力学压力，切应力则由流体的黏性产生。一般流体力学书中习惯上不使用应力这个词，而是直接称为正压力和剪切力，或者按照性质把力分为压力和黏性力。图 3-2 所示为正应力和切应力的例子和图解。

（a）一个截面上有一个正应力和两个切应力　　　（b）静止流体的内部没有切应力，只有正应力

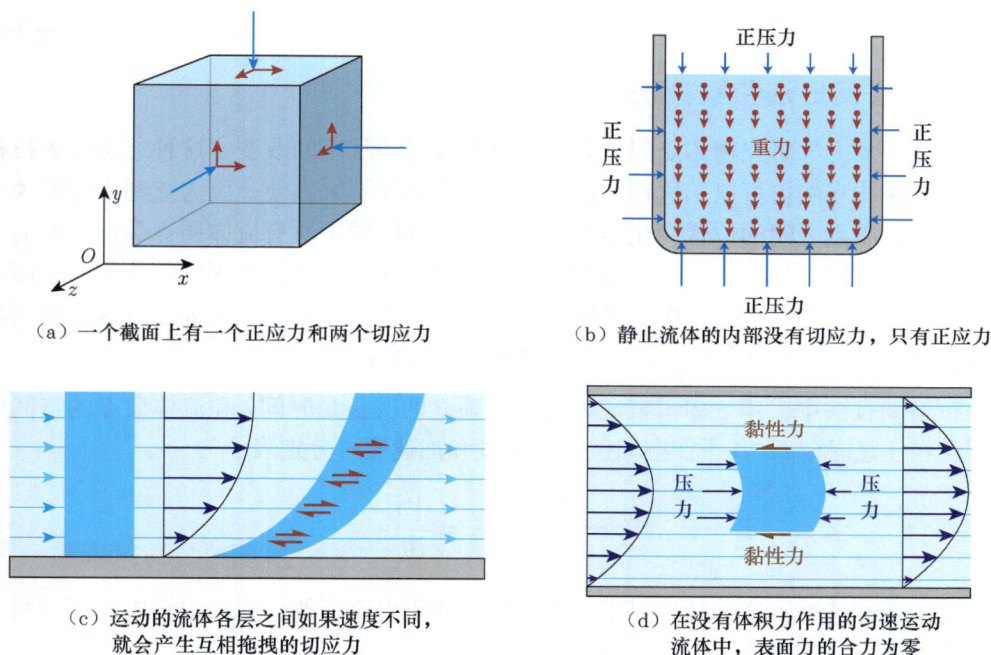

（c）运动的流体各层之间如果速度不同，　　　（d）在没有体积力作用的匀速运动
　　就会产生互相拖拽的切应力　　　　　　　　流体中，表面力的合力为零

图 3-2　正应力和切应力的例子和图解

在固体静力学中，主要面对的是外力与内力平衡的问题，内力与变形的关系是研究的重点，在固体动力学中则分析各种运动情况下的动态变形和相应的应力。在流体静力学中，没有切应力，且流体也不存在被破坏的问题，因此分析较为简单，就是压力与重力的平衡。在流体动力学中，基于牛顿定律和能量守恒原理，重点分析在给定边界条件下流体的运动规律，其中牛顿第二定律是核心，即

$$\sum \vec{F} = \frac{\mathrm{d}(m\vec{v})}{\mathrm{d}t}$$

式中，合力由体积力和表面力组成，体积力通常指重力，表面力包含压力和黏性力。

1　液体分子之间具有一定的引力，但非常小，通常忽略，液体界面上的表面张力可能很强，某些情况下不可忽略。理想气体分子之间没有力的作用，不存在拉应力，真实气体的分子间力也非常小，可忽略。

有些时候，使用跟随流体微团一起运动的参照系更方便，这时的流体微团处于相对静止状态，加速度转换为惯性力，于是流体微团在压力、黏性力和惯性力 3 种力的作用下保持平衡。常见的流动中，黏性力比压差和惯性力要小得多，流动主要是压差与惯性力之间的平衡，即

一般流动中：　　　　　惯性力 + 压差 + 黏性力 = 0

黏性较小的流动中：　惯性力 + 压差 ≈ 0

3.2　流体质点的运动

3.2.1　拉格朗日法和欧拉法

一般的牛顿力学研究物体受到外力作用时自身运动状态的改变，这种方法称为**拉格朗日法**。研究流体当然也可以用这种方法，不过用起来并不太方便，因为流动中需要关注的质点太多，各质点之间的位置变化很大，并且通常的问题中所有流体质点都是一样的，并不需要关注某质点，另外，工程中研究的流体力学问题多是流体对固体的作用力，而不是流体本身。因此，在流体力学中通常研究一个特定的空间，着眼于流体经过这个空间时发生的变化以及与这个空间的相互作用，这种方法称为**欧拉法**。

在拉格朗日法中，用 ξ 标示某流体质点，独立的变量是时间 t 和流体质点的空间坐标 $\vec{r}$。质点在任意时刻 t，其所在空间位置、速度和加速度可分别表示为

$$\vec{r}_\xi = \vec{r}, \quad \vec{V}_\xi = \frac{\mathrm{d}\vec{r}_\xi}{\mathrm{d}t}, \quad \vec{a}_\xi = \frac{\mathrm{d}^2\vec{r}_\xi}{\mathrm{d}t^2} \tag{3-1}$$

此处的下标 ξ 表示这些量是对于由 ξ 所标示的质点而言的，实际求解中需要对每一个流体质点 $\xi_i(i=1, 2, \cdots)$ 的运动进行分析。

欧拉法研究的目标不是流体质点，而是发生流体运动的空间，其独立变量是时间 t 和空间的坐标。拉格朗日法这样描述流体的运动："在 t 时刻，质点 A 的速度为……"，而欧拉法这样描述流体的运动："在 t 时刻，A 点处流体质点的速度为……"。

当所研究的空间内所有点的流动状态和热力学参数都不随时间而改变时，这种流动就称为**定常流动**。比如流体沿着收缩管道以定常亚声速流动，虽然每个流体质点都经历加速过程，但在任何一个截面处，流动的速度是恒定不变的。这种流动在生产和生活中很常见，也较为简单，研究得较多，相关理论也较完备。另一种情况是**非定常流动**，就是流场参数会随着时间变化。比如高压气罐放气的时候，随着气罐内的压力降低，放气口处气流的压力和流速都在降低，直到最后罐内气体压力与外界大气压一样，放气口处的流速减为零。水池放水时也是一样，随着深度的变化，放水的流量逐渐减小，图 3-3 所示为水池放水时的定常流动与非定常流动。

除了与时间的关系，根据与空间坐标的关系，还可以把流动分为一维、二维和三维流动。自然界中的流动基本上都是较为复杂的三维流动，但其中有大量的流动可以简化为一

维或二维流动，从而使问题得以简化。比如管道内的流动，在任意截面的不同半径上流速都不相同，但在工程问题中通常定义一个平均流速，认为流体在这个截面上都是按这个速度流动的，从而简化为一维流动。图 3-4 所示为一维、二维和三维流动。

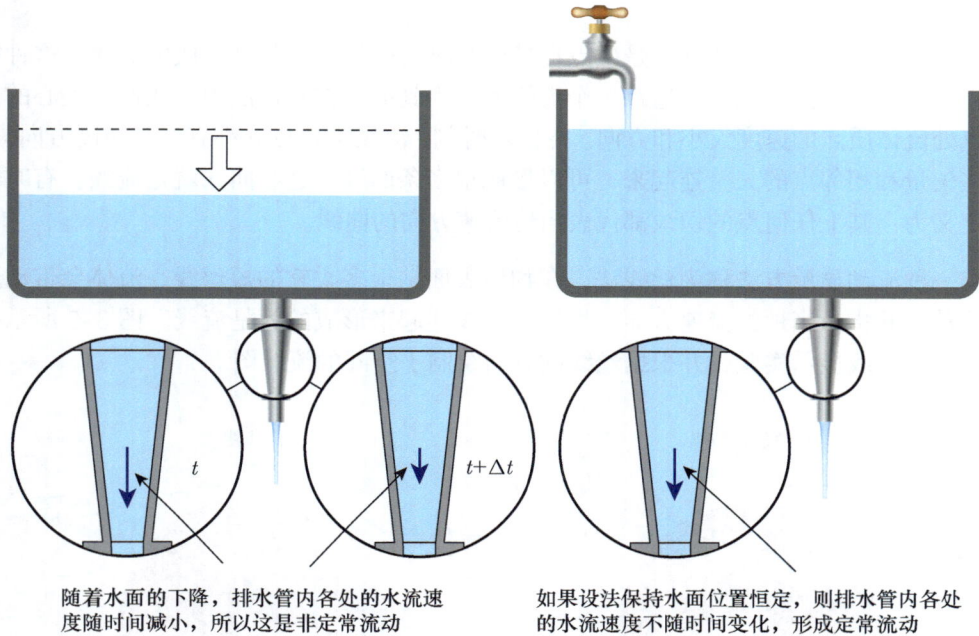

随着水面的下降，排水管内各处的水流速度随时间减小，所以这是非定常流动

如果设法保持水面位置恒定，则排水管内各处的水流速度不随时间变化，形成定常流动

图 3-3　水池放水时的定常流动与非定常流动

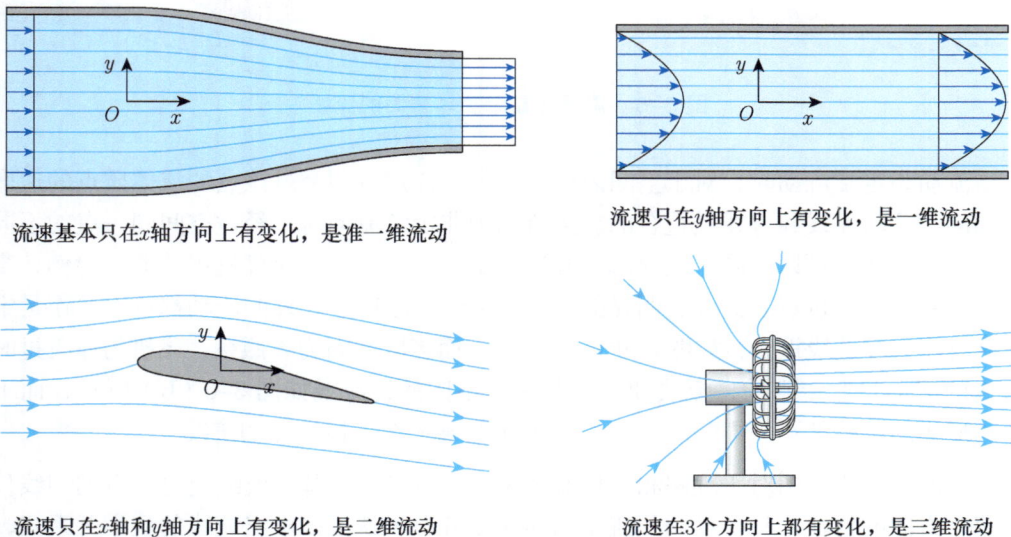

流速基本只在 x 轴方向上有变化，是准一维流动

流速只在 y 轴方向上有变化，是一维流动

流速只在 x 轴和 y 轴方向上有变化，是二维流动

流速在 3 个方向上都有变化，是三维流动

图 3-4　一维、二维和三维流动

在气体动力学中，我们首先要熟悉一维定常流动的计算和分析方法，因为这是最简单也是最好理解的。当流动的非定常性不强时，假设成定常带来的误差不大，而对于三维流

动，如果我们使用微分方法，分析每一条流线上的流动，仍然可以在这些曲线上使用一维流动的关系式，这样流动就被极大地简化了。

3.2.2 迹线和流线

迹线就是质点的运动轨迹，是质点在各个时刻所处位置连起来形成的曲线。这种定义是建立在拉格朗日法基础上，追踪一个流体质点得到的。在欧拉法中，我们更关心的是空间各点处流体质点的速度大小和方向。在任意时刻，流场中各点处都有一个速度方向矢量，把这些矢量和相邻点的矢量连起来，可以形成很多条曲线，这些曲线就是**流线**。有时也将流线定义为：其上任何点的切线都代表当地流速方向的曲线。

有一种流动显示方法称为丝线法，在物体表面粘很多柔软的短丝线，流体会带动这些丝线流动，并指示当地的流速方向，把这些丝线连起来形成的就是流线。图 3-5 所示为在球表面做的丝线显示实验，并根据丝线的方向绘制了空间的流线图。

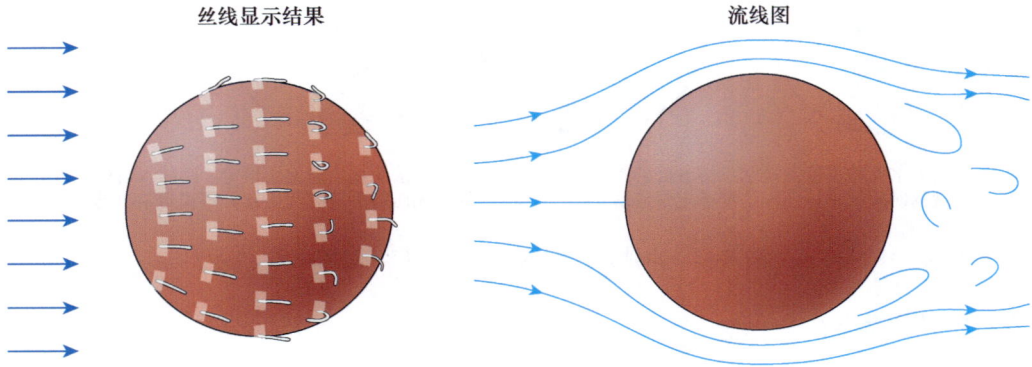

丝线显示结果　　　　　流线图

图 3-5　用丝线显示物体表面的流线

当流动为定常流动时，对于空间内所有的点，任意时刻经过该点的流体质点的速度都是相同的，这时流线和迹线是重合的。当流动为非定常流动时，经过空间同一点的不同流体质点的运动轨迹可以不同，因此流线和迹线是不同的。以气流绕机翼的流动为例，当以机翼为参照系，且机翼表面没有明显的流动分离时，除尾迹之外的流动都可以看作是定常的，这时流线和迹线重合，如图 3-6（a）所示。而当以地面为参照系，飞机匀速飞过时，所形成的流动是非定常的，流线和迹线是完全不同的，流线如图 3-6（b）所示，而不同质点所形成的迹线都不一样，图 3-6（c）所示为某一个流体质点的迹线。

画出流动的流线图对于理解和分析流动是很有意义的。基于流线上每一点的切线代表当地速度方向的特征，只要已知了流场内的速度分布，就可以求出流线的数学关系式，进而画出流线图，下面我们就来推导流线的数学关系式。

三维直角坐标空间内的流线是三维曲线，用数学关系式表达就是

$$f(x, y, z) = 0$$

而任一时刻三维空间内的速度分布为

$$\vec{V}(x,\,y,\,z)=\vec{i}u(x,\,y,\,z)+\vec{j}v(x,\,y,\,z)+\vec{k}w(x,\,y,\,z)$$

所以，根据速度分布求流线方程，就是要找到 u、v、w 之间的关系。

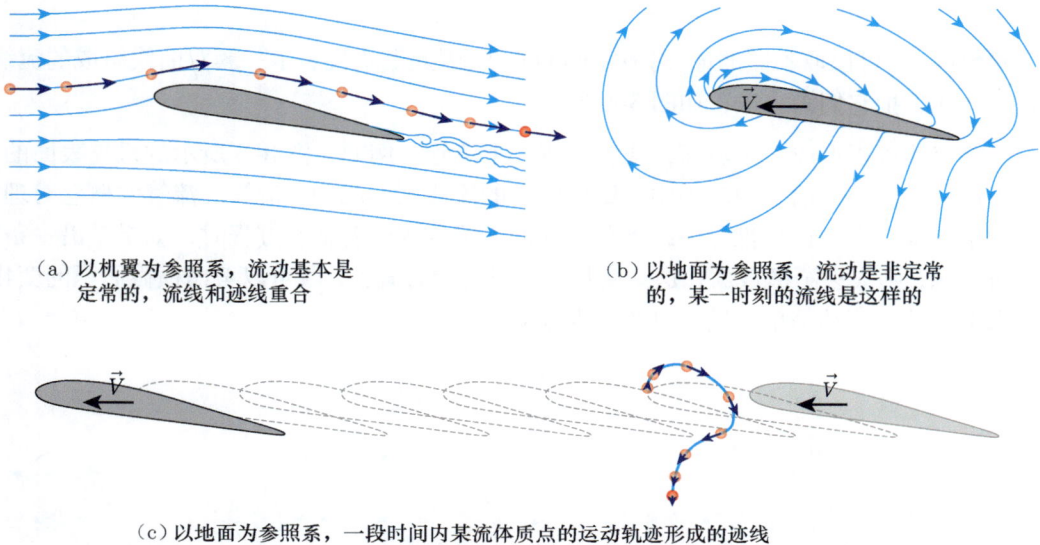

（a）以机翼为参照系，流动基本是
　　定常的，流线和迹线重合

（b）以地面为参照系，流动是非定常
　　的，某一时刻的流线是这样的

（c）以地面为参照系，一段时间内某流体质点的运动轨迹形成的迹线

图 3-6　气流绕机翼流动的迹线和流线

图 3-7 所示为二维空间中的流线与流速分解，两个分速度分别等于单位时间内相应坐标位置的变化，同样的道理也适用于三维空间，从而有

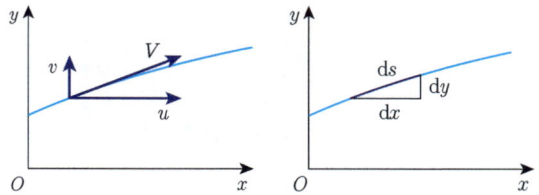

图 3-7　二维空间中的流线与流速分解

$$V=\frac{\mathrm{d}s}{\mathrm{d}t},\quad u=\frac{\mathrm{d}x}{\mathrm{d}t},\quad v=\frac{\mathrm{d}y}{\mathrm{d}t},\quad w=\frac{\mathrm{d}z}{\mathrm{d}t}$$

上面 3 个关系式中的时间可以消去，有

$$\frac{\mathrm{d}x}{u}=\frac{\mathrm{d}y}{v}=\frac{\mathrm{d}z}{w} \tag{3-2}$$

式（3-2）称为**流线方程**。把流速分布代入其中，就可以得出只含 x、y、z 的关系式，也就是流线的三维曲线方程。

现在来看一个例子，已知某二维流动的流速分布满足关系式 $\vec{V}=-x\vec{i}+y\vec{j}$，将其代入式（3-2），得

$$\frac{\mathrm{d}x}{-x}=\frac{\mathrm{d}y}{y}$$

积分可得

$$\ln|x| = -\ln|y| + C_1$$

即

$$xy = C_2$$

常数 C_1、C_2 可以取不同的值，对应不同的曲线，因此上式代表了一簇双曲线组成的流线，都是双曲线，把它们画出来，如图 3-8 所示。

一簇流线可以形成一个流面，或者形成一个流管。例如，图 3-9 所示的机翼表面的流线就组成一个流面，而管内流动中，壁面附近的流线则形成一个流管。流管的概念对理论公式的推导很有用，比如推导一维微分形式的连续方程或者动量方程时，如果是沿一条流线分析问题，则失去了横截面积这个变量，而用流管的概念，既可以考虑横截面积的变化，又可以保证整个流动是单一进出口的一维流动。

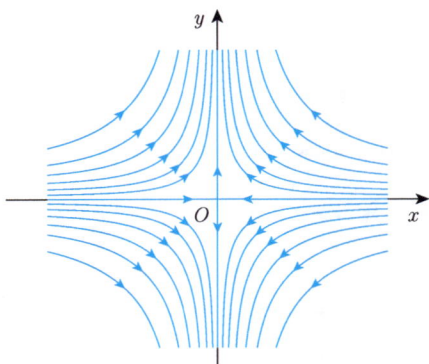

图 3-8　流线为双曲线的流场

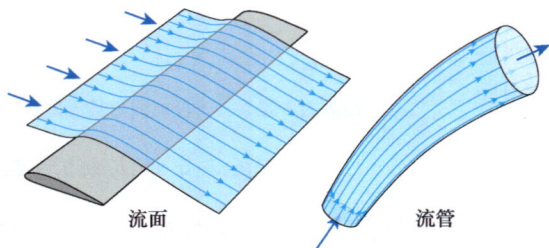

流面　　　流管

图 3-9　流面和流管

3.2.3　加速度和物质导数

流体质点的瞬时速度等于其空间坐标对时间的导数，即

$$\vec{V} = \frac{\mathrm{d}\vec{r}}{\mathrm{d}t} \tag{3-3}$$

在三维直角坐标空间中，3 个方向的速度分量分别为

$$u = \frac{\mathrm{d}x}{\mathrm{d}t}, \ v = \frac{\mathrm{d}y}{\mathrm{d}t}, \ w = \frac{\mathrm{d}z}{\mathrm{d}t} \tag{3-3a}$$

在欧拉法中，某一空间点处的速度可以表示为

$$\vec{V}(t,x,y,z) = \vec{i}u(t,x,y,z) + \vec{j}v(t,x,y,z) + \vec{k}w(t,x,y,z)$$

流体质点的加速度是速度对时间的导数

$$\vec{a} = \frac{\mathrm{d}\vec{V}}{\mathrm{d}t} = \vec{i}\,\frac{\mathrm{d}u}{\mathrm{d}t} + \vec{j}\,\frac{\mathrm{d}v}{\mathrm{d}t} + \vec{k}\,\frac{\mathrm{d}w}{\mathrm{d}t} \tag{3-4}$$

现在单看 x 轴方向的加速度，$a_x = \mathrm{d}u/\mathrm{d}t$，这里的速度 u 既是时间的函数，也是空间坐标的函数，因此有

$$a_x = \frac{\mathrm{d}u(t,x,y,z)}{\mathrm{d}t} = \frac{\partial u}{\partial t} + \frac{\partial u}{\partial x}\frac{\mathrm{d}x}{\mathrm{d}t} + \frac{\partial u}{\partial y}\frac{\mathrm{d}y}{\mathrm{d}t} + \frac{\partial u}{\partial z}\frac{\mathrm{d}z}{\mathrm{d}t}$$

由式（3-3a）可知，质点的空间坐标对时间的导数就是质点的速度，所以 x 轴方向的加速度可以写为

$$a_x = \frac{\partial u}{\partial t} + u\frac{\partial u}{\partial x} + v\frac{\partial u}{\partial y} + w\frac{\partial u}{\partial z} \tag{3-4a}$$

同理可得另外两个方向的加速度分别为

$$a_y = \frac{\partial v}{\partial t} + u\frac{\partial v}{\partial x} + v\frac{\partial v}{\partial y} + w\frac{\partial v}{\partial z} \tag{3-4b}$$

$$a_z = \frac{\partial w}{\partial t} + u\frac{\partial w}{\partial x} + v\frac{\partial w}{\partial y} + w\frac{\partial w}{\partial z} \tag{3-4c}$$

3 个方向的加速度可以统一写成矢量形式，表示为

$$\vec{a} = \frac{\partial \vec{V}}{\partial t} + (\vec{V}\cdot\nabla)\vec{V} \tag{3-5}$$

此处的 $\vec{V}\cdot\nabla$ 表示一种微分算子，其展开形式为

$$\vec{V}\cdot\nabla = (\vec{i}u + \vec{j}v + \vec{k}w)\cdot\left(\vec{i}\frac{\partial}{\partial x} + \vec{j}\frac{\partial}{\partial y} + \vec{k}\frac{\partial}{\partial z}\right) = u\frac{\partial}{\partial x} + v\frac{\partial}{\partial y} + w\frac{\partial}{\partial z}$$

从式（3-5）我们可以看到，在欧拉坐标下，加速度由两部分组成，其中的 $\partial\vec{V}/\partial t$ 称为**当地加速度**，$(\vec{V}\cdot\nabla)\vec{V}$ 称为**对流加速度**。

式（3-4）和式（3-5）在数学上相当于速度对时间的全导数，这个全导数还可以应用于流体的其他性质，例如压力

$$\frac{\mathrm{d}p}{\mathrm{d}t} = \frac{\partial p}{\partial t} + (\vec{V}\cdot\nabla)p$$

在流体力学中，这种对欧拉坐标下流体性质的全导数经常用大写的微分符号来表示，称为**物质导数**或**随体导数**。设 Φ 为流体的某种性质，物质导数的一般形式为

$$\frac{\mathrm{D}\Phi}{\mathrm{D}t} = \frac{\partial \Phi}{\partial t} + (\vec{V}\cdot\nabla)\Phi \tag{3-6}$$

与加速度的定义一样，式（3-6）中右边的第一项称为**当地项**，第二项称为**对流项**。

可以看到，采用欧拉法后，流体性质随时间变化的关系式变复杂了，这是怎么造成的呢？下面我们以速度随时间的变化——加速度为例来分析一下。

首先要强调的是，速度、压力或温度等性质，都是针对流体质点而言的，空间坐标点是没有这些性质的。虽然我们用欧拉法来描述流动，但说到空间某点的速度，其实指的是位于那一点的流体质点的速度。流体质点是在空间中运动的，某一时刻流体质点位于某一空间点，下一时刻，这个流体质点就跑到下游去了，原位置被另一个流体质点所取代。图 3-10 所示为流动中流体质点和空间点的速度关系。

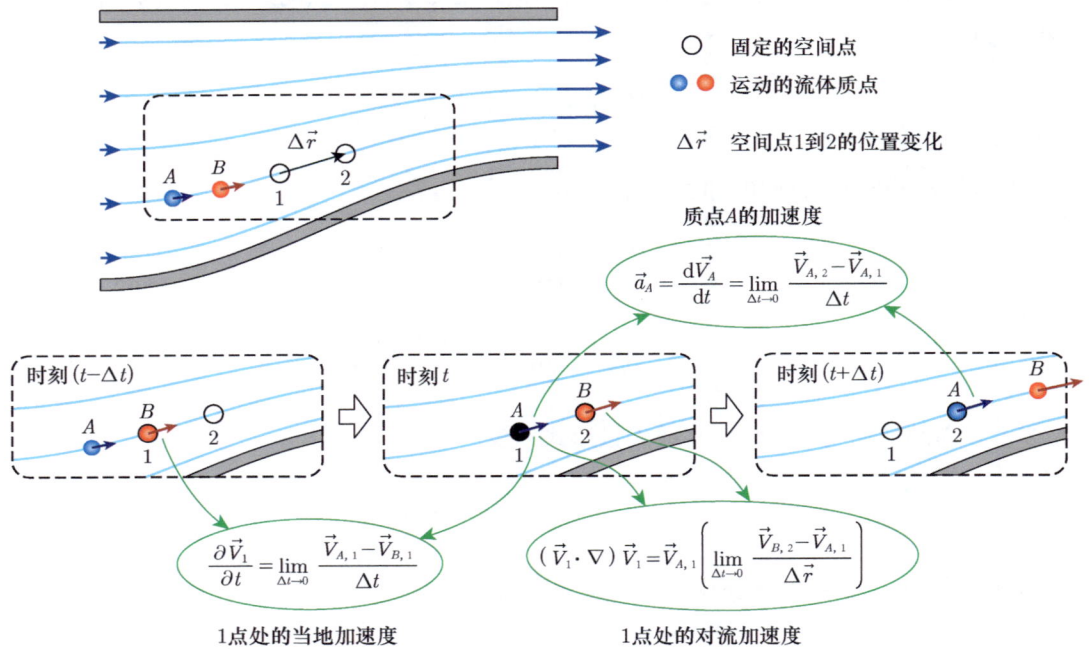

图 3-10　流动中流体质点和空间点的速度关系

根据图 3-10，某一个流体质点 A 的加速度可以表示为

$$\vec{a}_A = \frac{\mathrm{d}\vec{V}_A}{\mathrm{d}t} = \lim_{\Delta t \to 0} \frac{\vec{V}_{A,t+\Delta t} - \vec{V}_{A,t}}{\Delta t} = \lim_{\Delta t \to 0} \frac{\vec{V}_{A,2} - \vec{V}_{A,1}}{\Delta t} \qquad (3-7)$$

式中，$\vec{V}_{A,1}$ 表示当质点 A 位于空间点 1 处时的速度；$\vec{V}_{A,2}$ 表示当质点 A 位于空间点 2 处时的速度。

在不同时刻，位于同一空间点处的流体质点是不同的。如果我们只盯着图 3-10 中空间点 1 的速度变化，使用（$t-\Delta t$）和 t 时刻来计算，则速度的变化为

$$\frac{\mathrm{d}\vec{V}_1}{\mathrm{d}t} = \lim_{\Delta t \to 0} \frac{\vec{V}_{1,t} - \vec{V}_{1,t-\Delta t}}{\Delta t} = \lim_{\Delta t \to 0} \frac{\vec{V}_{A,1} - \vec{V}_{B,1}}{\Delta t} \qquad (3-8)$$

式中，$\vec{V}_{A,1}$ 表示当质点 A 位于空间点 1 处时的速度；$\vec{V}_{B,1}$ 表示当质点 B 位于空间点 1 处时的速度。

式（3-8）与式（3-7）的主要区别是，式（3-7）表示同一个流体质点的速度随时间的变化，也就是该质点的加速度，而式（3-8）表示同一个空间点处流速随时间的变化，并不代表加速度。

欧拉法中流体质点的速度是时间和空间坐标的函数，即

$$\vec{V} = \vec{V}(t,\vec{r})$$

而同一个空间点处的流速随时间的变化，在数学上就意味着在上式中固定空间坐标后速度随时间的变化，即速度对时间的偏导数。而速度对时间的全导数则还要加上速度对空间的链式求导

$$\frac{\mathrm{d}\vec{V}(t,\vec{r})}{\mathrm{d}t} = \frac{\partial \vec{V}(t,\vec{r})}{\partial t} + \frac{\partial \vec{V}(t,\vec{r})}{\partial \vec{r}}\frac{\partial \vec{r}}{\partial t}$$

上式其实就是式（3-5）的另一种写法。

可见，当地加速度 $\partial \vec{V}/\partial t$ 的真实物理意义是空间点的流速随时间的变化，它并不是流体的加速度。类似地，对流加速度 $(\vec{V}\cdot\nabla)\vec{V}$ 在数学上意味着固定时间后速度对空间坐标的链式求导，物理意义是同一时刻不同空间点的流速差异，也不是流体的加速度。

最后我们结合图 3-10 做一下总结：加速度 $\mathrm{d}\vec{V}/\mathrm{d}t$ 表示的是在 t 时刻处于空间点 1 处的流体质点 A 在（$t+\Delta t$）时刻运动到空间点 2 的过程中的加速度；当地加速度 $\partial \vec{V}/\partial t$ 表示的是这段时间内通过空间点 1 的不同流体质点 A 和 B 的速度差异；对流加速度 $(\vec{V}\cdot\nabla)\vec{V}$ 则表示了 t 时刻位于空间点 2 的流体质点 B 和位于空间点 1 的流体质点 A 之间的速度差异。

如果流动是定常的，则空间点的速度不随时间变化，当地加速度为零，流体的加速度只由对流加速度构成，这是流体力学中最常见的情况。定常流动中，流体的加速过程是从低速区流向高速区的过程，比如亚声速气流沿收缩管道的流动就是一个加速的过程。如果流动是非定常的，那么加速度就由当地加速度和对流加速度两项构成，这时亚声速气流经过收缩管道也未必是加速的。图 3-11 所示为这样一种情况，空气从高压气罐经过一个收缩管道向外喷出，由于放气过程中气罐内部压力在不断减小，出口处的射流速度是不断减小的。如果考察某一个空气微团流经收缩管道时的加速度，因为当地加速度为负，而对流加速度为正，两者之和的正负不能仅通过管道形状判断，还要看高压气罐内压力减小的

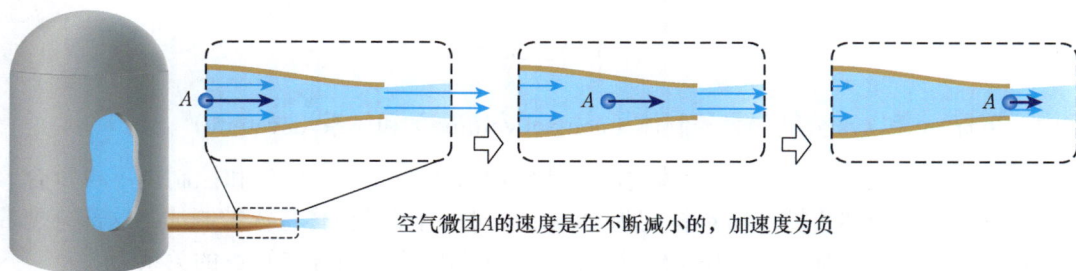

空气微团 A 的速度是在不断减小的，加速度为负

图 3-11　从高压气罐中喷出的空气的速度与加速度

速度。

3.2.4 雷诺输运定理

在大多数工程问题中，并不需要知道每一个空间点的流动性质，而更关心流体运动的宏观影响，例如，汽车的气动阻力是多少，流体经过一段管道的压力损失是多少，等等。解决这类问题一般采用积分方法。若使用拉格朗日法，研究的是一大团流体，称之为**体系**，体系之外的部分都称为**外界**或**环境**。在流动过程中，这一团流体可能会不断地变形甚至会分裂成很多部分，但始终都是我们的研究对象。若使用欧拉法，则取一个特定的空间，研究流过这个空间的流体对这个空间产生的力学和热力学作用，这个空间称为**控制体**，控制体与外界的界面称为**控制面**。

在积分方法中联系拉格朗日法和欧拉法的关系式称为**雷诺输运定理**，通过推导一般形式的雷诺输运定理可以进一步理解体系和控制体的关系。如图 3-12 所示，在流场中取一个控制体，在 t 时刻控制体内的流体为所研究的体系。设 Φ 为体系所具有的某种力学性质（如质量、动量、能量等），因为在 t 时刻体系和控制体是重合的，所以体系的性质就是控制体内流体的性质，即

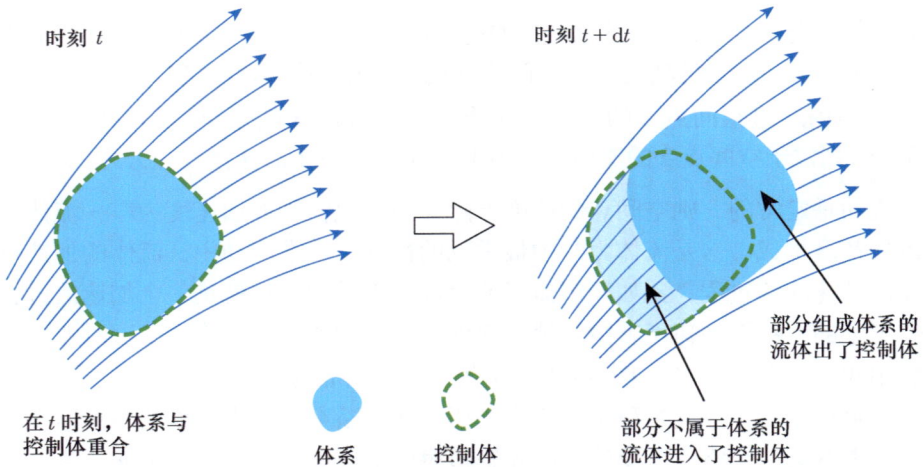

图 3-12 体系和控制体——雷诺输运定理的推导

$$\Phi_{cv}(t) = \Phi_{sys}(t)$$

式中，下标 cv 和 sys 分别代表控制体（control volume）和体系（system）。

经过一小段时间 dt 后，控制体内的流体跑出去了一部分，体系和控制体不再重合。跑出去的这部分流体所携带的 Φ 标记为 $(d\Phi)_{out}$；同时有新的流体进入控制体，这部分携带的 Φ 标记为 $(d\Phi)_{in}$。因此，在 $(t+dt)$ 时刻，控制体和体系分别含有的 Φ 的关系为

$$\varPhi_{cv}(t+dt)=\varPhi_{sys}(t+dt)-(d\varPhi)_{out}+(d\varPhi)_{in}$$

单位时间内控制体内 $\varPhi$ 的变化可以用微分的定义表示，并推导如下

$$
\begin{aligned}
\frac{d\varPhi_{cv}}{dt}&=\frac{\varPhi_{cv}(t+dt)-\varPhi_{cv}(t)}{dt}\\
&=\frac{\varPhi_{sys}(t+dt)-(d\varPhi)_{out}+(d\varPhi)_{in}-\varPhi_{cv}(t)}{dt}\\
&=\frac{\varPhi_{sys}(t+dt)-\varPhi_{cv}(t)}{dt}-\frac{(d\varPhi)_{out}-(d\varPhi)_{in}}{dt}\\
&=\frac{\varPhi_{sys}(t+dt)-\varPhi_{sys}(t)}{dt}-\frac{(d\varPhi)_{out}-(d\varPhi)_{in}}{dt}\\
&=\frac{d\varPhi_{sys}}{dt}-\frac{(d\varPhi)_{out}-(d\varPhi)_{in}}{dt}
\end{aligned}
$$

从而得到

$$\frac{d\varPhi_{sys}}{dt}=\frac{d\varPhi_{cv}}{dt}+\frac{(d\varPhi)_{out}-(d\varPhi)_{in}}{dt} \tag{3-9}$$

式（3-9）所示就是**雷诺输运定理**，它表示了某一时刻控制体变化和体系变化之间的关系，应用这个关系式可以把原本适用于体系的基本物理定律变换成适用于控制体的形式。式中 $\varPhi$ 是通过边界进出控制体的，这个边界就是控制面（control surface），用 cs 表示。式（3-9）可以写为另一种形式

$$\frac{d\varPhi_{sys}}{dt}=\frac{d\varPhi_{cv}}{dt}+\iint_{cs}\phi\big(\vec{V}\cdot\vec{n}\big)dA \tag{3-9a}$$

式中，ϕ 表示单位体积的 $\varPhi$；dA 表示控制面上的微元面积；积分项表示单位时间内净流出控制体的 $\varPhi$。

3.2.5　雷诺输运定理和物质导数的关系

物质导数给出了流体质点的性质随时间的变化，雷诺输运定理则给出了流体团（即体系）的性质随时间的变化，所以这两者其实是一回事，只是微分形式和积分形式的区别。表 3-1 所示为物质导数和雷诺输运定理公式中各项含义的对比。

下面我们来证明物质导数和雷诺输运定理之间的等价关系。如图 3-13 所示，取一个任意的控制体，其内部的微元体积为 dB（body），控制面上的微元面积为 dA，于是可以把式（3-9a）中的几项都表示成一般的形式，如下

$$\frac{d}{dt}\iiint_{sys}\phi dB=\frac{d}{dt}\iiint_{cv}\phi dB+\iint_{cs}\phi\big(\vec{V}\cdot\vec{n}\big)dA \tag{3-9b}$$

表 3-1　物质导数和雷诺输运定理公式中各项含义的对比

物质导数和雷诺输运定理公式中的各项		含义
流体性质 Φ 的变化	$\dfrac{D\Phi}{Dt}$	流体质点的 Φ 随时间的变化
	$\dfrac{d\Phi_{\text{sys}}}{dt}$	体系的 Φ 随时间的变化
当地项（非定常项）	$\dfrac{\partial\Phi}{\partial t}$	空间点的 Φ 随时间的变化
	$\dfrac{d\Phi_{\text{cv}}}{dt}$	控制体的 Φ 随时间的变化
对流项（不均匀项）	$(\vec{V}\cdot\nabla)\Phi$	单位时间内净流出空间点的 Φ
	$\iint\limits_{\text{cs}}\phi(\vec{V}\cdot\vec{n})dA$	单位时间内净流出控制体的 Φ

对于式（3-9b）右端的第一项，体积 B 是一个不变量，因此对 ϕ 和 B 两者乘积的导数就只剩下对 ϕ 的偏导数这一项，即

$$\frac{d}{dt}\iiint\limits_{\text{cv}}\phi dB = \iiint\limits_{\text{cv}}\frac{\partial\phi}{\partial t}dB$$

对式（3-9b）右端的第二项使用高斯散度定理

$$\iint\limits_{\text{cs}}\phi(\vec{V}\cdot\vec{n})dA = \iiint\limits_{\text{cv}}\nabla\cdot(\phi\vec{V})dB$$

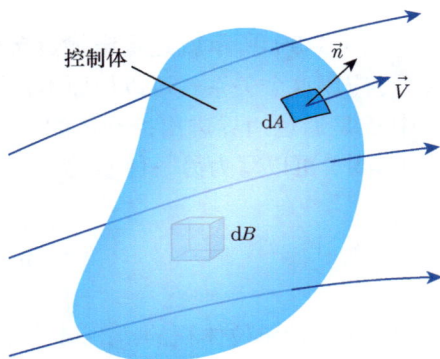

图 3-13　进出控制体的物理量

其中右端项积分号内的表达式可展开为

$$\nabla\cdot(\phi\vec{V}) = (\vec{V}\cdot\nabla)\phi + \phi(\nabla\cdot\vec{V})$$

于是式（3-9b）的右端可写为

$$\frac{d}{dt}\iiint\limits_{\text{cv}}\phi dB + \iint\limits_{\text{cs}}\phi(\vec{V}\cdot\vec{n})dA = \iiint\limits_{\text{cv}}\left[\frac{\partial\phi}{\partial t} + (\vec{V}\cdot\nabla)\phi + \phi(\nabla\cdot\vec{V})\right]dB \qquad （3-10）$$

对于式（3-9b）的左端项，体系的体积不是固定的，因此不能直接把微分符号作用于积分符号内，而要考虑这个体积的变化，分别让 ϕ 和 dB 对时间求导，推导如下

$$\frac{\mathrm{d}}{\mathrm{d}t}\iiint_{\text{sys}}\phi\mathrm{d}B=\iiint_{\text{cv}}\frac{\mathrm{d}\phi}{\mathrm{d}t}\mathrm{d}B+\iiint_{\text{sys}}\phi\frac{\mathrm{d}(\delta B)}{\mathrm{d}t}$$

$$=\iiint_{\text{cv}}\frac{\mathrm{d}\phi}{\mathrm{d}t}\mathrm{d}B+\iiint_{\text{sys}}\phi\frac{\mathrm{d}(\delta B)}{\mathrm{d}t}\frac{1}{\delta B}\delta B$$

$$=\iiint_{\text{cv}}\frac{\mathrm{d}\phi}{\mathrm{d}t}\mathrm{d}B+\iiint_{\text{cv}}\phi(\nabla\cdot\vec{V})\mathrm{d}B$$

$$=\iiint_{\text{cv}}\left[\frac{\mathrm{d}\phi}{\mathrm{d}t}+\phi(\nabla\cdot\vec{V})\right]\mathrm{d}B$$

（3-11）

上面这个推导中使用了一个概念，就是速度的散度代表了体系体积的变化

$$\nabla\cdot\vec{V}=\frac{1}{\delta B}\frac{\mathrm{d}(\delta B)}{\mathrm{d}t}$$

读者可以自行用体积流量的关系式 $Q=VA$ 来证明上式，或参考 3.3.2 小节的证明。将式（3-10）和式（3-11）代入式（3-9b），可得

$$\iiint_{\text{cv}}\left[\frac{\mathrm{d}\phi}{\mathrm{d}t}+\phi(\nabla\cdot\vec{V})\right]\mathrm{d}B=\iiint_{\text{cv}}\left[\frac{\partial\phi}{\partial t}+(\vec{V}\cdot\nabla)\phi+\phi(\nabla\cdot\vec{V})\right]\mathrm{d}B$$

因为控制体是任意取的，所以两边的积分符号都可以去掉，从而可以得到

$$\frac{\mathrm{D}\phi}{\mathrm{D}t}=\frac{\partial\phi}{\partial t}+(\vec{V}\cdot\nabla)\phi$$

这就是物质导数的公式。

上述推导过程不是很严谨，主要体现在 d 和 δ 的混用上，采用这种不太严谨的方式证明是为了在物理概念上更易于理解。

3.3　流体微团的运动

在 3.2 节中讨论了流体质点的运动，这一节我们来讨论流体微团的运动与变形。图 3-14 所示为几种流动中流体微团的变形情况，可见，不同于常见的固体运动，流体在流动中的变形量大且形式复杂。

3.3.1　流体微团运动的分解

虽然流体的变形可能很复杂，但在微团的尺度上都可以看作是线性的（即可以忽略二阶及以上的小量），从而可以把流体微团的运动分解为几种简单的运动或变形的叠加，即图 3-15 所示的 4 种一般运动：平移、旋转、线变形（拉伸和压缩）和角变形（剪切变形）。

对于一个流体微团而言，变形相当于微团内各质点空间位置的相对变化，只要建立

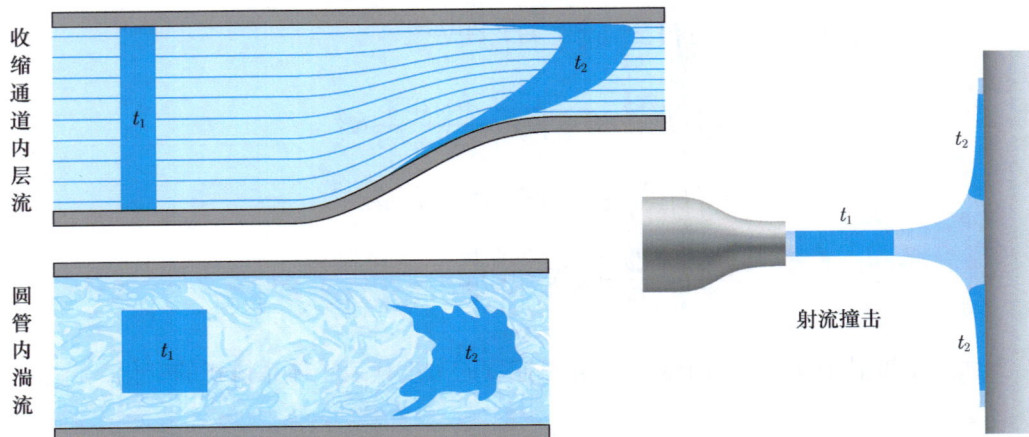

图 3-14　几种流动中流体微团的变形情况

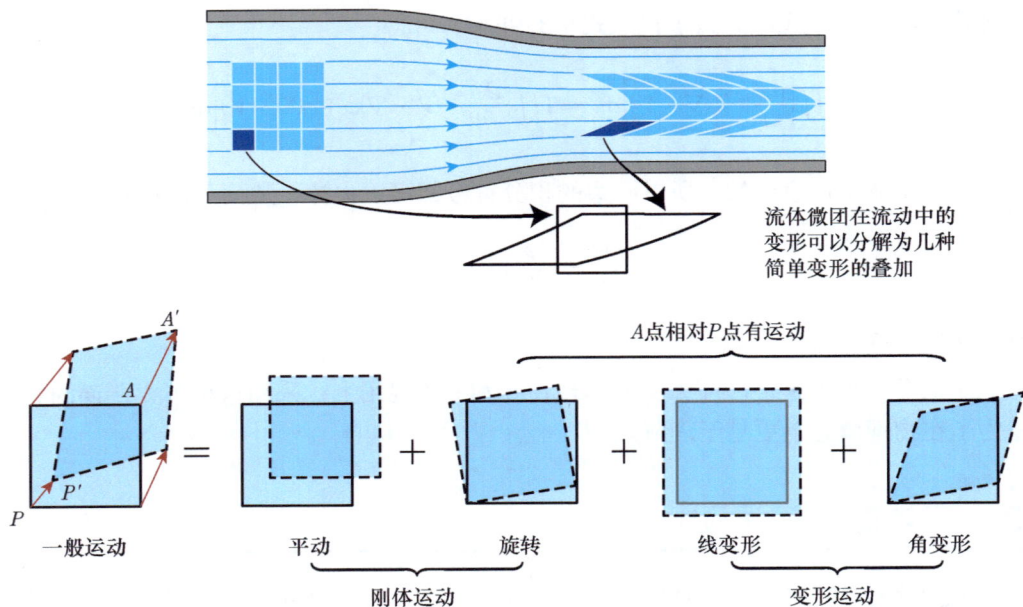

图 3-15　流体微团一般运动的分解

了各质点空间位置的关系，就可以用 3.2 节所介绍的质点运动学知识来描述变形。对任意一个流体微团，取其中的两点进行观察，P 点作为参考点，A 点代表流体微团中任意一点，其与 P 点的空间距离在 3 个方向上分别为 δx、δy 和 δz。任意时刻，P 点的速度为 $\vec{V}_P(t,x,y,z)$，而 A 点速度可以用 P 点速度的一阶泰勒展开表示为

$$\vec{V}_A(t, x+\delta x, y+\delta y, z+\delta z) \approx \vec{V}_P(t,x,y,z) + \left(\frac{\partial \vec{V}}{\partial x}\right)_P \delta x + \left(\frac{\partial \vec{V}}{\partial y}\right)_P \delta y + \left(\frac{\partial \vec{V}}{\partial z}\right)_P \delta z$$

将两点的速度差写成分量形式为

$$\vec{V}_A - \vec{V}_P = \left[\left(\frac{\partial u}{\partial x}\right)_P \delta x + \left(\frac{\partial u}{\partial y}\right)_P \delta y + \left(\frac{\partial u}{\partial z}\right)_P \delta z\right]\vec{i} +$$

$$\left[\left(\frac{\partial v}{\partial x}\right)_P \delta x + \left(\frac{\partial v}{\partial y}\right)_P \delta y + \left(\frac{\partial v}{\partial z}\right)_P \delta z\right]\vec{j} +$$

$$\left[\left(\frac{\partial w}{\partial x}\right)_P \delta x + \left(\frac{\partial w}{\partial y}\right)_P \delta y + \left(\frac{\partial w}{\partial z}\right)_P \delta z\right]\vec{k}$$

也就是说，A 点相对 P 点的速度变化可以用速度分量的 9 个偏导数表示，这 9 个偏导数也就是 P 点处的 3 个速度分量分别沿 3 个坐标方向的变化率，或称为**速度梯度**。速度矢量的梯度是一个二阶张量

$$\nabla \vec{V} = \frac{\partial u_j}{\partial x_i} = \begin{bmatrix} \dfrac{\partial u}{\partial x} & \dfrac{\partial u}{\partial y} & \dfrac{\partial u}{\partial z} \\ \dfrac{\partial v}{\partial x} & \dfrac{\partial v}{\partial y} & \dfrac{\partial v}{\partial z} \\ \dfrac{\partial w}{\partial x} & \dfrac{\partial w}{\partial y} & \dfrac{\partial w}{\partial z} \end{bmatrix} \tag{3-12}$$

式（3-12）包含流体微团内任意相邻两点之间所有相对运动形式的描述，包括流体微团的旋转、线变形和角变形，一般运动都是由这 3 种运动叠加得到的。因此，可以把式（3-12）改写成 3 项叠加的形式，分别表示这 3 种运动，变化后的形式如下

$$\frac{\partial u_j}{\partial x_i} = \begin{bmatrix} \dfrac{\partial u}{\partial x} & 0 & 0 \\ 0 & \dfrac{\partial v}{\partial y} & 0 \\ 0 & 0 & \dfrac{\partial w}{\partial z} \end{bmatrix} + \begin{bmatrix} 0 & \dfrac{1}{2}\left(\dfrac{\partial u}{\partial y}-\dfrac{\partial v}{\partial x}\right) & \dfrac{1}{2}\left(\dfrac{\partial u}{\partial z}-\dfrac{\partial w}{\partial x}\right) \\ \dfrac{1}{2}\left(\dfrac{\partial v}{\partial x}-\dfrac{\partial u}{\partial y}\right) & 0 & \dfrac{1}{2}\left(\dfrac{\partial v}{\partial z}-\dfrac{\partial w}{\partial y}\right) \\ \dfrac{1}{2}\left(\dfrac{\partial w}{\partial x}-\dfrac{\partial u}{\partial z}\right) & \dfrac{1}{2}\left(\dfrac{\partial w}{\partial y}-\dfrac{\partial v}{\partial z}\right) & 0 \end{bmatrix} +$$

$$\begin{bmatrix} 0 & \dfrac{1}{2}\left(\dfrac{\partial u}{\partial y}+\dfrac{\partial v}{\partial x}\right) & \dfrac{1}{2}\left(\dfrac{\partial u}{\partial z}+\dfrac{\partial w}{\partial x}\right) \\ \dfrac{1}{2}\left(\dfrac{\partial u}{\partial y}+\dfrac{\partial v}{\partial x}\right) & 0 & \dfrac{1}{2}\left(\dfrac{\partial v}{\partial z}+\dfrac{\partial w}{\partial y}\right) \\ \dfrac{1}{2}\left(\dfrac{\partial u}{\partial z}+\dfrac{\partial w}{\partial x}\right) & \dfrac{1}{2}\left(\dfrac{\partial v}{\partial z}+\dfrac{\partial w}{\partial y}\right) & 0 \end{bmatrix} \tag{3-12a}$$

式（3-12a）中，第一个矩阵是对角矩阵，第二个矩阵是反对称矩阵，第三个矩阵是对称矩阵，各自有 3 个独立变量。因此，从式（3-12）变换到式（3-12a）后，流体的变形仍然由 9 个独立分量构成。接下来分别证明：第一个矩阵代表流体微团的线变形，第二个矩阵代表流体微团的刚体旋转，第三个矩阵代表流体微团的角变形。

3.3.2 线变形、角变形和旋转

1. 线变形

如图 3-16 所示，取一个矩形的流体微团，在运动过程中它的变形方式仅是沿 x 轴方向伸长。若该微团的左侧边运动速度为 u，则右侧边的运动速度可以表示为

$$u+\frac{\partial u}{\partial x}\delta x$$

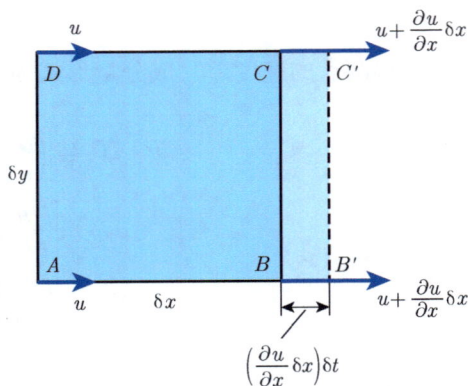

图 3-16　流体微团的线变形

经过一小段时间 δt，其右侧边相对左侧边多运动的距离为

$$\left(\frac{\partial u}{\partial x}\delta x\right)\delta t$$

因此，该微团沿 x 轴方向的相对伸长量为

$$\left(\frac{\partial u}{\partial x}\delta x\right)\frac{\delta t}{\delta x}=\frac{\partial u}{\partial x}\delta t$$

单位时间内的相对伸长量为

$$\frac{\left(\frac{\partial u}{\partial x}\delta t\right)}{\delta t}=\frac{\partial u}{\partial x}$$

这表示了该微团沿 x 轴方向的线变形率。

同理，也可以得到另外两个方向的线变形率，从而使流体微团的线变形率可以用如下 3 个量来表示

$$\frac{\partial u}{\partial x},\ \frac{\partial v}{\partial y},\ \frac{\partial w}{\partial z}$$

这 3 个量就是式（3-12a）中第一个矩阵中的 3 个量，可见这个矩阵表示了流体微团的线变形。

对于图 3-16 所示的情况来说，流体微团只在 x 轴方向伸长，在其他两个方向不发生变化，显然这时该微元体的体积增大了，流动可压缩。如果流动是不可压缩的，则流体微团在一个方向上伸长，在另两个方向上至少有一个会缩短，下面我们来看在不可压缩流动中的线变形。

对于图 3-16 所示的变形，x 轴方向的线变形造成的体积变化为

$$\mathrm{d}(\delta B)_x=\delta y\delta z\left(\frac{\partial u}{\partial x}\delta x\right)\delta t$$

104

同理，另外两个方向的线变形造成的体积变化分别为

$$\mathrm{d}(\delta B)_y = \delta z \delta x \left(\frac{\partial v}{\partial y}\delta y\right)\delta t$$

$$\mathrm{d}(\delta B)_z = \delta x \delta y \left(\frac{\partial w}{\partial z}\delta z\right)\delta t$$

总的体积变化为这三者之和

$$\mathrm{d}(\delta B) = \mathrm{d}(\delta B)_x + \mathrm{d}(\delta B)_y + \mathrm{d}(\delta B)_z$$
$$= \left(\frac{\partial u}{\partial x}\delta x\delta y\delta z + \frac{\partial v}{\partial y}\delta x\delta y\delta z + \frac{\partial w}{\partial z}\delta x\delta y\delta z\right)\delta t$$

单位时间内的相对体积变化量称为体积变化率，可以表示为

$$\frac{1}{\delta B}\cdot\frac{\mathrm{d}(\delta B)}{\mathrm{d}t} = \frac{1}{\delta x\delta y\delta z}\left(\frac{\partial u}{\partial x}\delta x\delta y\delta z + \frac{\partial v}{\partial y}\delta x\delta y\delta z + \frac{\partial w}{\partial z}\delta x\delta y\delta z\right)$$
$$= \frac{\partial u}{\partial x} + \frac{\partial v}{\partial y} + \frac{\partial w}{\partial z}$$
$$= \nabla\cdot\vec{V}$$

可见，流体微团的体积变化率就是其速度的散度 $\nabla\cdot\vec{V}$。很显然对于不可压缩流动，流场中各处速度的散度都应该为零。

2. 旋转

如图 3-17 所示，流体微团绕 A 点转动。设 A 点在两个方向的速度分量分别为 u 和 v，则 B 点沿 y 轴方向的速度可以表示为

$$v_B = v + \frac{\partial v}{\partial x}\delta x$$

以逆时针方向为正，AB 边绕 A 点的旋转角速度为

$$\Omega_{AB} = \frac{v_B - v}{\delta x} = \frac{\frac{\partial v}{\partial x}\delta x}{\delta x} = \frac{\partial v}{\partial x}$$

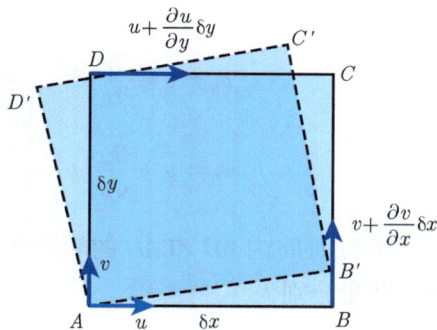

图 3-17　流体微团的旋转

D 点沿 x 轴方向的速度可以表示为

$$u_D = u + \frac{\partial u}{\partial y}\delta y$$

以逆时针方向为正，AD 边绕 A 点的旋转速度为

$$\Omega_{AD} = \frac{u - u_D}{\delta y} = \frac{-\dfrac{\partial u}{\partial y}\delta y}{\delta y} = -\frac{\partial u}{\partial y}$$

如果流体微团做刚性旋转运动，则这两个角速度应该相等，即 $\Omega_{AB} = \Omega_{AD}$，对于一般情况，流体微团在旋转的同时还有角变形，其角速度应该用 AB 和 AD 的旋转角速度的平均值来表示，于是就得到了流体微团绕 z 轴的旋转角速度为

$$\Omega_z = \frac{1}{2}(\Omega_{AB} + \Omega_{AD}) = \frac{1}{2}\left(\frac{\partial v}{\partial x} - \frac{\partial u}{\partial y}\right)$$

同理可得流体微团绕 x 轴和 y 轴的角速度分别为

$$\Omega_x = \frac{1}{2}\left(\frac{\partial w}{\partial y} - \frac{\partial v}{\partial z}\right)$$

$$\Omega_y = \frac{1}{2}\left(\frac{\partial u}{\partial z} - \frac{\partial w}{\partial x}\right)$$

这 3 个角速度就是式（3-12a）中第二个矩阵中的 3 个独立分量，可见这个矩阵表示了流体微团的旋转运动。

3. 角变形

如图 3-18 所示，AB 和 AD 两条边各转动一个角度，造成了 $\angle DAB$ 的改变，流体微团发生了角变形或剪切变形。如前所述，B 点和 D 点的速度分别为

$$v_B = v + \frac{\partial v}{\partial x}\delta x$$

$$u_D = u + \frac{\partial u}{\partial y}\delta y$$

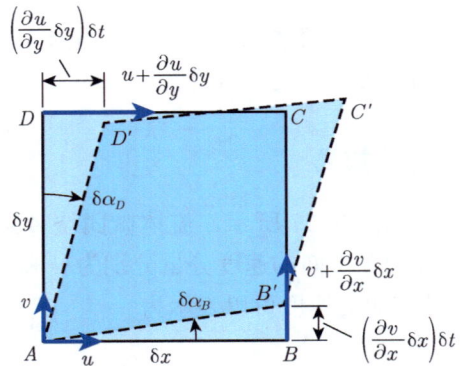

图 3-18　流体微团的角变形

单位时间内 AB 和 AD 的转动造成的 $\angle DAB$ 的变化量分别为

$$\delta\alpha_B = \frac{(v_B - v)\delta t}{\delta x}\Big/\delta t = \frac{\partial v}{\partial x}$$

$$\delta\alpha_D = \frac{(u_D - u)\delta t}{\delta y}\Big/\delta t = \frac{\partial u}{\partial y}$$

$\angle DAB$ 的总变化量为上面两项之和

$$\delta\alpha = \delta\alpha_B + \delta\alpha_D = \frac{\partial u}{\partial y} + \frac{\partial v}{\partial x}$$

$\angle DAB$ 的变化量代表了 xy 平面内的角变形，单位时间的角变形称为角变形率，用 ε 表示。由上面的推导可知，流体微团在直角坐标定义的 3 个平面内的角变形率分别为

$$\varepsilon_{xy} = \frac{\partial u}{\partial y} + \frac{\partial v}{\partial x}, \quad \varepsilon_{yz} = \frac{\partial v}{\partial z} + \frac{\partial w}{\partial y}, \quad \varepsilon_{zx} = \frac{\partial w}{\partial x} + \frac{\partial u}{\partial z}$$

这 3 个角变形率分别是式（3-12a）中第三个矩阵的 3 个独立分量的 2 倍，因此这个矩阵表示了流体微团的角变形。

3.4 连续方程

3.4.1 积分形式的连续方程

对于一个体系而言，其质量保持不变，所以连续方程为

$$\frac{\mathrm{d}m_{\mathrm{sys}}}{\mathrm{d}t} = \frac{\mathrm{d}}{\mathrm{d}t} \iiint_{\mathrm{sys}} \rho \mathrm{d}B = 0$$

应用雷诺输运定理，可以把上式转换为适用于控制体的关系式。令式（3-9b）中的 ϕ 代表单位体积的质量即密度 ρ，则有

$$\frac{\mathrm{d}}{\mathrm{d}t} \iiint_{\mathrm{sys}} \rho \mathrm{d}B = \frac{\partial}{\partial t} \iiint_{\mathrm{cv}} \rho \mathrm{d}B + \iint_{\mathrm{cs}} \rho \left(\vec{V} \cdot \vec{n} \right) \mathrm{d}A$$

从上面两式可以得到针对控制体的质量守恒关系式为

$$\frac{\partial}{\partial t} \iiint_{\mathrm{cv}} \rho \mathrm{d}B + \iint_{\mathrm{cs}} \rho \left(\vec{V} \cdot \vec{n} \right) \mathrm{d}A = 0 \qquad (3-13)$$

这个关系式称为**控制体积分形式的连续方程**。

式（3-13）的第一项表示单位时间内控制体内流体质量的增加量，第二项表示单位时间内通过控制面流出该控制体的流体质量。显然，控制体内增加的流体只可能来源于边界的流入。

对于定常流动，控制体内流体质量保持不变，式（3-13）中的第一项为零，于是有

$$\iint_{\mathrm{cs}} \rho \left(\vec{V} \cdot \vec{n} \right) \mathrm{d}A = 0 \qquad (3-14)$$

也就是说，对于定常流动，进出控制体的流体质量保持动态平衡，任意时刻从任意方向进入控制体多少流体，就必然同时从其他方向流出控制体同样多的流体。

对于一维定常流动，式（3-14）可以写成更为实用的形式，即

$$\dot{m}_{\mathrm{in}} = \dot{m}_{\mathrm{out}}$$

式中，$\dot{m}=\mathrm{d}m/\mathrm{d}t$，表示单位时间通过的流体质量，称为**质量流量**。

图 3-19 所示为一维变截面管道流动示意，通过任意截面的流量为

$$\dot{m}=\frac{\rho\mathrm{d}B}{\mathrm{d}t}=\frac{\rho A\mathrm{d}x}{\mathrm{d}t}=\rho VA$$

这个关系式也可以通过式（3-13）中的第二项直接得到。对于一维流动，流动参数只沿流向变化，任意流动截面上的密度和速度都是均匀的，可以提到积分号外面，于是有

$$\dot{m}=\iint_{\mathrm{cs}}\rho\left(\vec{V}\cdot\vec{n}\right)\mathrm{d}A=\rho VA$$

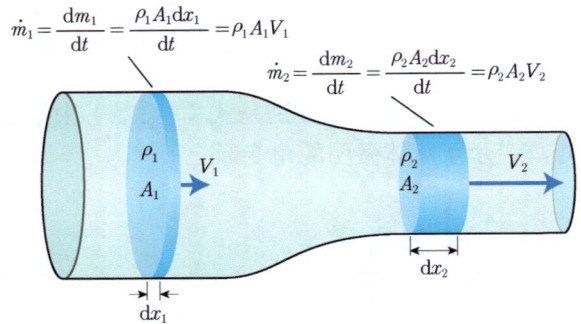

图 3-19　一维变截面管道流动示意

这样，一维定常流动的连续方程就可以写成工程上常用的形式，即

$$\rho_1 V_1 A_1=\rho_2 V_2 A_2 \tag{3-15}$$

式中，下标 1 和 2 代表了沿流向的不同截面，在实际的工程问题中通常表示控制体的进口和出口。式（3-15）表明，对于一维定常流动，任意截面处的密度、速度和管道截面积三者的乘积为常数。

流量的概念只适用于一维流动，不过只需要在计算流量的进出口处是一维的就可以了。例如，图 3-20 所示多个进出口的流动，容器内部的流动可以是三维和非定常的，但只要各个进出口保持一维定常流动，就可以用一维公式来计算，所有进口流量之和等于所有出口流量之和。

由于实际流动都是有黏的，任意截面上的流速都是不均匀的，中心流速大，壁面附近流速小，所以式（3-15）

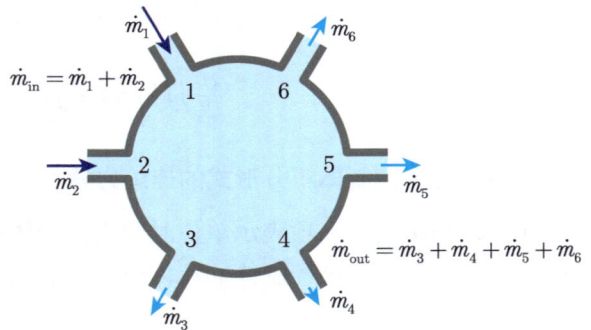

图 3-20　进出口是一维流动的三维流动

中的流速应该指的是截面的平均流速。即使对于无黏流动，当用于计算流量的截面处于收缩或扩张处时，式（3-15）也是有一定误差的，这个误差的来源有两个：一个是速度在该截面上并不均匀，另一个是速度与该截面并不处处垂直。

当流动不可压缩时，式（3-15）变成更为简单的形式

$$V_1 A_1=V_2 A_2 \tag{3-16}$$

式（3-16）表明，对于不可压缩流动，流速与截面积成反比，流体流经收缩管道会加速，流经扩张管道会减速。在图 3-19 所示的管道流动中，如果流体微团的体积不变，管道收缩，则流体的流向尺度将变大，流向速度会变大。

积分形式的连续方程在手动计算一维流动时很有用，求解三维问题时，多使用的是微分形式的连续方程。数学上直接对积分形式的方程进行变换就可以得到微分形式的方程，直接针对微小控制体进行分析也可以得到微分形式的方程。这里我们先用第一种方法，再用第二种方法，这样在数学和物理上都能有较深入的理解。

3.4.2　微分形式的连续方程

1. 从积分方程得到微分方程

把积分形式的连续方程重写如下

$$\frac{\partial}{\partial t}\iiint_{cv}\rho\,\mathrm{d}B+\iint_{cs}\rho\left(\vec{V}\cdot\vec{n}\right)\mathrm{d}A=0$$

上式的第二项可以通过高斯散度定理变换为体积分

$$\iint_{cs}\rho\left(\vec{V}\cdot\vec{n}\right)\mathrm{d}A=\iiint_{cv}\nabla\cdot\left(\rho\vec{V}\right)\mathrm{d}B$$

于是，连续方程可以变换为

$$\frac{\partial}{\partial t}\iiint_{cv}\rho\,\mathrm{d}B+\iiint_{cv}\nabla\cdot\left(\rho\vec{V}\right)\mathrm{d}B=0$$

积分是一种求和，所以上式中的第一项实际上就是密度与体积的乘积对时间求导。由于控制体的体积为不变量，因此只需对密度求导，即求导符号可以放在积分符号内，于是上式可写为

$$\iiint_{cv}\frac{\partial\rho}{\partial t}\mathrm{d}B+\iiint_{cv}\nabla\cdot\left(\rho\vec{V}\right)\mathrm{d}B=0$$

从而得到

$$\iiint_{cv}\left[\frac{\partial\rho}{\partial t}+\nabla\cdot\left(\rho\vec{V}\right)\right]\mathrm{d}B=0$$

上式对于任意控制体都成立，所以被积分项应该恒等于零（可参考图 3-21 来理解这一点），于是我们就得到

$$\frac{\partial\rho}{\partial t}+\nabla\cdot\left(\rho\vec{V}\right)=0 \tag{3-17}$$

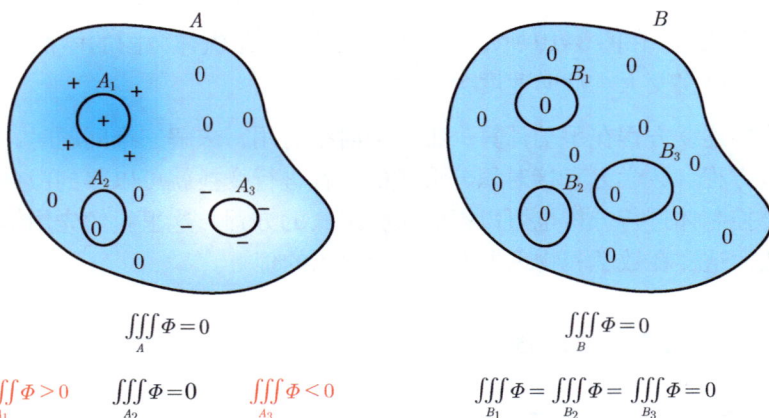

$$\iiint_A \Phi = 0$$

$$\iiint_{A_1}\Phi>0 \qquad \iiint_{A_2}\Phi=0 \qquad \iiint_{A_3}\Phi<0$$

$$\iiint_B \Phi = 0$$

$$\iiint_{B_1}\Phi = \iiint_{B_2}\Phi = \iiint_{B_3}\Phi = 0$$

如果对任意控制体的体积分都为零，则意味着被积函数Φ在全场都为零

图 3-21   被积分项恒等于零才能保证它的任何体积分都为零

式（3-17）就是微分形式的连续方程，它和积分形式的连续方程的意义是一样的，不过是针对空间某一"点"而言的。$\partial\rho/\partial t$ 表示的是空间某一点处质量的增加量，而 $\nabla\cdot(\rho\vec{v})$ 表示的是流出该点的流体质量。

2. 对微小控制体进行分析得到微分方程

下面我们针对一个微小控制体来推导连续方程。如图 3-22 所示，取一微小六面体为控制体，该控制体共有 6 个控制面，分为 3 对，分别垂直于 3 个坐标轴。

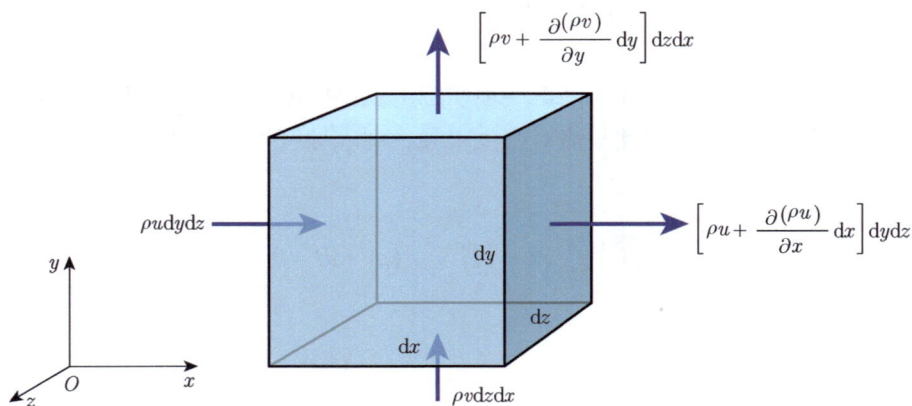

图 3-22   进出微小控制体的流量

对于垂直于 x 轴的两个面，如果左侧面处流速为 u，则根据流量公式，从左侧面进入控制体的流量为

$$\dot{m}_{\text{left}} = \rho u \mathrm{d}A = \rho u \mathrm{d}y \mathrm{d}z$$

从右侧面流出控制体的流量可以用泰勒展开表示为

$$\dot{m}_{\text{right}} = \left[\rho u + \frac{\partial(\rho u)}{\partial x}\mathrm{d}x\right]\mathrm{d}y\mathrm{d}z$$

从这两个面净流出控制体的流量为

$$\Delta\dot{m}_{\text{out},x} = \dot{m}_{\text{right}} - \dot{m}_{\text{left}} = \left[\rho u + \frac{\partial(\rho u)}{\partial x}\mathrm{d}x\right]\mathrm{d}y\mathrm{d}z - \rho u\mathrm{d}y\mathrm{d}z$$

整理后得

$$\Delta\dot{m}_{\text{out},x} = \frac{\partial(\rho u)}{\partial x}\mathrm{d}x\mathrm{d}y\mathrm{d}z$$

同理，另外两对面上净流出控制体的流量分别为

$$\Delta\dot{m}_{\text{out},y} = \frac{\partial(\rho v)}{\partial y}\mathrm{d}x\mathrm{d}y\mathrm{d}z$$

$$\Delta\dot{m}_{\text{out},z} = \frac{\partial(\rho w)}{\partial z}\mathrm{d}x\mathrm{d}y\mathrm{d}z$$

因此，单位时间内从控制体流出的总流量为

$$\Delta\dot{m}_{\text{out}} = \Delta\dot{m}_{\text{out},x} + \Delta\dot{m}_{\text{out},y} + \Delta\dot{m}_{\text{out},z}$$
$$= \frac{\partial(\rho u)}{\partial x}\mathrm{d}x\mathrm{d}y\mathrm{d}z + \frac{\partial(\rho v)}{\partial y}\mathrm{d}x\mathrm{d}y\mathrm{d}z + \frac{\partial(\rho w)}{\partial z}\mathrm{d}x\mathrm{d}y\mathrm{d}z$$
$$= \left[\frac{\partial(\rho u)}{\partial x} + \frac{\partial(\rho v)}{\partial y} + \frac{\partial(\rho w)}{\partial z}\right]\mathrm{d}x\mathrm{d}y\mathrm{d}z$$

单位时间控制体内质量的增加可表示为

$$\Delta\dot{m} = \frac{\partial m}{\partial t} = \frac{\partial\rho}{\partial t}\mathrm{d}x\mathrm{d}y\mathrm{d}z$$

根据质量守恒定律，控制体内减少的流体质量应该等于流出控制体的流体质量，因此有

$$-\frac{\partial\rho}{\partial t}\mathrm{d}x\mathrm{d}y\mathrm{d}z = \left[\frac{\partial(\rho u)}{\partial x} + \frac{\partial(\rho v)}{\partial y} + \frac{\partial(\rho w)}{\partial z}\right]\mathrm{d}x\mathrm{d}y\mathrm{d}z$$

整理后可得

$$\frac{\partial\rho}{\partial t} + \frac{\partial(\rho u)}{\partial x} + \frac{\partial(\rho v)}{\partial y} + \frac{\partial(\rho w)}{\partial z} = 0$$

或写成矢量形式

$$\frac{\partial \rho}{\partial t} + \nabla \cdot (\rho \vec{V}) = 0$$

这与前面通过积分变换得到的式（3–17）是完全相同的。

在式（3–17）中，第一项 $\partial \rho / \partial t$ 是密度对时间的偏导数，代表流动的非定常项。对于定常流动，这一项应该为零，从而使公式的第二项即单位时间流出控制体的质量 $\nabla \cdot (\rho \vec{V})$ 也为零，即

$$\nabla \cdot (\rho \vec{V}) = 0 \tag{3–18}$$

这是**定常流动的连续方程**。

对式（3–17）中的两项还可以进行下列变换

$$\frac{\partial \rho}{\partial t} + \nabla \cdot (\rho \vec{V}) = \frac{\partial \rho}{\partial t} + (\vec{V} \cdot \nabla)\rho + \rho(\nabla \cdot \vec{V}) = \frac{D\rho}{Dt} + \rho(\nabla \cdot \vec{V})$$

因此，连续方程也可以写成如下的形式

$$\frac{D\rho}{Dt} + \rho(\nabla \cdot \vec{V}) = 0 \tag{3–19}$$

式（3–17）与式（3–19）在数学上是等价的，在物理意义上则有所不同。式（3–17）是针对微小控制体的，可以解释为控制体内流体质量的减少量等于流出控制体的流体质量；式（3–19）则是针对微体系的，可以理解为体系密度的增加必然对应体积的减小。可以看出，前者是基于欧拉法的方程，后者是基于拉格朗日法的方程。当使用数值方法求解时，把式（3–17）称为**守恒形式**的方程，而把式（3–19）称为**非守恒形式**的方程，原因是使用差分方程替代微分方程后，使用式（3–17）更容易保证物理量的守恒性。

3. 不可压缩流动的连续方程

对于不可压缩流动，$D\rho/Dt = 0$，由式（3–19）可得

$$\nabla \cdot \vec{V} = 0 \tag{3–20}$$

或写为分量形式

$$\frac{\partial u}{\partial x} + \frac{\partial v}{\partial y} + \frac{\partial w}{\partial z} = 0 \tag{3–20a}$$

这就是**不可压缩流动的连续方程**。因为速度的散度代表流体微团体积的变化率，式（3–20）的物理意义是：对于不可压缩流动，流体微团的体积保持不变。

下面我们应用不可压缩流动的连续方程来分析一个简单流动。如图 3–23 所示，流体

经过二维收缩管道，不可压缩流动的连续方程为

$$\frac{\partial u}{\partial x} + \frac{\partial v}{\partial y} = 0$$

通常把这种流动看成是一维的，可以使用一维积分形式的不可压缩连续方程，即

$$V_1 A_1 = V_2 A_2$$

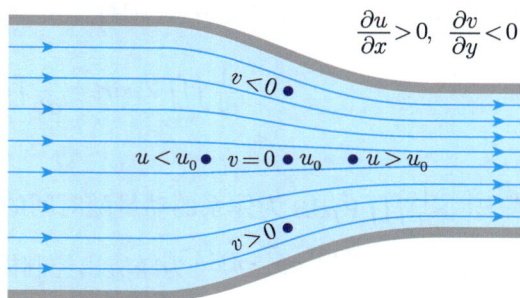

图 3-23　二维收缩管道的速度变化规律

根据一维的连续方程，当管道收缩时，沿流向的速度增加，即 $\partial u/\partial x > 0$。将其代入前面的二维连续方程中，可以得到 $\partial v/\partial y < 0$。在图 3-23 所示的收缩流动中，中心线以下的流体有向上的分速度，即在这里 $v > 0$；中心线上的流体没有垂直的分速度，$v = 0$；中心线以上的流体具有向下的分速度，$v < 0$。也就是说，从下壁面到上壁面，流体沿 y 轴方向的速度 v 从正到零再到负，即收缩流动中必然有 $\partial v/\partial y < 0$，一维与二维方程得到的结论一致。

在实际的工程问题中基本没有绝对的一维流动，绝对的一维流动意味着速度没有横向的变化。从上面的分析可以看到，对于不可压缩流动，如果速度没有横向变化，那么也没有流向的变化，这样的流动就不用研究了。众多所谓的一维管流其实是三维流动，即使没有黏性影响，由于收缩和扩张的存在，其任意截面上的流速也可能是不均匀的，一维计算所用的流速是截面的平均流速，带有一定的误差。

3.5　动量方程

3.5.1　积分形式的动量方程

基于牛顿第二定律，动量方程可表述为

$$\sum \vec{F} = \frac{\mathrm{d}(m\vec{V})}{\mathrm{d}t}$$

对于一个由流体质点组成的体系来说，其更一般的表述形式为

$$\sum \vec{F} = \frac{\mathrm{d}}{\mathrm{d}t} \iiint_{sys} \vec{V} \rho \mathrm{d}B \tag{3-21}$$

式（3-21）中的左端项为体系所受到的合力，如果取某一时刻该体系所占据的空间为控制体，则体系所受的力就是控制体所受的力

$$\sum \vec{F}_{cv} = \sum \vec{F}_{sys} \tag{3-22}$$

可以通过雷诺输运定理将体系的动量变化转化为针对控制体的变化，令式（3-9b）中

113

的 ϕ 代表单位体积的动量 $\rho\vec{V}$，则有

$$\frac{\mathrm{d}}{\mathrm{d}t}\iiint\limits_{\mathrm{sys}}\vec{V}\rho\mathrm{d}B = \frac{\partial}{\partial t}\iiint\limits_{\mathrm{cv}}\vec{V}\rho\mathrm{d}B + \iint\limits_{\mathrm{cs}}\vec{V}\rho(\vec{V}\cdot\vec{n})\mathrm{d}A \qquad （3\text{--}23）$$

式中，$\dfrac{\mathrm{d}}{\mathrm{d}t}\iiint\limits_{\mathrm{sys}}\vec{V}\rho\mathrm{d}B$ 为体系的动量随时间的变化；$\dfrac{\partial}{\partial t}\iiint\limits_{\mathrm{cv}}\vec{V}\rho\mathrm{d}B$ 为控制体内流体的动量随时间的变化；$\iint\limits_{\mathrm{cs}}\vec{V}\rho(\vec{V}\cdot\vec{n})\mathrm{d}A$ 为净流出控制体的动量。

把式（3–22）和式（3–23）代入式（3–21），得

$$\sum\vec{F}_{\mathrm{cv}} = \frac{\partial}{\partial t}\iiint\limits_{\mathrm{cv}}\vec{V}\rho\mathrm{d}B + \iint\limits_{\mathrm{cs}}\vec{V}\rho(\vec{V}\cdot\vec{n})\mathrm{d}A \qquad （3\text{--}24）$$

式（3–24）就是针对控制体的积分形式的动量方程，其各项的含义如上面所示。工程中用得最多的是针对准一维流动的情况，这时，公式右端两项中的密度和速度可以用平均值来表示。经过这样的简化后，可以得到一维流动的动量方程为

$$\sum\vec{F} = \frac{\partial(m\vec{V})}{\partial t} + (\dot{m}\vec{V})_{\mathrm{out}} - (\dot{m}\vec{V})_{\mathrm{in}}$$

上式的意义是：作用于控制体的合外力可能会产生两个效果，一个是控制体内的动量有所增加，另一个是一部分动量会被"推出"控制体。如果公式右端的后两项为零，相当于把控制体封闭起来，不让动量进出，这时控制体所受的力只引起控制体内流体动量的变化，这样的控制体就相当于体系。如果公式右端的第一项为零，则相当于定常流动，控制体内的动量保持不变，作用于控制体的力产生的动量增量完全被排出控制体。

对于定常流动，一维动量方程简化为

$$\sum\vec{F} = (\dot{m}\vec{V})_{\mathrm{out}} - (\dot{m}\vec{V})_{\mathrm{in}} \qquad （3\text{--}25）$$

式（3–25）的用途很广，大量实际流动的问题都可以用该式求解，只要这些流动的进出口可以看作一维流动即可。对于那些比较复杂的进出口处的流动，或者那些没有明确的进出口的流动，显然应该使用更一般的公式。特别地，如果我们想进一步知道流场中具体位置的性质与受力的关系，比如机翼表面某处的压力大小，就不该用积分形式的动量方程，而应使用微分形式的动量方程。

3.5.2　微分形式的动量方程

和前面连续方程的推导一样，通过积分变换可以从积分形式的动量方程直接得到其微分形式，也可以通过对微小控制体进行分析来得到微分形式的动量方程，这里介绍后者。

取一个随其他流体一起运动的六面体流体微团，应用牛顿第二定律，得

$$\vec{F} = m\vec{a} = \rho \mathrm{d}x\mathrm{d}y\mathrm{d}z \frac{\mathrm{D}\vec{V}}{\mathrm{D}t} \qquad (3\text{-}26)$$

流体微团所受的力可以分为体积力 $\vec{F}_{\text{body}}$ 和表面力 $\vec{F}_{\text{surface}}$

$$\vec{F} = \vec{F}_{\text{body}} + \vec{F}_{\text{surface}} \qquad (3\text{-}27)$$

式中，体积力 $\vec{F}_{\text{body}}$ 可以用单位质量的体积力 $\vec{f}_{\text{b}}$ 与流体微团质量 $\rho\mathrm{d}x\mathrm{d}y\mathrm{d}z$ 的乘积表示，如下

$$\vec{F}_{\text{body}} = \vec{f}_{\text{b}}\rho\mathrm{d}x\mathrm{d}y\mathrm{d}z \qquad (3\text{-}28)$$

显然，表面力更加复杂一些，下面我们来分析图 3-24 所示流体微团 6 个面上的表面力。为了清晰，图中只表示出与 x 轴和 y 轴垂直的两对面上的表面力，体积力和与 z 轴垂直的一对面上的表面力未画出。按照一般约定取拉力为正，压力为负，与 x 轴垂直的两个面中，左侧面上的表面力为表面应力与面积的乘积，若用 $\vec{\varGamma}_x$ 表示这个表面应力（注意，这里的下标 x 指的是相应表面，而不代表方向，因此 $\vec{\varGamma}_x$ 沿 3 个坐标方向都有分量），则左侧面的表面力为

$$\vec{F}_{\text{s,left}} = \vec{\varGamma}_x \mathrm{d}y\mathrm{d}z$$

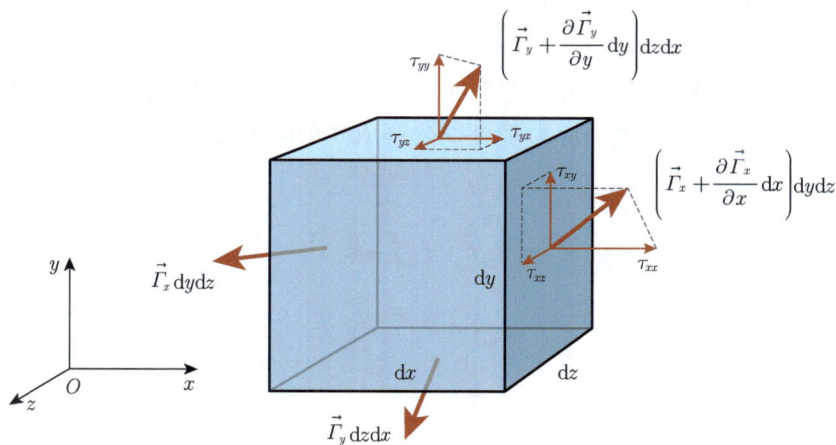

图 3-24　作用于流体微团上的表面力

右侧面的表面力可以表示为

$$\vec{F}_{\text{s,right}} = \left(\vec{\varGamma}_x + \frac{\partial \vec{\varGamma}_x}{\partial x}\mathrm{d}x\right)\mathrm{d}y\mathrm{d}z$$

这两个面上表面力的合力为

$$\vec{F}_{\text{s,right}} - \vec{F}_{\text{s,left}} = \left(\vec{\varGamma}_x + \frac{\partial \vec{\varGamma}_x}{\partial x} \mathrm{d}x\right) \mathrm{d}y\mathrm{d}z - \vec{\varGamma}_x \mathrm{d}y\mathrm{d}z = \frac{\partial \vec{\varGamma}_x}{\partial x} \mathrm{d}x\mathrm{d}y\mathrm{d}z$$

同理，另外两对平面上表面力的合力分别为

$$\frac{\partial \vec{\varGamma}_y}{\partial y} \mathrm{d}x\mathrm{d}y\mathrm{d}z, \quad \frac{\partial \vec{\varGamma}_z}{\partial z} \mathrm{d}x\mathrm{d}y\mathrm{d}z$$

流体微团 6 个面上所有表面力的合力为

$$\vec{F}_{\text{surface}} = \left(\frac{\partial \vec{\varGamma}_x}{\partial x} + \frac{\partial \vec{\varGamma}_y}{\partial y} + \frac{\partial \vec{\varGamma}_z}{\partial z}\right) \mathrm{d}x\mathrm{d}y\mathrm{d}z \qquad （3-29）$$

将式（3-27）、式（3-28）和式（3-29）代入式（3-26），就得到了针对流体微团的应力形式的动量方程

$$\frac{\mathrm{D}\vec{V}}{\mathrm{D}t} = \vec{f}_b + \frac{1}{\rho}\left(\frac{\partial \vec{\varGamma}_x}{\partial x} + \frac{\partial \vec{\varGamma}_y}{\partial y} + \frac{\partial \vec{\varGamma}_z}{\partial z}\right) \qquad （3-30）$$

式（3-30）的物理意义很明确，就是应用于流体微团的牛顿第二定律，其左侧为流体微团单位质量的动量变化（即加速度），右侧第一项为单位质量流体所受的体积力，右侧第二项为单位质量流体所受的表面力。

要想应用动量方程解决问题，就要将其中的表面力表达成与流动有关的形式。从图 3-24 可以看出，任何一个表面应力都可以分解成 3 个应力分量，包含一个正应力和两个切应力，即

$$\vec{\varGamma}_x = \tau_{xx}\vec{i} + \tau_{xy}\vec{j} + \tau_{xz}\vec{k} \qquad （3-31）$$

$$\vec{\varGamma}_y = \tau_{yx}\vec{i} + \tau_{yy}\vec{j} + \tau_{yz}\vec{k} \qquad （3-32）$$

$$\vec{\varGamma}_z = \tau_{zx}\vec{i} + \tau_{zy}\vec{j} + \tau_{zz}\vec{k} \qquad （3-33）$$

在上述公式中，τ 为表面应力分量，其下标中的第一个字母代表应力作用的表面，第二个字母代表应力的作用方向。例如，τ_{xz} 表示作用在图 3-24 中的微元体的左右两个表面上的力，方向是沿 z 轴。若作用面的法向为沿 x 轴正方向（即图 3-24 中的右侧面），则 τ_{xz} 的正方向是沿 z 轴的正方向，若作用面的法向为沿 x 轴负方向（即图 3-24 中的左侧面），则 τ_{xz} 的正方向是沿 z 轴的负方向。

将式（3-31）~式（3-33）代入式（3-30），得到应力分量形式的动量方程，如下

$$\frac{\mathrm{D}\vec{V}}{\mathrm{D}t} = \vec{f}_{\mathrm{b}} + \frac{1}{\rho}\left(\frac{\partial \tau_{xx}}{\partial x} + \frac{\partial \tau_{yx}}{\partial y} + \frac{\partial \tau_{zx}}{\partial z}\right)\vec{i} +$$

$$\frac{1}{\rho}\left(\frac{\partial \tau_{xy}}{\partial x} + \frac{\partial \tau_{yy}}{\partial y} + \frac{\partial \tau_{zy}}{\partial z}\right)\vec{j} + \quad\quad (3\text{-}34)$$

$$\frac{1}{\rho}\left(\frac{\partial \tau_{xz}}{\partial x} + \frac{\partial \tau_{yz}}{\partial y} + \frac{\partial \tau_{zz}}{\partial z}\right)\vec{k}$$

式（3-34）用张量来表示更为简洁

$$\frac{\mathrm{D}u_i}{\mathrm{D}t} = f_{\mathrm{b},i} + \frac{1}{\rho}\left(\frac{\partial \tau_{ji}}{\partial x_j}\right) \quad\quad (3\text{-}34\mathrm{a})$$

可以证明 9 个应力分量存在如下关系（相关证明请参见角动量方程部分）

$$\tau_{xy} = \tau_{yx}, \ \tau_{yz} = \tau_{zy}, \ \tau_{zx} = \tau_{xz}$$

因此，应力分量一共有 6 个独立的变量。

纳维（Claude–Louis Navier，1785—1836） 和泊松（Simeon–Denis Poisson，1781—1840）等人都对式（3-34）作出了贡献。这个式子对固体和流体都成立，对于固体，可以代入应力和应变的关系得到有用的关系式，固体的应力与应变关系也称为材料的本构关系式。对于流体，无黏流动中切应力等于零，正应力只有压力，即

$$\tau_{xy} = \tau_{yx} = 0, \ \tau_{yz} = \tau_{zy} = 0, \ \tau_{zx} = \tau_{xz} = 0$$
$$\tau_{xx} = \tau_{yy} = \tau_{zz} = -p$$

把上面的关系式代入式（3-34），得

$$\frac{\mathrm{D}\vec{V}}{\mathrm{D}t} = \vec{f}_{\mathrm{b}} - \frac{1}{\rho}\nabla p \quad\quad (3\text{-}35)$$

这就是无黏流动的动量方程，是欧拉（Leonhard Euler，1707—1783）最早给出的，所以称为**欧拉动量方程**。

在式（3-35）中，左端项是单位质量流体动量的改变，右端第一项是体积力，第二项是压差。其物理意义为：当流动为无黏时，流体的动量改变只由两种力产生，即体积力和压差。对于体积力为重力的无黏流动，如果一个流体质点在加速，要么它是在下落，要么它是在从高压区流向低压区。

对于有黏性的流动，需要进一步分析式（3-34）中的应力。流体与固体不同，构成切应力的黏性力不是由应变决定的，而是与流动有关，其中，牛顿流体的黏性力与应变率成正比。我们在第 1 章讨论流体的黏性时，已经给出了平行流动中黏性力与应变率的关系，即牛顿内摩擦定律，表达式为

$$\tau = \mu \frac{\partial u}{\partial y}$$

这个关系式针对的是第 1 章的图 1-21 所示流动，切应力表示的是作用在与 y 轴垂直的平面上并指向 x 轴方向的力，确切地说应写成 τ_{yx}。当流动不是沿 x 轴方向时，切应力不仅与 x 轴方向的速度 u 的变化有关，还与 y 轴方向的速度 v 的变化有关。对于图 3-25 所示的一般情况的剪切流动，牛顿流体切应力的表达式为

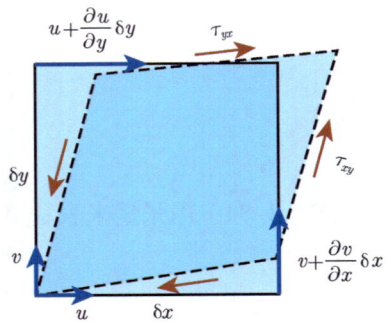

图 3-25　流体微团的变形和剪切流动

$$\begin{cases} \tau_{yx} = \tau_{xy} = \mu\left(\dfrac{\partial u}{\partial y} + \dfrac{\partial v}{\partial x}\right) \\ \tau_{zy} = \tau_{yz} = \mu\left(\dfrac{\partial v}{\partial z} + \dfrac{\partial w}{\partial y}\right) \\ \tau_{xz} = \tau_{zx} = \mu\left(\dfrac{\partial w}{\partial x} + \dfrac{\partial u}{\partial z}\right) \end{cases} \quad (3\text{-}36)$$

可见，第 1 章所给出的牛顿内摩擦定律只是一般切应力关系的一个特例。实际上牛顿黏性力实验中产生的变形包括剪切和旋转，对式（3-36）中的第一个关系式进行坐标旋转，就可以得到牛顿内摩擦定律关系式，这个工作留给感兴趣的读者自己去完成。

正应力不像切应力那样容易得到，除了切应力，黏性也产生一部分正应力，是由流体微团单向的拉伸和压缩产生的。这个关系式最早是由斯托克斯（George Stokes，1819—1903）给出的，3 个正应力的关系式为

$$\begin{cases} \tau_{xx} = 2\mu\dfrac{\partial u}{\partial x} - \dfrac{2}{3}\mu\left(\nabla \cdot \vec{V}\right) - p \\ \tau_{yy} = 2\mu\dfrac{\partial v}{\partial y} - \dfrac{2}{3}\mu\left(\nabla \cdot \vec{V}\right) - p \\ \tau_{zz} = 2\mu\dfrac{\partial w}{\partial z} - \dfrac{2}{3}\mu\left(\nabla \cdot \vec{V}\right) - p \end{cases} \quad (3\text{-}37)$$

由式（3-37）可以看到，流体微团所受的正应力包含黏性力，以 τ_{xx} 为例，其中的黏性正应力为

$$\tau_{\text{viscous},xx} = 2\mu\frac{\partial u}{\partial x} - \frac{2}{3}\mu\left(\nabla \cdot \vec{V}\right) = \frac{4}{3}\mu\frac{\partial u}{\partial x} - \frac{2}{3}\mu\frac{\partial v}{\partial y} - \frac{2}{3}\mu\frac{\partial w}{\partial z}$$

对于不可压缩流动，$\nabla \cdot \vec{V} = 0$，黏性正应力与 x 轴方向的伸长率 $\partial u/\partial x$ 成正比；对于可压缩流动，黏性正应力还与体积变化相关。不过即使是可压缩流动，体积变化引起的黏性力一般也要小于伸长引起的黏性力，所以有些情况下就直接忽略这一项，而将黏性正应力直接写为

$$\tau_{\text{viscous},xx} = 2\mu\frac{\partial u}{\partial x}$$

黏性正应力可以是正的也可以是负的，即可能体现为拉应力或压应力，在牛顿流体中，黏性正应力几乎总是远远小于压力，所以基本上可以忽略。

式（3-36）和式（3-37）分别给出了牛顿流体在任意流动状态下的应力和应变率，是**牛顿流体的本构方程**，因为其是牛顿内摩擦定律的推广，所以又称为**广义牛顿内摩擦定律**。需要注意的是，其中的正应力表达式即式（3-37）并不是完全精确的，斯托克斯在此引入了一些假设，不过对于一般的流动，使用式（3-37）带来的误差非常小。

在牛顿流体的本构方程中，9 个应力构成一个二阶张量

$$\Gamma_{ij}=\left[\tau_{ij}\right]=\begin{bmatrix}\tau_{xx} & \tau_{xy} & \tau_{xz}\\ \tau_{yx} & \tau_{yy} & \tau_{yz}\\ \tau_{zx} & \tau_{zy} & \tau_{zz}\end{bmatrix} \tag{3-38}$$

包含应变率和转动的 9 个流动分量也构成一个二阶张量，表示为

$$D_{ij}=\left[d_{ij}\right]=\begin{bmatrix}\dfrac{\partial u}{\partial x} & \dfrac{\partial u}{\partial y} & \dfrac{\partial u}{\partial z}\\[2mm] \dfrac{\partial v}{\partial x} & \dfrac{\partial v}{\partial y} & \dfrac{\partial v}{\partial z}\\[2mm] \dfrac{\partial w}{\partial x} & \dfrac{\partial w}{\partial y} & \dfrac{\partial w}{\partial z}\end{bmatrix} \tag{3-39}$$

广义牛顿内摩擦定律建立起了应力和应变率的关系，因此称为本构方程。对于固体，本构方程反映的则是应力与应变的关系；对于有些非牛顿流体，本构方程可能与应变和应变率都相关，或者还与作用时间相关。

将式（3-36）和式（3-37）代入式（3-34），就可以得到最终形式的动量方程

$$\frac{D\vec{V}}{Dt}=\vec{f}_b-\frac{1}{\rho}\nabla p+\frac{\mu}{\rho}\nabla^2\vec{V}+\frac{1}{3}\frac{\mu}{\rho}\nabla(\nabla\cdot\vec{V}) \tag{3-40}$$

式（3-40）称为**纳维-斯托克斯（Navier-Stokes）方程，简称 N-S 方程**。式中各项的物理意义如下：$\dfrac{D\vec{V}}{Dt}$ 为流体的动量随时间的变化，可称为惯性力项；$\vec{f}_b$ 为体积力项；

$-\dfrac{1}{\rho}\nabla p$ 为压差项；$\dfrac{\mu}{\rho}\nabla^2\vec{V}+\dfrac{1}{3}\dfrac{\mu}{\rho}\nabla(\nabla\cdot\vec{V})$ 为黏性力项。

N-S 方程的展开形式可以写为

$$\begin{cases}\rho\dfrac{\partial u}{\partial t}+\rho u\dfrac{\partial u}{\partial x}+\rho v\dfrac{\partial u}{\partial y}+\rho w\dfrac{\partial u}{\partial z}=\rho f_{\mathrm{b},x}-\dfrac{\partial p}{\partial x}+2\dfrac{\partial}{\partial x}\left(\mu\dfrac{\partial u}{\partial x}\right)-\\[2mm]\qquad\dfrac{2}{3}\dfrac{\partial}{\partial x}\left[\mu\left(\dfrac{\partial u}{\partial x}+\dfrac{\partial v}{\partial y}+\dfrac{\partial w}{\partial z}\right)\right]+\dfrac{\partial}{\partial y}\left[\mu\left(\dfrac{\partial u}{\partial y}+\dfrac{\partial v}{\partial x}\right)\right]+\dfrac{\partial}{\partial z}\left[\mu\left(\dfrac{\partial w}{\partial x}+\dfrac{\partial u}{\partial z}\right)\right]\\[2mm]\rho\dfrac{\partial v}{\partial t}+\rho u\dfrac{\partial v}{\partial x}+\rho v\dfrac{\partial v}{\partial y}+\rho w\dfrac{\partial v}{\partial z}=\rho f_{\mathrm{b},y}-\dfrac{\partial p}{\partial y}+2\dfrac{\partial}{\partial y}\left(\mu\dfrac{\partial v}{\partial y}\right)-\\[2mm]\qquad\dfrac{2}{3}\dfrac{\partial}{\partial y}\left[\mu\left(\dfrac{\partial u}{\partial x}+\dfrac{\partial v}{\partial y}+\dfrac{\partial w}{\partial z}\right)\right]+\dfrac{\partial}{\partial z}\left[\mu\left(\dfrac{\partial w}{\partial y}+\dfrac{\partial v}{\partial z}\right)\right]+\dfrac{\partial}{\partial x}\left[\mu\left(\dfrac{\partial u}{\partial y}+\dfrac{\partial v}{\partial x}\right)\right]\\[2mm]\rho\dfrac{\partial w}{\partial t}+\rho u\dfrac{\partial w}{\partial x}+\rho v\dfrac{\partial w}{\partial y}+\rho w\dfrac{\partial w}{\partial z}=\rho f_{\mathrm{b},z}-\dfrac{\partial p}{\partial z}+2\dfrac{\partial}{\partial z}\left(\mu\dfrac{\partial w}{\partial z}\right)-\\[2mm]\qquad\dfrac{2}{3}\dfrac{\partial}{\partial z}\left[\mu\left(\dfrac{\partial u}{\partial x}+\dfrac{\partial v}{\partial y}+\dfrac{\partial w}{\partial z}\right)\right]+\dfrac{\partial}{\partial x}\left[\mu\left(\dfrac{\partial w}{\partial x}+\dfrac{\partial u}{\partial z}\right)\right]+\dfrac{\partial}{\partial y}\left[\mu\left(\dfrac{\partial w}{\partial y}+\dfrac{\partial v}{\partial z}\right)\right]\end{cases}$$

这个方程看起来很复杂，但这不是求解的障碍，其不易求解的主要原因是其中的对流加速度是非线性的。实际上黏性力项也应该是非线性的，不过若忽略黏度随温度的变化，则黏性力项可以被认为是线性的。

在实际应用中，只要流体的流动不是强压缩（如强激波内部）流动，式（3-40）的最后一项就可以忽略，因此有时 N–S 方程直接写成

$$\frac{\mathrm{D}\vec{V}}{\mathrm{D}t}=\vec{f}_{\mathrm{b}}-\frac{1}{\rho}\nabla p+\frac{\mu}{\rho}\nabla^2\vec{V}$$

3.6　角动量方程

3.6.1　积分形式的角动量方程

角动量方程又称为动量矩方程，其本质是扩展的牛顿第二定律，即单位时间内体系的角动量变化等于体系受到的合力矩

$$\sum\vec{T}=\frac{\mathrm{d}}{\mathrm{d}t}\iiint_{\mathrm{sys}}(\vec{r}\times\vec{V})\rho\mathrm{d}B$$

式中，$\vec{T}$ 为力矩；$\vec{r}$ 为体系的质心到原点的位移。

应用雷诺输运定理可以把上述关系式变成适用于控制体的形式

$$\sum\vec{T}=\frac{\partial}{\partial t}\iiint_{\mathrm{cv}}(\vec{r}\times\vec{V})\rho\mathrm{d}B+\iint_{\mathrm{cs}}(\vec{r}\times\vec{V})\rho(\vec{V}\cdot\vec{n})\mathrm{d}A \qquad（3-41）$$

对于图 3-26 所示的在一个平面内的旋转流动问题，用柱坐标系表示比较方便，这时角动量方程简化为

$$\sum T_z = \dot{m}(r_2 V_{2\theta} - r_1 V_{1\theta}) \qquad (3\text{-}42)$$

式中，下标 z 为轴向；θ 为周向；1 和 2 表示不同半径位置。按照惯例，1 为进口，2 为出口，进出口截面分别为不同半径上的圆柱面。该式的物理意义可以理解为：流体经过控制体时，其角动量的改变量等于控制体所受的合力矩。

如果控制体所受合力矩为零，则进出口的角动量是相等的，即

$$r_2 V_{2\theta} = r_1 V_{1\theta} \qquad (3\text{-}43)$$

式（3-43）揭示了这样一种流动现象：当不受力矩作用时，流体从半径大的地方流向半径小的地方，其周向速度会增大。

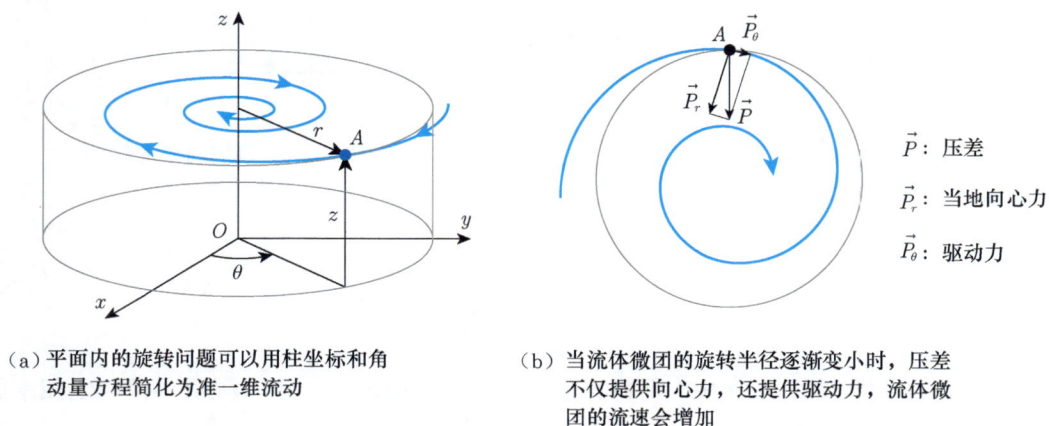

（a）平面内的旋转问题可以用柱坐标和角动量方程简化为准一维流动

（b）当流体微团的旋转半径逐渐变小时，压差不仅提供向心力，还提供驱动力，流体微团的流速会增加

图 3-26　柱坐标下的旋转流动和分析

例如，观察水池排水时的流动，水在汇聚到排水口时通常会有较大的旋转速度。又如龙卷风和台风的风速之所以很大，也是因为流体从半径大的地方汇聚到了半径小的地方。一般来说，只有黏性力能提供力矩，但其比起惯性力和压力要小得多，因此很多流动都可以看成没有力矩的流动。定量来看，当半径减半时，切线速度增加为原来的 2 倍，于是角速度会变为原来的 4 倍，这种加速作用是很强的。

对处于这种螺旋加速运动中的任何流体微团来说，其沿流向的加速当然是流向力造成的，这个驱动力是由压差提供的。图 3-26（b）表示了内外的压差是如何提供这个驱动力的，流体微团沿螺旋形的流线加速运动，压力下降，速度增加。

3.6.2　微分形式的角动量方程

先分析流体微团绕 z 轴的旋转，取一个矩形的流体微团，其所受的切应力如图 3-27 所示，针对该微团应用角动量方程，就可以得到微分形式的角动量方程。

在图 3-27 中，以逆时针方向为正，流体微团所受到的力矩为

$$\delta T = \left[\tau_{xy} \cdot \frac{\mathrm{d}x}{2} + \left(\tau_{xy} + \frac{\partial \tau_{xy}}{\partial x}\mathrm{d}x\right) \cdot \frac{\mathrm{d}x}{2}\right]\mathrm{d}y - \left[\tau_{yx} \cdot \frac{\mathrm{d}y}{2} + \left(\tau_{yx} + \frac{\partial \tau_{yx}}{\partial y}\mathrm{d}y\right) \cdot \frac{\mathrm{d}y}{2}\right]\mathrm{d}x$$

$$= \left[\left(\tau_{xy} + \frac{1}{2}\frac{\partial \tau_{xy}}{\partial x}\mathrm{d}x\right) - \left(\tau_{yx} + \frac{1}{2}\frac{\partial \tau_{yx}}{\partial y}\mathrm{d}y\right)\right]\mathrm{d}x\mathrm{d}y$$

流体微团的转动惯量为 $\frac{1}{12}\rho\mathrm{d}x\mathrm{d}y\left[(\mathrm{d}x)^2 + (\mathrm{d}y)^2\right]$，

角加速度为 $\frac{\mathrm{d}^2\theta}{\mathrm{d}t^2}$。

因此，有如下关系式

$$\left[\left(\tau_{xy} + \frac{1}{2}\frac{\partial \tau_{xy}}{\partial x}\mathrm{d}x\right) - \left(\tau_{yx} + \frac{1}{2}\frac{\partial \tau_{yx}}{\partial y}\mathrm{d}y\right)\right]\mathrm{d}x\mathrm{d}y =$$

$$\frac{1}{12}\rho\mathrm{d}x\mathrm{d}y\left[(\mathrm{d}x)^2 + (\mathrm{d}y)^2\right]\frac{\mathrm{d}^2\theta}{\mathrm{d}t^2}$$

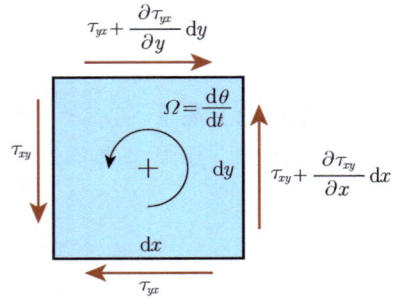

图 3-27　流体微团的旋转

即

$$\left[\left(\tau_{xy} + \frac{1}{2}\frac{\partial \tau_{xy}}{\partial x}\mathrm{d}x\right) - \left(\tau_{yx} + \frac{1}{2}\frac{\partial \tau_{yx}}{\partial y}\mathrm{d}y\right)\right] = \frac{1}{12}\rho\left[(\mathrm{d}x)^2 + (\mathrm{d}y)^2\right]\frac{\mathrm{d}^2\theta}{\mathrm{d}t^2}$$

在该式的右端项中，$\mathrm{d}^2\theta/\mathrm{d}t^2$ 代表的是角加速度，应该是一个有限值，而与之相乘的 $(\mathrm{d}x)^2 + (\mathrm{d}y)^2$ 则为二阶小量，因此右端项为二阶小量，可以忽略，于是得

$$\tau_{xy} + \frac{1}{2}\frac{\partial \tau_{xy}}{\partial x}\mathrm{d}x = \tau_{yx} + \frac{1}{2}\frac{\partial \tau_{yx}}{\partial y}\mathrm{d}y$$

进一步忽略一阶小量，可得

$$\tau_{xy} = \tau_{yx}$$

同理，可以得出绕另外两个坐标轴的关系式，从而有

$$\tau_{xy} = \tau_{yx}, \quad \tau_{yz} = \tau_{zy}, \quad \tau_{zx} = \tau_{xz} \tag{3-44}$$

这就是**微分形式的角动量方程**，事实上这个结果在前面推导动量方程时已经用过了，当时直接说应力是一个对称张量。式（3-44）的结果无论是对于流体还是对于固体都是成立的，**也称为切应力互等定理**。

针对微元体的角动量方程就是式（3-44）这样的简单形式，并已经包含在动量方程中了，因此一般并不特别提起微分形式的角动量方程，它的物理意义为：对于尺寸无穷小的流体微团，任何有限大小的力矩都将产生无穷大的角加速度，因此切应力不应该产生力矩。

3.7　能量方程

能量方程就是热力学第一定律表达式，在第 2 章讲热力学的时候，已经推导了一维流动的热力学第一定律表达式，现在遵照流体力学的习惯，速度用 V 表示，比容 v 用密度 ρ 代替，重写如下。

积分形式：

$$q - w_{\text{s}} = c_V (T_2 - T_1) + \left(\frac{p_2}{\rho_2} - \frac{p_1}{\rho_1} \right) + g(z_2 - z_1) + \frac{1}{2}\left(V_2^2 - V_1^2 \right) \tag{3-45}$$

$$q - w_{\text{s}} = (h_2 - h_1) + g(z_2 - z_1) + \frac{1}{2}\left(V_2^2 - V_1^2 \right) \tag{3-46}$$

微分形式：

$$\delta q - \delta w_{\text{s}} = c_V \mathrm{d}T + \mathrm{d}\left(\frac{p}{\rho} \right) + g\mathrm{d}z + \frac{1}{2}\mathrm{d}(V^2) \tag{3-47}$$

$$\delta q - \delta w_{\text{s}} = \mathrm{d}h + g\mathrm{d}z + \frac{1}{2}\mathrm{d}(V^2) \tag{3-48}$$

接下来推导针对三维流动的能量方程。

3.7.1　积分形式的能量方程

体系的热力学第一定律表达式的一般形式为

$$\frac{\mathrm{D}}{\mathrm{D}t} \iiint\limits_{\text{sys}} \left(\hat{u} + \frac{V^2}{2} \right) \rho \mathrm{d}B = \dot{Q}_{\text{in}} - \dot{W}_{\text{out}} \tag{3-49}$$

式中，$\hat{u}$ 为单位质量流体的内能；$\dot{Q}_{\text{in}}$ 为体系从外界吸取的热量；$\dot{W}_{\text{out}}$ 为体系对外界做的功。

3.7.2　微分形式的能量方程

取图 3-28 所示的一个六面体流体微元，热量通过传导从 6 个面进出该微元。定义热流率 $\dot{q}_n$ 为单位时间单位面积通过的热量，它满足傅里叶定律

$$\dot{q}_n = -\lambda \frac{\partial T}{\partial n}$$

在与 x 轴垂直的两个面上，假设左侧面流入的热流率 $\dot{q}_{\text{left}} = \dot{q}_{x\mathrm{d}y\mathrm{d}z}$，则右侧面流出的热流率可以表示为

$$\dot{q}_{\text{right}} = \left(\dot{q}_x + \frac{\partial \dot{q}_x}{\partial x} \mathrm{d}x \right) \mathrm{d}y\mathrm{d}z$$

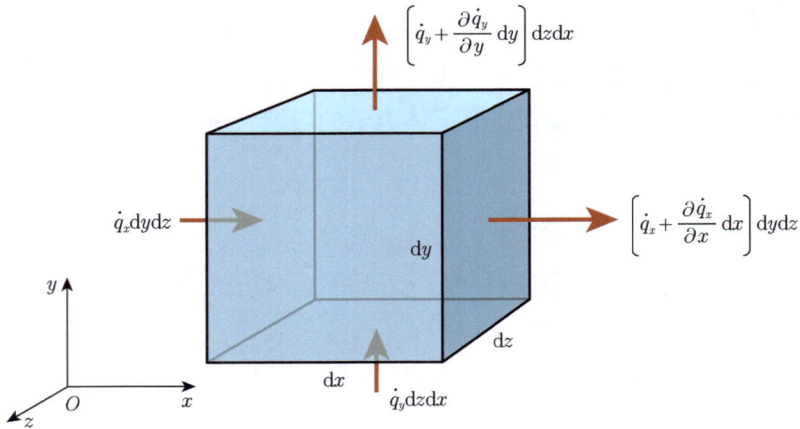

图 3-28 进出流体微团的热量

单位时间内从这两个面净流入微元的热量为

$$\dot{Q}_x = \left(\dot{q}_{\text{left}} - \dot{q}_{\text{right}}\right)\mathrm{d}y\mathrm{d}z = -\frac{\partial \dot{q}_x}{\partial x}\mathrm{d}x\mathrm{d}y\mathrm{d}z$$

同理，单位时间内从另外两对面净流入微元的热流量分别为

$$\dot{Q}_y = -\frac{\partial \dot{q}_y}{\partial y}\mathrm{d}x\mathrm{d}y\mathrm{d}z, \quad \dot{Q}_z = -\frac{\partial \dot{q}_z}{\partial z}\mathrm{d}x\mathrm{d}y\mathrm{d}z$$

单位时间从各个面通过热传导进入微元体的总热量为

$$\dot{Q}_{\text{conduction}} = \dot{Q}_x + \dot{Q}_y + \dot{Q}_z = -\left(\frac{\partial \dot{q}_x}{\partial x} + \frac{\partial \dot{q}_y}{\partial y} + \frac{\partial \dot{q}_z}{\partial z}\right)\mathrm{d}x\mathrm{d}y\mathrm{d}z$$

应用傅里叶定律，该式可以写成

$$\dot{Q}_{\text{conduction}} = \left[\frac{\partial}{\partial x}\left(\lambda\frac{\partial T}{\partial x}\right) + \frac{\partial}{\partial y}\left(\lambda\frac{\partial T}{\partial y}\right) + \frac{\partial}{\partial z}\left(\lambda\frac{\partial T}{\partial z}\right)\right]\mathrm{d}x\mathrm{d}y\mathrm{d}z$$

微元体从外界吸收的热量除了通过各个面的导热之外，还包括辐射换热。设单位时间单位质量流体接受的辐射换热量为 $\dot{q}_{\text{rad}}$，则微元体接受的总辐射换热量为

$$\dot{Q}_{\text{radiation}} = \dot{q}_{\text{rad}}\rho\mathrm{d}x\mathrm{d}y\mathrm{d}z$$

因此，微元体单位时间从外界接受到的总热量为

$$\begin{aligned}\dot{Q} &= \dot{Q}_{\text{conduction}} + \dot{Q}_{\text{radiation}}\\ &= \left[\frac{\partial}{\partial x}\left(\lambda\frac{\partial T}{\partial x}\right) + \frac{\partial}{\partial y}\left(\lambda\frac{\partial T}{\partial y}\right) + \frac{\partial}{\partial z}\left(\lambda\frac{\partial T}{\partial z}\right) + \rho\dot{q}_{\text{rad}}\right]\mathrm{d}x\mathrm{d}y\mathrm{d}z\end{aligned}$$

（3-50）

下面我们来看微元体对外做的功。体积力做功比较简单，单位时间内微元体的体积力对外做功为

$$\dot{W}_{\text{body}} = -\left(\vec{f}_{\text{b}}\rho\mathrm{d}x\mathrm{d}y\mathrm{d}z\right) \cdot \vec{V}$$

$$= -\left(f_{\text{b},x}\vec{i} + f_{\text{b},y}\vec{j} + f_{\text{b},z}\vec{k}\right) \cdot \left(u\vec{i} + v\vec{j} + w\vec{k}\right)\rho\mathrm{d}x\mathrm{d}y\mathrm{d}z \qquad （3\text{-}51）$$

$$= -\left(f_{\text{b},x}u + f_{\text{b},y}v + f_{\text{b},z}w\right)\rho\mathrm{d}x\mathrm{d}y\mathrm{d}z$$

这个公式里面有负号是因为这里的体积力是指外界对微元体的力，速度是微元体的速度，因此得出的功也是外界对微元体做的功。

表面力做功稍复杂些，如图 3-29 所示，单位时间内在各个表面上微元体对外做的功为当地的力与当地速度的乘积，在与 x 轴垂直的两个面上，左侧表面力对外做功为

$$\dot{W}_{\text{left}} = \left(\vec{\varGamma}_{x}\mathrm{d}y\mathrm{d}z\right) \cdot \vec{V}_{x} = \vec{\varGamma}_{x} \cdot \vec{V}_{x}\mathrm{d}y\mathrm{d}z$$

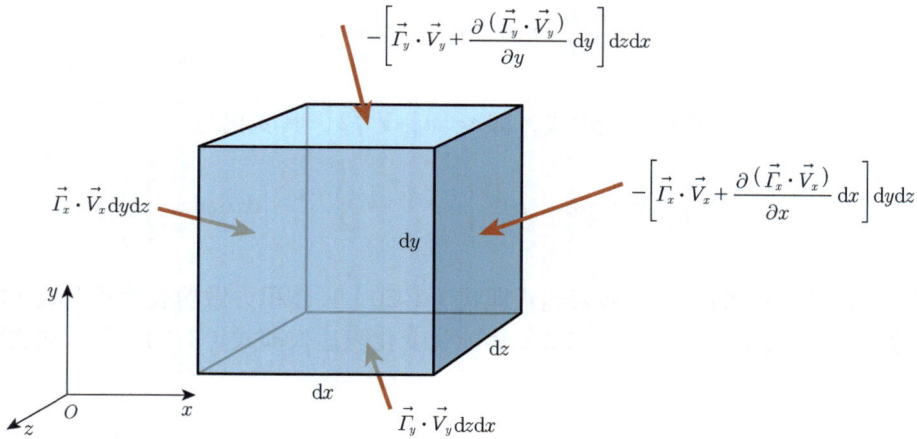

图 3-29 微元体通过表面力对外做的功

在左侧面上，以拉力为正，微元体对外的作用力与速度方向相同，做功为正。

右侧面的表面力对外做功为

$$\dot{W}_{\text{right}} = -\vec{\varGamma}_{x} \cdot \vec{V}_{x}\mathrm{d}y\mathrm{d}z - \frac{\partial\left(\vec{\varGamma}_{x} \cdot \vec{V}_{x}\right)}{\partial x}\mathrm{d}x\mathrm{d}y\mathrm{d}z$$

在右侧面上，以拉力为正，微元体对外的作用力与速度方向相反，做功为负。

左右两个面的表面力对外做的总功为

$$\dot{W}_{\text{surf},x} = \dot{W}_{\text{left}} + \dot{W}_{\text{right}} = -\frac{\partial\left(\vec{\varGamma}_{x} \cdot \vec{V}_{x}\right)}{\partial x}\mathrm{d}x\mathrm{d}y\mathrm{d}z$$

将表面力写成应力形式，速度使用分量形式，则有

$$\dot{W}_{\mathrm{surf},x} = -\frac{\partial}{\partial x}\big(\tau_{xx}u + \tau_{xy}v + \tau_{xz}w\big)\mathrm{d}x\mathrm{d}y\mathrm{d}z$$

同理，可得另外两对面上流体微元对外做的功，分别为

$$\dot{W}_{\mathrm{surf},y} = -\frac{\partial}{\partial y}\big(\tau_{yx}u + \tau_{yy}v + \tau_{yz}w\big)\mathrm{d}x\mathrm{d}y\mathrm{d}z$$

$$\dot{W}_{\mathrm{surf},z} = -\frac{\partial}{\partial z}\big(\tau_{zx}u + \tau_{zy}v + \tau_{zz}w\big)\mathrm{d}x\mathrm{d}y\mathrm{d}z$$

从而表面力对外做的总功为

$$\begin{aligned}
\dot{W}_{\mathrm{surface}} = &-\frac{\partial}{\partial x}\big(\tau_{xx}u + \tau_{xy}v + \tau_{xz}w\big)\mathrm{d}x\mathrm{d}y\mathrm{d}z - \\
&\frac{\partial}{\partial y}\big(\tau_{yx}u + \tau_{yy}v + \tau_{yz}w\big)\mathrm{d}x\mathrm{d}y\mathrm{d}z - \\
&\frac{\partial}{\partial z}\big(\tau_{zx}u + \tau_{zy}v + \tau_{zz}w\big)\mathrm{d}x\mathrm{d}y\mathrm{d}z
\end{aligned} \tag{3-52}$$

微元体的能量由内能和动能组成，即 $e = \hat{u} + V^2/2$，其变化为

$$\frac{\mathrm{D}e}{\mathrm{D}t}\rho\mathrm{d}x\mathrm{d}y\mathrm{d}z = \rho\frac{\mathrm{D}}{\mathrm{D}t}\left(\hat{u} + \frac{u^2 + v^2 + w^2}{2}\right)\mathrm{d}x\mathrm{d}y\mathrm{d}z \tag{3-53}$$

将微元体与外界的热量交换表达式即式（3-50）、体积力做功表达式即式（3-51）、表面力做功表达式即式（3-52）和微元体能量变化表达式即式（3-53）代入热力学第一定律表达式，得

$$\begin{aligned}
\rho\frac{\mathrm{D}}{\mathrm{D}t}\left(\hat{u} + \frac{u^2 + v^2 + w^2}{2}\right) = &\ \rho\big(f_{\mathrm{b},x}u + f_{\mathrm{b},y}v + f_{\mathrm{b},z}w\big) + \\
&\frac{\partial(u\tau_{xx})}{\partial x} + \frac{\partial(u\tau_{yx})}{\partial y} + \frac{\partial(u\tau_{zx})}{\partial z} + \\
&\frac{\partial(v\tau_{xy})}{\partial x} + \frac{\partial(v\tau_{yy})}{\partial y} + \frac{\partial(v\tau_{zy})}{\partial z} + \\
&\frac{\partial(w\tau_{xz})}{\partial x} + \frac{\partial(w\tau_{yz})}{\partial y} + \frac{\partial(w\tau_{zz})}{\partial z} + \\
&\frac{\partial}{\partial x}\left(\lambda\frac{\partial T}{\partial x}\right) + \frac{\partial}{\partial y}\left(\lambda\frac{\partial T}{\partial y}\right) + \frac{\partial}{\partial z}\left(\lambda\frac{\partial T}{\partial z}\right) + \rho\dot{q}_{\mathrm{rad}}
\end{aligned} \tag{3-54}$$

式（3-54）可以写成较为简洁的矢量形式

$$\rho\frac{\mathrm{D}}{\mathrm{D}t}\left(\hat{u} + \frac{V^2}{2}\right) = \rho\vec{f}_{\mathrm{b}} \cdot \vec{V} + \nabla \cdot \big(\tau_{ij} \cdot \vec{V}\big) + \nabla(\lambda\nabla T) + \rho\dot{q}_{\mathrm{rad}} \tag{3-54a}$$

或者张量形式

$$\rho \frac{\mathrm{d}}{\mathrm{d}t}\left(\widehat{u}+\frac{u_i u_i}{2}\right)=\rho f_{\mathrm{b},i}u_i+\frac{\partial}{\partial x_i}\left(\tau_{ij}u_j\right)+\frac{\partial}{\partial x_i}\left(\lambda\frac{\partial T}{\partial x_i}\right)+\rho\dot{q}_{\mathrm{rad}} \qquad (3\text{-}54\mathrm{b})$$

式（3–54）、式（3–54a）和式（3–54b）就是**微分形式的能量方程**，以式（3–54b）为例，其中各项的含义如下：

$\rho\dfrac{\mathrm{d}}{\mathrm{d}t}\left(\widehat{u}+\dfrac{u_i u_i}{2}\right)$ 为流体微团总能量（包含内能和动能）的变化；

$\rho f_{\mathrm{b},i}u_i$ 为体积力对流体微团做的功；

$\dfrac{\partial}{\partial x_i}\left(\tau_{ij}u_j\right)$ 为表面力（压力和黏性力）对流体微团做的功；

$\dfrac{\partial}{\partial x_i}\left(\lambda\dfrac{\partial T}{\partial x_i}\right)$ 为流体微团通过热传导从外界接受的热量；

$\rho\dot{q}_{\mathrm{rad}}$ 为流体微团通过辐射从外界接受的热量。

式（3–54）是总能量方程，总能量由内能和动能两部分组成，内能由温度体现，动能由宏观速度体现。实际上，在很多流动中，这两部分能量应该分开考虑。例如，在无黏不可压缩流动中，机械能是守恒的，当流动为可压缩时，机械能就不守恒，会通过压缩功向内能转换。为了分别分析动能和内能的变化，需要把动能方程和内能方程单独写出来，下面就来分别推导动能方程和内能方程。

把 x 轴方向的动量方程重写为

$$\frac{\mathrm{d}u}{\mathrm{d}t}=f_{\mathrm{b},x}+\frac{1}{\rho}\left(\frac{\partial\tau_{xx}}{\partial x}+\frac{\partial\tau_{yx}}{\partial y}+\frac{\partial\tau_{zx}}{\partial z}\right)$$

在公式两边都乘以 x 轴方向的速度 u，可得

$$u\frac{\mathrm{d}u}{\mathrm{d}t}=uf_{\mathrm{b},x}+\frac{1}{\rho}\left(u\frac{\partial\tau_{xx}}{\partial x}+u\frac{\partial\tau_{yx}}{\partial y}+u\frac{\partial\tau_{zx}}{\partial z}\right) \qquad (3\text{-}55)$$

式（3–55）的左端就是 x 轴方向速度分量代表的动能随时间的变化

$$u\frac{\mathrm{d}u}{\mathrm{d}t}=\frac{\mathrm{d}\left(u^2/2\right)}{\mathrm{d}t}$$

3 个速度分量代表的动能之和为总的动能变化

$$\frac{\mathrm{d}(u_i u_i/2)}{\mathrm{d}t}=\frac{\mathrm{d}\left(V^2/2\right)}{\mathrm{d}t}=\frac{\mathrm{d}\left(u^2/2+v^2/2+w^2/2\right)}{\mathrm{d}t}$$

式（3-55）的右端为 x 轴方向的力所做的功，将 3 个方向的功加起来，可得

$$\rho \frac{\mathrm{d}(u_i u_i /2)}{\mathrm{d}t} = \rho f_{b,i} u_i + u_j \frac{\partial \tau_{ij}}{\partial x_i} \tag{3-56}$$

这就是**微分形式的动能方程**。可以看出，有两个因素能引起动能的变化：一个是体积力做功，另一个是表面力做功。

从总能量方程即式（3-54b）中减去动能方程即式（3-56），得

$$\rho \frac{\mathrm{d}\hat{u}}{\mathrm{d}t} = \tau_{ij} \frac{\partial u_j}{\partial x_i} + \frac{\partial}{\partial x_i}\left(\lambda \frac{\partial T}{\partial x_i}\right) + \rho \dot{q}_{rad} \tag{3-57}$$

这就是**微分形式的内能方程**。下面，我们对动能方程和内能方程做进一步的分析，深入理解流动中动能和内能的变化规律。

第一，所有的热量交换项都只出现在内能方程中：$\frac{\partial}{\partial x_i}\left(\lambda \frac{\partial T}{\partial x_i}\right) + \rho \dot{q}_{rad}$ 为流体微团从外界获取的热量。这说明流体与外界的热量交换只会影响其内能，对其宏观运动速度不会产生任何影响。虽然对气缸加热会使气体膨胀推动活塞运动，但宏观动能增加的原因是表面力做功导致内能向动能转换（即膨胀功），直接体现在表面力项中，并不是加热本身的结果。

第二，体积力项只出现在动能方程中：$\rho f_{b,i} u_i$ 为流体微团通过体积力与外界交换的功。这说明体积力只会导致流体动能的变化，对其内能（温度）不会产生任何影响。虽然物体在大气中下落会发生温度升高现象，那是其与周围空气的摩擦和压缩的结果，属于表面力做功导致的动能向内能的转换，与重力做功本身无关。

第三，表面力（压力和黏性力）既出现在动能方程中，也出现在内能方程中：$u_j \frac{\partial \tau_{ij}}{\partial x_i}$ 为引起动能变化的表面力功；$\tau_{ij} \frac{\partial u_j}{\partial x_i}$ 为引起内能变化的表面力功。

当流体从高压区流向低压区的时候，其速度是增加的，这是表面力引起的动能变化。流动过程中各部分流体之间由于黏性作用而产生摩擦和掺混，使内能增加，这是表面力引起的内能变化。鉴于表面力做功的复杂性，我们有必要专门对其进行具体分析。

结合总能量方程，可以看出表面力对体系做的功分为两项

$$\frac{\partial}{\partial x_i}(\tau_{ij} u_j) = u_j \frac{\partial \tau_{ij}}{\partial x_i} + \tau_{ij} \frac{\partial u_j}{\partial x_i} \tag{3-58}$$

式中，左端项为表面力对微元做的总功；右端两项中，第一项只出现在动能方程中，第二项只出现在内能方程中。

对于式（3-58）中的右端第一项，展开后得

$$u_j \frac{\partial \tau_{ij}}{\partial x_i} = u\left(\frac{\partial \tau_{xx}}{\partial x} + \frac{\partial \tau_{yx}}{\partial y} + \frac{\partial \tau_{zx}}{\partial z}\right) + v\left(\frac{\partial \tau_{xy}}{\partial x} + \frac{\partial \tau_{yy}}{\partial y} + \frac{\partial \tau_{zy}}{\partial z}\right) +$$
$$w\left(\frac{\partial \tau_{xz}}{\partial x} + \frac{\partial \tau_{yz}}{\partial y} + \frac{\partial \tau_{zz}}{\partial z}\right)$$

上式的右端 3 项分别为表面应力推动微元体沿 3 个坐标方向平动所做的功，具体如下：

$u\left(\dfrac{\partial \tau_{xx}}{\partial x} + \dfrac{\partial \tau_{yx}}{\partial y} + \dfrac{\partial \tau_{zx}}{\partial z}\right)$ 为 x 轴方向表面力推动流体微团沿 x 轴方向平动所做的功；

$v\left(\dfrac{\partial \tau_{xy}}{\partial x} + \dfrac{\partial \tau_{yy}}{\partial y} + \dfrac{\partial \tau_{zy}}{\partial z}\right)$ 为 y 轴方向表面力推动流体微团沿 y 轴方向平动所做的功；

$w\left(\dfrac{\partial \tau_{xz}}{\partial x} + \dfrac{\partial \tau_{yz}}{\partial y} + \dfrac{\partial \tau_{zz}}{\partial z}\right)$ 为 z 轴方向表面力推动流体微团沿 z 轴方向平动所做的功。

因此，3 项之和的含义为流体微团做平动时表面力做的功。

对于式（3-58）中的右端第二项，展开可得

$$\tau_{ij}\frac{\partial u_j}{\partial x_i} = \left(\tau_{xx}\frac{\partial u}{\partial x} + \tau_{yx}\frac{\partial u}{\partial y} + \tau_{zx}\frac{\partial u}{\partial z}\right) + \left(\tau_{xy}\frac{\partial v}{\partial x} + \tau_{yy}\frac{\partial v}{\partial y} + \tau_{zy}\frac{\partial v}{\partial z}\right) +$$
$$\left(\tau_{xz}\frac{\partial w}{\partial x} + \tau_{yz}\frac{\partial w}{\partial y} + \tau_{zz}\frac{\partial w}{\partial z}\right)$$

该式表示了表面应力与应变率的乘积，因此该项的含义为流体微团做变形运动时表面力做的功。流体的变形有线变形和剪切变形两种，因此，表面力通过这两种变形做的功都会影响内能，如果流体与外界是绝能的，则变形的效果是机械能与内能之间的转换。

把应力和流动联系起来的关系式是流体的本构方程，对于牛顿流体，根据本构方程，把表面应力中的压力与黏性力项分开可得

$$\tau_{ij}\frac{\partial u_j}{\partial x_i} = -p\left(\nabla \cdot \vec{V}\right) - \frac{2}{3}\mu\left(\nabla \cdot \vec{V}\right)^2 +$$
$$2\mu\left(\frac{\partial u}{\partial x}\right)^2 + 2\mu\left(\frac{\partial v}{\partial y}\right)^2 + 2\mu\left(\frac{\partial w}{\partial z}\right)^2 + \qquad (3\text{-}59)$$
$$\mu\left(\frac{\partial v}{\partial x} + \frac{\partial u}{\partial y}\right)^2 + \mu\left(\frac{\partial w}{\partial y} + \frac{\partial v}{\partial z}\right)^2 + \mu\left(\frac{\partial u}{\partial z} + \frac{\partial w}{\partial x}\right)^2$$

式中，右端第二项 $-\dfrac{2}{3}\mu\left(\nabla \cdot \vec{V}\right)^2$ 是黏性正应力做的体积功，相较其他项来说它非常小，一般是可忽略的。因此，式（3-59）可以进一步写成

$$\tau_{ij}\frac{\partial u_j}{\partial x_i}=-p(\nabla\cdot\vec{V})+\varPhi_{\mathrm{v}} \tag{3-60}$$

式中，右端第一项为流体微团体积改变时压力做的功（即体积功），当微元体被压缩时，该项为正，表示机械能向内能转换；当微元体膨胀时，该项为负，表示内能向机械能转换，也就是说这一项表示的内能与机械能之间的转换是完全可逆的。

式（3-60）中右端第二项 $\varPhi_{\mathrm{v}}$ 为黏性力在流体微团变形时所做的功

$$\begin{aligned}\varPhi_{\mathrm{v}}=&2\mu\left(\frac{\partial u}{\partial x}\right)^2+2\mu\left(\frac{\partial v}{\partial y}\right)^2+2\mu\left(\frac{\partial w}{\partial z}\right)^2+\\&\mu\left(\frac{\partial v}{\partial x}+\frac{\partial u}{\partial y}\right)^2+\mu\left(\frac{\partial w}{\partial y}+\frac{\partial v}{\partial z}\right)^2+\mu\left(\frac{\partial u}{\partial z}+\frac{\partial w}{\partial x}\right)^2\end{aligned} \tag{3-61}$$

式中，所有项都是平方项，所以可知 $\varPhi_{\mathrm{v}}$ 永远为正。也就是说，这一项只会引起内能的增加，表示流体的机械能不可逆地转换为内能，因此，$\varPhi_{\mathrm{v}}$ 又被称为**耗散项**，表示黏性力引起的机械能损失。把式（3-60）代入式（3-57），可以得到内能方程的另一种表达式

$$\rho\frac{\mathrm{d}\hat{u}}{\mathrm{d}t}=-p(\nabla\cdot\vec{V})+\varPhi_{\mathrm{v}}+\frac{\partial}{\partial x_i}\left(\lambda\frac{\partial T}{\partial x_i}\right)+\rho\dot{q}_{\mathrm{rad}} \tag{3-62}$$

从式（3-62）可以看到，有 3 种方式可以使内能增加，即对系统做压缩功、系统内部的耗散和从外界吸热。对比后面式（3-67）的熵方程可以看到，这三者中只有压缩功不会引起熵增加。

3.7.3 焓方程、熵方程、总焓方程和轴功

根据焓与内能的关系式即 $h=\hat{u}+p/\rho$，可以得到单位时间流体焓的变化量为

$$\frac{\mathrm{d}h}{\mathrm{d}t}=\frac{\mathrm{d}\hat{u}}{\mathrm{d}t}+\frac{\mathrm{d}}{\mathrm{d}t}\left(\frac{p}{\rho}\right)$$

把式（3-62）两边都除以密度 ρ 后代入上式，得

$$\frac{\mathrm{d}h}{\mathrm{d}t}=\frac{1}{\rho}\frac{\mathrm{d}p}{\mathrm{d}t}+p\frac{\mathrm{d}}{\mathrm{d}t}\left(\frac{1}{\rho}\right)-p\frac{1}{\rho}(\nabla\cdot\vec{V})+\frac{1}{\rho}\varPhi_{\mathrm{v}}+\frac{1}{\rho}\frac{\partial}{\partial x_i}\left(\lambda\frac{\partial T}{\partial x_i}\right)+\dot{q}_{\mathrm{rad}} \tag{3-63}$$

式中，速度的散度表示了流体微团体积的变化率，可以写成如下形式

$$\nabla\cdot\vec{V}=\frac{1}{\delta B}\frac{\mathrm{d}(\delta B)}{\mathrm{d}t}=\rho\frac{\mathrm{d}}{\mathrm{d}t}\left(\frac{1}{\rho}\right) \tag{3-64}$$

把式（3-64）代入式（3-63），可以得到

$$\frac{\mathrm{d}h}{\mathrm{d}t}=\frac{1}{\rho}\frac{\mathrm{d}p}{\mathrm{d}t}+\frac{1}{\rho}\varPhi_{\mathrm{v}}+\frac{1}{\rho}\frac{\partial}{\partial x_i}\left(\lambda\frac{\partial T}{\partial x_i}\right)+\dot{q}_{\mathrm{rad}} \tag{3-65}$$

这就是流动过程的**焓方程**。可见，流动中有 3 种因素会引起焓的增加：压力增大、黏性耗散和从外界吸热。

熵与焓的关系式为

$$T\frac{\mathrm{d}s}{\mathrm{d}t}=\frac{\mathrm{d}h}{\mathrm{d}t}-\frac{1}{\rho}\frac{\mathrm{d}p}{\mathrm{d}t} \tag{3-66}$$

把式（3-65）代入式（3-66），得到

$$T\frac{\mathrm{d}s}{\mathrm{d}t}=\frac{1}{\rho}\varPhi_{\mathrm{v}}+\frac{1}{\rho}\frac{\partial}{\partial x_i}\left(\lambda\frac{\partial T}{\partial x_i}\right)+\dot{q}_{\mathrm{rad}} \tag{3-67}$$

这是流动过程的**熵方程**。可见，流动中有 2 种因素会引起熵的增加：黏性耗散和从外界吸热。气体动力学中经常使用的等熵流动条件，其实就等价于绝热且无耗散。

在流动问题中，使用总焓（总焓等参数的概念详见 4.5.1 小节）可以极大地方便计算，总焓是气流的焓与动能之和，代表的是忽略重力势能时气流的总能量。把动能方程（3-56）除以密度 后与焓方程（3-65）相加，就得到总焓方程

$$\frac{\mathrm{d}h_{\mathrm{t}}}{\mathrm{d}t}=\left[f_{\mathrm{b},i}u_i+\frac{1}{\rho}u_j\frac{\partial\tau_{ij}}{\partial x_i}\right]+\left[\frac{1}{\rho}\frac{\mathrm{d}p}{\mathrm{d}t}+\frac{1}{\rho}\varPhi_{\mathrm{v}}+\frac{1}{\rho}\frac{\partial}{\partial x_i}(\lambda\frac{\partial T}{\partial x_i})+\dot{q}_{\mathrm{rad}}\right] \tag{3-68}$$

式中，压力对时间的全导数也就是物质导数，可以表达为

$$\frac{\mathrm{d}p}{\mathrm{d}t}=\frac{\partial p}{\partial t}+u_i\frac{\partial p}{\partial x_i} \tag{3-69}$$

动能方程中包含流体微团平动时表面力做的功，把表面力中的压力和黏性力分开，如下

$$u_j\frac{\partial\tau_{ij}}{\partial x_i}=u_j\frac{\partial\left(-p\delta_{ij}\right)}{\partial x_i}+u_j\frac{\partial\tau_{\mathrm{v},ij}}{\partial x_i} \tag{3-70}$$

式中，$\tau_{\mathrm{v},ij}$ 表示纯黏性表面力。把式（3-69）和式（3-70）代入式（3-68），整理可得

$$\frac{\mathrm{d}h_{\mathrm{t}}}{\mathrm{d}t}=f_{\mathrm{b},i}u_i+\frac{1}{\rho}\frac{\partial p}{\partial t}+\frac{1}{\rho}u_j\frac{\partial\tau_{\mathrm{v},ij}}{\partial x_i}+\frac{1}{\rho}\varPhi_{\mathrm{v}}+\frac{1}{\rho}\frac{\partial}{\partial x_i}(\lambda\frac{\partial T}{\partial x_i})+\dot{q}_{\mathrm{rad}} \tag{3-71}$$

这是流动的**总焓方程**。可见，有 4 种因素可以增加流体的总焓：体积力做功、非定常压力做功、黏性力做功和从外界吸热。注意，式（3-71）中的后 3 项就是熵方程即式（3-67）

中等号右边的 3 项, 且应用于气体时忽略重力, 得

$$\frac{\mathrm{d}h_\mathrm{t}}{\mathrm{d}t} = \frac{1}{\rho}\frac{\partial p}{\partial t} + \frac{1}{\rho}u_j\frac{\partial \tau_{\mathrm{v},ij}}{\partial x_i} + T\frac{\mathrm{d}s}{\mathrm{d}t} \qquad (3\text{-}72)$$

可见, 要想无损失地增加流体的总焓, 只能通过非定常压力做功或者黏性力带动流体微团平动的方式。但是黏性力产生的平动一定会伴随变形, 所以, **非定常压力做功是唯一无损增加气体总焓的方法**。在气体为工质的各类机械中, 改变总焓都是通过非定常压力做功来实现的, 比如活塞、叶轮等。从式 (3-71) 还可以看出, 在绝热、定常、忽略体积力的情况下, 增加流体总焓的唯一途径是边界上的黏性力拖动做功。

图 3-30 所示为风扇叶轮对气流的做功方式。叶轮主要是通过叶片给气流施加的非定常压力来增加总焓的, 不过其轮毂会通过定常的黏性力拖动气流沿周向运动, 这也会增加气流的总焓, 即式 (3-71) 等号右边的第 3 项和第 4 项。然而, 通过轮毂黏性力产生的气流总焓增加, 一定伴随熵增, 因此通常不是我们想要的。

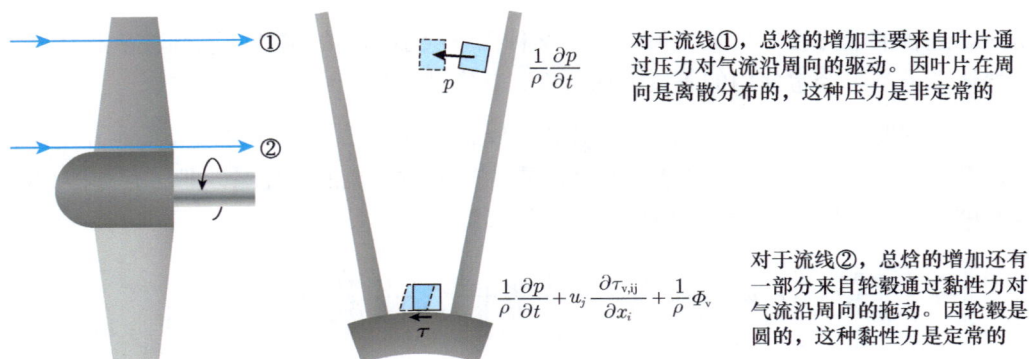

对于流线①, 总焓的增加主要来自叶片通过压力对气流沿周向的驱动。因叶片在周向是离散分布的, 这种压力是非定常的

$$\frac{1}{\rho}\frac{\partial p}{\partial t}$$

$$\frac{1}{\rho}\frac{\partial p}{\partial t} + u_j\frac{\partial \tau_{\mathrm{v},ij}}{\partial x_i} + \frac{1}{\rho}\Phi_\mathrm{v}$$

对于流线②, 总焓的增加还有一部分来自轮毂通过黏性力对气流沿周向的拖动。因轮毂是圆的, 这种黏性力是定常的

图 3-30　风扇叶轮对气流的做功方式

在第 2 章推导一维积分形式的能量方程时, 引入了轴功的概念, 这里来看一下轴功在微分形式的能量方程中是如何体现的。把式 (3-46) 中的焓用总焓表示, 改变一下形式, 和式 (3-71) 写在一起, 如下

$$h_{\mathrm{t}2} - h_{\mathrm{t}1} = -g(z_2 - z_1) - w_\mathrm{s} + q$$

$$\frac{\mathrm{d}h_\mathrm{t}}{\mathrm{d}t} = f_{\mathrm{b},i}u_i + \frac{1}{\rho}\frac{\partial p}{\partial t} + u_j\frac{\partial \tau_{\mathrm{v},ij}}{\partial x_i} + \frac{1}{\rho}\Phi_\mathrm{v} + \frac{1}{\rho}\frac{\partial}{\partial x_i}\left(\lambda\frac{\partial T}{\partial x_i}\right) + \dot{q}_\mathrm{rad}$$

根据上面两式可以看出, 轴功的表达式为

$$-w_\mathrm{s} = \int\left(\frac{1}{\rho}\frac{\partial p}{\partial t} + u_j\frac{\partial \tau_{\mathrm{v},ij}}{\partial x_i} + \frac{1}{\rho}\Phi_\mathrm{v}\right)\mathrm{d}t \qquad (3\text{-}73)$$

可见, **轴功由 3 部分组成: 非定常压力做功、黏性力所做的移动功和黏性力所做的变形功**。

其中，黏性力所做的移动功总是伴随变形功，而变形功会产生熵增。图 3-30 所示的风扇效率的定义为有用功与总功之比，其中的有用功是指不引起熵增的功，主要是非定常压力做功，而总功则还包括黏性力做功，要提高风扇效率就要减小轴功中的黏性力做功所占的比例。

3.8　伯努利方程

伯努利方程是流体力学中非常有用的一个关系式。本质上来说伯努利方程就是流体中的机械能守恒方程，但它是在能量方程之前就得出的，且用其来理解流动现象非常直观，因此是工程技术人员非常喜欢用的方程。不过伯努利方程是有适用条件的，知道在哪些条件下才可以用伯努利方程非常重要。

伯努利方程可以由欧拉方程导出，由式（3-35）可以得到沿 z 轴的一维定常流动的欧拉方程为

$$w\frac{\mathrm{d}w}{\mathrm{d}z} = \vec{f}_{\mathrm{b},z} - \frac{1}{\rho}\frac{\mathrm{d}p}{\mathrm{d}z}$$

当体积力仅为重力且取向上为 z 轴正方向时，用 V 代替 w，上式可以写成

$$\frac{\mathrm{d}p}{\rho} + g\mathrm{d}z + V\mathrm{d}V = 0$$

当流动为不可压缩流动时，密度为常数，可以较容易地对上式进行积分得

$$\frac{p}{\rho} + gz + \frac{V^2}{2} = \mathrm{Const} \tag{3-74}$$

这就是**伯努利方程**，它描述了流体在运动过程中，3 种能量的和保持不变的特性。式中，p/ρ 表示单位质量流体的压差势能（对应热力学中的推动功）；gz 表示单位质量流体的重力势能；$V^2/2$ 表示单位质量流体的动能。这 3 种能量组成了流体的机械能，因此伯努利方程是流体的机械能守恒方程。

从推导过程可知伯努利方程的适用条件包括沿流线、定常、无黏、不可压缩。前 3 个是一维定常欧拉方程的条件，最后一个是积分时引入的条件。既然伯努利方程描述的是流体的机械能守恒，那么其适用条件就应该是流体满足机械能守恒的条件。下面我们来具体分析上面这 4 个条件是如何保证流体机械能守恒的。

第一，伯努利方程只能沿流线应用。因为在定常流动中流体微团沿流线运动，同一微团的机械能在流动过程中守恒，不同流线上的微团机械能可以不同。

第二，伯努利方程只能应用于定常流动。当流动为非定常流动时，同一流线两端可以是不同的流体微团，机械能守恒就无从谈起了。另外，在非定常流动中，某点处压力的脉

动可以对经过的流体做功，使其总能量增加（对应轴功）。因此，如果流动是非定常的，那么流体微团的机械能将是不守恒的。

第三，伯努利方程只能用于无黏流动。这一点比较容易理解，因为黏性力就相当于固体的摩擦力，有摩擦的运动中，机械能是不守恒的，机械能会不可逆地转换为内能。

第四，伯努利方程只能用于不可压缩流动。气体被压缩时，不仅压力和密度会增加，其温度也会增加。即使是无黏的绝热压缩，也会使一部分机械能转换为内能，从而使气体的机械能不守恒。不同于黏性的影响，这种由压缩引起的机械能向内能的转换是可逆的，内能还可以通过膨胀再转换回机械能。

图 3-31 所示为 4 种不符合伯努利方程的流动，分别违反了上述 4 个条件之一。其中，杯中水整体旋转的例子［见图 3-31（a）］，同一高度上不同旋转半径处的水处于不同的流线上；螺旋泵抽水的例子［见图 3-31（b）］，上下游流体之间有泵的非定常做功；输水管道的例子［见图 3-31（c）］，细长管道中流体的黏性作用很强；超声速气流绕过物体的例子［见图 3-31（d）］，气流经过激波被强烈压缩。

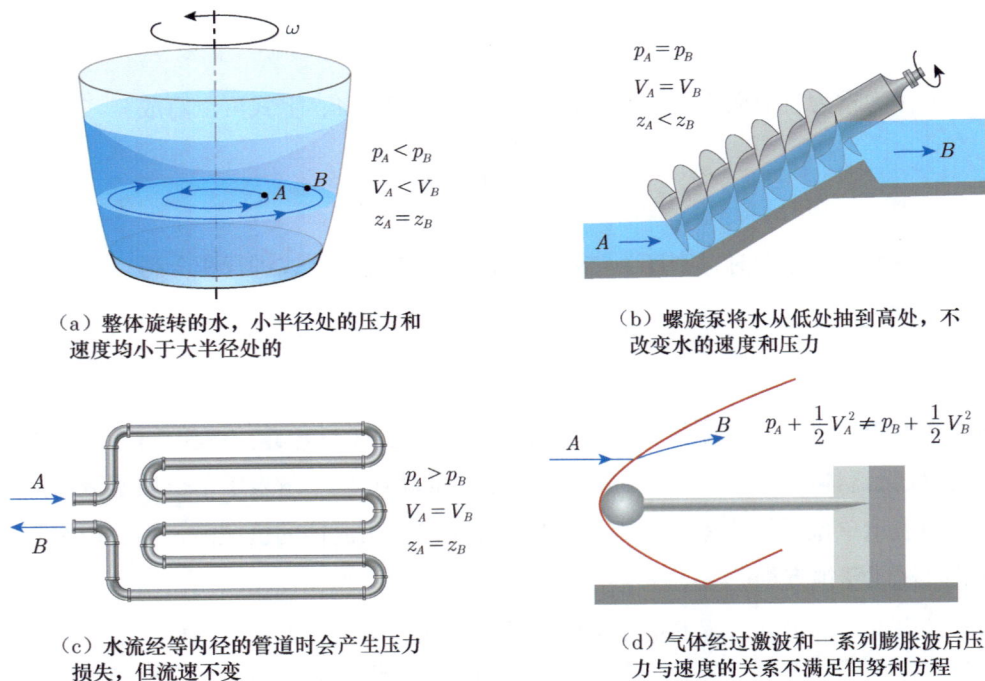

（a）整体旋转的水，小半径处的压力和速度均小于大半径处的

（b）螺旋泵将水从低处抽到高处，不改变水的速度和压力

（c）水流经等内径的管道时会产生压力损失，但流速不变

（d）气体经过激波和一系列膨胀波后压力与速度的关系不满足伯努利方程

图 3-31　不符合伯努利方程的流动

实际的流动容易满足定常和不可压缩，但或多或少都会有黏性作用，因此严格来说没有完全符合伯努利方程的流动。不过，对于剪切变形不大的流动来说，黏性造成的机械能损失很小，这类工程问题用伯努利方程来求解是足够精确的，更多情况下，伯努利方程被当作定性判断压力和流速大小的方法。

对于气体，只要不是流速极低的情况，重力相对于惯性力和压差都可忽略，于是气体的伯努利方程变为

$$\frac{p}{\rho} + \frac{V^2}{2} = \text{Const} \qquad (3\text{-}74\text{a})$$

当气流在满足伯努利方程的情况下减速时，减少的动能全部转换为压力势能，引起压力升高。当气流速度减小到零时，压力达到最大值，称为**滞止压力**。在忽略重力的气体动力学里，这个滞止压力是气体能达到的最高压力，所以也称为**总压**，定义为

$$p_t = p + \frac{1}{2}\rho V^2 \qquad (3\text{-}75)$$

为了和总压区分，气流的压力又称为**静压**，而具有压力量的 $\rho V^2/2$ 则称为**动压**。可以看出，气体在流动过程中，只要保证定常、无黏、不可压缩，总压就保持不变。所以说，总压代表了不可压缩流动的总机械能。

虽然名称叫滞止压力或总压，但它其实并不是真正的压力，静压是气流的压力，而动压和总压是假想的，只有让气流减速才显现出的压力，是为了计算方便而定义的。当所选的坐标系不同时，作为气体性质的静压并不随之改变，但由于相对速度的改变，动压和总压则会改变。为了形象地说明这一点，图 3-32 所示为取不同参考系时，物体前方静压、动压和总压的关系。

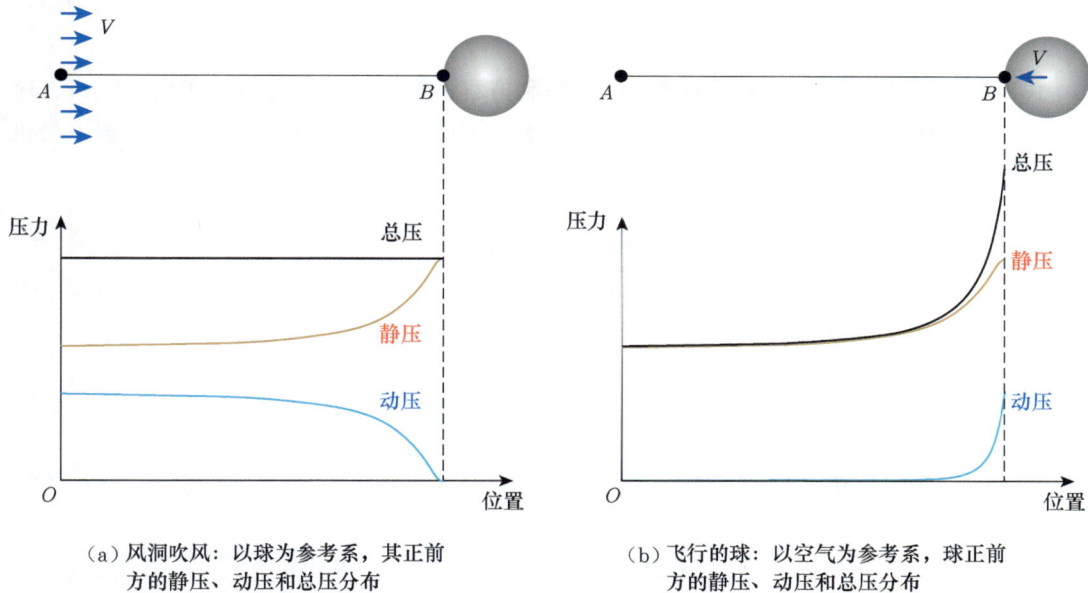

(a) 风洞吹风：以球为参考系，其正前　　　　(b) 飞行的球：以空气为参考系，球正前
　　方的静压、动压和总压分布　　　　　　　　　方的静压、动压和总压分布

图 3-32　取不同参考系时，物体前方静压、动压和总压的关系

可以看出，只有当所取坐标相对物体静止时，沿流线的总压才是不变的。当取相对来流静止的坐标时（相当于物体飞过静止的空气），沿中心线从左到右，静压、动压、总压都是上升的。这是因为运动的物体将通过非定常压力对气流做功（对应轴功），使气流的

机械能上升。

对于可压缩流动，仍然保证其他 3 个条件（沿流线、定常、无黏），并加入与外界绝热的条件，就可以推导出可压缩流动的伯努利方程。根据前面的熵方程（3-67）可知，在无黏且和外界无热量交换的条件下，流动是等熵的。根据热力学的知识，气体在等熵压缩或膨胀时的压力、密度和温度满足下列条件

$$\frac{p}{\rho^\kappa}=\text{Const}, \quad \frac{T}{\rho^{\kappa-1}}=\text{Const}, \quad \frac{T}{p^{\frac{\kappa-1}{\kappa}}}=\text{Const}$$

将等熵压缩关系式 $p/\rho^\kappa=C$ 代入一维欧拉方程，忽略重力，有

$$C^{\frac{1}{\kappa}}\frac{\mathrm{d}p}{p^{1/\kappa}}+V\mathrm{d}V=0$$

沿一条流线上的两点 1 和 2 积分并整理，得

$$\frac{\kappa}{\kappa-1}\frac{p_1}{\rho_1}\left[\left(\frac{p_2}{p_1}\right)^{\frac{\kappa-1}{\kappa}}-1\right]+\frac{V_2^2-V_1^2}{2}=0$$

根据理想气体状态方程 $p=\rho RT$，上式也可以写为

$$\frac{\kappa}{\kappa-1}RT_1\left[\left(\frac{p_2}{p_1}\right)^{\frac{\kappa-1}{\kappa}}-1\right]+\frac{V_2^2-V_1^2}{2}=0 \tag{3-76}$$

式（3-76）通常被称为**可压缩流动的伯努利方程**，它是伯努利方程的扩展。注意，这个公式中有温度，也就是说其中也有内能的影响。因此，可压缩流动的伯努利方程不是机械能守恒方程，那么它是哪种能量方程呢？应用等熵关系式

$$\left(\frac{p_2}{p_1}\right)^{\frac{\kappa-1}{\kappa}}=\frac{T_2}{T_1}$$

以及定压比热容的关系式

$$c_p=\frac{\kappa}{\kappa-1}R$$

式（3-76）可以进一步改写为

$$c_p(T_2-T_1)+\frac{V_2^2-V_1^2}{2}=0$$

定压比热容与温度的乘积为焓，即 $c_pT=h$，因此上式可以进一步写为简洁的形式

$$h+\frac{V^2}{2}=\text{Const} \tag{3-77}$$

焓与动能的和就是总焓，因此式（3-77）的物理意义为流动过程总焓不变。

使用内能与焓的关系式 $h = \hat{u} + p/\rho$ ，可以将式（3–77）改写为

$$\hat{u} + \frac{p}{\rho} + \frac{V^2}{2} = \text{Const} \qquad\qquad （3\text{–}77a）$$

对比不可压缩流动的伯努利方程即式（3–74a），可以看到式（3–77a）多出了内能 $\hat{u}$ 这一项，所以式（3–77a）表示的是流体的总能量（内能和机械能）守恒。

可压缩流动的伯努利方程即式（3–76）的适用条件是：沿流线、定常和无黏。这时气流的机械能与内能之和保持不变，且两者之间是可逆的转换关系。而式（3–77）和式（3–77a）表示的也是气流的机械能与内能之和保持不变，但这两个公式中因为没有使用等熵关系式，适用性更广一些，也适用于不可逆过程，即流动可以是有黏的。

流体只要和外界没有功和热量的交换，其机械能与内能之和就是不变的，所以式（3–77）完全可以由一般的能量方程导出，而不需要借助等熵关系式。推导可压缩流动的伯努利方程即式（3–76）时，等熵条件的作用是用 1 点和 2 点的压比来计算两点的温比。而式（3–77）中直接使用温度来表示焓，就不需要等熵的条件了。

无黏且无激波的流动是等熵的，如果再加上无旋的条件，则式（3–76）的限制条件可以进一步放宽，并不一定需要沿流线，而是流场中任意两点之间都满足这个关系式。即式（3–76）的适用条件变为：定常、等熵和无旋。相关的推导请见 8.1.2 小节。这里面的原理可以这样理解：当流动等熵且无旋时，可以认为流体都源自前方均匀的进口，所有流线也都从进口发出，而由于进口是均匀的，所有从进口发出的流线就具有相同的总压，而总压沿流线守恒，于是流场中任意两点之间的总压相等。

3.9　流动方程的求解

3.9.1　定解条件

现在把微分形式的三大方程列出来。

连续方程：$\dfrac{\partial \rho}{\partial t} + \nabla \cdot \left(\rho \vec{V} \right) = 0$

动量方程：$\dfrac{\mathrm{D} \vec{V}}{\mathrm{D} t} = \vec{f}_{\mathrm{b}} - \dfrac{1}{\rho} \nabla p + \dfrac{\mu}{\rho} \nabla^2 \vec{V} + \dfrac{1}{3} \dfrac{\mu}{\rho} \nabla (\nabla \cdot \vec{V})$

能量方程：$\rho \dfrac{\mathrm{D}}{\mathrm{D} t} \left(\hat{u} + \dfrac{V^2}{2} \right) = \rho \vec{f}_{\mathrm{b}} \cdot \vec{V} + \nabla \cdot \left(\tau_{ij} \cdot \vec{V} \right) + \nabla (\lambda \nabla T) + \rho \dot{q}_{\mathrm{rad}}$

这 3 个方程组成一个方程组，因为动量方程（N–S 方程）是力学的核心，所以通常把这个方程组称为 **N–S 方程组**，牛顿流体的流动现象都遵循由这个方程组所确定的规律。3 个方程中包含 4 个未知数：ρ、$\vec{V}$、p、T，故还需要补充一个关系式才能求解。对于不可压

缩流动，密度为已知量，所以实际上只有 3 个未知数，对应 3 个方程，可以求解。对于可压缩流动，一般处理的是理想气体，满足理想气体的状态方程 $p = \rho RT$，方程组包含 4 个方程和 4 个未知数，也可以求解。

牛顿流体的流动都是这个微分方程组的某种特解，不同的流动只是初始条件和边界条件不同而已。就像牛顿第二定律所描述的那样，物体的速度只与其上一时刻的速度及这段时间内所受的力有关，各种流动的不同是由流体一开始所处的状态和过程中的受力、受热条件决定的，或者说由初始条件和边界条件决定。所谓的初始条件指的是某一时刻流场中的流体所处的状态，在三维时空中，初始条件可表示为

$$\Phi(t_0, x, y, z) = \Phi_0(x, y, z)$$

式中，Φ 代表上述方程组中的未知量；Φ_0 为已知的流场状态。如果流动是定常的，就没有初始条件，可以理解为流动经过了足够长的时间后，初始状态的影响已经消耗殆尽。图 3-33 所示为几种流动的初始条件，流体从初始状态开始流动的过程属于非定常流动。要注意的是，本章所给出的关系式多数都是针对定常流动的，不能用于对非定常流动的分析。

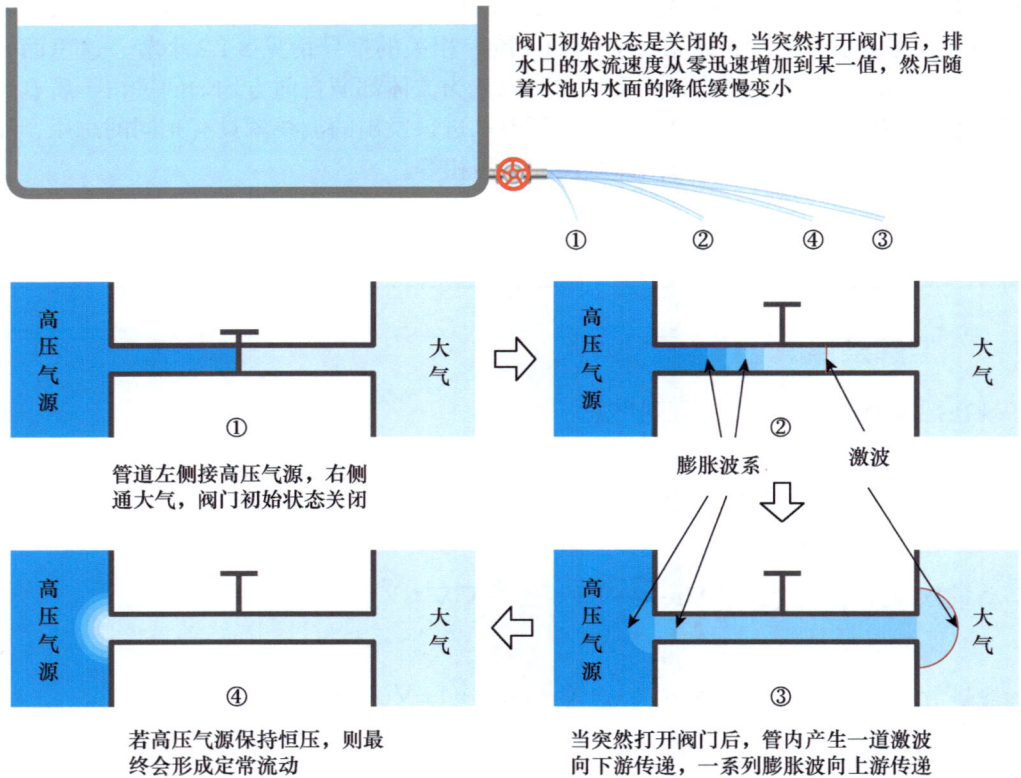

图 3-33　几种流动的初始条件

运动的流体有各种形式的边界，比如水沿管道的流动，其边界条件就包括进出口的压

力、温度、速度以及水与管壁之间的摩擦和热交换等。一般流体和固体壁面之间的边界条件比较容易给定，认为此处满足无滑移条件和无穿透条件，这两个条件综合起来就表示紧挨固体壁面的流体是被粘住的，没有切向速度（无滑移）和法向速度（无穿透），表示为

$$\vec{V}_{\text{fluid}} = \vec{V}_{\text{solid}}$$

式中，$\vec{V}_{\text{fluid}}$、$\vec{V}_{\text{solid}}$ 分别为紧挨固体壁面的流体和固体壁面的速度。

我们可能感觉紧挨着固体壁面的流体可以具有与壁面平行的速度，但如果从分子的尺度来看，理论和实验都证明了紧挨着固体的流体分子会被吸附在固体表面上，而流体分子之间的相对运动则要遵循黏性规律。当然，无滑移条件也并不是永远成立的，对于液体基本上是精确成立的，对于气体而言，当处理某些高超声速的流动或者较为稀薄的气体的流动时，由于分子自由程较大，不完全满足无滑移条件。

对于两种流体之间的边界，也应该满足无滑移条件，即

$$\vec{V}_{\text{fluid1}} = \vec{V}_{\text{fluid2}}$$

式中，$\vec{V}_{\text{fluid1}}$、$\vec{V}_{\text{fluid2}}$ 分别为两种流体的边界速度。

图 3-34 所示分别为运动的流体与静止的固体，以及运动的流体与静止的流体之间的边界附近的流动。

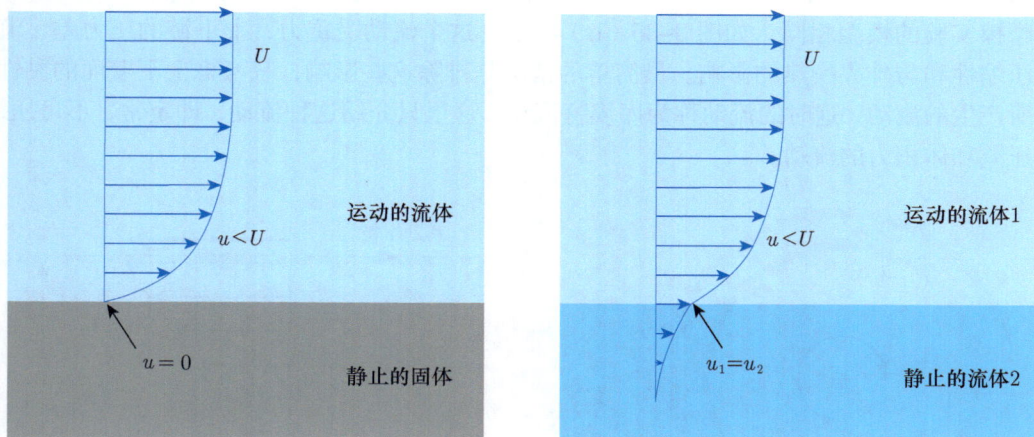

（a）运动的流体与静止的固体之间的边界附近的流动　　（b）运动的流体与静止的流体之间的边界附近的流动

图 3-34　两种情况下边界上的速度条件

当求解能量方程时，常用的固体壁面处的条件是流体与固体的温度相等，即

$$T_{\text{fluid}} = T_{\text{solid}}$$

流体会反过来影响固体壁面的温度，因此这个温度经常是未知的，并不太好用，还有一个经常使用的条件是已知壁面的热流量

$$-\left(\lambda \frac{\partial T}{\partial n}\right)_{\text{fluid}} = \dot{q}_n$$

一般流动都是连续的，而研究时只取一部分流动来研究（比如一段管子内的流体），会存在进出口条件的问题。对于非定常问题，这个条件的给定是比较困难的。对于定常问题，如果已知了某种定常的物理量（比如管流的流量），则可以较容易地给定进出口的条件。

按理来说，对于任何满足连续介质假设的牛顿流体的流动，其运动规律都满足 N–S 方程组，当有了定解条件后就应该可以得到完整的流动信息。遗憾的是，由于 N–S 方程的非线性特征，这样的解虽然在理论上存在，却不易求得，而且很多解在数学上是不稳定的，在物理上则对应着某种不能稳定存在的流动。迄今为止只得到了 N–S 方程组为数不多的解析解，本书介绍其中的两种。

3.9.2   N–S 方程组的解析解

1. 库埃特流动

库埃特（Maurice Couette，1858—1943）研究流动时得到了 N–S 方程组的一个解析解。他研究的是同心旋转的两个圆筒之间的黏性流体的流动问题，如图 3–35（a）所示。当圆筒无限长且两圆筒之间的间隙相对圆筒直径很小时，这个问题可以认为等同于两个无限大平板之间的流动问题，其中一个平板相对另一个平板恒速移动，与第 1 章图 1–20 的牛顿内摩擦实验的模型相同，如图 3–35（b）所示。这个流动受重力、上下游的压力差、流体的压缩性和与外界换热的影响。最简单的情况是排除这些影响，只考虑上下壁面的黏性拖动所产生的流动，这时的流动称为库埃特流动，这里只介绍这种流动，即定常、不可压缩、无压差和体积力的流动。

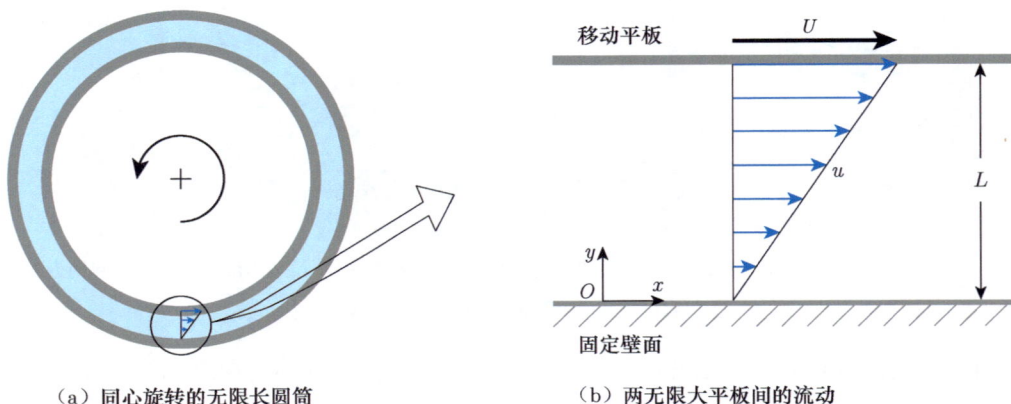

（a）同心旋转的无限长圆筒   （b）两无限大平板间的流动

图 3–35   库埃特研究的流动及其简化模型

对于不可压缩流动，换热不影响流动的速度和压力，或者说能量方程对流动的速度和压力无影响。如果只想知道流场内的速度和压力分布，则只需要解连续方程和动量方程就可以，二维不可压缩连续方程为

$$\frac{\partial u}{\partial x} + \frac{\partial v}{\partial y} = 0$$

这个问题中，流体只沿 x 轴方向流动，即 $v = 0$，进而从上式可得 $\partial u / \partial x = 0$，就是说 u 只是 y 的函数。

$$u = f(y)$$

二维、定常、不可压缩、无体积力的动量方程为

$$\begin{cases} u\dfrac{\partial u}{\partial x} + v\dfrac{\partial u}{\partial y} = -\dfrac{1}{\rho}\dfrac{\partial p}{\partial x} + \dfrac{\mu}{\rho}\left(\dfrac{\partial^2 u}{\partial x^2} + \dfrac{\partial^2 u}{\partial y^2}\right) \\[2mm] u\dfrac{\partial v}{\partial x} + v\dfrac{\partial v}{\partial y} = -\dfrac{1}{\rho}\dfrac{\partial p}{\partial y} + \dfrac{\mu}{\rho}\left(\dfrac{\partial^2 v}{\partial x^2} + \dfrac{\partial^2 v}{\partial y^2}\right) \end{cases}$$

对于同心旋转的两个圆筒之间的流动问题来说，沿周向一圈是没有压力变化的，简化得到的库埃特流动也一样，沿 x 轴方向无限长，压力不变，$\partial p / \partial x = 0$，再加上前面已知的两个条件（ $v = 0$ 和 $\partial u / \partial x = 0$ ），就可以对上面的动量方程进行简化，简化后的 x 轴和 y 轴方向的动量方程分别为

$$\frac{\partial^2 u}{\partial y^2} = 0, \qquad \frac{\partial p}{\partial y} = 0$$

可见，压力对 x 和 y 的偏导数都为 0，或者说全流场的压力都相等。把上面得到的速度表达式对 y 积分，得到

$$u = C_1 y + C_2$$

图 3-35（b）中上下壁面处的边界条件分别为

$$\begin{cases} u = U, & y = L \\ u = 0, & y = 0 \end{cases}$$

从而可以解出 C_1 和 C_2，得到速度的表达式为

$$u = \frac{U}{L} y$$

因此，库埃特流动的解可总结为

$$u = \frac{U}{L} y, \quad v = 0, \quad p = \text{Const} \tag{3-78}$$

图 3-35（b）所示流动对应的就是牛顿黏性力实验模型，从上面的解可以直接得到牛顿黏性力关系式。基于这个流动模型还可以得到一些更复杂的解析解，比如沿流向有压力

梯度的流动，以及可压缩和有换热的库埃特流动等，读者如果有兴趣可以自行推导或参考相关流体力学书籍。

2. 哈根－泊肃叶流动

圆管内完全发展的层流是另一种可以得到解析解的简单流动。流动模型如图3-36所示。因管壁对流体有阻碍作用，匀速流动的流体必然还受到与阻力平衡的驱动力作用，这个驱动力是压差。如图3-36所示，取沿流向长度为dx的薄片控制体，3个控制面分别为进出口截面和环面。在环面上流体受到恒定的壁面切应力，在进出口截面上则分别受到恒定的压力作用。根据受力平衡可知

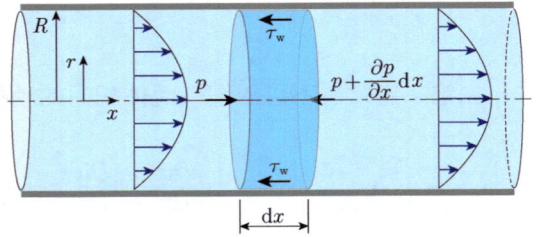

图 3-36　圆管内的哈根－泊肃叶流动模型

$$\tau_w \cdot 2\pi R dx = \left[p - \left(p + \frac{\partial p}{\partial x} dx \right) \right] \cdot \pi R^2$$

整理可得

$$\frac{\partial p}{\partial x} = -\frac{2\tau_w}{R}$$

也就是说，对于完全发展的管流，流向压力梯度必然为常数。现在列出圆柱坐标下的流向动量方程，条件是定常、不可压缩、无体积力，即

$$u_r \frac{\partial u_x}{\partial r} + \frac{u_\theta}{r} \frac{\partial u_x}{\partial \theta} + u_x \frac{\partial u_x}{\partial x} = -\frac{1}{\rho} \frac{\partial p}{\partial x} + \frac{\mu}{\rho} \left(\frac{\partial^2 u_x}{\partial r^2} + \frac{1}{r} \frac{\partial u_x}{\partial r} + \frac{1}{r^2} \frac{\partial^2 u_x}{\partial \theta^2} + \frac{\partial^2 u_x}{\partial x^2} \right)$$

把 $u_r = 0$，$u_\theta = 0$，$\partial u_x / \partial x = 0$，$\partial u_x / \partial \theta = 0$ 代入上式，整理得到

$$\mu \left(\frac{d^2 u_x}{dr^2} + \frac{1}{r} \frac{du_x}{dr} \right) = \frac{dp}{dx}$$

这个方程的通解为

$$u = \frac{1}{\mu} \frac{dp}{dx} \frac{r^2}{4} + C_1 \ln r + C_2$$

管道中心和壁面处的边界条件分别为

$$\begin{cases} \dfrac{du}{dr} = 0, & r = 0 \\ u = 0, & r = R \end{cases}$$

代入上式的速度通解，得到速度的表达式为

$$u = -\frac{1}{4\mu}\frac{\mathrm{d}p}{\mathrm{d}x}\left(R^2 - r^2\right)$$

这种圆管内完全发展的层流也称为**哈根 – 泊肃叶流动**，速度沿流向不变，沿径向为二次分布。从上式还可以得到截面上的平均速度为

$$U = -\frac{R^2}{8\mu}\frac{\mathrm{d}p}{\mathrm{d}x}$$

一般情况下，对于管道流动，已知的是流量，也就是说平均流速 U 是已知量。哈根 – 泊肃叶流动的流速和压力分布可以写成

$$u = 2U\left[1 - \left(\frac{r}{R}\right)^2\right], \quad \frac{\mathrm{d}p}{\mathrm{d}x} = -\frac{8\mu U}{R^2}$$

重要关系式总结

流线方程

$$\frac{\mathrm{d}x}{u} = \frac{\mathrm{d}y}{v} = \frac{\mathrm{d}z}{w} \tag{3-2}$$

加速度

$$\vec{a} = \frac{\partial \vec{V}}{\partial t} + \left(\vec{V} \cdot \nabla\right)\vec{V} \tag{3-5}$$

物质导数

$$\frac{\mathrm{D}\varPhi}{\mathrm{D}t} = \frac{\partial \varPhi}{\partial t} + \left(\vec{V} \cdot \nabla\right)\varPhi \tag{3-6}$$

雷诺输运定理

$$\frac{\mathrm{d}\varPhi_{\mathrm{sys}}}{\mathrm{d}t} = \frac{\mathrm{d}\varPhi_{\mathrm{cv}}}{\mathrm{d}t} + \frac{(\mathrm{d}\varPhi)_{\mathrm{out}} - (\mathrm{d}\varPhi)_{\mathrm{in}}}{\mathrm{d}t} \tag{3-9}$$

$$\frac{\mathrm{d}\varPhi_{\mathrm{sys}}}{\mathrm{d}t} = \frac{\mathrm{d}\varPhi_{\mathrm{cv}}}{\mathrm{d}t} + \iint_{\mathrm{cs}} \phi\left(\vec{V} \cdot \vec{n}\right)\mathrm{d}A \tag{3-9a}$$

控制体积分形式的连续方程

$$\frac{\partial}{\partial t}\iiint_{\mathrm{cv}} \rho\,\mathrm{d}B + \iint_{\mathrm{cs}} \rho\left(\vec{V} \cdot \vec{n}\right)\mathrm{d}A = 0 \tag{3-13}$$

控制体积分形式的连续方程（定常）

$$\iint_{cs} \rho \left(\vec{V} \cdot \vec{n} \right) \mathrm{d}A = 0 \tag{3-14}$$

一维定常流动的连续方程

$$\rho_1 V_1 A_1 = \rho_2 V_2 A_2 \tag{3-15}$$

一维定常不可压缩流动的连续方程

$$V_1 A_1 = V_2 A_2 \tag{3-16}$$

微分形式的连续方程

$$\frac{\partial \rho}{\partial t} + \nabla \cdot \left(\rho \vec{V} \right) = 0 \tag{3-17}$$

$$\frac{\mathrm{D}\rho}{\mathrm{D}t} + \rho (\nabla \cdot \vec{V}) = 0 \tag{3-19}$$

定常流动的连续方程

$$\nabla \cdot (\rho \vec{V}) = 0 \tag{3-18}$$

不可压缩流动的连续方程

$$\nabla \cdot \vec{V} = 0 \tag{3-20}$$

控制体的积分形式的动量方程

$$\sum \vec{F}_{cv} = \frac{\partial}{\partial t} \iiint_{cv} \vec{V} \rho \mathrm{d}B + \iint_{cs} \vec{V} \rho (\vec{V} \cdot \vec{n}) \mathrm{d}A \tag{3-24}$$

一维积分形式的动量方程

$$\sum \vec{F} = (\dot{m}\vec{V})_{out} - (\dot{m}\vec{V})_{in} \tag{3-25}$$

无黏流动的动量方程（欧拉方程）

$$\frac{\mathrm{D}\vec{V}}{\mathrm{D}t} = \vec{f}_b - \frac{1}{\rho} \nabla p \tag{3-35}$$

动量方程（N-S 方程）

$$\frac{\mathrm{D}\vec{V}}{\mathrm{D}t} = \vec{f}_b - \frac{1}{\rho} \nabla p + \frac{\mu}{\rho} \nabla^2 \vec{V} + \frac{1}{3} \frac{\mu}{\rho} \nabla (\nabla \cdot \vec{V}) \tag{3-40}$$

积分形式的角动量方程

$$\sum \vec{T} = \frac{\partial}{\partial t} \iiint_{cv} (\vec{r} \times \vec{V})\rho \mathrm{d}B + \iint_{cs} (\vec{r} \times \vec{V})\rho (\vec{V} \cdot \vec{n}) \mathrm{d}A \qquad (3\text{-}41)$$

一维积分形式的角动量方程

$$\sum T_z = \dot{m}(r_2 V_{2\theta} - r_1 V_{1\theta}) \qquad (3\text{-}42)$$

微分形式的能量方程

$$\rho \frac{\mathrm{d}}{\mathrm{d}t}\left(\hat{u} + \frac{u_i u_i}{2}\right) = \rho f_{b,i} u_i + \frac{\partial}{\partial x_i}(\tau_{ij} u_j) + \frac{\partial}{\partial x_i}\left(\lambda \frac{\partial T}{\partial x_i}\right) + \rho \dot{q}_{rad} \qquad (3\text{-}54\text{b})$$

微分形式的动能方程

$$\rho \frac{\mathrm{d}(u_i u_i / 2)}{\mathrm{d}t} = \rho f_{b,i} u_i + u_j \frac{\partial \tau_{ij}}{\partial x_i} \qquad (3\text{-}56)$$

微分形式的内能方程

$$\rho \frac{\mathrm{d}\hat{u}}{\mathrm{d}t} = \tau_{ij} \frac{\partial u_j}{\partial x_i} + \frac{\partial}{\partial x_i}\left(\lambda \frac{\partial T}{\partial x_i}\right) + \rho \dot{q}_{rad} \qquad (3\text{-}57)$$

耗散项

$$\begin{aligned} \Phi_v = {} & 2\mu\left(\frac{\partial u}{\partial x}\right)^2 + 2\mu\left(\frac{\partial v}{\partial y}\right)^2 + 2\mu\left(\frac{\partial w}{\partial z}\right)^2 + \\ & \mu\left(\frac{\partial v}{\partial x} + \frac{\partial u}{\partial y}\right)^2 + \mu\left(\frac{\partial w}{\partial y} + \frac{\partial v}{\partial z}\right)^2 + \mu\left(\frac{\partial u}{\partial z} + \frac{\partial w}{\partial x}\right)^2 \end{aligned} \qquad (3\text{-}61)$$

焓方程

$$\frac{\mathrm{d}h}{\mathrm{d}t} = \frac{1}{\rho}\frac{\mathrm{d}p}{\mathrm{d}t} + \frac{1}{\rho}\Phi_v + \frac{1}{\rho}\frac{\partial}{\partial x_i}\left(\lambda \frac{\partial T}{\partial x_i}\right) + \dot{q}_{rad} \qquad (3\text{-}65)$$

熵方程

$$T\frac{\mathrm{d}s}{\mathrm{d}t} = \frac{1}{\rho}\Phi_v + \frac{1}{\rho}\frac{\partial}{\partial x_i}\left(\lambda \frac{\partial T}{\partial x_i}\right) + \dot{q}_{rad} \qquad (3\text{-}67)$$

总焓方程

$$\frac{\mathrm{d}h_t}{\mathrm{d}t} = f_{b,i} u_i + \frac{1}{\rho}\frac{\partial p}{\partial t} + u_j \frac{\partial \tau_{v,ij}}{\partial x_i} + \frac{1}{\rho}\Phi_v + \frac{1}{\rho}\frac{\partial}{\partial x_i}\left(\lambda \frac{\partial T}{\partial x_i}\right) + \dot{q}_{rad} \qquad (3\text{-}71)$$

轴功

$$-w_s = \int \left(\frac{1}{\rho} \frac{\partial p}{\partial t} + u_j \frac{\partial \tau_{v,ij}}{\partial x_i} + \frac{1}{\rho} \Phi_v \right) dt \qquad （3-73）$$

伯努利方程

$$\frac{p}{\rho} + gz + \frac{V^2}{2} = \mathrm{Const} \qquad （3-74）$$

可压缩流动的伯努利方程

$$\frac{\kappa}{\kappa-1} RT_1 \left[\left(\frac{p_2}{p_1} \right)^{\frac{\kappa-1}{\kappa}} - 1 \right] + \frac{V_2^2 - V_1^2}{2} = 0 \qquad （3-76）$$

习 题

3-1 二维流场的速度分布为 $\vec{V} = (x^2 - y^2 + x)\vec{i} - (2xy + y)\vec{j}$，温度分布为 $T = 4x^2 - 3y^3$，求 (2,1) 处流体微团的温度变化率 dT/dt。

3-2 二维流场的速度分布为 $\vec{V} = 3x\vec{i} - 3y\vec{j}$，压力分布为 $p = t^2 + 2y$，求 $t = 1$ 时，(1,1) 处流体微团的压力变化率 dp/dt。

3-3 如习题 3-3 图所示的均匀来流绕球流动，已知中心线 AB 上的气流速度可以用下式表示

$$\vec{V} = u\vec{i} = U\left(1 + R^3/x^3\right)\vec{i}$$

求：① 线段 AB 上加速度最大的点；② 气体微团从 A 运动到 B 所需要的时间。

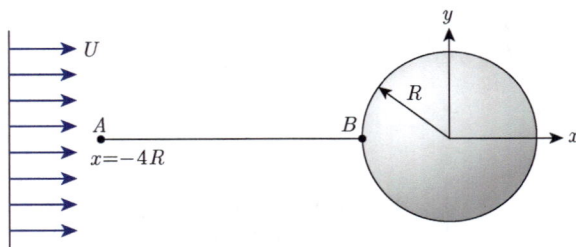

习题 3-3 图

3-4 如习题 3-4 图所示的扩张管道，当阀门打开时，流场中的速度分布可以用下式描述

$$\vec{V} = U\left(1 - \frac{x}{2L}\right)\tanh\left(\frac{U}{L}t\right)\vec{i}$$

求：① $t=L/U$ 时刻出口处（ $x=L$ ）气流的加速度；② 气流达到稳定状态后出口处的气流加速度。

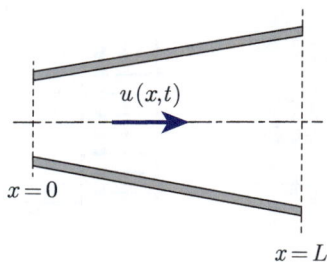

习题 3-4 图

3-5 已知二维流场的速度分布为 $u=-y/4+3t$ ， $v=x/9+\sqrt{t}$ 。① 判断流动是定常还是非定常，可压缩还是不可压缩；② 求 $t=0$ 时， $(36, 36)$ 处的加速度；③ 计算并画出 $t=0$ 时刻的流线图。

3-6 流场的速度分布为 $\vec{V}=(-x^2+y^2)\vec{i}+2Cxy\vec{j}$ ，其中 C 为常数。分别在下面两种情况下求常数 C：① 流动为不可压缩；② 流动为无旋。

3-7 不可压缩流动的连续方程 $\nabla \cdot \vec{V}=0$ 中不含时间项，它可以用于非定常流动吗？为什么？

3-8 从一般形式的连续方程 $\partial \rho/\partial t+\nabla \cdot (\rho \vec{V})=0$ 推导不可压缩流动的连续方程 $\nabla \cdot \vec{V}=0$ 。

3-9 已知一个不可压缩流场的 x 轴和 y 轴方向的速度分布分别为 $u=x^3+2y^2$ 和 $v=z^3-2yz$ ，求 z 轴方向速度的表达式。

3-10 如习题 3-10 图所示，空气经过二维管道流动，假设流动为定常、无黏、不可压缩，进口参数为 $V_1=20\,\text{m/s}$ ， $\rho_1=1.29\,\text{kg/m}^3$ 。试求点 A 处的：① 速度 V_A；② 加速度 a_A。

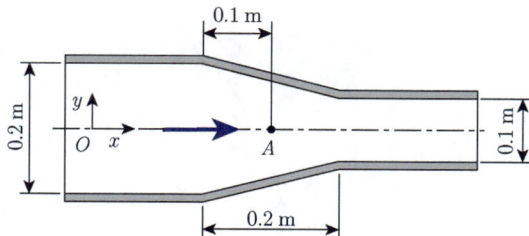

习题 3-10 图

3-11 对于如习题 3-11 图所示的二维定常不可压缩流场中的两点，判断下列各式的正负。

求：① $\left.\dfrac{\partial v}{\partial y}\right|_A$ ；② $\left(\dfrac{\partial u}{\partial x}+\dfrac{\partial v}{\partial y}\right)_A$ ；③ $\left(\dfrac{\partial u}{\partial y}+\dfrac{\partial v}{\partial x}\right)_A$ ；④ $\left(\dfrac{\partial u}{\partial y}+\dfrac{\partial v}{\partial x}\right)_B$ ；⑤ $\left(\dfrac{\partial v}{\partial x}-\dfrac{\partial u}{\partial y}\right)_B$ 。

3-12 如习题 3-12 图所示，气体低速通过等截面圆形直管道，假设进口速度均匀，$u = U$，出口为湍流，平均速度满足关系式 $u = u_{\max}(1 - r/R)^{1/7}$，求 $u_{\max}/U$。

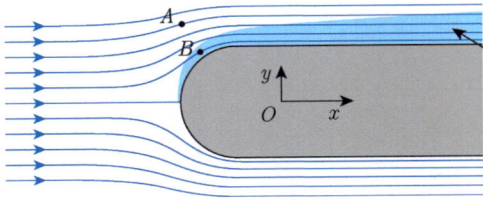

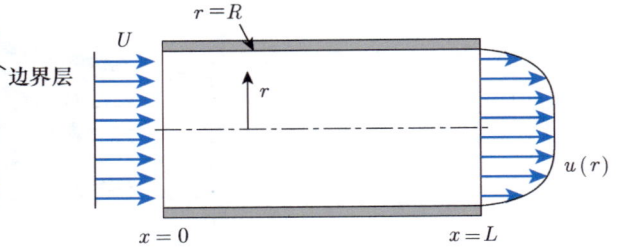

习题 3-11 图 习题 3-12 图

3-13 如习题 3-13 图所示的某个风洞，在试验段壁面打孔吸除边界层，已知每平方米的壁面有 1200 个直径 5 mm 的吸气孔，通过孔的气流速度 $V_s = 8\,\text{m/s}$，进入测试段内的气流速度 $V_1 = 35\,\text{m/s}$，设流动为定常不可压缩，空气密度 $\rho = 1.25\,\text{kg/m}^3$，计算：① V_0；② V_2；③ V_f。

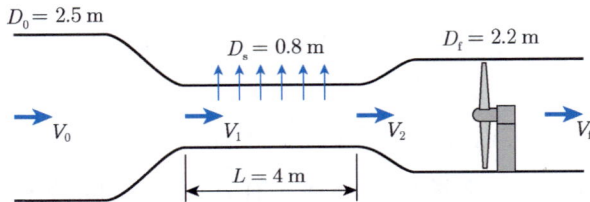

习题 3-13 图

3-14 如习题 3-14 图所示，向上的空气射流正好托起一个锥体，忽略黏性，假定射流速度大小处处相等，求锥体的质量。（空气密度 $\rho = 1.25\,\text{kg/m}^3$。）

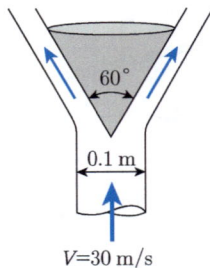

习题 3-14 图

3-15 如习题 3-15 图所示，U 形物体把水流转折 180°，已知射流的速度 V，求固定物体所需的力 F。

3–16 如习题 3–16 图所示，直径为 0.25 m 的通风管从大气中吸气，在管壁上开有静压孔，连接玻璃管，插入一水槽内。当通风管内有流动时，水在玻璃管内上升。现已知通风管道的流量为 $2\,\mathrm{m^3/s}$，空气密度 $\rho = 1.25\,\mathrm{kg/m^3}$。试求水在玻璃管内的上升高度 h。

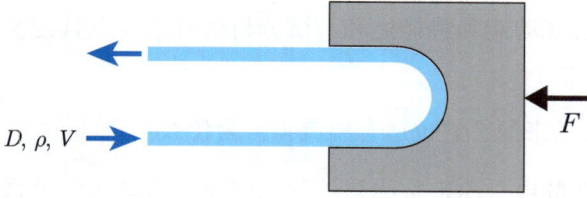

习题 3–15 图

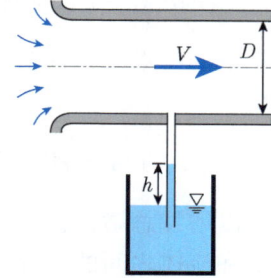

习题 3–16 图

3–17 空气从圆管射流进入大气，在出口有一个与圆管同心的塞子来控制流量，设流动为无黏、不可压缩，试根据习题 3–17 图中已知求管内远前方空气的压力。（大气压为 $101\,325\,\mathrm{Pa}$，空气密度 $1.25\,\mathrm{kg/m^3}$。）

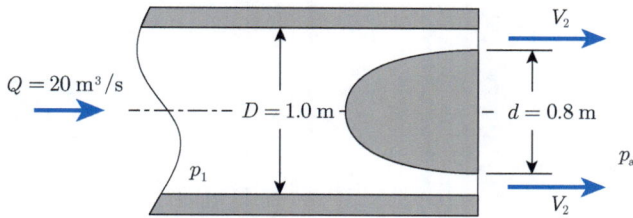

习题 3–17 图

3–18 如习题 3–18 图所示，气垫船长为 20 m，宽为 10 m，高为 4 m，重 6000 kg。气体从上部面积为 $10\,\mathrm{m^2}$ 的圆口被风扇吸入，经底部四周缝隙水平排出。已知气流经过风扇后总压增量为 310 Pa，气垫船外壳厚度可忽略，内部空气可以看成静止。除风扇外的流动为定常、无黏、不可压缩，求使气垫船悬浮风扇所需产生的空气质量流量。（空气密度为 $1.25\,\mathrm{kg/m^3}$，重力加速度取 $10\,\mathrm{m/s^2}$。）

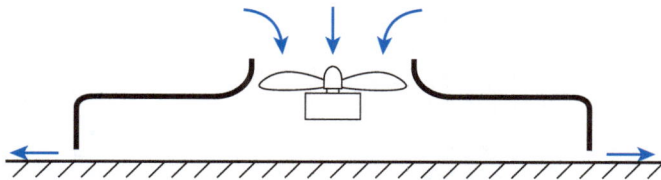

习题 3–18 图

3–19 一个水池有一个进水管和一个排水管。已知只开进水管 2 h 可以把水池放满，之后关闭进水管，只开排水管，需 6 h 可以把水池排空。问：从空水池开始，同时打开进排水管，多长时间可以把水池放满？（提示：放水口的流速可以用定常关系估算，$V = \sqrt{2gh}$，此题需要列微分方程计算，较复杂。）

3-20 证明：推动功无法增加流体的总焓。

3-21 热力学中的技术功为轴功与流体的宏观动能和势能之和，试分析为什么要这样定义技术功。

3-22 能量方程中的耗散项表征了流动损失的来源，它也适合湍流吗？为什么？

3-23 轴功可以增加总焓，且轴功中包含耗散项，而定常绝热的管内流动中有流体与壁面的摩擦和流体之间的掺混耗散，但总焓不变，为什么？举一个耗散引起总焓增加的例子。

第 4 章

可压缩流动的基本关系式

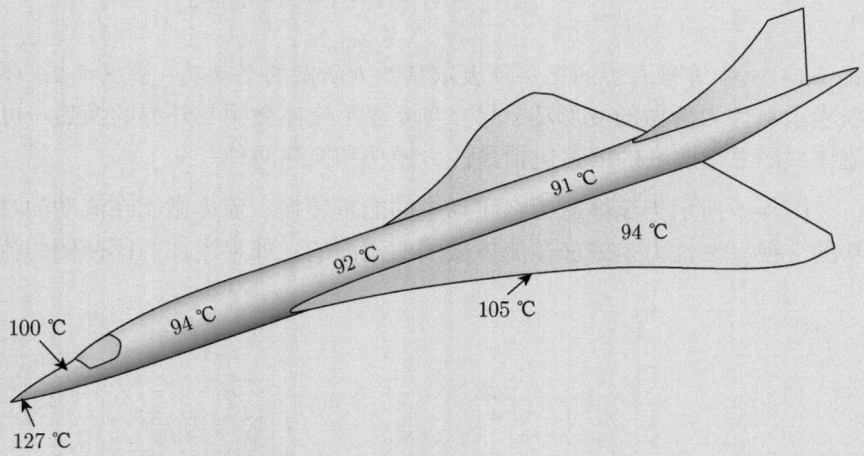

图为协和号客机以两倍声速飞行时机体表面的温度分布，这主要是由客机对空气的压缩产生的。

第 3 章已经给出了所有可压缩流动的基本方程，但三维流动求解困难，而很多工程问题可以简化为一维定常流动，如果还能忽略换热和黏性作用，则使用等熵关系式可以极大地简化问题。本章给出适用于一维定常等熵流动的基本关系式，这是气体动力学的基础。

4.1 绝能等熵过程

4.1.1 流动中总焓与熵的变化

在流动中使用总焓来表示流体微团的总能量较为方便，它等于流体的动能、内能以及推动功之和。在第 3 章中我们已经推导了总焓方程，对于忽略重力的定常流动，总焓方程和熵方程分别如下

$$(\vec{V} \cdot \nabla)h_t = u_j \frac{\partial \tau_{v,ij}}{\partial x_i} + T(\vec{V} \cdot \nabla)s \tag{4-1}$$

$$T(\vec{V} \cdot \nabla)s = \frac{1}{\rho} \Phi_v + q \tag{4-2}$$

式（4-1）中等号右边的第一项表示黏性力所做的平动功；式（4-2）中的等号右边的第一项表示黏性力所做的变形功，第二项 q 表示流体微团与外界的换热。可见，定常流动中让流体微团总焓改变的因素包括黏性力做功和换热两种。

图 4-1 所示为流体微团在流动中的能量转换，流体微团在流动的过程中与外界有热和功的交换。黏性力是施加在流体微团的侧面的，如果流体微团两侧的流速更快，则会拖动

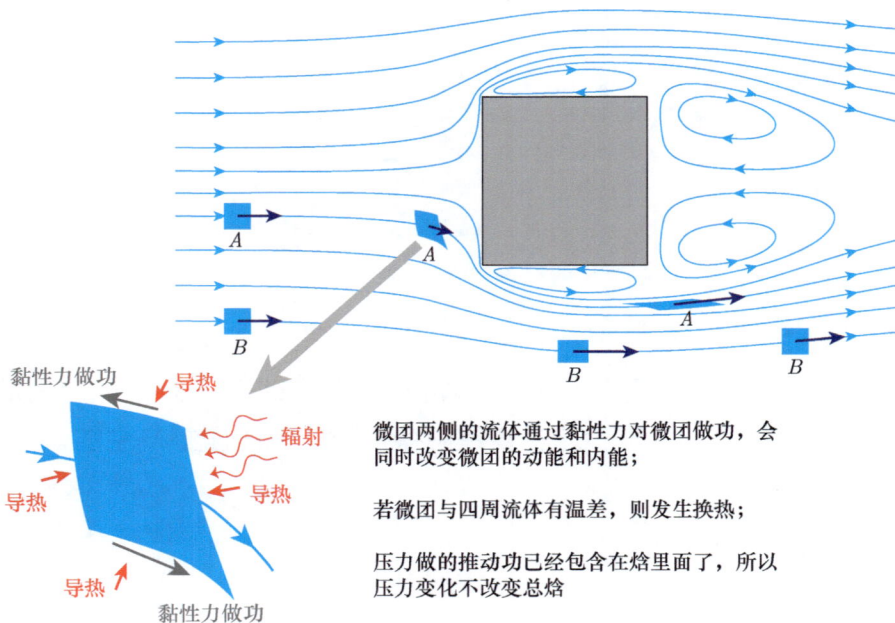

微团两侧的流体通过黏性力对微团做功，会同时改变微团的动能和内能；

若微团与四周流体有温差，则发生换热；

压力做的推动功已经包含在焓里面了，所以压力变化不改变总焓

图 4-1 流体微团在流动中的能量转换

流体微团加速使其总焓增加。

拖动过程中，流体微团整体速度增加对应动能的增加，不引起熵的变化，而同时发生的流体微团变形对应内能的增加，引起熵的增加。反过来，如果两侧的流速更慢，则流体微团被拖慢，动能减小，但变形引起的仍然是内能和熵的增加。

热交换分为导热和辐射两种，导热发生在相邻的流体微团之间，辐射则与远处的环境（尤其是远处的固体壁面）有关。表面上看，换热的效果比较简单，吸热使焓增大，放热使焓减小，但温度变化会引起气体的体积变化产生体积功，对气体的动能也有影响。对于等截面管道中的流动，亚声速时加热使气流加速，超声速时加热使气流减速，具体变化关系将在第 6 章 6.3 节的换热管流中讨论。

在式（4-1）和式（4-2）中看不到压力，说明在定常流动中压力做功不会引起流体微团总焓变化，因为作用于流体微团侧面的压力与流体微团的运动速度垂直，不做功，而在上下游截面上压力所做的功为推动功，已经包含在焓之中当作压力势能考虑了。

在图 4-1 中，流体微团 A 在流动过程中发生了较大的变形，因此产生了较大的熵增，而流体微团 B 的变形很小，可以忽略其熵的变化。从整个流场来看，只在边界层内、分离区以及尾迹区中流体微团的变形较大，其他地方流体的变形都较小，可以认为不存在耗散。根据式（4-2），如果流体微团的耗散和与外界的换热可忽略，熵就是不变的，可以使用等熵关系式来分析流动。图 4-2 所示为几个可以当作等熵流动处理的例子。

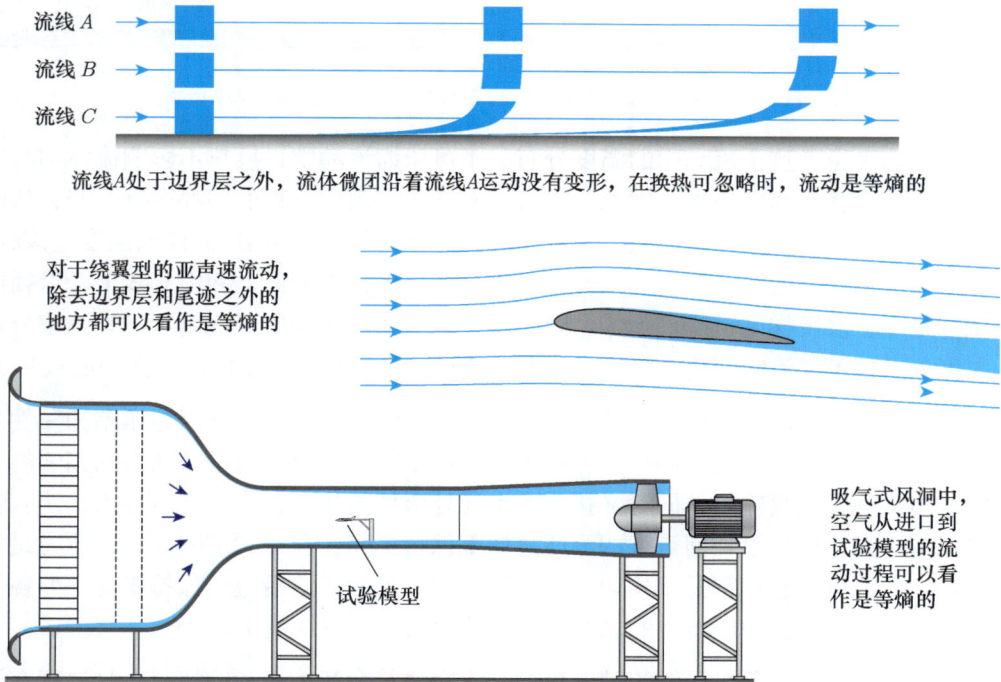

流线 A 处于边界层之外，流体微团沿着流线 A 运动没有变形，在换热可忽略时，流动是等熵的

对于绕翼型的亚声速流动，除去边界层和尾迹之外的地方都可以看作是等熵的

试验模型

吸气式风洞中，空气从进口到试验模型的流动过程可以看作是等熵的

图 4-2　几个可以当作等熵流动处理的例子

绝热和无黏是等熵流动的两个条件，从式（4-1）看，这时还有一个效果就是总焓保持不变。但是，在工程问题中，我们经常遇到的情况是流动虽然是有黏的，但只要绝热，

总焓就保持不变，原因是做功需要两个条件：力和位移。对于没有运动部件的流动，比如流体经过一段管道，挨着管壁的流体速度为零，壁面不会对流体做功，所以流体的总焓就保持不变。在图 4-2 所示的风洞中，从入口到风扇的流动过程，总焓保持不变，气流经过风扇的过程中总焓增加，从一维流动关系式来看，这种移动壁面的做功被归结为轴功。

对于壁面不动的一维绝热管流，虽然由于和外界没有热和功的交换，整体上流体的总焓保持不变，但内部流体的总焓未必是均匀的。因为流体微团之间有相对运动，会通过黏性力互相做功，而且黏性耗散产生的热量会使流体内部温度不均匀，进而产生热交换。在图 4-3 所示的哈根 - 泊肃叶流动（完全发展的不可压缩管道层流）中，根据理论解，压力沿径向相等、沿流向减小，速度沿径向呈抛物型分布、沿流向不变。

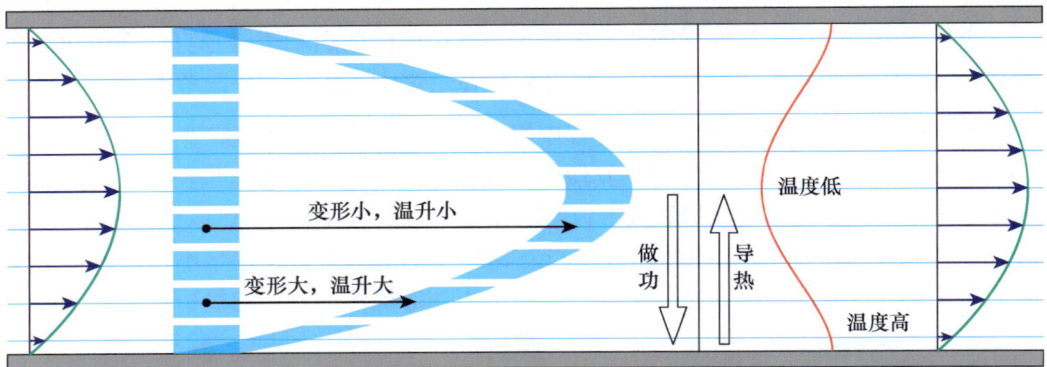

图 4-3　哈根 - 泊肃叶流动中的黏性作用、温度分布和热传递

现在我们来思考这个流动中的温度分布。不可压缩流动中，换热不影响流体的其他几个参数（流速、密度和压力），因此无论有没有换热，动量方程的解都保持不变，从能量方程分析，越靠近壁面的流体变形越大，黏性耗散产生的热也就越多，流体的温度应该越高。而中心线上流体没有变形，温度应该最低。进一步分析，在壁面上和中心线上，沿径向的导热量都是零，温度梯度也应该为零，因此温度分布如图 4-3 中红线所示。和流速分布一样，温度分布也不随流向变化，热量沿流向无传递，只沿径向从壁面附近向中心线传递。

所以，在这种流动中，所有参数沿流向都不变。流速保持不变是因为压差和黏性力平衡，总焓保持不变是因为做功和导热保持平衡。小半径处的流体通过做功拖动相邻的大半径处的流体，这是能量输出，同时又接收大半径处流体的热量，这是能量输入，输入输出的能量保持平衡，所以沿任何流线的流体总焓都保持不变。在任意横断面上，压力是均匀的，而速度、温度和总焓都是不均匀的。也就是说，虽然总焓沿流线保持不变，但各条流线上的总焓并不相等，中心线上的总焓最大，壁面附近的总焓最小。

上面的分析是基于不可压缩流动假设的，不完全符合气体流动的情况，只要存在温度和速度的不同，气体就会体现出一定的压缩性。等直管道内的绝热流动称为等截面摩擦管流，将在第 6 章 6.2 节中讨论。

黏性和换热都对熵有影响，其中黏性只会使熵增大，换热则可以使熵减小，那么存在这样一种可能，流动既有黏性又有换热，但是熵保持不变。比如流体沿管道流动的同时在向外放热，黏性耗散引起的熵增正好全部通过放热减掉，这种情况不常见，不是我们关心的等熵流动，本节讨论的等熵流动，除了等熵之外还有一个条件，就是绝能。绝能指的是系统与外界之间没有热量和功的交换，这里的功指的是轴功和重力做功，不包含进出口推动功产生的流动功，原因是推动功已经被当作流体本身的能量了。实际上，定常和无黏两个条件也就保证了轴功为零，所以，这里所说的**"绝能等熵"等价于定常、忽略重力、绝热、无黏**。

工程热力学中讨论的过程都是准静态甚至是可逆的，这和气体动力学中不一样。工程热力学中经常使用的绝热过程，一般来说对应这里的绝能等熵流动，所以比热比 κ 又称为绝热指数，我们在用"过程"而不是"流动"来描述问题时，有时为了和工程热力学一致，也使用绝热过程来代表绝能等熵流动。但如果我们说"绝热流动"，则仅仅是绝热，并不保证是定常无黏的，也就不等熵。

4.1.2 绝能等熵过程关系式

在第 2 章中已经讨论了熵的各种关系式，现在把系统熵变的关系式（2-39）重写如下

$$ds = c_V \frac{dT}{T} + R \frac{dV}{V}$$

对于绝能等熵过程

$$c_V \frac{dT}{T} + R \frac{dV}{V} = 0 \tag{4-3}$$

用密度 ρ 代替体积 V，并使用关系式 $c_p = c_V + R$，式（4-3）可以变为

$$c_V \frac{dT}{T} - (c_p - c_V) \frac{d\rho}{\rho} = 0$$

两边同时除以 c_V，并使用关系式 $\kappa = c_p / c_V$，可得

$$\frac{dT}{T} = (\kappa - 1) \frac{d\rho}{\rho} \tag{4-4}$$

式（4-4）表示在绝能等熵过程中温度随密度的变化关系。根据气体状态方程，还可以得到压力随密度的变化关系以及温度随压力变化的关系

$$\frac{dp}{p} = \kappa \frac{d\rho}{\rho} \tag{4-5}$$

$$\frac{dT}{T} = \frac{\kappa - 1}{\kappa} \frac{dp}{p} \tag{4-6}$$

对式（4-4）～式（4-6）进行积分，得到如下关系式

$$\frac{p}{\rho^{\kappa}} = \text{Const}, \quad \frac{T}{\rho^{\kappa-1}} = \text{Const}, \quad \frac{T}{p^{\frac{\kappa-1}{\kappa}}} = \text{Const} \qquad (4-7)$$

或写成流线上两点之间的关系

$$\frac{p_2}{p_1} = \left(\frac{\rho_2}{\rho_1}\right)^{\kappa}, \quad \frac{T_2}{T_1} = \left(\frac{\rho_2}{\rho_1}\right)^{\kappa-1}, \quad \frac{T_2}{T_1} = \left(\frac{p_2}{p_1}\right)^{\frac{\kappa-1}{\kappa}} \qquad (4-8)$$

在上面这些式子中，κ 是比热比，在这里它表示气体在绝能等熵流动时的指数，因此称为**绝热指数**，绝热指数也经常用 γ 来表示。对于常温空气这样非常接近理想气体的气体，绝热指数与比热比相等，为了统一，本书的绝热指数都用 κ 来表示。

图 4-4 所示为几种基本过程的 $p\text{-}v$ 图和 $T\text{-}s$ 图，可以看到，当气体膨胀时，等压过程的做功量最大，等温过程其次，绝热过程最小。原因是系统要从外界获得较大的热量才能保持膨胀过程是等压的，保持等温需要的热量次之，而绝热过程则不从外界获得热量，这些获得的热量的一部分或全部用于对外做功。

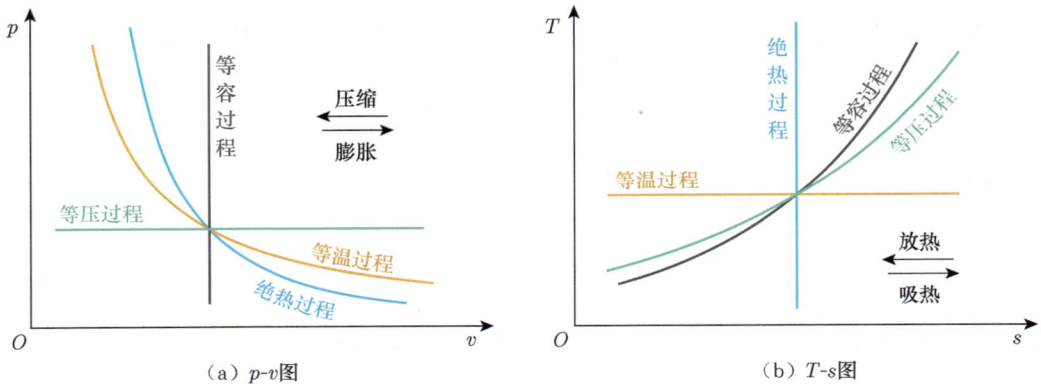

（a）$p\text{-}v$图 　　　　　　　　　　　　（b）$T\text{-}s$图

图 4-4　几种基本过程的 $p\text{-}v$ 图和 $T\text{-}s$ 图

绝热指数是气体本身的一种性质，表示绝热压缩时压力随体积的变化程度。压力就是气体的正应力，物质体积变化时产生的应力取决于其体积弹性模量，我们现在来推导空气的体积弹性模量，分析它与绝热指数的关系。体积弹性模量的定义为

$$K = \frac{\mathrm{d}p}{-\mathrm{d}V/V}$$

用密度 ρ 替换体积 V，上式变为

$$K = \frac{\mathrm{d}p}{\mathrm{d}\rho/\rho}$$

对于气体来说，压力和密度存在直接的关系，以空气为例，其状态方程为 $p = \rho RT$，显然体积弹性模量还与压缩过程的温度变化有关。拿数学关系最简单的等温过程来说，压力与密度是线性关系，因此有

$$K_{\text{isothermal}} = \frac{\mathrm{d}p}{\mathrm{d}\rho/\rho} = \frac{RT\mathrm{d}\rho}{\mathrm{d}\rho/\rho} = \rho RT = p \qquad (4\text{-}9)$$

可见，与一般的弹性固体不同，气体的体积弹性模量不是常数，等温过程的体积弹性模量 $K_{\text{isothermal}}$ 就等于气体本身的压力，压力越大的气体越难压。

等温过程只是在数学上简单，实际上最常见的过程接近于绝能等熵过程，我们已经推导出了压力与密度的变化关系式（4-5），现在将其代入体积弹性模量的关系式中，得

$$K_{\text{adiabatic}} = \frac{\mathrm{d}p}{\mathrm{d}\rho/\rho} = \frac{\kappa p \mathrm{d}\rho/\rho}{\mathrm{d}\rho/\rho} = \kappa p \qquad (4\text{-}10)$$

可见，绝能等熵压缩过程的体积弹性模量 $K_{\text{adiabatic}}$ 比等温过程的要大，是等温过程的 κ 倍，对于常温空气这个值是 1.4。从感觉上也好理解，等温过程相当于边压缩边放热的过程，缓解了内部的压力，而绝热过程没有放热，压缩过程中温度的上升会额外增加一部分压力，因此要更难压缩一些。

通过上述推导，我们明确了绝热指数的物理意义，它代表气体在绝热过程中压力随体积的变化程度，或者说是绝热压缩相比等温压缩的难压缩程度。数值上，绝热指数等于绝热压缩的体积弹性模量与等温压缩的体积弹性模量之比，即

$$\kappa = \frac{K_{\text{adiabatic}}}{K_{\text{isothermal}}} \qquad (4\text{-}11)$$

绝能等熵流动的能量方程就是可压缩流动的伯努利方程（3-76），重写如下

$$\frac{\kappa}{\kappa - 1} RT_1 \left[\left(\frac{p_2}{p_1} \right)^{\frac{\kappa-1}{\kappa}} - 1 \right] + \frac{V_2^2 - V_1^2}{2} = 0$$

实际流动虽然都不是等熵过程，但经常可以近似用等熵过程描述。对于一些有较强换热或耗散的过程，还可以用一种称为"多变过程"的方法来计算。接下来介绍多变过程。

4.2　多变过程

多变过程的概念最开始是针对定比热理想气体的可逆过程导出的，并且忽略了过程中的动能和势能的变化。在这种情况下，系统吸收的热量只用来增加其本身的内能和对外做体积功，即

$$\delta q = c_V \mathrm{d}T + p \mathrm{d}v$$

对上式两端都乘以气体常数 R，得

$$R\delta q = c_V R \mathrm{d}T + Rp \mathrm{d}v$$

根据气体状态方程 $pv = RT$，有 $RdT = pdv + vdp$，代入上式，得

$$R\delta q = c_V(pdv + vdp) + Rpdv$$

将关系式 $R = c_p - c_V$ 代入上式，得

$$(c_p - c_V)\delta q = c_p pdv + c_V vdp$$

两边同时除以 c_V，并使用关系式 $c_p / c_V = \kappa$，得

$$(\kappa - 1)\delta q = \kappa pdv + vdp$$

pdv 代表体积功，令 $pdv = \delta w$ 并整理，得

$$\frac{\mathrm{d}p}{p} = -\left[(1-\kappa)\frac{\delta q}{\delta w} + \kappa\right]\frac{\mathrm{d}v}{v}$$

这样就得到了一般情况下压力随比容变化的关系，一种相对简单的情况是这个变化是线性的，这要求 $\delta q / \delta w$ 为常数，即换热量与做功量成正比，多变过程就是这样定义的。这时，对上式积分，有

$$\ln p + \left[(1-\kappa)\frac{\delta q}{\delta w} + \kappa\right]\ln v = \mathrm{Const}$$

或

$$pv^{(1-\kappa)\frac{\delta q}{\delta w}+\kappa} = \mathrm{Const}$$

定义上式中的指数为多变指数，用 n 表示，于是多变关系式为

$$pv^n = \mathrm{Const} \tag{4-12}$$

式中，多变指数 n 为

$$n = (1-\kappa)\frac{\delta q}{\delta w} + \kappa \tag{4-13}$$

从它的名称就可以看出，多变过程代表很多种过程。显然 $n = \kappa$ 的多变过程就是绝能等熵过程，这时式（4-13）中的 $\delta q = 0$，对应绝热。而 $n = 1$ 的多变过程就是等温过程，因为此时 $\delta q = \delta w$，吸收的热量全部用于做功，系统的内能保持不变。对于等容过程，系统的体积保持不变，因此 $\delta w = 0$，这时绝热指数趋向于无穷大，$n = \pm\infty$。对于等压过程，从式（4-12）可知 $n = 0$，代入式（4-13），得到

$$\frac{\delta q}{\delta w} = \frac{\kappa}{\kappa - 1}$$

上式也可以直接从等压换热的关系推导出，等压换热时，换热量为 $\delta q = c_p \mathrm{d}T$ ，做功为 $\delta w = p\mathrm{d}v = R\mathrm{d}T$ ，两者之比为

$$\frac{\delta q}{\delta w} = \frac{c_p \mathrm{d}T}{R\mathrm{d}T} = \frac{c_p}{R} = \frac{\kappa}{\kappa - 1}$$

虽然多变过程基于很严苛的条件推导而来，但是其应用已经超出了原始的定义。只要气体的过程满足式（4-12）且指数 n 为常数，就称其为多变过程，图 4-5 所示为多变过程的 $p\text{-}v$ 图和 $T\text{-}s$ 图。

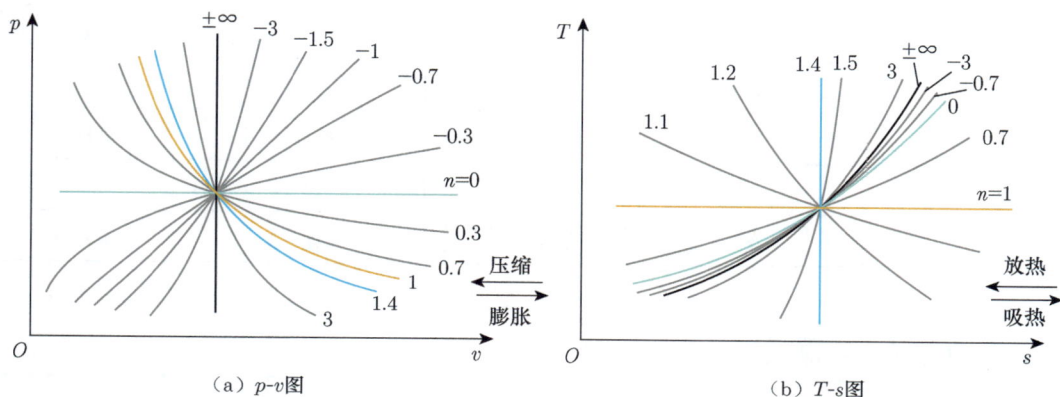

图 4-5　多变过程的 $p\text{-}v$ 图和 $T\text{-}s$ 图

在 $p\text{-}v$ 图中，$n = 1.4$ 的线代表绝热过程。这时，随着体积 v 的增加，压力 p 是减小的，也就是膨胀时压力降低，这是符合常识的。之所以会有这样的常识，是因为很多常见的实际过程都接近绝热过程。当 $n > 1.4$ 时，压力随膨胀过程的下降程度比绝热时的要大，这说明气体在膨胀时向外放热了，这对应环境温度明显低于气体本身温度的情况。当 $0 < n < 1.4$ 时，压力随膨胀过程的下降程度比绝热时的要小，这说明气体在膨胀时从外界吸收了热量。特别地，当 $n = 1$ 时，气体所吸收的热量正好等于对外做的功，这时气体温度保持不变，也就是等温过程。当 $1 < n < 1.4$ 时，压力下降程度小于绝热过程的但大于等温过程的，说明气体所吸收的热量不足以弥补对外做功量。当 $0 < n < 1$ 时，气体吸收的热量要大于对外做功量，所以膨胀过程中温度是上升的（参见 $T\text{-}s$ 图），且压力下降较少。当 $n = 0$ 时，吸收热量产生的压力上升正好抵消膨胀产生的压力下降，压力保持不变，为等压过程。所有 $n < 0$ 的过程，都对应吸热量很大而膨胀量较小的过程，这时气体虽然膨胀了，但压力和温度都是上升的。特别地，可以认为 $n = -\infty$ 对应等容吸热，$n = +\infty$ 对应等容放热，这两条线是重合的，但变化方向相反。

上述分析结果可以总结成表 4-1，这个表只给出了膨胀时的情况，压缩时各参数变化相反。需要注意的是，多变过程指的是多变指数为常数的过程，并不是任意过程。如果需要做实验模拟多变过程，需要在过程中时刻调节换热量，使之与气体的体积变化相匹配。如果某个实际过程接近于某种多变过程，可以使用多变过程关系式近似计算，或者可以用

几段多变过程来代替一段实际过程。

表 4-1　多变膨胀过程气流参数的变化规律

多变指数 n	气体压力 p	气体温度 T	换热方向	过程名称
$-\infty$	升	升	吸	等容
$-\infty < n < 0$	升	升	吸	—
0	不变	升	吸	等压
$0 < n < 1$	降	升	吸	—
1	降	不变	吸	等温
$1 < n < \kappa$	降	降	吸	—
κ	降	降	绝热	绝热
$\kappa < n < +\infty$	降	降	放	—
$+\infty$	降	降	放	等容

4.3　声速和马赫数

　　声音的本质是一种振动，我们的耳朵处于空气中，所以一般听到的是在空气中传播的声音。声音也可以在固体或液体中传播，固体中的声波既有纵波也有横波，流体中的声波则是单纯的纵波，这是因为传递横波需要拉力或黏性力的参与，而流体中没有拉力，黏性力也很小，承担不了传递横波的任务。图 4-6 所示为横波和纵波的对比，以及声波在空气中的传播示意。气体中的声波是在声源激励下产生的一系列纵向压缩和膨胀交互的波动，在微观上看是靠分子热运动传递的，在宏观上看是靠气体的弹性传递的。声速不只是声音的速度，它代表了微小压力扰动传播的速度。可压缩流动的一个重要特征就是流动在亚声速和超声速时的规律差别很大，各种可压缩流动关系式中通常包含声速。我们下面首先来推导声速的表达式，分析它与气体的哪些性质有关。

4.3.1　声速

　　用形变在弹簧中的传递可以定性地分析纵波的传播速度。弹簧的刚度越大，驱动形变传递的力就越大，弹簧的质量越大，拖累形变传递的惯性就越大。根据牛顿第二定律，力越大则加速度越大，惯性越大则加速度越小，用 E 代表弹性模量，ρ 代表沿弹簧轴线单位长度的质量，则形变的传播速度应该与 E/ρ 正相关。同样外形的弹簧，钢弹簧传递纵波的速度要比铜弹簧的快，因为钢的弹性模量比铜的大，密度比铜的小。同种材料，不同丝直径和绕法的弹簧中的波速也大不相同。图 4-7 所示表明同种材料、单位长度质量相同但丝的粗细和绕法不同（即弹性模量不同）的两个弹簧中的纵波传递速度不同。丝粗、直径小的弹簧中的波传递速度更大。固体的弹性模量（也就是杨氏模量）的定义为应力和应变的比值，即 $E = \sigma/\varepsilon$。对于流体，起作用的是体积弹性模量，前面 4.1 节已经讨论过，可以表示为

$$K = \frac{\mathrm{d}p}{\mathrm{d}\rho/\rho} = \rho\frac{\mathrm{d}p}{\mathrm{d}\rho} \qquad (4\text{-}14)$$

纵波

横波

纵波的振动方向与波的传播方向平行，
横波的振动方向与波的传播方向垂直

压　　　拉　　　压

纵波的传递靠压力或拉力

横波的传递靠拉力或黏性力

空气中的声波是纵波

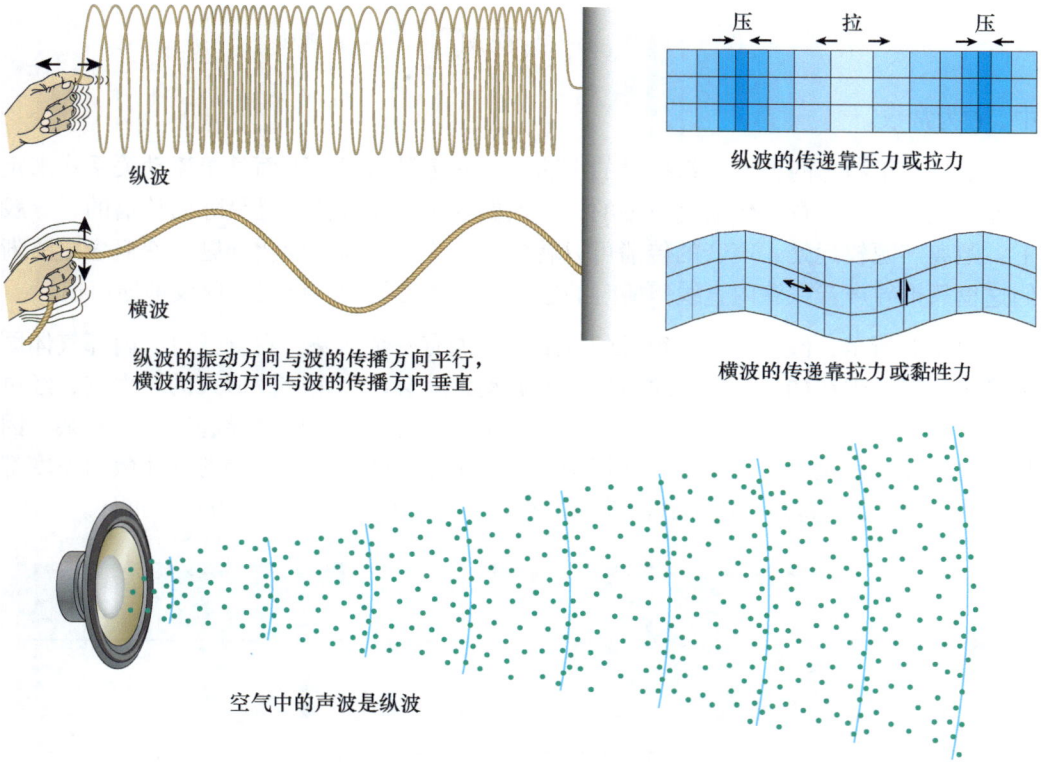

图 4-6　横波和纵波的对比，声波在空气中的传播示意

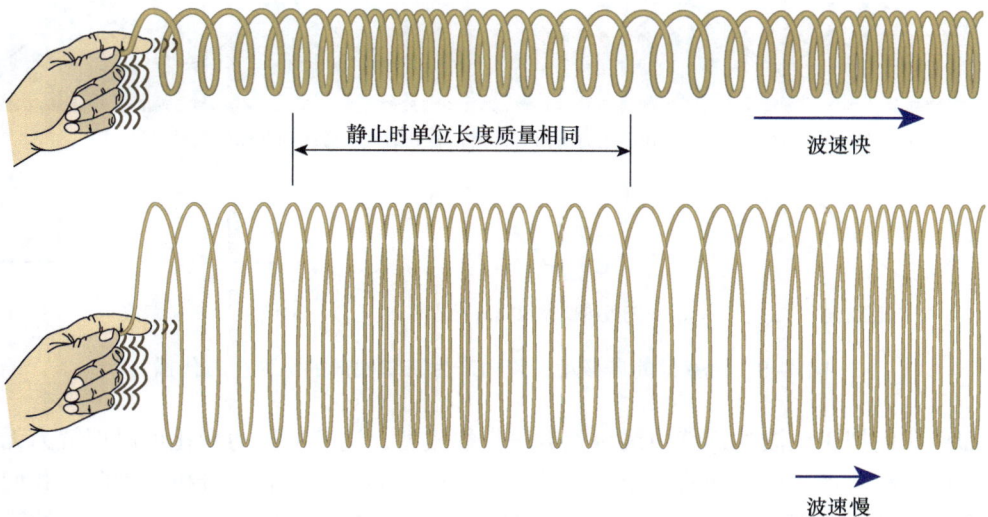

静止时单位长度质量相同

波速快

波速慢

图 4-7　同种材料、单位长度质量相同、弹性模量不同的两个弹簧中的波速

161

类比弹簧的扰动传播速度与 E/ρ 正相关，因此气体中的声速可表示为

$$c \sim \mathrm{d}p/\mathrm{d}\rho$$

$\mathrm{d}p/\mathrm{d}\rho$ 的量纲是速度的平方，因此可以猜测声速的表达式为

$$c = C\sqrt{\mathrm{d}p/\mathrm{d}\rho}$$

式中，C 为常数。

上面是基于静态的弹性关系推导的声速公式的定量形式，下面基于流动关系式来定量地推导声速公式。声音的传播是三维的，一点处的振动在气体中是呈球面传播的，一般情况下，距离声源较远处，声音的传播可以看成是一维的。为了简化问题，使概念更清晰，我们这里只推导声音在管内直线传播时的速度，也就是基于一维流动假设推导声速。

如图 4-8 所示，假设有一个很长的管道，左侧有一个活塞，右侧开口，内部气体原本处于静止状态。现在如果让活塞左右做简谐振动，就会产生正弦波形式的压力波，经过短暂的时间后在右侧可以听到声音。正弦波形式压力波的传播速度推导起来较为复杂，因为受扰动的气体微团是沿着传播方向在振动的，在正弦波的不同相位处的气体微团速度都不一样。第 7 章 7.2 节将对一般形式的波速进行推导，这里先用简化的方法来推导。

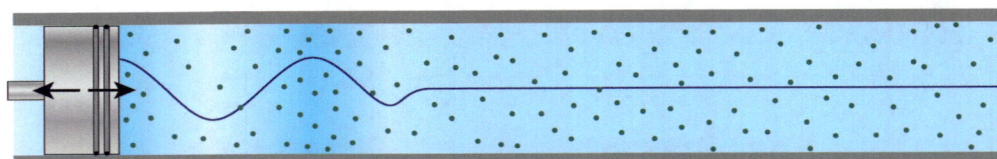

活塞从静止开始振动，产生交替压缩膨胀向右传播

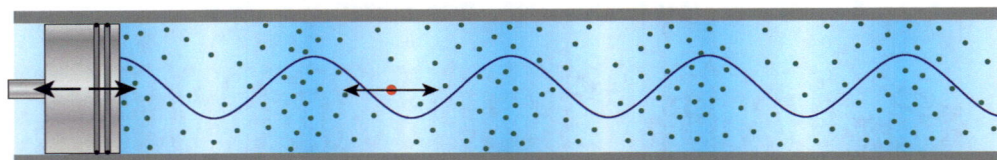

活塞保持简谐振动，产生正弦波形式的压力波向右传播，各处的气体微团则在原地振动

正弦波　　　　　无数阶跃波组成的正弦波　　　　　阶跃波

图 4-8　活塞做简谐振动，管内产生正弦规律的纵波向右传播

如果我们把正弦波的连续曲线用无数段折线代替，连续的压力变化可以理解为无数个微阶跃压力组合产生的，而每一个阶跃的压力波产生的流动较容易分析。因此，我们可以针对图 4-9 所示的简化情况来分析。某一时刻活塞向右突然以一个小速度 δu 开始运动，

并保持这个速度，于是形成一个以声速向右传播的阶跃压力波，这个阶跃压力波的右侧气体未受扰动，保持静止，压力、密度和温度分别为 p_0、ρ_0 和 T_0，其左侧气体在活塞的推动下，运动速度是 δu，压力、密度和温度分别为 p_1、ρ_1 和 T_1。

活塞从静止开始，突然以速度δu开始向右匀速运动，产生一道阶跃压力波向右传播

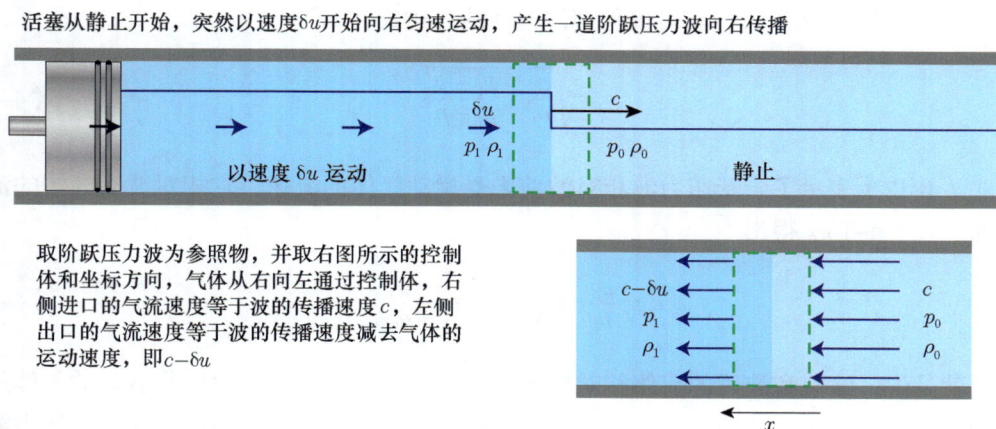

取阶跃压力波为参照物，并取右图所示的控制体和坐标方向，气体从右向左通过控制体，右侧进口的气流速度等于波的传播速度 c，左侧出口的气流速度等于波的传播速度减去气体的运动速度，即 $c-\delta u$

图 4-9　活塞运动产生的阶跃压力波及流动分析

如果我们跟随这个阶跃压力波一起向右运动，则气体的运动形式是定常地从右向左穿过压力波，波前的速度就是波的传播速度 c，波后的速度则是波的传播速度减去气体的运动速度，即 $c-\delta u$。取图 4-9 右下所示的坐标和控制体，右侧进口的流速和流量分别为

$$V_{in}=c, \quad \dot{m}_{in}=\rho_0 cA$$

左侧出口的流速和流量分别为

$$V_{out}=c-\delta u, \quad \dot{m}_{out}=\rho_1(c-\delta u)A$$

由连续方程，进出口流量相等，有

$$\rho_0 cA=\rho_1(c-\delta u)A \tag{4-15}$$

右侧进口和左侧出口的动量流量分别为

$$\dot{m}_{in}V_{in}=\rho_0 cA\cdot c, \quad \dot{m}_{out}V_{out}=\rho_0 cA\cdot(c-\delta u)$$

忽略黏性，控制体在水平方向只受压差作用，沿 x 轴方向的压差为

$$F=(p_0-p_1)A$$

从而可列出动量方程，如下

$$(p_0-p_1)A=\rho_0 cA\cdot[(c-\delta u)-c] \tag{4-16}$$

把式（4-15）和式（4-16）整理后列在一起，如下

$$\begin{cases} \rho_0 c = \rho_1 (c - \delta u) \\ (p_1 - p_0) = \rho_0 c \delta u \end{cases}$$

从上面两式中消去 δu，就可以得到波速 c 的表达式，如下

$$c = \sqrt{\frac{\rho_1}{\rho_0} \cdot \frac{p_1 - p_0}{\rho_1 - \rho_0}} \qquad (4\text{-}17)$$

式（4-17）表示了阶跃压力波相对波前未受扰动气体的流速，它相对波后气体的流速可以通过式（4-15）得出

$$c' = \frac{\rho_0}{\rho_1} c = \sqrt{\frac{\rho_0}{\rho_1} \cdot \frac{p_1 - p_0}{\rho_1 - \rho_0}} \qquad (4\text{-}18)$$

也就是说，波前和波后的流体相对阶跃波的速度是不一样的，原因是波后的气体经过了压缩，密度增加了，流速必然会变小。我们将在后文中讨论这种情况，这时的压力波称为激波。在此处，我们讨论的是连续变化的压力波，是用无限多个无穷小的阶跃压力波来代替的（见图4-8），每一个阶跃产生的压力和密度变化都趋于无穷小。

当阶跃趋向于无穷小时，$\rho_1 / \rho_0 = 1$，$(p_1 - p_0)/(\rho_1 - \rho_0) = \mathrm{d}p/\mathrm{d}\rho$，式（4-17）变为

$$c = \sqrt{\mathrm{d}p/\mathrm{d}\rho} \qquad (4\text{-}19)$$

这个关系式最早是由牛顿推导出来的，但当时对于气体的性质认识还不够深入，并不清楚承载声波的气体中压力是怎样随密度变化的。牛顿使用了玻意耳定律，即等温关系式来计算空气中的声速，得出常温空气中的声速为 295 m/s，这比当时的测量值低了 20%。数学家欧拉和拉格朗日都曾经进行过声速的推导，得出了和牛顿差不多的结果。拉普拉斯在 1802 年认识到，声音的传播过程中伴随着气体的轻微压缩的膨胀，温度会有变化，并不是一个等温过程，而接近于绝热过程。1823 年，拉普拉斯采用当时空气热特性的测量数据计算出声速为 337.15 m/s，与当时的测量值 340.89 m/s 非常接近，因此拉普拉斯是公认的第一个正确推导出声速的科学家。

现在我们使用气体动理论来计算声速是很简单的事，直接利用气体的绝热压缩关系式 $p/\rho^{\kappa} = \mathrm{Const}$ 可得

$$\frac{\mathrm{d}p}{\mathrm{d}\rho} = \kappa \frac{p}{\rho} = \kappa R T$$

从而得到气体中的声速为

$$c = \sqrt{\kappa R T} \qquad (4\text{-}20)$$

式中，R 为气体常数，对于空气，$R = 287.06 \ \mathrm{J/(kg \cdot K)}$。

可见，理想气体中的声速只取决于气体的温度，温度越高则声速越大。我们前面分别用弹性与惯性的关系和流动关系分析了声速，其实也可以从微观的分子运动来分析。显然温度越高，气体分子的热运动速度就越快，而扰动在气体中的传递在微观上靠的就是分子的热运动。所以也可以认为：小扰动在气体中的传递速度与气体分子热运动的平均速度相当。气体分子的热运动速度满足麦克斯韦速率分布律，相同温度下，不同种类的气体分子的平均速度也不同，空气作为一种混合气体，其分子热运动的速度有一个较大的范围，但其平均速度与声速相当。在第 1 章 1.4 节中曾经比较过分子热运动速度和声速，声速与分子热运动速度的平均值有固定的关系，如下

$$c = \sqrt{\frac{\kappa}{3}}v_{\text{rms}} \approx 0.683 v_{\text{rms}}$$

在相同温度下，相对分子质量不同的理想气体中的声速是不一样的，因为温度代表分子热运动的平均动能，质量越大的分子热运动速度就越小，同时声速也越小。另外，不同气体的比热比也是不同的，用式（4-20）可以算出 15 ℃的空气和氦气中的声速分别为

$$c_{\text{Air}} = \sqrt{\kappa RT} = \sqrt{1.4 \times \frac{8310}{29} \times (273.15 + 15)} \approx 340 \ (\text{m/s})$$

$$c_{\text{He}} = \sqrt{\kappa RT} = \sqrt{\frac{5}{3} \times \frac{8310}{4} \times (273.15 + 15)} \approx 999 \ (\text{m/s})$$

表 4-2 所示为几种气体中的声速。

表 4-2　几种气体中的声速

气体及温度	声速 / (m · s⁻¹)
空气，-55 ℃	296
空气，0 ℃	331
空气，20 ℃	343
空气，800 ℃	640
二氧化碳，0 ℃	258
氨，0 ℃	973
氢，0 ℃	1320
氟利昂，17 ℃	140

压力波在传播过程中伴随绝热压缩与膨胀，所以局部气体的温度是有变化的，压缩区的温度高一点，膨胀区的温度低一点。从式（4-20）可以看出，温度高的地方波速快一点，

温度低的地方波速慢一点。也就是说，声波内部不同地方的局部波速并不相同，这个结论在之前也有提及，因为纵波的特点就是介质沿传播方向振动，振动速度叠加在整体波速上，必然导致局部波速的不同。不过这种局部的介质速度并不代表整体的波速，对于小扰动来说，整体的波速是确定的，传播过程中声音的波形也不会变化。如果是较大的扰动，比如炸弹爆炸产生的爆炸波，传播速度就是比声速大的超声速，而且传播过程中的波形和波速也是变化的，相关的内容将在第 5 章继续讨论。

4.3.2 马赫数

马赫数是气流的运动速度与声速的比值，用符号 Ma 表示，即

$$Ma = \frac{V}{c} = \frac{V}{\sqrt{\kappa RT}} \qquad (4\text{-}21)$$

马赫数的命名是为了纪念奥地利物理学家马赫，他在气体的高速运动方面有很多研究，发现了激波，并推导了物体的运动速度、声速和激波形状的关系。

流速小于声速的流动称为亚声速流动，$Ma < 1.0$；流速大于声速的流动称为超声速流动，$Ma > 1.0$。根据气流的特点，流动还可以进一步细分为低速不可压缩流动、亚声速流动、跨声速流动、超声速流动和高超声速流动等，描述如下。

（1）$Ma < 1.0$，亚声速流动，特点是任意点的压力变化可以影响全流场。

①$Ma < 0.3$，低速流动，特点是可以假设流动为不可压缩的。

②$0.3 < Ma < 1.0$，亚声速流动，特点是必须考虑气体的可压缩性，但流场中无激波。

（2）$Ma = 1.0$，声速流动，实际流动中不会存在整片的声速流动，声速流动通常只是亚声速和超声速的分界面。

（3）$Ma > 1.0$，超声速流动，特点是任意点的压力只能对下游某个范围有影响。

①$1.0 < Ma < 5.0$，一般超声速流动。

②$Ma > 5.0$，高超声速流动，特点是气动加热现象明显、偏离理想气体模型，且气体可能发生分解和电离等变化。

在上面这些分类中，只有亚声速、声速和超声速是有严格定义的，其他的速度范围并不严格。比如有时为了提高计算精度，把马赫数小于 0.3 的流动也当作可压缩流动处理，而马赫数超过 4.0 的飞行器也经常被当作高超声速飞行器对待。跨声速流动的定义就更加模糊，跨声速流动的特点是流场中同时存在大面积的亚声速区和超声速区，并且有激波和膨胀波。对于同样的来流马赫数，气流绕过物体时是否会有超声速区与物体的形状相关，以球体为例，来流马赫数达到 0.52 时，其表面就会出现声速区。对于翼型，来流马赫数要更大一些才会有超声速区，图 4-10 所示为气流绕某种翼型的跨声速流动情况。图中，当来流为亚声速时，流场中存在局部超声速流动，当来流是超声速时，流场中存在局部亚声速流动。图中的激波和膨胀波等知识将在第 5 章详细讲述。

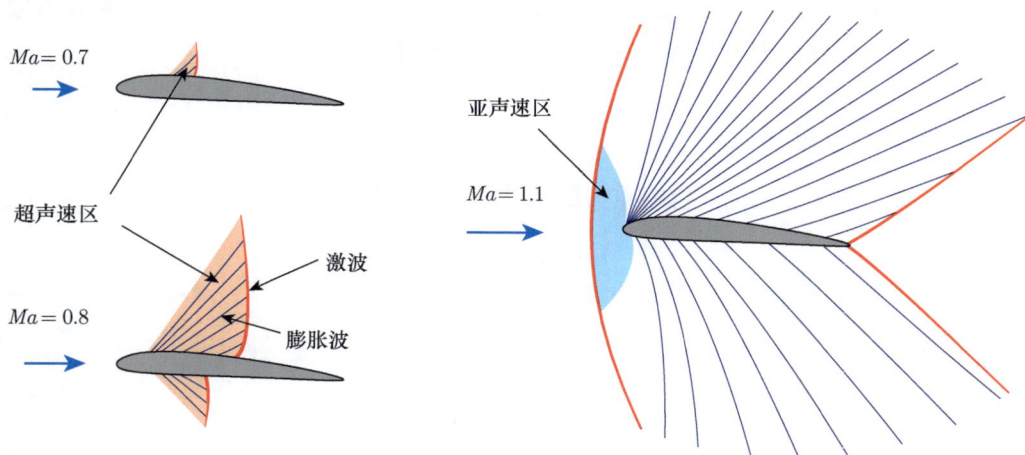

图 4-10 气流绕某种翼型的跨声速流动情况

从马赫数的定义看，它表示气流速度大小。不过气体中的声速不是一个定值，而是与温度和气体种类都相关，相同的马赫数可以对应完全不同的速度。一般步枪子弹的出膛速度是 800 m/s 左右，在常温的空气中属于超声速，在同样温度下的氦气和氢气中则属于亚声速。即使都在空气中，不同温度下的声速差别也很大，战斗机在 11 km 高的平流层以 $Ma=1.5$ 的速度飞行，对应的速度是 444 m/s，同样的速度在地面附近对应的马赫数则是 $Ma=1.3$。当战斗机在地面附近以 $Ma=1.5$ 的速度飞行时，气流冲入进气道的马赫数也是 1.5，对应的速度是 515 m/s，对于收缩型尾喷管，喷出气流的最大速度就是声速，但尾喷管中的气流温度很高，假设为 800 ℃，则对应的气流速度为 640 m/s。喷出的气流速度大于进入发动机的气流速度，所以发动机给飞机提供向前的推力。如果不了解这一点，就不能理解气流以 $Ma=1.5$ 进入发动机、以 $Ma=1.0$ 喷出时，为什么还能产生推力。

既然马赫数并不对应速度，那它的物理意义是什么呢？马赫数是一个无量纲数，和雷诺数一样，不同马赫数的流动体现出不同的流动特征，它至少有以下几种物理意义。

1. 气体的宏观动能与微观动能之比

马赫数的平方为

$$Ma^2 = \frac{V^2}{c^2} = \frac{V^2}{\kappa RT}$$

式中，分子中的 V^2 为速度的平方，代表气体的宏观定向运动的动能，分母中的温度则代表气体微观热运动的平均动能。可见，马赫数的平方代表了气体的宏观动能与微观动能之比。微观动能就是内能，与宏观动能一起构成气体的总能量。马赫数很小时，宏观动能在总能量中的占比很小，马赫数越大，宏观动能在总能量中的占比就越大。气体从特定压力温度状态开始，依靠自身压力绝热膨胀加速，温度下降，速度增加，内能不断地转换为宏观动能。极限状态下，$Ma \to \infty$，这并不对应 $V \to \infty$，而是对应 $T=0\,\text{K}$，即气体的所有内能都转换成了宏观动能。这时的宏观动能显然是个有限值，因为气体的总能量是有限值，所能达到的最大速度称为极限速度，将在后面详细讨论。

2. 气体的可压缩程度

对于一维、定常、无黏、忽略重力的流动，动量方程为

$$\frac{\mathrm{d}p}{\rho} + V\mathrm{d}V = 0$$

把上式变换一下，有

$$-\frac{\mathrm{d}p}{\mathrm{d}\rho} \cdot \frac{\mathrm{d}\rho}{\rho} = V^2 \frac{\mathrm{d}V}{V}$$

从前面的声速公式推导中，我们知道 $\mathrm{d}p/\mathrm{d}\rho = c^2$，代入上式，整理可得

$$Ma^2 = \frac{V^2}{c^2} = \frac{-\mathrm{d}\rho/\rho}{\mathrm{d}V/V} \tag{4-22}$$

式中，$-\mathrm{d}\rho/\rho$ 表示密度的相对减小量；$\mathrm{d}V/V$ 表示速度的相对增大量。可见，马赫数的平方是密度变化量与速度变化量的比值，马赫数越大，则相同加减速对应的密度变化程度越大。图 4-11 所示为气流的密度变化量与速度变化量的比值随马赫数的变化曲线。当 $Ma = 0.3$ 时，密度变化只相当于速度变化的 9%，所以一般把马赫数在 0.3 以下的气流当作不可压缩处理。当 $Ma = 2$ 时，密度的相对变化量是速度的相对变化量的 4 倍。对于高马赫数流动，比如当 $Ma = 10$ 时，密度相对变化量是速度相对变化量的 100 倍，气体需要非常高的膨胀程度才能产生一点加速。

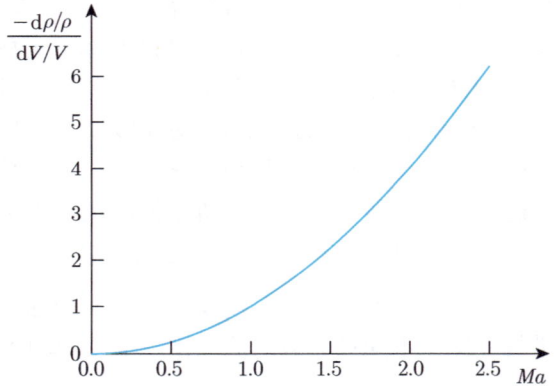

图 4-11 气流的密度变化量与速度变化量的比值随马赫数变化的曲线

3. 气体的惯性力与弹性力之比

把马赫数定义中的声速用压力与密度的关系来表达，有

$$Ma^2 = \frac{V^2}{c^2} = \frac{V^2}{\mathrm{d}p/\mathrm{d}\rho} = \frac{\rho V^2}{\rho(\mathrm{d}p/\mathrm{d}\rho)}$$

上式中的分母可以变换一下

$$\rho\frac{\mathrm{d}p}{\mathrm{d}\rho}=\frac{\mathrm{d}p}{\mathrm{d}\rho/\rho}=\frac{\mathrm{d}p}{-\mathrm{d}B/B}=K$$

式中，B 代表气体的体积；K 是气体的体积弹性模量。因此马赫数的平方可以写为

$$Ma^2=\frac{\rho V^2}{K} \tag{4-23}$$

式中，ρV^2 代表气体惯性力的大小；K 代表了气体弹性力的大小。可见，马赫数表示了惯性力与弹性力之间的比例关系。马赫数越大，代表气体的惯性力越强，或弹性抵抗力越弱，气体越容易膨胀或被压缩。形象地说，马赫数越大气体就越"软"。

前面在讨论马赫数的物理意义时，分析的都是马赫数的平方，流体力学中有一个专门定义的无量纲数，称为柯西数 Ca，它等于马赫数的平方，即

$$Ca=Ma^2$$

后面我们会发现，气体动力学中的多数关系式中，马赫数都是以平方的形式出现的，实际上使用柯西数更合理，不过大家更习惯使用马赫数。

4.4 准一维流动

流动参数只与一个坐标方向有关的流动称为一维流动，库埃特流动是真正符合一维流动的例子，如图 4-12 所示。整个流场中压力是均匀的，只在 x 轴方向有流速，且该流速只沿 y 轴方向变化，即

$$u=f(y),\ v=0,\ p=p_0$$

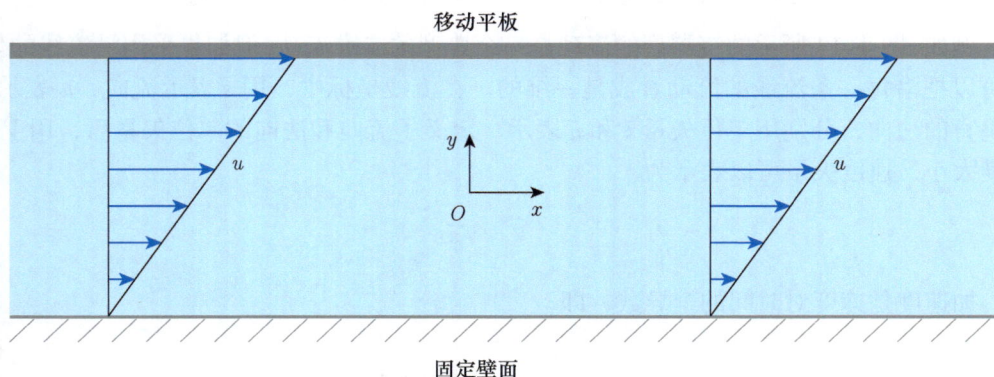

图 4-12 库埃特流动

图 4-13 所示为流体沿等截面圆形直管道的定常层流（即哈根－泊肃叶流动），它并

不是真正的一维流动，因为虽然流场中的流速只沿径向 r 变化，但压力沿流向 x 变化，也就是说流动与两个坐标方向有关，即

$$u = f(r), \ v = 0, \ p = g(x)$$

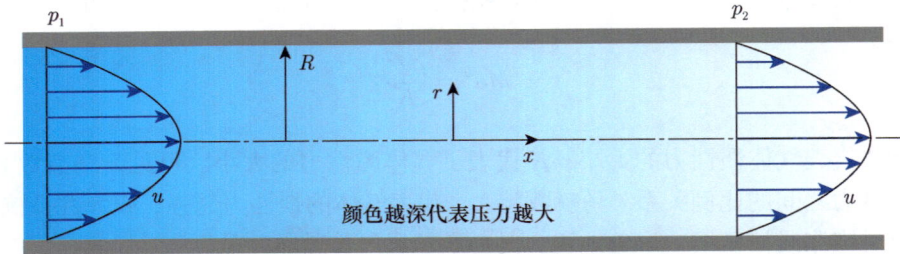

图 4-13　哈根 - 泊肃叶流动

需要明确的是，流动是几维的只与气流参数和几个坐标有关，而与流速方向无关，并不是说速度朝向一个方向就是一维流动。我们知道一维流动的流量表达式为 $\dot{m} = \rho u A$，但这个关系式并不能用于哈根 - 泊肃叶流动，因为速度在垂直于流向的截面上是不均匀的，流量应该用积分关系式来表示，与径向也有关

$$\dot{m} = \rho \iint_A u \mathrm{d}A = \rho \int_0^R u(r) \cdot 2\pi r \mathrm{d}r$$

在第 3 章中曾经举了一个二维收缩管道的例子（见图 3-23），指出了存在收缩或扩张的流动都不是一维流动。显然常见的流动都不严格满足一维流动，常说的一维流动确切地说应该称为**准一维流动**，即流动只在一个坐标方向上有较大的变化，在其他方向上变化不大，或者可以取平均（比如计算管流的流量时用的是横截面上的平均流速）。再进一步，沿曲线的流动也可以看作一维流动，只要使用沿流线的曲线坐标系即可，尤其是计算流体的能量沿流线的变化时，因为能量是标量，沿弯曲的流线也可以守恒。

例如，图 4-14 所示的绕翼型的流动是一个典型的二维流动，但如果采用沿流线的坐标，就可以把沿每一条流线的流动看成是一维的。在流线坐标中，用 s 表示流向，n 表示与流向垂直的法向，分别用单位矢量 $\vec{s}$ 和 $\vec{n}$ 表示。定义了流向和法向的单位矢量后，用 V 表示速度大小，速度矢量可以表示为

$$\vec{V} = V\vec{s}$$

加速度是速度对时间的全导数，即

$$\vec{a} = \frac{\mathrm{d}(V\vec{s})}{\mathrm{d}t} = \vec{s}\frac{\mathrm{d}V}{\mathrm{d}t} + V\frac{\mathrm{d}\vec{s}}{\mathrm{d}t} \tag{4-24}$$

上式中的两个全导数都是物质导数，展开得

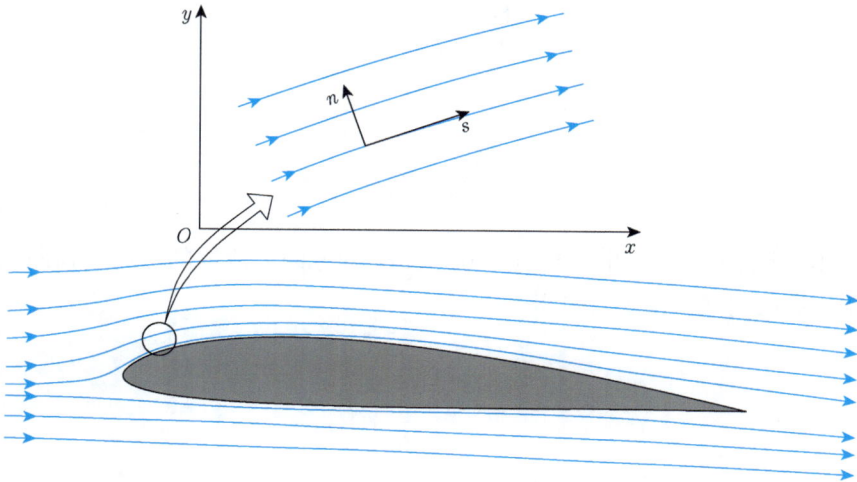

图 4-14　绕翼型的流动与流线坐标

$$\vec{a} = \vec{s}\left(\frac{\partial V}{\partial t} + \frac{\partial V}{\partial s}\frac{\mathrm{d}s}{\mathrm{d}t} + \frac{\partial V}{\partial n}\frac{\mathrm{d}n}{\mathrm{d}t}\right) + V\left(\frac{\partial \vec{s}}{\partial t} + \frac{\partial \vec{s}}{\partial s}\frac{\mathrm{d}s}{\mathrm{d}t} + \frac{\partial \vec{s}}{\partial n}\frac{\mathrm{d}n}{\mathrm{d}t}\right)$$

当流动为定常流动时，$\partial V/\partial t = 0$，$\partial \vec{s}/\partial t = 0$，另外，流向坐标对时间的导数就是速度，即 $\mathrm{d}s/\mathrm{d}t = V$，流体质点沿流线运动，法向随时间变化为零，即 $\mathrm{d}n/\mathrm{d}t = 0$，把这些关系式代入上式，得

$$\vec{a} = V\frac{\partial V}{\partial s}\vec{s} + V^2\frac{\partial \vec{s}}{\partial s} \tag{4-25}$$

上式中的 $\partial \vec{s}/\partial s$ 表示流动方向的变化。图 4-15 所示表明了流动方向变化与流线曲率半径的关系，根据三角形 AOB 与 $A'O'B'$ 的相似性，有

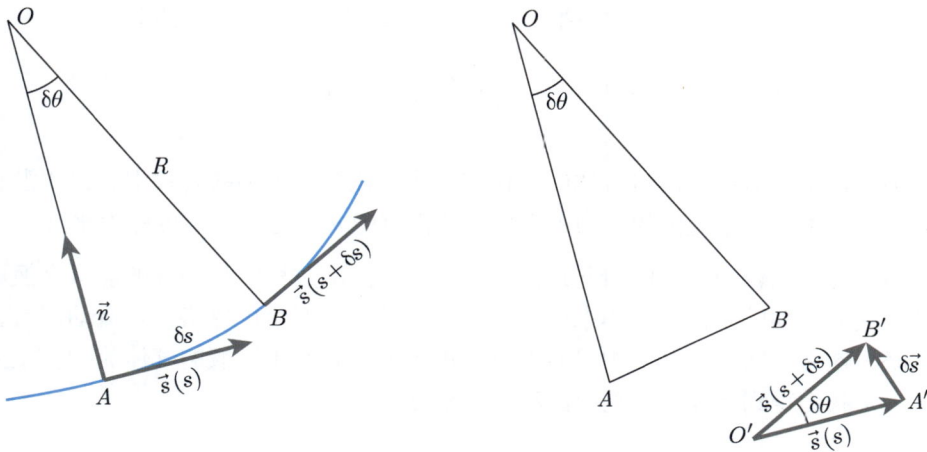

图 4-15　流动方向变化与流线曲率半径的关系

$$\frac{\delta s}{R}=\left|\frac{\delta \vec{s}}{\vec{s}}\right|=|\delta \vec{s}|$$

于是有

$$\left|\frac{\delta \vec{s}}{\delta s}\right|=\frac{1}{R}$$

从图 4-15 所示还可以看出，当 $\delta s \to 0$ 时，$\delta \vec{s}$ 的方向为流线的法向，指向当地的旋转中心，根据导数的定义，由上式可得

$$\frac{\partial \vec{s}}{\partial s}=\lim_{\delta s \to 0}\frac{\delta \vec{s}}{\delta s}=-\frac{1}{R}\vec{n}$$

把这个式子代入式（4-25），得

$$\vec{a}=V\frac{\partial V}{\partial s}\vec{s}-\frac{V^2}{R}\vec{n} \qquad (4-26)$$

或写成分量形式

$$a_s=V\frac{\partial V}{\partial s},\ a_n=-\frac{V^2}{R} \qquad (4-26a)$$

可见，法向加速度就是当地的向心加速度，因为与速度方向垂直，不对流体做功，当流体沿流线运动时，从能量角度来看流动是一维的，流体微团沿流线满足热力学第一定律。这时只需要考虑流向加速度（即惯性力）产生的能量变化，用一维能量方程来计算流体的参数变化。

4.5　滞止参数和临界参数

前面已经推导了沿一条流线的一维能量方程即式（3-46），重写如下

$$q-w_s=(h_2-h_1)+g(z_2-z_1)+\frac{1}{2}\left(V_2^2-V_1^2\right)$$

式中，各种量都是针对单位质量流体的，比如 h 代表比焓。本书的公式中，只要没有特殊说明，都是针对单位质量流体的，为了方便，我们就把 h 称为焓，不再称为比焓。

一种相对简单又较为常见的情况是流体在沿流线流动过程中与外界的能量交换可以忽略，即满足绝能流动的条件。具体来说就是流体与外界的换热可忽略，且流动定常，黏性也可以忽略。这时，式（3-46）中等号左侧两项为零，且对于一般的气体流动，重力也可以忽略。于是我们得到气体一维绝能流动的能量方程

$$h_1+\frac{V_1^2}{2}=h_2+\frac{V_2^2}{2} \qquad (4-27)$$

或

$$h + \frac{V^2}{2} = \text{Const} \tag{4-27a}$$

也就是说，当气体绝能流动时，焓与动能之和沿流线保持不变。这两者之和代表流体的总能量，显然，与外界绝能时，流体的总能量应该是守恒的。这是一个很好用的概念，当知道了这个总能量之后，可以通过流线上任意点的流速来计算当地焓值，进而计算气流温度等参数。更进一步来说，如果这条流线在上游或者下游某处存在静止的点，那么该点的焓值就代表气流的总能量。基于这个思想，气体动力学中发展了一系列基于滞止参数的关系式，可以方便地计算气流参数沿流线的变化。

4.5.1　滞止状态和滞止参数

在图 4-16 所示的气体绕球流动中，球正前方的气流速度会滞止到零，之后再沿球表面加速。

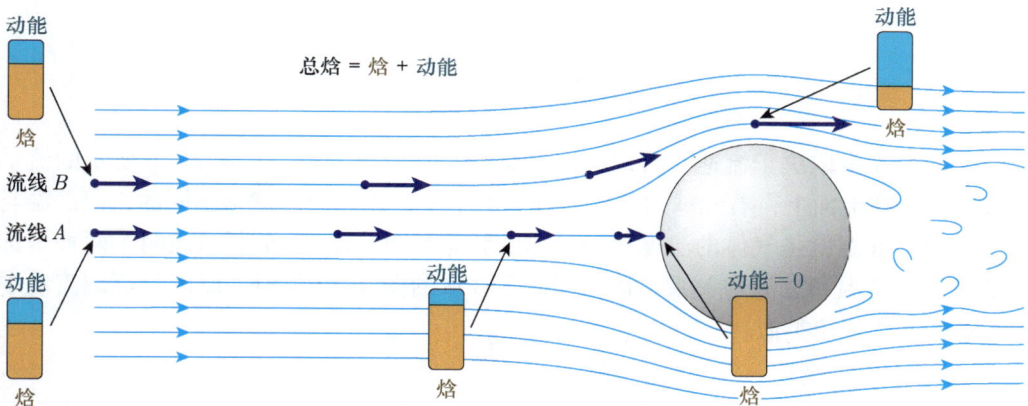

图 4-16　气体绕球流动

在流线 A 上，忽略黏性，总能量是守恒的，但流速经历了减速到零再加速的过程，在滞止点上动能为零，焓值升到最大，显然这个滞止点处的焓值是气体在绝能流动中所能达到的最大焓值，称为**滞止焓**或**总焓**，用 h_t 表示，下标 t 表示"总"（total）。

$$h + \frac{V^2}{2} = h_\text{t} = \text{Const} \tag{4-28}$$

对于没有滞止点的流线 B，实际上也符合式（4-28），只不过这时的总焓是一个假想的状态，其值等于流线上任意一点处的焓与动能之和。我们知道焓等于定压比热容与温度的乘积，即

$$h = c_p T \tag{4-29}$$

滞止状态的焓对应一个滞止状态的温度，即

$$h_t = c_p T_t \qquad (4-30)$$

T_t 称为**滞止温度**或**总温**。把式（4-29）和式（4-30）代入式（4-28），可以得到总温与气流实际温度之间的关系

$$T_t = T + \frac{V^2}{2c_p} \qquad (4-31)$$

在气体流动过程中，只要速度有变化，温度就随着变化，加速对应降温，减速对应升温，但气体的总温是不变的。知道了总温，就可以通过流速来计算温度。为了和总温区分，习惯上把气体的温度称为**静温**。这里面的"静"，指的是观察者跟随气体微团一起运动时测得的温度，即温度计与气体微团相对静止。如果不这样，流动的气体将被温度计阻挡而减速升温，测得的温度会高于实际温度。与静温对应，式（4-31）右边第二项称为气体的**动温**，是气流宏观动能所蕴含的"温度"，当气流减速时，一部分动温会转化为静温

$$\underset{\substack{总\\温}}{T_t} = \underset{\substack{静\\温}}{T} + \underset{\substack{动\\温}}{T_d}, \quad T_d = \frac{V^2}{2c_p}$$

因为动温完全取决于流速，所以动温和总温都和参照系有关。图 4-16 所示的流动，如果改成人站在地面上，看到球匀速穿过静止的空气，总温分布就是不同的，但静温与坐标无关，因为静温就是气体的温度，是气体的状态参数。图 4-17 所示表明了两种坐标下气体的静温、动温和总温的关系。这个图与第 3 章的图 3-32 类似，原因是等熵流动中总压和总温的变化规律类似。

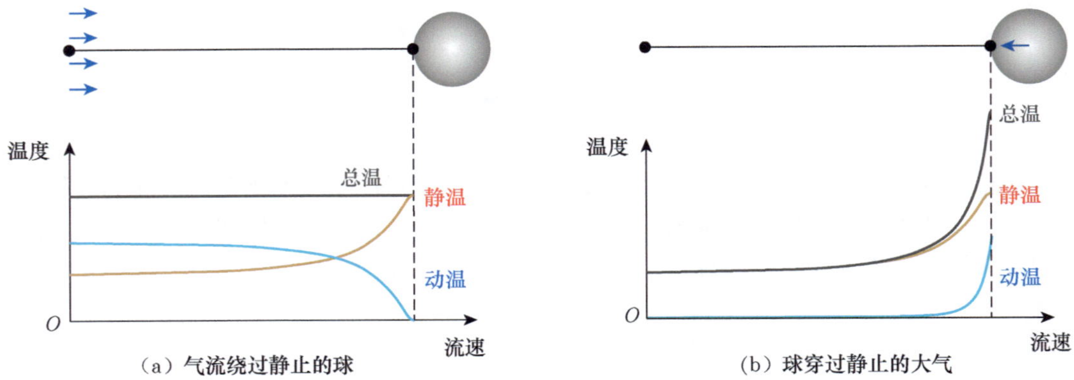

图 4-17 两种坐标下气体的静温、动温和总温的关系

总焓是气流的总能量，所以总温也代表气流的总能量。对于绝能流动，气体和外界无换热和轴功的交换，故总温沿流线不变。气体的温度之所以会随流速而变化，是因为流动过程中的体积变化会产生动能和内能的转换。减速对应压缩，温度上升；加速对应膨胀，温度下降。我们知道马赫数表示气体的压缩性，所以把式（4-31）中的速度换成马赫数更

能体现压缩性对温度的影响。

把 $V^2 = c^2 Ma^2 = \kappa R T Ma^2$ 和 $c_p = \kappa R/(\kappa-1)$ 代入式（4-31），有

$$T_t = T + \frac{\kappa R T}{2 \dfrac{\kappa R}{\kappa-1}} Ma^2$$

整理可得

$$T_t = T\left(1 + \frac{\kappa-1}{2} Ma^2\right) \qquad (4\text{-}32)$$

气流在加减速时，不但温度会发生变化，压力和密度也会发生变化，在第 3 章中的伯努利方程部分已经给出过不可压缩流动中的总压定义式

$$p_t = p + \frac{1}{2}\rho V^2$$

由伯努利方程可知，当气体满足定常、无黏、不可压缩流动且忽略重力时，总压保持不变。那如果气体减速时不满足上述条件，滞止后的压力是多大呢？当流动为非定常或有黏时，气体在流动过程中与外界可能会有轴功的交换［见式（3-73）轴功的表达式］，导致滞止后的压力与减速过程有关，无法定义唯一的总压。气体动力学里对总压的定义是：气流速度绝能等熵滞止到零时的压力。这样定义后，总压就是一个状态量，只取决于气流的热力学参数和流速。

把绝能等熵关系式

$$\frac{T}{\rho^{\kappa-1}} = \text{Const}, \quad \frac{T}{p^{\frac{\kappa-1}{\kappa}}} = \text{Const}$$

代入式（4-32），可以得到总压和总密度的关系式

$$p_t = p\left(1 + \frac{\kappa-1}{2} Ma^2\right)^{\frac{\kappa}{\kappa-1}} \qquad (4\text{-}33)$$

$$\rho_t = \rho\left(1 + \frac{\kappa-1}{2} Ma^2\right)^{\frac{1}{\kappa-1}} \qquad (4\text{-}34)$$

不可压缩流动的总压和可压缩流动的总压是什么关系呢？要注意的是，不可压缩流动假设并不是完全精确的，所以关系式也都是近似的，而用式（4-33）得出的才是真实气流的总压。如果仍然按照不可压缩流动的概念，定义总压与静压之差为动压，用 p_d 表示，则由式（4-33）可得

$$p_d = p_t - p = p\left[\left(1 + \frac{\kappa-1}{2} Ma^2\right)^{\frac{\kappa}{\kappa-1}} - 1\right] \qquad (4\text{-}35)$$

可见，动压与静压有关，不可压缩流动的动压关系式 $p_\mathrm{d} = \rho V^2/2$ 其实是上面这个关系式的近似。我们可以通过数学上的推导，让它们看起来具有相近的形式。

利用数学中的二项式定理

$$(1+x)^n = 1 + nx + \frac{n(n-1)x^2}{2!} + \frac{n(n-1)(n-2)x^3}{3!} + \cdots$$

令式（4-33）中

$$\frac{\kappa-1}{2}Ma^2 = x, \quad \frac{\kappa}{\kappa-1} = n$$

则有

$$
\begin{aligned}
p_\mathrm{t} &= p\left(1 + \frac{\kappa-1}{2}Ma^2\right)^{\frac{\kappa}{\kappa-1}} \\
&= p + \frac{\kappa}{2}Ma^2 p + \frac{\kappa}{8}Ma^4 p + \frac{2-\kappa}{48}\kappa Ma^6 p + \cdots \\
&= p + \frac{\kappa}{2}Ma^2 p\left(1 + \frac{\kappa}{4}Ma^2 + \frac{2-\kappa}{24}\kappa Ma^4 + \cdots\right)
\end{aligned}
$$

马赫数可以用流速和气体参数表示为

$$Ma^2 = \frac{V^2}{c^2} = \frac{V^2}{\kappa p/\rho}$$

代入上面的关系式，可得

$$p_\mathrm{t} = p + \frac{1}{2}\rho V^2\left(1 + \frac{\kappa}{4}Ma^2 + \frac{2-\kappa}{24}\kappa Ma^4 + \cdots\right) \tag{4-36}$$

$$p_\mathrm{d} = \frac{1}{2}\rho V^2\left(1 + \frac{\kappa}{4}Ma^2 + \frac{2-\kappa}{24}\kappa Ma^4 + \cdots\right) \tag{4-37}$$

当马赫数远小于 1 时，可压缩流动的动压关系式即式（4-37）就可以简化为不可压缩流动的动压关系式了，即 $p_\mathrm{d} = \rho V^2/2$。可见，用不可压缩流动假设时，马赫数越大则误差越大。在 $Ma=0.3$ 时，使用不可压缩关系式计算的气流速度比真实值要大 1% 左右。在一般工程问题中，这是一个可以接受的误差水平，这就是用 $Ma=0.3$ 作为不可压缩流动上限的原因。

从式（4-37）可见，实际的动压要比用不可压缩定义的动压大一些，这部分多出来的压力是由气体的压缩性造成的。当气体减速时，其密度是增加的，不可压缩的定义用不变的密度来计算动压，少计算了滞止过程中由于气体密度增加而多出来的惯性力。

应该说明的是，二项式定理只在 $x^2 < 1$ 时才收敛，因此式（4-36）和式（4-37）只在 $Ma < 2.24$ 时才成立。真正在所有流速下都可以使用的动压关系式是式（4-35）。但显然式（4-35）并不好用，因为动压和静压是混在一起的。事实上对于可压缩流动，一般不使

用动压的概念，而是使用总静压比，总静压比只与马赫数有关，同样，总静温比和总静密度比也只与马赫数相关

$$\frac{T_t}{T}=1+\frac{\kappa-1}{2}Ma^2 \tag{4-38}$$

$$\frac{p_t}{p}=\left(1+\frac{\kappa-1}{2}Ma^2\right)^{\frac{\kappa}{\kappa-1}} \tag{4-39}$$

$$\frac{\rho_t}{\rho}=\left(1+\frac{\kappa-1}{2}Ma^2\right)^{\frac{1}{\kappa-1}} \tag{4-40}$$

上面这几个关系式在气体动力学中使用频繁，因此把它们称为气体动力学函数或**气动函数**。不过气动函数经常不用马赫数当自变量，原因是需要知道流速和静温两个参数才能计算马赫数，不够方便。更经常使用的是另一个无量纲数，即**速度系数** λ。为了得出速度系数的定义，首先要了解**临界状态**的概念。

4.5.2　临界状态和速度系数

在绝能加速流动中，气体靠自身的能量膨胀加速，总温保持不变，伴随着加速，静温不断地降低。极限情况就是气流的内能全部转换为动能，即温度降到绝对零度，此时的速度称为气流的**极限速度**。根据总温的表达式

$$T_t=T+\frac{V^2}{2c_p}=T+\frac{V^2}{\frac{2\kappa}{\kappa-1}R}$$

令静温等于零，可得极限速度为

$$V_{\max}=\sqrt{\frac{2\kappa}{\kappa-1}RT_t} \tag{4-41}$$

当然这个极限速度只是理论上的，实际上不可能达到，即使技术上可以通过加速使气体温度降到绝对零度，由于加速造成气体温度太低和太稀薄，不再满足理想气体和连续介质的要求，式（4-41）也将不成立。该式的意义在于告诉我们这样一个事实：气体绝能加速流动，速度是有一个上限的。例如，静止时，15 ℃的空气在自身压力作用下膨胀加速，对应的极限速度是 761 m/s，这时的马赫数为无穷大。

在速度为有限值时，马赫数却趋于无穷大，这对计算很不方便。如果我们不用当地声速而用气体静止时的声速来定义马赫数，则这个声速是不变量，因为它是用总温定义的，即

$$c_t=\sqrt{\kappa RT_t}$$

这个速度称为滞止声速，是气体静止时的声速。由滞止声速我们可以定义一个只与流

速有关的无量纲数，即

$$Ma_t = \frac{V}{c_t} = \frac{V}{\sqrt{\kappa R T_t}}$$

但这样定义有一个问题，我们知道马赫数有明确的物理意义，$Ma = 1$ 就表示流动速度为声速，而使用滞止声速的话，在流动速度为声速时，$Ma_t = 0.913$，这显然不是很直观。

还有一个不随流速改变且具有速度量纲的参数，就是前面推出的极限速度 V_{max}，如果用它作为参考量，也可以定义一个只与流速有关的无量纲数，即

$$\frac{V}{V_{max}} = \frac{V}{\sqrt{\dfrac{2\kappa}{\kappa-1} R T_t}}$$

这个无量纲数取值范围为 $0 \sim 1$，在流动速度为声速时，它约为 0.408，也不是很直观。

更好的选择是使用临界声速的概念。气流在静止状态时声速最大，为 $c = \sqrt{\kappa R T_t}$，加速到极限速度 V_{max} 时的声速最小，为 $c = 0$。从静止开始加速的过程中，流速不断增大，而声速不断减小，**流速正好等于声速时的状态称为临界状态**，这时的声速称为临界声速。

临界状态下的马赫数等于 1，由式（4-38）可以得出此时的总静温比为

$$\frac{T_t}{T} = 1 + \frac{\kappa-1}{2} Ma^2 = 1 + \frac{\kappa-1}{2} = \frac{\kappa+1}{2}$$

可以把静温用总温表示为

$$T = \frac{2}{\kappa+1} T_t$$

代入声速公式，有

$$c_{cr} = \sqrt{\frac{2\kappa}{\kappa+1} R T_t} \qquad （4-42）$$

这就是**临界声速**，是用气流总温表示的声速，下标 cr（critical）表示临界状态。图 4-18 所示为绝能流动中气流速度和声速随马赫数的变化情况。

在绝能流动过程中，临界声速是一个不变量，可以用它来定义一个无量纲速度

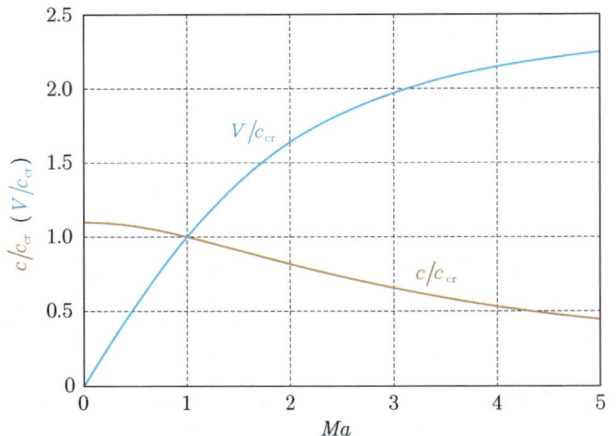

图 4-18　绝能流动中气流速度和声速随马赫数的变化情况

$$\lambda = \frac{V}{c_{cr}} \qquad （4-43）$$

这个无量纲速度称为**速度系数**，是气体动力学中常用的参数。在声速时，$\lambda = 1$，因此，和马赫数一样，由速度系数也可以直观地区分流动是亚声速还是超声速。用速度系数代替马赫数的一个好处是，临界声速是定值，可以从总温计算得到；另一个好处是，当气体绝能膨胀到最大速度时，马赫数趋于无穷大，而速度系数是一个有限值，其大小为

$$\lambda_{\max} = \frac{V_{\max}}{c_{\mathrm{cr}}} = \frac{\sqrt{\dfrac{2\kappa}{\kappa-1}RT_{\mathrm{t}}}}{\sqrt{\dfrac{2\kappa}{\kappa+1}RT_{\mathrm{t}}}} = \sqrt{\frac{\kappa+1}{\kappa-1}} \tag{4-44}$$

以比热比 $\kappa = 1.4$ 来估算，$\lambda_{\max} \approx 2.45$。图 4-19 所示为马赫数和速度系数随气流速度的变化情况，可以看到随着气流速度的增加，速度系数呈线性增长。声速时，马赫数和速度系数都为 1；亚声速时，马赫数比速度系数稍小；超声速时，马赫数增加得很快，原因是超声速时声速下降很快。

速度系数和马赫数之间有固定的关系，它们的平方分别为

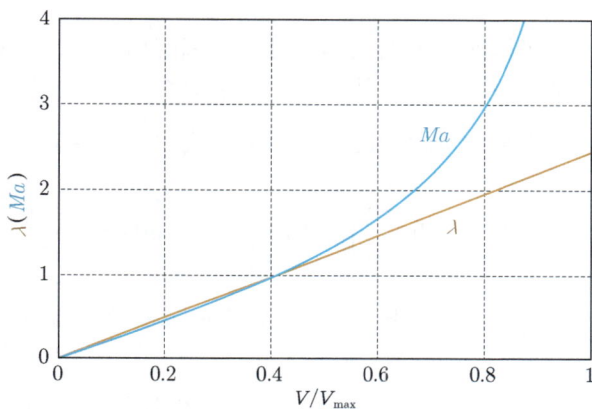

图 4-19　马赫数和速度系数随气流速度的变化情况

$$Ma^2 = \frac{V^2}{c^2} = \frac{V^2}{\kappa RT}$$

$$\lambda^2 = \frac{V^2}{c_{\mathrm{cr}}^{\,2}} = \frac{V^2}{\dfrac{2\kappa}{\kappa+1}RT_{\mathrm{t}}}$$

从上面两式可得

$$Ma^2 = \frac{2}{\kappa+1}\frac{T_{\mathrm{t}}}{T}\lambda^2$$

把总静温比关系式即式（4-38）代入上式，整理可得

$$Ma^2 = \frac{2\lambda^2}{\kappa+1-(\kappa-1)\lambda^2} \tag{4-45}$$

$$\lambda^2 = \frac{(\kappa+1)Ma^2}{2+(\kappa-1)Ma^2} \tag{4-46}$$

4.5.3　总压恢复系数和熵增

前面讨论的都是绝能等熵流动，实际的流动都是有耗散的，绝能但不等熵的流动是一种常见的流动，在这种流动中，部分机械能不可逆地转换为内能，称为机械能损失。总压可以代表绝能流动中机械能的大小，绝能流动有机械能损失时，必然伴随着总压的减小。因此，总压的减小量可以用于衡量机械能损失的大小。定义**总压恢复系数**为下游总压与上游总压之比，在绝能流动中它必然是小于或等于 1 的，即

$$\sigma = \frac{p_{t,2}}{p_{t,1}} \leqslant 1 \qquad (4\text{-}47)$$

机械能损失的大小也可以用熵的增加量来衡量，显然熵增和总压恢复系数之间一定存在某种关系，现在就来推导这个关系。

由第 2 章提到的热力学关系式即式（2-36），有

$$\Delta s = c_p \ln\left(\frac{T_2}{T_1}\right) - R\ln\left(\frac{p_2}{p_1}\right) = c_p \ln\left(\frac{T_2}{T_1}\right) - \frac{\kappa R}{\kappa-1} \cdot \frac{\kappa-1}{\kappa}\ln\left(\frac{p_2}{p_1}\right) = c_p \ln\left[\left(\frac{T_2}{T_1}\right)\bigg/\left(\frac{p_2}{p_1}\right)^{\frac{\kappa-1}{\kappa}}\right]$$

对状态 1 和状态 2，分别根据等熵关系写出

$$T_2 = T_{t,2}\left(\frac{p_2}{p_{t,2}}\right)^{\frac{\kappa-1}{\kappa}}, \quad T_1 = T_{t,1}\left(\frac{p_1}{p_{t,1}}\right)^{\frac{\kappa-1}{\kappa}}$$

上面两式相除，有

$$\frac{T_2}{T_1} = \frac{T_{t,2}}{T_{t,1}}\left[\left(\frac{p_2}{p_1}\right)\bigg/\left(\frac{p_{t,2}}{p_{t,1}}\right)\right]^{\frac{\kappa-1}{\kappa}}$$

把上式代入式（2-36a）并整理，得

$$\Delta s = c_p \ln\left(\frac{T_{t,2}}{T_{t,1}}\right) - R\ln\left(\frac{p_{t,2}}{p_{t,1}}\right) \qquad (4\text{-}48)$$

式（4-48）并未引入绝能条件，因此对不绝能的情况也成立。可以看到，在一般流动中熵增有两种来源：一种是总温增加，对应系统从外界获得了热量；另一种是总压减小，对应系统内部的耗散。对于绝能流动，式（4-48）变为

$$\Delta s = -R\ln\left(\frac{p_{t,2}}{p_{t,1}}\right) = -R\ln\sigma \qquad (4\text{-}49)$$

可见，绝能流动中，总压恢复系数与熵增之间是一对一的关系，总压的减小就代表了熵的增加，因此当流动存在耗散时，总压一定是减小的。熵不易测量，而总压容易测量，实验中通过测量总压的减小量，就可以定量地计算熵增的大小。

需要注意的是，式（4-49）只适合绝能流动，如果过程中有轴功的输入，总压可以是增加的。比如气体通过风机和泵的流动中，虽然存在流动损失，但气体从叶片获得了额外的轴功输入，总温和总压都增加了，这时使用式（4-49）就会得出熵减的错误结论。应该使用式（4-48），把总温增加的部分也算进去，才能得出正确的流动损失大小。

4.6　气体动力学函数

4.6.1　总静参数函数

气体动力学中经常使用一些以速度系数 λ 为自变量的函数，称为**气动函数**。使用它们可以使计算更为方便，这些函数中最基础的就是总静参数函数，即温比函数、压比函数和密度比函数。把式（4-45）代入式（4-38）～式（4-40），可以得到用速度系数表示的总静参数函数，并用专有符号表示，有

$$\tau(\lambda)=\frac{T}{T_{\mathrm{t}}}=1-\frac{\kappa-1}{\kappa+1}\lambda^2 \tag{4-50}$$

$$\pi(\lambda)=\frac{p}{p_{\mathrm{t}}}=\left(1-\frac{\kappa-1}{\kappa+1}\lambda^2\right)^{\frac{\kappa}{\kappa-1}} \tag{4-51}$$

$$\varepsilon(\lambda)=\frac{\rho}{\rho_{\mathrm{t}}}=\left(1-\frac{\kappa-1}{\kappa+1}\lambda^2\right)^{\frac{1}{\kappa-1}} \tag{4-52}$$

这 3 个函数用马赫数或速度系数表示都可以，用速度系数的好处是可以画出完整的变化曲线。图 4-20 所示分别为它们随 Ma 和 λ 变化的曲线，这 3 个函数都是单调递减的，并且在低速时都接近 1 且变化较为平缓。

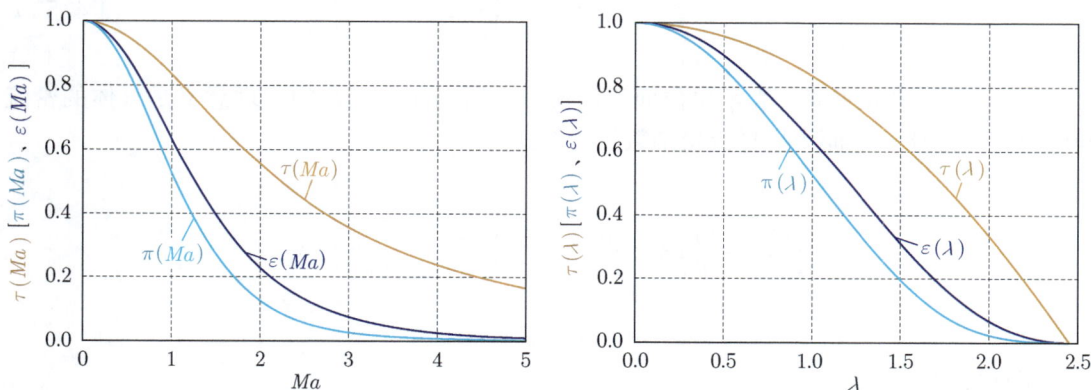

图 4-20　3 个总静参数函数随马赫数和速度系数的变化曲线

气流速度达到声速时的状态参数称为临界参数，临界参数与总参数之比是个常数，令式（4-50）～式（4-52）中的 $\lambda=1$ 可得

$$\frac{T_{cr}}{T_t} = \frac{2}{\kappa+1}$$

$$\frac{p_{cr}}{p_t} = \left(\frac{2}{\kappa+1}\right)^{\frac{\kappa}{\kappa-1}}$$

$$\frac{\rho_{cr}}{\rho_t} = \left(\frac{2}{\kappa+1}\right)^{\frac{1}{\kappa-1}}$$

对于空气，取 $\kappa = 1.4$，$T_{cr}/T_t \approx 0.8333$，$p_{cr}/p_t \approx 0.5283$，$\rho_{cr}/\rho_t \approx 0.6339$。举例来说，如果有一个压力罐通过一个收缩喷口向大气排气，当罐中空气的绝对压力大于或等于 $1/0.5283 \approx 1.893$ 个大气压时，喷口流速可以达到临界状态，即速度达到声速。

4.6.2　流量函数

对于可压缩流动，密度不再是常数，用流量公式 $\dot{m} = \rho V A$ 计算流量就不太方便了，绝能等熵流动的总温和总压沿流线保持为常数，用它们来计算流量更方便一些，因此定义了一个只由 Ma 或 λ 决定的流量函数来计算流量。

变换一下流量公式

$$\dot{m} = \rho V A = \frac{\rho V}{\rho_{cr} V_{cr}} \rho_{cr} V_{cr} A$$

临界速度 V_{cr} 也就是临界声速 c_{cr}，只与气体的总温有关。而临界密度则只与气体的总密度有关，进而取决于气体的总温和总压。我们可以进一步证明 $\rho V/(\rho_{cr} V_{cr})$ 只与速度系数 λ 有关，并定义它为**流量函数**

$$q(\lambda) = \frac{\rho V}{\rho_{cr} V_{cr}} \tag{4-53}$$

式中，ρV 是气体的密流，表示单位面积的流量，所以流量函数的物理意义是气体的密流与临界密流之比。下面来推导流量函数的关系式。

$$\frac{\rho V}{\rho_{cr} V_{cr}} = \frac{\rho}{\rho_{cr}} \lambda = \frac{\rho/\rho_t}{\rho_{cr}/\rho_t} \lambda = \frac{\left(1 - \frac{\kappa-1}{\kappa+1}\lambda^2\right)^{\frac{1}{\kappa-1}}}{\left(1 - \frac{\kappa-1}{\kappa+1}\right)^{\frac{1}{\kappa-1}}} \lambda$$

整理可得

$$q(\lambda) = \frac{\rho V}{\rho_{cr} V_{cr}} = \left(\frac{\kappa+1}{2} - \frac{\kappa-1}{2}\lambda^2\right)^{\frac{1}{\kappa-1}} \lambda \tag{4-54}$$

定义了流量函数后，质量流量可以表示为

$$\dot{m} = \rho_{cr} V_{cr} A q(\lambda) = \frac{\rho_{cr}}{\rho_t} \rho_t c_{cr} A q(\lambda) = \left(\frac{2}{\kappa+1}\right)^{\frac{1}{\kappa-1}} \cdot \frac{p_t}{RT_t} \cdot \sqrt{\frac{2\kappa}{\kappa+1} R T_t} \cdot A q(\lambda)$$

整理可得

$$\dot{m} = K \frac{p_t}{\sqrt{T_t}} A q(\lambda) \tag{4-55}$$

式中，$K = \sqrt{\dfrac{\kappa}{R}\left(\dfrac{2}{\kappa+1}\right)^{\frac{\kappa+1}{\kappa-1}}}$，对于空气，取 $\kappa = 1.4$ 时，$K \approx 0.0404$。

式（4-55）在气体动力学中非常有用，因为很多问题都近似满足绝能等熵流动，总温和总压在流动过程中保持不变，根据流量连续的性质，在任意截面处有

$$A q(\lambda) = \text{Const}$$

流量函数随速度系数的变化如图 4-21 所示，可以看出，该函数在亚声速时随流速增加，超声速时随流速减小，在声速处取得最大值 1.0。也就是说，声速时流体的密流 ρV 最大，单位面积可通过的流量最多。当气体通过一维管道定常流动时，流速越接近声速的地方需要的流通面积越小，亚声速时管道收缩对应流动加速，超声速时管道收缩则对应流动减速。

在一维流动中，如果想让流体定常地从亚声速一直加速到超声速，需要管道面积先收缩再扩张。喷管中部

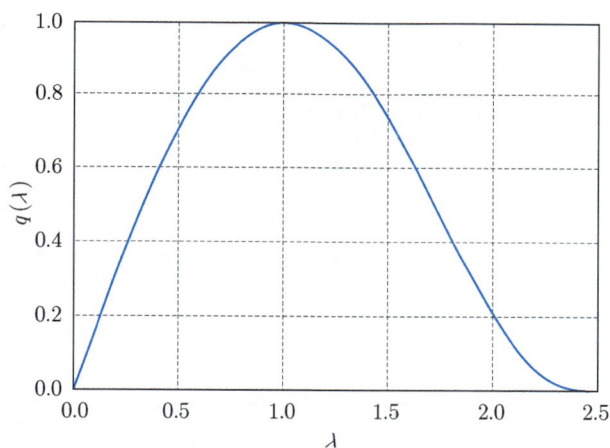

图 4-21　流量函数随速度系数的变化

会有一个面积最小的位置，称为**喉部**，此处的流动速度为声速。瑞典工程师拉瓦尔（Gustaf de Laval，1845—1913）在研制冲击式汽轮机的时候最先设计出了这种管道，因此被称为**拉瓦尔喷管**。图 4-22 所示为拉瓦尔设计的汽轮机，为了增加汽轮机的功率，要求冲击涡轮叶片的气流速度越大越好，拉瓦尔通过收 - 扩喷管的方式使气流达到了超声速。火箭发动机的喷管也是一个典型的拉瓦尔喷管，可以让高温高压的燃气从内部开始一直加速到喷口处，给火箭提供推进力。有关拉瓦尔喷管的详细分析会涉及激波和膨胀波等知识，将在第 6 章 6.1 节继续介绍。

气体动力学中常使用另一个流量函数 $y(\lambda)$ 来替代 $q(\lambda)$，应用于已知的不是气体的总压而是静压的情况。对式（4-55）进行变换

$$\dot{m} = K \frac{p_t}{\sqrt{T_t}} A q(\lambda) = K \frac{p}{\sqrt{T_t}} A \frac{q(\lambda)}{\pi(\lambda)} = K \frac{p}{\sqrt{T_t}} A y(\lambda)$$

可见，$y(\lambda)$ 不算新的概念，$y(\lambda) = q(\lambda)/\pi(\lambda)$。在普遍应用计算机计算之前，气动计算主要靠手算和查表，事先把气动函数［如 $q(\lambda)$ 和 $y(\lambda)$］计算好的值列成表格，如果已知总压，就查 $q(\lambda)$；已知静压，就查 $y(\lambda)$。现在我们可以用计算机方便地计算，所以就没必要使用 $y(\lambda)$ 了，了解这个函数的主要目的是在看一些较老的资料时知道其含义。

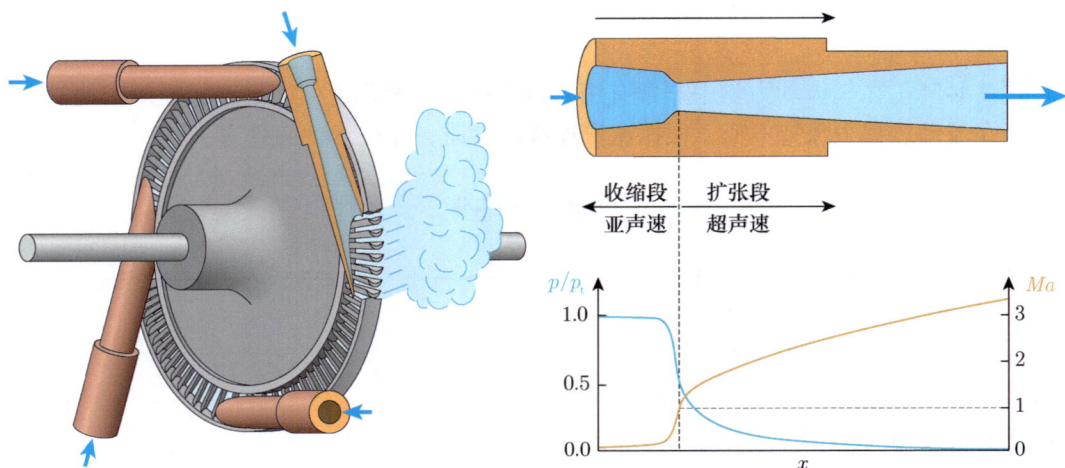

图 4-22　拉瓦尔设计的汽轮机及其所采用的收－扩喷管

4.6.3　冲量函数

流体力学使用欧拉法，所以这里所说的冲量和理论力学中定义的冲量有一些不同。对于图 4-23 所示的一维变截面管道流动受力分析，以虚线所示的范围为控制体，忽略重力和黏性影响，则该控制体只受表面力的作用，可以列出动量方程

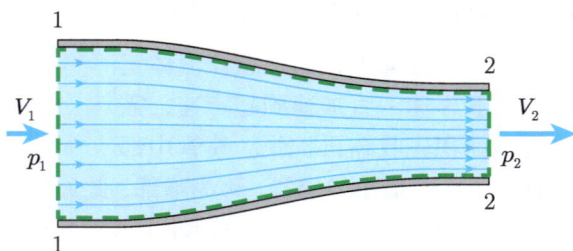

图 4-23　一维变截面管道流动受力分析

$$F + p_1 A_1 - p_2 A_2 = \dot{m} V_2 - \dot{m} V_1$$

式中，F 为管壁给予气体的作用力，这个力是流体与外界之间的作用力，一般是工程中关心的，因此把上式变换成如下形式

$$F = (\dot{m} V_2 + p_2 A_2) - (\dot{m} V_1 + p_1 A_1)$$

可以看出，流体与外界的作用力等于进出口的 $(\dot{m} V + p A)$ 之差，定义某个截面上的 $(\dot{m} V + p A)$ 为流体的**冲量**，两个截面间的冲量之差就是流体与外界的作用力。冲量可以用

气流的总参数和速度系数构成的函数来表示，从而使计算变得更简单。

首先，使用连续方程消去冲量表达式中的面积 A，有

$$\dot{m}V + pA = \dot{m}V + p\frac{\dot{m}}{\rho V} = \dot{m}\left(V + \frac{p}{\rho V}\right)$$

而

$$V = \lambda c_{\mathrm{cr}}, \quad \frac{p}{\rho} = RT = RT_{\mathrm{t}}\tau(\lambda) = \frac{\kappa+1}{2\kappa}c_{\mathrm{cr}}^2\tau(\lambda)$$

把上面两式代入前面的冲量关系式，有

$$\begin{aligned}
\dot{m}V + pA &= \dot{m}\left(V + \frac{p}{\rho V}\right) \\
&= \dot{m}\left[\lambda c_{\mathrm{cr}} + \frac{\kappa+1}{2\kappa}c_{\mathrm{cr}}^2\tau(\lambda)\frac{1}{\lambda c_{\mathrm{cr}}}\right] \\
&= \dot{m}\left[\lambda c_{\mathrm{cr}} + \frac{\kappa+1}{2\kappa}c_{\mathrm{cr}}\left(1 - \frac{\kappa-1}{\kappa+1}\lambda^2\right)\frac{1}{\lambda}\right] \\
&= \frac{\kappa+1}{2\kappa}\dot{m}c_{\mathrm{cr}}\left(\lambda + \frac{1}{\lambda}\right)
\end{aligned}$$

定义一个新的气动函数，称为**冲量函数**

$$z(\lambda) = \lambda + \frac{1}{\lambda} \tag{4-56}$$

于是冲量可以表示为

$$\dot{m}V + pA = \frac{\kappa+1}{2\kappa}\dot{m}c_{\mathrm{cr}}z(\lambda) \tag{4-57}$$

对于图 4-23 所示的管流，管壁对气体的作用力为

$$F = \frac{\kappa+1}{2\kappa}\dot{m}[c_{\mathrm{cr},2}z(\lambda_2) - c_{\mathrm{cr},1}z(\lambda_1)] \tag{4-58}$$

式（4-58）称为冲量方程，适用于一维定常流动，并不要求流动绝能，更不要求等熵。对于绝能流动，进出口的临界声速相等，式（4-58）可以简化为

$$F = \frac{\kappa+1}{2\kappa}\dot{m}c_{\mathrm{cr}}[z(\lambda_2) - z(\lambda_1)] \tag{4-58a}$$

要根据式（4-58）或式（4-58a）计算管道给气流的作用力，需要已知气流的流量、临界声速和冲量函数 $z(\lambda)$。流量由总温、总压和速度系数决定，临界声速由总温决定，$z(\lambda)$ 由速度系数决定。可以通过进一步简化，消去式中的总温，具体推导如下。

把式（4-55）和式（4-42）代入式（4-57），有

$$\dot{m}V + pA = \frac{\kappa+1}{2\kappa}\dot{m}c_{cr}z(\lambda)$$

$$= \frac{\kappa+1}{2\kappa}\cdot\sqrt{\frac{\kappa}{R}\left(\frac{2}{\kappa+1}\right)^{\frac{\kappa+1}{\kappa-1}}}\frac{p_t}{\sqrt{T_t}}Aq(\lambda)\cdot\sqrt{\frac{2\kappa}{\kappa+1}RT_t}\cdot z(\lambda)$$

$$= \left(\frac{2}{\kappa+1}\right)^{\frac{1}{\kappa-1}}p_t Aq(\lambda)z(\lambda)$$

$$= p_t Af(\lambda)$$

式中，$f(\lambda)$ 是新定义的冲量函数

$$f(\lambda) = \left(\frac{2}{\kappa+1}\right)^{\frac{1}{\kappa-1}}q(\lambda)z(\lambda) \tag{4-59}$$

当已知进出口气流的总压时，就可以用下式计算管壁对气流的作用力

$$F = p_{t,2}A_2 f(\lambda_2) - p_{t,1}A_1 f(\lambda_1) \tag{4-60}$$

如果已知的不是总压而是静压，可以先用 $\pi(\lambda)$ 计算总压，有些书和资料上在这时定义了另一个冲量函数 $r(\lambda)$

$$r(\lambda) = \pi(\lambda)/f(\lambda)$$

式（4-60）变为

$$F = p_2 A_2 / r(\lambda_2) - p_1 A_1 / r(\lambda_1)$$

$z(\lambda)$、$f(\lambda)$ 和 $r(\lambda)$ 都称为冲量函数，实际工作中使用哪个，取决于已知的是什么，实际上它们可以互相转换，一般只需要记住和使用其中一个，其他两个在资料上看到后知道是什么就可以了。

图 4-24 所示为冲量函数 $z(\lambda)$ 随速度系数 λ 的变化情况，可以看到，在亚声速时，$z(\lambda)$ 随 λ 的增大而减小，在超声速时，$z(\lambda)$ 随 λ 的增大而增大。根据式（4-58a），当出口的 $z(\lambda)$ 比进口大时，管壁给予流体的力是正的，即力是沿流动方向的。在流动为亚声速时，扩张管道使出口的 λ 比进口的小，从而出口的 $z(\lambda)$ 比进口的大，因此扩张管道对应 F 为正。在流动为超声速时，扩张管道让出口 λ 的比进口的大，从而出口的 $z(\lambda)$ 也比进口的大。

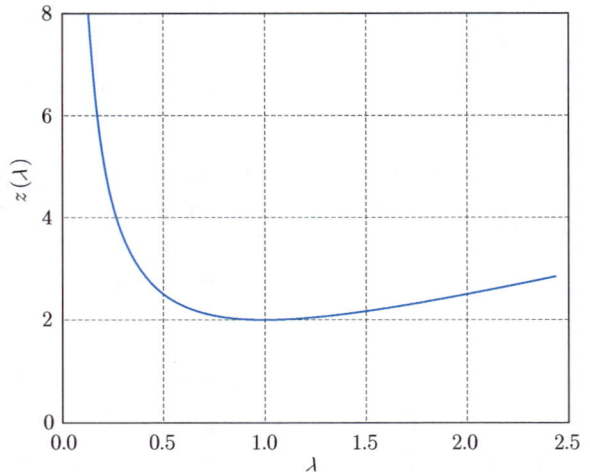

图 4-24　冲量函数 $z(\lambda)$ 随速度系数的变化情况

因此，扩张管道也对应 F 为正。也就是说，无论流动是亚声速还是超声速，扩张管道都对应 F 为正。这种现象是符合物理实际的，因为只有扩张管道才能对流体施加与流向相同的力，如果管道是收缩的，则管壁给流体的作用力是与流向相反的。图 4-25 所示为收缩和扩张管道对流体的作用力情况，这种力的作用与流动是亚声速还是超声速无关。

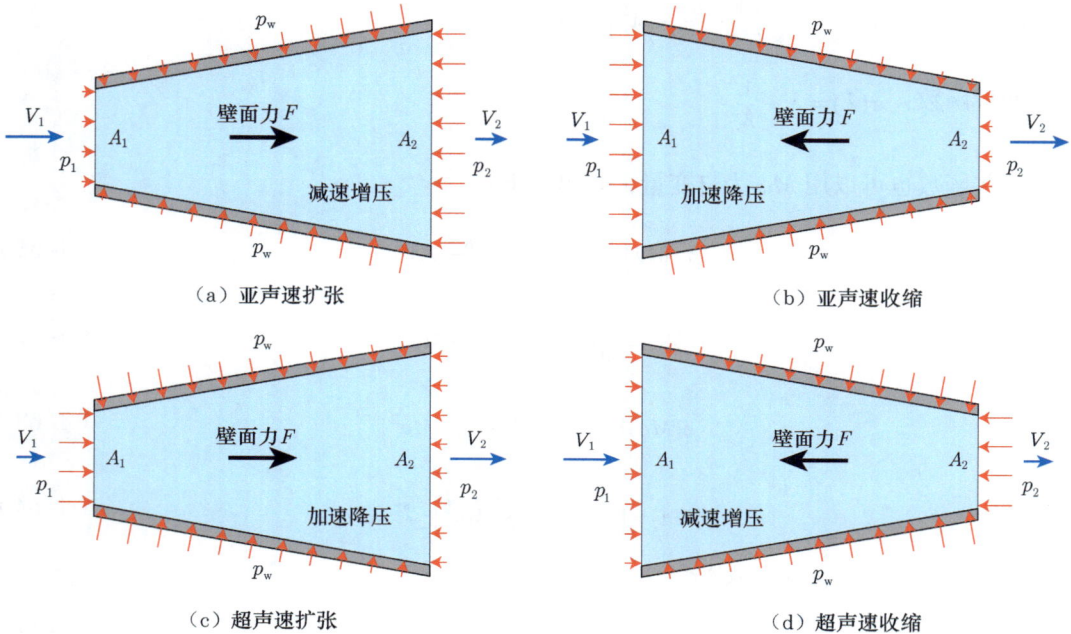

图 4-25　收缩与扩张管道对流体的作用力情况

冲量（$\dot{m}V + pA$）和冲量函数 $z(\lambda)$ 具有相同的变化趋势，也是亚声速时随流速增大而减小，超声速时随流速增大而增大。亚声速时，流速增大，动量流量项 $\dot{m}V$ 显然是增大的，但压力和面积都减小，力项 pA 减小得更多，所以整体上冲量是减小的。超声速时，虽然压力也是随流速增大而减小的，但面积是增大的，冲量随流速增大而增大。可以这样理解冲量的变化：冲量体现了气体自身的一种力量，亚声速气流在收缩管道内加速时，是一种完全靠自身膨胀的加速，所以冲量减小，过程中壁面对气体有阻碍，是一种受限膨胀；超声速气流在扩张管道内加速时，则是一种在壁面作用力辅助下的加速，壁面是推动流体加速的，所以冲量增大。如果壁面既不阻碍也不帮助气体加速，气体就做自由膨胀，膨胀的速度是声速，对应平直壁面，可参见自由膨胀过程（见图 2-17）来理解。

4.7　气动函数的应用

常用的气动函数有 5 个，具体如下。

温比函数：$\tau(\lambda) = \dfrac{T}{T_t} = 1 - \dfrac{\kappa - 1}{\kappa + 1}\lambda^2$

压比函数：$\pi(\lambda)=\dfrac{p}{p_t}=\left(1-\dfrac{\kappa-1}{\kappa+1}\lambda^2\right)^{\frac{\kappa}{\kappa-1}}$

密度比函数：$\varepsilon(\lambda)=\dfrac{\rho}{\rho_t}=\left(1-\dfrac{\kappa-1}{\kappa+1}\lambda^2\right)^{\frac{1}{\kappa-1}}$

流量函数：$q(\lambda)=\left(\dfrac{\kappa+1}{2}-\dfrac{\kappa-1}{2}\lambda^2\right)^{\frac{1}{\kappa-1}}\lambda$

冲量函数：$z(\lambda)=\lambda+\dfrac{1}{\lambda}$

这些函数也可以用 Ma 为自变量，列出如下：

$$\tau(Ma)=\frac{T}{T_t}=1\Big/\left(1+\frac{\kappa-1}{2}Ma^2\right) \tag{4-61}$$

$$\pi(Ma)=\frac{p}{p_t}=1\Big/\left(1+\frac{\kappa-1}{2}Ma^2\right)^{\frac{\kappa}{\kappa-1}} \tag{4-62}$$

$$\varepsilon(Ma)=\frac{\rho}{\rho_t}=1\Big/\left(1+\frac{\kappa-1}{2}Ma^2\right)^{\frac{1}{\kappa-1}} \tag{4-63}$$

$$q(Ma)=\left(\frac{2}{\kappa+1}+\frac{\kappa-1}{\kappa+1}Ma^2\right)^{-\frac{\kappa+1}{2(\kappa-1)}}Ma \tag{4-64}$$

另外，还有 3 个派生的函数：

流量函数：$y(\lambda)=q(\lambda)/\pi(\lambda)$

冲量函数：$f(\lambda)=\left(\dfrac{2}{\kappa+1}\right)^{\frac{1}{\kappa-1}}q(\lambda)z(\lambda)$

冲量函数：$r(\lambda)=\pi(\lambda)/f(\lambda)$

定义这些气动函数主要是为了方便计算，下面来看几个实际流动的例子，熟悉它们的应用。

【例 4-1】 如图 4-26 所示，一个足够大的压力罐中装有温度为 15 ℃、表压为 0.5 atm 的压缩空气，假设流动过程等熵，试求：打开放气阀门后收缩喷管出口处的流速。

解法 1： 压力罐足够大，里面的气体在过程中可看成静止的，且流动为等熵，因此喷口处气体的总温和总压等于压力罐中气体的静温和静压。

$$p_t=(1+0.5)\text{atm}=1.5\text{ atm}$$

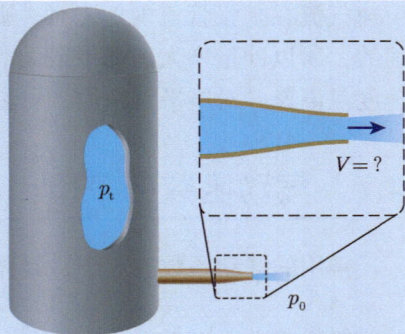

图 4-26 压力罐放气口流速问题

$$T_{\mathrm{t}} = (273.15 + 15)\,\mathrm{K} = 288.15\,\mathrm{K}$$

先假定喷口处的流速为亚声速，则气流的静压等于大气压，于是

$$\pi(\lambda) = \frac{p}{p_{\mathrm{t}}} = \frac{1}{1.5} \approx 0.6667 > \frac{p_{\mathrm{cr}}}{p_{\mathrm{t}}} \approx 0.5283$$

压比大于临界压比，故喷口为亚声速的假设成立，可以继续计算。

可以查气动函数表由 $\pi(\lambda)$ 得 λ，这里用 $\pi(\lambda)$ 的表达式反算 λ，即

$$\pi(\lambda) = \left(1 - \frac{\kappa - 1}{\kappa + 1}\lambda^2\right)^{\frac{\kappa}{\kappa - 1}} \;\Rightarrow\; \lambda = \sqrt{\frac{\kappa + 1}{\kappa - 1}\left[1 - \pi(\lambda)^{\frac{\kappa - 1}{\kappa}}\right]}$$

$$\lambda = \sqrt{\frac{1.4 + 1}{1.4 - 1} \times \left(1 - 0.6667^{\frac{1.4 - 1}{1.4}}\right)} \approx 0.8101$$

喷口处的速度为

$$V = \lambda c_{\mathrm{cr}} = \lambda \sqrt{\frac{2\kappa}{\kappa + 1}RT_{\mathrm{t}}}$$

$$= 0.8101 \times \sqrt{\frac{2 \times 1.4}{1.4 + 1} \times 287.06 \times 288.15}\,(\mathrm{m/s})$$

$$\approx 251.66\,\mathrm{m/s}$$

解法 2： 同解法 1 一样计算出 λ 并判断为亚声速后，用温比函数计算出口气流静温

$$\frac{T}{T_{\mathrm{t}}} = \tau(\lambda) = 1 - \frac{\kappa - 1}{\kappa + 1}\lambda^2 = 1 - \frac{1.4 - 1}{1.4 + 1} \times 0.8101^2 \approx 0.8906$$

$$T = 0.8906 T_{\mathrm{t}} = 0.8906 \times 288.15\,(\mathrm{K}) \approx 256.63\,\mathrm{K}$$

然后使用总静温关系式计算速度

$$T_{\mathrm{t}} = T + \frac{V^2}{2c_p} \;\Rightarrow\; V = \sqrt{2c_p(T_{\mathrm{t}} - T)}$$

$$V = \sqrt{2c_p(T_{\mathrm{t}} - T)} = \sqrt{2\frac{\kappa}{\kappa - 1}R(T_{\mathrm{t}} - T)} \approx 251.67\,\mathrm{m/s}$$

解法 3： 不用速度系数，用马赫数计算

$$\frac{p_{\mathrm{t}}}{p} = \left(1 + \frac{\kappa - 1}{2}Ma^2\right)^{\frac{\kappa}{\kappa - 1}} \;\Rightarrow\; Ma = \sqrt{\frac{2}{\kappa - 1}\left[\left(\frac{p_{\mathrm{t}}}{p}\right)^{\frac{\kappa - 1}{\kappa}} - 1\right]}$$

$$Ma = \sqrt{\frac{2}{1.4 - 1} \times \left(\left(\frac{1.5}{1}\right)^{\frac{1.4 - 1}{1.4}} - 1\right)} \approx 0.7837$$

再使用温比关系计算静温

$$T = T_t \Big/ \left(1 + \frac{\kappa-1}{2}Ma^2\right)$$
$$= \frac{288.15\text{K}}{\left(1 + \frac{1.4-1}{2}\times 0.7837^2\right)}$$
$$\approx 256.63\text{ K}$$

于是可以计算出口的速度

$$V = Ma \cdot c = Ma\sqrt{\kappa RT}$$
$$= 0.7837\times\sqrt{1.4\times287.06\times256.63}\text{ m/s}$$
$$\approx 251.68\text{ m/s}$$

上面的几种解法，都需要首先根据总静压比判断出口处的流速是否为亚声速。如果是亚声速，则解法没问题，如果总静压比对应超声速，就比较复杂一点，需要知道喷管是收缩喷管还是拉瓦尔喷管，如果是收缩喷管，则出口最大速度就是声速，按照声速来计算速度。如果是拉瓦尔喷管，则出口速度还与出口和喉部的面积比有关，需要进一步的计算与判断，有关的内容将在第 6 章 6.1 节继续讨论。

【例 4-2】 空气沿等截面直管流动，进口 $T_{t,1}=300\text{ K}$，$p_{t,1}=2.5\times10^5\text{ Pa}$，$\lambda_1=0.3$，现在已知流动过程中对气体的加热量 $q=360\text{ kJ/kg}$，忽略管壁摩擦力，求出口气流参数 $T_{t,2}$、$p_{t,2}$、λ_2。（已知空气的比热比 $\kappa=1.4$，气体常数 $R=287.06\text{ J/(kg·K)}$。）

解： 以直管内壁和进出口形成的圆柱为控制体，由能量方程可得

$$T_{t,2} = T_{t,1} + \frac{q}{c_p} = \left(300 + \frac{360\times10^3}{\frac{1.4}{1.4-1}\times287.06}\right)\text{K} \approx 658.3\text{ K}$$

等截面直管且无摩擦，管壁给气流的力为零，沿流向应用冲量方程

$$\frac{\kappa+1}{2\kappa}\dot{m}\left[c_{cr,2}z(\lambda_2) - c_{cr,1}z(\lambda_1)\right] = 0$$

从而有

$$z(\lambda_2) = \frac{c_{cr,1}}{c_{cr,2}}z(\lambda_1) = \sqrt{\frac{T_{t,1}}{T_{t,2}}}\cdot z(\lambda_1) = \sqrt{\frac{300}{658.3}}\times\left(0.3+\frac{1}{0.3}\right) \approx 2.4528$$

解得 $\lambda_2 \approx 0.5164$ 或 $\lambda_2 \approx 1.9364$。根据题意，等截面直管从亚声速开始加热，出口不可能为超声速，故取 $\lambda_2 \approx 0.5164$。

根据流量方程，对于忽略黏性的等截面直管

$$\dot{m}_1 = \dot{m}_2 \Rightarrow \frac{p_{t,1}}{\sqrt{T_{t,1}}}q(\lambda_1) = \frac{p_{t,2}}{\sqrt{T_{t,2}}}q(\lambda_2)$$

计算 $q(\lambda)$：

$$q(\lambda_1)=\left(\frac{1.4+1}{2}-\frac{1.4-1}{2}\times 0.3^2\right)^{\frac{1}{1.4-1}}\times 0.3\approx 0.4557$$

$$q(\lambda_2)=\left(\frac{1.4+1}{2}-\frac{1.4-1}{2}\times 0.5164^2\right)^{\frac{1}{1.4-1}}\times 0.5164\approx 0.7271$$

计算出口总压：

$$p_{t,2}=p_{t,1}\cdot\sqrt{\frac{T_{t,2}}{T_{t,1}}}\cdot\frac{q(\lambda_1)}{q(\lambda_2)}=2.5\times10^5\times\sqrt{\frac{658.3}{300}}\times\frac{0.4557}{0.7271}\approx 2.32\times10^5\ (\mathrm{Pa})$$

【例 4-3】图 4-27 所示为亚声速引射器，中心细管内是用于引射的高速气流，外围粗管内是被引射的低速气流。忽略细管出口处的管壁厚度，并忽略管壁与气流之间的摩擦，假设流动与外界绝热。两股空气混合前的参数分别为：$\dot{m}_1=3.6\,\mathrm{kg/s}$，$T_{t,1}=500\,\mathrm{K}$，$p_{t,1}=3\times10^5\,\mathrm{Pa}$，$T_{t,2}=300\,\mathrm{K}$，$p_{t,2}=2.5\times10^5\,\mathrm{Pa}$，现在已知 $D_1=0.1\,\mathrm{m}$，$D_2=0.3\,\mathrm{m}$，求被引射气流的流量 $\dot{m}_2$ 以及混合后的气流参数 $T_{t,3}$、$p_{t,3}$、Ma_3。

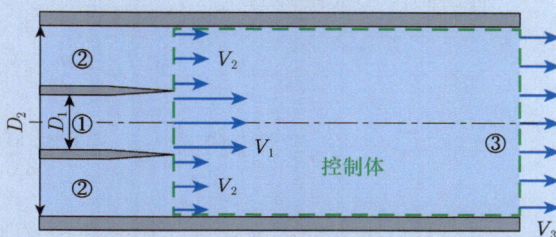

图 4-27　亚声速引射器

解：由流量公式，有

$$q(\lambda_1)=\frac{\dot{m}_1\sqrt{T_{t,1}}}{Kp_{t,1}A_1}=\frac{3.6\sqrt{500}}{0.0404\times3\times10^5\times\pi\times0.1^2/4}\approx 0.8457$$

从 $q(\lambda)$ 得到 λ 可以查气动函数表，从公式计算的话可以在计算机上用简单的迭代法或二分法计算（附录 B.3 给出了一些基本气动函数的 MATLAB 计算程序，供读者使用）。

$$q(\lambda_1)=0.8457\ \rightarrow\ \lambda_{1,\mathrm{sub}}=0.6397,\ \lambda_{1,\mathrm{super}}=1.3703\ （舍去）$$

混合开始处（即图中控制体进口）的静压为

$$p_1=p_{t,1}\pi(\lambda_1)=3\times10^5\times\left(1-\frac{1.4-1}{1.4+1}\times0.6397^2\right)^{\frac{1.4}{1.4-1}}\approx 2.343\times10^5(\mathrm{Pa})$$

亚声速引射器中两股气流静压相等，被引射气流在控制体进口处有

$$\pi(\lambda_2)=\frac{p_2}{p_{t,2}}=\frac{2.343\times10^5}{2.5\times10^5}=0.9372$$

$$\lambda_2=\sqrt{\frac{\kappa+1}{\kappa-1}\left[1-\pi(\lambda_2)^{\frac{\kappa-1}{\kappa}}\right]}=\sqrt{\frac{1.4+1}{1.4-1}\times\left(1-0.9372^{\frac{1.4-1}{1.4}}\right)}\approx 0.3319$$

被引射气流在控制体进口处有

$$q(\lambda_2) = \left(\frac{1.4+1}{2} - \frac{1.4-1}{2} \times 0.3319^2\right)^{\frac{1}{1.4-1}} \times 0.3319 \approx 0.4999$$

被引射的气流的流量为

$$\begin{aligned}
\dot{m}_2 &= K \frac{p_{t,2}}{\sqrt{T_{t,2}}} A_2 q(\lambda_2) \\
&= 0.0404 \times \frac{2.5 \times 10^5}{\sqrt{300}} \times \frac{\pi}{4}\left(0.3^2 - 0.1^2\right) \times 0.4999 \\
&\approx 18.316 (\mathrm{kg/s})
\end{aligned}$$

对控制体用能量方程

$$\dot{m}_1 c_p T_{t,1} + \dot{m}_2 c_p T_{t,2} = \dot{m}_3 c_p T_{t,3}$$

$$T_{t,3} = \frac{\dot{m}_1 T_{t,1} + \dot{m}_2 T_{t,2}}{\dot{m}_3} = \frac{3.6 \times 500 + 18.316 \times 300}{3.6 + 18.316} \approx 332.9 (\mathrm{K})$$

管壁与气流之间无摩擦力，由冲量关系式可得

$$\dot{m}_1 c_{cr,1} z(\lambda_1) + \dot{m}_2 c_{cr,2} z(\lambda_2) = \dot{m}_3 c_{cr,3} z(\lambda_3)$$

$$\begin{aligned}
z(\lambda_3) &= \frac{\dot{m}_1 \sqrt{T_{t,1}} z(\lambda_1) + \dot{m}_2 \sqrt{T_{t,2}} z(\lambda_2)}{(\dot{m}_1 + \dot{m}_2)\sqrt{T_{t,3}}} \\
&= \frac{3.6\sqrt{500}\left(0.6397 + \dfrac{1}{0.6397}\right) + 18.316\sqrt{300}\left(0.3319 + \dfrac{1}{0.3319}\right)}{(3.6 + 11.625)\sqrt{332.9}} \\
&\approx 3.0972
\end{aligned}$$

$$\lambda_3 = 0.3662 \quad \text{或} \quad \lambda_3 = 2.731 \quad (\text{舍去})$$

$$Ma_3 = \sqrt{\frac{2\lambda_3^2}{(\kappa+1) - (\kappa-1)\lambda_3^2}} \approx 0.3381$$

由连续方程，$\dot{m}_3 = \dot{m}_1 + \dot{m}_2$，有

$$\frac{p_{t,3}}{\sqrt{T_{t,3}}} A_3 q(\lambda_3) = \frac{p_{t,1}}{\sqrt{T_{t,1}}} A_1 q(\lambda_1) + \frac{p_{t,2}}{\sqrt{T_{t,2}}} A_2 q(\lambda_2)$$

而

$$q(\lambda_3) = \left(\frac{1.4+1}{2} - \frac{1.4-1}{2} \times 0.3662^2\right)^{\frac{1}{1.4-1}} \times 0.3662 \approx 0.5459$$

故

$$p_{t,3} = p_{t,1} \cdot \sqrt{\frac{T_{t,3}}{T_{t,1}}} \cdot \frac{A_1}{A_3} \cdot \frac{q(\lambda_1)}{q(\lambda_3)} + p_{t,2} \cdot \sqrt{\frac{T_{t,3}}{T_{t,2}}} \cdot \frac{A_2}{A_3} \cdot \frac{q(\lambda_2)}{q(\lambda_3)}$$

$$= 3 \times 10^5 \times \sqrt{\frac{332.9}{500}} \times \frac{0.1^2}{0.3^2} \times \frac{0.8457}{0.5459} + 2.5 \times 10^5 \times \sqrt{\frac{332.9}{300}} \times \frac{0.3^2 - 0.1^2}{0.3^2} \times \frac{0.4999}{0.5459}$$

$$\approx 2.565 \times 10^5 \, (\text{Pa})$$

重要关系式总结

绝能等熵参数关系

$$\frac{p}{\rho^\kappa} = \text{Const}, \quad \frac{T}{\rho^{\kappa-1}} = \text{Const}, \quad \frac{T}{p^{\frac{\kappa-1}{\kappa}}} = \text{Const} \tag{4-7}$$

多变过程关系式

$$pv^n = \text{Const} \tag{4-12}$$

$$n = (1-\kappa)\frac{\delta q}{\delta w} + \kappa \tag{4-13}$$

波速

$$c = \sqrt{\frac{\rho_1}{\rho_0} \cdot \frac{p_1 - p_0}{\rho_1 - \rho_0}} \tag{4-17}$$

声速

$$c = \sqrt{\kappa R T} \tag{4-20}$$

马赫数

$$Ma = \frac{V}{c} = \frac{V}{\sqrt{\kappa R T}} \tag{4-21}$$

沿流线的加速度

$$\vec{a} = V\frac{\partial V}{\partial s}\vec{s} - \frac{V^2}{R}\vec{n} \tag{4-26}$$

总静温关系

$$T_t = T + \frac{V^2}{2c_p} \tag{4-31}$$

马赫数表示的气动函数

$$\frac{T_\mathrm{t}}{T} = 1 + \frac{\kappa-1}{2}Ma^2 \tag{4-38}$$

$$\frac{p_\mathrm{t}}{p} = \left(1 + \frac{\kappa-1}{2}Ma^2\right)^{\frac{\kappa}{\kappa-1}} \tag{4-39}$$

$$\frac{\rho_\mathrm{t}}{\rho} = \left(1 + \frac{\kappa-1}{2}Ma^2\right)^{\frac{1}{\kappa-1}} \tag{4-40}$$

极限速度

$$V_{\max} = \sqrt{\frac{2\kappa}{\kappa-1}RT_\mathrm{t}} \tag{4-41}$$

临界声速

$$c_{\mathrm{cr}} = \sqrt{\frac{2\kappa}{\kappa+1}RT_\mathrm{t}} \tag{4-42}$$

速度系数

$$\lambda = \frac{V}{c_{\mathrm{cr}}} \tag{4-43}$$

马赫数与速度系数的关系

$$Ma^2 = \frac{2\lambda^2}{\kappa+1-(\kappa-1)\lambda^2} \tag{4-45}$$

$$\lambda^2 = \frac{(\kappa+1)Ma^2}{2+(\kappa-1)Ma^2} \tag{4-46}$$

一般熵增与总压恢复系数的关系

$$\Delta s = c_p \ln\left(\frac{T_{\mathrm{t},2}}{T_{\mathrm{t},1}}\right) - R\ln\left(\frac{p_{\mathrm{t},2}}{p_{\mathrm{t},1}}\right) \tag{4-48}$$

绝能流动熵增与总压恢复系数的关系

$$\Delta s = -R\ln\left(\frac{p_{\mathrm{t},2}}{p_{\mathrm{t},1}}\right) = -R\ln\sigma \tag{4-49}$$

用速度系数表示的气动函数

温比函数：$\tau(\lambda) = \dfrac{T}{T_t} = 1 - \dfrac{\kappa-1}{\kappa+1}\lambda^2$ （4-50）

压比函数：$\pi(\lambda) = \dfrac{p}{p_t} = \left(1 - \dfrac{\kappa-1}{\kappa+1}\lambda^2\right)^{\frac{\kappa}{\kappa-1}}$ （4-51）

密度比函数：$\varepsilon(\lambda) = \dfrac{\rho}{\rho_t} = \left(1 - \dfrac{\kappa-1}{\kappa+1}\lambda^2\right)^{\frac{1}{\kappa-1}}$ （4-52）

流量函数：$q(\lambda) = \left(\dfrac{\kappa+1}{2} - \dfrac{\kappa-1}{2}\lambda^2\right)^{\frac{1}{\kappa-1}}\lambda$ （4-54）

冲量函数：$z(\lambda) = \lambda + \dfrac{1}{\lambda}$ （4-56）

流量方程

$$\dot{m} = K\frac{p_t}{\sqrt{T_t}}Aq(\lambda)$$

（4-55）

$$K = \sqrt{\frac{\kappa}{R}\left(\frac{2}{\kappa+1}\right)^{\frac{\kappa+1}{\kappa-1}}}$$

冲量和冲量方程

$$\dot{m}V + pA = \frac{\kappa+1}{2\kappa}\dot{m}c_{cr}z(\lambda)$$

（4-57）

$$F = \frac{\kappa+1}{2\kappa}\dot{m}\left[c_{cr,2}z(\lambda_2) - c_{cr,1}z(\lambda_1)\right]$$

（4-58）

以马赫数表示的气动函数

$$\tau(Ma) = \frac{T}{T_t} = 1\Big/\left(1 + \frac{\kappa-1}{2}Ma^2\right)$$

（4-61）

$$\pi(Ma) = \frac{p}{p_t} = 1\Big/\left(1 + \frac{\kappa-1}{2}Ma^2\right)^{\frac{\kappa}{\kappa-1}}$$

（4-62）

$$\varepsilon(Ma) = \frac{\rho}{\rho_t} = 1\Big/\left(1 + \frac{\kappa-1}{2}Ma^2\right)^{\frac{1}{\kappa-1}}$$

（4-63）

$$q(Ma) = \left(\frac{2}{\kappa+1} + \frac{\kappa-1}{\kappa+1}Ma^2\right)^{-\frac{\kappa+1}{2(\kappa-1)}}Ma$$

（4-64）

习　题

4-1　已知流场中某一点的参数为：$Ma = 0.7$，$p = 80\,000\,\text{Pa}$，$T = 290\,\text{K}$。求该点处的下

列气流参数：c、p_t、T_t、p_{cr}、T_{cr}、λ。

4-2 超声速风洞的来流的总压 $p_t = 1.5 \times 10^6\,\text{Pa}$，测得试验段静压 $p = 5 \times 10^4\,\text{Pa}$，假设流动定常等熵，求试验段的马赫数。

4-3 要设计一个向大气中射流的收缩喷管，来流的气源为压力罐，已知罐中的气体参数为：$p = 1.5 \times 10^5\,\text{Pa}$，$T = 300\,\text{K}$。求在标准大气条件下工作时，射流出口的马赫数和气流静温。

4-4 已知一个收-扩喷管的来流总压 $p_t = 1.5 \times 10^5\,\text{Pa}$，实验人员测得其喉部的壁面静压 $p = 0.5 \times 10^5\,\text{Pa}$，判断该实验数据是否有问题。

4-5 一架战斗机在平流层内的最大飞行马赫数为2.5，试用标准大气条件计算战斗机表面最大可能的温度。

4-6 用皮托管测量马赫数为0.3的气流，使用不可压缩关系式得到的速度误差是多少？

4-7 描述同一点的速度时，速度系数和马赫数在亚声速时哪个大？在超声速时哪个大？

4-8 压力罐中的空气经由收缩喷管流出，现在已知压力罐内空气的温度为15℃，绝对压力为25 atm，假设流动过程定常等熵，试求收缩喷管出口处的流速。

4-9 接习题4-8，已知压力罐容积为40 L，喷口直径为5 mm，如果现在设计一个实验，在喷管前面的管路上加一个控制阀，让喷口流速稳定在马赫数0.4，问可工作多长时间。

4-10 航空压气机做部件试验时，为了保证流动相似，要求叶尖的切线马赫数保持不变。现在要对一个工质是氦气、直径为0.5 m的压气机做实验，其设计叶尖切线马赫数为0.6，但为了减少开销，实验所用工质为空气，试确定标准状态下做实验时试验件的转速。

4-11 空气流经燃烧室，其总温由500℃增加到1000℃，总压由0.5 MPa下降到0.48 MPa，使用定比热计算这个过程中单位质量空气的熵变。

4-12 标准大气条件下，在地面静止状态的民航飞机发动机处于慢车状态，现测得发动机进口内壁面处的静压为72 050 Pa，并已知此处的直径为1.5 m，试估算该发动机的进气流量。

4-13 一个空气压缩机可以产生的总压比为20，从标准大气环境吸气，试在下列两种情况下计算其出口气流的总温：① 该压缩机为等熵压缩的理想压缩机；② 该压缩机的压缩效率为70%。（压缩效率为产生机械能增加的有用功与所做的总功之比。）

4-14 压缩空气罐内部的压力为10 MPa，温度为20℃，通过一个小收缩喷管向大气中放气，试求：① 放气流量；② 出口气流静温；③ 出口流速。

4-15 要设计一个试验段马赫数为0.8的风洞，气源采用流量为3 kg/s、压力为15 kPa的离心风机供气，从标准大气中吸气。由于气源压头不足，使用收-扩管道的方式，喉部作为试验段。忽略流动损失，求：① 试验段的气流静压和静温；② 试验段和风洞出口的横截面积；③ 如果考虑流动损失，该如何调整出口面积。

4-16 空气引射器如习题 4-16 图所示，中心管中的引射空气速度为 300 m/s，温度为 80 ℃，外围被引射空气的速度为 50 m/s，温度为 15 ℃，并已知被引射气流的流量为引射气流的 5 倍，假定过程绝热，求出口混合均匀后气流的温度和速度。

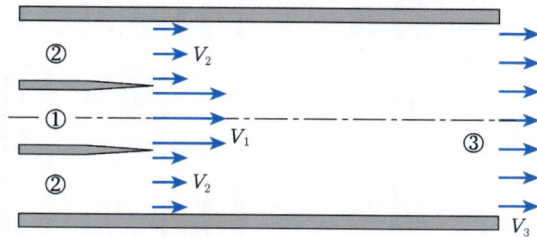

习题 4-16 图

4-17 空气沿等截面直管流动，进口 $T_{t,1} = 300\,\text{K}$ 、 $p_{t,1} = 1.0 \times 10^5\,\text{Pa}$ 、 $\lambda_1 = 0.2$ ，现在已知流动过程中对气体的加热量 $q = 400\,\text{kJ/kg}$ ，忽略管壁摩擦力，求出口气流参数 $T_{t,2}$ 、 $p_{t,2}$ 、 λ_2 。（已知空气的比热比 $\kappa = 1.4$ ，气体常数 $R = 287.06\,\text{J/(kg·K)}$ 。）

4-18 接习题 4-17，加热量多大时，管道出口的流速达到声速？

第 5 章

压力波

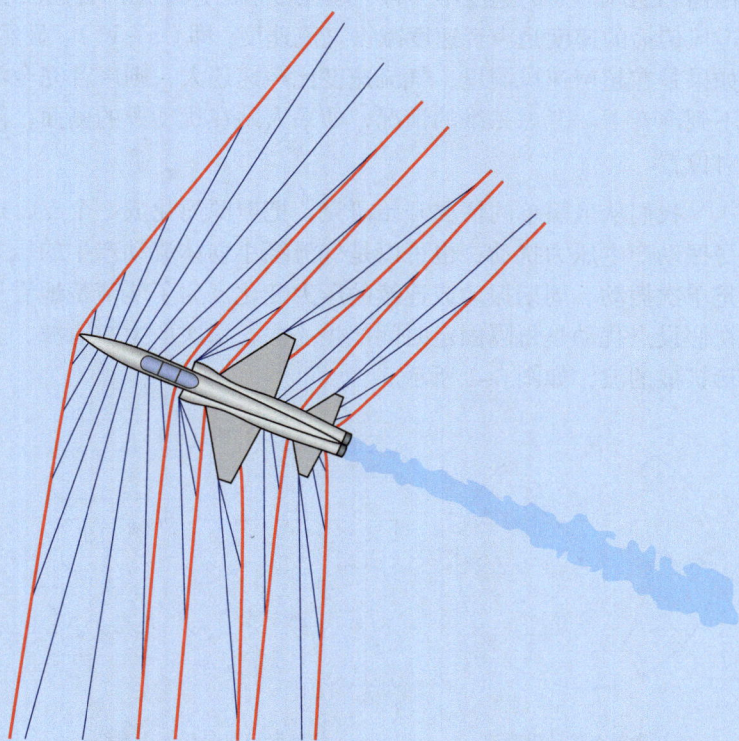

超声速飞行的飞机会扰动空气形成大量激波和膨胀波。

5.1　弱扰动和马赫波

5.1.1　弱扰动的传播

弱扰动在气体中的传播速度是声速，已经在第 4 章 4.3.1 小节中进行了推导。声速只与气体的种类和温度有关，与扰动的形式和振动频率等都无关。所谓弱扰动，就是气体压力、温度和流速等的改变都是一个无限小量，可以用 dp、dT 和 dV 来表示，声音就是这样一种扰动，在气体中传播的声音并不会改变气体的宏观参数。相对于弱扰动，炸弹爆炸产生的爆炸波则是一种强扰动，其传播速度是超声速的。

在介质中传播的波速是扰动相对于介质的速度，对于站在地面上的人来说，声音顺风传播和逆风传播的速度不一样。顺风传播的速度是声音速度加上气流速度，即（$c+V$），逆风传播的速度是声音速度减去气流速度，即（$c-V$）。显然风速越大这种差距就越明显，如果是在超声速风洞里，气流速度比声速还大，则声音完全没办法迎风传播，在上游就听不到声音了。考虑三维的情况，如果人站在扰动源的侧面，能否听到声音则取决于人的相对位置。

我们从最简单的情况开始研究，把声源简化成一个点，这个点可以是一个微小物体自身振动产生压力扰动，也可以是气流绕小物体流动产生的压力波动，压力扰动的形式可以是单次振动、周期振动或连续的压力变化。为了能清楚地看见一个个的波，便于分析，现在假设点扰动是每隔固定时间产生一次，每次产生一道波，多次扰动形成一系列间断的球形扩散的波，如图 5-1 所示。

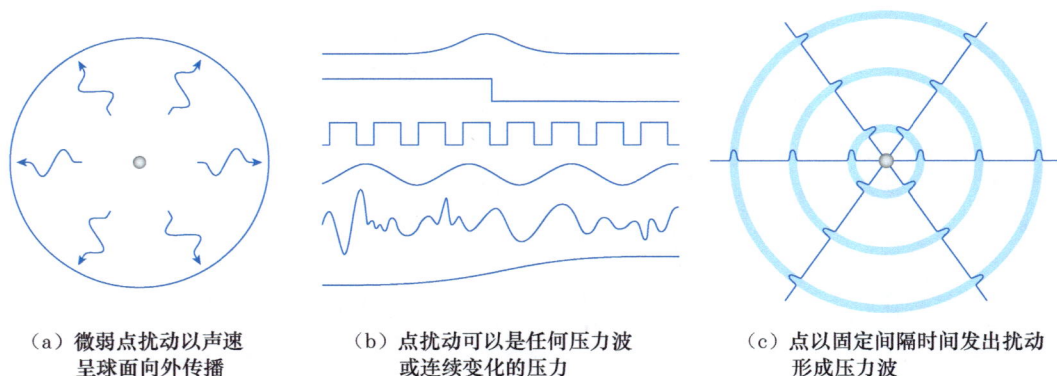

（a）微弱点扰动以声速　　　（b）点扰动可以是任何压力波　　　（c）点以固定间隔时间发出扰动
呈球面向外传播　　　　　　　或连续变化的压力　　　　　　　形成压力波

图 5-1　点扰动

固定的点扰动在运动气体中的传播等同于点扰动在静止气体中的运动，这里只分析点扰动以不同的速度在静止气体中运动的情况。图 5-2 所示为运动的点扰动以不同速度在静止气体中运动时，波的传播效果。

1. 点扰动静止（$V=0$）

如图 5-2（a）所示，在静止的空气中，一点的扰动以声速向四周传播。经过时间 δt、

$2\delta t$、$3\delta t$ 和 $4\delta t$ 后，扰动到达半径分别为 $c \cdot \delta t$、$c \cdot 2\delta t$、$c \cdot 3\delta t$、$c \cdot 4\delta t$ 这 4 个同心球面的位置。

2. 点扰动以亚声速运动（$V < c$）

若点扰动以亚声速 V 向左匀速运动，如图 5-2（b）所示，它在每一个位置发生的扰动都以该点为圆心向外扩展，经过时间 $4\delta t$ 后，点运动到距原位置左侧 $V \cdot 4\delta t$ 处，而最初的压力波发展到距该点当前位置右侧 $(c+V) \cdot 4\delta t$ 处和左侧 $(c-V) \cdot 4\delta t$ 处。扰动沿不同方向的传播速度不同。

3. 点扰动以声速运动（$V = c$）

若点扰动以声速 c 向左匀速运动，如图 5-2（c）所示，由于点向左的运动速度与波速相同，经过时间 $4\delta t$ 后，点运动到距原位置左侧 $c \cdot 4\delta t$ 处，而过程中点扰动产生的波也都正好传播到这里。压力波在右侧最远达到距点原位置 $c \cdot 4\delta t$，距点当前位置 $2c \cdot 4\delta t$ 处。压力波相对扰动点向左侧传播的速度为 0，所有压力波通过扰动点时，在其运动垂直方向堆积成一道较强的压力波，没有压力扰动可以影响此道波的左侧。

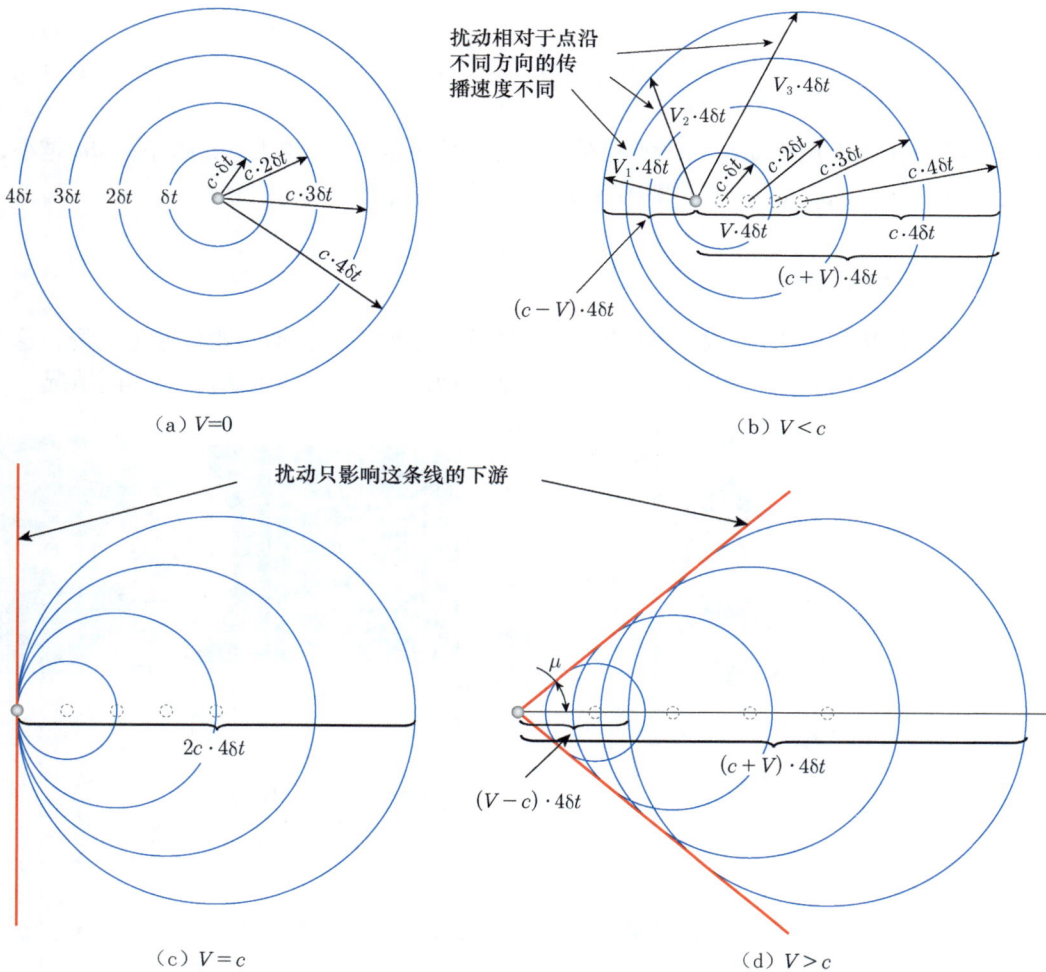

（a）$V = 0$

（b）$V < c$

（c）$V = c$

（d）$V > c$

图 5-2　运动的点扰动以不同速度在静止气体中运动时，波的传播效果

4. 点扰动以超声速运动（$V > c$）

若点扰动以超声速 V 向左匀速运动，如图 5-2（d）所示。经过时间 $4\delta t$ 后，点运动到距原位置左侧 $V \cdot 4\delta t$ 处，而同方向运动的波才到达原位置 $c \cdot 4\delta t$ 的左侧，落后于点 $(V-c) \cdot 4\delta t$ 的距离。扰动传播的区域被局限在以扰动点为顶点、向点运动反方向延伸的圆锥内，如图 5-3 所示。这个锥面是弱扰动可能到达的边界，称为**马赫波面**，相应的圆锥称为**马赫锥**。圆锥的半顶角称为**马赫角**，用符号 μ 表示，其大小可由几何关系得到

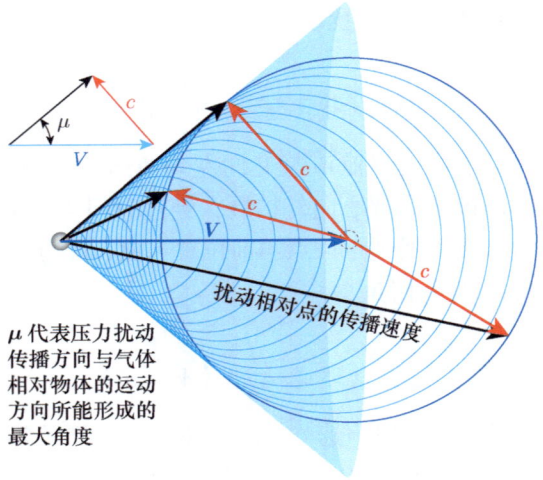

μ 代表压力扰动传播方向与气体相对物体的运动方向所能形成的最大角度

图 5-3　马赫角

$$\sin \mu = \frac{c}{V} = \frac{1}{Ma} \tag{5-1}$$

$$\mu = \arcsin \frac{1}{Ma} \tag{5-1a}$$

可见，马赫角完全由点扰动与气体的相对运动马赫数决定，Ma 越大，μ 越小；Ma 越小，μ 越大。当 $Ma = 1$ 时，$\mu = 90°$，即图 5-2（c）所示的情况。

5.1.2　弱波和强波

当气体相对物体以声速或超声速流动时，物体产生的压力扰动不能传遍全流场，这与亚声速流动有重大的不同。图 5-4 所示为球在亚声速流动和超声速流动中的不同情况。

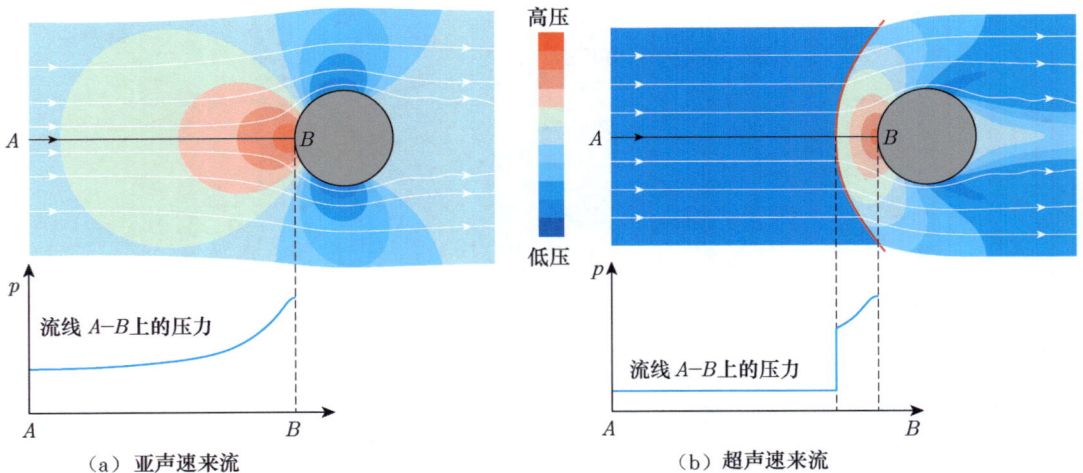

（a）亚声速来流　　　　　　（b）超声速来流

图 5-4　球在亚声速流动和超声速流动中的不同情况

与点产生的弱扰动或弱波不同，这时球会对流场的压力产生较大的影响，因此形成的不再是马赫波，而是由无数马赫波叠加形成的强扰动——**激波**，激波前后的气流压力变化很大，是一种强波。这个强波的传播速度相对于来流是比声速快的，确切地说，与超声速的球运动速度一样快，可以稳定在球的前方而不被球追上。激波的速度将在后面的 5.3.1 小节中推导。

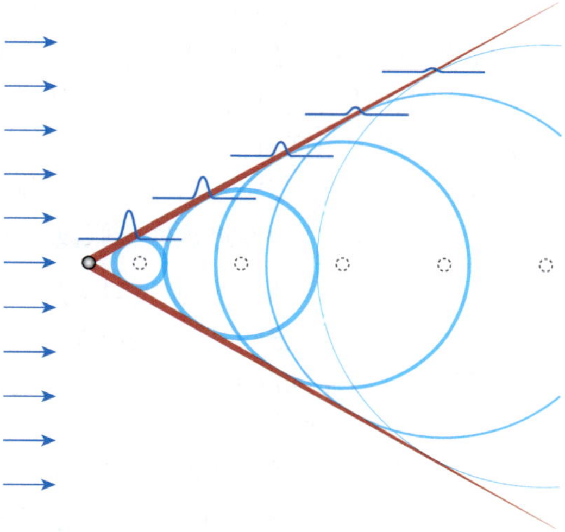

真实的超声速流动基本都是图 5-4（b）所示的较为复杂的流动，为了简化问题，先研究基本原理，此时需要用简化的模型。一个点产生的压力扰动的强度随着球面扩散迅速下降，因此在锥形马赫波的不同位置压力

图 5-5　点产生的压力扰动随传播距离衰减

扰动幅度并不相同，如图 5-5 所示。可见，点扰动只适合研究弱扰动，如果这个点产生的是强扰动，由于波沿波面不同位置的强度都不一样，波速也会有所不同，就比较复杂了。

研究超声速流动中的弱波和强波经常使用的模型是二维无黏气流绕壁面转角的流动。当忽略黏性时，气流无论是以亚声速还是以超声速沿平直而光滑的壁面流动，都是不受扰动的，如果壁面上有一个小凸起或凹陷，就会在这里产生压力波。图 5-6 所示为超声速气流沿不同形状壁面流动所产生的二维弱波和强波，可以看到，壁面内转折或外转折都对流场有扰动，从而产生激波或一系列马赫波，如图 5-6（a）～（c）所示。其中最简单的理想情况是壁面只有一次无限小角度的内转折或外转折，对应一道弱压缩波或膨胀波的情况，如图 5-6（d）、（e）所示。

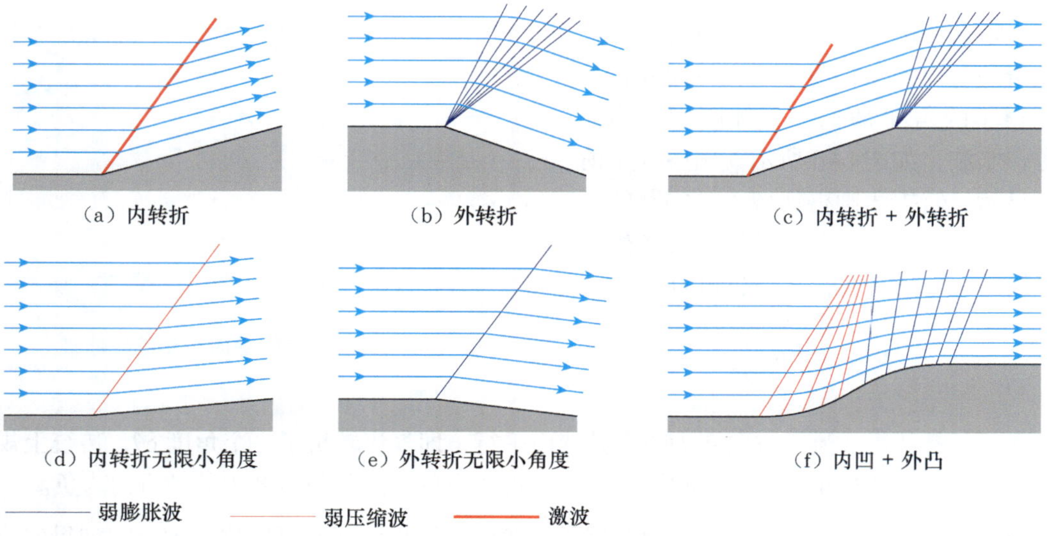

（a）内转折　　　　　　（b）外转折　　　　　　（c）内转折＋外转折

（d）内转折无限小角度　　（e）外转折无限小角度　　（f）内凹＋外凸

———— 弱膨胀波　　　———— 弱压缩波　　　———— 激波

图 5-6　超声速气流沿不同形状壁面流动所产生的二维弱波和强波

在图 5-6 中，不同的壁面产生不同的压力波，内转折的壁面对气流有阻碍，压缩气流，产生压缩波；外转折的壁面对气流是一种释放，气流膨胀，产生膨胀波。连续变化的曲面形成的内凹和外凸壁面则产生无数道压缩波和膨胀波，如图 5-6（f）所示。当壁面突然内转折一个有限大角度时，产生的是一道很强的压缩波，也就是激波，气流经过激波后突然向内转折一个角度，之后与下游壁面平行。当壁面突然外转折一个有限大角度时，产生的是无数道膨胀波，气流经过这些膨胀波后逐渐地外转折到某个角度，之后与下游壁面平行。

这里所说的压缩波和膨胀波对应压力变化的形式，使压力跃升的波就是压缩波，使压力下降的波就是膨胀波，图 5-7 所示为压缩波和膨胀波对应的压力变化情况。无数道弱压缩波可以合成一道强压缩波，也就是激波，而无数道膨胀波通常倾向于散开而不合在一起，所以流场中不会存在定常的强膨胀波。

从工程实际角度来说，弱波一般就指膨胀波，个别情况可能涉及弱压缩波，而强波几乎总是指激波。弱波都是马赫波，气流经过弱波后参数变化是无穷小量，可以看成绝能等熵的变化，所以弱波可以用绝能等熵关系来分析。激波不是马赫波，气流经过激波后参数变化较大，不能用等熵关系来分析。

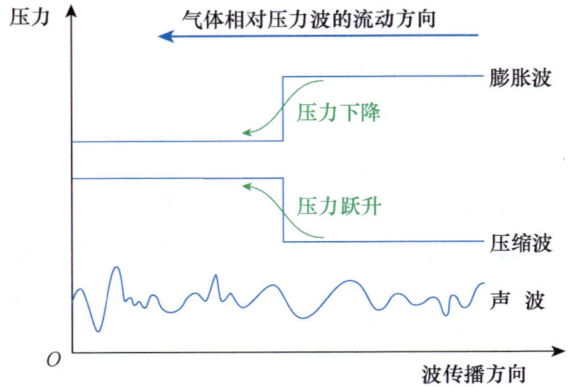

图 5-7　压缩波和膨胀波对应的压力变化情况

5.2　膨胀波和弱压缩波

5.2.1　膨胀波的形成和特点

忽略黏性影响，气流以超声速沿平直而光滑的壁面流动，当壁面突然向外转折一个很小的角度 $\delta\theta$ 时，气体膨胀而形成一道膨胀波，如图 5-8 所示。图中为了清楚地显示，转折角画得比较大，实际的转折角是无穷小的。在壁面的转折处产生的膨胀波是一种马赫波，其马赫角为

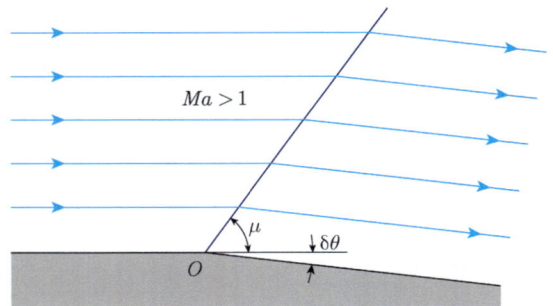

图 5-8　微小外转折壁面产生的膨胀波

$$\mu = \arcsin\frac{1}{Ma}$$

气流通过马赫波后，流动方向变为与下游壁面平行，即气流转折了一个角度 $\delta\theta$，传统上规定逆时针方向的转折角为正，顺时针方向的转折角为负，因此图 5-8 中的转折角为负。

为什么气流通过马赫波后转折角正好等于壁面的转折角呢？可以这样理解：如果气流的转折角小于 $\delta\theta$，就相当于还没转到位，气流方向没有达到与下游壁面平行，下游壁面对

气流来说继续存在扰动（释压作用），因此就会再产生一道膨胀波，如此下去，直到气流与壁面平行为止。这对应的是壁面转折角较大的情况，如图 5-6（b）所示。如果气流的转折角大于 $\delta\theta$，气流就转过头了，于是下游壁面对气流来说具有压缩作用，就会产生一道压缩波，这道压缩波会和之前的部分膨胀波相抵消，减弱之前的膨胀波，最终剩下的膨胀波强度必然正好使气流转过 $\delta\theta$。因此，对于一个微小的外转折来说，产生的一道膨胀波使气流产生的转折角正好和壁面转折角相等。

实际的转折角当然不是无限小的，可以认为有限大小的转折角是由一系列无限小的转折角构成的。如图 5-9 所示，每个转折角都产生一道膨胀波，气流经过膨胀波后转折了 $\delta\theta$，压力减小，在压差的作用下流速增大，马赫数也增大。更大的马赫数对应更小的马赫角 μ，再叠加已经转过的角度，每一道膨胀波都比前面的膨胀波后倾一个角度，第 i 道波相对于第 $(i-1)$ 道波后倾的角度为 $\delta\theta+(\mu_{i-1}-\mu_i)$，也就是说这些膨胀波是散开的，形成一个扇形区。现在让这一系列转折角顶点 $O_1,O_2,O_3\cdots$ 趋向于一点 O，就变成了一个有限大小的外转折角，对应一系列发自此转折角的膨胀波。无数个无限小的转折角才能构成一个有限大小的转折角，所以膨胀波也有无数道，并不存在单个的膨胀波，从而形成一个连续的扇形膨胀区，扇形的角度比壁面的转折角 θ 要大一些，为 $\theta+(\mu_1-\mu_n)$。气流在扇形膨胀区内的转弯是连续的，把这个膨胀区看成由有限道膨胀波构成只是为了方便分析和计算。

对于外凸的圆角，分析方法也类似，可以把圆角看成由无数个转折角构成。由于气流的参数变化只与转过的角度有关，而与具体转折角的形式无关，所以这样的简化是合理的。

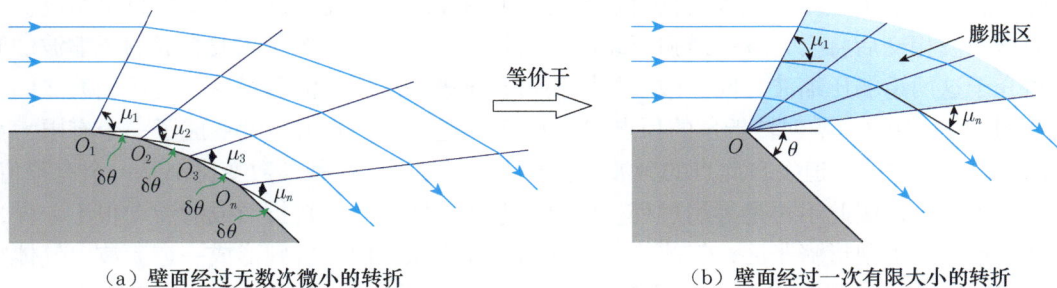

（a）壁面经过无数次微小的转折　　　　　　（b）壁面经过一次有限大小的转折

图 5-9　有限大的外转折角可以看作由无数的无穷小外转折角构成

5.2.2　弱压缩波的形成和特点

当沿平直壁面流动的超声速气流遇到突然向内的转折时，气流也会因为受扰动而产生一道马赫波，这时内转折的壁面对气流产生压缩作用，因此形成的是一道压缩波，这道压缩波的马赫角只取决于来流的马赫数，如图 5-10 所示。

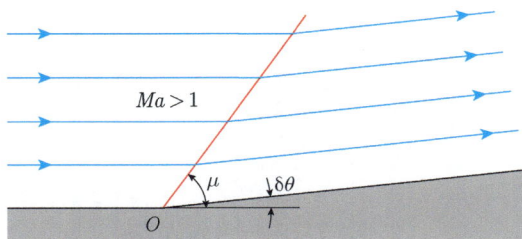

图 5-10　微小内转折壁面产生的压缩波

对于实际有限大小的转折角，可以用和前面分析膨胀波一样的方法，用无限多个小转折角来代替，如图 5-11 所示。不过压缩波有一点和膨胀波不一样，因为经过每一道压缩波后气流的马赫数都是下降的，所以马赫角也会逐渐增大，再加上气流经过每一道压缩波后已经向内转折了一个角度，因此发自壁面的压缩波会向前一道压缩波靠拢，也就是说压缩波都是汇聚的。每一道压缩波都比前面的膨胀波前倾一个角度，第 i 道波相对于第 $(i-1)$ 道波前倾的角度为 $\delta\theta + (\mu_i - \mu_{i-1})$。

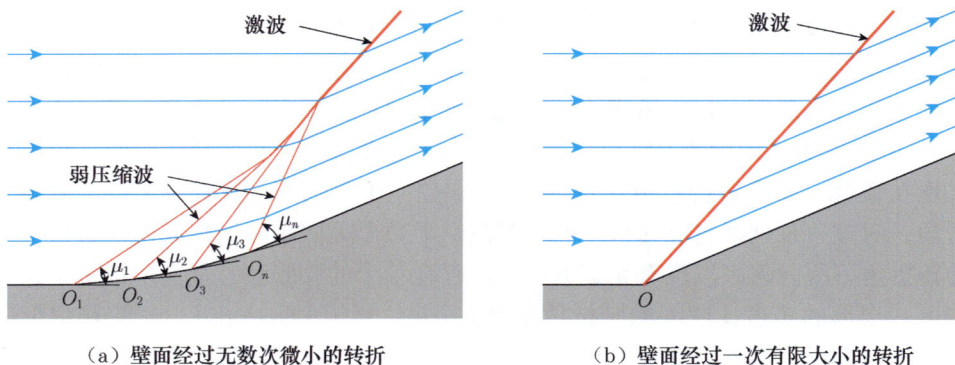

（a）壁面经过无数次微小的转折　　　　　（b）壁面经过一次有限大小的转折

图 5-11　有限大的内转折角不完全相当于由无数的无穷小内转折角构成

既然从壁面发出的压缩波都是汇聚的，那么它们就会在某点相交，相交之后会是什么样呢？这个问题涉及压力波相交的计算问题，将在 5.4 节详细分析，在这里只说结论。这些弱压缩波相交后将会合成一道强压缩波，也就是激波。两道弱压缩波合成的压缩波的倾斜角介于这两道弱压缩波之间，激波的倾斜角介于第一道压缩波和最后一道压缩波之间。当让图 5-11 中的一系列转折角的顶点 $O_1, O_2, O_3\cdots$ 趋向于一点 O，就变成了一个有限大小的内转折角，对应一道发自此点的激波。气流经过激波时，各种参数变化都是一个有限值，不再是无穷小，因此不再是等熵过程。所以，壁面外转折和内转折形成的流动很不一样，外转折形成一个扇形膨胀区，气体等熵地逐渐转弯膨胀，内转折则形成一道激波，气体突然转折并压缩，过程中有熵增。图 5-12 所示为超声速气流分别经过外凸壁面和内凹壁面所形成的流动情况。有限大的外转折角可以用无限多的微小外转折角代替，来计算气流的参数变化，但有限大的内转折角并不能用无限多的微小内转折角代替进行计算。

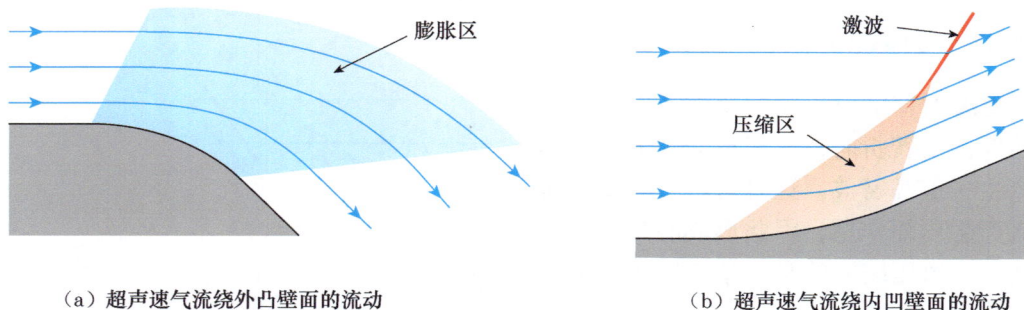

（a）超声速气流绕外凸壁面的流动　　　　（b）超声速气流绕内凹壁面的流动

图 5-12　超声速气流分别经过外凸壁面和内凹壁面所形成的流动情况

压缩波总是趋向于汇聚形成激波，因此实际的流动中弱压缩波较为罕见。另一方面，膨胀波总是趋向于散开，所以实际流动中一般不存在强膨胀波。我们提到膨胀波时总是指弱膨胀波，不用特意加一个"弱"字，提到压缩波则需要说明是弱压缩波还是强压缩波（即激波）。

5.2.3　膨胀波前后的气流参数关系

无论是膨胀波还是弱压缩波，对气流来说都是小扰动，气流经过它们时可以看作等熵流动，因此气流参数的计算都可以用绝能等熵关系式得出。为了方便分析和计算，通常把压力波分为左伸波和右伸波，定义为：**顺着气流方向看，从近到远，朝左侧伸展的叫左伸波，朝右侧伸展的叫右伸波。**当气流方向为从左到右，而壁面在下方时，膨胀波和压缩波都是左伸波，如果壁面在上方，则它们都是右伸波，如图 5-13 所示。左伸波的马赫角为正，右伸波的马赫角为负；左伸压缩波的气流转折角为正，左伸膨胀波的气流转折角为负；右伸压缩波的气流转折角为负，右伸膨胀波的气流转折角为正。有了这些定义之后，我们就可以用统一的关系式来描述各种弱波前后的气流关系式，下面就来推导这些关系式。

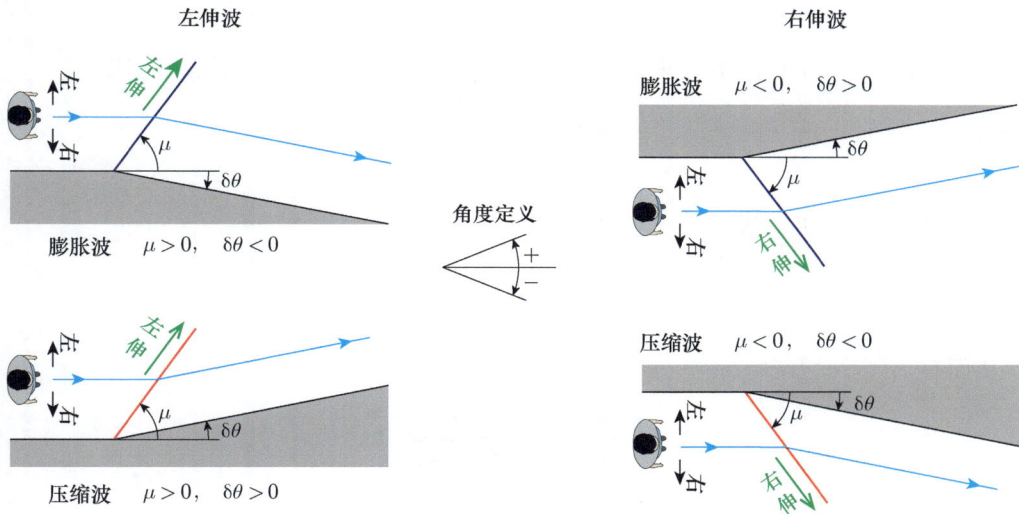

图 5-13　左伸波和右伸波的定义

我们以左伸膨胀波为例进行推导，如图 5-14 所示，气流经过膨胀波后，压力、温度和密度降低，流速增大，过程是等熵的，气流的总参数保持不变。因此，只需要知道来流的马赫数（或速度系数），就可以得出其他气流参数。

取沿波面方向为切向，用 t 表示，与波面垂直方向为法向，用 n 表示，将波前波后的流速 V_1 和 V_2 分别分解为与波面平行和垂直的分量，对于图 5-14 所示的控制体，由连续方程有

$$\rho_1 V_{1n} = \rho_2 V_{2n}$$

气流经过膨胀波后密度降低，因此速度增加，有 $V_{1n} < V_{2n}$。

沿波面方向压力不变，气体不受力，动量方程为

$$\sum F_t = \rho_1 V_{1n} A (V_{2t} - V_{1t}) = 0$$

从而有

$$V_{2t} = V_{1t}$$

即超声速气流经过膨胀波后沿波面方向的分速度不变，而垂直波面方向的速度增加，从而使气流朝离开波面的方向转折一个角度。

一道膨胀波产生的气流参数变化是无限小的，应该使用微分关系来分析，气流转过的角度为 $d\theta$，速度从 V 增加为 $(V + dV)$，把图 5-14 中上下游的速度画在一起，结果如图 5-15 所示。角度以逆时针为正，所以此处 $d\theta$ 为负值，马赫角与转折角之和应该表示为 $(\mu - d\theta)$。对于无限小转折角 $d\theta$，由图 5-15 所示的三角关系可得

$$\tan(\mu - d\theta) = -\frac{dV}{Vd\theta}$$

由于转折角 $d\theta$ 比马赫角 μ 小得多，故 $\tan(\mu - d\theta) \approx \tan\mu$，上式可以写成

$$\frac{dV}{V} = -d\theta \tan\mu$$

又根据式（5-1），得

$$\tan\mu = \frac{1}{\sqrt{Ma^2 - 1}}$$

从而有

$$\frac{dV}{V} = -\frac{d\theta}{\sqrt{Ma^2 - 1}} \tag{5-2}$$

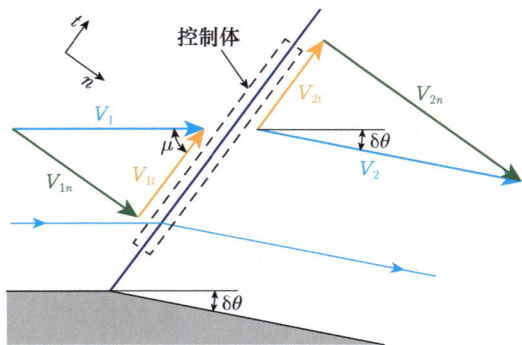

图 5-14 气流经过膨胀波的速度变化

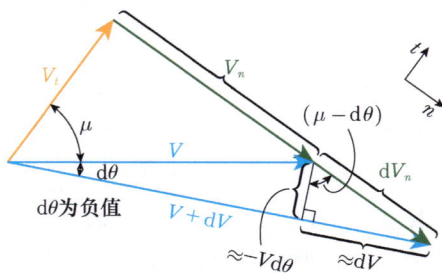

图 5-15 膨胀波前后的速度三角形

这就是超声速气流绕小角度外转折壁面流动的速度变化关系式。可以看到，速度变化只与来流马赫数和气流转折角有关。

式（5-3）中的速度可以消掉，得到气流转折角与来流马赫数的关系。根据 $V = Ma \cdot c$，对其两端取对数再微分，可得

$$\frac{\mathrm{d}V}{V} = \frac{\mathrm{d}Ma}{Ma} + \frac{\mathrm{d}c}{c} \tag{5-3}$$

由声速关系式

$$c = \sqrt{\kappa R T}$$

和绝能流动关系式

$$\frac{T_\mathrm{t}}{T} = 1 + \frac{\kappa - 1}{2} Ma^2$$

可得

$$c^2 = \kappa R T = \frac{\kappa R T_\mathrm{t}}{\left(1 + \dfrac{\kappa - 1}{2} Ma^2\right)}$$

对上式左右取对数再微分，注意到总温不变，最后可得

$$\frac{\mathrm{d}c}{c} = -\frac{\dfrac{\kappa - 1}{2} Ma}{1 + \dfrac{\kappa - 1}{2} Ma^2} \mathrm{d}Ma$$

把上式代入式（5-3），可以消去声速 c，得到

$$\frac{\mathrm{d}V}{V} = \frac{\mathrm{d}Ma}{Ma} - \frac{\dfrac{\kappa - 1}{2} Ma}{1 + \dfrac{\kappa - 1}{2} Ma^2} \mathrm{d}Ma$$

把上式代入式（5-2），消去速度 V，可以得到气流转折角与马赫数的关系如下

$$\mathrm{d}\theta = -\frac{\sqrt{Ma^2 - 1}}{2Ma^2\left(1 + \dfrac{\kappa - 1}{2} Ma^2\right)} \mathrm{d}Ma^2 \tag{5-4}$$

这个关系式反映了气流转折角与马赫数变化的关系。假设有一道膨胀波使马赫数由 1.5 增加到 1.51，则可以估算出气流转折角 $\mathrm{d}\theta \approx 0.017°$。式（5-4）是微分关系式，使用它来计算有限大的转折角不太方便，对其积分后可得

$$\theta = -\sqrt{\frac{\kappa + 1}{\kappa - 1}} \arctan\sqrt{\frac{\kappa - 1}{\kappa + 1}\left(Ma^2 - 1\right)} + \arctan\sqrt{Ma^2 - 1} + C_1 \tag{5-5}$$

式（5-5）这个由马赫数构成的函数较为复杂，传统上定义一个特殊函数以方便计算，这个函数称为**普朗特－迈耶函数**，用 ν 表示

$$\nu(Ma)=\sqrt{\frac{\kappa+1}{\kappa-1}}\arctan\sqrt{\frac{\kappa-1}{\kappa+1}(Ma^2-1)}-\arctan\sqrt{Ma^2-1} \qquad （5-6）$$

于是，对于左伸波，有

$$\theta+\nu(Ma)=C_1 \qquad （5-7）$$

对于右伸波，有

$$\theta-\nu(Ma)=C_2 \qquad （5-7a）$$

实际流动中通常已知起始的马赫数和气流转角，因此上面两式中的积分常数 C_1 和 C_2 就是已知的。式（5-7）和式（5-7a）也可以写成上下游参数之间的关系

$$\theta_1\pm\nu(Ma_1)=\theta_2\pm\nu(Ma_2) \qquad （5-8）$$

式中，"+"对应左伸波；"-"对应右伸波。

以前的工程计算为了方便，事先把不同马赫数的 ν 计算出来并列成表格，计算时查表，不过现在一般采用计算机编程计算，直接用公式计算更方便、准确。图 5-16 所示为 $k=1.4$ 时的普朗特－迈耶函数曲线。

现在来看一种特殊的情况，转折角前的气流速度不是超声速，而是正好等于声速，经过外转折角后，气流加速到 Ma_2，如图 5-17 所示。由于声速时普朗特－迈耶函数为 0，而一开始壁面角度 θ_1 也是 0，应用式（5-8），并注意到这里是左伸波，有

$$\theta_2=-\nu(Ma_2)$$

如果是右伸波，则有

$$\theta_2=\nu(Ma_2)$$

气流转折角的大小为

$$\delta=|\theta_2-\theta_1|=\nu(Ma_2)$$

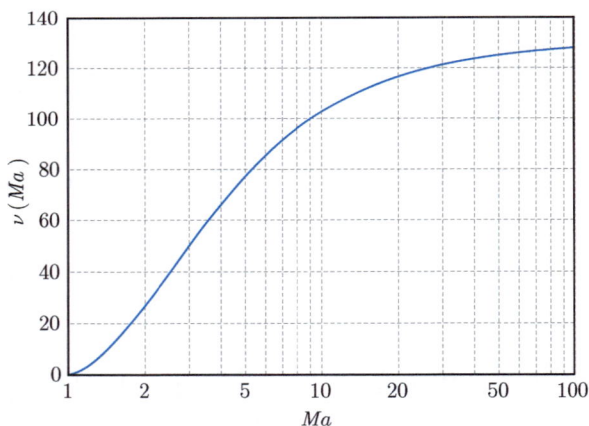

图 5-16　$\kappa=1.4$ 时的普朗特－迈耶函数曲线

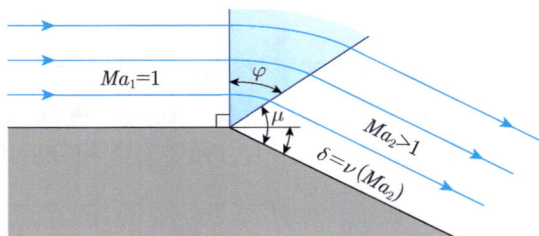

图 5-17　声速气流的转折与膨胀

可见，转折角的大小就等于普朗特 – 迈耶函数。所以，普朗特 – 迈耶函数的物理意义就是气流从声速膨胀到超声速时所转过的角度，因此也称其为**普朗特 – 迈耶角**。

在图 5-17 中，进口气流速度为声速，所以马赫角为 90°，出口气流速度为超声速，马赫角为锐角。图 5-17 中第一道膨胀波与最后一道膨胀波的夹角，即气流从声速开始膨胀至某一个马赫数的扇形膨胀区角度，称为**马赫波极角**，用 φ 表示。可以看到马赫波极角的大小为

$$\varphi = 90° + |\delta| - |\mu| \qquad (5-9)$$

马赫波极角代表了气流从声速开始膨胀时的膨胀区扇形夹角，更一般的情况是气流从某一超声速的马赫数开始膨胀，这时膨胀扇区夹角为

$$\varphi = |\mu_1 - \mu_2| + |\delta| \qquad (5-10)$$

可见，膨胀扇区夹角总是比壁面转折角大一些。

当气流绝能等熵地膨胀到最大速度 V_{max} 时，马赫数趋于无穷，而普朗特 – 迈耶角则是一个有限值。把 $Ma = \infty$ 代入式（5-6），可得

$$\nu(Ma) = \left(\sqrt{\frac{\kappa+1}{\kappa-1}} - 1 \right) \times 90°$$

按照绝热指数 $\kappa = 1.4$ 计算，这个角度约为 130.45°，也就是说，超声速气流理论上最大可以绕过 130.45° 的转折角，如果壁面转折角比这个还大，则剩余的角度内不会有气体，而是形成真空，如图 5-18 所示。当然，这只是一个理论值，实际气流是有黏性的，而且

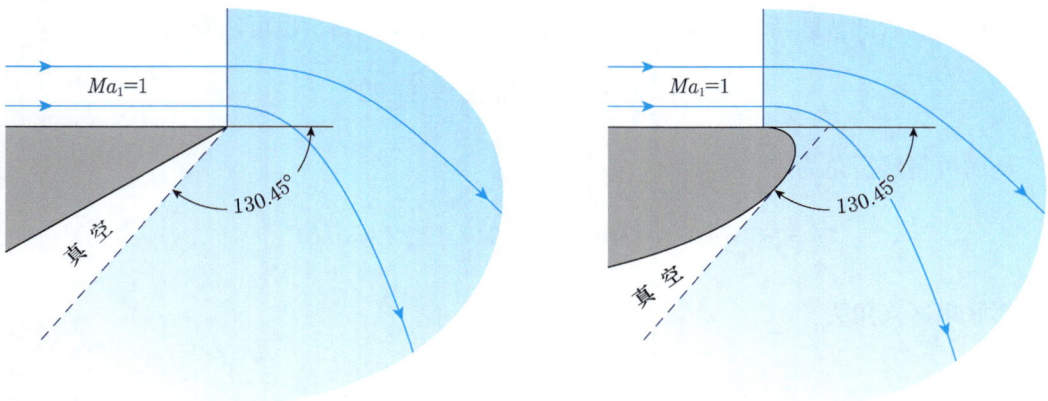

图 5-18 超声速气流的理论最大转折角

马赫数过高时就不符合理想气体关系了。

之所以用外转折壁面来推导膨胀波的关系式，是因为这种流动简单易懂，实际上只要超声速气流加速就会有膨胀波，未必都是壁面外转折产生的。比如，从喷管中射流出来的

超声速气流，如果其静压比环境空气的静压大，气流就会膨胀，这时会在喷口处产生一系列的膨胀波，如图 5-19 所示。气流会持续转折和加速，直到其静压与下游静压相等，这个静压对应一个马赫数，用这个马赫数可以计算出气流的转折角，以及膨胀扇区夹角等参数。处理实际流动问题时，根据已知条件的不同，可能需要计算气流转折角、马赫数、马赫角和膨胀扇区夹角等参数，下面举两个例子，来看一下具体计算过程。

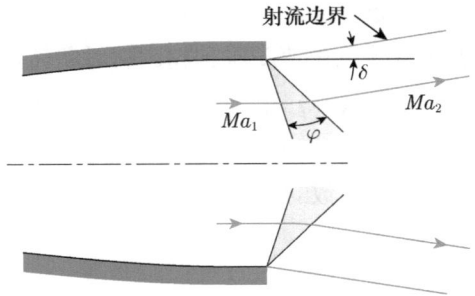

图 5-19　喷管外的膨胀波

【例 5-1】对于图 5-19 所示的喷管，忽略黏性作用，壁面附近的流动可以近似按照二维流动来计算。现已知膨胀波前喷管出口气流马赫数 $Ma_1 = 1.5$，静压 $p_1 = 1.3 \times 10^5\,\text{Pa}$，外界大气压 $p = 1.0 \times 10^5\,\text{Pa}$，求气流经过膨胀波后的马赫数 Ma_2、气流转折角 δ 及膨胀扇区夹角 φ。

解： 先计算气流的总压

$$p_t = p_1 \left(1 + \frac{\kappa - 1}{2} Ma_1^2 \right)^{\frac{\kappa}{\kappa-1}} = 1.3 \times 10^5 \times \left(1 + \frac{1.4-1}{2} \times 1.5^2 \right)^{\frac{1.4}{1.4-1}} \approx 4.8 \times 10^5 (\text{Pa})$$

膨胀后，气流的静压与环境静压相等，膨胀过程为等熵过程，因此膨胀后的马赫数为

$$Ma_2 = \sqrt{\frac{2}{\kappa - 1} \left[\left(\frac{p_t}{p} \right)^{\frac{\kappa-1}{\kappa}} - 1 \right]} = \sqrt{\frac{2}{1.4-1} \times \left[\left(\frac{4.8 \times 10^5}{1.0 \times 10^5} \right)^{\frac{1.4-1}{1.4}} - 1 \right]} \approx 1.68$$

波前和波后的普朗特 - 迈耶角可以用式（5-6）计算得到，也可以查表

$$\nu(Ma_1) = 11.91°, \quad \nu(Ma_2) = 17.22°$$

从而可得转折角为

$$\delta = |\nu(Ma_1) - \nu(Ma_2)| = |11.91° - 17.22°| = 5.31°$$

膨胀扇区夹角为

$$\begin{aligned}
\varphi &= |\mu_1 - \mu_2| + |\delta| \\
&= \arcsin \frac{1}{Ma_1} - \arcsin \frac{1}{Ma_2} + \delta \\
&= \arcsin \frac{1}{1.5} - \arcsin \frac{1}{1.68} + 5.31° \\
&\approx 10.59°
\end{aligned}$$

【**例 5-2**】马赫数为 1.2 的气流经过一个 20° 的外转折角后,马赫数变为多少?如果流场如图 5-20 所示,图中的 A、B 和 C 点的马赫数各为多少?

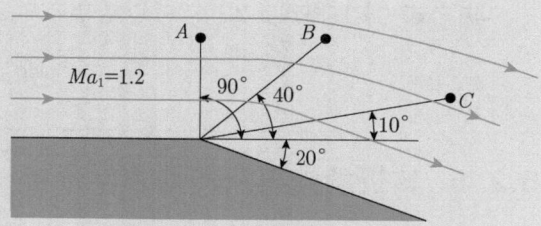

图 5-20 超声速气流的转折 1

解: 波前 $Ma_1 = 1.2$,波前的普朗特-迈耶角为

$$\nu(Ma_1) = 3.56°$$

左伸波,波后的普朗特-迈耶角为

$$\nu(Ma_2) = \nu(Ma_1) - \theta_2 = 3.56° - (-20°) = 23.56°$$

根据普朗特-迈耶角计算马赫数相对麻烦一点,可以用计算机编程迭代,也可以查表,这里通过编程用二分法计算,得

$$Ma_2 = 1.90$$

为了计算图中 A、B 和 C 点的马赫数,需要知道这 3 点分别落在什么区,流场分为波前区、波后区和膨胀区,这可以通过计算波前和波后的马赫角鉴别。

膨胀区前后的马赫角分别为

$$\mu_1 = \arcsin\frac{1}{1.2} = 56.4°, \quad \mu_2 = \arcsin\frac{1}{1.9} = 31.8°$$

从而可以画出膨胀区,如图 5-21 所示。可以看出 A 点位于波前区,C 点位于波后区,B 点位于膨胀区。所以直接可知 A 点和 C 点的马赫数分别为

$$Ma_A = 1.2, \quad Ma_C = 1.9$$

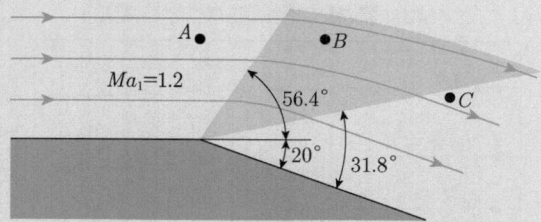

图 5-21 超声速气流的转折 2

现在来求 B 点的马赫数。根据式(5-8),B 点处气流的转折角为

$$\delta_B = \nu(Ma_1) - \nu(Ma_B) = 3.56° - \nu(Ma_B) \tag{1}$$

另外,根据当地马赫角和几何关系,有

$$\arcsin\frac{1}{Ma_B} + \delta_B = 40° \tag{2}$$

联立式（1）和式（2），可以解出

$$Ma_B = 1.4$$

5.2.4　转折角处气流的动力学分析

气体不论是以亚声速流动还是以超声速流动，都是符合基本物理定律的，即质量守恒定律、牛顿第二定律和热力学第一定律。这一章讨论的现象和理论都是基于二维流动问题，所用的关系式则都是一维绝能等熵流动的关系式。根据前面4.4节的内容我们知道，在二维运动中可以使用一维关系式，只需使用流线坐标，把加速度分解为流向和法向两部分即可，现在把式（4-26a）重写如下

$$a_s = V \frac{\partial V}{\partial s}, \ a_n = -\frac{V^2}{R}$$

在本章前面的分析中，主要考虑了沿流线的流动，当超声速气流加速时，其压力减小，压差产生沿流向的驱动力，对应流向加速度为正。反之，当超声速气流减速时，其压力增大，压差产生逆流向的阻力，对应流向加速度为负。

现在来考虑沿法向的加速度，也就是考虑流体转弯时的向心力。亚声速气流在经过一个外转折角时，在当地形成低压区，转折角之前的气流在压差作用下加速，转折角之后的气流则在压差作用下减速，如图5-22所示。可以看到，对于壁面附近的流动，沿流向看，马赫数先增大后减小；沿法向看，马赫数在壁面附近最大，向外逐渐减小。这样的速度分布对应内圈压力低，外圈压力高，压差（作用方向为沿压力梯度的反方向）沿流线方向的分量使气流加减速，而沿法向的分量提供向心力让流体转弯。

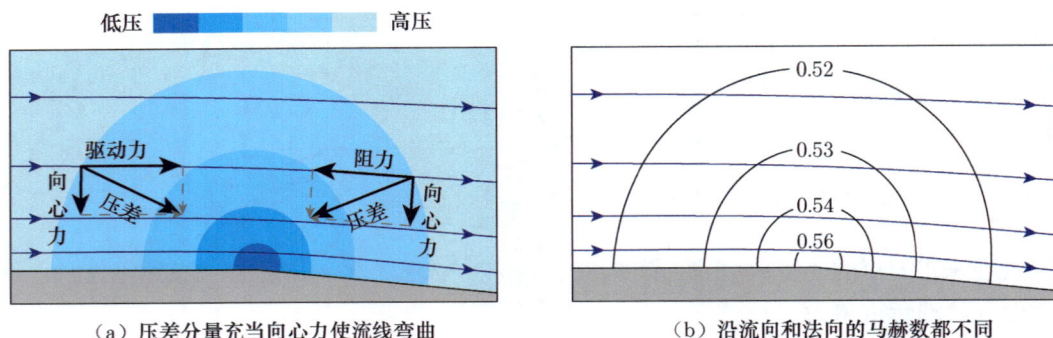

（a）压差分量充当向心力使流线弯曲　　　　（b）沿流向和法向的马赫数都不同

图 5-22　马赫数为 0.50 的气流绕微小外转折角流动的压力和马赫数分布

对于超声速气流，在转折角之前气流并不"知道"转折角的存在，因此也不会像亚声速气流那样事先加速。直到遇到第一道膨胀波，气流才开始加速，而且气流经过一道膨胀波后，内圈和外圈的气流马赫数增量相同，压力同步减小，那么内外圈还有压差来提供转弯的向心力吗？

我们用前面的【例 5-2】的结果来分析这个问题。超声速气流绕外凸壁面的转折如图 5-23 所示，图中的各种角度和流线都是按照理论定量画出的。气流的速度只在扇形膨胀区内沿流向变化，沿每一个固定角度的膨胀波，马赫数为常数。可以看到，由于超声速流动产生的马赫波是后倾的，整个膨胀扇区都向后倾斜，使气流转弯的曲率中心并不在转折角处，等马赫线也并不是沿流线的曲率半径方向。沿流线看，内圈的气流比外圈的气流先膨胀到

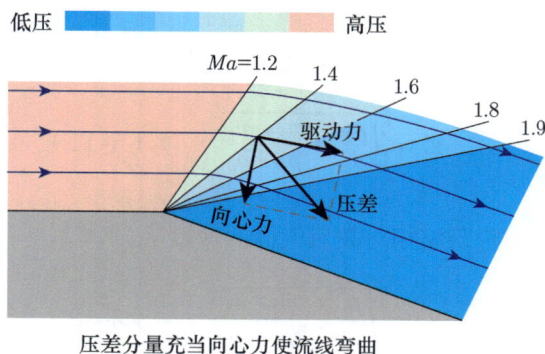

图 5-23　超声速气流绕外凸壁面的转折

更高的马赫数，因此，沿流线的法向，内圈的压力更低，压差沿法向的分量给气流提供了转弯的向心力。

如图 5-22 和图 5-23 所示，外转折的壁面转折角无论是对于亚声速流动还是对于超声速流动，都会在当地产生低压区，这个低压区可以看作由气流转弯的离心力产生。不同的是，对于亚声速流动，这个低压信息可以向四面八方传播，压力变化以接近于同心圆的方式向外扩散，以转折角为中心，越往外压力越高，速度越低，直到与主流相同。这样的压力分布使气流在转折角之前加速，在转折角之后减速。对于超声速流动，压力信息只能在马赫波之后传播，因此转折角处的低压信息只能向下游传播。如果把转折角看成由很多小转折角组成（像图 5-9 所示那样），则每经过一次转折角，压力就更低一些，更低的压力产生的马赫波更加后倾，所以越往下游的压力越低，整个扇形膨胀区内，流体都处在顺压梯度的环境下，因此都是在加速的。

如果是内转折角，在离心力的作用下，气流将在当地产生一个高压区。亚声速流动的压力分布与外转折角类似，只是压力变化趋势相反，转折角处压力最高，越远离壁面压力越低，直到与主流相同。对于超声速流动，这时将产生一道强压缩波，也就是激波。由于激波处的压力梯度非常大，流体几乎是突然转折了一个角度，整个流场中将只存在两种马赫数，波前是高速，波后是低速。

5.3　激波

激波就是强压缩波，图 5-24 所示为一维流动中激波的传播情况，这种一维激波的波面与流动方向垂直，称为**正激波**。在二维流动中，当壁面向内转折一个角度时，会压缩来流，并在转折角处产生一道与壁面呈一定角度的激波，这种激波称为**斜激波**。气体通过激波的参数变化过程不等熵，所以不能用普朗特－迈耶函数计算，在这一节中我们将对激波的波速、成因和对气流参数的影响进行全面的分析，先讨论正激波，再讨论斜激波。

5.3.1　激波的波速

在 4.3.1 小节中推导声速公式时，得到了一个可以描述一般阶跃波的波速公式，现在

重写如下。

阶跃波相对波前气体的速度

$$V_1 = \sqrt{\frac{\rho_2}{\rho_1} \cdot \frac{p_2 - p_1}{\rho_2 - \rho_1}} \qquad (5\text{--}11)$$

阶跃波相对波后气体的速度

$$V_2 = \sqrt{\frac{\rho_1}{\rho_2} \cdot \frac{p_2 - p_1}{\rho_2 - \rho_1}} \qquad (5\text{--}12)$$

气体经过激波后参数变化很大，不再有 $\rho_1 \approx \rho_2$，因此上面两式不能像推导声速时那样简化，但可以用声速来表示它们，利用声速公式 $c = \sqrt{\kappa p / \rho}$，式（5–11）和式（5–12）分别变为

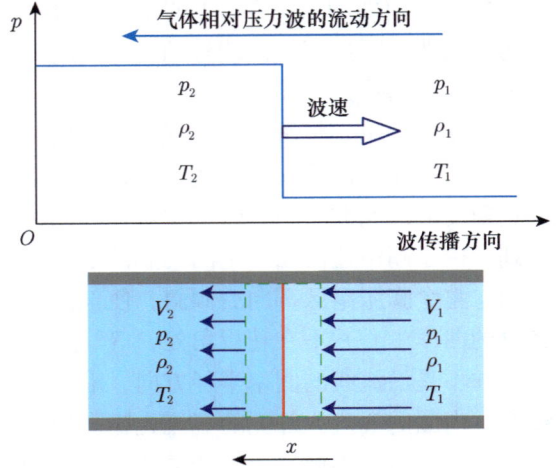

图 5–24 一维流动中激波的传播情况

$$V_1 = c_1 \sqrt{\frac{p_2 / p_1 - 1}{\kappa (1 - \rho_1 / \rho_2)}} \qquad (5\text{--}13)$$

$$V_2 = c_2 \sqrt{\frac{p_1 / p_2 - 1}{\kappa (1 - \rho_2 / \rho_1)}} \qquad (5\text{--}14)$$

这两个关系式是根据连续方程和动量方程得出的，我们还有一个能量方程可以用。气流经过激波虽然不再是等熵流动，但仍然是绝能流动，满足如下能量方程

$$c_p T_1 + \frac{V_1^2}{2} = c_p T_2 + \frac{V_2^2}{2}$$

根据气体状态方程，把温度用压力和密度表示，上式可变为

$$\frac{\kappa}{\kappa - 1} \left(\frac{p_1}{\rho_1} - \frac{p_2}{\rho_2} \right) = \frac{1}{2} \left(V_2^2 - V_1^2 \right)$$

把式（5–11）和式（5–12）代入上式并整理，可得

$$\frac{\rho_2}{\rho_1} = \frac{\dfrac{\kappa + 1}{\kappa - 1} \dfrac{p_2}{p_1} + 1}{\dfrac{p_2}{p_1} + \dfrac{\kappa + 1}{\kappa - 1}} \qquad (5\text{--}15)$$

式（5–15）给出了激波前后气流密度比与压比之间的关系，这个关系式是根据突跃绝热的条件得出的，是**朗金－雨贡纽（Rankine-Hugoniot）关系式**之一，可以描述激波前后气流参数的关系，这里暂时只用它来推导速度关系，后面还会用其推导其他参数的关系。

把式（5-15）分别代入式（5-13）和式（5-14），可得

$$V_1 = c_1 \sqrt{1 + \frac{\kappa+1}{2\kappa}\left(\frac{p_2}{p_1}-1\right)} \qquad （5-16）$$

$$V_2 = c_2 \sqrt{1 + \frac{\kappa+1}{2\kappa}\left(\frac{p_1}{p_2}-1\right)} \qquad （5-17）$$

激波后的压力大于激波前的压力，即 $p_2 > p_1$，从式（5-16）可以看出，激波相对波前气体的波速比声速大，即 $V_1 > c_1$，而从式（5-17）可以看出激波相对波后气体的速度比声速小，即 $V_2 < c_2$。以激波为参照物，流向激波的气流速度是超声速的，而从激波离开的气流速度是亚声速的。激波前后的气体压差越大，对应波前的速度越大，波后的速度越小。

式（5-16）和式（5-17）也可以写成马赫数表示的形式

$$Ma_1 = \frac{V_1}{c_1} = \sqrt{1 + \frac{\kappa+1}{2\kappa}\left(\frac{p_2}{p_1}-1\right)} \qquad （5-18）$$

$$Ma_2 = \frac{V_2}{c_2} = \sqrt{1 + \frac{\kappa+1}{2\kappa}\left(\frac{p_1}{p_2}-1\right)} \qquad （5-19）$$

图 5-25 所示为激波前后气流的马赫数随压比的变化情况，当压比接近 1 时，激波是弱压缩波，波速等于声速，激波前后的马赫数都为 1。随着压比的增加，激波前马赫数增大并在理论上可以趋于无穷大，而激波后马赫数则随着压比的增加而减小，最后趋于一个极限值，这个极限值对应激波前气流的马赫数为无穷大，相应地静压趋于 0，即 $p_1 = 0$，从而根据式（5-19）可以得出激波后的最小马赫数为

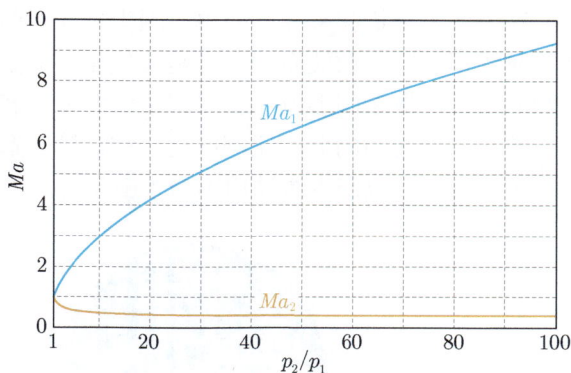

图 5-25　激波前后气流的马赫数随压比的变化情况

$$Ma_{2,\min} = \sqrt{1 - \frac{\kappa+1}{2\kappa}} = \sqrt{\frac{\kappa-1}{2\kappa}} \approx 0.378 \qquad （5-20）$$

5.3.2　激波的形成

激波本质上是一个跃升的压缩波，从高压区向低压区传播，波速相对于低压区是超声速的，所以有一种误解是激波需要有超声速运动才能产生。实际上，从波的传播来理解，

一个已经生成的激波的传播速度是超声速，但它的生成并不一定需要某种超声速运动，而只需要有跃升的压力间断面即可。

因此，我们可以把激波的形成分为两种情况，一种是先有压力间断面，另一种是先有超声速运动。对于静止空气中的压力间断面，其传播方向与波面垂直，气流的运动方向在压差的作用下也与波面垂直，这时产生的是正激波。如果是先有超声速运动，则激波的波面未必垂直于运动方向，出现正激波、斜激波或者曲面激波都有可能。

1. 压力间断面产生的激波

现在来看这样一种情况，如图 5-26 所示，一个恒压罐中装有压力（p_2）高于大气压（p_1）的压缩空气，连接一个排气管，管道中间用一个阀门封闭。假设阀门由一层理想的零厚度薄片构成，在阀门的前后就形成了一个压力间断面，不过由于阀门的隔绝，气体都处于静止状态。现在突然打开阀门，压力间断面形成一道激波，其向右传播的速度相对右侧的低压静止气体是超声速的。在激波向右运动的同时，左侧的高压气体从静止开始向右加速流动，静压下降，这个压力下降信息对应一系列膨胀波，以声速向上游传播，进入恒压罐并使恒压罐与排气管相接处气体压力降低。向右传播的激波到达出口后形成一个扩张的球面波，并在扩张的过程中变为弱压缩波直至消散，最终形成定常的射流。整个过程如图 5-27 所示。只要恒压罐中的气体压力与大气压之比小于临界压比，最终的流动就是亚声速的，不存在激波，激波只在一开始的时候由高低压气体交界面的压力间断初始条件产生。

这个例子分析起来并不简单，因为打开阀门后形成的激波前后压差是未知的，与初始静止时并不相同。激波右侧一直是大气压，但激波左侧的气体压力下降了，下降的压力与左侧的高压气体之间形成了膨胀波，激波和膨胀波的压差加起来等于初始状态时的压差，而压差在两者之间的分配比例则比较难计算（这个问题将在第 7 章进行更为详细的分析与计算）。有一种只产生激波而不产生膨胀波的方法，具体如下。

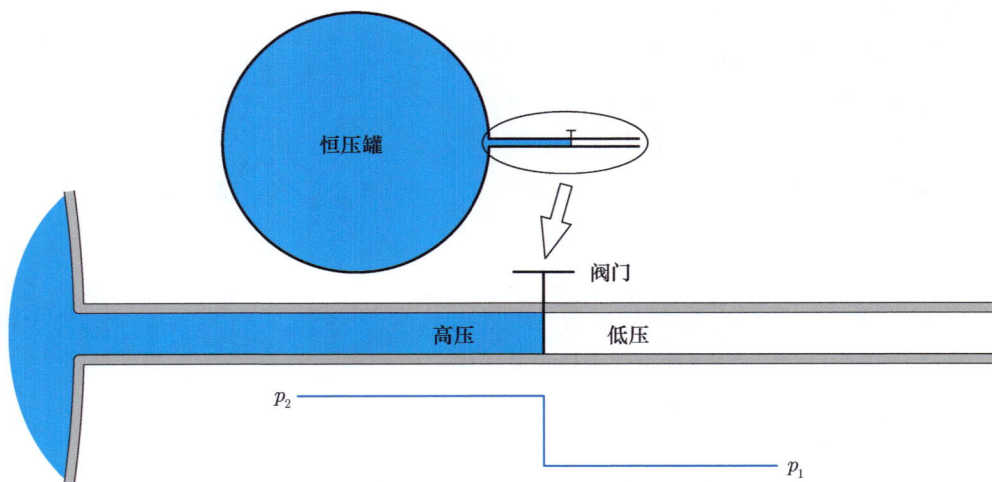

图 5-26　恒压罐的排气管用阀门隔开在当地形成压差

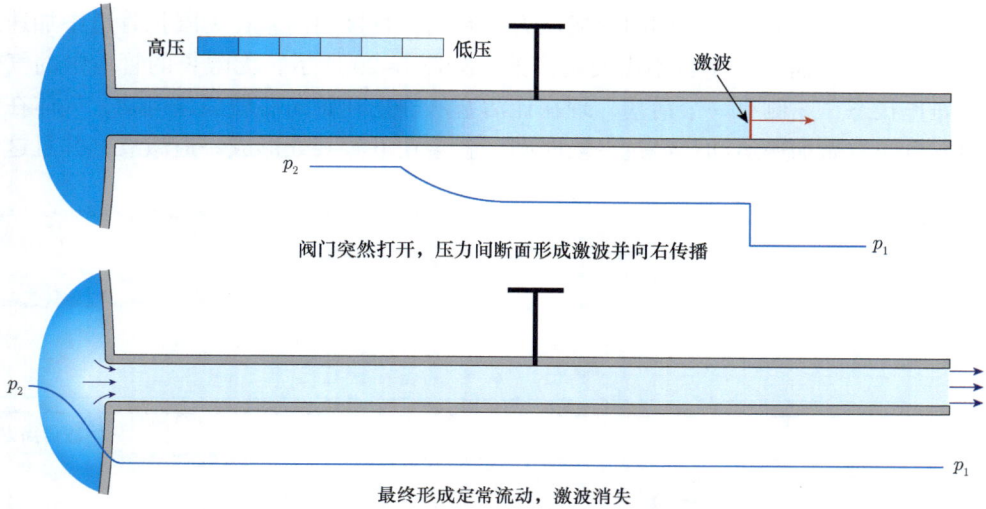

高压　低压
激波
p_2
p_1
阀门突然打开，压力间断面形成激波并向右传播

p_2
p_1
最终形成定常流动，激波消失

图 5-27　阀门突然打开形成的激波

如图 5-28 所示，管道左侧是一个活塞，管道右侧无限长。突然打开阀门的同时，让活塞以和气体一样的速度向右运动，经过短暂的调整期后，活塞和左侧的高压气体一起匀速向右运动，高低压气体交界面和活塞保持同样的速度，激波则以更快的速度向右传播，远离活塞，右侧原本静止的空气被激波压缩后跑到激波左侧，也以与活塞一样的速度运动。只要管道无限长，这种状态就可以一直持续下去，激波前后的压差保持不变，激波的波速也保持是匀速的，以激波为参照系，气体是定常流动，从右侧进，从左侧出。

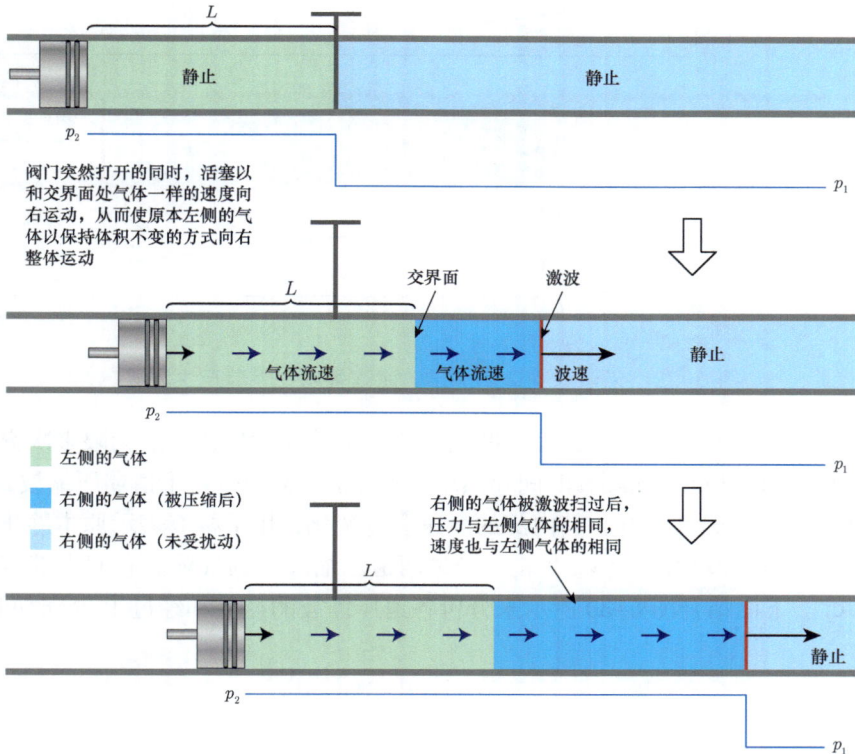

L
静止　静止
p_2
p_1

阀门突然打开的同时，活塞以和交界面处气体一样的速度向右运动，从而使原本左侧的气体以保持体积不变的方式向右整体运动

L
交界面　激波
气体流速　气体流速　波速　静止
p_2
p_1

左侧的气体
右侧的气体（被压缩后）
右侧的气体（未受扰动）

右侧的气体被激波扫过后，压力与左侧气体的相同，速度也与左侧气体的相同

L
静止
p_2
p_1

图 5-28　把恒压罐换成活塞且管道右侧无限长可形成定常激波

219

实际上，并不需要事先用阀门形成压力间断面，直接用活塞在无限长管道中加速运动就可以产生激波，而且活塞也不需要超声速。如图 5-29 所示，无限长的管道中的气体原本处于静止状态，左侧有一个活塞，现在让活塞从静止开始向右做加速运动，气体在活塞的推动下也向右做加速运动，经过一段时间，就会在下游某处形成一道激波，并且这道激波会越来越强，速度也越来越快。

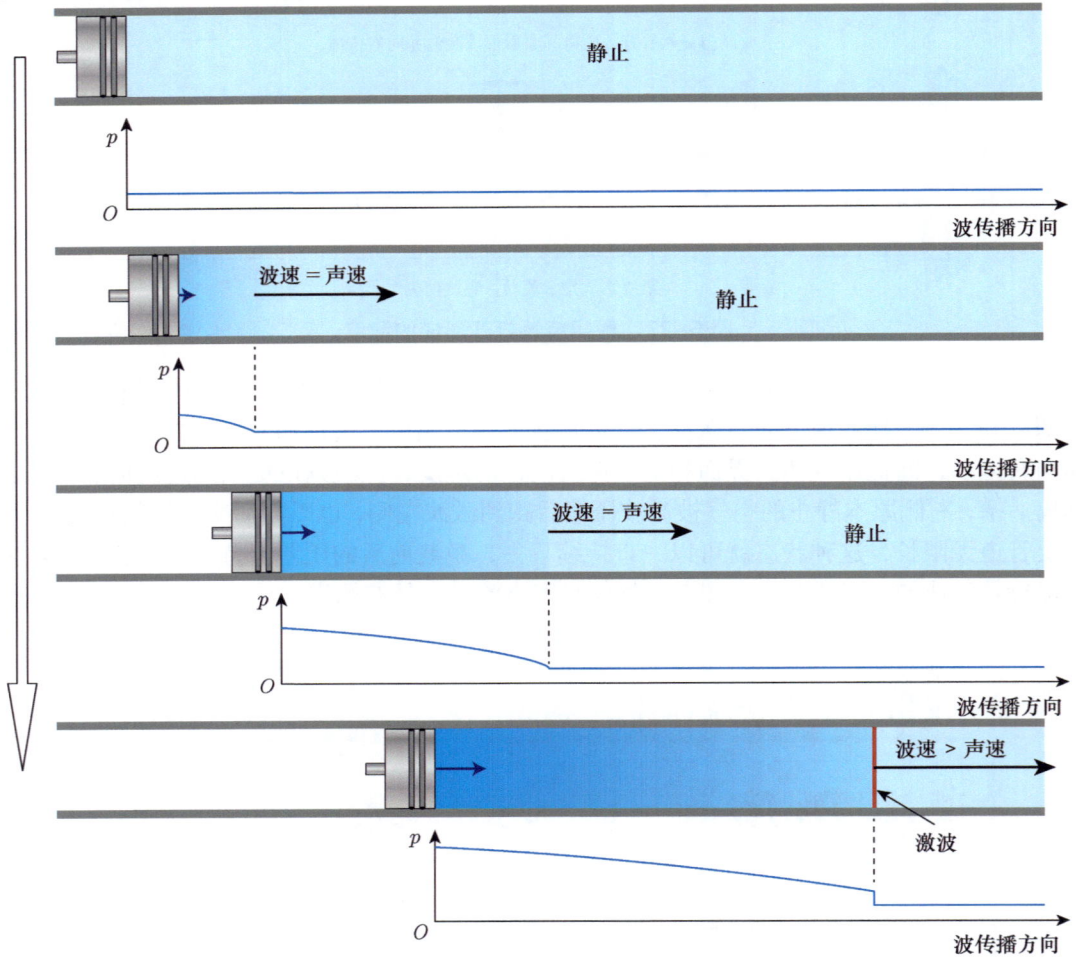

图 5-29　无限长管道内加速的活塞可以在下游产生激波

为了便于分析，我们把这个过程离散化，让活塞的连续加速变成无限多次突然发生的微小加速，即活塞的速度每间隔 δt 时间突然增加 δV，于是会产生若干道弱压缩波，如图 5-30 所示。气体在压缩后温度上升，其内部的声速会有变化，用下标 0 表示原本静止的气体，1 表示经过一道压缩波后的气体，2 表示经过两道压缩波后的气体。它们内部声速的关系为 $c_0 < c_1 < c_2$。下面结合图 5-30 所示来分析各道压缩波的速度和经过了 $3\delta t$ 时间后各压缩波的位置。

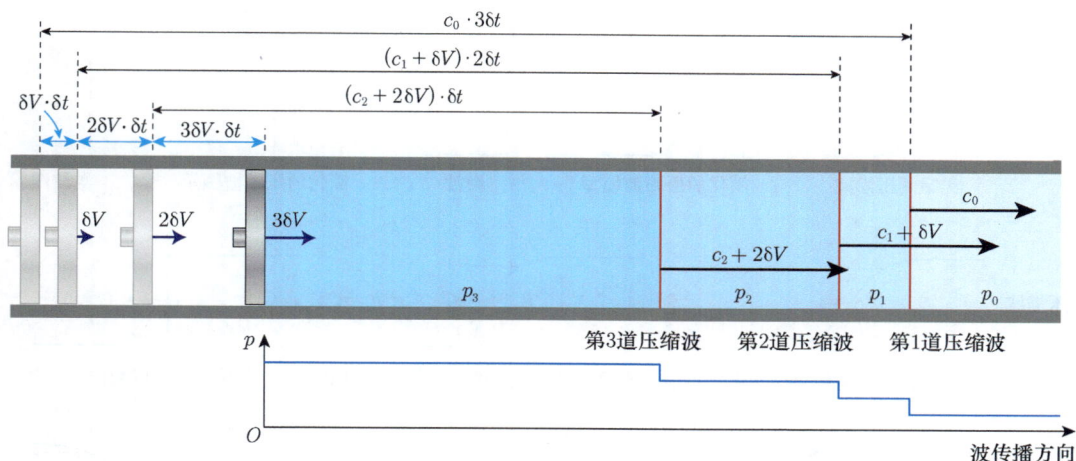

图 5-30　活塞经过 3 次突然加速后产生的 3 道压缩波的速度和位置

第 1 次加速：活塞的速度从 0 突然增加到 δV，在此后的 δt 时间内，活塞保持 δV 的运动速度，移动了 $\delta V \cdot \delta t$ 的距离；从活塞出发的第 1 道压缩波以声速 c_0 运动，在这段时间内移动了 $c_0 \cdot \delta t$ 的距离。

第 2 次加速：活塞的速度从 δV 突然增加到 $2\delta V$，在此后的 δt 时间内，活塞保持 $2\delta V$ 的运动速度，移动了 $2\delta V \cdot \delta t$ 的距离；从活塞出发的第 2 道压缩波以声速 c_1 运动，叠加气体本来的速度 δV，在这段时间内移动了 $(c_1 + \delta V) \cdot \delta t$ 的距离，这时第 1 道压缩波又移动了 $c_0 \cdot \delta t$ 的距离。

第 3 次加速：活塞的速度从 $2\delta V$ 突然增加到 $3\delta V$，在此后的 δt 时间内，活塞保持 $3\delta V$ 的运动速度，移动了 $3\delta V \cdot \delta t$ 的距离；从活塞出发的第 3 道压缩波以声速 c_2 运动，叠加气体本来的速度 $2\delta V$，在这段时间内移动了 $(c_2 + 2\delta V) \cdot \delta t$ 的距离，这时第 1 道压缩波又移动了 $c_0 \cdot \delta t$ 的距离，第 2 道压缩波又移动了 $(c_1 + \delta V) \cdot \delta t$ 的距离。

这样，经过了 $3\delta t$ 的时间后，3 道压缩波的位置如图 5-30 所示。每一道后出发的压缩波的波速都比之前压缩波的波速要快一些，所以早晚会追上前面的波，追上之后两道压缩波会合在一起形成较强的压缩波，波速比最开始的压缩波的波速要快，相对于未受扰动的静止空气，这个波速就比声速快了。如果活塞保持最后的速度运动，并且管道无限长，之前的若干道弱压缩波就会堆叠成为激波，并且这个激波可以保持自身的强度和速度。如果活塞持续地加速下去，激波的强度就会越来越大，速度就会越来越快。

压缩波可以汇聚成激波的本质原因是受压缩后的气体温度升高，声速变大。虽然每一道弱压缩波都是以当地的声速传播的，但越后面的压缩波速度越大。如果是膨胀波，则越后面的波速越小，原本的强膨胀波也会逐渐散开。图 5-30 所示的这种用离散的压缩波来分析问题的方式只能是理论上的，实际上活塞的速度不可能突然改变，加速是连续的，因此也就不会产生离散的很多道压缩波，而是产生图 5-29 中的一片压缩区。图 5-31 所示为几种连续的波形在向下游传播过程中的变化趋势，总体来说，压力高的地方波速快，压力低的地方波速慢，所以压缩区最终会堆积成一道激波，膨胀区会散开。

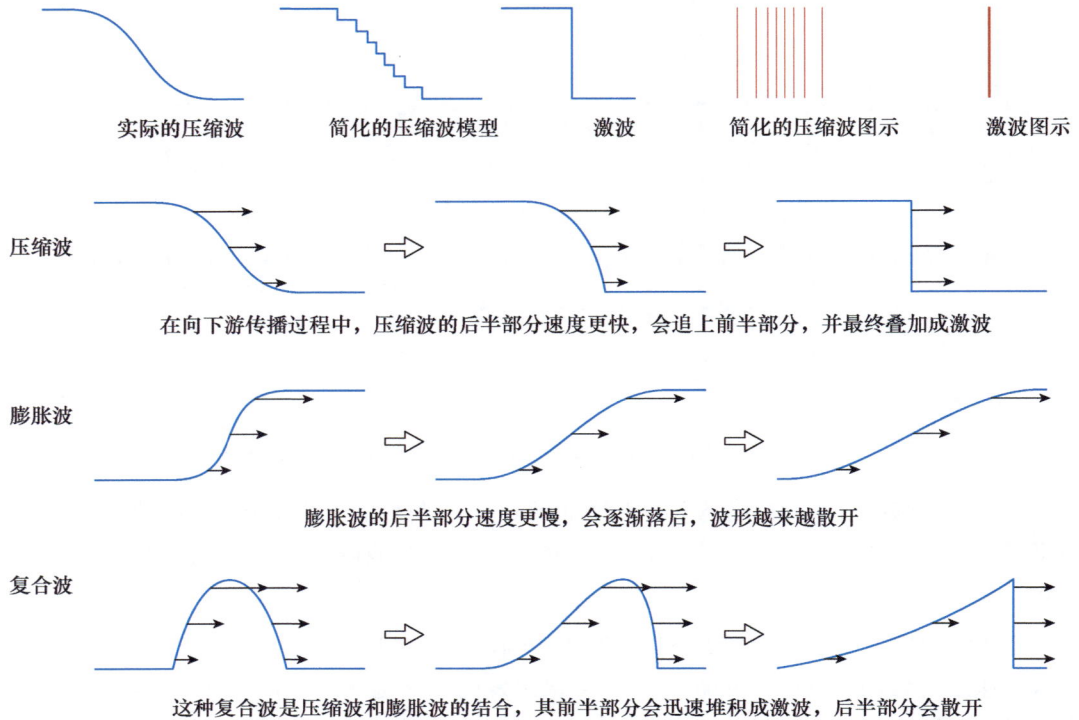

实际的压缩波　简化的压缩波模型　激波　简化的压缩波图示　激波图示

压缩波

在向下游传播过程中，压缩波的后半部分速度更快，会追上前半部分，并最终叠加成激波

膨胀波

膨胀波的后半部分速度更慢，会逐渐落后，波形越来越散开

复合波

这种复合波是压缩波和膨胀波的结合，其前半部分会迅速堆积成激波，后半部分会散开

图 5-31　几种连续的波形在向下游传播过程中的变化趋势

这种活塞加速的模型到底是只具有理论意义的数学模型和思想实验，还是可以实用化来产生激波的装置呢？为了回答这个问题，我们先来推导从活塞开始加速到激波形成所需的时间以及激波的位置。

假设管内气体初始压力为 p_0，相应的声速为 c_0，气体的绝热指数为 κ，活塞的加速度为 a，采用图 5-30 所示的离散模型来推导，认为当第 2 道压缩波追上第 1 道压缩波时代表激波开始生成。当间隔时间 δt 趋于无穷小时，离散模型就是实际的恒加速情况。

先推导声速随压力的变化关系，由等熵关系式 $p/\rho^{\kappa}=C$（C 为常数）得

$$\rho=\left(\frac{p}{C}\right)^{1/\kappa}$$

将其代入声速公式 $c=\sqrt{\kappa p/\rho}$，得

$$c=\sqrt{\kappa C^{\frac{1}{\kappa}}p^{\frac{\kappa-1}{\kappa}}}$$

对压力求导

$$\frac{\mathrm{d}c}{\mathrm{d}p}=\frac{1}{2}\left(\kappa C^{\frac{1}{\kappa}}p^{\frac{\kappa-1}{\kappa}}\right)^{-\frac{1}{2}}\cdot\kappa C^{\frac{1}{\kappa}}\cdot\frac{\kappa-1}{\kappa}p^{-\frac{1}{\kappa}}=\frac{\kappa-1}{2\kappa p}\left(\kappa\frac{p}{\rho}\right)^{\frac{1}{2}}=\frac{(\kappa-1)c}{2\kappa p}$$

于是有

$$\frac{\mathrm{d}c}{c}=\frac{(\kappa-1)}{2\kappa}\cdot\frac{\mathrm{d}p}{p} \tag{5-21}$$

如图 5-32 所示，当活塞加速时，它和压缩波之间的流体受压，压力升高。两个压缩波之间的时间间隔为 $\mathrm{d}t$，距离间隔为 $c\mathrm{d}t$，这段空气柱右侧的运动速度是 V，左侧的运动速度则由于活塞的推动变为 $V+\mathrm{d}V$，所以在 $\mathrm{d}t$ 时间内这段空气缩短了 $\mathrm{d}V\mathrm{d}t$，体积的变化量是 $A\mathrm{d}V\mathrm{d}t$。根据等熵压缩关系式，可以得出体积变化与压力变化之间的关系为

$$\frac{\mathrm{d}p}{p}=\kappa\frac{\mathrm{d}\rho}{\rho}=\kappa\left(-\frac{\mathrm{d}B}{B}\right)=\kappa\left(\frac{\mathrm{d}V\mathrm{d}t}{c\mathrm{d}t}\right)$$

从而有

$$\frac{\mathrm{d}p}{p}=\kappa\frac{\mathrm{d}V}{c} \tag{5-22}$$

把式（5-22）代入式（5-21），可得

$$\mathrm{d}c=\frac{\kappa-1}{2}\mathrm{d}V \tag{5-23}$$

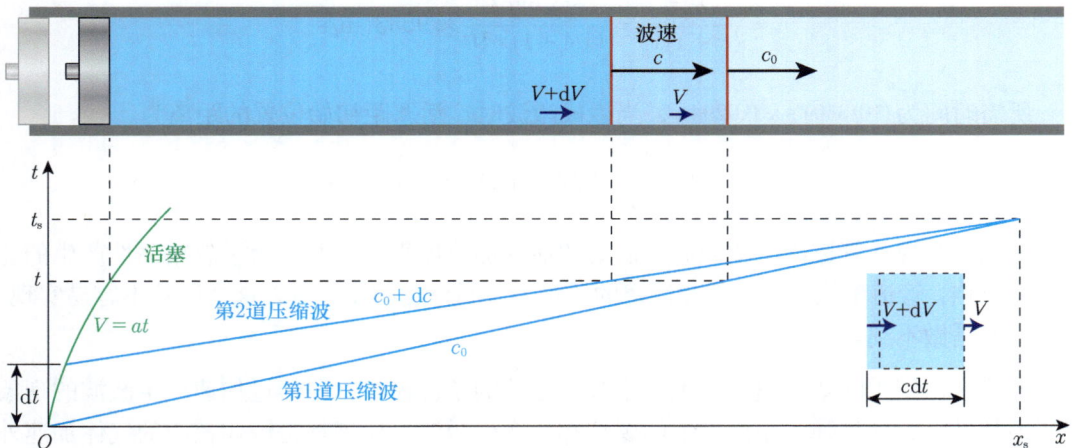

图 5-32　管内激波生成条件的推导

这样就得到了波速变化与流速变化之间的关系，现在来看第 2 道压缩波追上第 1 道压缩波的时间。以活塞刚从静止开始加速时与气体接触面为原点，第 1 道压缩波在时间 t 后所在的位置为 c_0t，第 1 道压缩波后面的声速为

$$c = c_0 + \mathrm{d}c = c_0 + \frac{\kappa-1}{2}\mathrm{d}V = c_0 + \frac{\kappa-1}{2}a\mathrm{d}t$$

第 2 道压缩波的速度为当地声速与气体本身运动速度的叠加，即

$$a\mathrm{d}t + c_0 + \frac{\kappa-1}{2}a\mathrm{d}t = c_0 + \frac{\kappa+1}{2}a\mathrm{d}t$$

设经过时间 t_s 后，第 2 道压缩波追上第 1 道压缩波，第 1 道压缩波经过时间 t_s 内走过的距离为 $c_0 t_s$，第 2 道压缩波比第 1 道压缩波晚 $\mathrm{d}t$ 时间出发，且第 2 道压缩波出发时，活塞已经走过的距离为 $a(\mathrm{d}t)^2/2$，从而可得

$$c_0 t_s = \left(c_0 + \frac{\kappa+1}{2}a\mathrm{d}t\right)(t_s - \mathrm{d}t) - \frac{1}{2}a(\mathrm{d}t)^2$$

上式中忽略掉二阶小量后，可得

$$t_s = \frac{2c_0}{(\kappa+1)a} \tag{5-24}$$

这就是开始形成激波所需的时间，此时激波与原点的距离为

$$x_s = c_0 t_s = \frac{2c_0^2}{(\kappa+1)a} \tag{5-25}$$

假设我们现在要建一个装置来做这个试验，管道长 10 m，常温的空气中声速为 340 m/s，要在管道末端生成激波，所需的活塞加速度为

$$a = \frac{2c_0^2}{(\kappa+1)x_s} = \frac{2\times340^2}{(1.4+1)\times10} \approx 9633\left(\mathrm{m/s^2}\right)$$

所需时间为 $(10/340)\,\mathrm{s} \approx 0.0294\,\mathrm{s}$，当生成激波时，活塞距初始位置的距离为

$$s = \frac{1}{2}at^2 \approx \frac{1}{2}\times9633\times0.0294^2 \approx 4.16\,(\mathrm{m})$$

可见，要想在管道内生成激波，需要的活塞加速度很大，并且为了忽略黏性产生的边界层的影响，管道不能太细，因此活塞的质量不容易做得很小，所以这个试验不容易实现，但也并不是做不到。

虽然这种使用活塞加速来产生一维管道激波的条件较难，但通过加速产生激波的现象其实很常见，大到核弹、小到鞭炮的爆炸都会产生激波，原理都是爆炸核心的气体加速外扩。只不过这种爆炸波不是单纯的压缩波，还包含膨胀波，而且是三维球面扩张的。图 5-33 所示为爆炸波的形成和传播情况。爆炸刚发生时，内核压力最高，随着气体外扩，会形成一层气泡一样的高压区，由于气体惯性外扩而在内核出现一个低压区。"气泡层"向外扩张，波前部的压缩区堆积成激波，后部的膨胀区则散开并回填内核的低压区。在之后的球面扩张中，爆炸波后的压力在膨胀作用下减小，波前后的压差减小，其前部的激波强度迅

速衰减,最后衰减为耳朵可以接受的弱压缩波。我们在远处听到的爆炸声一般是这种弱压缩波,或者很弱的激波。如果我们距离爆炸中心太近,则会听到较强的激波,这种剧烈的压力变化将对耳朵造成伤害。

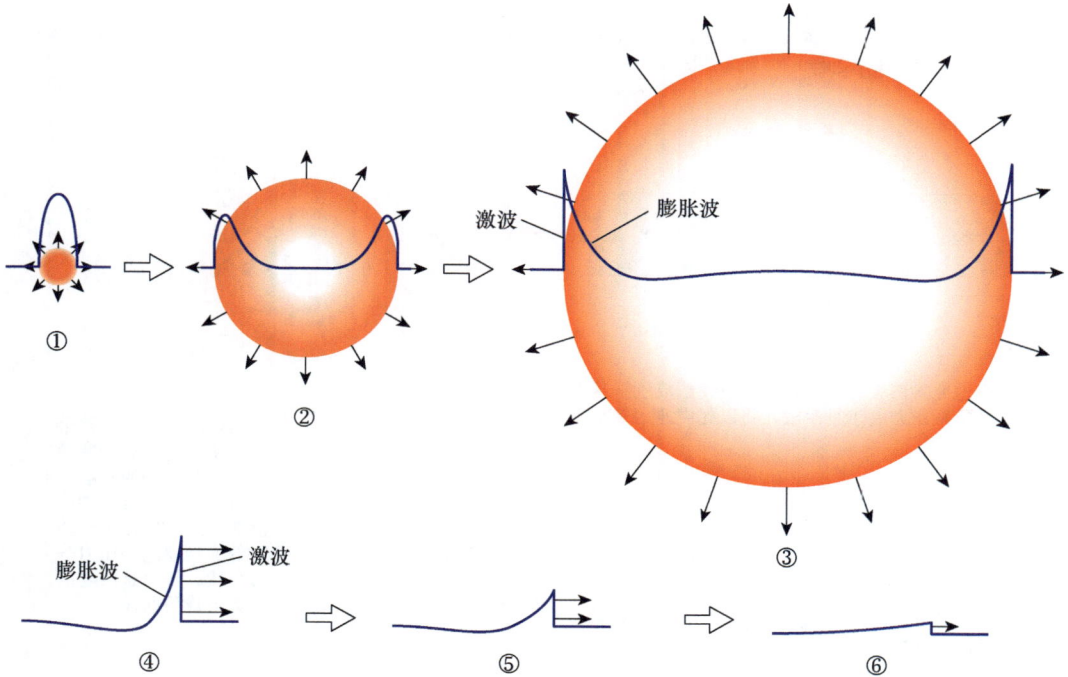

图 5-33 爆炸波的形成和传播情况

这里使用了基本流动关系来求解激波的位置,这种方法较容易理解,但不够严谨,也不适合求解更复杂的问题。这种一维非定常波的问题适合使用时空特征线法来求解,也称为黎曼问题的求解,在本书的第 7 章将介绍这类问题的经典求解方法。

2. 超声速运动产生的激波

在管内加速的活塞产生的激波速度总是大于活塞的速度,因此激波与活塞之间的距离一直在增加。现在假设一开始有管道限制,并且已经在活塞前方形成了一道激波,然后让管道突然消失,而活塞保持加速。因为激波和活塞之间的气体是被压缩过的,压力比四周高,将四下散开,使激波强度迅速减弱,退化为弱压缩波。弱压缩波以声速运动,速度仍然比活塞快,它和活塞之间的气体会继续逃散,最后弱压缩波也会消失掉,形成的流动只在活塞前部附近有一个小的高压区,压力从这个高压区向外逐渐降低,不会形成阶跃压力波,也就无法保持稳定的激波,整个过程如图 5-34 所示。

当这个活塞持续地加速,最后达到了超声速时,其前面的部分气体来不及"逃走"(因为气体靠自身压力逃走的速度是声速),被压缩在了一起。压在一起的气体压力升高,与前方尚未被压缩的气体之间形成阶跃压力波,就是激波。如果这时活塞开始以固定的超声速运动，则激波的速度会与活塞运动速度相等，形成稳定在活塞前部的激波。

① 加速的活塞产生了激波

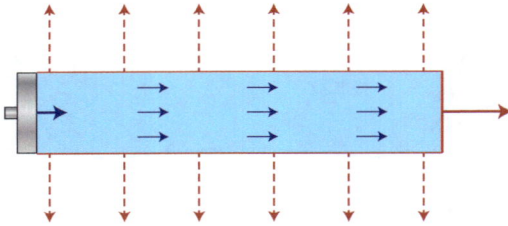

② 若管道突然消失，在原管壁的位置形成阶跃压力波，这个阶跃压力波也是激波，将以超声速向外扩张

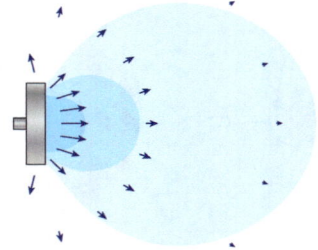

④ 最后，激波消散，整个流场中只有靠近活塞的地方受其推动的影响压力有所升高。这是物体以亚声速在气体中运动时的典型速度和压力分布形式，压力是渐变的，不会形成阶跃波

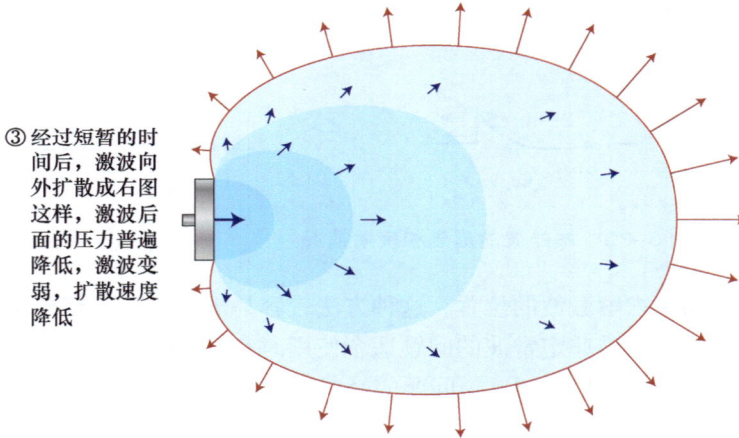

③ 经过短暂的时间后，激波向外扩散成右图这样，激波后面的压力普遍降低，激波变弱，扩散速度降低

图 5-34　自由空间中以亚声速运动的物体无法保持稳定的激波

　　激波之所以会稳定在物体前部某个距离而不会被物体追上或者把物体落下，可以用图 5-35 所示来解释。如果激波的速度比物体的速度大而远离物体，由于物体前部的亚声速区的压力分布规律是，越远离物体，气体的压力越低，所以远离的激波其后部的压力会降低，使得激波强度减小，传播速度减小，于是激波会向物体靠近。同理，如果激波的速度比物体的速度小而靠近物体，则激波后部的压力会升高，使得激波强度增大，传播速度增大，于是激波会远离物体。所以，激波和物体之间的距离，与物体运动的马赫数和物体前端的形状都有关，马赫数决定了激波的压升，物体前端的形状则影响了当地亚声速区的压力分布，从而决定了波后的压力。

　　如果物体前端是尖的，则气流在前端附近速度并不会滞止到零，压力升高也很有限，不满足前述激波稳定的条件。即使在物体前方已经存在一道正激波，其后面的高压区也会消散，使激波减弱并被物体追上，形成贴在前缘的激波，这个激波是向后倾斜的，是斜激波，其倾斜的角度与物体前缘的楔形角以及运动速度都有关。

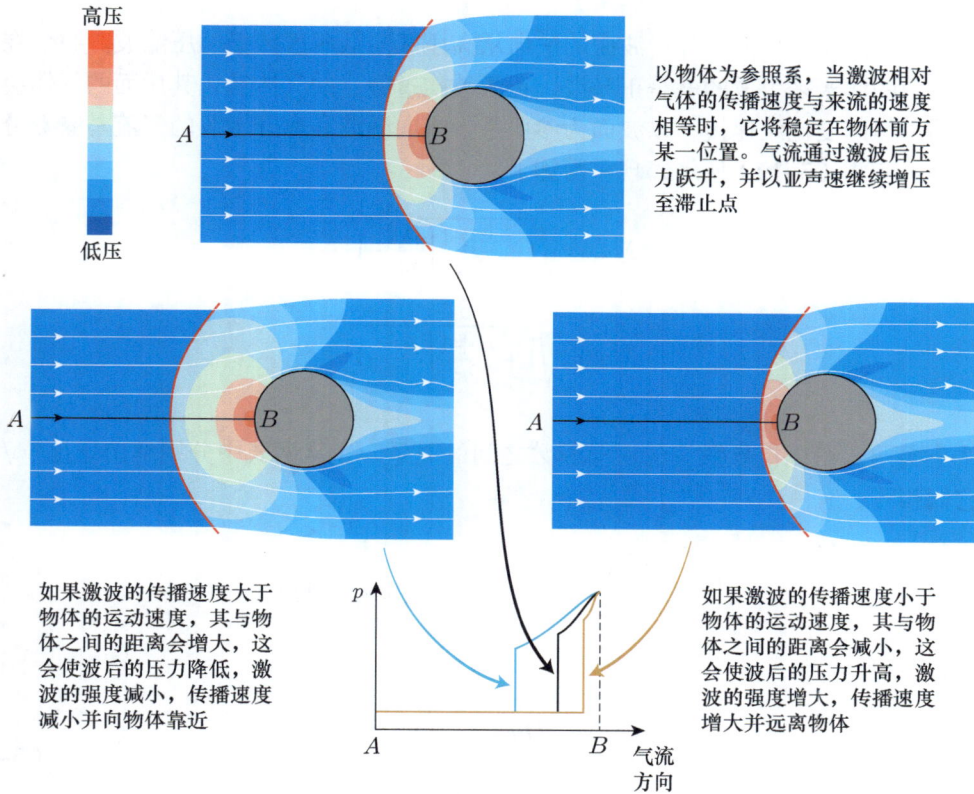

高压

低压

以物体为参照系，当激波相对气体的传播速度与来流的速度相等时，它将稳定在物体前方某一位置。气流通过激波后压力跃升，并以亚声速继续增压至滞止点

如果激波的传播速度大于物体的运动速度，其与物体之间的距离会增大，这会使波后的压力降低，激波的强度减小，传播速度减小并向物体靠近

如果激波的传播速度小于物体的运动速度，其与物体之间的距离会减小，这会使波后的压力升高，激波的强度增大，传播速度增大并远离物体

图 5-35　激波会稳定在超声速运动的物体前某一位置与物体一起运动

图 5-36 所示为飞机和导弹前部的附体激波，相应地，图 5-35 中的激波则称为弓形激波，是一种脱体激波。实际流动中什么情况下出现脱体激波，什么情况下出现附体的斜激波，是可以通过计算来判断的，这需要先对激波前后的气流参数进行定量的研究，我们先讨论这些关系，之后再继续讨论斜激波和脱体激波的产生条件。

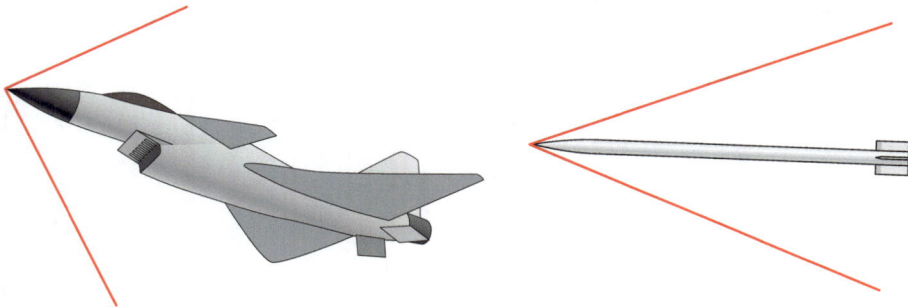

图 5-36　飞机和导弹前部的附体激波

5.3.3　正激波前后的气流参数关系

1. 马赫数的变化

正激波是波面为平面，并沿波面的法向从高压区向低压区传播的压缩波。我们在前面用管内加速的活塞来生成的就是正激波，正激波扫过静止的气体后，其后面的气体会跟随激波运动，但速度比波速慢。以波面为参照系，流向激波和离开激波的气流马赫数分别如式（5-18）和式（5-19）所示，现重写如下

$$Ma_1 = \sqrt{1 + \frac{\kappa+1}{2\kappa}\left(\frac{p_2}{p_1} - 1\right)}$$

$$Ma_2 = \sqrt{1 + \frac{\kappa+1}{2\kappa}\left(\frac{p_1}{p_2} - 1\right)}$$

从上面两式可以推导激波前后马赫数之间的关系，先从两式中分别解出压比 p_2/p_1，再令它们相等，有

$$\frac{2\kappa}{\kappa+1}\left(Ma_1{}^2 - 1\right) + 1 = \frac{1}{\frac{2\kappa}{\kappa+1}\left(Ma_2{}^2 - 1\right) + 1}$$

整理可得

$$Ma_2{}^2 = \frac{Ma_1{}^2 + \frac{2}{\kappa-1}}{\frac{2\kappa}{\kappa-1}Ma_1{}^2 - 1} \tag{5-26}$$

Ma_1 与 Ma_2 的关系可参见前面的图 5-25。

2. 朗金 - 雨贡纽关系式

在 5.3.1 小节推导激波的波速时，已经得出了激波前后气流密度比与压比之间的关系即式（5-15）。根据气体状态方程，还可以得出其他两个关系，这 3 个关系称为朗金 - 雨贡纽关系式，即式（5-27）～式（5-29）

$$\frac{\rho_2}{\rho_1} = \frac{\frac{\kappa+1}{\kappa-1}\frac{p_2}{p_1} + 1}{\frac{\kappa+1}{\kappa-1} + \frac{p_2}{p_1}} \tag{5-27}$$

$$\frac{p_2}{p_1} = \frac{\frac{\kappa+1}{\kappa-1}\frac{\rho_2}{\rho_1} - 1}{\frac{\kappa+1}{\kappa-1} - \frac{\rho_2}{\rho_1}} \tag{5-28}$$

$$\frac{T_2}{T_1}=\frac{\dfrac{\kappa-1}{\kappa+1}\dfrac{p_2}{p_1}+1}{\dfrac{\kappa-1}{\kappa+1}\dfrac{p_1}{p_2}+1} \tag{5-29}$$

朗金－雨贡纽关系式表示了突跃绝热过程中气体参数的变化关系，这时的过程不是等熵的。我们知道等熵过程的气体参数之间也有固定的关系，即

$$\frac{p_2}{p_1}=\left(\frac{\rho_2}{\rho_1}\right)^{\kappa},\quad \frac{T_2}{T_1}=\left(\frac{\rho_2}{\rho_1}\right)^{\kappa-1},\quad \frac{T_2}{T_1}=\left(\frac{p_2}{p_1}\right)^{\frac{\kappa-1}{\kappa}}$$

突跃绝热过程的压比不能表示为密度比的指数关系，因此也不是多变过程。图 5-37 所示为等熵过程与突跃绝热过程的对比情况，两者在小压比情况下较为接近，当压比较大时，突跃绝热过程与等熵过程相差较大。大压比的情况下，等熵过程对应较大的压缩比，而突跃绝热过程则有一个压缩比上限。从式（5-27）可以得出这个压缩比上限为 $(\kappa+1)/(\kappa-1)$，若取 $\kappa=1.4$，则这个值为 6，即以突跃绝热的方式最多能把气体体积压缩为原体积的 1/6，而等熵过程则没有这个限制，理论上可以无限压缩气体。这

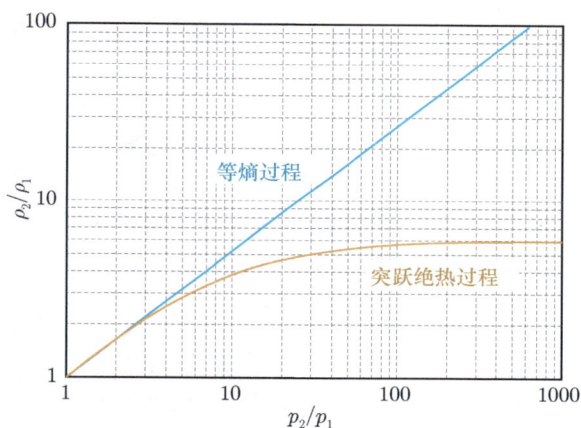

图 5-37　等熵过程与突跃绝热过程的对比情况

种差别的内在原因是，突跃绝热压缩中，有部分能量不可逆地变成了气体的内能，对于相同体积压缩比的情况，突变绝热过程的温升比等熵过程的大。因此，当激波的强度很大时，压升更多地由温升产生，而不是由体积减小产生，极限情况下，非常小的体积改变就能产生巨大的压升和温升。这种情况有点像用铁锤砸铁砧，两者变形都很小，但会产生很大的反弹力和温升。

在处理含有激波的流动问题时，比较常见的是已知激波前气流的马赫数，从式（5-26）就可以计算出激波之后的气流马赫数，激波前后的其他气流参数关系也都可以用波前的马赫数来表示，下面来推导这些关系。

3. 状态参数的变化

气流通过静止的激波时，没有与外部的能量交换，因此气流总温不变，即

$$T_{t,2}=T_{t,1} \tag{5-30}$$

利用马赫数关系式即式（5-26）和总静温关系式即式（4-38），可以由式（5-30）得

到激波前后的静温关系式

$$\frac{T_2}{T_1} = \frac{\left(1 + \frac{\kappa-1}{2} Ma_1^2\right)\left(\frac{2\kappa}{\kappa-1} Ma_1^2 - 1\right)}{\frac{(\kappa+1)^2}{2(\kappa-1)} Ma_1^2} \qquad (5\text{-}31)$$

在前面已经得到了激波前后压力的关系，根据式（5-18）可以解出

$$\frac{p_2}{p_1} = \frac{2\kappa}{\kappa+1} Ma_1^2 - \frac{\kappa-1}{\kappa+1} \qquad (5\text{-}32)$$

把式（5-31）和式（5-32）代入气体状态方程，可得密度的关系为

$$\frac{\rho_2}{\rho_1} = \frac{(\kappa+1) Ma_1^2}{2 + (\kappa-1) Ma_1^2} \qquad (5\text{-}33)$$

图 5-38 所示为激波前后气体参数的变化情况，可以看到气体经过激波时，其温比、压比和密度比都是增大的，其中密度比的理论最大值是$(\kappa+1)/(\kappa-1)$，而温比和压比理论上可以趋于无穷大。

激波产生的温升和压升是非常可观的，例如，马赫数为 2 的正激波可使气流的温度和压力分别变为原来的约 1.7 倍和 4.5 倍，马赫数为 5 的正激波可使气流的温度和压力分别变为原来的约 5.8 倍和 29 倍，马赫数为 15 的正激波可使气流的温度和压力分别变为原来的约 45 倍和 262

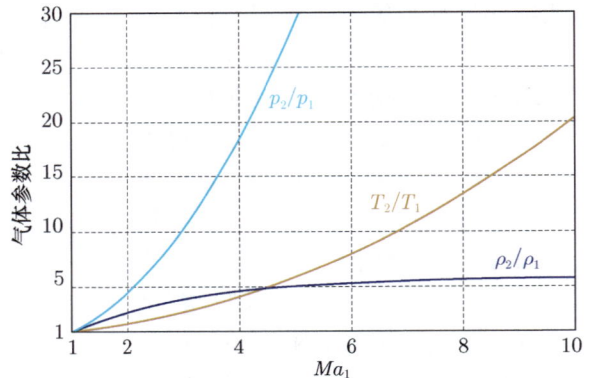

图 5-38　激波前后气体参数的变化情况

倍。不过，当马赫数较高时，气体偏离理想气体，这里的公式也将失效，要使用高超声速流动理论处理。

根据气体状态方程，并使用总温不变的关系，可以得到激波前后总压和总密度是同比变化的，即

$$\frac{p_{t,2}}{p_{t,1}} = \frac{\rho_{t,2}}{\rho_{t,1}}$$

由滞止参数的定义，有

$$\frac{p_{t,1}}{p_1} = \left(\frac{\rho_{t,1}}{\rho_1}\right)^{\kappa}, \quad \frac{p_{t,2}}{p_2} = \left(\frac{\rho_{t,2}}{\rho_2}\right)^{\kappa}$$

将这两个式子相除，得到

$$\frac{p_{t,2}}{p_{t,1}} = \frac{p_2}{p_1}\left(\frac{\rho_{t,2}}{\rho_{t,1}}\right)^{\kappa}\left(\frac{\rho_1}{\rho_2}\right)^{\kappa} = \frac{p_2}{p_1}\left(\frac{p_{t,2}}{p_{t,1}}\right)^{\kappa}\left(\frac{\rho_1}{\rho_2}\right)^{\kappa}$$

整理得到

$$\frac{p_{t,2}}{p_{t,1}} = \left(\frac{p_2}{p_1}\right)^{\frac{1}{1-\kappa}}\left(\frac{\rho_2}{\rho_1}\right)^{\frac{\kappa}{\kappa-1}}$$

把式（5-32）和式（5-33）代入上式，整理可得

$$\frac{p_{t,2}}{p_{t,1}} = \frac{\left[\dfrac{(\kappa+1)Ma_1^2}{2+(\kappa-1)Ma_1^2}\right]^{\frac{\kappa}{\kappa-1}}}{\left(\dfrac{2\kappa}{\kappa+1}Ma_1^2 - \dfrac{\kappa-1}{\kappa+1}\right)^{\frac{1}{\kappa-1}}} \tag{5-34}$$

4. 速度系数的变化

前面已经得出了激波前后马赫数的关系，把速度系数和马赫数的关系代入，就可以得出速度系数的关系。不过，速度系数是速度与临界声速的比值，而激波前后的临界声速是不变的，因此速度系数关系应该比马赫数关系更简单。在 4.6.3 小节我们推导过冲量函数 $z(\lambda)$，使用它可以较为方便地得到速度系数的关系。

气流通过激波的过程只受压差的作用，因此冲量守恒，即

$$\dot{m}V + pA = \frac{\kappa+1}{2\kappa}\dot{m}c_{cr}z(\lambda) = \text{Const}$$

流量和临界声速都保持不变，所以冲量函数守恒，即

$$z(\lambda_1) = z(\lambda_2)$$

把冲量函数的关系式代入，有

$$\lambda_1 + \frac{1}{\lambda_1} = \lambda_2 + \frac{1}{\lambda_2}$$

满足上式的情况有两种，分别为 $\lambda_2 = \lambda_1$ 和 $\lambda_2 = 1/\lambda_1$。显然 $\lambda_2 = \lambda_1$ 对应没有激波的情况，而 $\lambda_2 = 1/\lambda_1$ 对应有激波的情况，从而得到激波前后的速度系数关系为

$$\lambda_1\lambda_2 = 1 \tag{5-35}$$

从这里的推导还可以得出一个结论：对于等截面定常无黏绝热管流来说，流动只存在两种可能，即流速保持不变，或者存在正激波且正激波前后的速度系数互为倒数。

由式（5-35）还可以得出

$$V_1 V_2 = c_{cr}^2 \qquad\qquad (5-36)$$

临界声速是气流等熵加速或减速到声速时的速度，激波前后的总温相等，所以等熵加减速到声速时的温度相同，临界声速也就相同。

如果把式（5-11）和式（5-12）代入式（5-36），可得

$$c_{cr} = \sqrt{\frac{p_2 - p_1}{\rho_2 - \rho_1}} \qquad\qquad (5-37)$$

可以看到，这就是弱压力波的传播速度（即声速）

$$c = \sqrt{\frac{p_2 - p_1}{\rho_2 - \rho_1}}$$

对于弱扰动如声波，波前后的气流速度都是声速，都等于临界声速。而对于强扰动如激波，波前的气流速度是超声速，波后的气流速度是亚声速，且波前的声速较低，而波后的声速较高，但波前波后的临界声速仍然与弱扰动时的临界声速表达式相同，相当于把气流通过激波的流动看成等熵时的波速。

5.3.4 斜激波的形成

在 5.3.2 小节的末尾提到，具有尖锐前缘的物体在超声速运动时会产生斜激波，原因是这样的物体前缘附近不存在驻点，没有明显的压升，也就不具备产生正激波的条件。在 5.2 节中讨论膨胀波和压缩波时也提到过斜激波，当时说斜激波是壁面转折角产生的，向外的转折角产生一系列膨胀波，向内的转折角则会产生一道斜激波。其实上面这两节讲述的斜激波的产生原理是相同的，都是超声速气流突然转折。如图 5-39 所示，当均匀流动的气体遇到楔形体时，会被分成两部分，分别沿楔形体上表面和下表面流动。这两部分是对称的，取一半来研究，就相当于沿平面流动的气体遇到一个突然的转折角。

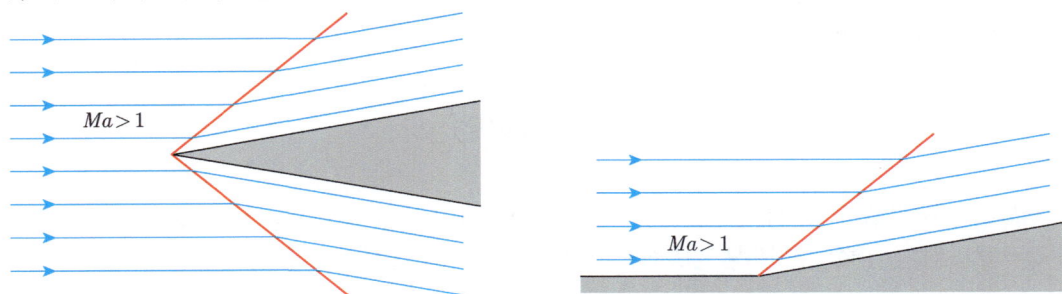

（a）楔形体产生的斜激波 　　　　　　　　（b）内转折角产生的斜激波

图 5-39 楔形体产生斜激波的原理与壁面内转折角的相同

如果单独观察激波本身，斜激波和正激波并无本质不同，都是流场中的压力间断面形

成的阶跃压力波，这个阶跃压力波的传播速度是超声速，传播方向垂直于波面，从高压区指向低压区。斜激波与正激波的不同点在于来流方向与波面不垂直，其垂直于波面的速度分量等于激波的传播速度，而平行于波面的速度分量对气体参数也有影响，所以要复杂一些。不同于弱扰动形成的马赫波，斜激波的倾斜角（激波角）并不等于马赫角，而是大于马赫角，原因是激波的传播速度是超声速，如图 5-40 所示。

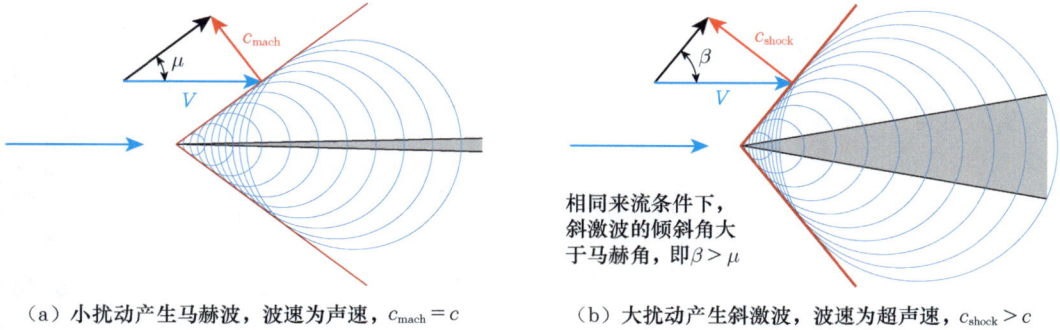

（a）小扰动产生马赫波，波速为声速，$c_{mach}=c$　　　（b）大扰动产生斜激波，波速为超声速，$c_{shock}>c$

图 5-40　斜激波的倾斜角不等于马赫角

在 5.2.3 小节我们给出了超声速气流经过一个外转折角时膨胀波的马赫角和气流转折角的计算方法，使用的是普朗特－迈耶函数，这种方法只适用于弱扰动波，并不适用于斜激波。斜激波的倾斜角不像马赫角那样只取决于来流马赫数，还与气流的转折角有关。下面将用和前面正激波中类似的方式，根据绝热过程的特性，使用三大方程来推导斜激波的关系式。

5.3.5　斜激波前后的气流参数关系

使用图 5-41 所示的流动模型来推导斜激波前后的气流参数关系。超声速气流在壁面内转折角 δ 的作用下产生一道斜激波，激波角为 β，气流经过斜激波后的转折角是 δ。把斜激波前后的气流速度 V_1 和 V_2 分别分解为沿斜激波法向 n 和切向 t 的分量，并取包含一段斜激波的薄片为控制体（如图 5-41 中虚线所示），分别沿斜激波的法向和切向列出三大方程，如下。

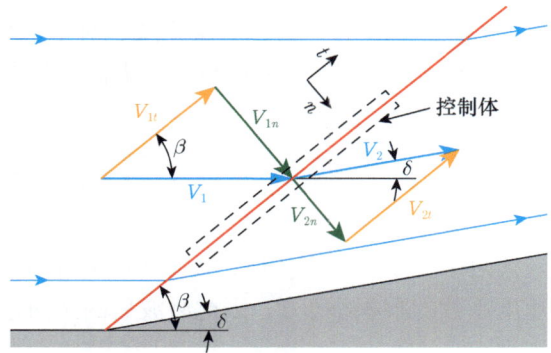

图 5-41　斜激波前后的气流参数推导模型

连续方程：

$$\rho_1 V_{1n} = \rho_2 V_{2n} \tag{5-38}$$

动量方程——法向：

$$p_1 - p_2 = \rho_2 V_{2n}^2 - \rho_1 V_{1n}^2 \tag{5-39}$$

动量方程——切向：

$$V_{1t} = V_{2t} \tag{5-40}$$

能量方程：

$$c_p T_1 + \frac{V_1^2}{2} = c_p T_2 + \frac{V_2^2}{2} \tag{5-41}$$

1. 速度系数的变化

在能量方程即式（5-41）的两侧引入理想气体状态方程和定压比热容关系，有

$$\frac{\kappa}{\kappa-1}\frac{p_1}{\rho_1} + \frac{V_1^2}{2} = \frac{\kappa}{\kappa-1}\frac{p_2}{\rho_2} + \frac{V_2^2}{2} = \frac{\kappa}{\kappa-1}RT_{\mathrm{t}} = \frac{\kappa+1}{2(\kappa-1)}c_{\mathrm{cr}}^2$$

从而可得

$$\frac{p_1}{\rho_1} = \frac{\kappa+1}{2\kappa}c_{\mathrm{cr}}^2 - \frac{\kappa-1}{2\kappa}V_1^2 \tag{5-42}$$

$$\frac{p_2}{\rho_2} = \frac{\kappa+1}{2\kappa}c_{\mathrm{cr}}^2 - \frac{\kappa-1}{2\kappa}V_2^2 \tag{5-43}$$

从连续方程即式（5-38）和法向动量方程即式（5-39）可得

$$V_{1n} - V_{2n} = \frac{p_2}{\rho_2}\frac{1}{V_{2n}} - \frac{p_1}{\rho_1}\frac{1}{V_{1n}}$$

把式（5-42）和式（5-43）代入上式，整理可得

$$V_{1n}V_{2n} = c_{\mathrm{cr}}^2 - \frac{\kappa-1}{\kappa+1}V_t^2 \tag{5-44}$$

式（5-44）称为普朗特关系式，对于正激波，$V_t = 0$，它就是之前得到的式（5-36）。将式（5-44）的左右两端同时除以临界声速的平方，可以得到激波前后法向速度系数关系为

$$\lambda_{1n}\lambda_{2n} = 1 - \frac{\kappa-1}{\kappa+1}\lambda_t^2 \tag{5-45}$$

对于正激波，$\lambda_t = 0$，激波前后的速度系数互为倒数；对于斜激波，激波前后的法向速度系数的乘积小于 1，因此激波后的法向速度一定是亚声速的。

2. 状态参数的变化

由普朗特关系式即式（5-44），有

$$\begin{aligned}
V_{1n}V_{2n} &= c_{\mathrm{cr}}^2 - \frac{\kappa-1}{\kappa+1}V_t^2 = \frac{2\kappa}{\kappa+1}RT_{\mathrm{t}} - \frac{\kappa-1}{\kappa+1}V_t^2 \\
&= \frac{2}{\kappa+1}c_1^2\left(1 + \frac{\kappa-1}{2}Ma_1^2\right) - \frac{\kappa-1}{\kappa+1}V_t^2 \\
&= \frac{2}{\kappa+1}c_1^2 + \frac{\kappa-1}{\kappa+1}V_1^2 - \frac{\kappa-1}{\kappa+1}V_t^2 \\
&= \frac{2}{\kappa+1}c_1^2 + \frac{\kappa-1}{\kappa+1}V_{1n}^2
\end{aligned}$$

两边同时除以 V_{1n}^2，得

$$\frac{V_{2n}}{V_{1n}} = \frac{2}{\kappa+1}\frac{c_1^2}{V_{1n}^2} + \frac{\kappa-1}{\kappa+1} = \frac{2}{(\kappa+1)Ma_1^2\sin^2\beta} + \frac{\kappa-1}{\kappa+1} \tag{5-46}$$

从连续方程（5-38）可知 $V_{2n}/V_{1n} = \rho_1/\rho_2$，代入式（5-46）并整理，可以得到斜激波前后的密度比为

$$\frac{\rho_2}{\rho_1} = \frac{(\kappa+1)Ma_1^2\sin^2\beta}{2+(\kappa-1)Ma_1^2\sin^2\beta} \tag{5-47}$$

根据动量方程和气体状态方程，可得

$$\frac{p_2}{p_1} = 1 + \frac{\rho_1 V_{1n}^2 - \rho_2 V_{2n}^2}{p_1} = 1 + \frac{\rho_1}{p_1}V_{1n}^2\left(1-\frac{V_{2n}}{V_{1n}}\right) = 1 + \kappa Ma_1^2\sin^2\beta\left(1-\frac{V_{2n}}{V_{1n}}\right)$$

把式（5-46）代入上式，可以得到斜激波前后的压比为

$$\frac{p_2}{p_1} = \frac{2\kappa}{\kappa+1}Ma_1^2\sin^2\beta - \frac{\kappa-1}{\kappa+1} \tag{5-48}$$

由气体状态方程，有

$$\frac{T_2}{T_1} = \frac{p_2}{p_1}\cdot\frac{\rho_1}{\rho_2}$$

把式（5-47）和式（5-48）代入上式，可以得到斜激波前后的温比为

$$\frac{T_2}{T_1} = \frac{\left(1+\dfrac{\kappa-1}{2}Ma_1^2\sin^2\beta\right)\left(\dfrac{2\kappa}{\kappa-1}Ma_1^2\sin^2\beta-1\right)}{\dfrac{(\kappa+1)^2}{2(\kappa-1)}Ma_1^2\sin^2\beta} \tag{5-49}$$

利用前面推导正激波关系时已经得出的关系

$$\frac{p_{t,2}}{p_{t,1}} = \left(\frac{p_2}{p_1}\right)^{\frac{1}{1-\kappa}}\left(\frac{\rho_2}{\rho_1}\right)^{\frac{\kappa}{\kappa-1}}$$

把式（5-47）和式（5-48）代入上式，整理可以得到斜激波前后的总压比为

$$\frac{p_{t,2}}{p_{t,1}} = \frac{\left[\dfrac{(\kappa+1)Ma_1^2\sin^2\beta}{2+(\kappa-1)Ma_1^2\sin^2\beta}\right]^{\frac{\kappa}{\kappa-1}}}{\left(\dfrac{2\kappa}{\kappa+1}Ma_1^2\sin^2\beta-\dfrac{\kappa-1}{\kappa+1}\right)^{\frac{1}{\kappa-1}}} \tag{5-50}$$

当激波角 $\beta = 90°$ 时，上面的这些关系式就对应正激波的关系式。另外，激波前的法向马赫数 $Ma_{1n} = Ma_1 \sin\beta$，从上面的几个关系式中可以看出，这些关系式中的马赫数都是以 $Ma_1 \sin\beta$ 的形式出现的，所以都可以写成 Ma_{1n}。这给了我们一个启示，就是气体经过斜激波后状态参数的变化只与波前的法向马赫数有关，在这些关系式中使用法向马赫数后，它们的形式和正激波关系式一致。因此，在计算斜激波参数时，也可以先计算出波前的法向马赫数，再使用正激波关系式计算。

3. 马赫数的变化

已知斜激波前后总温不变，利用总静温关系式，可得斜激波前后的温比为

$$\frac{T_2}{T_1} = \frac{T_2/T_t}{T_1/T_t} = \frac{1 + \dfrac{\kappa-1}{2}Ma_1^2}{1 + \dfrac{\kappa-1}{2}Ma_2^2}$$

把式（5-49）代入上式并整理，最后可得

$$Ma_2^2 = \frac{Ma_1^2 + \dfrac{2}{\kappa-1}}{\dfrac{2\kappa}{\kappa-1}Ma_1^2 \sin^2\beta - 1} + \frac{Ma_1^2 \cos^2\beta}{\dfrac{\kappa-1}{2}Ma_1^2 \sin^2\beta + 1} \qquad (5-51)$$

当激波角 $\beta = 90°$ 时，式（5-51）就是正激波的关系式即式（5-26）。

4. 气流转折角与激波角的关系

一个现实的问题是，气流经过斜激波后会朝斜激波方向偏转一个角度 δ，如何根据激波角 β 计算这个转折角 δ 呢？实际上，这个问题的已知条件常常是反过来的，气流遇到障碍物需要偏转一个角度 δ，所以才会产生一道角度为 β 的斜激波，如何根据转折角 δ 计算激波角 β 呢？前面的式（5-46）已经得出了斜激波前后法向速度之比，再利用切向速度相等的条件就可以计算出角度的关系。从图 5-41 所示进口的速度三角形分解中可以看出

$$\tan\beta = \frac{V_{1n}}{V_{1t}}$$

从出口的速度三角形分解中可以看出

$$\tan(\beta - \delta) = \frac{V_{2n}}{V_{2t}}$$

将上面两式相除，并注意到 $V_{1t} = V_{2t}$，得到的关系式与式（5-46）比较，有

$$\frac{\tan(\beta-\delta)}{\tan\beta} = \frac{2}{(\kappa+1)Ma_1^2 \sin^2\beta} + \frac{\kappa-1}{\kappa+1}$$

由三角学知识，有

$$\tan(\beta - \delta) = \frac{\tan\beta - \tan\delta}{1 + \tan\beta\tan\delta}$$

由上面两式整理得

$$\tan\delta = \frac{Ma_1^2\sin^2\beta - 1}{\left(\dfrac{\kappa+1}{2}Ma_1^2 - Ma_1^2\sin^2\beta + 1\right)\tan\beta} \qquad (5\text{-}52)$$

式（5-52）给出了来流马赫数、气流转折角和激波角之间的关系，已知任何两个可以求出第三个。当气流转折角 δ 无限接近于 0 时，由式（5-52）可以得出

$$\beta = \arcsin\frac{1}{Ma_1}$$

即激波角等于马赫角，意味着无限小的转折角是一种小扰动，激波蜕化为马赫波。

如果转折角不是突然转折的，而是有一定的圆角，则会产生一系列压缩波，这些压缩波相交后合成一道激波。每一道压缩波的角度可以用弱波的普朗特–迈耶函数即式（5-6）计算，而激波角用式（5-52）来计算。

图 5-42 所示给出了一种情况，来流马赫数为 2，壁面的总转折角为

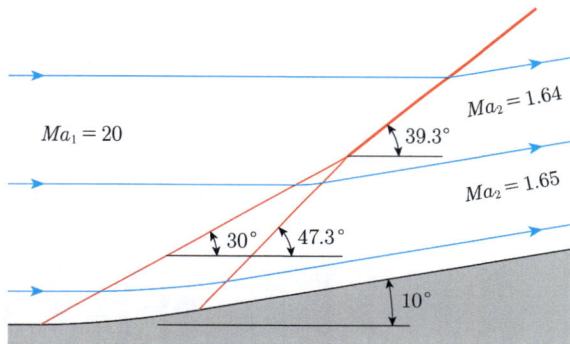

图 5-42　圆弧转折角处压缩波和激波的角度

10°，用式（5-52）计算得到激波角为 39.3°，用弱波方法计算得到第一道压缩波的角度为 30°，最后一道压缩波与水平面的夹角为 47.3°。可见激波角介于第一道和最后一道压缩波的角度之间，这与我们之前在 5.2.2 小节得到的结论一致。

从图 5-42 所示的结果可以看到，壁面附近的压缩波下游马赫数（$Ma_2 \approx 1.65$，用普朗特–迈耶函数计算得到）与远离壁面处的激波下游的马赫数（$Ma_2 \approx 1.64$，用激波关系计算得到）并不完全相等。这是因为气流通过弱压缩波是等熵流动，而通过激波则不是，弱压缩波和激波后的气流虽然形成了平行流动，静压相同，但总压并不相同，马赫数也就不同，气流的实际速度也不同。因此这里会存在一个剪切层，也称为滑移层，在本书 5.4.3 小节激波的相交部分将进一步分析这个问题。

激波角与来流马赫数和气流转折角两有关，不是一对一的关系，因此较为复杂，经常使用图表法解决这一类问题。根据式（5-52）可以把这三者的关系画成曲线，如图 5-43 和图 5-44 所示。

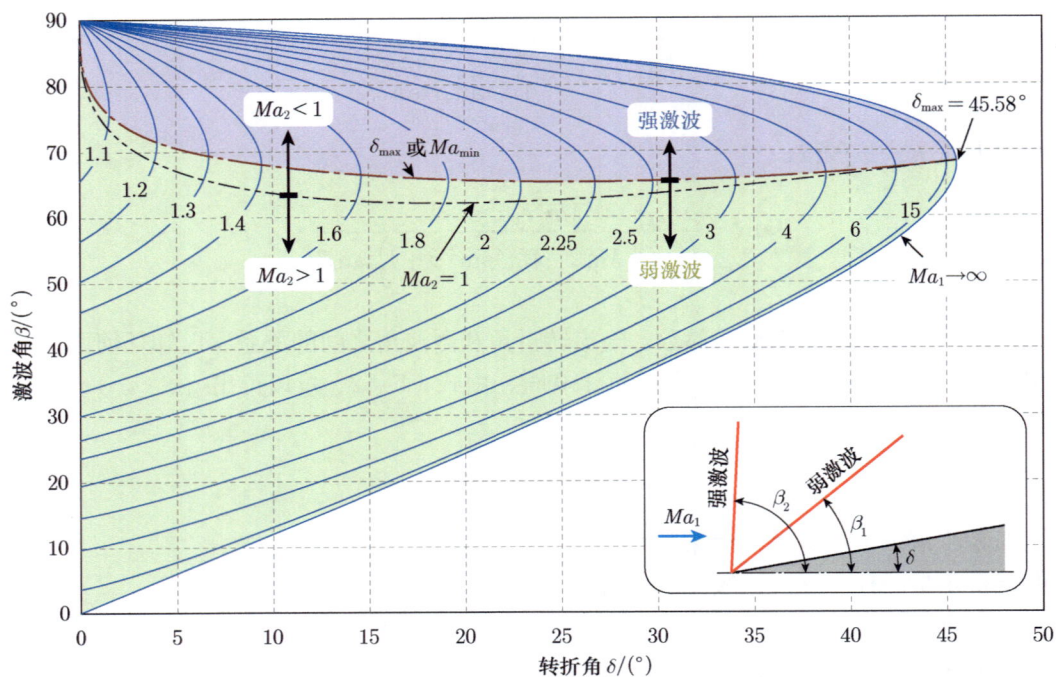

图 5-43　激波角与气流转折角的关系

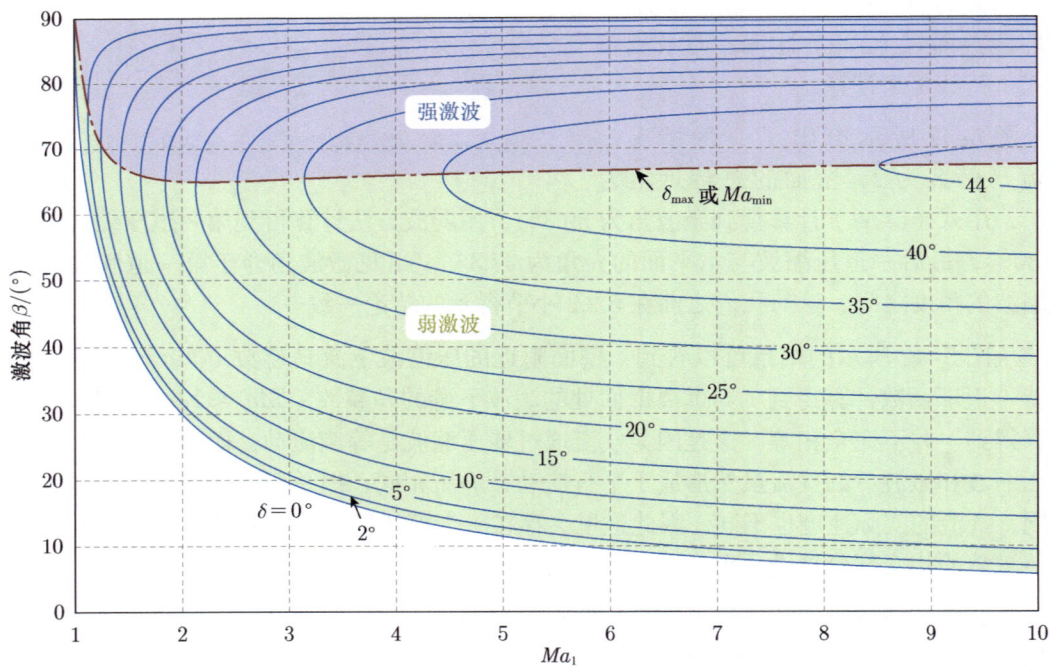

图 5-44　激波角与来流马赫数的关系

图 5-43 采用以气流转折角为横坐标、激波角为纵坐标的形式，每个特定的马赫数单独有一条曲线。图 5-44 采用以来流马赫数为横坐标、激波角为纵坐标的形式，每个特定的气流转折角单独有一条曲线。

可以看出，每一对特定的来流马赫数和气流转折角都对应两个不同的激波角。比如当来流马赫数为 2.0，壁面转折角为 10° 时，激波角有两个值，分别为 39.3° 和 87.3° ，实际的流动应该是哪种情况呢？实际上，这两种情况都有可能发生，小的激波角对应较弱的激波，大的激波角对应较强的激波。因为弱激波和强激波产生的压升明显不同，会产生哪种激波取决于进出口的压力条件。对于在无限大空间内超声速运动的物体来说，其远前方和远后方气体的压力是相同的，而激波产生的压升受后方压力影响，不会很高，所以这时产生的都是弱激波。如果激波的后方有较强的阻碍，压力高于弱激波的条件，则可能会产生强激波，图 5-43 的右下角给出了这两种情况。常见的斜激波都是弱激波，如果产生了强激波，则激波一般不会是简单的斜激波，而是可能包含正激波和斜激波的曲线激波，而且未必是附体激波，可能会脱离物体前缘而成为脱体激波，这个内容将在后文详细讨论。

式（5-52）是已知激波角计算气流转折角，而实际情况经常是已知气流转折角求激波角，这时使用该式并不方便，需要查图表或用计算机编程计算。实际上已经有人推导出了已知转折角计算激波角的显示关系式，其中最简洁的方法来自伊曼纽尔（Emanuel），他把式（5-52）转化为关于激波角正切的三次函数，如下

$$
\left(1+\frac{\kappa-1}{2}Ma_1^2\right)\tan\delta\tan^3\beta-\left(Ma_1^2-1\right)\tan^2\beta+
$$
$$
\left(1+\frac{\kappa+1}{2}Ma^2\right)\tan\delta\tan\beta+1=0 \tag{5-53}
$$

以 $\tan\beta$ 为自变量，此式的 3 个根中，一个为负数，不符合物理实际，另外两个为正数，分别对应弱激波和强激波，这两个根可以表示为

$$
\tan\beta=\frac{Ma_1^2-1+2\xi\cos\left(\dfrac{4\pi\chi+\arccos\zeta}{3}\right)}{3\left(1+\dfrac{\kappa-1}{2}Ma_1^2\right)\tan\delta} \tag{5-54}
$$

式中，ξ 和 ζ 分别为

$$
\xi=\sqrt{\left(Ma_1^2-1\right)^2-3\left(1+\frac{\kappa-1}{2}Ma_1^2\right)\left(1+\frac{\kappa+1}{2}Ma_1^2\right)\tan^2\delta} \tag{5-55}
$$

$$
\zeta=\frac{\left(Ma_1^2-1\right)^3-9\left(1+\dfrac{\kappa-1}{2}Ma_1^2\right)\left(1+\dfrac{\kappa-1}{2}Ma_1^2+\dfrac{\kappa+1}{4}Ma_1^4\right)\tan^2\delta}{\xi^3} \tag{5-56}
$$

当式（5-54）中的 $\chi=0$ 时，表示强激波解；$\chi=1$ 时，表示弱激波解。

在推导式（5-54）时未引入任何附加的假设，因此，它与式（5-52）是完全等价的关系。当已知来流马赫数和气流转折角时，用式（5-54）来计算激波角显然更方便一些。

为了便于理解斜激波的倾斜角和气流转折角的关系，现在假定有超声速气流经过一个二维楔形体，楔形体的半顶角就是气流转折角 δ，来看激波角 β 的变化。分两种情况来讨论这个问题，一个是固定来流马赫数，逐渐增大楔形体的半顶角；另一个是固定楔形体半顶角，逐渐增大来流马赫数。

（1）固定来流马赫数，逐渐增大楔形体的半顶角（见图 5-45）

同时参见图 5-43，不同马赫数的曲线规律都相同，我们以 $Ma_1 = 2.0$ 为例来分析。转折角趋于 0° 时，激波角的一个解等于马赫角，即 $\theta = \mu = \arcsin(1/2) = 30°$，另一个等于 90°，即一个对应壁面的转折无限小产生的马赫波，另一个对应上下游压差产生的正激波，这两种情况前面都讨论过了。

当楔形体的半顶角是有限大的小角度，比如 10° 时，激波角有两个值，分别为 39.3° 和 83.7°。可以这样理解，半顶角从 0° 变为 10° 时，如果原来是弱马赫波，则其变为弱的斜激波，激波角从 30° 增大到 39.3°，激波强度增大；如果原来是正激波，则其向后倾斜成为强的斜激波，角度从 90° 减小到 83.7°。当半顶角增大到 20° 时，弱激波的角度增大到 53.4°；而强激波的角度减小到 74.3°。

当半顶角增大到 22.97° 时，弱激波和强激波的角度都变为 64.7°，这时的强激波和弱激波合二为一（唯一激波）。当半顶角再增大时，前缘附近的流动将无法满足斜激波的关系式，但可以满足正激波的关系式，气流经过正激波后速度变为亚声速，在前缘附近形成高压区，把激波推离物体，形成脱体激波。脱体激波只在前缘附近接近于正激波，在其两侧向后弯曲，这一段属于强的斜激波，再往两侧，激波进一步弯曲，激波角减小，成为弱的斜激波，整个脱体激波是曲线形状。

马赫数越大，激波可以保持附体的半顶角就越大，当马赫数趋于无穷大时，这个最大的转折角为 45.58°，也就是说，对于半顶角大于 45.58° 的楔形体，激波必然是脱体激波。实际物体的前端一般都带有一定的圆角，所以激波总是脱体的，不过当这个区域很小的时候，经常可以忽略，按照附体斜激波计算。

（2）固定楔形体半顶角，逐渐增大来流马赫数（见图 5-46）

同时参见图 5-44，不同半顶角的曲线规律都相同，以 $\delta = 10°$ 为例来分析。当来流马赫数从 1.0 开始增大时，一开始激波是脱体的，并且距离物体较远，随着马赫数的增大，脱体激波向物体靠拢，当马赫数等于 1.42 时，形成附体激波，这时的斜激波既是弱激波也是强激波，激波角是 67.4°。

马赫数继续增大，将根据背压条件可能产生强激波和弱激波两种情况，弱激波的激波角减小，强激波的激波角增大。当马赫数增大到 3.0 时，弱激波和强激波的激波角分别为 27.4° 和 86.4°；当马赫数增大到 8.0 时，这两个角度分别为 15.5° 和 87.8°；当马赫数趋于无穷大时，这两个角度分别为 12.04° 和 87.96°。

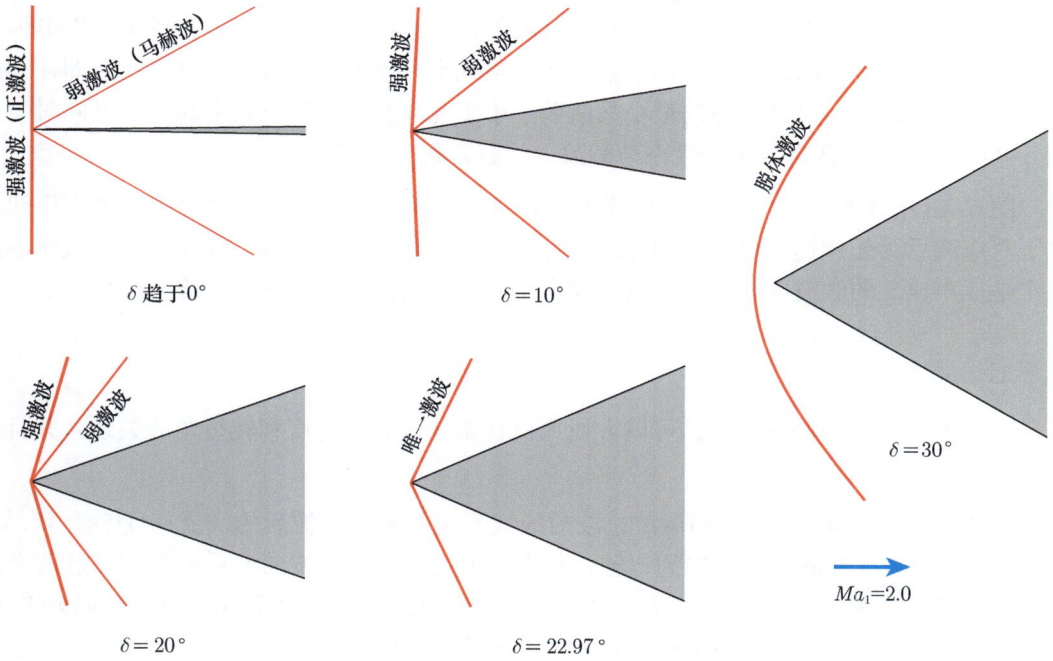

图 5-45 固定来流马赫数，改变楔形体半顶角产生的激波

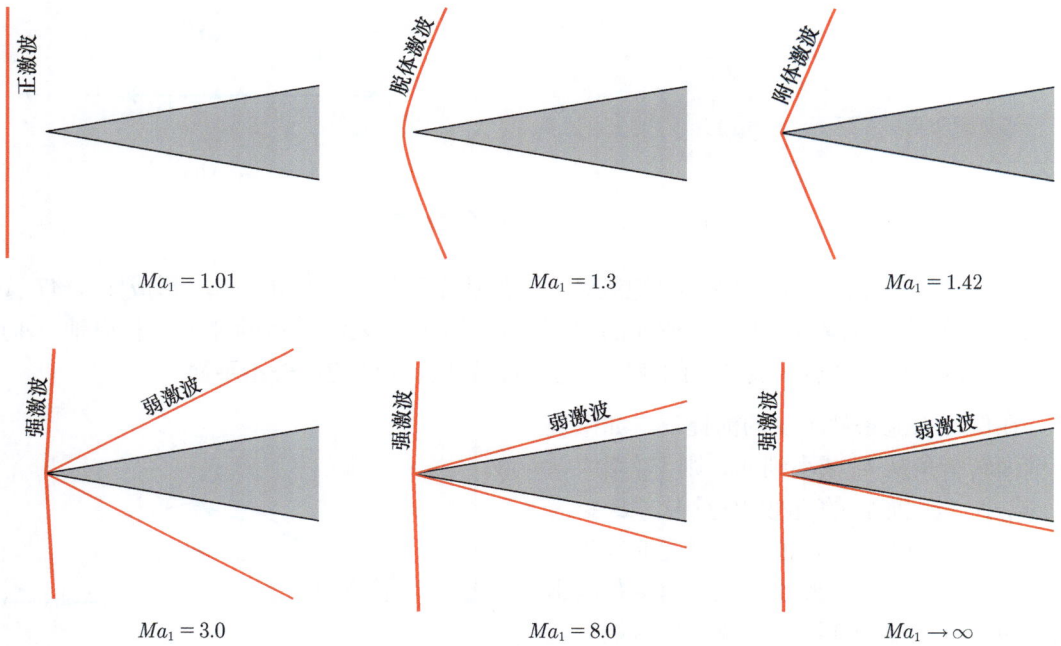

图 5-46 固定楔形体半顶角，改变来流马赫数产生的激波

在图 5-43 中，用不同的颜色标记了强激波和弱激波区域，它们的分界线是最大转折角线，最大转折角指在特定来流马赫数下可以保持激波附体的气流最大转折角，楔形体半顶角大于此转折角，激波就会脱体。最大转折角线也可以说成是最小马赫数线，即在固定转折角下，可以保持激波附体的最小马赫数，小于此马赫数，激波就会脱体（可同时参见图 5-44）。在最大转折角（或最小马赫数）状态，激波角唯一。

图 5-43 中还画出了波后马赫数等于 1 的曲线，在这条曲线之上对应波后为亚声速，之下对应波后为超声速。可以看到此曲线与最大转折角线并不一致，强激波后的气流速度一定是亚声速，弱激波后的气流速度一般是超声速，但也存在亚声速的情况。

5.3.6　激波极曲线

激波极曲线是一种图示法，可以方便地得到激波前后的速度和转折角的关系，并且有助于对物理图画的理解。

对于图 5-47（a）所示的斜激波，波前的气流速度为 V_1，波后的气流速度变为 V_2，气流转折角为 δ。以波前气流方向为 x 轴，其垂直方向为 y 轴，波前波后的气流在这两个坐标上的分量分别为 V_{1x}、V_{1y}、V_{2x}、V_{2y}，其中 $V_{1y}=0$。波前的气流参数都一样，标记为①区，波后气流参数都一样，标记为②区，把这个图称为流动的**物理平面**。

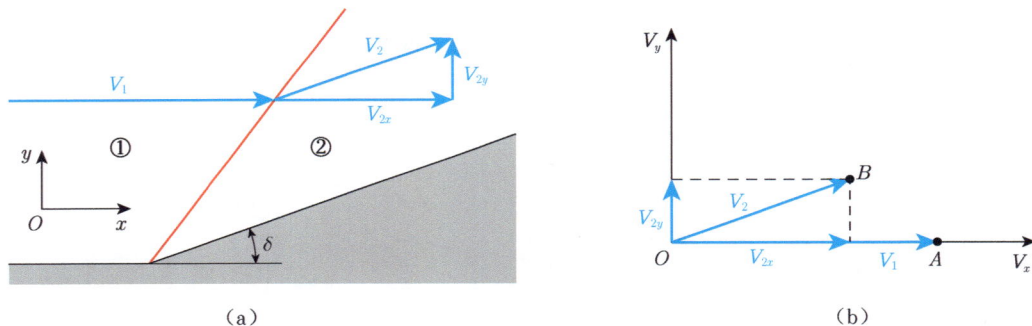

（a）　　　　　　　　　　　　　　　（b）

图 5-47　斜激波的物理平面和速度矢量平面

现在以 V_x 为横轴，V_y 为纵轴，把激波前后的速度矢量起点画在一起，形成图 5-47（b）所示的速度图。线段 OA 代表激波前的速度，线段 OB 代表激波后的速度，相应地，A 点代表①区的速度，B 点代表②区的速度，这个图称为流动的**速度矢量平面**。

在保持来流条件不变的前提下，如果现在壁面转折角从 δ_B 减小到 δ_C，则 V_{2x} 增大，V_{2y} 减小，激波后的速度矢量从 OB 变为 OC，如图 5-48 所示。把所有可能的气流转折角（$0<\delta<\delta_{max}$）形成的波后速度都画出来，包括弱激波和强激波，速度矢量端点就会形成图 5-48 所示的一条曲线，这条曲线就称为**激波的速度极曲线**，简称**激波极曲线**。

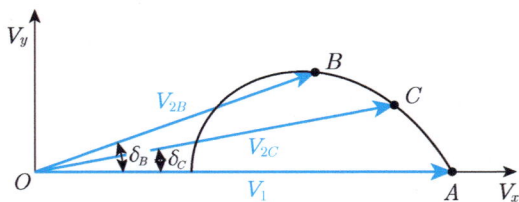

图 5-48　激波的速度极曲线

为了不失一般性，通常用速度系数来表示无量纲的激波极曲线。因为激波前后的临界速度相同，只需要把图 5-48 中的所有速度都除以临界速度，就可以得出无量纲的激波极曲线，如图 5-49 所示。从这个曲线上我们可以得出几点很有用的结论，如下。

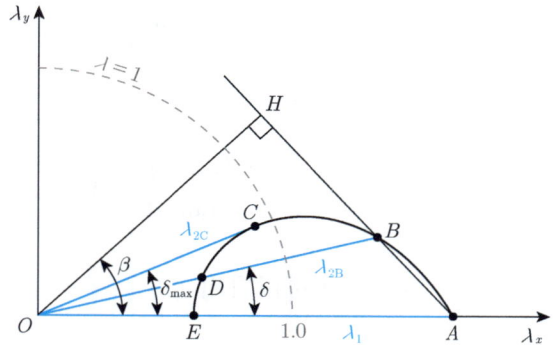

图 5-49　无量纲的激波极曲线

（1）特定的转折角 δ 在激波极曲线上对应两个点即 B 和 D，B 点的速度大，代表弱激波，D 点的速度小，代表强激波。

（2）线段 OC 与激波极曲线相切，C 点对应最大转折角，其右侧曲线代表弱激波，左侧曲线代表强激波。C 点位于 $\lambda=1$ 曲线的内侧，可见强激波后流动速度都是亚声速，而弱激波后流动速度多数时候是超声速，少数情况是亚声速。

（3）激波极曲线与横轴有两个交点，分别为 A 和 E，如果激波后的点为 A，即和激波前相同，则代表转折角无穷小，激波退化为弱压缩波（马赫波），气流经过弱压缩波后参数只发生无穷小的变化。如果激波后的点为 E，则代表气流经过了正激波，速度变为亚声速，方向不变。

（4）连接点 A 和 B 形成射线，从原点 O 作这条射线的垂线，交点为 H，则 $\angle AOH$ 就是激波角 β。

（5）不同来流速度的激波极曲线形成一簇曲线，当速度系数趋于最大值（$\lambda \approx 2.45$）时，激波极曲线是半圆形。

激波极曲线表示的是激波后速度系数两个分量之间的关系，其关系式可以从斜激波前后的速度关系即普朗特关系式即式（5-44）推导得出，推导过程如下。

图 5-50 所示为激波前后速度矢量的几何关系，从中可以得出如下的几个关系式。

$$V_{1n} = V_1 \sin \beta$$

$$V_t = V_1 \cos \beta$$

$$V_{2n} = V_{1n} - \frac{V_{2y}}{\cos \beta}$$

把上面这 3 个关系式代入普朗特关系式即式（5-44），可得

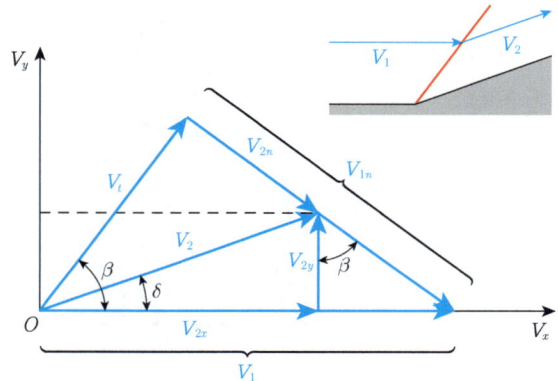

图 5-50　激波前后速度矢量的几何关系

243

$$V_1 \sin\beta\left(V_{1n} - \frac{V_{2y}}{\cos\beta}\right) = c_{cr}^2 - \frac{\kappa-1}{\kappa+1}V_1^2\cos^2\beta$$

上式可变换为

$$\frac{V_1^2\tan^2\beta}{1+\tan^2\beta} - V_1 V_{2y}\tan\beta = c_{cr}^2 - \frac{(\kappa-1)V_1^2}{(\kappa+1)(1+\tan^2\beta)} \tag{5-44a}$$

从图 5-50 所示可以看出

$$\tan\beta = \frac{V_1 - V_{2x}}{V_{2y}} \tag{5-44b}$$

把式（5-44b）代入式（5-44a），整理可得

$$V_{2y}^2 = \frac{(V_1 - V_{2x})^2(V_1 V_{2x} - c_{cr}^2)}{\frac{2}{\kappa+1}V_1^2 - V_1 V_{2x} + c_{cr}^2} \tag{5-57}$$

将式（5-57）两端同时除以 c_{cr}^2，得

$$\lambda_{2y}^2 = \frac{(\lambda_1 - \lambda_{2x})^2(\lambda_1\lambda_{2x} - 1)}{\frac{2}{\kappa+1}\lambda_1^2 - \lambda_1\lambda_{2x} + 1} \tag{5-58}$$

式（5-58）就是激波极曲线的关系式，根据此式可以画出不同来流速度系数 λ_1 下的激波极曲线，如图 5-51 所示。利用激波极曲线可以求解斜激波问题，尤其是对于分析含有复杂激波系的流场较为方便。

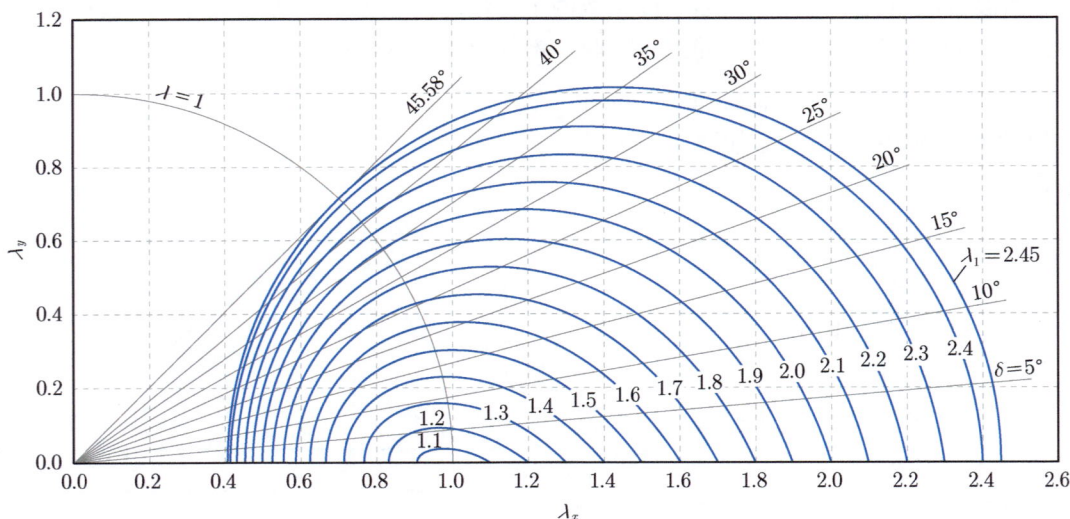

图 5-51　不同来流速度下的激波极曲线

5.3.7 激波形式的讨论

激波是强压缩波,其厚度是分子平均自由程的几倍到几十倍。气体在这么短的距离内被强烈地压缩在一起,激波内部密度、压力和温度梯度都特别大,所以黏性和导热都不能完全忽略。激波越强,其厚度就越薄,如果激波厚度只有几倍的分子平均自由程,则使用基于连续介质假设的方程计算会产生较大的误差,当激波的厚度有几十倍的分子平均自由程时,使用基于连续介质假设的方程的计算结果准确度是可以接受的。

如果在静止的空气中某处突然产生高压,比如爆炸,就会产生激波。激波以超声速传播,扫过空气,使空气的压力和温度都提高,激波后面的空气会跟随激波运动,但速度小于波速,这种形式的激波称为**运动激波**,产生的流动是非定常的,非定常压力做功会使总温增加。把前面第 3 章得到的总焓方程即式(3-71)重写在这里

$$\frac{\mathrm{d}h_{\mathrm{t}}}{\mathrm{d}t} = f_{\mathrm{b},i}u_i + \frac{1}{\rho}\frac{\partial p}{\partial t} + u_j\frac{\partial \tau_{\mathrm{v},ij}}{\partial x_i} + \frac{1}{\rho}\Phi_{\mathrm{v}} + \frac{1}{\rho}\frac{\partial}{\partial x_i}(\lambda\frac{\partial T}{\partial x_i}) + \dot{q}_{\mathrm{rad}}$$

有 4 种因素可以增加流体的总焓:体积力做功、非定常压力做功、外界黏性力做功和从外界获得热量。运动激波引起的总温增加几乎全部由非定常压力做功产生,即

$$\frac{\mathrm{d}h_{\mathrm{t}}}{\mathrm{d}t} = \frac{1}{\rho}\frac{\partial p}{\partial t} \tag{5-59}$$

对于定比热的情况,总温的改变为

$$\frac{\mathrm{d}T_{\mathrm{t}}}{\mathrm{d}t} = \frac{1}{\rho c_p}\frac{\partial p}{\partial t} \tag{5-60}$$

在前面的图 5-29 中,由加速的活塞产生的激波是一种简单的一维运动激波,不过这个激波是在不断加强的。激波管是一种可以产生恒定强度激波的装置,将在第 7 章介绍。最常遇到的运动激波应该是爆炸波,爆炸波是一个球面的激波后面接着一系列的膨胀波。爆炸波在向外扩张过程中会迅速衰减,最后成为弱扰动波。

常见的强度不变的激波是由相对气流超声速运动的物体产生的,这时的激波相对物体静止,方便的处理方法是取物体为参照系,相当于气体以超声速流向物体,流动变为定常的,较容易计算。

物体产生的定常激波按形状可以分为正激波、斜激波和曲面激波 3 种。正激波是由上下游压差产生的,扩张管道内的正激波是一种常见的正激波,超声速的气流压力与下游压力不匹配,通过一道正激波后压力升高,与下游压力相匹配,形成定常流动,如图 5-52 所示。对这种流动的具体分析将在第 6 章 6.1 节展开。

斜激波是超声速气流遇到强制的转折而产

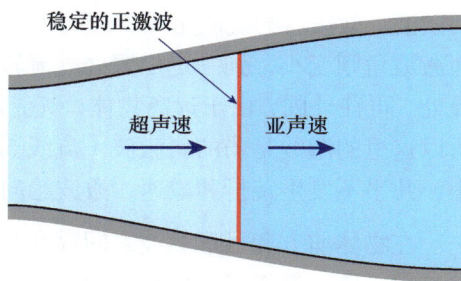

稳定的正激波

超声速　　亚声速

图 5-52　扩张管道内稳定的正激波

245

生的。气流的转折是因为有横向压力梯度，压力梯度可以由壁面产生，也可以由气流本身产生。如果发生在二维流动中，且转折角是一个特定值，则激波角也是确定的，这时的激波在二维空间内是一条直线，对应三维空间内的一个平面。如果转折角在空间不同位置都不一样，则斜激波变为曲线或曲面形式，在波面上任何特定位置，转折角和激波角的关系式都符合斜激波关系式。图 5-53 所示为几种形式的斜激波。

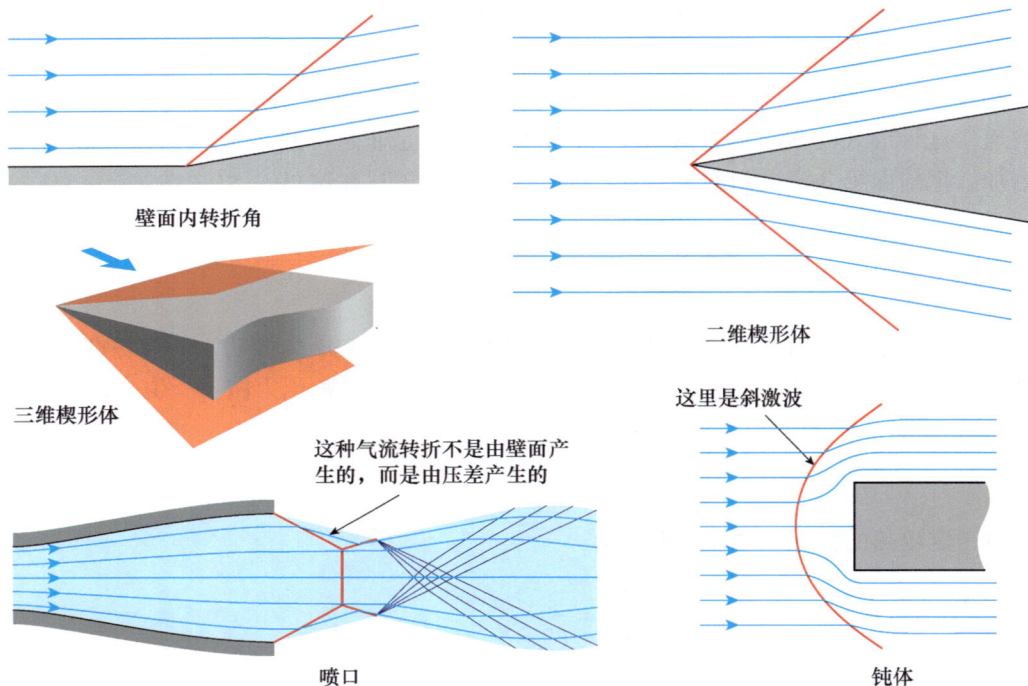

图 5-53　几种形式的斜激波

　　曲面激波出现在各条流线的转折角不一致的情况，比如钝体前的脱体激波就是一种常见的曲面激波。图 5-54 所示为马赫数为 1.53 的气流经过一个球体时产生的脱体激波，由于这种激波在二维面上的投影像弓背，所以也称为**弓形激波**。在物体正前方，弓形激波接近于正激波，因为中心线上的气流（流线①）并不发生转折，只发生减速增压。在这段正激波的两侧，气流经过激波后只转折很小的角度，但激波角很大，所以这里的激波是强的斜激波，激波后的气流是亚声速的（流线②和③）。再往外围，气流需要转折较大的角度，而激波角则变小，到一定位置处气流转折角最大（流线④），这里是强激波和弱激波的分界处。再往外围，由于远离物体，气流所需的转折角度又变小了，而这里的激波角也较小，所以这里的激波是弱的斜激波（流线⑤）。在物体两侧很远的地方，气流受物体的影响很小，几乎不发生转折和减速，激波趋向于弱压缩波，激波角趋向于马赫角（流线⑥）。

　　在物体前方和弓形激波之间存在一个亚声速区，压力信息可以在这个区域内朝任何方向传递，所以气流可以根据压力变化转弯和加减速。除这个亚声速区以外，其他地方的气流加减速和转弯必然伴随激波或膨胀波。为了避免凌乱，在图 5-54 中并未画出膨胀波，实际上，激波后方的超声速区内存在大量的膨胀波，让气流转折并形成绕球的流动，这些膨胀波还会与弓形激波相交并削弱激波，这也是弓形激波越往外围角度越小且强度越弱的原因。有关激波和膨胀波相交的问题将在后面的 5.4 节详细讲述。

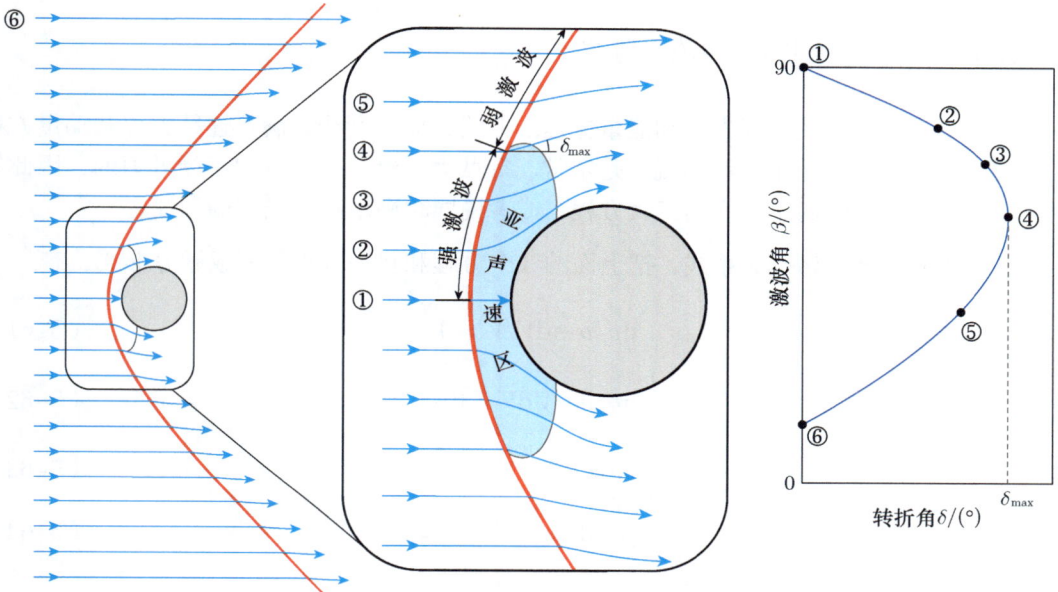

图 5-54　马赫数为 1.53 的气流经过一个球体时产生的脱体激波

让气流朝远离球偏转的原因有两种：一种是超声速气流在激波作用下的转折，这种转折是突然的，形成向外偏转的折线；另一种是亚声速气流在连续压差作用下的转折，这种转折是渐变的，形成向外偏转的曲线。对于紧挨中心线两侧的流线，经过激波后的转折角很小，气流在后面的亚声速区继续转弯，并最终沿壁面方向流动，如图 5-54 中的流线②和③所示。对于强弱激波分隔处的流线④，其在激波作用下的转折角是最大的。对于更外围的流线⑤，激波产生的转折角不大，经过激波后，气流仍然是超声速的，但气流方向需要向壁面转弯以满足后方流动，这种朝向壁面的转弯是由膨胀波完成的，由于膨胀波是散开的弱波，所以流线没有突然的转折，而是形成朝壁面偏转的连续曲线。

5.3.8　正激波的焓熵图、范诺线、瑞利线

气流经过正激波后的参数变化也可以通过焓熵图来分析，这时会用到两种曲线，分别称为**范诺（Fanno）线**和**瑞利（Rayleigh）线**。所谓的范诺线，是气体定常绝热地在等截面管道中流动时在 $h\text{-}s$ 图或 $T\text{-}s$ 图上走过的曲线。在后面的 6.2 节可以看到，气体绝热地沿等截面有摩擦的管道中流动时，其变化过程符合范诺线。所谓的瑞利线，是气体定常且沿流向不受外力、在等截面管道中流动时在 $h\text{-}s$ 图或 $T\text{-}s$ 图上走过的曲线。在后面的 6.3 节我们可以看到，气体沿等截面无摩擦但有换热的管道中流动时，其变化过程符合瑞利线。

列出气体经过正激波的三大方程，如下。

连续方程：$\rho_1 V_1 = \rho_2 V_2$

动量方程：$p_1 - p_2 = \rho_2 V_2^2 - \rho_1 V_1^2$

能量方程：$c_p T_1 + V_1^2/2 = c_p T_2 + V_2^2/2$

范诺线是满足上述连续方程和能量方程的曲线，而瑞利线是满足连续方程和动量方程的曲线。气流通过静止正激波的流动是定常、等截面、绝热且沿流向不受外力的，因此经过正激波的流动同时满足上面的三大方程，或者说同时满足范诺线和瑞利线。

下面先来推导范诺线关系式，把上面的 3 个方程和状态方程都写成微分形式，有

$$d\rho/\rho + dV/V = 0 \qquad (5\text{-}61)$$

$$dp/\rho + VdV = 0 \qquad (5\text{-}62)$$

$$c_p dT + VdV = 0 \qquad (5\text{-}63)$$

$$dp/p - d\rho/\rho - dT/T = 0 \qquad (5\text{-}64)$$

用式（5-61）、式（5-63）和式（5-64）可以得到范诺线的微分关系式。推导过程如下

$$ds = c_V \frac{dT}{T} - R\frac{d\rho}{\rho} = c_V \frac{dT}{T} + R\frac{dV}{V} = c_V \frac{dT}{T} - R\frac{c_p dT}{V^2}$$
$$= c_V \frac{dT}{T} - c_V \frac{\kappa RT}{V^2} \cdot \frac{dT}{T} = c_V \left(1 - \frac{1}{Ma^2}\right)\frac{dT}{T}$$

即范诺线的关系式为

$$ds = \frac{R}{\kappa - 1}\left(1 - \frac{1}{Ma^2}\right)\frac{dT}{T} \qquad (5\text{-}65)$$

符合范诺线的流动是绝热流动，总温不变，因此式（5-65）中的马赫数可由总静温关系得到，从而可以进一步表示为

$$ds = \left[\frac{1}{\kappa - 1} - \frac{1}{2(T_t/T - 1)}\right] R\frac{dT}{T} \qquad (5\text{-}66)$$

这样就可以用式（5-66）在 $T\text{-}s$ 图上画出范诺线。图 5-55 所示为几种气体状态条件下的范诺线，曲线的下半段对应超声速流动，上半段对应亚声速流动，最大熵值处对应声速。

再来推导瑞利线的关系式。利用微分形式的气体状态方程（5-64），熵变可以推导为

$$ds = c_V \frac{dT}{T} - R\frac{d\rho}{\rho} = c_V \frac{dT}{T} - R\left(\frac{dp}{p} - \frac{dT}{T}\right) = (c_V + R)\frac{dT}{T} - R\frac{dp}{p} \qquad (5\text{-}67)$$

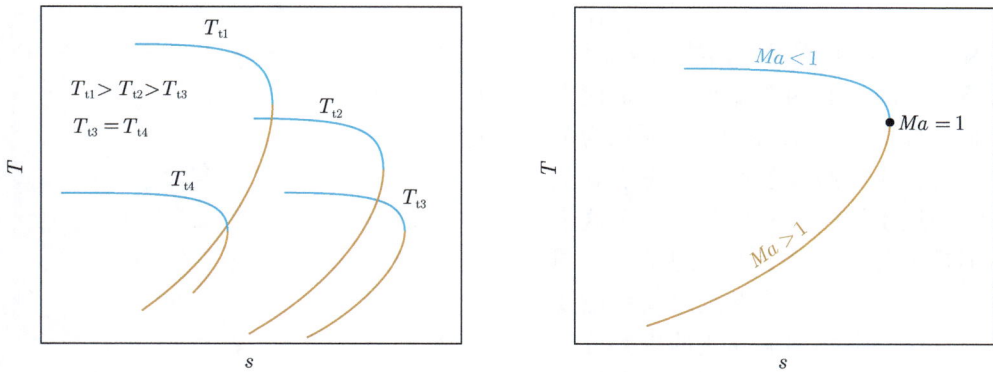

图 5-55　几种气体状态条件下的范诺线

由式（5-61）、式（5-62）和式（5-64）可得

$$\frac{\mathrm{d}p}{p} = \frac{1}{1-\dfrac{p}{\rho V^2}}\frac{\mathrm{d}T}{T} = \frac{1}{1-\dfrac{1}{\kappa Ma^2}}\frac{\mathrm{d}T}{T} \tag{5-68}$$

把式（5-68）代入式（5-67），整理可得瑞利线的关系式

$$\mathrm{d}s = \frac{\kappa R\left(Ma^2-1\right)}{(\kappa-1)\left(\kappa Ma^2-1\right)}\frac{\mathrm{d}T}{T} \tag{5-69}$$

对于符合瑞利线的流动，冲量是守恒的，可以和外界有换热，所以总温不守恒，这时马赫数与温度的关系如下（推导过程可参见 6.3 节换热管流部分）

$$\frac{\mathrm{d}Ma}{Ma} = \frac{1+\kappa Ma^2}{2\left(1-\kappa Ma^2\right)}\frac{\mathrm{d}T}{T} \tag{5-70}$$

用式（5-69）和式（5-70）可以在 $T\text{-}s$ 图中画出瑞利线。图 5-56 所示为几种气体状态条件下的瑞利线，和范诺线类似，曲线的下半段对应超声速流动，上半段对应亚声速流动，最大熵值处对应声速。

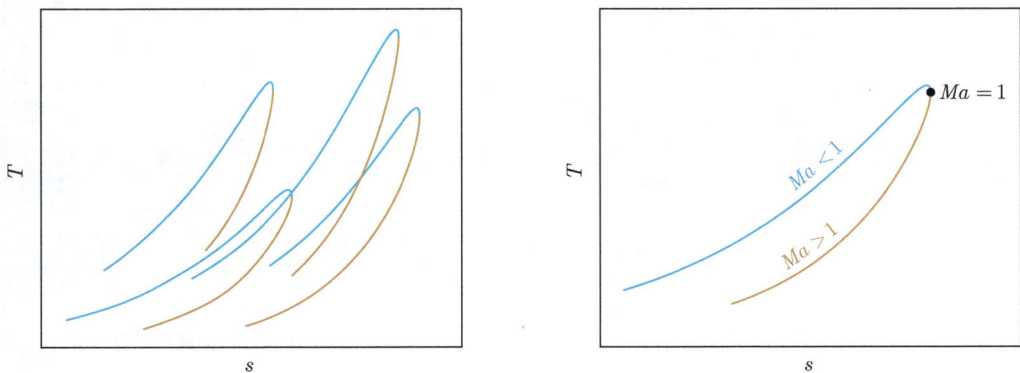

图 5-56　几种气体状态条件下的瑞利线

因为激波同时满足范诺线和瑞利线，这两条曲线应该有两个交点，分别代表激波前后的气流参数，图 5-57 所示为范诺线、瑞利线和激波前后的状态点。至于气流经过激波的过程曲线，由于这个过程不是准静态过程，是无法在 $T\text{-}s$ 图上画出的，所以两个状态点之间用虚线连接。有关范诺线和瑞利线的更多分析将在第 6 章 6.2 节摩擦管流和 6.3 节换热管流中继续进行。

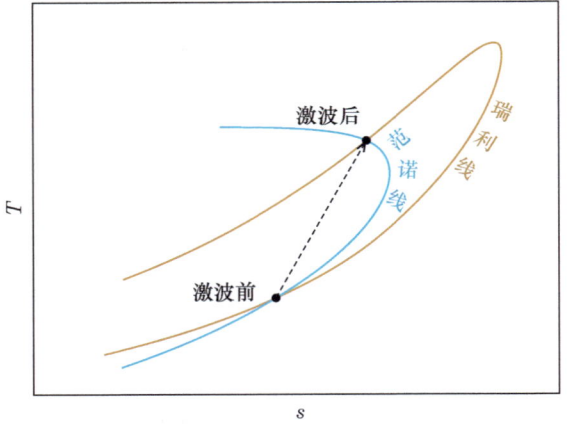

图 5-57　范诺线、瑞利线和激波前后的状态点

5.3.9　锥面激波

前面讨论的斜激波都限于二维流动，引起斜激波的是楔形体，激波的波面都是平面。实际的物体都是三维的，所以工程中更常见的是三维的激波。比如超声速导弹的前端近似为一个圆锥，所形成的激波是锥面激波，如图 5-58 所示。

锥面激波上的每一点的气流变化规律都符合之前推导的斜激波前后气流关系式。但从流量连续的角度上看，气流经过楔形体和经过锥体是完全不一样的。如图 5-59 所示，当气流经过楔形体时，激波后气流会突然转折，形成沿壁面的平行流动，这种流动完全符合连续方程，可以一直保持下去。但对于锥体，如果气流经过激波后一步到位地形成平行于壁面的流动，则随着半径的增大，流通面积会不断增大，显然流速和其他气流参数无法一直保持不变。

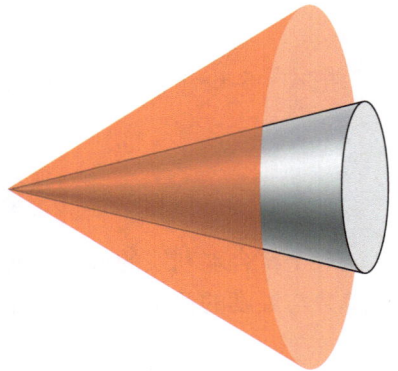

图 5-58　锥面激波

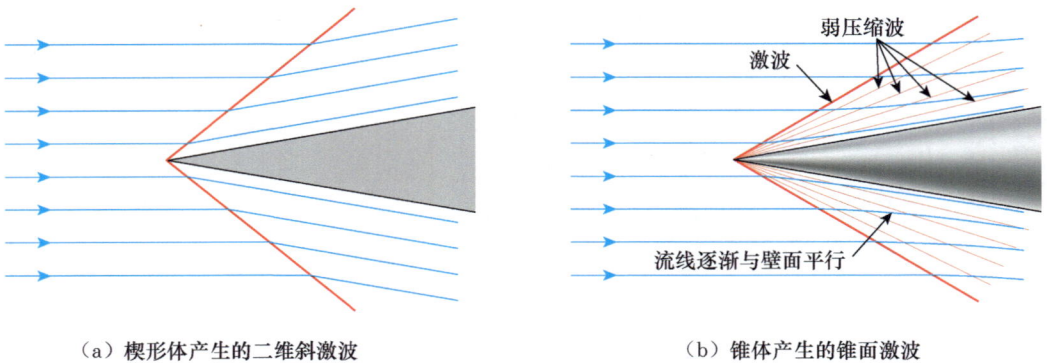

（a）楔形体产生的二维斜激波　　　（b）锥体产生的锥面激波

图 5-59　二维斜激波和锥面激波的比较

实际的情况是，流线经过锥面激波后，并没有转成和锥体壁面一样的角度，而会在接下来的流动中逐渐转弯并最终平行于壁面。由于斜激波后的流速仍然是超声速，只有一种方式能让气体做这样连续转弯的流动，就是气流经过无数道弱压缩波。通过锥形流理论分析可知，在锥面激波后和锥体壁面之间，会产生无数道弱压缩波，这些弱压缩波的波面也是锥面，且与锥体和锥面激波共轴。每一个弱压缩波的波面上气流参数相同，或者说在不同锥角的各个锥面上气流参数相同。气流通过这些弱压缩波被等熵压缩，逐步向壁面靠近，在无穷远的下游形成平行于壁面的流动，如图 5-59（b）所示。

在来流马赫数相同、楔形体和锥体的半顶角相等的情况下，锥面激波的角度比二维斜激波的角度要小一些，对应更小的气流转折角。这个计算过程较为复杂，本书只给出最后的图表用于参考。图 5-60 所示为锥面激波角 β 与来流马赫数 Ma_1、锥体半顶角 δ_c 的关系，这里只画出了弱激波的情况。在解决实际问题时，通常已知来流马赫数和锥体的半顶角，在图 5-60 中查出激波角，然后用图 5-43 或图 5-44 可以查出气流的转折角。

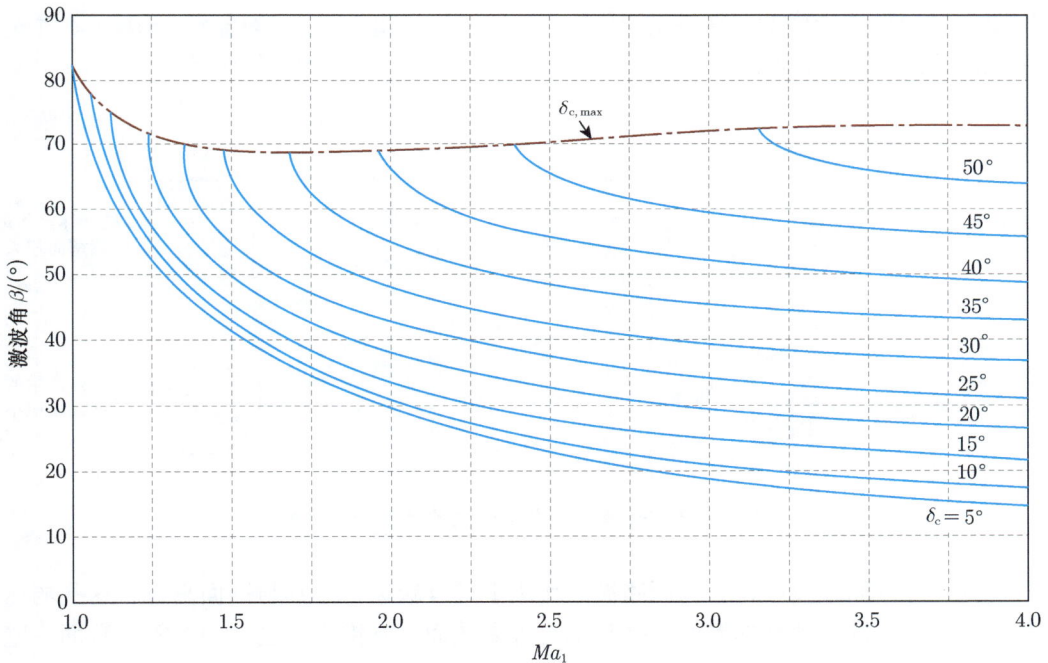

图 5-60 锥面激波角与来流马赫数和锥体半顶角的关系

图 5-59 所示为来流马赫数为 2.0、半顶角为 10° 时的情况，这时二维斜激波的角度为 39.3°，而锥面激波的角度为 31°。锥面激波的气流转折角与激波角的关系与斜激波一样遵循式（5-52）。可以算出此时气流经过锥面激波后的转折角只有 1.3°，说明这时的锥面激波很弱，接近于马赫波，锥面激波角（31°）只比马赫角（30°）大 1° 也证明了这一点。

另外，对于相同的来流马赫数，使激波保持附体的圆锥最大半顶角比楔形体的最大半顶角要大得多。图 5-61 所示为二维斜激波和锥面激波的最大半顶角随来流马赫数的变化关系。可以看到，当来流马赫数为 2.0 时，二维楔形体的最大半顶角为 23° 左右，而圆锥的最大半顶角为 40° 左右，这种特性使得锥体更不容易产生脱体激波。

圆锥与楔形体的这种不同是因为圆锥是三维的物体，气体可以朝更多的方向上扩展。用图 5-59 所示来说明，气体遇到楔形体后只能朝上下方向扩展，而遇到圆锥后还可以朝垂直纸面方向扩展。半顶角相同的情况下，圆锥产生的堵塞作用要小于楔形体产生的，图 5-62 用堵塞面积比较说明了这种原理。

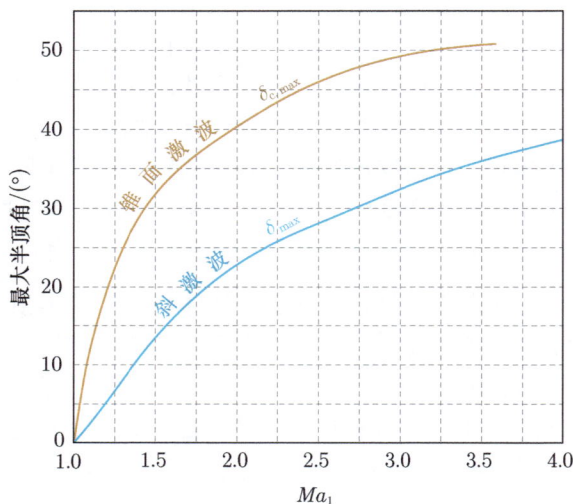

图 5-61　二维斜激波和锥面激波的最大半顶角随来流马赫数的变化关系

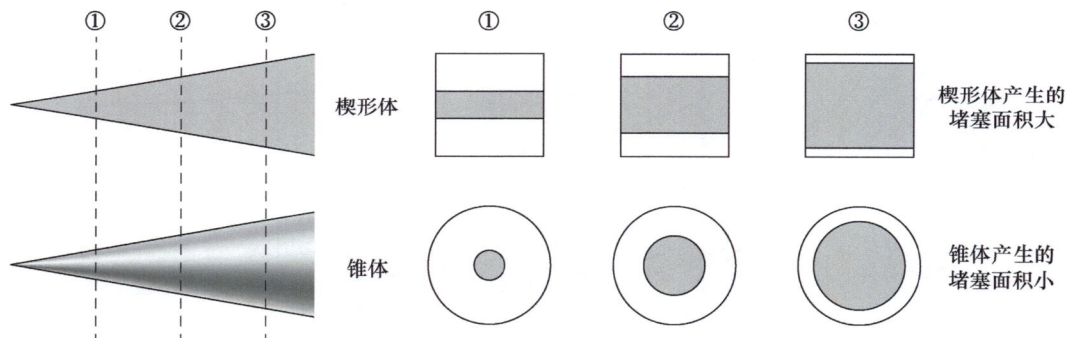

图 5-62　楔形体与锥体产生的堵塞面积比较

气流经过锥面激波后，在弱压缩波的作用下继续减速，直到与锥面平行，这些弱压缩波都是同轴且不同半顶角的锥面，并且都是等参数面，圆锥表面也是一个等参数面，壁面的马赫数与来流马赫数的关系如图 5-63 所示。可以看到，在固定来流马赫数的情况下，锥体的半顶角 δ_c 越大，激波后的马赫数越小，锥面上的马赫数也就越小。一个有趣的现象是，锥体表面的气流速度并不总是超声速，也有亚声速的情况。固定来流马赫数并逐渐增大锥体的半顶角，在快接近最大半顶角时，锥体表面的马赫数就会小于 1。另一种情况是固定锥角，逐渐减小来流马赫数，当激波快脱体时，对应的锥体表面马赫数也会小于 1。气流刚经过锥面激波后是超声速的，在接下来的一系列锥面弱压缩波作用下变成了亚声速，如图 5-64 所示。气流经过弱压缩波的过程是等熵的，这是一种超声速气流等熵地变为亚声速的方式。这种超声速气流减速方式并不多见，多数时候超声速气流减速为亚声速都会出现激波，从而产生损失。

图 5-63 锥体表面的马赫数

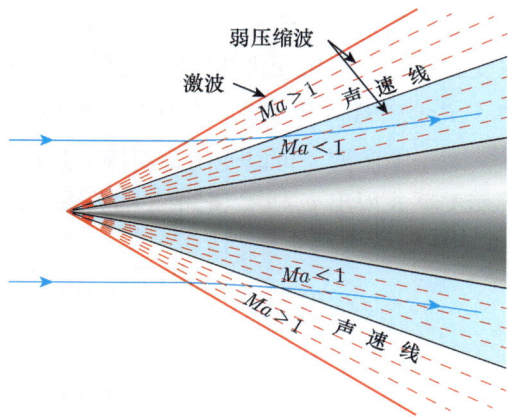

图 5-64 锥体表面附近流速为亚声速

5.4 压力波的反射和相交

气流经过有倾角的压力波（膨胀波或激波）后会偏转一个角度，在开放空间内气流就会按照新的方向流动下去，但一般情况下气流都在受限空间内流动，经过压力波后偏离了原来的方向，在下游可能还需要再改变方向，这时就会产生一道新的压力波，这个新产生的压力波看起来就像原压力波的反射或折射。

图 5-65 所示为膨胀波与激波的反射和相交情况。

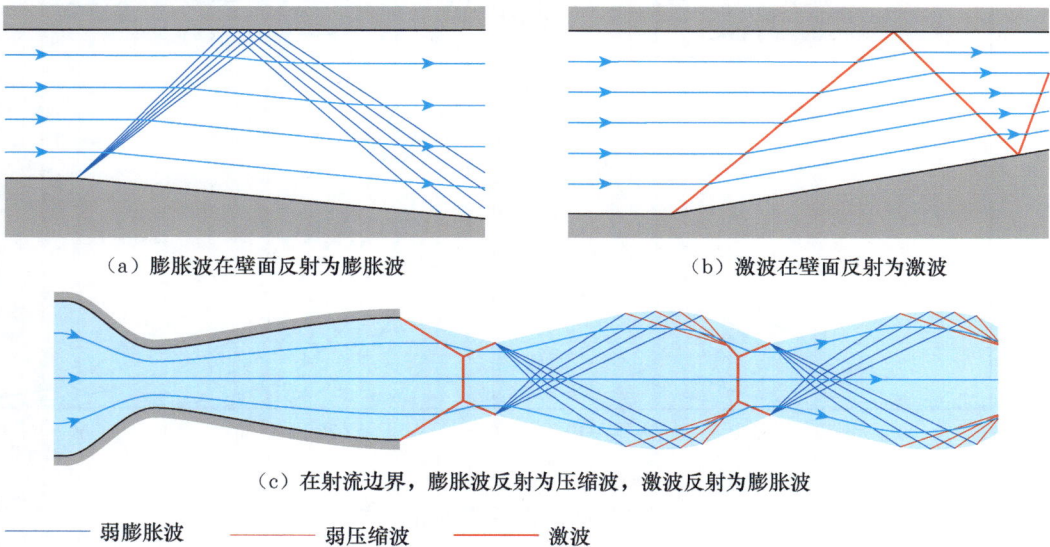

（a）膨胀波在壁面反射为膨胀波

（b）激波在壁面反射为激波

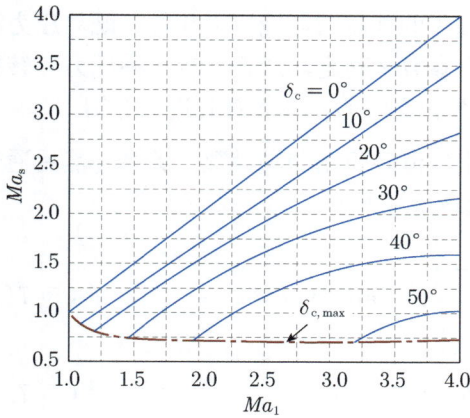

（c）在射流边界，膨胀波反射为压缩波，激波反射为膨胀波

—— 弱膨胀波　　—— 弱压缩波　　—— 激波

图 5-65　膨胀波与激波的反射和相交情况

一般来说，膨胀波在壁面反射为膨胀波，激波在壁面反射为激波，膨胀波在射流边界反射为压缩波，激波在射流边界反射为膨胀波。产生什么样的压力波取决于气流是需要膨

胀还是收缩，这与两个因素有关：一个是气流方向的变化；另一个是气流静压的变化。比如，壁面约束了气流的方向，而射流边界则要求气流的静压与环境压力相等。既然压力波只受转折角和静压变化的影响，就可以通过这两个参数来确定其形式。有一种压力 – 转折角（p-δ）图，可用于分析激波与膨胀波的反射和相交问题，下面对其进行介绍。

对于膨胀波，可以使用普朗特 – 迈耶函数得出气流转折角与马赫数的关系，然后通过等熵关系式得出 p_2/p_1，把相关的关系式抄写并重新编号如下

$$\nu(Ma)=\sqrt{\frac{\kappa+1}{\kappa-1}}\arctan\sqrt{\frac{\kappa-1}{\kappa+1}\left(Ma^2-1\right)}-\arctan\sqrt{Ma^2-1} \qquad （5-71）$$

$$\delta=\nu(Ma_2)-\nu(Ma_1) \qquad （5-72）$$

$$\frac{p_2}{p_1}=\frac{p_2/p_\mathrm{t}}{p_1/p_\mathrm{t}}=\left(\frac{1+\dfrac{\kappa-1}{2}Ma_1^2}{1+\dfrac{\kappa-1}{2}Ma_2^2}\right)^{\frac{\kappa}{\kappa-1}} \qquad （5-73）$$

用上面 3 个关系式可以画出压比与转折角的关系，如图 5-66 所示，对于不同的来流马赫数 Ma_1，转折角 δ 对应不同的静压变化。

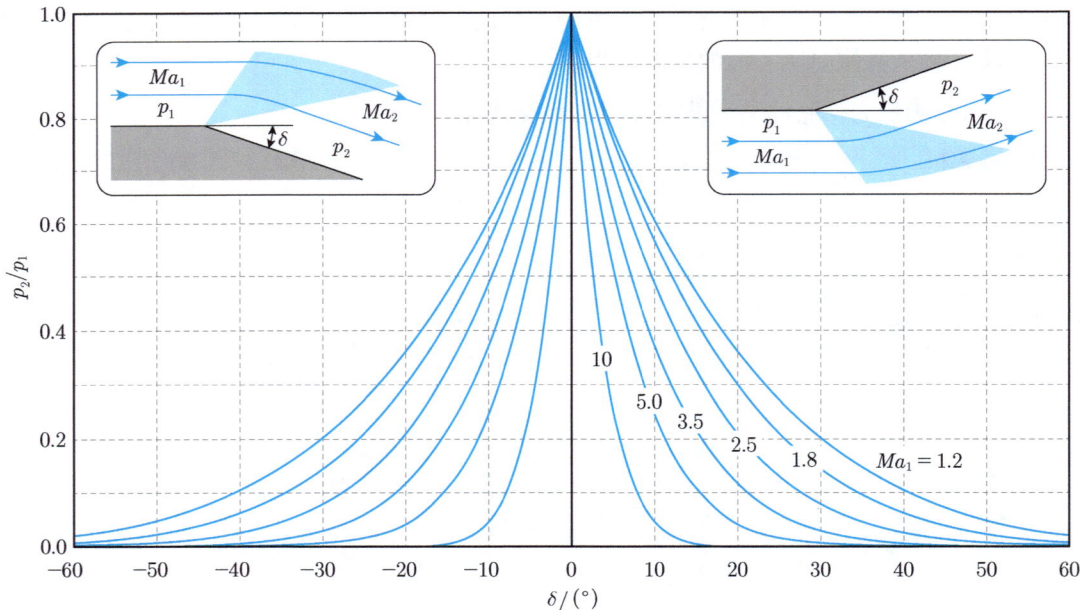

图 5-66　膨胀波的压比 – 转折角（p-δ）图

对于激波，可以使用斜激波的关系式进行计算，用前面已经得出的式（5-54）可以已知转折角计算激波角，再用式（5-48）计算出经过激波的静压比，从而画出压比 – 转折角图。现在把式（5-54）和式（5-48）抄写并重新编号如下

$$\tan \beta = \frac{Ma_1^2 - 1 + 2\xi \cos\left(\dfrac{4\pi\chi + \arccos\zeta}{3}\right)}{3\left(1 + \dfrac{\kappa-1}{2}Ma_1^2\right)\tan\delta} \tag{5-74}$$

$$\frac{p_2}{p_1} = \frac{2\kappa}{\kappa+1}Ma_1^2 \sin^2\beta - \frac{\kappa-1}{\kappa+1} \tag{5-75}$$

式（5-74）中，$\chi=0$ 表示强激波解，$\chi=1$ 表示弱激波解，ξ 和 ζ 分别为

$$\xi = \sqrt{\left(Ma_1^2-1\right)^2 - 3\left(1+\frac{\kappa-1}{2}Ma_1^2\right)\left(1+\frac{\kappa+1}{2}Ma_1^2\right)\tan^2\delta}$$

$$\zeta = \frac{\left(Ma_1^2-1\right)^3 - 9\left(1+\frac{\kappa-1}{2}Ma_1^2\right)\left(1+\frac{\kappa-1}{2}Ma_1^2 + \frac{\kappa+1}{4}Ma_1^4\right)\tan^2\delta}{\xi^3}$$

图 5-67 所示为根据式（5-74）和式（5-75）得出的激波的 p-δ 图，右半部对应正的气流转折角，左半部对应负的气流转折角，每条曲线的下半部对应弱激波，上半部对应强激波。

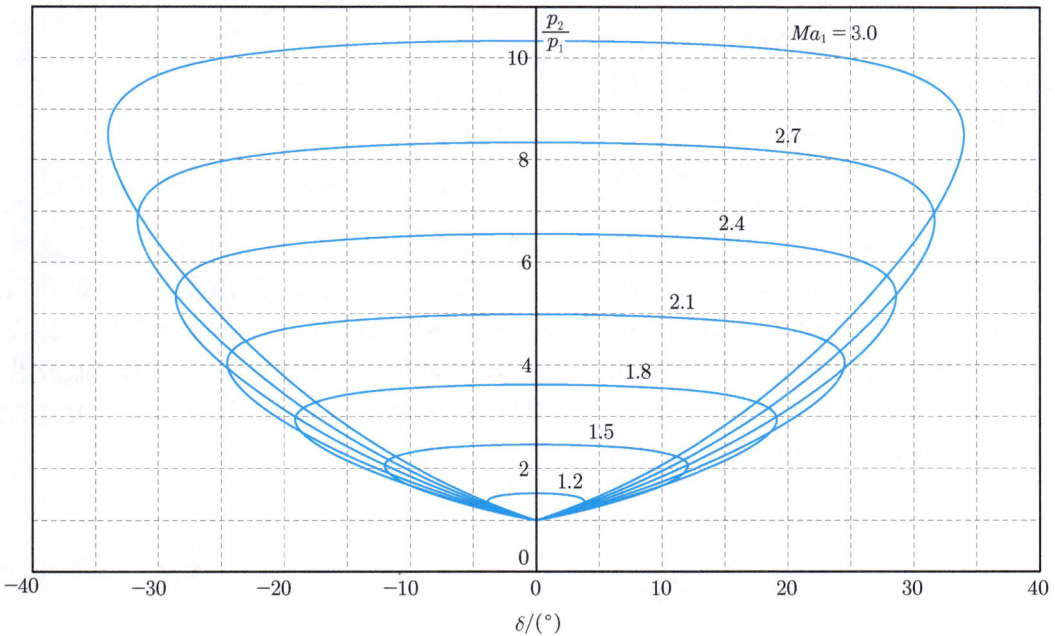

图 5-67　激波的 p-δ 图

超声速流动同时受膨胀波和激波的影响，综合使用图 5-66 和图 5-67，可以从物理概念上较为清楚地分析包含复杂波系的流场，下面讨论膨胀波和激波的反射与相交问题时将频繁使用这种方法。

5.4.1　壁面上的反射

如图 5-68 所示，来流与上下壁面都平行（①区），气流在下壁面一个微小的外转折角 A 点处产生一道膨胀波，经过膨胀波的气流都向下转折了一个相同的角度（②区）。在膨胀波与上壁面交点 B 之后，②区的气流方向与壁面不同，相当于壁面相对于气流外转折了，于是这里又生出一道膨胀波，让气流转折成和上壁面方向相同（③区）。第一道膨胀波称为**入射波**，第二道膨胀波称为**反射波**。由于气流通过膨胀波后马赫数增大，所以反射波的马赫角小于入射波的马赫角。③区的气流方向与①区的相同，但流线之间的距离变大了，对应管道的扩张。基于同样的原理，反射波与下壁面的交点 C 处会再次产生反射波，让气流与下壁面平行。

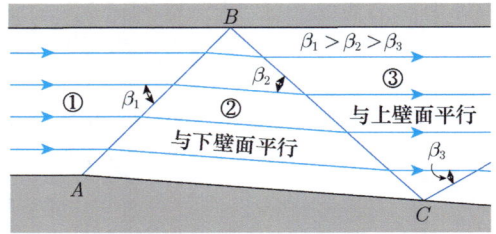

图 5-68　膨胀波在壁面的反射

上面的分析只适合于无限小的折角，对于有限大小的转折角，膨胀波是一束，其中的每一道膨胀波都会在壁面上反射出一道膨胀波，膨胀波和它的反射波之间存在较为复杂的相交区，如图 5-69 所示。虽然理论上可以用普朗特 – 迈耶函数进行计算，但较为繁复。经常使用特征线法和数值方法进行相关的计算，具体将在 8.5 节讲述。在对精度要求不高时，可以把一束膨胀波简化成一道，仍然和图 5-68 所示类似，只不过这时的

膨胀波在壁面附近存在复杂的反射和相交现象

图 5-69　一束膨胀波在壁面上的反射

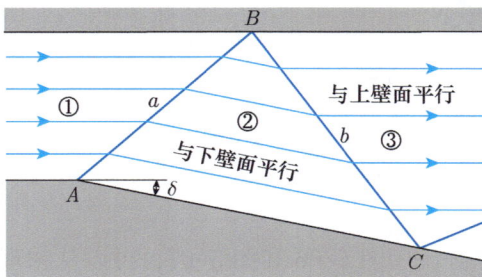

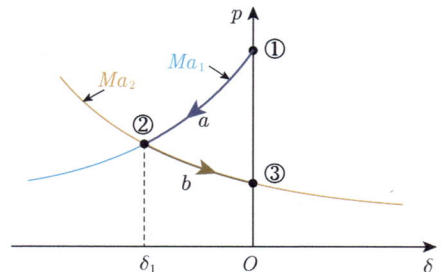

转折角是一个有限值 δ，可以同时画出这个流动的 $p\text{-}\delta$ 图，如图 5-70 所示。可以看到，通过使用 $p\text{-}\delta$ 图，可以在已知转折角的情况下得到各区的压力，从而得到各区的马赫数，这是一种图解法，同时，这种图也有助于对流动的理解。从中可以看到，入射膨胀波沿马赫数为 Ma_1 的曲线使气流转折角为 $-\delta$，反射膨胀波则以此为基础，沿马赫数为 Ma_2 的曲线使气流转折角为 δ，回到原来的方向。

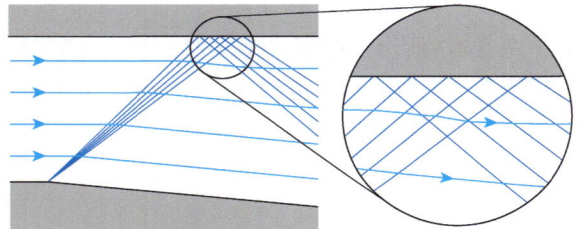

图 5-70　膨胀波在壁面反射的 $p\text{-}\delta$ 图分析

　　激波在壁面的反射如图 5-71 所示，下壁面在 A 点处有一个内转折角 δ，产生的激波使气流向上转折，②区的气流平行于下壁面，在激波与上壁面的交点 B 之后，气流与上壁面方向不同，相当于壁面相对于气流内转折了，于是产生一道反射激波，使气流平行于上壁面。气流经过两道激波的转折后，③区气流的方向与①区的相同，但流线之间的距离减小了，对应管道的收缩。由于气流经过激波后马赫数减小，所以反射激波角比入射激波角要大。从激波的 p-δ 图可以看到，入射激波沿马赫数为 Ma_1 的曲线使气流转折角为 δ，反射激波则以此为基础，沿马赫数为 Ma_2 的曲线使气流转折角为 $-\delta$，回到原来的方向。如果激波的落脚点 B 处正好转折了一个角度，则可能出现几种情况，具体要看这个转折角的大小和方向。图 5-72 所示为激波在转折角处反射的几种情况。

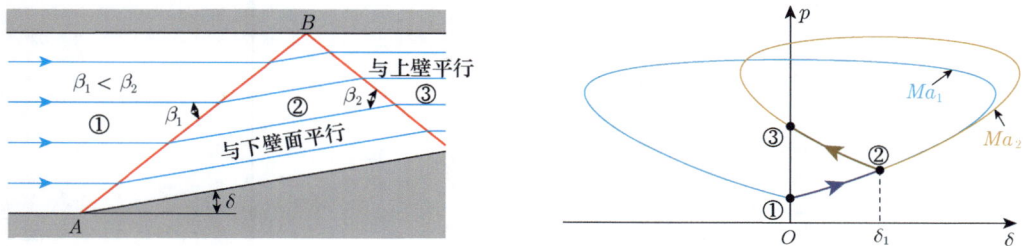

图 5-71　激波在壁面的反射（ $Ma_1 = 2.0$, $\delta = 10°$ ）

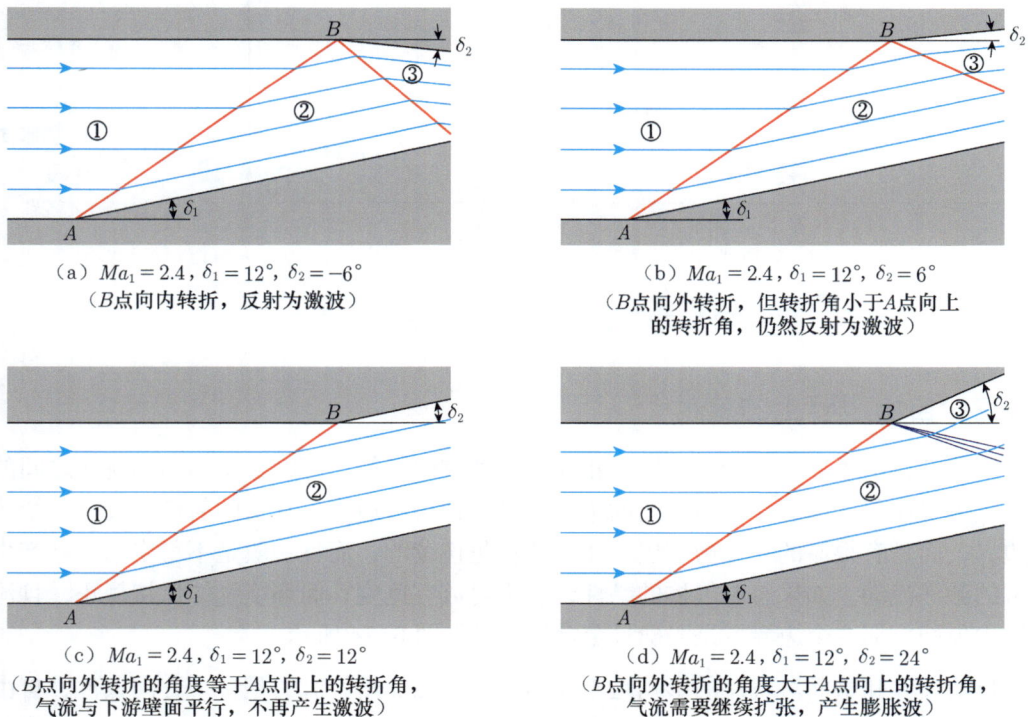

（a）$Ma_1 = 2.4$, $\delta_1 = 12°$, $\delta_2 = -6°$
（B 点向内转折，反射为激波）

（b）$Ma_1 = 2.4$, $\delta_1 = 12°$, $\delta_2 = 6°$
（B 点向外转折，但转折角小于 A 点向上的转折角，仍然反射为激波）

（c）$Ma_1 = 2.4$, $\delta_1 = 12°$, $\delta_2 = 12°$
（B 点向外转折的角度等于 A 点向上的转折角，气流与下游壁面平行，不再产生激波）

（d）$Ma_1 = 2.4$, $\delta_1 = 12°$, $\delta_2 = 24°$
（B 点向外转折的角度大于 A 点向上的转折角，气流需要继续扩张，产生膨胀波）

图 5-72　激波在转折角处反射的几种情况

其中，图 5-72（a）、（b）中产生了反射激波，图 5-72（d）中产生了反射膨胀波，图 5-72（c）中则不产生反射波。具体会发生哪种反射，只取决于 B 点之后的壁面与②区气流方向的关系，B 点之后的壁面相对②区气流向内转折就产生激波，向外转折就产生膨胀波，与②区气流方向相同就不产生反射波。

图 5-73 所示为图 5-72 中 4 种情况的 $p\text{-}\delta$ 图，其中图 5-73（a）、（b）由两种马赫数下的激波 $p\text{-}\delta$ 图组成，图 5-73（c）只有一道激波的 $p\text{-}\delta$ 图，而图 5-73（d）包含一道激波和一束膨胀波的 $p\text{-}\delta$ 图。从这些图中不但可以看到各区气流的方向，还可以看到各区的静压大小，其中图 5-73（a）产生的压升最高，对应减速程度最大，而图 5-73（d）中的③区则与①区的压力差不多。

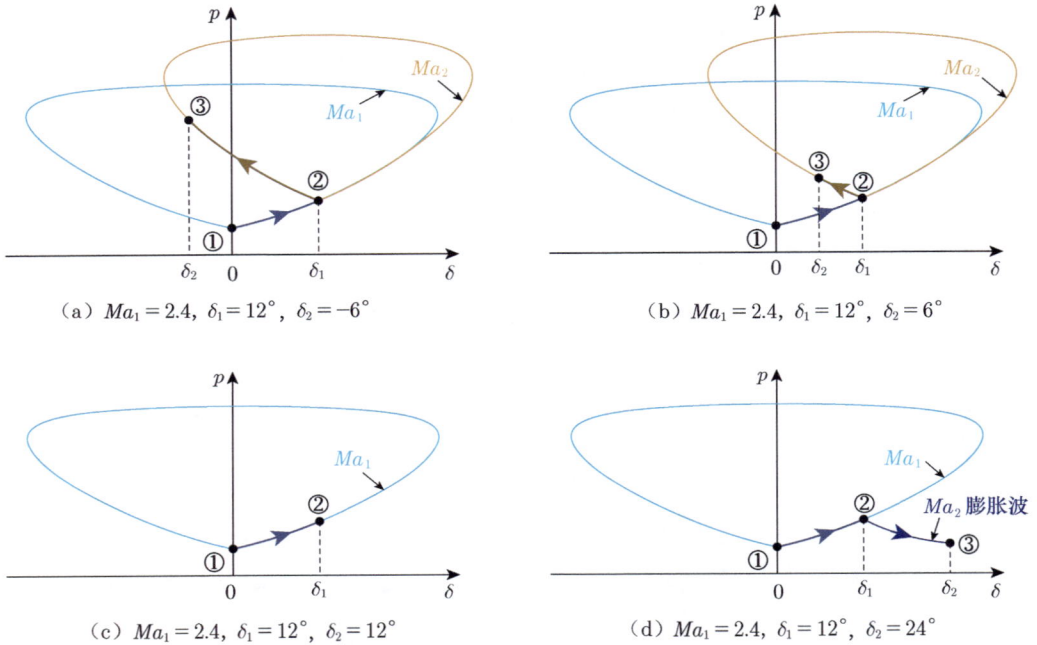

（a）$Ma_1 = 2.4$，$\delta_1 = 12°$，$\delta_2 = -6°$

（b）$Ma_1 = 2.4$，$\delta_1 = 12°$，$\delta_2 = 6°$

（c）$Ma_1 = 2.4$，$\delta_1 = 12°$，$\delta_2 = 12°$

（d）$Ma_1 = 2.4$，$\delta_1 = 12°$，$\delta_2 = 24°$

图 5-73　图 5-72 中 4 种情况的 $p\text{-}\delta$ 图

5.4.2　自由边界上的反射

所谓的自由边界，是指两股压力相同、速度方向平行、速度大小不同的流体之间的边界，气体射流与周围静止气体之间的边界就是一种自由边界。真实的射流并没有一个清晰的边界，而是有很厚的一个剪切层，速度变化是连续的，而且一般是不稳定的，会产生非定常的漩涡流动。如果忽略气体的黏性，认为射流有速度，而环境气体保持静止，且流动不发生失稳，那这个边界就是明确且定常的了，如图 5-74 所示。

自由边界和壁面对气流的影响是不同的，壁面强加给气流的是一个方向条件，自由射流的边界则可以移动，边界上气流的方向也可以改变，但边界两侧的气体保持平行流动，静压应该是相同的，也就是说自由边界施加给气流的是一个压力条件。

　　气体经过膨胀波后压力降低，当膨胀波与自由边界相交的时候，射流在波前和波后的压力如果不同，就没办法都与环境的压力相同，因此波后气体的压力需要升高到与环境压力相同。于是，在膨胀波与自由边界相交的地方会产生一道弱压缩波，或者说膨胀波在自由边界上的反射波是弱压缩波。相应地，弱压缩波或激波在自由边界上的反射波则是膨胀波。图 5-75 所示为膨胀波在自由边界上的反射和射流下边界处的 $p\text{-}\delta$ 图。

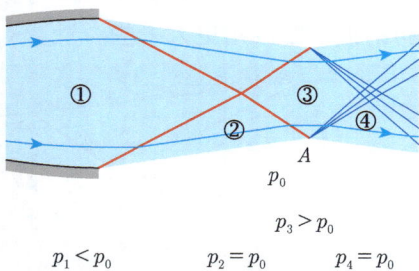

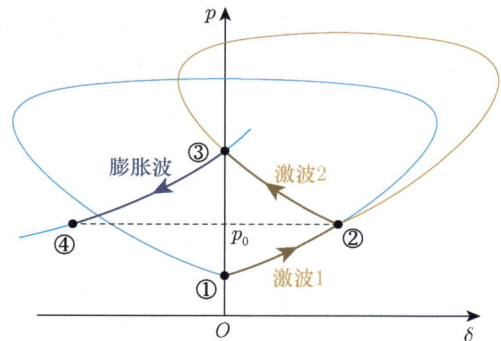

图 5-74　真实射流和理想射流

二维喷管内（①区）超声速气流的静压比环境大气压高，于是在出口的上下壁面边缘各产生一束膨胀波，气流经过膨胀波后在②区向外转折，静压等于大气压，再经过后面的膨胀波后，在③区上下两半气流汇合后平行于轴线，静压则比大气压低，于是在膨胀波与射流边界的交点（$A_1 \sim A_4$）处产生很多道弱压缩波，气流经过这些弱压缩波后，在④区向内转折，静压再次与大气压相等。

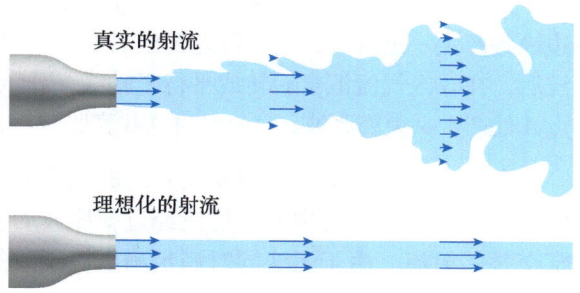

　　图 5-76 所示为激波在自由边界上的反射和射流下边界处的 $p\text{-}\delta$ 图。

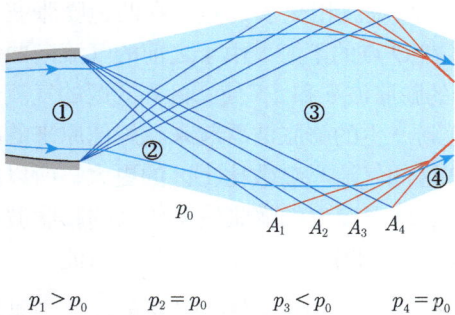

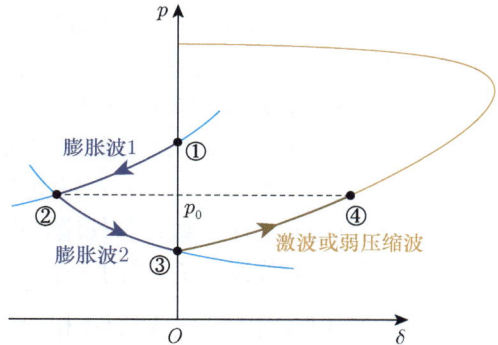

图 5-75　膨胀波在自由边界上的反射和射流下边界处的 $p\text{-}\delta$ 图

图 5-76　激波在自由边界上的反射和射流下边界处的 $p\text{-}\delta$ 图

259

这次二维喷管内（①区）的超声速气流的静压比环境大气压低，于是在出口的上下壁面边缘各产生一道激波，气流经过激波后在②区向内转折，静压等于大气压，再经过后面的激波后，在③区气流汇合后转成平行于轴线，静压则比大气压高，于是在激波与射流边界的交点 A 处产生一束膨胀波，气流经过这些膨胀波后，在④区向外转折，静压再次与大气压相等。

在上面两种流动中，只要喷管内的气流静压与环境大气压不等，就必然会在出口产生膨胀波与激波交替的现象，射流经过膨胀波后变宽，经过弱压缩波或激波后变窄，形成宽窄交替的射流。由于无法同时满足静压等于大气压且方向平行于轴线这两个条件，这种宽窄交替的射流在无黏流动中会一直持续下去，形成周期性的流动。在实际流动中，由于黏性耗散作用，在远下游区流动速度会变成亚声速，也就不会再产生压力波了。这种现象在一些火箭喷口和军用飞机发动机喷口外较为常见。这个过程还会伴随激波的不规则反射，出现正激波，有关激波的不规则反射将在后文单独讨论。

5.4.3 膨胀波与激波的相交

1. 对称管道异侧膨胀波或激波的相交

图 5-77 所示为对称管道异侧压力波的相交情况，图 5-77（a）为异侧膨胀波的相交，图 5-77（b）为异侧激波的相交。图 5-77（a）中，上下壁面在相同流向位置各自向外转折一个相同的小角度，于是各产生一道膨胀波 a 和 b，两道膨胀波相交于 O 点。在两道膨胀波之后的②区和③区，气流分别平行于下壁面和上壁面。在 O 点的下游，由于之前的气流向两侧转折，气流面临一个突然的膨胀，于是又产生两道新的膨胀波 c 和 d，使②区和③区的气流分别膨胀到④区后方向一致，恢复到初始方向。这两道新产生的膨胀波看起来就好像原来的两道膨胀波相交之后互相穿过一样，不过由于②区和③区的气流马赫数比①区的更大，所以膨胀波 c 和 d 的马赫角更小一些，与气流转折角叠加后，O 点发出的膨胀波与原来的膨胀波并不在一条直线上，就像经过了折射了一样。可以认为 d 是 a 的折射波，c 是 b 的折射波。

在图 5-77（b）中，上下壁面在相同流向位置各自向内转折一个相同的角度，于是各产生一道激波 a 和 b，两道激波相交于 O 点。在两道激波之后的②区和③区，气流分别平行于下壁面和上壁面。在 O 点下游，两侧的气流向中间互相挤压，于是又产生两道激波 c 和 d，使②区和③区的气流分别被压缩到④区后方向一致，恢复到初始方向。激波 c 和 d 可以看作原来的两道激波相交之后互相穿过，d 是 a 的折射波，c 是 b 的折射波。与膨胀波不同的是，由于气流经过激波后马赫数减小，因此折射波的激波角更大一些。

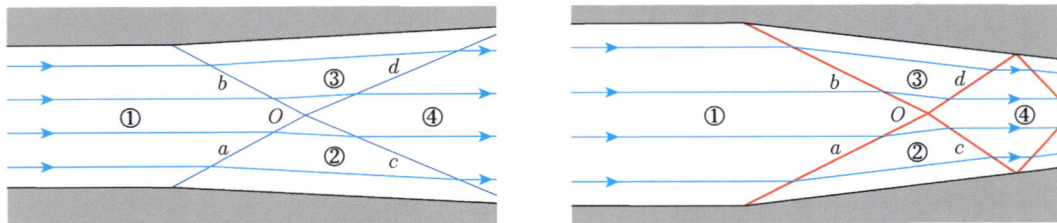

（a）异侧膨胀波的相交　　　　　　　　　　（b）异侧激波的相交

图 5-77　对称管道异侧压力波的相交情况

对称管道的特点是在对称面（即中心线）上流动的方向是已知的，也就是说对称面和壁面很像，都是给流动强加了一个方向条件。因此，这种对称管道的膨胀波或激波的相交也可以理解为各个压力波在对称面上发生了反射，就仿佛对称面是壁面一样。比如在图 5-77 中，压力波 c 可以看作 a 的反射波，d 可以看作 b 的反射波。现实中遇到此类工程问题时，可以把对称面换成无黏的壁面，只分析一半流场。

2. 不对称管道异侧膨胀波或激波的相交

图 5-78 所示为不对称管道异侧膨胀波的相交情况。实际的膨胀波是一束，流场计算也较为复杂，这里为了方便定性分析将其简化为一道。由于下壁面转折角 δ_2 比上壁面转折角 δ_3 大，所以②区的马赫数比③区的马赫数大，压力更低。在膨胀波交点 O 的下游，气流向两侧转折，使 O 点后的气流处于膨胀状态，于是又产生两道折射膨胀波 c 和 d，②区和③区的气流分别经过折射膨胀波 c 和 d 到达④区，在 p-δ 图上两条曲线 c 和 d 的交点确定了④区的气流方向和静压，④区的气流向下偏，这是因为下壁面向下的转折角更大。

图 5-79 所示为不对称管道异侧激波的相交情况。

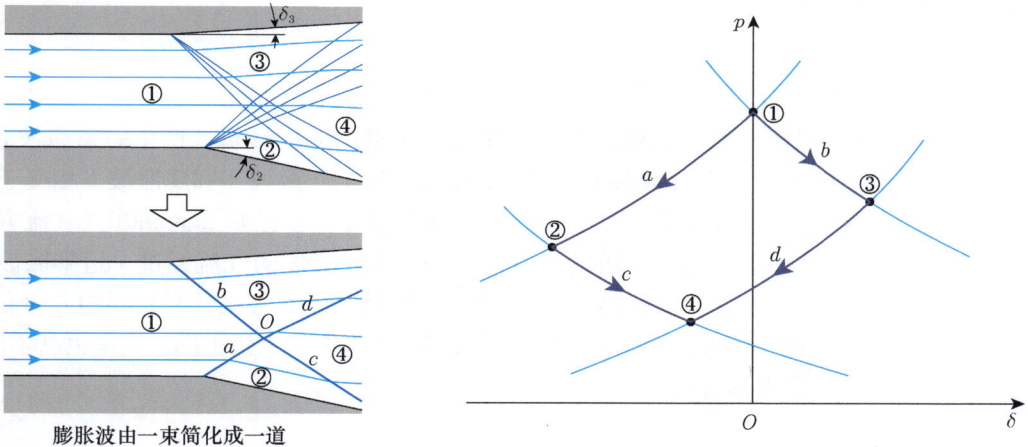

膨胀波由一束简化成一道

图 5-78　不对称管道异侧膨胀波的相交情况

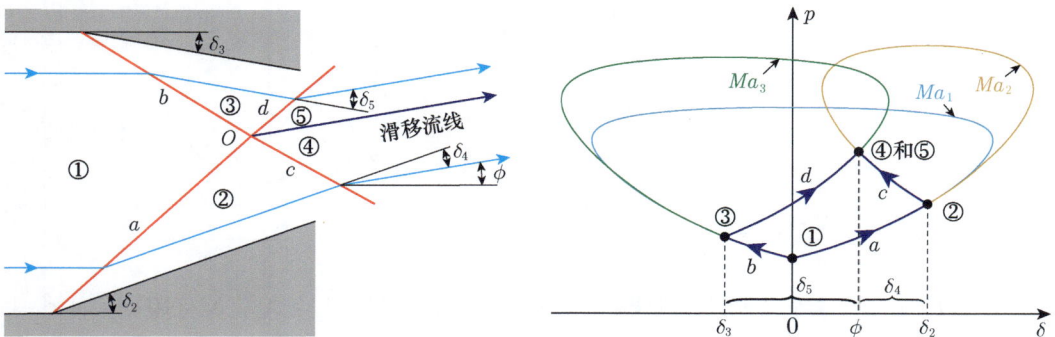

图 5-79　不对称管道异侧激波的相交情况（$Ma_1=2.5$，$\delta_2=20°$，$\delta_3=-10°$）

由于下壁面的转折角 δ_2 比上壁面的转折角 δ_3 大，所以下壁面产生的激波 a 更强，②区的马赫数比③区的马赫数小，压力也更高。在激波交点 O 的下游，两侧的气流向中间互相挤压，又产生两道折射激波 c 和 d，②区的气流经过折射激波 c 到达④区，③区的气流经过折射激波 d 到达⑤区。

画出这 4 道激波的 p-δ 图，激波 a 和 b 的来流马赫数相同，所以在一条 p-δ 曲线上，②区的气流转折角为正，而③区的气流转折角为负，在②区基础上的 p-δ 曲线和在③区基础上的 p-δ 曲线相交于一点，这一点的气流方向和静压同时符合④区和⑤区。然而，④区和⑤区的气流参数并不完全相同，原因是气流通过激波 a 和 c 的总压损失通常不会正好等于通过激波 b 和 d 的总压损失。④区和⑤区的总压不同，流速也就不同，在这两个区之间产生一条流速分界线，称为**滑移流线**。对于理想的定常无黏流动，理论上滑移流线两侧的气流能以不同速度定常平行流动，但实际不会是这样，通常由于流动不稳定，会卷起旋涡形成非定常剪切流动。

用 p-δ 图可以较为方便地求出④区和⑤区的气流方向和静压，这就是图解法的优势。如果不使用图解法，则需要进行试算，通过分别调整激波 c 和 d 的强度来使④区和⑤区的气流方向和静压的一致。

3. 异侧膨胀波和激波的相交

图 5-80 所示为异侧膨胀波和激波的相交情况。下壁面向内转折，产生一道激波 a，上壁面向外转折，产生出一束膨胀波 b（图中简化为一道），激波 a 和膨胀波 b 相交于流场中的 O 点。在 O 点之后气流应该具有相同的方向和静压。在已知②区和③区气流方向的情况下，可以通过 p-δ 图得到下游的气流方向和静压。②区的气流经过一道膨胀波后到达④区，③区的气流经过一道激波后到达⑤区，④区和⑤区的气流具有相同的方向和静压，但由于激波 a 和 d 产生的总压损失不同，所以④区和⑤区的总压不同，流速也就不同，两区之间的边界是一条滑移流线。

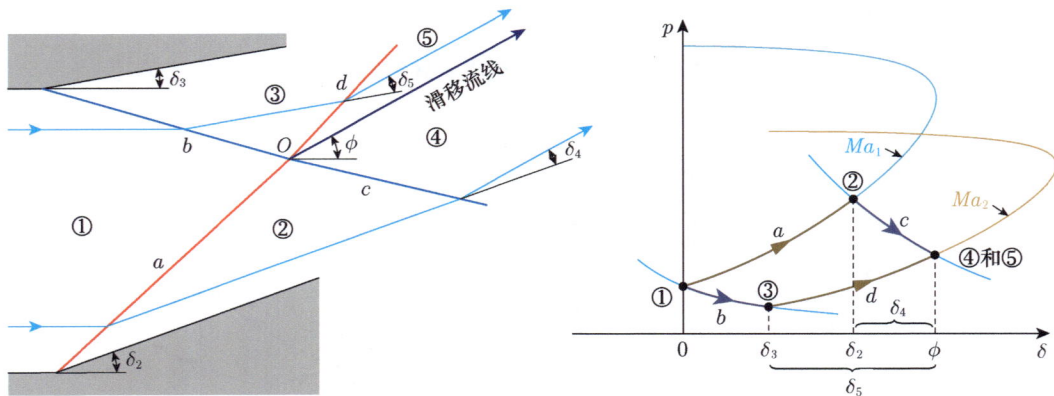

图 5-80　异侧膨胀波和激波的相交情况（ $Ma_1 = 2.5$, $\delta_2 = 20°$, $\delta_3 = 10°$ ）

可以看到，激波和膨胀波相交时，分别穿过对方，激波折射为激波，膨胀波折射为膨胀波，并且流动连续朝一个方向转折，这与壁面的变化趋势相同。气流在分别经过两道激波和膨胀波后，其静压与来流相比是增大还是减小了，一般可以通过管道的横截面积来判断，本例中，管道整体收缩，因此气流减速增压。不过由于气流通过激波时并不是等熵的，总压变化较大，用横截面积来判断静压并不总是正确的，真实的静压还是需要进行具体的计算。

4. 同侧激波的相交

图 5-81 所示为同侧激波相交的两种情况。下壁面有两个转折角，各产生一道激波，气流经过第一道激波 a 后马赫数降低，第二道激波 b 的角度增大，叠加气流已经产生的转折角，所以第二道激波相对①区未受扰动气流的角度明显大于第一道激波。两道激波相交于 O 点，交点之上两道激波合成为一道更强的激波 c，激波 c 把管道上半部的气流从①区的方向一次转折到④区的方向。

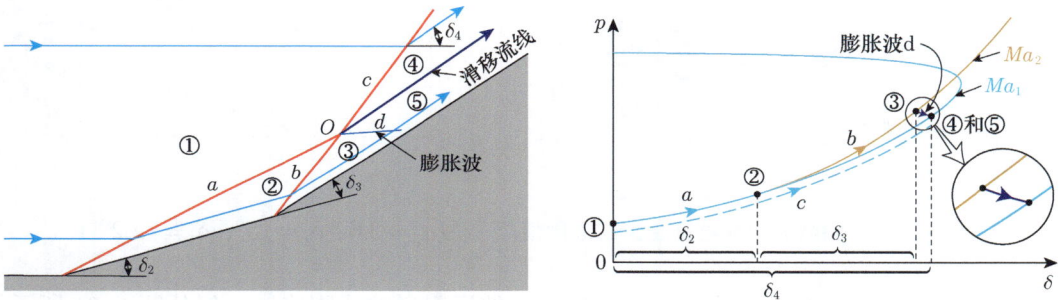

（a）产生反射膨胀波的情况（$Ma_1 = 4.0$，$\delta_2 = 16°$，$\delta_3 = 18°$）

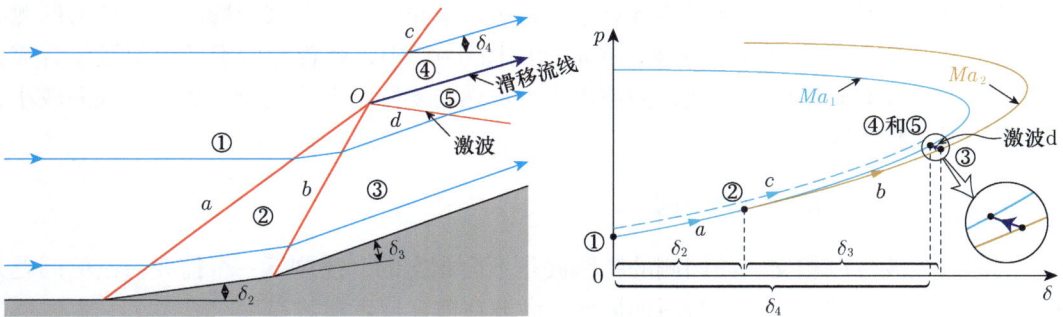

（b）产生反射激波的情况（$Ma_1 = 2.0$，$\delta_2 = 8°$，$\delta_3 = 12°$）

图 5-81 同侧激波相交的两种情况

通常③区和④区的气流无法同时满足压力相等且都与壁面方向相同的条件，因此在 O 点之后还会产生一束膨胀波或一道激波。图 5-81（a）表示产生反射膨胀波的情况，出现这种情况的原因是，气流经过激波 a 和 b 的转折角等于下壁面的转折角，而经过激波 c 后的转折角大于下壁面的转折角，于是在 O 点后，③区的气流和④区的气流向两侧散开，发生膨胀，产生反射膨胀波 d，③区的气流通过膨胀波 d 到达⑤区，⑤区的气流方向和静压与④区相同，但总压不同，速度不同，两区之间有一条滑移流线。

图 5-81（b）表示产生反射激波的情况，出现这种情况的原因是气流经过激波 c 后的转折角小于下壁面的总转折角，于是在 O 点后，③区的气流和④区的气流互相挤压，产生反射激波 d，③区的气流通过激波 d 到达⑤区，⑤区的气流方向和静压与④区的相同，但总压不同，速度不同，两区之间有一条滑移流线。

既然有时产生反射膨胀波，有时产生反射激波，就应该存在没有反射波的情况。这种情况确实存在，流动正好满足③区和④区的静压相等且方向都平行于壁面的条件，图 5-82 所示给出了这种情况。

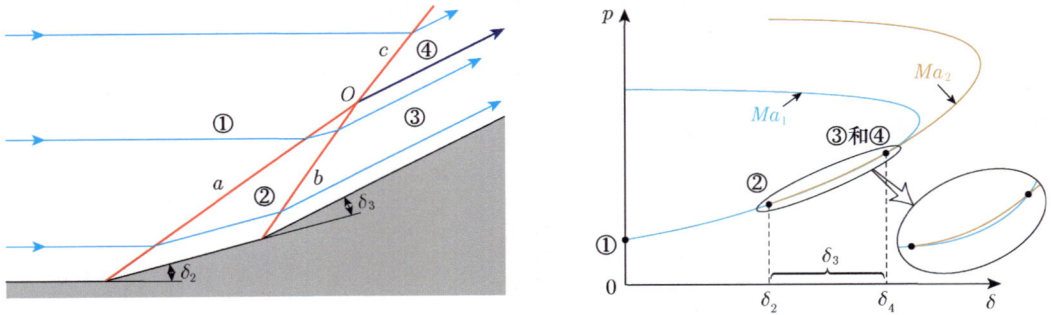

图 5-82　同侧激波相交不产生反射波的情况（$Ma_1 = 2.6$，$\delta_2 = 15°$，$\delta_3 = 12.2°$）

虽然同侧激波相交后几乎总是会产生额外的反射激波或膨胀波，但从图 5-81 所示可以看到，这种情况下的③区与④区的气流方向和静压的差别总是很小，产生的反射激波或膨胀波的强度非常弱。在实际工程计算中经常可以忽略反射的激波或膨胀波，认为同侧激波相交后只合成为一道更强的激波。在前面的图 5-42 中，就曾经假定两道斜激波合成为一道激波后，没有多余的膨胀波和激波产生，虽然与实际情况不完全一致，但误差较小，可用于一般工程计算。

5. 同侧膨胀波和激波的相交

同侧的激波可以相交，而同侧的膨胀波是不会相交的，还剩下一个需要讨论的问题是同侧膨胀波和激波的相交，分为两种情况：激波在前，或者激波在后。

图 5-83 所示为激波在前、膨胀波在后的相交情况。现在看图 5-83（a），在膨胀波 b 与激波 a 的交点 O 的上方，由于激波后的气流已经在一道膨胀波之后，这里的静压变小，所以折射激波 c 的强度比入射激波 a 的小，激波角也变小。一束膨胀波与激波相交的效果是使激波后弯，强度减小。和前面的同侧激波相交类似，在交点之后的流场中也存在滑移流线和强度很弱的反射激波［见图 5-83（a）］或反射膨胀波［见图 5-83（b）］。反射激波或膨胀波使这类问题变得很复杂，但和同侧激波相交的情况类似，反射波的强度总是很小，工程计算时可以认为膨胀波只改变激波的角度，而不产生反射波。

在图 5-84 中，超声速气流在一个三维的钝体前部形成脱体激波，激波后的气流沿壁面加速，速度从亚声速再次变成超声速，并在转折角处产生一束膨胀波，气流经过膨胀波

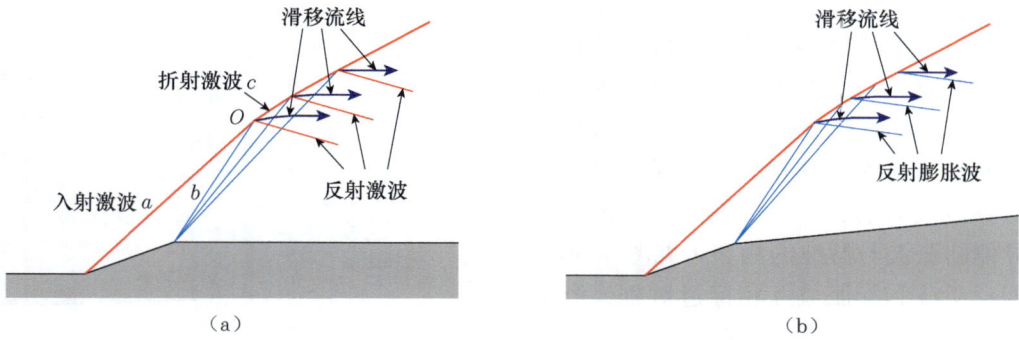

图 5-83　同侧膨胀波和激波的相交（激波在前）

加速并转折，最后形成平行于物体侧表面的流动。这些膨胀波的一部分向前延伸，与激波相交，使激波减弱并向后弯曲，形成弓形激波。有关弓形激波的分析在前面的 5.3.7 小节中已经给出，但当时并未考虑膨胀波的影响，只是沿一条激波曲线进行分析。弓形激波上各点的来流马赫数都相同，因此在同一条激波的 p-δ 图上，各位置激波角不同的原因是波后静压不同。在物体正前方这种静压的不同是亚声速流场的流速不同造成的，在两侧区域这种静压的不同是气流处于膨胀波扇区的不同位置造成的。

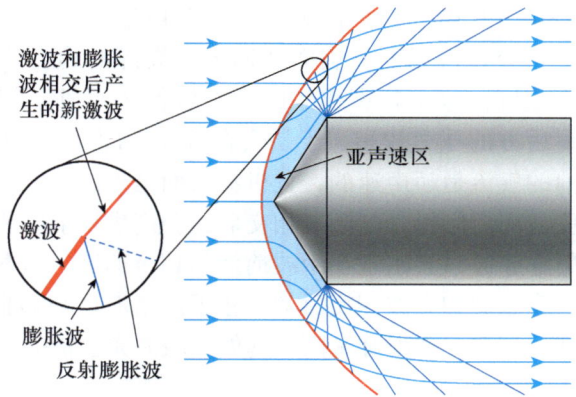

图 5-84　脱体激波与膨胀波的相交

图 5-85 所示为一种膨胀波在前、激波在后的相交情况。

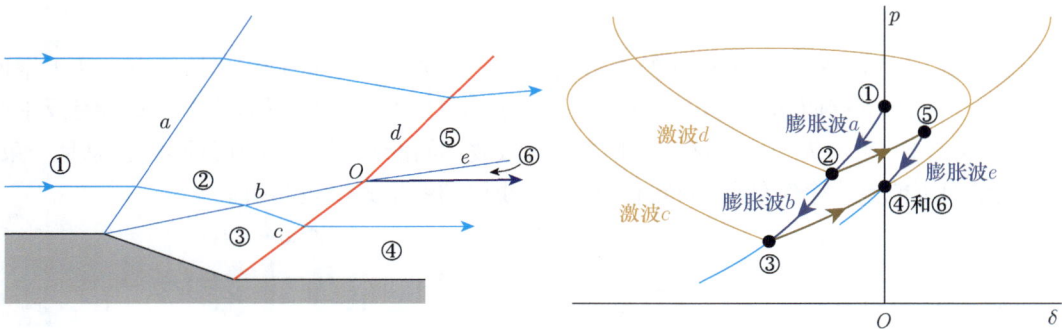

图 5-85　同侧膨胀波和激波的相交（激波在后）

在这种情况下激波不可能与整束膨胀波都相交，而只会与后面的一部分膨胀波相交。为了清晰显示，这里把膨胀波简化为两道，分别位于膨胀扇区的开始位置和结束位置，即图中的 a 和 b，而两道膨胀波之间的②区流动都当作是均匀的，膨胀波 b 与激波 c 相交于 O 点。靠近壁面的流线分别经历两道膨胀波和一道激波，①→膨胀波 a→②→膨胀波 b→③→激波 c→④，最后平行于壁面流动。远离壁面的流线经历膨胀波 a 和折射激波 d

后到达⑤区。⑤区的气流向上偏，且静压比④区的要大，所以还会在 O 点产生一道膨胀波 e 使气流膨胀到⑥区，⑥区的气流方向和静压与④区的相同，两区之间以一条滑移流线为边界。可以看到，这种情况与异侧膨胀波与激波的相交（见图 5-80）类似，激波和膨胀波互相穿过对方，产生折射波，同时产生滑移流线。

客机在高空飞行的马赫数一般在 0.80～0.85，虽然相对空气是亚声速，但空气会在机翼上下表面加速产生局部的超声速区，这个超声速区的压力较低，而机

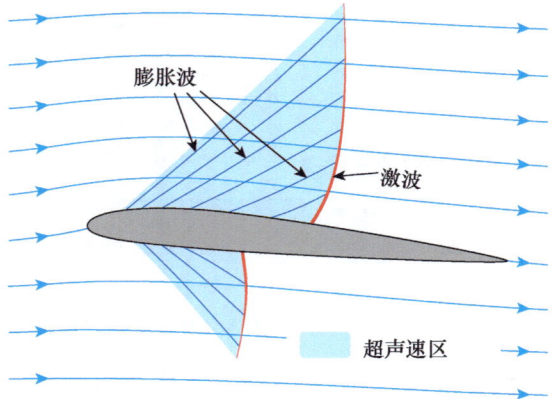

图 5-86　机翼表面的激波和膨胀波

翼后方的压力较高，于是会在机翼表面某处产生一道正激波，如图 5-86 所示。正激波之前的气流是超声速的，且机翼表面是外凸曲面，因此会从壁面发出无数道膨胀波，这些膨胀波向后倾斜，与激波相交后，会产生反射膨胀波。由于正激波后的气流是亚声速的，反射膨胀波只会出现在激波前面的超声速区，这些反射膨胀波非常弱，一般可忽略，可以认为膨胀波和激波相交后就终止了。激波在和膨胀波相交后会变弱，因此越是远离机翼的激波就越弱，在离开壁面较远处，激波完全消失，再往外的气流都是亚声速的。

5.4.4　膨胀波和激波的终止

膨胀波或激波之所以会在壁面产生反射波，关键原因是波后的气流与壁面不平行。如果在波的落脚点处让壁面转折，使壁面与波后气流平行，就不会产生反射波了，这种现象称为**膨胀波或激波的终止**。实际上在前面的图 5-72（c）中已经出现过这种现象了，这里给出更详细的分析。

如图 5-87（a）所示，下壁面的内转折角产生的激波与上壁面相交的地方，让上壁面向上转折一个和下壁面相同的转折角，于是下游的气流与上下壁面都适应，不再有反射激波。图 5-87（b）所示为膨胀波终止的情况，与激波不同的是，由于实际的膨胀波总是一束，所以上壁面不能是一个突然的内转折，而是一小段曲线形式的内转折。

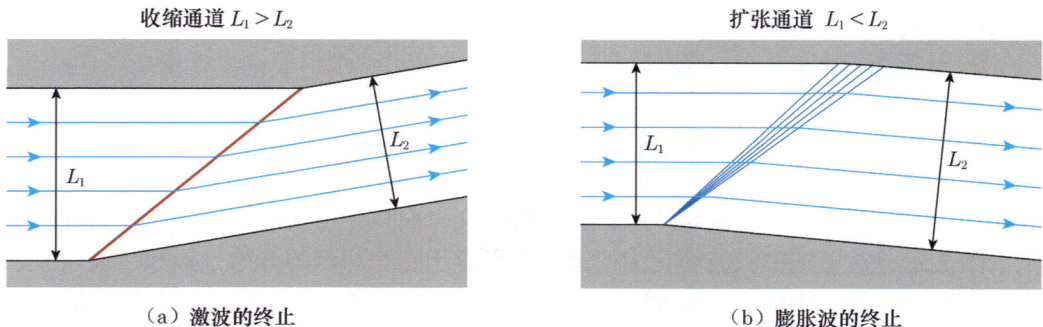

收缩通道 $L_1 > L_2$

扩张通道 $L_1 < L_2$

（a）激波的终止　　　　　　　　　　　（b）膨胀波的终止

图 5-87　激波和膨胀波的终止

从这两个图还可以看出，这种情况从整体上看就是管道转了一个方向，当内转折角在前的时候，产生的是激波，对应管道横截面积变小和气流减速，当外转折角在前的时候，产生的是膨胀波，对应管道横截面积变大和气流加速。如果是横截面积不变的转折角，则内转折角和外转折角同时对来流起作用，流动同时包含激波和膨胀波，并且在下游会含有很多反射的激波和膨胀波，如图 5-88 所示。如果不希望下游有这些杂波扰乱流场，可以用图 5-89 中所示的两种方法之一来实现，在转弯的过程中有收缩和扩张，但转弯完成后的横截面积与开始的相同。

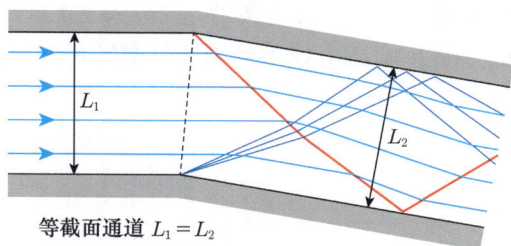

图 5-88 等截面转折角的激波和膨胀波

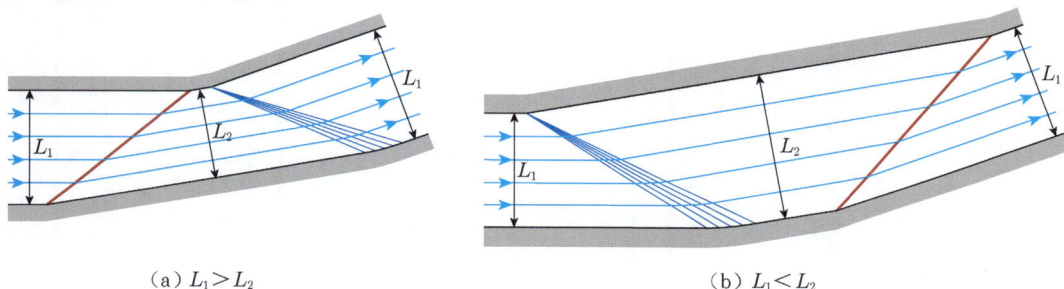

（a）$L_1 > L_2$　　　（b）$L_1 < L_2$

图 5-89 不在下游产生杂波的等截面转弯设计

气流经过激波会有流动损失，所以设计超声速流道时不希望出现多余的反射激波，膨胀波虽然本身不带来损失，但多余的膨胀波会使气流产生不必要的加速和转弯，扰乱流场。要减少波的反射，就要用到膨胀波和激波终止的知识。

图 5-90 所示为超声速扩张喷管中的膨胀液。在开始扩张的地方通过一个突然的外转折角产生一束膨胀波，使流体扩张并加速，这些膨胀波在与后面的壁面相交之后不产生反射膨胀波，原因是相交点的壁面向内转折了相应的角度，方向已经与气流相同了。采用这样的设计可以让气流在喷管内损失最小，且离开喷管时流动方向一致，气流参数均匀，超声速风洞和火箭发动机的喷管

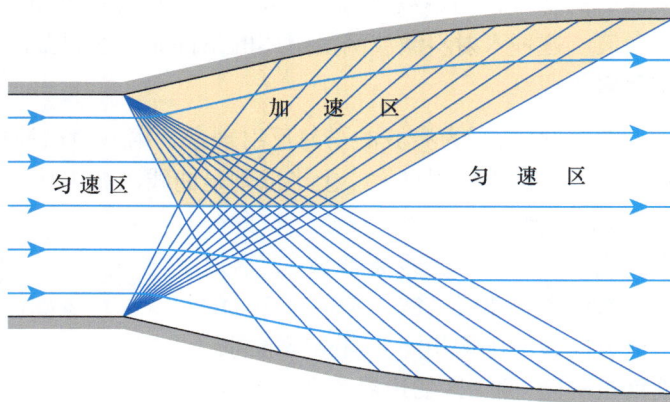

图 5-90 超声速扩张喷管中的膨胀波

都是类似的设计，设计方法是使用普朗特-迈耶函数，从上游向下游推进。不过，只使用本章的知识计算较为困难，本书第 8 章 8.5.3 小节将详细介绍该喷管的特征线法计算过程。

5.4.5 激波的不规则反射和相交

在前面 5.4.1 小节描述激波反射的图 5–71 中，气流经过两道激波后折回到和来流相同的方向，具体的流动条件是 $Ma_1 = 2.0$，$\delta = 10°$。如果下壁面转折角 δ 增加到 15°，就会发现在 p-δ 图上找不到能让气流转折回原方向的解了，如图 5–91 所示，这是怎么回事呢？

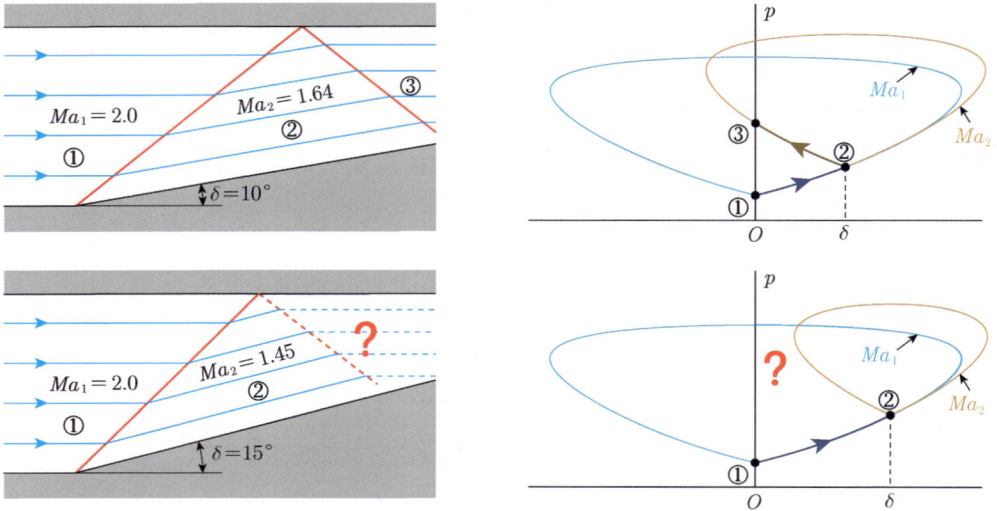

图 5–91 规则反射发生的条件

我们知道，对于每一个马赫数，有一个能让斜激波保持附体的最大转折角，大于这个转折角时，激波就会脱体。来流马赫数为 2.0，当转折角为 15° 时存在附体的斜激波，在激波后的②区，马赫数降低为 1.45，最大转折角才 10.79°，不存在能让气流转折 15° 的斜激波。这种入射斜激波满足附体的条件而反射斜激波不满足的情况，会形成一种称为**马赫反射**的现象。

图 5–92 所示为激波的马赫反射现象，第一道激波可以分为两部分——a 和 b，激波 a 的下半部是标准的斜激波，上半部则是曲线激波。从上壁面生成一道接近于正激波的曲线激波 b，与激波 a 相交于 O 点，在此交点后面额外生成一道反射激波 c，这道反射激波也是曲线激波。④区与③区的气流方向和静压均相同，但总压不同，速度也不同，两个区的边界为滑移流线，这条滑移流线也是曲线。由于激波 b 接近于正激波，③区的气流一定是亚声速的，而④区的气流可能是超声速也可能是亚声速的。

不只是在壁面上会发生不规则反

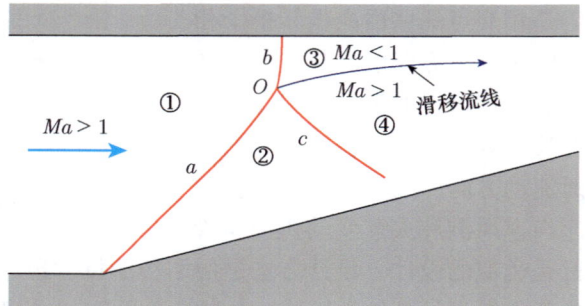

图 5–92 激波的马赫反射现象

射，只要出现了气流所需的转折角比斜激波的最大转折角大的情况，就会产生不规则的激波。在激波相交的问题中，这种现象可以称为激波的不规则相交，如图 5-93 所示。

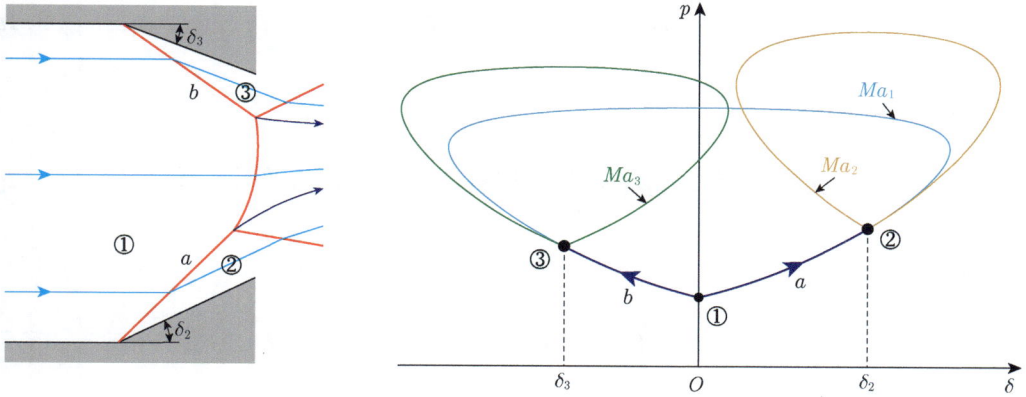

图 5-93　激波的不规则相交

在实际工程问题中，不规则反射多种多样，很难一一列举，这方面的研究仍在进行中。图 5-94 所示为二维管道内马赫数为 3.0 的气流绕圆柱的流动情况，在弓形激波与壁面相交处产生了马赫反射，后面的滑移线上形成不稳定的流动。另外，圆柱的尾迹区也有很强的非定常流动，这些非定常流动会诱导出很多非定常的激波和膨胀波，使整个流场的流动相当复杂，没有办法完全用这一节的简单理论方法来预测流动，解决这类问题通常要依靠实验和数值模拟手段。

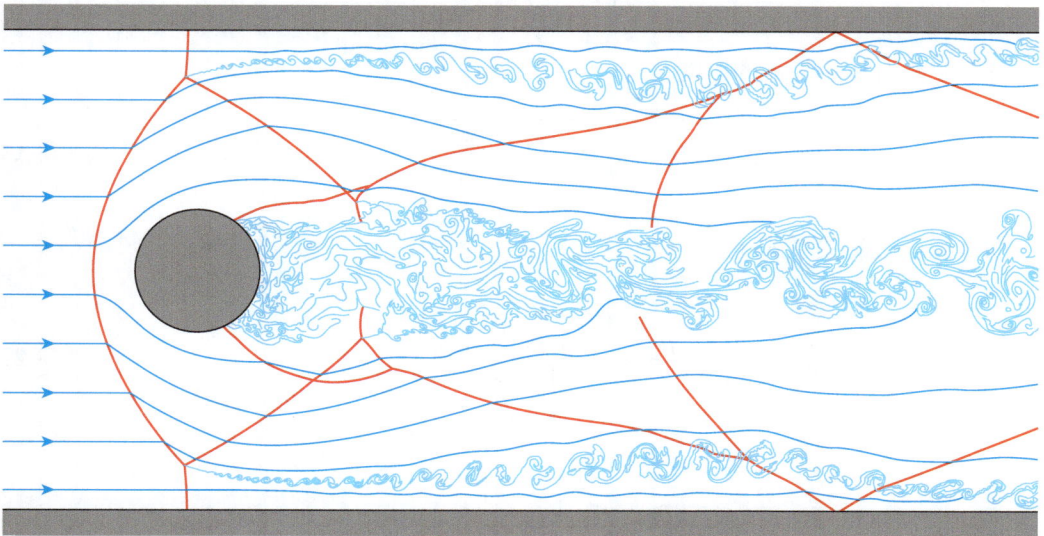

图 5-94　二维管道内马赫数为 3.0 的气流绕圆柱的流动情况

重要关系式总结

马赫角

$$\mu = \arcsin\frac{1}{Ma} \tag{5-1a}$$

普朗特 – 迈耶角

$$\nu(Ma) = \sqrt{\frac{\kappa+1}{\kappa-1}}\arctan\sqrt{\frac{\kappa-1}{\kappa+1}\left(Ma^2-1\right)} - \arctan\sqrt{Ma^2-1} \tag{5-6}$$

左伸波

$$\theta + \nu(Ma) = C_1 \tag{5-7}$$

右伸波

$$\theta - \nu(Ma) = C_2 \tag{5-7a}$$

膨胀扇区夹角

$$\varphi = |\mu_1 - \mu_2| + |\delta| \tag{5-10}$$

阶跃波相对波前气体的速度

$$V_1 = \sqrt{\frac{\rho_2}{\rho_1} \cdot \frac{p_2 - p_1}{\rho_2 - \rho_1}} \tag{5-11}$$

阶跃波相对波后气体的速度

$$V_2 = \sqrt{\frac{\rho_1}{\rho_2} \cdot \frac{p_2 - p_1}{\rho_2 - \rho_1}} \tag{5-12}$$

朗金 – 雨贡纽关系式

$$\frac{\rho_2}{\rho_1} = \frac{\dfrac{\kappa+1}{\kappa-1}\dfrac{p_2}{p_1}+1}{\dfrac{\kappa+1}{\kappa-1}+\dfrac{p_2}{p_1}} \tag{5-27}$$

$$\frac{p_2}{p_1} = \frac{\dfrac{\kappa+1}{\kappa-1}\dfrac{\rho_2}{\rho_1}-1}{\dfrac{\kappa+1}{\kappa-1}-\dfrac{\rho_2}{\rho_1}} \tag{5-28}$$

$$\frac{T_2}{T_1} = \frac{\dfrac{\kappa-1}{\kappa+1}\dfrac{p_2}{p_1}+1}{\dfrac{\kappa-1}{\kappa+1}\dfrac{p_1}{p_2}+1} \tag{5-29}$$

正激波前后关系式

$$Ma_2{}^2 = \frac{Ma_1{}^2+\dfrac{2}{\kappa-1}}{\dfrac{2\kappa}{\kappa-1}Ma_1{}^2-1} \tag{5-26}$$

$$T_{t,2} = T_{t,1} \tag{5-30}$$

$$\frac{T_2}{T_1} = \frac{\left(1+\dfrac{\kappa-1}{2}Ma_1^2\right)\left(\dfrac{2\kappa}{\kappa-1}Ma_1^2-1\right)}{\dfrac{(\kappa+1)^2}{2(\kappa-1)}Ma_1^2} \tag{5-31}$$

$$\frac{p_2}{p_1} = \frac{2\kappa}{\kappa+1}Ma_1^2 - \frac{\kappa-1}{\kappa+1} \tag{5-32}$$

$$\frac{\rho_2}{\rho_1} = \frac{(\kappa+1)Ma_1^2}{2+(\kappa-1)Ma_1^2} \tag{5-33}$$

$$\frac{p_{t,2}}{p_{t,1}} = \frac{\left[\dfrac{(\kappa+1)Ma_1^2}{2+(\kappa-1)Ma_1^2}\right]^{\frac{\kappa}{\kappa-1}}}{\left(\dfrac{2\kappa}{\kappa+1}Ma_1^2-\dfrac{\kappa-1}{\kappa+1}\right)^{\frac{1}{\kappa-1}}} \tag{5-34}$$

$$\lambda_1\lambda_2 = 1 \tag{5-35}$$

斜激波前后关系式

$$\lambda_{1n}\lambda_{2n} = 1 - \frac{\kappa-1}{\kappa+1}\lambda_t^2 \tag{5-45}$$

$$\frac{\rho_2}{\rho_1} = \frac{(\kappa+1)Ma_1^2\sin^2\beta}{2+(\kappa-1)Ma_1^2\sin^2\beta} \tag{5-47}$$

$$\frac{p_2}{p_1} = \frac{2\kappa}{\kappa+1}Ma_1^2\sin^2\beta - \frac{\kappa-1}{\kappa+1} \tag{5-48}$$

$$\frac{T_2}{T_1} = \frac{\left(1 + \frac{\kappa-1}{2} Ma_1^2 \sin^2 \beta\right)\left(\frac{2\kappa}{\kappa-1} Ma_1^2 \sin^2 \beta - 1\right)}{\frac{(\kappa+1)^2}{2(\kappa-1)} Ma_1^2 \sin^2 \beta} \tag{5-49}$$

$$\frac{p_{t,2}}{p_{t,1}} = \frac{\left[\dfrac{(\kappa+1) Ma_1^2 \sin^2 \beta}{2+(\kappa-1) Ma_1^2 \sin^2 \beta}\right]^{\frac{\kappa}{\kappa-1}}}{\left(\dfrac{2\kappa}{\kappa+1} Ma_1^2 \sin^2 \beta - \dfrac{\kappa-1}{\kappa+1}\right)^{\frac{1}{\kappa-1}}} \tag{5-50}$$

$$Ma_2^2 = \frac{Ma_1^2 + \dfrac{2}{\kappa-1}}{\dfrac{2\kappa}{\kappa-1} Ma_1^2 \sin^2 \beta - 1} + \frac{Ma_1^2 \cos^2 \beta}{\dfrac{\kappa-1}{2} Ma_1^2 \sin^2 \beta + 1} \tag{5-51}$$

已知马赫数和激波角求转折角

$$\tan \delta = \frac{Ma_1^2 \sin^2 \beta - 1}{\left(\dfrac{\kappa+1}{2} Ma_1^2 - Ma_1^2 \sin^2 \beta + 1\right) \tan \beta} \tag{5-52}$$

已知马赫数和转折角求激波角

$$\tan \beta = \frac{Ma_1^2 - 1 + 2\xi \cos\left(\dfrac{4\pi\chi + \arccos\zeta}{3}\right)}{3\left(1 + \dfrac{\kappa-1}{2} Ma_1^2\right) \tan \delta} \tag{5-54}$$

$$\xi = \sqrt{\left(Ma_1^2 - 1\right)^2 - 3\left(1 + \frac{\kappa-1}{2} Ma_1^2\right)\left(1 + \frac{\kappa+1}{2} Ma_1^2\right) \tan^2 \delta} \tag{5-55}$$

$$\zeta = \frac{\left(Ma_1^2 - 1\right)^3 - 9\left(1 + \dfrac{\kappa-1}{2} Ma_1^2\right)\left(1 + \dfrac{\kappa-1}{2} Ma_1^2 + \dfrac{\kappa+1}{4} Ma_1^4\right) \tan^2 \delta}{\xi^3} \tag{5-56}$$

$\chi = 0$ 对应激波，$\chi = 1$ 对应弱激波。

激波极曲线关系式

$$\lambda_{2y}^2 = \frac{(\lambda_1 - \lambda_{2x})^2 (\lambda_1 \lambda_{2x} - 1)}{\dfrac{2}{\kappa+1} \lambda_1^2 - \lambda_1 \lambda_{2x} + 1} \tag{5-58}$$

范诺线

$$\mathrm{d}s = \frac{R}{\kappa-1}\left(1 - \frac{1}{Ma^2}\right)\frac{\mathrm{d}T}{T} \tag{5-65}$$

瑞利线

$$ds = \frac{\kappa R (Ma^2 - 1)}{(\kappa - 1)(\kappa Ma^2 - 1)} \frac{dT}{T}$$

（5-69）

习 题

5-1 分别计算并画出来流马赫数为 1.05、2.0、5.0 和 30.0 的马赫角并画出马赫波。

5-2 计算来流马赫数为 2.0 的气流经过一个转折角为 10° 的外转折壁面时的第一道膨胀波和最后一道膨胀波的角度，并画出示意图。

5-3 计算来流马赫数为 2.0 的气流经过一个转折角为 10° 的内转折壁面时的弱激波角，并画出示意图。

5-4 马赫数为 3.0 的气流经过一个二维楔形体，气流平行于楔形体的对称面，如习题 5-4 图所示，试计算能使激波附体的最大楔顶角 α。这个激波是强激波还是弱激波？

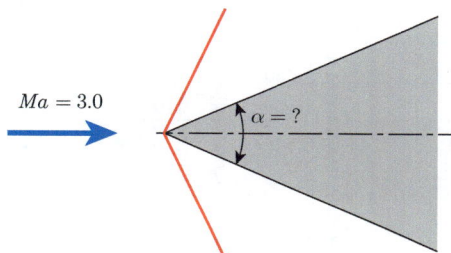

习题 5-4 图

5-5 马赫数为 3.0 的气流沿壁面流动，如果壁面外转折一个 10° 的转折角，将产生一束膨胀波，求膨胀波下游的马赫数；如果壁面内转折一个 10° 的转折角，将产生一道激波，求激波下游的马赫数。

5-6 马赫数为 3.0 的气流沿壁面流动，计算当壁面的外转折角达到多少度时，膨胀波下游将是真空状态。

5-7 要让超声速气流转过一个直角，理论上来流最大的马赫数是多少？

5-8 如习题 5-8 图所示的二维喷管，已知膨胀波前喷管出口气流马赫数 $Ma_1 = 1.8$，静压 $p_1 = 1.5 \times 10^5 \, \text{Pa}$，外界大气压 $p = 1.0 \times 10^5 \, \text{Pa}$，求气流经过膨胀波后的马赫数 Ma_2、气流转折角 δ 及膨胀扇区夹角 φ。

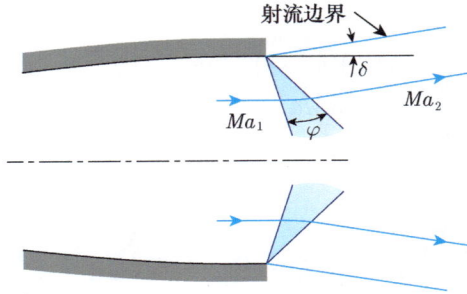

习题 5-8 图

5-9　参数为 $p_1=1.0\times10^5$ Pa 、 $Ma_1=2.0$ 的气流沿壁面流动，经过一个 $10°$ 的外转折角后再经过一个 $10°$ 的内转折角，气流回到原方向，气流马赫数变为多少？静压变为多少？

5-10　马赫数为 3.0 的气流分别经过正激波和角度为 $30°$ 的斜激波，压比 p_2/p_1 各为多少？

5-11　马赫数为 1.5 的气流经过一个 $20°$ 的外转折角后，马赫数变为多少？如果流场的几何如习题 5-11 图所示，图中的 B 点和 C 点的马赫数各为多少？

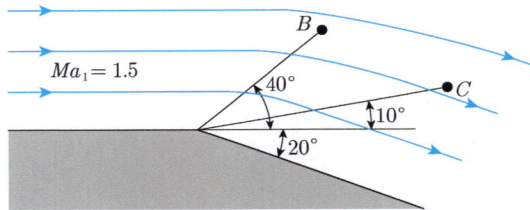

习题 5-11 图

5-12　气流分别经历等熵压缩和激波压缩过程，密度均变为原来的两倍，求压力和温度分别变为原来的几倍。

5-13　计算并画出气流经过正激波时的总压恢复系数与波前马赫数之间的关系，讨论在什么样的来流马赫数范围采用正激波来对超声速流减速增压是合理的。

5-14　如习题 5-14 图所示，来流马赫数为 2.0，计算并画出下壁面转折角（$2°$）产生的膨胀波及其在上壁面的反射波，标出入射波和反射波的角度。（用一道膨胀波来代替膨胀波束。）

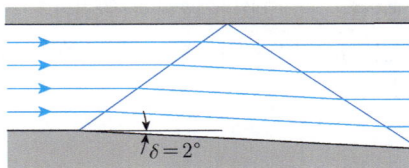

习题 5-14 图

5-15 如习题 5-15 图所示，来流马赫数为 2.0，计算并画出下壁面转折角（2°）产生的激波以及其在上壁面的反射波，标出入射波和反射波的角度。

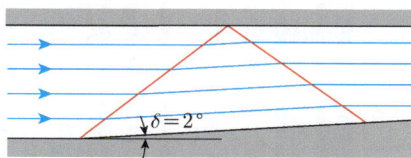

习题 5-15 图

5-16 马赫数为 2.0 的气流在宽度为 1 m 的管道内流动，现在需要让管道整体转过一个 20° 的角，转完后保持等宽且不在下游管道内产生压力波，理论上有图 5-89 所示两种简单方式，试分别按照这两个图设计两种管道，给出管道各段的尺寸和壁面角度，并画图。

5-17 如习题 5-17 图所示的二维管道，已知上壁面内转折角为 5°，下壁面内转折角为 10°，进口马赫数为 2.0，试计算两道斜激波相交后的滑移流线角度 ϕ。

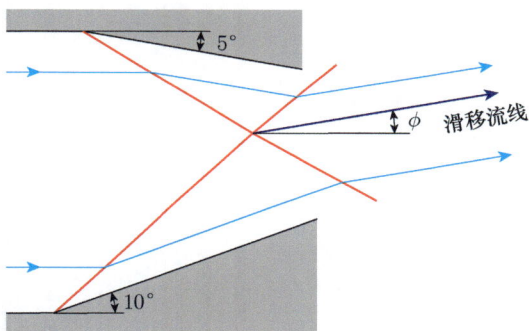

习题 5-17 图

5-18 如习题 5-18 图所示，一个二维管道进口宽为 0.2 m，下壁面距进口 0.1 m 处有一个向内的 5° 转折角。已知来流马赫数为 2.0，试计算需要在上壁面什么位置设置一个向外的 5° 转折角才能不在下游产生反射激波。

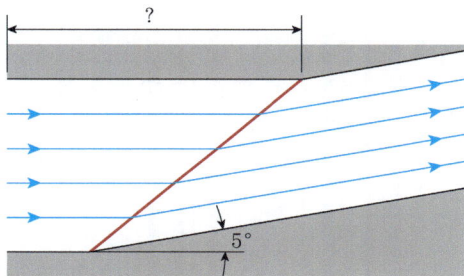

习题 5-18 图

5-19 如习题 5-19 图所示，来流马赫数为 2.0，在下壁面的内转折角处产生一道激波，并在上壁面发生反射，试计算使激波在上壁面发生规则反射的最大内转折角 δ。

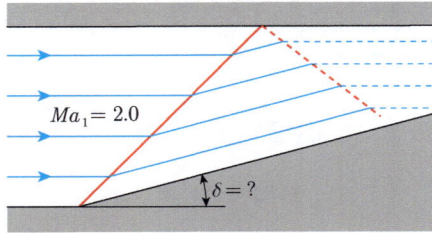

习题 5-19 图

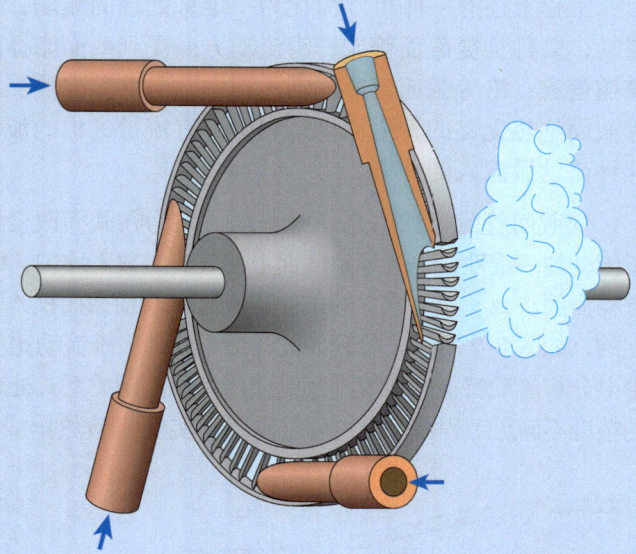

第 6 章

准一维定常管内流动

工程师拉瓦尔率先在汽轮机上应用收 - 扩管道，实现了蒸汽从亚声速到超声速的流动。

在前面的 4.4 节中讨论过准一维流动的概念，本章所讨论的流动都属于准一维流动，而不是严格的一维流动。对于单一组分的理想气体，严格的沿一个方向的一维定常流动只有两种，一种是气体参数沿流向不变的流动，另一种是存在正激波的流动，如图 6-1 所示。前一种不需要研究，后一种已经在第 5 章的正激波部分讨论过了。

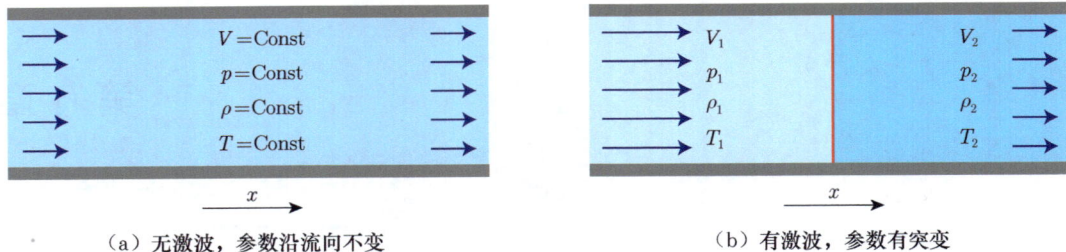

（a）无激波，参数沿流向不变　　　　　　　　　（b）有激波，参数有突变

图 6-1　两种严格的一维定常流动

工程上还有一些可以简化为一维来处理的流动，比如，忽略摩擦和换热的变截面管道流动，简称为**变截面管流**；沿流动方向受到壁面摩擦阻力的等截面绝热管道流动，简称为**摩擦管流**；沿等截面管道流动过程中，与外界有热交换的无黏流动，简称为**换热管流**；沿等截面绝热无黏的管道流动过程中，有流量进出的流动，简称为**变流量管流**，本章将对这几种流动做深入的分析。

变截面管流显然不是一维流动，因为在截面改变时气体会有沿径向的流速，这不但破坏了流动的一维性，也会导致截面上的气流参数不均匀，使一维的关系式不再精确成立。以连续方程为例，$\dot{m} = \rho V A$ 成立的条件是流速 V 与横截面积 A 垂直，而在变截面管道中这显然是不成立的，如图 6-2 所示。尽管如此，由于处理一维流动比三维流动要简单得多，并且适合于在理论上分析流动特征，传统上还是使用一维流动关系式处理变截面管流的问题。当一维简化计算的精度不满足工程需要时，可以使用真实的实验数据或三维数值模拟数据进行校正。

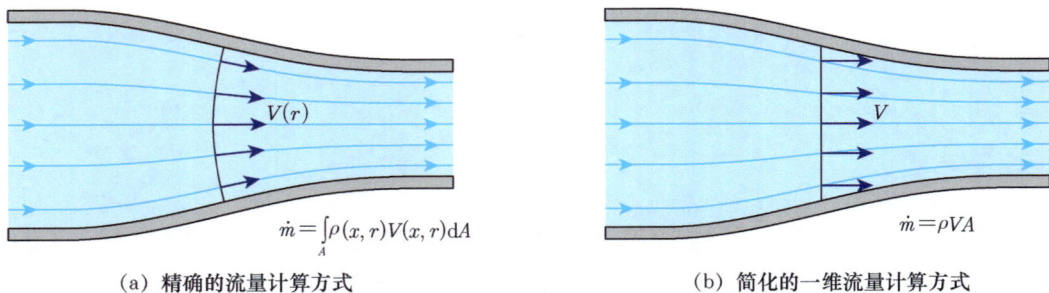

（a）精确的流量计算方式　　　　　　　　　　（b）简化的一维流量计算方式

图 6-2　变截面管道中的三维性及其对流量计算的影响

摩擦管流也不可能是一维的，因为摩擦力（也就是黏性力）总是作用在流体微团的侧面，并且需要有横向速度梯度才会存在。正如在 4.4 节中已经讨论过的那样，在不可压缩的摩擦管流（即哈根 – 泊肃叶流动）中，速度沿径向变化，压力沿流向变化，在可压缩的

摩擦管流中，速度沿径向和流向都有变化。如果不考虑气流参数沿径向的变化，用平均量来表示任意截面上的参数，并认为摩擦力均匀作用在通过这个截面的所有气体上时，就可以把摩擦管流看成是一维的，用这种简化方法可以从整体上分析气流沿有摩擦的管道流动时参数的变化规律。

换热管流也不是一维流动，因为找不到一种真正的一维加热方式能在同一截面上同步加热。不过对于长径比很大的换热管道中的流动，可以忽略沿径向的温度梯度，认为每个截面上的温度都相同，如果还能忽略黏性，就可以认为流动是一维的。

变流量管流中的流量进出一定含有径向速度分量，所以必然不是一维流动，并且进出的速度还会在管内产生复杂的三维流动。在一些工程问题中，忽略这些三维效应，只考虑流量变化的影响，可以认为流动是一维的。

下面将分别对这几种准一维定常管内流动进行分析。

6.1 变截面管流

6.1.1 横截面积的影响

对于绝热无黏一维流动，微分形式的三大方程如下。

连续方程：

$$\frac{\mathrm{d}\rho}{\rho} + \frac{\mathrm{d}V}{V} + \frac{\mathrm{d}A}{A} = 0 \qquad (6-1)$$

动量方程：

$$\frac{\mathrm{d}p}{\rho} + V\mathrm{d}V = 0 \qquad (6-2)$$

能量方程：

$$c_p\mathrm{d}T + \mathrm{d}\left(\frac{V^2}{2}\right) = 0 \qquad (6-3)$$

对于不可压缩流动，流速与横截面积成反比，收缩对应加速，扩张对应减速。对于可压缩流动，为了考察流速与横截面积的关系，我们需要从连续方程即式（6-1）中消去密度，也就是说需要额外的关系来确定密度的变化规律，这个额外的关系就是动量方程。由于流动为绝热等熵，动量方程即式（6-2）的第一项可以进行如下变换

$$\frac{\mathrm{d}p}{\rho} = \frac{\mathrm{d}p}{\mathrm{d}\rho} \cdot \frac{\mathrm{d}\rho}{\rho} = c^2\frac{\mathrm{d}\rho}{\rho}$$

代入式（6-2），有

$$c^2 \frac{\mathrm{d}\rho}{\rho} + V\mathrm{d}V = 0$$

上式两边同时除以 c^2，并注意到 $V/c = Ma$，有

$$\frac{\mathrm{d}\rho}{\rho} = -Ma^2 \frac{\mathrm{d}V}{V} \qquad (6\text{-}4)$$

把式（6-4）代入连续方程即式（6-1），可得

$$\frac{\mathrm{d}A}{A} = \left(Ma^2 - 1\right)\frac{\mathrm{d}V}{V} \qquad (6\text{-}5)$$

式（6-5）是可压缩流动的重要关系式，从这个式子我们可以得到一些有用的结论，如下。

（1）当 $Ma \to 0$ 时，对应不可压缩流动，式（6-5）就成为不可压缩流动关系式，其积分形式为 $VA = \mathrm{Const}$。

（2）当 $0 < Ma < 1$ 时，对应亚声速流动，从式（6-5）可以看到，流速的增加对应横截面积的减小，也就是说收缩管道对应加速，这和不可压缩流动的结果在定性上是相同的。

（3）当 $Ma > 1$ 时，对应超声速流动，从式（6-5）可以看到，流速的增加对应横截面积的增加，也就是说扩张管道对应加速，这是超声速流动与亚声速流动的重要不同。

（4）当 $Ma = 1$ 时，即气体以声速运动，从式（6-5）可得 $\mathrm{d}A/A = 0$，这意味着横截面积在此处为最大或者最小，再结合其他关系式可以判断，此处的面积必然是最小的，通常称为喉部。

从上面的这些流动特征我们可以总结出一个重要结论，在定常流动中，如果想让气体从亚声速等熵加速到超声速，管道需要先收缩再扩张。同样，如果想让气体从超声速等熵减速到亚声速，管道也需要先收缩再扩张。需要注意的是，这些结论只适用于定常流动，非定常流动则不受此局限。比如炸弹爆炸时，向外扩散的气体从静止开始加速到超声速，整个过程气体流动的横截面是呈球面扩张的，相当于一直扩张。

用式（6-1）～式（6-3）不只可以得出流速随横截面积的变化，也可以推导出其他气流参数随横截面积的变化。将式（6-5）变换为速度随横截面积变化的关系式

$$\frac{\mathrm{d}V}{V} = -\frac{1}{1 - Ma^2} \cdot \frac{\mathrm{d}A}{A} \qquad (6\text{-}6)$$

把式（6-6）代入式（6-4），可得密度随横截面积变化的关系式

$$\frac{\mathrm{d}\rho}{\rho} = \frac{Ma^2}{1 - Ma^2} \cdot \frac{\mathrm{d}A}{A} \qquad (6\text{-}7)$$

根据等熵关系式 $p/\rho^\kappa = \mathrm{Const}$ 可得其微分形式为

$$\frac{\mathrm{d}p}{p} = \kappa \frac{\mathrm{d}\rho}{\rho}$$

把式（6-7）代入上式，可得静压随横截面积变化的关系式

$$\frac{\mathrm{d}p}{p} = \frac{\kappa Ma^2}{1-Ma^2} \cdot \frac{\mathrm{d}A}{A}$$ （6-8）

根据理想气体状态方程 $p = \rho RT$ 可得其微分形式为

$$\frac{\mathrm{d}p}{p} - \frac{\mathrm{d}\rho}{\rho} - \frac{\mathrm{d}T}{T} = 0$$

把式（6-7）和式（6-8）代入上式，可得温度随横截面积变化的关系式

$$\frac{\mathrm{d}T}{T} = \frac{(\kappa-1)Ma^2}{1-Ma^2} \cdot \frac{\mathrm{d}A}{A}$$ （6-9）

根据马赫数的定义式 $Ma = V/\sqrt{\kappa RT}$ ，对其两边取对数再微分，可得

$$\frac{\mathrm{d}Ma}{Ma} = \frac{\mathrm{d}V}{V} - \frac{\mathrm{d}T}{2T}$$

把式（6-6）和式（6-9）代入上式，可得马赫数随横截面积变化的关系式

$$\frac{\mathrm{d}Ma}{Ma} = -\frac{1+\dfrac{\kappa-1}{2}Ma^2}{1-Ma^2} \cdot \frac{\mathrm{d}A}{A}$$ （6-10）

式（6-6）～式（6-10）给出了变截面管流中各气流参数随横截面积变化的规律，接下来对这些变化规律进行分析。首先来看管道横截面积变化对马赫数的影响，根据式（6-10）可以得出马赫数变化量（ $\mathrm{d}Ma/Ma$ ）与面积变化量（ $\mathrm{d}A/A$ ）的比值随马赫数的变化关系，即

$$\frac{\mathrm{d}Ma/Ma}{\mathrm{d}A/A} = -\frac{1+\dfrac{\kappa-1}{2}Ma^2}{1-Ma^2}$$

把上式用曲线来表示，如图 6-3 所示。从这个图可以看到的一个结论是，亚声速时扩张对应减速，超声速时扩张对应加速。这里要强调的是另外两个重要的现象，一是这条曲线在马赫数等于 1 附近纵坐标趋向于正负无穷大，也就是说当气流的速度接近声速时，速度对于面积的变化非常敏感；二是当马赫数较大时，曲线的纵坐标趋向于一个定值，即

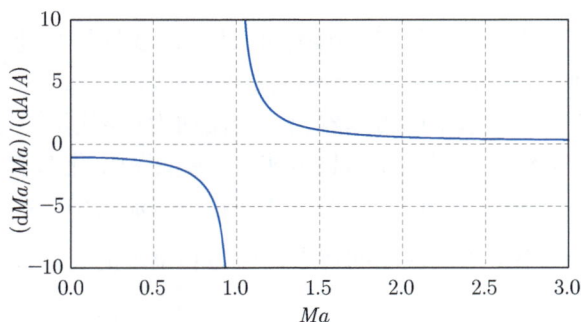

图 6-3　马赫数变化量与面积变化量的比值
随马赫数变化的规律

$$-\frac{1+\dfrac{\kappa-1}{2}Ma^2}{1-Ma^2}\Bigg|_{Ma\to\infty}=\frac{\kappa-1}{2}=0.2$$

即在高超声速流动中，马赫数随面积线性增加，但要注意这是基于定比热假设的结论，并不完全适合实际的高超声速流动。

在声速附近时，流动对面积变化非常敏感，这时的流动特别不好控制。假设一个流动的马赫数为 0.95，这时马赫数对面积的敏感度为

$$\frac{\mathrm{d}Ma/Ma}{\mathrm{d}A/A}=-\frac{1+\dfrac{1.4-1}{2}\times0.95^2}{1-0.95^2}\approx-12.1$$

面积只要稍有误差，比如由于加工误差使面积小了 0.5%，马赫数就会增加到 1（从 0.95 到 1 约增加 5.3%），使流动发生壅塞（壅塞的概念将在 6.1.3 小节中讲述）。想要进行声速附近的风洞试验是相当困难的事，即使精心设计的风洞可以实现接近于声速的流动，放入试验模型后流场也会变得面目全非，而更难控制的是试验模型和风洞壁面边界层厚度的影响。在超声速飞行器的进气道中，一个难解决的问题就是激波与边界干涉后产生的局部分离泡会改变管道面积，从而使流动明显偏离设计状态。

飞机要尽量避免在声速附近飞行，要在加减速时快速地越过这一门槛。一个重要原因就是，在声速附近飞行时，微小的流动或者飞机姿态的改变，就可能会使表面的流动速度从亚声速变为超声速，或者反过来，使飞机表面的激波形式发生重大的变化。这种不断的流动变化会产生较大的气动力和力矩的变化，对飞机的结构强度和操控产生威胁。由于声速附近流动的这种复杂性，专门派生出了一个"跨声速流动"分支来进行研究。

为了比较各流动参数随横截面积的变化，需要把流动分为亚声速和超声速两种情况来讨论，现在给出两种初始条件，如下。

（1）亚声速进口：$Ma=0.3$，$p=10^5\,\text{Pa}$，$T=300\,\text{K}$。

（2）超声速进口：$Ma=3.0$，$p=10^5\,\text{Pa}$，$T=300\,\text{K}$。

假设扩张管道的横截面积从 1.0 线性扩张到 1.5，收缩管道的横截面积从 1.0 线性收缩到 0.6，用式（6–6）～式（6–9）可以计算出各参数沿管道的变化，并画出曲线，如图 6–4 所示。从这个图可以看出，当流动为亚声速时，受面积变化影响最大的是速度，其他参数变化较小；当流动为超声速时，受面积变化影响最小的是速度，其他参数变化都较大。这种不同是压力信息在亚声速和超声速流动中传播的不同所决定的，下面进行具体的分析。

根据等熵流动的特点，压力和温度的变化都与密度的变化有固定的关系，即

$$\frac{\mathrm{d}p}{p}=\kappa\frac{\mathrm{d}\rho}{\rho},\quad \frac{\mathrm{d}T}{T}=(\kappa-1)\frac{\mathrm{d}\rho}{\rho}$$

对于空气和常见的双原子气体（$\kappa=1.4$），压力变化是密度变化的 1.4 倍，温度变化

是密度变化的 0.4 倍，即这三者的变化量级大概相同。

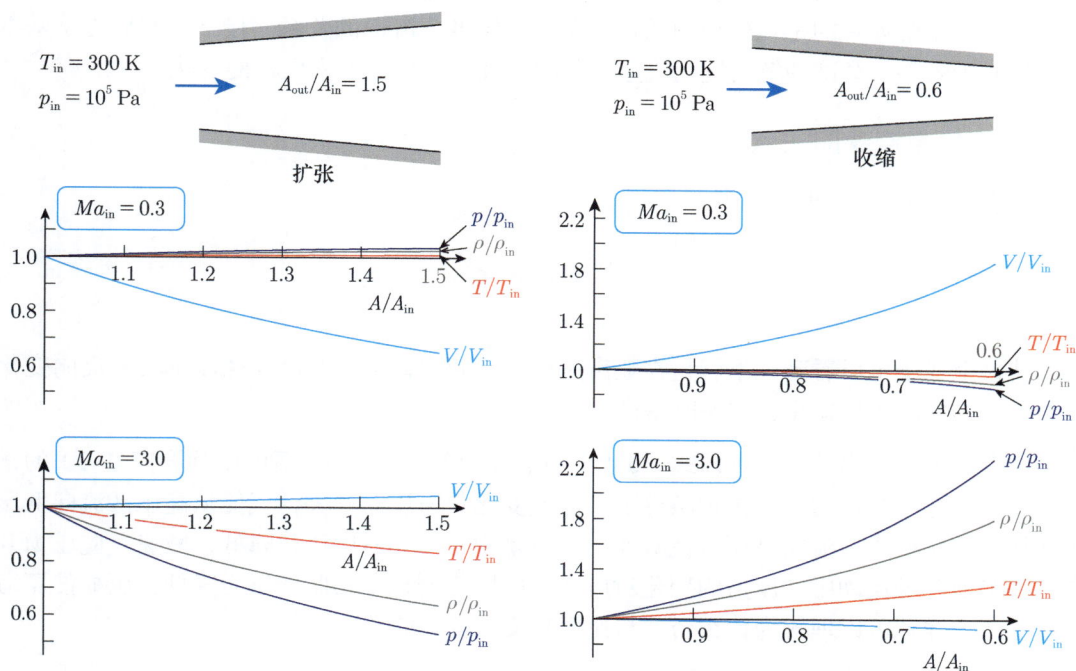

图 6-4 气流参数沿收缩或扩张管道的变化规律

密度随速度的变化关系就不那么容易理解了，前面我们已经给出了密度与速度之间的关系，即式（6-4）

$$\frac{\mathrm{d}\rho}{\rho} = -Ma^2 \frac{\mathrm{d}V}{V}$$

从该式可以看到，马赫数越大，密度的变化量就越大，亚声速时，密度的变化量小于速度的变化量，超声速时，密度的变化量大于速度的变化量。接下来从物理上理解这种变化。

6.1.2 密度、流速和横截面积的关系

定常流动必须满足连续方程

$$\frac{\mathrm{d}\rho}{\rho} + \frac{\mathrm{d}V}{V} + \frac{\mathrm{d}A}{A} = 0$$

对于真实的流动，在有壁面摩擦力、换热、相变和化学反应等条件下，密度 ρ、流速 V 和横截面积 A 这 3 个参数的变化规律较为复杂，通常并不容易确定其中任意两个参数之间的关系。最简单的情况是其中一个参数保持不变，另两个参数成反比，比如当密度不变，即流动为不可压缩时，速度与横截面积成反比；当横截面积不变，即等截面可压缩管流且其中存在正激波时，激波前后流速与密度成反比。

在变截面管流中，密度、流速和横截面积这 3 个参数都是在变化的，3 个参数的关系理解起来比两个参数要困难一些。由于横截面积并不是气体的流动参数，而是一种边界条件，实际上需要理解的是在变截面的边界条件下密度与流速的关系。接下来我们先从基本的力学分析入手，尝试理解密度随流速变化的机理，之后再加入面积的变化。

1. 密度与流速的关系

再次把式（6-4）重写如下

$$\frac{\mathrm{d}\rho}{\rho} = -Ma^2 \frac{\mathrm{d}V}{V}$$

从这个式子可以看到，不管是在亚声速还是在超声速下，密度与速度都具有反向变化的关系，加速时密度减小，减速时密度增大。

这个关系式是用动量方程即式（6-2）加上等熵关系式推导得到的，而式（6-2）的条件是定常和忽略黏性力。在这种条件下，流速变化只与压差有关，气体从高压区流向低压区就加速，从低压区流向高压区就减速。也就是说，加速对应压力降低，减速对应压力升高。在绝能等熵流动中，压力的变化对应密度的同步变化（膨胀使压力降低，压缩使压力升高），这样就可以理解为什么密度与速度是反向变化的了。

当黏性力不可忽略时，上述结论未必成立，比如图 6-5 所示的平板边界层流动，主流压力恒定，气体从位置①到位置②的过程中不受压差的作用，而是在壁面黏性力作用下减速。由于黏性耗散作用，气体的温度升高，发生等压膨胀，密度减小。也就是说，从①到②的流动过程中，流速和密度都减小了。

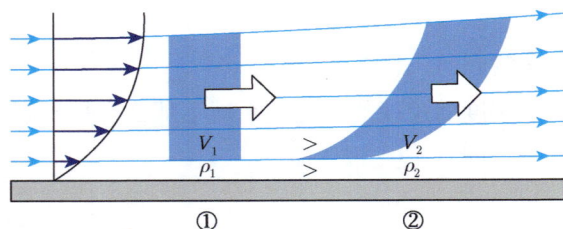

图 6-5　平板边界层流动

回到本节的内容，不考虑非定常流动和黏性作用，前述分析可以定性地理解密度与速度反向变化，但还不能解释为什么马赫数越大密度变化程度越大。为了理解这个现象，需要知道马赫数代表的是流速与声速的比值，是一个无量纲数，并不对应流速的大小。在式（6-4）中，左侧的 $\mathrm{d}\rho/\rho$ 是密度变化，右侧的 $\mathrm{d}V/V$ 是速度变化，马赫数则是一种影响因素。如果认为马赫数只代表流速，则流速既是影响因素又是被影响因素，难免令人困惑，实际上马赫数中的另一个变量——声速的作用才是关键。

根据声速定义 $c = \sqrt{\mathrm{d}p/\mathrm{d}\rho}$ 可知，声速代表了气体微团的体积变化（$\mathrm{d}\rho$）所产生的压差（$\mathrm{d}p$），而压差又决定了流速的变化（$\mathrm{d}V$）。当声速很小时，相当于流体很"软"，很大的体积变化才产生一点压力变化；当声速很大时，相当于流体很"硬"，一点体积变化就能产生很大的压力变化。当马赫数较小时，声速相对于流速很大，这时流动中的加减速只需要轻微的膨胀和收缩所产生的压差即可完成；当马赫数较大时，声速相对于流速很小，这时流动中的加减速需要相当大的膨胀和收缩所产生的压差才能够完成。这就是随着马赫数的增大，相同的加减速对应的密度变化越来越大的原因，本质上是马赫数越大流体相对越"软"，需要更多的体积变化来产生相应的压差。

现在来看管道横截面积的影响。图 6-6 所示为 3 种减速压缩的准一维流动，其中，图 6-6（a）所示为等截面管道中存在定常正激波的情况，正激波前的气体速度大，正激波后的气体速度小，在经过正激波时，虚线所示的气柱必然会在流向缩短，从而体积减小，密度增大。图 6-6（b）所示为超声速气流等熵地经过收缩管道的情况（这种情况不易实现，流场中通常会存在激波，不过等熵减速和通过激波减速的定性结论相同），与等截面管道流动相同的是气体都发生了减速且体积减小，不同的是减速在收缩段发生时，气柱不但沿流向缩短了，横向也收缩了。图 6-6（c）所示为亚声速气流等熵地经过扩张管道的情况，这时气体也发生了减速，因此体积必然是减小的，但由于管道是扩张的，气柱横向扩张，其流向需要缩短得更多来满足体积减小的条件。

可见，在加入了横截面积变化后，问题变得复杂了，由于理解这个问题是理解可压缩一维流动的关键，我们将多花些篇幅来分析。在前面的分析中已经知道了压力和温度与密度同步变化，而密度则与速度成反方向变化。现在只需要理解横截面积的改变对流速的影响，就可以全面地理解变截面管流中的参数变化。

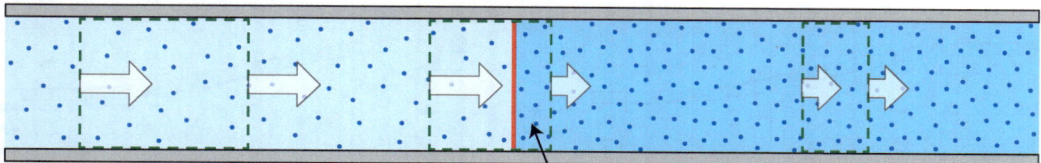

超声速气流通过等截面管道内的正激波时，下游流速比上游流速小，气体体积变小，密度变大

（a）

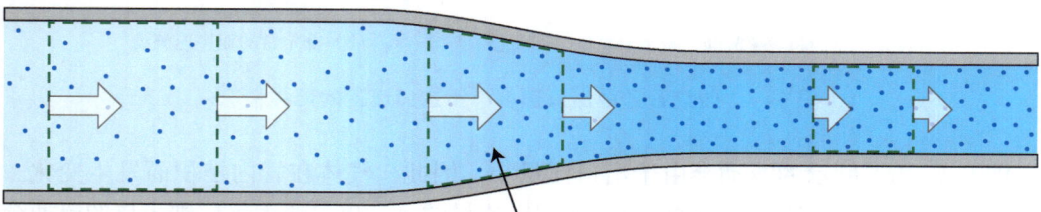

超声速气流通过收缩管道时，下游流速比上游流速小，叠加管道收缩，气体体积变小，密度变大

（b）

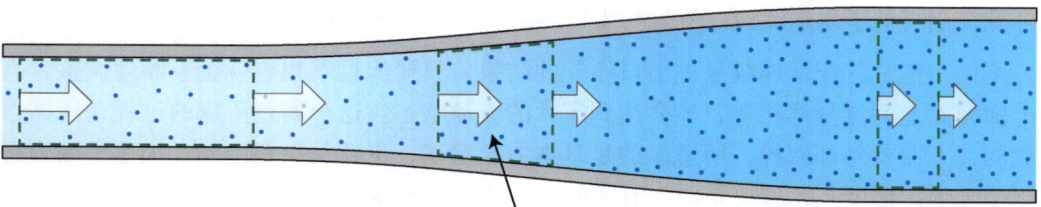

亚声速气流通过扩张管道时，下游流速比上游流速小，虽然管道扩张，但气体体积变小，密度变大

（c）

图 6-6　3 种减速压缩的准一维流动

2. 流速与横截面积的关系

用连续方程来理解流速随横截面积的变化是很直观的，根据连续方程

$$\rho V A = \text{Const}, \quad \frac{\mathrm{d}\rho}{\rho} + \frac{\mathrm{d}V}{V} + \frac{\mathrm{d}A}{A} = 0$$

马赫数很小时，密度变化相对于速度变化可忽略，近似为不可压缩流动，速度与面积反向变化，收缩则加速，扩张则减速。当马赫数不是很小但小于1时，密度的减小量小于速度的增加量，因此速度仍然与面积反向变化，不过这时同等程度收缩引起的加速程度要大一些，以补偿密度减小引起的流量减小。当马赫数大于1，即超声速时，随着速度的增加，密度的减小量比速度的增加量要大，因此面积也应该增加，才能保持流量不变。

从上面的论述中可以得出的结论是，亚声速时收缩引起加速，超声速时收缩引起减速。要注意的是，这样的结论是基于定常流动的，对于非定常流动则不成立。假设现在有一个收缩管道，某一时刻其出口的流速比进口的流速低，我们并不能就此判断这是超声速流动，因为它也可能是非定常的亚声速流动，如图6-7所示。定常流动是一直保持不变的流动，而非定常流动则会随时间变化。

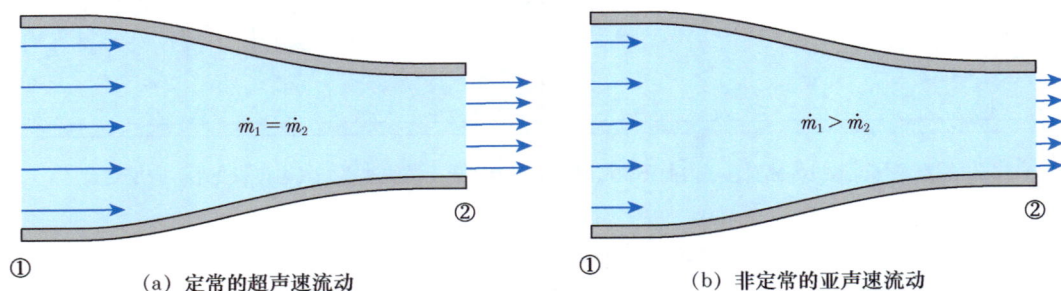

(a) 定常的超声速流动   (b) 非定常的亚声速流动

图6-7　收缩管道中出口速度小于进口速度的两种情况

图6-7（b）所示的流动会由于出口流量小，因此，气体在管内堆积而发生变化。如果流动由进口流量决定，比如进口是一个固定流量的泵，出口通大气，则出口的流速会逐渐升高，最终超过进口流速，流量与进口匹配，如图6-8（a）所示。如果流动由出口流量决定，比如进口是一个恒压罐，出口通大气，则出口的流速不变，这时进口的流速会逐渐降低，最终低于出口流速，流量与出口匹配，如图6-8（b）所示。

可见，定常的流量连续是进出口匹配的结果，只要流量不相等就会不断地调整，直到各个横截面上的流量都相等，才会达到定常的流动状态。这个调整流量的过程是流体自动完成的，不需要外部调控，所遵循的是基本力学定律，也就是牛顿定律，加速是因为有正向压差（顺压梯度），减速是因为有逆向压差（逆压梯度）。

现在以图6-8（b）所示这种流动为例，来研究亚声速流动中收缩管道的内部压力是如何改变并最终形成沿流向降压加速的。由于曲线收缩的整个曲线段都是扰动源，比较复杂，为了简化问题，把管道改成线性收缩的形式，这样扰动源就只有两个转折角处，图更清晰一些，

原理上与曲面收缩是一样的。假设初始状态时，管内压力等于大气压，进口速度大，出口速度小，不满足流量连续（见图 6-9 的状态①）。整个变化过程受边界条件的控制，出口的静压一直为大气压，而进口的恒压罐提供的是总压恒定、静压随流速变化的条件。

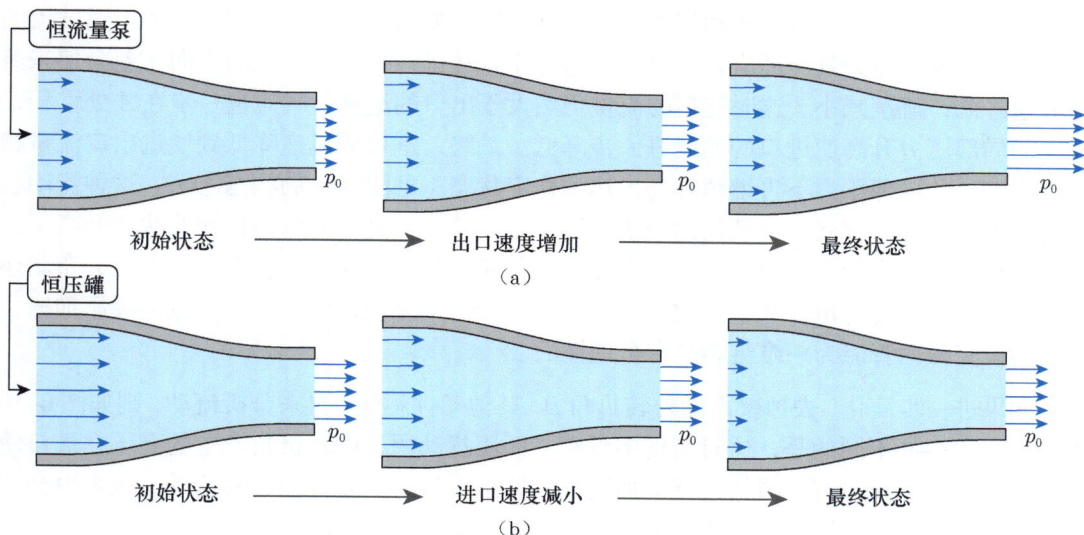

图 6-8 两种边界条件下收缩管道内亚声速流动的发展

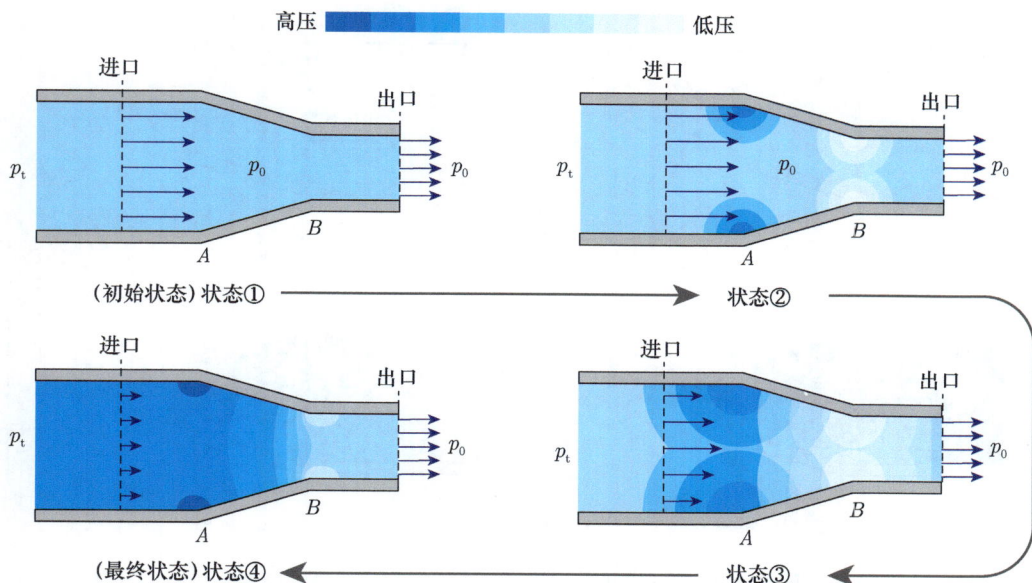

图 6-9 收缩管道内亚声速流动发展的分析

从初始状态开始流动时，壁面向内的转折角 A 处由于对来流形成阻碍，形成局部高压区，向外的转折角 B 处则由于对气体的释放而形成低压区。在亚声速情况下，这种高压区和低压区以扰动源为中心向外扩散（见图 6-9 的状态②）。这里画出的是流速远小于声速的情况，这时扰动基本呈同心圆向外扩散，实际形成的压力变化是连续的，为了清晰，图中用几个不同压力的离散同心圆来代替连续的压力变化。A 处的高压和 B 处的低压会使 A 点上游的流动减速，并使 A 和 B 之间（即收缩段）的流动加速。

再经过一段时间，压力扰动开始影响到进出口（见图 6-9 的状态③）。亚声速气流的压力在出口处会与大气压适应，不会保持为低压。在进口处高压产生的逆向压差会使来流的流速降低，流量减小。这时进口的流量仍然大于出口的流量，气流进一步在 A 处堆积，产生的局部压力升高使进口的速度进一步降低。最终，进口的流速降低到使进出口流量相等，收缩处的局部压力不再继续升高，达到稳定状态（见图 6-9 的状态④）。这种流动状态将不再随时间而改变，也就是达到了定常状态。整体上进口的压力比初始状态升高了，流速比初始状态降低了，而出口的压力和流速与初始状态一样。从状态④的压力分布图还可以看出，除去转折角 A 和 B 处之外，流动基本符合一维流动的特征，沿流向降压加速，可见假设变截面管流为一维流动是有合理性的。

如果进一步简化，去掉壁面的外转折角 B，其他条件不变，再来分析流动，则如图 6-10 所示。与图 6-9 不同的是，这时流场中没有了低压扰动源，内转折角产生的高压在进口使流动减速，在出口会有一瞬间使流动加速，之后出口就会恢复到初始的速度，压力也会等于大气压，收缩的结果仍然是使整个上游的压力升高，流速降低。

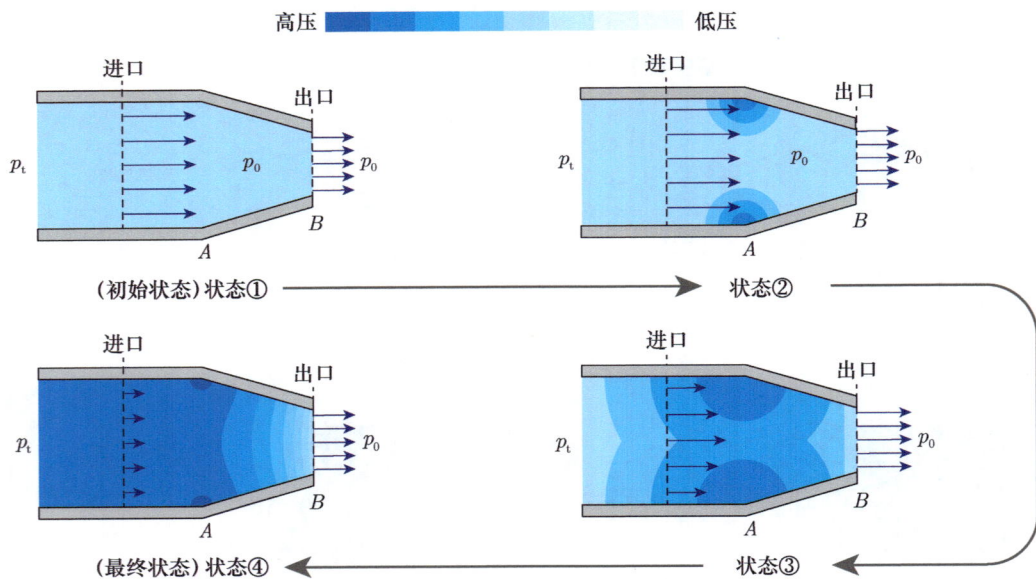

图 6-10　简化的收缩管道内亚声速流动发展的分析

需要注意的是，不管是亚声速流动还是超声速流动，收缩的壁面对气流只会产生阻碍作用，这是由壁面法线的方向所决定的，如图 6-11 所示。之所以亚声速流动中收缩反而引起气流加速，完全是因为气流自身具有压差，边界条件一定是管道进口的压力比出口的压力大，才会形成沿流向的加速流动。如果是进出口压力相同，甚至进口压力低于出口的情况，则收缩管道并不会引起流动加速。图 6-12 所示为这两种情况，图 6-12（a）中，进出口压力相同，不会形成流动。图 6-12（b）中，左侧压力比右侧压力小，气体会在压差的作用下产生向左的流动，形成右侧进口、左侧出口的亚声速扩张流动，这时出口的压力应该大于进口的压力，但 $p_1 < p_0$，这是怎么回事呢？实际上这时右侧会产生从大气向进口的汇聚流动，右侧压力下降为 p_2，最终定常流动中 $p_1 > p_2$。

这种亚声速无黏流动的特点是最终状态与初始条件无关，只要边界条件相同，无论初始时有没有速度、速度朝哪个方向，最终形成定常流动后都是一样的。图 6-12（b）中，即使给一个向右的初速度，最终也会形成向左的流动，流动不再是收缩流动，而是扩张流动，只有这样才满足所给的边界条件。读者可以自己试着从牛顿定律的角度分析相应的变化过程，以加深理解。

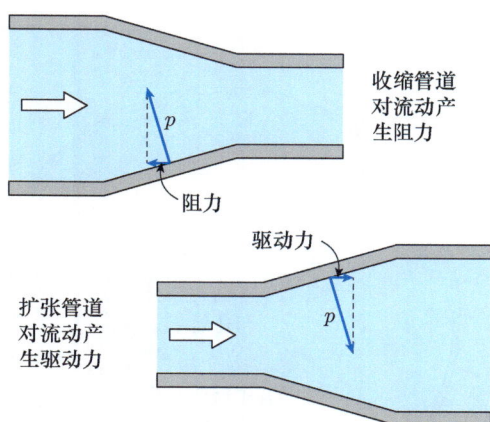

图 6-11　壁面对流体的作用力

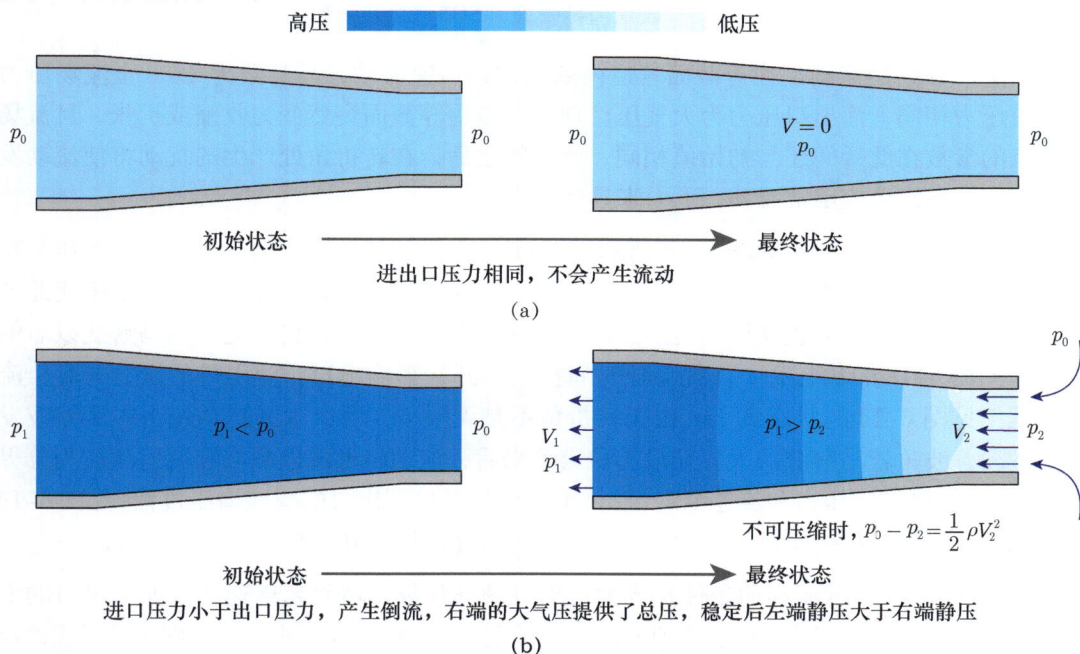

图 6-12　进口压力不高于出口的亚声速"收缩流动"

亚声速扩张流动变化过程也可以使用类似于收缩流动的方法进行分析，读者可以自己尝试，此处不赘述，接下来分析超声速气流通过收缩和扩张管道的流动。超声速气流通过内转折角和外转折角的流动有差异，内转折角会产生一道激波，流动过程不等熵，外转折角则产生一束膨胀波，流动过程等熵。我们将使用图 6-13 所示的流动模型来研究变截面管道内的超声速流动，所研究的流动的进口超声速条件是高压气罐通过拉瓦尔喷管产生的。

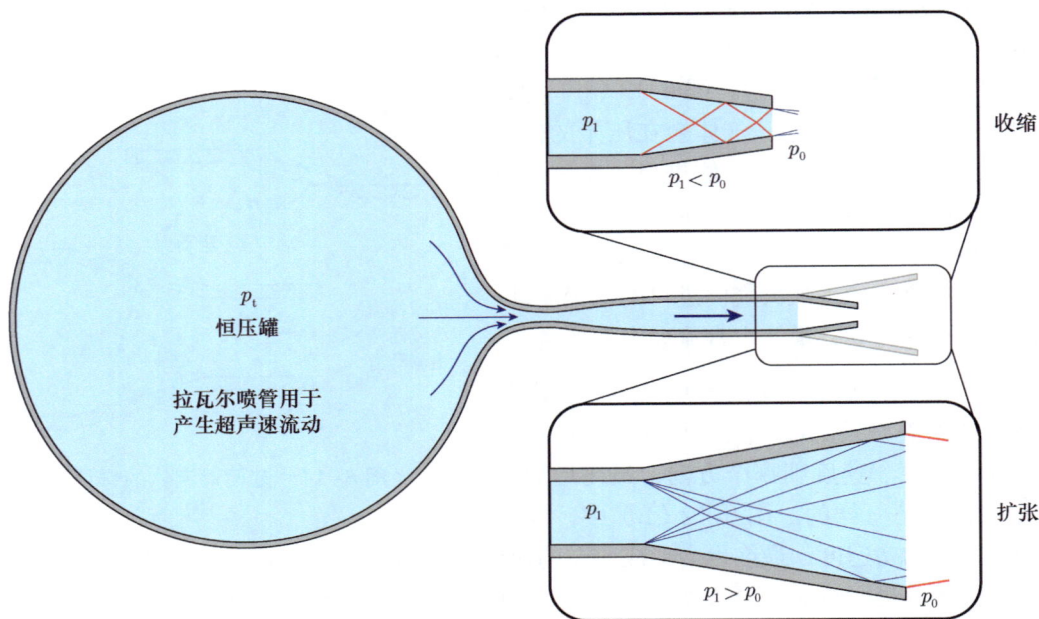

图 6-13　收缩和扩张管道超声速流动模型

　　假定一开始的流动是在等截面管道内的均匀超声速流动，马赫数为 2.0，全流场压力与进口压力相同，而出口压力为大气压。现在管道由等截面突然变为收缩或扩张，且流场中各点的参数在此瞬间还与初始值相同，此瞬间之后，在转折角处产生的扰动将使流动发生变化，并最终形成定常流动，下面来具体分析。

　　对于收缩管道，变化如图 6-14 所示，初始状态管内的压力 p_1 小于出口的大气压，在出口处有激波（见图 6-14 的状态①）。一开始内转折角 A 处对气流的阻碍作用将使此处的压力升高，这种压力扰动以当地声速向外扩张，叠加流速后，将只能影响马赫线以后的流动（见图 6-14 的状态②）。扰动随时间扩大后开始影响出口，使出口的压力升高，流速降低（见图 6-14 的状态③）。由于转折角不是无限小，所产生的扰动将由弱压缩波发展为激波，波角较马赫波的大。当最终稳定下来后，流动将形成以激波和反射激波为分界的区域，每个区域内压力和流速恒定，总体上形成从进口到出口的减速增压过程（见图 6-14 的状态④）。如果最终出口的压力大于外部的大气压，则会在出口外形成膨胀波。

　　出现图 6-14 所示流动的条件是收缩后出口的马赫数仍然是超声速的，如果出口的横截面积再小一些，使该处的流速达到声速，或者比这个横截面积还小一些，则无法形成稳定的超声速流动，会在出口形成激波，这个激波会一直向上游移动，最终停在图 6-13 所示拉瓦尔喷管的扩张段，激波后的流速都变成亚声速，从而使图 6-14 所示的整个收缩段的流动都成为亚声速的，这是一种典型的双喉部超声速风洞的未起动现象，将在后面专门讨论。

　　对于扩张管道，流动的发展如图 6-15 所示，初始状态下进口的压力 p_1 大于出口的大气压，在出口处有膨胀波（见图 6-15 的状态①）。一开始外转折角 A 处对气流的释放作用将使此处的压力降低，扰动以当地声速向外扩张，叠加流速后，只影响马赫线以后的流动（见

图 6-15 的状态②）。扰动随时间扩大后开始影响出口，使出口的压力下降，流速升高（见图 6-15 的状态③），当最终稳定下来后，形成以膨胀波的相交和反射为特征的流动（见图 6-15 的状态④）。由于转折角不是无限小，产生的是一束膨胀波，为了清晰，图中用 3 条膨胀波代替无限多的膨胀波。可见对于扩张管道，超声速气流在总体上形成从进口到出口的加速减压过程。如果最终出口的压力小于外部的大气压，则会在出口外形成激波。

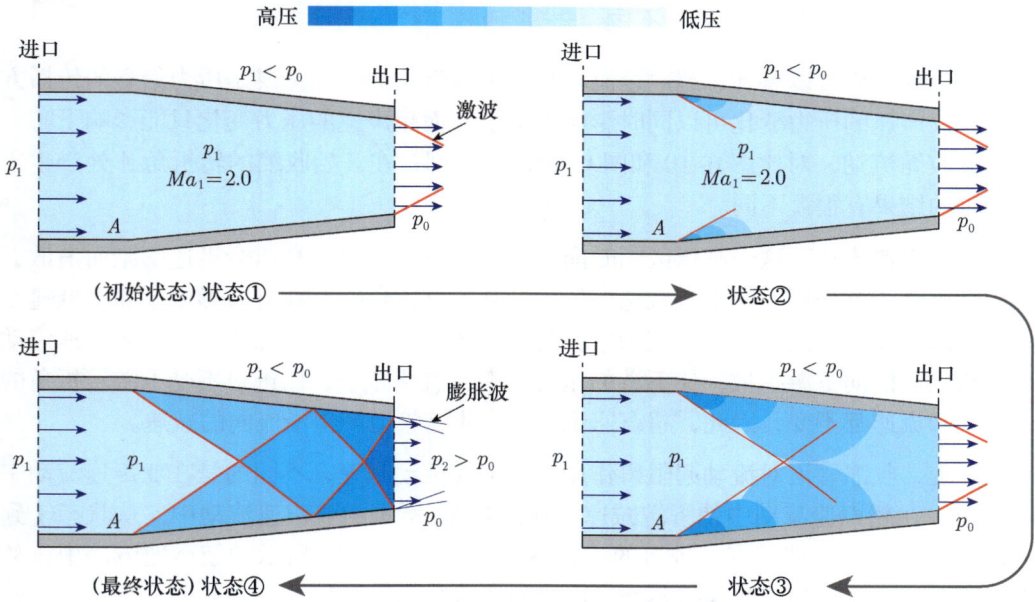

图 6-14　收缩管道内超声速流动发展的分析

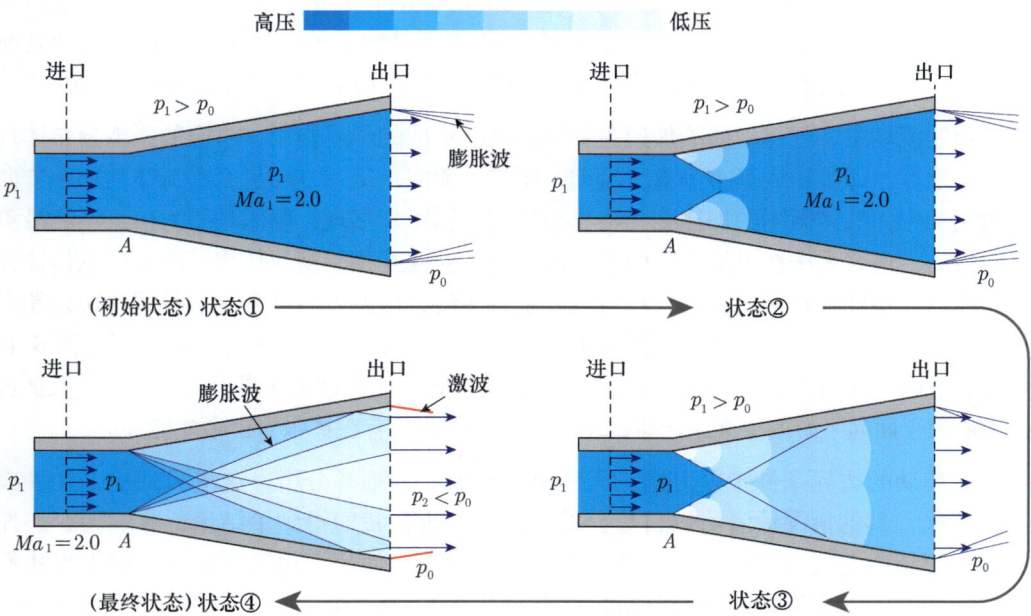

图 6-15　扩张管道内超声速流动发展的分析

超声速流动的特点是下游压力无法影响上游流动，因此，在上面的收缩流动和扩张流动中，出口的大气压对管道内的流动没有影响，只会影响管道出口的激波或膨胀波的形状。当然，如果不断增大出口的压力，最终肯定会影响上游管道内的流动，但这时流动就不全是超声速的了，有关这个内容将在后面讲述拉瓦尔喷管时专门讨论。

3. 超声速与亚声速流动的不同

从前面的分析可以看到，超声速流动与亚声速流动的不同主要是压力信息的传播方向造成的，亚声速的压力变化可以同时影响上下游，而超声速的压力变化只能影响下游。对于简单的收缩流动，对比图 6-10 和图 6-14，高压都是在开始收缩的转折角 A 处产生，但最终产生的结果有很大不同。

对于亚声速流动，这个高压区同时向上下游扩散，在出口高压会迅速膨胀而消散，在进口则和来流相互作用，使来流减速，压力升高，这样最终就在进口形成了高压低速而不影响出口的流动，因此，亚声速流动中，收缩管道产生沿流向的加速。对于超声速流动，这个高压区只能向下游扩散，使下游的压力升高，流速减小，而进口不受下游转折角的影响，压力和流速都不变，因此，超声速流动中，收缩管道产生沿流向的减速。

实际上，收缩管道对流动起阻碍作用，只会使流动减速，不同的是在亚声速流动中使上游减速，在超声速流动中使下游减速。在图 6-10 所示的亚声速流动中，从状态①到状态④，出口的流速保持不变，进口的流速减小了；在图 6-14 所示的超声速流动中，从状态①到状态④，进口的流速保持不变，出口的流速减小了。

从直觉上来看，收缩管道应该对气体有压缩作用，所以就应该使流动减速，超声速流动更符合直觉，原因是一般人会把每个气体微团的流动看成是独立的，其被壁面阻碍之后流向速度就会减小。但流体是连续的，每个微团都不是独立的，在运动中都同时受其前、后、左、右其他气体微团的推挤作用，即流体间的压差作用，而不只是与壁面作用。

亚声速流动中，气体微团的加速主要靠的是沿流向的压差作用，对应的压力分布体现出较强的一维性，即等压线基本垂直于流向，压差沿流向，压差方向也就是流体的加速方向。超声速流动中，气体微团的加速则无法靠沿流向的压差来实现，原因是压力信息不能沿流动反方向传播，也就无法在沿流向的两个微团之间建立起互相的挤压作用。压力信息传播方向与流向的最大角度是马赫线方向，马赫线就是等压线，压差方向垂直于马赫线，所以超声速流动的加速方向垂直于马赫线。把图 6-10 和图 6-15 所示的状态④画在一起，形成图 6-16，就可以清楚地看到超声速与亚声速的这种不同。既然超声速流动无法靠沿流向的压差来加速，就必须依赖于面向下游的壁面来产生推动力加速，因此只有在扩张管道中才能加速。

实际流动的边界条件千差万别，无法也没必要一一列举分析，这里只列出了几种典型的流动情况，其他情况读者可以自行分析。总之，现在我们得到了结论，收缩使亚声速气流加速，使超声速气流减速；扩张使亚声速气流减速，使超声速气流加速。接下来我们将对具体的变截面管流进行深入的分析，并涉及一些工程应用。

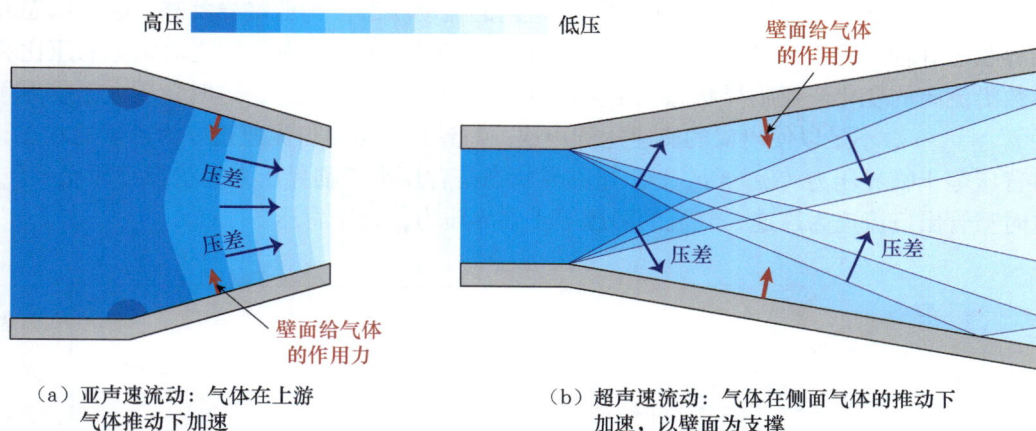

（a）亚声速流动：气体在上游
气体推动下加速

（b）超声速流动：气体在侧面气体的推动下
加速，以壁面为支撑

图 6-16　亚声速和超声速流动中的压差方向

6.1.3　收缩管流

1. 亚声速收缩管流

亚声速气流经过收缩管道会加速，最简单且方便分析的流动模型是进口给定总压，通过调节出口的环境压力来改变管道内流动状态。图 6-17 给出了一种实现方法，进口为大气，出口为恒压罐（接了真空泵的真空罐），整个收缩管道内气流的总压恒等于大气压，收缩管道出口处气流的静压与总压的比值决定了此处的流速。由等熵关系式可得静压与总压之比为

$$\frac{p}{p_t} = \pi(Ma) = \left(1 + \frac{\kappa-1}{2}Ma^2\right)^{-\frac{\kappa}{\kappa-1}}$$

于是可得出口马赫数为

$$Ma = \sqrt{\frac{2}{\kappa-1}\left[(p_t/p)^{\frac{\kappa-1}{\kappa}} - 1\right]}$$

当出口达到声速时，称流动达到了**临界状态**，这时的压比称为**临界压比**。表达式为

$$\frac{p_{cr}}{p_0} = \pi(1) = \left(\frac{2}{\kappa+1}\right)^{\frac{\kappa}{\kappa-1}}$$

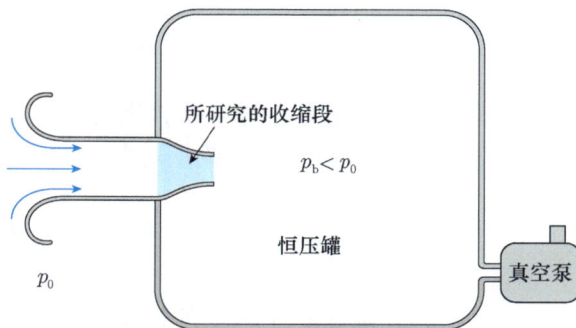

图 6-17　亚声速收缩管流模型 1

对于常温空气，$\kappa=1.4$，临界压比约为 0.5283，即出口外部的环境压力（常称为**背压**，用 p_b 表示）是来流总压的 52.83% 时，收缩管道出口流速是声速。如果继续降低背压呢？由于收缩管道是无法使亚声速加速为超声速的，所以出口流速将保持声速，总压仍然等于大气压，静压则无法降低到与背压相同，而是保持为临界状态的静压，在出口外部会形成膨胀波来降压。

根据流动状态的不同，可以把收缩管道内的流动状态分为**亚临界状态**、**临界状态**和**超临界状态** 3 种，由背压与来流总压的关系决定。图 6-18 所示为 3 种流动状态的压比和马赫数沿流向的变化。亚临界状态就是全流场为亚声速的流动状态，这时背压大于临界压力（ $p_b > p_{cr}$ ），不足以使出口的流速达到声速。临界状态是出口流速正好为声速的状态，这时背压等于临界压力（ $p_b = p_{cr}$ ）。超临界状态是背压小于临界压力的状态，即 $p_b < p_{cr}$ ，这时喷管出口流速为声速，气流的静压等于临界压力，大于背压。

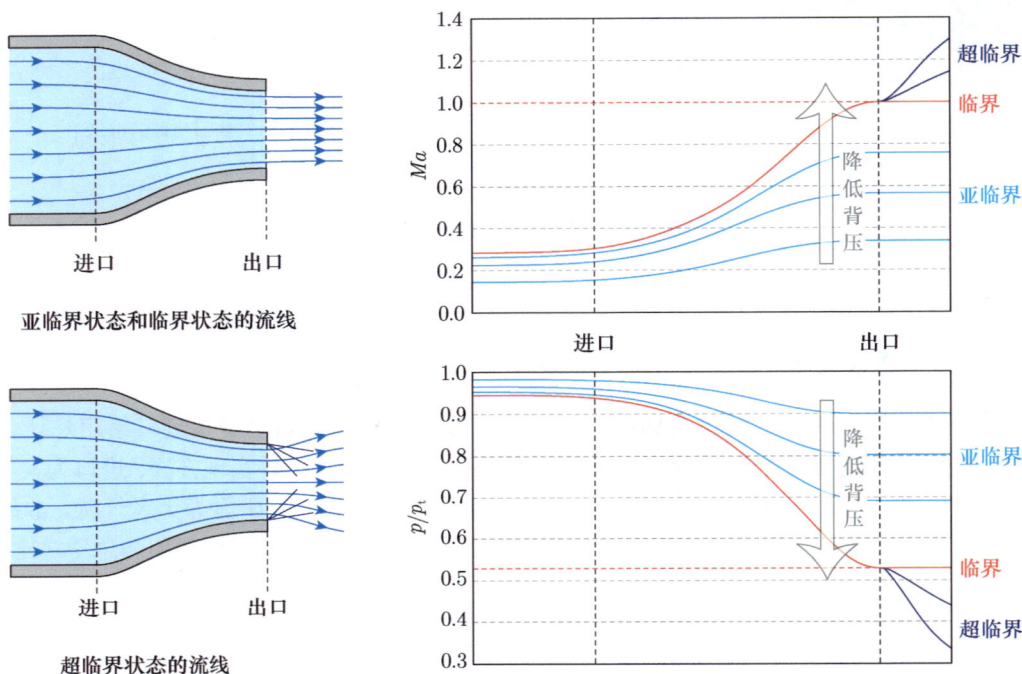

亚临界状态和临界状态的流线

超临界状态的流线

图 6-18　3 种流动状态的压比和马赫数沿流向的变化

如图 6-18 所示，从低速开始，流动处于亚临界状态，随着背压的降低，整个管道内的流体压力下降，流速增加，流量增大。流量可以用公式计算，即

$$\dot{m} = K \frac{p_t}{\sqrt{T_t}} A q(Ma)$$

在来流的总温和总压不变的情况下，流量只与马赫数有关，亚声速时，流量函数 $q(Ma)$ 随马赫数增大。当出口的马赫数增大到 1 时，流动达到临界状态，流量函数达到最大值，即 $q(Ma)=1$ ，所以流量也达到最大值。再继续降低背压，流动处于超临界状态，管内各截面处的流动参数都不再发生变化，这种状态称为**窒塞**。背压虽然不影响管内流动，但对出口之外的流动还是有影响的，因为超临界状态下收缩管道出口处的静压不等于背压，所以会在出口外形成膨胀波，压力继续降低到与环境压力相同。

上面几段分析都是基于一维流动理论的，即假设横截面上的流动是均匀的，真实的流动具有一定的三维性，所以图 6-18 右侧这种基于一维关系式得出的曲线不完全准确。

图 6-19 所示为收缩比相同的两种形状收缩管道在背压为来流总压的 0.45 倍时的马赫数分布和声速截面。可以看出，出口截面上的流动并不均匀，声速截面也不是一个平面。尤其对于锥面收缩，由于在出口处壁面与轴线呈一定角度，三维性的影响更加强烈。

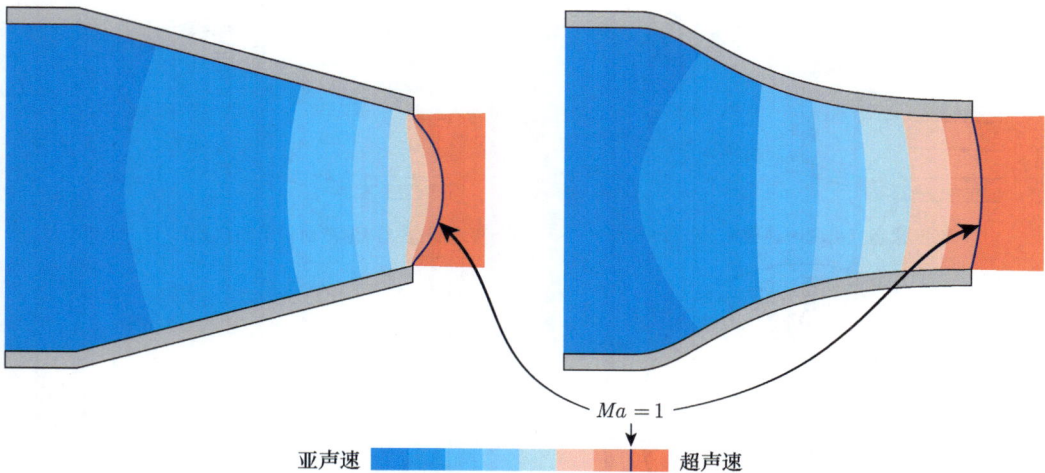

亚声速 ▭ 超声速

$Ma = 1$

图 6-19 考虑三维性的收缩管道流动的马赫数分布和声速截面

图 6-20 和图 6-21 所示分别为两种收缩管道在多种背压条件下的数值模拟结果。所用到的锥形收缩模型的锥角为 15°，两种管道的收缩段长度都与进口直径相等，面积收缩比均为 4.566。可以看到，当背压与来流总压的比值刚低于临界压比（0.52）时，两种管道的流动均开始出现声速截面。但曲面收缩的声速截面一开始就与出口的壁面相交，而锥面收缩的声速截面则不在出口的位置，而是在下游某处，原因是对于锥面管道来说，气流真正的最小截面并不在出口处，顺壁面的流动在惯性作用下在出口外仍然会有一段收缩流动。继续降低背压，声速截面逐渐向上游移动，对于曲面收缩，当压比低于 0.40 时声速截面的位置和形状不再变化，也就意味着继续降低反压不再影响管道内的流动，这一点也可以从图 6-21 右下角的曲线中看出来。管内中心线上的马赫数一开始随背压的降低而增加，在压比低于 0.40 之后，背压只影响出口之外的马赫数，不再影响管内的流动。可见，考虑三维性的影响后，壅塞压比并不等于临界压比，对图 6-21 所示的管道来说，临界压比仍然为 0.52，而壅塞压比则为 0.40 左右。为什么管道出口已经出现了声速截面，但继续降低背压还是会影响管内流动呢？这是因为声速截面形状改变相当于改变了实际气流喉部的面积，使流量发生变化，从而影响收缩管道内的流动。

对比之前的分析，图 6-18 中马赫数沿流向的变化是完全基于一维关系式的，而图 6-21 所示为收缩管道的实际情况。可见实际工程中不能认为临界压比之后管内的流动就不受影响了，实际壅塞时的压比总是更低一些，可以定义一个**壅塞压比**，它对应继续降低背压不再影响出口处声速截面形状的压比。

锥面收缩的三维效应更加强烈一些，从图 6-20 所示可以看到，直到压比低于 0.25，声速截面才不再发生变化，因此这种收缩管道的壅塞压比是 0.25，这一点从右下角的中心线上马赫数随压比的变化也可以看出来。可以推断，如果收缩的锥角更大一些，则壅塞压比会更低。

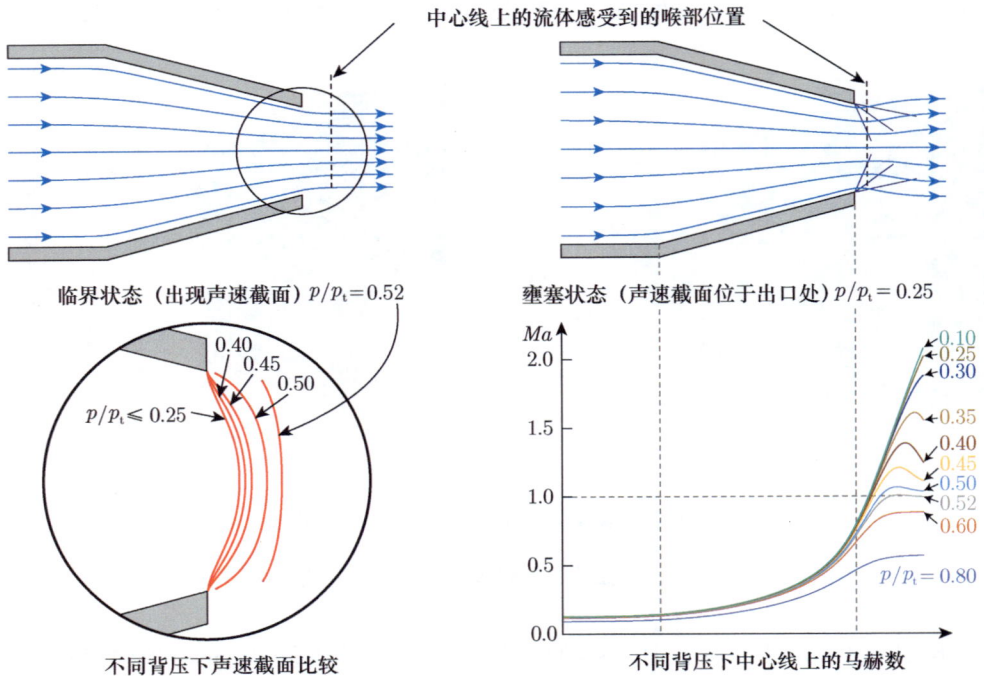

图 6-20　锥形收缩管道出口三维流动的影响

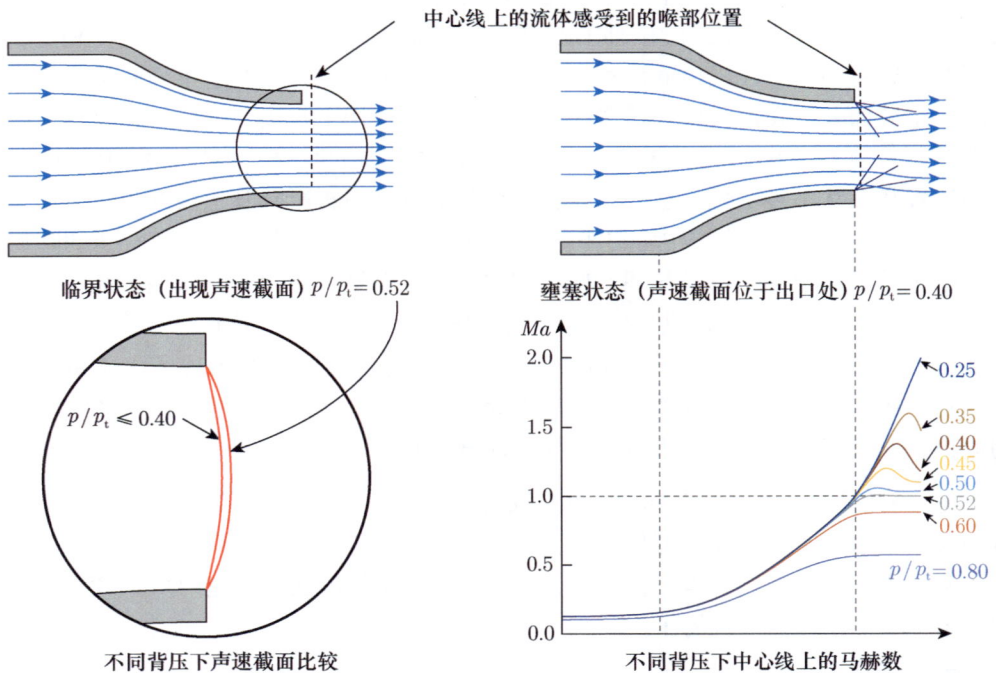

图 6-21　曲面收缩管道出口三维流动的影响

在上面的分析中，进口总压为大气压，通过改变出口背压来改变收缩管道内的流速，这种情况下来流条件不变，是最简单的情况，现在将其称为实例1。实际流动中未必是这样的条件，我们再来举两种情况，分析收缩管道流动的特点。

　　　　实例2：进口是压缩空气罐，出口是大气。

　　　　实例3：收缩管道以亚声速在大气中运动。

实例2和实例1的不同在于，现在出口的背压不变，通过改变进口的总压来调节收缩管道内的流速，如图6-22所示。在等熵流动中，马赫数只取决于总静压比，因此实例2的马赫数分布、出口的声速截面以及出口外的膨胀波和激波等形式与实例1的并无差别，主要的不同体现在流量上，流量公式为

$$\dot{m} = K \frac{p_{\text{t}}}{\sqrt{T_{\text{t}}}} A q(Ma)$$

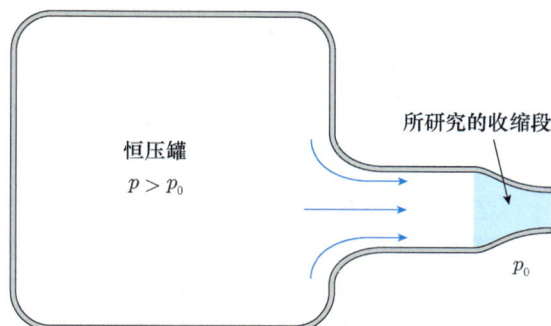

图 6-22　亚声速收缩管流模型 2

在实例1中，改变出口背压只改变上式中的马赫数，当流动达到壅塞状态后，背压对流量不再有影响。在实例2中，改变的是进口条件，总压和总温也有变化，流量随进口总压的增加而增加，随总温的增加而减小。

先考虑总温不变的情况，让恒压罐内的压力从大气压开始逐渐增大，一开始流量随压力快速增加，当达到壅塞状态后，流量随总压线性增加。保持总温不变的条件下，壅塞后各截面的马赫数不变，因此静温也不变，对应的声速不变，从而可知速度不变。因此，壅塞前流量的增加是由速度和密度的共同增加产生的，壅塞后的流量增加则完全由密度增加产生。如果保持总压不变，改变进口总温，则无论是否壅塞，各截面处的马赫数都保持不变，而流量随总温的增加而减小。

在有些实际流动中，进口不是高压空气罐，而是一个风机或压缩机，这时情况就要复杂一些。风机和压缩机有自己特定的工作曲线，即压升与流量的关系，和收缩管道连接后，一方面管道的流量应该与风机的流量相等，另一方面管道的流量又取决于风机所能提供的总温和总压。当最终形成定常流动时，这两个条件必须同时满足，设计得好的话，风机会工作在额定工作点附近，设计得不好的话，管道可能会发生壅塞，或者风机可能会发生失速。在实际工作中遇到这种情况的时候，通常在设计时需要进行迭代计算，根据需要进行风机选型和管道尺寸设计。

现在来看实例3，如图6-23所示，收缩管道在静止的空气中以亚声速运动，为了避免局部的流动分离，把管壁的前部修圆，后部修尖，做成流线形。现在如果以管道为参照系，气流会在收缩管道内加速吗？有可能在出口达到声速吗？

首先需要明确的是，亚声速气流经过收缩管道的定常流动一定是加速的，因此收缩管

道出口的流速必然大于进口的流速。如果简单地认为管道进口的流速就等于管道相对地面的运动速度，则经过收缩管道加速后，出口流速当然是有可能达到声速的，但这不符合实际情况。

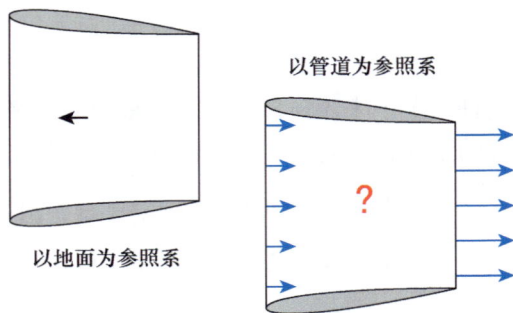

以管道为参照系

以地面为参照系

图 6-23　亚声速收缩管流模型 3

假设管道内的流动满足一维等熵的亚声速流动，则出口的静压等于大气压，而出口的总压等于进口总压，由下式计算

$$p_{t} = p_0 \left(1 + \frac{\kappa - 1}{2} Ma_p^2\right)^{\frac{\kappa-1}{\kappa}}$$

这里的马赫数 Ma_p 是管道相对于地面的马赫数，总压则是以管道为参照系后整个流场内的总压。在气流离管道进口较远处，空气相对管道的马赫数为 Ma_p，而静压为 p_0，故总压可由上式计算。当气流接近管道进口时，受管道阻碍，速度会减慢，静压上升，马赫数减小，气流实际进入管道的马赫数是小于 Ma_p 的。而在管道出口处，可以由上式看出，马赫数等于 Ma_p。也就是说，对于亚声速运动的管道来说，气体在出口处不会达到声速。图 6-24 所示为实际的三维流动，可以看到，气流在接近管道进口时减速且向四周扩散，在管道内加速，在管道出口再次达到自由流的速度。如果加大管道运动的马赫数，接近声速时，流动就变成跨声速的了，首先出现声速的地方会是进口的外侧，即图 6-24 中红色的区域，出现膨胀波和激波，不能用简单的一维关系来计算。

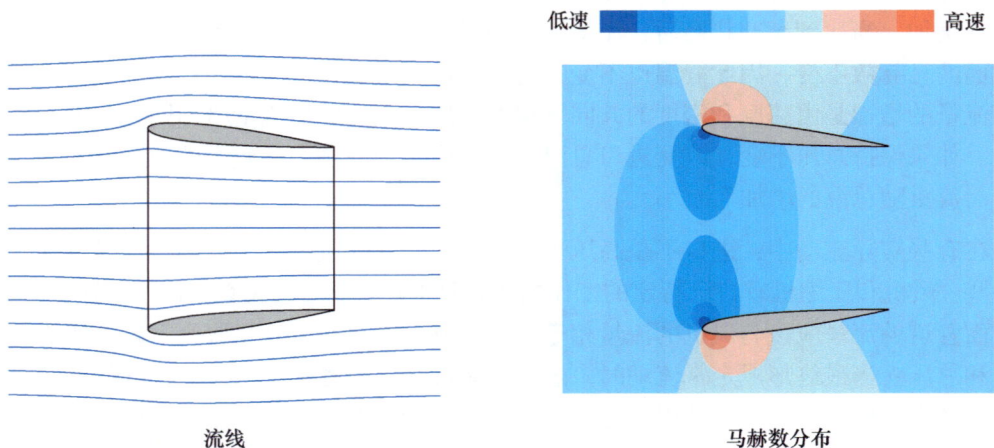

低速　　　　　　　　　高速

流线　　　　　　　　　马赫数分布

图 6-24　在静止空气中以亚声速运动的收缩管道产生的流动

总结一下，亚声速收缩管流有以下几个特点。

（1）沿流向加速，出口最大流速为声速，称为临界状态。

（2）存在壅塞现象，壅塞后管道各处的马赫数都保持不变。

（3）受流动三维性影响，壅塞时的背压要比临界时的背压低。

2. 超声速收缩管流

超声速气流经过收缩管道会减速增压。超声速流动的特点是下游压力无法影响上游，因此管道内的流动完全由进口条件决定，也就是来流的总压、总温和马赫数决定了全流场的流动参数。根据流量关系式

$$\dot{m} = K \frac{p_t}{\sqrt{T_t}} A q(Ma)$$

可知，由于总压和总温沿管道保持不变，出口马赫数可以表示为

$$q(Ma_2) = \frac{A_1}{A_2} q(Ma_1)$$

也就是说，出口马赫数只由进口马赫数和进出口面积比决定，而与进口的总压和总温无关，改变来流总压并不会改变出口的马赫数，这是超声速管流与亚声速管流的重要不同点。如果出口流速为声速，流量系数等于 1，则对应的进口马赫数为

$$q(Ma_1) = \frac{A_2}{A_1}$$

这个面积比称为**临界面积比**，即出口流速达到声速时的面积比，只由进口马赫数决定。也可以说，对于收缩比一定的管道，进口的超声速流动马赫数存在一个最小值，称为**临界马赫数**，比临界马赫数还小的马赫数无法维持收缩管道内的超声速流动。

现在结合图 6-25 所示来分析超声速收缩管流随进口马赫数的变化。

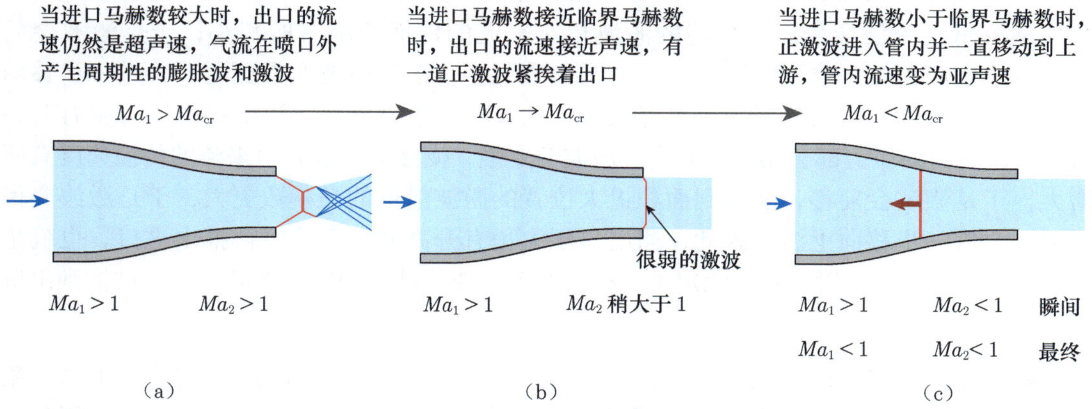

当进口马赫数较大时，出口的流速仍然是超声速，气流在喷口外产生周期性的膨胀波和激波

$Ma_1 > Ma_{cr}$

当进口马赫数接近临界马赫数时，出口的流速接近声速，有一道正激波紧挨着出口

$Ma_1 \rightarrow Ma_{cr}$

当进口马赫数小于临界马赫数时，正激波进入管内并一直移动到上游，管内流速变为亚声速

$Ma_1 < Ma_{cr}$

很弱的激波

$Ma_1 > 1$	$Ma_2 > 1$	$Ma_1 > 1$	Ma_2 稍大于 1

$Ma_1 > 1$	$Ma_2 < 1$	瞬间
$Ma_1 < 1$	$Ma_2 < 1$	最终

（a）　　　　　　　　（b）　　　　　　　　（c）

图 6-25　随着来流马赫数减小收缩喷管内超声速流动的变化

一开始进口马赫数足够大，出口的流速也是超声速，并在出口外形成激波和膨胀波，如图 6-25（a）所示。随着进口马赫数慢慢减小，当接近临界马赫数时，出口的流速接近声速，外部的激波形成一道几乎挨着出口的弱正激波，如图 6-25（b）所示。当继续减小进口马赫数时，这道正激波会进入管道，一旦激波进入了收缩管道，由于正激波不能稳定地存在

于收缩管道中，它就会迅速逆流向上游移动，最终移到进口上游，使收缩管道内的流速都变为亚声速，如图6-25（c）所示。

如果定常收缩管道流动的进口是超声速的，那么有两种常见的情况：一种情况是这个管道在做超声速运动，比如装在飞机上超声速飞行；另一种情况是这个管道前面有一个拉瓦尔喷管将气流加速到了超声速。如果管道是超声速运动的，则向前推进的正激波会被推出进口前部形成脱体激波，使收缩管道内全部流动变成亚声速流动，如图6-26（a）所示。如果管道前面存在一个拉瓦尔喷管，则正激波会被推进到拉瓦尔喷管的扩张段，也使收缩管道内全部流动变成亚声速流动，如图6-26（b）所示。

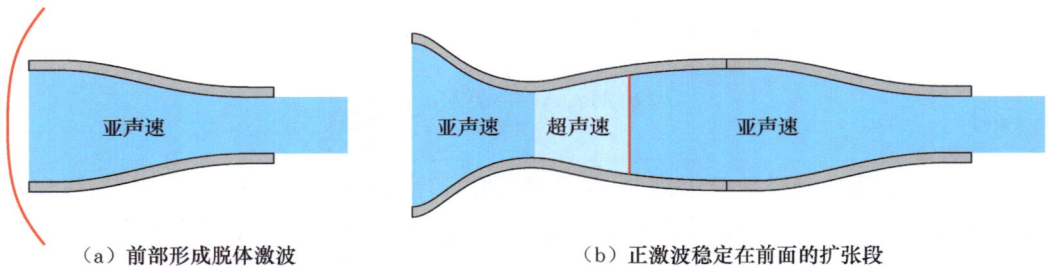

（a）前部形成脱体激波　　　　　　　　（b）正激波稳定在前面的扩张段

图6-26　收缩管道内的正激波被推向上游的两种情况

现在我们来分析正激波为什么不能稳定地存在于收缩管道中。激波的强度是由其前后的压差决定的，压差大则激波强，压差小则激波弱，而激波的强弱又直接决定了其在流体中的传播速度，我们就根据激波的这种特性来分析它的移动。

如果在收缩管道内存在一道正激波，则激波前是超声速的减速流动，激波后是亚声速的加速流动，如图6-27（a）所示。当出口的压力稍有降低时，激波后面的压力都会相应地降低，激波会变弱。变弱的激波相对来流的传播速度有所减小，于是激波会后移，后移到面积更小位置的激波前部的马赫数更小，于是激波变得更弱，会进一步移向下游。也就是说，当出口压力稍有降低时，激波将被推出出口。当出口的压力稍有升高时，激波后面的压力都会相应地升高，激波会变强，变强的激波相对来流的传播速度有所增大，于是激波会前移，前移到面积更大位置的激波前部的马赫数更大，于是激波变得更强，会进一步移向上游。因此，当出口压力稍有升高时，激波将被推出进口。也就是说，收缩管道内的正激波是不稳定的，稍有扰动，或者被推到进口上游，或者被推到出口下游。

如果是图6-27（b）所示的扩张管道，情况就不同了，当出口的压力稍有降低时，激波后的压力降低，激波变弱后移，后移到面积更大位置的激波前部的马赫数更大，引起的压升更大，使激波变强，相对来流的传播速度增加，与更大的来流马赫数匹配，于是激波会在原来下游一点的位置重新稳定下来。当出口的压力稍有升高时，激波则会在上游一点的位置重新稳定下来。

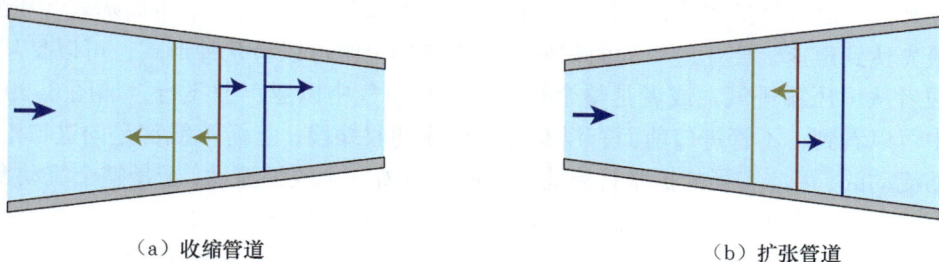

背压稍有降低时，激波加速后移，
直到移出喷口；

背压稍有升高时，激波加速前移，
直到移出进口

背压稍有降低时，激波后移，
稳定在新的位置上；

背压稍有升高时，激波前移，
稳定在新的位置上

（a）收缩管道 　　　　　　　　　　　　　　　（b）扩张管道

图 6-27　正激波在收缩管道内不能稳定的分析

　　前面的分析都是基于等熵流动的，实际上，想要让超声速气流在收缩管道内等熵地减速几乎是不可能的事，因为这需要由无数的弱压缩波来完成。由第 5 章的内容可知，在流场中产生无数的膨胀波来加速是可行的，但想要产生无数的压缩波来减速则很难。原因是压缩波总是倾向于汇聚成激波，一旦变成激波，流动就不是等熵的了。因此，超声速气流在收缩管道内的减速是一个值得研究的问题，这方面比较典型的应用就是超声速飞机的进气道，图 6-28 所示为内压式超声速进气道的气流减速形式，理想的方法是用一系列弱压缩波来减速，如图 6-28（a）所示，不过由于黏性的影响，这种设计很难实现，即使实现了，也只能工作在单一的设计工况，工况稍有不同（比如飞行速度的变化或者攻角的变化），就会产生激波。所以一般的思想是用几道斜激波来减速，如图 6-28（b）所示。用几道斜激波来减速的效果足够好，产生的损失不大，并且可以实现较大程度的减速增压。

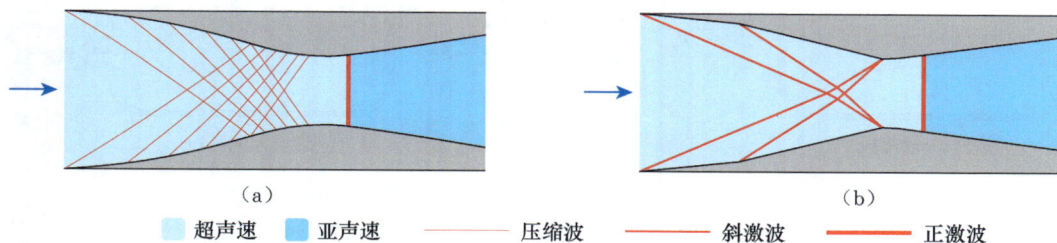

（a）　　　　　　　　　　　　　　　　（b）

　■ 超声速　　■ 亚声速　　—— 压缩波　　—— 斜激波　　—— 正激波

图 6-28　内压式超声速进气道的气流减速形式

　　总结一下，超声速收缩管流有以下几个特点。

　　（1）沿流向减速，一般整个管道内的流速都为超声速，临界状态下出口的流速为声速，如果出口流速小于声速，则全流场的流速都会变成亚声速。

　　（2）任意截面的马赫数只由进口马赫数及此截面与进口的面积比决定。

　　（3）等熵减速很难实现，实际的超声速气流减速时几乎总是出现激波。

6.1.4 扩张管流

1. 亚声速扩张管流

亚声速气流经过扩张管道会减速，由于进口是面积最小的地方，所以随着背压的降低，这里最先达到声速。要让进口的面积最小，进口的上游可以有几种形式，可以是从大气进气，或者从恒压罐进气，或者是整个管道在静止空气中以亚声速飞行，如图 6-29 所示。从图中可以看到，不管进口前面有没有管道形成的收缩段，上游流线都是向进口汇聚而形成收缩流动的，因此实际的扩张管流前面一般会接着一个收缩流动，于是整个流动变成收 – 扩管流的形式，有关收 – 扩管流的具体分析将在 6.1.5 小节详细介绍。

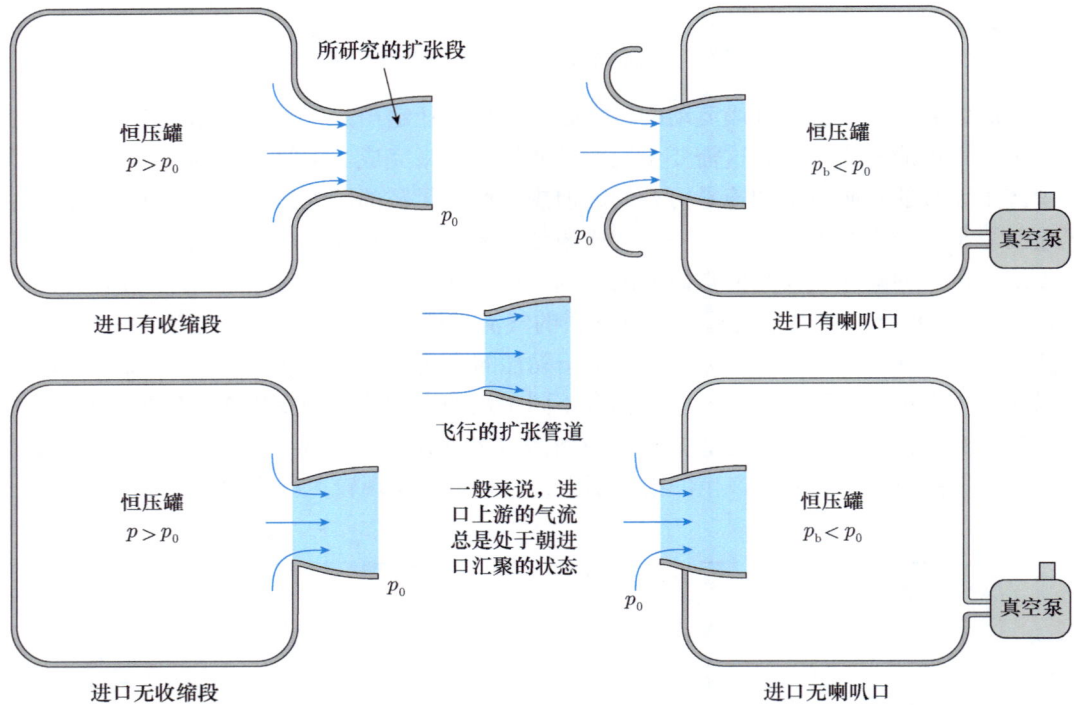

图 6-29　扩张管道进口前部的几种形式都产生收缩流动

单纯对于亚声速扩张管流来说，气流是减速增压的，所以这种管道也称为**扩压器**。实际的气流受黏性作用，所以扩压器中容易出现的流动问题是边界层分离，在各种各样的亚声速扩张管道中，设计的焦点主要集中在如何避免分离。如果不考虑黏性，亚声速扩张管流与收缩管流的变化趋势相反，不需要特别的分析。

2. 超声速扩张管流

当扩张管道的进口流速是超声速时，气流将在管道内加速，理论上有两种可能：一种是全部为超声速，在出口外部产生膨胀波和激波；另一种是存在一道正激波，正激波前是加速的超声速流动，正激波后是减速的亚声速流动，如图 6-30 所示。

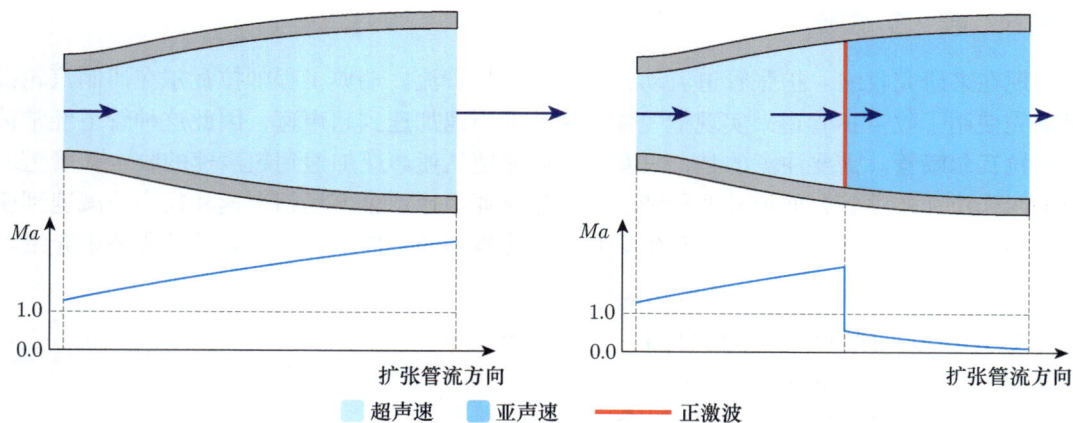

图 6-30　超声速扩张管流的两种可能

由于从进口开始的流动是超声速的，并且壁面是扩张的，在扩张的外转折壁面处必然会产生膨胀波，所以，超声速气流的加速是不均匀的，气流在受膨胀波影响的区域内会加速并转弯，在其他地方则匀速流动，图 6-31 所示为一种具有较为理想的膨胀波形式的扩张管道。

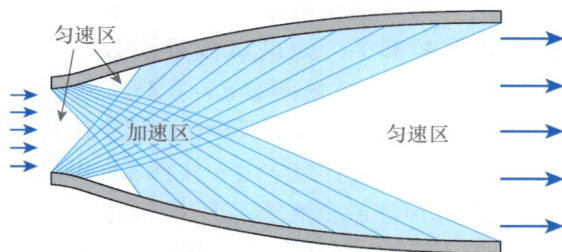

图 6-31　一种具有较为理想的膨胀波形式的扩张管道

类似于前面分析过的超声速收缩管流，扩张管道进口的超声速流动也有两种常见的形成方式，如图 6-32 所示，一种是上游是拉瓦尔喷管，另一种是管道以超声速运动。对于上游是拉瓦尔喷管的情况，扩张管道前面接的是拉瓦尔喷管的扩张部分，因此整个流动变成收－扩管流，这将在接下来的 6.1.5 小节详细介绍。对于管道以超声速运动的情况，这类似于一种简单的超声速进气道，气流以超声速从进口进入，在扩张段某个位置产生一道激波，下游的流动都是亚声速的，于是实现了对超声速气流的减速，只不过这种减速方式的损失较大，现代的超声速飞机很少采用。

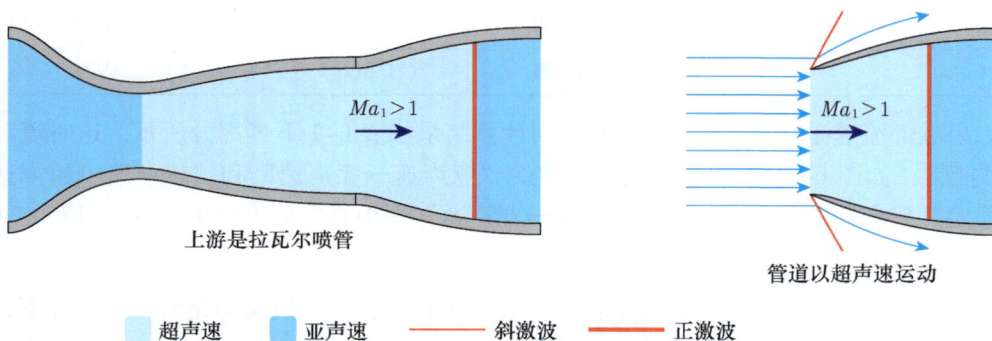

图 6-32　扩张管道进口的超声速流动的两种形成方式

6.1.5 收 – 扩管流

现在来研究收缩 – 扩张管道流动，简称收 – 扩管流。瑞典工程师拉瓦尔在研制汽轮机时率先使用了收 – 扩管道来实现把气体流速从亚声速加速到超声速，因此这种管道经常被称为**拉瓦尔喷管**。需要注意的是，只有把气体流速从亚声速加速到超声速的收 – 扩管道才应该叫作拉瓦尔喷管，而另外 3 种情况：全流场亚声速、全流场超声速和超声速减速到亚声速的收 – 扩管道都不能叫作拉瓦尔喷管，因此本书统一使用收 – 扩管道的称呼来介绍。

收 – 扩管道中间横截面积最小的地方称为喉部，根据流量方程可知，整个管道中喉部的流量函数 $q(Ma)$ 应该达到最大值。假设现在有一个图 6–33 所示的收 – 扩管道，进口面积是喉部的 4 倍，出口面积是喉部的 2 倍。若已知喉部流量函数 $q_{th} = 0.5$（下标 th 表示喉部），则进口流量函数 $q_i = 0.125$，出口流量函数 $q_e = 0.25$。

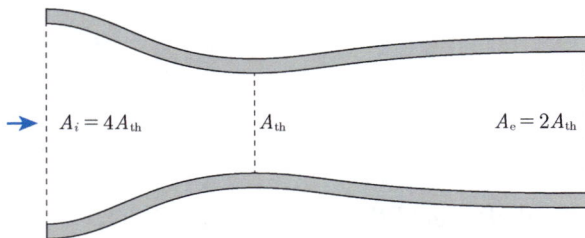

图 6–33　收 – 扩管道

每一个流量函数值都对应亚声速和超声速两种情况，可以分别计算出马赫数，如表 6–1 上半部分所示。这样在数学上一共有 8 种可能的组合，实际上只有 2 种是符合等熵流动的，即全流场超声速或全流场亚声速，如图 6–34 所示。不过当进口流速为超声速时，收缩段可能会有斜激波，扩张段可能会有正激波，如图 6–35 所示，这些不等熵流动的总压不恒定，不能简单地用流量函数分析，图 6–34（b）所示只是理想情况。

表 6–1　收 – 扩管道内几种马赫数的可能性

位置	当地面积 / 喉部面积	$q(Ma)$	Ma（亚声速）	Ma（超声速）
进口	4	0.125	0.073	3.677
喉部	1	**0.500**	0.306	2.197
出口	2	0.250	0.147	2.940
进口	4	0.250	0.147	2.940
喉部	1	**1.000**	1.000	1.000
出口	2	0.500	0.306	2.197

如果喉部流速是声速，即 $q_{th} = 1.0$，则计算结果如表 6–1 下半部分所示，这时流动有 4 种可能性，如图 6–36 所示。不过，其中的"亚声速→亚声速"和"超声速→超声速"都不稳定，只在理论上存在，而"超声速→亚声速"则很难保证不产生激波，只有"亚声速→超声速"最稳定且易于实现，这时的管道称为拉瓦尔喷管。

综上分析，可以给出这样的结论：对于收 – 扩管流，在等熵流动无激波的条件下，当喉部流速为亚声速时，全流场都是亚声速，当喉部流速为超声速时，全流场都是超声速；当喉部流速是声速时，可以稳定存在的情况是收缩段亚声速、扩张段超声速。

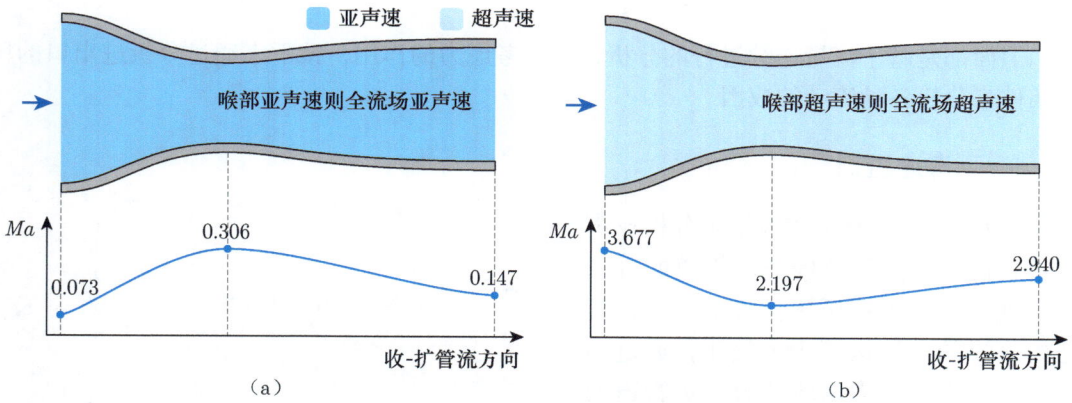

图 6-34　喉部流量函数为 0.5 时两种可能的等熵流动

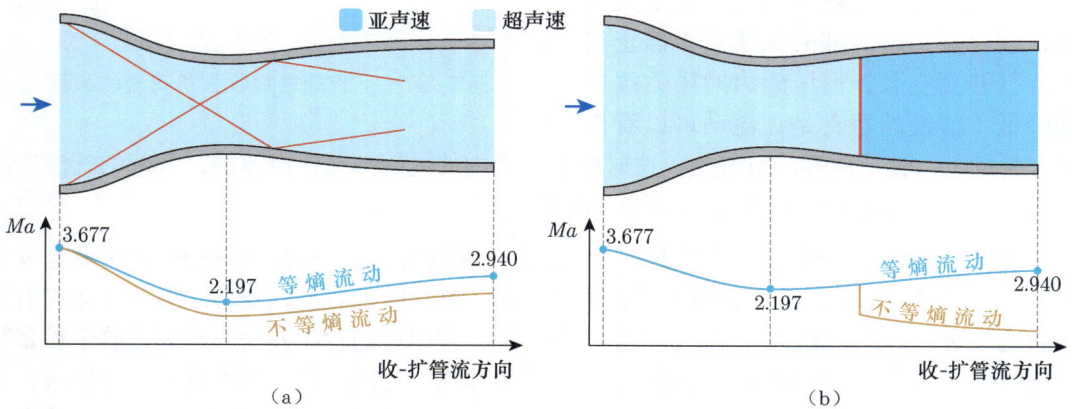

图 6-35　喉部流量函数为 0.5 时两种可能的不等熵流动

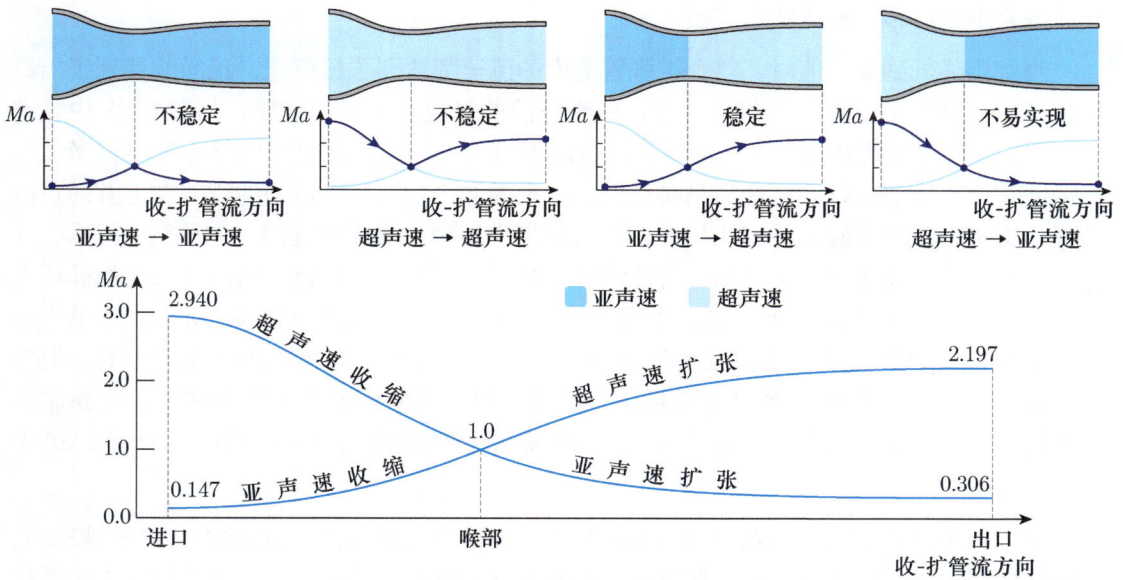

图 6-36　喉部流速为声速时 4 种可能的等熵流动

上面都是基于流量连续进行的分析，并未考虑力的作用，接下来通过分析进出口的压力条件来分析各种流动的成因。

1. 亚声速进口

按照图 6-37 所示的模型来分析亚声速进口的收 - 扩管流问题。管道的进口为大气，出口为恒压罐，整个收 - 扩管道内气流的总压恒等于大气压，通过调节恒压罐内的压力来改变收 - 扩管道的背压。

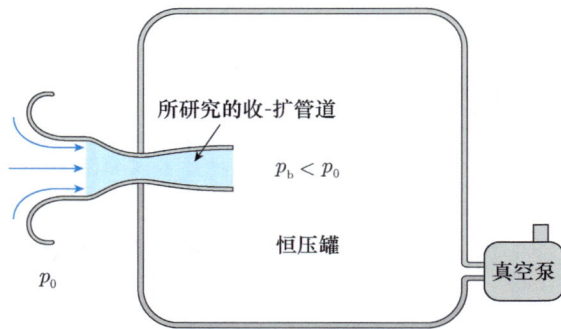

所研究的收-扩管道

$p_b < p_0$

恒压罐

p_0

真空泵

图 6-37　亚声速进口收 - 扩管流的实现

一开始让恒压罐内的压力等于大气压，收 - 扩管道内部的气体处于静止状态，打开真空泵，恒压罐内的压力缓慢地降低（缓慢的意义是让流动可以看作是定常的），管道内开始有气流。这时整个管道内的气流都是亚声速的，喉部的气流速度最大，沿流向的静压分布如图 6-38 中的状态 a 和 a' 所示。

继续降低背压，到某一背压值时，喉部的气流速度达到声速，如图 6-38 中状态 b 所示，气流经过喉部后，在扩张段又减速为亚声速。继续降低背压，喉部之后的气体将沿扩张管道加速为超声速流动，加速过程中压力下降，但出口的背压并没有低到让整个扩张管道都达到超声速。实际做这个实验时，当喉部流速已经达到声速，再继续降低背压时，会在喉部后一点的地方产生一道正激波，正激波之后的气流减速为亚声速，并沿扩张管道继续减速增压，到出口时气流静压与背压匹配，如图 6-38 中状态 c 所示。再继续降低背压，正激波会继续后移，形成状态 c'。

当背压降低到某一值时，整个扩张管道内的流速都达到了超声速，正激波移到了出口的位置，激波后的气流静压等于背压，而激波前的气流静压小于背压，如图 6-38 中状态 d 所示。再继续降低背压，激波将离开出口向下游移动，同时从出口的壁面发出斜激波，斜激波相交后在射流核心区产生马赫反射，出现局部正激波。出口处的激波在下游的自由边界上交替地反射为膨胀波和压缩波，形成周期性结构，沿流向的静压如曲线 e 所示，气流在出口处的静压仍然小于背压。再继续降低背压，当背压与出口处超声速气流的静压正好相等时，出口外将没有压力波，形成等熵的射流，如图 6-38 中状态 f 所示。如果再继续降低背压，背压将小于出口处气流的静压，这并不会对管内流动造成任何影响，但气流在出口外将需要继续膨胀以适应背压，于是在出口的壁面处产生膨胀波，这些膨胀波在下游的自由边界上交替地反射为压缩波和膨胀波，再次形成周期性结构，如图 6-38 中状态 g 所示。

对于状态 e 的情况，因为出口处气流的压力已经降到比背压低了，需要在出口外被压缩，说明膨胀过头了，因此称为**过膨胀状态**。而状态 g 的情况，因为出口处气流的压力仍然比背压高，需要在出口外继续膨胀，说明膨胀得还不够，因此称为**欠膨胀状态**。

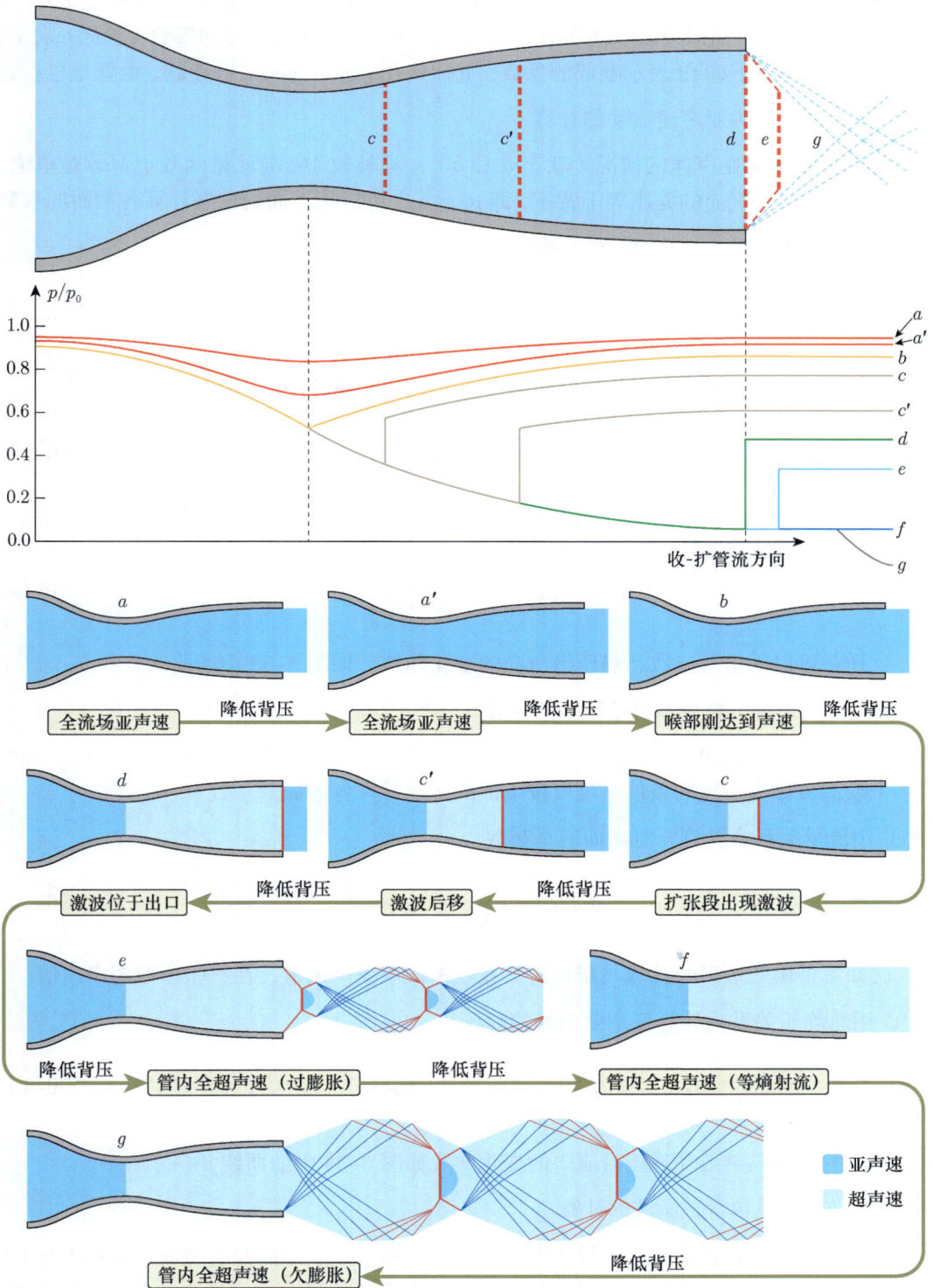

图 6-38 随着背压的降低，收 - 扩管道内的流动的变化

现在来看如何定量地进行收－扩管道流动的相关计算。这类问题的已知条件通常是管道的几何形状、来流的总压和出口外的背压，约定用下标 b 表示出口外的参数，下标 e 表示管道出口处的参数，下标 th 表示喉部的参数，下标 0 表示进口前的大气参数，也就是总参数。

（1）全流场为亚声速流动的计算

对于全流场为亚声速的情况（状态 a 和 b），马赫数 Ma 与流量函数 $q(Ma)$ 是单值对应关系，且出口处气流的静压等于背压，即 $p_e = p_b$。可以按下面的顺序计算各截面的参数。

① 用总静压关系式计算出口的马赫数

$$Ma_e = \sqrt{\frac{2}{\kappa-1}\left[(p_0/p_b)^{\frac{\kappa-1}{\kappa}} - 1\right]}$$ （6-11）

② 用流量关系式计算任意截面处的流量函数，从而得到当地马赫数（亚声速值）

$$q(Ma) = \frac{A_e}{A} q(Ma_e)$$ （6-12）

③ 用总静压关系式计算任意截面处的静压

$$p = p_0 \left/ \left(1 + \frac{\kappa-1}{2} Ma^2\right)^{\frac{\kappa}{\kappa-1}}\right.$$ （6-13）

这样就可以得出马赫数和静压沿流向的变化曲线，即图 6-38 中的曲线 a 和 b。

（2）扩张段全部为超声速流动的计算

当扩张段全部为超声速时，背压对管内流动无影响，已知条件中少了一个背压，但多了一个喉部流速为声速的条件。可以按下面的顺序计算各截面的参数。

① 用流量关系式计算任意截面的马赫数

$$q(Ma) = \frac{A_{th}}{A} q(Ma_{th}) = \frac{A_{th}}{A}$$ （6-14）

已知流量函数 $q(Ma)$ 计算马赫数时，在收缩段取亚声速值，在扩张段取超声速值。

② 用总静压关系式计算任意截面处的静压

$$p = p_0 \left/ \left(1 + \frac{\kappa-1}{2} Ma^2\right)^{\frac{\kappa}{\kappa-1}}\right.$$ （6-15）

得出的管内马赫数和静压沿流向的变化曲线如图 6-38 中的曲线 $d \sim g$ 所示。

（3）扩张段包含正激波的计算

当扩张段中包含正激波时，计算要相对复杂一些，主要原因是有激波的流动不再是等熵流动，失去了总压不变这一方便计算的条件。在实际的流动中，激波会自动调整位置使管道出口处的气流静压与背压匹配，当激波偏前时，出口的静压过高，激波后的气流会加速降压，使激波后移；当激波偏后时，出口的静压过低，激波后的气流会减速增压，使激波前移，这在图 6-27 中分析过。我们可以利用这个特点，使用二分法来找出激波的位置，然后分别计算激波前后的马赫数和静压，具体算法如下。

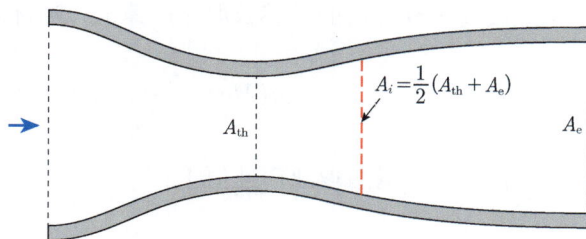

图 6-39　收 - 扩管流的二分法计算

① 如图 6-39 所示，先假设激波处于截面 i 处，用下标 1 表示激波前，下标 2 表示激波后，激波厚度可忽略，因此截面 2 与截面 1 的面积相同，使用二分法，第一次猜测的面积设定为喉部面积与出口面积的平均

$$A_i = A_1 = A_2 = \frac{1}{2}(A_{\text{th}} + A_e) \tag{6-16}$$

② 使用流量关系式计算波前马赫数（取超声速值），使用正激波关系式计算波后马赫数和总压

$$q(Ma_1) = \frac{A_{\text{th}}}{A_1} \tag{6-17}$$

$$Ma_2 = \sqrt{\frac{Ma_1^2 + \dfrac{2}{\kappa-1}}{\dfrac{2\kappa}{\kappa-1}Ma_1^2 - 1}} \tag{6-18}$$

$$p_{t,2} = p_0 \frac{\left[\dfrac{(\kappa+1)Ma_1^2}{2+(\kappa-1)Ma_1^2}\right]^{\frac{\kappa}{\kappa-1}}}{\left(\dfrac{2\kappa}{\kappa+1}Ma_1^2 - \dfrac{\kappa-1}{\kappa+1}\right)^{\frac{1}{\kappa-1}}} \tag{6-19}$$

③ 使用流量关系式计算出口马赫数（取亚声速值），使用总静压关系式计算出口静压

$$q(Ma_e) = \frac{A_2}{A_e}q(Ma_2) \tag{6-20}$$

$$p_e = p_{t,2}\left/\left(1+\frac{\kappa-1}{2}Ma_e^2\right)^{\frac{\kappa}{\kappa-1}}\right. \tag{6-21}$$

④ 若 $p_e > p_b$，则令 $A_{i+1} = (A_i + A_e)/2$，重复上面的第②和③步；若 $p_e < p_b$，则令 $A_{i+1} = (A_{\text{th}} + A_i)/2$，重复上面的第②和③步；若 $|p_e - p_b| < \varepsilon$（$\varepsilon$ 为设定的残差），则激波位置已与背压匹配，继续进行下面第⑤步。

⑤ 计算整个管道内的马赫数和静压

激波前（喉部前的马赫数取亚声速值，喉部后的马赫数取超声速值）：

$$q(Ma)=\frac{A_{\text{th}}}{A}, \quad p=p_0\Big/\left(1+\frac{\kappa-1}{2}Ma^2\right)^{\frac{\kappa}{\kappa-1}} \quad （6\text{-}22）$$

激波后（马赫数取亚声速值）：

$$q(Ma)=\frac{A_{\text{e}}}{A}q(Ma_{\text{e}}), \quad p=p_{\text{t,2}}\Big/\left(1+\frac{\kappa-1}{2}Ma^2\right)^{\frac{\kappa}{\kappa-1}} \quad （6\text{-}23）$$

（4）实际算例

【例6-1】如图6-40所示，一个二维收-扩管道的下壁面为直线，上壁面的曲线形状符合下列关系式

$$y=0.8+0.2\cos(2\pi x), \quad 0\leqslant x\leqslant 1$$

已知进口总压为 p_0，忽略黏性，不考虑扩张段内可能的分离或膨胀波，分别在如下的背压条件下用一维关系式计算管内压力和马赫数沿流向分布。

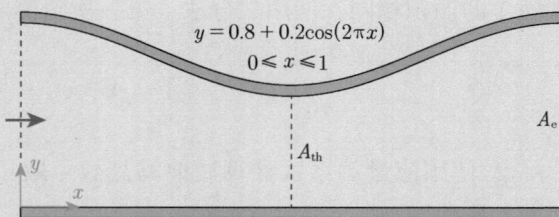

图6-40 二维收-扩管道

① $p_{\text{b}}=0.95p_0$；② $p_{\text{b}}=0.80p_0$；③ $p_{\text{b}}=0.60p_0$；④ $p_{\text{b}}=0.20p_0$；⑤ $p_{\text{b}}=0.05p_0$。

解： 先判断管内的流动状态。

由二维壁面形状关系式可知，喉部和出口面积分别为 0.6 和 1.0，随着背压的降低，喉部流速刚达到声速时，出口处的流量函数为

$$q(Ma_{\text{e}})=A_{\text{th}}/A_{\text{e}}=0.6$$

从而得到出口处亚声速和超声速的马赫数分别为

$$Ma_{\text{e,sub}}=0.3778, \quad Ma_{\text{e,super}}=1.985$$

对应的静压与总压的比值分别为

$$p_{\text{e,sub}}/p_0=1\Big/\left(1+\frac{\kappa-1}{2}Ma_{\text{e,sub}}^2\right)^{\frac{\kappa}{\kappa-1}}\approx0.9062$$

$$p_{\text{e,super}}/p_0=1\Big/\left(1+\frac{\kappa-1}{2}Ma_{\text{e,super}}^2\right)^{\frac{\kappa}{\kappa-1}}\approx0.1308$$

当 $0.1308<p_{\text{b}}/p_0<0.9062$ 时，有两种可能，一种是扩张段存在激波，另一种是扩张段全超声速，在出口外存在激波（对应过膨胀状态）。现在先来计算激波位于出口时的背压，前面已经计算出了波前马赫数和静压，由激波关系式可得

$$\frac{p_b}{p_0} = \frac{p_{e,\text{super}}}{p_0}\left(\frac{2\kappa}{\kappa+1}Ma_{e,\text{super}}^2 - \frac{\kappa-1}{\kappa+1}\right) \approx 0.5796$$

现在我们可以做出判断，当 $p_b/p_0 \geqslant 0.9062$ 时，全管道可以按亚声速计算；当 $p_b/p_0 \leqslant 0.5796$ 时，扩张段按超声速计算；当 $0.5796 < p_b/p_0 < 0.9062$ 时，按扩张段中存在激波计算。

下面计算题干中 5 种背压下的流场。

① 此时全管道为亚声速，按式（6-11）～式（6-13）计算。

② 此时扩张段有激波，按式（6-16）～式（6-23），用二分法计算。

③ 同②。

④ 此时扩张段全部为超声速，按式（6-14）～式（6-15）计算。

⑤ 同④。

通过上述计算得到的曲线如图 6-41 所示。本书附录 B.4 中提供了本例收 - 扩管道的一维计算程序（网页交互版），供读者参考学习。

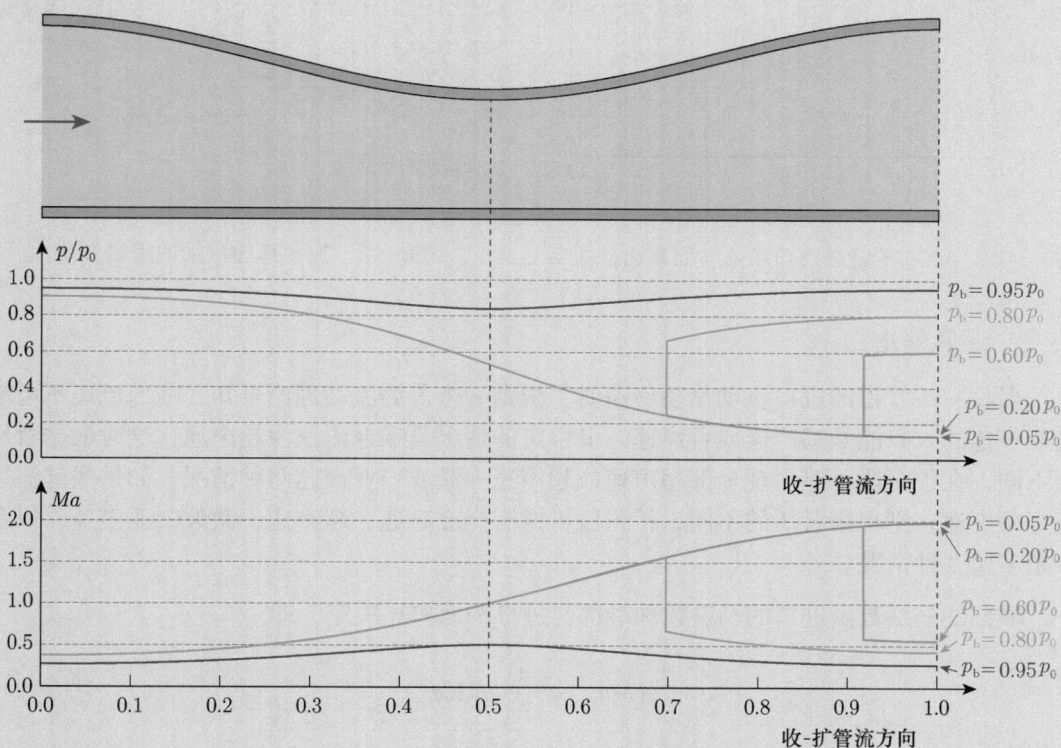

图 6-41　5 种背压下管道内的压力和马赫数分布

在前面的分析中我们发现，当喉部流速达到声速且全流场其他地方都是亚声速时，背压只和面积比有关

$$q(Ma_e) = \frac{A_{th}}{A_e}, \quad p_b = p_0 \bigg/ \left(1 + \frac{\kappa-1}{2} Ma_e^2\right)^{\frac{\kappa}{\kappa-1}} \qquad (6-24)$$

以出口面积与喉部面积之比为横坐标，背压与来流总压之比为纵坐标画出曲线，如图 6-42 所示。可见，随着面积比的增加，对应的压比迅速趋向于 1.0。也就是说，当面积比足够大时，只需要出口的静压比总压稍微小一点，流速就可以在管道的喉部达到声速。因此，理论上我们可以设计一个简易的风洞，通过在进口或者出口加一个小风扇，流速就可以在喉部达到声速，如图 6-43 所示。这在理论上是没有问题的，即使算上壁面黏性摩擦产生的压力损失，也不会对结果产生太大影响。这个设计的关键是扩张段不能发生流动分离，一旦发生分离，则压力损失成倍地增加，所需的背压就要很低。问题是，当面积扩张比很大时，想要控制分离是较为困难的一件事。

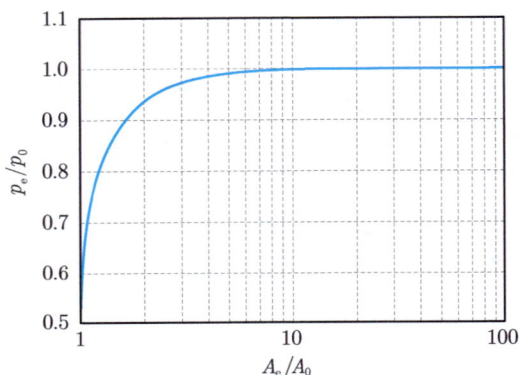

图 6-42　收 – 扩管道出口压比与面积比的关系

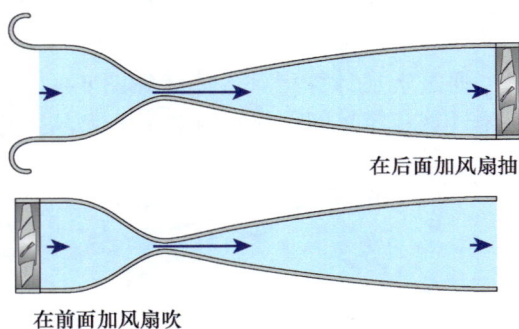

在后面加风扇抽

在前面加风扇吹

图 6-43　实现声速流动的简易方法

2. 超声速进口

当收 – 扩管道的进口流动是超声速时，根据一维等熵流动理论可知，喉部流速不可能是亚声速的，只能是超声速或者声速。最稳定的情况是喉部流速为超声速，这时根据背压的不同，在扩张段可能出现全部超声速或超声速→激波→亚声速两种情况。如果喉部流速正好是声速，则根据背压的不同，扩张段可能有全亚声速、超声速→激波→亚声速，以及全超声速 3 种情况。

喉部的马赫数由进口的马赫数和喉部与进口的面积比决定，即

$$q(Ma_{th}) = \frac{A_{in}}{A_{th}} q(Ma_{in})$$

如果根据已知条件用上式计算出的 $q(Ma_{th})$ 大于 1，就表明这样的流动不存在，原因是喉部无法通过进口的流量，结果就会在收缩段产生激波并前移，改变进口的马赫数，使整个收缩段流速都变成亚声速。因此，对于任何一个 A_{in}/A_{th} 已知的管道，进口马赫数都存在一个下限 Ma_{min}，对应喉部流速为声速的状态，即

$$q(Ma_{\min}) = \frac{A_{\text{th}}}{A_{\text{in}}}$$

当进口马赫数正好等于 $Ma_{\min}$ 时，喉部流速为声速。实际流动中几乎不可能让进口马赫数正好为 $Ma_{\min}$，而总是比它大。所以，超声速进口的收-扩管道实际上只存在喉部流速为超声速的情况，不存在喉部流速正好为声速的情况，这一点和亚声速进口是不同的。

对于收-扩管道，计算超声速进口的等熵流动的方法与计算喉部流速达到声速后的亚声速进口类似，唯一的区别是这时的喉部流速不是声速，马赫数是一个确定的超声速值。具体算法不赘述，读者如有计算需要可参考前面的式（6-11）~式（6-23）。

6.1.6 多喉部管流

要让收-扩管流的进口流动是超声速流动，一种典型的实现方法是前面加一个拉瓦尔喷管，这样就出现了多于一个喉部的情况。这种结构多见于超声速风洞中，用拉瓦尔喷管在试验段实现超声速流动后，一般还需要让气流减速增压后排入大气，这么做的一个重要原因是超声速气流排入大气产生的噪声巨大，加一个收-扩管道把气流减为亚声速再排入大气是更好的选择。如图 6-44 所示，风洞的第一个收-扩管道用于把亚声速气流加速成超声速，因此这是一个拉瓦尔喷管，第二个收-扩管道用于把超声速气流减速为亚声速，通常称为扩压器。

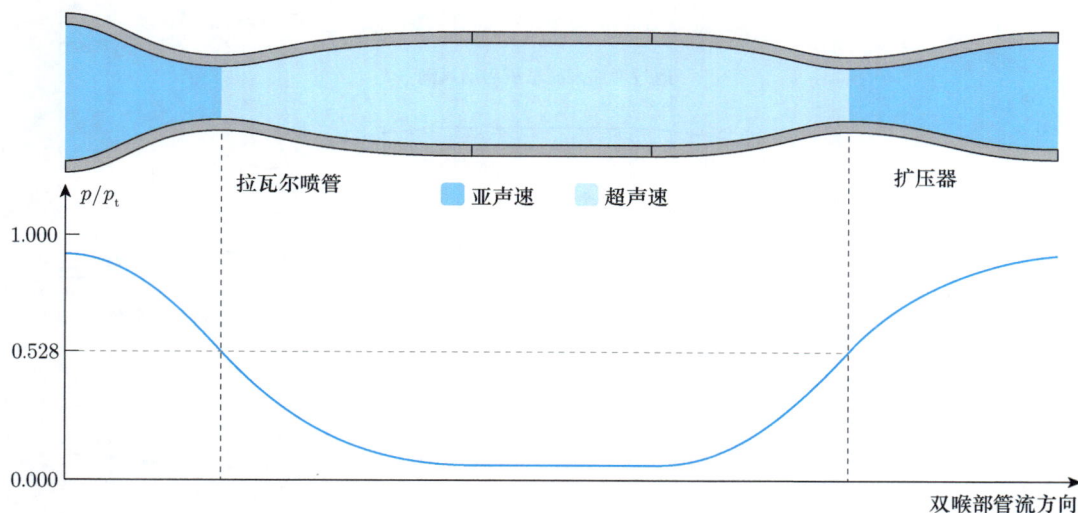

图 6-44 理想情况的双喉部管道流动

如果整个管道内的流动是等熵的，那么两个喉部面积可以设成一样，这样两处流速会同时达到声速，气流的流速在第一个收缩段从亚声速加速到声速，在第二个收缩段中从超声速减速到声速，压力分布如图 6-44 所示。然而实际上这种设计是行不通的，因为气流不可能是等熵流动，一方面黏性会产生损失，另一方面第二个收缩段内也很难实现超声速气流的等熵减速。另外，还有一个重要原因是当风洞起动时，气流从静止开始加速，前面的拉瓦尔喷管中总是会经历图 6-38 所示的状态 a 到状态 f 的变化，过程中一定会伴随激波，使流动不等熵。

当流动不等熵时，总压会降低，从流量关系式可知，下游的声速截面必须要大一些才行，增大多少完全取决于总压损失。用下标 N（Nozzle，喷管）代表第一喉部，下标 D（Diffuser，扩压器）代表第二喉部，由流量公式可以推导如下：

$$K \frac{p_{t,D}}{\sqrt{T_t}} A_D = K \frac{p_{t,N}}{\sqrt{T_t}} A_N$$

$$\frac{A_D}{A_N} = \frac{p_{t,N}}{p_{t,D}} = \frac{1}{\sigma(Ma)}$$

式中，$\sigma(Ma)$ 是马赫数为 Ma 的超声速气流经过正激波产生的总压损失，这里忽略了黏性损失。这个马赫数显然应该取起动过程中喷管扩张段的正激波前最大可能马赫数，也就是会让总压恢复系数最小的马赫数，这需要先理解这种双喉部风洞是如何起动的。双喉部风洞起动过程中的压力变化如图 6-45 所示。

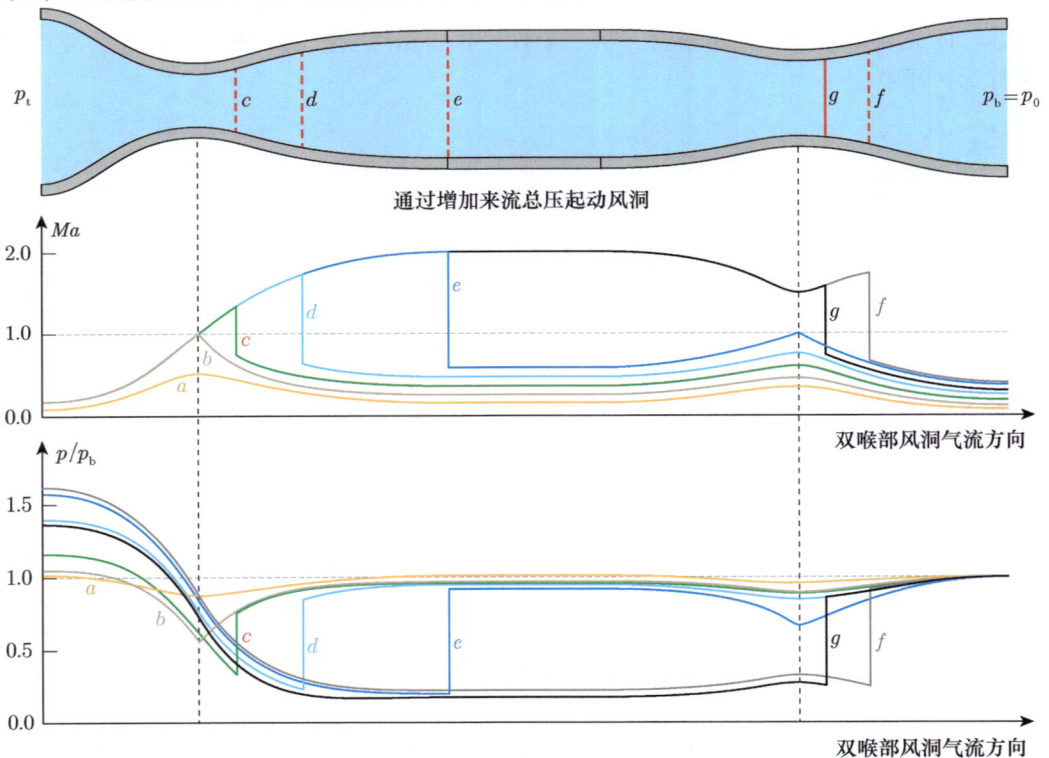

图 6-45　双喉部风洞起动过程中的压力变化

对于固定几何且无放气的双喉部风洞，可以通过增大进口总压的方法起动。现在来看一个试验段马赫数为 2.0 的风洞的起动过程，初始状态下整个风洞中的气流是静止的，增加进口总压，一开始会形成亚声速流动，沿流向的马赫数和压力分布如图 6-45 中的曲线 a 所示。继续增加进口压力，拉瓦尔喷管的喉部流速达到声速，扩压器的喉部流速还是亚声速，压力分布如图 6-45 中曲线 b 所示。接下来，拉瓦尔喷管的喉部后方开始生成激波并后移，压力分布如图 6-45 中曲线 c 和 d 所示。再继续增加压力，激波到达拉瓦尔喷管出口，这时扩压器的喉部流速应该接近于声速，压力分布如图 6-45 中曲线 e 所示，进口总压再增加一点，激波就会迅速通过平直的试验段和扩压器的收缩段，停留在扩压器喉部之后，压力分布如图 6-45 中曲线 f 所示（理论上状态 f 和 e 的进口总压可以相同，图中为了清晰把 f 的总压画得高一点，这是符合实际试验情况的，因为实际操作中让 f 的总压高一些有助于起动）。由于这时扩压器喉部之前不再有激波产生的总压损失，所以来流总压的大幅增加会使扩压器喉部的马赫数突然增加到超声速，激波则会停留在扩压器喉部后方较远的位置，试验段建立起了稳定的超声速流动，风洞起动成功。

起动后，再慢慢减小进口总压，让扩压器喉部后面的激波位置前移到距喉部不远处，目的是减弱激波强度、降低激波损失，形成状态 g，这就是风洞的额定工作状态。但这个调节过程要小心进行，因为一旦进口总压减小过多，激波被推到了扩压器喉部前方，就将迅速跑到拉瓦尔喷管扩张段，使试验段变成亚声速流动，风洞起动失败，需要再来一次起动过程。

从上述起动过程的描述可知，最小的总压恢复系数对应激波位于拉瓦尔喷管出口的情况。另外，扩压器喉部设计成声速的流动并不稳定，需要设计成超声速的流动，比如扩压器喉部马赫数设计成 1.1，并在喉部下游不远处（比如在 $Ma=1.2$ 处）产生一道激波，把气流降为亚声速，这样才能保证试验段超声速流动的稳定性。

激波产生损失，黏性也产生损失，扩压器喉部需要设计成超声速，这 3 种因素都需要把扩压器的喉部面积设计得比理论值大一些。其中，黏性损失的影响无法用简单的一维关系式计算，需要使用实验或者数值模拟来评估，另外两个因素则可以简单地通过计算得到，下面通过一个简单的例子看一下双喉部管道流动的计算过程。

【例 6-2】 要设计一个试验段马赫数为 3.0、宽高各为 0.5 m 的风洞，不考虑黏性损失，求试验段前面的拉瓦尔喷管喉部面积和试验段后面的扩压器喉部面积。

解：用流量关系式计算拉瓦尔喷管的喉部面积（下标 T 表示试验段，也就是拉瓦尔喷管出口）

$$A_{\mathrm{N}} = A_{\mathrm{T}} q(Ma_{\mathrm{T}}) = 0.2362 A_{\mathrm{T}} \approx 0.0590 \ (\mathrm{m}^2)$$

两个喉部的关系也可以用流量关系式计算

$$p_{\mathrm{t,D}} A_{\mathrm{D}} q(Ma_{\mathrm{D}}) = p_{\mathrm{t,N}} A_{\mathrm{N}}$$

$$A_{\mathrm{D}} = \frac{p_{\mathrm{t,N}}}{p_{\mathrm{t,D}}} \cdot \frac{1}{q(Ma_{\mathrm{D}})} \cdot A_{\mathrm{N}} \tag{6-25}$$

总压比用位于拉瓦尔喷管出口的激波计算，其来流马赫数也就是试验段的设计马赫数，从而有

$$\frac{p_{t,D}}{p_{t,N}}=\frac{\left[\dfrac{(\kappa+1)Ma_1^2}{2+(\kappa-1)Ma_1^2}\right]^{\frac{\kappa}{\kappa-1}}}{\left(\dfrac{2\kappa}{\kappa+1}Ma_1^2-\dfrac{\kappa-1}{\kappa+1}\right)^{\frac{1}{\kappa-1}}}\approx0.3283$$

扩压器喉部马赫数取 1.1，则有

$$q(Ma_D)=0.9921$$

把上面两个结果代入式（6-25），得

$$A_D=\frac{1}{0.3283}\times\frac{1}{0.9921}\times A_N\approx3.070A_N\approx0.1811\,\text{m}^2$$

可见，考虑起动情况，扩压器喉部面积需要比拉瓦尔喷管喉部面积大很多才行（本例中要 3 倍以上）。

当风洞起动之后，拉瓦尔喷管内部不再有激波，扩压器喉部之前都变为等熵流动，这时扩压器的喉部面积就显得太大了，在喉部后的激波强度很大，损失也很大。对【例 6-2】来说，按照等熵计算，扩压器喉部的流量函数为

$$q(Ma_D)=\frac{A_N}{A_D}\approx0.3258$$

对应的马赫数为 2.662，假设激波位于喉部后方马赫数为 2.7 处，则总压恢复系数为

$$\sigma(Ma)=\frac{\left[\dfrac{(\kappa+1)Ma^2}{2+(\kappa-1)Ma^2}\right]^{\frac{\kappa}{\kappa-1}}}{\left(\dfrac{2\kappa}{\kappa+1}Ma^2-\dfrac{\kappa-1}{\kappa+1}\right)^{\frac{1}{\kappa-1}}}\approx0.4236$$

可见一半以上的总压都损失掉了，或者说做实验所需的来流总压要额外提高一倍以上。因为起动只需要短暂的时间，而稳定实验则会持续很长的时间，显然完全按照起动工况来设置扩压器的喉部会造成巨大的能源浪费。有一种解决办法是扩压器采用面积可变的喉部，起动时使用较大的面积，之后逐渐减小，最终把扩压器的喉部马赫数控制为刚刚超过 1。还有一种方法是在开始起动时在扩压器的收缩段放气，起动之后慢慢停止放气，本质上放气相当于增加一个旁路，变相地增大了扩压器喉部面积。

图 6-46 所示为一种二维的双喉部风洞在试验状态时的波系以及中心线上的马赫数和压力分布情况，这是用数值模拟方法计算得到的，计算过程中采用了放气的方法来起动，所以扩压器的喉部不用设计得很大，图上也标出了起动放气的位置。从图中可以看到，在扩压器的收缩段没有采用曲线收缩，而是用了简单的直线收缩，这是因为即使采用曲线收缩，超声速气流的减速也很难做到等熵，一般采用斜激波来减速，设计得好的话，气流经过几道斜激波来减速所产生的损失并不大。

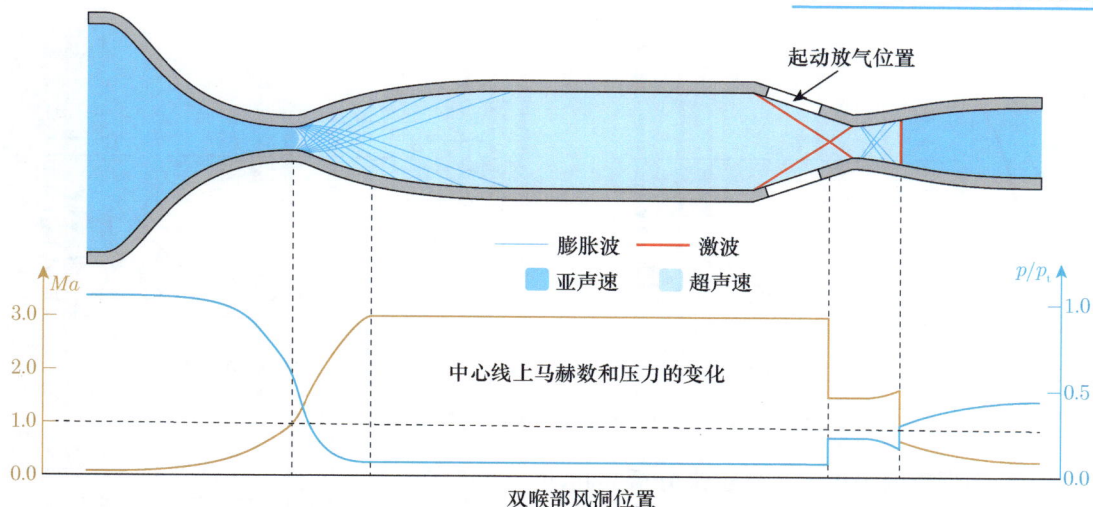

图 6-46　二维双喉部风洞内的马赫数和压力分布以及起动放气位置

6.1.7　超声速进气道简介

飞机发动机的进口流速不能是超声速，超声速飞机进气道的作用是使气流减速为亚声速再进入发动机。一种简单的超声速进气道是在入口前方产生一道正激波，之后的进气道是扩张式的，这种进气道被称为皮托式进气道，如图 6-47 所示。

来流马赫数为 1.5 的正激波产生的总压损失为

$$\sigma(Ma_1) = \frac{\left[\dfrac{(\kappa+1)Ma_1^2}{2+(\kappa-1)Ma_1^2}\right]^{\frac{\kappa}{\kappa-1}}}{\left(\dfrac{2\kappa}{\kappa+1}Ma_1^2 - \dfrac{\kappa-1}{\kappa+1}\right)^{\frac{1}{\kappa-1}}} \approx 0.93$$

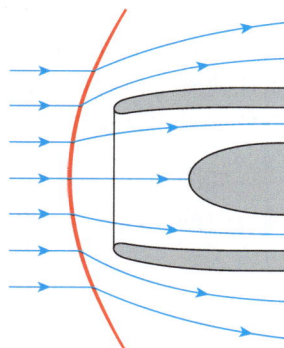

图 6-47　皮托式进气道

一般认为这是可接受的损失上限，所以这种进气道可用于马赫数低于 1.5 的飞机。

1. 内压式进气道

对于飞行速度更高的飞机，进气道可以使用收 – 扩管道的形式来进行减速，不在进口外产生激波，让气流毫不减速地冲入进气道，并在内部减速增压，因此这种进气道称为**内压式进气道**。由于很难完美实现超声速气流在收 – 扩管道内等熵减速为亚声速，实际上一般采用斜激波 + 正激波的形式减速，这种减速方式产生的损失比一道正激波产生的要小得多，因此是可以接受的。

前面讲的超声速风洞的扩压器也是一个用于减速增压的超声速进口收 – 扩管道，这种流动存在起动问题，来流总压相同的情况下，对应未起动和起动两个状态，即图 6-45 中的状态 e 和 f。同理，内压式进气道也存在起动问题，图 6-48 所示为飞行马赫数相同时内压式进气道可能存在的两种工作状态，图 6-48（a）所示的是未起动状态，图 6-48（b）所示的是起动状态。未起动状态下提供给发动机的空气流量小，总压损失高，应该避免出现。

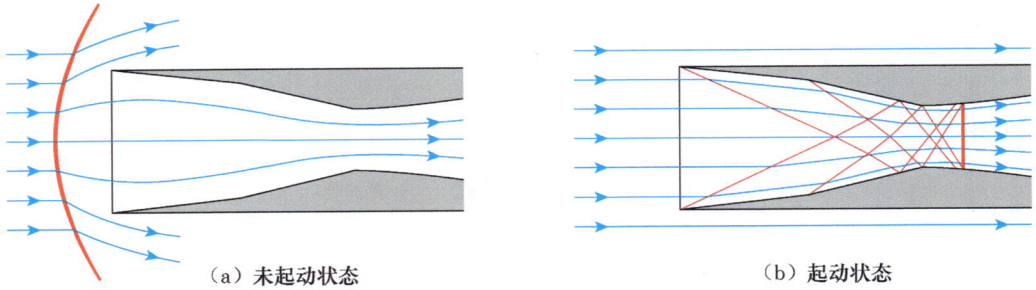

图 6-48　同样飞行马赫数下内压式进气道的两种工作状态

（a）未起动状态　（b）起动状态

我们用理想的内压式进气道来分析其起动问题，实际的进气道原理是相同的，只是需要考虑斜激波的损失，计算过程稍微复杂一些。理想的内压式进气道是等熵减速的，设计状态中喉部流速为声速，如果进气道的几何是不可变的，且在喉部前没有放气，则飞机从低速开始加速到达设计的超声速状态时，进气道必然会处于未起动状态，分析如下。

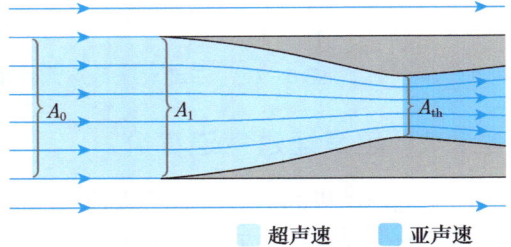

图 6-49　设计状态的理想内压式进气道

超声速　亚声速

如图 6-49 所示，用下标 1 表示进气道进口横截面积，0 表示流入进气道的气流在远前方时的横截面积，在设计状态时，$A_0 = A_1$，根据连续方程，有

$$A_0 q(Ma_0) = A_{th}$$

也就是说，特定几何形状的内压式进气道只适合唯一的飞行马赫数。当飞行速度高于设计速度时，喉部流速会超过声速，有关系式

$$A_0 q(Ma_0) = A_{th} q(Ma_{th})$$

Ma_{th} 随 Ma_0 同步增大，使 $q(Ma_{th})$ 随 $q(Ma_0)$ 同步减小，不过实际通过进气道的流量并不会减小，原因是飞行速度越高，进入进气道的气流总压也越大。用下标 a 表示实际飞行状态，下标 d 表示设计状态，则实际通过的流量与设计值之比可以这样计算

$$\frac{\dot{m}_a}{\dot{m}_d} = \frac{p_{t,a}}{p_{t,d}} \cdot \sqrt{\frac{T_{t,d}}{T_{t,a}}} \cdot q(Ma_a)$$

式中，Ma_a 为实际喉部的马赫数。

飞机以不同的速度在同样的大气中飞行，进入进气道的气流静压和静温是不变的，利用这个原理可以对上式进一步推导如下

318

$$\frac{\dot{m}_{\mathrm{a}}}{\dot{m}_{\mathrm{d}}}=\frac{\left(1+\dfrac{\kappa-1}{2}Ma_{\mathrm{a}}^{2}\right)^{\frac{\kappa}{\kappa-1}}}{\left(1+\dfrac{\kappa-1}{2}\right)^{\frac{\kappa}{\kappa-1}}}\cdot\frac{\left(1+\dfrac{\kappa-1}{2}\right)^{\frac{1}{2}}}{\left(1+\dfrac{\kappa-1}{2}Ma_{\mathrm{a}}^{2}\right)^{\frac{1}{2}}}\cdot Ma_{\mathrm{a}}\left[\frac{2}{\kappa+1}\left(1+\frac{\kappa-1}{2}Ma_{\mathrm{a}}^{2}\right)\right]^{-\frac{\kappa+1}{2(\kappa-1)}}$$

$$=Ma_{\mathrm{a}}\left(\frac{\kappa+1}{2}\right)^{0}\left(1+\frac{\kappa-1}{2}Ma_{\mathrm{a}}^{2}\right)^{0}$$

从而有

$$\frac{\dot{m}_{\mathrm{a}}}{\dot{m}_{\mathrm{d}}}=Ma_{\mathrm{a}} \tag{6-26}$$

可见流量比就等于喉部的马赫数。这个结论不但适用于超声速飞行情况，也适用于亚声速飞行情况，只要喉部之前没有激波，保持气流等熵流动就可以。

所以，飞机以超过设计速度的速度飞行时，只要进气道后面的发动机不对流动产生阻碍，进气道就可以正常工作。气流以超声速经过喉部，在后面扩张段某处形成一道正激波使气流减速为亚声速，如图 6-50 所示。这种情况的主要缺点是进气道的损失较大，但不会构成太大的问题。

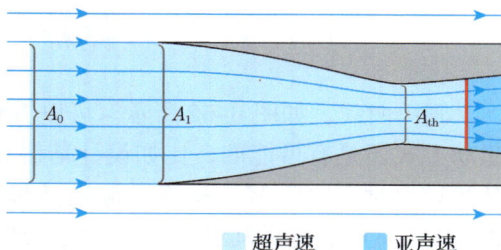

图 6-50　飞行速度大于设计速度的状态

当飞机以超声速但小于设计速度的速度飞行时，0 截面处的流量函数 $q(Ma_0)$ 会比设计的大，而喉部的流量函数最大就是设计状态 $[\,q(1)=1.0\,]$，下面这个关系式将无法满足

$$A_0 q(Ma_0)=A_{\mathrm{th}}$$

在 $q(Ma_0)$ 和 A_{th} 确定的情况下，要使上式成立，唯一的可能就是让 A_0 减小，这就对应溢流。而超声速气流溢流（就是让流线转弯）只能通过激波来产生。因此，当飞行马赫数小于设计马赫数时，会在进气道的进口处形成一道弓形激波，气流经过弓形激波后，部分气流溢出，能进入进气道的气流所对应的面积 A_0 减小，如图 6-51 所示，这种状态就是进气道的未起动状态。

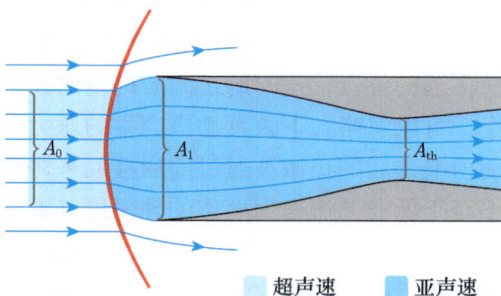

图 6-51　飞机以超声速但小于设计速度的速度飞行的状态

超声速飞机总是需要从低速加速到设计速度，因此总会先经历未起动状态，之后即使飞行速度增加到了设计速度，由于弓形激波仍然存在，总压会减小，虽然喉部流速达到了声速，但通过的流量并未达到设计流量，对应的来流面积 A_0 仍然没有达到设计面积，如下式

$$A_0|_{\text{shock}} = \frac{\sigma(Ma_0)}{q(Ma_0)}A_{\text{th}} < \frac{1}{q(Ma_0)}A_{\text{th}} = A_0|_{\text{design}}$$

于是弓形激波无法消除，进气道仍然保持未起动状态。

一种起动的方式是让飞机继续加速，所需的溢流将减少，弓形激波向进口靠近。当飞行马赫数达到 Ma_s 时，有

$$A_0|_{\text{shock}} = \frac{\sigma(Ma_s)}{q(Ma_s)}A_{\text{th}} = \frac{1}{q(Ma_0)}A_{\text{th}} = A_0|_{\text{design}}$$

这时喉部就可以通过设计流量，激波会被吞入进气道并迅速通过收缩段和喉部，稳定在喉部下游的某处，之后让飞机慢慢减速到设计状态，就可以完成进气道的起动。

Ma_s 称为起动马赫数，可以根据上式计算得出其与设计马赫数的关系为

$$\frac{q(Ma_s)}{\sigma(Ma_s)} = q(Ma_0) \qquad (6\text{--}27)$$

画出曲线，如图 6-52 所示。可以看到，如果设计马赫数较小，采用增加飞行速度的起动方式还是有可能的，比如设计马赫数 $Ma_d = 1.4$，起动马赫数 $Ma_s = 1.58$。当设计马赫数较大时，比如 $Ma_d = 1.8$，起动马赫数 $Ma_s = 3.43$，这就很难做到了。当设计马赫数 $Ma_d = 1.98$ 时，起动马赫数为无穷大，理论上也不可能使用加速来起动进气道了。

更实用的起动的方法是把喉部面积做成可调的，或者在进气道的收缩段放气，也可以结合使用这两种方法。面积可调的喉部原理上很简单，就是在低速时放大喉部面积，把激波吞入后，到了设计速度时，再慢慢减小喉部面积，让喉部的马赫数达到一个刚大于 1 的值（比如 1.1），使激波处于喉部后面不远的位置，这时的正激波产生的损失很小，可以忽略。下游发动机产生的压力的扰动由喉部后的正激波通过前后移动来协调，不至于像喉部流速为声速的理想进气道那样稍有扰动就会"吐出"激波变成未起动状态。

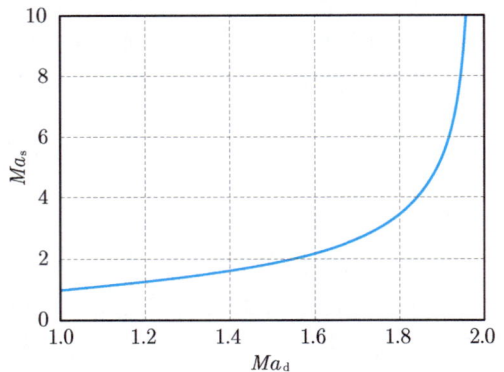

图 6-52　起动马赫数随设计马赫数的变化

在进气道的收缩段放气也是一种很好的解决起动问题的方法，在起动阶段放气，在达到设计状态时可以停止放气，这些解决方案都属于工程实现问题，本书不再深入讨论。

2. 外压式和混合式进气道

内压式进气道存在起动困难和工作范围窄等问题，现在使用的超声速进气道多数是外压式进气道或混合式进气道。如图 6-53（a）所示，理想的外压式进气道的喉部就在唇口处，

整个进气道是扩张管道，超声速气流在进口前方通过一系列压缩波减速，在进口处降为声速，并在进气道内以亚声速减速。当然这种理想情况的进气道并不实用，气动上不稳定，结构上也难以实现。实际的外压式进气道的进口之前通常采用一道或几道斜激波来减速，在唇口处气流还是超声速的，在后方用一道正激波让气流速度变成亚声速，如图 6-53（b）、（c）所示。

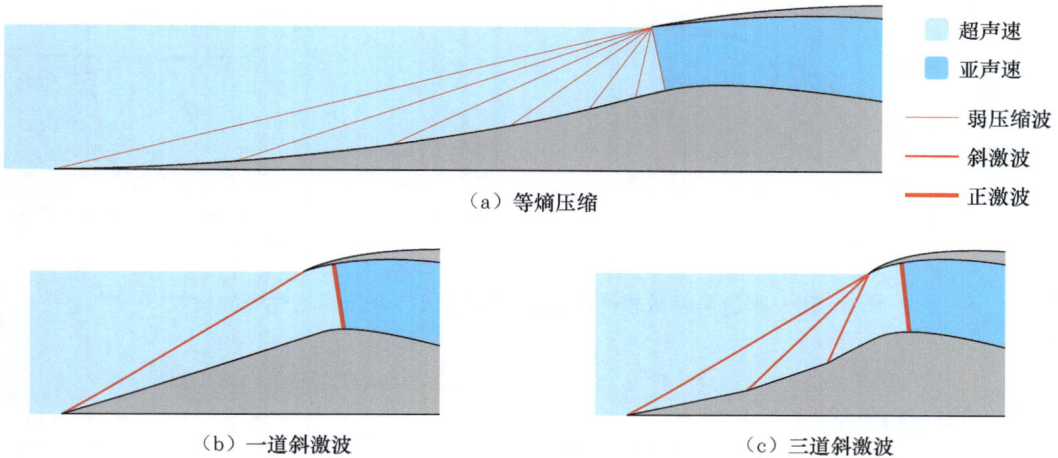

（a）等熵压缩

（b）一道斜激波　　　　　　　（c）三道斜激波

图 6-53　外压式进气道

外压式进气道不存在起动问题，当进气道后方的反压高于设计值时（对应发动机的流量小于进气道可通过的流量），正激波被推离进口，这种情况称为**亚临界状态**。通过正激波后的亚声速溢流来实现流量平衡。当进气道后方的反压低于设计值时（对应发动机的流量大于进气道可通过的流量），正激波进入进气道内部，这种情况称为**超临界状态**。这时，激波比设计状态强，引起的总压损失大，下游在保持相同马赫数的情况下，实际流量减小了，与来流的流量匹配。图 6-54 所示为外压式进气道的 3 种工作状态，可见，靠正激波的位置不同就可以实现上下游流量的匹配，没有内压式进气道的起动问题。

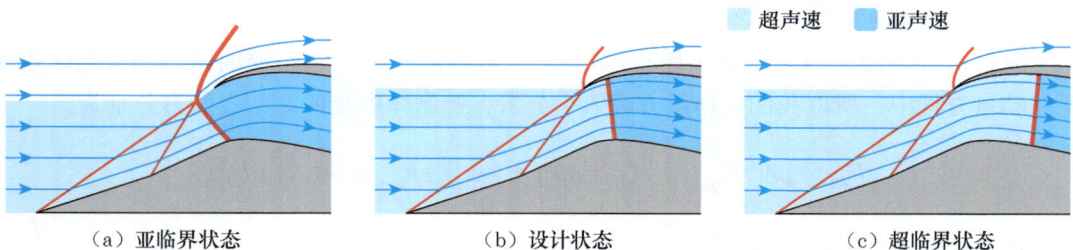

（a）亚临界状态　　　　　（b）设计状态　　　　　（c）超临界状态

图 6-54　外压式进气道的 3 种工作状态

外压式进气道的气流在进口前一直朝一个方向转折，到达进口时，气流具有一个较大的朝外的角度，而在下游气流需要与唇口的内壁面平行，才能不进一步产生斜激波。当飞行马赫数较大时，气流的转折角很大，使得进气道的外罩过大，产生外部激波，增加飞机的阻力。还有一种设计方式是让气流来回转折，这就需要斜激波从唇口发出，这样的进气道是收－扩形式，气流进入进气道后还要经过斜激波来减速，这种进气道属于外压与内压结合式，称为**混合式进气道**。图 6-55 所示为来流马赫数相同时混合式进气道与外压式进气道的比较，可以看到采用混合式进气道能减小其外部尺寸。

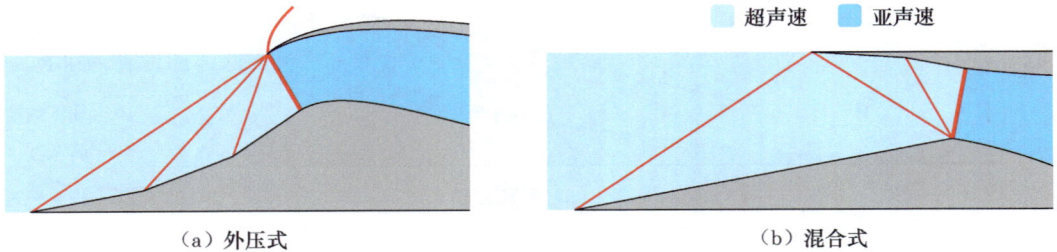

（a）外压式　　　　　　　　　　　　（b）混合式

图 6-55　来流马赫数相同时混合式进气道与外压式进气道的比较

6.2　摩擦管流

实际的管道流动中总是存在摩擦，特别是在有些长距离输送流体的管道中，摩擦是重要的影响因素。对于不可压缩流动，流体在长距离的直管内会达到充分发展状态，如果是层流，就符合哈根－泊肃叶流动，有解析解；如果是湍流，流动的平均参数沿流向不变，也有一些实验数据和经验解。对于可压缩流动，比如气体沿管道的高速流动，就没有充分发展的说法了，值得专门研究。

为了单独研究摩擦的影响，在这一节所说的摩擦管流是指只考虑管壁摩擦的影响而忽略其他影响的一维管流，即假设：管道是等截面直管，流动是一维定常；气体与外界没有热量和轴功的交换；气体是定比热的理想气体。

6.2.1　摩擦产生的参数变化

取管道的一段来研究，微小控制体如图 6-56 中的虚线所示。壁面摩擦的直接作用体现在动量方程中，所以我们从动量方程入手分析，控制体所受的 3 个表面力分别为

$$F_{\text{left}} = pA, \ F_{\text{right}} = -(p + \mathrm{d}p)(A + \mathrm{d}A), \ F_{\text{wall}} = -\tau_{\text{w}} \cdot \pi D \mathrm{d}x$$

进出控制体的动量流量分别为

$$(\dot{m}V)_{\text{in}} = \rho V A \cdot V, \ (\dot{m}V)_{\text{out}} = \rho V A \cdot (V + \mathrm{d}V)$$

将其代入动量方程，注意到 $A = \pi D^2 / 4$，简化并忽略二次小量，得

$$-\frac{1}{4}Ddp - \tau_w dx = \frac{1}{4}D\rho V dV \qquad (6\text{-}28)$$

工程中使用摩擦系数 C_f 来表示摩擦力的大小，一般可以认为它只与雷诺数和壁面粗糙度有关，在较高雷诺数和特定壁面粗糙度下基本为常数，其定义为

$$C_f = \frac{\tau_w}{\rho V^2/2}$$

代入式（6-28）并整理可得

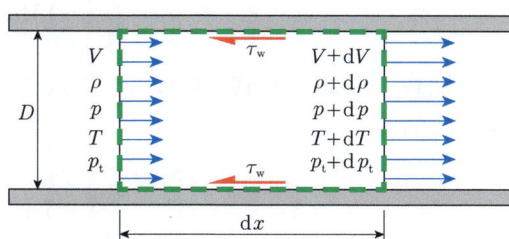

图 6-56　摩擦管流的分析模型

$$\frac{dV}{V} + \frac{dp}{\rho V^2} + 2C_f\frac{dx}{D} = 0 \qquad (6\text{-}28a)$$

将上式中的第二项进行如下变换，消去密度

$$\frac{dp}{\rho V^2} = \frac{1}{V^2}\frac{p}{\rho}\cdot\frac{dp}{p} = \frac{\kappa RT}{V^2}\frac{1}{\kappa}\cdot\frac{dp}{p} = \frac{c^2}{V^2}\frac{1}{\kappa}\cdot\frac{dp}{p} = \frac{1}{\kappa Ma^2}\cdot\frac{dp}{p}$$

再代入式（6-28a），可得

$$\frac{dV}{V} + \frac{1}{\kappa Ma^2}\frac{dp}{p} + 2C_f\frac{dx}{D} = 0 \qquad (6\text{-}28b)$$

此式给出了摩擦（由 C_f 体现）对速度和压力的影响，但我们想知道的是摩擦单独对某一参数的影响，这就需要引入其他的关系式，下面给出几个微分关系式

连续方程：

$$\frac{d\rho}{\rho} + \frac{dV}{V} = 0 \qquad (6\text{-}29)$$

能量方程：

$$c_p dT + V dV = 0 \qquad (6\text{-}30)$$

状态方程：

$$\frac{dp}{p} - \frac{d\rho}{\rho} - \frac{dT}{T} = 0 \qquad (6\text{-}31)$$

能量方程中的两项可以进一步变换如下

$$\frac{1}{V^2}\left(c_p dT + V dV\right) = \frac{c_p}{V^2}dT + \frac{dV}{V} = \frac{\dfrac{\kappa}{\kappa-1}RT}{V^2}\frac{dT}{T} + \frac{dV}{V}$$

$$= \frac{1}{\kappa-1}\frac{c^2}{V^2}\frac{dT}{T} + \frac{dV}{V} = \frac{1}{(\kappa-1)Ma^2}\frac{dT}{T} + \frac{dV}{V}$$

于是能量方程重新写为

$$\frac{1}{(\kappa-1)Ma^2}\frac{\mathrm{d}T}{T}+\frac{\mathrm{d}V}{V}=0 \qquad (6\text{-}30\mathrm{a})$$

把式（6-29）和式（6-30a）代入式（6-31），消去密度和温度，可以得到压力与速度之间的关系

$$\frac{\mathrm{d}p}{p}+\left[1+(\kappa-1)Ma^2\right]\frac{\mathrm{d}V}{V}=0 \qquad (6\text{-}32)$$

这样我们就得到了另一个速度和压力关系式，把式（6-32）和式（6-28b）联立，就可以分别解出速度和压力随摩擦系数的变化，如下

$$\frac{\mathrm{d}V}{V}=\frac{2\kappa Ma^2}{1-Ma^2}\cdot C_f\frac{\mathrm{d}x}{D} \qquad (6\text{-}33)$$

$$\frac{\mathrm{d}p}{p}=-\frac{2\kappa Ma^2\left[1+(\kappa-1)Ma^2\right]}{1-Ma^2}\cdot C_f\frac{\mathrm{d}x}{D} \qquad (6\text{-}34)$$

利用式（6-33）和连续方程即式（6-29）还可以得出密度的变化

$$\frac{\mathrm{d}\rho}{\rho}=-\frac{2\kappa Ma^2}{1-Ma^2}\cdot C_f\frac{\mathrm{d}x}{D} \qquad (6\text{-}35)$$

把式（6-34）和式（6-35）代入式（6-31），可得温度的变化

$$\frac{\mathrm{d}T}{T}=-\frac{2\kappa(\kappa-1)Ma^4}{1-Ma^2}\cdot C_f\frac{\mathrm{d}x}{D} \qquad (6\text{-}36)$$

由马赫数定义式可得

$$\frac{\mathrm{d}Ma}{Ma}=\frac{\mathrm{d}V}{V}-\frac{1}{2}\frac{\mathrm{d}T}{T}$$

把式（6-33）和式（6-36）代入上式，可以得到马赫数的变化

$$\frac{\mathrm{d}Ma}{Ma}=\frac{2\kappa Ma^2\left(1+\frac{\kappa-1}{2}Ma^2\right)}{1-Ma^2}\cdot C_f\frac{\mathrm{d}x}{D} \qquad (6\text{-}37)$$

在第 5 章 5.3.8 小节我们曾经推导了适用于摩擦管流的范诺线，得到了熵随温度的变化式即式（5-65）

$$\mathrm{d}s=\frac{R}{\kappa-1}\left(1-\frac{1}{Ma^2}\right)\frac{\mathrm{d}T}{T}$$

把式（6-36）代入上式，可得熵变

$$\frac{\mathrm{d}s}{c_p} = 2(\kappa - 1)Ma^2 \cdot C_f \frac{\mathrm{d}x}{D} \qquad (6\text{-}38)$$

根据总静压关系式

$$p_{\mathrm{t}} = p\left(1 + \frac{\kappa - 1}{2}Ma^2\right)^{\frac{\kappa}{\kappa - 1}}$$

两边取对数再微分，可得其微分关系式

$$\frac{\mathrm{d}p_{\mathrm{t}}}{p_{\mathrm{t}}} = \frac{\mathrm{d}p}{p} + \frac{\kappa Ma^2}{1 + \frac{\kappa - 1}{2}Ma^2}\frac{\mathrm{d}Ma}{Ma}$$

把式（6-34）和式（6-37）代入上式，整理可得

$$\frac{\mathrm{d}p_{\mathrm{t}}}{p_{\mathrm{t}}} = -2\kappa Ma^2 \cdot C_f \frac{\mathrm{d}x}{D} \qquad (6\text{-}39)$$

式（6-33）～式（6-39）给出了摩擦对管流中各参数的影响，可以看出马赫数在其中起到很关键的作用，可以得出不同马赫数下摩擦对气流参数的影响，如图 6-57 所示。

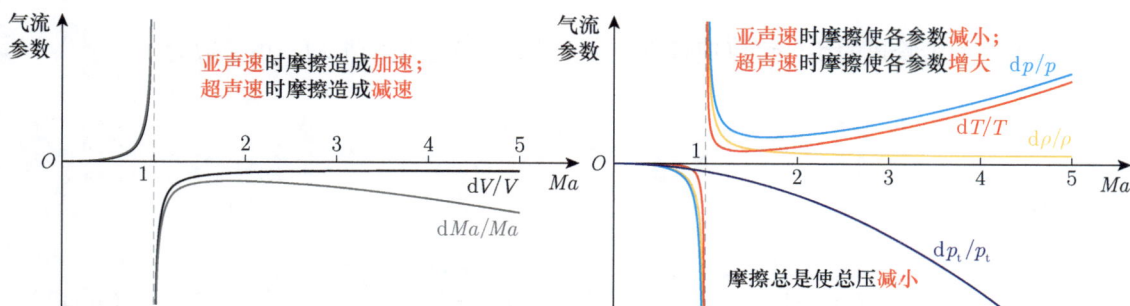

图 6-57　不同马赫数下摩擦对气流参数的影响

可以看到，摩擦对亚声速气流和超声速气流有完全不同的影响，亚声速时，摩擦作用会使气流速度增加（$\mathrm{d}V/V > 0$，$\mathrm{d}Ma/Ma > 0$），而超声速时，摩擦作用使气流速度减小（$\mathrm{d}V/V < 0$，$\mathrm{d}Ma/Ma < 0$），总之，摩擦总是会使气流速度趋向于声速。流速越接近声速，摩擦的效果就越明显，在声速附近，一丁点儿的摩擦就会引起明显的速度变化，使气流速度达到声速。

摩擦对气体的 3 个状态参数（ρ、p、T）的影响规律与速度相反，在摩擦的作用下，亚声速时 3 个参数都减小，超声速时 3 个参数都增大。总压代表了气流的机械能，在有摩擦的情况下，机械能会不可逆地转换为内能，所以无论是亚声速还是超声速，总压都是减

小的，不过马赫数越大，总压下降程度越大。

　　直管道内的气体受到壁面摩擦阻力的作用时并不一定会减速，因为沿流向还有压差的作用。超声速摩擦管流中的各种参数的变化似乎更符合我们的直觉，比如摩擦会使气流速度减小，温度升高，而亚声速流动中摩擦反而会使气流速度增大，温度降低。其中的本质原因和收缩管流类似，收缩的壁面或有摩擦的壁面都是对来流的一种阻碍，超声速流动中会使流动速度减小，而亚声速流动中由于压力信息向上游的传播产生流向压差，反而使流动加速。

　　式（6-33）～式（6-39）是微分关系式，可以用于分析各参数的变化方向，用于计算具体的值则不太方便，下面来推导从截面 1 到截面 2 之间气流变化的积分关系式。从式（6-37）可以得到摩擦力与马赫数之间的关系为

$$C_f \frac{\mathrm{d}x}{D} = \frac{1 - Ma^2}{2\kappa Ma^3 \left(1 + \frac{\kappa - 1}{2} Ma^2\right)} \cdot \mathrm{d}Ma$$

沿长度为 L 的管道积分

$$\frac{1}{D} \int_0^L C_f \mathrm{d}x = \int_{Ma_1}^{Ma_2} \frac{1 - Ma^2}{2\kappa Ma^3 \left(1 + \frac{\kappa - 1}{2} Ma^2\right)} \cdot \mathrm{d}Ma$$

$$= \frac{1}{4\kappa} \left(\frac{1}{Ma_1^2} - \frac{1}{Ma_2^2} \right) + \frac{\kappa + 1}{8\kappa} \ln \left[\frac{Ma_1^2 \left(1 + \frac{\kappa - 1}{2} Ma_2^2\right)}{Ma_2^2 \left(1 + \frac{\kappa - 1}{2} Ma_1^2\right)} \right]$$

摩擦系数沿管道的积分可以理解成一种平均，定义管道的平均摩擦系数为

$$\overline{C_f} = \frac{1}{L} \int_0^L C_f \mathrm{d}x$$

则有

$$\overline{C_f} \frac{L}{D} = \frac{1}{4\kappa} \left(\frac{1}{Ma_1^2} - \frac{1}{Ma_2^2} \right) + \frac{\kappa + 1}{8\kappa} \ln \left[\frac{Ma_1^2 \left(1 + \frac{\kappa - 1}{2} Ma_2^2\right)}{Ma_2^2 \left(1 + \frac{\kappa - 1}{2} Ma_1^2\right)} \right] \tag{6-40}$$

　　在一般的计算中，摩擦系数经常取为常数。根据实验测量，对于亚声速流动，摩擦系数基本不受马赫数的影响，对于超声速流动，则需要考虑压缩性的影响。对摩擦系数影响最大的是流态，即流动是层流还是湍流，其次是雷诺数和壁面粗糙度。已知摩擦系数，就可以用式（6-40）计算进出口马赫数的关系。有了进出口马赫数，其他参数可以通过它们与马赫数的关系得到。使用速度系数与马赫数的关系，可以得到速度系数

$$\frac{\lambda_2}{\lambda_1} = \frac{Ma_2}{Ma_1} \left(\frac{1 + \frac{\kappa - 1}{2} Ma_1^2}{1 + \frac{\kappa - 1}{2} Ma_2^2} \right)^{1/2} \tag{6-41}$$

临界声速不变，速度比就等于速度系数之比，即

$$\frac{V_2}{V_1} = \frac{Ma_2}{Ma_1} \left(\frac{1+\dfrac{\kappa-1}{2}Ma_1^2}{1+\dfrac{\kappa-1}{2}Ma_2^2} \right)^{1/2} \tag{6-42}$$

密度与速度成反比，因此有

$$\frac{\rho_2}{\rho_1} = \frac{Ma_1}{Ma_2} \left(\frac{1+\dfrac{\kappa-1}{2}Ma_2^2}{1+\dfrac{\kappa-1}{2}Ma_1^2} \right)^{1/2} \tag{6-43}$$

绝能流动中，总温不变，静温比可以由温比函数 $\tau(Ma)$ 得到

$$\frac{T_2}{T_1} = \frac{1+\dfrac{\kappa-1}{2}Ma_1^2}{1+\dfrac{\kappa-1}{2}Ma_2^2} \tag{6-44}$$

把密度比和温比代入状态方程可以得到压比

$$\frac{p_2}{p_1} = \frac{Ma_1}{Ma_2} \left(\frac{1+\dfrac{\kappa-1}{2}Ma_1^2}{1+\dfrac{\kappa-1}{2}Ma_2^2} \right)^{1/2} \tag{6-45}$$

可以用连续方程得到总压比，$p_{t,2}/p_{t,1} = q(Ma_1)/q(Ma_2)$，因此有

$$\frac{p_{t,2}}{p_{t,1}} = \frac{Ma_1}{Ma_2} \left(\frac{1+\dfrac{\kappa-1}{2}Ma_2^2}{1+\dfrac{\kappa-1}{2}Ma_1^2} \right)^{\frac{\kappa+1}{2(\kappa-1)}} \tag{6-46}$$

由 $s_2 - s_1 = R\ln\left(p_{t,1}/p_{t,2}\right)$ 可得熵增为

$$\frac{s_2-s_1}{R} = \ln\left[\frac{Ma_2}{Ma_1} \left(\frac{1+\dfrac{\kappa-1}{2}Ma_1^2}{1+\dfrac{\kappa-1}{2}Ma_2^2} \right)^{\frac{\kappa+1}{2(\kappa-1)}} \right] \tag{6-47}$$

式（6-41）～式（6-47）中都含有类似的项

$$\frac{1+\dfrac{\kappa-1}{2}Ma_1^2}{1+\dfrac{\kappa-1}{2}Ma_2^2}$$

可以看到这一项就等于温比，可以把其他关系式都表示为温比的函数，如下

$$\frac{V_2}{V_1} = \frac{Ma_2}{Ma_1}\left(\frac{T_2}{T_1}\right)^{1/2} \tag{6-48}$$

$$\frac{\rho_2}{\rho_1} = \frac{Ma_1}{Ma_2}\left(\frac{T_1}{T_2}\right)^{1/2} \tag{6-49}$$

$$\frac{p_2}{p_1} = \frac{Ma_1}{Ma_2}\left(\frac{T_2}{T_1}\right)^{1/2} \tag{6-50}$$

$$\frac{p_{t,2}}{p_{t,1}} = \frac{Ma_1}{Ma_2}\left(\frac{T_1}{T_2}\right)^{\frac{\kappa+1}{2(\kappa-1)}} \tag{6-51}$$

$$\frac{s_2 - s_1}{R} = \ln\left[\frac{Ma_2}{Ma_1}\left(\frac{T_2}{T_1}\right)^{\frac{\kappa+1}{2(\kappa-1)}}\right] \tag{6-52}$$

式（6-48）～式（6-52）不但表达式更加简洁，也更容易看出各参数之间的关系。

当已知摩擦系数和进口条件时，可以先由式（6-40）计算出口马赫数，再用式（6-41）～式（6-47）计算其他出口参数。还有一种相对简单的计算方法，就像我们之前在分析变截面管流的时候经常使用喉部流速为声速的条件进行计算一样，摩擦管流也可以利用声速截面进行计算。

我们已经知道摩擦使亚声速气流加速，使超声速气流减速，也就是说，对于任意马赫数的流动，只要管道够长，摩擦系数够大，流动最终都会变为声速。因为声速时的各种气动函数的求解都会变得简单，所以我们可以利用这个声速截面去求解各截面上的参数。把达到声速时的管长称为最大管长，记为 L_{max}，此处的参数称为临界参数，用下标 cr 表示。令式（6-40）、式（6-42）～式（6-47）中的出口马赫数等于 1，可以得到如下关系式

$$\overline{C_f}\frac{L_{max}}{D} = \frac{1-Ma^2}{4\kappa Ma^2} + \frac{\kappa+1}{8\kappa}\ln\left[\frac{(\kappa+1)Ma^2}{2+(\kappa-1)Ma^2}\right] \tag{6-53}$$

$$\frac{V}{V_{cr}} = Ma\left[\frac{\kappa+1}{2+(\kappa-1)Ma^2}\right]^{1/2} \tag{6-54}$$

$$\frac{\rho}{\rho_{cr}} = \frac{1}{Ma}\left[\frac{2+(\kappa-1)Ma^2}{\kappa+1}\right]^{1/2} \tag{6-55}$$

$$\frac{T}{T_{cr}} = \frac{\kappa+1}{2+(\kappa-1)Ma^2} \tag{6-56}$$

$$\frac{p}{p_{cr}} = \frac{1}{Ma}\left[\frac{\kappa+1}{2+(\kappa-1)Ma^2}\right]^{1/2} \tag{6-57}$$

$$\frac{p_t}{p_{t,cr}} = \frac{1}{Ma}\left[\frac{2+(\kappa-1)Ma^2}{\kappa+1}\right]^{\frac{\kappa+1}{2(\kappa-1)}} \tag{6-58}$$

$$\frac{s-s_{\mathrm{cr}}}{R}=\ln\left[Ma\left(\frac{\kappa+1}{2+(\kappa-1)Ma^2}\right)^{\frac{\kappa+1}{2(\kappa-1)}}\right] \qquad (6-59)$$

式（6-53）～式（6-59）中的 Ma 指的是进口马赫数。

需要注意的是，前述临界参数虽然也用下标 cr 表示，但是与第 4 章 4.5 节中的临界参数含义是不同的。4.5 节中的临界参数是气流等熵加减速到声速时的参数，而这里的临界参数是气流在等截面摩擦管道中不等熵地加减速到声速时的参数。根据式（6-53），取平均摩擦系数为 0.0025，可以把最大长度与马赫数的关系画成曲线，如图 6-58 所示，可以看到，不同的起始马赫数都对应一个最大管长。当马赫数较小时，最大管长相当大，比如马赫数为 0.2 时，最大管长为直径的 1453 倍，当马赫数为高超声速时，最大管长趋向于直径的 82.15 倍。

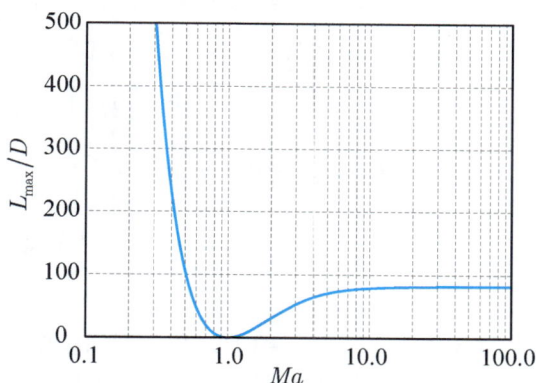

图 6-58　最大管长与进口马赫数的关系

一般的气体动力学书上把式（6-53）～式（6-59）事先计算出来，做成表格，需要时可以查表计算，当然也可以编制计算机程序计算。一般来说，首先需要用式（6-53）来计算摩擦产生的影响，如果已知马赫数求解最大长度就比较容易，而已知最大长度求解马赫数则较为麻烦，下面我们通过一个例子来看一下摩擦管流的计算。

【例 6-3】 如图 6-59 所示，一个足够大的压力罐中装有温度为 15 ℃的压缩空气，放气管直径为 10 cm，长 20 m，假设已知这段管道的平均摩擦系数为 0.005，现在已经测得放气管开始处的马赫数为 0.2，试求出口处的马赫数和温度。

解：压力罐足够大，里面的气体在过程中可看成静止，并假设管道对外绝热。

根据式（6-53）有

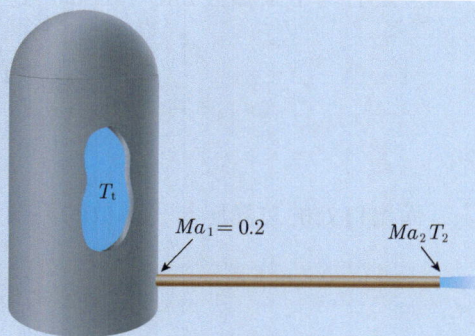

图 6-59　压力罐通过长管道放气

$$\overline{C_f}\frac{L_{\max}}{D}=\frac{1-Ma_1^2}{4\kappa Ma_1^2}+\frac{\kappa+1}{8\kappa}\ln\left[\frac{(\kappa+1)Ma_1^2}{2+(\kappa-1)Ma_1^2}\right]\approx 3.633$$

$$L_{\max}=\frac{3.633D}{\overline{C_f}}=72.66\,\mathrm{m}$$

可见 20 m 的出口处流速还未达到声速。设出口处的马赫数为 Ma_2，则有

$$\frac{1-Ma_2^2}{4\kappa Ma_2^2}+\frac{\kappa+1}{8\kappa}\ln\left[\frac{(\kappa+1)Ma_2^2}{2+(\kappa-1)Ma_2^2}\right]=\overline{C}_{\mathrm{f}}\frac{(L_{\max}-L)}{D}\approx 2.633$$

上式需要查表或者编制程序求解，结果为：$Ma_2=0.2289$。

管道出口的总温等于进口的总温

$$T_{\mathrm{t}}=(273.15+15)\mathrm{K}=288.15\ \mathrm{K}$$

所以管道出口的静温为

$$T=T_{\mathrm{t}}\Big/\left(1+\frac{\kappa-1}{2}Ma_2^2\right)=285.16\ \mathrm{K}=12.01\ ^{\circ}\mathrm{C}$$

【例 6-4】 接【例 6-3】，在工程问题中，马赫数是需要专门测量的，一般为未知，更容易知道的条件是压力罐中的压力和温度，以及环境大气压力。现已知压力罐中气体的表压是 1.5 个大气压，试计算管道进出口的马赫数。

解： 由于进出口的马赫数都未知，而摩擦系数和管长已知，可以使用式（6-40）。

$$\frac{1}{4\kappa}\left(\frac{1}{Ma_1^2}-\frac{1}{Ma_2^2}\right)+\frac{\kappa+1}{8\kappa}\ln\left[\frac{Ma_1^2\left(1+\frac{\kappa-1}{2}Ma_2^2\right)}{Ma_2^2\left(1+\frac{\kappa-1}{2}Ma_1^2\right)}\right]=\overline{C}_f\frac{L}{D} \tag{1}$$

上式有两个未知数 Ma_1 和 Ma_2，还需要找到一个关系式。由式（6-46）可得

$$p_{\mathrm{t},2}=p_{\mathrm{t},1}\frac{Ma_1}{Ma_2}\left(\frac{1+\frac{\kappa-1}{2}Ma_2^2}{1+\frac{\kappa-1}{2}Ma_1^2}\right)^{\frac{\kappa+1}{2(\kappa-1)}} \tag{2}$$

而出口处的总静压与马赫数的关系为

$$p_{\mathrm{t},2}=p_2\left(1+\frac{\kappa-1}{2}Ma_2^2\right)^{\frac{\kappa}{\kappa-1}} \tag{3}$$

令式（2）和式（3）相等

$$p_{\mathrm{t},1}\frac{Ma_1}{Ma_2}\left(\frac{1+\frac{\kappa-1}{2}Ma_2^2}{1+\frac{\kappa-1}{2}Ma_1^2}\right)^{\frac{\kappa+1}{2(\kappa-1)}}=p_2\left(1+\frac{\kappa-1}{2}Ma_2^2\right)^{\frac{\kappa}{\kappa-1}}$$

整理可得

$$\frac{Ma_1}{Ma_2}\frac{\left(1+\dfrac{\kappa-1}{2}Ma_2^2\right)^{-\frac{1}{2}}}{\left(1+\dfrac{\kappa-1}{2}Ma_1^2\right)^{\frac{\kappa+1}{2(\kappa-1)}}}=\frac{p_2}{p_{t,1}} \qquad (4)$$

已知出口压力为大气压，进口总压为罐内压力，于是式（4）中也只有两个未知数 Ma_1 和 Ma_2。联立式（1）和式（4），使用计算机求解，结果为

$$Ma_1=0.3279,\ Ma_2=0.7311$$

注：这类问题可以在计算机上用数值求解实现，比如求解本题的 MATLAB 代码如下

root2func.m

```
function F = root2func(x)
      F(1) = (x(2)^2-x(1)^2)/(4*1.4*x(1)^2*x(2)^2)+(1.4+1)/(8*1.4)*...
             log((x(1)^2*(1+0.2*x(2)^2))/(x(2)^2*(1+0.2*x(1)^2)))-0.005*20/0.1;
      F(2) = x(1)/x(2)*(1+0.2*x(2)^2)^(-1/2)/((1+0.2*x(1)^2)^...
             ((1.4+1)/(2*(1.4-1))))-1/2.5;
end
```

main.m

```
x = fsolve(@root2func,[0.3,0.5])
```

从上面的两个例子中可以看到，摩擦管流的计算比含有激波的变截面管流的计算麻烦，原因是虽然这两者都属于不等熵流动，但变截面管流只受压缩性的影响，而不考虑黏性，摩擦管流中则同时有压缩性和黏性两种作用，这也是式（6–40）中同时含有马赫数和摩擦系数的原因。

6.2.2　摩擦壅塞

在前面提到了管道最大长度的概念，无论一开始气流速度是亚声速还是超声速，经过 L_{max} 的长度后，都会达到声速。与收缩管流类似，声速截面代表了气流的最大流通能力，如果管道的长度比 L_{max} 还大，则出口流速最大也只能是声速，并且更长的管道会产生更大的总压损失，出口的总压更小，会导致质量流量减小，这种现象称为**摩擦壅塞**。

1. 亚声速进口

对于亚声速进口的流动，摩擦管流与收缩管流的表现有类似的地方，图 6–60 所示为这两者的类比。一般情况下，亚声速进口的气流条件不是马赫数不变而是总压不变，比如气流从压力罐中流出。当来流的总压足够大时，收缩管流的出口流速总是能达到声速，如果在原出口的后面继续加一段收缩管道，则新的出口流速为声速，原出口位置流速变为亚声速，管道流量减小。

摩擦管流的分析要复杂一些，因为总压不再保持恒定，如果是在同样的流速下，管道

越长，总压损失就越大，但实际情况是管道越长，流速就会越低，对应的单位长度总压损失越小。那么延长管道时，总压损失到底是增大了还是减小了呢？实际上还是增大的，因为管道长度增加产生的总压损失增大程度要大于流速减小产生的单位长度总压损失减小程度，使它俩的乘积是增大的。当一段摩擦管流的管道长度正好为 L_{max} 时，出口流速为声速，这时如果继续延长管道，会有两种可能。

第一种可能，如果进口气流总压足够大，则经过管道损失后，在新的管道出口处的总压与背压之比仍然大于临界压比（ $p_t/p_b > 1.893$ ），于是出口流速为声速。由于总压损失比原来大，根据流量方程可知，管道流量减小，进口马赫数减小，对应的 L_{max} 变大，正好等于新的管长。

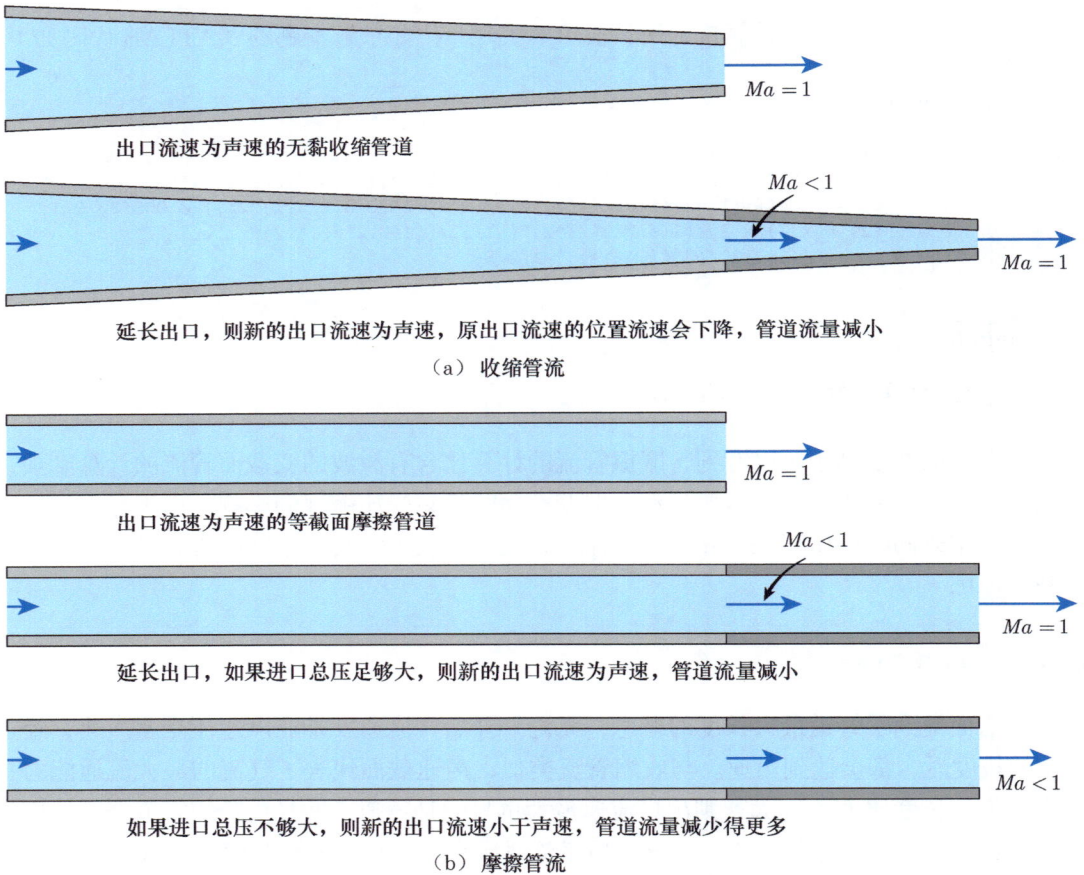

出口流速为声速的无黏收缩管道

延长出口，则新的出口流速为声速，原出口流速的位置流速会下降，管道流量减小

（a）收缩管流

出口流速为声速的等截面摩擦管道

延长出口，如果进口总压足够大，则新的出口流速为声速，管道流量减小

如果进口总压不够大，则新的出口流速小于声速，管道流量减少得更多

（b）摩擦管流

图 6-60 亚声速进口的摩擦管流与收缩管流的类比

第二种可能，如果进口气流总压不够大，增加管长后，出口处的总压与背压之比小于临界压比，则出口流速变为亚声速，流量减少得更多，进口的马赫数也下降得更多，对应的 L_{max} 比新的管长还要长，在这种情况下再怎么增加管长都没办法让出口流速达到声速，因为增加管长会使进口马赫数减小，继而要求更长的管道来达到声速，永远无法满足，其中重要的原因就是进口的总压不够大，经过管道损失后剩余的总压不够达到声速了。这里还可以得出一个推论，即不断地增加管长，会损失任意大的进口总压，当管道无限长时，出口的速度会接近于零，起到阻断流动的作用。

前面是定性的分析，实际上我们可以计算出总压损失与无量纲管长（L/D）之间的关系，从而得到无量纲管长与出口气流马赫数的关系，使用的方法参见前面的【例 6-3】。图 6-61 所示为平均摩擦系数为 0.0025 时不同进口总压条件下出口马赫数随无量纲管长的变化。可以看到，如果进口总压与出口背压之比大于临界压比，当管道较短时，出口流速为声速，当无量纲管长大于某一值时，出口流速开始下降，当无量纲管长趋于无穷大时，出口流速趋于零。出口流速刚好为声速的管长（图 6-61 中曲线的折点处）可以称为临界无量纲管长，比如当出口压力为大气压且来流总压为 8 个大气压时，这个临界无量纲管长 $L/D = 3328$。

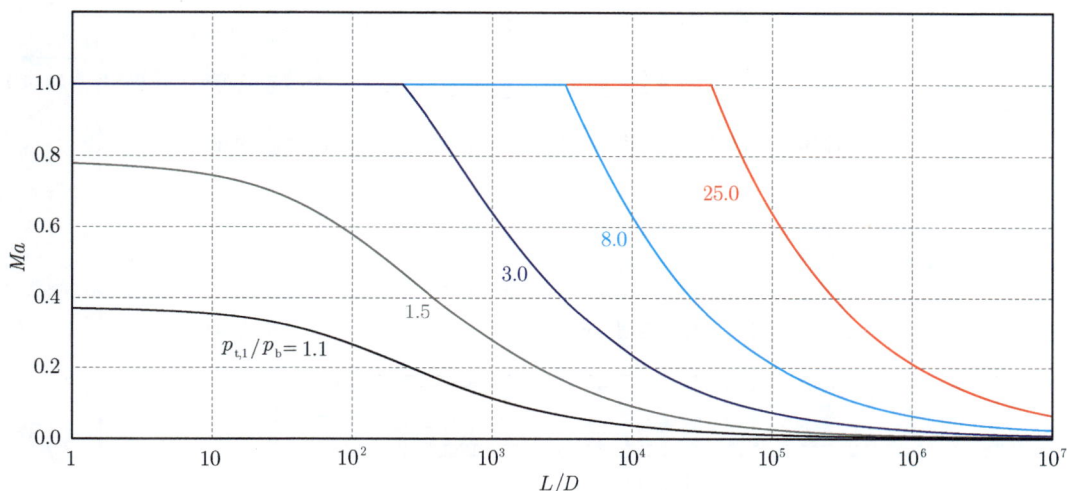

图 6-61　不同进口总压条件下出口马赫数随无量纲管长的变化

2. 超声速进口

对于超声速进口的流动，摩擦管流与收缩管流的表现也有类似的地方，图 6-62 所示为这两者的类比。超声速进口的条件是马赫数不变，比如管道前面是拉瓦尔喷管，或管道以超声速在静止空气中飞行。对于收缩管流，当出口面积大于临界面积时，管道出口流速仍然为超声速，出口面积等于临界面积时，出口流速是声速，如果在已经达到临界状态的原出口的后面加一段收缩管道，则管内会产生激波，且激波向前移动后稳定在拉瓦尔喷管的扩张段，或者在进口前形成脱体激波，整个管道内的流动都变为亚声速。

对于摩擦管流，流动同时受入口马赫数和出口背压影响，先来分析背压足够低的情况，这时流动只受进口马赫数影响，不用考虑背压，在这种情况下，当管道的长度小于 L_{max} 时，出口流速仍然为超声速；当管道长度等于 L_{max} 时，出口流速为声速；当管道长度比 L_{max} 大但大得不多时，会在管内产生激波，激波后的亚声速气流在管道内加速，出口流速仍为声速；当管道长度比 L_{max} 大得多时，激波会一直前移到进口前面，停留在拉瓦尔喷管的扩张段或在进口前形成脱体激波，使摩擦管道的进口流速变为亚声速，上述分析可见图 6-62 的下半部分。可见，同样是出口流速为声速，当管道内存在激波时，管道更长，这时用式（6-53）计算的最大管长就失效了，需要以激波为新的起始点，用激波后的马赫数来计算最大管长。

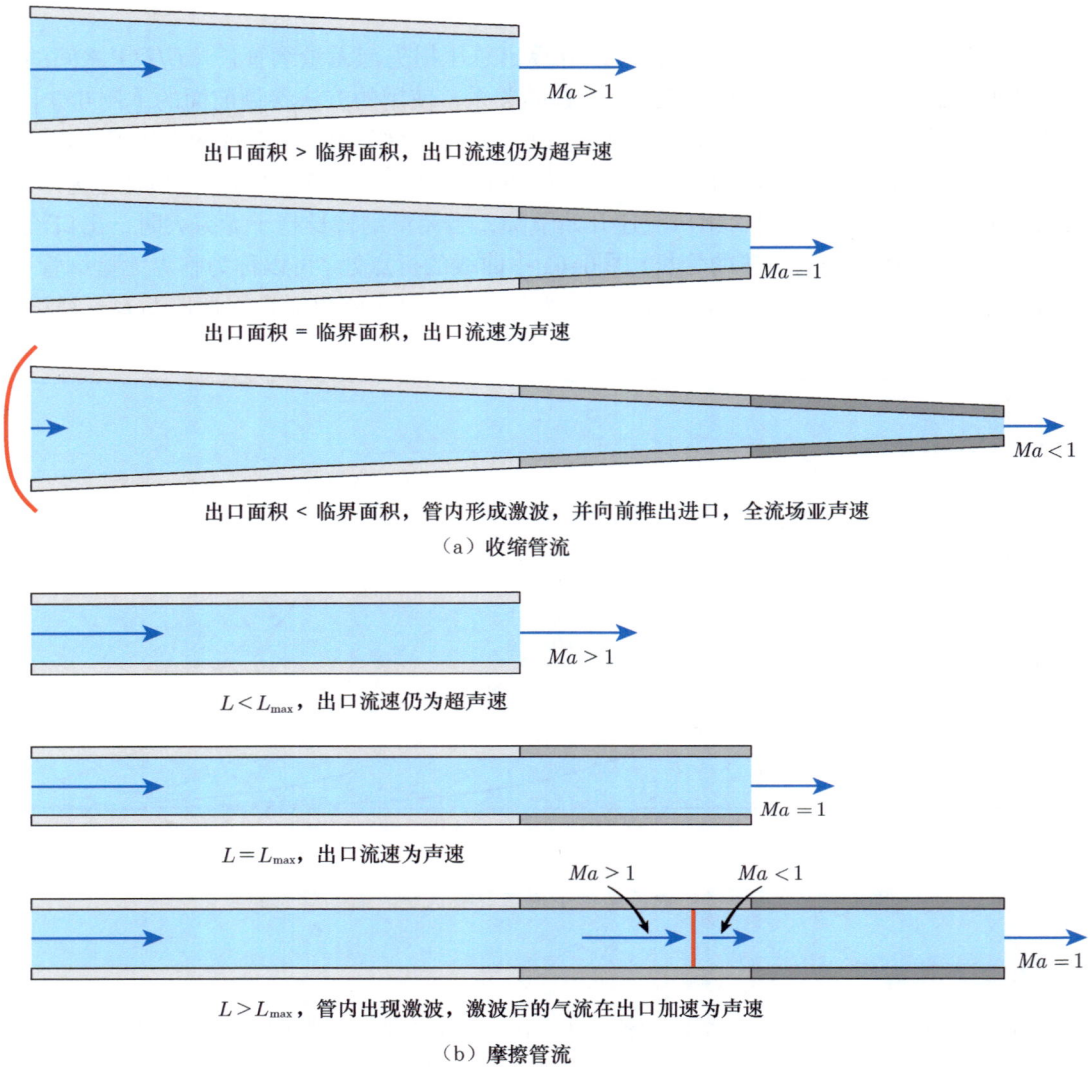

出口面积 > 临界面积，出口流速仍为超声速

$Ma > 1$

出口面积 = 临界面积，出口流速为声速

$Ma = 1$

出口面积 < 临界面积，管内形成激波，并向前推出进口，全流场亚声速

$Ma < 1$

（a）收缩管流

$L < L_{max}$，出口流速仍为超声速

$Ma > 1$

$L = L_{max}$，出口流速为声速

$Ma = 1$

$Ma > 1$ $Ma < 1$

$L > L_{max}$，管内出现激波，激波后的气流在出口加速为声速

$Ma = 1$

（b）摩擦管流

图 6-62 超声速进口的摩擦管流与收缩管流的类比

如果考虑背压的影响，情况就更加复杂。现在我们假设一个管道长度小于 L_{max}，背压很低，出口是超声速，令背压逐渐升高，出口外的流动状态改变与超声速收-扩管流的出口外的是一样的（参见图 6-38）。当背压很低时，气流在出口外继续膨胀，形成膨胀波，这是欠膨胀状态，随着背压的升高，流动会经历等熵流动状态和过膨胀状态，过膨胀状态时，出口外有斜激波，继续升高背压，则斜激波逐渐向出口靠拢，当形成贴着出口的正激波时，继续升高背压，激波就会进入管道内，出口流速变成亚声速。这时进口的流动仍然不受影响，马赫数不变，继续升高背压实际上与前面分析的继续增加管长的效果类似，最终都会使激波前移到进口上游，使整个管道内变为亚声速流动。

对于管道长度大于 L_{max} 的情况，当背压足够低时，出口流速为声速，如图 6-62 最下面所示。当背压较高时，出口流速是亚声速，这时背压可以影响管内激波后面的流动，背压越高激波就越强并越靠前，当背压高到使激波移出进口后，整个管道内的流动就都变成亚声速。

图 6-63 所示为管道的长度大于 $L_{\max}$ 时管内激波的位置以及马赫数沿管道的分布情况，可以看到，激波前为超声速气流的减速过程，而激波后为亚声速气流的加速过程。利用出口气流速度为声速的条件和摩擦管流关系式可以求出激波的位置。

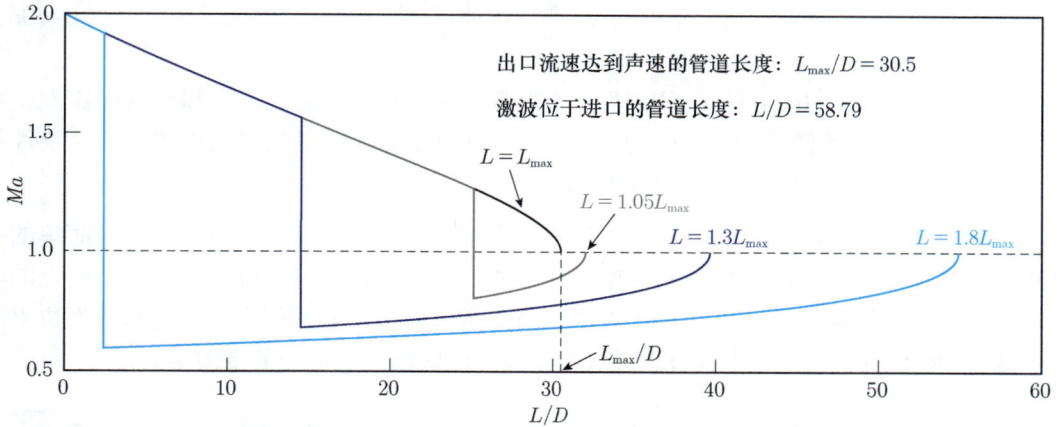

出口流速达到声速的管道长度：$L_{\max}/D = 30.5$

激波位于进口的管道长度：$L/D = 58.79$

图 6-63　进口马赫数为 2.0 时，不同无量纲管长对应的管内马赫数分布情况

前面我们一直使用马赫数来进行分析和求解，实际上，在摩擦管流中，由于与外界绝能，总温不变，临界声速也不变，显然使用速度系数 λ 更加方便。使用速度系数与马赫数的关系，可以从式（6-40）得到速度系数与摩擦系数的关系为

$$\left(\frac{1}{\lambda_1^2} - \frac{1}{\lambda_2^2}\right) - \ln\left(\frac{\lambda_2^2}{\lambda_1^2}\right) = \frac{8\kappa}{\kappa+1}\overline{C_f}\frac{L}{D} \tag{6-60}$$

针对图 6-64 所示的模型，先对进口到激波之间（1-s 截面）使用式（6-60），有

$$\left(\frac{1}{\lambda_1^2} - \frac{1}{\lambda_{s1}^2}\right) - \ln\left(\frac{\lambda_{s1}^2}{\lambda_1^2}\right) = \frac{8\kappa}{\kappa+1}\overline{C_f}\frac{L_s}{D} \tag{6-60a}$$

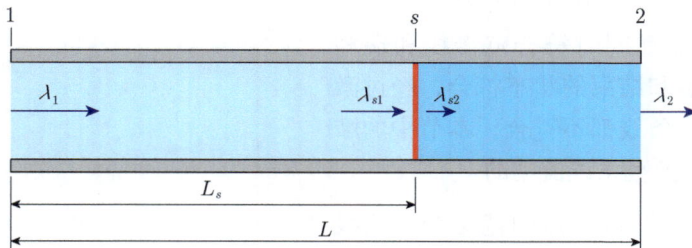

图 6-64　计算摩擦管流内部激波位置的模型

再对激波到出口之间（s-2 截面）使用式（6-60），并注意到 $\lambda_2 = 1$，有

$$\left(\frac{1}{\lambda_{s2}^2} - 1\right) - \ln\left(\frac{1}{\lambda_{s2}^2}\right) = \frac{8\kappa}{\kappa+1}\overline{C_f}\frac{(L-L_s)}{D} \tag{6-60b}$$

上面两式中的 λ_{s1} 和 λ_{s2} 分别为激波前后的速度系数，它们之间的关系为 $\lambda_{s1}\lambda_{s2}=1$，所以式（6-60b）可以变为

$$\left(\lambda_{s1}^2-1\right)-\ln\lambda_{s1}^2=\frac{8\kappa}{\kappa+1}\overline{C_f}\frac{(L-L_s)}{D} \qquad (6\text{-}60\text{c})$$

式（6-60a）与（6-60c）中只有两个未知数，即波前速度系数 λ_{s1} 和激波位置 L_s，可以联立求解，继而得到马赫数沿管道的分布，图 6-63 所示数据就是这样解出的，条件是进口马赫数为 2.0、平均摩擦系数为 0.0025。

实际的摩擦管流内部的激波形式非常复杂，不是单纯的正激波，也可能不是简单的一道激波，这是激波与黏性剪切层相互作用产生的。由于流动不是一维流动，中心线上的流速是超声速，而壁面附近的流速是亚声速，因此激波不会与壁面相交。激波与壁面边界层的干涉会使流动十分复杂，图 6-65 所示为摩擦管流内部某种可能的激波形式。

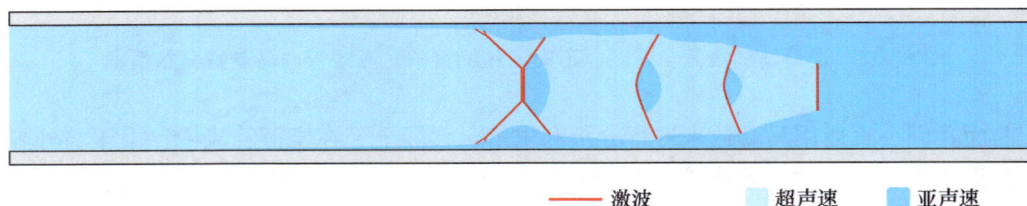

—— 激波　　☐ 超声速　　■ 亚声速

图 6-65　真实的摩擦管流内部的激波

6.2.3　范诺线

在 5.3.8 小节我们推导了范诺线，其条件是等截面绝热管流，而摩擦管流就是符合范诺线的流动。把范诺线的关系式即式（5-65）重写如下

$$ds=\frac{R}{\kappa-1}\left(1-\frac{1}{Ma^2}\right)\frac{dT}{T}$$

使用该式可以在 $T\text{-}s$ 图上画出范诺线。气流经过正激波的流动同时符合范诺线和瑞利线，但只是在开始和结束的状态符合，经过激波的过程则和这两条线都不符合，本节中的摩擦管流则是完全按照范诺线流动的。

图 6-66 所示为摩擦管流的范诺线，曲线的下半段对应进口流速为超声速的情况，上半段对应进口流速为亚声速的情况，最大熵值处对应声速截面。实际的绝热过程只能沿熵增的方向进行，因此从范诺线可以看出，摩擦会使流速趋向于声速，而不会反向进行。

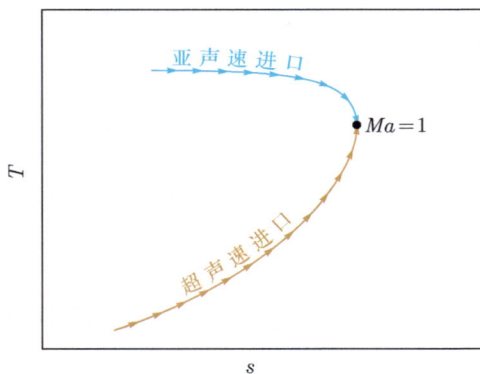

图 6-66　摩擦管流的范诺线

6.3　换热管流

6.3.1　换热的影响

　　流体微团的温度变化会影响其体积，因此温度变化会影响流动。当气体沿等截面管道定常流动时，摩擦和换热是两种会改变气体温度的因素，前面 6.2 节讨论的是忽略换热而只考虑摩擦的流动，这一节我们来讨论忽略摩擦只考虑换热的等截面管道流动，这种流动被称为**等截面换热管流**，简称为**换热管流**。

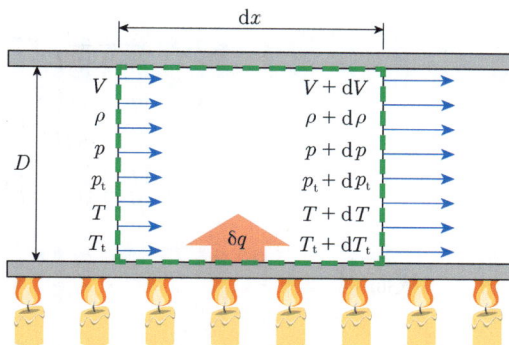

图 6-67　换热管流的分析模型

　　取管道的一段来研究，微小控制体如图 6-67 中的虚线所示。换热的直接作用体现在能量方程中，在 $\mathrm{d}x$ 的长度上，设单位质量气体从外界获得的热量为 δq，则能量方程为

$$\delta q = c_p \mathrm{d}T_\mathrm{t}$$

从而得到总温增量为

$$\mathrm{d}T_\mathrm{t} = \delta q / c_p \qquad (6-61)$$

　　对于等比热流动，总温的增量就代表了加热量的大小，找出各参数与总温之间的关系，就可以得到换热对它们的影响。根据换热管流的条件，可以列出如下关系式。

　　连续方程：

$$\frac{\mathrm{d}\rho}{\rho} + \frac{\mathrm{d}V}{V} = 0 \qquad (6-62)$$

　　动量方程：

$$\frac{\mathrm{d}p}{\rho} + V\mathrm{d}V = 0 \qquad (6-63)$$

　　能量方程：

$$c_p \mathrm{d}T + V\mathrm{d}V = c_p \mathrm{d}T_\mathrm{t} \qquad (6-64)$$

　　状态方程：

$$\frac{\mathrm{d}p}{p} - \frac{\mathrm{d}\rho}{\rho} - \frac{\mathrm{d}T}{T} = 0 \qquad (6-65)$$

动量方程即式（6-63）中的两项可以变换如下

$$\frac{\mathrm{d}p}{\rho} + V\mathrm{d}V = V^2\left(\frac{\mathrm{d}p}{p}\frac{p}{\rho}\frac{1}{V^2} + \frac{\mathrm{d}V}{V}\right) = V^2\left(\frac{\mathrm{d}p}{p}\frac{\kappa RT}{\kappa V^2} + \frac{\mathrm{d}V}{V}\right) = V^2\left(\frac{1}{\kappa Ma^2}\frac{\mathrm{d}p}{p} + \frac{\mathrm{d}V}{V}\right)$$

从而有

$$\frac{1}{\kappa Ma^2}\frac{\mathrm{d}p}{p} + \frac{\mathrm{d}V}{V} = 0 \qquad (6-63a)$$

能量方程即式（6-64）可以变化如下

$$c_p\mathrm{d}T + V\mathrm{d}V = c_p\mathrm{d}T_t$$

$$\Rightarrow \frac{\mathrm{d}T}{T} + \frac{1}{c_p T}V^2\frac{\mathrm{d}V}{V} = \frac{\mathrm{d}T_t}{T}$$

$$\Rightarrow \frac{\mathrm{d}T}{T} + \frac{\kappa-1}{\kappa RT}V^2\frac{\mathrm{d}V}{V} = \frac{\mathrm{d}T_t}{T}$$

$$\Rightarrow \frac{\mathrm{d}T}{T} + (\kappa-1)Ma^2\frac{\mathrm{d}V}{V} = \left(1+\frac{\kappa-1}{2}Ma^2\right)\frac{\mathrm{d}T_t}{T_t}$$

从而有

$$\frac{\mathrm{d}T}{T} + (\kappa-1)Ma^2\frac{\mathrm{d}V}{V} = \left(1+\frac{\kappa-1}{2}Ma^2\right)\frac{\mathrm{d}T_t}{T_t} \qquad (6\text{-}64\mathrm{a})$$

当已知总温变化量 $\mathrm{d}T_t/T_t$ 时，4 个方程即式（6-62）、式（6-65）、式（6-63a）和式（6-64a）中有 4 个未知数即 $\mathrm{d}\rho/\rho$、$\mathrm{d}V/V$、$\mathrm{d}p/p$、$\mathrm{d}T/T$，可以得出它们各自与总温的关系，推导如下。

从式（6-62）解出 $\mathrm{d}\rho/\rho$，从式（6-63a）解出 $\mathrm{d}p/p$，一起代入式（6-65），得

$$\left(1-\kappa Ma^2\right)\frac{\mathrm{d}V}{V} - \frac{\mathrm{d}T}{T} = 0 \qquad (6\text{-}66)$$

将式（6-64a）和式（6-66）联立，可以分别解出速度和温度的变化

$$\frac{\mathrm{d}V}{V} = \frac{1+\dfrac{\kappa-1}{2}Ma^2}{1-Ma^2} \cdot \frac{\mathrm{d}T_t}{T_t} \qquad (6\text{-}67)$$

$$\frac{\mathrm{d}T}{T} = \frac{\left(1-\kappa Ma^2\right)\left(1+\dfrac{\kappa-1}{2}Ma^2\right)}{1-Ma^2} \cdot \frac{\mathrm{d}T_t}{T_t} \qquad (6\text{-}68)$$

把式（6-67）代入式（6-62），可得

$$\frac{\mathrm{d}\rho}{\rho} = -\frac{1+\dfrac{\kappa-1}{2}Ma^2}{1-Ma^2} \cdot \frac{\mathrm{d}T_t}{T_t} \qquad (6\text{-}69)$$

把式（6-67）代入式（6-63a），可得

$$\frac{\mathrm{d}p}{p} = -\frac{\kappa Ma^2\left(1+\dfrac{\kappa-1}{2}Ma^2\right)}{1-Ma^2} \cdot \frac{\mathrm{d}T_t}{T_t} \qquad (6\text{-}70)$$

根据总静温关系式

$$T_t = T\left(1 + \frac{\kappa - 1}{2} Ma^2\right)$$

可以得到微分关系式

$$\frac{\mathrm{d}T_t}{T_t} = \frac{\mathrm{d}T}{T} + \frac{(\kappa - 1)Ma^2}{1 + \frac{\kappa - 1}{2} Ma^2} \cdot \frac{\mathrm{d}Ma}{Ma} \tag{6-71}$$

把式（6-68）代入式（6-71），整理可得

$$\frac{\mathrm{d}Ma}{Ma} = \frac{(1 + \kappa Ma^2)\left(1 + \frac{\kappa - 1}{2} Ma^2\right)}{2(1 - Ma^2)} \cdot \frac{\mathrm{d}T_t}{T_t} \tag{6-72}$$

根据总静压关系式

$$p_t = p\left(1 + \frac{\kappa - 1}{2} Ma^2\right)^{\frac{\kappa}{\kappa - 1}}$$

可以得到微分关系式

$$\frac{\mathrm{d}p_t}{p_t} = \frac{\mathrm{d}p}{p} + \frac{\kappa Ma^2}{1 + \frac{\kappa - 1}{2} Ma^2} \cdot \frac{\mathrm{d}Ma}{Ma} \tag{6-73}$$

把式（6-70）和式（6-72）代入式（6-73），整理可得

$$\frac{\mathrm{d}p_t}{p_t} = -\frac{\kappa}{2} Ma^2 \cdot \frac{\mathrm{d}T_t}{T_t} \tag{6-74}$$

在 5.3.8 小节已经得到了适用于换热管流的瑞利线关系式，即式（5-69），稍微变一下形可得

$$\frac{\mathrm{d}s}{c_p} = \frac{Ma^2 - 1}{\kappa Ma^2 - 1} \cdot \frac{\mathrm{d}T}{T} \tag{6-75}$$

把式（6-68）代入式（6-75），整理可得

$$\frac{\mathrm{d}s}{c_p} = \left(1 + \frac{\kappa - 1}{2} Ma^2\right) \cdot \frac{\mathrm{d}T_t}{T_t} \tag{6-76}$$

式（6-67）～式（6-76）给出了换热对气流参数的影响，在特定加热量（设 $\mathrm{d}T_t/T_t = 0.05$）下，可以画出各参数随马赫数的变化规律，如图 6-68 所示。先来看速度和马赫数，加热使亚声速气流加速，使超声速气流减速，或者说，无论是亚声速还是超声速，加热都使气流趋向于声速。这一点和摩擦是相同的，因为摩擦生热也会对气流产生加热效果。对照压

力变化曲线，对亚声速气流加热会使气体压力增加，膨胀而加速，对超声速气流加热则由于气流的过度膨胀，压力反而减小。

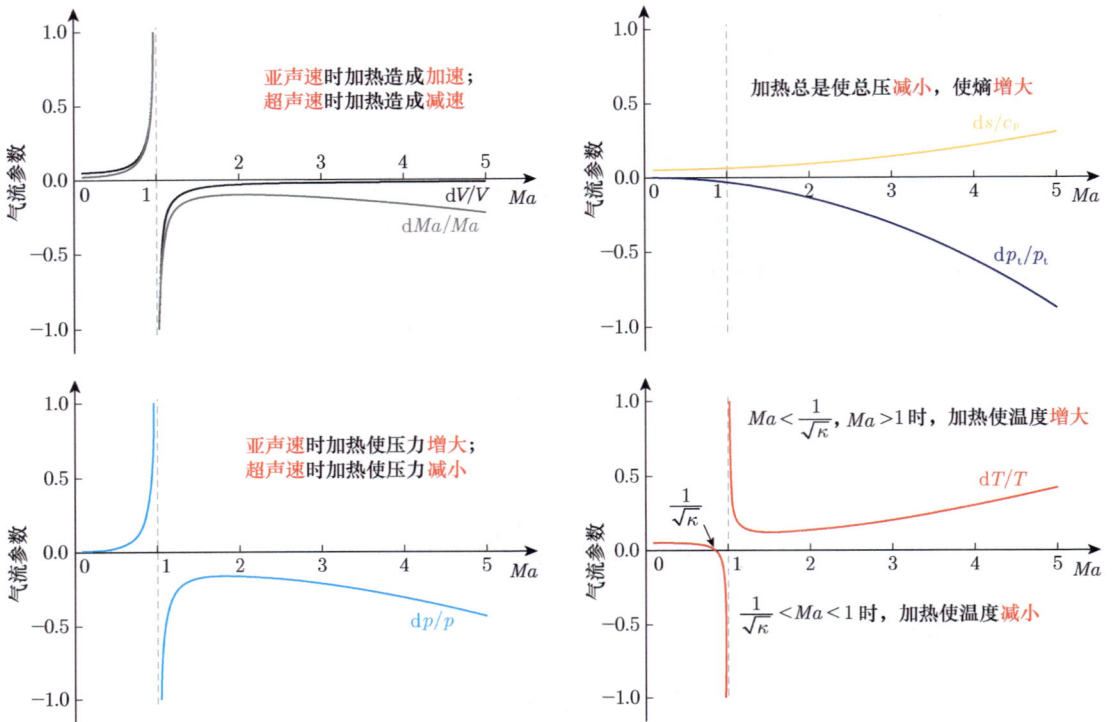

图 6-68　各参数随马赫数的变化规律

从熵和总压的变化来看，有关系式（4-48），即

$$\Delta s = c_p \ln\left(\frac{T_{t,2}}{T_{t,1}}\right) - R\ln\left(\frac{p_{t,2}}{p_{t,1}}\right)$$

可见，熵增有两种来源：一种是总温增加，对应系统从外界获得了热量或者轴功；另一种是总压减小，对应系统内部的损失。在换热管流中这两种作用同时存在，总温增加的熵增由外界输入热量产生，总压减小产生的熵增由系统内部的有限温差传热产生。

温度的变化规律比较复杂。从图 6-68 右下角可以看到，一般情况下，加热会使气体的温度升高，而在 $1/\sqrt{\kappa} < Ma < 1$ 时，加热反而使气体的温度降低，这是因为气体膨胀产生的温降大于吸热产生的温升。虽然总温还是随着加热增加的，但静温是减小的，或者说这个速度范围内加热的全部能量用于增加气体的动能还不够，气体还必须把一部分内能通过膨胀转换为动能。

从图 6-68 中只能看出固定加热量时参数的变化规律，气体沿管道流动时持续与外界换热，各参数沿管道的变化趋势是什么样的呢？我们来看一种常见的简单情况，即沿管道单位长度的加热量为常数的情况，由式（6-61）可知，这时总温沿管道线性变化，各参数随总温的变化也就代表了它们沿管长的变化。根据式（6-67）～式（6-76）可以计算出这种变化，现在假设管道入口流速分别为以下的亚声速和超声速两种条件之一。

亚声速：

$$Ma = 0.2, \, T = 300 \, \text{K}, \, p = 100\,000 \, \text{Pa}$$

超声速：

$$Ma = 3.0, \, T = 407 \, \text{K}, \, p = 7765 \, \text{Pa}$$

各参数沿管长（等同于随总温）的变化规律可以使用小增量法得到，比如从一个亚声速的初始条件（Ma、T 和 p）出发，给一个小的总温升 δT_t，用式（6-67）～式（6-76）计算出各参数的增量，就得到了下一点，这样逐点递推下去，最后流动会达到声速，亚声速的曲线计算完毕。超声速部分的曲线也可以采用和亚声速中类似的方法，通过给定小的总温升 δT_t 来逐点计算，直到达到声速为止，得出的结果分别如图 6-69 和图 6-70 所示。

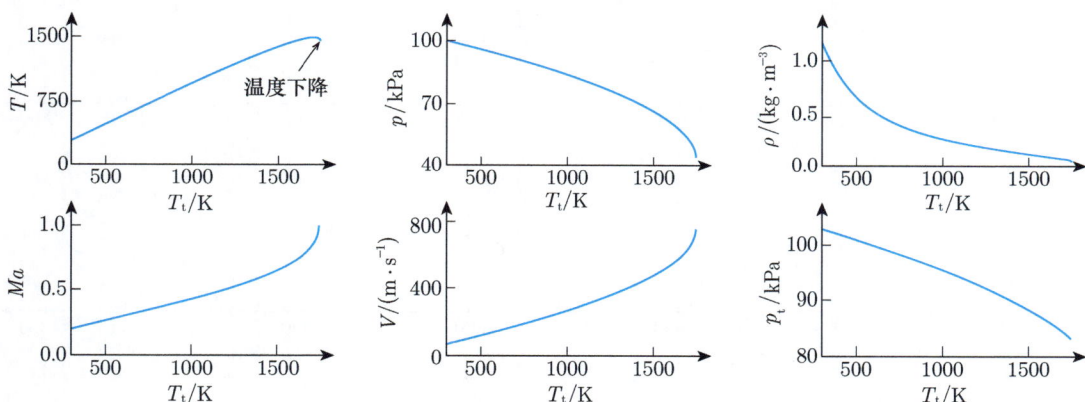

图 6-69　对进口流速为亚声速的管道加热时各气流参数的变化

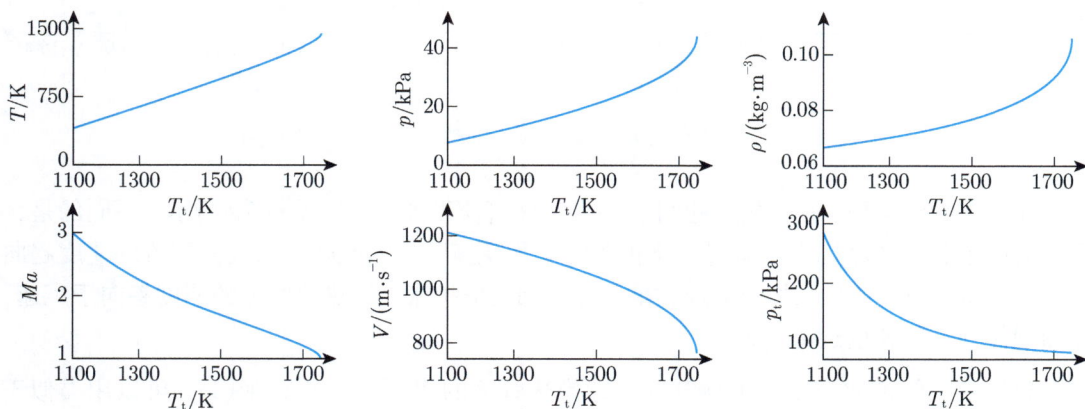

图 6-70　对进口流速为超声速的管道加时各气流参数的变化

对亚声速管流加热，气体的速度和马赫数沿管道增大，压力和密度沿管道减小，温度一开始沿管道升高，接近声速（$1/\sqrt{\kappa} < Ma < 1$）时沿管道下降。对超声速管流加热，气

体的速度和马赫数沿管道减小，压力、密度和温度沿管道增大。无论是对于亚声速管流还是对于超声速管流，加热时气流的总压都将减小，冷却时和加热时的变化曲线相同，只是方向相反，这里不再单独分析。

上面的亚声速和超声速入口条件经过了特别选择，当分别加速或减速到声速时，状态参数是一致的，因此它们实际上可以画在同一条曲线上，把图 6-69 和图 6-70 画在一起，得到图 6-71。图中向右的方向是加热，向左的方向是冷却，各个气流参数的变化规律一目了然。也可以认为图 6-71 中的这些曲线是对亚声速管流先加热，到达声速后再冷却，让气流持续加速而得到的，这时的换热管流起到了和拉瓦尔喷管类似的效果。不过，这种把气流从亚声速加速到超声速的方式只在理论上可行，实际上是很难做到的，原因是声速附近气流参数对加热和冷却非常敏感，而加热和冷却很难精确控制。

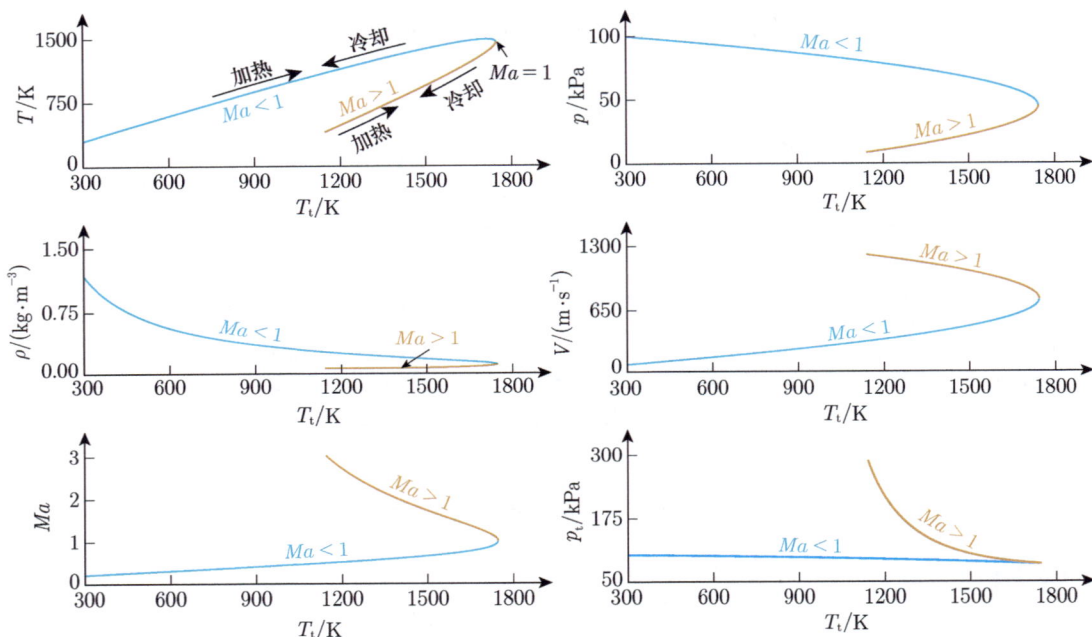

图 6-71　换热管流中气流参数随加热或冷却的变化规律

和摩擦管流类似，换热管流也可以和变截面管流做类比，如图 6-72 所示。不同的是，只有对应于收缩的摩擦而没有对应于扩张的"负摩擦"，因此摩擦只能使气流的速度趋向于声速；而换热管流中，加热对应收缩，冷却则对应扩张，加热使气流的速度趋向于声速，冷却则使气流的速度远离声速。

分析换热管流时经常借助瑞利线，即换热管流的 $T\text{-}s$ 图（或 $h\text{-}s$ 图），可以用类似于之前计算图 6-71 的方法（即小增量推进法）得到瑞利线。图 6-73 所示为几种进口流速为亚声速的情况下，对管道先加热，到达声速后再冷却得到的瑞利线，其中的熵值是根据下式计算得到的

$$s = c_p \ln T - R \ln p$$

（a）加热类似于收缩　　　　　　　　（b）冷却类似于扩张

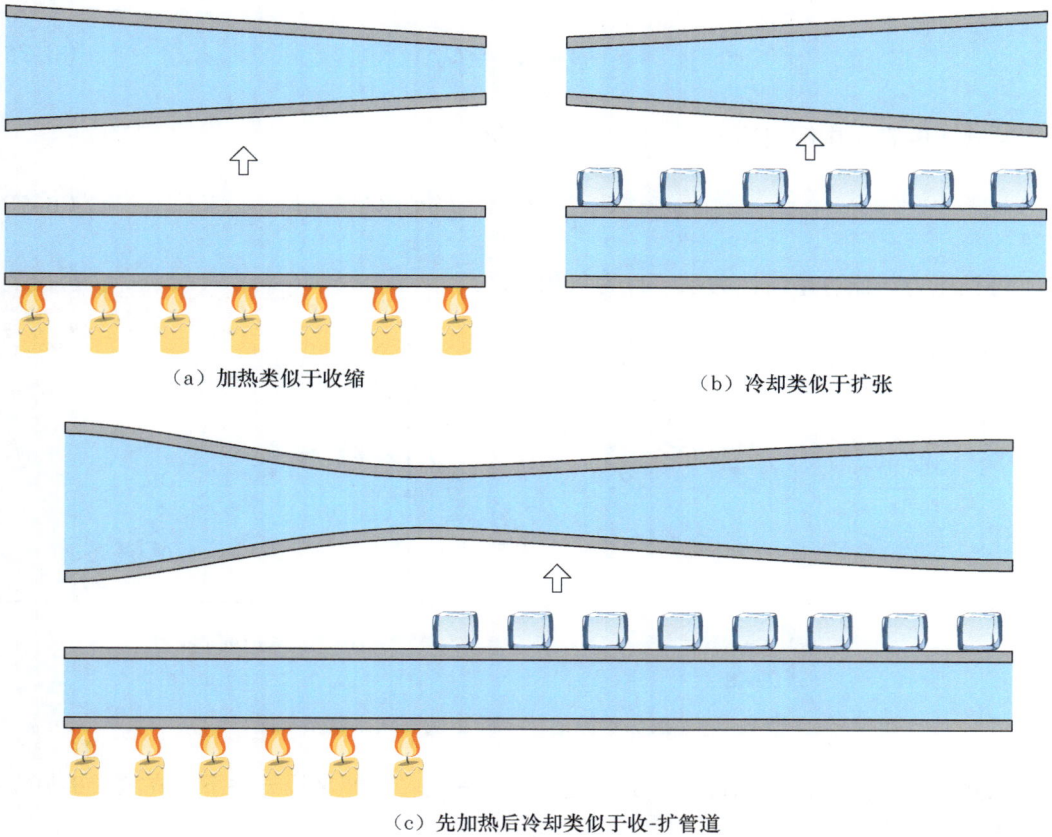

（c）先加热后冷却类似于收-扩管道

图 6-72　换热管流和变截面管流的类比

由于换热管流忽略摩擦，因此根据熵的定义，换热量与熵增之间的关系为

$$\mathrm{d}s = \frac{\delta q}{T}$$

也就是说熵变就对应换热量，凡是沿着瑞利线向右的过程都对应吸热过程，向左都对应放热过程。

工程热力学中的 $T\text{-}s$ 图对应气体与外界的换热，$p\text{-}v$ 图则对应气体与外界之间功的交换。对于换

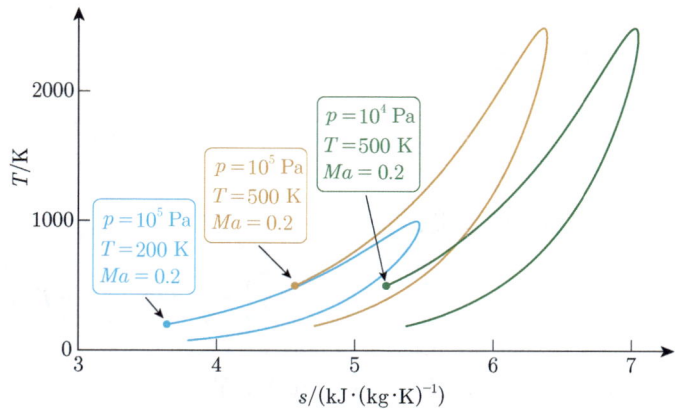

图 6-73　不同工况下的瑞利线

热管流来说，这个功就是流动功，是进出口的推动功之差。图 6-74（a）所示为换热管流的 $T\text{-}s$ 图（瑞利线），图 6-74（b）所示为对应的 $p\text{-}v$ 图，可以看到压力 p 与比容 v 的关系表示为一条直线，这可以从连续方程和动量方程得到。等截面无摩擦管流的连续方程和动量方程分别为

$$\rho V = C_1 \qquad (6\text{-}77)$$

$$p + \rho V^2 = C_2 \qquad (6\text{-}78)$$

从式（6-77）中解出速度 V，代入式（6-78），得

$$p = -C_1^2 \frac{1}{\rho} + C_2 = -C_1^2 v + C_2 \qquad (6\text{-}79)$$

可见压力与比容呈线性关系，且为负相关。

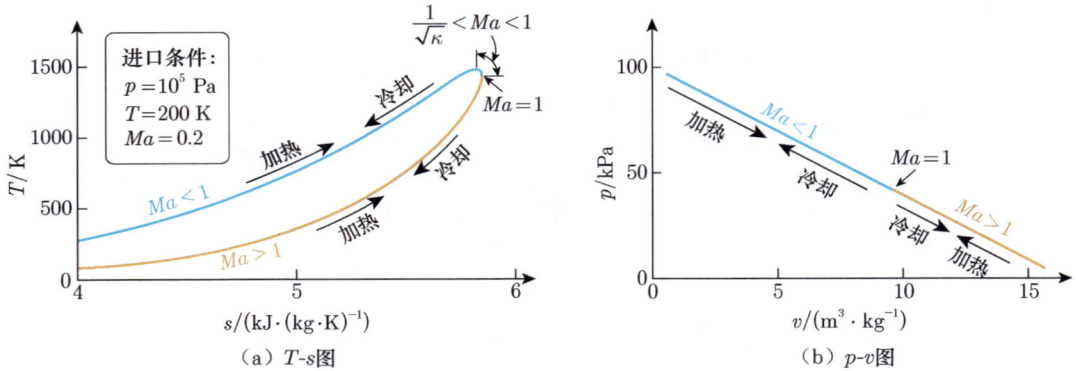

图 6-74　换热管流的 $T\text{-}s$ 图（瑞利线）和 $p\text{-}v$ 图

换热管流显然不是等熵过程，那它是多变过程吗？我们来推导一下。在式（6-79）中对密度求导，得

$$\frac{\mathrm{d}p}{\mathrm{d}\rho} = C_1^2 \frac{1}{\rho^2} = V^2 \qquad (6\text{-}79\text{a})$$

而对于多变过程，有

$$\frac{\mathrm{d}p}{\mathrm{d}\rho} = n\frac{p}{\rho} \qquad (6\text{-}80)$$

根据声速的定义，有

$$\frac{p}{\rho} = \frac{1}{\kappa}\kappa\frac{p}{\rho} = \frac{1}{\kappa}\kappa RT = \frac{1}{\kappa}c^2 \qquad (6\text{-}81)$$

把式（6-81）代入式（6-80），得

$$\frac{\mathrm{d}p}{\mathrm{d}\rho} = n\frac{p}{\rho} = \frac{n}{\kappa}c^2 \qquad (6\text{-}80\text{a})$$

对比式（6-80a）和式（6-79a），可得

$$n = \kappa Ma^2 \qquad (6\text{-}82)$$

这就是换热管流中的多变指数，它是随着马赫数变化的，变化规律为当 $Ma<1$ 时，$n<\kappa$；当 $Ma=1$ 时，$n=\kappa$；当 $Ma>1$ 时，$n>\kappa$。所以说，换热管流不是严格意义上的多变过程，它是由无数个多变过程组成的，每个多变过程的多变指数 n 都是不同的。

在第 4 章 4.2 节中曾经分析过，当 $n<\kappa$ 时，压力随膨胀过程的下降程度比绝热时要小，这说明气体在膨胀时需要从外界吸热，因此亚声速气流加热时对应膨胀加速；当 $n>\kappa$ 时，压力随膨胀过程的下降程度比绝热时要大，这说明气体在膨胀时还要向外放热，因此超声速气流冷却时对应膨胀加速。

图 6-75 所示为 p-v 图上各点处相应的多变曲线，可以看到随着马赫数的增大（对应 v 的增加），多变指数是增大的。与声速那一点相切的曲线是绝热过程曲线，多变指数 n 等于绝热指数 κ。

可以利用多变过程的概念进一步理解当 $1/\sqrt{\kappa}<Ma<1$ 时，加热反而引起温度下降的现象。从式（6-82）可知，当 $Ma=1/\sqrt{\kappa}$ 时，$n=1$，对应等温过程，气体会把从外

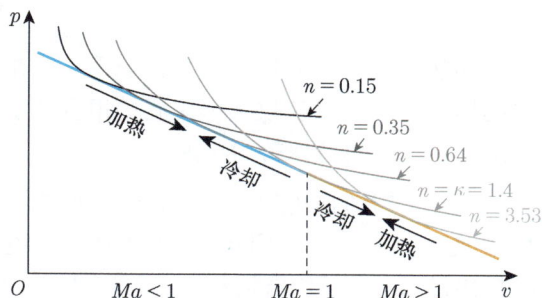

图 6-75 换热管流过程和多变过程的关系

界吸收的热量全部用于对外做功；当 $Ma<1/\sqrt{\kappa}$ 时，$n<1$，气体只把一部分吸收的热量用于对外做功，保留一部分使自身的温度升高；当 $Ma>1/\sqrt{\kappa}$ 时，$n>1$，气体把全部吸收的热量对外做功还不够，还会额外拿出一部分自身原有的内能对外膨胀做功，因此吸热反而温度下降。

6.3.2 加热壅塞

加热总是使得气流的速度趋向于声速，对于某一确定的进口条件，有一个确定的加热量让出口气流达到声速，这个加热量称为**临界加热量**，记为 δq_{cr}，用总温可以推导出临界加热量与起始气流参数的关系

$$\delta q_{cr}=c_p\left(T_{t,cr}-T_{t,1}\right)=c_p T_{t,1}\left(\frac{T_{t,cr}}{T_{t,1}}-1\right) \tag{6-83}$$

对于换热管流，管壁给气流的力为零，沿流向应用冲量方程

$$\frac{\kappa+1}{2\kappa}\dot{m}\left[c_{cr,2}z(1)-c_{cr,1}z(\lambda_1)\right]=0$$

从而有

$$\sqrt{\frac{T_{t,cr}}{T_{t,1}}}=\frac{c_{cr,2}}{c_{cr,1}}=\frac{z(\lambda_1)}{2}$$

把上式代入式（6-83），得

$$\delta q_{cr} = c_p T_{t,1} \left\{ \left[\frac{z(\lambda_1)}{2} \right]^2 - 1 \right\} \qquad (6\text{-}83a)$$

对于进口流速为亚声速的管道，当出口流速已经达到声速时，增加管道的加热量，气流就无法保持原来的进口条件了，原因是加热使气流总温升高，总压降低，而声速时流量函数 $q(\lambda)$ 又已经达到最大值，根据连续方程

$$\dot{m} = K \frac{p_t}{\sqrt{T_t}} A q(\lambda)$$

加热量越大，流量就越小，于是气体在管内堆积，压力升高，并上传到进口处，使进口的压力升高，马赫数减小，流量相应减小，直到和管内加热量匹配为止。建立平衡后，管道出口流速仍然保持为声速。

对于进口流速为超声速的管道，加热量超过临界加热量时，会在管内产生激波，但产生激波后总压进一步下降，仍然无法满足流量连续条件，激波会被推向上游，最终激波会被推出进口，使管内气流都变成亚声速的。也就是说，换热管流的激波无法稳定在管道内，这一点和摩擦管流是不同的。

6.4　变流量管流

有一类准一维流动是气体沿管道的流动过程中不断有新的气体从壁面小孔加入或有部分气体从壁面小孔流出，比如为了控制边界层分离而采用的壁面吹气或吸气技术，或在超声速风洞的试验段为了消除模型的堵塞效应而采用的多孔壁面，等等。由于新加入的气体与原气体之间可能存在温差，并且两者的混合还会增加掺混损失，所以这个问题兼有换热管流和摩擦管流的特点。当忽略换热和掺混作用，只考虑流量变化和动量变化（新加入的气体与原气体的流速不同会产生动量交换）的影响时，这种流动称为**变流量管流**。

本节讨论的变流量管流有如下假设：忽略摩擦，与外界绝能，管道截面积保持不变，附加气流和主流是相同的气体且总温相同，并且假设流动满足一维流动，即掺混前和掺混后横截面上的气流参数都是均匀的。

6.4.1　附加流量的影响

如图 6-76 所示，取虚线所示的控制体，微分形式的连续方程为

$$\frac{\mathrm{d}\dot{m}}{\dot{m}} = \frac{\mathrm{d}\rho}{\rho} + \frac{\mathrm{d}V}{V} \qquad (6\text{-}84)$$

式中的 $\dot{m}$ 是主流流量，$\mathrm{d}\dot{m}$ 是附加流量。根据图 6-76 中的控制体受力和进出口动量，可以列出动量方程

$$pA - (p + \mathrm{d}p)A$$
$$= (\dot{m} + \mathrm{d}\dot{m})(V + \mathrm{d}V) - \dot{m}V - \mathrm{d}\dot{m}V_{a,x}$$

式中，$V_{a,x}$ 是附加气流的速度沿流向的分量。现在令 $y = V_{a,x}/V$，y 代表速度比，代入上式，整理可得

$$\mathrm{d}p + \rho V\mathrm{d}V + (1-y)\rho V^2\frac{\mathrm{d}\dot{m}}{\dot{m}} = 0$$

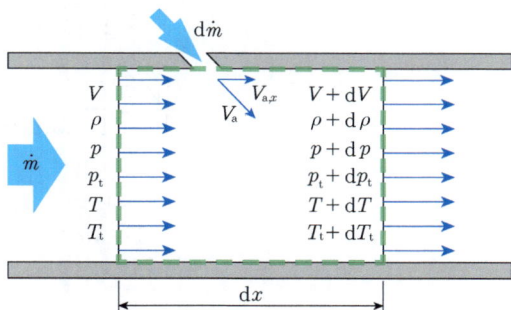

图 6-76　变流量管流的分析模型

利用 $Ma = V/c$，$c^2 = \kappa p/\rho$，上式可变换为

$$\frac{\mathrm{d}p}{p} + \kappa Ma^2\frac{\mathrm{d}V}{V} + (1-y)\kappa Ma^2\frac{\mathrm{d}\dot{m}}{\dot{m}} = 0 \tag{6-85}$$

能量方程比较简单，因为已经假设了附加气流与主流的成分相同，总温也相同，所以总温保持不变，能量方程为

$$c_p\mathrm{d}T + V\mathrm{d}V = 0$$

上式和摩擦管流的能量方程相同，参考 6.2.1 小节中的变换，能量方程可以写为

$$\frac{\mathrm{d}T}{T} + (\kappa-1)Ma^2\frac{\mathrm{d}V}{V} = 0 \tag{6-86}$$

与之前的摩擦管流和换热管流一样，变流量管流也有如下几个关系式。

$$\frac{\mathrm{d}p}{p} = \frac{\mathrm{d}\rho}{\rho} + \frac{\mathrm{d}T}{T}$$

$$\frac{\mathrm{d}Ma}{Ma} = \frac{\mathrm{d}V}{V} - \frac{1}{2}\frac{\mathrm{d}T}{T}$$

$$\frac{\mathrm{d}p_t}{p_t} = \frac{\mathrm{d}p}{p} + \frac{\kappa Ma^2}{1 + \dfrac{\kappa-1}{2}Ma^2}\frac{\mathrm{d}Ma}{Ma}$$

$$\frac{\mathrm{d}s}{c_p} = -\frac{\kappa-1}{\kappa}\frac{\mathrm{d}p_t}{p_t}$$

以 $\mathrm{d}\dot{m}/\dot{m}$ 为自变量，从前述 7 个关系式可以得到 7 个参数的变化规律，如下（推导过程略）。

$$\frac{\mathrm{d}Ma}{Ma} = \frac{1 + \dfrac{\kappa - 1}{2}Ma^2}{1 - Ma^2}\left[1 + (1-y)\kappa Ma^2\right] \cdot \frac{\mathrm{d}\dot{m}}{\dot{m}} \tag{6-87}$$

$$\frac{\mathrm{d}V}{V} = \frac{1}{1 - Ma^2}\left[1 + (1-y)\kappa Ma^2\right] \cdot \frac{\mathrm{d}\dot{m}}{\dot{m}} \tag{6-88}$$

$$\frac{\mathrm{d}p}{p} = -\frac{\kappa Ma^2}{1 - Ma^2}\left[2\left(1 + \frac{\kappa - 1}{2}Ma^2\right)(1-y) + y\right] \cdot \frac{\mathrm{d}\dot{m}}{\dot{m}} \tag{6-89}$$

$$\frac{\mathrm{d}\rho}{\rho} = -\frac{1}{1 - Ma^2}\left[Ma^2 + (1-y)\kappa Ma^2\right] \cdot \frac{\mathrm{d}\dot{m}}{\dot{m}} \tag{6-90}$$

$$\frac{\mathrm{d}T}{T} = -\frac{(\kappa - 1)Ma^2}{1 - Ma^2}\left[1 + (1-y)\kappa Ma^2\right] \cdot \frac{\mathrm{d}\dot{m}}{\dot{m}} \tag{6-91}$$

$$\frac{\mathrm{d}p_{\mathrm{t}}}{p_{\mathrm{t}}} = -\kappa Ma^2(1-y) \cdot \frac{\mathrm{d}\dot{m}}{\dot{m}} \tag{6-92}$$

$$\frac{\mathrm{d}s}{c_p} = (\kappa - 1)Ma^2(1-y) \cdot \frac{\mathrm{d}\dot{m}}{\dot{m}} \tag{6-93}$$

上面各式中有两个影响因素，马赫数 Ma 和速度比 y，因此不太好分析。一种比较常见的情况是附加气流的速度小于主流速度，且附加气流的流量远小于主流的流量。图 6-77 所示为当 $y = 0.5$、附加流量为 $\mathrm{d}\dot{m} = 0.1\dot{m}$ 时，各参数随马赫数的变化规律，从图中可以看到，亚声速时，附加流量使气流加速，压力和温度降低，总压减小，熵增大。从连续方程来理解，加入的流量使下游流量增加，而横截面积不变，总温不变，总压变化较小，根据连续方程

$$\dot{m} = K\frac{p_{\mathrm{t}}}{\sqrt{T_{\mathrm{t}}}}Aq(\lambda)$$

可以看出，流量函数 $q(\lambda)$ 必然增加，所以加入流量使亚声速气流加速，使超声速气流减速。

从受力角度理解，流体的加减速主要是压差的结果。由于加入的流体速度比主流的低，对主流是一种阻碍，类似于收缩管道壁面的阻碍作用，亚声速时使上游压力增高，对应加速，超声速时使下游压力增高，对应减速。

总温不变，总压变化较小，所以加速使温度和压力下降，减速使温度和压力升高，至于总压和熵的变化，则归因于不同流速的流体掺混。虽然忽略了黏性，但假设主流和附加流在下游掺混均匀，这种均匀化会带来熵的增加，与两个温度不同的物体之间的导热引起的熵增同理。

如果附加流体的速度比主流的大，图 6-77 中的有些参数的变化趋势就会反向，这种情况在实际工程中较为少见，留给读者自己去分析。

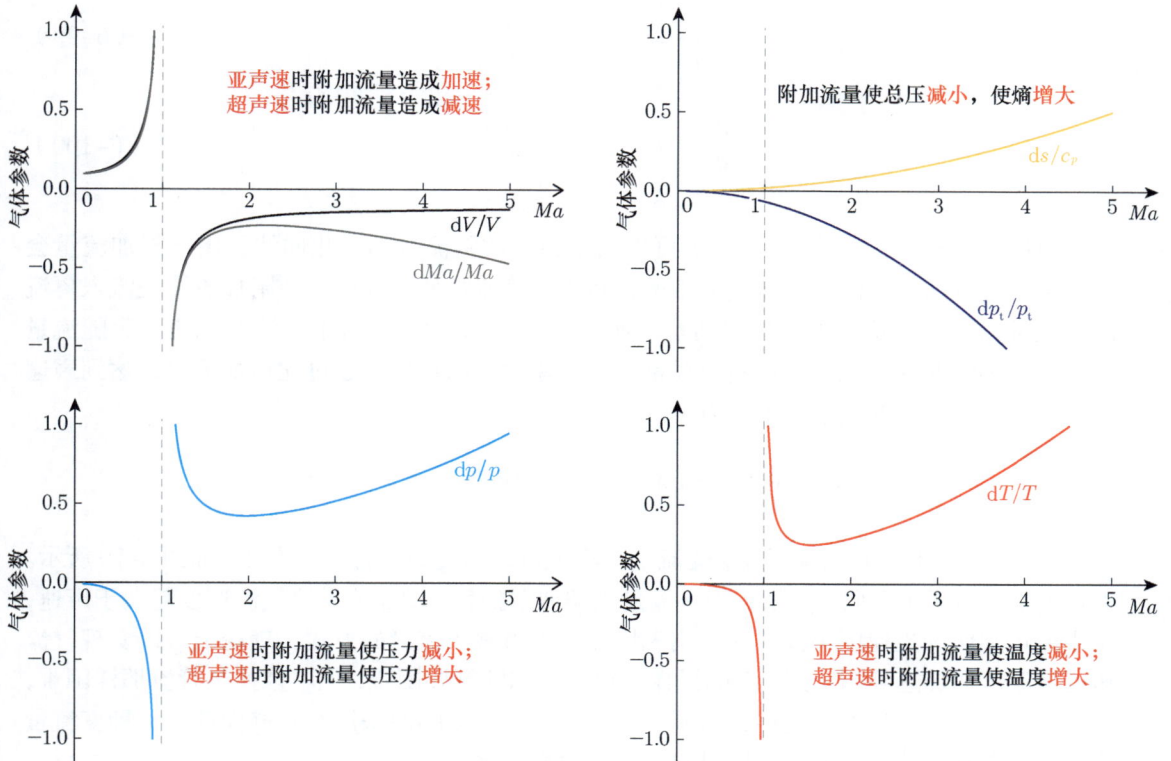

图 6-77 不同马赫数下附加流量对气流参数的影响

6.4.2 附加流量垂直于主流的情况

附加流量的速度相比主流的可忽略的情况较为常见，这可以理解为附加流量的速度垂直于主流的流速，$V_{a,x}=0$，$y=0$，于是式（6-87）~式（6-93）可以简化为下面各式。

$$\frac{\mathrm{d}Ma}{Ma}=\frac{\left(1+\kappa Ma^2\right)\left(1+\frac{\kappa-1}{2}Ma^2\right)}{1-Ma^2}\cdot\frac{\mathrm{d}\dot{m}}{\dot{m}} \qquad (6\text{-}94)$$

$$\frac{\mathrm{d}V}{V}=\frac{1+\kappa Ma^2}{1-Ma^2}\cdot\frac{\mathrm{d}\dot{m}}{\dot{m}} \qquad (6\text{-}95)$$

$$\frac{\mathrm{d}p}{p}=-\frac{2\kappa Ma^2\left(1+\frac{\kappa-1}{2}Ma^2\right)}{1-Ma^2}\cdot\frac{\mathrm{d}\dot{m}}{\dot{m}} \qquad (6\text{-}96)$$

$$\frac{\mathrm{d}\rho}{\rho}=-\frac{(1+\kappa)Ma^2}{1-Ma^2}\cdot\frac{\mathrm{d}\dot{m}}{\dot{m}} \qquad (6\text{-}97)$$

$$\frac{\mathrm{d}T}{T}=-\frac{(\kappa-1)Ma^2\left(1+\kappa Ma^2\right)}{1-Ma^2}\cdot\frac{\mathrm{d}\dot{m}}{\dot{m}} \qquad (6\text{-}98)$$

$$\frac{\mathrm{d}p_t}{p_t} = -\kappa Ma^2 \cdot \frac{\mathrm{d}\dot{m}}{\dot{m}} \tag{6-99}$$

$$\frac{\mathrm{d}s}{c_p} = (\kappa-1)Ma^2 \cdot \frac{\mathrm{d}\dot{m}}{\dot{m}} \tag{6-100}$$

根据式（6-94）～式（6-100）可以画出各参数随流量的变化曲线。由于附加流量会使亚声速气流加速，使超声速气流减速，和换热管流类似，理论上让附加流体先流入再流出，就可以让主流从亚声速加速到超声速。图 6-78 所示为变流量管流中气流参数随流量增加或减小时的变化规律，这些曲线是以亚声速为初始条件，通过先增加流量，达到声速后再减小流量得到的，进口条件为

$$Ma = 0.2, T = 1000\,\text{K}, p = 100\,000\,\text{Pa}, A = 0.01\,\text{m}^2$$

可以看到，和换热管流类似，变流量管流也可以和变截面管流做类比，如图 6-79 所示。沿程增加流量类似于收缩，沿程减小流量则类似于扩张，增加流量使气流速度趋向于声速，减小流量则使气流速度远离声速。用先增加流量再减小流量的方式，理论上可以实现气流速度从亚声速加速到超声速，实际操作上比拉瓦尔喷管要困难，但不像换热管流那样困难，技术上是有可能实现的。超声速风洞中为了减小堵塞影响而采用开孔壁面就是一种变流量管流，可以补偿放入吹风模型后引起的横截面积变化。

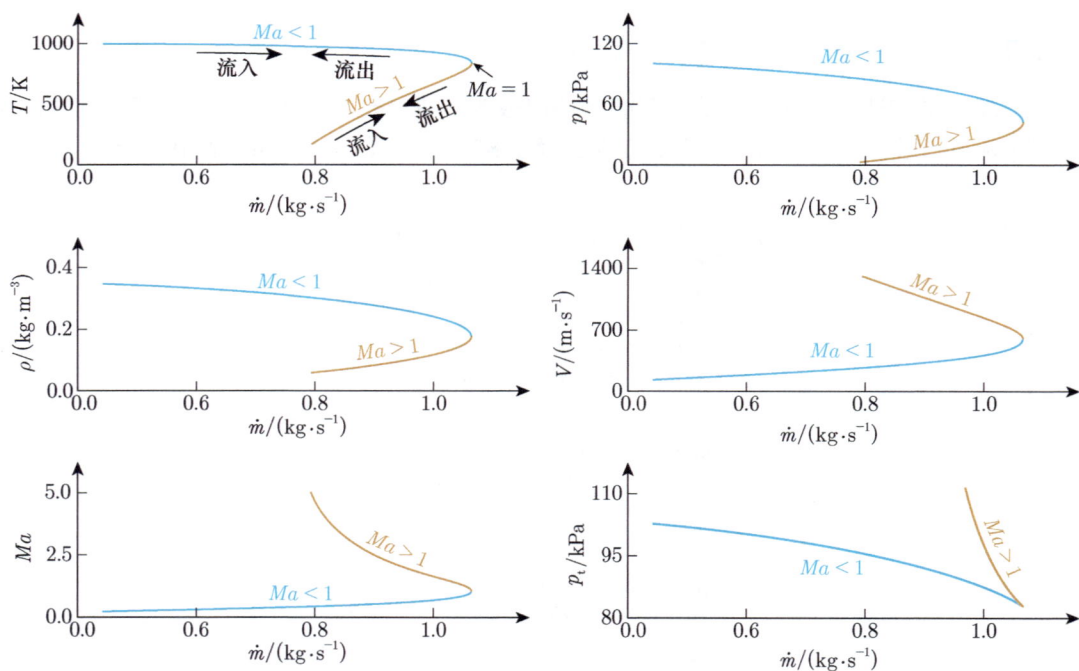

图 6-78　变流量管流中气流参数随流量增加或减小时的变化规律

350

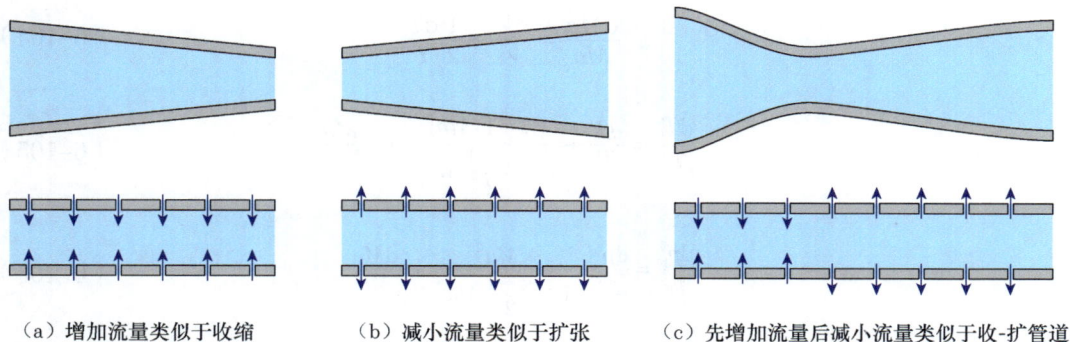

（a）增加流量类似于收缩　（b）减小流量类似于扩张　（c）先增加流量后减小流量类似于收-扩管道

图 6-79　变流量管流和变截面管流的类比

6.5　一般的一维定常管流

在实际的流动中，横截面积的变化、摩擦、换热和流量的变化等因素几乎不可能单独作用，比如摩擦和换热两个因素就总是同时存在，本节就分析这些因素同时作用时的复杂管流中气流参数的变化规律。图 6-80 所示为各种因素同时作用情况下的流动模型，即一般管流的分析模型，假设流动是一维定常的，且气体为理想气体，考虑的影响因素有：横截面积的变化、壁面的摩擦、管内气体通过管壁与外界的热交换、气体从壁面上开孔的流入和流出。下面给出各关系式（推导过程略）。

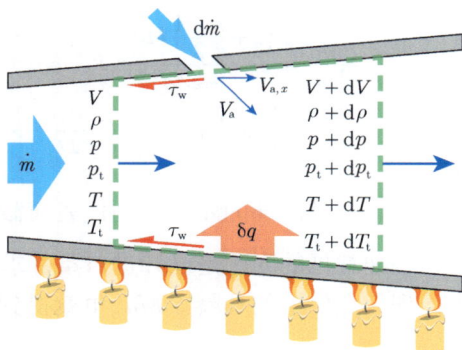

图 6-80　一般管流的分析模型

连续方程：

$$\frac{\mathrm{d}\dot{m}}{\dot{m}} = \frac{\mathrm{d}\rho}{\rho} + \frac{\mathrm{d}V}{V} + \frac{\mathrm{d}A}{A} \tag{6-101}$$

动量方程：

$$\frac{\mathrm{d}p}{p} + \kappa Ma^2 \frac{\mathrm{d}Ma}{Ma} + \frac{\kappa Ma^2}{2}\frac{\mathrm{d}T}{T} + 2\kappa Ma^2 C_f \frac{\mathrm{d}x}{D} + \kappa Ma^2(1-y)\frac{\mathrm{d}\dot{m}}{\dot{m}} = 0 \tag{6-102}$$

能量方程：

$$\frac{\mathrm{d}T_t}{T} = \left(1 + \frac{\kappa-1}{2}Ma^2\right)\frac{\mathrm{d}T_t}{T_t} \tag{6-103}$$

能量方程中本来包含与外界的换热和做功，不过这些都体现在气体总温的变化中。另外，还可以补充以下几个关系式。

$$\frac{\mathrm{d}Ma}{Ma} = \frac{\mathrm{d}V}{V} - \frac{1}{2}\frac{\mathrm{d}T}{T} \tag{6-104}$$

$$\frac{\mathrm{d}T_{\mathrm{t}}}{T_{\mathrm{t}}} = \frac{\mathrm{d}T}{T} + \frac{(\kappa-1)Ma^2}{1+\frac{\kappa-1}{2}Ma^2} \cdot \frac{\mathrm{d}Ma}{Ma} \tag{6-105}$$

$$\frac{\mathrm{d}p_{\mathrm{t}}}{p_{\mathrm{t}}} = \frac{\mathrm{d}p}{p} + \frac{\kappa Ma^2}{1+\frac{\kappa-1}{2}Ma^2} \cdot \frac{\mathrm{d}Ma}{Ma} \tag{6-106}$$

$$\frac{\mathrm{d}s}{c_p} = \frac{\mathrm{d}T}{T} - \frac{\kappa-1}{\kappa} \cdot \frac{\mathrm{d}p}{p} \tag{6-107}$$

从上面的式（6-101）~式（6-107）可以解出流动参数随影响因素的变化关系，对于马赫数，有关系式

$$\frac{\mathrm{d}Ma}{Ma} = \frac{\left(1+\frac{\kappa-1}{2}Ma^2\right)}{1-Ma^2} \times$$
$$\left\{-\frac{\mathrm{d}A}{A} + 2\kappa Ma^2 C_f\frac{\mathrm{d}x}{D} + \frac{1+\kappa Ma^2}{2}\frac{\mathrm{d}T_{\mathrm{t}}}{T_{\mathrm{t}}} + \left[1+(1-y)\kappa Ma^2\right]\frac{\mathrm{d}\dot{m}}{\dot{m}}\right\} \tag{6-108}$$

式中，花括号内部的 4 项分别代表横截面积、摩擦、换热和流量的影响。

一种常见的问题是已知进口条件求气流参数沿管道的变化。这时可以使用式（6-108）先得到任意位置的马赫数 Ma，也就得到了速度系数 λ，之后用下面各式得到其他气流参数。

$$\frac{p_2}{p_1} = \frac{\dot{m}_2 A_1 q(\lambda_1)\pi(\lambda_2)\sqrt{T_{\mathrm{t},2}}}{\dot{m}_1 A_2 q(\lambda_2)\pi(\lambda_1)\sqrt{T_{\mathrm{t},1}}} \tag{6-109}$$

$$\frac{T_2}{T_1} = \frac{\tau(\lambda_2)T_{\mathrm{t},2}}{\tau(\lambda_1)T_{\mathrm{t},1}} \tag{6-110}$$

$$\frac{V_2}{V_1} = \frac{Ma_2\sqrt{T_2}}{Ma_1\sqrt{T_1}} \tag{6-111}$$

$$\frac{\rho_2}{\rho_1} = \frac{p_2 T_1}{p_1 T_2} \tag{6-112}$$

$$\frac{p_{\mathrm{t},2}}{p_{\mathrm{t},1}} = \frac{\pi(\lambda_1)p_2}{\pi(\lambda_2)p_1} \tag{6-113}$$

$$\Delta s = c_v \ln\frac{T_2}{T_1} - R\ln\frac{\rho_2}{\rho_1} \tag{6-114}$$

【例 6-5】 如图 6-81 所示，绝热扩张管道的
进口直径 $D_1 = 0.5\,\mathrm{m}$，半锥角 $\alpha = 1°$，壁面摩
擦系数 $C_f = 0.0025$，现已知进口空气的马赫数
$Ma_1 = 0.8$，求马赫数沿管道的变化。当壁面摩擦
系数 $C_f = 0.025$ 时，重复上述计算。

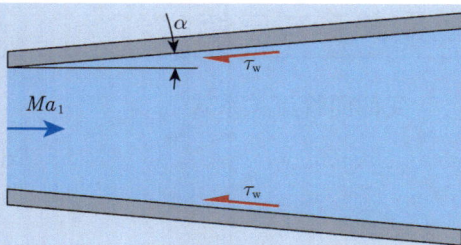

图 6-81　考虑摩擦的扩张管流

解：这个问题中只需要考虑面积变化和管壁
的摩擦，因此将式（6-108）简化为

$$\frac{\mathrm{d}Ma}{Ma} = \frac{\left(1 + \dfrac{\kappa - 1}{2}Ma^2\right)}{1 - Ma^2}\left(-\frac{\mathrm{d}A}{A} + 2\kappa Ma^2 C_f \frac{\mathrm{d}x}{D}\right) \tag{1}$$

距进口为 x 的任意截面处直径和横截面积分别为

$$D = D_1 + 2x\tan\alpha,\quad A = \pi R^2 = \pi(D_1/2 + x\tan\alpha)^2$$

从而有

$$\frac{\mathrm{d}A}{A} = \frac{2\tan\alpha}{D_1/2 + x\tan\alpha}\mathrm{d}x$$

把上式代入式（1），可得

$$\frac{\mathrm{d}Ma}{Ma} = \frac{\left(1 + \dfrac{\kappa - 1}{2}Ma^2\right)}{1 - Ma^2}\frac{2\kappa C_f Ma^2 - 4\tan\alpha}{D_1 + 2x\tan\alpha}\mathrm{d}x \tag{2}$$

使用上式就可以求出马赫数随 x
的变化。可以使用小增量法，即用一
个小的增量 δx 代替 $\mathrm{d}x$，以进口 $x = 0$
处为已知，可以计算出（$x + \mathrm{d}x$）处
的马赫数，依次向下游推进可以计算
出所有马赫数。图 6-82 所示为计算得
到的 Ma 随 x 的变化曲线。

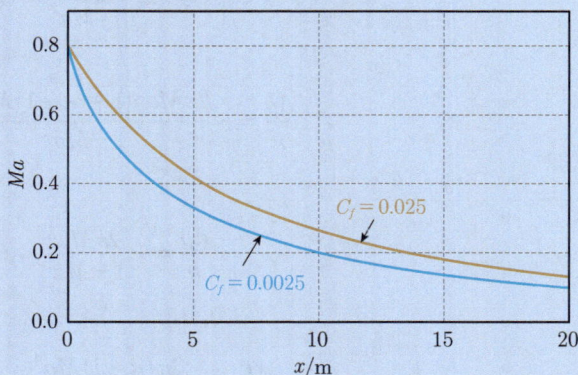

图 6-82　Ma 随 x 的变化曲线

可以看到，总体来说流动受横截面积变化影响更大一些，半锥角为 1° 的横截面积变
化就比正常大小摩擦系数（$C_f = 0.0025$）产生的摩擦作用要强。当增大摩擦系数时，减速
程度有所减小，但仍然是减速的，如果扩张程度再小一点，或者摩擦系数再大一些，则气
体有可能加速。那就有可能存在声速截面，也可能会产生摩擦壅塞。

重要关系式总结

变截面管流关系式

$$\frac{\mathrm{d}\rho}{\rho} = -Ma^2 \frac{\mathrm{d}V}{V} \qquad\qquad (6-4)$$

$$\frac{\mathrm{d}V}{V} = -\frac{1}{1-Ma^2} \cdot \frac{\mathrm{d}A}{A} \qquad\qquad (6-6)$$

$$\frac{\mathrm{d}\rho}{\rho} = \frac{Ma^2}{1-Ma^2} \cdot \frac{\mathrm{d}A}{A} \qquad\qquad (6-7)$$

$$\frac{\mathrm{d}p}{p} = \frac{\kappa Ma^2}{1-Ma^2} \cdot \frac{\mathrm{d}A}{A} \qquad\qquad (6-8)$$

$$\frac{\mathrm{d}T}{T} = \frac{(\kappa-1)Ma^2}{1-Ma^2} \cdot \frac{\mathrm{d}A}{A} \qquad\qquad (6-9)$$

$$\frac{\mathrm{d}Ma}{Ma} = -\frac{1+\dfrac{\kappa-1}{2}Ma^2}{1-Ma^2} \cdot \frac{\mathrm{d}A}{A} \qquad\qquad (6-10)$$

摩擦管流关系式

$$\frac{\mathrm{d}V}{V} = \frac{2\kappa Ma^2}{1-Ma^2} \cdot C_f \frac{\mathrm{d}x}{D} \qquad\qquad (6-33)$$

$$\frac{\mathrm{d}p}{p} = -\frac{2\kappa Ma^2\left[1+(\kappa-1)Ma^2\right]}{1-Ma^2} \cdot C_f \frac{\mathrm{d}x}{D} \qquad\qquad (6-34)$$

$$\frac{\mathrm{d}\rho}{\rho} = -\frac{2\kappa Ma^2}{1-Ma^2} \cdot C_f \frac{\mathrm{d}x}{D} \qquad\qquad (6-35)$$

$$\frac{\mathrm{d}T}{T} = -\frac{2\kappa(\kappa-1)Ma^4}{1-Ma^2} \cdot C_f \frac{\mathrm{d}x}{D} \qquad\qquad (6-36)$$

$$\frac{\mathrm{d}Ma}{Ma} = \frac{2\kappa Ma^2\left(1+\dfrac{\kappa-1}{2}Ma^2\right)}{1-Ma^2} \cdot C_f \frac{\mathrm{d}x}{D} \qquad\qquad (6-37)$$

$$\frac{\mathrm{d}s}{c_p} = 2(\kappa-1)Ma^2 \cdot C_f \frac{\mathrm{d}x}{D} \qquad\qquad (6-38)$$

$$\frac{\mathrm{d}p_{\mathrm{t}}}{p_{\mathrm{t}}} = -2\kappa Ma^2 \cdot C_f \frac{\mathrm{d}x}{D} \tag{6-39}$$

换热管流关系式

$$\frac{\mathrm{d}V}{V} = \frac{1+\dfrac{\kappa-1}{2}Ma^2}{1-Ma^2} \cdot \frac{\mathrm{d}T_{\mathrm{t}}}{T_{\mathrm{t}}} \tag{6-67}$$

$$\frac{\mathrm{d}T}{T} = \frac{\left(1-\kappa Ma^2\right)\left(1+\dfrac{\kappa-1}{2}Ma^2\right)}{1-Ma^2} \cdot \frac{\mathrm{d}T_{\mathrm{t}}}{T_{\mathrm{t}}} \tag{6-68}$$

$$\frac{\mathrm{d}\rho}{\rho} = -\frac{1+\dfrac{\kappa-1}{2}Ma^2}{1-Ma^2} \cdot \frac{\mathrm{d}T_{\mathrm{t}}}{T_{\mathrm{t}}} \tag{6-69}$$

$$\frac{\mathrm{d}p}{p} = -\frac{\kappa Ma^2\left(1+\dfrac{\kappa-1}{2}Ma^2\right)}{1-Ma^2} \cdot \frac{\mathrm{d}T_{\mathrm{t}}}{T_{\mathrm{t}}} \tag{6-70}$$

$$\frac{\mathrm{d}Ma}{Ma} = \frac{\left(1+\kappa Ma^2\right)\left(1+\dfrac{\kappa-1}{2}Ma^2\right)}{2\left(1-Ma^2\right)} \cdot \frac{\mathrm{d}T_{\mathrm{t}}}{T_{\mathrm{t}}} \tag{6-72}$$

$$\frac{\mathrm{d}p_{\mathrm{t}}}{p_{\mathrm{t}}} = -\frac{\kappa}{2}Ma^2 \cdot \frac{\mathrm{d}T_{\mathrm{t}}}{T_{\mathrm{t}}} \tag{6-74}$$

$$\frac{\mathrm{d}s}{c_p} = \left(1+\frac{\kappa-1}{2}Ma^2\right) \cdot \frac{\mathrm{d}T_{\mathrm{t}}}{T_{\mathrm{t}}} \tag{6-76}$$

一般一维定常管流关系式

$$\frac{\mathrm{d}Ma}{Ma} = \frac{\left(1+\dfrac{\kappa-1}{2}Ma^2\right)}{1-Ma^2} \times$$
$$\left\{-\frac{\mathrm{d}A}{A} + 2\kappa Ma^2 C_f \frac{\mathrm{d}x}{D} + \frac{1+\kappa Ma^2}{2}\frac{\mathrm{d}T_{\mathrm{t}}}{T_{\mathrm{t}}} + \left[1+(1-y)\kappa Ma^2\right]\frac{\mathrm{d}\dot{m}}{\dot{m}}\right\} \tag{6-108}$$

$$\frac{p_2}{p_1} = \frac{\dot{m}_2 A_1 q(\lambda_1)\pi(\lambda_2)\sqrt{T_{\mathrm{t},2}}}{\dot{m}_1 A_2 q(\lambda_2)\pi(\lambda_1)\sqrt{T_{\mathrm{t},1}}} \tag{6-109}$$

$$\frac{T_2}{T_1} = \frac{\tau(\lambda_2)T_{\mathrm{t},2}}{\tau(\lambda_1)T_{\mathrm{t},1}} \tag{6-110}$$

$$\frac{V_2}{V_1} = \frac{Ma_2\sqrt{T_2}}{Ma_1\sqrt{T_1}} \tag{6-111}$$

$$\frac{\rho_2}{\rho_1} = \frac{p_2 T_1}{p_1 T_2} \tag{6-112}$$

$$\frac{p_{t,2}}{p_{t,1}} = \frac{\pi(\lambda_1) p_2}{\pi(\lambda_2) p_1} \tag{6-113}$$

$$\Delta s = c_v \ln \frac{T_2}{T_1} - R \ln \frac{\rho_2}{\rho_1} \tag{6-114}$$

习 题

6-1 文氏管流量计是一种通过收 - 扩管道的压力变化来测量流量的装置，现在已知一个管道内的参数大概为 $T_t = 500\text{ K}$，$p_t = 2\times10^5\text{ Pa}$，$\dot{m} = 1.0\text{ kg/s}$，若按照喉部马赫数为 0.8 设计，文氏管的喉部直径应该为多少？如果测量时流量为 1.05 kg/s，其他参数不变，该文氏管流量计还能否正常工作？

6-2 如习题 6-2 图所示的收缩管道，当流速分别为亚声速和超声速时，分别在图中标出最高压力点（区）和最低压力点（区）。

习题 6-2 图

6-3 已知一个收 - 扩管道的喉部马赫数为 0.7，求扩张段面积为喉部 4 倍处的马赫数。

6-4 若习题 6-3 中喉部达到壅塞状态，并且已知管内不存在激波，求同样位置的马赫数。

6-5 若习题 6-3 中喉部的流量函数 $q(\lambda) = 0.7$，并且已知管内不存在激波，求同样位置的马赫数。

6-6 已知收 - 扩管道的进口为恒压罐，出口为标准大气环境，出口面积为喉部面积的 8 倍，现测得喉部的壁面静压 $p = 6.67\times10^4\text{ Pa}$，求喉部马赫数、出口马赫数以及恒压罐中气体的压力。

6-7 已知收 - 扩管道的进口为恒压罐，罐中的压力 $p = 1.1\times10^5\text{ Pa}$，出口为标准大气环境，为了让喉部流速达到声速，出口面积至少为喉部面积的多少倍？

6-8 已知收 – 扩管道的进口为恒压罐，罐中的压力 $p = 5.5 \times 10^5\,\text{Pa}$，温度为 300 K，出口为标准大气环境，喉部直径为 0.25 m，求通过管道的质量流量。

6-9 二维收 – 扩管道的下壁面为直线，上壁面的曲线为 $y = 0.8 + 0.2\cos(2\pi x)$，其中 $x = 0$ 为进口，$x = 1$ 为出口，已知进口总压为 p_0，忽略黏性，不考虑扩张段内的膨胀波，计算背压 $p_b = 0.7p_0$ 时激波在扩张段中的位置。

6-10 已知收 – 扩管道的出口面积为喉部的 2 倍，进口流速为亚声速，总压为 p_t，分别在下面的背压条件下计算出口的马赫数：① $p_b = 0.95p_t$；② $p_b = 0.70p_t$；③ $p_b = 0.06p_t$。

6-11 要设计一个试验段马赫数为 2.0、宽高各为 1 m 的风洞，采用双喉部的形式，喷管喉部为声速，扩压器喉部马赫数为 1.2，不考虑黏性损失，求喷管喉部面积和扩压器喉部面积。

6-12 一个超声速巡航导弹的设计马赫数为 1.5，使用涡喷发动机推进，采用习题 6-12 图所示的理想内压式进气道，试计算一开始需要加速到多大的马赫数才能使进气道起动。

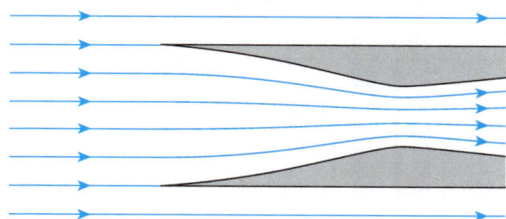

习题 6-12 图

6-13 长距离输送压缩空气的管道直径为 50 cm，长 150 m，已知进口气流马赫数为 0.25，静温为 20 ℃，并已知管道的平均摩擦系数为 0.005，试求出口处气流的马赫数和温度，以及单位质量气体从进口流到出口的熵量。

6-14 接习题 6-13，如果其他条件不变，管长增加到 300 m，会发生什么现象？

6-15 接习题 6-13，假设现在不知道管道进口马赫数，但已知进口处的总压为 2 个大气压，其他条件不变，求出口处的气流马赫数。

6-16 一个等截面有摩擦的管道，进口马赫数为 3.0，求：① 管内无激波，出口马赫数为声速时的管长与管径之比 L/D；② 能保持进口马赫数的 L/D 最大值。

6-17 证明：如果把等截面换热管流看成多变过程，则多变指数 $n = \kappa Ma^2$。

6-18 证明对于内部为空气的等截面换热管流，如下的两种入口条件在分别加速或减速到声速时，状态参数是一致的，并求出声速时气流的温度和压力。

　① $Ma = 0.2$, $T = 300\,\text{K}$, $p = 100\,000\,\text{Pa}$；② $Ma = 3.0$, $T = 407\,\text{K}$, $p = 7765\,\text{Pa}$。

6-19 内部为空气的等截面换热管流的入口分别如下面两种条件，分别求使管道出口达到声速的临界加热量。

① $T_1 = 300\ \text{K},\ Ma_1 = 0.2$；② $T_1 = 600\ \text{K},\ Ma_1 = 0.5$。

6-20 空气沿等截面无摩擦绝热管道流动，沿程壁面上有小孔注入额外的空气，注入空气的速度与管道轴线垂直，已知管道横截面积为 $0.01\ \text{m}^2$，进口气流条件为：$Ma_1 = 0.2$，$T_1 = 1000\ \text{K}$，$p_1 = 100\,000\ \text{Pa}$。求当流速达到声速时的气流温度和压力。若在达到声速之后在壁面上抽气使气流变为超声速，求当 $Ma_2 = 2.0$ 时的质量流量。

6-21 如习题 6-21 图所示，绝热有摩擦扩张管道的进口直径 $D_1 = 0.5\ \text{m}$，半锥角 $\alpha = 1.5°$，管长 $L = 5\ \text{m}$，壁面摩擦系数 $C_f = 0.005$，现已知进口空气的马赫数为 $Ma_1 = 0.6$，求出口气流马赫数 Ma_2。

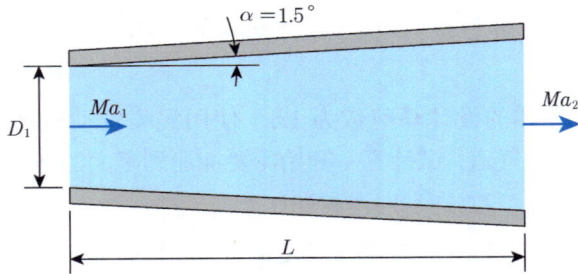

习题 6-21 图

第 7 章

一维非定常波

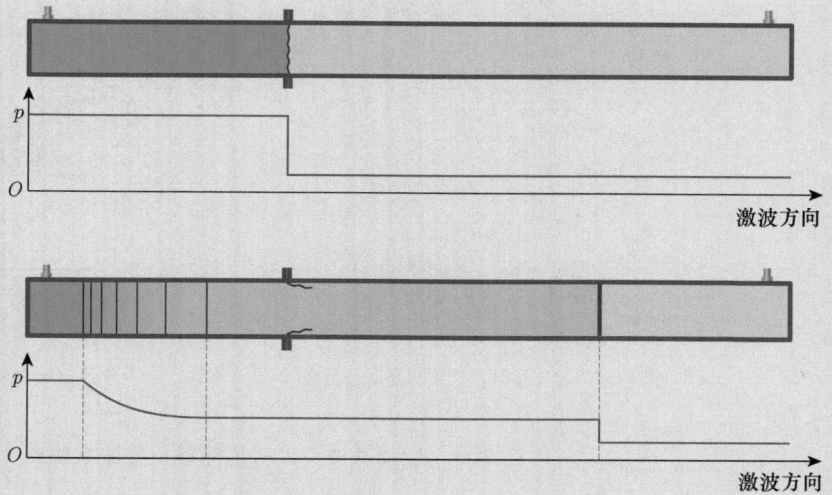

激波管的高压腔室和低压腔室被膜片隔开,刺破膜片,会产生一道正向传播的激波和一系列逆向传播的膨胀波。

　　压力波是在气体中以一定速度传播的压力扰动，弱扰动的传播速度是声速，强扰动的传播速度比声速快，所有压力波都是相对气体运动的，因此如果我们站在静止的气体中让压力波扫过，感受到的流动是非定常的。由于定常流动比非定常流动简单得多，转换一下坐标，以压力波本身为参照系，气体以一定速度穿过它，流动就变为定常，问题可以得到很大程度的简化。

　　比如，当飞机以超声速飞过时，机头产生的锥面激波扫过静止的大气，使空气的压力突然跃升，这是非定常的压力波。为了简化问题，我们可以与飞机一起运动，这时激波相对我们是静止的，而空气是迎面吹来的，这就相当于风洞试验，这时的压力波是定常的，如图7-1所示。可见，非定常波可以转换为定常的压力波来处理，问题是一样的，只是处理方法不同。在前面的第5章和第6章我们都是这样处理问题的，得到的关系式中不含时间，较为简单。

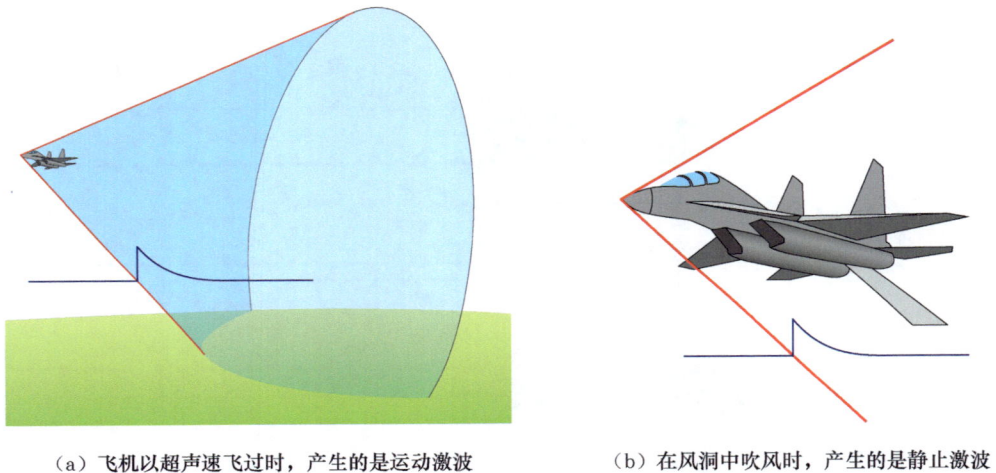

（a）飞机以超声速飞过时，产生的是运动激波　　　　　（b）在风洞中吹风时，产生的是静止激波

图7-1　运动激波可以转换为静止激波来研究

　　然而，只有在波速恒定的情况下非定常波才可以转换为定常的压力波来处理，一维传播的激波有恒定的速度，可以转换为定常的，但一维传播的膨胀波就不行，原因是膨胀波在传播过程中会逐渐散开，没有统一的波速。即使是激波，当存在运动速度不同的几道激波，或者激波正面撞击壁面发生反射时，都无法转化为定常的压力波，图7-2所示为几种无法转化为定常的压力波的问题。

　　由于非定常流动较为复杂，本书只讨论一维流动的情况，即一维非定常波的理论和计算。激波管是这一理论最直接的应用，本章的所有理论都可以直接用于激波管的计算。激波管是一种重要的科学实验装置，通常是一根两端封闭的长管，中间用膜片隔开，分别充入不同压力的气体。实验时，使膜片破裂，产生扫过低压气体的激波，同时产生向高压气体传播的膨胀波。激波管不但可以产生激波，还可以产生瞬态的高速流动和高温气体，可以用于多种实验研究。

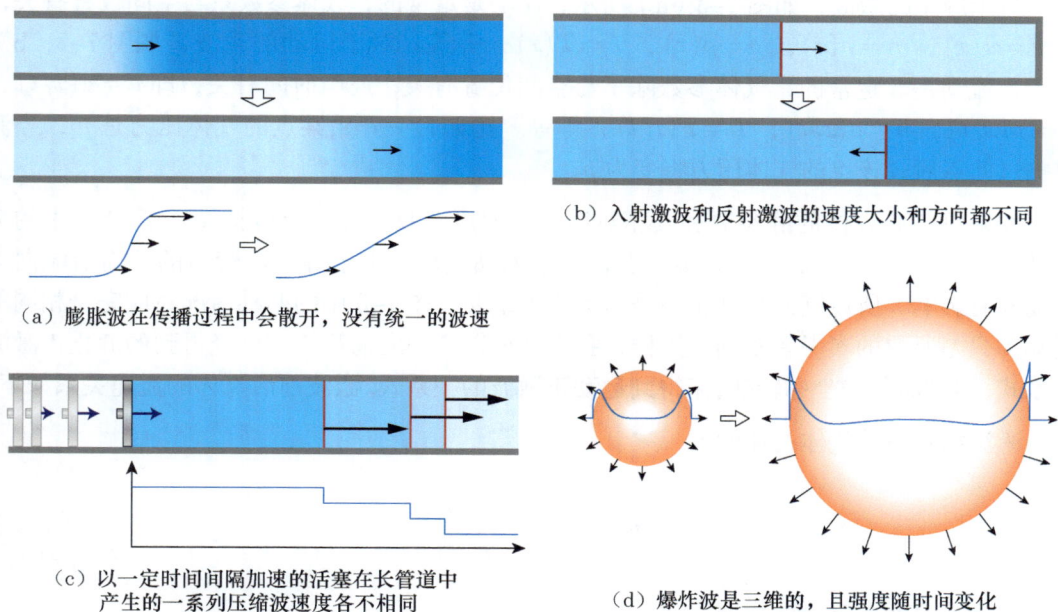

（a）膨胀波在传播过程中会散开，没有统一的波速

（b）入射激波和反射激波的速度大小和方向都不同

（c）以一定时间间隔加速的活塞在长管道中产生的一系列压缩波速度各不相同

（d）爆炸波是三维的，且强度随时间变化

图 7-2　几种无法转换为定常压力波来处理的问题

7.1　正激波和反射激波

7.1.1　运动正激波

　　静止的正激波已经在 5.3 节中详细讨论过。在实际流动中，最常见的静止正激波存在于扩张管道中，激波向上游传播的速度正好等于激波前气体的流速，因此激波相对管道静止。在等截面管道中如果存在一道正激波，当激波前的气流速度正好等于激波的传播速度时，也可以让激波相对于管道静止，如图 7-3（a）所示。然而这种情况是很罕见的，也不容易保持，因为这时激波位于任何位置都满足流动方程，任何小的扰动都会使激波前移或后移。更常见的情况是管道内气体原本处于静止状态，而激波以超声速扫过，如图 7-3（b）所示，这一小节我们就来分析这种情况下激波产生的气体参数变化。

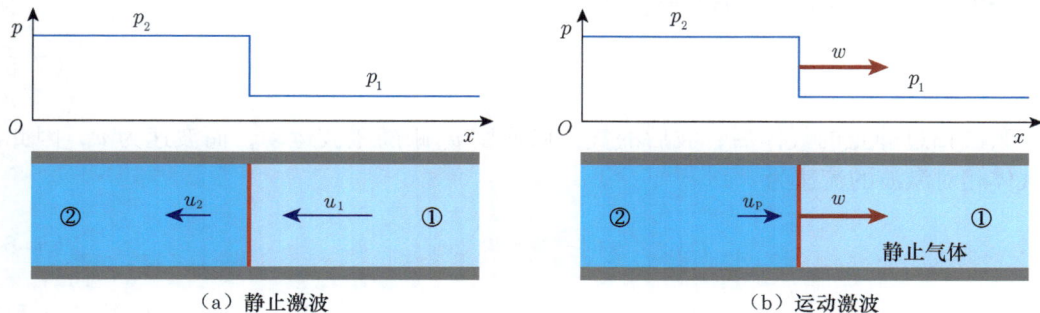

（a）静止激波

（b）运动激波

图 7-3　静止激波和运动激波对应的流动

对于静止的激波，如图 7-3（a）所示，流动是定常的，气体参数只与空间位置有关，即 $u=u(x)$，$p=p(x)$，$\rho=\rho(x)$，$T=T(x)$，等等。对于运动的激波，如图 7-3（b）所示，流动是非定常的，气体参数除了与空间位置有关，还与时间有关，即 $u=u(x,t)$，$p=p(x,t)$，$\rho=\rho(x,t)$，$T=T(x,t)$，等等。比如，一开始某点的气体压力是 p_1，当激波扫过此点后，该点的气体压力将变为 p_2。

如果只关心气体的静参数和其相对激波的速度，我们完全可以把图 7-3（b）中的流动转化为图 7-3（a）来分析。实际上，对于无黏流动，由于等截面管道的壁面沿流向对流动没有影响，所以壁面是静止还是运动并不重要，图 7-3 中的两种情况对应完全相同的流动，只是所取的参考系不同。这样，我们就可以应用之前第 5 章已经得到的静止正激波关系式，通过简单的坐标转换，来得到运动正激波的关系式。激波前后气体的流速关系如下。

激波相对波前气体的速度

$$u_1=\sqrt{\frac{\rho_2}{\rho_1}\cdot\frac{p_2-p_1}{\rho_2-\rho_1}} \tag{7-1}$$

激波相对波后气体的速度

$$u_2=\sqrt{\frac{\rho_1}{\rho_2}\cdot\frac{p_2-p_1}{\rho_2-\rho_1}} \tag{7-2}$$

激波相对波前气体的马赫数

$$Ma_1=\sqrt{1+\frac{\kappa+1}{2\kappa}\left(\frac{p_2}{p_1}-1\right)} \tag{7-3}$$

激波相对波后气体的马赫数

$$Ma_2=\sqrt{1+\frac{\kappa+1}{2\kappa}\left(\frac{p_1}{p_2}-1\right)} \tag{7-4}$$

图 7-3（a）中的 u_1 表示波前气流相对激波的流速，图 7-3（b）中的 w 表示激波在静止气体中的传播速度，这两者相等，即

$$u_1=w \tag{7-5}$$

激波扫过静止的气体后，波后的气体以速度 u_p 跟随激波运动，而波速为 w，因此波后气体相对激波的流速为

$$u_2=w-u_p \tag{7-6}$$

把式（7-5）和式（7-6）代入式（7-1）和式（7-2），可以得到激波的波速 w 和波后气体流速 u_p 的表达式

$$w = \sqrt{\frac{\rho_2}{\rho_1} \cdot \frac{p_2 - p_1}{\rho_2 - \rho_1}} \qquad (7\text{-}7)$$

$$u_{\mathrm{p}} = \sqrt{\frac{\rho_2}{\rho_1} \cdot \frac{p_2 - p_1}{\rho_2 - \rho_1}} - \sqrt{\frac{\rho_1}{\rho_2} \cdot \frac{p_2 - p_1}{\rho_2 - \rho_1}} \qquad (7\text{-}8)$$

用这两个关系式来计算波速和气流速度不太方便，需要的参数太多，下面我们来推导更方便使用的关系式。对于静止激波的情况，我们在第 5 章得出了激波前后气流参数的关系式，即式（5-30）～式（5-34），这些关系式都以波前马赫数作为自变量，在工程计算中，只要得到波前马赫数，就可以计算出激波前后各种气流参数的关系。对于在静止气体中传播的激波，波前气流速度为零，一般已知的是激波的运动马赫数 Ma_{s} 或激波前后的压比 p_2/p_1，所以需要把各种参数都表示成这两者之一的函数。

激波的运动马赫数 Ma_{s} 定义为波速与波前气体声速之比

$$Ma_{\mathrm{s}} = w/c_1$$

显然它就等于波前气体相对于激波的马赫数，即式（7-3）中的 Ma_1，从而有

$$Ma_{\mathrm{s}} = \sqrt{1 + \frac{\kappa + 1}{2\kappa}\left(\frac{p_2}{p_1} - 1\right)} \qquad (7\text{-}9)$$

也可以用激波运动马赫数来表示压比

$$\frac{p_2}{p_1} = 1 + \frac{2\kappa}{\kappa + 1}\left(Ma_{\mathrm{s}}^2 - 1\right) \qquad (7\text{-}10)$$

运动激波扫过后气体的运动速度 u_{p} 是一个很重要的参数，仍然以图 7-3（a）所示的静止激波来分析，根据定常流动的连续方程，有

$$\rho_1 u_1 = \rho_2 u_2$$

把式（7-5）和式（7-6）代入上式，可得

$$\rho_1 w = \rho_2\left(w - u_{\mathrm{p}}\right)$$

从而有

$$u_{\mathrm{p}} = \left(1 - \frac{\rho_1}{\rho_2}\right)w$$

上式中的波速 w 等于马赫数 Ma_{s} 与声速 c_1 的乘积，利用式（7-9），可得

$$u_{\mathrm{p}} = \left(1 - \frac{\rho_1}{\rho_2}\right)c_1 \sqrt{1 + \frac{\kappa + 1}{2\kappa}\left(\frac{p_2}{p_1} - 1\right)}$$

利用朗金 – 雨贡纽关系式，把上式中的密度比用压比来表示，整理可得

$$u_{\mathrm{p}} = \frac{c_1}{\kappa}\left(\frac{p_2}{p_1}-1\right)\sqrt{\frac{\dfrac{2\kappa}{\kappa+1}}{\dfrac{p_2}{p_1}+\dfrac{\kappa-1}{\kappa+1}}} \qquad (7\text{-}11)$$

利用式（7-10），式（7-11）也可以用 Ma_{s} 表示为

$$u_{\mathrm{p}} = \frac{2c_1}{\kappa+1}\frac{Ma_{\mathrm{s}}^2-1}{Ma_{\mathrm{s}}} \qquad (7\text{-}12)$$

从式（7-12）可以看出，激波后气流的速度只取决于激波的运动马赫数 Ma_{s} 和波前的声速 c_1。当激波退化为弱压缩波时，$Ma_{\mathrm{s}}\to 1$，波后流速为零，也就是说，声波这样的弱扰动扫过静止的气体后不会产生宏观流动。

运动激波前后的气流静参数关系与静止激波的是一样的，同样可以使用朗金 – 雨贡纽关系式，重写如下：

$$\frac{\rho_2}{\rho_1} = \frac{\dfrac{\kappa+1}{\kappa-1}\dfrac{p_2}{p_1}+1}{\dfrac{\kappa+1}{\kappa-1}+\dfrac{p_2}{p_1}} \qquad (7\text{-}13)$$

$$\frac{T_2}{T_1} = \frac{\dfrac{\kappa-1}{\kappa+1}\dfrac{p_2}{p_1}+1}{\dfrac{\kappa-1}{\kappa+1}\dfrac{p_1}{p_2}+1} \qquad (7\text{-}14)$$

总参数则与所选取的坐标有关。对于图 7-3（b）所示的情况，激波前方的气体静止，总参数与静参数相同，激波后方的气体以速度 u_{p} 跟随激波运动，总参数与静参数不同。利用激波后气流的总静温关系

$$T_{\mathrm{t,2}} = T_2 + \frac{u_{\mathrm{p}}^2}{2c_{\mathrm{p}}}$$

可以对运动激波前后的总温比进行如下推导

$$\frac{T_{\mathrm{t,2}}}{T_{\mathrm{t,1}}} = \frac{T_2+\dfrac{u_{\mathrm{p}}^2}{2c_{\mathrm{p}}}}{T_1} = \frac{T_2}{T_1}+\frac{u_{\mathrm{p}}^2}{2c_{\mathrm{p}}T_1} = \frac{T_2}{T_1}+\frac{u_{\mathrm{p}}^2}{2\dfrac{\kappa}{\kappa-1}RT_1} = \frac{T_2}{T_1}+\frac{\kappa-1}{2}\frac{u_{\mathrm{p}}^2}{c_1^2}$$

把式（7-11）和式（7-14）代入上式，整理可得

$$\frac{T_{\mathrm{t,2}}}{T_{\mathrm{t,1}}} = \frac{\kappa-1}{\kappa}\frac{p_2}{p_1}+\frac{1}{\kappa} \qquad (7\text{-}15)$$

这就是运动激波扫过后气体总温的变化，总温比与静压比呈线性关系。

气流在激波前后分别满足总静压比与总静温比的等熵关系式，即

$$\frac{p_{t,2}/p_2}{p_{t,1}/p_1}=\frac{\left(T_{t,2}/T_2\right)^{\frac{\kappa}{\kappa-1}}}{\left(T_{t,1}/T_1\right)^{\frac{\kappa}{\kappa-1}}}$$

因此，总压比可以表示为

$$\frac{p_{t,2}}{p_{t,1}}=\frac{p_2}{p_1}\left(\frac{T_1}{T_2}\cdot\frac{T_{t,2}}{T_{t,1}}\right)^{\frac{\kappa}{\kappa-1}}$$

把式（7-14）和式（7-15）代入上式，整理可得

$$\frac{p_{t,2}}{p_{t,1}}=\frac{p_2}{p_1}\left[\frac{\left(\frac{\kappa-1}{\kappa+1}\frac{p_1}{p_2}+1\right)\left(\frac{\kappa-1}{\kappa}\frac{p_2}{p_1}+\frac{1}{\kappa}\right)}{\frac{\kappa-1}{\kappa+1}\frac{p_2}{p_1}+1}\right]^{\frac{\kappa}{\kappa-1}} \tag{7-16}$$

这是运动激波扫过后气体总压的变化。

使用式（7-10），可以把式（7-15）和式（7-16）变换成以 Ma_s 表示的关系式，如下

$$\frac{T_{t,2}}{T_{t,1}}=1+2\frac{\kappa-1}{\kappa+1}\left(Ma_s^2-1\right) \tag{7-17}$$

$$\frac{p_{t,2}}{p_{t,1}}=\left[1+\frac{2\kappa}{\kappa+1}\left(Ma_s^2-1\right)\right]\left\{\frac{(\kappa+1)\left(\frac{\kappa-1}{2\kappa Ma_s^2-\kappa+1}+1\right)\left[2(\kappa-1)Ma_s^2-\kappa+3\right]}{2\kappa(\kappa-1)Ma_s^2+4\kappa}\right\}^{\frac{\kappa}{\kappa-1}} \tag{7-18}$$

对于马赫数为 2.0 的运动激波来说，用式（7-17）和式（7-18）可以计算出波后总温是波前的 2 倍，而波后总压是波前的 8.2 倍。总温和总压的升高意味着气体的总能量增加了，这些增加的能量是从哪里获得的呢？

对于静止的激波，可以用定常流动关系式来分析，气流通过激波进行的是一种绝能流动，因此总能量保持不变，即总温不变，而激波产生损失，总压减小。对于运动的激波，这样的分析就不再适用了，因为流动变成了非定常的。把第 3 章的总焓方程即式（3-71）重写如下

$$\frac{\mathrm{d}h_t}{\mathrm{d}t}=f_{b,i}u_i+\frac{1}{\rho}\frac{\partial p}{\partial t}+u_j\frac{\partial\tau_{v,ij}}{\partial x_i}+\frac{1}{\rho}\Phi_v+\frac{1}{\rho}\frac{\partial}{\partial x_i}\left(\lambda\frac{\partial T}{\partial x_i}\right)+\dot{q}_{\mathrm{rad}}$$

有 4 种因素可以增加流体的总焓：体积力做功、非定常压力做功、黏性力做功和从外界吸热。运动正激波产生的流动基本可以看作和外界绝热，且重力作用可忽略，而黏性力做功指的是系统与外界之间的作用，对于壁面静止的一维流动来说这一项为零。因此，运

动激波产生的总温增加只来源于非定常压力做功,即

$$\frac{\mathrm{d}h_\mathrm{t}}{\mathrm{d}t}=\frac{1}{\rho}\frac{\partial p}{\partial t}$$

激波是一种阶跃压力波,扫过气体时,$\partial p/\partial t>0$,于是气体的总温会增加。

式(7-11)给出了波后气体的流速,这个速度是像静止激波后的流动那样总是亚声速,还是有可能是超声速呢?为了回答这个问题,我们来推导波后气体的马赫数

$$Ma_2=\frac{u_\mathrm{p}}{c_2}=\frac{u_\mathrm{p}}{c_1}\frac{c_1}{c_2}=\frac{u_\mathrm{p}}{c_1}\sqrt{\frac{T_1}{T_2}}$$

把式(7-11)和式(7-14)代入上式,整理可得

$$Ma_2=\frac{1}{\kappa}\left(\frac{p_2}{p_1}-1\right)\sqrt{\frac{2\kappa}{\frac{p_2}{p_1}\left[(\kappa-1)\frac{p_2}{p_1}+\kappa+1\right]}} \qquad (7-19)$$

把式(7-10)代入式(7-19),可以得到激波后的气流马赫数 Ma_2 随激波运动马赫数 Ma_s 的变化如下

$$Ma_2=2\left(Ma_\mathrm{s}^2-1\right)\sqrt{\frac{1}{2\kappa(\kappa-1)Ma_\mathrm{s}^4-(\kappa^2-6\kappa+1)Ma_\mathrm{s}^2-2(\kappa-1)}} \qquad (7-20)$$

当激波强度无限大,即 $p_2/p_1\to\infty$ 时,从式(7-19)可得

$$\lim_{p_2/p_1\to\infty}Ma_2=\sqrt{\frac{2}{\kappa(\kappa-1)}} \qquad (7-21)$$

按照 $\kappa=1.4$ 计算,$Ma_{2,\max}\approx1.890$,也就是说运动激波后的气流马赫数有一个上限,并且速度有可能是超声速。进一步计算可知,当 $p_2/p_1<4.823$ 或 $Ma_\mathrm{s}<2.068$ 时,激波后的气流速度是亚声速,大于此值时,激波后的气流速度是超声速。图7-4所示为激波后马赫数随激波运动马赫数的变化情况。

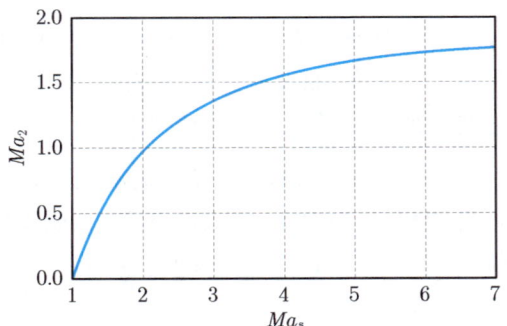

图7-4 激波后马赫数随激波运动马赫数的变化情况

7.1.2 正激波的反射

一道以速度 w 在静止的气体中运动的正激波,其后面的气流速度为 u_p。如果在激波的前进方向上有一个壁面,如图7-5所示,把激波前未受扰动的区域标记为①区,激波后的区域标记为②区,则②区的气流在接近壁面的过程中由于与壁面之间有激波,并不会提

前减速，当激波正面撞上壁面时，波后②区的气流速度会突然降为零。这种突然的减速只有激波可以做到，因此，激波撞上壁面之后会产生一道向左运动的激波，这道激波扫过②区原本向右运动的气体，使其速度降为零，把这个第二次被激波扫过的区域标记为⑤区（为了和后面分析激波管时统一），把初始向右运动的激波称为**入射激波**，把其撞上壁面后产生的向左运动的激波称为**反射激波**，这种反射和第 5 章 5.4 节所讨论过的斜激波在壁面上的反射有相同的原理，都是要保证反射后的气流垂直壁面的速度分量为零。

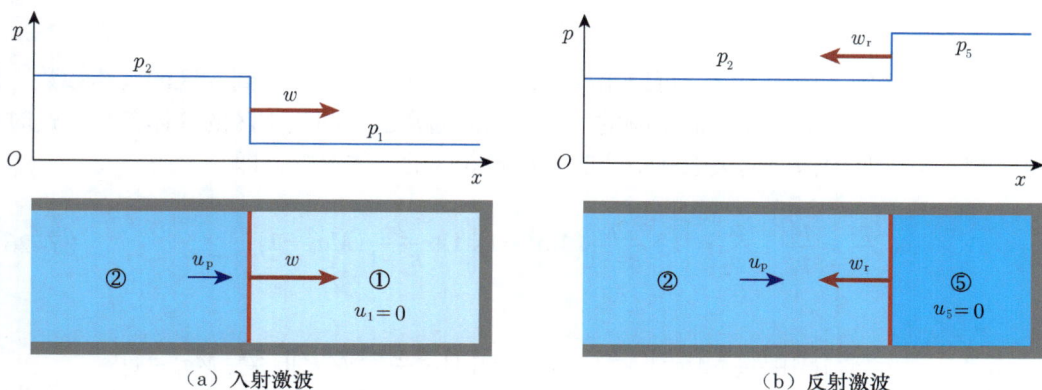

图 7-5　运动激波的反射激波

反射激波由②区的气流撞上壁面产生，因此其强度也完全由这个条件来确定。激波关系式也可以通过坐标转换，用静止激波的方式来得到。设反射激波相对于管道的速度为 w_r，如果以激波为参照系，则如图 7-6（b）所示，激波静止，而管道和气流向右运动。用 u_{front} 表示这时波前气流相对于激波的速度，u_{back} 表示波后气流相对于激波的速度，则有

$$u_{front} = w_r + u_p \qquad (7-22)$$

$$u_{back} = w_r \qquad (7-23)$$

定义反射激波相对于②区气体的马赫数为反射波马赫数 Ma_r，则有

$$Ma_r = \frac{u_{front}}{c_2} = \frac{w_r + u_p}{c_2}$$

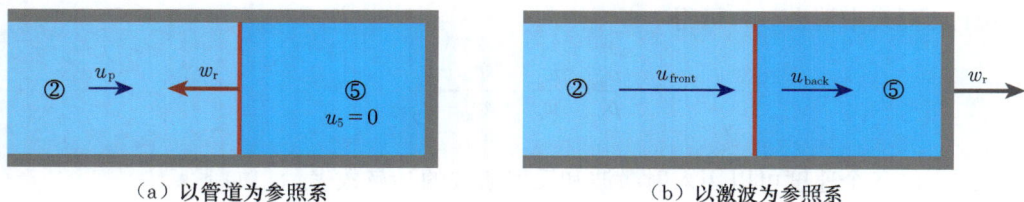

（a）以管道为参照系　　　（b）以激波为参照系

图 7-6　以反射激波为参照系的运动

则⑤区与②区气体的静压和静温之比可以用反射波马赫数表示为

$$\frac{p_5}{p_2} = 1 + \frac{2\kappa}{\kappa+1}\left(Ma_r^2 - 1\right) \tag{7-24}$$

$$\frac{T_5}{T_2} = \frac{\left(1 + \dfrac{\kappa-1}{2}Ma_r^2\right)\left(\dfrac{2\kappa}{\kappa-1}Ma_r^2 - 1\right)}{\dfrac{(\kappa+1)^2}{2(\kappa-1)}Ma_r^2} \tag{7-25}$$

当已知②区的气体参数时，可以用式（7-24）和式（7-25）得到⑤区的气体参数。但在实际情况中，①区是未受激波影响的气体，因此通常已知的是①区的气体参数，这时可以把入射激波和反射激波的关系式结合起来得到⑤区的气体参数，即

$$\frac{p_5}{p_1} = \frac{p_2}{p_1} \cdot \frac{p_5}{p_2} = \left[1 + \frac{2\kappa}{\kappa+1}\left(Ma_s^2 - 1\right)\right]\left[1 + \frac{2\kappa}{\kappa+1}\left(Ma_r^2 - 1\right)\right] \tag{7-26}$$

$$\frac{T_5}{T_1} = \frac{T_2}{T_1} \cdot \frac{T_5}{T_2} = \left[\frac{\left(1 + \dfrac{\kappa-1}{2}Ma_s^2\right)\left(\dfrac{2\kappa}{\kappa-1}Ma_s^2 - 1\right)}{\dfrac{(\kappa+1)^2}{2(\kappa-1)}Ma_s^2}\right]\left[\frac{\left(1 + \dfrac{\kappa-1}{2}Ma_r^2\right)\left(\dfrac{2\kappa}{\kappa-1}Ma_r^2 - 1\right)}{\dfrac{(\kappa+1)^2}{2(\kappa-1)}Ma_r^2}\right] \tag{7-27}$$

$$\frac{\rho_5}{\rho_1} = \left[\frac{(\kappa+1)Ma_s^2}{2+(\kappa-1)Ma_s^2}\right]\left[\frac{(\kappa+1)Ma_r^2}{2+(\kappa-1)Ma_r^2}\right] \tag{7-28}$$

由于①区和⑤区的气流都处于静止状态，式（7-26）～式（7-28）既表示了静参数比也表示了总参数比。要计算⑤区的气体参数，除了要知道入射激波的马赫数 Ma_s 之外，还需要知道反射激波的马赫数 Ma_r，下面我们来推导 Ma_r 的表达式。

式（7-26）～式（7-28）本质上是使用动量方程和能量方程建立的，我们还可以用连续方程找到另一种关系式。分别以入射激波和反射激波为参照系，如图7-3（a）和图7-6（b）所示，可以分别列出两种情况下的连续方程

$$\begin{cases} \rho_1 w_s = \rho_2\left(w_s - u_p\right) \\ \rho_2\left(w_r + u_p\right) = \rho_5 w_r \end{cases}$$

从上面两式中消去 ρ_2，可得

$$\frac{\rho_5}{\rho_1} = \frac{w_s}{w_r} \cdot \frac{w_r + u_p}{w_s - u_p}$$

上式中的各个速度可以用入射激波和反射激波的马赫数表示，如下

$$w_s = Ma_s c_1, \quad w_s - u_p = Ma_s c_1 - u_p, \quad w_r + u_p = Ma_r c_2, \quad w_r = Ma_r c_2 - u_p$$

其中的 u_p 也可以表示成入射激波马赫数的函数，即前面的式（7-12），把它们代入上面 ρ_5/ρ_1 的表达式，有

$$\frac{\rho_5}{\rho_1} = \frac{Ma_s c_1}{Ma_s c_1 - \dfrac{2c_1}{\kappa+1}\dfrac{Ma_s^2-1}{Ma_s}} \cdot \frac{Ma_r c_2}{Ma_r c_2 - \dfrac{2c_1}{\kappa+1}\dfrac{Ma_s^2-1}{Ma_s}}$$

整理并注意到 $c_1/c_2 = \sqrt{T_1/T_2}$，有

$$\frac{\rho_5}{\rho_1} = \frac{1}{1 - \dfrac{2}{\kappa+1}\left(1 - \dfrac{1}{Ma_s^2}\right)} \cdot \frac{1}{1 - \dfrac{2}{\kappa+1}\dfrac{Ma_s^2-1}{Ma_s Ma_r}\sqrt{\dfrac{T_1}{T_2}}} \qquad (7\text{-}29)$$

联立式（7-28）和式（7-29），并利用正激波前后的静温关系式即式（5-31）把 T_1/T_2 表示为 Ma_s 的函数，经过一系列化简后，就可以得到反射激波马赫数 Ma_r 的表达式为

$$Ma_r = \frac{2\kappa Ma_s^2 - (\kappa-1)}{\sqrt{2(\kappa-1)(Ma_s^2-1)(\kappa Ma_s^2+1)+(\kappa+1)^2 Ma_s^2}} \qquad (7\text{-}30)$$

可见，Ma_r 只由 Ma_s 决定，只要知道了入射激波的马赫数，就可以用式（7-30）计算出反射激波的马赫数。

对于实际的问题，可以用式（7-30）和式（7-26）～式（7-28）得出⑤区的气体参数。图 7-7 所示为气流参数随入射激波马赫数的变化曲线，可以看到，经过两次激波后的压升很大，所以有时利用这种方法来达到瞬间的高压，比如激波管就是这样的一种装置。另外，从图 7-7（a）可以看出，反射激波的马赫数似乎有一个极限值。对式（7-30）进行进一步分析，可以得到这个极限值为

$$\lim_{Ma_s \to \infty} Ma_r = \frac{2\kappa}{\sqrt{2\kappa(\kappa-1)}} \qquad (7\text{-}31)$$

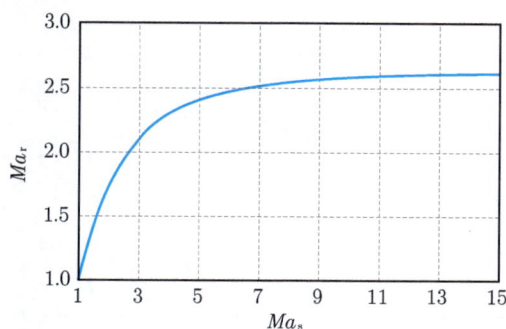

(a)

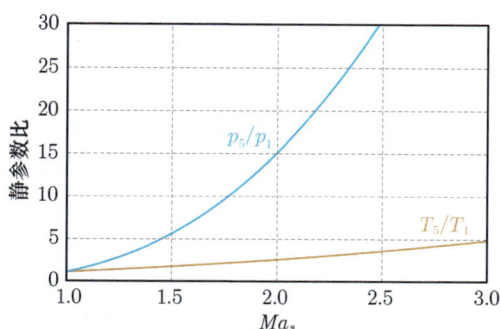

(b)

图 7-7　气流参数随入射激波马赫数的变化曲线

当取 $\kappa = 1.4$ 时，$Ma_{r,max} \approx 2.646$，这就是反射激波的最大马赫数。当入射激波的速度和马赫数非常大时，反射激波的速度也会非常大，但入射激波的高马赫数会导致②区的气流温度很高，声速很大，所以反射激波的马赫数并不会很大，而是趋向于一个极限值。

7.1.3　激波的 x-t 图

匀速运动的激波可以转换为静止激波以方便研究，但用这种方法无法同时研究入射激波和反射激波。对于运动波问题，可以使用 x-t 图（位置 – 时间图）来形象地表示激波的运动轨迹。图 7-8 表示了向右传播的激波遇到端壁后形成反射激波的过程，在下面的 x-t 图上，从左下方开始向右上方延伸的蓝色直线就是入射激波行进的轨迹，这条直线的斜率 $\Delta x/\Delta t$ 就是激波的传播速度 w（x-t 图中 t 为纵坐标，斜率应该为 $\Delta t/\Delta x$，即斜率为波速的倒数，本书中为了方便，称 $\Delta x/\Delta t$ 为 x-t 图的斜率，相当于认为 x 是纵坐标，下同）。在 t_3 时刻，入射激波接触壁面并形成反射激波，其路径轨迹体现在 x-t 图上是一条向左上方延伸的直线。反射激波的波速 w_r 比入射激波的波速 w 小，因此其路径轨迹的直线斜率 $\Delta x/\Delta t$ 比入射激波的小。

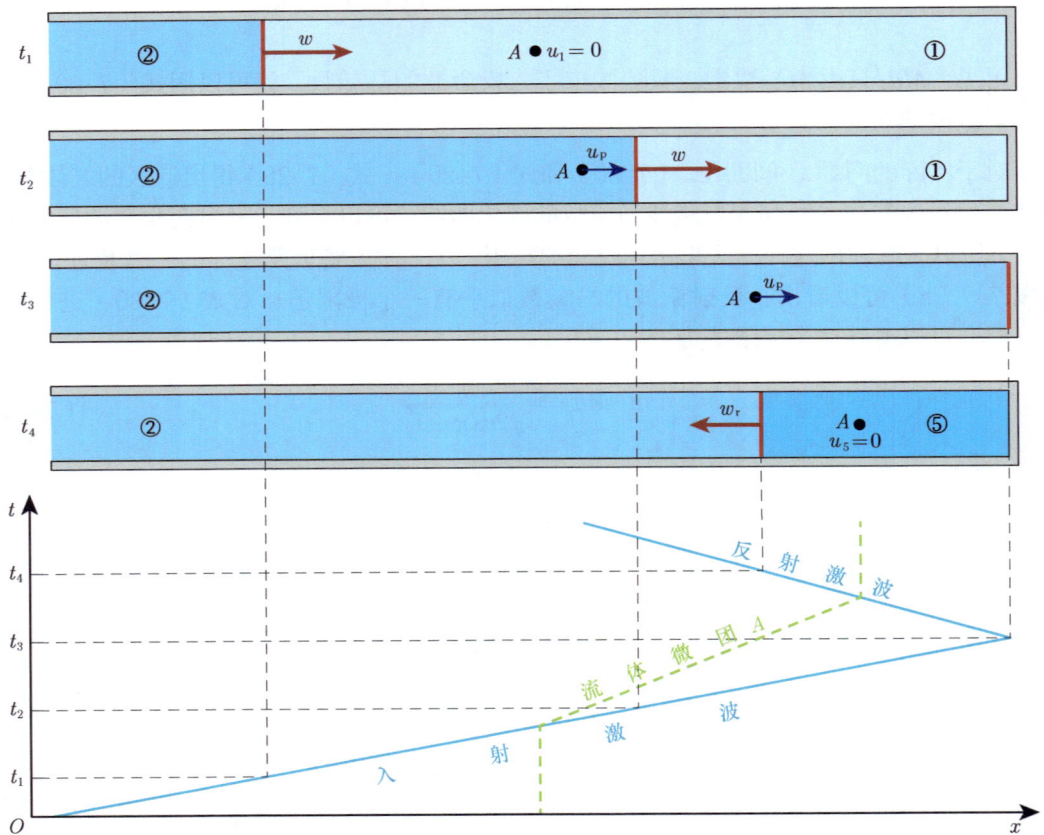

图 7-8　入射激波和反射激波的 x-t 图

　　除了表示激波的运动轨迹之外，在 x-t 图上也可以表示流体微团的运动轨迹。假设有一个流体微团 A 一开始位于未受扰动的①区，激波还未到达时，它保持静止状态，因此在 x-t 图上是向上延伸的直线。当激波扫过之后，它开始以 u_p 的速度向右运动，直到反射激波再次从右向左扫过它，其状态再次变为静止，形成图中浅绿色虚线所示的轨迹。

　　前面曾经提到，运动正激波的反射和静止斜激波的反射基于同样的原理，都是要保证反射后的气流垂直壁面的速度分量为零。学习了运动激波的 x-t 图后，我们可以用它来类比前述两种激波反射，如图 7-9 所示。图中的 x-t 图以 t 为横坐标，x 为纵坐标，在入射激波尚未扫过流体微团时，流体微团保持静止，因此其轨迹是一条水平线，入射激波扫过后，流体微团朝向壁面运动，形成向上倾斜的直线，当反射激波再次扫过它时，流体微团再次静止，其轨迹又变成一条水平线。可以看到，图 7-9（b）中流体微团在时空中形成的轨迹与图 7-9（a）中气流经过斜激波的流线形状是类似的。

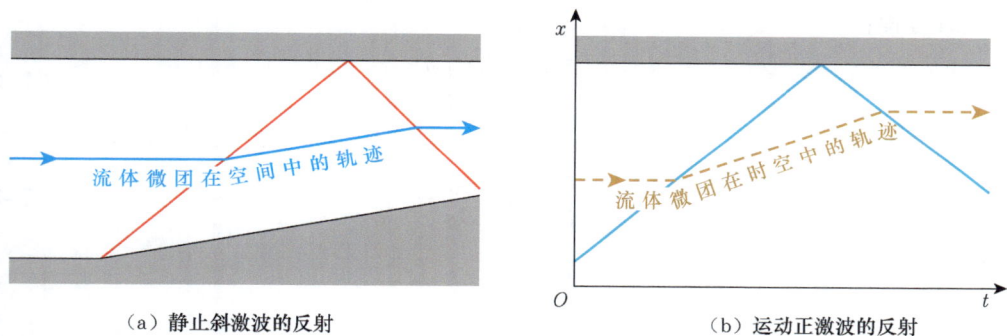

（a）静止斜激波的反射　　　（b）运动正激波的反射

图 7-9　静止斜激波与运动正激波的反射类比

7.2　一维压力波基础理论

7.2.1　一维运动膨胀波的特点

　　运动的膨胀波和运动的激波有着本质的不同，在 5.3.2 小节的图 5-31 中我们曾经简单分析过，激波在沿一维管道传播的过程中波形可以保持不变，而膨胀波则会逐渐散开。如果用离散的观点来分析，可以认为一道强膨胀波由有限道弱膨胀波组成，在传播的过程中，后面的膨胀波速度比前面的膨胀波速度小，于是会持续散开，形成一系列弱膨胀波，如图 7-10 所示。

　　由于运动膨胀波没有统一的波速，也就无法转换为定常波来处理，而从非定常方程入手，问题则不易求解，因此运动膨胀波的问题要比运动激波的问题复杂。这类问题的一种解决方法是忽略次要因素而使用简化的理论来分析，这涉及两种简化理论，一种是小扰动线性化理论，即声波理论，另一种是特征线理论，用于处理扰动较大的情况。有关这两种理论的详细介绍请参见本书的第 8 章。本章将在求解运动膨胀波问题的过程中简要介绍这两种理论。

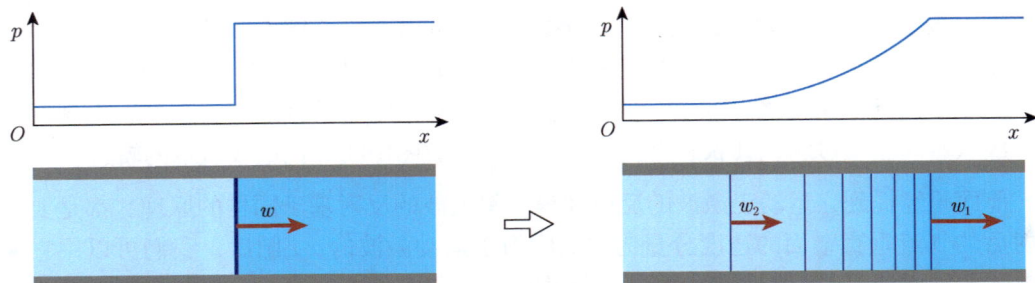

图 7-10　膨胀波在传播过程中会逐渐散开

7.2.2　小扰动线性化理论

对于非定常绝热无黏流动，列出一维的三大方程如下

连续方程：

$$\frac{\partial \rho}{\partial t}+\frac{\partial(\rho u)}{\partial x}=0 \tag{7-32}$$

动量方程：

$$\rho\frac{\partial u}{\partial t}+\rho u\frac{\partial u}{\partial x}=-\frac{\partial p}{\partial x} \tag{7-33}$$

能量方程：

$$\frac{\mathrm{D}s}{\mathrm{D}t}=0 \tag{7-34}$$

现在针对图 7-11 所示的在一维管道内静止气体中传播的扰动来应用上述方程。

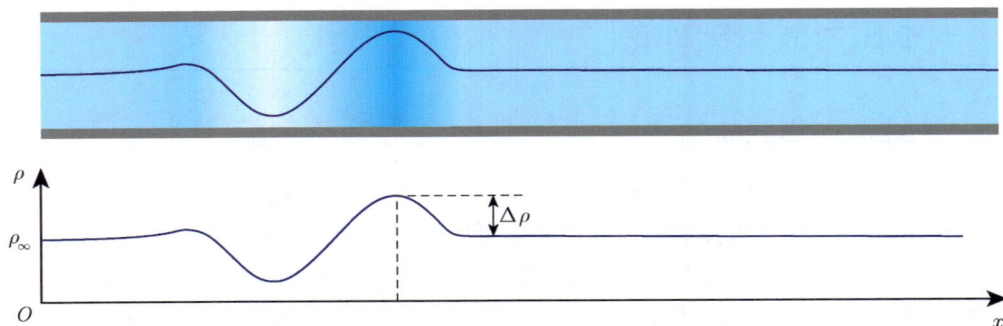

图 7-11　在一维管道内静止气体中传播的扰动

扰动使气流参数产生变化，未受扰动的气体参数用下标 ∞ 表示，扰动产生的变化用 Δ 表示，比如，未受扰动的密度和速度表示为 ρ_∞ 和 u_∞，扰动密度和扰动速度表示为 $\Delta\rho$ 和 Δu，因此任意一点的密度和速度可以表示为

$$\rho=\rho_\infty+\Delta\rho \tag{7-35}$$

$$u=u_\infty+\Delta u=0+\Delta u=\Delta u \tag{7-36}$$

密度 ρ 和速度 u 都同时与位置和时间相关，因此连续方程即式（7-32）可以写为

$$\frac{\partial \rho}{\partial t} + \rho \frac{\partial u}{\partial x} + u \frac{\partial \rho}{\partial x} = 0$$

把式（7-35）和式（7-36）代入上式，有

$$\frac{\partial(\rho_\infty + \Delta\rho)}{\partial t} + (\rho_\infty + \Delta\rho)\frac{\partial(\Delta u)}{\partial x} + \Delta u \frac{\partial(\rho_\infty + \Delta\rho)}{\partial x} = 0$$

ρ_∞ 为常数，所以上式可以简化为

$$\frac{\partial(\Delta\rho)}{\partial t} + \rho_\infty \frac{\partial(\Delta u)}{\partial x} + \Delta\rho \frac{\partial(\Delta u)}{\partial x} + \Delta u \frac{\partial(\Delta\rho)}{\partial x} = 0 \qquad （7-37）$$

这就是扰动场的连续方程。

对于图 7-11 所示的情况，在产生扰动之前，流场是均匀的，各处的熵相同。根据能量方程即式（7-34），流体微团的熵不随时间变化，因此整个流场的熵都等于某一常数，压力和密度之间符合等熵关系：

$$\mathrm{d}p = \left(\frac{\partial p}{\partial \rho}\right)_s \mathrm{d}\rho$$

式中，下标 s 表示等熵的意思。

进一步得到压力和密度沿 x 轴方向变化的关系为

$$\frac{\partial p}{\partial x} = \left(\frac{\partial p}{\partial \rho}\right)_s \frac{\partial \rho}{\partial x} \qquad （7-38）$$

式（7-38）中的 $(\partial p/\partial \rho)_s$ 在第 4 章出现过，等于声速的平方，即

$$\left(\frac{\partial p}{\partial \rho}\right)_s = c^2$$

于是式（7-38）可以写为

$$\frac{\partial p}{\partial x} = c^2 \frac{\partial \rho}{\partial x} \qquad （7-39）$$

把式（7-39）代入动量方程即式（7-33），得到

$$\rho \frac{\partial u}{\partial t} + \rho u \frac{\partial u}{\partial x} = -c^2 \frac{\partial \rho}{\partial x} \qquad （7-40）$$

把式（7-35）和式（7-36）代入上式，有

$$\rho_\infty \frac{\partial(\Delta u)}{\partial t} + \Delta\rho \frac{\partial(\Delta u)}{\partial t} + \rho_\infty \Delta u \frac{\partial(\Delta u)}{\partial x} + \Delta\rho \Delta u \frac{\partial(\Delta u)}{\partial x} = -c^2 \frac{\partial(\Delta\rho)}{\partial x} \qquad （7-41）$$

该式是扰动场的动量方程和能量方程的结合。

式（7-37）和式（7-41）都是直接从基本方程得到的，只增加了绝热等熵的条件。这两个方程中有两个未知数，分别为 $\Delta\rho$ 和 Δu，所以方程组是封闭的，理论上可以求解，但它们都是非线性方程，无法得到通解。

对于弱扰动，也就是声波的情况，$\Delta\rho \ll \rho_\infty$，$\Delta u \ll c$，式（7-37）和式（7-41）中的二阶小量可以忽略，并且这时的波速也恒等于声速，即 $c \equiv c_\infty$，简化后的方程如下

$$\frac{\partial(\Delta\rho)}{\partial t} + \rho_\infty \frac{\partial(\Delta u)}{\partial x} = 0 \tag{7-42}$$

$$\rho_\infty \frac{\partial(\Delta u)}{\partial t} = -c_\infty^2 \frac{\partial(\Delta\rho)}{\partial x} \tag{7-43}$$

式（7-42）和式（7-43）是小扰动在气体中的传播方程，也称为**声波方程**。它们是经过简化的近似方程。然而这种简化产生的误差是非常值得的，因为这两个方程已经变成了线性方程，可以进行求解了。这种简化方法属于**小扰动线性化理论**。

现在来看声波方程的求解。令式（7-42）对 t 求导，式（7-43）对 x 求导，有

$$\frac{\partial^2(\Delta\rho)}{\partial t^2} + \rho_\infty \frac{\partial^2(\Delta u)}{\partial x \partial t} = 0$$

$$\rho_\infty \frac{\partial^2(\Delta u)}{\partial x \partial t} = -c_\infty^2 \frac{\partial^2(\Delta\rho)}{\partial x^2}$$

从上面两式可得

$$\frac{\partial^2(\Delta\rho)}{\partial t^2} = c_\infty^2 \frac{\partial^2(\Delta\rho)}{\partial x^2} \tag{7-44}$$

这就是**一维波动方程**，它的解是达朗贝尔（Jean le Rond d'Alembert）给出的，形式为

$$\Delta\rho = F(x - c_\infty t) + G(x + c_\infty t) \tag{7-45}$$

式中，F 和 G 为任意两个可微分的单变量函数，在这里分别对应右传波和左传波。用式（7-42）和式（7-43）也可以得到关于 Δu 的波动方程，如下

$$\frac{\partial^2(\Delta u)}{\partial t^2} = c_\infty^2 \frac{\partial^2(\Delta u)}{\partial x^2} \tag{7-46}$$

与扰动密度类似，扰动速度的解可以表示为

$$\Delta u = f(x - c_\infty t) + g(x + c_\infty t) \tag{7-47}$$

式中，f 和 g 为任意两个可微分的单变量函数，分别对应右传波和左传波。

式（7–45）和式（7–47）为通解，表示了各种可能的一维波动形式。现在来看只有右传波的情况，令式（7–45）中的 $G=0$，于是其简化为

$$\Delta\rho = F(x - c_\infty t)$$

假设扰动是图 7-12 所示的小扰动波，对于波的任意一个位置，比如图中的 $\Delta\rho_1$ 处，其向右传播过程中，有 $\Delta\rho = \text{Const}$，从而

$$F(x - c_\infty t) = \text{Const}$$

F 是任意函数，只有自变量（$x - c_\infty t$）为常数时，其值才能一直是常数，因此有

$$x - c_\infty t = \text{Const}$$

这个式子表示 $\Delta\rho_1$ 的运动形式使（$x - c_\infty t$）保持为常数，即 $\mathrm{d}x/\mathrm{d}t = c_\infty$，而 $\mathrm{d}x/\mathrm{d}t$ 就代表了 $\Delta\rho_1$ 的移动速度。

如果考察波的另一个位置，比如图 7-12 中的 $\Delta\rho_2$ 处，仍然可以得到相同的结论，即 $\Delta\rho_2$ 的移动速度也是 $\mathrm{d}x/\mathrm{d}t = c_\infty$。可见，弱扰动波各部分的传播速度相同，这意味着扰动波的波形在传播过程中保持不变，如图 7-13 所示，向右传播的波可以用 $F(x - c_\infty t)$ 来表示，向左传播的波可以用 $G(x + c_\infty t)$ 来表示。

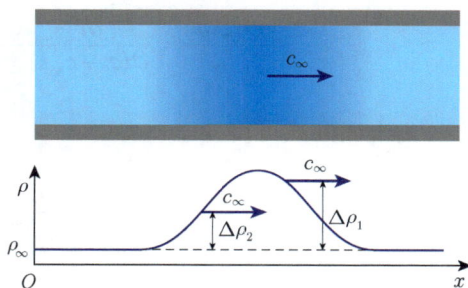

图 7-12　小扰动波的波速

在图 7-13 中，横轴表示波的传播方向，纵轴有两个，分别为时间 t 和波的幅值 $\Delta\rho$，时间 t 和横轴 x 组成 x-t 图，表示波的运动轨迹，而幅值 $\Delta\rho$ 用来表示波形。同一条波形曲线都在同一个时刻，其沿纵轴的变化只表示了扰动幅值的变化，后面类似的图也都是这样表示的，不赘述。

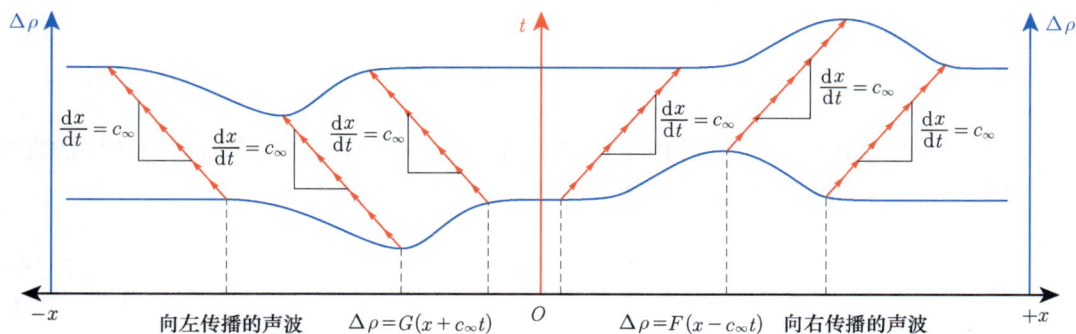

图 7-13　小扰动传播过程中各部分的波速相同

375

实际上，上述推导过程并没有用到声速的概念，我们完全可以从式（7-38）开始就不代入 c，而一直使用 $(\partial p/\partial \rho)_s$，于是整个推导过程就是声速的一种证明，最终得到了声速的表达式为 $c = \sqrt{(\partial p/\partial \rho)_s}$，这种证明方法比起第 4 章 4.3.1 小节的证明方法更具有一般性。

式（7-45）和式（7-47）分别表示了扰动密度 $\Delta \rho$ 和扰动速度 Δu，其中的任意函数 F、G、f 和 g 表示扰动的形式，也就是波形。显然，对于一个流场，密度变化和速度变化不应该是互相独立的，而是满足一定的关系，下面我们来推导 $\Delta \rho$ 和 Δu 的关系。

推导密度和速度的关系只需要考虑沿一个方向传播的声波，现在只考虑右传波，令式（7-47）中的 $g = 0$，于是有

$$\Delta u = f(x - c_\infty t)$$

$$\frac{\partial(\Delta u)}{\partial x} = \frac{\partial f}{\partial(x - c_\infty t)}\frac{\partial(x - c_\infty t)}{\partial x} = \frac{\partial f}{\partial(x - c_\infty t)} = f'$$

$$\frac{\partial(\Delta u)}{\partial t} = \frac{\partial f}{\partial(x - c_\infty t)}\frac{\partial(x - c_\infty t)}{\partial t} = -c_\infty \frac{\partial f}{\partial(x - c_\infty t)} = -c_\infty f'$$

由上面两式可得

$$\frac{\partial(\Delta u)}{\partial x} = -\frac{1}{c_\infty}\frac{\partial(\Delta u)}{\partial t}$$

把上式代入式（7-42），可得

$$\frac{\partial(\Delta \rho)}{\partial t} - \frac{\rho_\infty}{c_\infty}\frac{\partial(\Delta u)}{\partial t} = 0$$

即

$$\frac{\partial}{\partial t}\left(\Delta \rho - \frac{\rho_\infty}{c_\infty}\Delta u\right) = 0$$

可见，对于空间某一点，有

$$\Delta \rho - \frac{\rho_\infty}{c_\infty}\Delta u = \text{Const}$$

上式必然也适用于扰动参数为零的情况，即 $\Delta \rho = 0$ 且 $\Delta u = 0$，从而可得式中的常数应该为零，于是得到扰动密度 $\Delta \rho$ 和扰动速度 Δu 的关系式为

$$\Delta u = \frac{c_\infty}{\rho_\infty}\Delta \rho \qquad (7\text{-}48)$$

利用密度和压力之间的等熵关系式 $\Delta p/\Delta \rho = (\partial p/\partial \rho)_s = c_\infty^2$，从上式还可以得到扰动速度与扰动压力之间的关系式

$$\Delta u = \frac{1}{\rho_\infty c_\infty} \Delta p \qquad\qquad (7\text{-}49)$$

可以看到，扰动速度与扰动密度、扰动压力都呈线性关系，这就是使用小扰动线性化理论的好处，在适当的条件下，牺牲一些计算精度，可以使很多关系式线性化。

式（7-48）和式（7-49）是针对右传波（$g=0$）得到的，如果是左传波（$f=0$），则关系式会带有负号，于是通用的关系式为

$$\Delta u = \pm \frac{c_\infty}{\rho_\infty} \Delta \rho = \pm \frac{1}{\rho_\infty c_\infty} \Delta p \qquad\qquad (7\text{-}50)$$

式中，"+"表示右传波；"-"表示左传波。

需要注意的是，波的传播和流体的运动是两码事，比如前面讨论运动激波时，在图 7-8 中，波的传播速度是 w，而流体微团被激波扫过后的速度是 u_p。本节的弱扰动波道理相同，扰动压力 Δp 和扰动密度 $\Delta \rho$ 代表波的扰动参数，波速是 c_∞，当波扫过的时候，造成的流体微团速度的变化是 Δu。

从式（7-50）可以看到，右传波的 Δu 与 $\Delta \rho$ 同号，这意味着什么呢？我们知道，密度增大（$\Delta \rho > 0$）的扰动波是压缩波，密度减小（$\Delta \rho < 0$）的扰动波是膨胀波，而实际的扰动波可能是很复杂的组合形式。现在定义 4 种扰动波，分别为阶跃压缩波、脉冲压缩波、脉冲膨胀波和脉冲正弦波，如图 7-14 所示，来看这几种波对流体微团的影响。图 7-15 所示为流动模型，管内的气体原本静止，扰动波向右传播，扫过流体微团 A，使它产生运动速度。

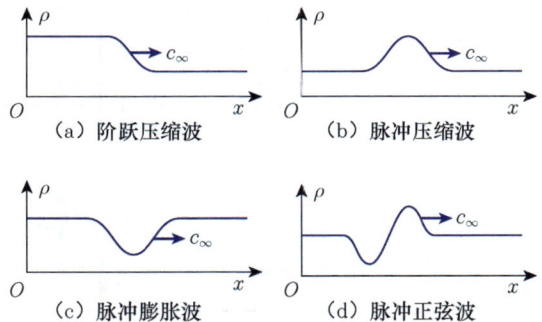

图 7-14 4 种扰动波

如图 7-15（a）所示，当阶跃压缩波扫过微团 A 时，它的密度会增大，$\Delta \rho > 0$，而 Δu 与 $\Delta \rho$ 同号，因此有 $\Delta u > 0$，即微团 A 在波的作用下获得向右的速度。当波已经越过微团 A 之后，它仍然具有向右的速度，这和激波的情况是一样的。

如图 7-15（b）所示，当脉冲压缩波扫过微团 A 时，$\Delta \rho > 0$，$\Delta u > 0$，即微团 A 在波的作用下获得向右的速度，而当波已经越过微团 A 之后，密度回归 ρ_∞，速度应该回归零。也就是说，当一个"鼓包"形压缩波扫过流体微团时，微团的速度从零开始增大，方向向右，在波峰处达到最大速度，然后微团速度减小，当波通过之后，微团速度再次变为零。从空间位置来看，微团 A 在波的作用下向右移动了一个位置。

如图 7-15（c）所示，当脉冲膨胀波扫过微团 A 时，$\Delta \rho < 0$，$\Delta u < 0$，即微团 A 在波的作用下获得向左的速度，而当波已经越过微团 A 之后，密度回归 ρ_∞，速度应该回归零。也就是说，当一个"凹坑"形膨胀波扫过流体微团时，微团的速度从零开始增大，方向向

左，在波谷处达到最大速度，然后微团速度减小，当波通过之后，微团速度再次变为零。从空间位置来看，微团 A 在波的作用下向左移动了一个位置。

如图 7-15（d）所示，当脉冲正弦波扫过微团 A 时，密度经历先 $\Delta\rho > 0$ 再 $\Delta\rho < 0$ 的过程，相应地，速度经历先 $\Delta u > 0$ 再 $\Delta u < 0$ 的过程，即微团 A 前半程速度向右，后半程速度向左，最终停留在初始位置。可以推论，当脉冲正弦波是压缩波在前、膨胀波在后时，微团在空间上会先向右移动；当脉冲正弦波是膨胀波在前、压缩波在后时，微团在空间上会先向左移动。

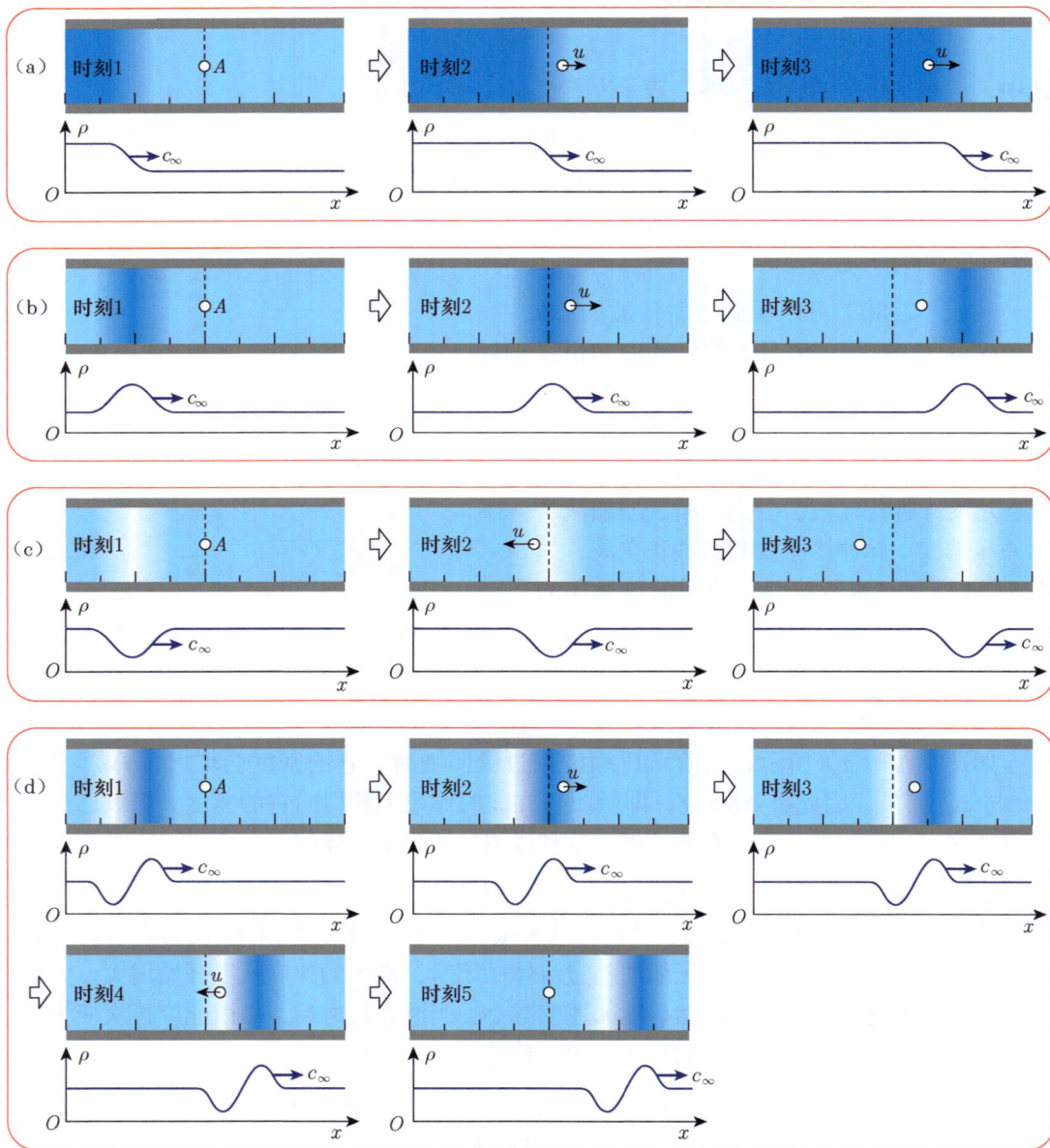

图 7-15 扰动波的传播及其诱导的局部气体微团运动

对于向左传播的扰动波，分析方法和图 7-15 中的类似，唯一的区别是，这时 $\Delta u < 0$ 才表示流体微团的速度方向与波的运动方向相同，具体分析留给读者去思考，这里不再重复。总体来说，无论扰动波是向右传播还是向左传播，都有这样的结论：**压缩波使流体微团产生和波速同向的速度，膨胀波使流体微团产生和波速反向的速度。**

上面的这些分析都是根据式（7-50）进行的，并没有给出流体微团加减速的原因，下面我们基于牛顿定律来分析压差和速度的关系。图 7-16 表示了脉冲压缩波扫过气体微团的动力学分析，图 7-17 表示了脉冲膨胀波扫过气体微团的动力学分析。等熵流动中压力与密度同步变化，可以用 Δp 代替 $\Delta \rho$。

把未受扰动的气体压力 p_∞ 称为背景压力，根据式（7-50），结合图 7-16 和图 7-17 可以看到，只要扰动压力比背景压力大（$\Delta p > 0$），就会产生正向的诱导速度（$\Delta u > 0$）；当扰动压力比背景压力小（$\Delta p < 0$）时，会产生反向的诱导速度（$\Delta u < 0$）。再进一步说，当扰动压力持续增大时 $[\,\mathrm{d}(\Delta p)/\mathrm{d}t > 0\,]$，波对流体微团有正向的压差，从而产生正向的加速度 $[\,\mathrm{d}(\Delta u)/\mathrm{d}t > 0\,]$；当扰动压力持续减小时 $[\,\mathrm{d}(\Delta p)/\mathrm{d}t < 0\,]$，波对流体微团有反向的压差，从而产生反向的加速度 $[\,\mathrm{d}(\Delta u)/\mathrm{d}t < 0\,]$。

也就是说，**扰动波的幅值对应流体微团扰动速度的大小，而扰动波的梯度对应扰动加速度的大小。**一个脉冲压缩波扫过微团时，会先使微团产生正向加速度，后产生反向加速度，但微团的速度一直是正向的；一个脉冲膨胀波扫过微团时，会先使微团产生反向加速度，后产生正向加速度，而微团的速度一直是反向的。

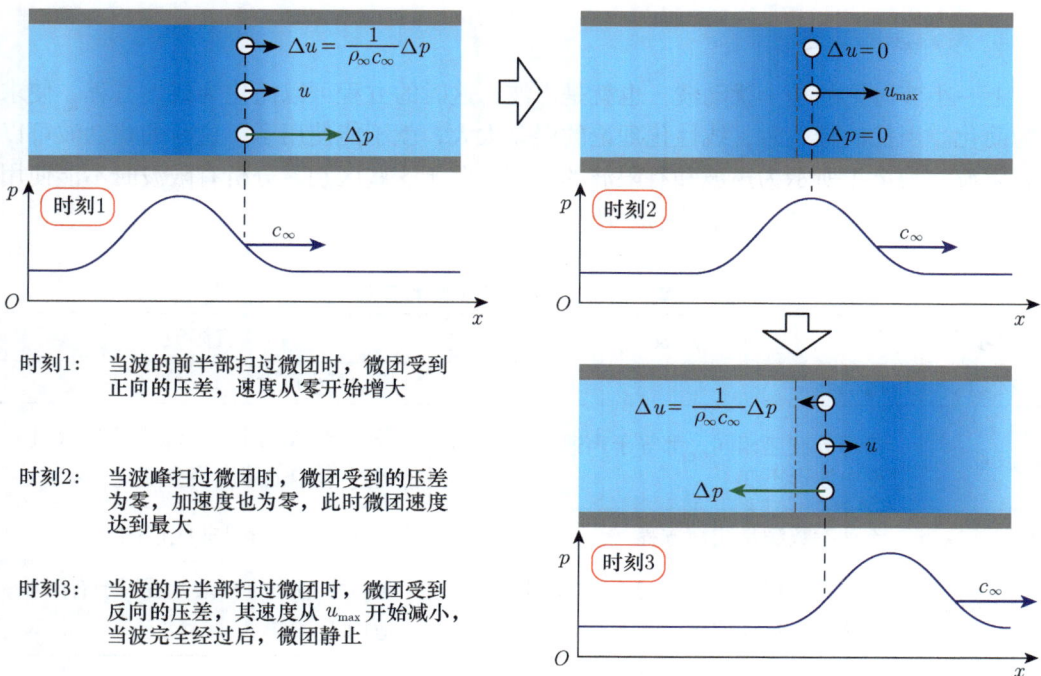

时刻1：　当波的前半部扫过微团时，微团受到正向的压差，速度从零开始增大

时刻2：　当波峰扫过微团时，微团受到的压差为零，加速度也为零，此时微团速度达到最大

时刻3：　当波的后半部扫过微团时，微团受到反向的压差，其速度从 $u_{\max}$ 开始减小，当波完全经过后，微团静止

图 7-16　脉冲压缩波扫过气体微团的动力学分析

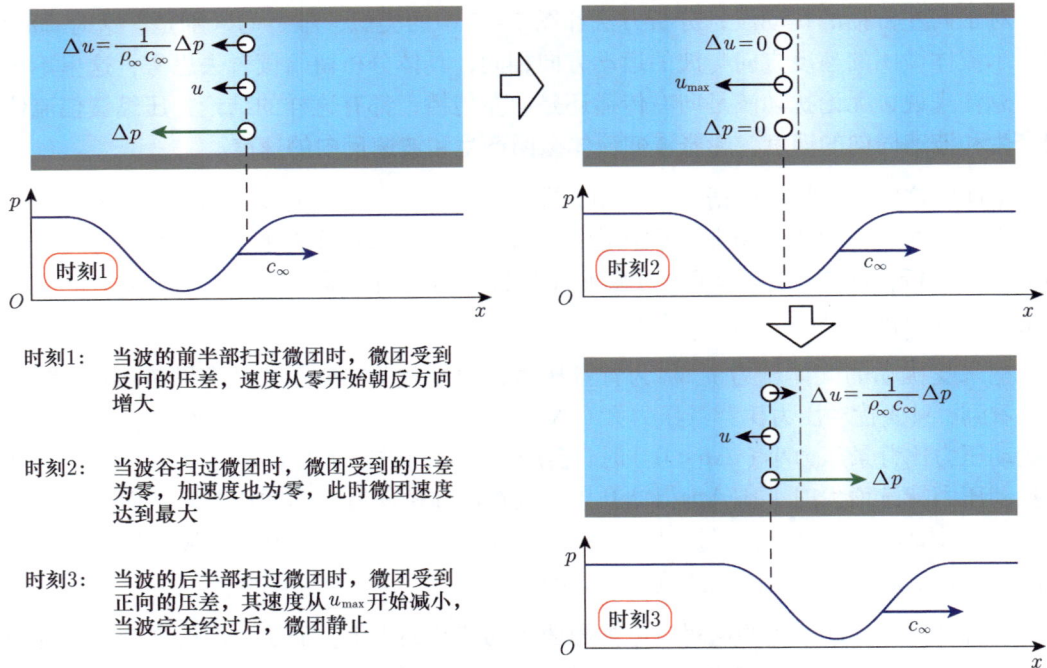

时刻1：当波的前半部扫过微团时，微团受到反向的压差，速度从零开始朝反方向增大

时刻2：当波谷扫过微团时，微团受到的压差为零，加速度也为零，此时微团速度达到最大

时刻3：当波的后半部扫过微团时，微团受到正向的压差，其速度从 u_{max} 开始减小，当波完全经过后，微团静止

图 7-17　脉冲膨胀波扫过气体微团的动力学分析

7.2.3　有限波的特征线法

1. 有限波的概念

上一小节讨论的是小扰动波，也就是声波，这时的方程可以简化为线性方程，使求解大为简化。当扰动较大时，线性化理论的误差太大，就不能使用了，这时的扰动波可以称为**有限波**。表 7-1 所示为声波和有限波的区别，鉴于这些区别，分析有限波时不能使用声波理论，本小节就来讨论有限波的处理方法。

表 7-1　声波和有限波的区别

比较项目	声波	有限波
扰动	扰动非常小	扰动可小可大
波速	各部分波速相同，都等于声速 c_∞，传播过程中波形不变	各部分波速不同，局部波速为 $(u+c)$，传播过程中波形会发生变化
流动参数	流动参数满足线性方程	流动参数方程是非线性的
适用范围	是一种理想的、近似的理论，只适用于声波这类小扰动波	是一种精确的理论，适用于有限波，也适用于声波

与其说声波和有限波是两类波，不如说有限波包含声波。有限波理论也可以用于求解

声波问题，只是因为有限波的关系式较为复杂，所以才在扰动比较小的时候发展了声波理论，声波关系式是简化的线性关系式，易于求解。声波和有限波的这种关系类似于不可压缩流动和可压缩流动。实际上，可压缩流动的各种关系式完全可以应用于不可压缩流动，而且更精确，但加入不可压缩流动假设后，关系式要简单得多，所以在压缩性较小的时候，习惯使用近似的不可压缩流动理论。

一般认为，马赫数小于 0.3 的流动是不可压缩的且精度可以接受，那多小的扰动才能用声波理论呢？我们再来看图 7–16 中的情况，声波是以流体为媒介传播的，所以声速是波相对于流体的速度，波相对管道的速度应该是波速与局部流速的叠加，即（$\Delta u + c_\infty$）。在声波理论里，并不特别区分波速是 c_∞ 还是（$\Delta u + c_\infty$），原因是 Δu 比 c_∞ 小得多。从式（7–50）可知

$$\Delta u = \frac{1}{\rho_\infty c_\infty} \Delta p$$

对于在海平面标准大气中传播的压力扰动，有 $\rho_\infty = 1.225 \text{ kg/m}^3$，$p_\infty = 101\,325 \text{ Pa}$，$c_\infty = 340 \text{ m/s}$，如果扰动产生的压差 $\Delta p = 20 \text{ Pa}$（对应的声音大约为 120 dB），可以算出扰动速度为

$$\Delta u = \frac{1}{\rho_\infty c_\infty} \Delta p = \frac{1}{1.225 \times 340} \times 20 \approx 0.05(\text{m/s})$$

可见声波产生的流速非常低。在声音为 160 dB 的极限情况下，对应的压差 $\Delta p = 632 \text{ Pa}$，算出的扰动速度为

$$\Delta u = \frac{1}{\rho_\infty c_\infty} \Delta p = \frac{1}{1.225 \times 340} \times 632 \approx 1.52(\text{m/s})$$

可见，一般声波产生的流体运动速度非常小，完全可以忽略，这也是声波的关系式可以被线性化的原因。

对于扰动较大的有限波，使用前面的线性化理论误差就太大了，一个原因是波诱导的流体速度不可以忽略，另一个原因是大扰动产生的局部温度变化使流场各处的波速都不同。我们结合具体的例子来分析有限波在传播过程中的特点。如图 7–18 所示，长管道的左端有一个活塞，某一时刻它左右振动一下，产生一个如图所示的波动并向右传播。在 t_1、t_2 和 t_3 这 3 个时刻，这个扰动波的前锋分别位于 x_1、x_2 和 x_3。

只要不产生激波，流场中任意位置的当地波速就等于当地声速，即

$$w = \sqrt{\frac{\partial p}{\partial \rho}} = \sqrt{\kappa R T}$$

显然，被压缩的区域波速高，而膨胀的区域波速低，也就是说，受扰动波影响的区域内部各处的波速是不同的。另外，压缩区产生的诱导速度向右（$\Delta u > 0$），而膨胀区产生的诱导速度向左（$\Delta u < 0$），而波的绝对速度等于波速和流体运动速度的叠加

$$w = \Delta u + c$$

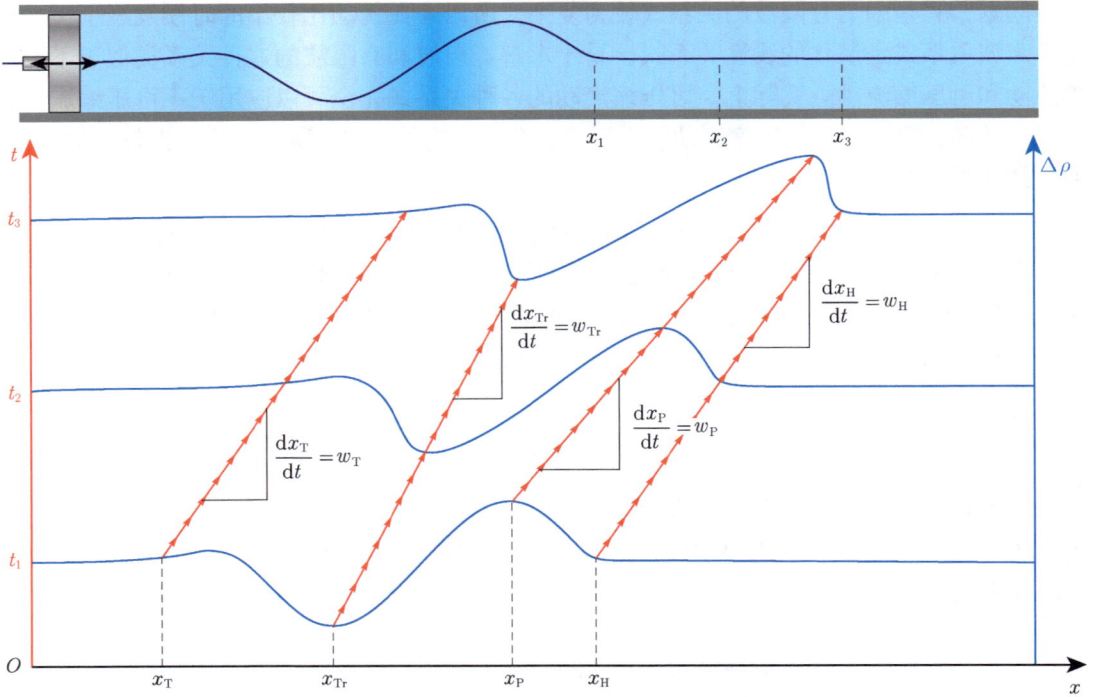

图 7-18　扰动波的各部分具有不同的局部波速

在图7-18中，x_H表示波头（head）的位置，x_T表示波尾（tail）的位置，x_P表示波峰（peak）的位置，x_Tr表示波谷（trough）的位置，它们的波速都是不同的。

比如，波峰和波谷的波速分别为

$$w_\mathrm{P} = \Delta u_\mathrm{P} + c_\mathrm{P}$$

$$w_\mathrm{Tr} = \Delta u_\mathrm{Tr} + c_\mathrm{Tr}$$

波峰的声速比波谷的大（$c_\mathrm{P} > c_\mathrm{Tr}$），且波峰处的流体有向右的速度（$\Delta u_\mathrm{P} > 0$），而波谷处的流体有向左的速度（$\Delta u_\mathrm{Tr} < 0$），从而使得波峰的传播速度大于波谷的传播速度，即$w_\mathrm{P} > w_\mathrm{Tr}$。

扰动波各部分的传播速度不同，在传播过程中会发生变形。如果扰动较大，则其中的某部分可能会发展成激波，如果是弱扰动，幅值趋于无穷小，由于波形各处的局部波速差也趋于无穷小，且不引起明显的温度变化，则可以认为波形没有变化，满足声波理论。前面已经介绍了声波的处理方法，接下来将介绍有限波的处理方法。

2. 特征线和相容方程

有限波是扰动较大但仍然符合等熵过程的波（最常见的是膨胀波），我们从三大方程出发来推导其关系式。

连续方程：

$$\frac{\mathrm{D}\rho}{\mathrm{D}t} + \rho\frac{\partial u}{\partial x} = 0 \qquad (7\text{--}51)$$

动量方程：

$$\rho\frac{\mathrm{D}u}{\mathrm{D}t} = -\frac{\partial p}{\partial x} \qquad (7\text{--}52)$$

能量方程：

$$\frac{\mathrm{D}s}{\mathrm{D}t} = 0 \qquad (7\text{--}53)$$

由等熵的条件，并根据声速的定义，有限波作用下的流场满足如下关系

$$\mathrm{d}p = c^2\mathrm{d}\rho$$

继而得到

$$\frac{\mathrm{D}\rho}{\mathrm{D}t} = \frac{1}{c^2}\frac{\mathrm{D}p}{\mathrm{D}t} \qquad (7\text{--}54)$$

把式（7-54）代入连续方程即式（7-51），整理可得

$$\frac{1}{\rho c}\left(\frac{\partial p}{\partial t} + u\frac{\partial p}{\partial x}\right) + c\frac{\partial u}{\partial x} = 0 \qquad (7\text{--}55)$$

动量方程即式（7-52）可以变换为

$$\frac{\partial u}{\partial t} + u\frac{\partial u}{\partial x} + \frac{1}{\rho}\frac{\partial p}{\partial x} = 0 \qquad (7\text{--}56)$$

将式（7-55）与式（7-56）相加，整理可得

$$\left[\frac{\partial u}{\partial t} + (u+c)\frac{\partial u}{\partial x}\right] + \frac{1}{\rho c}\left[\frac{\partial p}{\partial t} + (u+c)\frac{\partial p}{\partial x}\right] = 0 \qquad (7\text{--}57)$$

将式（7-55）与式（7-56）相减，整理可得

$$\left[\frac{\partial u}{\partial t} + (u-c)\frac{\partial u}{\partial x}\right] - \frac{1}{\rho c}\left[\frac{\partial p}{\partial t} + (u-c)\frac{\partial p}{\partial x}\right] = 0 \qquad (7\text{--}58)$$

式（7-57）和式（7-58）就是**有限波的动力学方程**，其中，**式（7-57）是针对右传波的方程，而式（7-58）是针对左传波的方程**。有限波的动力学方程都是非线性方程，不易求解，不过这两个方程是双曲型方程，可以使用特征线法来求解，有关特征线法的一般理论请参见第 8 章，这里只介绍其应用于限波问题的特殊情况。

式（7-57）和式（7-58）是偏微分方程，自变量有两个，分别为 x 和 t，如果要用它们求解流动参数，比如流速 u，则根据全微分的关系式

$$\mathrm{d}u = \frac{\partial u}{\partial t}\mathrm{d}t + \frac{\partial u}{\partial x}\mathrm{d}x$$

需要知道任意 x 和 t 的变化量 $\mathrm{d}x$ 和 $\mathrm{d}t$ 分别产生的 u 变化量。也就是说，这种非定常一维问题其实是定义在 x-t 平面内的二维问题。如果可以找到 x 和 t 的某种关系，把两个自变量替换为一个，就可以把偏微分方程变为常微分方程，这是特征线法的关键。

观察式（7-57），如果让

$$\mathrm{d}x = (u+c)\mathrm{d}t \qquad\qquad (7\text{-}59)$$

则式（7-57）中的 $u+c = \mathrm{d}x/\mathrm{d}t$，就可以把对 x 的导数都转化为对 t 的导数。根据式（7-59），速度和压力的全微分可以分别写为

$$\mathrm{d}u = \frac{\partial u}{\partial t}\mathrm{d}t + \frac{\partial u}{\partial x}\mathrm{d}x = \left[\frac{\partial u}{\partial t} + \frac{\partial u}{\partial x}\frac{\mathrm{d}x}{\mathrm{d}t}\right]\mathrm{d}t = \left[\frac{\partial u}{\partial t} + (u+c)\frac{\partial u}{\partial x}\right]\mathrm{d}t \qquad (7\text{-}60)$$

$$\mathrm{d}p = \frac{\partial p}{\partial t}\mathrm{d}t + \frac{\partial p}{\partial x}\mathrm{d}x = \left[\frac{\partial p}{\partial t} + \frac{\partial p}{\partial x}\frac{\mathrm{d}x}{\mathrm{d}t}\right]\mathrm{d}t = \left[\frac{\partial p}{\partial t} + (u+c)\frac{\partial p}{\partial x}\right]\mathrm{d}t \qquad (7\text{-}61)$$

从而得

$$\frac{\partial u}{\partial t} + (u+c)\frac{\partial u}{\partial x} = \frac{\mathrm{d}u}{\mathrm{d}t} \qquad\qquad (7\text{-}60\mathrm{a})$$

$$\frac{\partial p}{\partial t} + (u+c)\frac{\partial p}{\partial x} = \frac{\mathrm{d}p}{\mathrm{d}t} \qquad\qquad (7\text{-}61\mathrm{a})$$

把式（7-60a）和式（7-61a）代入式（7-57），可得

$$\mathrm{d}u + \frac{1}{\rho c}\mathrm{d}p = 0 \qquad\qquad (7\text{-}62)$$

同理，针对式（7-58）也可以找到 x 和 t 的一个关系式

$$\mathrm{d}x = (u-c)\mathrm{d}t \qquad\qquad (7\text{-}63)$$

从而把式（7-58）简化为

$$\mathrm{d}u - \frac{1}{\rho c}\mathrm{d}p = 0 \qquad\qquad (7\text{-}64)$$

式（7-59）和式（7-63）在 x-t 平面上各表示为一条曲线，如图 7-19 所示。之所以

是曲线而不是直线，是因为流场各处的流速和声速都可能不同，（$u+c$）和（$u-c$）不是常数。如果是在均匀流场中传播的声波，则这两个式子就各表示为一条直线。

通过引入式（7-59）和式（7-63），原来的偏微分方程即式（7-57）和式（7-58）都简化成了常微分方程即式（7-62）和式（7-64）。数学上把式（7-59）和式（7-63）所代表的曲线称为**特征线**，式（7-59）是右传波的特征线，标记为 C_+ 特征线，式（7-63）是左传波的特

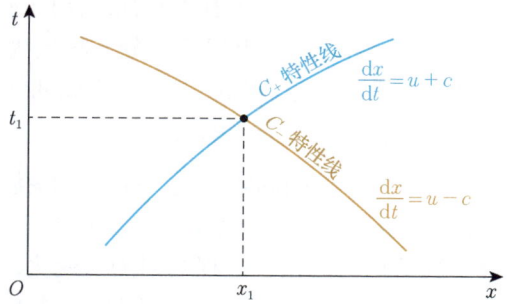

图 7-19　x-t 平面内通过某点的两条特性线

征线，标记为 C_- 特征线，而相应的常微分方程即式（7-62）和式（7-64）则称为**相容方程**，式（7-62）是对应 C_+ 特征线的相容方程，式（7-64）是对应 C_- 特征线的相容方程。这样简化后，方程就变得易于求解，并且解仍然是精确的，这种方法称为**特征线法**。

3. 特征线和相容方程的理解

对于本小节所讨论的一维非定常问题，特征线是 x-t 平面上的曲线，因此这时的特征线代表了某种轨迹。式（7-59）代表的是右传波的时空轨迹，而式（7-63）代表的是左传波的时空轨迹。

为了清晰，把式（7-57）～式（7-64）重新整理并以曲线的形式画在图 7-20 上。特征线法在数学上是把一个偏微分方程化成两个常微分方程，其中一个是特征线方程，另一个是相容方程，这两个方程比起原来的方程更易求解，这就是特征线法的意义。

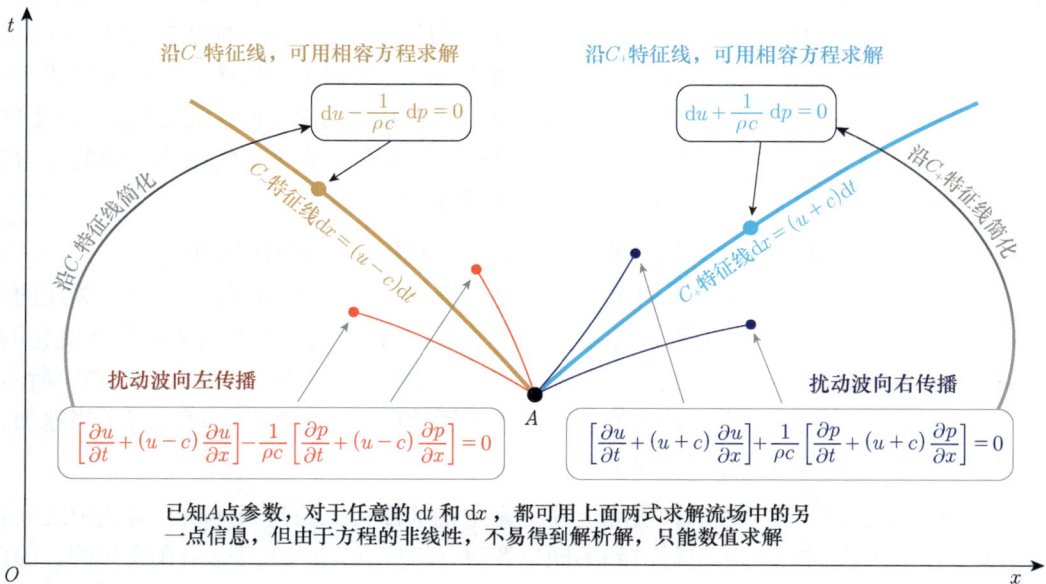

图 7-20　特征线法的特征线和相容方程

在后面的第 8 章中有关特征线法的部分我们将看到，对于定常二维超声速流场来说，自变量是 x 和 y，要想把偏微分方程变为常微分方程，就需要找到 x 和 y 之间的关系，显然这个关系就对应流场中的某种空间曲线或直线，现实中确实也存在可感知的线，即马赫线，对应膨胀波或弱压缩波。

对于本小节的内容来说，特征线是扰动波传播的轨迹，沿特征线走就相当于跟着波走，这样非定常问题就转化成了定常问题，如图 7-21 所示。本来，波与 x 和 t 都有关，而沿特征线简化后的相容方程则只随 x 变化，没有了时间 t 这个自变量。事实上，如果我们让式（7-57）中的非定常项（时间相关项）等于零，直接就可以得出相容方程即式（7-62）。这是因为，当跟着波走的时候，就相当于在物质导数中去掉了当地项，而只保留了对流项，这时参数的变化就只体现了流场的不均匀性所带来的影响。

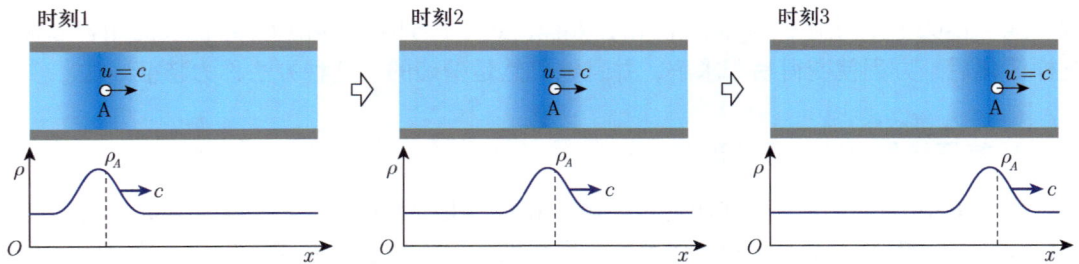

当跟着波走时，波的影响就没有了，变成了定常流动

图 7-21　沿特征线走就相当于跟着波走

为了更形象地理解上面的论述，现在举一个扰动波沿一维变截面管道传播的例子，如图 7-22 所示。气流以全程亚声速经过一个收-扩管道，当没有扰动时，流动是定常的，流体微团从入口流到出口的过程中，压力经历先下降后上升的过程，如图 7-22（a）所示。现在假设流体微团出发不久后，有一个压力扰动从入口开始向出口传播，由于波速比气流速度快，微团会在某处被压力波追上并扫过，于是微团的压力会受到扰动波的影响而变化，过程如图 7-22（b）所示。也就是说，从拉格朗日观点来看，流场中的流体微团的压力变化既受到不均匀的流场的影响，也受到压力波的影响，较为复杂。

现在如果我们使用欧拉法，且选取的参照系跟随扰动波运动，即参照系的速度为（$u+c$），则所关注的点不受波动的影响，一开始关注的是波峰，就一直关注波峰，一开始关注的是波谷，就一直关注波谷。但由于压力还与空间位置有关，这时关注点的压力还是在变化的，变化关系则完全取决于参数的空间分布，即对流项，过程如图 7-22(c)和图 7-22(d)所示。可见，当参照系沿特征线（也就是波的运动轨迹）运动后，式（7-57）就没有了当地项，而只剩下对流项，流动就变为定常的了。

上面的论述是为了易于理解，实际上并不完全是这样，原因是当地项和对流项之间存在耦合作用，同样是波峰，当波行进到不同位置时，压力扰动的幅值也是在变化的。因此用特征线法实际上并没有把流动变为定常流动，只是找到了时间与空间的某种关系，可以只使用空间位置来描述流动参数，而不需要显式地包含时间。

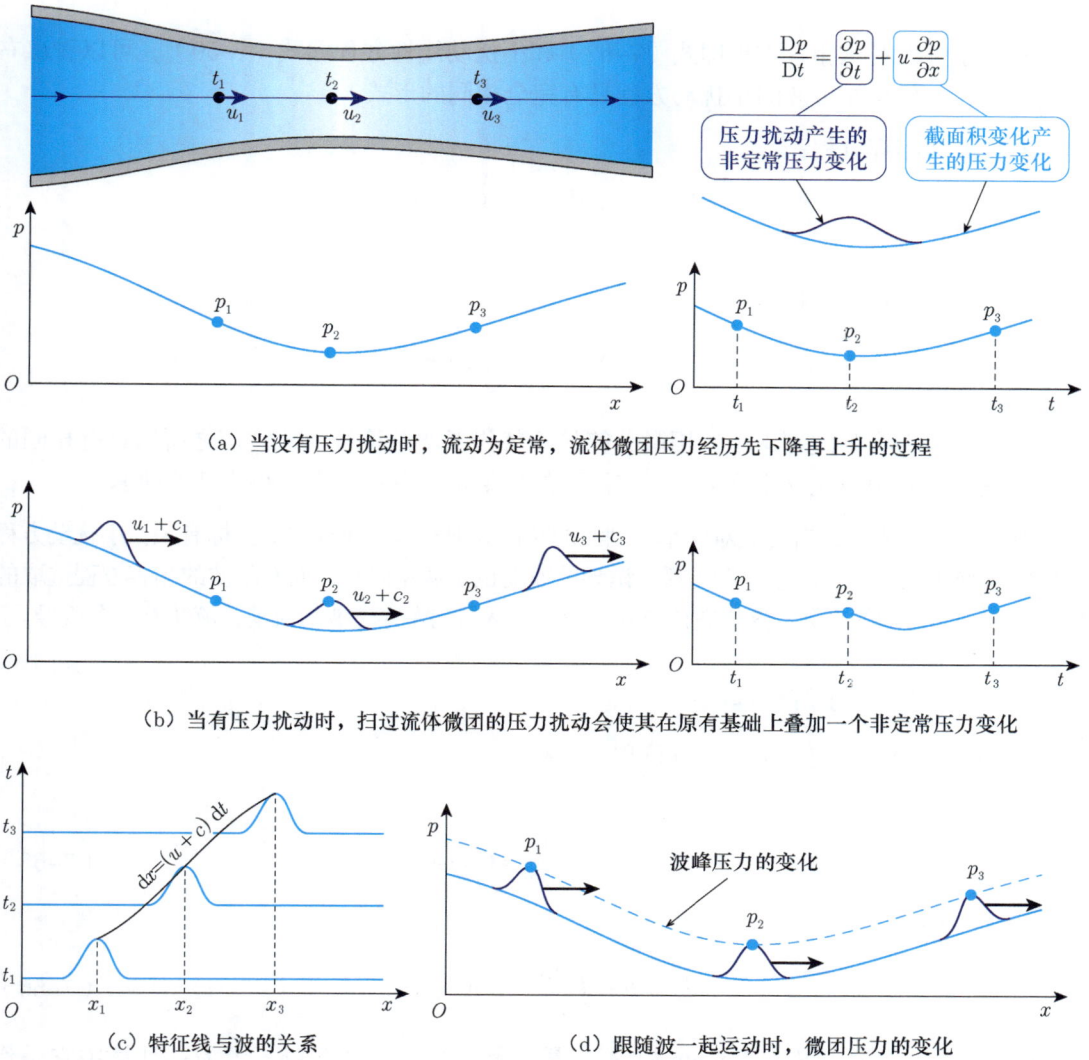

$$\frac{Dp}{Dt} = \boxed{\frac{\partial p}{\partial t}} + \boxed{u\frac{\partial p}{\partial x}}$$

压力扰动产生的
非定常压力变化

截面积变化产
生的压力变化

（a）当没有压力扰动时，流动为定常，流体微团压力经历先下降再上升的过程

（b）当有压力扰动时，扫过流体微团的压力扰动会使其在原有基础上叠加一个非定常压力变化

（c）特征线与波的关系

（d）跟随波一起运动时，微团压力的变化

图 7-22　变截面管道中存在扰动波时，流体微团的压力变化

我们来看相容方程即式（7-62），它的形式类似于定常流动的压力与速度变化关系，只不过这种定常流动的参照系是与波同步运动的。波相对于流体的运动速度是 c，因此流体相对于参照系的速度也是 c，把相容方程即式（7-62）中的 c 改为 u，则方程变为

$$du + \frac{1}{\rho u}dp = 0$$

上式可以进一步变化为

$$u\frac{du}{dx} = -\frac{1}{\rho}\frac{dp}{dx}$$

这就是定常流动的动量方程。这样我们就证明了，当沿特征线求解一维的非定常方程时，方程实际上退化为了一维的定常方程，只不过这种流动是以波为参照系的。

我们还可以对比相容方程即式（7-62）和小扰动线性方程即式（7-50），可以看出右传波的相容方程与左传波的小扰动方程具有完全相同的形式。

右传波的相容方程：

$$\mathrm{d}u + \frac{1}{\rho c}\mathrm{d}p = 0$$

左传波的小扰动方程：

$$\Delta u + \frac{1}{\rho_\infty c_\infty}\Delta p = 0$$

差别是，在有限波理论中，用微分符号 d 替代了增量符号 Δ。它们之所以具有相同的形式，是因为有限波包含小扰动波，有限波的理论也可以用于求解小扰动的问题。

那为什么有限波的右传波对应小扰动波的左传波呢？这与所选取的坐标有关，小扰动方程选取的是静止坐标，波从左向右传播，诱导的速度也是从左向右，而有限波的相容方程选取的则是与波一起运动的坐标，这样右传波就对应流体从右向左穿过波的流动，流速差一个负号。

4. 特征线法的求解过程

让相容方程沿对应的特征线进行积分，有

沿 C_+ 特征线：

$$J_+ = u + \int \frac{\mathrm{d}p}{\rho c} = \mathrm{Const} \qquad （7-65）$$

沿 C_- 特征线：

$$J_- = u - \int \frac{\mathrm{d}p}{\rho c} = \mathrm{Const} \qquad （7-66）$$

式中，J_+ 和 J_- 称为黎曼（Riemann）不变量，是特征线法的关键，因为在计算中它是作为已知量的。对于定比热理想气体的等熵过程，可以把式（7-65）和式（7-66）中的密度和压力都表示成声速的函数。根据声速的定义，有

$$\rho = \frac{\kappa p}{c^2} \qquad （7-67）$$

根据等熵关系式，有

$$p = C_1 T^{\frac{\kappa}{\kappa-1}} = C_2 c^{\frac{2\kappa}{\kappa-1}} \qquad （7-68）$$

式中，C_1 和 C_2 是某种常数。把式（7-68）代入式（7-67），得

$$\rho = \kappa C_2 c^{\frac{2}{\kappa-1}} \qquad （7-69）$$

对式（7-68）微分，得

$$\mathrm{d}p = \left(\frac{2\kappa}{\kappa-1}\right)C_2 c^{\frac{\kappa+1}{\kappa-1}}\mathrm{d}c \tag{7-70}$$

把式（7-69）和式（7-70）代入式（7-65）和式（7-66），积分后可得

沿 C_+ 特征线：

$$J_+ = u + \frac{2c}{\kappa-1} = \mathrm{Const} \tag{7-71}$$

沿 C_- 特征线：

$$J_- = u - \frac{2c}{\kappa-1} = \mathrm{Const} \tag{7-72}$$

可见，可以根据流速和声速来计算黎曼不变量 J_+ 和 J_-，而如果已知 J_+ 和 J_-，也可以反过来求出流速和声速，如下

$$c = \frac{\kappa-1}{4}\left(J_+ - J_-\right) \tag{7-73}$$

$$u = \frac{1}{2}\left(J_+ + J_-\right) \tag{7-74}$$

黎曼不变量 J_+ 和 J_- 沿特征线不变，只要已知某一点的参数（通常已知点为初始条件和边界条件），就可以计算下一点，从而可以一步步递推得出流场中所有点的 J_+ 和 J_-，然后利用式（7-73）和式（7-74）计算出相应点处的流速和声速。图 7-23 所示为使用特征线法的递推过程，其中，$t=0$ 时刻的所有值是已知的，即初始条件，而 $x=x_1$ 和 $x=x_2$ 处的值也已知，即边界条件。以点 8 为例，其 C_+ 特征线前一站为点 2，而 C_- 特征线前一站为点 3，因此有

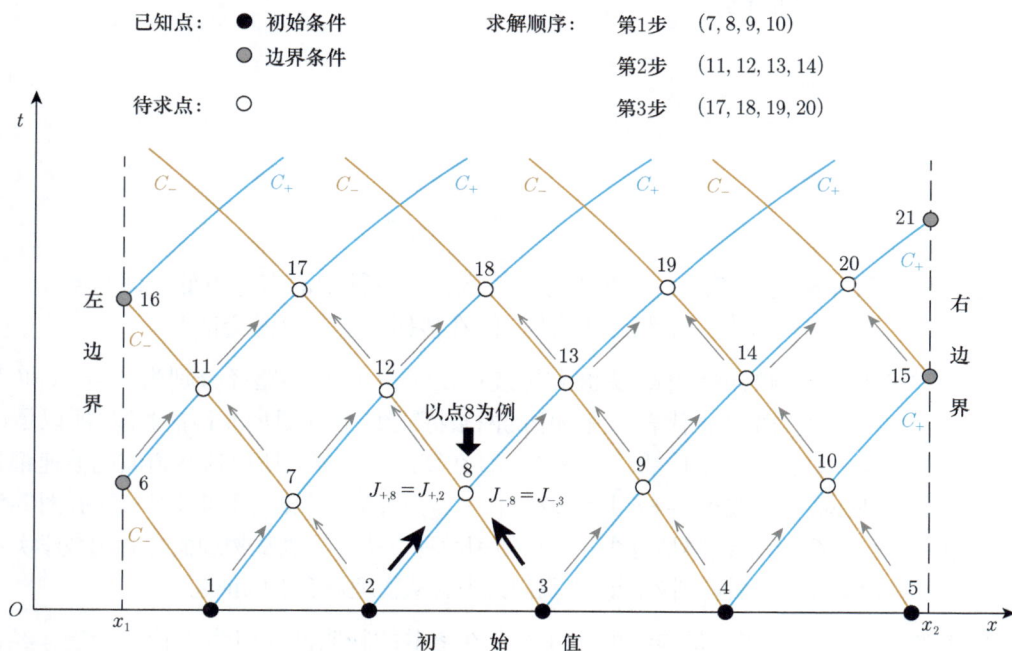

图 7-23　使用特征线法的递推过程

$$J_{+,8} = J_{+,2}$$

$$J_{-,8} = J_{-,3}$$

也就是说,每一个待求点需要通过两个已知点来求解,这两个已知点分别位于通过待求点的两条特性线上。

经过本节(7.2节)的理论准备,现在可以处理一维运动膨胀波问题了。因为最后会把一维运动激波和膨胀波的问题合起来在7.4节中讨论,所以为了保持一致性,在接下来的7.3节我们设定膨胀波向左传播。

7.3 一维膨胀波的传播和反射

7.3.1 运动膨胀波

如图7-24所示,有一个左端封闭的等截面直管道,在右端某处有一个活塞,一开始($t=t_0$)管道内的气体和活塞都处于静止状态,在某一时刻($t=t_1$),活塞突然向右加速到u(设u低于声速),并在之后以速度u匀速运动。于是在t_1时刻生成了阶跃压力波,这个阶跃压力波是由于突然的膨胀产生的,是强膨胀波而不是激波。随着活塞继续朝右运动,左侧的气体陆续由静止向右膨胀加速,对应膨胀波向左传播。经过短暂的时间后,在t_2时刻,形成了一系列的膨胀波,这是因为膨胀波在传播过程中总是会散开。为了说明这一点,可以把膨胀波离散成有限个弱膨胀波,称最左边的为**头波**,最右边的为**尾波**,头波在静止的气体(①区)中向左传播,而尾波在向右运动的气体(②区)中向左传播,头波和尾波相对于管道的波速分别为

头波:

$$w_1 = u_1 - c_1 = -c_1 , \quad |w_1| = c_1$$

尾波:

$$w_2 = u_2 - c_2 = u - c_2 , \quad |w_2| = c_2 - u$$

由于②区的气体经过了膨胀,温度比①区的低,所以其中的声速更低,即$c_2 < c_1$,从而有$c_2 - u < c_1$,即$|w_2| < |w_1|$,这就证明了膨胀波在传播过程中总是会散开。

在从t_2时刻到t_3时刻的过程中,头波和尾波在$x\text{-}t$图上的传播路径分别为$\mathrm{d}x = -c_1\mathrm{d}t$和$\mathrm{d}x = (u-c_2)\mathrm{d}t$,这两个关系式也代表了流场中的两条特性线。由于是向左传播的波,所以是C_-特性线。由于头波一直在①区中传播,而尾波一直在②区中传播,所以这两道波的波速都是恒定不变的,也就是说,特性线$\mathrm{d}x = -c_1\mathrm{d}t$和$\mathrm{d}x = (u-c_2)\mathrm{d}t$都是直线。下面我们将证明,图7-24中的膨胀扇区中所有C_-特性线都是直线。这里使用两种方法,分别从物理概念和用数学关系式来证明,前者较易理解,后者则较严谨,我们先来看从物理概念上的证明。

实际上的膨胀区压力变化是连续的,并不存在离散的膨胀波,但为了看得清楚,经常

用离散的有限个弱膨胀波来表示，这也是有道理的，就相当于用差分代替了微分，只要步长取得足够小，还是能较精确地代表实际情况。现在假设有 n 条膨胀波，把膨胀扇区按等压差 Δp 间隔分成（$n+1$）个等压区，如图 7-25 所示。这些膨胀波向左传播时，每一道膨胀波的传播速度只取决于其左侧气体的声速和流速，第 i 道波的速度为（$u_i - c_i$）。因为在传播过程中波的个数不变，Δp 保持为常数。第 i 道波左侧的气体都经历了（$i-1$）道膨胀波的压降和膨胀加速，压力保持为 $p_1 - (i-1) \cdot \Delta p$，温度保持不变，膨胀后的流速 u_i 也保持不变，所以波速（$u_i - c_i$）会保持不变。这就证明了第 i 道膨胀波所代表的 C_- 特征线为直线，从而证明了所有膨胀波的 C_- 特征线都为直线。

另一种证明 C_- 特征线为直线的方法是使用数学关系式，从特征线本身来证明。如图 7-26 所示，点 O 处为刚开始生成的强膨胀波，这个膨胀波向左传播并散开，形成一系列 C_- 特征线。图中也画出了 C_+ 特征线，可以看到 C_+ 特征线并不是直线。在①区中，气体静止，声速也为常数，因此所有 C_+ 特征线在这一段都是直线，并且黎曼不变量 J_+ 都相同，即

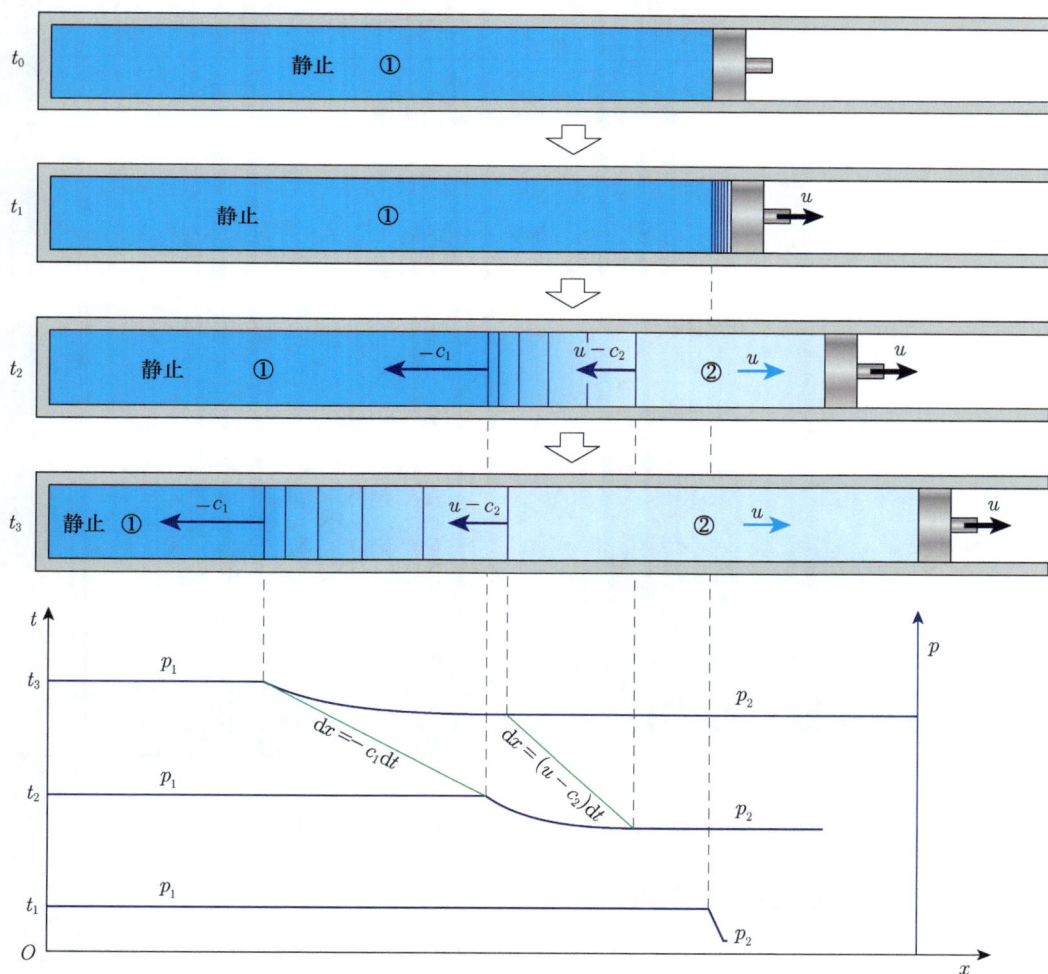

图 7-24　向右运动的活塞产生向左传播的膨胀波

$$J_{+,1} = u + \frac{2c}{\kappa-1} = \frac{2c_1}{\kappa-1} = \text{Const}$$

$$J_{+,a} = J_{+,b}$$

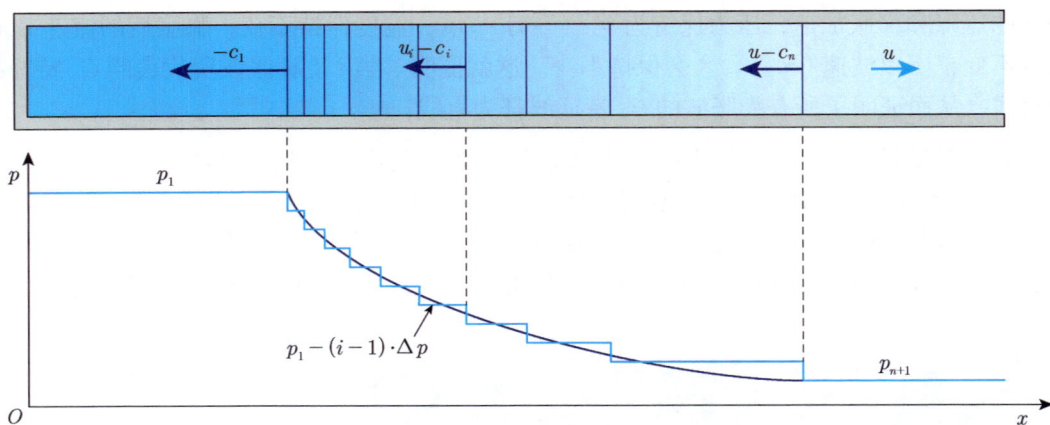

图 7-25　离散膨胀波的传播

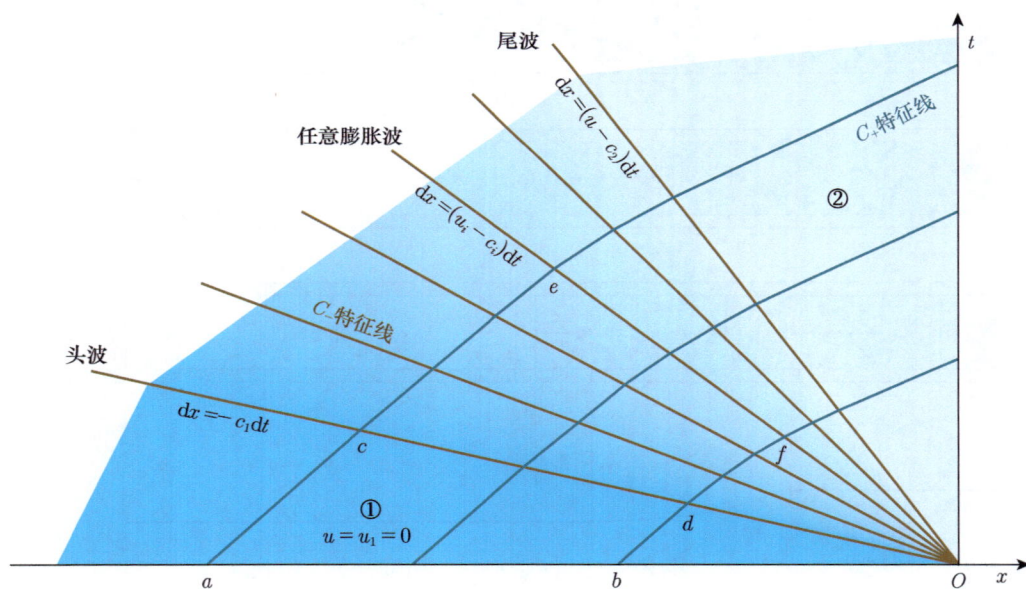

图 7-26　简单波的 C_- 特征线和 C_+ 特征线

由于 J_+ 沿 C_+ 特征线不变，从而有

$$J_{+,a} = J_{+,c} = J_{+,e}$$

$$J_{+,b} = J_{+,d} = J_{+,f}$$

于是有

$$J_{+,e} = J_{+,f}$$

e 点和 f 点在同一条 C_- 特征线上，因此其另一个黎曼不变量 J_- 也相等

$$J_{-,e} = J_{-,f}$$

e 点和 f 点的两个黎曼不变量都相等，说明这两点的流速 u 和声速 c 都相等，因此这两点的特征线斜率 $\mathrm{d}x/\mathrm{d}t = u - c$ 相等，即 e 和 f 所在的 C_- 特征线是直线，由于这条特征线是任意取的，我们就证明了所有的 C_- 特征线都是直线。

上面所讨论的膨胀波都是向均匀流场中传播的，这种波定义为**简单波**，简单波的特征线是直线。更进一步来说，如果这些简单波是从一点发出的，这种波就叫作**中心波**。相应地，如果波在传递过程中遭遇不均匀的来流，则形成**非简单波**。比如图 7-26 中的 C_+ 特征线就不是直线，可以认为这些特征线代表了向右传播的声波，这些声波遭遇了向左传播的膨胀波后，行进中的波速和流速都发生了变化，因此特征线就不是直线了。而向左传播的膨胀波遇到的是声波，并不会改变来流的参数，因此 C_- 特征线仍然是直线。

一种常见的非简单波是膨胀波在壁面上的反射，当反射波与入射波相交时，产生的就是非简单波，图 7-27 画出了左传的膨胀波遇到壁面后反射形成的入射波和反射波的流场及特征线。下面我们先讨论简单波的求解方法，再讨论非简单波的求解方法。

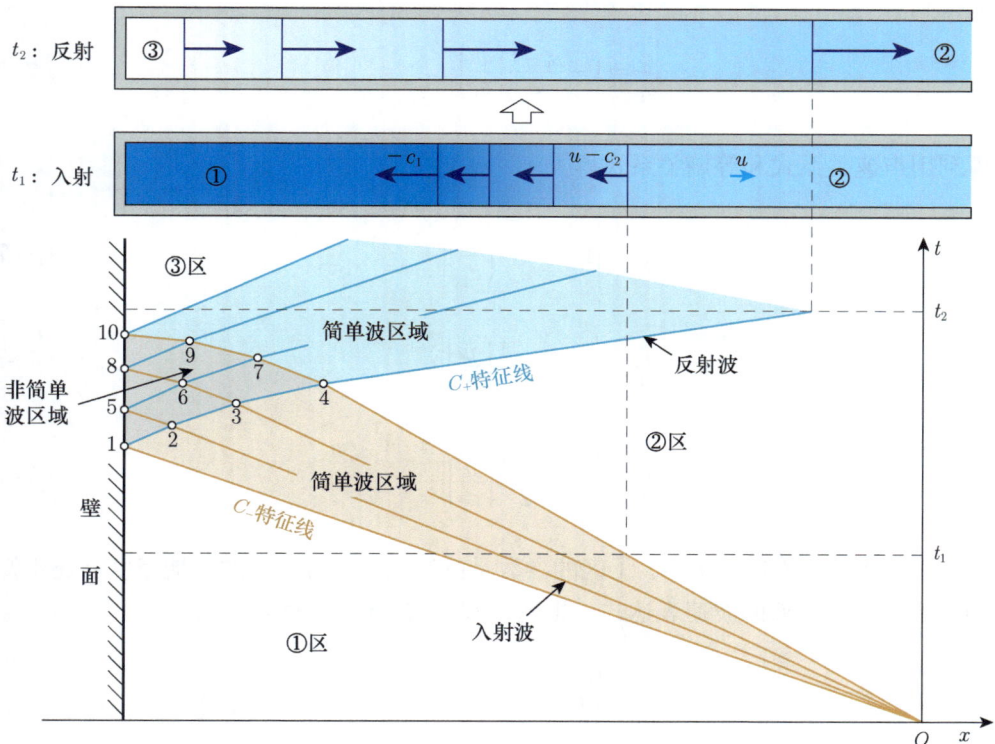

图 7-27　向左传播的膨胀波在壁面上的反射

7.3.2 简单膨胀波的求解

来看图 7-26 中的中心波，我们已经证明了 a、b、c、d、e、f 等点的 J_+ 是相同的，即整个膨胀区的 J_+ 都是某个不变的常数，因此有

$$J_+ = u + \frac{2c}{\kappa-1} = \text{Const}$$

对于未受扰动的①区，有

$$J_+ = u_1 + \frac{2c_1}{\kappa-1} = \frac{2c_1}{\kappa-1} = \text{Const}$$

用上面两个式子可以建立起膨胀区内任意点的流速和声速与①区声速的关系

$$u = \frac{2}{\kappa-1}(c_1 - c) \tag{7-75}$$

①区的气体处于静止状态，未膨胀，温度最高，声速最大，而膨胀区内任意点的气体都经过了膨胀，温度下降，声速 c 下降，同时膨胀产生了流速 u，所以式（7-75）中的流速由未膨胀的声速 c_1 和膨胀后的声速之差决定，其实这也就是等熵膨胀的关系式，与气体的绝热指数 κ 有关。

根据式（7-75），利用等熵关系式，可以进一步得到其他气体参数。先把式（7-75）变形，得到

$$\frac{c}{c_1} = 1 - \frac{\kappa-1}{2}\left(\frac{u}{c_1}\right) \tag{7-76}$$

再利用声速关系式和等熵关系式得

$$\frac{T}{T_1} = \left[1 - \frac{\kappa-1}{2}\left(\frac{u}{c_1}\right)\right]^2 \tag{7-77}$$

$$\frac{p}{p_1} = \left[1 - \frac{\kappa-1}{2}\left(\frac{u}{c_1}\right)\right]^{\frac{2\kappa}{\kappa-1}} \tag{7-78}$$

$$\frac{\rho}{\rho_1} = \left[1 - \frac{\kappa-1}{2}\left(\frac{u}{c_1}\right)\right]^{\frac{2}{\kappa-1}} \tag{7-79}$$

式（7-76）~式（7-79）中，①区的参数是已知的，而待求点的当地速度 u 还不知道，但我们知道左传膨胀波的波速表达式，也就是 C_- 特征线的表达式，为

$$\frac{\mathrm{d}x}{\mathrm{d}t} = u - c$$

已知简单波的特征线为直线，因此有

$$x = (u-c)t \tag{7-80}$$

从式（7-75）中解出 c，代入式（7-80），可以解出

$$x=\left(\frac{\kappa+1}{2}u-c_1\right)t \qquad (7\text{-}81)$$

或

$$u=\frac{2}{\kappa+1}\left(c_1+\frac{x}{t}\right) \qquad (7\text{-}82)$$

式（7-82）就是膨胀区内任意位置 $(x,\,t)$ 处的流速表达式。膨胀区的定义是头波和尾波之间的区域，数学表达式为 $-c_1\leqslant x/t\leqslant u_2-c_2$。

利用上面各式可以进行中心波的求解，具体过程如下。

（1）利用已知参数 c_1 和 u_2 计算任意时刻头波和尾波的位置。

头波：

$$x_{\mathrm{H}}=-c_1t$$

尾波：

$$x_{\mathrm{T}}=\left(\frac{\kappa+1}{2}u_2-c_1\right)t$$

（2）用式（7-82）计算膨胀区内任意待求点的流速。

（3）用式（7-76）～式（7-79）计算该点的各种气流参数。

现在假设在图 7-24 的活塞移动例子中，①区原本是标准大气状态，而活塞的移动速度是 200 m/s，则在 10 ms 后的流场参数计算如下

头波位置：

$$x_{\mathrm{H}}=-c_1t=-\sqrt{\kappa RT_1}\cdot t=-3.4\ (\mathrm{m})$$

尾波位置：

$$x_{\mathrm{T}}=\left(\frac{\kappa+1}{2}u_2-c_1\right)t=-1.0\ (\mathrm{m})$$

确定了头波和尾波的位置，就确定了膨胀区范围，然后可以用上面的方法计算出气体参数分布，图 7-28 所示为流场内的气流参数分布。膨胀区内的气体流速 u 与空间位置 x 呈线性关系，未受扰动的气体速度为零，而完全膨胀后的气体速度为 u_2。气体压力则是在头波附近梯度大，尾波附近梯度小。从式（7-75）可以看到，膨胀区内的当地声速 c 与流速 u 呈线性关系，而 u 与空间位置 x 呈线性关系，因此膨胀波的当地波速 $w=u-c$ 也与空间位置 x 呈线性关系，头波最快，尾波最慢。

如果活塞向右的运动速度超过了当地的声速，那么尾波的速度（u_2-c_2）将是正的，也就是尾波将向右传播，但头波的速度则不受影响。图 7-29 所示为当活塞向右的速度是 400 m/s 时所产生的流动。

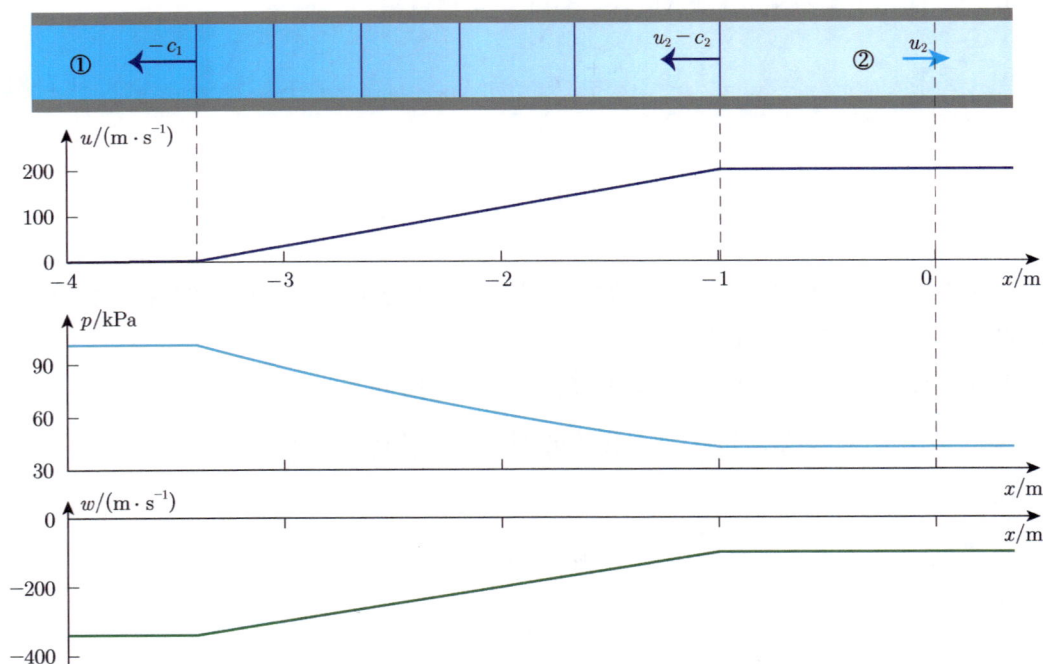

图 7-28 向左传播的膨胀波区内的气流参数分布（$u_2 = 200$ m/s，$c_1 = 340$ m/s）

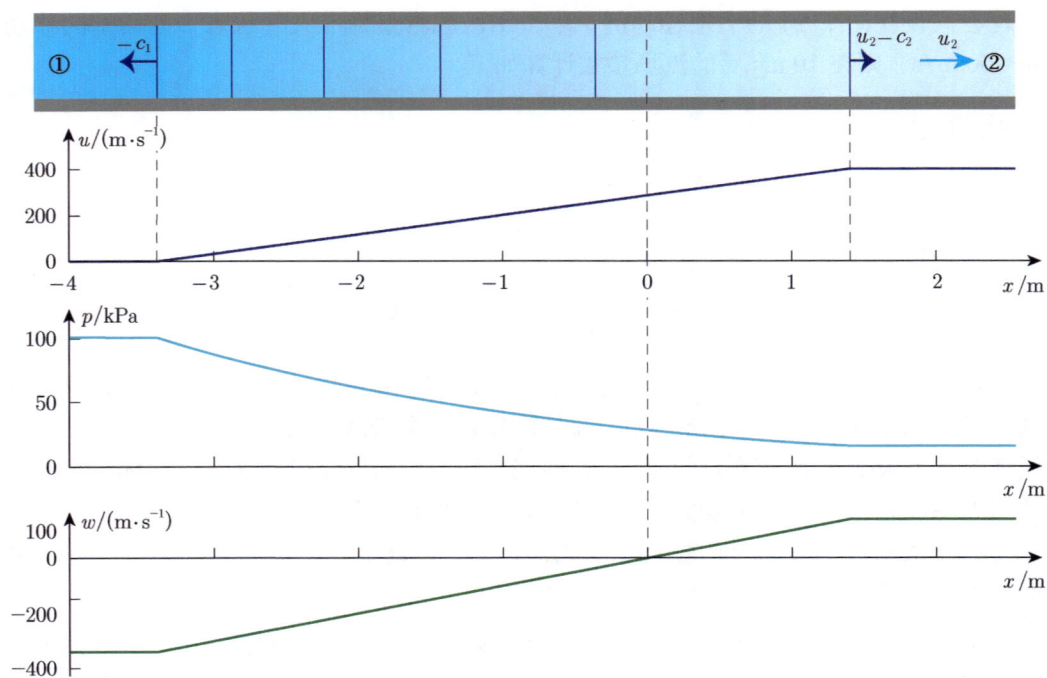

图 7-29 头波和尾波传播方向相反的情况（$u_2 = 400$ m/s，$c_1 = 340$ m/s）

7.3.3 反射膨胀波的求解

非简单波的求解要相对复杂一些，没有办法像简单波那样得到解析关系式，需要使用特征线法递推求解。把图 7-27 中的非简单波区即图中入射波和反射波相交的区域放大，如图 7-30 所示，来看这个区域的求解方法。

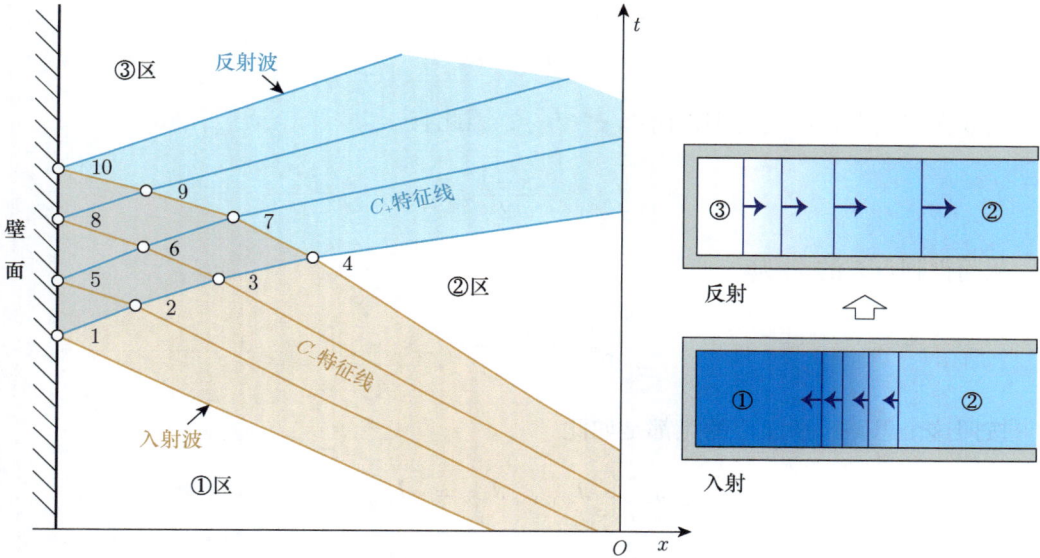

图 7-30　入射波和反射波相交区域的求解

这个问题中，已知条件为①区的声速 c_1 和经过入射波膨胀后的流速 u_2，另外还已知壁面处的流速为零。在图 7-30 中，点 1 的速度为零，且沿 C_+ 特征线 J_- 不变，因此有

$$J_{+,1} = J_{+,2} = J_{+,3} = J_{+,4} = \frac{2c_1}{\kappa - 1}$$

点 1 位于入射波的头波上，通过该点的 J_- 为

$$J_{-,1} = -\frac{2c_1}{\kappa - 1}$$

点 4 位于入射波的尾波上，通过该点的 J_- 为

$$J_{-,4} = u_2 - \frac{2c_2}{\kappa - 1}$$

又根据式（7-75）可以把 c_2 用 c_1 和 u_2 表示

$$c_2 = c_1 - \frac{\kappa - 1}{2} u_2$$

从而有

$$J_{-,4} = 2u_2 - \frac{2}{\kappa-1}c_1$$

图中画了 4 条入射波，等速度差间距，则点 2 和 3 的 J_- 为

$$J_{-,2} = \frac{2}{3}u_2 - \frac{2}{\kappa-1}c_1$$

$$J_{-,3} = \frac{4}{3}u_2 - \frac{2}{\kappa-1}c_1$$

点 5 在壁面上，流速为零，而 $J_{-,5}=J_{-,2}$，因此有

$$c_5 = -\frac{\kappa-1}{2}J_{-,2}$$

从而得到点 5 的 J_+ 为

$$J_{+,5} = \frac{2c_5}{\kappa-1} = -J_{-,2}$$

按照这个思路，壁面上的点都是如此

$$J_{-,8}=J_{-,6}, \quad J_{+,8}=-J_{+,6}$$

$$J_{-,10}=J_{-,9}, \quad J_{+,10}=-J_{+,9}$$

现在还剩点 6、7、9，这几点是典型的流场内部的点，使用标准的特征线法求解

$$J_{+,6}=J_{+,5}, \quad J_{-,6}=J_{-,3}$$

$$J_{+,7}=J_{+,6}, \quad J_{-,7}=J_{-,4}$$

$$J_{+,9}=J_{+,8}, \quad J_{-,9}=J_{-,7}$$

得出了各点的 J_+ 和 J_- 后，使用式（7-73）和式（7-74）可以得到对应的声速 c 和气流速度 u，之后用式（7-77）～式（7-79）得出其他气流参数。在图 7-30 中，入射波的特征线斜率根据①区和②区的 c 和 u 绘制，而相交区的特征线则是根据相邻点的斜率平均值绘制的，比如点 6 和 7 之间的 C_+ 特征线的斜率为

$$\frac{\mathrm{d}x}{\mathrm{d}t} = \frac{1}{2}\big[\tan^{-1}(u_6-c_6)+\tan^{-1}(u_7-c_7)\big]$$

当所有膨胀波在壁面反射完成后，壁面附近的气流回到静止状态（③区），其压力下降到某一个值，这个值可以由图 7-30 中点 10 的性质来得到，这样我们就完成了膨胀波在壁面上反射的计算。

7.4　激波管流动分析

　　激波管产生的流动是一种典型的包含运动激波和运动膨胀波的实例，并且激波管在实际的科学研究和工程应用方面有广泛的作用。因此，本节将在前面 3 节的基础上，对激波管的整个流动过程进行分析。

　　图 7-31 所示为激波管内的气体从静止开始流动直到激波和膨胀波分别完成在壁面上反射的整个过程。初始状态高压腔室标记为④，低压腔室标记为①，根据目的，两个腔室可以分别充入不同种类和温度的气体，但关键是高压腔室的压力要高一些才能形成后续的激波和膨胀波。为了方便，称高压腔室的气体为驱动气体，低压腔室的气体为被驱动气体。当采用某种方法让隔膜突然破裂后，高低压气体相互接触，出现一个压力间断面，或称为阶跃压力波。这个阶跃压力波如果向低压区传播，就形成激波，向高压区传播，就形成膨胀波。**实际情况是，在静止空气中的初始静止的阶跃压力波将同时向相反的两个方向传播，向低压区传播部分形成激波，向高压区传播部分形成膨胀波。**

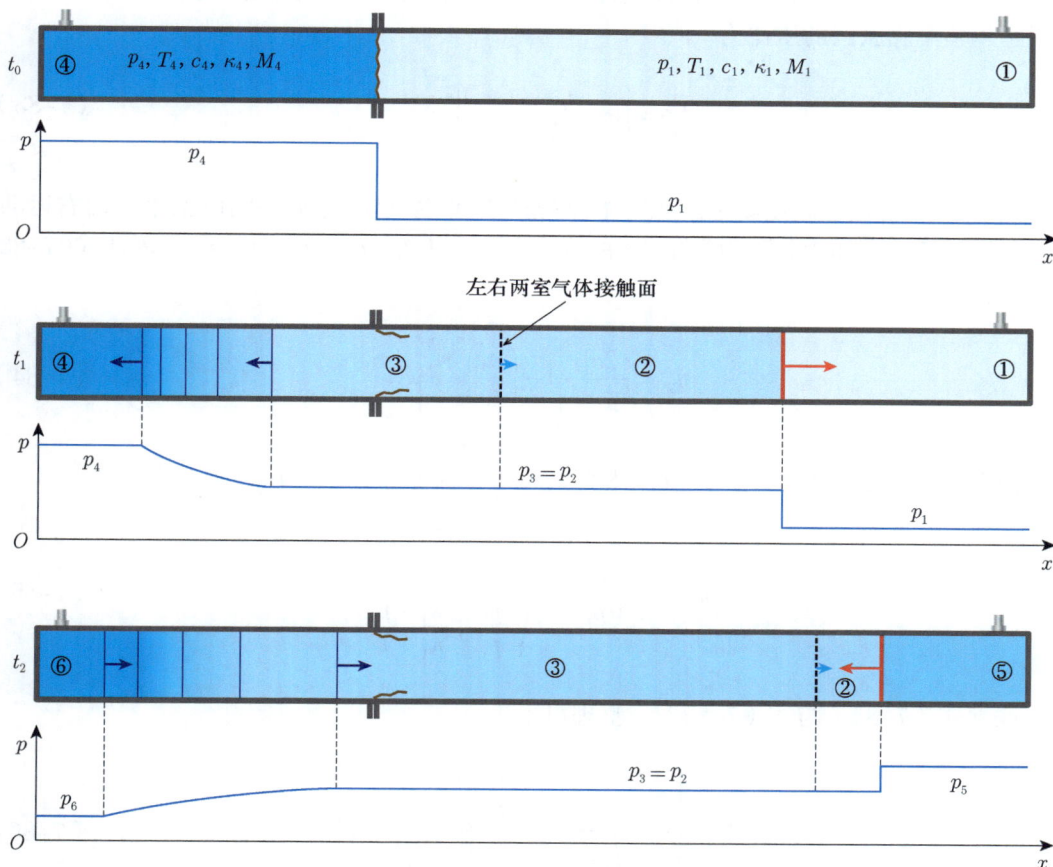

图 7-31　激波管的流动过程

　　激波和膨胀波分别在右侧和左侧的端壁上发生反射，反射的激波和膨胀波再次相遇，发生复杂的交互作用，最终经过几次振荡后，在湍流和黏性力的参与作用下，气体的各种参数掺混均匀并静止下来。一般实验室只利用激波管产生的激波和第一次的反射激波，后续的掺混作用没必要研究，事实上后续的复杂流动也很难通过简单的一维理论进行研究。

已知激波管中初始状态下两个腔室气体的参数，其中最重要的是压比 p_4/p_1，而实验所需要的重要参数包括所产生的激波强度 p_2/p_1 和激波运动马赫数 Ma_s 等。激波对应的阶跃压力可以用于气动传感器的频响校验，激波后的气体有一个短暂时间保持匀速，即前面的式（7-11）和式（7-12）给出的 u_p，可以利用它来进行一些风洞试验。另外，有时可以利用激波反射后在⑤区产生的高温高压来做试验，所以 p_5 和 T_5 也是重要的参数。

上面这些参数都依赖于初始状态下两个腔室的气体性质。当两个腔室的气体都是相同的理想气体时，只需要已知 p_4/p_1，但很多时候驱动气体和被驱动气体并不是同一种气体，比如为了提高初始压比而在驱动侧采用燃烧和爆炸产生的燃气，或者为了提高激波强度在驱动侧采用氢气，因此还需要考虑气体相对分子质量和绝热指数等的影响。下面我们来推导 p_2/p_1（或 Ma_s）与初始气体参数的关系。

当薄膜破裂，产生的激波向右传播，膨胀波向左传播时，由膨胀波关系式即式（7-78）可得跨越整个膨胀区的压比为

$$\frac{p_3}{p_4} = \left[1 - \frac{\kappa_4 - 1}{2}\left(\frac{u_3}{c_4}\right)\right]^{\frac{2\kappa_4}{\kappa_4 - 1}} \qquad (7\text{-}83)$$

图 7-31 中的接触面左侧是驱动气体，右侧是被驱动气体，它们共同以流速 u_p 向右运动，具有相同的流速和压力，即③区和②区的流速和压力相等，$u_3 = u_2$，$p_3 = p_2$，因此式（7-83）可以变化为

$$u_2 = \frac{2c_4}{\kappa_4 - 1}\left[1 - \left(\frac{p_2}{p_4}\right)^{\frac{\kappa_4 - 1}{2\kappa_4}}\right] \qquad (7\text{-}84)$$

根据激波关系式可知 u_2（即 u_p）和激波压地的关系〔即式（7-11）〕为

$$u_2 = u_p = \frac{c_1}{\kappa_1}\left(\frac{p_2}{p_1} - 1\right)\sqrt{\frac{\dfrac{2\kappa_1}{\kappa_1 + 1}}{\dfrac{p_2}{p_1} + \dfrac{\kappa_1 - 1}{\kappa_1 + 1}}} \qquad (7\text{-}85)$$

联立式（7-84）与式（7-85），整理可得

$$\frac{p_4}{p_1} = \frac{p_2}{p_1}\left\{1 - \frac{(\kappa_4 - 1)\dfrac{c_1}{c_4}\left(\dfrac{p_2}{p_1} - 1\right)}{\sqrt{2\kappa_1\left[(\kappa_1 + 1)\dfrac{p_2}{p_1} + \kappa_1 - 1\right]}}\right\}^{-\frac{2\kappa_4}{\kappa_4 - 1}} \qquad (7\text{-}86)$$

这就是激波管的初始状态 p_4/p_1 与所形成的激波强度 p_2/p_1 之间的关系。一般来说我们需要根据 p_4/p_1 求 p_2/p_1，而式（7-86）对于 p_2/p_1 是隐式的，需要查表或者使用计算机程序

求解。也可以用激波的运动马赫数 Ma_s 替代式（7-86）中的 p_2/p_1，有

$$\frac{p_4}{p_1} = \frac{2\kappa_1 Ma_s^2 - (\kappa_1 - 1)}{\kappa_1 + 1} \left[1 - \frac{\kappa_4 - 1}{\kappa_1 + 1} \frac{c_1}{c_4} \left(Ma_s - \frac{1}{Ma_s} \right) \right]^{-\frac{2\kappa_4}{\kappa_4 - 1}}$$ （7-87）

用式（7-87）可以根据初始条件 p_4/p_1 计算激波的马赫数。

分析式（7-87）可知，对于特定的 p_4/p_1，声速比 c_1/c_4 与绝热指数 κ_1 和 κ_4 对激波的马赫数有影响，其中声速比的影响更大一些，c_1/c_4 越小，则所产生的马赫数 Ma_s 越大。为了得到更大的激波马赫数，需要提高驱动气体的声速 c_4，这有两种常见的方法，一种是对驱动气体加温，另一种是使用相对分子质量小的气体（如氦气）作为驱动气体。

图 7-32 所示为被驱动气体是常温的空气，而驱动气体分别是不同温度的空气和氦气时，激波马赫数随 p_4/p_1 的变化关系。可以看到，如果使用常温的空气作为驱动气体，则激波的马赫数很难达到 3.0 以上，如果使用 1200 ℃的空气作为驱动气体，则可以较容易地让激波的马赫数达到 4.0 或者更大，要想达到更大的马赫数，使用高温氦气是个不错的选择。当然，也可以通过降低被驱动气体的声速来得到大的马赫数，比如可以对被驱动气体进行冷却，或者使用相对分子质量大的气体，如氟利昂。

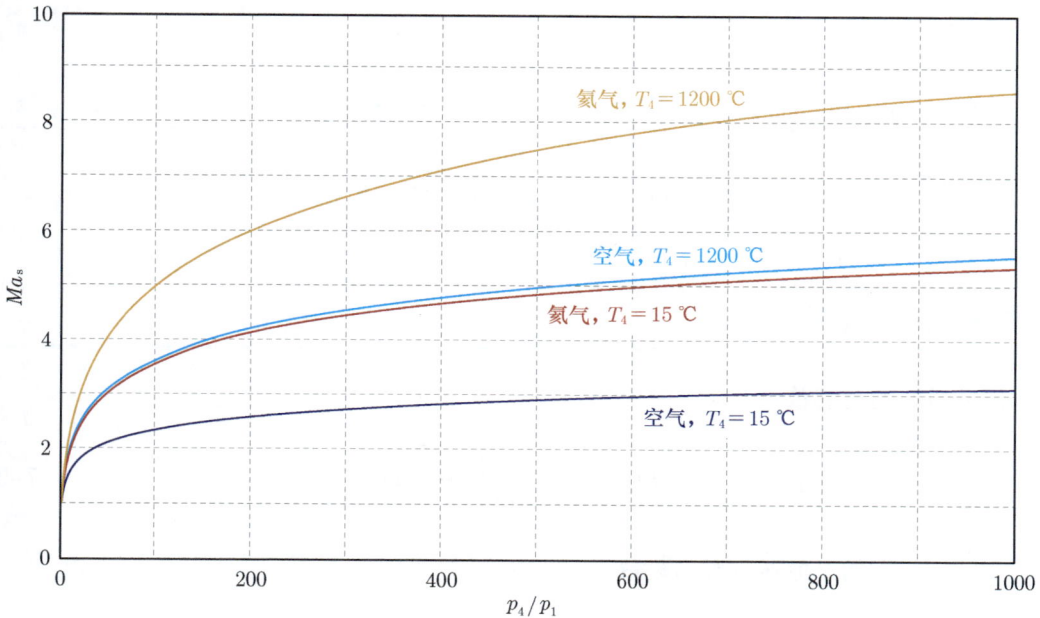

图 7-32　激波管的激波运动马赫数与初始压比以及驱动气体种类和状态的关系

通过式（7-86）还可以回答一个有趣的问题：当隔膜破裂后，阶跃压力波分解为激波和膨胀波，这两者的压比各占多少比重？这个问题其实就是问 p_2/p_1 和 p_4/p_2 之间的关系。假设现在隔膜两侧都是常温的空气，则可以用式（7-86）得出上述两个压比之间的关系，

如图 7-33 所示。可见，当初始压比 p_4/p_1 较小时，激波和膨胀波的压比差不多，当 p_4/p_1 较大时，膨胀波的压比要比激波的压比大得多。如果用压差来衡量，由于膨胀波左侧的压力 p_4 比激波右侧的压力 p_1 高很多，**结论是：在初始压比 p_4/p_1 较大的激波管中，膨胀波的压差要远大于激波的压差。**

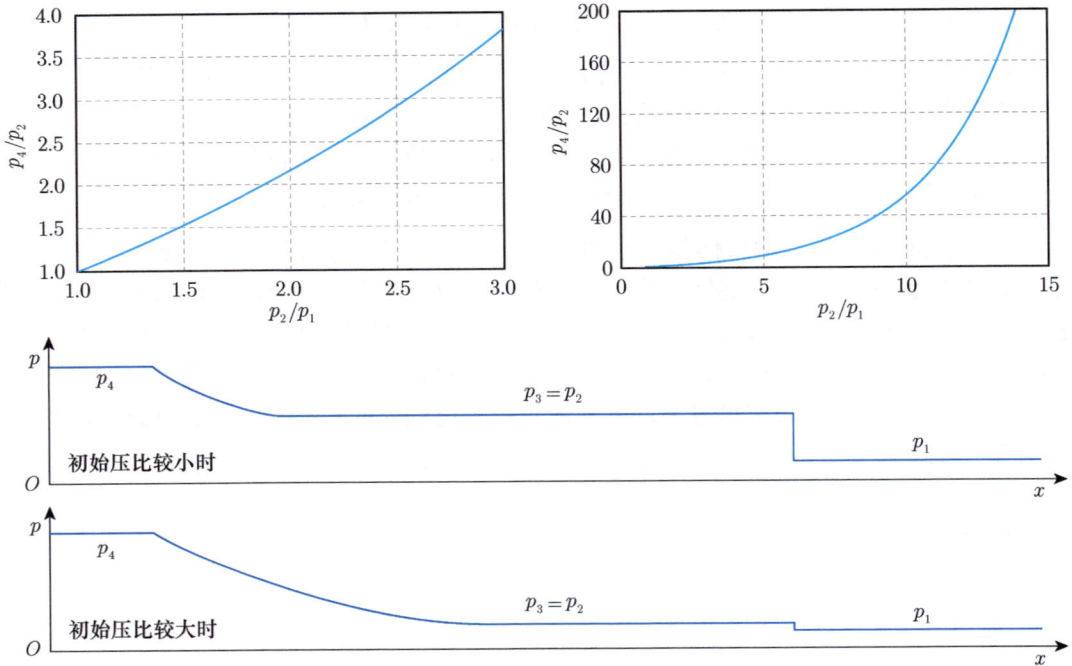

图 7-33　激波压比和膨胀波压比的关系

重要关系式总结

运动激波的马赫数

$$Ma_s = \sqrt{1 + \frac{\kappa+1}{2\kappa}\left(\frac{p_2}{p_1}-1\right)} \tag{7-9}$$

激波扫过后的气流速度和马赫数

$$u_p = \frac{c_1}{\kappa}\left(\frac{p_2}{p_1}-1\right)\sqrt{\frac{\dfrac{2\kappa}{\kappa+1}}{\dfrac{p_2}{p_1}+\dfrac{\kappa-1}{\kappa+1}}} \tag{7-11}$$

$$u_p = \frac{2c_1}{\kappa+1}\frac{Ma_s^2-1}{Ma_s} \tag{7-12}$$

$$Ma_2 = \frac{1}{\kappa}\left(\frac{p_2}{p_1}-1\right)\sqrt{\frac{2\kappa}{\frac{p_2}{p_1}\left[(\kappa-1)\frac{p_2}{p_1}+\kappa+1\right]}} \tag{7-19}$$

$$Ma_2 = 2\left(Ma_s^2-1\right)\sqrt{\frac{1}{2\kappa(\kappa-1)Ma_s^4-\left(\kappa^2-6\kappa+1\right)Ma_s^2-2(\kappa-1)}} \tag{7-20}$$

运动激波前后的气流参数关系

$$\frac{T_{t,2}}{T_{t,1}} = \frac{\kappa-1}{\kappa}\frac{p_2}{p_1}+\frac{1}{\kappa} \tag{7-15}$$

$$\frac{p_{t,2}}{p_{t,1}} = \frac{p_2}{p_1}\left[\frac{\left(\frac{\kappa-1}{\kappa+1}\frac{p_1}{p_2}+1\right)\left(\frac{\kappa-1}{\kappa}\frac{p_2}{p_1}+\frac{1}{\kappa}\right)}{\frac{\kappa-1}{\kappa+1}\frac{p_2}{p_1}+1}\right]^{\frac{\kappa}{\kappa-1}} \tag{7-16}$$

$$\frac{T_{t,2}}{T_{t,1}} = 1+2\frac{\kappa-1}{\kappa+1}\left(Ma_s^2-1\right) \tag{7-17}$$

$$\frac{p_{t,2}}{p_{t,1}} = \left[1+\frac{2\kappa}{\kappa+1}\left(Ma_s^2-1\right)\right]\left\{\frac{(\kappa+1)\left(\frac{\kappa-1}{2\kappa Ma_s^2-\kappa+1}+1\right)\left[2(\kappa-1)Ma_s^2-\kappa+3\right]}{2\kappa(\kappa-1)Ma_s^2+4\kappa}\right\}^{\frac{\kappa}{\kappa-1}} \tag{7-18}$$

反射激波扫过后的参数（⑤区）与初始参数（①区）之比

$$\frac{p_5}{p_1} = \frac{p_2}{p_1}\cdot\frac{p_5}{p_2} = \left[1+\frac{2\kappa}{\kappa+1}\left(Ma_s^2-1\right)\right]\left[1+\frac{2\kappa}{\kappa+1}\left(Ma_r^2-1\right)\right] \tag{7-26}$$

$$\frac{T_5}{T_1} = \frac{T_2}{T_1}\cdot\frac{T_5}{T_2} = \left[\frac{\left(1+\frac{\kappa-1}{2}Ma_s^2\right)\left(\frac{2\kappa}{\kappa-1}Ma_s^2-1\right)}{\frac{(\kappa+1)^2}{2(\kappa-1)}Ma_s^2}\right]\left[\frac{\left(1+\frac{\kappa-1}{2}Ma_r^2\right)\left(\frac{2\kappa}{\kappa-1}Ma_r^2-1\right)}{\frac{(\kappa+1)^2}{2(\kappa-1)}Ma_r^2}\right] \tag{7-27}$$

$$\frac{\rho_5}{\rho_1} = \left[\frac{(\kappa+1)Ma_s^2}{2+(\kappa-1)Ma_s^2}\right]\left[\frac{(\kappa+1)Ma_r^2}{2+(\kappa-1)Ma_r^2}\right] \tag{7-28}$$

反射激波马赫数

$$Ma_r = \frac{2\kappa Ma_s^2 - (\kappa-1)}{\sqrt{2(\kappa-1)\left(Ma_s^2-1\right)\left(\kappa Ma_s^2+1\right)+(\kappa+1)^2 Ma_s^2}} \qquad (7-30)$$

声波方程及其解

$$\frac{\partial(\Delta\rho)}{\partial t} + \rho_\infty \frac{\partial(\Delta u)}{\partial x} = 0 \qquad (7-42)$$

$$\rho_\infty \frac{\partial(\Delta u)}{\partial t} = -c_\infty^2 \frac{\partial(\Delta\rho)}{\partial x} \qquad (7-43)$$

$$\Delta\rho = F(x - c_\infty t) + G(x + c_\infty t) \qquad (7-45)$$

$$\Delta u = f(x - c_\infty t) + g(x + c_\infty t) \qquad (7-47)$$

扰动速度与扰动压力之间的关系式

$$\Delta u = \pm \frac{c_\infty}{\rho_\infty} \Delta\rho = \pm \frac{1}{\rho_\infty c_\infty} \Delta p \qquad (7-50)$$

"+"表示右传波;"-"表示左传波。

有限波方程、特征线方程、相容方程

右传波方程:$\left[\dfrac{\partial u}{\partial t} + (u+c)\dfrac{\partial u}{\partial x}\right] + \dfrac{1}{\rho c}\left[\dfrac{\partial p}{\partial t} + (u+c)\dfrac{\partial p}{\partial x}\right] = 0 \qquad (7-57)$

特征线方程:$\mathrm{d}x = (u+c)\mathrm{d}t \qquad (7-59)$

相容方程:$\mathrm{d}u + \dfrac{1}{\rho c}\mathrm{d}p = 0 \qquad (7-62)$

左传波方程:$\left[\dfrac{\partial u}{\partial t} + (u-c)\dfrac{\partial u}{\partial x}\right] - \dfrac{1}{\rho c}\left[\dfrac{\partial p}{\partial t} + (u-c)\dfrac{\partial p}{\partial x}\right] = 0 \qquad (7-58)$

特征线方程:$\mathrm{d}x = (u-c)\mathrm{d}t \qquad (7-63)$

相容方程:$\mathrm{d}u - \dfrac{1}{\rho c}\mathrm{d}p = 0 \qquad (7-64)$

黎曼不变量

$$沿 C_+ 特征线：\quad J_+ = u + \frac{2c}{\kappa-1} = \text{Const} \tag{7-71}$$

$$沿 C_- 特征线：\quad J_- = u - \frac{2c}{\kappa-1} = \text{Const} \tag{7-72}$$

$$c = \frac{\kappa-1}{4}(J_+ - J_-) \tag{7-73}$$

$$u = \frac{1}{2}(J_+ + J_-) \tag{7-74}$$

激波管初始压比与激波强度的关系

$$\frac{p_4}{p_1} = \frac{p_2}{p_1}\left\{1 - \frac{(\kappa_4-1)\dfrac{c_1}{c_4}\left(\dfrac{p_2}{p_1}-1\right)}{\sqrt{2\kappa_1\left[(\kappa_1+1)\dfrac{p_2}{p_1}+\kappa_1-1\right]}}\right\}^{-\frac{2\kappa_4}{\kappa_4-1}} \tag{7-86}$$

$$\frac{p_4}{p_1} = \frac{2\kappa_1 Ma_{\text{s}}^2 - (\kappa_1-1)}{\kappa_1+1}\left[1 - \frac{\kappa_4-1}{\kappa_1+1}\frac{c_1}{c_4}\left(Ma_{\text{s}} - \frac{1}{Ma_{\text{s}}}\right)\right]^{-\frac{2\kappa_4}{\kappa_4-1}} \tag{7-87}$$

习 题

7-1 已知在静止空气中传播的正激波马赫数为 2.0，求激波后空气的流速和马赫数。

7-2 已知在静止空气中传播的正激波马赫数为 5.0，且已知未受扰动的静止空气温度为 300 K，压力为 101 325 Pa，求正激波扫过后空气的静温和静压。

7-3 一道马赫数为 3.0 的正激波在标准大气中传播，正面撞墙后形成反射激波，求反射激波与墙壁之间的空气压力和温度。

7-4 一个大喇叭对空气产生 100 Pa 的压力扰动，计算这样的声波所产生的速度扰动。

7-5 证明：一维简单膨胀波在传播过程中，膨胀区的范围（头波和尾波之间的距离）随时间线性增大。

7-6 如习题 7-6 图所示，一段左端封闭、右端有活塞的管道，管内静止的空气一开始为标准大气，活塞突然以 100 m/s 的速度向右运动，以开始时活塞与管内气体接触的壁面为坐标原点，求 20 ms 后头波和尾波的位置。

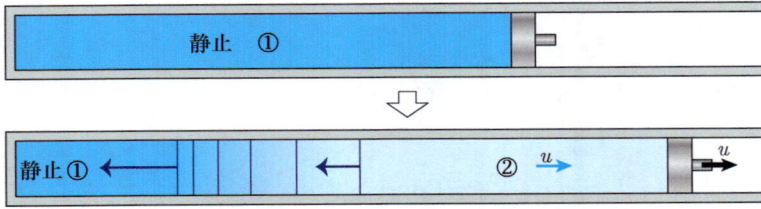

习题 7-6 图

7-7 习题 7-6 中的膨胀波打在左侧壁面后反射，求膨胀波完全反射后，左侧壁面附近空气的压力和温度。

7-8 一个激波管，隔膜的两侧都充入空气，初始状态时高压腔室的压力为 8.0 atm，低压腔室的压力为 1.0 atm，求隔膜破裂后所产生激波的波速和膨胀波的总压降。

7-9 如果习题 7-8 中高压腔室的气体为氦气，其他条件不变，再求解该问题。

7-10 要使用激波管产生瞬时温度为 800 K 的静止气体，高低压腔室的气体都使用空气且初始温度均为 300 K，低压腔室的初始压力为标准大气压，求高压腔室的压力。

第 8 章

简化理论和计算方法

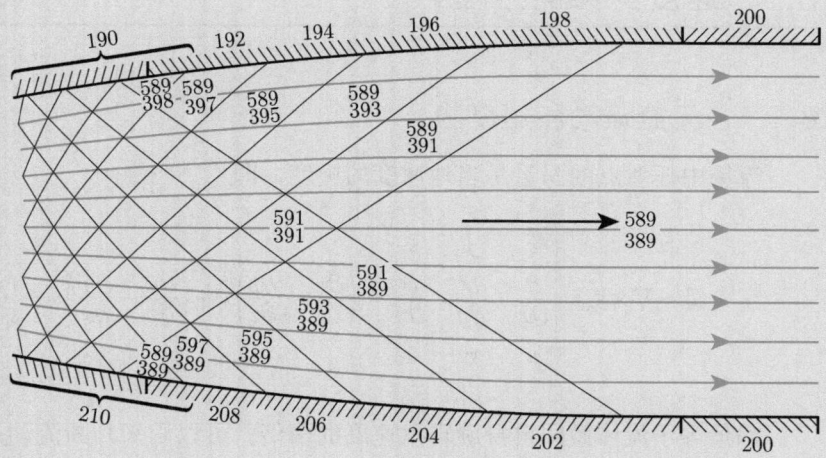

普朗特和布斯曼把数学上的特征线概念用于超声速流动的求解，设计并建造了世界上第一个超声速风洞。

从前面几章我们可以看到，对于一维定常流动，无论流速是亚声速还是超声速，都可以通过三大方程（连续方程、动量方程和能量方程）进行简单的计算。对于二维流动和三维流动，需要同时考虑气体的黏性和压缩性，因此只有极少数简单流动可以直接通过三大方程得到解析解，多数情况下需要使用数值方法求解。

对二维流动来说，当流动无旋时，可以用速度势代替速度，得到单变量的速度势方程，通常来说这个方程仍然是非线性的，所以还是需要使用数值方法求解。如果流动可以近似为不可压缩，则速度势方程退化为线性的拉普拉斯方程，可以求得解析解。当流动为可压缩时，有两种常见的解决方法，一种是基于小扰动理论的线性化方法，这种方法要求流场中的物体对流动的扰动较小，比如薄的翼型物体、细长流线形的物体等，这是一种近似方法，但方程得到了极大的简化，所以很有用；另一种是特征线法，这种方法主要用于控制方程为双曲型方程的情况，对应超声速流动。下面先介绍可压缩流动的速度势方程，再分别介绍小扰动线性化理论和特征线法。

8.1 速度势和势方程

8.1.1 无旋流动和速度势

流场中任意点的涡量是当地速度的旋度，即

$$\vec{\omega}=\nabla\times\vec{V}=\begin{vmatrix}\vec{i}&\vec{j}&\vec{k}\\\dfrac{\partial}{\partial x}&\dfrac{\partial}{\partial y}&\dfrac{\partial}{\partial z}\\u&v&w\end{vmatrix}=\left(\dfrac{\partial w}{\partial y}-\dfrac{\partial v}{\partial z}\right)\vec{i}+\left(\dfrac{\partial u}{\partial z}-\dfrac{\partial w}{\partial x}\right)\vec{j}+\left(\dfrac{\partial v}{\partial x}-\dfrac{\partial u}{\partial y}\right)\vec{k} \qquad (8\text{-}1)$$

涡量等于流体微团自身旋转角速度的两倍，可以用来判断流动是否为有旋，当无旋时

$$\nabla\times\vec{V}=0$$

根据矢量运算法则，对于任何标量 $\varPhi$，有

$$\nabla\times\nabla\varPhi=0$$

对比上面两式，我们可以定义一个标量 $\varPhi$，其与速度的关系为

$$\vec{V}=\nabla\varPhi \qquad (8\text{-}2)$$

分量形式为

$$u=\frac{\partial\varPhi}{\partial x},\ v=\frac{\partial\varPhi}{\partial y},\ w=\frac{\partial\varPhi}{\partial z} \qquad (8\text{-}2a)$$

式中，$\varPhi$ 称为**速度势**，或**势函数**。可以看到，通过定义速度势，原来的 3 个未知数（u、v、w）

就可以用一个未知数（Φ）来表示，于是问题得到极大的简化。实际流动中并不存在整个流场都是完全无旋的情况，所以速度势方法可以看作一种近似方法，搞清楚什么样的流动可以使用速度势方法是非常重要的。

所谓的有旋流动和无旋流动，可以简单地理解为流体微团是否在旋转。根据角动量定理，对于均匀的来流，只要流场中无力矩作用，整个流动过程就是无旋的。我们知道黏性力是一种典型的会产生力矩的力，因此黏性不可忽略的流动必然是有旋流动。但仅仅无黏并不能保证无旋，下面就来推导要保证流动无旋还需要哪些条件。

定常且忽略体积力的欧拉方程为

$$\rho(\vec{V} \cdot \nabla)\vec{V} = -\nabla p \qquad (8\text{-}3)$$

而三维的熵变方程为

$$T\nabla s = \nabla h - \frac{1}{\rho}\nabla p \qquad (8\text{-}4)$$

从式（8-3）中解出 ∇p 并代入式（8-4），可得

$$T\nabla s = \nabla h + (\vec{V} \cdot \nabla)\vec{V}$$

使用总焓关系式 $h_t = h + V^2/2$，上式可变为

$$T\nabla s = \nabla h_t - \nabla\left(\frac{V^2}{2}\right) + (\vec{V} \cdot \nabla)\vec{V} \qquad (8\text{-}5)$$

根据矢量变换可知

$$\nabla\left(\frac{V^2}{2}\right) - (\vec{V} \cdot \nabla)\vec{V} = \vec{V} \times (\nabla \times \vec{V}) \qquad (8\text{-}6)$$

把式（8-6）代入式（8-5），有

$$T\nabla s = \nabla h_t - \vec{V} \times (\nabla \times \vec{V}) \qquad (8\text{-}7)$$

式（8-7）称为克罗科（Crocco）定理，它表明了涡量与总焓和熵的关系，变换一下，有

$$\vec{V} \times (\nabla \times \vec{V}) = \nabla h_t - T\nabla s \qquad (8\text{-}8)$$

式（8-8）表明，两个因素会导致涡量 $\nabla \times \vec{V}$ 不等于零，一个是总焓梯度，另一个是熵梯度。定常流动中总焓的变化对应换热和黏性力做功，因此可以认为，**绝热和等熵是保证流动无旋的条件**。

图8-1所示为一些有旋流动和无旋流动的例子。在气体动力学中，尤其需要注意的是曲线（或曲面）激波会让来流从无旋变为有旋（非等熵产生的斜压流动），从而使势流法的误差增大。

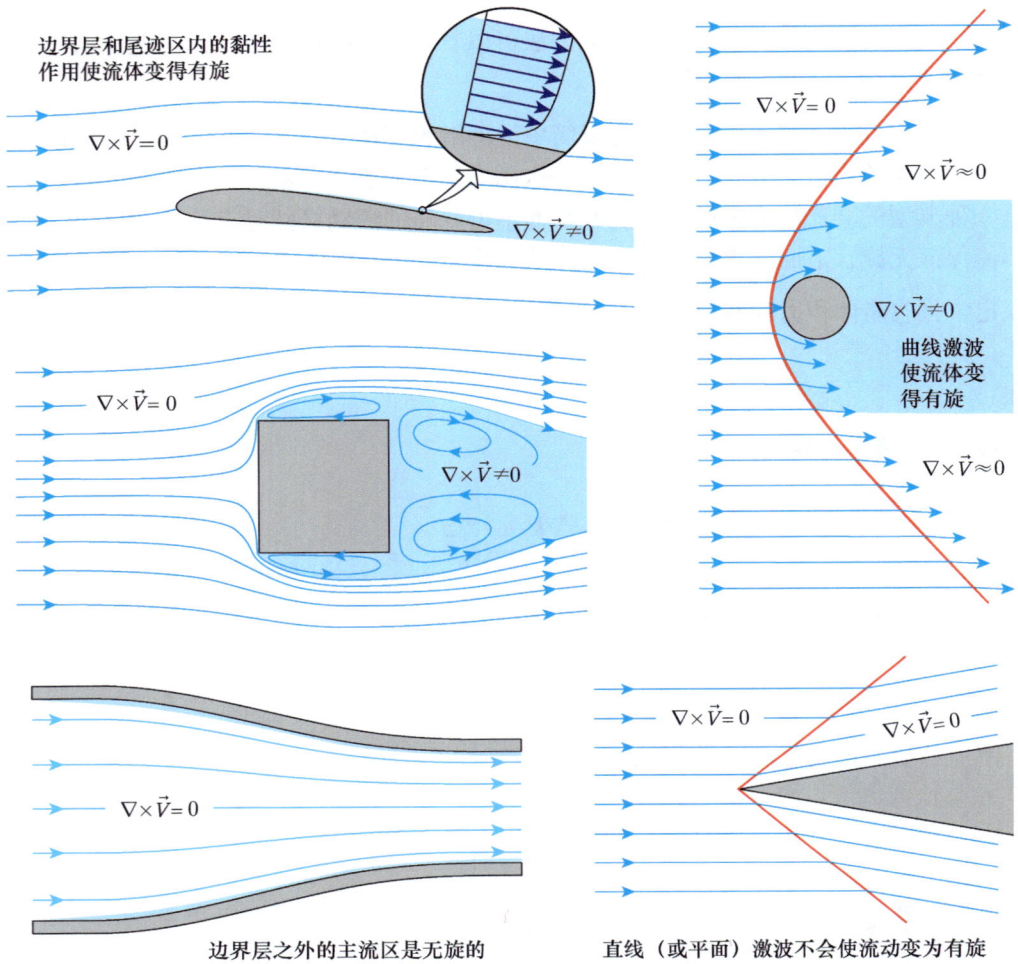

边界层和尾迹区内的黏性
作用使流体变得有旋

$\nabla \times \vec{V}=0$

$\nabla \times \vec{V}\neq 0$

$\nabla \times \vec{V}=0$

$\nabla \times \vec{V}\neq 0$

$\nabla \times \vec{V}=0$

$\nabla \times \vec{V}\approx 0$

$\nabla \times \vec{V}\neq 0$

曲线激波
使流体变
得有旋

$\nabla \times \vec{V}\approx 0$

$\nabla \times \vec{V}=0$

$\nabla \times \vec{V}=0$

$\nabla \times \vec{V}=0$

边界层之外的主流区是无旋的

直线（或平面）激波不会使流动变为有旋

图 8-1　有旋流动和无旋流动的例子

对于不可压缩流动来说，其连续方程为

$$\nabla \cdot \vec{V}=\frac{\partial u}{\partial x}+\frac{\partial v}{\partial y}+\frac{\partial w}{\partial z}=0$$

把速度势的定义代入，可得

$$\nabla \cdot \nabla \Phi=\nabla^2\Phi=\frac{\partial^2\Phi}{\partial x^2}+\frac{\partial^2\Phi}{\partial y^2}+\frac{\partial^2\Phi}{\partial z^2}=0$$

这是一个标准的拉普拉斯方程，求解较为方便，针对二维不可压缩无旋流动的势流法称为平面势流法，因为其不是本书的重点，这里略过，读者可参考其他流体力学教材。对于可压缩流动，问题要复杂一些，需要结合连续方程、动量方程和能量方程来得到速度势方程。

8.1.2 可压缩流动的速度势方程

在下面的推导中，假设流动为定常、绝热等熵。为了公式简洁，用下标法来表示导数，约定如下

$$\Phi_x = \frac{\partial \Phi}{\partial x}, \quad \Phi_y = \frac{\partial \Phi}{\partial y}, \quad \Phi_z = \frac{\partial \Phi}{\partial z}, \quad \Phi_{xx} = \frac{\partial^2 \Phi}{\partial x^2}, \quad \Phi_{yy} = \frac{\partial^2 \Phi}{\partial y^2}, \quad \Phi_{zz} = \frac{\partial^2 \Phi}{\partial z^2},$$

$$\Phi_{xy} = \frac{\partial^2 \Phi}{\partial x \partial y}, \quad \Phi_{yz} = \frac{\partial^2 \Phi}{\partial y \partial z}, \quad \Phi_{zx} = \frac{\partial^2 \Phi}{\partial z \partial x}, \quad \cdots$$

定常的可压缩连续方程为

$$\frac{\partial(\rho u)}{\partial x} + \frac{\partial(\rho v)}{\partial y} + \frac{\partial(\rho w)}{\partial z} = 0$$

把速度势的定义式（8-2a）代入上式，得

$$\frac{\partial(\rho \Phi_x)}{\partial x} + \frac{\partial(\rho \Phi_y)}{\partial y} + \frac{\partial(\rho \Phi_z)}{\partial z} = 0$$

展开后可得

$$\Phi_x \frac{\partial \rho}{\partial x} + \Phi_y \frac{\partial \rho}{\partial y} + \Phi_z \frac{\partial \rho}{\partial z} + \rho \left(\Phi_{xx} + \Phi_{yy} + \Phi_{zz} \right) = 0 \tag{8-9}$$

这就是**速度势形式的连续方程**。

现在来看动量方程，对于无旋流动来说，动量方程为欧拉方程，不考虑体积力，定常流动的 x 轴方向动量方程为

$$-\frac{\partial p}{\partial x} = \rho u \frac{\partial u}{\partial x} + \rho v \frac{\partial u}{\partial y} + \rho w \frac{\partial u}{\partial z}$$

两端都乘以$\mathrm{d}x$，有

$$-\frac{\partial p}{\partial x}\mathrm{d}x = \rho u \frac{\partial u}{\partial x}\mathrm{d}x + \rho v \frac{\partial u}{\partial y}\mathrm{d}x + \rho w \frac{\partial u}{\partial z}\mathrm{d}x \tag{8-10}$$

对于无旋流动，涡量为零，因此有

$$\frac{\partial u}{\partial y} = \frac{\partial v}{\partial x}, \quad \frac{\partial u}{\partial z} = \frac{\partial w}{\partial x}$$

从而可以把式（8-10）中的导数都替换成对 x 的导数，得到下式

$$-\frac{\partial p}{\partial x}\mathrm{d}x = \rho u \frac{\partial u}{\partial x}\mathrm{d}x + \rho v \frac{\partial v}{\partial x}\mathrm{d}x + \rho w \frac{\partial w}{\partial x}\mathrm{d}x$$

上式可以进一步写为

$$-\frac{\partial p}{\partial x}\mathrm{d}x = \frac{1}{2}\rho\frac{\partial(u^2)}{\partial x}\mathrm{d}x + \frac{1}{2}\rho\frac{\partial(v^2)}{\partial x}\mathrm{d}x + \frac{1}{2}\rho\frac{\partial(w^2)}{\partial x}\mathrm{d}x$$

同理，可以对另外两个方向的动量方程进行类似的变换，得

$$-\frac{\partial p}{\partial y}\mathrm{d}y = \frac{1}{2}\rho\frac{\partial(u^2)}{\partial y}\mathrm{d}y + \frac{1}{2}\rho\frac{\partial(v^2)}{\partial y}\mathrm{d}y + \frac{1}{2}\rho\frac{\partial(w^2)}{\partial y}\mathrm{d}y$$

$$-\frac{\partial p}{\partial z}\mathrm{d}z = \frac{1}{2}\rho\frac{\partial(u^2)}{\partial z}\mathrm{d}z + \frac{1}{2}\rho\frac{\partial(v^2)}{\partial z}\mathrm{d}z + \frac{1}{2}\rho\frac{\partial(w^2)}{\partial z}\mathrm{d}z$$

把上面 3 式相加，得

$$-\left(\frac{\partial p}{\partial x}\mathrm{d}x + \frac{\partial p}{\partial y}\mathrm{d}y + \frac{\partial p}{\partial z}\mathrm{d}z\right) = \frac{1}{2}\rho\frac{\partial(V^2)}{\partial x}\mathrm{d}x + \frac{1}{2}\rho\frac{\partial(V^2)}{\partial y}\mathrm{d}y + \frac{1}{2}\rho\frac{\partial(V^2)}{\partial z}\mathrm{d}z \qquad (8\text{-}11)$$

观察式（8-11），发现其左右两侧都是全导数的形式，因此可以简化为

$$\mathrm{d}p = -\rho\mathrm{d}\left(\frac{V^2}{2}\right) \qquad (8\text{-}12)$$

或写为

$$\mathrm{d}p + \rho V\mathrm{d}V = 0 \qquad (8\text{-}13)$$

可以看到，式（8-13）就是一维形式的欧拉方程，但在这里我们并没有限定流动为一维，当流动为有旋时，该式只能沿流线应用，但当流动无旋时，该式可以应用于整个流场中的任意两点之间。

现在引入速度势，把式（8-12）写成分量形式，有

$$\mathrm{d}p = -\rho\mathrm{d}\left(\frac{V^2}{2}\right) = -\frac{1}{2}\rho\mathrm{d}\left(\frac{u^2 + v^2 + w^2}{2}\right)$$

把速度势的定义式（8-2a）代入上式，得

$$\mathrm{d}p = -\rho\mathrm{d}\left(\frac{\Phi_x^2 + \Phi_y^2 + \Phi_z^2}{2}\right) \qquad (8\text{-}14)$$

利用声速定义式，有 $\mathrm{d}p = c^2\mathrm{d}\rho$，将其代入式（8-14），可得

$$\mathrm{d}\rho = -\frac{\rho}{c^2}\mathrm{d}\left(\frac{\Phi_x^2 + \Phi_y^2 + \Phi_z^2}{2}\right) \qquad (8\text{-}15)$$

式（8-15）是全导数形式，其中对 x 轴方向的偏导数为

$$\frac{\partial \rho}{\partial x} = -\frac{\rho}{c^2}\frac{\partial}{\partial x}\left(\frac{\Phi_x{}^2 + \Phi_y{}^2 + \Phi_z{}^2}{2}\right) \tag{8-16}$$

沿 3 个坐标方向的偏导数分别为

$$\frac{\partial \rho}{\partial x} = -\frac{\rho}{c^2}\left(\Phi_x\Phi_{xx} + \Phi_y\Phi_{yx} + \Phi_z\Phi_{zx}\right) \tag{8-17}$$

$$\frac{\partial \rho}{\partial y} = -\frac{\rho}{c^2}\left(\Phi_x\Phi_{xy} + \Phi_y\Phi_{yy} + \Phi_z\Phi_{zy}\right) \tag{8-18}$$

$$\frac{\partial \rho}{\partial z} = -\frac{\rho}{c^2}\left(\Phi_x\Phi_{xz} + \Phi_y\Phi_{yz} + \Phi_z\Phi_{zz}\right) \tag{8-19}$$

这样我们就得到了用速度势表示的密度沿 3 个坐标方向的偏导数，把式（8-17）~ 式（8-19）代入前面的连续方程即式（8-9），消去密度，就得到只含速度势和声速的方程，如下

$$\left(1 - \frac{\Phi_x{}^2}{c^2}\right)\Phi_{xx} + \left(1 - \frac{\Phi_y{}^2}{c^2}\right)\Phi_{yy} + \left(1 - \frac{\Phi_z{}^2}{c^2}\right)\Phi_{zz} - \frac{2\Phi_x\Phi_y}{c^2}\Phi_{xy} - \frac{2\Phi_y\Phi_z}{c^2}\Phi_{yz} - \frac{2\Phi_z\Phi_x}{c^2}\Phi_{zx} = 0 \tag{8-20}$$

这就是**可压缩流动的速度势方程**，它是由连续方程、动量方程和能量方程共同得出的。在推导过程中并未显式地应用能量方程，但应用了等熵条件，其实就是使用了熵形式的能量方程。

式（8-20）中除了速度势之外，还含有声速，而声速取决于当地的温度。在已知来流总焓的情况下，可以利用总焓不变的条件，进一步得出流场中各点的当地声速与速度势之间的关系。对于定比热理想气体，有如下推导：

$$c_p T_{\mathrm{t}} = c_p T + \frac{V^2}{2}$$

$$\frac{\kappa R T_{\mathrm{t}}}{\kappa - 1} = \frac{\kappa R T}{\kappa - 1} + \frac{V^2}{2}$$

$$\frac{1}{\kappa - 1}\left(c_{\mathrm{t}}^2 - c^2\right) = \frac{V^2}{2} = \frac{u^2 + v^2 + w^2}{2} = \frac{\Phi_x{}^2 + \Phi_y{}^2 + \Phi_z{}^2}{2}$$

从而有

$$c^2 = c_{\mathrm{t}}^2 - \frac{\kappa - 1}{2}\left(\Phi_x{}^2 + \Phi_y{}^2 + \Phi_z{}^2\right) \tag{8-21}$$

结合使用式（8-20）和式（8-21），未知数就只剩速度势 Φ，这两个方程由三大方程

直接导出，对于无旋等熵流动的分析是精确的。不同的流动问题体现在不同的边界条件上，针对具体的边界条件，使用式（8-20）和式（8-21）解出速度势 Φ 后，再由式（8-2）解出速度，与式（8-21）一起得到马赫数 Ma，之后就可以解出各气体参数 p、T、ρ。

然而，式（8-20）仍然是非线性的，得不到一般解。当流动为不可压缩时，其中的声速可以看作无穷大，式（8-20）退化为连续方程

$$\Phi_{xx}+\Phi_{yy}+\Phi_{zz}=0 \qquad (8-22)$$

这个方程是线性的，可以求解，但只能用于不可压缩流动。

可压缩流动势方程的解析解只有在特定情况下才能得到，在工程上用处不大，比较现实的求解方法有两种：一种是对其进行线性化，这是一种近似方法，只适合流场参数变化较小的流动，又称为小扰动线性化理论，可用于亚声速流动和超声速流动，无法用于跨声速流动；另一种是特征线法，用于超声速流动，这是一种精确方法，但其实是一种数值解法，并不能得到解析式，下面我们将分别介绍这两种方法。

8.2　小扰动线性化理论

在出现数值解法之前，对微分方程进行线性化是主流的求解手段。原方程本质上是非线性的，必须使用某些假设，忽略影响相对小的量才可能使之线性化，因此线性化理论总是会带来一定的误差。可压缩流动的线性化理论是在 20 世纪 20 年代开始发展的，并且"统治"了航空气动设计大约半个世纪之久，高速计算机和相应算法的出现，使数值模拟求解非线性方程成为可能，并且精度已经超过线性化理论，之后线性化理论才逐渐退出了工程设计的领域。目前线性化理论主要应用于气动声学领域，因为声波是真正的小扰动，使用线性化理论产生的误差非常小。

虽然在气动设计中已经很少使用，但是通过线性化理论可以得到解析解，这对于分析各种参数的影响趋势是非常有用的，并且这种数学上的求解过程十分有趣，因此在高等学校相关的课程中依然会进行一定的介绍。一般来说，当流动参数变化较大时，方程的非线性很强，就只能使用数值解法，不过一般的高亚声速飞机和超声速飞机为了降低气动阻力，机翼总是做得很薄，对气流的扰动相对较小，如图 8-2 所示。结合实验验证后，使用小扰动线性化理论足够完成早期的设计工作。学习小扰动线性化理论，对于科研思维的养成是非常重要的，过于依赖数值解法容易让人忽略流动的物理本质。

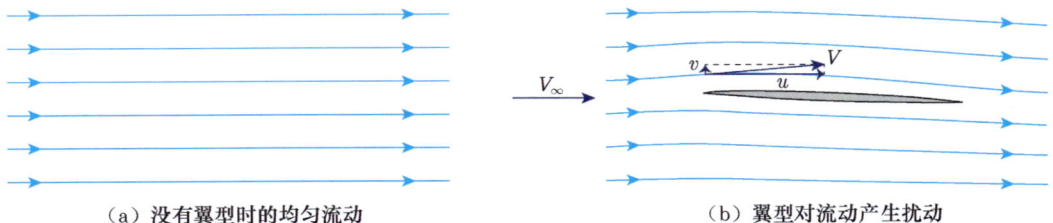

（a）没有翼型时的均匀流动　　　（b）翼型对流动产生扰动

图 8-2　薄机翼产生的小扰动

8.2.1　势方程的线性化

对于图 8-2 所示的气流绕机翼流动来说，假设均匀来流的速度为 V_∞，沿 x 轴方向。流场中任意点的速度 $\vec{V} = u\vec{i} + v\vec{j} + w\vec{k}$ 与 V_∞ 之差即机翼产生的扰动，用 u'、v'、w' 表示扰动速度，则有

$$\vec{V} = (V_\infty + u')\vec{i} + v'\vec{j} + w'\vec{k} \qquad (8\text{-}23)$$

代入速度势 Φ 定义中，有

$$\frac{\partial \Phi}{\partial x}\vec{i} + \frac{\partial \Phi}{\partial y}\vec{j} + \frac{\partial \Phi}{\partial z}\vec{k} = (V_\infty + u')\vec{i} + v'\vec{j} + w'\vec{k}$$

用扰动速度可以定义扰动速度势：

$$u' = \frac{\partial \phi}{\partial x}, \ \ v' = \frac{\partial \phi}{\partial y}, \ \ w' = \frac{\partial \phi}{\partial z} \qquad (8\text{-}24)$$

从而有

$$\frac{\partial \Phi}{\partial x} = V_\infty + \frac{\partial \phi}{\partial x}, \ \ \frac{\partial \Phi}{\partial y} = \frac{\partial \phi}{\partial y}, \ \ \frac{\partial \Phi}{\partial z} = \frac{\partial \phi}{\partial z}$$

即总速度势和扰动速度势的关系为

$$\Phi = V_\infty x + \phi \qquad (8\text{-}25)$$

继而得到总速度势 Φ 和扰动速度势 ϕ 的各阶导数之间的关系为

$$\begin{cases} \Phi_x = V_\infty + \phi_x, \ \Phi_y = \phi_y, \ \Phi_z = \phi_z \\ \Phi_{xx} = \phi_{xx}, \ \Phi_{yy} = \phi_{yy}, \ \Phi_{zz} = \phi_{zz} \\ \Phi_{xy} = \phi_{xy}, \ \Phi_{yz} = \phi_{yz}, \ \Phi_{zx} = \phi_{zx} \end{cases} \qquad (8\text{-}26)$$

把式（8-25）和式（8-26）代入速度势方程即式（8-20），并且等号两侧同乘以 c^2，得

$$\left[c^2 - (V_\infty + \phi_x)^2 \right]\phi_{xx} + (c^2 - \phi_y{}^2)\phi_{yy} + (c^2 - \phi_z{}^2)\phi_{zz} - $$
$$2(V_\infty + \phi_x)\phi_y\phi_{xy} - 2\phi_y\phi_z\phi_{yz} - 2(V_\infty + \phi_x)\phi_z\phi_{zx} = 0 \qquad (8\text{-}27)$$

这是**扰动速度势方程**。这个方程是精确的，为了进一步简化，需要用速度来判断哪些项可以忽略。把扰动速度势定义式即式（8-24）代入式（8-27），有

$$\left[c^2 - (V_\infty + u')^2 \right]\frac{\partial u'}{\partial x} + (c^2 - v'^2)\frac{\partial v'}{\partial y} + (c^2 - w'^2)\frac{\partial w'}{\partial z} - $$
$$2(V_\infty + u')v'\frac{\partial u'}{\partial y} - 2v'w'\frac{\partial v'}{\partial z} - 2(V_\infty + u')w'\frac{\partial w'}{\partial x} = 0 \qquad (8\text{-}28)$$

仿照前面的式（8-21）的推导，流场中任意点的声速与来流声速的关系为

$$c^2 = c_\infty^2 - \frac{\kappa-1}{2}\left(2u'V_\infty + u'^2 + v'^2 + w'^2\right) \qquad (8\text{-}29)$$

把式（8-29）代入式（8-28），整理可得

$$
\begin{aligned}
&\left(1-Ma_\infty^2\right)\frac{\partial u'}{\partial x} + \frac{\partial v'}{\partial y} + \frac{\partial w'}{\partial z} \\
&= Ma_\infty^2\left[(\kappa+1)\frac{u'}{V_\infty} + \frac{\kappa+1}{2}\frac{u'^2}{V_\infty^2} + \frac{\kappa-1}{2}\left(\frac{v'^2+w'^2}{V_\infty^2}\right)\right]\frac{\partial u'}{\partial x} + \\
&\quad Ma_\infty^2\left[(\kappa-1)\frac{u'}{V_\infty} + \frac{\kappa+1}{2}\frac{v'^2}{V_\infty^2} + \frac{\kappa-1}{2}\left(\frac{u'^2+w'^2}{V_\infty^2}\right)\right]\frac{\partial v'}{\partial y} + \\
&\quad Ma_\infty^2\left[(\kappa-1)\frac{u'}{V_\infty} + \frac{\kappa+1}{2}\frac{w'^2}{V_\infty^2} + \frac{\kappa-1}{2}\left(\frac{u'^2+v'^2}{V_\infty^2}\right)\right]\frac{\partial w'}{\partial z} + \\
&\quad Ma_\infty^2\left[\frac{v'}{V_\infty}\left(1+\frac{u'}{V_\infty}\right)\left(\frac{\partial u'}{\partial y}+\frac{\partial v'}{\partial x}\right) + \frac{w'}{V_\infty}\left(1+\frac{u'}{V_\infty}\right)\left(\frac{\partial u'}{\partial z}+\frac{\partial w'}{\partial x}\right) + \frac{u'w'}{V_\infty^2}\left(\frac{\partial v'}{\partial z}+\frac{\partial w'}{\partial y}\right)\right]
\end{aligned}
\qquad (8\text{-}30)
$$

现在应用小扰动假设，即假设扰动速度相比来流速度来说很小，数学表达式为

$$u' \ll V_\infty, \ v' \ll V_\infty, \ w' \ll V_\infty$$

因此，对于扰动速度很小的情况，式（8-30）中含有下面项的都是小量

$$\frac{u'}{V_\infty}, \ \frac{v'}{V_\infty}, \ \frac{w'}{V_\infty}, \ \frac{u'^2}{V_\infty^2}, \ \frac{v'^2}{V_\infty^2}, \ \frac{w'^2}{V_\infty^2}$$

但式（8-30）中还有一个影响参数 Ma_∞。比如，当 Ma_∞ 非常大时，式（8-30）中等号右边的第二项

$$Ma_\infty^2\left[(\kappa-1)\frac{u'}{V_\infty} + \frac{\kappa+1}{2}\frac{v'^2}{V_\infty^2} + \frac{\kappa-1}{2}\left(\frac{u'^2+w'^2}{V_\infty^2}\right)\right]\frac{\partial v'}{\partial y}$$

并不一定会小于等号左边对应的项 $\partial v'/\partial y$。另外，当 Ma_∞ 接近 1 时，式（8-30）中等号右边的第一项

$$Ma_\infty^2\left[(\kappa+1)\frac{u'}{V_\infty} + \frac{\kappa+1}{2}\frac{u'^2}{V_\infty^2} + \frac{\kappa-1}{2}\left(\frac{v'^2+w'^2}{V_\infty^2}\right)\right]\frac{\partial u'}{\partial x}$$

并不一定会小于等号左边对应的项

$$\left(1-Ma_\infty^2\right)\frac{\partial u'}{\partial x}$$

如果排除上面两种情况，则式（8-30）等号右边的项都可以忽略，从而得到如下的近

似方程：

$$\left(1-Ma_\infty^2\right)\frac{\partial u'}{\partial x}+\frac{\partial v'}{\partial y}+\frac{\partial w'}{\partial z}=0 \tag{8-31}$$

或者用扰动速度势表示为

$$\left(1-Ma_\infty^2\right)\phi_{xx}+\phi_{yy}+\phi_{zz}=0 \tag{8-32}$$

式（8-32）就是**线性化的扰动速度势方程**，它只能应用于扰动较小的流动，扰动越大其误差就越大。另外，如前所述，简化过程中引入了另外两个条件，马赫数不能太大，也不能接近 1，具体来说工程上常采用的标准是

$$0\leqslant Ma_\infty \leqslant 0.8 \quad \text{或} \quad 1.2\leqslant Ma_\infty \leqslant 5 \tag{8-33}$$

也就是说，式（8-32）只适用于亚声速和超声速，不能用于跨声速和高超声速。可以这样理解，当马赫数接近 1 时，各种气动参数的变化都会变得非常敏感，这个可以从气动函数上看出来。比如从 $q(\lambda)$ 来看，在马赫数接近 1 时，它变化缓慢，这就意味着面积的轻微改变就会造成流速的巨大变化，这时扰动即使很小，也会对流动产生明显的影响，所以相关项就不能忽略了。或者可以说，声速附近的流动具有非常强的非线性，无法线性化处理。同样，高超声速时流动的非线性也很强，无法线性化。

可以看到，当马赫数很小时，式（8-32）就退化为不可压缩流动的速度势方程，这时是不需要小扰动假设的，速度势方程直接就是线性的。也就是说，**对于无旋等熵流动，势方程的非线性完全是由压缩性产生的**。

8.2.2　边界条件的线性化

无黏理想流动在壁面上的边界条件是无穿透，即流速与壁面相切。如果定义壁面的曲面方程为 $f(x,y,z)=0$，则壁面的法向可以表示为

$$\vec{N}=\frac{\partial f}{\partial x}\vec{i}+\frac{\partial f}{\partial y}\vec{j}+\frac{\partial f}{\partial z}\vec{k}$$

流速与壁面相切，因此流速与壁面法向矢量的点积为零，即

$$\vec{V}\cdot\vec{N}=u_{\mathrm{w}}\frac{\partial f}{\partial x}+v_{\mathrm{w}}\frac{\partial f}{\partial y}+w_{\mathrm{w}}\frac{\partial f}{\partial z}=0$$

式中，下标 w 表示这是壁面上的速度。把速度表示成来流速度和扰动速度叠加的形式，有

$$\left(V_\infty+u_{\mathrm{w}}'\right)\frac{\partial f}{\partial x}+v_{\mathrm{w}}'\frac{\partial f}{\partial y}+w_{\mathrm{w}}'\frac{\partial f}{\partial z}=0 \tag{8-34}$$

式（8-34）就是边界条件方程，并且是精确的。接下来研究当壁面产生的扰动较小时

的线性化边界条件。

只研究二维的情况，令 $w_{\mathrm{w}}' = 0$ ，有

$$(V_\infty + u_{\mathrm{w}}')\frac{\partial f}{\partial x} + v_{\mathrm{w}}'\frac{\partial f}{\partial y} = 0$$

即

$$\frac{v_{\mathrm{w}}'}{V_\infty + u_{\mathrm{w}}'} = -\frac{\partial f/\partial x}{\partial f/\partial y}$$

对于小扰动，$u_{\mathrm{w}}' \ll V_\infty$ ，上式可以简化为

$$\frac{v_{\mathrm{w}}'}{V_\infty} = -\frac{\partial f/\partial x}{\partial f/\partial y} \tag{8-35}$$

二维流动的壁面方程为曲线方程 $f(x,y) = 0$ ，且有

$$\mathrm{d}f = \frac{\partial f}{\partial x}\mathrm{d}x + \frac{\partial f}{\partial y}\mathrm{d}y = 0$$

从而有

$$-\frac{\partial f/\partial x}{\partial f/\partial y} = \left(\frac{\mathrm{d}y}{\mathrm{d}x}\right)_{\mathrm{w}}$$

把上式代入式（8-35），可得

$$\frac{v_{\mathrm{w}}'}{V_\infty} = \left(\frac{\mathrm{d}y}{\mathrm{d}x}\right)_{\mathrm{w}} \tag{8-36}$$

式（8-36）就是二维流动壁面处的线性化边界条件，其等号左端表示的是流线的斜率，等号右端表示的是壁面的斜率，所以这个边界条件就表示流体沿着壁面流动。

应用壁面边界条件时，沿 x 轴方向的扰动速度 u_{w}' 可以根据流场中的速度外插得到，而沿 y 轴方向的扰动速度 v_{w}' 则可以用式（8-36）的边界条件得到，如下

$$v_{\mathrm{w}}' = V_\infty\left(\frac{\mathrm{d}y}{\mathrm{d}x}\right)_{\mathrm{w}}$$

8.2.3　压力系数的线性化

压力系数的定义为

$$C_p = \frac{p - p_\infty}{\rho_\infty V_\infty^2/2} \tag{8-37}$$

式中，p 是当地的压力；p_∞、ρ_∞ 和 V_∞ 分别是均匀来流的压力、密度和速度。压力系数就代表无量纲压力，可以用于在不同工况的流场之间比较压力的大小。

式（8-37）是基于不可压缩流动定义的。对于不可压缩流动，当压力系数等于 0 时，对应于当地压力等于来流的静压，而压力系数等于 1 时，对应于当地压力等于来流的总压。当应用于可压缩流动时，由于总静压关系不再符合

$$p_t = p + \frac{1}{2}\rho V^2$$

滞止点处的压力系数不再等于 1，并且由于可压缩流动中通常不使用速度而使用马赫数，需要把压力系数用马赫数来表示。对式（8-37）的分母做如下变换

$$\frac{1}{2}\rho_\infty V_\infty^2 = \frac{1}{2}\frac{\kappa p_\infty}{\kappa p_\infty}\rho_\infty V_\infty^2 = \frac{\kappa}{2}p_\infty\frac{V_\infty^2}{c_\infty^2} = \frac{\kappa}{2}p_\infty Ma_\infty^2$$

代入式（8-37），可得

$$C_p = \frac{p - p_\infty}{\kappa p_\infty Ma_\infty^2/2} = \frac{2p_\infty(p/p_\infty - 1)}{\kappa p_\infty Ma_\infty^2}$$

从而得到适用于可压缩流动的压力系数关系式，如下

$$C_p = \frac{2}{\kappa Ma_\infty^2}\left(\frac{p}{p_\infty} - 1\right) \tag{8-38}$$

在小扰动的情况下，可以进一步对式（8-38）进行简化，使用扰动速度来代替压力，建立压力系数与扰动速度之间的关系。利用总温相等的条件，有

$$T + \frac{V^2}{2c_p} = T_\infty + \frac{V_\infty^2}{2c_p}$$

$$T - T_\infty = \frac{V_\infty^2 - V^2}{2c_p} = \frac{V_\infty^2 - V^2}{2\kappa R/(\kappa - 1)}$$

$$\frac{T}{T_\infty} - 1 = \frac{\kappa - 1}{2}\frac{V_\infty^2 - V^2}{\kappa R T_\infty} = \frac{\kappa - 1}{2}\frac{V_\infty^2 - V^2}{c_\infty^2}$$

把扰动速度的表达式 $V^2 = (V_\infty + u')^2 + v'^2 + w'^2$ 代入上式，得

$$\frac{T}{T_\infty} = 1 - \frac{\kappa - 1}{2c_\infty^2}(2V_\infty u' + u'^2 + v'^2 + w'^2)$$

使用等熵关系式，可以得到压力的关系为

$$\frac{p}{p_\infty} = \left(\frac{T}{T_\infty}\right)^{\frac{\kappa}{\kappa - 1}} = \left[1 - \frac{\kappa - 1}{2c_\infty^2}(2V_\infty u' + u'^2 + v'^2 + w'^2)\right]^{\frac{\kappa}{\kappa - 1}}$$

或写为以马赫数表示的形式

$$\frac{p}{p_\infty} = \left[1 - \frac{\kappa-1}{2} Ma_\infty^2 \left(\frac{2u'}{V_\infty} + \frac{u'^2 + v'^2 + w'^2}{V_\infty^2} \right) \right]^{\frac{\kappa}{\kappa-1}} \tag{8-39}$$

式（8-39）仍然是精确的表达式。现在考虑小扰动的特点，只要马赫数不是特别大，那么式（8-39）的方括号内第二项就是一个远小于 1 的量，即

$$\frac{\kappa-1}{2} Ma_\infty^2 \left(\frac{2u'}{V_\infty} + \frac{u'^2 + v'^2 + w'^2}{V_\infty^2} \right) \ll 1$$

我们当然不能把这一项全都忽略，否则 $p/p_\infty = 1$，即流场内各点的压力都恒等于来流的压力，对应扰动无穷小，这样的简化是没意义的。我们要做的是保留一阶小量，而忽略二阶小量。把式（8-39）写成如下的形式

$$\frac{p}{p_\infty} = (1-\varepsilon)^{\frac{\kappa}{\kappa-1}}$$

式中，ε 是个小量。根据二项式定理

$$(1+x)^n = 1 + nx + \frac{n(n-1)x^2}{2!} + \cdots$$

有

$$\frac{p}{p_\infty} = 1 - \frac{\kappa}{\kappa-1} \varepsilon + \frac{\frac{\kappa}{\kappa-1}\left(\frac{\kappa}{\kappa-1}-1\right)}{2} \varepsilon^2 + \cdots$$

忽略二次小量后，有

$$\frac{p}{p_\infty} = 1 - \frac{\kappa}{\kappa-1} \varepsilon = 1 - \frac{\kappa}{2} Ma_\infty^2 \left(\frac{2u'}{V_\infty} + \frac{u'^2 + v'^2 + w'^2}{V_\infty^2} \right) \tag{8-40}$$

把式（8-40）代入式（8-38），整理可得

$$C_p = -\frac{2u'}{V_\infty} - \frac{u'^2 + v'^2 + w'^2}{V_\infty^2}$$

上式中的等号右边第二项为二阶小量，省略其可得

$$C_p = -\frac{2u'}{V_\infty} = -\frac{2}{V_\infty} \frac{\partial \phi}{\partial x} \tag{8-41}$$

可以看到压力系数与扰动速度呈线性关系，因此式（8-41）称为**线性化的压力系数关系式**。在小扰动的情况下，压力系数只与沿 x 轴方向的扰动速度相关，扰动速度越大，对应压力就越小，这是符合伯努利原理的。区别是，在小扰动情况下，压力系数与速度不再呈二次方关系，而简化为线性关系。

8.3　亚声速流动的线性化解

8.3.1　沿波形壁亚声速流动的解

小扰动理论的一个经典解是气体沿二维波形壁面的流动，这个解是小扰动方程的解析解，可以很好地说明线性化的作用，并且对于一般非平面的壁面附近流动分析具有一定的参考意义。

对于二维可压缩流动，扰动速度势方程即式（8-32）变为

$$\left(1-Ma_\infty^2\right)\phi_{xx}+\phi_{yy}=0 \tag{8-42}$$

式（8-42）与不可压缩流动的关系式就差一个系数 $\left(1-Ma_\infty^2\right)$，对于亚声速流动，这个系数大于零，于是可以定义系数

$$\beta=\sqrt{1-Ma_\infty^2}$$

则式（8-42）可以写为

$$\beta^2\phi_{xx}+\phi_{yy}=0 \tag{8-43}$$

对于来流条件已知的流动，β 是常数，因此式（8-43）是一个二阶线性偏微分方程。又由于 $\beta^2>0$，该式是一个椭圆型方程。有关二阶线性偏微分方程的类型判断问题可参见后面的 8.5.1 小节，也可参考偏微分方程相关数学图书。

现在我们将式（8-43）应用于波形壁面。如图 8-3 所示，设波形壁面为简单的正弦波形式，壁面曲线可以表示为

$$y=\varepsilon\sin\left(2\pi\frac{x}{l}\right) \tag{8-44}$$

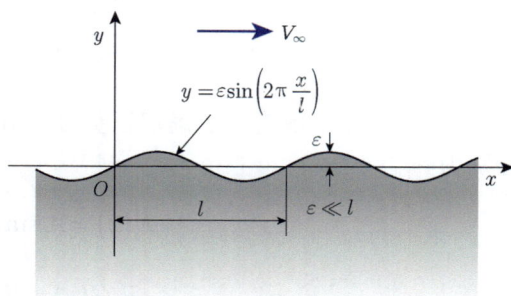

图 8-3　波形壁面

式中，ε 为波形的半幅值；l 为波长，为了满足小扰动条件，要求 $\varepsilon\ll l$。

在波形壁表面，流体沿壁面流动，边界条件为

$$v'(x,\,0)=\phi_y(x,\,0)=V_\infty\left(\frac{\mathrm{d}y}{\mathrm{d}x}\right)_{\mathrm{w}}=V_\infty\left(\frac{2\pi\varepsilon}{l}\right)\cos\left(\frac{2\pi x}{l}\right) \tag{8-45}$$

y 轴方向无穷远处不受壁面影响，边界条件为

$$u'(x,\,\infty)=0,\ v'(x,\,\infty)=0 \tag{8-46}$$

于是数学问题变为求解偏微分方程（8-43），边界条件为式（8-45）和式（8-46）。一种求解方法是假设方程的解是几个独立函数的乘积，其中每个函数只与一个自变量有关，之后就可以用分离变量法来求解，沿波形壁流动就正好可以使用这种方法。假设方程（8-43）的解为

$$\phi(x,y) = F(x)G(y)$$

将上式代入式（8-43），可得

$$\beta^2 F_{xx}(x)G(y) + F(x)G_{yy}(y) = 0$$

式中，$F_{xx}(x)$ 表示 F 对 x 的二阶导数；$G_{yy}(y)$ 表示 G 对 y 的二阶导数。对上式分离变量，可得

$$\frac{F_{xx}(x)}{F(x)} = -\frac{1}{\beta^2}\frac{G_{yy}(y)}{G(y)}$$

上式的等号左边只是 x 的函数，等号右边只是 y 的函数，这个等式在任意流动位置成立，只能是共同等于某常数，因此这个偏微分方程就化为了两个常微分方程，如下

$$\begin{cases} \dfrac{F_{xx}(x)}{F(x)} = -m^2 = \text{Const} \\ \dfrac{1}{\beta^2}\dfrac{G_{yy}(y)}{G(y)} = m^2 = \text{Const} \end{cases}$$

式中，用 m^2 作常数是为了确定正负号，方便后续引入边界条件。这两个微分方程的通解分别为

$$F(x) = A_1 \sin(mx) + A_2 \cos(mx)$$

$$G(y) = B_1 \mathrm{e}^{-\beta my} + B_2 \mathrm{e}^{\beta my}$$

从而得到式（8-43）的通解为

$$\phi(x,y) = [A_1 \sin(mx) + A_2 \cos(mx)]\left(B_1 \mathrm{e}^{-\beta my} + B_2 \mathrm{e}^{\beta my}\right) \tag{8-47}$$

接下来用边界条件求上式中的 4 个待定系数（A_1、A_2、B_1、B_2）。首先，由无穷远处的边界条件即式（8-46）可知

$$\phi_x(x,\infty) = 0, \ \ \phi_y(x,\infty) = 0$$

把式（8-47）代入上式，有如下两式

$$\phi_x(x,\infty) = m[A_1 \cos(mx) - A_2 \sin(mx)]\left(B_1 \mathrm{e}^{-\beta m\infty} + B_2 \mathrm{e}^{\beta m\infty}\right) = 0$$

$$\phi_y(x,\infty)=\beta m\left[A_1\sin(mx)+A_2\cos(mx)\right]\left(-B_1\mathrm{e}^{-\beta m\infty}+B_2\mathrm{e}^{\beta m\infty}\right)=0$$

上面两式中，系数 B_2 所在的项趋于无穷大，而其他项都是有限大，因此 B_2 必须等于零才行，式（8-47）简化为

$$\phi(x,y)=\left[A_1\sin(mx)+A_2\cos(mx)\right]B_1\mathrm{e}^{-\beta my}$$

现在应用壁面边界条件，即把上式代入式（8-45），得

$$\phi_y(x,0)=-\beta mB_1\left[A_1\sin(mx)+A_2\cos(mx)\right]=V_\infty\left(\frac{2\pi\varepsilon}{l}\right)\cos\left(\frac{2\pi x}{l}\right)$$

式中，第二个等号右边只有余弦项，要使在任何 x 位置等号都成立，等号左边的正弦项系数必须等于零，即 A_1 等于零，并且左右相应的幅值和相位角必须分别相等，即

$$V_\infty\frac{2\pi\varepsilon}{l}=-A_2B_1\beta m \tag{8-48}$$

$$\frac{2\pi}{l}=m \tag{8-49}$$

从式（8-49）解出 m 并代入式（8-48），得

$$A_2B_1=-\frac{V_\infty\varepsilon}{\beta}$$

把确定的各系数代入式（8-47），整理可得

$$\phi(x,y)=-\frac{V_\infty\varepsilon}{\beta}\mathrm{e}^{-\frac{2\pi}{l}\beta y}\cos\left(\frac{2\pi}{l}x\right) \tag{8-50}$$

这样我们就得出了亚声速流动经过二维波形壁面的解，扰动速度场可以用扰动速度势 ϕ 分别对 x 和 y 求导得到，如下

$$u'=\phi_x=\frac{2\pi\varepsilon}{l}\frac{V_\infty}{\sqrt{1-Ma_\infty^2}}\mathrm{e}^{-\frac{2\pi}{l}y\sqrt{1-Ma_\infty^2}}\sin\left(\frac{2\pi}{l}x\right) \tag{8-51}$$

$$v'=\phi_y=\frac{2\pi\varepsilon}{l}V_\infty\mathrm{e}^{-\frac{2\pi}{l}y\sqrt{1-Ma_\infty^2}}\cos\left(\frac{2\pi}{l}x\right) \tag{8-52}$$

从式（8-51）和式（8-52）可以看出，波形壁面在 x 轴和 y 轴方向产生的扰动量级相同，最大幅值都在壁面上（$y=0$）取得，分别为

$$|u'|_{max}=\frac{2\pi\varepsilon}{l}\frac{V_\infty}{\sqrt{1-Ma_\infty^2}}$$

$$|v'|_{\max} = \frac{2\pi\varepsilon}{l}V_\infty$$

$|u'|$ 的最大值位于 $(l/4+nl/2,0)$，$|v'|$ 的最大值位于 $(nl/2,0)$，可以把它们标在图上，如图 8–4 所示。

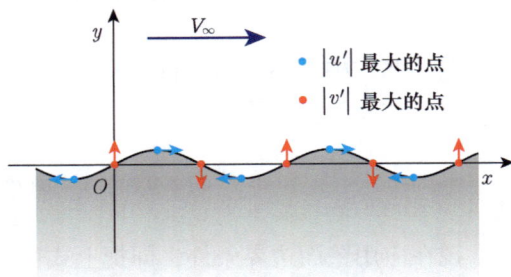

图 8–4　波形壁面最大速度位置

根据速度关系式，并结合图 8–4 可以看出，对于 x 轴方向的速度，波纹壁的凸起处使流体加速，下凹处使流体减速。对于 y 轴方向的速度，"上坡"的流体速度向上，"下坡"的流体速度向下。

为了画出流场的流线，需要把速度代入流线方程，二维流线方程为

$$\frac{\mathrm{d}x}{u} = \frac{\mathrm{d}y}{v}$$

把小扰动情况的流速代入，有

$$\frac{\mathrm{d}y}{\mathrm{d}x} = \frac{v'}{V_\infty + u'}$$

理论上把式（8–51）和式（8–52）代入上式后，积分就可以得出流线方程。然而由于速度关系式复杂，难以得到解析解，于是需要再次使用小扰动简化流线方程，如下

$$\frac{\mathrm{d}y}{\mathrm{d}x} = \frac{v'}{V_\infty + u' + Ma_\infty^2 u' - Ma_\infty^2 u'} = \frac{v'}{V_\infty + \left(1 - Ma_\infty^2\right)u' + Ma_\infty^2 u'}$$

现在如果只考虑低速流动，$Ma_\infty \ll 1$，则上式可以简化为

$$\frac{\mathrm{d}y}{\mathrm{d}x} = \frac{v'}{V_\infty + \left(1 - Ma_\infty^2\right)u'} = \frac{v'}{V_\infty + \beta^2 u'}$$

把式（8–51）和式（8–52）代入上式，得到

$$\left[1 + \frac{2\pi\varepsilon}{l}\beta\sin\left(\frac{2\pi x}{l}\right)\mathrm{e}^{-\frac{2\pi}{l}\beta y}\right]\mathrm{d}y = \left[\frac{2\pi\varepsilon}{l}\cos\left(\frac{2\pi x}{l}\right)\mathrm{e}^{-\frac{2\pi}{l}\beta y}\right]\mathrm{d}x$$

整理可得

$$\mathrm{d}y = \varepsilon\mathrm{d}\left[\sin\left(\frac{2\pi x}{l}\right)\mathrm{e}^{-\frac{2\pi}{l}\beta y}\right]$$

对上式积分，得到

$$y = \varepsilon \sin\left(\frac{2\pi x}{l}\right) \mathrm{e}^{-\frac{2\pi}{l}\beta y} + C$$

为了确定积分常数，把上式应用于壁面，$y \to 0$，有

$$y = \varepsilon \sin\left(\frac{2\pi x}{l}\right) + C$$

在壁面上的流线应该与壁面形状相同，把上式和壁面形状关系式即式（8-44）对比，可以看到，积分常数 C 应该等于零。这样就得到了流线方程为

$$y = \varepsilon \sin\left(\frac{2\pi x}{l}\right) \mathrm{e}^{-\frac{2\pi}{l}\beta y} = \varepsilon \sin\left(\frac{2\pi x}{l}\right) \mathrm{e}^{-\frac{2\pi}{l}\sqrt{1-Ma_\infty^2}\,y} \tag{8-53}$$

这个流线方程的求解过程假设了如下的条件

$$Ma_\infty^2 \ll 1 - Ma_\infty^2$$

因此，式（8-53）只适用于马赫数较小的情况。

根据式（8-53）可以画出整个流场的流线，图 8-5 所示为来流马赫数为 0.3 时的流线。在壁面附近，流线与壁面形状相同，即沿壁面流动；远离壁面方向（即 y 轴正方向），脉动幅值呈指数衰减；在无穷远处，脉动幅值趋于无穷小，流线为直线。

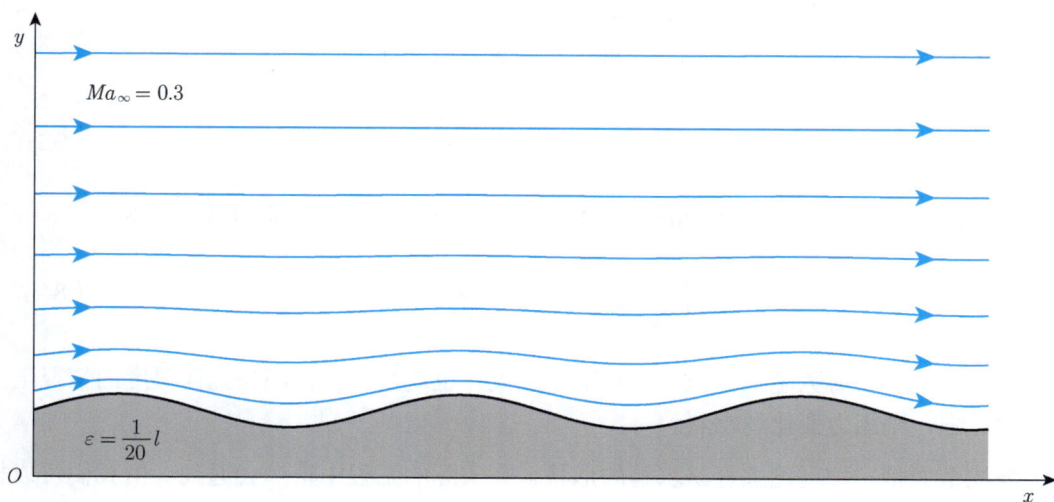

图 8-5　亚声速气流沿波形壁面流动时的流线

另外，从式（8-53）还可以看到，来流马赫数越大，则流线的波动量衰减幅度越小，也就是说，来流马赫数越大，则壁面对流场的影响越大。图 8-6 所示为来流马赫数接近于 0（对应不可压缩流动）和等于 0.5 时的流线对比，可以看出，当流体压缩性较强时（对应马赫数较大），在距壁面的某个距离上，流线波动幅度比不可压缩流动情况下的更大一些。

但要注意的是，马赫数为 0.5 时已经不满足之前的低速假设（$Ma_\infty^2 \ll 1 - Ma_\infty^2$）了，所以图 8-6 的结果只具有定性的意义，和实际流动相比有一定误差。

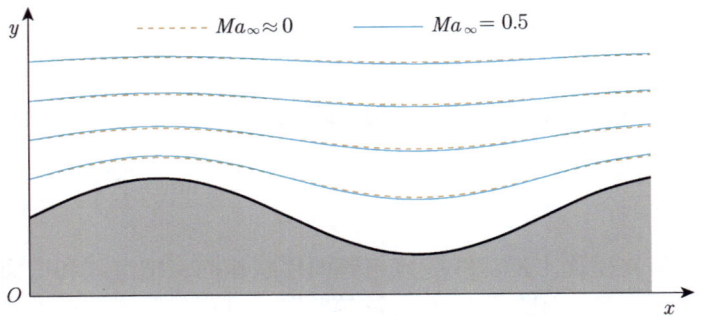

图 8-6　压缩性对流线的影响

有了速度分布之后，还可以得出流场中的压力变化。把 x 轴方向的扰动速度关系式即式（8-51）代入线性化的压力系数关系式即式（8-41），可以得到整个流场的压力系数分布为

$$C_p = -2\frac{u'}{V_\infty} = -\frac{4\pi\varepsilon}{l}\frac{1}{\sqrt{1-Ma_\infty^2}}\mathrm{e}^{-\frac{2\pi}{l}y\sqrt{1-Ma_\infty^2}}\sin\left(\frac{2\pi}{l}x\right) \tag{8-54}$$

在壁面上，$y = 0$，代入上式，得到壁面上的压力系数分布为

$$C_{p,\mathrm{w}} = -\frac{4\pi\varepsilon}{l}\frac{1}{\sqrt{1-Ma_\infty^2}}\sin\left(\frac{2\pi}{l}x\right) \tag{8-55}$$

压力系数中也含有与壁面形状相同的正弦函数项，但表达式带一个负号，因此在壁面上凸的地方压力低，下凹的地方压力高。

对于不可压缩流动，$Ma_\infty \to 0$，壁面压力系数分布为

$$[C_{p,\mathrm{w}}]_0 = -\frac{4\pi\varepsilon}{l}\sin\left(\frac{2\pi}{l}x\right) \tag{8-56}$$

马赫数为 Ma_∞ 的亚声速流动的压力系数与不可压缩流动压力系数的关系为

$$[C_{p,\mathrm{w}}]_{Ma_\infty} = \frac{[C_{p,\mathrm{w}}]_0}{\sqrt{1-Ma_\infty^2}} \tag{8-57}$$

可以看到，马赫数越大，压力系数变化越大，也就是说，在同样几何尺度的情况下，压缩性越强，则压力变化越剧烈。

波纹壁面是一种理论上容易求解的形状，在实际的工程中很少会遇到，但我们可以根据这种理论解对类似形状的壁面做定性的分析，比如在进行壁面静压测量时，如果开有静压孔的局部有略微的凸起或凹陷，就会引起静压测量的偏差，可以根据波纹壁面的解来评估这个偏差的大小。

对于图 8-7 所示的情况，当来流马赫数为 0.5 时，静压孔处产生的速度增量为

$$|u'|_{\max} = \frac{2\pi\varepsilon}{l}\frac{V_\infty}{\sqrt{1-Ma_\infty^2}} = \frac{2\pi\times 2}{50\times 2}\times\frac{V_\infty}{\sqrt{1-0.5^2}} \approx 0.145V_\infty$$

静压孔测得的压力系数为

$$C_p = -\frac{2 \times 0.145 V_\infty}{V_\infty} = -0.29$$

而本来的压力系数应该为 0，测量误差高达 30%，这就是壁面静压测量对加工精度要求较高的一个原因。

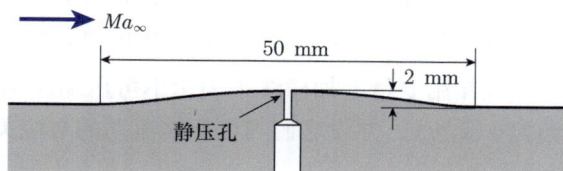

图 8-7　壁面静压孔处的凸起

理论上小扰动理论只能用来评估微小的壁面不平整，如果是明显的凸起或者凹陷，结果会有多大的误差呢？假设现在壁面的凸起是类似于图 8-8 所示的一个半圆，按照来流为不可压缩计算，小扰动解给出的最大速度为

$$V_{\max} = V_\infty + |u'|_{\max} = V_\infty + \frac{2\pi\varepsilon}{l}V_\infty = V_\infty + \frac{2\pi \times R}{2R \times 2}V_\infty \approx 1.57 V_\infty$$

压力系数的最小值为

$$C_p = -\frac{2 \times 1.57 V_\infty}{V_\infty} = -3.14$$

而不可压缩流体绕圆柱的流动可以使用势流法得到精确解，实际的最大速度和最小压力系数分别为

$$V_{\max} = 2V_\infty, \ C_{p,\min} = -3$$

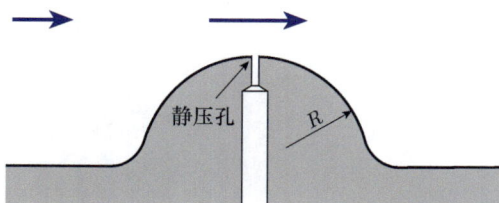

图 8-8　壁面的半圆形凸起

可见，小扰动理论应用于扰动很大的情况时，虽然误差较大，但用来做定性的分析还是可以的，一般不会得出很离谱的结果，这也是小扰动理论虽然是一种局限性很大的近似理论，但得到了广泛应用的原因。

8.3.2　绕薄翼型亚声速流动的相似律

1. 仿射变换和戈泰特相似律

亚声速气流绕薄翼型流动的问题理论上可以使用小扰动理论来求解，但是翼型的壁面形状不像波形壁面那样有规律，无法得到解析解，需要另想办法。另外，早期的亚声速流动问题主要集中在飞机设计领域，一开始飞机的速度较低，基于不可压缩流动理论发展了大量的低速翼型，随着飞机速度越来越高，压缩性影响凸显出来，如何在不可压缩结果的基础上应用压缩性修正，是工程上的主要诉求。基于这样的现实和需求，人们发展了一些相似方法，用于建立亚声速流动与不可压缩流动的关系。

对于二维无旋亚声速流动，线性化的速度势方程为

$$\beta^2 \phi_{xx} + \phi_{yy} = 0$$

这个方程与不可压缩的速度势方程只差一个系数 β^2。如果能通过某种变量替换的方法，把方程变为与不可压缩流动方程一样的拉普拉斯方程，就能建立起两种流动的关系。

现在用变量上加横线来表示不可压缩流动，定义不可压缩流动的坐标为 $(\bar{x}, \bar{y})$，速度势为 $\bar{\phi}(\bar{x}, \bar{y})$，并设它们与可压缩流动的对应关系是线性的，即

$$\bar{x} = \lambda_x x, \quad \bar{y} = \lambda_y y, \quad \bar{\phi} = \lambda_\phi \phi \qquad (8\text{-}58)$$

式中，λ_x，λ_y 和 λ_ϕ 是待定系数。接下来求这几个待定系数，首先进行如下推导

$$\phi_x = \frac{\partial \phi(x,y)}{\partial x} = \frac{\partial \left[\bar{\phi}(\bar{x},\bar{y})/\lambda_\phi\right]}{\partial(\bar{x}/\lambda_x)} = \frac{\lambda_x}{\lambda_\phi}\frac{\partial \bar{\phi}}{\partial \bar{x}} = \frac{\lambda_x}{\lambda_\phi}\bar{\phi}_{\bar{x}}$$

$$\phi_{xx} = \frac{\partial}{\partial x}\phi_x = \frac{\partial}{\partial(\bar{x}/\lambda_x)}\left(\frac{\lambda_x}{\lambda_\phi}\bar{\phi}_{\bar{x}}\right) = \frac{\lambda_x^2}{\lambda_\phi}\bar{\phi}_{\bar{x}\bar{x}} \qquad (8\text{-}59)$$

$$\phi_y = \frac{\partial \phi(x,y)}{\partial y} = \frac{\partial \left[\bar{\phi}(\bar{x},\bar{y})/\lambda_\phi\right]}{\partial(\bar{y}/\lambda_y)} = \frac{\lambda_y}{\lambda_\phi}\frac{\partial \bar{\phi}}{\partial \bar{y}} = \frac{\lambda_y}{\lambda_\phi}\bar{\phi}_{\bar{y}}$$

$$\phi_{yy} = \frac{\partial}{\partial y}\phi_y = \frac{\partial}{\partial(\bar{y}/\lambda_y)}\left(\frac{\lambda_y}{\lambda_\phi}\bar{\phi}_{\bar{y}}\right) = \frac{\lambda_y^2}{\lambda_\phi}\bar{\phi}_{\bar{y}\bar{y}} \qquad (8\text{-}60)$$

把上面的式（8-59）和式（8-60）代入式（8-43），得

$$\beta^2\frac{\lambda_x^2}{\lambda_\phi}\bar{\phi}_{\bar{x}\bar{x}} + \frac{\lambda_y^2}{\lambda_\phi}\bar{\phi}_{\bar{y}\bar{y}} = 0 \qquad (8\text{-}61)$$

如果令 $\lambda_y = \beta\lambda_x$，则式（8-61）就变成拉普拉斯方程：

$$\bar{\phi}_{\bar{x}\bar{x}} + \bar{\phi}_{\bar{y}\bar{y}} = 0 \qquad (8\text{-}62)$$

可见，可以把空间 (x, y) 内的可压缩流动和空间 $(\bar{x}, \bar{y})$ 内的不可压缩流动对应起来，条件是让 $\lambda_y = \beta\lambda_x$。

前面已经得到了壁面上的边界条件，即式（8-36），其变形为

$$\phi_{y,\text{w}} = v'_\text{w} = V_\infty\left(\frac{\mathrm{d}y}{\mathrm{d}x}\right)_\text{w}$$

对上式使用坐标变换，等号左端项为

$$\phi_{y,\text{w}} = \left(\frac{\partial \phi}{\partial y}\right)_\text{w} = \left(\frac{\partial(\bar{\phi}/\lambda_\phi)}{\partial(\bar{y}/\lambda_y)}\right)_\text{w} = \frac{\lambda_y}{\lambda_\phi}\frac{\partial \bar{\phi}}{\partial \bar{y}}$$

右端项为

$$V_\infty\left(\frac{\mathrm{d}y}{\mathrm{d}x}\right)_\mathrm{w}=V_\infty\left(\frac{\mathrm{d}\left(\overline{y}/\lambda_y\right)}{\mathrm{d}\left(\overline{x}/\lambda_x\right)}\right)_\mathrm{w}=V_\infty\frac{\lambda_x}{\lambda_y}\left(\frac{\mathrm{d}\overline{y}}{\mathrm{d}\overline{x}}\right)_\mathrm{w}$$

左右端相等，有

$$\frac{\lambda_y}{\lambda_\phi}\frac{\partial\overline{\phi}}{\partial\overline{y}}=V_\infty\frac{\lambda_x}{\lambda_y}\left(\frac{\mathrm{d}\overline{y}}{\mathrm{d}\overline{x}}\right)_\mathrm{w}$$

整理可得

$$\frac{\partial\overline{\phi}}{\partial\overline{y}}=\frac{\lambda_x\lambda_\phi}{\lambda_y^2}V_\infty\left(\frac{\mathrm{d}\overline{y}}{\mathrm{d}\overline{x}}\right)_\mathrm{w}$$

为了让变换后不可压缩流动的壁面边界条件仍然成立，上式中必须有

$$\frac{\lambda_x\lambda_\phi}{\lambda_y^2}=1$$

而前面我们已经得到了关系式 $\lambda_y=\beta\lambda_x$，代入上式，得

$$\lambda_\phi=\beta^2\lambda_x$$

这样，我们就为 3 个待定系数找到了两个关系式，写在一起如下

$$\lambda_y=\beta\lambda_x,\ \lambda_\phi=\beta^2\lambda_x \tag{8-63}$$

只需要满足式（8-63），用式（8-58）就可以把可压缩流动转换为不可压缩流动来处理。其实这个问题可以进一步简化，原因是无黏流动中尺度并不重要（因为不需要考虑雷诺数），当两个模型的形状相似，只是尺寸不同时，它们的流动是完全相似的。也就是说，λ_x 和 λ_y 同比增大和减小对流动没有影响，只有它们比值变化时，形状才发生变化，所以我们可以令 $\lambda_x=1$，从而得到 3 个待定系数为

$$\lambda_x=1,\ \lambda_y=\beta,\ \lambda_\phi=\beta^2 \tag{8-64}$$

于是，两种流场之间的关系为

$$\overline{x}=x,\ \overline{y}=\beta y,\ \overline{\phi}=\beta^2\phi \tag{8-65}$$

这样变换后，原来流场中的壁面形状［以 $y=f(x,y)$ 表示］变换到新的流场中［以 $\overline{y}=g(\overline{x},\overline{y})$ 表示］，在一个坐标方向被拉伸或者压缩了，但两者的形状仍然具有某种相似性，比如原来的圆变为椭圆，方形变为长方形，平行四边形仍然是平行四边形，翼型变得比原来更厚或者更薄了，但仍然是翼型。可见，这种在 3 个坐标方向缩放比例不一致的变换也是一种相似变换，称为**仿射变换**（又称**仿射相似**）。图 8-9 所示为马赫数为 0.7 的可压缩流场与不可压缩流场之间的仿射变换，可以看到几何上的关系还是比较简单的，比较方便工程上应用。

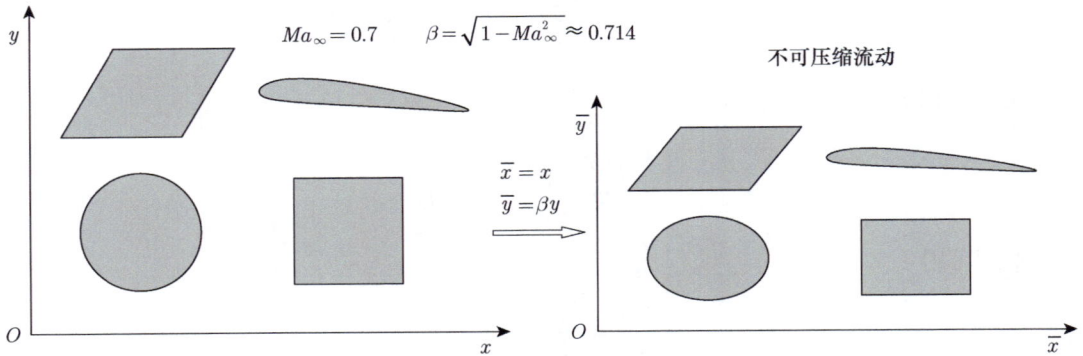

图 8-9　仿射变换

现在我们来看仿射变换后，流场中各点的扰动速度和压力系数。根据式（8-65）可得

$$\overline{u}' = \frac{\partial \overline{\phi}(\overline{x}, \overline{y})}{\partial \overline{x}} = \frac{\partial \left[\phi(x,y)\beta^2 \right]}{\partial x} = \beta^2 \frac{\partial \phi(x,y)}{\partial x} = \beta^2 u'$$

$$\overline{v}' = \frac{\partial \overline{\phi}(\overline{x}, \overline{y})}{\partial \overline{y}} = \frac{\partial \left[\phi(x,y)\beta^2 \right]}{\partial (\beta y)} = \beta \frac{\partial \phi(x,y)}{\partial y} = \beta v'$$

$$\overline{C}_p = -\frac{2\overline{u}'}{V_\infty} = -\beta^2 \frac{2u'}{V_\infty} = \beta^2 C_p$$

把上述关系式写在一起，有

$$\overline{u}' = \beta^2 u', \quad \overline{v}' = \beta v', \quad \overline{C}_p = \beta^2 C_p \tag{8-66}$$

可以看到，经过仿射变换后，翼型的几何形状和流场的参数都能找到对应关系，且都只与 β 有关。应用上述方法可以在不可压缩流动中进行求解，然后变换到可压缩流动中，这种方法称为**戈泰特相似律**，或者**戈泰特法则**。

2. 普朗特 - 格劳特法则和卡门 - 钱公式

戈泰特相似律是从小扰动线性化理论直接导出的结果，并未引入更多的假设，因此可以说它是一种精确的方法，然而用起来不太方便。从图 8-9 所示可以看出，戈泰特相似律中，不可压缩流动对应的翼型要比可压缩流动的薄。而从 8.3.1 小节中我们知道，对于相同波形的壁面，马赫数越大，壁面对流动的影响就越大。使用戈泰特相似律变换的翼型，在可压缩流动中马赫数和壁面扰动都更大，显然流场中的速度和压力变化应该更大。实际确实如此，从式（8-66）可以看到，可压缩流动中的压力系数的绝对值要比不可压缩流动中的大得多，即

$$C_p = \frac{1}{\beta^2} \overline{C}_p$$

当马赫数为 0.7 时，C_p 是 $\bar{C}_p$ 的 2 倍左右。压力系数直接对应机翼表面的压力变化，如果吸力面的压力系数降得过低，在后半段压力恢复时将面临很大的逆压梯度，边界层可能会发生分离，因此设计时，$|C_p|$ 有一个上限。为了使可压缩流动的 $|C_p|$ 低于这个上限，就需要保证在不可压缩流动时的机翼很薄，而实际上已有的不可压缩流动翼型都不是很薄，变换出的可压缩流动翼型则更厚。因此，戈泰特相似律更多的是理论上的意义，并不太实用。

如果把式（8-65）和式（8-66）变一下，以不可压缩流动翼型为已知，则有

$$x = \bar{x}, \quad y = \frac{1}{\beta}\bar{y}, \quad C_p = \frac{1}{\beta^2}\bar{C}_p \tag{8-67}$$

本节讨论的都是线性化理论，即各参数之间的影响都是线性的，从压力系数关系式即式（8-41）可知，压力系数与扰动速度呈线性关系，从边界条件即式（8-36）可知，扰动速度与壁面坐标斜率 dy/dx 呈线性关系，而 dy/dx 则与仿射变换时 y 轴方向的坐标缩放呈线性关系。也就是说，式（8-67）中的压力系数 C_p 和纵坐标 y 之间近似满足线性关系。将式（8-67）的纵坐标和压力系数同时乘以系数 β，则有如下关系式

$$x = \bar{x}, \quad y = \bar{y}, \quad C_p = \frac{1}{\beta}\bar{C}_p \tag{8-68}$$

这就意味着对于相同的翼型来说，可压缩流动的压力系数是不可压缩流动的 $1/\beta$ 倍。这样的修正给出了相同的翼型所产生的压力分布的不同，称为**普朗特 - 格劳特法则**。

普朗特 - 格劳特法则对小扰动理论做了进一步的近似，因此不如戈泰特相似律精确，后来的研究者们又发展出了一些修正方法，考虑了非线性的影响，比如其中较为有名的卡门 - 钱公式。此处省略其推导过程，直接给出**卡门 - 钱公式**

$$C_p = \frac{\bar{C}_p}{\sqrt{1-Ma_\infty^2} + \left(\frac{Ma_\infty^2}{1+\sqrt{1-Ma_\infty^2}}\right)\frac{\bar{C}_p}{2}} \tag{8-69}$$

图 8-10 所示为上面两种相似律与实验结果的对比，针对的是工作在攻角 1.88° 下的 NACA4412 叶型的吸力面 0.3 倍弦长处的壁面压力系数。可以看到，卡门 - 钱公式与实验结果更加接近，因此在工程上更加有用。

关于压缩性修正的研究有很多，除了上述在相同翼型的基础上修正流动参数的方法，还可以反过来，在相同的压力系数分布的情况下分别设计高低速的翼型和攻角，让两者具有相同的性能。结合数值模拟和风洞试验，这种方法的应用也很广泛。

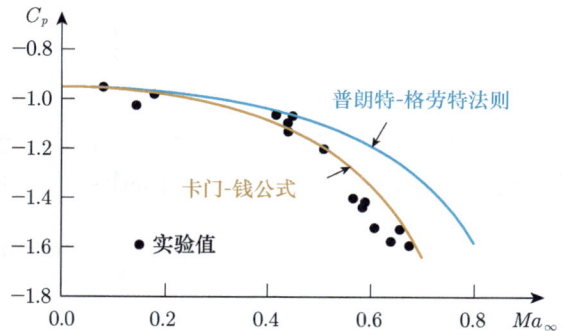

图 8-10　两种相似律与实验的比较

8.4　超声速流动的线性化解

8.4.1　线性化通解

当流速为超声速时，扰动速度势仍然符合式（8-32）

$$\left(1-Ma_\infty^2\right)\phi_{xx}+\phi_{yy}+\phi_{zz}=0$$

不过，这时式中的系数是负的，即 $1-Ma_\infty^2<0$，像亚声速流动那样定义 $\beta=\sqrt{1-Ma_\infty^2}$ 就不合理了，习惯上定义

$$\lambda=\sqrt{Ma_\infty^2-1} \tag{8-70}$$

于是超声速二维小扰动速度势方程可以写为

$$\lambda^2\phi_{xx}-\phi_{yy}=0 \tag{8-71}$$

式（8-71）与式（8-43）有着本质的不同。**亚声速小扰动速度势方程是椭圆型方程，而超声速小扰动速度势方程是双曲型方程**。正因为式（8-71）是双曲型方程，确切地说是标准的波动方程，求解超声速的问题才不需要像前述亚声速问题那样使用分离变量法，而是直接使用波动方程的通解。也就是说，超声速小扰动问题的求解较为简单，可以得出通解，而亚声速小扰动问题只能得出几种特解（比如波形壁面的解）。

在第 7 章解决一维非定常波问题时已经给出过波动方程的通解，即式（7-45），现在我们仿照其形式，直接把式（8-71）的通解写出来，如下

$$\phi=f(x-\lambda y)+g(x+\lambda y) \tag{8-72}$$

这个解中的 $f(x-\lambda y)$ 和 $g(x+\lambda y)$ 分别代表沿两个方向传播的波，如果只考虑一个方向，令 $g=0$，则 $\phi=f(x-\lambda y)$，让速度势为常数的条件是 $x-\lambda y=\mathrm{Const}$，这个关系式在二维空间中代表一组直线，它就是式（8-71）的特征线，其斜率为

$$\frac{\mathrm{d}y}{\mathrm{d}x}=\frac{1}{\lambda}=\frac{1}{\sqrt{Ma_\infty^2-1}} \tag{8-73}$$

图 8-11 表示了超声速气流经过有微小鼓包的壁面时的特征线，图中的下表面发出的特征线对应 $f(x-\lambda y)$，上表面发出的特征线对应 $g(x+\lambda y)$。我们知道马赫线的角度为

$$\mu=\arcsin\frac{1}{Ma_\infty}=\arctan\frac{1}{\sqrt{Ma_\infty^2-1}} \tag{8-74}$$

对比式（8-73）和式（8-74），可以发现特征线就是马赫线，所以图 8-11 所示的既是特征线又是马赫线，其中下表面发出的为左伸马赫线，上表面发出的为右伸马赫线。有

关左伸和右伸的定义请参见第 5 章的图 5–13，这里不再重复说明。由于控制方程类型的不同，亚声速流动和超声速流动有着本质的不同，亚声速流动中，任意一点的扰动可以向四面八方传播，而超声速流动中点的扰动只能沿通过这点的特性线向后传播。

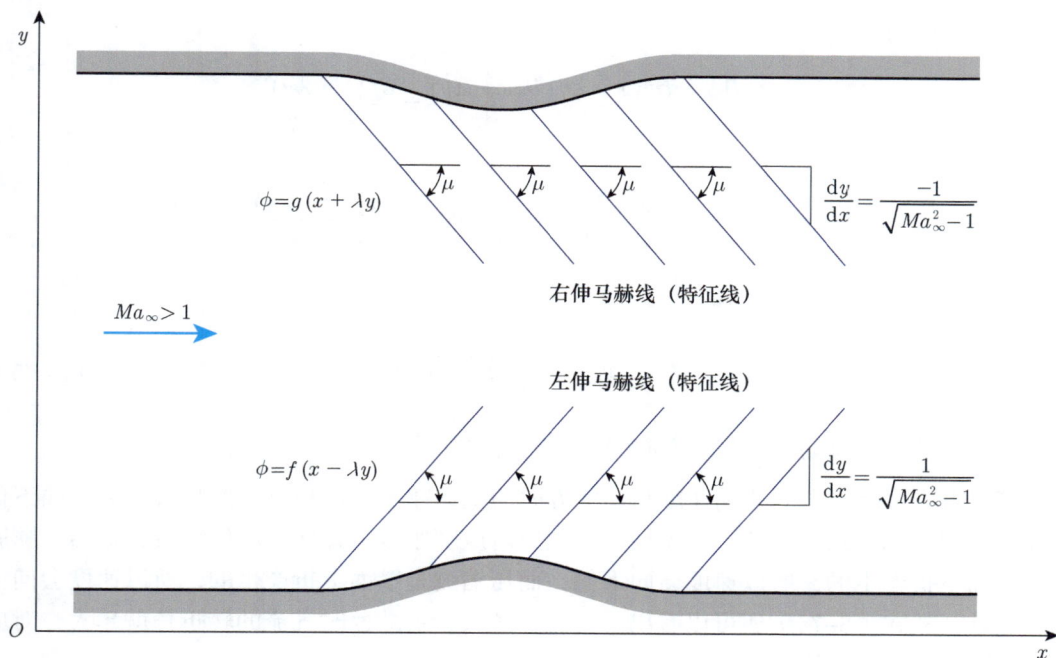

$\phi=g(x+\lambda y)$

μ μ μ μ

$\dfrac{\mathrm{d}y}{\mathrm{d}x}=\dfrac{-1}{\sqrt{Ma_\infty^2-1}}$

右伸马赫线（特征线）

左伸马赫线（特征线）

$Ma_\infty>1$

$\phi=f(x-\lambda y)$

μ μ μ μ

$\dfrac{\mathrm{d}y}{\mathrm{d}x}=\dfrac{1}{\sqrt{Ma_\infty^2-1}}$

图 8–11　超声速气流经过微小鼓包时的特征线

需要注意的是，图 8–11 所示的所有马赫线都是平行的，这其实与实际有所差异，因为本节的内容都是针对小扰动情况的，鼓包高度是趋向于无穷小的。实际流动中，任何有限高度的鼓包都会在前部和后部产生激波，且两道激波之间的马赫波都是膨胀波，各膨胀波的角度也会不同，如图 8–12 所示，不完全满足线性化方程，即式（8–71）。

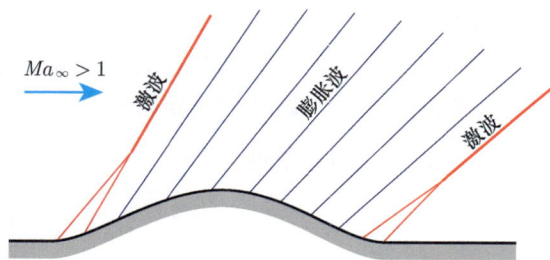

$Ma_\infty>1$　激波　膨胀波　激波

图 8–12　超声速气流经过鼓包时的实际流动

一般流场的通解是式（8–72），f 代表左伸波，g 代表右伸波，但在实际流动中经常只考虑它们之中的一个，原因是有些流动中只有一个方向的波。从图 8–11 所示可以看出，当流动为从左向右，且壁面在流场下方时，产生的都是左伸波，这时 $g=0$ ；当壁面在流场上方时，产生的都是右伸波，这时 $f=0$ 。如果上下都有壁面，流场中就同时存在左伸波和右伸波，这时的 f 和 g 都不为零，关于这种情况读者可以参考第 6 章的图 6–31 所示的二维扩张管道中的膨胀波。

由于左伸波和右伸波只是方向不同，其他关系都一样，因此我们可以只研究其中一种。仍然按照惯例，研究气流从左向右流动、壁面在下方的情况，这时流场中的马赫波为左伸

433

波，$g=0$，扰动速度势为

$$\phi = f(x - \lambda y)$$

扰动速度为

$$u' = \frac{\partial \phi}{\partial x} = \frac{\partial f(x - \lambda y)}{\partial (x - \lambda y)} \frac{\partial (x - \lambda y)}{\partial x} = \frac{\partial f(x - \lambda y)}{\partial (x - \lambda y)}$$

$$v' = \frac{\partial \phi}{\partial y} = \frac{\partial f(x - \lambda y)}{\partial (x - \lambda y)} \frac{\partial (x - \lambda y)}{\partial y} = -\lambda \frac{\partial f(x - \lambda y)}{\partial (x - \lambda y)}$$

从这两式可得

$$v' = -\lambda u' = -\sqrt{Ma_\infty^2 - 1}\, u' \tag{8-75}$$

这就是二维超声速流动中 x 与 y 方向的扰动速度之间的关系。

可以看到 y 轴方向的扰动速度与 x 轴方向的扰动速度方向相反，意味着气流在向下偏时加速，向上偏时减速。超声速流动中的加速对应膨胀波，减速对应压缩波，显然，膨胀波是壁面下折产生的，所以速度会向下偏，而压缩波是壁面上折产生的，所以速度会向上偏。另外，从式（8-75）还可以看出，马赫数越大，加减速时气流的转折角就越大，对应更强的膨胀波或压缩波。

虽然小扰动理论不能应用于流速接近声速的情况，但从式（8-75）还是可以得出合理的定性结论，当 $Ma_\infty \to 1$ 时，x 轴方向的加减速不引起 y 轴方向速度的变化，也就是气流不因为加减速而偏转，原因是这时的马赫线几乎垂直于气流，气流经过它类似于经过正激波或者膨胀波，只加减速而不偏转。

在壁面上，边界条件为

$$\tan \theta = \frac{\mathrm{d}y}{\mathrm{d}x} = \frac{v'}{V_\infty + u'}$$

对于小扰动，$V_\infty + u' \approx u'$，$\tan \theta \approx \theta$，于是边界条件变为

$$v_\mathrm{w}' = V_\infty \theta \tag{8-76}$$

把式（8-75）代入式（8-76），得

$$u_\mathrm{w}' = -\frac{V_\infty \theta}{\lambda} \tag{8-77}$$

式（8-76）和式（8-77）是二维超声速流动的壁面边界条件。

把式（8-77）代入线性化压力系数关系式即式（8-41），可得

$$C_{p,\text{w}} = \frac{2\theta}{\lambda} = \frac{2\theta}{\sqrt{Ma_\infty^2 - 1}} \tag{8-78}$$

这就是超声速气流在壁面上的压力系数分布。可以看到壁面压力系数只与来流马赫数及壁面相对于 x 轴的角度有关。

对于朝下的壁面，压力系数的关系式为

$$C_{p,\text{w}} = \frac{-2\theta}{\sqrt{Ma_\infty^2 - 1}} \tag{8-79}$$

之所以朝上和朝下的壁面压力系数差一个负号，与角度 θ 的正负定义有关，我们用图 8-13 来说明这个问题。图中是一种双圆弧翼型，上下表面都是圆弧，并且处于零攻角。上表面的 θ 角前半部为正，后半部为负；而下表面的 θ 角前半部为负，后半部为正。结合式（8-78）和式（8-79）可以看出，在翼型的前半部，C_p 为正，即压力比来流压力大，气体受到压缩；在翼型的后半部，C_p 为负，即压力比来流压力小，气体发生膨胀。

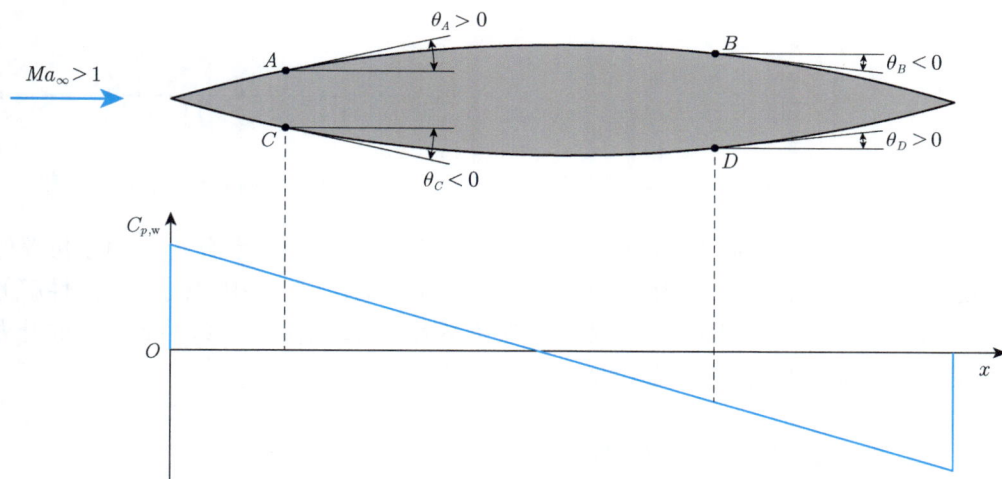

图 8-13　超声速气流绕双圆弧翼型的表面压力系数

从表面压力分布可以看出，由于翼型前半部压力大，后半部压力小，表面压力的合力是朝后的，即翼型受到一个向后的压差作用，这是气流给翼型的阻力。这体现了超声速流动和亚声速流动的另一个不同，对于亚声速流动，当流动为无黏时，理论解得出的翼型阻力为零，而对于超声速流动，即使是无黏情况也是有阻力的，这个阻力对应超声速的激波阻力。虽然在小扰动理论解中并不存在激波，但激波的影响还是有所体现的，比如图 8-13 中，气体的压力在前缘点和尾缘点都会有一个突跃升高，其实就表明了在前缘和尾缘都存在激波。

从式（8-78）还可以看出，当马赫数增大时，相同几何壁面产生的压力系数是减小的，这是超声速流动与亚声速流动的又一个不同。在亚声速流动中，相同几何位置处的压力系数是随马赫数的增大而增大的。图 8-14 所示为压力系数随马赫数的变化关系,越接近声速,压力系数的绝对值就越大。此外,在声速附近线性化理论的压力系数趋于无穷大,是失效的。

超声速流动遇到壁面的转折实际上会产生激波和膨胀波,激波不符合小扰动理论,膨胀波则互相不平行,也不完全符合线性化理论的平行特征线,因此,壁面转折角越大,线性化结果误差就越大。图 8-15 所示为马赫数为 2.0 的气流经过一个转折角的精确解和线性解的比较,其中的精确解是使用斜激波关系式得到的。根据图中曲线,当转折角为 4° 时,线性化压力系数的误差已达 5%,所以一般认为线性解不能用于 4° 以上的转折角。

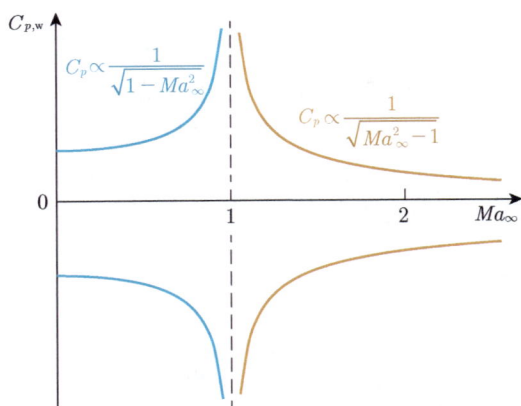

图 8-14　压力系数随马赫数的变化关系

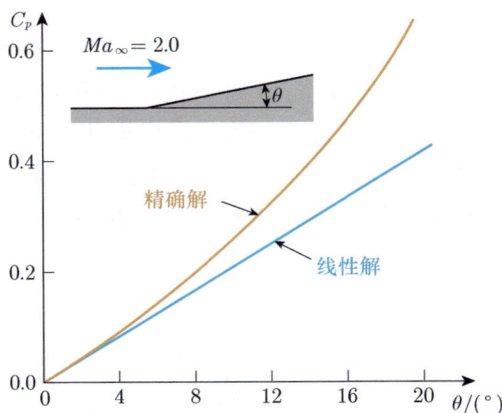

图 8-15　精确解与线性解的比较

当应用于机翼时,人们更关心的是机翼的升力系数 C_L 和阻力系数 C_D,由于机翼的前半部和后半部壁面转折角方向相反,线性解产生的误差也相反,整体积分后,线性解的误差大部分被抵消了,所以即使对于不太薄和攻角不太小的翼型来说,线性解得出的升力系数和阻力系数在精度上也是可以接受的。

8.4.2　沿波形壁超声速流动的解

与亚声速流动对应,现在来求解超声速气流经过波形壁面的流动。壁面的几何与亚声速时相同(见图 8-3),壁面曲线为

$$y = \varepsilon \sin\left(2\pi\frac{x}{l}\right)$$

壁面上的边界条件为

$$\phi_y(x,0) = v'(x,0) = V_\infty \left.\frac{\mathrm{d}y}{\mathrm{d}x}\right|_{y=0} = V_\infty \frac{2\pi\varepsilon}{l}\cos\left(\frac{2\pi x}{l}\right) \tag{8-80}$$

对于超声速流动,已知扰动速度势符合下面的关系式

$$\phi = f(x - \lambda y) \tag{8-81}$$

令式（8-81）对 y 求导再代入式（8-80），得

$$-\lambda \left.\frac{\partial f(x-\lambda y)}{\partial (x-\lambda y)}\right|_{y=0} = V_\infty \frac{2\pi\varepsilon}{l}\cos\left(\frac{2\pi x}{l}\right)$$

或

$$\left.\frac{\partial f(x-\lambda y)}{\partial (x-\lambda y)}\right|_{y=0} = -V_\infty \frac{2\pi\varepsilon}{l\lambda}\cos\left(\frac{2\pi x}{l}\right)$$

速度势的自变量应该是（$x-\lambda y$），而上式等号右侧只有 x 而没有 y，原因是壁面上的条件为 $y=0$，把 x 变为（$x-\lambda y$）并不影响上式的积分值，因此有

$$\left.\frac{\partial f(x-\lambda y)}{\partial (x-\lambda y)}\right|_{y=0} = -V_\infty \frac{2\pi\varepsilon}{l\lambda}\cos\left[\frac{2\pi}{l}(x-\lambda y)\right]$$

对上式积分，可得

$$\phi(x,y) = f(x-\lambda y) = -\frac{\varepsilon V_\infty}{\lambda}\sin\left[\frac{2\pi}{l}(x-\lambda y)\right] + \text{Const}$$

因为流动参数至少是势函数的一阶导数，所以势函数中的常数并无实际意义，可以省略上式中的常数，得到最终的解为

$$\phi(x,y) = -\frac{\varepsilon V_\infty}{\lambda}\sin\left[\frac{2\pi}{l}(x-\lambda y)\right] = -\frac{\varepsilon V_\infty}{\sqrt{Ma_\infty^2-1}}\sin\left[\frac{2\pi}{l}\left(x-\sqrt{Ma_\infty^2-1}\,y\right)\right] \tag{8-82}$$

对应的扰动速度场为

$$u' = \phi_x = -\frac{1}{\sqrt{Ma_\infty^2-1}}\frac{2\pi\varepsilon V_\infty}{l}\cos\left[\frac{2\pi}{l}\left(x-\sqrt{Ma_\infty^2-1}\,y\right)\right] \tag{8-83}$$

$$v' = \phi_y = \frac{2\pi\varepsilon V_\infty}{l}\cos\left[\frac{2\pi}{l}\left(x-\sqrt{Ma_\infty^2-1}\,y\right)\right] \tag{8-84}$$

压力系数为

$$C_p = -\frac{2u'}{V_\infty} = \frac{1}{\sqrt{Ma_\infty^2-1}}\frac{4\pi\varepsilon}{l}\cos\left[\frac{2\pi}{l}\left(x-\sqrt{Ma_\infty^2-1}\,y\right)\right] \tag{8-85}$$

壁面压力系数为

$$C_{p,\text{w}} = \frac{1}{\sqrt{Ma_\infty^2-1}}\frac{4\pi\varepsilon}{l}\cos\left(\frac{2\pi}{l}x\right) \tag{8-86}$$

上面各式就是超声速气流沿波形壁面流动的解，注意求解的过程中并未用到无穷远

的边界条件，原因是对于超声速流动，扰动沿特征线无损失地传播，扰动量并不会在无穷远处衰减为零。由于解中的自变量可以写为（$x-\lambda y$），当这个自变量为常数时，扰动速度和扰动压力等参数也必然为常数，或者说，沿特征线方向，所有流动参数都保持不变。因此，只要知道了壁面上的参数，沿特征线方向延长，就知道了流场中所有位置的参数。图 8-16 所示为流场的流线和压力分布，其中的颜色云图表示压力的高低，浅色表示压力低，深色表示压力高，可以看到流场中的参数完全由壁面的形状和特征线方向决定。

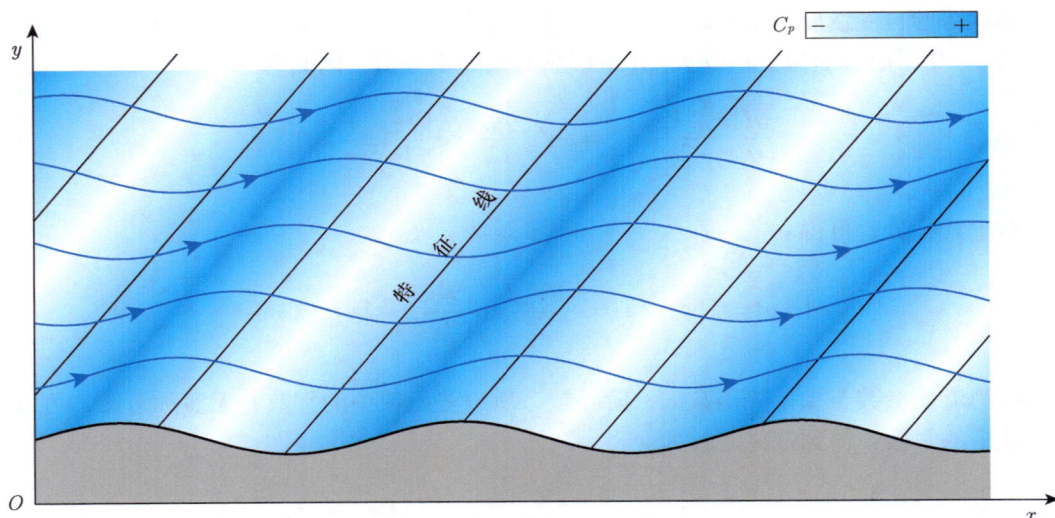

图 8-16　超声速气流沿波形壁面流动时的流线和压力分布

之前我们得到了任意壁面的压力系数关系式即式（8-78），现在来看波形壁面是否也符合它

$$C_{p,\mathrm{w}} = \frac{2\theta}{\sqrt{Ma_\infty^2-1}} \approx \frac{2\tan\theta}{\sqrt{Ma_\infty^2-1}} = \frac{2(\mathrm{d}y/\mathrm{d}x)_\mathrm{w}}{\sqrt{Ma_\infty^2-1}}$$

而

$$\left(\frac{\mathrm{d}y}{\mathrm{d}x}\right)_\mathrm{w} = \frac{\mathrm{d}}{\mathrm{d}x}\left[\varepsilon\sin\left(\frac{2\pi x}{l}\right)\right] = \frac{2\pi\varepsilon}{l}\cos\left(\frac{2\pi}{l}x\right)$$

从而得

$$C_{p,\mathrm{w}} = \frac{1}{\sqrt{Ma_\infty^2-1}}\frac{4\pi\varepsilon}{l}\cos\left(\frac{2\pi}{l}x\right)$$

这与式（8-86）完全一样。

总的来说，由于超声速流场中的小扰动线性化方程是双曲型方程，较容易求解，对于

各种边界条件都可以方便地得到解析解，而亚声速流场中只有边界条件简单时才能得到解析解。超声速流场也比亚声速流场要简单得多，各种参数沿特征线方向不变，壁面的影响沿特征线方向无衰减地延伸到无穷远处，而亚声速流场中壁面的影响主要在壁面附近，离开壁面后呈指数衰减，无穷远处的流动不受壁面影响。

从直觉上来说，这里得到的超声速流场解似乎与我们的常识不符，即使是超声速流场，在足够远处壁面的影响也会消失才对。这是因为小扰动线性化理论至少有两个与实际不符的地方，一个是线性解的特征线都是平行线，而实际流动的膨胀波会散开，并会与激波相交而互相抵消，于是在无穷远处就没有这些压力波了；另一个不精确之处是忽略了黏性，实际流动中的黏性耗散作用会消除流场中的速度和压力差异，使流场趋于均匀化，这样足够远处的流动就不受壁面影响了。

8.4.3　绕薄翼型的超声速流动

超声速气流绕薄翼型流动的控制方程和解分别为

$$\lambda^2 \phi_{xx} - \phi_{yy} = 0$$

$$\phi = f(x - \lambda y) + g(x + \lambda y)$$

式中，函数 f 对应上半部流场；函数 g 对应下半部流场，因此也可以写为

$$\begin{cases} \phi(x,y) = f(x - \lambda y), & y > 0 \\ \phi(x,y) = g(x + \lambda y), & y < 0 \end{cases}$$

流场的流线和特征线如图 8–17 所示。

翼型上下表面的压力系数分别为

$$C_{p,\,\text{upper}} = \frac{2\theta}{\sqrt{Ma_\infty^2 - 1}}$$

$$C_{p,\,\text{lower}} = \frac{-2\theta}{\sqrt{Ma_\infty^2 - 1}}$$

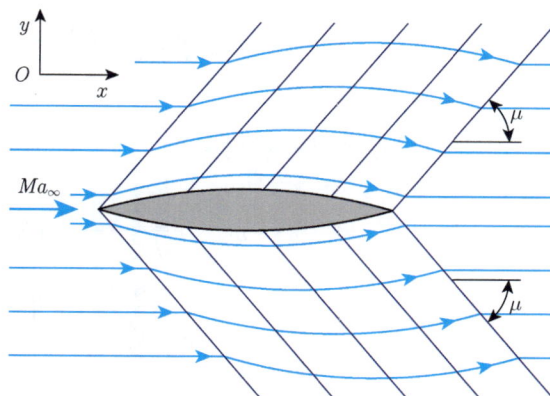

图 8–17　流场的流线和特征线

二维翼型可以看作以翼展为单位长度的机翼，其升力系数和阻力系数的定义分别为

$$C_L = \frac{L}{\frac{1}{2}\rho_\infty V_\infty b} \tag{8–87}$$

$$C_D = \frac{D}{\frac{1}{2}\rho_\infty V_\infty b} \tag{8–88}$$

式中，L 表示升力（lift），即沿 y 轴正向的气动力；D 表示阻力（drag），即沿 x 轴正向的气动力；b 表示翼型的弦长。

升力可以用上下表面的压力差与微元面积乘积的积分来表示，即

$$L = \int_0^b \left(p_{\text{lower}} - p_{\text{upper}} \right) \mathrm{d}x$$

于是升力系数可以表示为

$$C_L = \frac{\int_0^b \left(p_{\text{lower}} - p_{\text{upper}} \right) \mathrm{d}x}{\frac{1}{2} \rho_\infty V_\infty b} = \int_0^1 \left(C_{p,\,\text{lower}} - C_{p,\,\text{upper}} \right) \mathrm{d}\left(\frac{x}{b} \right)$$

把上下壁面的压力系数关系式代入上式，可得

$$
\begin{aligned}
C_L &= \frac{-2}{\sqrt{Ma_\infty^2 - 1}} \int_0^1 \left(\theta_{\text{lower}} + \theta_{\text{upper}} \right) \mathrm{d}\left(\frac{x}{b} \right) \\
&= \frac{-2}{\sqrt{Ma_\infty^2 - 1}} \int_0^1 \left[\left(\frac{\mathrm{d}y}{\mathrm{d}x} \right)_{\text{lower}} + \left(\frac{\mathrm{d}y}{\mathrm{d}x} \right)_{\text{upper}} \right] \mathrm{d}\left(\frac{x}{b} \right)
\end{aligned}
\qquad (8\text{-}89)
$$

阻力可以用上下表面的压力与面积乘积在 x 轴方向的投影来表示，即

$$D = \int_0^b \left[p_{\text{upper}} \left(\frac{\mathrm{d}y}{\mathrm{d}x} \right)_{\text{upper}} - p_{\text{lower}} \left(\frac{\mathrm{d}y}{\mathrm{d}x} \right)_{\text{lower}} \right] \mathrm{d}x$$

于是可以得到阻力系数为

$$
\begin{aligned}
C_D &= \frac{2}{\sqrt{Ma_\infty^2 - 1}} \int_0^1 \left[\theta_{\text{lower}}^2 + \theta_{\text{upper}}^2 \right] \mathrm{d}\left(\frac{x}{b} \right) \\
&= \frac{2}{\sqrt{Ma_\infty^2 - 1}} \int_0^1 \left[\left(\frac{\mathrm{d}y}{\mathrm{d}x} \right)_{\text{lower}}^2 + \left(\frac{\mathrm{d}y}{\mathrm{d}x} \right)_{\text{upper}}^2 \right] \mathrm{d}\left(\frac{x}{b} \right)
\end{aligned}
\qquad (8\text{-}90)
$$

当已知翼型坐标后，就可以使用式（8-89）和式（8-90）计算翼型的升力系数和阻力系数了。但需要注意的是，虽然这样得到的翼型升力基本可以代表真正的升力，但阻力只包含激波阻力，并未包含黏性摩擦阻力及可能的边界层分离产生的额外压差阻力，后两者是无法用无黏理论得出的。

直接使用式（8-89）和式（8-90）计算翼型的升力和阻力时，同样一个翼型工作在不同攻角下就相当于 x 和 y 坐标全变了，这样不同的攻角都要重新计算，较为麻烦。其实有简化的办法，因为控制方程是线性的，其解具有叠加性，即任意解的线性叠加仍然是原方程的解。对于图 8-18 所示的有攻角翼型的流动问题，可以用如图所示的 3 种流动解的叠加来求解。

对于攻角为 α 的平板，上下表面的 θ 角均为 $-\alpha$，于是有

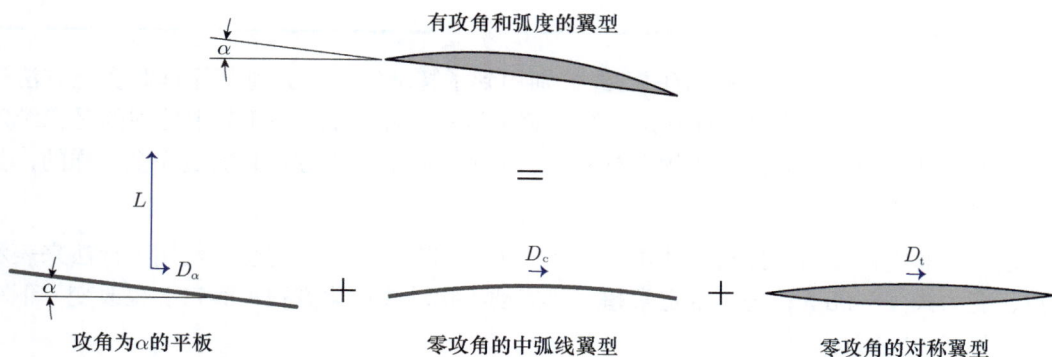

图 8-18 翼型上的升力和阻力可以分成 3 种情况的叠加来求解

$$C_{L,\alpha} = \frac{4\alpha}{\sqrt{Ma_\infty^2 - 1}}$$

零攻角下的中弧线的斜率积分为零，所以升力为零，零攻角的对称翼型（即只考虑叶型的厚度分布）升力也为零，因此最终翼型的升力只与攻角有关，即

$$C_L = \frac{4\alpha}{\sqrt{Ma_\infty^2 - 1}} \qquad (8\text{-}91)$$

阻力则复杂一些，有攻角的平板、零攻角下的中弧线及对称翼型都会产生阻力。攻角为 α 的平板所受的阻力等于垂直作用于平板的力乘以 $\sin\alpha$，于是阻力系数可近似表示为

$$C_{D,\alpha} = \frac{4\alpha}{\sqrt{Ma_\infty^2 - 1}} \sin\alpha = \frac{4\alpha^2}{\sqrt{Ma_\infty^2 - 1}}$$

零攻角的中弧线构成的翼型的阻力系数为

$$C_{D,c} = \frac{4}{\sqrt{Ma_\infty^2 - 1}} \int_0^1 (\Delta\theta_c)^2 \, d\left(\frac{x}{b}\right) = \frac{4}{\sqrt{Ma_\infty^2 - 1}} K_c$$

零攻角下对称翼型的阻力系数为

$$C_{D,t} = \frac{4}{\sqrt{Ma_\infty^2 - 1}} \int_0^1 (\Delta\theta_t)^2 \, d\left(\frac{x}{b}\right) = \frac{4}{\sqrt{Ma_\infty^2 - 1}} K_t$$

于是翼型的总阻力系数为

$$C_{D,t} = \frac{4}{\sqrt{Ma_\infty^2 - 1}} \left(\alpha^2 + K_c + K_t\right) \qquad (8\text{-}92)$$

式中，K_c 和 K_t 只与翼型的形状有关。

8.5 特征线法

在第 7 章 7.2 节和本章 8.4 节中已经分别用到了特征线法，并对其原理和实施方法进行了一些介绍。在 7.2 节中处理的是一维非定常流动问题，而在 8.4 节中处理的是二维定常超声速流动问题，如果抛开其物理意义，这两个问题的控制方程其实是完全一样的，都是数学上的波动方程。

把一维非定常流动小扰动线性化方程即式（7-46）改变一下写法，使用下标法来表示导数，变为式（8-93）；把二维定常超声速流动小扰动线性化方程（8-71）也改变一下写法，变为式（8-94），如下

$$u'_{tt} - c^2 u'_{xx} = 0 \tag{8-93}$$

$$\phi_{xx} - \frac{1}{\lambda^2} \phi_{yy} = 0 \tag{8-94}$$

可以看到，这两个方程的数学形式完全相同，都是二阶线性方程，并且是波动方程。

一维非定常问题中的自变量是 t 和 x，二维定常问题中的自变量是 x 和 y，如果把时间也当作一个维度，那么它们就都是二维问题，方程是有两个自变量的偏微分方程，不易求解。特征线法是找到这两个自变量之间的某种关系，组合成新的自变量，做变量代换，使方程变为易于求解的形式。两个自变量之间的关系在 $x\text{-}t$ 平面或 $y\text{-}x$ 平面上就是一系列直线或曲线，这就是特征线，而变量代换后的简化方程称为相容方程。

在本节后面我们可以看到，式（8-93）和式（8-94）属于双曲型方程，这是二阶偏微分方程可以使用特征线法的条件。接下来我们先从数学上简要介绍特征线法，再讨论其在二维无旋超声速流动中的应用。

8.5.1 特征线法的一般理论

特征线法是一种求解偏微分方程的基本方法，在 19 世纪末期就已经被广泛地使用，一开始用于得到线性方程的解析解，后来发展为一些非线性方程的数值解法。在如今求解三维 N–S 方程成为主流的计算流体力学方法中，特征线法仍然具有重要地位。当黏性作用可忽略时，使用特征线法可以在较少的计算资源基础上得到较为精确的结果。

1. 一阶偏微分方程的特征线法

以一个一阶偏微分方程为例

$$u_t + 4u_x = 2x + t, \qquad 0 < t < +\infty, \ -\infty < x < +\infty \tag{8-95}$$

特征线法求解的思路是将其转化为常微分方程，根据全导数的定义，有

$$\frac{\mathrm{d}u}{\mathrm{d}t} = u_t + u_x \frac{\mathrm{d}x}{\mathrm{d}t}$$

如果现在我们让 $\mathrm{d}x/\mathrm{d}t = 4$，则上式可变为

$$\frac{\mathrm{d}u}{\mathrm{d}t} = u_t + 4u_x$$

这个式子等号的右端与式（8-95）等号的左端一样，于是原方程可以化为

$$\frac{\mathrm{d}u}{\mathrm{d}t} = 2x + t \qquad\qquad （8-95a）$$

对 $\mathrm{d}x/\mathrm{d}t = 4$ 积分，可得 x 和 t 的关系式为

$$x = 4t + C$$

这个关系式代表 $x\text{-}t$ 平面内的一组直线，这就是**特征线**。把上式代入式（8-95a），原方程进一步变为

$$\frac{\mathrm{d}u}{\mathrm{d}t} = 9t + 2C \qquad\qquad （8-95b）$$

这样方程就变成了关于单变量 t 的常微分方程，方程式（8-95b）称为原方程式（8-95）的**相容方程**，它比原方程易于求解。

需要注意的是，相容方程与原方程并不是等价的关系，而是要沿着特征线才成立。因此，本质上来说，这里的特征线法是把原来的两变量偏微分方程转化成了由一个代数方程和一个常微分方程组成的方程组，如下

$$u_t + 4u_x = 2x + t \quad \Rightarrow \quad \begin{cases} x = 4t + C \\ u_t = 9t + 2C \end{cases} \qquad （8-96）$$

上面的过程是从一个具体的例子来介绍特征线法，让读者更易于理解。实际上，根据上述过程，可以总结出具有一般意义的理论来定义特征线。给出一般的一阶线性偏微分方程，如下

$$au_t + bu_x + cu = d \qquad\qquad （8-97）$$

该方程为线性方程，即式中的系数 a、b、c、d 可以是常数或自变量 x 和 t 的函数，但不能是 u 或者 u 的导数。

方程式（8-97）的特征线条件为

$$\frac{\mathrm{d}x}{\mathrm{d}t} = \frac{b}{a} \qquad\qquad （8-98）$$

当 a 和 b 为常数时，特征线的代数表达式为

$$ax - bt = C \qquad\qquad （8-98a）$$

沿着特征线，原方程可化为相容方程，如下

$$a\frac{\mathrm{d}u}{\mathrm{d}t}+cu=d \tag{8-99}$$

上述特征线和相容方程可以使用全导数来证明，如下

$$a\frac{\mathrm{d}u}{\mathrm{d}t}=au_t+au_x\frac{\mathrm{d}x}{\mathrm{d}t}=au_t+au_x\frac{b}{a}=au_t+bu_x$$

把上式代入式（8-99）即可得到式（8-97）。

上面这种定义特征线的方法是让 $\mathrm{d}x/\mathrm{d}t$ 等于 u_x 与 u_t 的系数之比，这种方法只适用于一阶方程，对二阶方程不适用。另外，这种方法给人一种试凑的感觉，没有体现特征线的特点。还有一种定义特征线的方法，利用了未知数的导数沿特征线不连续的特点，下面我们就来看一下这种方法。

前述寻找特征线的过程使用了原方程和全导数关系式来把偏微分方程变为常微分方程，把式（8-97）和全导数关系式分别变化一下，如下

$$\begin{cases} au_t+\ bu_x=-cu+d \\ \mathrm{d}tu_t+\mathrm{d}xu_x=\mathrm{d}u \end{cases} \tag{8-100}$$

这是一个关于 u_t 和 u_x 的线性方程组，使用克莱姆（Cramer）法则，其解为

$$u_x=\frac{\begin{vmatrix} a & -cu+d \\ \mathrm{d}t & \mathrm{d}u \end{vmatrix}}{\begin{vmatrix} a & b \\ \mathrm{d}t & \mathrm{d}x \end{vmatrix}}=\frac{a\mathrm{d}u-(-cu+d)\mathrm{d}t}{a\mathrm{d}x-b\mathrm{d}t} \tag{8-101}$$

$$u_t=\frac{\begin{vmatrix} -cu+d & b \\ \mathrm{d}u & \mathrm{d}x \end{vmatrix}}{\begin{vmatrix} a & b \\ \mathrm{d}t & \mathrm{d}x \end{vmatrix}}=\frac{-b\mathrm{d}u+(-cu+d)\mathrm{d}x}{a\mathrm{d}x-b\mathrm{d}t} \tag{8-102}$$

式（8-101）和式（8-102）的分母由原方程的系数行列式构成，我们知道，如果系数行列式等于零，则方程没有确定的解，即 u_x 和 u_t 不确定。把分母为零的表达式写出来，如下

$$a\mathrm{d}x-b\mathrm{d}t=0 \ \Rightarrow \ \frac{\mathrm{d}x}{\mathrm{d}t}=\frac{b}{a}$$

这就是原方程的特征线方程，也就是说，在特征线上，方程未知数的导数是不确定的，u_x 和 u_t 都有可能是不连续的。但我们知道，在不含有激波的流动中，分别代表速度梯度的 u_x 和当地加速度的 u_t 都不会是无穷大，而是有限值。比如向左传播的膨胀波区域内的流速分布，如图 8-19 所示，在某一时刻，①区的气流未受扰动，速度为零，而②区的气

流具有向右的速度 u_2，膨胀区内气流的速度呈线性分布。在①区和②区都有 $\partial u/\partial x = 0$，而在膨胀区内速度梯度为常数，即 $\partial u/\partial x = C$。膨胀波的头部和尾波处都有折点，速度虽然是连续的，但速度梯度是不连续的，不过我们明确知道折点处的速度梯度介于 $0 \sim C$，并不是无穷大。

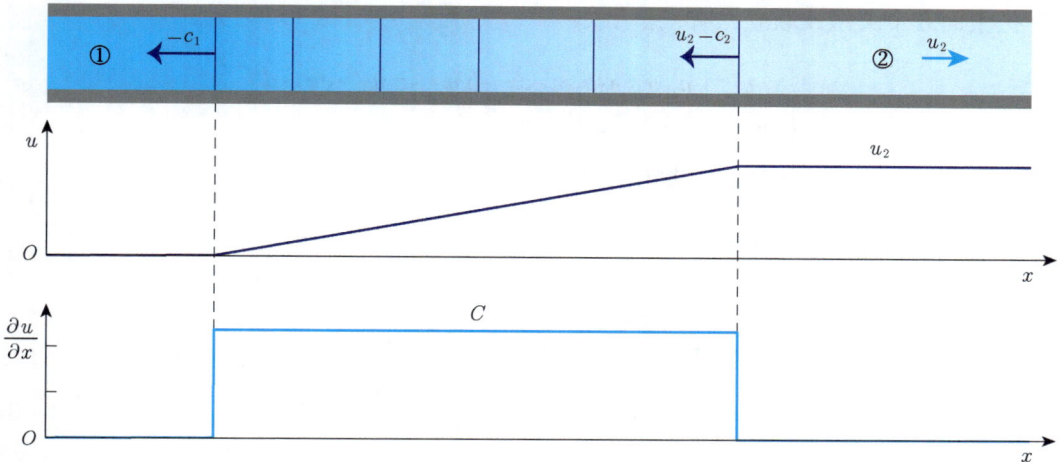

图 8-19　向左传播的膨胀波区域内的流速分布

头波和尾波的运动轨迹就分别是 $x\text{-}t$ 平面内的两条特征线，当式（8-101）的分母为零时，为了使 u_x 是有限值，该式分子也必须为零，因此有下式

$$a\mathrm{d}u - (-cu + d)\mathrm{d}t = 0$$

整理得

$$a\frac{\mathrm{d}u}{\mathrm{d}t} + cu = d$$

这就是前面的式（8-99），即相容方程。上式是让式（8-101）的分子等于零得到的，如果让式（8-102）的分子等于零，也可以得到完全相同的相容方程。

这样，我们就有了一种新的方法来寻找特征线方程和相容方程，只要把原方程和全导数关系式联立并用克莱姆法则求解，解的分母就是特征线方程，分子就是相容方程，这是一种较为通用的方法。

2. 二阶偏微分方程的特征线法

这里只讨论两个自变量的情况，设有如下形式的二阶偏微分方程

$$a_{11}u_{xx} + a_{12}u_{xy} + a_{22}u_{yy} + b_1 u_x + b_2 u_y + cu + d = 0 \tag{8-103}$$

式中，a_{11}、a_{12}、a_{22}、b_1、b_2、c、d 可以是常数或自变量 x、y 的函数。

两个全导数关系式为

$$\mathrm{d}u_x = u_{xx}\mathrm{d}x + u_{xy}\mathrm{d}y$$

$$\mathrm{d}u_y = u_{xy}\mathrm{d}x + u_{yy}\mathrm{d}y$$

把上面 3 个关系式联立，有

$$\begin{cases} a_{11}u_{xx} + a_{12}u_{xy} + a_{22}u_{yy} = -b_1 u_x - b_2 u_y - cu - d \\ \mathrm{d}x u_{xx} + \mathrm{d}y u_{xy} = \mathrm{d}u_x \\ \mathrm{d}x u_{xy} + \mathrm{d}y u_{yy} = \mathrm{d}u_y \end{cases}$$

使用克莱姆法则，u_{xy} 的解为

$$u_{xy} = \frac{\begin{vmatrix} a_{11} & -b_1 u_x - b_2 u_y - cu - d & a_{22} \\ \mathrm{d}x & \mathrm{d}u_x & 0 \\ 0 & \mathrm{d}u_y & \mathrm{d}y \end{vmatrix}}{\begin{vmatrix} a_{11} & a_{12} & a_{22} \\ \mathrm{d}x & \mathrm{d}y & 0 \\ 0 & \mathrm{d}x & \mathrm{d}y \end{vmatrix}} = \frac{N}{D} \tag{8-104}$$

令式（8-104）中的分母为零，即 $D = 0$，得到特征线表达式，如下

$$a_{11}(\mathrm{d}y)^2 - a_{12}(\mathrm{d}x\mathrm{d}y) + a_{22}(\mathrm{d}x)^2 = 0$$

或

$$a_{11}\left(\frac{\mathrm{d}y}{\mathrm{d}x}\right)_{\mathrm{char}}^2 - a_{12}\left(\frac{\mathrm{d}y}{\mathrm{d}x}\right)_{\mathrm{char}} + a_{22} = 0 \tag{8-105}$$

式中，下标 char 表示特征线。这是一个关于 $\mathrm{d}y/\mathrm{d}x$ 的二次方程，其解为

$$\left(\frac{\mathrm{d}y}{\mathrm{d}x}\right)_{\mathrm{char}} = \frac{a_{12} \pm \sqrt{a_{12}^2 - 4a_{11}a_{22}}}{2a_{11}} \tag{8-106}$$

当根号内的表达式为负值时，方程没有实数解，即实空间内不存在特征线，根据这个特点，二阶偏微分方程可以分为 3 类，如下。

（1）$a_{12}^2 - 4a_{11}a_{22} > 0$，方程有两个实数解，对应两条特征线，方程为**双曲型**。

（2）$a_{12}^2 - 4a_{11}a_{22} = 0$，方程有一个实数解，对应一条特征线，方程为**抛物型**。

（3）$a_{12}^2 - 4a_{11}a_{22} < 0$，方程没有实数解，不存在特征线，方程为**椭圆型**。

显然，椭圆型方程无法使用特征线法，而双曲型方程是特征线法的主要应用对象。在

气体动力学中，一维非定常小扰动线性化方程是双曲型，而二维定常流动的控制方程既可能是双曲型，也可能是椭圆型或抛物型。

把一维非定常小扰动线性化方程即式（8-93）抄写如下

$$u'_{tt} - c^2 u'_{xx} = 0$$

与式（8-103）对比，$a_{11}=1$，$a_{12}=0$，$a_{22}=-c^2$，根据上述判断准则，有

$$a_{12}^2 - 4a_{11}a_{22} = 4c^2 > 0$$

这是一个双曲型方程。

把二维定常流动的小扰动线性化方程即式（8-42）抄写如下

$$(1-Ma^2)\phi_{xx} + \phi_{yy} = 0$$

与式（8-103）对比，$a_{11}=1-Ma^2$，$a_{12}=0$，$a_{22}=1$，判断准则为

$$a_{12}^2 - 4a_{11}a_{22} = 4(Ma^2-1)$$

可以看出，**当流动为亚声速时方程为椭圆型，声速时为抛物型，超声速时为双曲型。**由于声速流动是不能大面积稳定存在的，所以实际流动只分为椭圆型和双曲型两种。特征线法只能应用于双曲型方程，对应只有超声速流动中才存在特征线。

二维定常超声速流动与一维非定常流动的方程在数学形式上相同，都是双曲型的波动方程，存在两条特征线，对于一维流动，两条特征线分别对应顺流向和逆流向传播的波，而对于二维流动，两条特征线则分别对应左伸马赫波和右伸马赫波。

一维非定常（可亚声速也可超声速）之所以对应二维定常超声速，还可以从自变量的性质来看，一维非定常流动的自变量有一个是时间 t，它是单向不可逆的，范围是 $0<t<+\infty$，所以这是初值问题，即有一个起点，流场中其他解依赖于这个起点。而一般二维问题中的 x 和 y 都是双向的，当流速是亚声速时，不是初值问题而是边值问题。当流速为超声速时，信息不能向上游传播，于是沿流向的空间坐标具有和时间坐标类似的性质，问题变为初值问题，下游流场依赖于上游流场。这就是这两种流动的方程都为双曲型，流场中有特征线，可以用特征线法求解的原因。

如图 8-20 所示，在 x-t 平面内的特征线代表扰动的传播轨迹，其斜率由传播速度决定。比如，在流速为 u 的流场中顺流向传播的波速为（$u+c$），因此流场中的特征线斜率为 $dx/dt = u+c$。在 x-y 平面内的特征线与扰动沿不同方向的传播速度之比有关，在 x 轴方向流速为 u 且 $u>c$、y 轴方向流速为零的流场中，特征线的斜率为 $dy/dx = c/\sqrt{u^2-c^2}$，或用马赫数表示为 $dy/dx = 1/\sqrt{Ma^2-1}$。

式（8-104）的分母为零对应特征线，分子为零则对应相容方程，即 $N=0$，整理后的表达式如下

$$a_{11}u_{xx} + a_{22}u_{yy} = b_1u_x + b_2u_y + cu + d \tag{8-107}$$

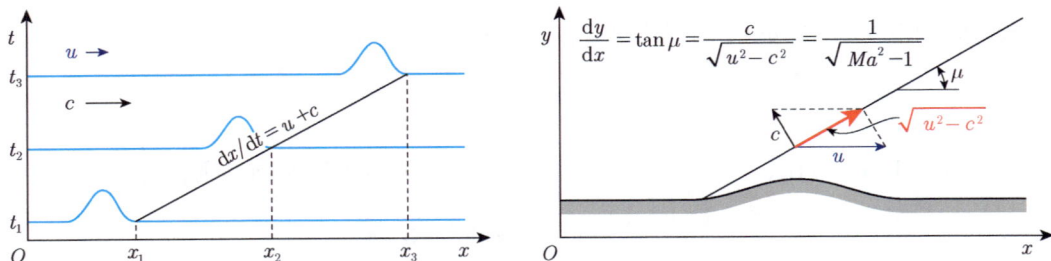

图 8-20　一维非定常流动和二维定常超声速流动中的特征线

二阶方程的相容方程虽然比原方程简化了，但未必都容易求解，有些情况下可以得到解析解，有些情况下则只能使用数值解法。下面我们针对两种流动来应用特征线法。

8.5.2　一维非定常流动中的特征线法

把一维非定常流动的小扰动线性化方程即式（8-93）重写如下

$$u'_{tt} - c^2u'_{xx} = 0$$

我们在前面的 7.2.2 小节中给出了它的解为

$$u' = f(x - ct) + g(x + ct) \tag{8-108}$$

但并未给出求解过程，现在使用特征线法来给出这个过程。把式（8-93）与全导数关系式列在一起，有

$$\begin{cases} u'_{tt} & - c^2u'_{xx} = 0 \\ \mathrm{d}t u'_{tt} + \mathrm{d}x u'_{tx} & = \mathrm{d}u'_t \\ & \mathrm{d}t u'_{tx} + \mathrm{d}x u'_{xx} = \mathrm{d}u'_x \end{cases}$$

使用克莱姆法则求解，有

$$u'_{tx} = \frac{\begin{vmatrix} 1 & 0 & -c^2 \\ \mathrm{d}t & \mathrm{d}u'_t & 0 \\ 0 & \mathrm{d}u'_x & \mathrm{d}x \end{vmatrix}}{\begin{vmatrix} 1 & 0 & -c^2 \\ \mathrm{d}t & \mathrm{d}x & 0 \\ 0 & \mathrm{d}t & \mathrm{d}x \end{vmatrix}} \tag{8-109}$$

令式（8-109）的分母为零，有

$$(\mathrm{d}x)^2 - c^2(\mathrm{d}t)^2 = 0$$

解出特征线为

$$x - ct = C_1 \qquad 或 \qquad x + ct = C_2 \qquad\qquad （8-110）$$

我们可以继续令式（8-109）的分子为零来得出相容方程，不过达朗贝尔采用的是变量代换方法来求解这个问题。令

$$\xi = x - ct$$
$$\eta = x + ct$$

根据链式求导法则，有

$$u_x' = u_\xi' \xi_x + u_\eta' \eta_x = u_\xi' + u_\eta'$$

$$u_{xx}' = \frac{\partial u_x'}{\partial x} = u_{\xi\xi}' + 2u_{\xi\eta}' + u_{\eta\eta}' \qquad\qquad （8-111）$$

$$u_t' = u_\xi' \xi_t + u_\eta' \eta_t = c\left(-u_\xi' + u_\eta'\right)$$

$$u_{tt}' = \frac{\partial u_t'}{\partial t} = c^2\left(u_{\xi\xi}' - 2u_{\xi\eta}' + u_{\eta\eta}'\right) \qquad\qquad （8-112）$$

把式（8-111）和式（8-112）代入式（8-93），有

$$c^2\left(u_{\xi\xi}' - 2u_{\xi\eta}' + u_{\eta\eta}'\right) - c^2\left(u_{\xi\xi}' + 2u_{\xi\eta}' + u_{\eta\eta}'\right) = 0$$

解出

$$u_{\xi\eta}' = 0$$

对上式进行积分来求 u'，先对 η 积分，得 $u_\xi' = h(\xi)$，再对 ξ 积分，得

$$u'(\xi,\eta) = \int h(\xi)\mathrm{d}\xi + g(\eta) = f(\xi) + g(\eta)$$

把上式中的 ξ 和 η 用原来的自变量表示，就得到

$$u' = f(x - ct) + g(x + ct)$$

这就是方程通解的形式，与 7.2.2 小节中给出的一致。

8.5.3 二维无旋超声速流动中的特征线法

从式（8-20）简化可得，二维定常绝热无旋超声速流动的速度势方程为

$$\left(1 - \frac{\Phi_x^2}{c^2}\right)\Phi_{xx} - \frac{2\Phi_x\Phi_y}{c^2}\Phi_{xy} + \left(1 - \frac{\Phi_y^2}{c^2}\right)\Phi_{yy} = 0 \qquad\qquad （8-113）$$

需要强调的是，这里的 Φ 是速度势，不是小扰动速度势，所以这是精确的关系式。

1. 特征线

现在来应用特征线法，把式（8–113）中二阶项的系数用速度表示，$\Phi_x = u$，$\Phi_y = v$，并和两个全导数关系式写在一起，如下

$$\begin{cases} \left(1-\dfrac{u^2}{c^2}\right)\Phi_{xx} - \dfrac{2uv}{c^2}\Phi_{xy} + \left(1-\dfrac{v^2}{c^2}\right)\Phi_{yy} = 0 \\ \mathrm{d}x\Phi_{xx} + \mathrm{d}y\Phi_{xy} = \mathrm{d}u \\ \mathrm{d}x\Phi_{xy} + \mathrm{d}y\Phi_{yy} = \mathrm{d}v \end{cases}$$

应用克莱姆法则，Φ_{xy} 的解为

$$\Phi_{xy} = \frac{\begin{vmatrix} 1-\dfrac{u^2}{c^2} & 0 & 1-\dfrac{v^2}{c^2} \\ \mathrm{d}x & \mathrm{d}u & 0 \\ 0 & \mathrm{d}v & \mathrm{d}y \end{vmatrix}}{\begin{vmatrix} 1-\dfrac{u^2}{c^2} & -\dfrac{2uv}{c^2} & 1-\dfrac{v^2}{c^2} \\ \mathrm{d}x & \mathrm{d}y & 0 \\ 0 & \mathrm{d}x & \mathrm{d}y \end{vmatrix}} \tag{8–114}$$

令分母等于零，并整理，有

$$\left(1-\frac{u^2}{c^2}\right)\left(\frac{\mathrm{d}y}{\mathrm{d}x}\right)^2_{\mathrm{char}} + \frac{2uv}{c^2}\left(\frac{\mathrm{d}y}{\mathrm{d}x}\right)_{\mathrm{char}} + \left(1-\frac{v^2}{c^2}\right) = 0$$

解为

$$\left(\frac{\mathrm{d}y}{\mathrm{d}x}\right)_{\mathrm{char}} = \frac{-uv/c^2 \pm \sqrt{(u^2+v^2)/c^2 - 1}}{1 - u^2/c^2} \tag{8–115}$$

式（8–115）给出了特性线的斜率，但是不够直观，我们还可以进一步使用角度来表示。设流场中所求点的速度与 x 轴的夹角为 θ，则 $u = V\cos\theta$，$v = V\sin\theta$，式（8–115）变为

$$\left(\frac{\mathrm{d}y}{\mathrm{d}x}\right)_{\mathrm{char}} = \frac{-Ma^2\cos\theta\sin\theta \pm \sqrt{Ma^2 - 1}}{1 - Ma^2\cos^2\theta}$$

使用马赫角关系式 $\sin\mu = 1/Ma$ 进一步把马赫数也用角度表示，有

$$\left(\frac{\mathrm{d}y}{\mathrm{d}x}\right)_{\mathrm{char}} = \frac{-\cos\theta\sin\theta/\sin^2\mu \pm \sqrt{1/\sin^2\mu - 1}}{1 - \cos^2\theta/\sin^2\mu}$$

根据三角函数关系 $1/\sin^2\mu - 1 = 1/\tan^2\mu$，上式可进一步变为

$$\left(\frac{\mathrm{d}y}{\mathrm{d}x}\right)_{\mathrm{char}} = \frac{-\sin\theta\cos\theta \pm \sin\mu\cos\mu}{\sin^2\mu - \cos^2\theta}$$

上式等号的右边满足三角函数中的角度和差公式，继续化简，最终得到特征线关系式为

$$\left(\frac{\mathrm{d}y}{\mathrm{d}x}\right)_{\mathrm{char}} = \tan(\theta \pm \mu) \tag{8-116}$$

这就是用角度表示的**特征线**关系式。

可以看到，特征线的斜率等于某个角度的正切，因此这个角度就是特征线与 x 轴的夹角。如图 8-21 所示，在 A 点处，流线与 x 轴的夹角是 θ，$(\theta+\mu)$ 是左伸特征线与 x 轴的夹角，用 C_+ 表示该特征线，$(\theta-\mu)$ 是右伸特征线与 x 轴的夹角，用 C_- 表示该特征线。这两条特征线与流线的夹角都是 μ，所以它们是流场中的马赫线。图 8-21（a）所示为均匀流场中的流线和特征线，图 8-21（b）所示则为非均匀流场中的流线和特征线。θ 代表流速方向，而 μ 反映了流速大小，这两者共同决定了特征线的方向，在流动过程中只要流速的大小或方向有一个不断发生变化，特征线就是曲线而不是直线。

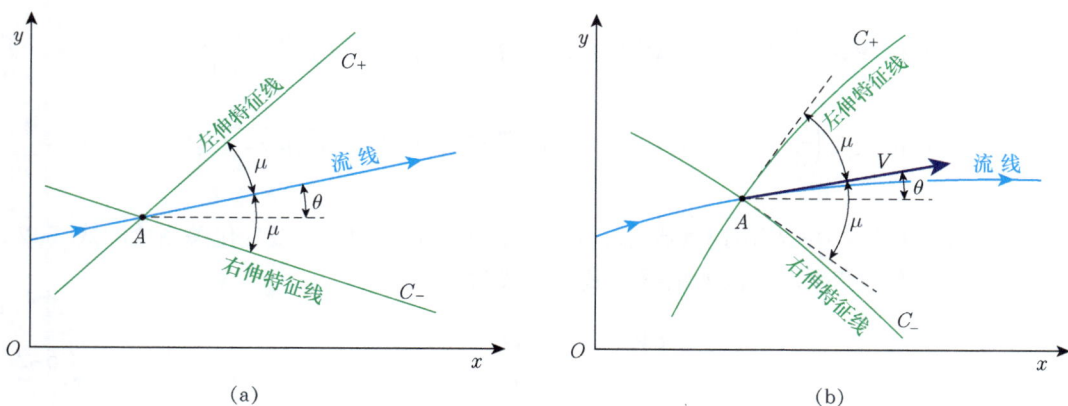

图 8-21　二维超声速流动的流线和特征线

2. 相容方程

现在令式（8-114）的分子为零来得到相容方程，即

$$\left(1-\frac{u^2}{c^2}\right)\mathrm{d}u\mathrm{d}y + \left(1-\frac{v^2}{c^2}\right)\mathrm{d}v\mathrm{d}x = 0$$

整理得

$$\frac{\mathrm{d}v}{\mathrm{d}u} = -\frac{1-u^2/c^2}{1-v^2/c^2}\frac{\mathrm{d}y}{\mathrm{d}x} \tag{8-117}$$

相容方程只在特征线上才成立，因此式（8-117）中的 dy/dx 必须满足特征线关系，把前面得到的式（8-115）代入式（8-117），有

$$\frac{dv}{du} = -\frac{1-u^2/c^2}{1-v^2/c^2}\left[\frac{-uv/c^2 \pm \sqrt{(u^2+v^2)/c^2-1}}{1-u^2/c^2}\right]$$

或

$$\frac{dv}{du} = \frac{uv/c^2 \mp \sqrt{(u^2+v^2)/c^2-1}}{1-v^2/c^2} \qquad (8-118)$$

使用角度来表示，把 $u = V\cos\theta$ 和 $v = V\sin\theta$ 代入式（8-118），得

$$\frac{d(V\sin\theta)}{d(V\cos\theta)} = \frac{Ma^2\sin\theta\cos\theta \mp \sqrt{Ma^2-1}}{1-Ma^2\sin^2\theta}$$

经过一系列简化（过程略）后，得

$$d\theta = \pm\sqrt{Ma^2-1}\frac{dV}{V} \qquad (8-119)$$

这就是相容方程，式中的负号对应 C_- 特征线，正号对应 C_+ 特征线，即

C_+ 特征线为 $\left(\dfrac{dy}{dx}\right)_{\text{char}} = \tan(\theta+\mu)$，相容方程为 $d\theta = \sqrt{Ma^2-1}\dfrac{dV}{V}$

C_- 特征线为 $\left(\dfrac{dy}{dx}\right)_{\text{char}} = \tan(\theta-\mu)$，相容方程为 $d\theta = -\sqrt{Ma^2-1}\dfrac{dV}{V}$

现在回顾第 5 章中的超声速气流绕小角度外转折壁面流动的速度变化关系式即式（5-2），对于壁面在下方、产生左伸波的情况，其关系式为

$$\frac{dV}{V} = -\frac{d\theta}{\sqrt{Ma^2-1}} \qquad (5-2)$$

可以看到，式（8-119）与式（5-2）具有一样的形式，但 C_+ 特征线对应左伸波，在式（8-119）中是正号，而在式（5-2）中则是负号，这是怎么回事呢？

先来看式（5-2）的含义，如图 8-22（a）所示，当 $d\theta$ 为负时，下方壁面外转折，气流膨胀加速，$dV > 0$，因此式（5-2）中带一个负号。如果壁面在上方，则式（5-2）中的负号应变为正号，这时负的 $d\theta$ 对应壁面内转折，气流被压缩减速，$dV < 0$。

再来看式（8-119）的含义，这个关系式沿着特征线成立，对于 C_+ 特征线

$$d\theta = \sqrt{Ma^2-1}\frac{dV}{V}$$

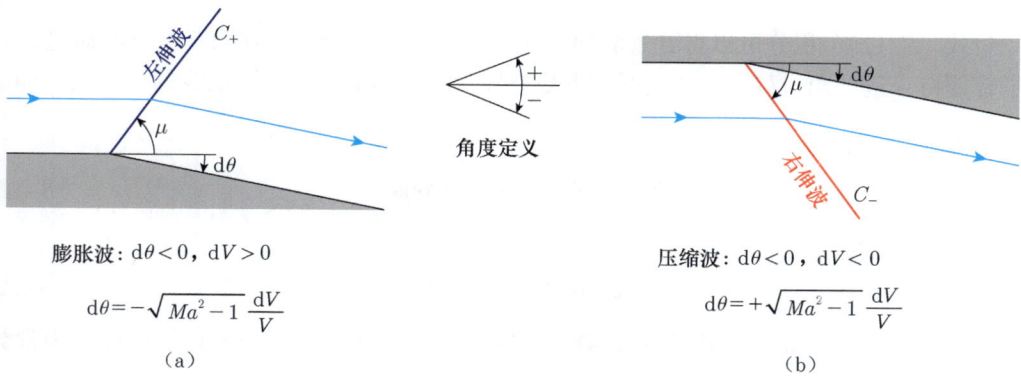

膨胀波：$d\theta < 0$，$dV > 0$

$$d\theta = -\sqrt{Ma^2 - 1}\,\frac{dV}{V}$$

（a）

压缩波：$d\theta < 0$，$dV < 0$

$$d\theta = +\sqrt{Ma^2 - 1}\,\frac{dV}{V}$$

（b）

图 8-22　左伸波和右伸波产生的流线偏转和加减速

也就是说，沿着 C_+ 特征线，关系式符合右伸波的关系式。我们知道，如果特征线不与其他特征线相交，则其上的气流参数保持不变，于是 $d\theta = 0$，这种情况不需要研究。

对于沿特征线 $d\theta \neq 0$ 的情况，一定是因为该特征线与异侧特征线相交。图 8-23 所示为两种异侧特征线相交的情况，在图 8-23（a）中，下壁面的小转折发出一道膨胀波，上壁面转折较大，发出两道膨胀波。我们来研究 C_+ 特征线（图中的左伸波）上的气流参数，最下面一条流线的来流气流角 $\theta_1 = 0$，而中间一条流线经过膨胀波 a 后向上转折了 θ_2，上面一条流线经过膨胀波 a 和 b 后向上转折了 θ_3，$\theta_3 > \theta_2 > \theta_1$，并且经过膨胀波后 $V_3 > V_2 > V_1$，θ 和 V 的变化量 $d\theta$ 和 dV 符合右伸波的关系式，因为起作用的是右伸波（膨胀波 a 和 b）。对于左伸波，读者可以参见图 8-23（b）自己分析。总之结论是：**沿一条特征线气流参数的变化是由异侧特征线产生的。**

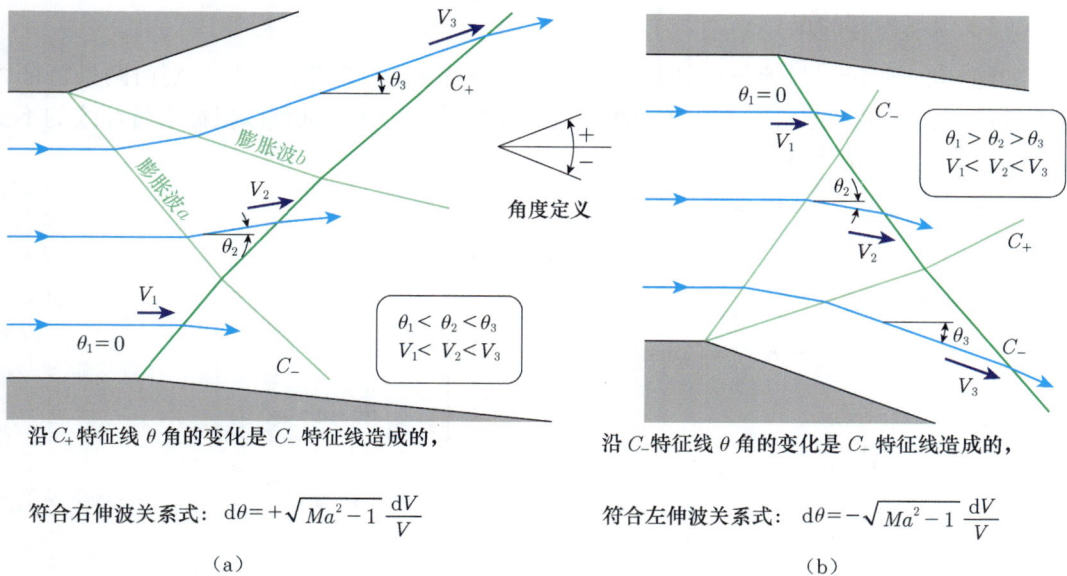

沿 C_+ 特征线 θ 角的变化是 C_- 特征线造成的，

符合右伸波关系式：$d\theta = +\sqrt{Ma^2 - 1}\,\dfrac{dV}{V}$

（a）

沿 C_- 特征线 θ 角的变化是 C_- 特征线造成的，

符合左伸波关系式：$d\theta = -\sqrt{Ma^2 - 1}\,\dfrac{dV}{V}$

（b）

图 8-23　异侧特征线相交时沿某一条特征线的气流参数变化

对式（8-119）积分可以得到气流角与流速的关系，这个积分在第 5 章已经做过，并定义了普朗特 – 迈耶角 $\nu(Ma)$，这里不再重复推导，直接给出沿两条特征线的关系式，如下

沿 C_+ 特征线：

$$\theta - \nu(Ma) = K_+ = \text{Const} \qquad\qquad （8-120）$$

沿 C_- 特征线：

$$\theta + \nu(Ma) = K_- = \text{Const} \qquad\qquad （8-121）$$

这两个关系式就是用角度表示的**相容方程**，其中的 K_+ 和 K_- 沿各自的特征线为常数，类似于第 7 章使用过的黎曼不变量 J_+ 和 J_-。

式（8-120）和式（8-121）建立了气流转折角与马赫数之间的关系，早期，人们用图解法来求解，现在则使用数值解法。可以看到相容方程并不与坐标 x 和 y 相关，而只与角度相关，也就是说无论气体走过了多远，只要知道当地的气流角度，就可以求出相应的气流马赫数。这种情况显然只适合于没有耗散的流动，因为耗散是与流程相关的，更严格地说，式（8-120）和式（8-121）只适合于等熵无旋流动。

3. 特征线法的数值计算

在 7.2.2 小节讨论小扰动理论时，已经涉及了一些特征线的数值解法，可以参见图 7-23。使用数值解法沿特征线求解，需要有已知的起点，比如拉瓦尔喷管的扩张段设计就可以使用特征线法，这时已知的是喉部尺寸，并已知喉部流速为声速，然后沿特征线向下游递推逐步得到全流场的解。除了进口这个初始条件，还会用到边界条件，比如特征线与固体壁面相交或者与激波相交等，下面分别分析不同情况下的流动条件。

（1）流场内部的点

如图 8-24 所示，过流场中任意一点 3 有两条特征线，3 点的参数分别由两条特征线的上游决定，如果上游两点 1 和 2 处的气流角和马赫数已知，则可以根据沿特征线的不变量来求得 3 点处的流场参数。

沿经过 1 点的 C_+ 特征线：

$$\theta_1 - \nu_1 = K_{+,1} = \text{Const}$$

沿经过 2 点的 C_- 特征线：

$$\theta_2 + \nu_2 = K_{-,2} = \text{Const}$$

对于 3 点，则有

$$\theta_3 - \nu_3 = K_{+,3} = K_{+,1}$$

$$\theta_3 + \nu_3 = K_{-,3} = K_{-,2}$$

从上面两式中可以解出

$$\theta_3 = \frac{1}{2}\left(K_{+,1} + K_{-,2}\right)$$

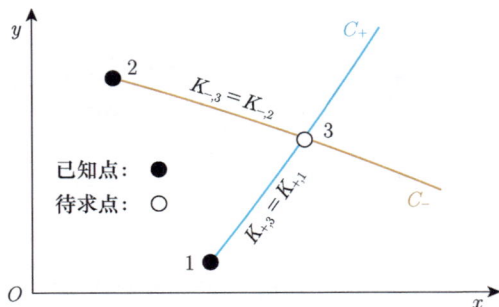

图 8-24　流场内部点的参数求解

$$\nu_3 = \frac{1}{2}\left(K_{-,2} - K_{+,1}\right)$$

由普朗特－迈耶角 ν 可以得到马赫数，这样就计算出了 3 点的马赫数大小和方向。进一步还可以用等熵关系式，结合 1 点或 2 点的马赫数得到 3 点的压力、温度和流速等参数，比如 3 点的气流压力为

$$p_3 = p_1 \left(\frac{1 + \frac{\kappa - 1}{2} Ma_1^2}{1 + \frac{\kappa - 1}{2} Ma_3^2}\right)^{\frac{\kappa}{\kappa - 1}}$$

还有一个问题是，当我们知道 1 点和 2 点的空间位置后，如何得出 3 点的空间位置呢？由于特征线一般为曲线，所以 3 点的位置是很难确定的。这类使用网格的数值方法都是取较小的空间步长，让 3 点挨近 1 点和 2 点，于是点之间的特征线就可以看作直线，这样就可以分别根据 1 点和 2 点处的特征线方程即式（8-116）得出两条直线，其交点就是 3 点。这样显然会带来误差。有一种不用减小空间步长就可以减小误差的方法，称为预估－校正法。如图 8-25 所示，以 C_+ 特征线为例，先用 1 点处的角度得到特征线，待求出 3 点处的角度后，再用两者的平均来得到特征线，即一开始特征线与 x 轴的夹角预估为

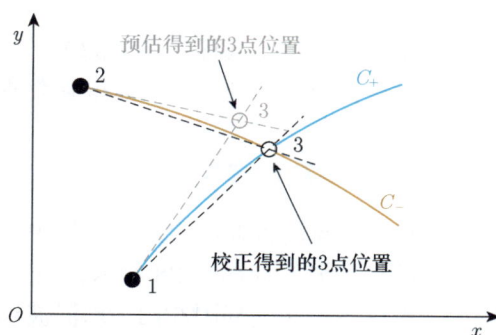

图 8-25　预估－校正法求特征线

$$\theta_1 + \mu_1$$

最终特征线与 x 轴的夹角确定为

$$\frac{1}{2}(\theta_1 + \theta_3) + \frac{1}{2}(\mu_1 + \mu_3)$$

（2）壁面上的点

如图 8-26 所示，如果上游 4 点处的气流参数已知，而下游的 5 点位于壁面上，则只需要根据一条特征线就可以求出 5 点的参数，原因是壁面上气流的角度 θ_5 是已知的。沿 C_- 特征线有

$$\theta_5 - \nu_5 = K_{-,5} = K_{-,4}$$

于是有

$$\nu_5 = \theta_5 - K_{-,4}$$

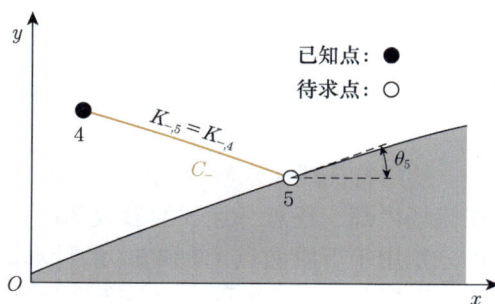

图 8-26　壁面上点的参数求解

这样就可以得到 5 点的马赫数，继而得到各流动参数。

（3）激波上的点

特征线法不能用于含有激波的流场中，但激波可以作为求解的边界。如图 8-27 所示，如果上游 6 点处的气流参数已知，而下游的 7 点位于激波上，则只需要根据一条特征线就可以求出 7 点的参数，原因是激波处的参数都与来流的马赫数 Ma_∞ 有关。沿 C_+ 特征线有

图 8-27　激波上点的参数求解

$$\theta_7 + \nu_7 = K_{+,7} = K_{+,6}$$

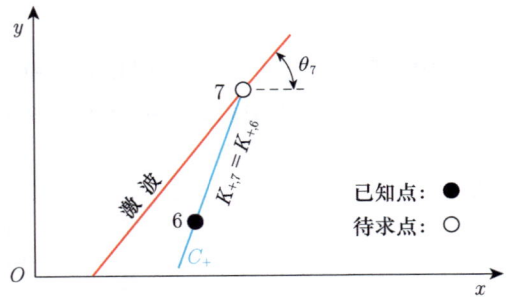

使用斜激波关系式即式（5-52），可以由来流马赫数 Ma_∞ 和激波角 β_7 求出气流转折角 θ_7，再根据上式得到 ν_7，从而得到激波后的各气流参数。

4.影响域和依赖域

流场中一点的扰动以声速在气体中传播，在超声速流动中这些扰动被气流带向下游，不会影响到上游。如图 8-28 所示，在三维流场中一点 A 的影响局限于马赫锥之内，在二维流场中 A 点的影响局限在两道斜激波组成的扇形区内。此外，只有特定区域内的扰动才能对点 A 构成影响。把受 A 点影响的区域称为它的**影响域**，而把能影响 A 点的区域称为它的**依赖域**。

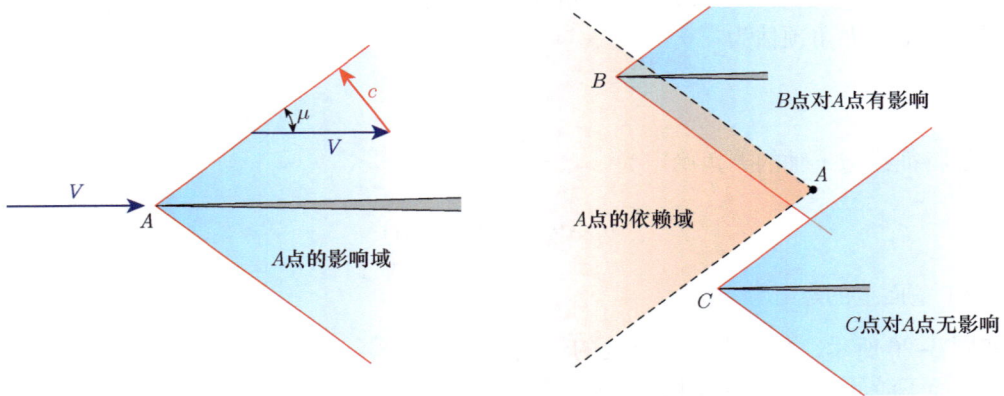

图 8-28　超声速流动中的影响域和依赖域

使用特征线法求解流场时，也体现了超声速流动的这种特点，如图 8-29（a）所示，在流场内部，任意一点 3 的参数都由上游两点（1 和 2）的参数决定，而 3 点的参数又可以分别用于下游两点（4 和 5）的计算。这两条经过 3 点的特征线在上游和下游分别构成两个扇形区，上游扇形区内的变化会影响 3 点，是 3 点的依赖域；而下游扇形区内的变化受 3 点的影响，是 3 点的影响域。我们在使用特征线法时，似乎不需要考虑依赖域中所有

的点，只通过两条边就可以求得 3 点的参数，这是因为在小步长的前提下，我们假设 1-3 和 2-3 两段特征线都是直线。实际上这两条线段是曲线，之所以是曲线，是因为在依赖域中还存在无穷多的特征线与这两条特征线相交，如图 8-29（b）所示。依赖域中任何一点的参数变化都会对 3 点产生影响，信息虽然沿着特征线传递，但特征线在流场中无处不在，构成了连续的影响域和依赖域。

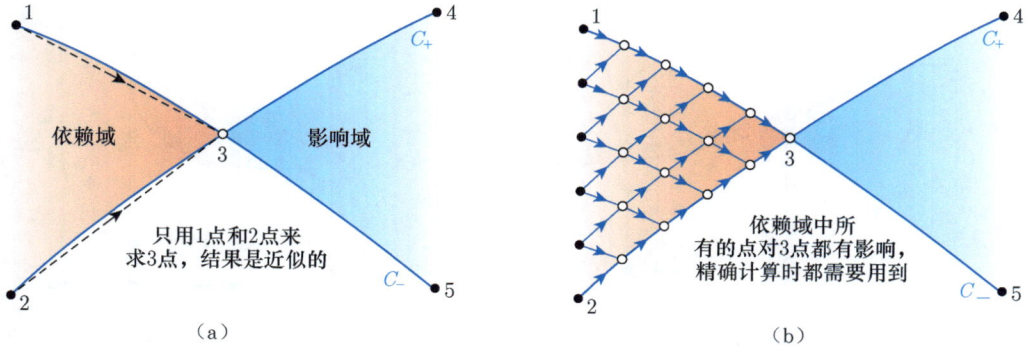

图 8-29　用特征线表示的影响域和依赖域

5. 超声速喷管设计

特征线法非常适合用于超声速喷管的型面设计，事实上，世界上第一个超声速风洞就是普朗特和布斯曼在 20 世纪 30 年代使用特征线法设计的，本章封面的图就是他们所使用的图解法示意。

在本书第 6 章 6.1 节我们知道，要想让管内的气流从亚声速加速到超声速，必须使用收-扩管道，出口的马赫数取决于出口面积与喉部面积之比。对于收缩段，型面的设计要求是让流动无局部分离且在喉部的流动尽可能均匀，这个型面有一定随意性，一般使用多项式曲线来保证壁面曲率连续。有一种维托辛斯基曲线效果较好，其数学关系式为

$$r = \frac{R_2}{\sqrt{1 - \left(1 - \dfrac{R_2^2}{R_1^2}\right)\dfrac{\left(1 - x^2/L^2\right)^2}{\left[1 + x^2/\left(3L^2\right)\right]^3}}} \tag{8-122}$$

式中，r 和 x 分别为型面的径向坐标和轴向坐标；R_1 和 R_2 分别为管道进出口半径；L 为收缩段长度，如图 8-30 所示。这种曲线用于二维的型面时效果也很好，这时半径指代管道的半宽。

如果是从非常大的空间进气，比如从大气进气，则型面使用双纽线的效果较好，具体数学关系式为

$$\begin{cases} x = a \cdot D\sqrt{\cos\left(2\alpha\right)}\cos\left(45° - \alpha\right) \\ r = a \cdot D\sqrt{\cos\left(2\alpha\right)}\sin\left(45° - \alpha\right) + D/2 \end{cases} \tag{8-123}$$

式中，r 和 x 分别为型面的径向坐标和轴向坐标；D 为出口直径；α 取 $0° \sim 45°$；a 为形状系数，一般取 $0.5 \sim 0.7$，a 值越大，则型面的外廓尺寸越大（见图 8-31），一般来说外廓尺寸大的流动更均匀，但也会使出口边界层更厚，并且大的外廓尺寸受到实验场地空间的限制，会增加造价，因此在设计中需要综合考虑。

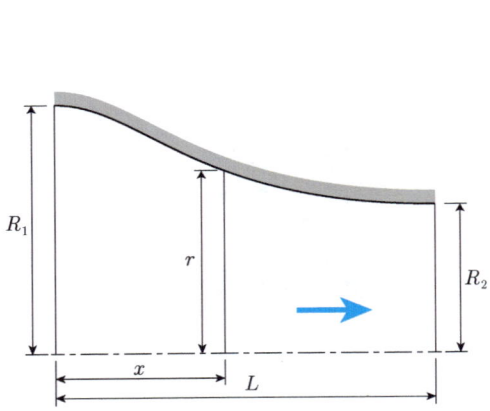

图 8-30　维托辛斯基曲线型面

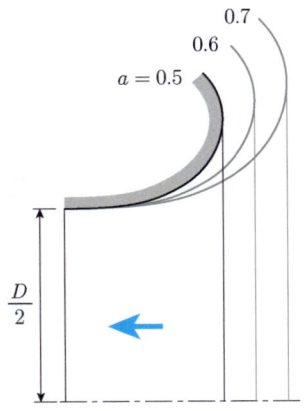

图 8-31　双纽线型面

上面这两种壁面造型都是简单的代数关系式，显然不一定是气动上的最优方案，在实际使用时，还要考虑边界层带来的管道有效面积减小的问题，一般需要结合三维数值模拟和实验测量来确定最终型面。

收缩曲面有一定随意性的原因有两个：一个是亚声速收缩段总体上是顺压流动，一般不会有较大的局部逆压梯度产生分离；另一个是亚声速的流动信息可以向全流场传递，且壁面扰动会随着远离壁面呈指数衰减（参见图 8-5 和相关公式）。局部的型面问题（比如有小凸起或者凹坑）产生的扰动会在流场中自我调整和适应，不会对全流场产生严重的影响。但在超声速流动中，如果型面局部与气流方向不一致，则很有可能会产生激波，贯穿全流场的激波不但会产生流动损失或局部分离，更严重的会改变流量，从而改变喉部的流动状态，使整个流动"面目全非"。因此，超声速喷管扩张段的型面设计不再是随意的，而是要根据一定的规则，使扩张过程中没有激波，也没有不必要的膨胀波。

气流在超声速扩张段中的加速流动必然伴随着膨胀波，膨胀波在壁面上有可能反射为膨胀波，也有可能反射为激波。有激波的加速段显然是不好的设计，为了让出口的气流均匀且沿轴线，在出口处流动不应再有膨胀波。也就是说，在扩张段的前半部膨胀波在壁面上可以反射，在后半部则应在壁面处终止，这是超声速扩张段的设计原则。

使用特征线法可以设计出不产生激波的超声速扩张段，本书只讨论较简单的二维管道的情况。常见的扩张喷管有两种，如图 8-32 所示。图 8-32（a）所示的方案是在喉部后面使用一段曲线扩张，而图 8-32（b）所示的方案是直接使用一个大转折角扩张。图 8-32（a）所示的方案产生的流动更加均匀，因此适用于风洞等对出口流场要求高的场合，这里称为曲线扩张喷管。而图 8-32（b）所示的方案是在不产生激波的前提下使喷管长度最小，这种方案可以减小扩张段的质量，因此适用于火箭喷口等对质量敏感的场合，这里称为最小长度喷管。

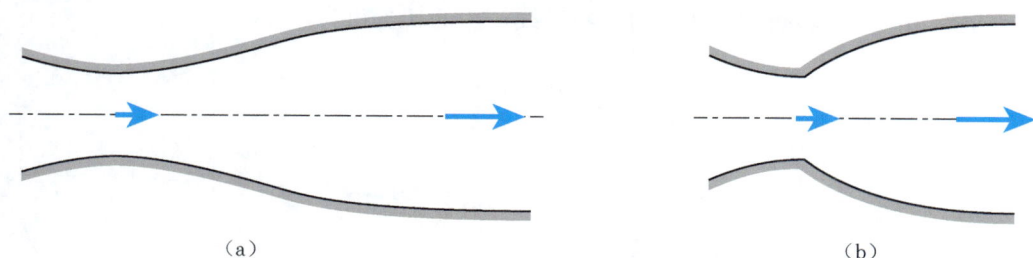

（a）　　　　　　　　　　　　（b）

图 8-32　两种常见的扩张喷管

如图 8-33 所示，曲线扩张喷管的膨胀波在壁面会有反射，而最小长度喷管的膨胀波则不发生反射。不过，基于流动是完全对称的条件，在对称面上，膨胀波虽然是相交穿过，但也可以看成发生了反射，这样设计喷管时就可以只按一半来设计，简化了计算。下面我们以最小长度喷管为例，来详细讲解特征线法的实施过程。

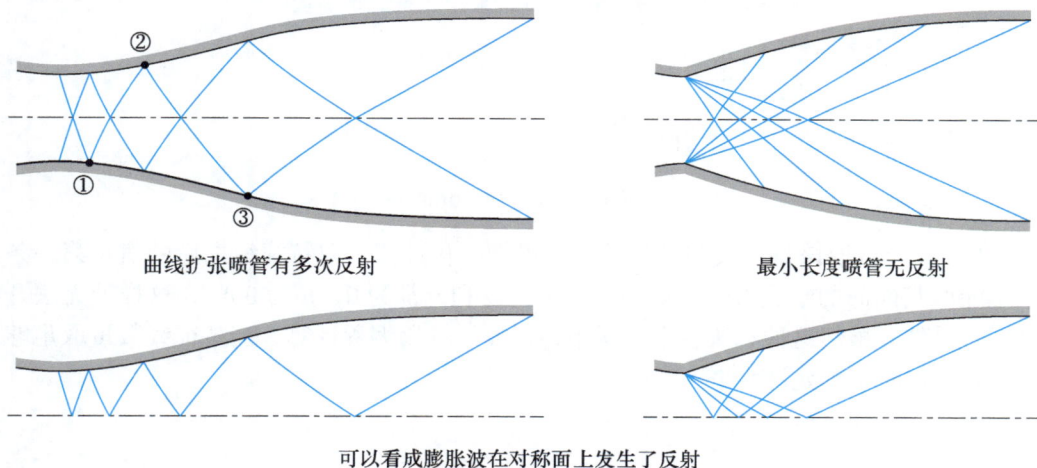

曲线扩张喷管有多次反射　　　　　　　　　最小长度喷管无反射

可以看成膨胀波在对称面上发生了反射

图 8-33　扩张喷管内膨胀波的反射

【例 8-1】使用特征线法，用最小长度原则设计出口马赫数为 2.5 的二维扩张喷管。

解：如图 8-34 所示，使用 5 条特征线计算，特征线的交点标号如图所示，声速线是位于喉部的直线 ab，来流的气流角 $\theta = 0$。

转折角 a 发出的 5 条膨胀波通过 5 次膨胀把气流从①区的声速膨胀到②区的超声速，再通过 5 条反射的（其实是对向壁面发出的）膨胀波膨胀到③区的马赫数。已知出口马赫数为 2.5，可以计算出对应的普朗特－迈耶角为

$$\nu_{\max} = \nu(2.5) \approx 39.1°$$

②区进行了一半的膨胀，其普朗特－迈耶角为

$$\nu_{(2)} = \nu_{\max}/2 \approx 19.6°$$

转折角 a 把气流从声速膨胀到②区，所以转折角 a 就是 19.6°，设 5 条膨胀波（特征线）产生均匀间隔的转折角，于是每条特征线产生的转折角为

$$\delta\theta = \nu_{(2)}/5 \approx 3.9°$$

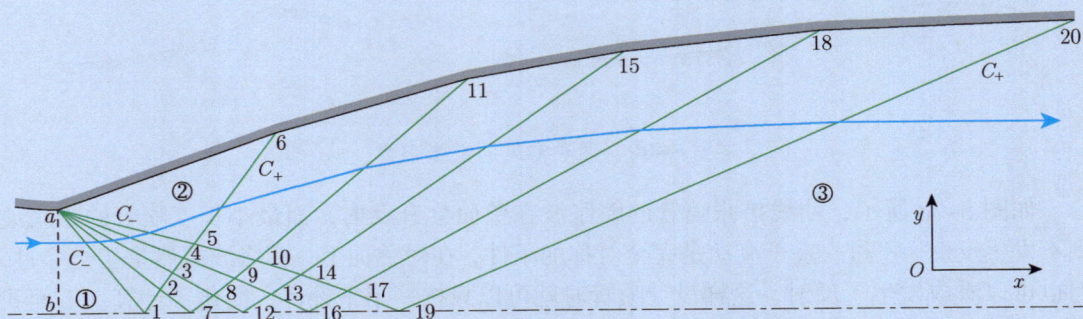

图 8-34　出口马赫数为 2.5 的最小长度二维喷管的计算

（1）特征线 a-1 的计算

a-1 为 C_- 特征线，在其上有

$$\theta + \nu = K_- \approx \text{Const}$$

式中，θ 和 ν 应该取该特征线前后的平均，本例简化计算，取特征线之后的值（第一条特征线不能取其前面的气流参数，因为其前面的 θ 和 ν 都为 0，μ 为 90°，这样就无法开始计算了。另外，虽然这种算法会带来误差，但如果利用编程计算，当特征线数量取足够多时，误差可以减小到允许水平）。

因此，对于特征线 a-1：

$$K_- = \theta + \nu = 3.9 + 3.9 \approx 7.8$$

特征线之后的马赫数可通过 ν 得到，$Ma = 1.214$，于是可得特征线与 x 轴的夹角为

$$\theta - \mu = 3.9° - \arcsin(1/1.214) \approx -51.6°$$

这样就可以求出该特征线与对称面的交点 1 的坐标。

（2）其余初始 C_- 特征线的计算

其余 C_- 特征线的计算与 a-1 的类似，使用特征线之后的气流参数来计算，从而有

特征线 a-2：$K_- = \theta + \nu = 7.8 + 7.8 = 15.6$

特征线 a-3：$K_- = \theta + \nu = 11.7 + 11.7 = 23.4$

特征线 a-4：$K_- = \theta + \nu = 15.6 + 15.6 = 31.2$

特征线 a-5：$K_- = \theta + \nu = 19.6 + 19.6 = 39.2$

（3）沿特征线 1-6 的计算

1-6 为 C_+ 特征线，在其上有

$$\theta - \nu = K_+ = \text{Const}$$

对于点 2 到点 6，θ 和 ν 都相等，因此有 $K_+ = 0$，从而可以根据相交的 C_+ 和 C_- 特征线计算各点的 θ、ν 以及马赫数如下。

点 2：$\theta = (K_- + K_+)/2 = 7.8°$，$\nu = (K_- - K_+)/2 = 7.8°$，$Ma = 1.36$

点 3：$\theta = (K_- + K_+)/2 = 11.7°$，$\nu = (K_- - K_+)/2 = 11.7$，$Ma = 1.49$

点 4：$\theta = (K_- + K_+)/2 = 15.6°$，$\nu = (K_- - K_+)/2 = 15.6°$，$Ma = 1.63$

点 5：$\theta = (K_- + K_+)/2 = 19.6°$，$\nu = (K_- - K_+)/2 = 19.6°$，$Ma = 1.76$

点 6：$\theta = 19.6°$，$\nu = 19.6°$，$Ma = 1.76$

注意，上面的计算中，点 1 到点 5 使用的都是相应的 C_- 特征线之后的参数计算，而点 6 参数则设为与点 5 相同。进一步可以根据 ν 和 θ 计算出特征线与 x 轴的夹角，如下。

1-2：$\theta + \mu = 3.9° + \arcsin(1/1.36) = 3.9° + 55.5° = 59.4°$（使用点 1 的参数）

2-3：$\theta + \mu = 7.8° + \arcsin(1/1.49) = 7.8° + 47.4° = 55.2°$（使用点 2 的参数）

3-4：$\theta + \mu = 11.7° + \arcsin(1/1.63) = 11.7° + 42.1° = 53.8°$（使用点 3 的参数）

4-5：$\theta + \mu = 15.6° + \arcsin(1/1.76) = 15.6° + 38.0° = 53.6°$（使用点 4 的参数）

5-6：$\theta + \mu = 19.6° + \arcsin(1/1.76) = 19.6° + 34.6° = 54.2°$（使用点 5 的参数）

（4）沿特征线 7-11 的计算

首先特征线 a-7 的常数 K_- 已知，即 a-2 的值：$K_- = \theta + \nu = 15.6$，且已知点 7 后的气流角 $\theta = 0$，从而得到点 7 的 ν 和马赫数为

$$\nu = K_- - \theta = 15.6°, \quad Ma = 1.63$$

特征线 2-7 与 x 轴的夹角为：$\theta - \mu = 0 - 38.0° = -38.0°$。通过点 2 的坐标和 2-7 的角度可以计算出点 7 的坐标。

点 7 沿 C_+ 特征线的常数为

$$K_+ = \theta - \nu = -15.6$$

于是可以根据相交的 C_+ 和 C_- 特征线计算各点的 θ、ν 以及马赫数，如下

点 8：$\theta = (K_- + K_+)/2 = 3.9°$，$\nu = (K_- - K_+)/2 = 19.6°$，$Ma = 1.76$

点 9：$\theta=(K_-+K_+)/2=7.8°$，$\nu=(K_--K_+)/2=23.4°$，$Ma=1.89$

点 10：$\theta=(K_-+K_+)/2=11.7°$，$\nu=(K_--K_+)/2=27.4°$，$Ma=2.04$

点 11：$\theta=11.7°$，$\nu=27.4°$，$Ma=2.04$

进一步可以根据 ν 和 θ 计算出特征线与 x 轴的夹角，如下

7-8：$\theta+\mu=0+\arcsin(1/1.76)=0+38.0°=38.0°$（使用点 7 的参数）

8-9：$\theta+\mu=3.9°+\arcsin(1/1.89)=3.9°+34.6°=38.5°$（使用点 8 的参数）

9-10：$\theta+\mu=7.8°+\arcsin(1/2.04)=7.8°+31.9°=39.7°$（使用点 9 的参数）

10-11：$\theta+\mu=11.7°+\arcsin(1/2.04)=11.7°+29.3°=41.0°$（使用点 10 的参数）

（5）壁面斜率的计算

最小长度喷管的设计原则是膨胀波在壁面上不发生反射，这需要壁面的方向与气流方向相同。于是有线段 a-6 的角度与点 6 的 θ 角相同，而线段 6-11 的角度采用点 6 和点 11 的 θ 角的平均，即

线段 a-6：$\theta=19.6°$

线段 6-11：$\theta=(19.6°+11.7°)/2\approx15.7°$

（6）所有计算结果

其余的点 12～点 20 的计算过程略，可参考图 8-35。各点的坐标是根据各条线段的交点，从前到后计算得到的，当然最重要的坐标是壁面点 6、11、15、18 和 20，它们的连线构成了壁面的形状。真实的工程设计中需要取更多条特性线，让壁面形状更准确和光滑，显然手动计算过于烦琐，应该编程计算，本书附录 B.5 中给出了此计算的 MATLAB 程序。

（7）一维校验

经过上述计算过程得到了壁面坐标，从而得到出口面积与喉部面积比为

$$A_e/A_{th}=2.7302$$

而使用一维关系式可以得到

$$A_e/A_{th}=1/q(Ma_e)=1/q(2.5)\approx2.6367$$

这个差异的主要原因是这里只用了 5 条特征线来计算，误差较大。如果使用附录 B.5 中的程序，用 100 条特征线计算，则可以得到 $A_e/A_{th}=2.6375$；用 500 条特征线计算，则可以得到 $A_e/A_{th}=2.6368$。可见，用二维方法得到的结果与用一维方法的一致。

	$K_- = (\theta+\nu)/2$	$K_+ = (\theta-\nu)/2$	$\theta = (K_-+K_+)/2$	$\nu = (K_--K_+)/2$	Ma	μ
1	7.82	0	3.91	3.91	1.214	55.46
2	15.64	0	7.82	7.82	1.359	47.38
3	23.46	0	11.73	11.73	1.494	42.02
4	31.28	0	15.64	15.64	1.626	37.95
5	39.10	0	19.55	19.55	1.760	34.62
6	39.10	0	19.55	19.55	1.760	34.62
7	15.64	−15.64	0 对称面	15.64	1.626	37.95
8	23.46	−15.64	3.91	19.55	1.760	34.62
9	31.28	−15.64	7.82	23.46	1.896	31.83
10	39.10	−15.64	11.73	27.37	2.036	29.42
11	39.10	−15.64	11.73	27.37	2.036	29.42
12	23.46	−23.46	0 对称面	23.46	1.896	31.83
13	31.28	−23.46	3.91	27.37	2.036	29.42
14	39.10	−23.46	7.82	31.28	2.183	27.26
15	39.10	−23.46	7.82	31.28	2.183	27.26
16	31.28	−31.28	0 对称面	31.28	2.183	27.26
17	39.10	−31.28	3.91	35.19	2.336	25.35
18	39.10	−31.28	3.91	35.19	2.336	25.35
19	39.10	−39.10	0 对称面	39.1	2.499	23.59
20	39.10	−39.10	0	39.1	2.499	23.59

对于每一行，红色为已知量 — 与 ν 相同 — 等差

相同 C_- 特征线 外插

相同 C_+ 特征线

外插

①区到②区的过程膨胀一半

$Ma = 2.5$ 对应的条件

C_- 特征线	与 x 轴夹角 $\theta-\mu$	C_+ 特征线	与 x 轴夹角 $\theta+\mu$	C_- 特征线	与 x 轴夹角 $\theta-\mu$	C_+ 特征线	与 x 轴夹角 $\theta+\mu$
a—1	−51.55	1—2	59.37	8—12	−31.83	12—13	31.83
a—2	−39.56	2—3	55.20	9—13	−25.51	13—14	33.33
a—3	−30.29	3—4	53.75	10—14	−19.44	14—15	35.08
a—4	−22.31	4—5	53.59	13—16	−27.26	16—17	27.26
a—5	−15.07	5—6	54.17	14—17	−21.44	17—18	29.26
2—7	−37.95	7—8	37.95	17—19	−23.59	19—20	23.59
3—8	−30.71	8—9	38.53				
4—9	−24.01	9—10	39.65				
5—0	−17.69	10—11	41.15				

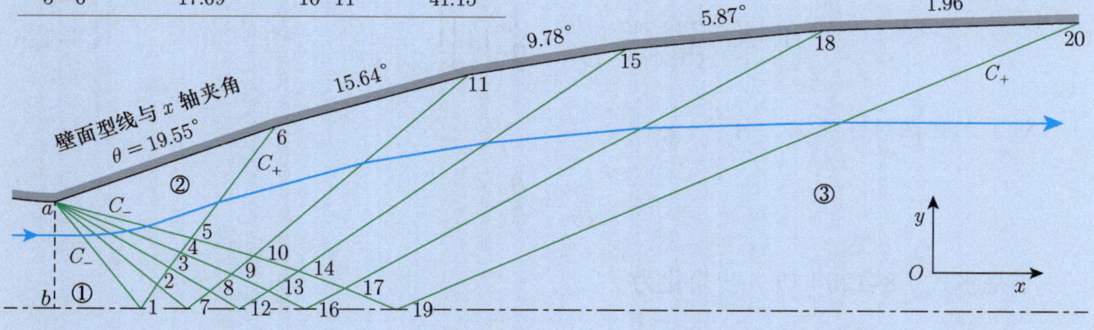

图 8-35　出口马赫数为 2.5 的最小长度二维喷管的计算结果

8.5.4 轴对称流场的特征线法

在实际工程应用中，会遇到大量轴对称的超声速流动问题，比如气流绕零攻角导弹的流动或者火箭发动机喷口内的流动。这类流动虽然在直角坐标下是三维的，但在圆柱坐标下则是二维的，因此可以采用和前面类似的二维特征线法求解。

如图 8-36 所示，圆柱坐标的 3 个坐标方向（轴向、径向和周向），分别用 x、r 和 φ 表示，相应的速度分别为 u、v 和 w，其中 $w=0$。柱坐标中的定常连续方程为

$$\frac{\partial(\rho u)}{\partial x}+\frac{\partial(\rho v)}{\partial r}+\frac{\rho v}{r}=0 \tag{8-124}$$

对于无旋等熵流动，我们之前得到过动量方程，即

$$\mathrm{d}p+\rho V\mathrm{d}V=0$$

上式可以变为

$$\mathrm{d}p=-\frac{\rho}{2}\mathrm{d}\left(V^2\right)=-\frac{\rho}{2}\mathrm{d}\left(u^2+v^2\right)$$

根据声速定义式 $c^2=\mathrm{d}p/\mathrm{d}\rho$，可以将上式中的压力消去，得

$$\mathrm{d}\rho=-\frac{\rho}{c^2}(u\mathrm{d}u+v\mathrm{d}v)$$

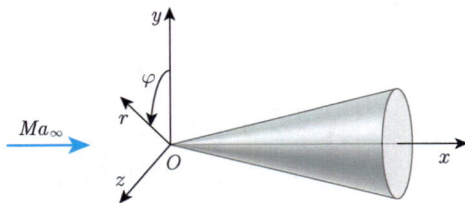

图 8-36 轴对称流动的圆柱坐标

从而有

$$\begin{cases}\dfrac{\partial \rho}{\partial x}=-\dfrac{\rho}{c^2}\left(u\dfrac{\partial u}{\partial x}+v\dfrac{\partial v}{\partial x}\right)\\[3mm]\dfrac{\partial \rho}{\partial r}=-\dfrac{\rho}{c^2}\left(u\dfrac{\partial u}{\partial r}+v\dfrac{\partial v}{\partial r}\right)\end{cases} \tag{8-125}$$

把式（8-125）代入式（8-124），整理可得

$$\left(1-\frac{u^2}{c^2}\right)\frac{\partial u}{\partial x}-\frac{uv}{c^2}\left(\frac{\partial v}{\partial x}+\frac{\partial u}{\partial r}\right)+\left(1-\frac{v^2}{c^2}\right)\frac{\partial v}{\partial r}=-\frac{v}{r} \tag{8-126}$$

对于无旋轴对称流动，有

$$\frac{\partial u}{\partial r}=\frac{\partial v}{\partial x}$$

于是将式（8-126）进一步简化为

$$\left(1-\frac{u^2}{c^2}\right)\frac{\partial u}{\partial x}-2\frac{uv}{c^2}\frac{\partial v}{\partial x}+\left(1-\frac{v^2}{c^2}\right)\frac{\partial v}{\partial r}=-\frac{v}{r} \tag{8-127}$$

这就是轴对称问题的控制方程。

和前面的特征线法一样，把两个全导数关系式写出来，如下

$$\mathrm{d}u = \frac{\partial u}{\partial x}\mathrm{d}x + \frac{\partial u}{\partial r}\mathrm{d}r = \frac{\partial u}{\partial x}\mathrm{d}x + \frac{\partial v}{\partial x}\mathrm{d}r$$

$$\mathrm{d}v = \frac{\partial v}{\partial x}\mathrm{d}x + \frac{\partial v}{\partial r}\mathrm{d}r$$

把上面 3 个关系式联立，有

$$\begin{cases} \left(1-\dfrac{u^2}{c^2}\right)\dfrac{\partial u}{\partial x} - 2\dfrac{uv}{c^2}\dfrac{\partial v}{\partial x} + \left(1-\dfrac{v^2}{c^2}\right)\dfrac{\partial v}{\partial r} = -\dfrac{v}{r} \\ \mathrm{d}x\dfrac{\partial u}{\partial x} + \mathrm{d}r\dfrac{\partial v}{\partial x} = \mathrm{d}u \\ \mathrm{d}x\dfrac{\partial v}{\partial x} + \mathrm{d}r\dfrac{\partial v}{\partial r} = \mathrm{d}v \end{cases}$$

这是一个关于 3 个未知数 $\partial u/\partial x$、$\partial v/\partial x$ 和 $\partial v/\partial r$ 的方程组，可以使用标准的方法来确定特征线方程和相容方程，如下

$$\frac{\partial v}{\partial x} = \frac{\begin{vmatrix} 1-\dfrac{u^2}{c^2} & -\dfrac{v}{r} & 1-\dfrac{v^2}{c^2} \\ \mathrm{d}x & \mathrm{d}u & 0 \\ 0 & \mathrm{d}v & \mathrm{d}r \end{vmatrix}}{\begin{vmatrix} 1-\dfrac{u^2}{c^2} & -2\dfrac{uv}{c^2} & 1-\dfrac{v^2}{c^2} \\ \mathrm{d}x & \mathrm{d}r & 0 \\ 0 & \mathrm{d}x & \mathrm{d}r \end{vmatrix}} \tag{8-128}$$

令式（8-128）的分母为零，得到特征线方程为

$$\left(\frac{\mathrm{d}r}{\mathrm{d}x}\right)_{\text{char}} = \frac{-uv/c^2 \mp \sqrt{(u^2+v^2)/c^2 - 1}}{1-u^2/c^2} \tag{8-129}$$

这个式子与直角坐标下的关系式即式（8-115）一模一样，因此也可以用角度表示为

$$\left(\frac{\mathrm{d}r}{\mathrm{d}x}\right)_{\text{char}} = \tan(\theta \mp \mu) \tag{8-130}$$

也就是说，在轴对称的柱坐标下，特征线方程与直角坐标下是一模一样的。

现在来看相容方程，令式（8-128）的分子为零，有

$$\frac{\mathrm{d}v}{\mathrm{d}u} = \frac{-\left(1-u^2/c^2\right) - \dfrac{v}{r}\dfrac{\mathrm{d}x}{\mathrm{d}u}}{\left(1-v^2/c^2\right)\dfrac{\mathrm{d}x}{\mathrm{d}r}} = -\frac{1-u^2/c^2}{1-v^2/c^2}\frac{\mathrm{d}r}{\mathrm{d}x} - \frac{v/r}{1-v^2/c^2}\frac{\mathrm{d}r}{\mathrm{d}u}$$

相容方程沿特征线成立，因此上式中

$$\frac{\mathrm{d}r}{\mathrm{d}x} = \left(\frac{\mathrm{d}r}{\mathrm{d}x}\right)_{\mathrm{char}}$$

利用特征线关系式（8–129），相容方程进一步变为

$$\frac{\mathrm{d}v}{\mathrm{d}u} = \frac{uv/c^2 \mp \sqrt{(u^2+v^2)/c^2 - 1}}{1 - v^2/c^2} - \frac{v/r}{1 - v^2/c^2}\frac{\mathrm{d}r}{\mathrm{d}u} \tag{8–131}$$

可见，与直角坐标中的相容方程即式（8–118）相比，柱坐标中的相容方程多了一项。和之前一样，使用角度表示，相容方程可以写为

$$\mathrm{d}\theta = \mp\sqrt{Ma^2-1}\frac{\mathrm{d}V}{V} \pm \frac{1}{\sqrt{Ma^2-1}\mp\cot\theta}\frac{\mathrm{d}r}{r} \tag{8–132}$$

式（8–132）中的第一项可以用普朗特 – 迈耶函数表示，因此有

沿 C_+ 特征线：

$$\mathrm{d}(\theta-\nu) = -\frac{1}{\sqrt{Ma^2-1}+\cot\theta}\frac{\mathrm{d}r}{r} \tag{8–133}$$

沿 C_- 特征线：

$$\mathrm{d}(\theta+\nu) = \frac{1}{\sqrt{Ma^2-1}-\cot\theta}\frac{\mathrm{d}r}{r} \tag{8–134}$$

可以看到，相容方程不再能写成代数方程的形式，并且（$\theta-\nu$）和（$\theta+\nu$）也不再分别沿 C_+ 和 C_- 特征线为常数。因此，轴对称问题的求解要复杂一些，不再像【例8–1】那样可以简单手动求解，而是需要对式（8–133）和式（8–134）进行离散后使用数值求解。

8.5.5　有旋流动的特征线法

无旋流动可以定义速度势，从而简化方程，减少未知数，使求解变得容易。但特征线法是一种一般性的数学方法，并不局限于无旋流动，一样可以用于有旋流动的求解。不过有旋流动要复杂得多，因此特征线法只能借助计算机使用数值解法，求解费时费力。对于一个实际的超声速问题，早期的做法一般是先忽略黏性影响，使用无旋流动的特征线法求解，再通过实验来考察黏性的影响，并对原设计做一些修正。当计算机和算法的发展使得求解全三维的 N-S 方程成为主流后，也可以完全不使用特征线法。有旋流动的特征线法并不流行，因为它在计算方便程度上不如无旋流动的特征线法，而在对流场参数的全面求解方面不如数值求解 N-S 方程。本小节只介绍有旋流动的特征线法的基本思想，感兴趣的读者可以自行参考专门的书籍。

对于有旋流动来说，3 个方程不能完全描述流动，而需要 8 个方程，于是寻找特征线和相容方程的式子中包含的将不再是三阶行列式，而是八阶行列式。特征线不再是 2 组，而是 3 组，其中两组是左伸马赫线和右伸马赫线，第三组则是流线。这是可以理解的，因

为对于不等熵流动来说，流体微团在流动过程中会有损失，而损失的信息（熵增或总压下降）就是沿流线传播的。

相容方程与几种因素有关，形式为

$$dV = f\left(d\theta,\ ds,\ dh_t,\ \frac{dr}{r}\right)$$

沿流线的相容方程为

$$dh_t = \dot{q}$$

$$Tds = d\hat{u} + pd\left(\frac{1}{\rho}\right)$$

上面这 3 个方程需要分别沿着相应的特征线（马赫线和流线）递推求解，如图 8-37 所示。

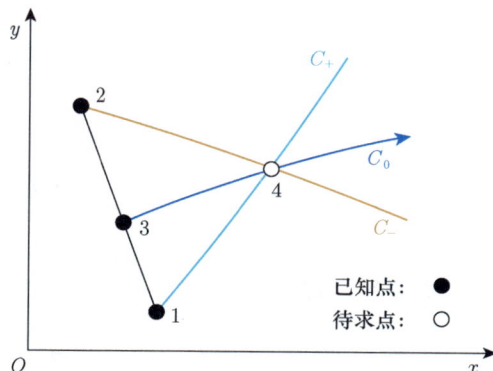

图 8-37　有旋流动的特征线法

8.5.6　三维流动的特征线法

在 8.1.2 小节我们已经推导了三维无旋流动的势方程即式（8-20）。当流动为超声速时，也可以使用特征线法来求解这个方程。在三维流动中，信息不再沿一条线传播，而是沿一个面，所以可能叫特征面法更合理一些。

显然我们可以想到，在超声速流场中这个特征面就是马赫锥。在二维流动中求解的是特征线之间的交点，在三维流动中变成了求解特征面之间的交线。显然三维的特征面法比二维的特征线法要复杂得多，实际上更复杂的是，三维流动的信息不只沿特征面传播，还必须像求解有旋流动那样从额外的方向获得信息。

有一种相对简化的方法，可以把全三维的问题分解为两个方向交互的二维问题。如图 8-38 所示，使用柱坐标，把流动分成沿周向不同角度的很多平面 $\varphi_1, \varphi_2, \varphi_3, \ldots$，在每一个平面内，使用特征线法来求解，这样就把原本的三维问题转化为二维问题来求解了。不过这种方法仍然过于烦琐，现在人们通常更愿意直接用数值求解法求解全三维 N-S 方程。

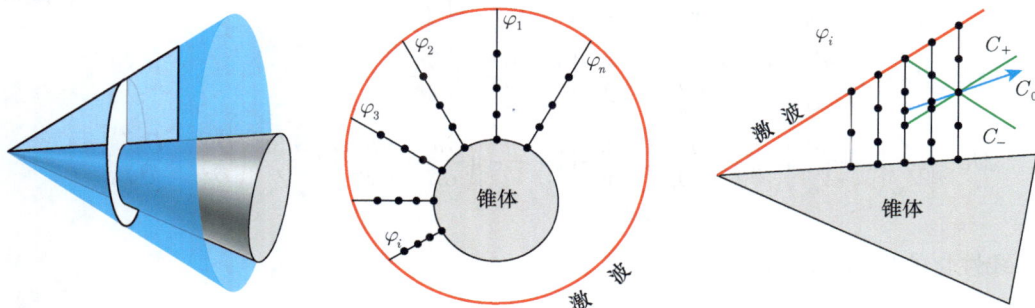

图 8-38　用交互的二维面求解三维问题的特征线法

重要关系式总结

速度势定义

$$\vec{V} = \nabla \Phi \qquad\qquad (8\text{-}2)$$

$$u = \frac{\partial \Phi}{\partial x}, \ v = \frac{\partial \Phi}{\partial y}, \ w = \frac{\partial \Phi}{\partial z} \qquad\qquad (8\text{-}2\text{a})$$

克罗科定理

$$T\nabla s = \nabla h_t - \vec{V} \times (\nabla \times \vec{V}) \qquad\qquad (8\text{-}7)$$

可压缩流动的速度势方程

$$\left(1 - \frac{\Phi_x{}^2}{c^2}\right)\Phi_{xx} + \left(1 - \frac{\Phi_y{}^2}{c^2}\right)\Phi_{yy} + \left(1 - \frac{\Phi_z{}^2}{c^2}\right)\Phi_{zz} - \frac{2\Phi_x\Phi_y}{c^2}\Phi_{xy} - \frac{2\Phi_y\Phi_z}{c^2}\Phi_{yz} - \frac{2\Phi_z\Phi_x}{c^2}\Phi_{zx} = 0 \qquad (8\text{-}20)$$

扰动速度势方程

$$\begin{aligned}
&\left[c^2 - (V_\infty + \phi_x)^2\right]\phi_{xx} + \left(c^2 - \phi_y{}^2\right)\phi_{yy} + \left(c^2 - \phi_z{}^2\right)\phi_{zz} - \\
&2(V_\infty + \phi_x)\phi_y\phi_{xy} - 2\phi_y\phi_z\phi_{yz} - 2(V_\infty + \phi_x)\phi_z\phi_{zx} = 0
\end{aligned} \qquad (8\text{-}27)$$

扰动速度方程

$$\begin{aligned}
&\left(1 - Ma_\infty^2\right)\frac{\partial u'}{\partial x} + \frac{\partial v'}{\partial y} + \frac{\partial w'}{\partial z} \\
&= Ma_\infty^2\left[(\kappa+1)\frac{u'}{V_\infty} + \frac{\kappa+1}{2}\frac{u'^2}{V_\infty^2} + \frac{\kappa-1}{2}\left(\frac{v'^2 + w'^2}{V_\infty^2}\right)\right]\frac{\partial u'}{\partial x} + \\
&\quad Ma_\infty^2\left[(\kappa-1)\frac{u'}{V_\infty} + \frac{\kappa+1}{2}\frac{v'^2}{V_\infty^2} + \frac{\kappa-1}{2}\left(\frac{u'^2 + w'^2}{V_\infty^2}\right)\right]\frac{\partial v'}{\partial y} + \\
&\quad Ma_\infty^2\left[(\kappa-1)\frac{u'}{V_\infty} + \frac{\kappa+1}{2}\frac{w'^2}{V_\infty^2} + \frac{\kappa-1}{2}\left(\frac{u'^2 + v'^2}{V_\infty^2}\right)\right]\frac{\partial w'}{\partial z} + \\
&\quad Ma_\infty^2\left[\frac{v'}{V_\infty}\left(1 + \frac{u'}{V_\infty}\right)\left(\frac{\partial u'}{\partial y} + \frac{\partial v'}{\partial x}\right) + \frac{w'}{V_\infty}\left(1 + \frac{u'}{V_\infty}\right)\left(\frac{\partial u'}{\partial z} + \frac{\partial w'}{\partial x}\right) + \frac{u'w'}{V_\infty^2}\left(\frac{\partial v'}{\partial z} + \frac{\partial w'}{\partial y}\right)\right]
\end{aligned} \qquad (8\text{-}30)$$

线性化的扰动速度势方程

$$\left(1 - Ma_\infty^2\right)\phi_{xx} + \phi_{yy} + \phi_{zz} = 0 \qquad\qquad (8\text{-}32)$$

线性化边界条件

$$\frac{v'_{\text{w}}}{V_\infty} = \left(\frac{\mathrm{d}y}{\mathrm{d}x}\right)_{\text{w}} \tag{8-36}$$

可压缩流动的压力系数

$$C_p = \frac{2}{\kappa Ma_\infty^2}\left(\frac{p}{p_\infty} - 1\right) \tag{8-38}$$

线性化的压力系数关系式

$$C_p = -\frac{2u'}{V_\infty} = -\frac{2}{V_\infty}\frac{\partial \phi}{\partial x} \tag{8-41}$$

二维可压缩流动线性化扰动速度势方程

$$\left(1 - Ma_\infty^2\right)\phi_{xx} + \phi_{yy} = 0 \tag{8-42}$$

亚声速流动

$$\beta^2 \phi_{xx} + \phi_{yy} = 0 \tag{8-43}$$

$$\beta = \sqrt{1 - Ma_\infty^2}$$

超声速流动

$$\lambda^2 \phi_{xx} - \phi_{yy} = 0 \tag{8-71}$$

$$\lambda = \sqrt{Ma_\infty^2 - 1}$$

二维波形壁亚声速流动的解

$$\phi(x,y) = -\frac{V_\infty \varepsilon}{\beta} \mathrm{e}^{-\frac{2\pi}{l}\beta y} \cos\left(\frac{2\pi}{l}x\right) \tag{8-50}$$

$$u' = \phi_x = \frac{2\pi\varepsilon}{l}\frac{V_\infty}{\sqrt{1 - Ma_\infty^2}} \mathrm{e}^{-\frac{2\pi}{l}y\sqrt{1 - Ma_\infty^2}} \sin\left(\frac{2\pi}{l}x\right) \tag{8-51}$$

$$v' = \phi_y = \frac{2\pi\varepsilon}{l}V_\infty \mathrm{e}^{-\frac{2\pi}{l}y\sqrt{1 - Ma_\infty^2}} \cos\left(\frac{2\pi}{l}x\right) \tag{8-52}$$

$$C_p = -2\frac{u'}{V_\infty} = -\frac{4\pi\varepsilon}{l}\frac{1}{\sqrt{1 - Ma_\infty^2}} \mathrm{e}^{-\frac{2\pi}{l}y\sqrt{1 - Ma_\infty^2}} \sin\left(\frac{2\pi}{l}x\right) \tag{8-54}$$

戈泰特相似律

$$\overline{x} = x, \ \overline{y} = \beta y, \ \overline{\phi} = \beta^2 \phi \tag{8-65}$$

$$\overline{u}' = \beta^2 u', \quad \overline{v}' = \beta v', \quad \overline{C}_p = \beta^2 C_p \tag{8-66}$$

普朗特 – 格劳特法则

$$x = \overline{x}, \ y = \overline{y}, \ C_p = \frac{1}{\beta} \overline{C}_p \tag{8-68}$$

卡门 – 钱公式

$$C_p = \frac{\overline{C}_p}{\sqrt{1 - Ma_\infty^2} + \left(\dfrac{Ma_\infty^2}{1 + \sqrt{1 - Ma_\infty^2}} \right) \dfrac{\overline{C}_p}{2}} \tag{8-69}$$

波形壁超声速流动的解

$$\phi(x, y) = -\frac{\varepsilon V_\infty}{\lambda} \sin\left[\frac{2\pi}{l}(x - \lambda y)\right] = -\frac{\varepsilon V_\infty}{\sqrt{Ma_\infty^2 - 1}} \sin\left[\frac{2\pi}{l}\left(x - \sqrt{Ma_\infty^2 - 1}\ y\right)\right] \tag{8-82}$$

$$u' = \phi_x = -\frac{1}{\sqrt{Ma_\infty^2 - 1}} \frac{2\pi \varepsilon V_\infty}{l} \cos\left[\frac{2\pi}{l}\left(x - \sqrt{Ma_\infty^2 - 1}\ y\right)\right] \tag{8-83}$$

$$v' = \phi_y = \frac{2\pi \varepsilon V_\infty}{l} \cos\left[\frac{2\pi}{l}\left(x - \sqrt{Ma_\infty^2 - 1}\ y\right)\right] \tag{8-84}$$

$$C_p = -\frac{2u'}{V_\infty} = \frac{1}{\sqrt{Ma_\infty^2 - 1}} \frac{4\pi \varepsilon}{l} \cos\left[\frac{2\pi}{l}\left(x - \sqrt{Ma_\infty^2 - 1}\ y\right)\right] \tag{8-85}$$

线性化升力系数和阻力系数

$$\begin{aligned} C_L &= \frac{-2}{\sqrt{Ma_\infty^2 - 1}} \int_0^1 \left(\theta_{\text{lower}} + \theta_{\text{upper}}\right) \mathrm{d}\left(\frac{x}{b}\right) \\ &= \frac{-2}{\sqrt{Ma_\infty^2 - 1}} \int_0^1 \left[\left(\frac{\mathrm{d}y}{\mathrm{d}x}\right)_{\text{lower}} + \left(\frac{\mathrm{d}y}{\mathrm{d}x}\right)_{\text{upper}}\right] \mathrm{d}\left(\frac{x}{b}\right) \end{aligned} \tag{8-89}$$

$$\begin{aligned} C_D &= \frac{2}{\sqrt{Ma_\infty^2 - 1}} \int_0^1 \left[\theta_{\text{lower}}^2 + \theta_{\text{upper}}^2\right] \mathrm{d}\left(\frac{x}{b}\right) \\ &= \frac{2}{\sqrt{Ma_\infty^2 - 1}} \int_0^1 \left[\left(\frac{\mathrm{d}y}{\mathrm{d}x}\right)_{\text{lower}}^2 + \left(\frac{\mathrm{d}y}{\mathrm{d}x}\right)_{\text{upper}}^2\right] \mathrm{d}\left(\frac{x}{b}\right) \end{aligned} \tag{8-90}$$

二阶偏微分方程的判据

$$a_{11}u_{xx} + a_{12}u_{xy} + a_{22}u_{yy} + b_1u_x + b_2u_y + cu + d = 0 \qquad (8\text{-}103)$$

（1）$a_{12}^2 - 4a_{11}a_{22} > 0$，方程有两个实数解，对应两条特征线，方程为双曲型。

（2）$a_{12}^2 - 4a_{11}a_{22} = 0$，方程有一个实数解，对应一条特征线，方程为抛物型。

（3）$a_{12}^2 - 4a_{11}a_{22} < 0$，方程没有实数解，不存在特征线，方程为椭圆型。

二维定常绝热无旋超声速流动的速度势方程

$$\left(1 - \frac{\Phi_x^2}{c^2}\right)\Phi_{xx} - \frac{2\Phi_x\Phi_y}{c^2}\Phi_{xy} + \left(1 - \frac{\Phi_y^2}{c^2}\right)\Phi_{yy} = 0 \qquad (8\text{-}113)$$

C_+ 特征线：$\left(\dfrac{\mathrm{d}y}{\mathrm{d}x}\right)_{\text{char}} = \tan(\theta + \mu)$。相容方程：$\theta - \nu(Ma) = K_+ = \text{Const}$。

C_- 特征线：$\left(\dfrac{\mathrm{d}y}{\mathrm{d}x}\right)_{\text{char}} = \tan(\theta - \mu)$。相容方程：$\theta + \nu(Ma) = K_- = \text{Const}$。

维托辛斯基曲线

$$r = \frac{R_2}{\sqrt{1 - \left(1 - \dfrac{R_2^2}{R_1^2}\right)\dfrac{\left(1 - x^2/L^2\right)^2}{\left[1 + x^2/(3L^2)\right]^3}}} \qquad (8\text{-}122)$$

双纽线

$$\begin{cases} x = a \cdot D\sqrt{\cos(2\alpha)}\cos(45° - \alpha) \\ r = a \cdot D\sqrt{\cos(2\alpha)}\sin(45° - \alpha) + D/2 \end{cases} \qquad (8\text{-}123)$$

习 题

8-1　气流以亚声速 V_∞ 经过波形壁面，壁面曲线为 $y = \varepsilon\cos(2\pi x/l)$，其中 $\varepsilon \ll l$，不考虑黏性，试分别求壁面上的最大速度和最小速度。

8-2　如习题 8-2 图所示，壁面静压孔附近存在一个凹坑，试估算当来流的马赫数分别为 0.3 和 0.6 时，这个凹坑所产生的压力系数测量误差。

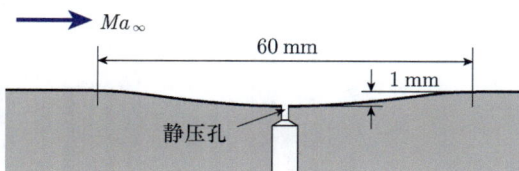

习题 8-2 图

8.3 如习题 8-3 图所示，壁面静压孔由壁面开孔并内嵌毛细管组成，在加工过程中不慎使毛细管凸出壁面了一点，对流场的影响是流线会绕过凸出的管。如果流线的形状和尺寸如图所示，试估算当来流的马赫数为 0.5 时所产生的测量误差。

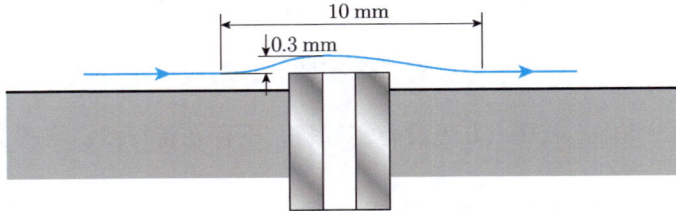

习题 8-3 图

8-4 对于习题 8-2 所示的情况，如果来流马赫数为 2.0，试计算此时的压力系数测量误差。

8-5 一个菱形机翼的尺寸如习题 8-5 图所示，以零攻角和两倍声速飞行，试计算其表面的压力系数分布。

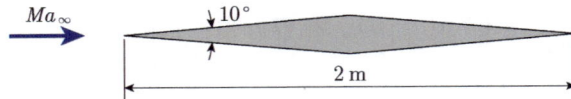

习题 8-5 图

8-6 接习题 8-5，如果攻角变为 5°，其他条件不变，试计算上下表面的压力系数分布。

8-7 接习题 8-6，求此时的升力系数和阻力系数。

8-8 判断下列方程属于椭圆型方程、抛物型方程还是双曲型方程。

$$\frac{\partial^2 \Phi}{\partial x^2} + \frac{\partial^2 \Phi}{\partial y^2} = 0 , \quad \frac{\partial T}{\partial t} - \alpha \frac{\partial^2 T}{\partial x^2} = 0 , \quad \frac{\partial^2 \rho}{\partial t^2} - c^2 \frac{\partial^2 \rho}{\partial x^2} = 0$$

8-9 使用特征线法，用最小长度原则设计出口马赫数为 4.0 的二维扩张喷管。（注：可以使用附录 B.5 的程序。）

第 9 章

跨声速流动

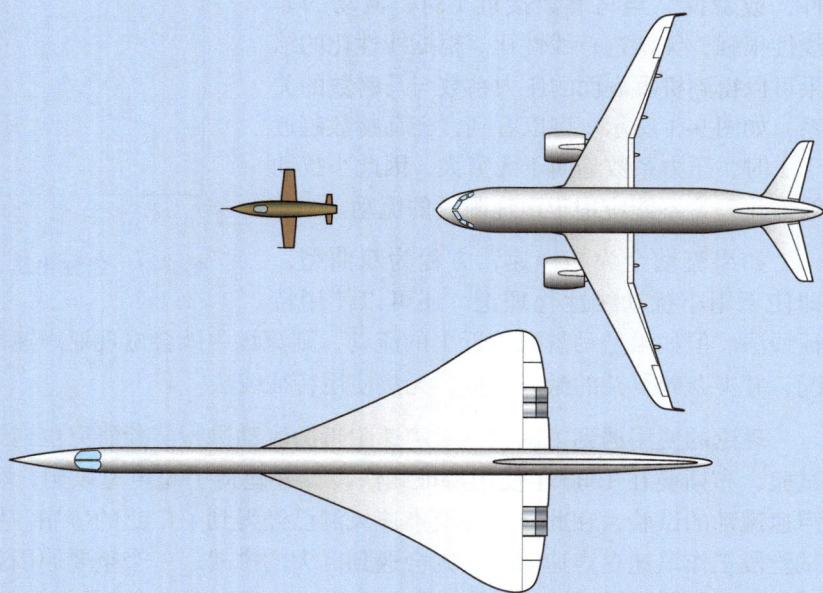

当 X-1 第一次打破声障时，它的最大飞行马赫数为 1.06，曾经的协和号客机的飞行马赫数为 2，现代客机的一般飞行马赫数在 0.85 以下，没有任何实用的飞机设计飞行马赫数约为 1。

9.1　跨声速流动带来的挑战

根据流速和声速的关系，可以把流动分为亚声速流动和超声速流动，从物理概念和流动方程上都可以看出亚声速流动与超声速流动的不同：亚声速时，一点的扰动可以影响全流场，控制方程是椭圆型；超声速时，一点的扰动只能影响下游马赫锥内的流场，控制方程是双曲型。

根据第 8 章的知识我们知道，用小扰动线性化理论得出的扰动速度势方程为

$$\left(1-Ma_\infty^2\right)\phi_{xx}+\phi_{yy}+\phi_{zz}=0$$

这个方程对于亚声速和超声速都成立，但在线性化的过程引入了马赫数不能接近 1 的条件，或者说，当马赫数接近 1 时，流动的非线性很强，无法进行线性化。根据线性化的结果可以得到机翼表面的压力系数与马赫数的关系，如图 9-1 所示。可以看到，当马赫数趋近于 1 时，压力系数趋向于无穷大，因此小扰动线性化理论不能应用于声速附近的流动。

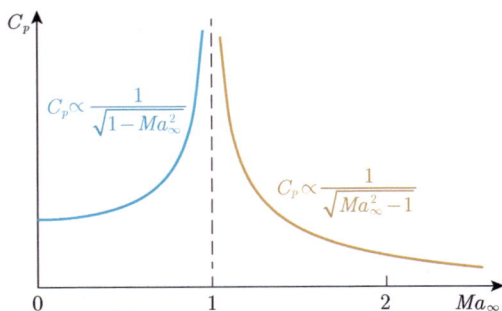

图 9-1　线性化压力系数随马赫数的变化

如果流动全为超声速，方程为双曲型，即使不用小扰动线性化理论，还可以使用特征线法。但如果是马赫数接近 1 的流动，则流场中就会出现亚声速区和超声速区并存的情况，并夹杂着复杂的激波结构，无法使用特征线法。

理论的使用遇到了困难，对声速附近的流动进行实验研究也遇到了困难。首先是风洞试验，布斯曼在 1930 年使用特征线法设计并建造了超声速风洞，可以在其中进行一些超声速流动的试验，在此之前，亚声速风洞已经得到了广泛的应用。然而，如果想让风洞的试验段工作风速在声速附近，则会遇到巨大的挑战，一个重要原因就是在声速附近的流动对流通面积非常敏感。

对于风洞试验段来说，在原本等截面的管道中放入模型时，相当于管道收缩，对亚声速流动会引起加速，对超声速流动则会引起减速。总之，无论原本是亚声速还是超声速，放入模型都会使当地流速趋向于声速。我们在第 6 章讨论过马赫数与面积的变化关系，关系式为

$$\frac{\mathrm{d}Ma}{Ma}=-\frac{1+\frac{\kappa-1}{2}Ma^2}{1-Ma^2}\cdot\frac{\mathrm{d}A}{A}$$

根据这个关系可以画出马赫数随流通面积的变化规律曲线，如图 9-2 所示。可以看到，对于马赫数不接近 1 的亚声速流动或超声速流动来说，面积的微小变化并不会造成太大的问题。但当马赫数接近 1 时，微小的面积变化会造成显著的马赫数变化，使马赫数趋向于 1，

从而发生壅塞现象。一旦发生壅塞，就会改变整个风洞的流动。对于原本是亚声速的情况（比如 $Ma=0.9$），就会出现调节来流总压并不能改变流动马赫数的情况，而对于超声速的情况（比如 $Ma=1.1$），则很有可能会使得激波被前推至前面的收 – 扩管道的喉部之前，使超声速风洞变成无法起动的状态，试验段流动全部变为亚声速，如图 9–3 所示。

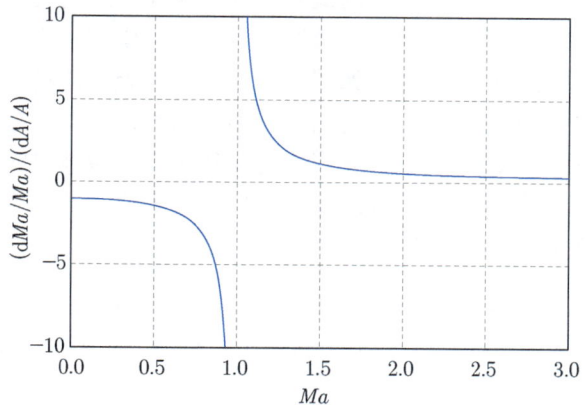

图 9-2　马赫数随流通面积的变化规律曲线

定量评估流通面积的影响可以用流量函数 $q(Ma)$ 来计算，对于马赫数为 0.9 和 1.1 的流动，分别计算如下

$$\frac{A_{\text{th}}}{A}=\frac{q(0.9)}{q(1.0)}=0.991,\quad \frac{A_{\text{th}}}{A}=\frac{q(1.1)}{q(1.0)}=0.992$$

可见，不到 1% 的面积变化就会使马赫数原本是 0.9 或 1.1 的气流变为声速。模型的尺寸或安放角度稍有差别，或者模型表面的边界层流动状态有所改变，或者局部产生了小分离泡等都会改变流通面积，从而产生壅塞，改变风洞的流动状态，使试验难以进行。

对于马赫数较大（比如 $Ma=2.0$）的超声速风洞，模型表面会产生激波，激波在风洞壁面上反射后可能会对模型的流动有较大的影响。不过只要模型相对于风洞足够小，这些激波的反射激波都在模型的后方，而根据超声速流动的特点，后方的流动对前部的模型无影响，如图 9-4 所示。因此，超声速风洞试验虽然比亚声速风洞试验要复杂一些，但问题不大。

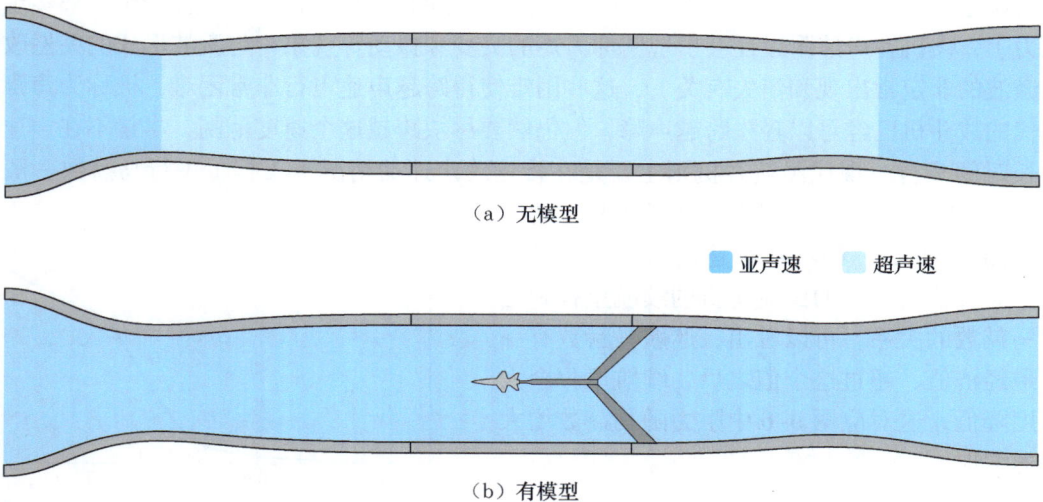

（a）无模型

亚声速　超声速

（b）有模型

图 9-3　模型导致的风洞未起动状态

　　然而，如果风洞试验段的流速在声速附近，模型所发出的激波与来流接近于垂直，打在风洞壁面上返回的激波还有可能与模型相交，使得流场面目全非，不能代表模型处于无限大空间的情况，如图9-5所示。另外，流场中总是存在一些非定常现象，比如湍流边界层、尾迹流动、小范围的分离流动等，这些非定常的流动都会改变局部的流通面积，从而使当地的气流时而亚声速时而超声速，激波也时有时无。激波对这种原本影响很小的非定常现象起到了放大的作用，使得整个流动的非定常性大大增加，这也显著地增加了跨声速流动试验的难度。

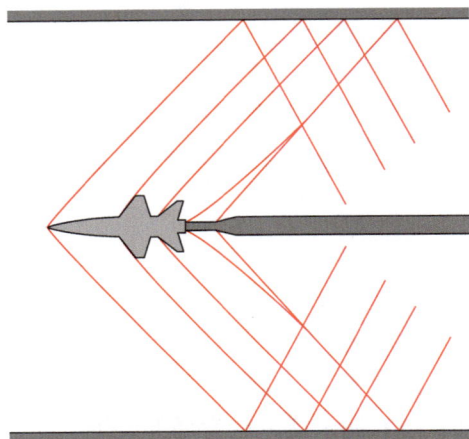

图 9-4　超声速风洞试验中的激波

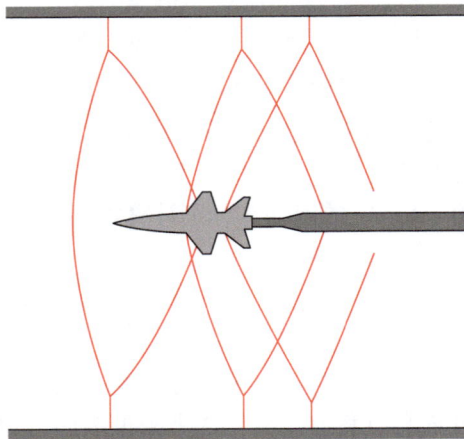

图 9-5　跨声速风洞试验中的激波

　　不但风洞试验遇到了困难，声速附近的飞行试验也遇到了巨大的挑战。历史上，随着飞机和发动机技术的发展，飞机的速度越来越快，但在接近声速时，飞机受到的阻力会急剧增大，如图9-6所示，这对发动机推力的要求成倍增加，使得再加速变得很困难。即使解决了发动机的推力问题（比如第一个打破声障的飞机X-1使用火箭发动机来实现大推力），飞机在声速附近还会出现俯仰力矩的突变和振动等现象（与激波形式的突然改变及激波的非定常出现和消失有关），这些困难使得跨越声速飞行非常困难，被称为**声障**。现代的战斗机已经可以轻松跨越声障，但仍然要尽快跨越这个速度范围，尽量不在声速附近长时间飞行。现代民航客机则主要是在接近跨声速的情况下飞行（飞行马赫数一般在0.80～0.85），曾经的超声速客机协和号的飞行马赫数为2.0，都不在声速附近。图9-7所示为波音公司给出的民航客机的续航里程和巡航马赫数的关系，可以看出，巡航马赫数有一个最经济值，超过这个值之后，续航里程会大幅度降低，这对应图9-6中阻力随马赫数增大迅速增加。

　　实际上，子弹和炮弹比飞机更早实现超声速。不过子弹并不是在大气中从亚声速加速到

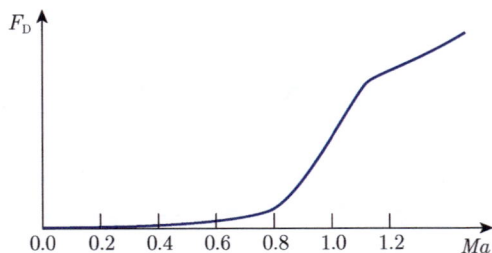

图 9-6　飞机受到的阻力与来流马赫数的关系

超声速，因此也就不存在跨过声速的问题，当子弹在后期从超声速减速为亚声速时，通常也不是弹道学家关心的射程之内的问题了，所以声速附近的流动问题主要还是飞机设计者和空气动力学家们关心的。

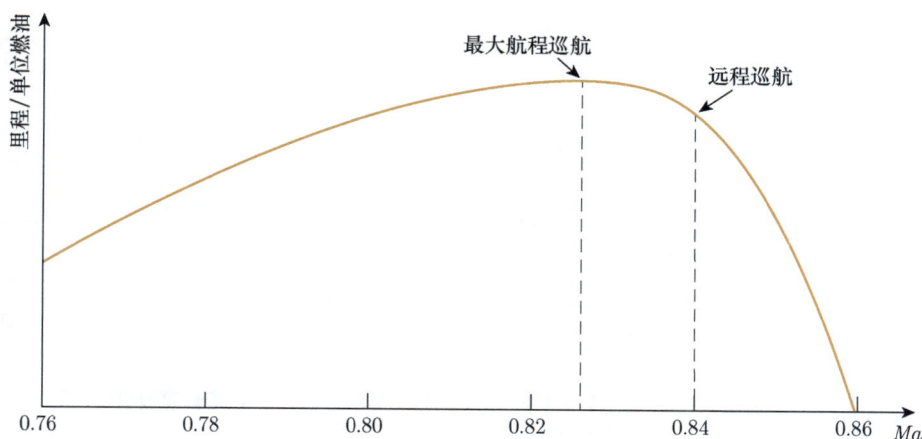

图 9–7　民航客机的续航里程和巡航马赫数的关系

　　声速附近的流动研究和飞行所面临的这些独特问题，使得人们意识到简单地把流动分为亚声速和超声速是不够的，于是又划分出一个跨声速的领域。跨声速的英文单词——transonic 是空气动力学家冯·卡门和休·德莱顿一起创造的。关于跨声速的研究持续到今天，已经成为气体动力学的一个专门领域，在理论、实验研究和数值模拟方面都取得了很大的进展，对于现在的研究者和工程师们来说，跨声速问题虽然仍具有挑战性，但已经不是无法解决的难题了。本书只涉及气体动力学基础理论，因此只对跨声速流动进行简要介绍，并不涉及处理方法的细节，具体的处理方法读者可以参考其他相关文献。

9.2　跨声速流动的特点

9.2.1　跨声速的定义和临界马赫数

　　在 4.3.2 小节中，我们曾经定义 $0.8 < Ma < 1.2$ 为跨声速流动。理论上可以根据线性化理论所产生的误差来界定这个范围，当线性化结果的误差大于某个值时，就认为线性化理论不可用了，于是这个范围就是跨声速的范围。显然，和不可压缩流动的马赫数上限一样，跨声速流动的马赫数范围定义也不严格。

　　不过，跨声速流动的马赫数下限有一个相对严谨的定义，就是**临界马赫数**，用 Ma_{cr} 表示。其定义为：随着来流马赫数的增加，物体表面开始出现声速流动时对应的来流马赫数。显然临界马赫数和物体的形状有关，图 9–8 所示为二维椭圆形物体和三维椭球形物体的临界马赫数与其长宽比的关系（长宽比为 1.0 代表圆柱或球）。可以看到，当物体的厚度为 0

时，其对来流的速度无影响，因此临界马赫数就是 1.0，随着厚度的增加，临界马赫数下降，圆柱的临界马赫数为 0.37，球的临界马赫数为 0.52。

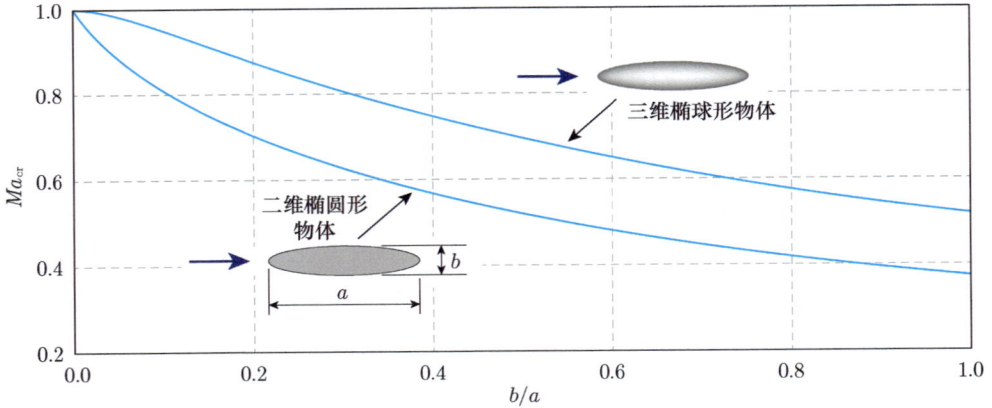

图 9-8　二维椭圆形物体和三维椭球形物体的临界马赫数与其长宽比的关系

以物体表面是否出现声速区来定义临界马赫数虽然较为严谨，但不实用，因为机翼表面刚开始出现声速区时，通常其阻力并没有明显增加。从实际工程角度出发，还可以定义一个**临界阻力马赫数**，用 $Ma_{D,\mathrm{cr}}$ 表示，其定义是以阻力开始显著增加的马赫数作为临界马赫数。临界马赫数 Ma_{cr} 和临界阻力马赫数 $Ma_{D,\mathrm{cr}}$ 的关系如图 9-9 所示，图中纵轴的阻力系数只考虑了激波阻力，临界阻力马赫数 $Ma_{D,\mathrm{cr}}$ 反映了机翼表面激波阻力开始占主导地位时的马赫数，图 9-7 中的最大航程巡航马赫数就接近于临界阻力马赫数。零攻角的 NACA0012 翼型的临界阻力马赫数为 0.70，而典型超临界翼型的临界阻力马赫数可以达到 0.82 左右。

一种较为严格的定义临界阻力马赫数的方法是对图 9-9 所示的曲线求导，定义曲线斜率大于某一值时的马赫数为 $Ma_{D,\mathrm{cr}}$，常用值是 0.1，即

$$\frac{\mathrm{d}C_D}{\mathrm{d}Ma} = 0.1 \qquad (9-1)$$

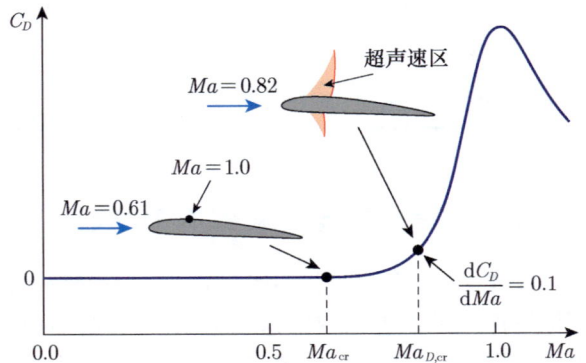

图 9-9　激波阻力系数随马赫数的变化规律

这样，把来流马赫数低于 $Ma_{D,\mathrm{cr}}$ 的情况定义为亚声速，高于 $Ma_{D,\mathrm{cr}}$ 的情况定义为跨声速，我们就有了一个较为明确的跨声速马赫数范围下限。

跨声速马赫数的上限可以取流场全部为超声速时的来流马赫数。如果机翼前缘是尖的，可以定义激波附体时的马赫数为跨声速流动的马赫数上限。比如，一个厚度为弦长 1/10 的双圆弧翼型，用小扰动线性化理论可以估算出其表面最高马赫数达到声速时的来

流马赫数为 0.86，而使用斜激波关系式可以计算得到，使激波附体的最小马赫数为 1.24。把这两个马赫数当作跨声速的范围，则双圆弧翼型在零攻角下的跨声速范围就可以定义为 $0.86 < Ma < 1.24$。图 9-10 所示为双圆弧翼型在不同马赫数时的流动特征，这里忽略了黏性的影响。可以看到，对于超声速流动，全流场都是超声速的；对于跨声速流动，流场中既有超声速区也有亚声速区；对于亚声速流动，如果是用临界马赫数 Ma_{cr} 定义的，则流场全部是亚声速，如果是用临界阻力马赫数 $Ma_{D,cr}$ 定义的，则存在局部小的超声速区。

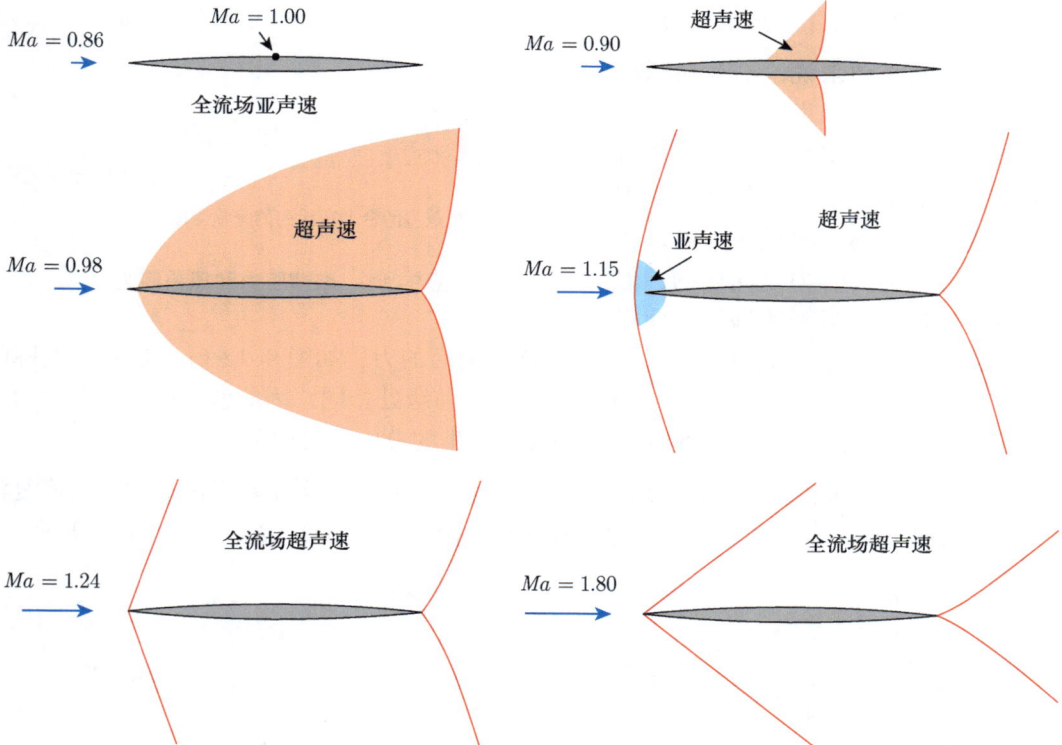

图 9-10 双圆弧翼型在不同马赫数时的流动特征

当然，如果物体前缘不是尖头而是钝头，那么再大的来流马赫数也不会使激波附体，因此流场中永远都存在亚声速区，这时的跨声速马赫数上限就没有严格的值了，可以根据理论计算方法的精度要求来确定其值。

9.2.2 激波阻力

机翼所受的气动阻力可以按照切应力和正应力分为摩擦阻力和压差阻力。摩擦阻力比较好理解，因为气体给机翼的摩擦力总是沿着流动方向的，因此表面摩擦力（即表面黏性切应力）必然产生阻力。压差阻力则是由机翼前后的压差产生的。把机翼表面的压力与当地面积相乘后积分，得到的是朝向斜后方的力，这个力的竖直分量是升力，水平分量就是压差阻力，如图 9-11 所示。

机翼表面的作用力除了切应力就是正应力，因此阻力只由摩擦阻力和压差阻力构成，不再有其他阻力。不过对于跨声速流动和超声速流动来说，通常定义激波产生的阻力为**激波阻力**。激波阻力在本质上是一种压差阻力，是由于激波的独特性才单独定义的。

对于无黏流动来说，不存在摩擦阻力，如果流动是亚声速的，理论计算可知翼型的压差阻力也为零，这就是历史上有名的达朗贝尔佯谬。原理是：虽然翼型的前缘附近压力高，使得前半部分压力的合力是向后的，但流动在翼型尾缘附近减速增压，使得

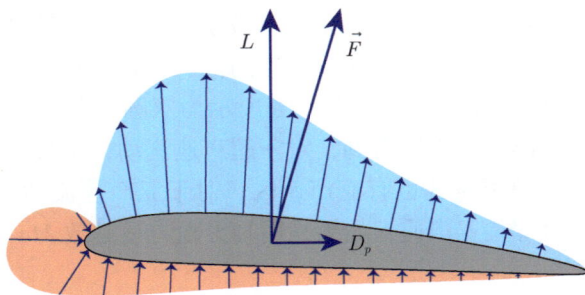

压力的合力在流向的分量为压差阻力

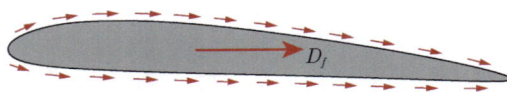

摩擦力的合力在流向的分量为摩擦阻力

图 9-11　摩擦阻力和压差阻力

作用在后半部分向前的力正好可以抵消前半部分向后的力，如图 9-12（a）所示。实际的流动总是有黏性，使得尾缘处的压力不能恢复到与前缘处相同，因此就会产生压差阻力，如图 9-12（b）所示，这个压差阻力直接与黏性产生的总压损失相关。

当流动为跨声速和超声速时，由于激波会产生总压损失，翼型在激波后的压力恢复没有无损失情况下的高，因此无黏流动也会存在压差阻力，如图 9-12（c）、（d）所示。

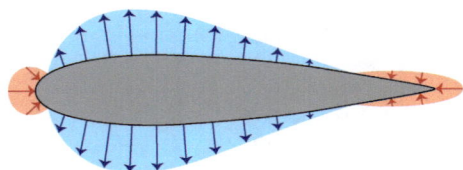

（a）亚声速无黏（达朗贝尔佯谬）

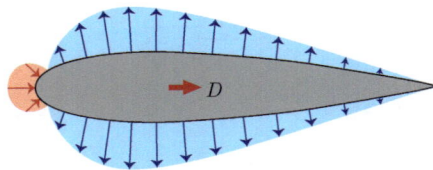

（b）亚声速有黏

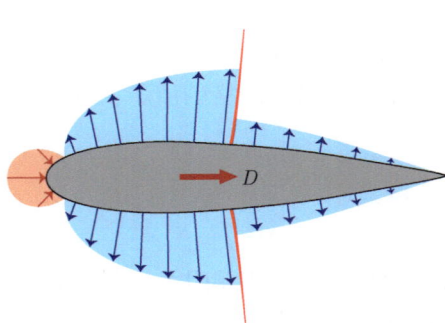

（c）跨声速无黏

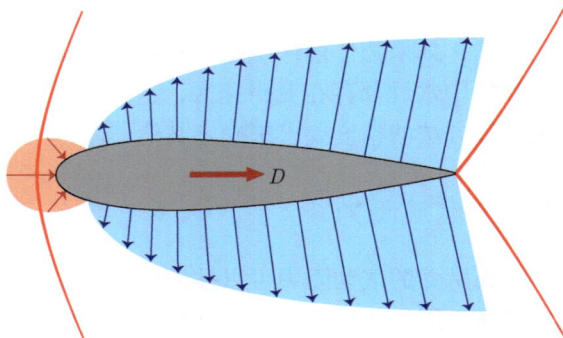

（d）超声速无黏

图 9-12　不同情况下的翼型表面压力分布和压差阻力

也就是说达朗贝尔佯谬在有激波时不成立。由激波产生的压差阻力称为激波阻力，实际的激波阻力产生的原因通常有两个：一个是激波产生总压损失，另一个是激波和边界层干涉可能产生分离。这两种现象都会使机翼后部的压力恢复不够。分离产生的阻力在没有激波时也可能产生，并且本书主要讨论无黏流动，因此这里主要讨论前者，即激波使来流总压损失而产生的阻力。

在来流从亚声速增加到超声速的过程中，翼型表面的激波经历了从无到有并逐渐后移的过程，激波阻力也从无到有并逐渐增大。当流动速度达到超声速后，继续增加马赫数，激波结构不再有明显的变化，于是激波阻力的增加趋势放缓。前面的图 9-6 所示为实际翼型的阻力随马赫数的变化关系，其中的阻力包含摩擦阻力、一般的压差阻力和激波阻力 3 部分。如果只考虑激波阻力，并且使用阻力系数来表示，则典型曲线如图 9-9 所示。激波阻力系数从临界马赫数开始出现，到声速时达到最大，在超声速时随着马赫数的增加而下降。注意，这并不是说在超声速时激波阻力随着马赫数的增加而下降，阻力还是随着马赫数增加的，阻力系数的下降是因为其表达式的分母，即来流动压增加得更多。

可以使用小扰动线性化理论估算超声速流动的激波阻力。对于图 8-13 所示的双圆弧翼型，其激波阻力系数公式为式（8-90），现重写如下

$$C_D = \frac{2}{\sqrt{Ma_\infty^2-1}} \int_0^1 \left[\theta_{\text{lower}}^2 + \theta_{\text{upper}}^2 \right] \mathrm{d}\left(\frac{x}{b}\right)$$

$$= \frac{2}{\sqrt{Ma_\infty^2-1}} \int_0^1 \left[\left(\frac{\mathrm{d}y}{\mathrm{d}x}\right)_{\text{lower}}^2 + \left(\frac{\mathrm{d}y}{\mathrm{d}x}\right)_{\text{upper}}^2 \right] \mathrm{d}\left(\frac{x}{b}\right)$$

对于特定的翼型，积分号内的项为常数，从而可得

$$C_D \propto \frac{1}{\sqrt{Ma_\infty^2-1}} \tag{9-2}$$

即激波阻力系数随马赫数的增加而减小。通过小扰动线性化理论还可以得出超声速时双圆弧翼型的表面压力系数分布，在图 8-13 中已经给出，从前缘到尾缘压力是线性减小的，现在将其形象地画出来，如图 9-13 所示。

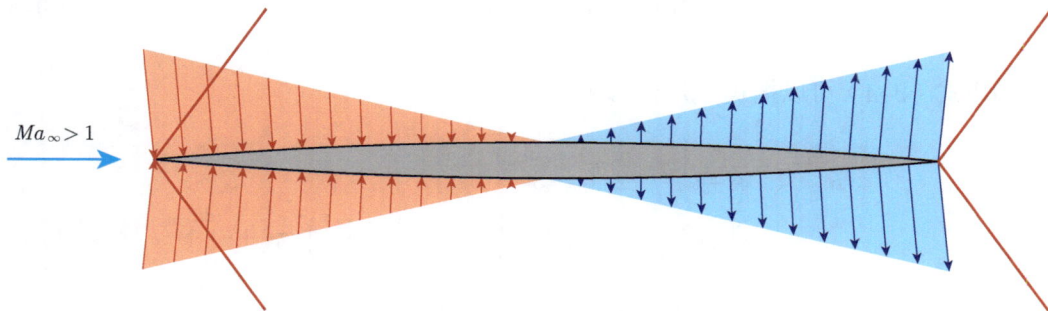

图 9-13　超声速气流绕双圆弧翼型的表面压力系数分布

9.3 跨声速流动的理论

9.3.1 跨声速流动的近似

跨声速流场中存在激波，并且可能存在脱体的曲线激波，这使得流动既不是等熵的也不是无旋的。对于一般的高雷诺数跨声速流动，仍然可以假设流动是无黏且绝热的，于是需要求解欧拉方程，而完整欧拉方程的求解需要使用数值方法。那么有没有可能在牺牲一定精度的情况下，对跨声速流动进行理论分析呢？这需要考察流动为等熵和无旋时会带来多大的误差。

使用正激波关系式，气流经过正激波产生的熵增为

$$\frac{s_2 - s_1}{R} = -\ln\left(\frac{p_{t,2}}{p_{t,1}}\right) = -\ln\left\{\frac{\left[\dfrac{(\kappa+1)Ma_1^2}{2+(\kappa-1)Ma_1^2}\right]^{\frac{\kappa}{\kappa-1}}}{\left(\dfrac{2\kappa}{\kappa+1}Ma_1^2 - \dfrac{\kappa-1}{\kappa+1}\right)^{\frac{1}{\kappa-1}}}\right\}$$

令 $m = Ma_1^2 - 1$，上式可以变换为

$$\frac{s_2 - s_1}{R} = -\ln\left\{\frac{\left[\dfrac{(\kappa+1)(m+1)}{2+(\kappa-1)(m+1)}\right]^{\frac{\kappa}{\kappa-1}}}{\left[\dfrac{2\kappa}{\kappa+1}(m+1) - \dfrac{\kappa-1}{\kappa+1}\right]^{\frac{1}{\kappa-1}}}\right\}$$

整理可得

$$\frac{s_2 - s_1}{R} = -\frac{\kappa}{\kappa-1}\ln(m+1) + \frac{\kappa}{\kappa-1}\ln\left(\frac{\kappa-1}{\kappa+1}m+1\right) + \frac{1}{\kappa-1}\ln\left(\frac{2\kappa}{\kappa+1}m+1\right) \tag{9-3}$$

在跨声速范围，$Ma_1 \approx 1$，因此 $m \ll 1$，式（9-3）中的对数项都是 1 与一个小量相加的形式，即 $1+\varepsilon$，且 $\varepsilon \ll 1$，于是可以使用如下的级数来表示

$$\ln(1+\varepsilon) = \varepsilon - \frac{1}{2}\varepsilon^2 + \frac{1}{3}\varepsilon^3 + \cdots \tag{9-4}$$

利用式（9-4）可以把式（9-3）变换为

$$\begin{aligned}
\frac{s_2 - s_1}{R} = &-\frac{\kappa}{\kappa-1}\left[m - \frac{1}{2}m^2 + \frac{1}{3}m^3 + \cdots\right] + \\
&\frac{\kappa}{\kappa-1}\left[\frac{\kappa-1}{\kappa+1}m - \frac{1}{2}\left(\frac{\kappa-1}{\kappa+1}\right)^2 m^2 + \frac{1}{3}\left(\frac{\kappa-1}{\kappa+1}\right)^3 m^3 + \cdots\right] + \\
&\frac{1}{\kappa-1}\left[\frac{2\kappa}{\kappa+1}m - \frac{1}{2}\left(\frac{2\kappa}{\kappa+1}\right)^2 m^2 + \frac{1}{3}\left(\frac{2\kappa}{\kappa+1}\right)^3 m^3 + \cdots\right]
\end{aligned}$$

上式中关于 m 的一次项和二次项正好消掉，只剩下三次项，即

$$\frac{s_2 - s_1}{R} = \frac{2\kappa}{3(\kappa+1)^2} m^3 + \cdots$$

从而有

$$\frac{s_2 - s_1}{R} \approx \frac{2\kappa}{3(\kappa+1)^2} \left(Ma_1^2 - 1\right)^3 \tag{9-5}$$

可见，当马赫数接近 1 时，正激波产生的熵增很小，假设流动等熵带来的误差是可以接受的，原因是这时的正激波较弱。更进一步，弓形激波带来的涡量变化并不大，流动可以假定为无旋，从而仍然可以使用速度势法来求解跨声速问题。之所以一般的工程问题中以马赫数 1.2 作为跨声速和超声速的分界点，其中一个原因就是 $Ma < 1.2$ 时可以忽略激波的影响，假设流动为等熵，而 $Ma > 1.2$ 时则可以使用超声速小扰动法，这两种方法在 $Ma = 1.2$ 时误差都偏大，而远离 $Ma = 1.2$ 时各自的误差可以接受。

在跨声速条件下，Ma_∞ 接近 1，前面第 8 章已经得到的扰动速度势方程即式（8-30）可以近似简化为

$$\left(1 - Ma_\infty^2\right)\phi_{xx} + \phi_{yy} + \phi_{zz} = Ma_\infty^2 \left[(\kappa+1)\frac{\phi_x}{V_\infty}\right]\phi_{xx} \tag{9-6}$$

这就是**跨声速小扰动速度势方程**。对比式（9-6）和亚声速或超声速小扰动方程即式（8-32），可以发现跨声速方程多出了一个非线性项，原因是跨声速流动的非线性很强，即使是小扰动流动也不能完全线性化。

9.3.2 跨声速流动的相似

由于跨声速流动方程是非线性的，不易求解，有一种解决问题的思路是不去求解方程，而是寻找相似律，用已知的翼型解来得出未知翼型的解。这种方法在前面的薄翼型亚声速流动时讨论过。

相似方法的基本思想是把方程无量纲化，如果两个物理现象的无量纲方程和边界条件都相同，那么其解就相同。假设有一个细长的物体，其横向（y 轴和 z 轴方向）尺寸为 b，流向（x 轴方向）尺寸为 c，细长比 $\tau = b/c$，设 $\bar{x}$、$\bar{y}$、$\bar{z}$ 和 $\bar{\phi}$ 分别为无量纲坐标和无量纲速度势，则如下的定义可以确保方程和边界条件都得到无量纲化

$$\bar{x} = \frac{x}{c}, \quad \bar{y} = \frac{y\tau^{1/3}}{c}, \quad \bar{z} = \frac{z\tau^{1/3}}{c}, \quad \bar{\phi} = \frac{\phi}{cV_\infty\tau^{2/3}} \tag{9-7}$$

这里忽略了推导过程，感兴趣的读者可参考相关书籍或文章。

把式（9-7）代入式（9-6）并整理，可得

$$\left[\frac{1 - Ma_\infty^2}{\tau^{2/3}} - (\kappa+1)Ma_\infty^2\bar{\phi}_{\bar{x}}\right]\bar{\phi}_{\bar{x}\bar{x}} + \bar{\phi}_{\bar{y}\bar{y}} + \bar{\phi}_{\bar{z}\bar{z}} = 0 \tag{9-8}$$

在这个式子中，只有细长比是与物体形状有关的。现在定义跨声速相似参数 K

$$K = \frac{1 - Ma_\infty^2}{\tau^{2/3}} \qquad （9\text{-}9）$$

于是式（9-8）可以写为

$$\left[K - (\kappa + 1) Ma_\infty^2 \overline{\phi}_{\bar{x}} \right] \overline{\phi}_{\bar{x}\bar{x}} + \overline{\phi}_{\bar{y}\bar{y}} + \overline{\phi}_{\bar{z}\bar{z}} = 0$$

对于跨声速流动，马赫数在 1 附近，可以进一步近似，让 $Ma_\infty = 1$，从而得到

$$\left[K - (\kappa + 1) \overline{\phi}_{\bar{x}} \right] \overline{\phi}_{\bar{x}\bar{x}} + \overline{\phi}_{\bar{y}\bar{y}} + \overline{\phi}_{\bar{z}\bar{z}} = 0 \qquad （9\text{-}10）$$

这就是**跨声速相似律方程**。它是跨声速小扰动速度势方程即式（9-6）的进一步近似。从这个方程可以看出，只要相似参数 K 相同，流动就是相同的。从 K 的表达式可知，两个相似流动的马赫数和细长比都可以不同。对于相同的 K 值，马赫数与细长比的关系如图 9-14 所示。可以看出，流动在声速时最敏感，最微小的扰动（$b/c \to 0$）也会对流场产生显著的影响，马赫数远离 1 的过程中，流动的敏感程度下降。对于实际机翼设计的启示是：越是工作在声速附近，就越要求机翼更薄。

假设现在有一个双圆弧机翼，其厚度是弦长的 10%，飞行马赫数为 0.85，为了使用这个翼型的成功经验，当其飞行马赫数提高到 0.95 时，其厚度就应该变为弦长的 2%，这样才能保持相似参数 K 不变，从而让流动相似。

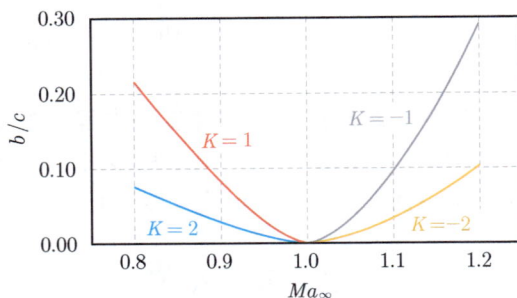

图 9-14　相似流动中马赫数和细长比的关系

9.4　跨声速飞行的实践

9.4.1　临界马赫数的进一步讨论

飞机的飞行速度从亚声速进入跨声速范围，遇到的最大挑战就是临界马赫数。在临界马赫数以下，阻力大概与速度的平方成正比，马赫数增加，但阻力系数基本保持为常数。到达临界马赫数后，开始出现激波阻力，且激波阻力随马赫数的增加迅速增大，因此所有亚声速飞机（即使是超声速战斗机，平时也都是以高亚声速巡航以节约燃油）都希望飞行在临界阻力马赫数以下，但又希望飞得更快。因此，提高飞机的临界阻力马赫数就是跨声速飞行最关键的问题。一般来说，临界马赫数 Ma_{cr} 和临界阻力马赫数 $Ma_{D,cr}$ 是直接相关的，提高了 Ma_{cr} 也就提高了 $Ma_{D,cr}$。因此本小节以后的论述将不严格区分这两个马赫数。

显然，最容易想到的提高临界马赫数的方法就是把机翼做得更薄。如果机翼是工作在零攻角下的无厚度平板，当流动无黏时它对来流没有任何扰动，其临界马赫数就是 1，在实际有黏的流动中，临界马赫数也非常接近 1。当然，这种翼型没有任何意义，不但结构上无法实现，而且其升力为零。

可以使用亚声速的小扰动理论来评估临界马赫数与机翼厚度的关系，利用波形壁面的结果，即式（8-55）

$$C_{p,\mathrm{w}} = -\frac{4\pi\varepsilon}{l}\frac{1}{\sqrt{1-Ma_\infty^2}}\sin\left(\frac{2\pi}{l}x\right)$$

式中，ε 为翼型的半厚度；l 为翼型弦长的两倍，因此 $\varepsilon/l = \tau/4$，从而得到最低压力点的压力系数为

$$C_{p,\min} = -\frac{\pi}{\sqrt{1-Ma_\infty^2}}\tau \qquad (9\text{-}11)$$

可压缩流动的压力系数关系式为

$$C_p = \frac{2}{\kappa Ma_\infty^2}\left(\frac{p}{p_\infty}-1\right)$$

当来流（压力为 p_∞）达到临界马赫数时，翼型上最低压力点（压力为 p）的马赫数为 1，因此，利用总压相等的条件和总静压关系式，上式可变为

$$C_{p,\mathrm{cr}} = \frac{2}{\kappa Ma_\infty^2}\left[\left(\frac{1+\frac{\kappa-1}{2}Ma_\infty^2}{1+\frac{\kappa-1}{2}}\right)^{\frac{\kappa}{\kappa-1}}-1\right] \qquad (9\text{-}12)$$

令式（9-11）和式（9-12）相等，整理可得

$$\tau = \frac{2\sqrt{1-Ma_\mathrm{cr}^2}}{\pi\kappa Ma_\mathrm{cr}^2}\left[1-\left(\frac{2+(\kappa-1)Ma_\mathrm{cr}^2}{\kappa+1}\right)^{\frac{\kappa}{\kappa-1}}\right]$$

依据上式可以画出翼型的相对厚度与对应的临界马赫数的关系，如图 9-15 所示。可见，为了增大临界马赫数，翼型应该做得越薄越好。需要注意的是，图 9-15 所示的关系是使用波形壁面简化得来的，可以用来估算尖头的翼型，而实际翼型为了照顾亚声速不同攻角的性能，前缘都是钝头的，这会减小临界马赫数。在图 9-15 中，

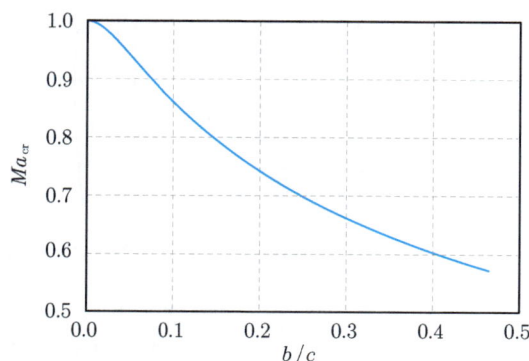

图 9-15　翼型的相对厚度与对应的临界马赫数的关系

临界马赫数为 0.82 对应的翼型相对厚度为 0.13，实际的翼型要达到这个临界马赫数，相对厚度要小很多。

在工程应用中，把翼型做得太薄并不现实，一方面有强度振动问题，另一方面太薄的翼型在亚声速时的性能不好。因此，人们寻求其他方法来增大临界马赫数，其中最有效且广泛采用的机翼设计方案有两种：掠形机翼和超临界翼型。

9.4.2 掠形机翼

早期的机翼都是没有掠角的，第一个打破声障的飞机 X-1 采用的是小展弦比无掠角薄机翼。其实在当时后掠翼的理论已经出现，同年首飞的 F-86 战斗机就采用了后掠翼的形式，它们的对比如图 9-16 所示。图 9-17 所示为掠形翼通过减小相对厚度增大临界马赫数。

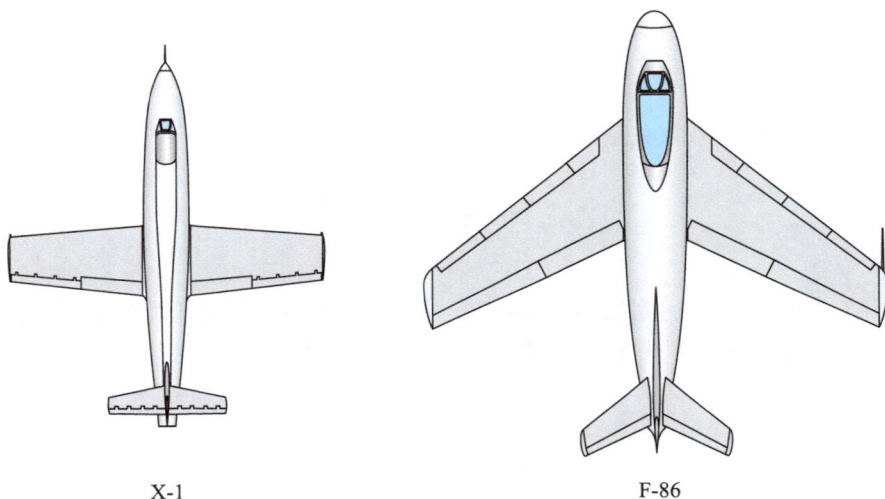

X-1　　　　　　　　　　　　　F-86

图 9-16　X-1 和 F-86 的对比

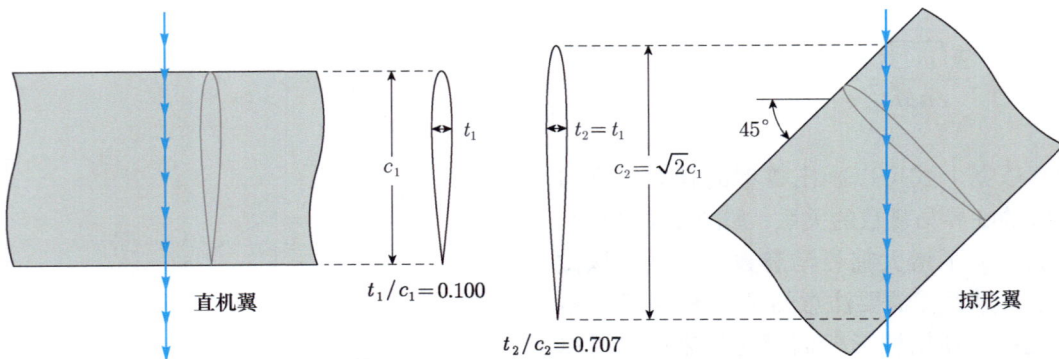

图 9-17　掠形翼通过减小相对厚度增大临界马赫数

如图 9-17 所示，如果机翼倾斜 45° 放置，则气流经过机翼的前缘到尾缘的距离会变长，即机翼的有效弦长变长了，但机翼的厚度不变，因此相对厚度减小了，45°的掠形使机翼的相对厚度从原来的0.1变成0.707。如果使用的是尖头的双圆弧翼型，参考图9-15的结果，临界马赫数可以从0.86增大到0.91，还是很可观的。

根据这个原理，其实也未必要使用掠形的机翼，直接在保持机翼厚度的情况下增加弦长就可以了。实际上一些超声速飞机就是这样设计的，比如 F-104、F-22 等。不过机翼上有一种特殊的阻力，称为诱导阻力，是由翼尖的绕流产生的，展弦比越大，则诱导阻力就越小。图 9-18（a）所示为 F-104 的形状，这种小展弦比的设计燃油经济性会变差，因此民航飞机和远程运输机等还是要使用细长的机翼，这时采用掠形机翼就是更好的选择了，通过对 F-104 的机翼进行简单的角变形，就可以得到等面积的后掠机翼，如图 9-18（b）所示，这个后掠翼在相应翼展处的翼型与原来的机翼完全相同。

常见的飞机都采用后掠翼，实际上从增大临界马赫数的角度来看，只要掠角相同，前掠翼有一样的效果，甚至还可以用斜置机翼，图 9-19 所示为几种不同的机翼设计。后掠翼、前掠翼和斜置翼各有优缺点，这里就不展开讨论了。

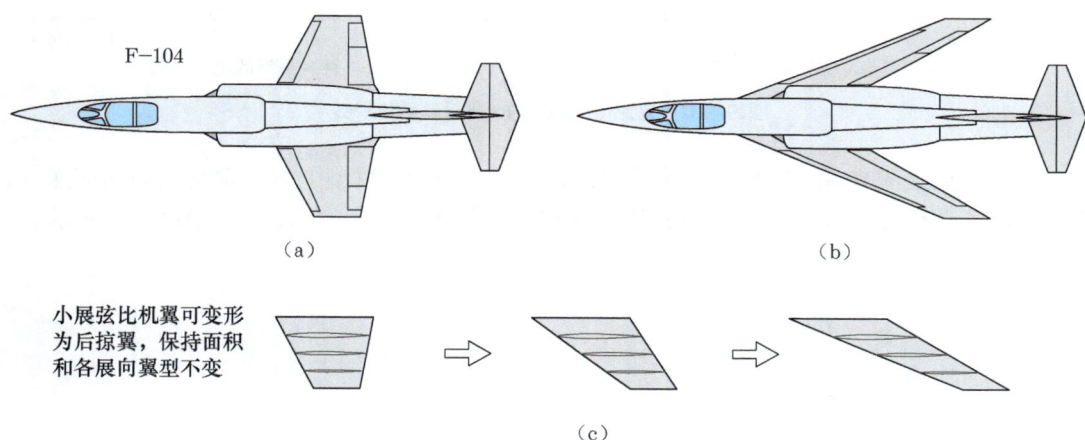

F-104

（a）

（b）

小展弦比机翼可变形
为后掠翼，保持面积
和各展向翼型不变

（c）

图 9-18　小展弦比机翼与后掠翼效果相同

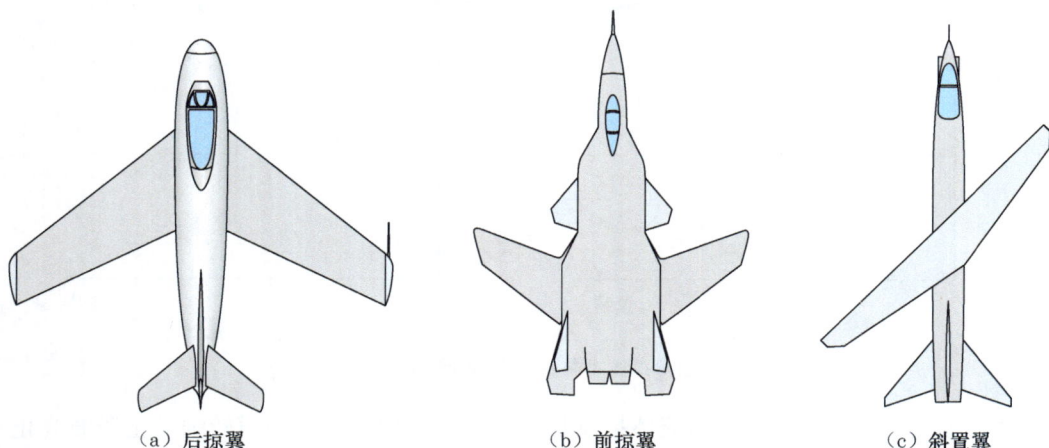

（a）后掠翼　　　　　　　　（b）前掠翼　　　　　　　　（c）斜置翼

图 9-19　几种不同的机翼设计

9.4.3　超临界翼型

超临界翼型是一种为增大临界马赫数而设计，具有良好低速性能的翼型。相较于传统高亚声速翼型，超临界翼型在外形上有几个明显特点：翼型上表面平坦；前缘较厚；后部弯度较大；可能是钝尾缘。图 9-20 所示为相对厚度 $t/c = 0.12$ 的传统翼型和超临界翼型的比较，并给出了它们的阻力系数随马赫数的变化。可以看到，传统翼型在马赫数大于 0.69 后阻力系数就开始剧烈增长，而超临界翼型可以把这个马赫数推迟到 0.80。

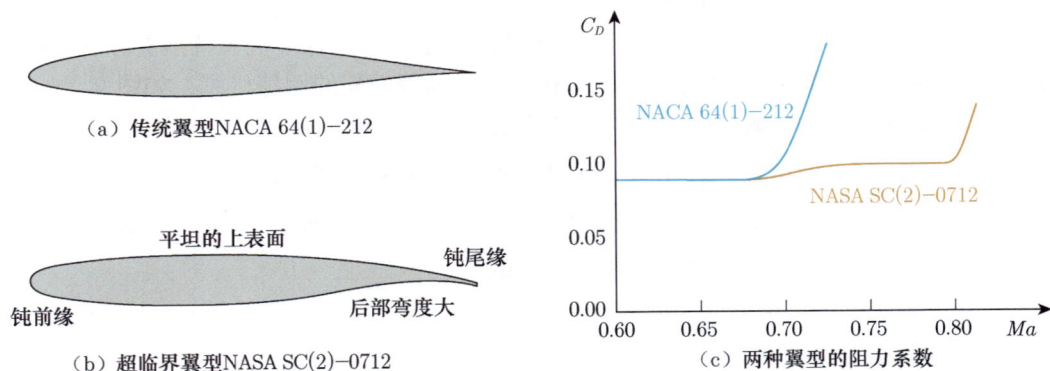

（a）传统翼型NACA 64(1)-212

（b）超临界翼型NASA SC(2)-0712

（c）两种翼型的阻力系数

图 9-20　超临界翼型的外形和阻力系数

对于翼型绕流来说，当来流马赫数超过临界马赫数后，翼型上方一定会出现超声速区，但远处的流动仍然是亚声速的，因此超声区有一个外界，称为声速线，如图 9-21 所示。

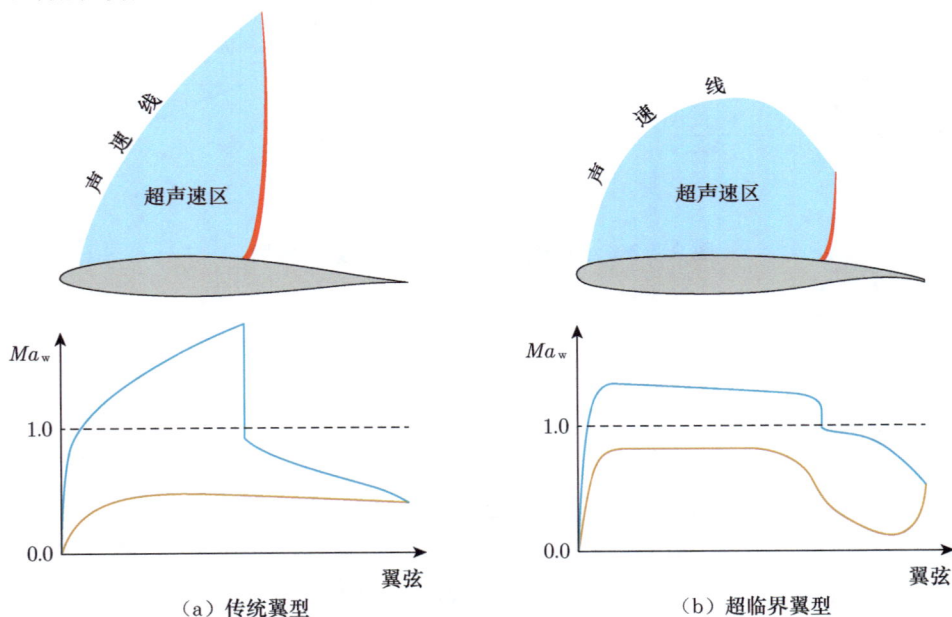

（a）传统翼型

（b）超临界翼型

图 9-21　两种翼型的流动特点

对于传统翼型，其上表面对流体持续加速，并在后部某处被一道较强的正激波终止。激波会产生激波阻力，并且激波和壁面相交处原本就处于逆压梯度作用下，再叠加激波的逆压梯度，容易引起当地的边界层分离，进一步增加阻力，这就是来流马赫数超过临界马赫数后阻力系数会急剧上升的原因。超临界翼型的上表面也会加速气流，但只在前缘附近加速，之后马赫数就基本保持为常数，并以一道较弱的正激波结束。

通过减小上表面产生的气流加速程度，可以减弱激波，在减小激波阻力的同时避免边界层分离。为了达到这一点，一个显而易见的措施是减小翼型上表面的曲率，使之有一段几乎为平直的，这样流动就不会有加速，壁面压力和马赫数保持为常数。另一个似乎与常识不符的措施是增大头部的半径，这样气流在前缘之后的一小段内的气流加速程度实际上比传统叶型还大，它的作用是什么？超临界翼型还有一个显著的特点是激波之后到尾缘的范围内翼型弯度较大，尤其是下表面就像凹进去一块一样，它的作用又是什么？下面分别进行分析。

1. 上表面和前缘设计

如图 9-22 所示，超临界翼型不只可以抑制上表面的气流加速，甚至可以让气流在一定程度上等熵地减速。前缘与上表面相接的地方，壁面由大曲率突变到小曲率，于是膨胀波集中在前半部。膨胀波与声速线相交后会反射为弱压缩波，这些弱压缩波在超声速区的前半段与膨胀波相交，效果是使气流在持续转弯过程中速度保持不变。在超声速区的后半段则只有弱压缩波的作用，使气流等熵地减速，在激波之前马赫数降低到刚刚超 1，于是激波很弱，波阻很小，也不易引起边界层分离。当然，理论上可以设计出完全的等熵减速过程，从而消除激波，不过这种设计虽然有可能实现，但只存在于特定的来流马赫数和攻角下，无法适应全工况，对实际机翼意义不大，因此超临界翼型并不追求完全无激波的设计。

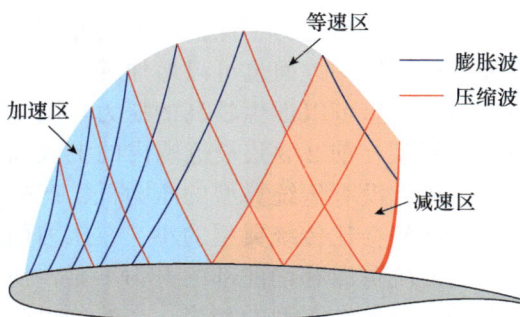

图 9-22　超临界翼型上部的压力波

2. 后部和尾缘设计

超临界翼型一个重要的设计是让激波之后的气流暂时不减速（即压力分布有一个平台），这样可以避免边界层分离。对于传统翼型，由于上下表面有一个角度，气流在尾缘处有一定滞止效果，压力通常是高于来流静压的，这让激波后的气流承受了过多的逆压梯度，容易造成边界层分离。超临界翼型则通过让上下表面在尾缘处趋于平行，使此处的气流静压比来流的静压还低一点，缓解了上表面激波后部的逆压梯度，如图 9-23 所示。

但让尾缘处的上下表面接近于平行，尾缘就会太薄，在结构强度上并不现实，一种解决办法是使用钝尾缘，如图 9-23 右图所示。钝尾缘本身会带来局部的小分离，从而产生阻力，降低低速时的性能。从图 9-24 可见，在接近设计马赫数时钝尾缘的阻力系数较小，而低速时则是尖尾缘（尖尾缘必然使上下表面不完全平行）的阻力系数较小。经过实验摸索，尾缘相对厚度为 0.7% 或者更小时的综合效果较好。

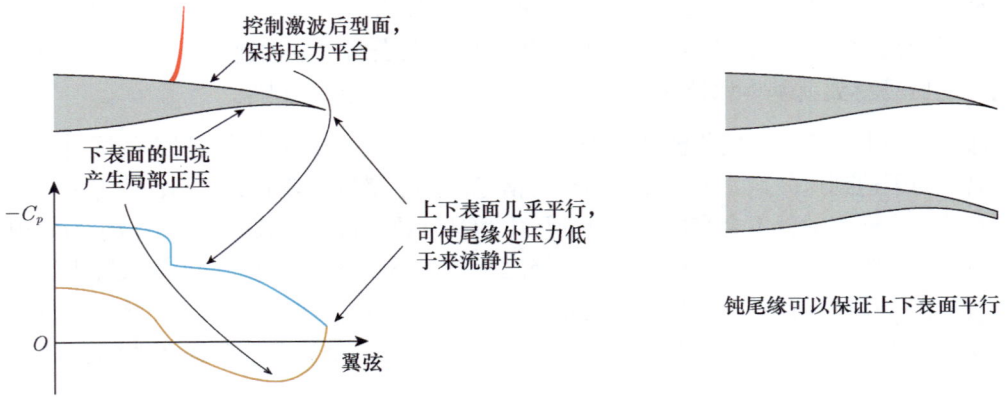

图 9-23　超临界翼型后部的设计特点

　　超临界翼型下表面的后部有一个凹坑，这个凹坑一方面是为了保证上下表面在尾缘处平行，另一方面也可以增加翼型的升力，因为这里可以产生较高的压力。由于超临界翼型在前 2/3 弦长范围内的上表面较平，压力没有传统翼型的压力低，产生的升力必然会比传统翼型的小，在压力面后部的凹坑可以补偿前部的升力不足，使其总升力与传统翼型的相当。当然这也会带来一个问题，就是超临界翼型的升力作用中心偏后，会产生一个低头力矩。图 9-25

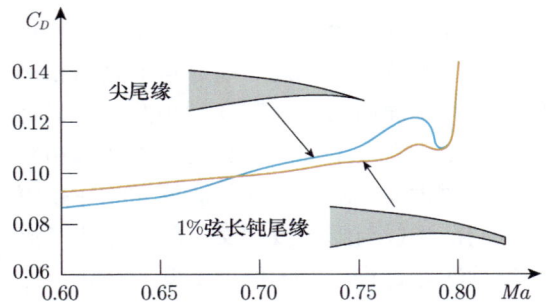

图 9-24　两种尾缘的阻力系数随马赫数的关系（风洞试验结果）

所示为两种翼型的表面压力分布，可以看出传统翼型的升力主要由上表面的负压产生，而超临界翼型的升力则有相当一部分由下表面后部的正压产生。

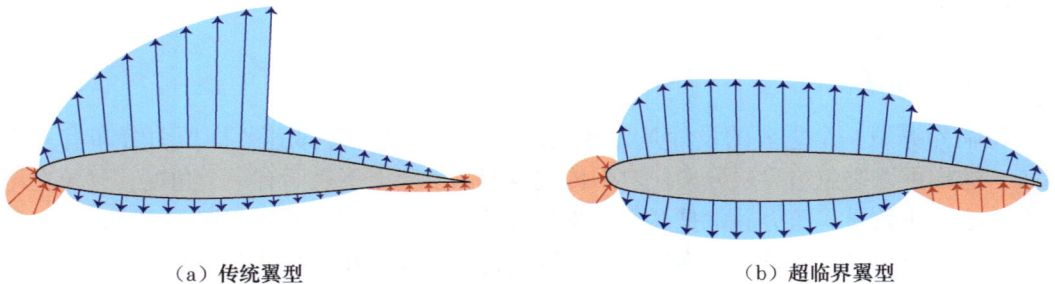

（a）传统翼型　　　　　　　　（b）超临界翼型

图 9-25　传统翼型和超临界翼型的表面压力分布

3. 非设计工况

　　实际的飞机并不是只工作在单一的来流马赫数和攻角下，因此好的翼型还需要同时照顾非设计工况。图 9-26 所示为不同工况下的超临界翼型表面压力分布，总体来说，精心设计的超临界翼型不但在设计马赫数下具有较好的性能，在非设计工况下性能也比传统翼型的好。从图 9-26（b）可以看到，超临界翼型有一个特殊的地方是在来流马赫数低于设计马赫数时，其上表面的激波可能反而会更强，激波后还会出现第二个超声速区，并可能产生第二道激波，这个问题是设计时需要注意避免的。

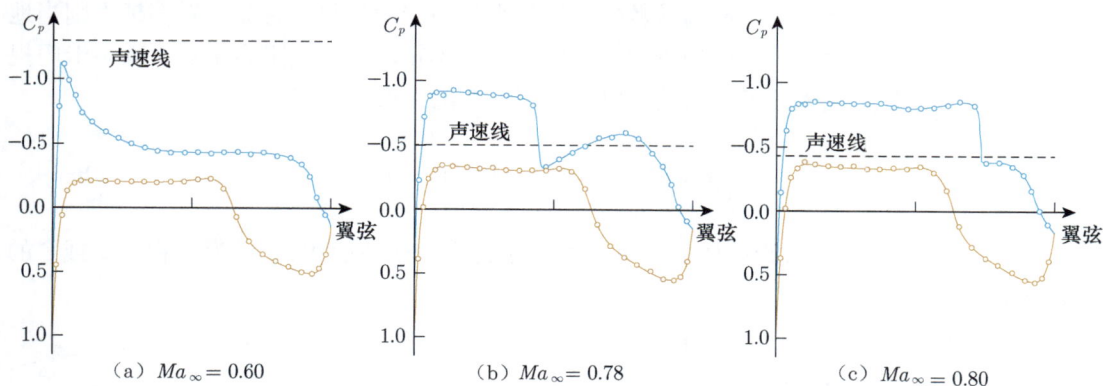

（a）$Ma_\infty = 0.60$ （b）$Ma_\infty = 0.78$ （c）$Ma_\infty = 0.80$

图 9-26   不同工况下的超临界翼型表面压力分布

4. 设计原则和趋势

基于 NASA（美国航空航天局）早期的设计经验，给出以下几点设计原则。

（1）在马赫数低于设计马赫数时，希望上表面的马赫数保持为常数且低于 1，这样可以避免产生激波，优化低速性能。

（2）激波后的翼型需要保证压力梯度较小，以保证不发生分离。

（3）翼型整体需要有足够的弯度来保证其在零攻角下具有足够的升力，因为超临界翼型在正攻角下的性能不好。

（4）上表面超声速区内的马赫数有一定下降比保持不变效果更好（见图 9-21 右下图），有利于保证非设计工况的性能。

超临界翼型已经广泛地应用于跨声速和高亚声速飞机中，一开始超临界翼型是完全靠风洞试验发展的，后来发展了基于特征线的设计方法，再后来可以通过数值模拟手段进行详细的流动分析。早期的设计是基于完全的湍流进行的，现代的机翼则还希望利用层流摩擦阻力小的优势，使前部的层流保持得越长越好，把层流翼型理论和超临界翼型理论结合进行设计。因此，每一个机翼都是独立设计的，前面的设计原则只是作为参考。

9.4.4   跨声速面积律

1. 西亚斯 - 哈克旋成体

在 8.4.3 小节中，我们使用二维超声速小扰动理论给出了薄翼型的激波阻力系数，即式（8-90），这个式子也适用于任何二维细长型物体，重写如下

$$C_D = \frac{2}{\sqrt{Ma_\infty^2-1}}\int_0^1\left[\left(\frac{\mathrm{d}y}{\mathrm{d}x}\right)_{\text{lower}}^2+\left(\frac{\mathrm{d}y}{\mathrm{d}x}\right)_{\text{upper}}^2\right]\mathrm{d}\left(\frac{x}{b}\right) \tag{9-13}$$

可以看出，对于特定的来流马赫数，激波阻力只与壁面的斜率有关，斜率越大则当地产生的激波阻力就越大。用类似的方法也可以得出三维物体的激波阻力系数，冯·卡门提出，跨声速时细长旋成体的阻力系数可以近似用下面的二重积分表示

$$C_D = \frac{1}{\pi}\int_0^l A''(x)\mathrm{d}x\int_0^x A''(\xi)\ln(x-\xi)\mathrm{d}\xi \tag{9-14}$$

式中，x 为流向坐标；l 为旋成体的长度；A 为旋成体的横截面积；A'' 为面积对 x 或 ξ 的二阶导数。

西亚斯（William Sears）基于哈克（Wolfgang Haack）之前的工作，应用冯·卡门的激波阻力关系式即式（9-14），给出了一种对于特定长度和体积的最小阻力形状，现称为西亚斯－哈克旋成体（Sears-Haack body），如图 9-27 所示。子弹和炮弹前端的形状就是类似的旋成体，一些超声速飞机前端也是类似的形状，第一个打破声障的飞机 X-1 的机身前半段就是一个例子。对于给定的长度 L 和体积 V，西亚斯－哈克旋成体的关系式如下

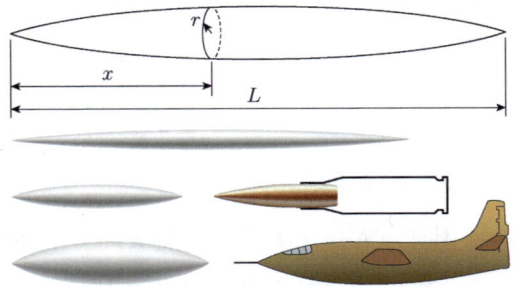

图 9-27 西亚斯－哈克旋成体

$$R_{\max} = \frac{1}{\pi}\sqrt{\frac{16V}{3L}} \tag{9-15}$$

$$r(x) = R_{\max}\left[4x(1-x)\right]^{3/4} \tag{9-16}$$

$$C_D = \frac{24V}{L^3} = \frac{9\pi^2 R_{\max}^2}{2L^2} \tag{9-17}$$

可以看出，西亚斯－哈克旋成体是一个前后对称的形状，最大半径在 $x=0.5$ 的位置，其阻力系数只取决于最大半径与长度之比。

2. 面积律

飞机不同于子弹，除了机身还需要有机翼。最开始人们只是在类似于西亚斯－哈克旋成体的机身上额外地加装机翼，机翼的存在增大了局部的横截面积，产生了较大的阻力。

惠特科姆（Richard Whitcomb）在 1952 年提出，当飞行速度接近声速时，激波阻力

主要与飞行器的横截面积有关，而与横截面的形状关系不大。也就是说，飞行器可以参考具有相同横截面积分布的旋成体来设计，在安装机翼的位置相应地减小机身的横截面积，做成"蜂腰"形的机身，这就是跨声速面积律的原理。面积律的一个比较有名的应用是YF-102的改型，如图9-28所示，原型飞机在试飞时无法突破声障，对机身重新进行设计后，新的型号YF-102A首先进行了风洞吹风试验，得到了较好的结果。在随后进行的飞行试验中，YF-102A轻松地突破了声障，实现了超声速飞行。

在跨声速面积律的基础上，琼斯（Robert Jones）于1953年提出了超声速面积律。与跨声速面积律相比，决定超声速飞行激波阻力的不再是飞行器的横截面积，而是马赫锥所切割的飞行器截面积。超声速面积律是跨声速面积律的扩展，因为马赫数等于1时，马赫锥就退化为一个平面，所以跨声速面积律是超声速面积律在 $Ma=1$ 时的特例。

可以这样理解面积律，在超声速流场中，压力信息不能向上游传播，空气得不到通知而直接撞上物体，从而产生较大的阻力。考虑到压力信息是沿特征线（马赫面）传播的，因此物体在某处如果有外凸，可以由同一个马赫面内另外一处的内凹来补偿，只要保持截面积不变，对整个流场的影响就较小。

随着发动机技术的发展，跨越声障已经不是什么难题，比如可以通过发动机开加力来跨越声障，并且没有飞机会在声速附近长时间飞行，因此面积律在现代飞机的设计中已经

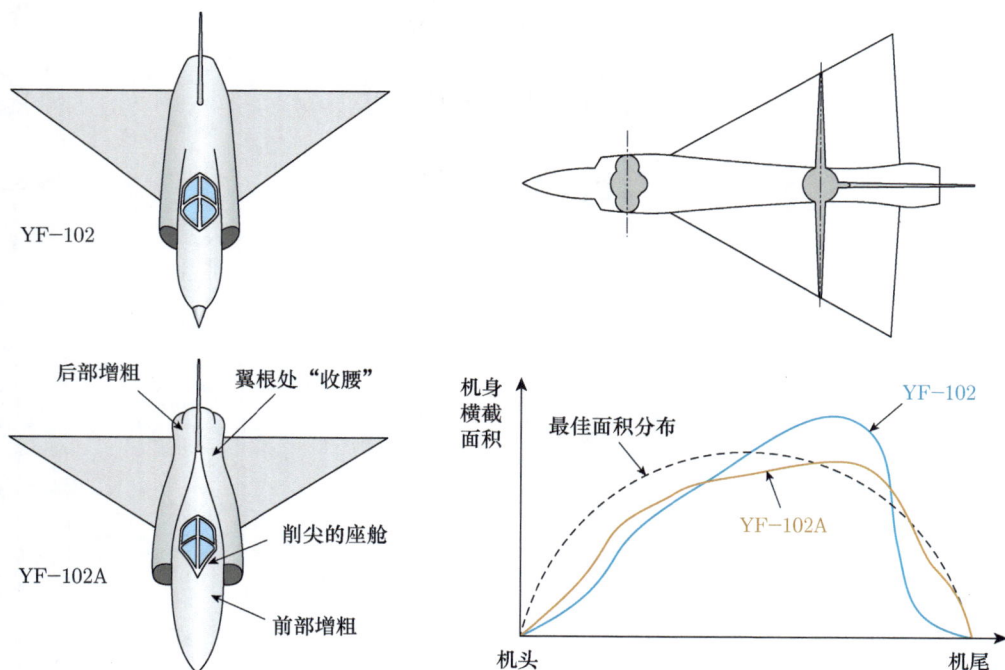

图 9-28　面积律在 YF-102 上的成功应用

不那么重要了，它基本上属于超声速飞机发展历史上某个阶段的技术。

493

重要关系式总结

临界阻力马赫数的定义

$$\frac{\mathrm{d}C_D}{\mathrm{d}Ma} = 0.1 \tag{9-1}$$

跨声速小扰动速度势方程

$$\left(1 - Ma_\infty^2\right)\phi_{xx} + \phi_{yy} + \phi_{zz} = Ma_\infty^2\left[(\kappa+1)\frac{\phi_x}{V_\infty}\right]\phi_{xx} \tag{9-6}$$

跨声速相似律方程

$$K = \frac{1 - Ma_\infty^2}{\tau^{2/3}} \tag{9-9}$$

$$\left[K - (\kappa+1)\overline{\phi}_{\overline{x}}\right]\overline{\phi}_{\overline{xx}} + \overline{\phi}_{\overline{yy}} + \overline{\phi}_{\overline{zz}} = 0 \tag{9-10}$$

西亚斯－哈克旋成体关系式

$$R_{\max} = \frac{1}{\pi}\sqrt{\frac{16V}{3L}} \tag{9-15}$$

$$r(x) = R_{\max}\left[4x(1-x)\right]^{3/4} \tag{9-16}$$

$$C_D = \frac{24V}{L^3} = \frac{9\pi^2 R_{\max}^2}{2L^2} \tag{9-17}$$

第 10 章

高超声速流动

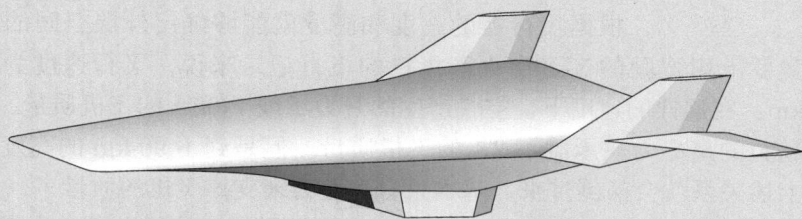

无人飞行器 X-43 在 2004 年 11 月 16 日第三次试飞中的
飞行马赫数达到了 9.68。

10.1 高超声速概述

10.1.1 高超声速飞行器现状

高超声速流动与一般的超声速流动有着本质的不同，因此独立成为一个研究领域。从1952年首飞的第一架超声速战斗机F-100到1964年首飞的侦察机SR-71，飞行马赫数从1.3提高到3.0只用了十几年。时至今日，虽然有几种试验机的瞬时马赫数达到了5甚至接近10，但无一能真正实用化，重要原因就是当飞行速度较高时，有一些独特的问题不易解决。高超声速飞行的航空器遇到了技术瓶颈，而从外层空间返回的航天器早已突破这个瓶颈，飞行马赫数可以高达几十，因此高超声速气体动力学更多地在航天领域发挥了作用，比如洲际导弹、航天飞机、宇宙飞船返回舱等的设计。

显然气体动力学只关心在大气层中的飞行，在外太空中的飞行器无论速度多快，都不能用马赫数来描述，也不是气体动力学所关心的问题。不过，地球大气的外层是越来越稀薄的，和外层空间并没有一个明确的边界，一种较为公认的分界是由冯·卡门提出的，称为卡门线，这里引用他自传中的叙述，如下。

"……，根据飞行器的速度和高度就能够确定外层空间的起始位置。拿伊凡·金契罗上尉驾驶的X-2型火箭飞机的飞行记录来说，飞行速度为3200 km/h，高度为38 km。在这样的速度下，空气产生的升力承载了98%的飞机质量，而被航天学家称为开普勒力的离心力只承载了2%的飞机质量。但是到了90 km的高度，由于空气极为稀薄，上述关系就会颠倒过来，基本只有离心力来支撑飞机的质量了，这个高度当然就是物理学上的边界了。在边界以上，空气动力学无效，航天学开始发挥作用。因此，我认为完全可以把这个高度定为法定分界线。承蒙安德鲁·哈雷好意，把这个边界称为法定的卡门线。"

卡门线的高度定在距地表100 km的位置，这大概是大气中间层的上界，再往上是电离层。使用卡门线来定义，距地表100 km以内的活动称为航空，100 km以外的活动称为航天。不过实际情况要复杂得多，航空和航天的分界一直都很模糊。比如说距地表50 km的高度上，虽然飞行器可以靠高速飞行获得足够的升力，但当地的氧气含量却不足以支撑吸气式发动机工作，而只能采用自带氧化剂的推进方式，比如火箭，因此在这个高度上的飞行器到底属于航空器还是航天器仍然有争议。另外，虽然卡门线附近的大气已经非常稀薄，但仍然会对飞行器产生一定的阻力，使得在这里环绕地球飞行非常不经济。因此，最低的绕地轨道一般在150 km的高度上，如果是椭圆轨道，则近地点也要有130 km，也就是说轨道航天器的飞行高度一般要高于130 km。

空气产生升力的同时也产生阻力，高度越低，大气越稠密，产生的升力和阻力也就越大。低速飞行器需要较大的机翼面积来产生升力，高速飞行器则更需要考虑如何减小阻力，升力不是问题。虽然人们很期待能在平流层内高速旅行，但目前的自主动力高超声速航空器还远远不算成功，仅有的一些工程例子都是试验用飞行器，只能短暂地高速飞行，距离实用还差得太远。成功的高超声速飞行器都是在中间层实现的，这里的空气稀薄，阻力小，容易达到更高的速度。航天飞机和宇宙飞船返回舱的飞行马赫数都可以达到十几以上，不过这些飞行器的高速都是在返回过程中靠重力达到的，而不是靠自身的推力。图 10-1 所示为一些高超声速飞行器的飞行速度和高度情况，从这个图可以清楚地看到在平流层实现高超声速飞行的困难程度，这种困难是由高超声速本身的特点所产生的，下面就来分析这些特点。

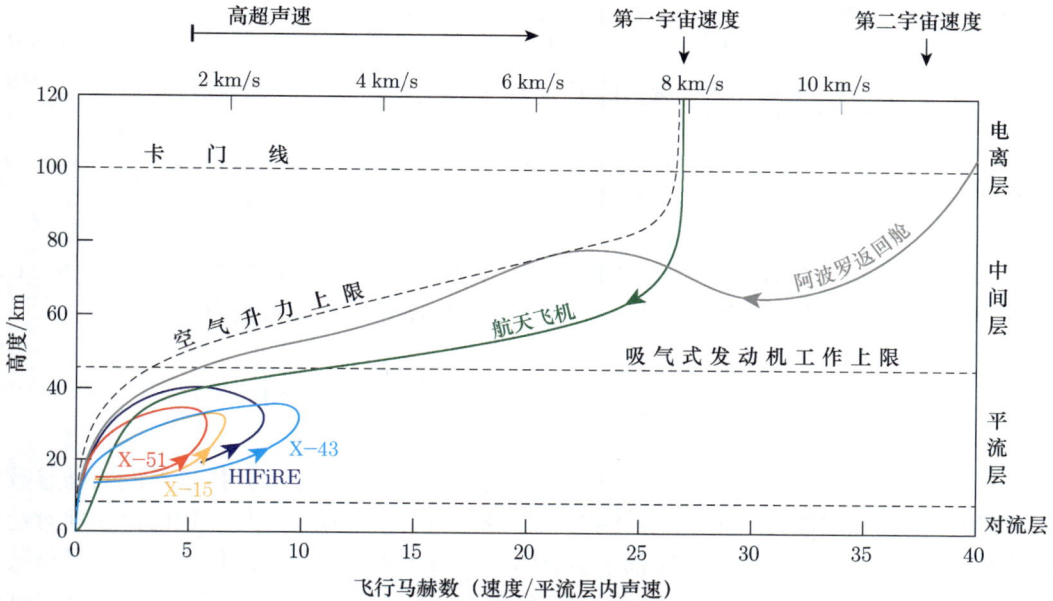

图 10-1　一些高超声速飞行器的飞行速度和高度情况

10.1.2　高超声速流动的特点

较为公认的高超声速马赫数下限是 5，但这个分界线与跨声速的分界线一样模糊，实际上有些高超声速的特点从马赫数大于 3 开始就不能忽略了，而另一些特点则可能要在马赫数大于 7 以后才变得明显。在这一小节我们来列举高超声速流动的几个特点，当遇到实际的问题时，可以根据这些特点来判定其是否属于高超声速问题。

1. 非线性

在 8.2.1 小节中，使用小扰动速度，可以把原本复杂的势方程即式（8-30）简化为线性化的方程即式（8-31），但是在简化过程中有两个条件，一个是马赫数不能接近 1，另一个是马赫数不能太高。也就是说，在跨声速和高超声速情况下方程无法线性化，或者说这两个速度范围内的流动是高度非线性的，不能用线性化理论描述。为了说明问题，把式（8-31）和式（8-30）重新抄写如下，线性化的方程为

$$\left(1 - Ma_\infty^2\right)\frac{\partial u'}{\partial x} + \frac{\partial v'}{\partial y} + \frac{\partial w'}{\partial z} = 0 \qquad (8\text{-}31)$$

497

原本的精确方程为

$$(1-Ma_\infty^2)\frac{\partial u'}{\partial x}+\frac{\partial v'}{\partial y}+\frac{\partial w'}{\partial z}$$

$$=Ma_\infty^2\left[(\kappa+1)\frac{u'}{V_\infty}+\frac{\kappa+1}{2}\frac{u'^2}{V_\infty^2}+\frac{\kappa-1}{2}\left(\frac{v'^2+w'^2}{V_\infty^2}\right)\right]\frac{\partial u'}{\partial x}+$$

$$Ma_\infty^2\left[(\kappa-1)\frac{u'}{V_\infty}+\frac{\kappa+1}{2}\frac{v'^2}{V_\infty^2}+\frac{\kappa-1}{2}\left(\frac{u'^2+w'^2}{V_\infty^2}\right)\right]\frac{\partial v'}{\partial y}+$$

$$Ma_\infty^2\left[(\kappa-1)\frac{u'}{V_\infty}+\frac{\kappa+1}{2}\frac{w'^2}{V_\infty^2}+\frac{\kappa-1}{2}\left(\frac{u'^2+v'^2}{V_\infty^2}\right)\right]\frac{\partial w'}{\partial z}+$$

$$Ma_\infty^2\left[\frac{v'}{V_\infty}\left(1+\frac{u'}{V_\infty}\right)\left(\frac{\partial u'}{\partial y}+\frac{\partial v'}{\partial x}\right)+\frac{w'}{V_\infty}\left(1+\frac{u'}{V_\infty}\right)\left(\frac{\partial u'}{\partial z}+\frac{\partial w'}{\partial x}\right)+\frac{u'w'}{V_\infty^2}\left(\frac{\partial v'}{\partial z}+\frac{\partial w'}{\partial y}\right)\right]$$

（8-30）

可以看到，只有式（8-30）右边的 4 项都可以忽略时，才可简化为线性关系式（8-31），其中式（8-30）等号右边的第二项与等号左边的第二项对比，其系数为

$$Ma_\infty^2\left[(\kappa-1)\frac{u'}{V_\infty}+\frac{\kappa+1}{2}\frac{v'^2}{V_\infty^2}+\frac{\kappa-1}{2}\left(\frac{u'^2+w'^2}{V_\infty^2}\right)\right]$$

对于小扰动流动，方括号内的各项可以认为远小于 1，但如果方括号外面的马赫数很大，则整体不一定明显比 1 小，式（8-30）等号右边的第三项与等号左边的第三项对比也有相同的结论，因此在高超声速时都不能忽略。一般工程上常采用的标准是要求马赫数小于 5 才能使用小扰动理论，当然这个分界值还要看小扰动的幅值和具体问题所要求的精度。

2. 薄激波层

根据斜激波理论，对于给定的气流转折角 δ，马赫数越大，激波角 β 就越小。当马赫数很大时，激波角与气流转折角接近，激波后的气流在很薄的一层内流动，这一层在高超声速流动中称为**激波层**。比如当来流马赫数为 33（登月返回舱的典型速度）时，以定比热理想气体计算，半顶角为 15° 的楔形体产生的激波角是 18.3°，如图 10-2 所示。如果把这个马赫数下产生的高温引起的变比热和化

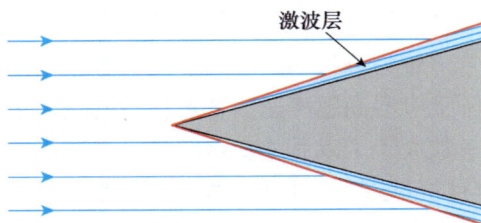

图 10-2　高超声速流动的薄激波层

学反应等计算在内，激波角还要更小一些。当雷诺数较小时，激波层与壁面边界层厚度量级相当，从而无法在激波后使用无黏的分析方法。在雷诺数较大时，忽略黏性，可以利用薄激波层的特点来简化问题，比如牛顿理论就是一种简化算法，可以用于概念设计阶段。

3. 高熵层

激波会引起熵增，如果是图 10-2 所示的斜激波，则激波后的流体熵值比激波前的大，

在激波前和激波后分别是均匀的,可以使用简化的无旋等熵关系式来求解。如果物体是钝头的,会产生脱体的弓形激波,激波角越大的地方激波越强,熵增也越大,于是激波后的气流就不是等熵的了。熵值是流体携带的物理量,因此下游就会出现一个从壁面开始的薄层,此薄层内熵的梯度较大,如图 10-3 所示。壁面上还存在黏性产生的边界层,边界层也是一个高损失的熵增区,与高熵层相互作用,使得求解更加困难。

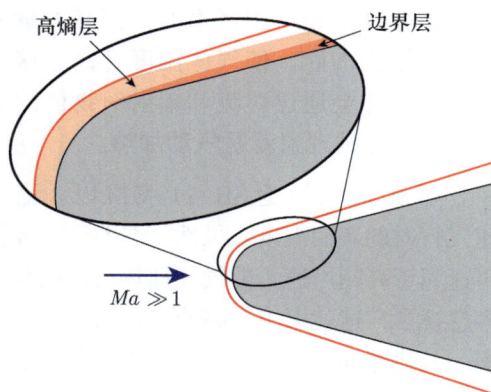

图 10-3　高超声速流动的高熵层

4. 黏性干扰

　　高超声速时,压缩性的影响非常大,所以边界层比起低速流动有着本质的不同。高速气体因壁面黏性力减速,相当一部分动能由于黏性耗散作用转化成了内能,使得边界层内的气体温度比主流高很多,形成图 10-4 所示的温度分布,其中 T_e 为边界层外缘温度,T_w 为壁面温度。边界层内的高温使得当地气体的黏度增大,从而使得边界层更厚。此外,由于气体的静压沿壁面法向保持不变,根据气体状态方程

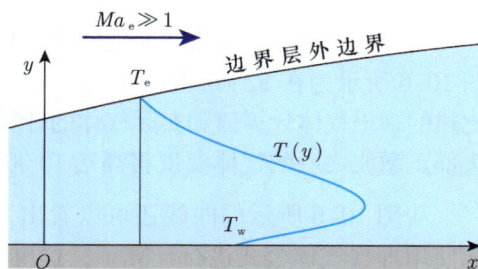

图 10-4　高超声速边界层内的温度分布

$p = \rho RT$,密度与温度成反比,因此图 10-4 中边界层内的高温会使当地的密度更低,这就需要更厚的边界层来通过相同的流量。上面两种因素都使得高超声速流动的壁面边界层更厚,可以给出可压缩流动的层流边界层厚度与雷诺数和马赫数的关系为

$$\delta \propto \frac{Ma_\infty^2}{\sqrt{Re_x}} \qquad (10-1)$$

　　与不可压缩流动相比,此式多了马赫数的影响,当马赫数较大时,可以看出边界层厚度将是很可观的。

　　更厚的边界层对应更大的排挤厚度,于是对外部无黏流动的影响也更大,同时无黏流动的变化也会反过来影响边界层的分布。这种边界层与主流的交互影响称为**黏性干扰**,对高超声速飞行器的升力和阻力都有较大的影响,使得黏性作用不可忽略。由于壁面与激波之间的激波层本来就很薄,有些情况下边界层的外界与激波相交,使得整个激波层都是有黏流动,传统的边界层方法就完全失效了。

5. 高温流动

　　高速的流体遇到物体后速度大幅降低,无论这种减速是由黏性产生的、激波产生的还

是物体前缘滞止作用产生的，都有大量的动能转换为内能，使气体温度升高。这些高温的气体会通过对流和辐射对物体的壁面传热，这种现象就是**气动加热**。

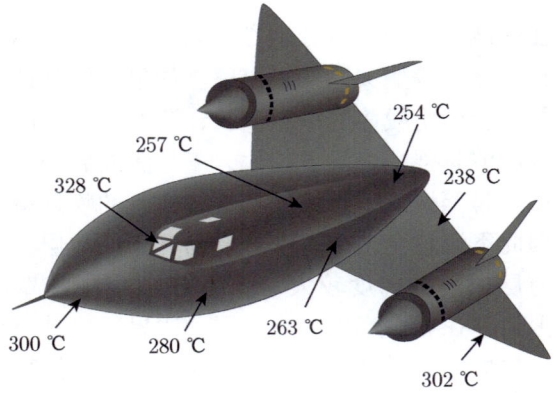

图 10-5 所示为 SR-71 飞机以 3 倍声速飞行时的表面温度。虽然一般不认为 3 倍声速属于高超声速，但气动加热现象已经不容忽视了，这就引出了高速飞行的第二个障碍——热障问题。跨声速的声障问题现在已经完全被解决了，但更高速时的热障问题一直是很严重的问题，虽然人们采用各种技术

图 10-5　SR-71 飞机以 3 倍声速飞行时的表面温度

手段解决这个问题，但仍然时有相关事故发生，可以说人类还没有真正解决热障问题。

对于航天飞机和宇宙飞船返回舱等真正的高超声速运动，气动加热问题是非常严重的，图 10-6 所示为在 52 km 高空中高速运动的物体前部正激波之后气体的温度，同时给出了定比热的理想气体计算值和实际气体的计算值。可以看到，如果是返回舱以 $Ma=33$ 运动，其头部正激波之后的气体温度将高达 10 000 ℃，返回舱表面必须采用特殊的防护来避免损坏。

从图 10-6 所示的曲线还可以看出，当温度较高时，气体偏离理想气体较远，已经不能使用理想气体公式进行计算了，这也是高超声速带来的另一个问题。这种因为高温而带来的气体性质变化不但发生在高超声速情况，还发生在各种高温的场合，比如燃气轮机的燃烧室和涡轮中的流动。高温使得常温的气体动力学关系式不再有效，派生出高温气体动力学，有时也称为真实气体动力学。

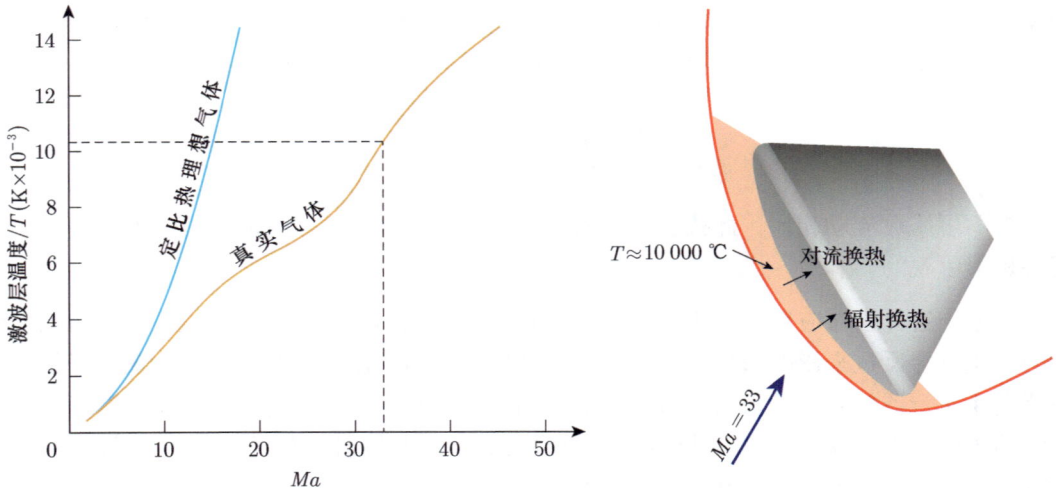

图 10-6　52 km 高空中正激波之后的气流温度

高温带来的第一个问题是比热比不能再当作常数。根据第 1 章 1.3 节的知识，参考图 1-12 所示可知，双原子气体的动能由平动、转动和振动 3 种能量组成，低温时只有平

动动能被激活，高于一定温度时才会激活转动动能，再高于一定温度时才会激活振动动能。空气主要由氮和氧组成，氮和氧都是双原子气体，在常温下激活的是平动动能和转动动能，因此定容比热容的系数是 5/2，定压比热容的系数是 7/2，从而得到比热比 $\kappa = 7/5 = 1.4$。当温度高于一定值时，振动动能被激活，于是定容比热容的系数变为 7/2，定压比热容的系数变为 9/2，从而得到比热比 $\kappa = 9/7 = 1.29$。当然这些只是理论分析，实际上分子速度是按照麦克斯韦速度分布率那样各不相同的，并不会同时激发振动动能，因此比热比并不会突跃式变化，而有一个很大范围的过渡区。并且实际的气体不完全符合理想气体假设，比热比还与压力有关，空气还含有少量非双原子的气体，因此真实空气的比热比需要通过实验确定。图 10-7 所示为不同温度和压力下空气的比热比，一般认为当温度高于 800 K 时，就不能使用固定比热比 1.4 了。

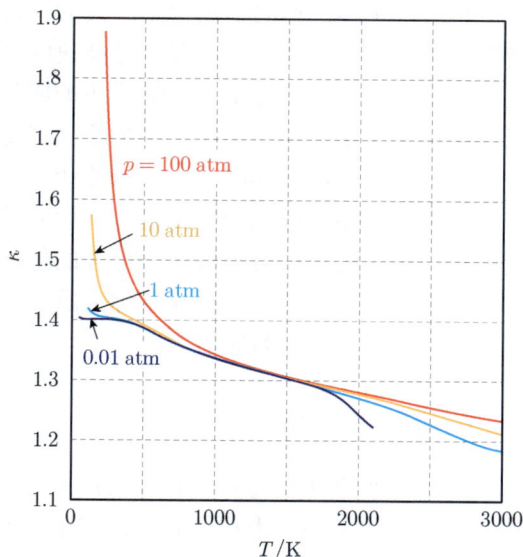

图 10-7　不同温度和压力下空气的比热比

高温带来的第二个问题是气体可能会发生分解和电离。比如，在 1 个大气压下，氧气在 2500 K 时开始发生分解（$O_2 \rightarrow 2O$），在 4000 K 以上时已经不存在分子形态的氧气。而氮气在 9000 K 以上分解（$N_2 \rightarrow 2N$）完毕，高于 9000 K，气体开始发生电离（$N \rightarrow N^+ + e^-$，$O \rightarrow O^+ + e^-$）。图 10-8 所示为不同温度下空气发生的物理和化学变化。

如果上述的比热比变化和分解等发生的速度远快于流体移动的速度，则这个过程在热力学中可以看作是平衡态的，仍然使用平衡态热力学来处理，如果这些过程发生的速度和流动速度相当甚至慢于流动速度，则是非平衡态的，只能使用非平衡态热力学来处理。可见，高超声速带来的高温问题使得计算麻烦了很多。

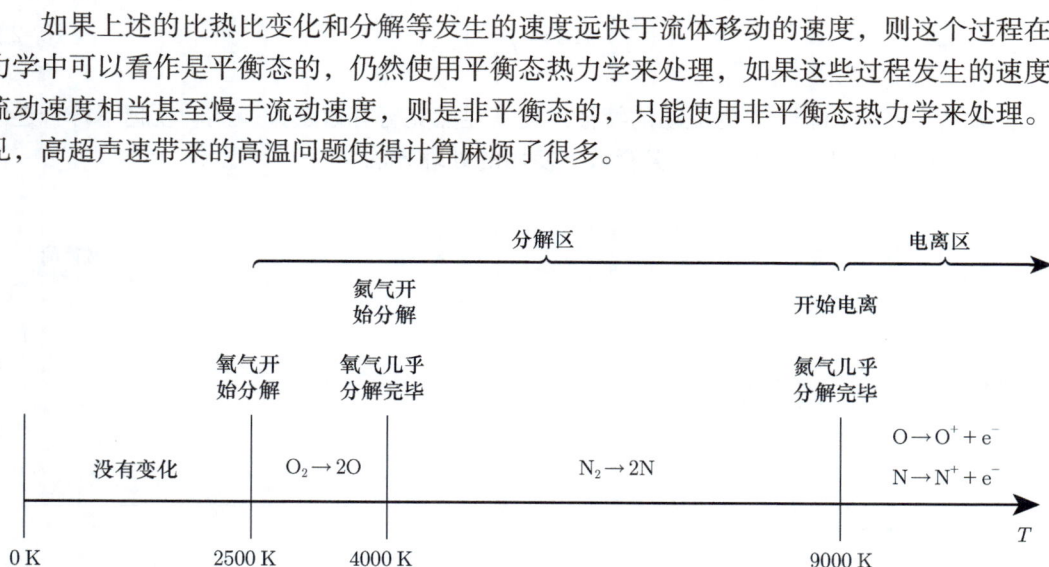

图 10-8　不同温度下空气发生的物理和化学变化（1 个大气压下）

高温对实际工程的影响也是巨大的，首先是高温气体会通过对流和辐射对高速运动的物体加热，这些气体既是高温又是高速的气体，对固体表面的对流换热和辐射换热都相当可观，使得高超声速运动物体的热防护成为最重要的难题之一。高超声速在中间层容易实现，而在平流层不容易实现，一个原因就是平流层内的气体密度大，产生的气动加热非常大，目前还没有任何办法可以可靠地让可重复使用的航空器抵御如此强的气动加热，因此平流层内的高超声速飞行器都是试验性质的，经常使用一次就要报废。此外高温会带来通信中断，气体电离后会阻碍无线电波的传播，因此返回舱在进入地球大气后总有一段时间是与外界失去联系的，这种现象称为**黑障**。目前已经可以通过卫星中转的方式一定程度地克服黑障，实现不间断通信。

6. 低密度流动

高超声速流动主要发生在对流层上层和中间层，那里的空气非常稀薄。在 100 km 的高空，分子的平均自由程是 0.3 m，当一个直径为几米的返回舱在这个高度运动时，感受到的是空气分子一个一个地撞击在表面上，也就是说这时连续介质假设将不再成立，而应该使用稀薄气体动力学来分析，控制方程从纳维－斯托克斯方程变为玻尔兹曼方程。

即使在更低的高度上，连续介质假设尚可使用，但由于气体很稀薄，物体表面的无滑移条件将被破坏，也就是说气体挨着物体表面处将存在流速，这种条件称为**速度滑移边界**。温度的边界条件也会有变化，挨着物体表面的空气温度将不等于固体的温度，这种条件称为**温度滑移边界**。

判断连续介质假设和无滑移条件何时可用有一个无量纲数，称为克努森数（Knudsen number），其表达式为

$$Kn = \frac{\lambda}{L} \tag{10-2}$$

式中，λ 为分子自由程；L 为流动的特征尺度。显然克努森数越大，流动就越不符合连续介质假设。图 10-9 所示为不同克努森数下使用的处理方法。

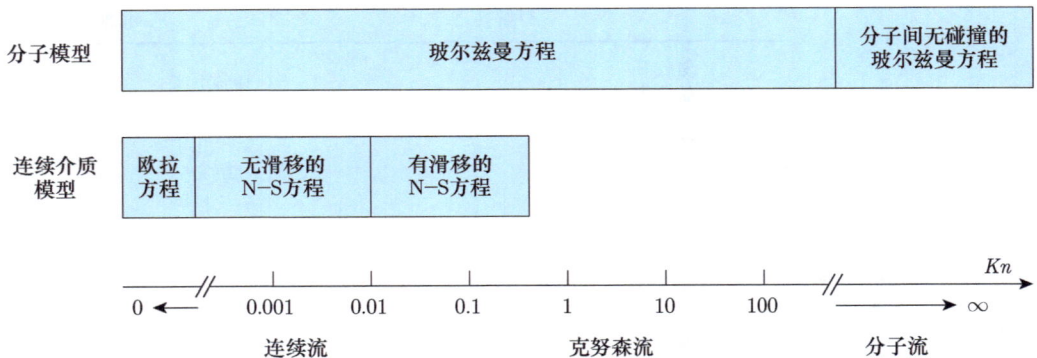

图 10-9　不同克努森数下使用的处理方法

低密度空气并不只存在于高空，也可以由气体的膨胀产生。如果气体从常压向真空中膨胀，当马赫数较大时，空气密度会变得非常低，这时也需要检查克努森数来确定连续介质假设是否还成立。比如，用定比热的理想气体来估算，常温常压空气通过等熵膨胀马赫数达到 30 时，对应的空气压力和温度分别为 0.001 Pa 和 1.6 K，使用第 1 章的式（1–33）可以计算分子平均自由程为

$$\bar{\lambda} = \frac{k_B T}{\sqrt{2}\pi d^2 p} = \frac{1.38\times10^{-23}\times1.6}{\sqrt{2}\pi\times(3\times10^{-10})^2\times0.001} \text{ m} \approx 0.06 \text{ m}$$

这时的分子平均自由程有 6 cm，在这样的高超声速风洞中工作的模型表面流动显然就不符合连续介质假设了。

总的来说，高超声速流动与一般的流动有着本质的不同，图 10–10 基于轨道返回器附近的流动对这些现象进行了总结。

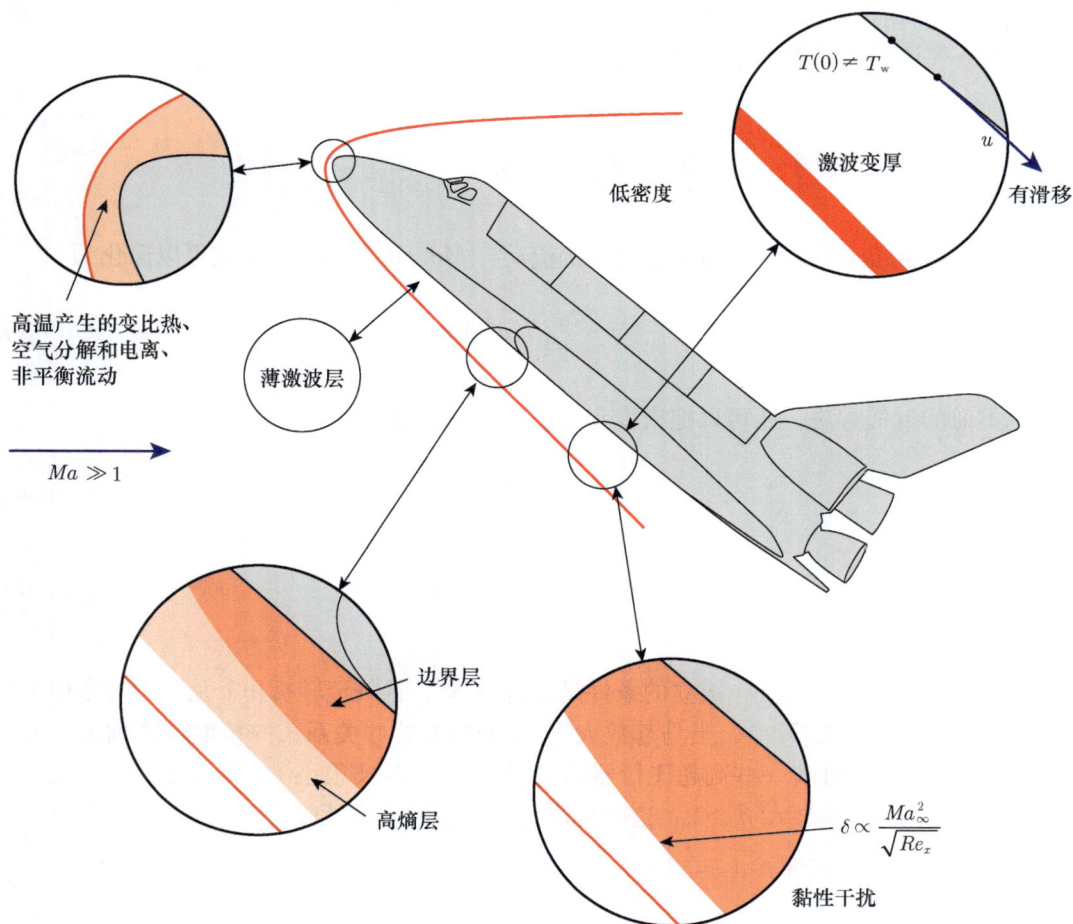

图 10–10　高超声速流动的一些典型现象

10.2　高超声速基本简化关系式

由于高超声速引起的高温和低密度等问题，一般的定比热理想气体关系式不再适用，但如果考虑变比热和化学反应，问题就会变得非常复杂，很难用理论求解。对于一些高超声速流动，在概念设计阶段，仍然可以使用定比热的关系式来进行定性的评估，给出一些指导意见。

在第 5 章中，我们已经推导了激波前后的气体参数关系式，这些关系式同样适用于高超声速，直接使用即可。不过当马赫数较大时，可以对这些关系式进行一定程度的简化，在这一节就来讨论这些简化后的关系式。

对于图 10-11 所示的斜激波，激波前后的参数分别用下标 1 和 2 表示，β 是激波角，δ 是气流转角。激波前后的压比关系为

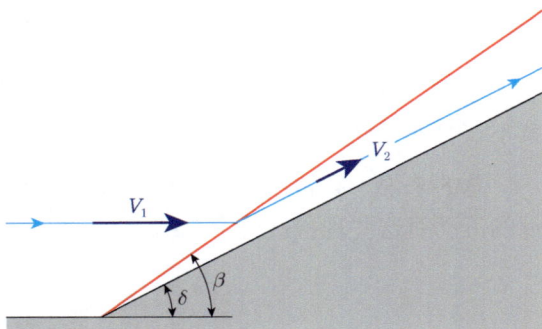

图 10-11　斜激波

$$\frac{p_2}{p_1} = \frac{2\kappa}{\kappa+1} Ma_1^2 \sin^2\beta - \frac{\kappa-1}{\kappa+1}$$

对于马赫数很大且激波角也不是很小的流动，$Ma_1^2 \sin^2\beta \gg 1$，上式可以简化为

$$\frac{p_2}{p_1} = \frac{2\kappa}{\kappa+1} Ma_1^2 \sin^2\beta \tag{10-3}$$

用类似的近似方法，还可以把密度和温度的关系分别简化为

$$\frac{\rho_2}{\rho_1} = \frac{\kappa+1}{\kappa-1} \tag{10-4}$$

$$\frac{T_2}{T_1} = \frac{2\kappa(\kappa-1)}{(\kappa+1)^2} Ma_1^2 \sin^2\beta \tag{10-5}$$

式（10-3）～式（10-5）成立的条件是 $Ma_1 \to \infty$，且气流转折角 δ 是一个有限值（因此 β 也是有限值）。实际上，当马赫数大于 10 的时候这些关系式的精度就能满足一般工程要求了。如果 δ 较小（一些高超飞行器的前端很尖，δ 确实很小），则虽然马赫数较大，但并不一定能保证 $Ma_1^2 \sin^2\beta \gg 1$，这时使用这些式子的误差就较大了。

对于激波角关系式即式（5-52）

$$\tan\delta = \frac{Ma_1^2 \sin^2\beta - 1}{\left(\frac{\kappa+1}{2} Ma_1^2 - Ma_1^2 \sin^2\beta + 1\right)\tan\beta}$$

当 δ 较小时，β 也较小，从而有

$$\tan\delta \approx \delta, \quad \tan\beta \approx \sin\beta \approx \beta$$

式（5-52）可以简化为

$$\delta = \frac{Ma_1^2\beta^2 - 1}{\left[Ma_1^2\left(\frac{\kappa+1}{2} - \beta^2\right) + 1\right]\beta} \tag{10-6}$$

当 $Ma_1 \to \infty$ 时，上式可简化为

$$\frac{\beta}{\delta} = \frac{\kappa+1}{2} - \beta^2$$

β 较小时，上式进一步简化为

$$\frac{\beta}{\delta} = \frac{\kappa+1}{2} \tag{10-7}$$

式（10-7）在 $Ma_1 \to \infty$ 而 δ 较小（但不能接近于 0）时成立。这个关系式形象地告诉我们高超声速流动中激波层很薄。回顾之前的来流马赫数为 33 的例子，半顶角为 15° 的楔形体产生的激波角是 18.3°，$\beta/\delta = 18.3/15 \approx 1.22$，很接近式（10-7）给出的值 1.2。但是，当 $\delta \to 0$ 时式（10-7）并不成立，比如同样是 $Ma_1 = 33$，但 $\delta = 1°$，由式（10-7）得到 $\beta = 1.2°$，而实际上 $\beta = 2.6°$。

高超声速飞行器的前端弓形激波后方的气流是亚声速的，其马赫数可以用正激波前后的关系式即式（5-26）来估算

$$Ma_2^2 = \frac{Ma_1^2 + \dfrac{2}{\kappa-1}}{\dfrac{2\kappa}{\kappa-1}Ma_1^2 - 1}$$

当 $Ma_1 \to \infty$ 时，按 $\kappa = 1.4$ 计算，$Ma_2 \approx 0.378$。

在本节的简化过程中，假定高超声速时，$Ma_1^2\sin^2\beta \gg 1$，这个假设当 δ 很小时并不成立。对于小转折角的流动，可以使用小扰动理论来简化，这将在后面的 10.5 节介绍。

10.3　牛顿理论及其修正

早在流体力学的一般理论建立之前，牛顿就曾经尝试解释流动中的压力与流速变化的关系。在 1687 年出版的《自然哲学中的数学原理》中，牛顿把流体理解为由无数光滑小球构成，平行流动中这些小球互不干涉，均保持直线运动，一旦遇到壁面，则小球丧失垂直壁面方向的速度，并将这些减少的动量转化为对壁面的压力，之后保持平行于壁面运动。按照这个思想，流体（粒子流）遇到垂直和倾斜的壁面的作用效果如图 10-12 所示。

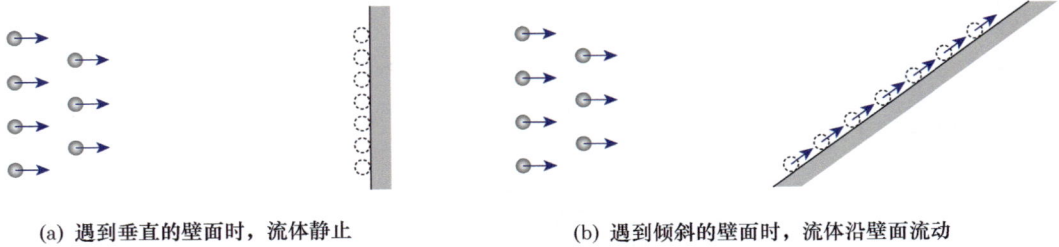

(a) 遇到垂直的壁面时，流体静止   (b) 遇到倾斜的壁面时，流体沿壁面流动

图 10-12　牛顿理论中粒子流与壁面的作用效果

　　牛顿当时用这个模型来解释低速流动，但与实验结果符合度不高，欧拉和伯努利后来建立的流体模型更符合实际。实际上，伯努利的流体模型也使用了离散的粒子来表示流体，但与牛顿模型不同的是，伯努利认为气体是由随机运动的粒子构成的，粒子之间还存在碰撞现象。如果气体内部还存在粒子之间的碰撞，它们就不会等到碰上壁面才突然减速，先前碰撞到壁面的粒子会被弹回，后面的粒子会与之前弹回的粒子碰撞，从而预先得到减速。也就是说，气体在接近壁面的过程中会边减速边压力上升，而不是在碰到壁面时压力突然增大，这是伯努利原理的核心。

　　但是当气体超声速流动时就不一样了，粒子虽然不是在壁面处突然减速的，但确实是在激波处突然减速的。特别是当马赫数很大时，激波几乎贴着壁面，从远处看起来气体就像牛顿描述的那样，毫不减速地撞上壁面然后沿壁面流动，图 10-13 所示为牛顿理论的低速流和高超声速流动撞击壁面的比较。

　　牛顿理论是一种简单的撞击运动，可以用动量定理来计算气体传递给壁面的力，从而计算出壁面的压力。如图 10-14 所示，气体撞上壁面前，沿壁面法向的速度为

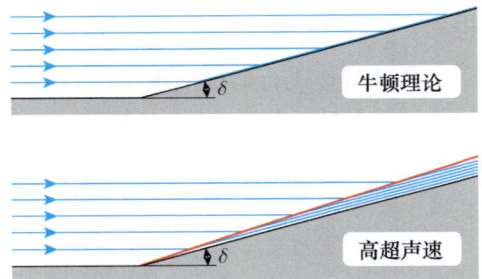

图 10-13　牛顿理论的低速流动和高超声速流动撞击壁面的比较

$$V_\infty \sin\delta$$

相应的流量为

$$\rho_\infty V_\infty A \sin\delta$$

动量流量为

$$(\rho_\infty V_\infty A \sin\delta)(V_\infty \sin\delta) = \rho_\infty V_\infty^2 A \sin^2\delta$$

撞上壁面之后法向的动量完全损失，转化为对壁面的力，因此气体对壁面的力为

$$F = \rho_\infty V_\infty^2 A \sin^2\delta$$

在气流冲击下所增加的压力为

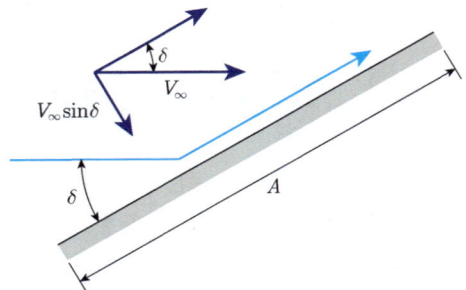

图 10-14　牛顿理论的速度分解

$$\Delta p = \frac{F}{A} = \rho_\infty V_\infty^2 \sin^2 \delta \qquad (10\text{-}8)$$

如果是垂直来流的壁面，则 $\delta = 90°$，$\Delta p = \rho_\infty V_\infty^2$。这里我们发现一个问题，根据伯努利定律，在低速流动时应该有 $\Delta p = \rho_\infty V_\infty^2 / 2$，而牛顿理论得到的壁面压力比实际值大了一倍，原因是低速流动并不是突然减速而是逐渐减速的，减速的时间长，从而产生的力就小一些。

用压力系数来表示壁面的压力，则有

$$C_p = \frac{\Delta p}{\rho_\infty V_\infty^2 / 2} = 2\sin^2 \delta \qquad (10\text{-}9)$$

式（10-9）被称为**牛顿正弦平方律**。对于二维流动，使用气流偏转角 δ 较为方便；当处理三维问题时，物面的一点沿不同方向的角度各不相同，使用 δ 就不方便了，这时更方便的是使用气流与物面法线的夹角 ϕ，$\phi = 90° - \delta$，从而将式（10-9）改写为

$$C_p = \frac{\Delta p}{\rho_\infty V_\infty^2 / 2} = 2\cos^2 \phi \qquad (10\text{-}10)$$

图 10-15 所示为二维流动和三维流动的角度定义。

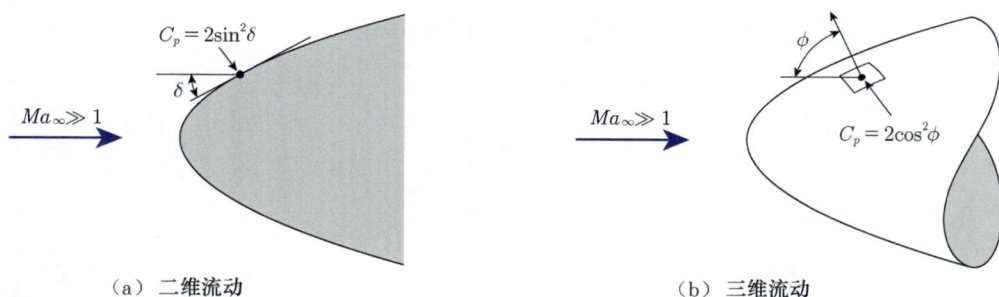

（a）二维流动　　　　　　　　　　（b）三维流动

图 10-15　二维流动和三维流动的角度定义

牛顿理论只有在 $Ma_\infty \to \infty$ 时才是精确的，对于有限大马赫数，有一种修正关系式为

$$C_p = C_{p,\max} \sin^2 \delta \qquad (10\text{-}11)$$

式中，$C_{p,\max}$ 是滞止点处的压力系数。根据定义可知

$$C_{p,\max} = \frac{p_{t,2} - p_\infty}{\rho_\infty V_\infty^2 / 2} \qquad (10\text{-}12)$$

式（10-12）中的分母可以用马赫数来表示，如下

$$\frac{1}{2}\rho_\infty V_\infty^2 = \frac{1}{2}\frac{p_\infty}{RT_\infty}V_\infty^2 = \frac{\kappa}{2}p_\infty Ma_\infty^2$$

于是 $C_{p,\max}$ 可以写为

$$C_{p,\max} = \frac{2}{\kappa Ma_\infty^2}\left(\frac{p_{\mathrm{t},2}}{p_\infty} - 1\right) \tag{10-13}$$

根据正激波前后参数关系式，有

$$\frac{p_{\mathrm{t},2}}{p_\infty} = \frac{p_{\mathrm{t},2}}{p_{\mathrm{t},1}}\frac{p_{\mathrm{t},1}}{p_\infty} = \frac{\left[\dfrac{(\kappa+1)Ma_\infty^2}{2+(\kappa-1)Ma_\infty^2}\right]^{\frac{\kappa}{\kappa-1}}}{\left(\dfrac{2\kappa}{\kappa+1}Ma_\infty^2 - \dfrac{\kappa-1}{\kappa+1}\right)^{\frac{1}{\kappa-1}}}\left(1+\frac{\kappa-1}{2}Ma_\infty^2\right)^{\frac{\kappa}{\kappa-1}}$$

$$= \left[\frac{(\kappa+1)^2 Ma_\infty^2}{4\kappa Ma_\infty^2 - 2(\kappa-1)}\right]^{\frac{\kappa}{\kappa-1}}\left(\frac{2\kappa}{\kappa+1}Ma_\infty^2 - \frac{\kappa-1}{\kappa+1}\right)$$

把上式代入式（10-13），可得

$$C_{p,\max} = \frac{2}{\kappa Ma_\infty^2}\left\{\left[\frac{(\kappa+1)^2 Ma_\infty^2}{4\kappa Ma_\infty^2 - 2(\kappa-1)}\right]^{\frac{\kappa}{\kappa-1}}\left(\frac{2\kappa}{\kappa+1}Ma_\infty^2 - \frac{\kappa-1}{\kappa+1}\right) - 1\right\} \tag{10-14}$$

式（10-11）和式（10-14）一起称为**修正的牛顿理论公式**。

在式（10-14）中让 $Ma_\infty \to \infty$，可得

$$C_{p,\max} = \left[\frac{(\kappa+1)^2}{4\kappa}\right]^{\frac{\kappa}{\kappa-1}}\left(\frac{4}{\kappa+1}\right)$$

当 $\kappa=1.4$ 时，此滞止点压力系数约等于 1.839，当 $\kappa=1$ 时，它等于 2。对比式（10-11）和式（10-9）可以看到，牛顿理论即使在马赫数无穷大时仍然不是精确的，只有当 $Ma_\infty \to \infty$ 且 $\kappa=1$ 时才是精确的。这是因为牛顿理论并不把气体当作理想气体，也未考虑机械能向内能的转换，而把气体与壁面的碰撞过程当作等温过程来处理。回顾第 4 章 4.2 节的多变过程，等温过程的多变指数为 1，这时气体的行为才符合牛顿理论的描述。实际过程接近于绝热过程，多变指数是 1.4，这个差别和 4.3.1 小节提到的牛顿对于声速的计算如出一辙，原因也相同，因为在牛顿的时代只建立了动量关系式，还未建立能量守恒与转换的概念。

修正的牛顿理论公式即式（10-11）和式（10-14）对于高超声速的计算是相当准确的，图 10-16 所示为牛顿理论和修正牛顿理论的精度，可以看到简单的牛顿理论由于对滞止点压力的估算不准而有较大的误差，而修正的理论则对表面压力给出了较为准确的描述。如果只看图 10-16 所示的结果，似乎修正后的牛顿理论精度相当高，完全满足工程计算要求，然而，实际应用时要很小心，因为这毕竟是一个近似关系式，很多情况下它的精度并不高。比如，图 10-17 所示半顶角为 15° 的二维楔形体和三维圆锥体表面的压力系数随马赫数

的变化。对于楔形体，由于贴体激波是直线，激波后的压力都为常数，物体表面的压力也都为常数；对于圆锥体，气体经过激波后再经过一系列同轴的锥形压缩波面压缩（见 5.3.9 小节），圆锥体表面的压力也为常数。既然压力与位置无关，图 10-17 就可以给出压力系数随马赫数的变化，其中的真实值都可以通过理论计算得到。

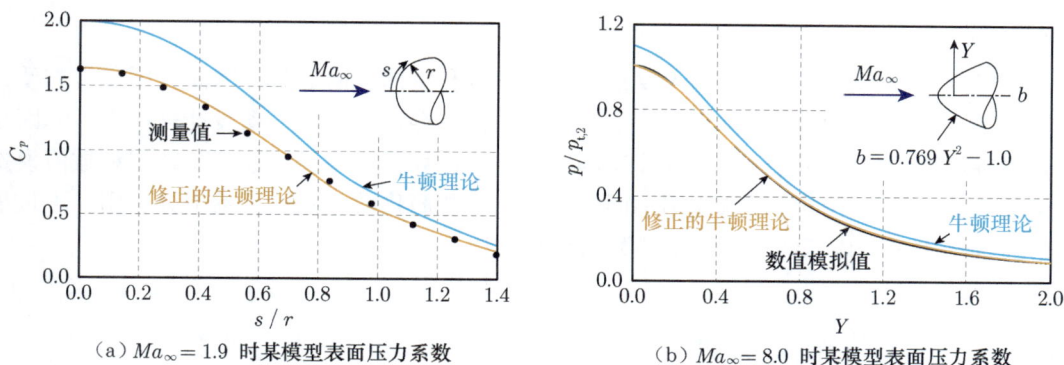

（a）$Ma_\infty = 1.9$ 时某模型表面压力系数　　　　（b）$Ma_\infty = 8.0$ 时某模型表面压力系数

图 10-16　牛顿理论和修正牛顿理论的精度

可以看到，对于楔形体和圆锥体来说，牛顿理论在马赫数不大时的误差非常大，即使是马赫数较大的情况下，比如 $Ma_\infty = 20$ 时，牛顿理论给出的楔形体的压力系数仍然小了 19%，给出的圆锥体压力系数则小了 5%，修正的牛顿理论则更糟，这两个误差分别为 26% 和 13%。

从图 10-17 所示我们可以得出几个结论：一是马赫数较小时牛顿理论的误差很大，马赫数越大误差就越小，基于前面牛顿理论的推导过程，这个结论是显而易见的；二是牛顿理论应用于三维物体时误差小，用于二维物体时误差大，

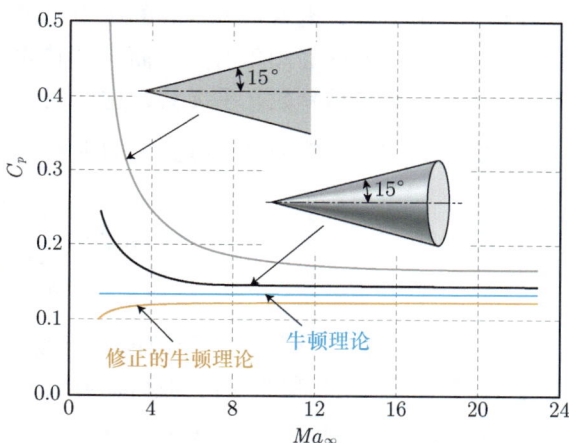

图 10-17　牛顿理论在楔形体和圆锥体上的应用

这是因为同样半顶角的情况下，三维物体的激波角更小，激波更靠近物面，更符合牛顿理论；三是当马赫数较大时，压力系数基本与马赫数无关，这是因为马赫数无穷大时压力系数会趋于某个定值，因此马赫数越大变化就越缓，高超声速流动的这种性质称为马赫数无关原理，将在下一节专门讨论。

总的来说，对于钝体，修正的牛顿理论公式即式（10-11）一般可以给出较为精确的结果，而对于细长型的物体，则简单的牛顿理论公式即式（10-9）的精确度更高一些。最大的问题是，对于具体的工程问题，哪种简化公式给出的精度更高，以及精度是否能满足工程计算要求，是需要使用者自己去判断的，这使得牛顿理论的使用在一定程度上依赖于实验或者数值模拟。

为什么这样一种简化的理论公式，不能从理论上给出其适用范围和精度呢？原因是牛顿理论并不能代表实际流动。我们在第 8 章的特征线法中知道，物体表面某一点的压力取决于其上游两条特征线上的压力，是整个上游流场累积的结果。但在牛顿理论中，认为气体之间无作用力，物体表面每一点的压力都是来流直接撞在壁面上产生的，这与实际不符。另外，当物体表面为曲面时，气流沿表面高速流动时还会产生离心力，这个在牛顿理论中也未考虑。

牛顿理论及其修正公式的输入仅是来流马赫数和物体表面形状，因此使用非常方便，在历史上起到了重要的作用。今天，这些关系式仍然存在于相关气动设计软件中，原因是设计软件需要根据较少的已知来计算流场，且要求计算速度快。经过试验数据和数值模拟数据的校验，针对不同的形状应用不同的修正，这些简化的关系式仍然十分有用，不过最终的流场则更多应该依赖于全三维的数值模拟方法。

10.4　马赫数无关原理

在图 10-17 所示的楔形体和圆锥体流动中可以看到，当马赫数较大时，压力系数曲线趋向于一条水平线，也就是说这时的压力系数与马赫数几乎无关。实际上牛顿理论中的压力系数就只与当地壁面倾角有关，而与马赫数无关。不只是压力系数，其他的无量纲量在马赫数大时也都与马赫数几乎无关，这种现象称为高超声速流动的**马赫数无关原理**。

其实我们在之前接触过一些类似的现象，比如说正激波后的马赫数关系式

$$Ma_2{}^2 = \frac{Ma_1{}^2 + \dfrac{2}{\kappa - 1}}{\dfrac{2\kappa}{\kappa - 1}Ma_1{}^2 - 1}$$

按照比热比 $\kappa = 1.4$ 计算，当波前马赫数趋于无穷大时，波后马赫数趋向于 0.378。当波前马赫数分别为 10 和 20 时，波后马赫数分别为 0.388 和 0.380，变化很小。

再比如说激波角 β，当马赫数趋向于无穷大时，激波角并不会无限接近于气流转折角 δ，而会趋向于一个定值。事实上，只要马赫数够大，β 就不怎么随马赫数变化了。图 10-18 所示为几种转折角 δ 下的激波角 β 随马赫数的变化曲线，可以看到，当马赫数足够大后，激波角就趋向于一个定值了。可以让波前马赫数趋于无穷大，得到各种气流转折角下的激波角极限值，即第 5 章给出的图 5-43。

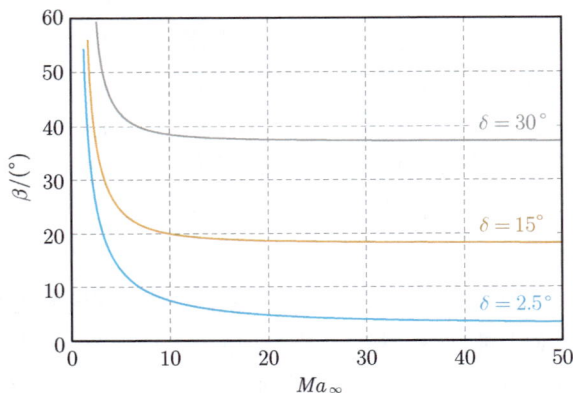

图 10-18　激波角随马赫数的变化曲线

　　之所以激波角不会无限趋近于气流
转折角，是因为斜激波不会无限贴近壁
面。毕竟来流的所有流量需要在激波和
壁面之间的激波层内通过，而激波后的
气流密度并不会随着马赫数的增大而趋
向于无穷大（实际上会趋向于一个极限
值即 $(\kappa+1)/(\kappa-1)$），所以需要一个有
限的面积来通过这些气体。

　　如果不是通过激波压缩而是等熵压
缩，理论上密度可以趋向于无穷大，但
对于气流等熵减速产生的压缩，当马赫

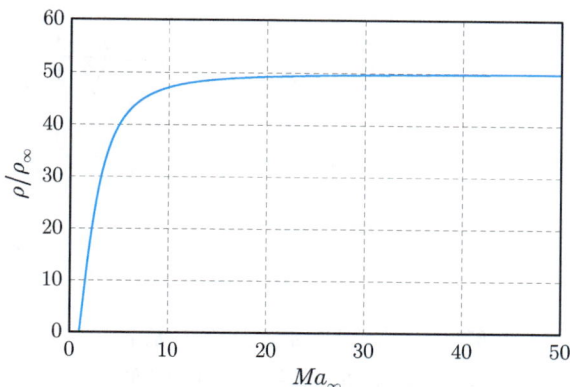

图 10-19　密度比随马赫数的变化情况

数趋向于无穷大的时候，密度并不会趋向于无穷大。图 10-19 所示为密度比随马赫数的变
化情况，可见密度比也符合马赫数无关原理。

　　实际上，高超声速流场中的所有无量纲量都具有与马赫数无关的特征，为了验证这一
点，先对各物理量进行无量纲化，如下

$$\bar{x}=\frac{x}{l},\quad \bar{y}=\frac{y}{l},\quad \bar{u}=\frac{u}{V_\infty},\quad \bar{v}=\frac{v}{V_\infty},\quad \bar{\rho}=\frac{\rho}{\rho_\infty},\quad \bar{p}=\frac{p}{\rho_\infty V_\infty^2}=\frac{p}{\kappa p_\infty Ma_\infty^2}$$

　　把上面各式代入斜激波关系式，可得无量纲的关系式，如下

$$\bar{p}_2=\frac{1}{\kappa Ma_\infty^2}+\frac{2}{\kappa+1}\left(\sin^2\beta-\frac{1}{Ma_\infty^2}\right) \tag{10-15}$$

$$\bar{\rho}_2=\frac{(\kappa+1)Ma_\infty^2\sin^2\beta}{(\kappa-1)Ma_\infty^2\sin^2\beta+2} \tag{10-16}$$

$$\bar{u}_2=1-\frac{2\left(Ma_\infty^2\sin^2\beta-1\right)}{(\kappa+1)Ma_\infty^2} \tag{10-17}$$

$$\bar{v}_2=\frac{2\left(Ma_\infty^2\sin^2\beta-1\right)}{(\kappa+1)Ma_\infty^2\tan\beta} \tag{10-18}$$

　　上面各式在 $Ma_\infty\to\infty$ 时变为

$$\bar{p}_2=\frac{2}{\kappa+1}\sin^2\beta \tag{10-19}$$

$$\bar{\rho}_2 = \frac{\kappa+1}{\kappa-1} \qquad (10\text{-}20)$$

$$\bar{u}_2 = 1 - \frac{2}{\kappa+1}\sin^2\beta \qquad (10\text{-}21)$$

$$\bar{v}_2 = \frac{1}{\kappa+1}\sin(2\beta) \qquad (10\text{-}22)$$

实际上，不需要马赫数趋于无穷大，只要马赫数足够大，就可以使用式（10-19）～式（10-22）替代式（10-15）～式（10-18）而不会带来很大的误差，也就是说可以认为这些无量纲量在高超声速范围内与马赫数无关。图10-20所示为几种无量纲量随马赫数的变化情况，可以看到这些量的马赫数无关特征。

马赫数无关其实就是气体对于太大的马赫数不再敏感。实际上在第4章我们就讨论过类似的问题，虽然马赫数定义的范围是$0\sim\infty$，但是对于气体来说重要的分界线

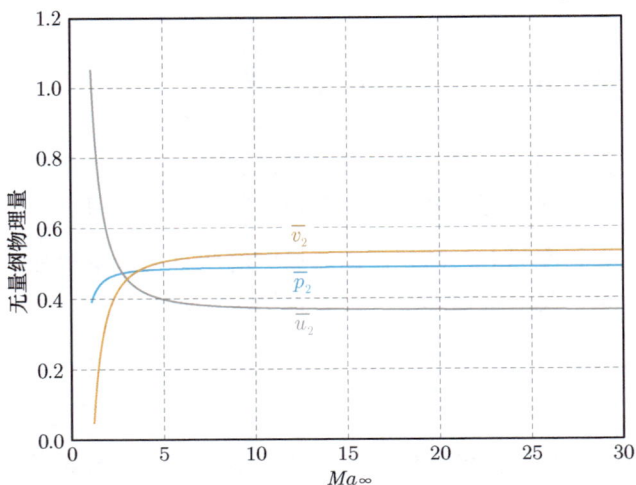

图10-20　几种无量纲量随马赫数的变化情况

是1.0，很大的马赫数并不一定对应速度很高，也可能是声速很低。如果使用速度系数λ就更合理一些，它的最大值是2.45，这样1.0大概位于亚声速和超声速的中点。图10-21所示为分别用速度系数和马赫数定义的流量函数曲线，可以看到，马赫数很大时流量函数的值非常接近于0，也就是说流量函数也满足马赫数无关原理。实际上，如果把超声速范围（Ma为$1\sim\infty$）压缩到和亚声速范围（Ma为$0\sim1$）同等量级大小，则流动参数在亚声速和超声速内的变化趋势是相近的。从这个角度来说，高超声速时的马赫数无

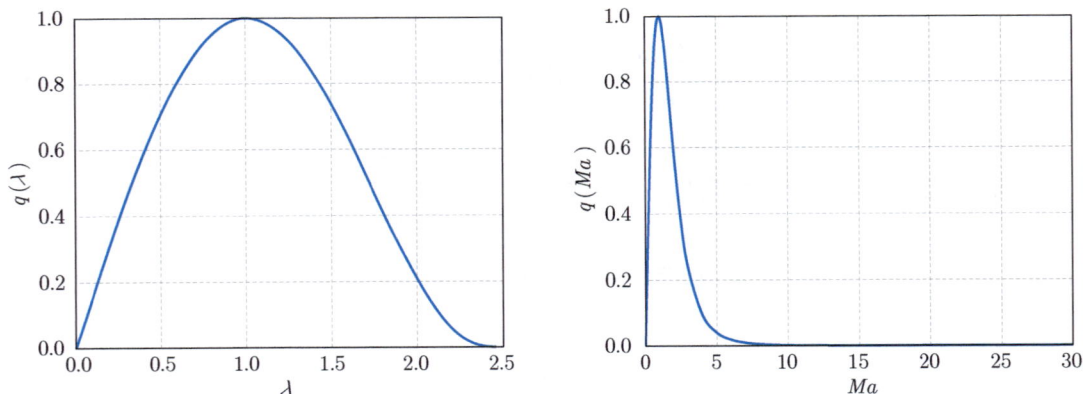

图10-21　分别用速度系数和马赫数定义的流量函数曲线

关原理反映了用马赫数来表示气流速度的不合理性。

10.5　小扰动方程和相似律

与跨声速流动类似，高超声速流动的控制方程也是非线性的，比较现实的方法是寻找相似律，用已知流动来计算未知流动。跨声速相似律和高超声速相似律的工作都是冯·卡门和钱学森共同开创的，经过后人的补充和完善后，成为空气动力学设计的重要理论依据。钱学森在 1946 年发表的一篇文章中针对无旋流动给出了高超声速相似律，后来有人将其扩展到了有旋流动，但毕竟这些都是近似方法，现在一般只在定性分析和概念设计阶段使用，真正的计算完全可以使用更准确的特征线法和全三维数值模拟方法。因此，本节只介绍钱学森文章中针对无旋流动的理论，这个理论用于定性分析高超声速流动是很有用的。

写出小扰动方程即式（8-30）的二维形式，如下

$$\left\{Ma_\infty^2\left[(\kappa+1)\frac{u'}{V_\infty}+\frac{\kappa+1}{2}\frac{u'^2}{V_\infty^2}\right]-(1-Ma_\infty^2)\right\}\frac{\partial u'}{\partial x}+$$
$$\left\{Ma_\infty^2\left[(\kappa-1)\frac{u'}{V_\infty}+\frac{\kappa+1}{2}\frac{v'^2}{V_\infty^2}\right]-1\right\}\frac{\partial v'}{\partial y}+ \tag{10-23}$$
$$Ma_\infty^2\left[\frac{v'}{V_\infty}\left(1+\frac{u'}{V_\infty}\right)\left(\frac{\partial u'}{\partial y}+\frac{\partial v'}{\partial x}\right)\right]=0$$

把这个方程改写为扰动速度势的形式并整理，可得

$$\left[(\kappa+1)Ma_\infty\frac{1}{c_\infty}\phi_x+\frac{\kappa+1}{2}\frac{1}{c_\infty^2}\phi_x^2+Ma_\infty^2-1\right]\phi_{xx}+2Ma_\infty\frac{1}{c_\infty}\phi_y\phi_{xy}+$$
$$\left[(\kappa-1)Ma_\infty\frac{1}{c_\infty}\phi_x+\frac{\kappa+1}{2}\frac{1}{c_\infty^2}\phi_y^2-1\right]\phi_{yy}=0 \tag{10-24}$$

对于小扰动流动，假设有一个细长的物体，其横向（y 轴方向）尺寸为 b，流向（x 轴方向）尺寸为 l，细长比 $\tau=b/l$，可以定义无量纲坐标，如下

$$\xi=\frac{x}{l},\quad \eta=\frac{y}{b} \tag{10-25}$$

这样定义后，相当于 y 轴方向的坐标被放大了，(x,y) 和 (ξ,η) 的对应关系是

$$(0\sim l,0\sim b)\leftrightarrow(0\sim1,0\sim1)$$

在新的无量纲坐标 (ξ,η) 中，扰动速度势的无量纲形式为

$$\phi=l\frac{c_\infty}{Ma_\infty}f(\xi,\eta) \tag{10-26}$$

把式（10-25）和式（10-26）代入式（10-24），并用细长比 τ 代替 b/l，可得无量纲

形式的扰动速度势方程

$$\tau^2 \left[(\kappa+1)f_\xi + \frac{\kappa+1}{2} \cdot \frac{1}{Ma_\infty^2 \tau^2} f_\xi^2 - 1 \right] f_{\xi\xi} + Ma_\infty^2 \tau^2 f_{\xi\xi} + 2f_\eta f_{\xi\eta} +$$
$$\left[(\kappa-1)f_\xi + \frac{\kappa+1}{2} \cdot \frac{1}{Ma_\infty^2 \tau^2} f_\eta^2 - 1 \right] f_{\eta\eta} = 0$$

（10-27）

在无穷远处，小扰动速度趋于零，速度等于 V_∞，因此有

$$f_\xi = f_\eta = 0$$

（10-28）

物体表面的边界条件为

$$\phi_y\big|_{y=0} = c_\infty Ma_\infty \left(\frac{b}{l} \right) h(\xi) = c_\infty Ma_\infty \tau h(\xi)$$

（10-29）

式中，$h(\xi)$ 是物体的厚度分布函数。

利用式（10-25）和式（10-26），式（10-29）可以写为如下的形式

$$f_y\big|_{y=0} = (Ma_\infty \tau)^2 h(\xi)$$

（10-30）

在式（10-27）和式（10-30）中，可以看到 $Ma_\infty \tau$ 作为一个参数整体出现，现在可以定义它为高超声速流动的相似参数

$$K = Ma_\infty \tau$$

（10-31）

在式（10-27）中，$\tau \ll 1$，于是第一项可忽略，方程简化为

$$K^2 f_{\xi\xi} + 2f_\eta f_{\xi\eta} + \left[(\kappa-1)f_\xi + \frac{\kappa+1}{2} \frac{1}{K^2} f_\eta^2 - 1 \right] f_{\eta\eta} = 0$$

（10-32）

物面边界条件即式（10-30）用相似参数表示为

$$f_y\big|_{y=0} = K^2 h(\xi)$$

（10-33）

可以看到，在新的扰动速度势方程即式（10-32）和边界条件即式（10-33）中，只含有新定义的相似参数 K，也就是说在无量纲流场中，各种流动参数只与这个相似参数有关，相同的相似参数必然产生相同的流场。

相似参数由马赫数与长细比的乘积组成，意味着对于相似的流场，马赫数越大物体就应该越细长。对于机翼来说，马赫数越大，机翼就要越薄。如果一个机翼的厚度是弦长的 5%，飞行马赫数为 5，要使用这个翼型的成功经验，当其飞行马赫数增大到 10 时，其厚度与弦长之比就应该变为 2.5%，从而保持相似参数 K 不变，让流动相似。

如果机翼以一定攻角工作，则攻角也成为一个影响流动的参数，其对流动的影响以 α/τ 的形式出现，流场中的无量纲压力可以表示为

$$\overline{p} = \overline{p}(\xi,\ \eta,\ \kappa,\ K,\ \alpha/\tau)$$

用无量纲压力表示的压力系数为

$$C_p = \frac{2(p-p_\infty)\tau^2}{\kappa p_\infty Ma_\infty^2 \tau^2} = 2\tau^2\left(\overline{p} - \frac{1}{\kappa K^2}\right) \tag{10-34}$$

可见，C_p/τ^2 只与相似参数 K 有关。

上述结论也可以推广到三维有旋流动中，图 10-22 所示为气流绕沿流向放置的锥形前端圆柱体的表面压力分布特征线法计算结果。图 10-22（a）所示是 $K=0.5$ 的两种流动，图 10-22（b）所示是 $K=2.0$ 的两种流动，可以看到，只要相似参数 K 相同，表面压力分布就几乎一模一样，体现了这种相似律的准确性。

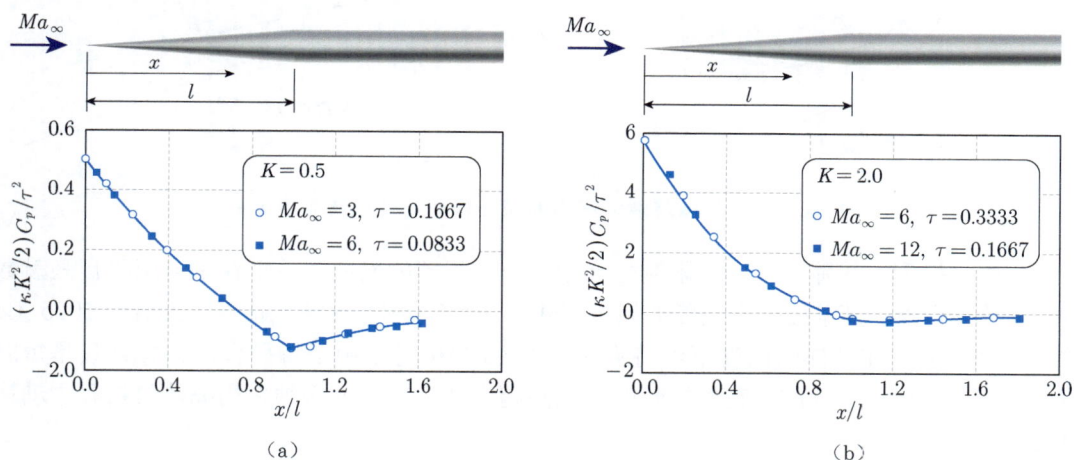

图 10-22　锥形前端圆柱体表面压力分布的计算结果——相似律的验证

10.6　气动加热和热障

气流的总静温比与马赫数的关系为

$$\frac{T_t}{T} = 1 + \frac{\kappa-1}{2}Ma^2$$

对于气流绕物体的绝热流动，在前端驻点上，速度降为零，当地的静温就等于来流的总温，于是上式可以写为

$$\frac{T_0}{T_\infty} = 1 + \frac{\kappa-1}{2}Ma_\infty^2 \tag{10-35}$$

式中，T_0 表示速度为零处的气流温度。

式（10-35）的条件是绝热流动和绝热壁面，不要求等熵。当超声速气流遇到物体时，会生成激波，激波会使气流减速升温，温度关系也满足上式。激波后的气体在流向物体表面过程中继续减速到零，这种减速可能是压差造成的，比如钝体的前缘附近的驻点，或者黏性力造成的，比如物体的侧表面，如图 10-23 所示。无论哪种减速，温度都符合式（10-35），其实这就是一个动能向内能转换的过程，压差产生的转换属于压缩生热，黏性力产生的转换属于摩擦生热。对于高超声速流动来说，气流的能量主要由动能组成，当这些动能转换为内能时，就会使气流的温度升到很高。

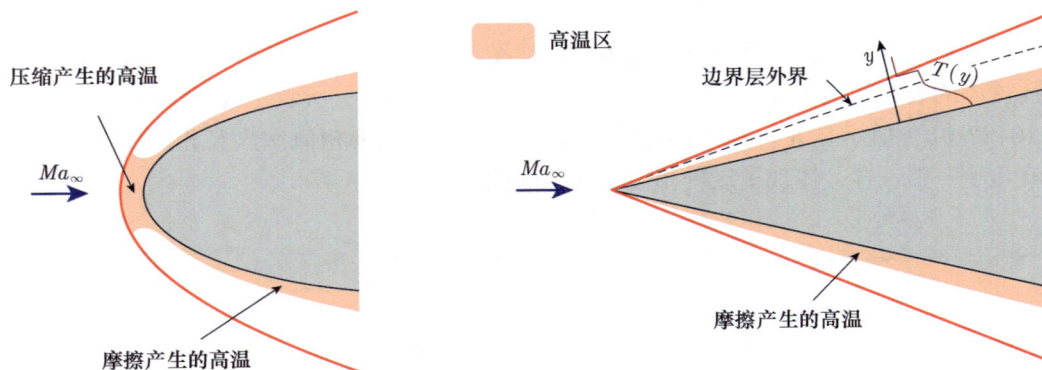

图 10-23　物体前端和侧面的滞止作用都使气体温度升高

前面已提到，热障问题一直限制着高超声速飞行器的发展。一个在平流层飞行马赫数达到 5 的飞行器，其壁面最高温度如果按照式（10-35）用等比热比估算，大概为 1025 ℃，常规的金属无法在这样的温度下保持强度，X-43 的机身采用了特种合金，并且只是短时间地工作。要想让载人的飞行器能长时间以高超声速飞行，就必须采用隔热材料和主动换热技术。

尖头的高超声速飞行器可以最大限度地减小阻力，但尖头形成的激波为贴体激波，激波与壁面之间的薄激波层内的高温气流会对壁面产生很强的气动加热。研究发现，如果使用钝头设计，形成脱体激波，激波后的高温气体会把更多的热量传递给外侧的低温气体，减小对壁面的换热，并且钝头有助于壁面的高温部分向低温部分导热，避免局部温度过高。气体对壁面的最大加热量与物体前缘半径的关系为

$$\dot{q}_{max,lam} = \frac{1}{\sqrt{R_{LE}}} \qquad (10-36)$$

式中，下标 lam 表示层流，即这个式子在边界层为层流时成立。由于高超声速一般发生在平流层的上部和中间层内，气体密度非常低，虽然流速很大，但雷诺数一般较小，前缘附近的流动一般都是层流的。

比起尖头，钝头会增加阻力，高超声速的导弹、航天飞机和返回舱都采用钝头设计，

这是因为这些物体都在下落过程中因为重力加速达到高超声速，不需要阻力小，返回舱这类物体甚至还需要故意增加阻力。如果是靠自主动力长时间平飞的高超声速飞行器，则要设计成尖头来减阻，比如 X-15 和 X-43 等众多高超声速飞机的前缘都是尖的，从式（10-36）可以看到，这时的气动加热问题尤其严峻。

10.7　平衡态高温气体动力学

前面几节在分析流动的时候，都使用了定比热比的理想气体模型，这实际上是不符合高超声速情况的。在一般计算中，当温度高于 800 K 时，使用固定的比热比 1.4 就会带来很大的误差，而当温度高于 2500 K 以后，氧气开始分解，空气的成分和性质也将发生较大的变化。仿照图 10-1，还可以画出各种高超声速飞行器会遇到的空气性质变化曲线，如图 10-24 所示。

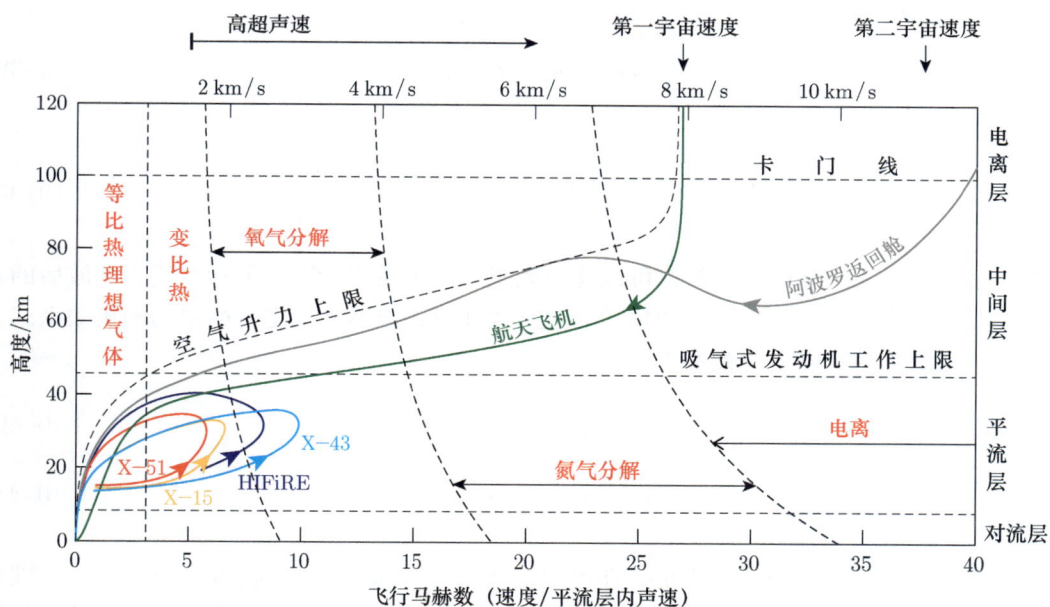

图 10-24　不同高超声速飞行器会遇到的空气性质变化曲线

我们将只涉及平衡态的过程，参照第 2 章 2.3 节，这里所说的平衡态就是热力学中的准静态。虽然实际的流动都不是严格满足准静态过程的，但如果使用微分法，以每个流体微团为微系统，则即使是高超声速流动，一般也可以使用准静态过程来描述。具体来说，这里所说的平衡态包含以下两点。

（1）流体微团内部不存在压力、温度和速度等参数的梯度，或者说这些参数在流体微团内部是均匀的，于是任意时刻都有明确的压力、温度和速度等来描述一个流体微团。

（2）流体微团内不存在自发的化学反应，即混合气体的各成分保持不变。

接下来将针对平衡态的高温高速气体流动的几种情况进行一些简单的理论分析，主要从定性的角度让读者对高超声速流动面临的气体性质变化问题有一个大概的了解。工程上遇到实际的问题时，这些简单的理论计算是不够的，需要使用数值模拟方法。

10.7.1 正激波关系式

第 5 章推导的正激波前后气流参数关系都是基于定比热理想气体的，当来流马赫数很大时，气流经过正激波后温度升高很多，双原子的振动动能被激发，比热比发生变化，并且可能发生了分解等成分变化，但保持为平衡态过程。这种情况仍然符合三大方程，列出如下

连续方程：

$$\rho_1 u_1 = \rho_2 u_2 \tag{10-37}$$

动量方程：

$$p_1 + \rho_1 u_1^2 = p_2 + \rho_2 u_2^2 \tag{10-38}$$

能量方程：

$$h_1 + \frac{1}{2} u_1^2 = h_2 + \frac{1}{2} u_2^2 \tag{10-39}$$

式中，下标 1 代表激波前的参数，可以使用理想气体关系式计算；下标 2 代表激波后的参数，需要查表或使用分子动力学和化学的关系式计算，虽然不一定有简单的解析关系式，但参数之间仍然满足以下的关系

$$\rho_2 = \rho(p_2, h_2) \tag{10-40}$$

$$T_2 = T(p_2, h_2) \tag{10-41}$$

式（10-37）～式（10-41）5 个方程中，含有 5 个未知数（ ρ_2、u_2、p_2、h_2、T_2 ），理论上是可以求解的。然而，由于高温气体并没有理想气体那样的简单状态关系式，这个问题只能使用数值解法，下面简单介绍用数值解法求解的过程。

从式（10-37）可得

$$u_2 = \frac{\rho_1 u_1}{\rho_2} \tag{10-42}$$

把式（10-42）代入式（10-38），有

$$p_1 + \rho_1 u_1^2 = p_2 + \rho_2 \left(\frac{\rho_1 u_1}{\rho_2} \right)^2$$

从而解出 p_2 的表达式为

$$p_2 = p_1 + \rho_1 u_1^2 \left(1 - \frac{\rho_1}{\rho_2}\right)$$

（10-43）

把式（10-42）代入式（10-39），有

$$h_1 + \frac{u_1^2}{2} = h_2 + \frac{1}{2}\left(\frac{\rho_1 u_1}{\rho_2}\right)^2$$

从而解出 h_2 的表达式为

$$h_2 = h_1 + \frac{u_1^2}{2}\left[1 - \left(\frac{\rho_1}{\rho_2}\right)^2\right]$$

（10-44）

波前参数为已知，因此式（10-43）和式（10-44）中只有一个未知数 ρ_1/ρ_2，于是可以使用迭代法求解，步骤如下。

（1）首先假定 ρ_1/ρ_2 的一个初值。（很多情况下取 0.1 是一个不错的选择。）

（2）用式（10-43）和式（10-44）计算 p_2 和 h_2。

（3）用式（10-40）计算 ρ_2。

（4）用新的 ρ_2 计算 ρ_1/ρ_2。

（5）重复步骤（2）～（4），直到残差满足精度要求。

（6）用式（10-41）计算 T_2。

（7）用式（10-42）计算 u_2。

可见，高温气体的计算比定比热理想气体要复杂得多，因为定比热理想气体的激波前后参数比只取决于马赫数，而高温气体的计算则需要同时已知激波前的 3 个参数。

对于定比热理想气体，激波前后的压比为

$$\frac{p_2}{p_1} = f(Ma_1)$$

对于高温气体，则有

$$\frac{p_2}{p_1} = g(u_1, p_1, T_1)$$

可以看到，在高温气体关系式中并不显式地含有波前马赫数，实际上，这时波前马赫数不再是一个重要的参数，波前实际的气流速度才是更重要的决定性参数。很多高超声速运动（比如宇宙飞船返回舱的再入大气层运动）的文献中都使用飞行器的实际飞行速度而不是马赫数来描述，原因就在于此。

假设一个再入的返回舱在 52 km 高空以速度 11 km/s 运动，分别使用定地热理想气体和真实气体计算，其头部正激波产生的参数变化如表 10-1 所示。可以看到温比的差别最大，这是因为温度受化学反应的影响大，而压比的差别比较小，因为它是个力学性质，不怎么受化学反应的影响。对于高空的高超声速运动，激波前的静压相比动压来说一般可忽略，这时的流动较符合牛顿理论，可以用 $p_2 \approx \rho_1 u_1^2$ 估算激波后的压力。

表 10-1　理想气体与真实气体的比较

物理量	$k=1.4$ 的理想气体	真实气体
p_2/p_1	1233	1387
ρ_2/ρ_1	5.972	15.19
h_2/h_1	206.35	212.8
T_2/T_1	206.35	41.64

10.7.2　准一维变截面管流

要想让气体在拉瓦尔喷管内从亚声速加速到高超声速，有一种方法是在进口采用燃烧、电弧或激波等方式产生高温高压的条件。虽然高温气体会发生化学变化，但如果这种化学变化是平衡态的，则流动仍然可以是等熵的。在 6.1 节建立的面积与速度的变化关系即式（6-5）只使用了等熵的条件，并未限定气体是定比热理想气体，因此在这里仍然成立，即

$$\frac{\mathrm{d}A}{A} = (Ma^2-1)\frac{\mathrm{d}V}{V}$$

可见，对于化学反应平衡的高温气体来说，拉瓦尔喷管的喉部气流仍然为声速。

如图 10-25 所示，已知拉瓦尔喷管进口的气流总参数，在 h-s 图上，气体在加速过程中，焓值降低，熵保持不变。进口和出口的焓值之差为

$$\Delta h = h_\mathrm{t} - h_2 = \frac{1}{2}V_2^2 \tag{10-45}$$

常温气体中声速 $c = \partial p/\partial \rho$，高温气体中的声速表达式复杂一些，可写为 $c = c(h, s)$。在图 10-25 中用下标 th 表示喉部，有

$$\rho VA = \rho_\mathrm{th} V_\mathrm{th} A_\mathrm{th} \tag{10-46}$$

这样就可以确定喉部面积 A_th。

具体计算时，需要知道高温空气的焓与熵之间的关系和空气成分的变化，图 10-26 所示为高温空气的焓熵图和成分变化曲线。气流在拉瓦尔喷管中流动时，压力和温度都在变化，所以气体成分的变化关系较为复杂，需要引入化学反应关系式来求解。图 10-27 所示

为高温空气在拉瓦尔喷管内流动时的成分变化情况，其进口储气罐中的空气处于高度分解状态，在沿拉瓦尔喷管中的加速过程中，温度下降，O 和 N 各自发生化合反应，生成 O_2 和 N_2，这两个过程都是放热的，所以会使温降有所缓和。

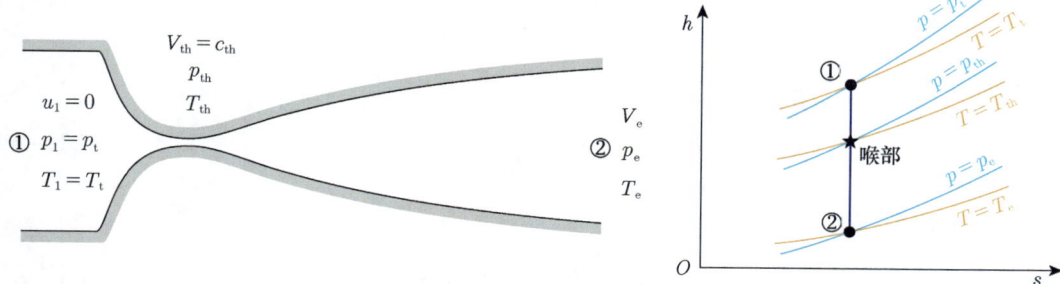

图 10-25　高温空气经过拉瓦尔喷管的流动和相应的焓熵图

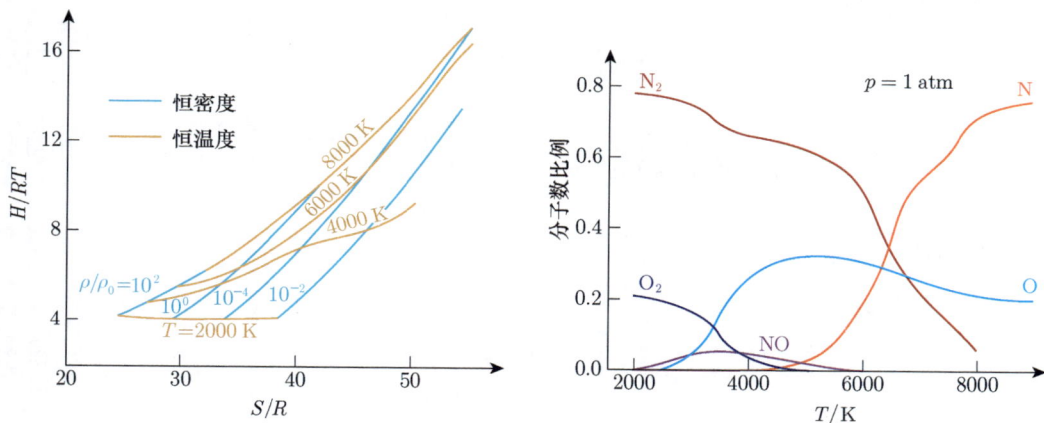

图 10-26　高温空气的焓熵图和成分变化曲线

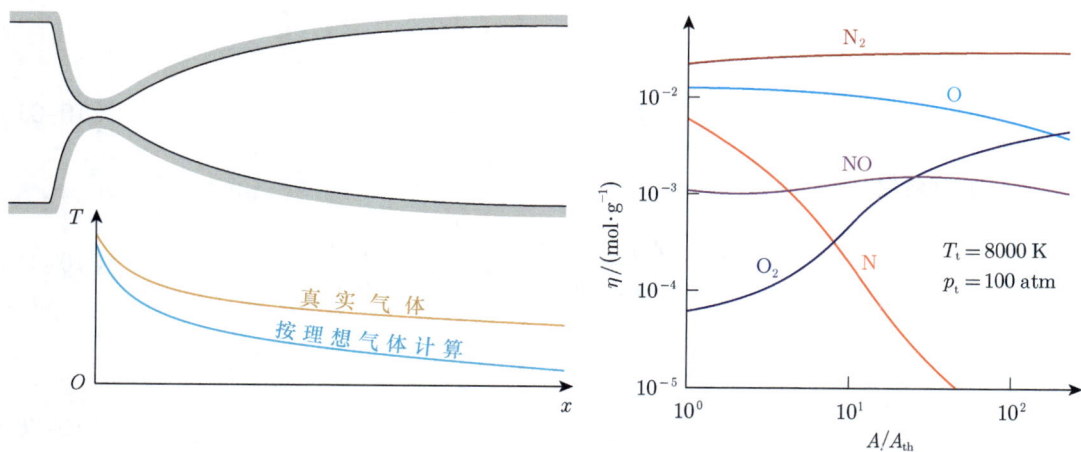

图 10-27　高温空气在拉瓦尔喷管内流动时的温度和成分变化情况

重要关系式总结

可压缩流动层流边界层厚度分布

$$\delta \propto \frac{Ma_\infty^2}{\sqrt{Re_x}} \tag{10-1}$$

克努森数

$$Kn = \frac{\lambda}{L} \tag{10-2}$$

牛顿正弦平方律

$$C_p = \frac{\Delta p}{\rho_\infty V_\infty^2 / 2} = 2\sin^2 \delta \tag{10-9}$$

修正的牛顿理论公式

$$C_p = C_{p,\max} \sin^2 \delta \tag{10-11}$$

$$C_{p,\max} = \frac{2}{\kappa Ma_\infty^2}\left\{\left[\frac{(\kappa+1)^2 Ma_\infty^2}{4\kappa Ma_\infty^2 - 2(\kappa-1)}\right]^{\frac{\kappa}{\kappa-1}}\left(\frac{2\kappa}{\kappa+1} Ma_\infty^2 - \frac{\kappa-1}{\kappa+1}\right) - 1\right\} \tag{10-14}$$

高超声速相似律

    相似参数

$$K = Ma_\infty \tau \tag{10-31}$$

    相似方程

$$K^2 f_{\xi\xi} + 2f_\eta f_{\xi\eta} + \left[(\kappa-1)f_\xi + \frac{\kappa+1}{2}\frac{1}{K^2}f_\eta^2 - 1\right]f_{\eta\eta} = 0 \tag{10-32}$$

    边界条件

$$f_y\big|_{y=0} = K^2 h(\xi) \tag{10-33}$$

    压力系数

$$C_p = \frac{2(p-p_\infty)\tau^2}{\kappa p_\infty Ma_\infty^2 \tau^2} = 2\tau^2\left(\overline{p} - \frac{1}{\kappa K^2}\right) \tag{10-34}$$

    气动加热

$$\dot{q}_{\max,\text{lam}} = \frac{1}{\sqrt{R_{\text{LE}}}} \tag{10-36}$$

第 11 章

数值计算方法简介

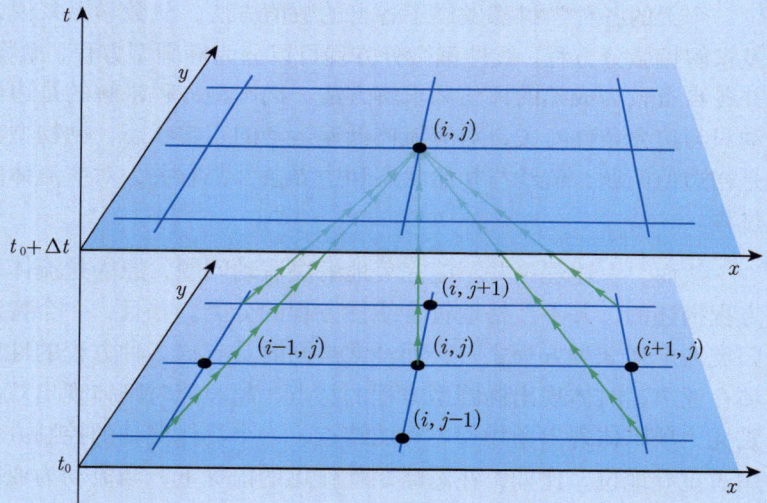

使用时间推进法求解定常的可压缩流动。

11.1　方程的类型和求解方法

流体的一般流动规律由非线性偏微分方程描述，其理论解只在一些特殊情况以及一些假设的基础上才能得到。因此，早期工程上解决流体力学问题时总是要使用简化理论和实验验证结合来进行。随着问题的复杂度越来越高，一些情况下即使经过了简化，仍然得不到理论解，或者由于简化不够合理而使得理论解与实际情况偏差较大。比如第 8 章关于超声速流动的解时，我们就讨论过小扰动线性化理论解和特征线解。小扰动线性化理论解属于解析解，但对于不够流线形的物体误差较大，而使用特征线法并不能得到解析解，需要逐点递推计算。当对结果的精细度要求较高，需要很多条特征线时，完全通过手动计算就过于烦琐并且耗时太多。实际上，从特征线法应用于流体问题的一开始就尽量借助计算机来求解。因此，特征线法也是一种数值求解的方法，理论上也属于计算流体力学，不过学术界通常把特征线法归类为传统解法，而真正的计算流体力学（Computational Fluid Dynamics，CFD）则是伴随着电子计算机发展起来的一个新领域。

今天的各种学科都发展了各自的数值方法，从数学上来说，多数学科的数值解法都涉及求解偏微分方程。线性偏微分方程可以分为椭圆型方程、抛物型方程和双曲型方程 3 类，并各自有较为成熟的评估和求解方法。椭圆型方程求解的是边值问题，或者平衡问题，流动只与边界条件有关，对应流体低速运动的定常状态，抛物型方程和双曲型方程求解的则是初边值问题，流动与初始状态和边界条件都有关，对应流体的非定常流动或者高速流动过程。

然而，上述理论并不能完美地解决流动问题，原因是流体的运动是由强非线性偏微分方程描述的，并不严格地符合线性方程的分类。并且，一个特定的流动问题也不能简单地归类为上述 3 种方程之一，而经常是同时具有这 3 种方程的性质，其中，流体运动的对流项在亚声速时体现出椭圆型方程的特点，超声速时则体现出双曲型方程的特点，流体中的黏性力项则体现出抛物型方程的特点。一个具体流动的控制方程属于哪类方程要看哪种作用占主导地位。比如，在忽略黏性作用的前提下，当流动为亚声速时，定常的流动方程就体现出椭圆型方程的性质，这时的数值求解就是求解一个大型的线性方程组；当流动为超声速时，定常的流动方程体现出双曲型方程的性质，这时的数值求解就是有方向的，从一侧向另一侧推进来求解；对于黏性作用超强的薄剪切层流动来说，惯性力项几乎可以忽略，这时的方程是抛物型的，需要用沿流向的推进法来求解。

流动的诸多特点使得流体力学的数值求解有很多独特的地方，需要我们对流体力学有深入的认识和理解，并且具有相当深度的数学知识才能设计出好的数值求解方法，这使得计算流体力学几乎成为一门独立的学科。几十年以来，众多研究成果的成功应用已经使得数值求解复杂的流动问题成为常规的手段，并且新的方法层出不穷，相关方法仍然在快速发展中，成熟的计算程序和商用软件也已经很常见。大多数从事流体力学相关行业的人都在使用计算流体力学来解决工程问题，这就是本书专门设了一章来介绍计算流体力学的原因。当然，这里只对计算流体力学进行初步的介绍，更为深入的学习还需要读者自行参考相关图书。

11.2　方程的离散

数值模拟是指把原来的积分方程和微分方程等变换为适合计算机求解的离散形式代数方程来求解。计算流体力学中常见的 3 种方法是**有限差分法**、**有限体积法**和**有限元法**。其中的有限差分法是基于对微分方程的离散方法，出现较早，概念更容易理解，易于实现高精度格式。有限元法和有限体积法都是基于局部小控制体积分方程的方法，有限元法在固体计算中得到了广泛的应用，用于流体时需要对某些守恒量进行修正，有限体积法则具有守恒的特征，适合于流体运动这种对流量守恒等要求较高的场合。

由于有限体积法的稳定性和适应性更好，目前的各种商用计算流体力学软件多数都是基于有限体积法的。但有限差分法和有限元法也都有各自的优点，因此它们在一些研究用的计算程序中得到广泛采用。虽然目前有限体积法在计算流体力学中占主导地位，但不能笼统地说这 3 种方法哪种更好，它们都还在发展之中。有限差分法的概念最清晰且容易理解，更适合初学者掌握，本书不属于计算流体力学图书，只对数值方法给出简单的介绍，因此将以有限差分法为主介绍。

11.2.1　差分格式

有限差分法是以泰勒展开为基础的，一维的泰勒展开其实就是用多项式曲线来替代任意曲线的方法，其表达式为

$$f(x+\Delta x)=f(x)+\frac{\partial f}{\partial x}\Delta x+\frac{1}{2}\frac{\partial^2 f}{\partial x^2}(\Delta x)^2+\cdots+\frac{1}{n!}\frac{\partial^n f}{\partial x^n}(\Delta x)^n+\cdots \qquad （11-1）$$

当 $\Delta x \to 0$ 且取无穷多项时，式（11-1）所表示的多项式曲线可以精确地代表任意的函数曲线。图 11-1 所示为原函数为正弦曲线的泰勒展开近似。

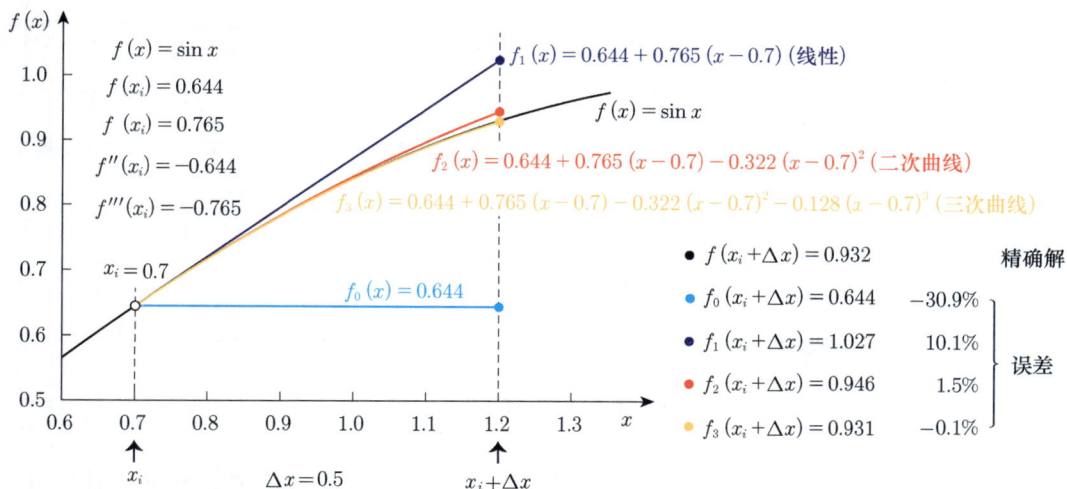

图 11-1　原函数为正弦曲线的泰勒展开近似

525

可以看到，使用二次曲线来近似表示正弦曲线时的误差就已经下降到 1.5% 了，三次曲线的误差更是只有 0.1%。实际计算中使用的 Δx 通常要远小于本例中的 Δx，因此一般使用二次曲线甚至一次曲线就可以得到相当不错的近似结果。

把式（11-1）变换一下，等号两边都除以 Δx，并把一阶导数放在等号左侧，可得

$$\frac{\partial f}{\partial x} = \frac{f(x+\Delta x)-f(x)}{\Delta x} - \frac{1}{2}\frac{\partial^2 f}{\partial x^2}\Delta x - \cdots - \frac{1}{n!}\frac{\partial^n f}{\partial x^n}(\Delta x)^{n-1} - \cdots \qquad （11-2）$$

或写为

$$\frac{\partial f}{\partial x} = \frac{f(x+\Delta x)-f(x)}{\Delta x} + O(\Delta x) \qquad （11-2a）$$

式中，$O(\Delta x)$ 表示与 Δx 同阶的项。如果省略 $O(\Delta x)$，则可以得到用简单的代数关系式表示的导数

$$\frac{\partial f}{\partial x} \approx \frac{f(x+\Delta x)-f(x)}{\Delta x} \qquad （11-3）$$

我们说式（11-3）具有一阶精度，这可以从两点判断出来，一点是该式等号右侧表示的是一条直线，而线性就是一阶，另一点是省略的项与 Δx 同阶，是一阶的。后面我们会发现，用第二点来判断才是合理的，因为有些关系式是线性的，但具有二阶精度（比如后面给出的中心差分格式）。

计算流体力学方法是要把流场进行离散化，在离散的网格上求解，这是适合计算机算法的。图 11-2 所示为这样的网格，习惯上分别用 i、j、k 来标识 x、y、z 这 3 个坐标方向上的离散点，为了清晰，本书只分析二维网格。

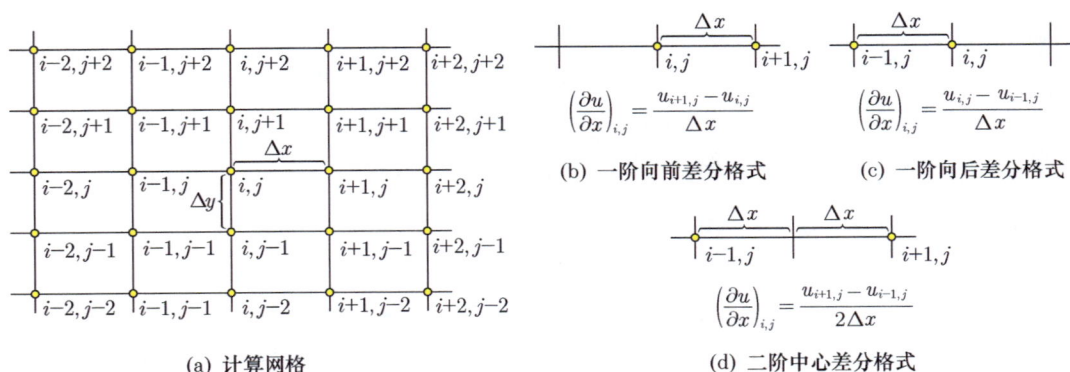

(a) 计算网格

(b) 一阶向前差分格式　　　(c) 一阶向后差分格式

(d) 二阶中心差分格式

图 11-2　计算网格和差分格式

对于 x 坐标上的第 i 点来说，（$i-1$）在其左侧，（$i+1$）在其右侧，流速分别为 $u(i)$、$u(i-1)$ 和 $u(i+1)$，根据式（11-2a）可以得到 i 点处的速度梯度为

$$\left(\frac{\partial u}{\partial x}\right)_i = \frac{u_{i+1} - u_i}{\Delta x} + O(\Delta x) \qquad (11\text{-}4)$$

这样微分就变成了差分，该式具有一阶精度，$O(\Delta x)$ 称为**截断误差**。

式（11-4）又称为**一阶向前差分格式**，因为它用到了在 i 点前面的（$i+1$）点。相应地也可以使用 i 点后面的（$i-1$）点建立**一阶向后差分格式**，如下

$$\left(\frac{\partial u}{\partial x}\right)_i = \frac{u_i - u_{i-1}}{\Delta x} + O(\Delta x) \qquad (11\text{-}5)$$

式（11-4）和式（11-5）具有相同的精度，该使用哪个主要取决于已知条件。比如一个管道的出口处的求解，由于该点已经是最后一点了，不再有（$i+1$）点，计算 i 点时只能使用（$i-1$）点的信息，因此只能用一阶向后差分格式。

一阶格式的精度往往满足不了工程要求，因此就发展出了二阶格式。最简单的二阶格式是中心差分格式，这种格式同时考虑了 i 点上下游的信息。分别对（$i-1$）点和（$i+1$）点使用泰勒展开，有

$$u_{i+1} = u_i + \left(\frac{\partial u}{\partial x}\right)_i \Delta x + \frac{1}{2}\left(\frac{\partial^2 u}{\partial x^2}\right)_i (\Delta x)^2 + \frac{1}{6}\left(\frac{\partial^3 u}{\partial x^3}\right)_i (\Delta x)^3 + \cdots$$

$$u_{i-1} = u_i - \left(\frac{\partial u}{\partial x}\right)_i \Delta x + \frac{1}{2}\left(\frac{\partial^2 u}{\partial x^2}\right)_i (\Delta x)^2 - \frac{1}{6}\left(\frac{\partial^3 u}{\partial x^3}\right)_i (\Delta x)^3 + \cdots$$

将上面两式相减，可得

$$u_{i+1} - u_{i-1} = 2\left(\frac{\partial u}{\partial x}\right)_i \Delta x + \frac{1}{3}\left(\frac{\partial^3 u}{\partial x^3}\right)_i (\Delta x)^3 + \cdots$$

从而可以建立**二阶中心差分格式**，如下

$$\left(\frac{\partial u}{\partial x}\right)_i = \frac{u_{i+1} - u_{i-1}}{2\Delta x} + O(\Delta x)^2 \qquad (11\text{-}6)$$

上述3种差分格式也表示在图11-2上。

如果用曲线拟合来理解差分格式，一阶格式就相当于用折线来代替原来的曲线，而标准的二阶格式应该是用分段二次曲线来代替原来的曲线。中心差分格式的特点是格式本身是直线，但具有二阶精度。图 11-3 所示为分别使用一阶向前差分格式和中心差分格式来求曲线上 i 点导数（也就是过该点切线的斜

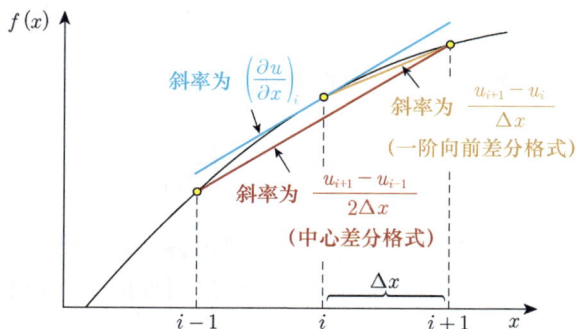

图 11-3 中心差分与一阶向前差分的对比

527

率）时，差分关系式所表示的直线与实际切线的关系，可以看出中心差分格式精度高的原因是它使用了 i 点两侧点的连线来近似切线，斜率与切线的更为接近。

只从计算精度来看，增大网格密度就可以提高一阶格式的精度，二阶格式和更高阶格式的好处是在与一阶格式网格密度相同的情况下精度更高。虽然高阶格式本身的计算量比一阶格式大一些，但由于可以使用更少的网格节点，总计算量还是大大缩减了。计算格式的好坏要综合考量计算成本和结果的精度，这也是多种计算格式并存，并不存在一种格式淘汰其他所有格式的重要原因，低阶格式和高阶格式的区别远远不只精度问题，还有格式的稳定性等诸多方面。

式（11-4）～式（11-6）是一维情况的差分格式，二维情况的格式如下。

x 轴方向一阶向前差分格式：

$$\left(\frac{\partial u}{\partial x}\right)_{i,j} = \frac{u_{i+1,j} - u_{i,j}}{\Delta x} + O(\Delta x) \tag{11-7}$$

x 轴方向一阶向后差分格式：

$$\left(\frac{\partial u}{\partial x}\right)_{i,j} = \frac{u_{i,j} - u_{i-1,j}}{\Delta x} + O(\Delta x) \tag{11-8}$$

x 轴方向二阶中心差分格式：

$$\left(\frac{\partial u}{\partial x}\right)_{i,j} = \frac{u_{i+1,j} - u_{i-1,j}}{2\Delta x} + O(\Delta x)^2 \tag{11-9}$$

y 轴方向一阶向前差分格式：

$$\left(\frac{\partial u}{\partial y}\right)_{i,j} = \frac{u_{i,j+1} - u_{i,j}}{\Delta y} + O(\Delta y) \tag{11-10}$$

y 轴方向一阶向后差分格式：

$$\left(\frac{\partial u}{\partial y}\right)_{i,j} = \frac{u_{i,j} - u_{i,j-1}}{\Delta y} + O(\Delta y) \tag{11-11}$$

y 轴方向二阶中心差分格式：

$$\left(\frac{\partial u}{\partial y}\right)_{i,j} = \frac{u_{i,j+1} - u_{i,j-1}}{2\Delta y} + O(\Delta y)^2 \tag{11-12}$$

基于泰勒展开还可以构建出各种高阶格式，比如二阶向前差分格式和四阶中心差分格式等，这里不再推导，直接给出两种格式，如下

x 轴方向二阶向前差分格式：

$$\left(\frac{\partial u}{\partial x}\right)_{i,j} = \frac{-3u_{i,j} + 4u_{i+1,j} - u_{i+2,j}}{2\Delta x} + O(\Delta x)^2 \qquad （11-13）$$

x 轴方向四阶中心差分格式：

$$\left(\frac{\partial u}{\partial x}\right)_{i,j} = \frac{-u_{i+2,j} + 8u_{i+1,j} - 8u_{i-1,j} + u_{i-2,j}}{12\Delta x} + O(\Delta x)^4 \qquad （11-14）$$

流体运动方程中还会遇到二阶导数，如 $\partial^2 u/\partial x^2$、$\partial^2 u/\partial y^2$ 和 $\partial^2 u/(\partial x \partial y)$，一样可以通过泰勒展开构建它们的差分格式，列出二阶导数的二阶中心差分格式，如下

$$\left(\frac{\partial^2 u}{\partial x^2}\right)_{i,j} = \frac{u_{i+1,j} - 2u_{i,j} + u_{i-1,j}}{(\Delta x)^2} + O(\Delta x)^2 \qquad （11-15）$$

$$\left(\frac{\partial^2 u}{\partial y^2}\right)_{i,j} = \frac{u_{i,j+1} - 2u_{i,j} + u_{i,j-1}}{(\Delta y)^2} + O(\Delta y)^2 \qquad （11-16）$$

$$\left(\frac{\partial^2 u}{\partial x \partial y}\right)_{i,j} = \frac{u_{i+1,j+1} - u_{i+1,j-1} - u_{i-1,j+1} + u_{i-1,j-1}}{4\Delta x \Delta y} + O\left[(\Delta x)^2, (\Delta y)^2\right] \qquad （11-17）$$

11.2.2　差分方程

用上一小节的方法可以把微分方程中的导数项都替换为差分形式，于是微分方程就变成了代数方程，这样的方程称为**差分方程**。现在来尝试求解一个简单的非定常一维导热问题，其物理模型如图 11-4 所示，描述这个问题的微分方程为

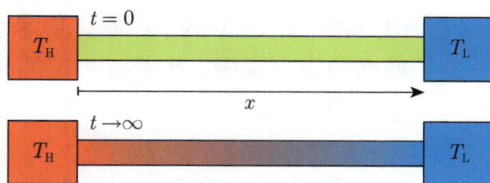

图 11-4　非定常一维导热问题的物理模型

$$\frac{\partial T}{\partial t} = \alpha \frac{\partial^2 T}{\partial x^2} \qquad （11-18）$$

这是一个抛物型方程，因此有一条特征线，这条特征线就是在时间 t 上分隔过去和未来的线，这是由时间的不可逆特征决定的。在某一个时间点上，过去都是其依赖域，而未来都是其影响域。这类问题适合使用时间推进法，即从某个时间点开始，逐步递推得到后面时间点的解。因此在时间上只能用单向差分格式，而不能用中心差分格式。在图 11-5 所示的网格上，以 i 表示空间坐标 x 的标号，n 表示时间坐标 t 的标号，则方程

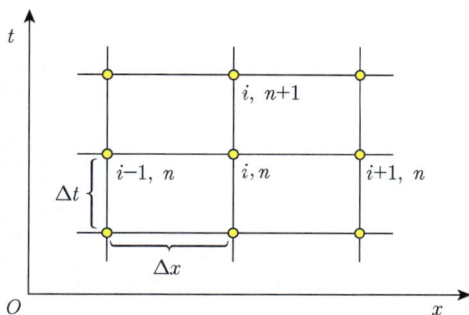

图 11-5　一维导热问题的网格

式（11-18）等号左侧项采用一阶向前差分格式，如下

$$\left(\frac{\partial T}{\partial t}\right)_i^n = \frac{T_i^{n+1}-T_i^n}{\Delta t}+O(\Delta t) \qquad (11\text{-}19)$$

这里把时间坐标的标号写作上标，是为了突出时间推进法，后面我们会看到，计算中是以上标的递增来逐步求解的。

对式（11-18）等号右侧项使用二阶中心差分格式，有

$$\left(\frac{\partial^2 T}{\partial x^2}\right)_i^n = \frac{T_{i+1}^n-2T_i^n+T_{i-1}^n}{(\Delta x)^2}+O(\Delta x)^2 \qquad (11\text{-}20)$$

把式（11-19）和式（11-20）代入式（11-18）并忽略截断误差，有

$$\frac{T_i^{n+1}-T_i^n}{\Delta t}=\alpha\frac{T_{i+1}^n-2T_i^n+T_{i-1}^n}{(\Delta x)^2} \qquad (11\text{-}21)$$

这样就把原来的微分方程式（11-18）转化成了差分方程即式（11-21）。如果我们已知 n 时刻的解，则式（11-21）中只有 T_i^{n+1} 是未知的，可以用下式求解

$$T_i^{n+1}=T_i^n+\alpha\frac{\Delta t}{(\Delta x)^2}\left(T_{i+1}^n-2T_i^n+T_{i-1}^n\right) \qquad (11\text{-}22)$$

$t=0$ 时刻的值是给定的初始值，从这个初始状态开始，可以用式（11-22）逐步求得后面各时刻的解。对于这个问题，如果边界条件是图 11-4 所示的两个恒温热源，中间是一个等截面均质金属棒，则经过一定的时间后金属棒的温度分布会趋向于线性分布，这就是最终定常的结果。

11.2.3　显式格式和隐式格式

式（11-22）等号右侧全是已知量，而等式左侧是待求量，这样就可以直接计算出待求量，这种格式称为**显式格式**。图 11-6 中左下角给出了计算 t_2 时刻 3 点的值时所用到

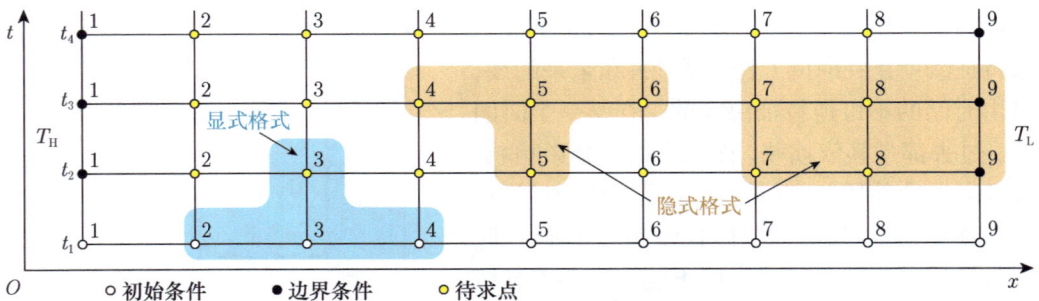

图 11-6　求解非定常一维导热问题的显示格式和隐式格式

的网格点（t_1 时刻的 2 到 4 点）。流场内部的点（2 到 8 点）都可以使用式（11-22）递推求解，而 1 点和 9 点是边界上的点，由边界条件决定，是已知的。参考图 11-4，1 点的温度始终为 T_H，9 点的温度始终为 T_L。以 3 点为例，其计算格式为

$$T_3^{n+1} = T_3^n + \alpha \frac{\Delta t}{(\Delta x)^2} \left(T_4^n - 2T_3^n + T_2^n \right)$$

如果在式（11-22）中，等号右侧第二项括号中的 3 个量不取 n 时刻的值，而是取 $(n+1)$ 时刻的值，则形成如下格式

$$T_i^{n+1} = T_i^n + \alpha \frac{\Delta t}{(\Delta x)^2} \left(T_{i+1}^{n+1} - 2T_i^{n+1} + T_{i-1}^{n+1} \right) \tag{11-23}$$

这种格式使用 n 时刻的一个点来求 $(n+1)$ 时刻的 3 个点，如图 11-6 中间所示，是一种**隐式格式**。不过式（11-23）所示的格式并不好用，求解抛物型方程常用的是另一种精度高且稳定性好的隐式格式，称为克兰克 – 尼科尔森（Crank–Nicolson）格式，其思想是将原微分方程即式（11-18）等号右侧项使用两个时间步的平均来表示，即

$$\frac{T_i^{n+1} - T_i^n}{\Delta t} = \alpha \frac{\frac{1}{2}\left(T_{i+1}^{n+1} + T_{i+1}^n \right) - \frac{1}{2}\left(2T_i^{n+1} + 2T_i^n \right) + \frac{1}{2}\left(T_{i-1}^{n+1} + T_{i-1}^n \right)}{(\Delta x)^2} \tag{11-24}$$

把式（11-24）中的未知数都放在左侧，有

$$\frac{\alpha \Delta t}{2(\Delta x)^2} T_{i-1}^{n+1} - \left[1 + \frac{\alpha \Delta t}{(\Delta x)^2} \right] T_i^{n+1} + \frac{\alpha \Delta t}{2(\Delta x)^2} T_{i+1}^{n+1}$$
$$= -T_i^n - \frac{\alpha \Delta t}{2(\Delta x)^2} \left(T_{i+1}^n - 2T_i^n + T_{i-1}^n \right) \tag{11-25}$$

和式（11-23）相比，这种格式用到了 n 时刻的 3 个点来求 $(n+1)$ 时刻的 3 个点，如图 11-6 中最右侧的隐式格式所示。

为了简化，分别用 A、B 和 K_i 表示式（11-25）中的系数和等号右端项，如下

$$A = \frac{\alpha \Delta t}{2(\Delta x)^2}$$

$$B = 1 + \frac{\alpha \Delta t}{(\Delta x)^2}$$

$$K_i = -T_i^n - \frac{\alpha \Delta t}{2(\Delta x)^2} \left(T_{i+1}^n - 2T_i^n + T_{i-1}^n \right)$$

于是式（11-25）可以写为

$$AT_{i-1}^{n+1} - BT_i^{n+1} + AT_{i+1}^{n+1} = K_i$$

把 2 点到 8 点（即 i 取值 $2 \sim 8$）的方程联立，得到由如下 7 个方程组成的线性方程组

$$AT_1 - BT_2 + AT_3 = K_2$$
$$AT_2 - BT_3 + AT_4 = K_3$$
$$\cdots$$
$$AT_7 - BT_8 + AT_9 = K_8$$

这个方程组的未知数也有 7 个，于是就可以求解了。

这 7 个方程组成的线性方程组的系数矩阵只在对角线和其两侧的平行线上不为零，是一个三对角矩阵，如下所示

$$\begin{bmatrix} -B & A & 0 & 0 & 0 & 0 & 0 \\ A & -B & A & 0 & 0 & 0 & 0 \\ 0 & A & -B & A & 0 & 0 & 0 \\ 0 & 0 & A & -B & A & 0 & 0 \\ 0 & 0 & 0 & A & -B & A & 0 \\ 0 & 0 & 0 & 0 & A & -B & A \\ 0 & 0 & 0 & 0 & 0 & A & -B \end{bmatrix} \begin{Bmatrix} T_2 \\ T_3 \\ T_4 \\ T_5 \\ T_6 \\ T_7 \\ T_8 \end{Bmatrix} = \begin{Bmatrix} K_2 \\ K_3 \\ K_4 \\ K_5 \\ K_6 \\ K_7 \\ K_8 \end{Bmatrix} \qquad (11\text{--}26)$$

对于三对角矩阵组成的线性方程组，可以用较为成熟的托马斯算法（Thomas algorithm）来求解。因此这类二阶隐式格式的求解虽然比前面讨论的显式格式看起来要复杂一些，但对于计算机来说，计算量并没有增加很多。

既然隐式格式比显式格式要复杂，而且由于需要求解线性方程组，计算量也更大，那隐式格式的意义是什么呢？这个问题涉及数值求解的稳定性。显式格式最大的缺点是时间步长必须小于一定值才稳定，而很多隐式格式是无条件稳定的，可以使用较大的时间步长。虽然隐式格式的每一步计算时间比显式格式的长，但可以用更少的步数得到最终解，因此总计算时间往往更短。

11.2.4 误差和稳定性

数值算法总是存在误差，并存在稳定性和收敛性的问题。数值稳定性是指输入数据的微小扰动对算法输出结果的影响程度，而收敛性是指迭代求解时是否会趋近于真实结果。计算流体力学面对的一般是非线性方程，而数学上较为严格的稳定性理论都是针对线性方程的，本节将使用线性方程介绍数值算法的稳定性，这些理论虽然不能完全确定非线性方程算法的稳定性，但可以给予定性的指导和一定程度的定量评估。

使用计算机进行数值求解时，存在两种误差，一种是使用差分方程代替微分方程产生的截断误差，比如一阶格式中的 $O(\Delta x)$，这个误差大小与所用格式的阶数有关，阶数越高则截断误差越小，还与网格的疏密有关，网格越密，则截断误差越小；另一个误差是计算机本身二进制存储带来的舍入误差。一般情况下舍入误差小于截断误差，只有在网格特别

密、Δx 非常小时，舍入误差才有可能大于截断误差。虽然舍入误差很小，但由于其具有随机性，如果在迭代过程中逐步放大，就有可能使计算发散，会出现这种情况的数值格式就是不稳定的。

使用扰动分析理论可以得到稳定性准则，这里不深入推导，只给出结果供读者参考。仍然以非定常一维导热方程式（11–18）为例，来分析显式格式即式（11–22）的稳定性。把这两个关系式抄写如下

$$\frac{\partial T}{\partial t} = \alpha \frac{\partial^2 T}{\partial x^2}$$

$$T_i^{n+1} = T_i^n + \alpha \frac{\Delta t}{(\Delta x)^2} \left(T_{i+1}^n - 2T_i^n + T_{i-1}^n \right)$$

式（11–22）的稳定性准则是

$$\alpha \frac{\Delta t}{(\Delta x)^2} \leqslant \frac{1}{2} \tag{11-27}$$

可以看到，要想使这个显式格式保持稳定，时间步长必须要小于某值。一旦时间步长大于此值，任意小的舍入误差都会随计算过程增长，最终导致结果发散，体现在计算机程序运行中就是出错终止，具体显示的错误可能是分母为零、负数开方或数字过大溢出等。

不同方程的稳定性准则各不相同。式（11–18）是热传导方程，现在来看波动方程

$$\frac{\partial u}{\partial t} + c \frac{\partial u}{\partial x} = 0 \tag{11-28}$$

仿照之前的方法，对时间用一阶向前差分，对空间用二阶中心差分，得到如下格式

$$\frac{u_i^{n+1} - u_i^n}{\Delta t} = -c \frac{u_{i+1}^n - u_{i-1}^n}{2\Delta x} \tag{11-29}$$

稳定性分析显示，这种格式是无条件不稳定的，所以不是一种可以用的格式，对其进行改进，令时间项变为

$$\frac{\partial u}{\partial t} = \frac{u_i^{n+1} - \frac{1}{2} \left(u_{i+1}^n + u_{i-1}^n \right)}{\Delta t}$$

空间项仍使用二阶中心差分，则可以构建如下的格式

$$u_i^{n+1} = \frac{u_{i+1}^n + u_{i-1}^n}{2} - c \frac{\Delta t}{\Delta x} \frac{u_{i+1}^n - u_{i-1}^n}{2} \tag{11-30}$$

稳定性分析显示，这种格式的稳定性准则是

$$C = c\frac{\Delta t}{\Delta x} \leqslant 1 \qquad (11\text{-}31)$$

这里的 C 代表柯朗（Courant）数，也称为 CFL（Courant–Friedrichs–Lewy）数，而式（11.31）的条件就是有名的 **CFL 条件**。这个条件表明，要想让式（11-30）稳定，时间步长必须小于某值（$\Delta t < \Delta x/c$）。CFL 条件之所以有名，一方面是因为它出现得很早（1928 年），另一方面是它代表了一类双曲型方程的收敛条件，比如下面的二阶波动方程

$$\frac{\partial^2 u}{\partial t^2} = c^2 \frac{\partial^2 u}{\partial x^2} \qquad (11\text{-}32)$$

我们在前面的 7.2 节和 8.5 节中的小扰动线性化理论中接触过这个波动方程，它代表了一维可压缩流动问题，在这里我们可以进一步分析 CFL 数与特征线的关系。一维流动特征线方程如下

右传波：

$$x = ct$$

左传波：

$$x = -ct$$

图 11-7 所示为数值稳定性与特征线的关系。令 A 点为（$t+\Delta t$）时刻的所求点，而 B 点和 F 点为经过 A 点的特征线与时刻 t 的交点，D 点和 E 点为使用二阶中心差分求 A 时所用的时刻 t 的点。这样，理论上 A 点的依赖域为三角形 ABF，称为**解析依赖域**，但数值计算时 A 点的依赖域变为三角形 ADE，称为**数值依赖域**。

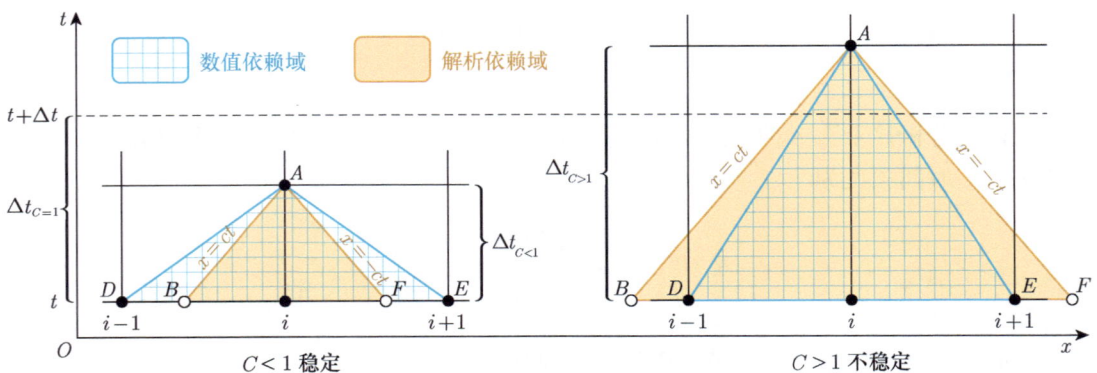

图 11-7　数值稳定性与特征线的关系

当所取的时间步长 Δt 较小时，$C<1$，这时的计算格式是稳定的，从图 11-7 可以看出，这时的数值依赖域包含解析依赖域；当所取的时间步长 Δt 较大时，$C>1$，这时的计算格式是不稳定的，从图 11-7 可以看出，这时的数值依赖域并不包含所有的解析依赖域。因此，可以把稳定性条件归纳为：**若要数值格式稳定，数值依赖域必须包含所有解析依赖域。**

　　虽然取较小的 Δt 可以保证格式稳定，但会带来两个问题，一个是收敛过程会很慢，另一个是会带来额外的误差。从图 11-7 的左图可以看出，当 $C<1$ 时，计算域包含一些不属于解析依赖域的流场，而在实际的流动中，这部分流场的信息本不该对 A 点的流动有影响，于是会带来额外的误差。

　　各种格式的 CFL 数的稳定值都不一样，计算中需要根据具体情况来选取。很多隐式格式在理论上是无条件稳定的，在实际计算中，有时 CFL 数可以设为 10 甚至 100 等很大的值，但过大的 CFL 数仍然会导致发散，原因是稳定性分析理论都是针对线性方程的，不能完全预测实际的非线性方程。在实际操作时，可以在一开始选取较小的 CFL 数，比如 $0.5 \sim 1.0$，当流动接近收敛时，再把 CFL 数改到更合理的值。

11.2.5　耗散和色散

　　我们已经知道数值计算结果存在截断误差和舍入误差，并且格式还存在稳定性问题。不过实际上数值求解远不只这么简单，有时计算结果会收敛，但与实际流动相差很多。原因不只是存在误差，还有离散后得到的方程并不真正地代表原方程。

　　用一个具体的例子来分析数值格式与原方程的区别，仍然以波动方程为例

$$\frac{\partial u}{\partial t} + c \frac{\partial u}{\partial x} = 0$$

　　这次空间离散不使用二阶中心差分，而使用一阶向后差分，得到的数值格式如下

$$\frac{u_i^{n+1} - u_i^n}{\Delta t} + c \frac{u_i^n - u_{i-1}^n}{\Delta x} = 0 \tag{11-33}$$

　　这个格式在时间和空间上都是一阶的，截断误差为 $O(\Delta t, \Delta x)$。为了分析 i 点在 n 时刻的误差，使用泰勒展开把 u_i^{n+1} 和 u_{i-1}^n 都表示成 (i,n) 点处的函数，如下

$$u_i^{n+1} = u_i^n + \left(\frac{\partial u}{\partial t}\right)_i^n \Delta t + \frac{1}{2}\left(\frac{\partial^2 u}{\partial t^2}\right)_i^n (\Delta t)^2 + \frac{1}{6}\left(\frac{\partial^3 u}{\partial t^3}\right)_i^n (\Delta t)^3 + \cdots$$

$$u_{i-1}^n = u_i^n - \left(\frac{\partial u}{\partial x}\right)_i^n \Delta x + \frac{1}{2}\left(\frac{\partial^2 u}{\partial x^2}\right)_i^n (\Delta x)^2 - \frac{1}{6}\left(\frac{\partial^3 u}{\partial x^3}\right)_i^n (\Delta x)^3 + \cdots$$

　　把上面两式代入式（11-33），整理可以得到 i 点在 n 时刻的关系式，如下

$$\frac{\partial u}{\partial t} + c \frac{\partial u}{\partial x} = -\frac{1}{2}\left(\frac{\partial^2 u}{\partial t^2}\right)\Delta t - \frac{1}{6}\left(\frac{\partial^3 u}{\partial t^3}\right)(\Delta t)^2 + \frac{c}{2}\left(\frac{\partial^2 u}{\partial x^2}\right)\Delta x - \frac{c}{6}\left(\frac{\partial^3 u}{\partial x^3}\right)(\Delta x)^2 + \cdots \tag{11-34}$$

　　这里去掉了角标 i 和 n。可以看到，式（11-34）与原始微分方程式（11-28）的不同是多了等号右侧的截断误差项，这一项可以用 $O(\Delta t, \Delta x)$ 表示。

　　由于式（11-34）的等号右侧同时含有对时间和空间的导数，不易分析，可以使用一定

气体动力学原理和方法

的数学变换把时间导数项全部变换成空间导数项。相关的推导过程读者可参考安德森（John D. Anderson）的经典著作《计算流体力学基础及其应用》，这里直接给出结果，如下

$$\frac{\partial u}{\partial t} + c\frac{\partial u}{\partial x} = \frac{c\Delta x}{2}(1-\nu)\frac{\partial^2 u}{\partial x^2} + \frac{c(\Delta x)^2}{6}(-2\nu^2+3\nu-1)\frac{\partial^3 u}{\partial x^3} + O\left[(\Delta t)^3,(\Delta t)^2(\Delta x),(\Delta t)(\Delta x)^2,(\Delta x)^3\right] \tag{11-35}$$

式中，$\nu = c\Delta t/\Delta x$。

式（11-35）中的截断误差项是三阶的，与式（11-34）对比，一阶和二阶的截断误差包含于等式右边前两项。舍去三阶误差项，可以写出微分方程，如下

$$\frac{\partial u}{\partial t} + c\frac{\partial u}{\partial x} = \frac{c\Delta x}{2}(1-\nu)\frac{\partial^2 u}{\partial x^2} + \frac{c(\Delta x)^2}{6}(-2\nu^2+3\nu-1)\frac{\partial^3 u}{\partial x^3} \tag{11-36}$$

对比式（11-36）和原方程式（11-28），可以看到它们的形式并不一样。当使用式（11-33）求解时，实际上求解的并不是方程式（11-28），而是方程式（11-36）。式（11-36）称为式（11-28）的**修正方程**。

修正方程与原方程的区别不只是误差，还包括形式上的改变。原方程只含有速度对时间和空间的一阶导数，修正方程则还含有对空间的二阶导数和三阶导数，这使得方程的物理意义发生了变化。波动方程式（11-28）是忽略了黏性的欧拉方程。把式（11-36）和N-S方程进行对比，可以看到，式中的二阶导数$\partial^2 u/\partial x^2$项对应N-S方程中的黏性项，这一项的系数$(c\Delta x/2)(1-\nu)$就对应流体的运动黏度，因此，这一项会表现出黏性的特点，称为**人工黏性项**。

人工黏性项完全是由数值格式带来的，和真实的物理黏性无关，是使用某些数值格式时修正方程比原方程多出的项。但既然出现在数学方程中，这一项对计算结果的作用就和物理上的黏性类似，都会产生损失（或者称为**耗散**）。式（11-36）中还含有三阶导数项$\partial^3 u/\partial x^3$，这一项在N-S方程中并不存在，它对流动的作用和耗散相反，会放大流体的局部误差而产生振荡效果，这种作用称为**色散**。

把流体运动看作一个振荡系统，耗散起到的是稳定系统的阻尼作用，而色散起到的是使系统失稳的惯性振荡作用。这两种作用都会使计算结果偏离真实流场，不过耗散产生的误差相对来说是可控的，并且有利于计算的收敛，而色散则倾向于导致计算发散。在实际计算中，有时会故意在耗散项上增加一个放大系数，通过调节这个系数来增强或减弱人工黏性的作用，使计算易于收敛或减小计算误差。耗散和色散对流动的影响在激波的捕捉中体现最明显，流体参数在激波处有一个非常大的梯度，耗散作用会倾向于抹平这个梯度，而色散作用则会在激波处产生振荡，图11-8所示为这两种作用的效果。

任何计算格式都是同时含有耗散和色散的，就看哪种占主导地位。从式（11-36）可以看到，耗散项（含有$\partial^2 u/\partial x^2$的项）是一阶小量（系数含有$\Delta x$），而色散项（含有$\partial^3 u/\partial x^3$的项）是二阶小量（系数含有$(\Delta x)^2$），所以耗散项占主导地位，计算结果呈现

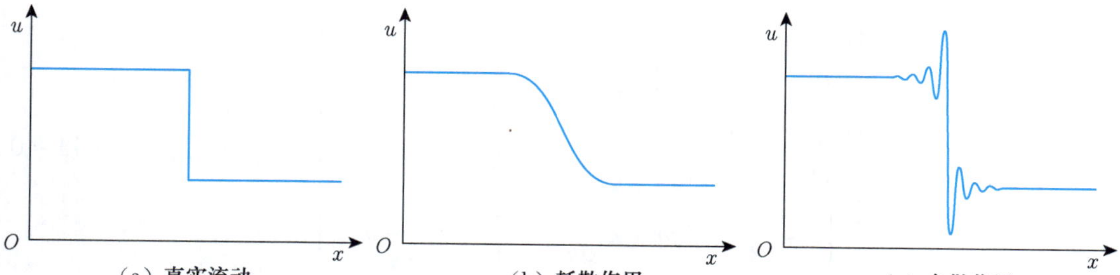

（a）真实流动　　（b）耗散作用　　（c）色散作用

图 11-8　耗散作用和色散作用的效果

耗散特性。式（11-36）对应式（11-33）的一阶差分，如果使用二阶差分，则一阶小量消失，耗散项将出现在三阶小量项中，这时二阶小量占主导地位，于是色散将成为主要误差。一般来说，在修正方程中含有 $\partial^m u/\partial x^m$ 的项中，m 为偶数的项具有耗散特性，而 m 为奇数的项具有色散特性，第一项的导数是偶数阶还是奇数阶决定了数值格式展现出耗散特性还是色散特性。

11.3　流动方程和数值格式

11.3.1　统一形式的流动方程

描述完整的可压缩流动需要同时求解连续方程、动量方程和能量方程。数值求解时把这些方程看作一个方程组来求解，有 5 个未知数（u、v、w、ρ、p）和 5 个方程（1 个连续方程、3 个动量方程、1 个能量方程）。这 5 个方程具有统一的形式，如下

$$\frac{\partial U}{\partial t}+\frac{\partial F}{\partial x}+\frac{\partial G}{\partial y}+\frac{\partial H}{\partial z}=J \tag{11-37}$$

式中，U、F、G、H 和 J 各有 5 个不同的分量，分别如下

$$U=\left\{\begin{matrix}\rho \\ \rho u \\ \rho v \\ \rho w \\ \rho\left(\hat{u}+\dfrac{V^2}{2}\right)\end{matrix}\right\} \tag{11-38}$$

$$U=\left\{\begin{matrix}\rho u \\ \rho u^2+p-\tau_{xx} \\ \rho v u-\tau_{xy} \\ \rho w u-\tau_{xz} \\ \rho\left(\hat{u}+\dfrac{V^2}{2}\right)u+pu-\lambda\dfrac{\partial T}{\partial x}-u\tau_{xx}-v\tau_{xy}-w\tau_{xz}\end{matrix}\right\} \tag{11-39}$$

$$G = \begin{Bmatrix} \rho v \\ \rho uv - \tau_{yx} \\ \rho v^2 + p - \tau_{yy} \\ \rho wv - \tau_{yz} \\ \rho\left(\widehat{u} + \dfrac{V^2}{2}\right)v + pv - \lambda\dfrac{\partial T}{\partial y} - u\tau_{yx} - v\tau_{yy} - w\tau_{yz} \end{Bmatrix} \tag{11-40}$$

$$H = \begin{Bmatrix} \rho w \\ \rho uw - \tau_{zx} \\ \rho vw - \tau_{zy} \\ \rho w^2 + p - \tau_{zz} \\ \rho\left(\widehat{u} + \dfrac{V^2}{2}\right)w + pw - \lambda\dfrac{\partial T}{\partial z} - u\tau_{zx} - v\tau_{zy} - w\tau_{zz} \end{Bmatrix} \tag{11-41}$$

$$J = \begin{Bmatrix} 0 \\ \rho f_{b,x} \\ \rho f_{b,y} \\ \rho f_{b,z} \\ \rho\left(u f_{b,x} + v f_{b,y} + w f_{b,z}\right) + \rho \dot{q}_{\mathrm{rad}} \end{Bmatrix} \tag{11-42}$$

当流动为定常时，有 $\partial U/\partial t = 0$ ，方程式（11-37）变为

$$\frac{\partial F}{\partial x} + \frac{\partial G}{\partial y} + \frac{\partial H}{\partial z} = J \tag{11-43}$$

对于亚声速无黏流动，式（11-43）为椭圆型方程，求解的是边值问题。求解这样的流场时，边界上的参数都是已知的，而流场内部的气流参数未知。原方程变为差分方程后，形成大型线性方程组，一般使用迭代法进行求解，常用的有高斯－赛德尔（Gauss-Seidel）迭代法以及松弛迭代法等。图 11-9 所示为亚声速无黏流动的迭代求解，这个问题的控制方程是椭圆型的，迭代求解时，一开始四面边界上的温度已知，而内部先给定一个初场，随着迭代的进行，边界的影响通过差分一步步地向中心逼近，当整个温度场符合控制方程时，温度分布不再随着迭代变化，迭代趋于收敛，于是得到了最终解。

对于亚声速有黏流动，方程将呈现出一定的抛物型特征，理论上不能使用上述的松弛迭代法，原因是黏性的影响并不会向上游传递。对于超声速流动，方程将主要呈现出双曲型特征，完全不能使用上述的迭代法了。

双曲型方程有自己的解法，前面第 8 章讲过的特征线法就是一种。特征线法是基于已知空间点使用空间推进法来进行计算的。现在如果使用差分方法直接求解式（11-43），可以参考特征线法，将其变换为空间推进法的形式，如下

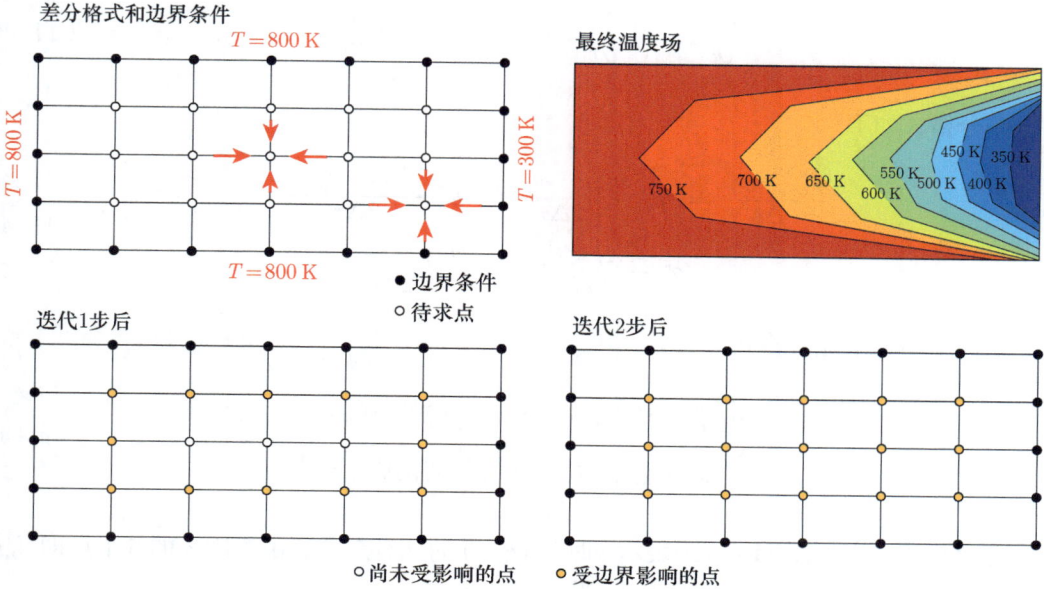

差分格式和边界条件

$T = 800\ \text{K}$

$T = 800\ \text{K}$

$T = 300\ \text{K}$

$T = 800\ \text{K}$

最终温度场

750 K 700 K 650 K 600 K 550 K 500 K 450 K 400 K 350 K

● 边界条件
○ 待求点

迭代1步后

迭代2步后

○尚未受影响的点   ● 受边界影响的点

图 11-9　亚声速无黏流动的迭代求解

$$\frac{\partial F}{\partial x} = J - \frac{\partial G}{\partial y} - \frac{\partial H}{\partial z} \tag{11-44}$$

通过沿着 x 轴方向逐步推进来求解 F，最终得到所有流场的参数。比如，可以对 x 使用一阶向前差分，对 y 和 z 使用二阶中心差分，形成如下的显式格式

$$F_i^{n+1} = F_i^n + \Delta x J_i^n - \frac{\Delta x}{2\Delta y}\left(G_{i+1}^n - G_{i-1}^n\right) - \frac{\Delta x}{2\Delta z}\left(H_{j+1}^n - H_{j-1}^n\right) \tag{11-45}$$

这样就可以用 n 点处的值来求 $(n+1)$ 点处的值了。

很多流场都是超声速和亚声速并存的，这时既无法使用松弛迭代法，也无法使用空间推进法。这个问题在历史上曾经困扰了计算流体力学研究者一段时间，后来的解决办法是基于这样一个事实：虽然定常的方程在亚声速和超声速时呈现出不同的特征，但非定常的方程则都呈现出抛物型方程的或双曲型方程的特征。这样，即使对于定常流动问题，也不用求解式（11-43），而求解式（11-37），使用时间推进法来求解所有的亚声速和超声速问题。

本书主要讨论可压缩流动，因此对于下面的数值格式将只介绍适用于双曲型方程的时间推进法或空间推进法，而不介绍松弛迭代法。接下来介绍几种较为简单的格式，这些格式比较易懂，并且在计算流体力学发展的初期得到了广泛使用，现在基本已经被更好的格式替代了，但作为计算流体力学的入门学习内容，理解这些格式是非常有帮助的。

11.3.2　Lax-Friedrichs 格式

Lax-Friedrichs 格式是一种时间上使用一阶向前差分、空间上使用二阶中心差分的格式。以连续方程为例，二维形式的方程如下

$$\frac{\partial \rho}{\partial t} = -\left(\rho \frac{\partial u}{\partial x} + u \frac{\partial \rho}{\partial x} + \rho \frac{\partial v}{\partial y} + v \frac{\partial \rho}{\partial y}\right) \tag{11-46}$$

差分格式如下

$$\frac{\rho_{i,j}^{n+1} - \rho_{i,j}^{n}}{\Delta t} = -\rho_{i,j}^{n} \frac{u_{i+1,j}^{n} - u_{i-1,j}^{n}}{2\Delta x} - u_{i,j}^{n} \frac{\rho_{i+1,j}^{n} - \rho_{i-1,j}^{n}}{2\Delta x} - $$
$$\rho_{i,j}^{n} \frac{v_{i,j+1}^{n} - v_{i,j-1}^{n}}{2\Delta y} - v_{i,j}^{n} \frac{\rho_{i,j+1}^{n} - \rho_{i,j-1}^{n}}{2\Delta y} \tag{11-47}$$

从而给出如下显式格式

$$\rho_{i,j}^{n+1} = \rho_{i,j}^{n} - \frac{\Delta t}{2\Delta x}\rho_{i,j}^{n}\left(u_{i+1,j}^{n} - u_{i-1,j}^{n}\right) - \frac{\Delta t}{2\Delta x}u_{i,j}^{n}\left(\rho_{i+1,j}^{n} - \rho_{i-1,j}^{n}\right) - $$
$$\frac{\Delta t}{2\Delta y}\rho_{i,j}^{n}\left(v_{i,j+1}^{n} - v_{i,j-1}^{n}\right) - \frac{\Delta t}{2\Delta y}v_{i,j}^{n}\left(\rho_{i,j+1}^{n} - \rho_{i,j-1}^{n}\right) \tag{11-48}$$

这个格式可以用图 11-10 来表示。时刻 $(n+1)$ 的 (i,j) 点参数由时刻 n 的 5 个点即 (i,j)、$(i-1,j)$、$(i+1,j)$、$(i,j-1)$ 和 $(i,j+1)$ 得出。

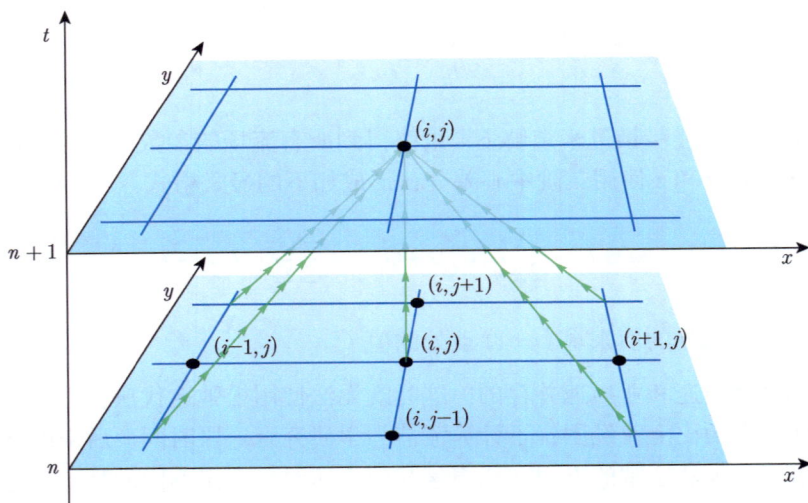

图 11-10 Lax-Friedrichs 格式

11.3.3 Lax-Wendroff 格式

Lax-Friedrichs 格式虽然简单、易实施，但其时间上只有一阶精度。为了让时间上也具有二阶精度，使用泰勒级数沿时间展开，如下

$$\rho_{i,j}^{n+1} = \rho_{i,j}^{n} + \left(\frac{\partial \rho}{\partial t}\right)_{i,j}^{n} \Delta t + \frac{1}{2}\left(\frac{\partial^2 \rho}{\partial t^2}\right)_{i,j}^{n}(\Delta t)^2 + O(\Delta t)^3 \tag{11-49}$$

要让格式达到二阶精度，式（11-49）中的一阶和二阶导数项都需要使用。一阶导数

已经在前面的 Lax–Friedrichs 格式得到了，即式（11–47），写出如下

$$\left(\frac{\partial p}{\partial t}\right)^n_{i,j} = -\rho^n_{i,j}\frac{u^n_{i+1,j}-u^n_{i-1,j}}{2\Delta x} - u^n_{i,j}\frac{\rho^n_{i+1,j}-\rho^n_{i-1,j}}{2\Delta x} -$$
$$\rho^n_{i,j}\frac{v^n_{i,j+1}-v^n_{i,j-1}}{2\Delta y} - v^n_{i,j}\frac{\rho^n_{i,j+1}-\rho^n_{i,j-1}}{2\Delta y}$$

（11–50）

令连续方程式（11–46）再对时间求导，可以得到二阶导数

$$\frac{\partial^2 \rho}{\partial t^2} = -\rho\frac{\partial u}{\partial x\partial t} - \frac{\partial u}{\partial x}\frac{\partial \rho}{\partial t} - u\frac{\partial^2 \rho}{\partial x\partial t} - \frac{\partial \rho}{\partial x}\frac{\partial u}{\partial t} -$$
$$\rho\frac{\partial^2 v}{\partial y\partial t} - \frac{\partial v}{\partial y}\frac{\partial \rho}{\partial t} - v\frac{\partial^2 \rho}{\partial y\partial t} - \frac{\partial \rho}{\partial y}\frac{\partial v}{\partial t}$$

（11–51）

式（11–51）中的空间一阶导数项（比如 $\partial u/\partial x$）可以直接使用空间二阶中心差分，而时间一阶导数项（$\partial \rho/\partial t$）可以使用式（11–50）转换为空间的二阶中心差分。但混合二阶导数项（比如 $\partial^2 \rho/(\partial x\partial t)$）则有点麻烦，计算它需要用到 x 轴方向的动量方程，即

$$\frac{\partial u}{\partial t} = -u\frac{\partial u}{\partial x} - v\frac{\partial u}{\partial y} - \frac{1}{\rho}\frac{\partial p}{\partial x}$$

（11–52）

令式（11–52）对 x 求导，得

$$\frac{\partial u}{\partial x\partial t} = -u\frac{\partial^2 u}{\partial x^2} - \left(\frac{\partial u}{\partial x}\right)^2 - v\frac{\partial u}{\partial x\partial y} - \frac{\partial u}{\partial y}\frac{\partial v}{\partial x} - \frac{1}{\rho}\frac{\partial^2 p}{\partial x^2} + \frac{1}{\rho^2}\frac{\partial p}{\partial x}\frac{\partial \rho}{\partial x}$$

（11–53）

式（11–53）的等号右侧全部都是对空间的导数，可以使用空间二阶中心差分，使得式（11–51）中的各项都可以用空间二阶中心差分表示。把构建好差分格式的式（11–51）代入式（11–49），就可以得到最终的差分格式，这种差分格式在空间和时间上都具有二阶精度，称为 Lax–Wendroff 格式。

11.3.4　MacCormack 格式

Lax–Wendroff 格式虽然在概念上很清楚，但实施起来过于复杂了，因此很快就被 MacCormack 格式替代。MacCormack 格式和 Lax–Wendroff 格式一样在空间和时间上都具有二阶精度，但不需要处理二阶导数项，实施起来要简单得多，虽然后来出现了一些更好的格式，不过都不像 MacCormack 格式这样简单易懂。时至今日，仍然有一些实用的计算机程序使用 MacCormack 格式，更重要的是，对于计算流体力学初学者来说，这个格式易懂且容易编程实施，是一种很好的入门学习格式。

MacCormack 格式基于这样的思想，当用 n 时刻的参数计算 $(n+1)$ 时刻的参数时，仍然使用一次曲线，但斜率不是取 n 时刻的导数，而是取 n 时刻和 $(n+1)$ 时刻的导数的平均值，如下

$$\rho_{i,j}^{n+1} = \rho_{i,j}^{n} + \left(\frac{\partial \rho}{\partial t}\right)_{ave} \Delta t \qquad (11\text{-}54)$$

图 11-11 所示为这种格式的原理。式（11-54）这样的格式具有二阶精度，读者如果对其证明感兴趣可以阅读相关文献，比如最初介绍 MacCormack 格式的论文。

($n+1$) 时刻的参数是未知的，因此实际的 MacCormack 格式是采用预估 – 校正法来实施的，如下所示。

预估步： 对空间和时间都使用向前差分，比如对于密度，有

$$\left(\frac{\partial \rho}{\partial t}\right)_{i,j}^{n} = -\rho_{i,j}^{n}\frac{u_{i+1,j}^{n}-u_{i,j}^{n}}{\Delta x} - u_{i,j}^{n}\frac{\rho_{i+1,j}^{n}-\rho_{i,j}^{n}}{\Delta x} - \\ \rho_{i,j}^{n}\frac{v_{i,j+1}^{n}-v_{i,j}^{n}}{\Delta y} - v_{i,j}^{n}\frac{\rho_{i,j+1}^{n}-\rho_{i,j}^{n}}{\Delta y} \qquad (11\text{-}55)$$

$$\overline{\rho}_{i,j}^{n+1} = \rho_{i,j}^{n} - \left(\frac{\partial \rho}{\partial t}\right)_{i,j}^{n} \Delta t \qquad (11\text{-}56)$$

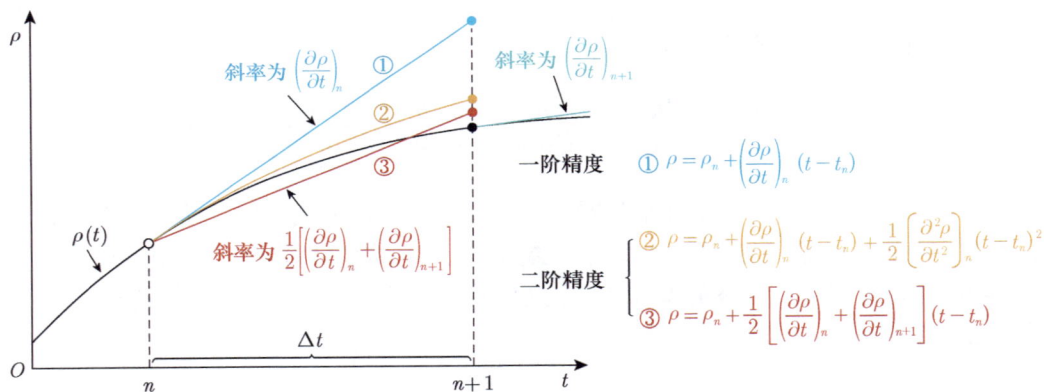

图 11-11 MacCormack 格式的原理

这两个关系式和前面的 Lax-Friedrichs 格式即式（11-48）很像，区别是这里的空间和时间都是一阶精度。

校正步： 使用预估步的结果，对空间使用向后差分来得到导数，如下

$$\left(\overline{\frac{\partial \rho}{\partial t}}\right)_{i,j}^{n+1} = -\overline{\rho}_{i,j}^{n+1}\frac{\overline{u}_{i,j}^{n+1}-\overline{u}_{i-1,j}^{n+1}}{\Delta x} - \overline{u}_{i,j}^{n+1}\frac{\overline{\rho}_{i,j}^{n+1}-\overline{\rho}_{i-1,j}^{n+1}}{\Delta x} - \\ \overline{\rho}_{i,j}^{n+1}\frac{\overline{v}_{i,j}^{n+1}-\overline{v}_{i,j-1}^{n+1}}{\Delta y} - \overline{v}_{i,j}^{n}\frac{\overline{\rho}_{i,j}^{n+1}-\overline{\rho}_{i,j-1}^{n+1}}{\Delta y} \qquad (11\text{-}57)$$

现在可以用式（11–55）和式（11–57）来得到两个时间步的导数平均值，如下

$$\left(\frac{\partial \rho}{\partial t}\right)_{\text{ave}} = \frac{1}{2}\left[\left(\frac{\partial \rho}{\partial t}\right)_{i,j}^{n} + \left(\overline{\frac{\partial \rho}{\partial t}}\right)_{i,j}^{n+1}\right] \tag{11–58}$$

然后用式（11–54）来得到最终的参数。

这就是 MacCormack 格式的方法。预估步和校正步中的向前差分和向后差分也可以反过来用，即在预估步用向后差分，在校正步用向前差分，效果是一样的。还可以在迭代过程中交替使用向前差分和向后差分，比如在奇数次预估步使用向前差分，在偶数次的预估步使用向后差分，对应的校正步也做类似交替。

在本书的附录 B.6 中给出了图 11–12 所示的超声速气流外掠平板的计算程序，使用了时间推进法，数值格式使用了 MacCormack 格式。

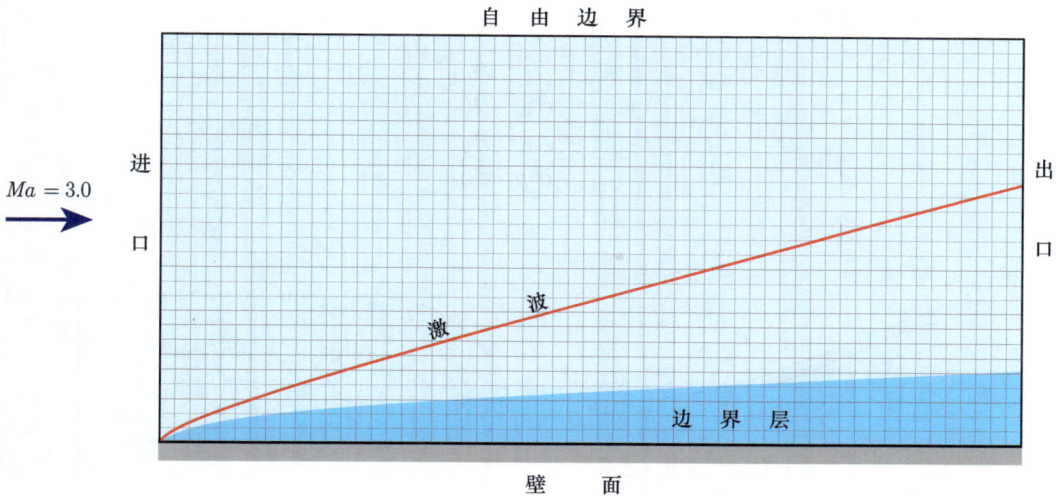

图 11–12　超声速气流外掠平板

11.4　计算网格

11.4.1　物理空间和计算空间

在有限差分方法中，使用等间距的 Δx 和 Δy 来进行计算，网格必须是均匀的方形网格。实际的问题各种各样，不可能都用等距的方网格来计算，因此需要找到一种转换方法，把实际的物理空间转换到计算空间上。图 11–13 所示为两种这样的坐标转换，其中的 x-y 空间是物理空间，而 ξ-η 空间是计算空间。

11.4.2 坐标转换和计算方程

流体力学方程在物理空间内成立，在计算空间中应用时，方程也需要进行相应的转换。假设已知两种坐标之间的关系，如下

$$\begin{cases} x = x(\xi, \eta) \\ y = y(\xi, \eta) \end{cases}$$

通过坐标变换可以得到物理空间和计算空间的一阶导数关系，如下

$$\begin{cases} \dfrac{\partial}{\partial x} = \dfrac{1}{J}\left(\dfrac{\partial}{\partial \xi}\dfrac{\partial y}{\partial \eta} - \dfrac{\partial}{\partial \eta}\dfrac{\partial y}{\partial \xi}\right) \\ \dfrac{\partial}{\partial y} = \dfrac{1}{J}\left(\dfrac{\partial}{\partial \eta}\dfrac{\partial x}{\partial \xi} - \dfrac{\partial}{\partial \xi}\dfrac{\partial x}{\partial \eta}\right) \end{cases} \tag{11-59}$$

式中，J 为雅可比行列式

$$J = \begin{vmatrix} \dfrac{\partial x}{\partial \xi} & \dfrac{\partial y}{\partial \xi} \\ \dfrac{\partial x}{\partial \eta} & \dfrac{\partial y}{\partial \eta} \end{vmatrix}$$

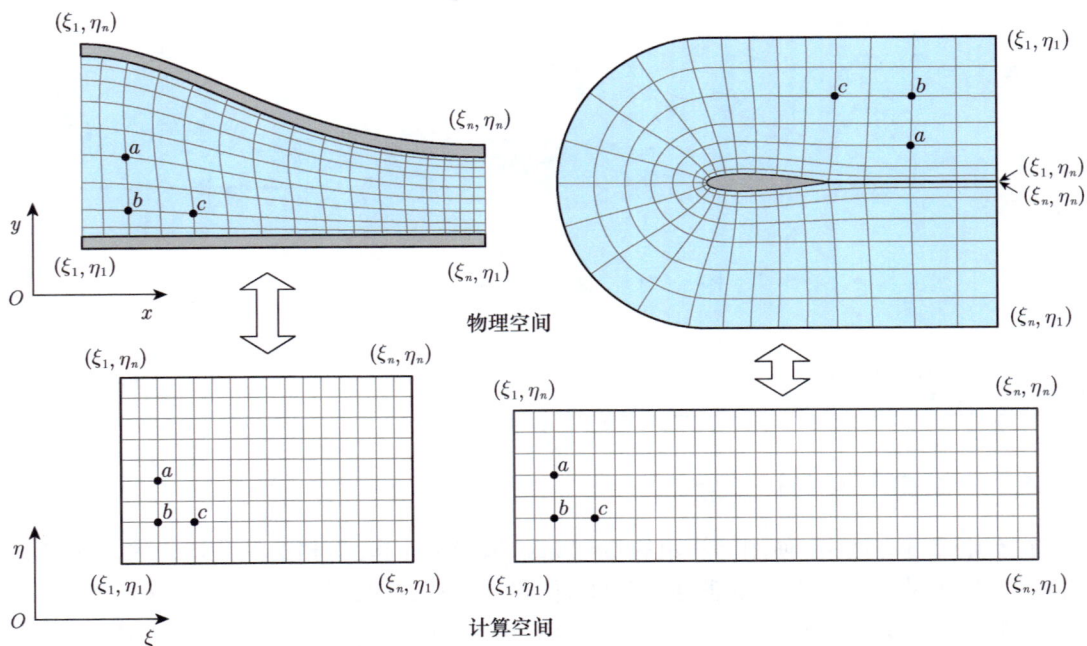

图 11-13　物理空间和计算空间

使用式（11-59）可以把物理空间内的方程变换到计算空间内。假设有一个流动的守恒形式控制方程为

$$\frac{\partial U}{\partial t} + \frac{\partial F}{\partial x} + \frac{\partial G}{\partial y} = 0 \tag{11-60}$$

使用式（11-59）可以将其变换为

$$\frac{\partial U_1}{\partial t} + \frac{\partial F_1}{\partial \xi} + \frac{\partial G_1}{\partial \eta} = 0 \tag{11-61}$$

式中，

$$U_1 = JU$$

$$F_1 = JF\frac{\partial \xi}{\partial x} + JG\frac{\partial \xi}{\partial y}$$

$$F_1 = JF\frac{\partial \eta}{\partial x} + JG\frac{\partial \eta}{\partial y}$$

11.4.3 网格的疏密

好的网格并没有非常明确的标准，可以说网格生成既是科学，也是艺术，基本原则就是既要算得准又要算得快。一般情况下，网格越密，误差越小，但网格在一个维度变为原来的 2 倍，三维的网格数量就会变为原来的 8 倍，对于计算存储和计算时间的影响十分可观。下面举几个简单的例子来讨论网格的疏密。

图 11-14 所示为壁面附近的网格。由于壁面附近存在边界层，速度梯度很大，且边界层很薄，需要在边界层内有足够多的网格，并且速度梯度越大的地方网格越密。如果是层流边界层，分布合理的 10 个左右网格点就能满足一般计算的要求。通常需要在计算之前就对流场有一定程度的了解，才能给出合适的网格，这是很难的，一般是根据经验生成网格，计算后还要根据结果来校验网格是

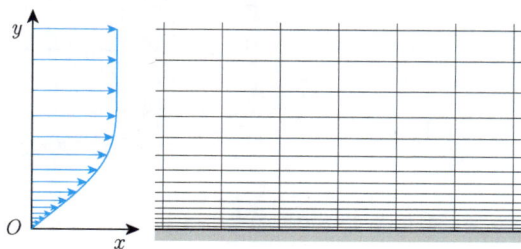

图 11-14　壁面附近的网格

否合理。如果是湍流边界层，问题就很复杂，不但要考虑边界层的平均速度分布，还要考虑湍流量的分布，更重要的是，还要根据使用的湍流模型来确定网格，不同的湍流模型对网格的要求不一样。

图 11-15 所示为超声速流动经过后台阶的计算网格，这个网格也是在流动变化剧烈的地方进行了加密（膨胀波构成的扇区），不过看起来并不完全合理，原因是这种方网格在给该加密的地方加密时，不可避免地也加密了一些不需要加密的地方。这种方网格称为结

构型网格，前面图 11-13 所示的网格也都是结构型网格，特点是可以映射为方网格，有限差分法必须使用这类网格。还有一类相对随意一些的网格称为非结构型网格，用于有限体积法和有限元法。非结构型网格可以采用任意多边体构成，相对来说灵活得多。处理复杂的流场时，常采用结构型网格和非结构型网格混合的方式。

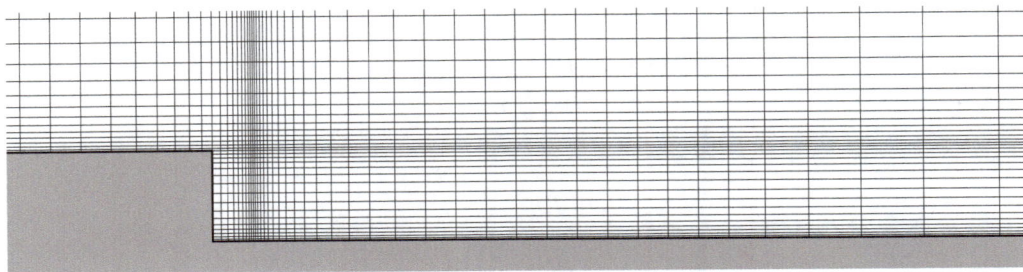

图 11-15　超声速流动经过后台阶的计算

图 11-16 所示为含有激波的流场计算网格。为了使激波计算准确，激波处的网格尺寸必须非常小，因为计算使用的是差分方程，最小分辨率也是一个网格的宽度，而激波的厚度是非常薄的。由于在计算之前并不知道激波的具体位置，因此网格设置也就未必合理。一种方法是在计算后调整网格再重复计算，直到网格加密位置与激波匹配为止，这个过程可以由计算机自动完成，称为自适应网格。

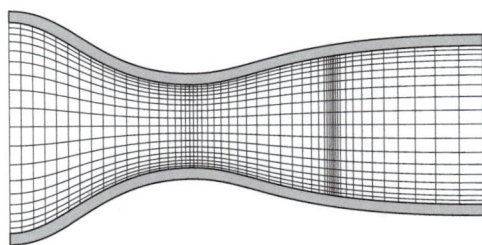

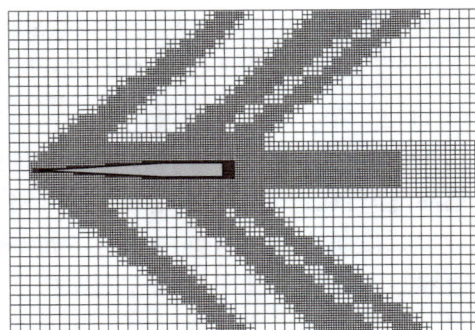

图 11-16　含有激波的流场计算网格

现在的计算流体力学主要使用的是有限体积法，这时计算的不是网格点上的值，而是网格围成的小空间内的积分值。网格间距大，这个积分值就大；网格间距小，这个积分值就小，这样就已经考虑了网格大小的影响，因此有限体积法并不需要均匀的网格，可以直接在物理空间内进行计算，上面讨论的网格变换在有限体积法中是不需要的。不过，网格仍然是计算流体力学中最重要的话题之一，一个原因是网格直接影响计算结果的精度和计算的收敛性等；另一个原因是计算机自动生成的网格迄今为止还不能满足要求，需要大量的人工干预。对于一个具体的数值模拟算例，在网格上所花的人工成本往往是最多的。

11.5　有限体积法

有限差分法用于求解网格节点上的参数，而有限体积法则用于求解每个小网格内部参数的平均值，图 11-17 所示为它们的区别。

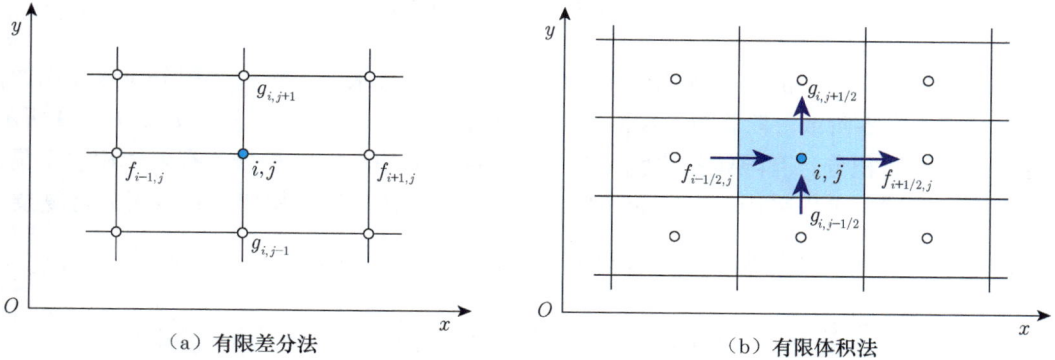

图 11-17　有限差分法和有限体积法的区别

从这个图其实并不容易看出这两种方法的区别，如果仅仅是把有限体积法的值理解为取在网格中心点上，而有限差分法的值取在节点上，那么这两种方法就像网格平移了一个位置。事实上，如果网格是等距的方网格，并采用相同的格式，这二者可以是等价的。当网格不是等距的时，只要是结构型网格，通过坐标变换，物理空间内的有限体积法仍然可以和计算空间内的有限差分法做到等价。

两者的本质不同是有限体积法的值并不是某一点的值，而是单个网格（即微控制体）内值的平均，或者说是对网格进行积分的结果，因此有限体积法使用的是积分形式的方程，比微分形式的方程更具有一般性。当网格间距偏大或者不规则时，对微控制体内物理量的守恒性控制更好，从而使数值计算更加稳定。一般来说，与有限差分法相比，有限体积法有如下的特点。

（1）更适合复杂的几何和非结构型网格，这使得它处理复杂流动问题更具有优势。

（2）更容易保证物理量的守恒性，这使得它的数值稳定性更好，更易收敛。

（3）高精度格式构造较为困难，这是其缺点，也是有限差分法的用武之地。

有限体积法是基于微控制体积分的，以流量方程为例，这时图 11-17（b）中的 f 和 g 分别代表 ρu 和 ρv，如图 11-18 所示。一般的流体力学书上在推导连续方程时用的就是这样的

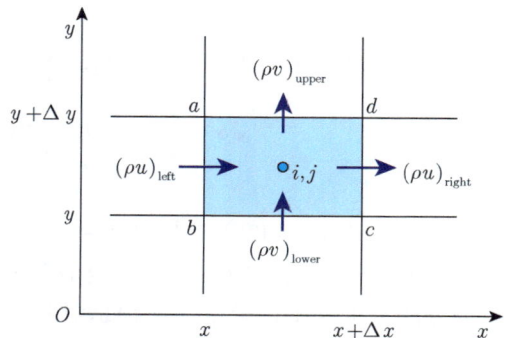

图 11-18　有限体积法用于连续方程

模型，在微控制体上假设 ρu 和 ρv 在相应的截面上是均匀分布的。当这个微控制体的体积趋向于无穷小时，这个方法是没问题的，但在这里，网格的间距并不是无穷小，因此不能假设 $(\rho u)_{\text{left}}$ 在 ab 上是均匀分布的，而是应该使用平均值，这个平均值为 ρu 在 ab 上的积分除以 Δy，即

$$(\rho u)_{\text{left}} = \frac{1}{\Delta y} \int_y^{y+\Delta y} \rho u \mathrm{d}y$$

由于物理量在空间的分布规律是未知的（实际上是待求的），这个积分应该使用数值积分，常用的有零阶或一阶积分，零阶对应矩形法，而一阶对应梯形法，如图 11-19 所示。在这里使用零阶积分，有限体积法就具有一阶精度，而使用一阶积分，有限体积法则具有二阶精度。当然也可以采用更高阶的积分，但整个有限体积法的构建也将变得非常复杂。

根据质量守恒，可以得到针对图 11-18 所示的微控制体的关系式为

$$\frac{\Delta(\rho\Delta x\Delta y)_{\text{CV}}}{\Delta t} = (\rho u)_{\text{left}}\,\Delta y - (\rho u)_{\text{right}}\,\Delta y + (\rho v)_{\text{lower}}\,\Delta x - (\rho v)_{\text{upper}}\,\Delta x$$

等号两边都除以 $\Delta x\Delta y$，得

$$\frac{\Delta\rho}{\Delta t} = \frac{(\rho u)_{\text{left}} - (\rho u)_{\text{right}}}{\Delta x} + \frac{(\rho v)_{\text{lower}} - (\rho v)_{\text{upper}}}{\Delta y} \qquad (11\text{-}62)$$

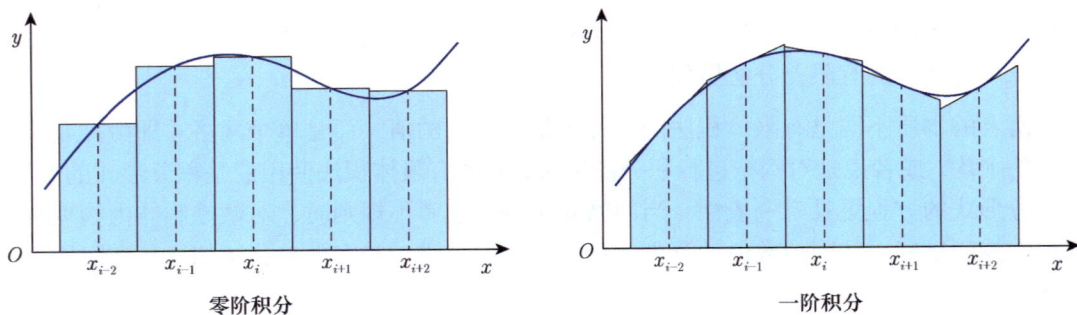

零阶积分　　　　　　　　　　　　　一阶积分

图 11-19　矩形法和梯形法积分的比较

当网格趋于无穷小时，式（11-62）就变成了微分方程，即

$$\frac{\partial\rho}{\partial t} + \frac{\partial(\rho u)}{\partial x} + \frac{\partial(\rho v)}{\partial y} = 0$$

类似于式（11-62）这样的关系式是有限体积法的基础，其等号右侧的两项已经是一阶离散的形式，其中的 $(\rho u)_{\text{left}}$ 和类似项要使用数值积分获得，而左侧项 $\Delta\rho$ 是待求量。有两种方法来求这个待求量，一种是对其进行时间离散，比如使用一阶形式，如下

$$\frac{\Delta\rho}{\Delta t} = \frac{\rho_{t+\Delta t} - \rho_t}{\Delta t}$$

从而可以得到时间推进法，如下

$$\rho_{t+\Delta t} = \rho_t + \frac{\Delta t}{\Delta x}\left[(\rho u)_{\text{left}} - (\rho u)_{\text{right}}\right] + \frac{\Delta t}{\Delta y}\left[(\rho v)_{\text{lower}} - (\rho v)_{\text{upper}}\right] \qquad （11-63）$$

这种方法称为全离散法。

还有一种方法是不继续离散，即直接对式（11-62）进行求解。由于这时的方程已经变成了常微分方程，可以使用龙格 – 库塔法等成熟的方法求解，这种方法称为半离散法。全离散法的守恒性好，易于收敛，但较为复杂，而半离散法较为简便，但守恒性稍差。

读者可能发现，在使用全离散法即式（11-63）时，似乎和有限差分法没什么区别。实际上确实是这样，这时的有限体积法和有限差分法区别不大，主要区别在于$(\rho u)_{\text{left}}$的定义。如果使用的是矩形法积分，其实也就是认为它在图 11-18 中的网格线 ab 上是常量，这就和有限差分法使用某一点的物理量没什么区别。但如果使用的是梯形法或更高阶方法来积分，由于考虑了物理量沿网格线的变化，还是和有限差分法有区别的。

从上述过程可以看到，有限体积法基于微控制体来求解，可以直接保证流量的守恒性，而有限差分法没有微控制体的概念，直接使用点的差商来求解，不容易保证物理量的守恒性。在固体力学中应用效果很好的有限元法，当应用于流体问题时，一样存在守恒性不够好的问题，因此往往计算的稳定性和准确性不如有限体积法的。不过有限差分法和有限元法都有修正方法来弥补各自的缺点，在计算流体力学中仍然具有重要意义。

11.6　计算流体力学的地位

数值模拟是目前科学与工程的核心手段，这是毋庸置疑的。一般来说，任何科学和工程问题都需要在理论分析、实验研究和数值模拟这 3 种方法的平衡中来解决，而对于理论已经充分发展的学科如经典力学来说，已经很难有基础理论的突破。所谓的理论分析更多地指技术人员对已有理论的学习与应用。实验研究在理论上不成熟且数值模拟方法尚不能得到可靠结果的情况下是十分重要的，但实验研究受到诸多限制，不易突破。因此，很多学科的快速发展实际上都体现在数值方法方面，大量的应用成果也都是伴随着数值方法的发展而取得的。

可以这样说，要想真正解决科学问题，首先要能够用数学关系式来准确地描述它，其次要能够方便快捷地得到这个数学关系式的解，而多数问题都是由非线性的偏微分方程所描述的，数值方法就是目前能解决它们的关键手段。气体动力学也是一样，最新的研究和关键工程问题的解决，都是伴随着数值方法的发展而推进的。

重要关系式总结

x 轴方向一阶差分格式

x 轴方向一阶向前差分格式：

$$\left(\frac{\partial u}{\partial x}\right)_{i,j} = \frac{u_{i+1,j} - u_{i,j}}{\Delta x} + O(\Delta x) \qquad (11-7)$$

x 轴方向一阶向后差分格式：

$$\left(\frac{\partial u}{\partial x}\right)_{i,j} = \frac{u_{i,j} - u_{i-1,j}}{\Delta x} + O(\Delta x) \qquad (11-8)$$

x 轴方向二阶中心差分格式：

$$\left(\frac{\partial u}{\partial x}\right)_{i,j} = \frac{u_{i+1,j} - u_{i-1,j}}{2\Delta x} + O(\Delta x)^2 \qquad (11-9)$$

二阶导数的二阶中心差分格式

$$\left(\frac{\partial^2 u}{\partial x^2}\right)_{i,j} = \frac{u_{i+1,j} - 2u_{i,j} + u_{i-1,j}}{(\Delta x)^2} + O(\Delta x)^2 \qquad (11-15)$$

$$\left(\frac{\partial^2 u}{\partial y^2}\right)_{i,j} = \frac{u_{i,j+1} - 2u_{i,j} + u_{i,j-1}}{(\Delta y)^2} + O(\Delta y)^2 \qquad (11-16)$$

$$\left(\frac{\partial^2 u}{\partial x \partial y}\right)_{i,j} = \frac{u_{i+1,j+1} - u_{i+1,j-1} - u_{i-1,j+1} + u_{i-1,j-1}}{4\Delta x \Delta y} + O\left[(\Delta x)^2, (\Delta y)^2\right] \qquad (11-17)$$

CFL 数

$$C = c\frac{\Delta t}{\Delta x} \leqslant 1 \qquad (11-31)$$

流动方程

$$\frac{\partial U}{\partial t} + \frac{\partial F}{\partial x} + \frac{\partial G}{\partial y} + \frac{\partial H}{\partial z} = J \qquad (11-37)$$

其中 U、F、G、H 和 J 的物理含义如下

$$U = \left\{\begin{array}{l} \rho \\ \rho u \\ \rho v \\ \rho w \\ \rho\left(\widehat{u} + \dfrac{V^2}{2}\right) \end{array}\right\} \qquad (11-38)$$

$$U = \begin{cases} \rho u \\ \rho u^2 + p - \tau_{xx} \\ \rho vu - \tau_{xy} \\ \rho wu - \tau_{xz} \\ \rho \left(\widehat{u} + \dfrac{V^2}{2} \right) u + pu - \lambda \dfrac{\partial T}{\partial x} - u\tau_{xx} - v\tau_{xy} - w\tau_{xz} \end{cases} \tag{11-39}$$

$$G = \begin{cases} \rho v \\ \rho uv - \tau_{yx} \\ \rho v^2 + p - \tau_{yy} \\ \rho wv - \tau_{yz} \\ \rho \left(\widehat{u} + \dfrac{V^2}{2} \right) v + pv - \lambda \dfrac{\partial T}{\partial y} - u\tau_{yx} - v\tau_{yy} - w\tau_{yz} \end{cases} \tag{11-40}$$

$$H = \begin{cases} \rho w \\ \rho uw - \tau_{zx} \\ \rho vw - \tau_{zy} \\ \rho w^2 + p - \tau_{zz} \\ \rho \left(\widehat{u} + \dfrac{V^2}{2} \right) w + pw - \lambda \dfrac{\partial T}{\partial z} - u\tau_{zx} - v\tau_{zy} - w\tau_{zz} \end{cases} \tag{11-41}$$

$$J = \begin{cases} 0 \\ \rho f_{b,x} \\ \rho f_{b,y} \\ \rho f_{b,z} \\ \rho \left(uf_{b,x} + vf_{b,y} + wf_{b,z} \right) + \rho \dot{q}_{rad} \end{cases} \tag{11-42}$$

Lax–Friedrichs 格式

$$\rho_{i,j}^{n+1} = \rho_{i,j}^{n} - \frac{\Delta t}{2\Delta x} \rho_{i,j}^{n} \left(u_{i+1,j}^{n} - u_{i-1,j}^{n} \right) - \frac{\Delta t}{2\Delta x} u_{i,j}^{n} \left(\rho_{i+1,j}^{n} - \rho_{i-1,j}^{n} \right) - \\ \frac{\Delta t}{2\Delta y} \rho_{i,j}^{n} \left(v_{i,j+1}^{n} - v_{i,j-1}^{n} \right) - \frac{\Delta t}{2\Delta y} v_{i,j}^{n} \left(\rho_{i,j+1}^{n} - \rho_{i,j-1}^{n} \right) \tag{11-48}$$

MacCormack 格式

　　预估步：

$$\left(\frac{\partial \rho}{\partial t}\right)_{i,j}^{n} = -\rho_{i,j}^{n}\frac{u_{i+1,j}^{n}-u_{i,j}^{n}}{\Delta x} - u_{i,j}^{n}\frac{\rho_{i+1,j}^{n}-\rho_{i,j}^{n}}{\Delta x} -$$
$$\rho_{i,j}^{n}\frac{v_{i,j+1}^{n}-v_{i,j}^{n}}{\Delta y} - v_{i,j}^{n}\frac{\rho_{i,j+1}^{n}-\rho_{i,j}^{n}}{\Delta y}$$

（11-55）

$$\overline{\rho}_{i,j}^{n+1} = \rho_{i,j}^{n} - \left(\frac{\partial \rho}{\partial t}\right)_{i,j}^{n}\Delta t$$

（11-56）

校正步：

$$\left(\overline{\frac{\partial \rho}{\partial t}}\right)_{i,j}^{n+1} = -\overline{\rho}_{i,j}^{n+1}\frac{\overline{u}_{i,j}^{n+1}-\overline{u}_{i-1,j}^{n+1}}{\Delta x} - \overline{u}_{i,j}^{n+1}\frac{\overline{\rho}_{i,j}^{n+1}-\overline{\rho}_{i-1,j}^{n+1}}{\Delta x} -$$
$$\overline{\rho}_{i,j}^{n+1}\frac{\overline{v}_{i,j}^{n+1}-\overline{v}_{i,j-1}^{n+1}}{\Delta y} - \overline{v}_{i,j}^{n}\frac{\overline{\rho}_{i,j}^{n+1}-\overline{\rho}_{i,j-1}^{n+1}}{\Delta y}$$

（11-57）

$$\left(\frac{\partial \rho}{\partial t}\right)_{ave} = \frac{1}{2}\left[\left(\frac{\partial \rho}{\partial t}\right)_{i,j}^{n} + \left(\overline{\frac{\partial \rho}{\partial t}}\right)_{i,j}^{n+1}\right]$$

（11-58）

$$\rho_{i,j}^{n+1} = \rho_{i,j}^{n} + \left(\frac{\partial \rho}{\partial t}\right)_{ave}\Delta t$$

（11-54）

附录 A 矢量和张量基础

A.1 概念和代数运算

A.1.1 矢量和张量的概念

标量：只有大小，没有方向的量，比如质量 m、温度 T 等。

矢量：有大小且有一个方向的量，比如力 $\vec{F}$、速度 $\vec{V}$ 等，在变量上方加箭头来表明它是一个矢量。

张量：有大小且有多于一个方向的量，比如应变 $\underline{\varepsilon}$、应力 $\underline{\tau}$ 等，在变量下方加双下画线来表明它是一个二阶张量。

张量是矢量的扩展，之所以定义张量是因为有些物理量需要用两个以上的方向来描述。以应力为例，我们既要知道所说的应力的作用方向，也要知道该应力的作用面。比如 τ_{xy} 就是作用在与 x 轴垂直的面上且指向 y 轴正方向的力，而 τ_{zx} 就是作用在与 z 轴垂直的面上且指向 x 轴正方向的力。这样的应力分量一共有 9 个，于是作用在流体微团上的总应力就无法用矢量来描述了，这就是定义张量的必要性。

张量是一种更广义的定义，包含标量和矢量。在 N 维空间中，用 N^p 来表示张量含有的分量数，其中 p 为张量的阶数。以三维空间为例，零阶张量含有 3^0=1 个分量，对应标量；一阶张量含有 3^1=3 个分量，对应矢量；二阶张量含有 3^2=9 个分量，当然，数学上还可以定义三阶、四阶以至于无穷阶的张量。物理量中常见的是前三阶，即标量、矢量和二阶张量，一般在不特别指出时，所说的张量就指二阶张量，而标量和矢量仍使用原称呼，不归类为张量。

A.1.2 矢量和张量的表示法

矢量可以用变量上带箭头或使用黑斜体等方式来表示，这种表示法适用于公式推导和概念表述，当需要具体计算时，经常使用分量形式。在直角坐标系中，一般表示为

$$\vec{a} = a_x \vec{i} + a_y \vec{j} + a_z \vec{k}$$

在一般正交曲线坐标系中，分别用 1、2、3 代表 3 个坐标方向，则矢量表示为

$$\vec{a} = a_1 \vec{e}_1 + a_2 \vec{e}_2 + a_3 \vec{e}_3$$

式中，$\vec{e}_1$、$\vec{e}_2$ 和 $\vec{e}_3$ 表示 3 个坐标方向的单位矢量。

使用数字来表示坐标方向比使用 x、y、z 这种字母更具有一般性，一个矢量 $\vec{a}$ 可以表示成如下几种形式。

$$\vec{a} = a_1\vec{e}_1 + a_2\vec{e}_2 + a_3\vec{e}_3 = \sum_{i=1}^{3} a_i\vec{e}_i = a_i\vec{e}_i$$

上式中最后一个等号右边的式子使用了爱因斯坦求和约定表示法，规定：凡是同一项中有两个相同的下标，则此下标就取由 1 到 3（三维空间）并相加，而省略求和式中的求和号，如下面几个例子所示。

$$a_ib_i = a_kb_k = a_rb_r = a_1b_1 + a_2b_2 + a_3b_3$$

$$x_n\vec{\tau}_n = x_1\vec{\tau}_1 + x_2\vec{\tau}_2 + x_3\vec{\tau}_3$$

$$\frac{\partial u_k}{\partial x_k} = \frac{\partial u_1}{\partial x_1} + \frac{\partial u_2}{\partial x_2} + \frac{\partial u_3}{\partial x_3} = \nabla \cdot \vec{u}$$

这两个相同的下标字母可以是任意的，对结果没有影响，称为**哑标**。

与哑标相对应的是**自由标**，自由标也表示 1 ~ 3 的任意值，但不求和，或者说要乘以各自的单位矢量后再求和，即

$$a_m = a_n = a_r = \vec{a} = a_1\vec{e}_1 + a_2\vec{e}_2 + a_3\vec{e}_3 = \sum_{i=1}^{3} a_i\vec{e}_i = a_i\vec{e}_i$$

式中，m、n、r 是自由标，而 i 是哑标。自由标的字母也是任意的，对结果没有影响。如果一个变量有一个自由标，就表示它有 3 个分量，是一个矢量；如果一个变量有两个自由标，就表示它有 9 个分量，是一个二阶张量，如下

$$a_{ij} = a_{ij}\vec{e}_i\vec{e}_j = a_{11}\vec{e}_1\vec{e}_1 + a_{12}\vec{e}_1\vec{e}_2 + a_{13}\vec{e}_1\vec{e}_3 + a_{21}\vec{e}_2\vec{e}_1 + a_{22}\vec{e}_2\vec{e}_2 + a_{23}\vec{e}_2\vec{e}_3 + a_{31}\vec{e}_3\vec{e}_1 + a_{32}\vec{e}_3\vec{e}_2 + a_{33}\vec{e}_3\vec{e}_3$$

可以看到二阶张量有两个方向。但上述表示法不易理解，比较好理解的方式是用一个 3×3 的矩阵来表示，如下

$$a_{ij} = \begin{bmatrix} a_{11} & a_{12} & a_{13} \\ a_{21} & a_{22} & a_{23} \\ a_{31} & a_{32} & a_{33} \end{bmatrix}$$

矢量是一阶张量，可以用矩阵的形式表示它的分量，这时它体现为一个列向量，如下

$$a_i = \begin{bmatrix} a_1 \\ a_2 \\ a_3 \end{bmatrix} = \begin{bmatrix} a_1 & a_2 & a_3 \end{bmatrix}^T$$

综合上述表示法，可以看出，最简洁的表示法是下标表示法，而最直观的分量表示法则是列向量表示法和矩阵表示法。

需要注意的是，对于矢量和二阶张量形成的算式，任何一项中只能有自由标和哑标两种形式，即同样的下标只能出现一次或两次，出现一次为自由标，出现两次为哑标，如果同一个下标出现 3 次或以上，则是错误的表示法。

下面是几个自由标和哑标的例子。

$$a_i b_i c_j = (a_1 b_1 + a_2 b_2 + a_3 b_3)c_j = (a_1 b_1 + a_2 b_2 + a_3 b_3)(c_1 \vec{e}_1 + c_2 \vec{e}_2 + c_3 \vec{e}_3)$$

$$a_i b_i c_j d_j = (a_1 b_1 + a_2 b_2 + a_3 b_3)(c_1 d_1 + c_2 d_2 + c_3 d_3)$$

$$u_i \frac{\partial u_j}{\partial x_i} = u_1 \frac{\partial u_j}{\partial x_1} + u_2 \frac{\partial u_j}{\partial x_2} + u_3 \frac{\partial u_j}{\partial x_3} = u \frac{\partial \vec{V}}{\partial x} + v \frac{\partial \vec{V}}{\partial y} + w \frac{\partial \vec{V}}{\partial z}$$

$$u_i \frac{\partial \tau_{ji}}{\partial x_j} = u_i \left(\frac{\partial \tau_{1i}}{\partial x_1} + \frac{\partial \tau_{2i}}{\partial x_2} + \frac{\partial \tau_{3i}}{\partial x_3} \right)$$

$$= u_1 \left(\frac{\partial \tau_{11}}{\partial x_1} + \frac{\partial \tau_{21}}{\partial x_2} + \frac{\partial \tau_{31}}{\partial x_3} \right) + u_2 \left(\frac{\partial \tau_{12}}{\partial x_1} + \frac{\partial \tau_{22}}{\partial x_2} + \frac{\partial \tau_{32}}{\partial x_3} \right) + u_3 \left(\frac{\partial \tau_{13}}{\partial x_1} + \frac{\partial \tau_{23}}{\partial x_2} + \frac{\partial \tau_{33}}{\partial x_3} \right)$$

下面这几种表示法出现了大于两次的相同下标，是错误的。

$$a_i b_{ij} c_{ij}, \ a_i b_i c_i d_j, \ \varepsilon_{ij} \frac{\partial \tau_{ij}}{\partial x_i}$$

A.1.3　矢量和张量的运算

1. 数乘（与标量相乘）

矢量或张量与一个标量相乘就等于各分量与这个标量相乘后所形成的矢量或张量，满足乘法交换律。设 α 为标量，a_i 和 b_i 为矢量，c_{ij} 和 d_{ij} 为张量，有如下关系式。

$$\alpha a_i = a_i \alpha = [\alpha a_1 \quad \alpha a_2 \quad \alpha a_3]^{\mathrm{T}} = b_i$$

$$\alpha c_{ij} = c_{ij} \alpha = \begin{bmatrix} \alpha c_{11} & \alpha c_{12} & \alpha c_{13} \\ \alpha c_{21} & \alpha c_{22} & \alpha c_{23} \\ \alpha c_{31} & \alpha c_{32} & \alpha c_{33} \end{bmatrix} = d_{ij}$$

2. 和

两个矢量的和形成新的矢量，满足加法交换律，可以用平行四边形（或三角形）法则得到和的大小和方向，也可以用它们的分量和来表示，如下

$$a_i + b_i = b_i + a_i = \begin{bmatrix} a_1 \\ a_2 \\ a_3 \end{bmatrix} + \begin{bmatrix} b_1 \\ b_2 \\ b_3 \end{bmatrix} = \begin{bmatrix} a_1 + b_1 \\ a_2 + b_2 \\ a_3 + b_3 \end{bmatrix}$$

两个张量的和形成新的张量，满足加法交换律，和矢量一样可以用分量和表示，如下

$$c_{ij} + d_{ij} = d_{ij} + c_{ij} = \begin{bmatrix} c_{11} & c_{12} & c_{13} \\ c_{21} & c_{22} & c_{23} \\ c_{31} & c_{32} & c_{33} \end{bmatrix} + \begin{bmatrix} d_{11} & d_{12} & d_{13} \\ d_{21} & d_{22} & d_{23} \\ d_{31} & d_{32} & d_{33} \end{bmatrix} = \begin{bmatrix} c_{11}+d_{11} & c_{12}+d_{12} & c_{13}+d_{13} \\ c_{21}+d_{21} & c_{22}+d_{22} & c_{23}+d_{23} \\ c_{31}+d_{31} & c_{32}+d_{32} & c_{33}+d_{33} \end{bmatrix}$$

3. 点乘（标量积、内积）

两个矢量点乘之后形成一个标量，其大小为

$$\vec{a} \cdot \vec{b} = \|\vec{a}\|\|\vec{b}\|\cos\theta$$

式中，θ 是两个矢量的夹角。计算时使用分量形式较为方便，矢量的点乘就等于对应分量相乘后相加，即

$$\vec{a} \cdot \vec{b} = [a_i]^{\mathrm{T}}[b_i] = \begin{bmatrix} a_1 & a_2 & a_3 \end{bmatrix} \begin{bmatrix} b_1 \\ b_2 \\ b_3 \end{bmatrix} = a_1 b_1 + a_2 b_2 + a_3 b_3$$

矢量的点乘也可以用爱因斯坦求和约定简单地表示为 $a_i b_i$，点乘满足乘法交换律。

两个张量的内积也用点乘表示，其意义为只对相邻的两个单位矢量进行点乘，即

$$\underline{\underline{A}} \cdot \underline{\underline{B}} = \left(A_{ij}\vec{e}_i\vec{e}_j\right) \cdot \left(B_{mn}\vec{e}_m\vec{e}_n\right) = A_{ij}\vec{e}_i\left(\vec{e}_j \cdot \vec{e}_m\right)B_{mn}\vec{e}_n = A_{ij}\vec{e}_i\left(\delta_{jm}\right)B_{mn}\vec{e}_n = A_{ik}B_{kn}\vec{e}_i\vec{e}_n = A_{ik}B_{kn}$$

简写为

$$A_{ij} \cdot B_{mn} = A_{ik}B_{kn}$$

可见，两个张量进行内积后，其内侧相邻的两个下标变成了一对哑标，只剩下了外侧的两个下标，于是结果为一个张量，其分量形式为

$$A_{ij} = \begin{bmatrix} A_{11} & A_{12} & A_{13} \\ A_{21} & A_{22} & A_{32} \\ A_{31} & A_{32} & A_{33} \end{bmatrix}, \quad B_{mn} = \begin{bmatrix} B_{11} & B_{12} & B_{13} \\ B_{21} & B_{22} & B_{32} \\ B_{31} & B_{32} & B_{33} \end{bmatrix}$$

$$A_{ij} \cdot B_{mn} = \begin{bmatrix} A_{11} & A_{12} & A_{13} \\ A_{21} & A_{22} & A_{32} \\ A_{31} & A_{32} & A_{33} \end{bmatrix} \cdot \begin{bmatrix} B_{11} & B_{12} & B_{13} \\ B_{21} & B_{22} & B_{32} \\ B_{31} & B_{32} & B_{33} \end{bmatrix}$$

$$= A_{ik}B_{kn} = \begin{bmatrix} A_{11}B_{11}+A_{12}B_{21}+A_{13}B_{31} & A_{11}B_{12}+A_{12}B_{22}+A_{13}B_{32} & A_{11}B_{13}+A_{12}B_{23}+A_{13}B_{33} \\ A_{21}B_{11}+A_{22}B_{21}+A_{23}B_{31} & A_{21}B_{12}+A_{22}B_{22}+A_{23}B_{32} & A_{21}B_{13}+A_{22}B_{23}+A_{23}B_{33} \\ A_{31}B_{11}+A_{32}B_{21}+A_{33}B_{31} & A_{31}B_{12}+A_{32}B_{22}+A_{33}B_{32} & A_{31}B_{13}+A_{32}B_{23}+A_{33}B_{33} \end{bmatrix}$$

张量还可以和矢量进行内积，其规则为

$$a_i \cdot B_{jk} = a_n B_{nk}, \quad A_{ij} \cdot b_k = A_{in} b_n$$

分量形式为

$$a_i = \begin{bmatrix} a_1 & a_2 & a_3 \end{bmatrix}^{\mathrm{T}}$$

$$B_{jk} = \begin{bmatrix} B_{11} & B_{12} & B_{13} \\ B_{21} & B_{22} & B_{23} \\ B_{31} & B_{32} & B_{33} \end{bmatrix}$$

$$a_i \cdot B_{jk} = \begin{bmatrix} a_1 \\ a_2 \\ a_3 \end{bmatrix} \cdot \begin{bmatrix} B_{11} & B_{12} & B_{13} \\ B_{21} & B_{22} & B_{23} \\ B_{31} & B_{32} & B_{33} \end{bmatrix}$$

$$= a_n B_{nk} = \begin{bmatrix} a_1 B_{11} + a_2 B_{21} + a_3 B_{31} & a_1 B_{12} + a_2 B_{22} + a_3 B_{32} & a_1 B_{13} + a_2 B_{23} + a_3 B_{33} \end{bmatrix}$$

$$B_{jk} \cdot a_i = \begin{bmatrix} B_{11} & B_{12} & B_{13} \\ B_{21} & B_{22} & B_{23} \\ B_{31} & B_{32} & B_{33} \end{bmatrix} \cdot \begin{bmatrix} a_1 \\ a_2 \\ a_3 \end{bmatrix} = B_{jn} a_n = \begin{bmatrix} B_{11}a_1 + B_{12}a_2 + B_{13}a_3 \\ B_{21}a_1 + B_{22}a_2 + B_{23}a_3 \\ B_{31}a_1 + B_{32}a_2 + B_{33}a_3 \end{bmatrix}$$

可见，矢量和张量进行内积后，其结果为一个矢量。把矢量看成列向量，张量看成矩阵，则矢量与张量的内积就可以看成列向量与矩阵的乘积，左乘和右乘是不一样的，不满足交换律。

4. 叉乘（矢量积、外积）

两个矢量叉乘后形成一个矢量，其大小为

$$\vec{a} \times \vec{b} = \{\|a\|\|b\|\sin\theta\}\vec{n}$$

式中，θ 是两个矢量的夹角，方向 $\vec{n}$ 通过右手定则确定，交换左右位置，结果矢量的大小不变，方向相反，即

$$\vec{a} \times \vec{b} = -\vec{b} \times \vec{a}$$

注意，虽然名称叫叉乘，但未必用 × 来表示，也可以用星号，比如 $\vec{a} * \vec{b}$ 一样表示叉乘。叉乘和点乘之间还有一些转换关系式，比如

$$\vec{a} * (\vec{b} * \vec{c}) = (\vec{a} \cdot \vec{c})\vec{b} - (\vec{a} \cdot \vec{b})\vec{c}$$

也可以用分量和矩阵的形式来表示叉乘，即

$$\vec{a} \times \vec{b} = \begin{vmatrix} \vec{e}_1 & \vec{e}_2 & \vec{e}_3 \\ a_1 & a_2 & a_3 \\ b_1 & b_2 & b_3 \end{vmatrix} = (a_2 b_3 - a_3 b_2)\vec{e}_1 + (a_3 b_1 - a_1 b_3)\vec{e}_2 + (a_1 b_2 - a_2 b_1)\vec{e}_3$$

张量的外积表示为

$$\underline{\underline{A}} \otimes \underline{\underline{B}} = \underline{\underline{AB}} = \left(A_{ij}\vec{e}_i\vec{e}_j\right)\left(B_{mn}\vec{e}_m\vec{e}_n\right) = A_{ij}B_{mn}$$

一般张量的外积使用下标表示法，即上式的最后一项。

两个二阶张量的外积形成一个四阶张量，而二阶张量和矢量的外积形成三阶张量

$$A_{ij}b_m, \ b_m A_{ij}$$

5. 张量积

两个矢量的张量积形成一个二阶张量，如下

$$a_i b_j = \begin{bmatrix} a_1 \\ a_2 \\ a_3 \end{bmatrix} \begin{bmatrix} b_1 & b_2 & b_3 \end{bmatrix} = \begin{bmatrix} a_1b_1 & a_1b_2 & a_1b_3 \\ a_2b_1 & a_2b_2 & a_2b_3 \\ a_3b_1 & a_3b_2 & a_3b_3 \end{bmatrix}$$

这种张量是一种特殊的张量，也称为**并矢**。

6. 克罗内克符号

克罗内克符号的规定如下

$$\delta_{ij} = \begin{cases} 1, & i = j \\ 0, & i \neq j \end{cases}$$

用这个符号可以对张量或矩阵进行一些操作，比如只保留对角项的操作，如下

$$\delta_{ij}A_{ij} = \begin{bmatrix} a_{11} & 0 & 0 \\ 0 & a_{12} & 0 \\ 0 & 0 & a_{13} \end{bmatrix}$$

克罗内克符号也遵循爱因斯坦取和约定，当两个下标相等时，表示三项之和，即

$$\delta_{ii} = \delta_{11} + \delta_{22} + \delta_{33}$$

7. 排列符号

排列符号的规定如下

$$\varepsilon_{ijk} = \begin{cases} 0, & i = j, j = k, \text{ 或 } k = i \\ +1, & (i,j,k) = (1,2,3),\ (2,3,1),\ \text{或 } (3,1,2) \\ -1, & (i,j,k) = (3,2,1),\ (2,1,3),\ \text{或 } (1,3,2) \end{cases}$$

其实原则很简单，i、j、k 按照 1、2、3 的正循环方向排列时 $\varepsilon_{ijk}=+1$，反循环方向排列时 $\varepsilon_{ijk}=-1$，而当 i、j、k 有任何两个相等时 $\varepsilon_{ijk}=0$。

排列符号的一个应用例子是表示叉乘，比如

$$a_i \times b_j = \begin{vmatrix} \vec{e}_1 & \vec{e}_2 & \vec{e}_3 \\ a_1 & a_2 & a_3 \\ b_1 & b_2 & b_3 \end{vmatrix} = \varepsilon_{ijk}\vec{e}_i a_j b_k$$

A.2　场和微积分

A.2.1　梯度、散度和旋度

1. 梯度

梯度的意义是物理量沿空间的变化率。在三维坐标中，标量的梯度表示其沿 3 个方向的变化率，形成一个矢量，即

$$\mathrm{grad}\phi = \nabla\phi = \vec{e}_i \frac{\partial \phi}{\partial x_i} = \vec{e}_1 \frac{\partial \phi}{\partial x_1} + \vec{e}_2 \frac{\partial \phi}{\partial x_2} + \vec{e}_3 \frac{\partial \phi}{\partial x_3}$$

矢量本身有方向，梯度在原来的基础上增加一个方向形成一个二阶张量，即

$$\mathrm{grad}\vec{a} = \nabla\vec{a} = \mathrm{grad}a_i = \begin{bmatrix} \dfrac{\partial a_1}{\partial x_1} & \dfrac{\partial a_1}{\partial x_2} & \dfrac{\partial a_1}{\partial x_3} \\[2mm] \dfrac{\partial a_2}{\partial x_1} & \dfrac{\partial a_2}{\partial x_2} & \dfrac{\partial a_2}{\partial x_3} \\[2mm] \dfrac{\partial a_3}{\partial x_1} & \dfrac{\partial a_3}{\partial x_2} & \dfrac{\partial a_3}{\partial x_3} \end{bmatrix}$$

$$= \frac{\partial a_1}{\partial x_1}\vec{e}_1\vec{e}_1 + \frac{\partial a_1}{\partial x_2}\vec{e}_1\vec{e}_2 + \frac{\partial a_1}{\partial x_3}\vec{e}_1\vec{e}_3 + \frac{\partial a_2}{\partial x_1}\vec{e}_2\vec{e}_1 + \frac{\partial a_2}{\partial x_2}\vec{e}_2\vec{e}_2 + \frac{\partial a_2}{\partial x_3}\vec{e}_2\vec{e}_3 +$$

$$\frac{\partial a_3}{\partial x_1}\vec{e}_3\vec{e}_1 + \frac{\partial a_3}{\partial x_2}\vec{e}_3\vec{e}_2 + \frac{\partial a_3}{\partial x_3}\vec{e}_3\vec{e}_3$$

二阶张量本身有两个方向，梯度再增加一个方向形成一个三阶张量，即

$$\mathrm{grad}\underline{\underline{A}} = \nabla\underline{\underline{A}} = \nabla\left(a_{ij}\vec{e}_i\vec{e}_j\right) = \frac{\partial a_{ij}}{\partial x_k}\vec{e}_i\vec{e}_j\vec{e}_k$$

2. 散度

散度表示一个闭合曲面内单位体积的通量，由于要求被作用的物理量有通量性质，因此散度只能对矢量和张量作用。矢量的散度为标量：

$$\mathrm{div}\vec{a} = \nabla \cdot \vec{a} = \left(\vec{e}_1 \frac{\partial}{\partial x_1} + \vec{e}_2 \frac{\partial}{\partial x_2} + \vec{e}_2 \frac{\partial}{\partial x_3}\right) \cdot (a_1\vec{e}_1 + a_2\vec{e}_2 + a_3\vec{e}_3)$$

$$= \mathrm{div}a_i = \frac{\partial a_i}{\partial x_i} = \frac{\partial a_1}{\partial x_1} + \frac{\partial a_2}{\partial x_2} + \frac{\partial a_3}{\partial x_3}$$

二阶张量的散度为矢量

$$\mathrm{div}\underline{\underline{A}} = \nabla \cdot \underline{\underline{A}} = \frac{\partial a_{ij}}{\partial x_i} = \begin{bmatrix} \frac{\partial}{\partial x_1} & \frac{\partial}{\partial x_2} & \frac{\partial}{\partial x_3} \end{bmatrix} \begin{bmatrix} a_{11} & a_{12} & a_{13} \\ a_{21} & a_{22} & a_{23} \\ a_{31} & a_{32} & a_{33} \end{bmatrix} = \begin{bmatrix} \frac{\partial a_{11}}{\partial x_1} + \frac{\partial a_{21}}{\partial x_2} + \frac{\partial a_{31}}{\partial x_3} \\ \frac{\partial a_{12}}{\partial x_1} + \frac{\partial a_{22}}{\partial x_2} + \frac{\partial a_{32}}{\partial x_3} \\ \frac{\partial a_{13}}{\partial x_1} + \frac{\partial a_{23}}{\partial x_2} + \frac{\partial a_{33}}{\partial x_3} \end{bmatrix}$$

3. 旋度

旋度表示三维空间内物理量的旋转程度，也只能对矢量和张量作用。矢量的旋度还是矢量，表达式为

$$\mathrm{curl}\vec{a} = \nabla \times \vec{a} = \left(\vec{e}_1 \frac{\partial}{\partial x_1} + \vec{e}_2 \frac{\partial}{\partial x_2} + \vec{e}_2 \frac{\partial}{\partial x_3}\right) \times (a_1\vec{e}_1 + a_2\vec{e}_2 + a_2\vec{e}_2)$$

$$= \begin{vmatrix} \vec{e}_1 & \vec{e}_2 & \vec{e}_3 \\ \frac{\partial}{\partial x_1} & \frac{\partial}{\partial x_2} & \frac{\partial}{\partial x_3} \\ a_1 & a_2 & a_3 \end{vmatrix} = \left(\frac{\partial a_3}{\partial x_2} - \frac{\partial a_2}{\partial x_3}\right)\vec{e}_1 + \left(\frac{\partial a_1}{\partial x_3} - \frac{\partial a_3}{\partial x_1}\right)\vec{e}_2 + \left(\frac{\partial a_2}{\partial x_1} - \frac{\partial a_1}{\partial x_2}\right)\vec{e}_3 = \varepsilon_{ijk}\vec{e}_i \frac{\partial a_k}{\partial x_j}$$

A.2.2　高斯定理和斯托克斯定理

1. 高斯定理

高斯定理也叫散度定理或高斯散度定理，其表达式为

$$\iiint_V (\nabla \cdot \vec{F})\mathrm{d}V = \oiint_A \vec{F} \cdot \mathrm{d}\vec{A}$$

它的意义是：矢量 $\vec{F}$ 通过封闭表面 A 向外的通量等于 $\vec{F}$ 的散度在表面 A 围成的体积 V 内的体积分。

2. 斯托克斯定理

斯托克斯定理的表达式为

$$\oint_C \vec{F} \cdot \mathrm{d}\vec{r} = \iint_A (\nabla \times \vec{F}) \cdot \mathrm{d}\vec{A}$$

式中，C 为一条封闭曲线；A 为以这条曲线为外边界的曲面；式子等号左侧为矢量 $\vec{F}$ 沿曲线的积分，表示环量；式子等号右侧为矢量 $\vec{F}$ 的旋度在曲面 A 上的积分。

A.3 柱坐标关系式

柱坐标的 3 个方向分别为径向、周向和轴向，设其坐标分别用 r、θ、z 表示，直角坐标的 3 个方向则分别用 x_1、x_2、x_3 表示，柱坐标与直角坐标的对应关系为

$$x_1 = r\cos\theta, \ \ x_2 = r\sin\theta, \ \ x_3 = z$$

$$r = \sqrt{x_1^2 + x_2^2}, \ \ \theta = \arctan(x_2/x_1), \ \ z = x_3$$

柱坐标下 3 个方向的单位矢量分别为 $\vec{e}_r$、$\vec{e}_\theta$、$\vec{e}_z$，与直角坐标的关系为

$$\vec{e}_r = \vec{e}_1\cos\theta + \vec{e}_2\sin\theta, \ \ \vec{e}_\theta = -\vec{e}_1\sin\theta + \vec{e}_2\cos\theta, \ \ \vec{e}_z = \vec{e}_3$$

$$\frac{\partial \vec{e}_r}{\partial \theta} = -\vec{e}_1\sin\theta + \vec{e}_2\cos\theta = \vec{e}_\theta, \ \ \frac{\partial \vec{e}_\theta}{\partial \theta} = -\vec{e}_1\cos\theta - \vec{e}_2\sin\theta = -\vec{e}_r$$

柱坐标下梯度、散度和旋度的表达式分别为

$$\nabla\phi = \frac{\partial \phi}{\partial r}\vec{e}_r + \frac{1}{r}\frac{\partial \phi}{\partial \theta}\vec{e}_\theta + \frac{\partial \phi}{\partial z}\vec{e}_z$$

$$\nabla \cdot \vec{a} = \frac{1}{r}\frac{\partial(ra_r)}{\partial r} + \frac{1}{r}\frac{\partial a_\theta}{\partial \theta} + \frac{\partial a_z}{\partial z}$$

$$\nabla\times\vec{a} = \left(\frac{1}{r}\frac{\partial a_z}{\partial \theta} - \frac{\partial a_\theta}{\partial z}\right)\vec{e}_r + \left(\frac{\partial a_r}{\partial z} - \frac{\partial a_z}{\partial r}\right)\vec{e}_\theta + \left(\frac{1}{r}\frac{\partial(ra_\theta)}{\partial r} - \frac{1}{r}\frac{\partial a_r}{\partial \theta}\right)\vec{e}_z$$

附录 B 一些关系式和计算程序

B.1 标准大气关系式和计算程序

1. 关系式

$0 \leqslant h \leqslant 11\,\mathrm{km}$：

$$T = 288.15 - 0.0065h, \quad p = 101\,325\left(\frac{T}{288.15}\right)^{5.2557}, \quad \rho = 1.225\left(\frac{T}{288.15}\right)^{4.2522}$$

$11\,\mathrm{km} < h \leqslant 20\,\mathrm{km}$：

$$T = 216.65, \quad p = 22\,633\mathrm{e}^{\frac{11000-h}{6341.8}}, \quad \rho = 0.3643\mathrm{e}^{\frac{11000-h}{6341.8}}$$

$20\,\mathrm{km} < h \leqslant 32\,\mathrm{km}$：

$$T = 216.65 + 0.001(h - 20\,000), \quad p = 5475.3\left(\frac{T}{216.65}\right)^{-34.162}, \quad \rho = 0.088\,13\left(\frac{T}{216.65}\right)^{-35.162}$$

2. 计算程序（MATLAB）

Standard_Atmosphere.m

```
% Standard atmosphere calculation

clear; clc;

h = input('Input altitude(m):');
if h>=0 && h<=11000
    T = 288.15 - 0.0065 * h;
    p = 101325 * (T / 288.15) ^ 5.2557;
    rho = 1.225 * (T / 288.15) ^ 4.2522;
elseif h>11000 && h<=20000
    T = 216.65;
    p = 22633 * exp((11000 - h) / 6341.8);
    rho = 0.3643 * exp((11000 - h) / 6341.8);
elseif h>20000 && h<=32000
    T = 216.65 + 0.001 * ( h - 20000 );
    p = 5475.3 * (T / 216.65) ^ -34.162;
    rho = 0.08813 * (T / 216.65) ^ -35.162;
else
    fprintf('Altitude out of range :(\n');
    return;
end
fprintf('T = %6.2f, p = %7.1f, rho = %7.5f\n',T,p,rho);
```

B.2 空气的物理性质和计算程序

1. 关系式

以下关系式的适用温度范围为 $230 \sim 1000$ K。

$$\mu = \mu_0 \left(\frac{T}{T_0}\right)^{\frac{3}{2}} \frac{T_0 + S_\mu}{T + S_\mu}, \quad T_0 = 273.15 \text{ K}, \ \mu_0 = 1.721 \times 10^{-5} \text{ kg}/(\text{m} \cdot \text{s}), \ S_\mu = 111.8 \text{ K}$$

$$k = k_0 \left(\frac{T}{T_0}\right)^{\frac{3}{2}} \frac{T_0 + S_k}{T + S_k}, \quad T_0 = 273.15 \text{ K}, \ k_0 = 0.024\,04 \text{ W}/(\text{m} \cdot \text{K}), \ S_k = 202.2 \text{ K}$$

$$c_p = \frac{A + B \left[\dfrac{C/T}{\sinh(C/T)}\right]^2 + D \left[\dfrac{E/T}{\cosh(E/T)}\right]^2}{M}$$

$$A = 29\,058, \ B = 9390, \ C = 3012, \ D = 7650, \ E = 1484, \ M = 28.965$$

$$c_V = c_p - R, \ \kappa = c_p/c_V, \ Pr = c_p \mu/k, \ R = 287.06$$

注：这些关系式是拟合结果，可作为一般计算使用，更精确的数值应以标准手册中的数据表为准。

2. 计算程序（MATLAB）

Air_Properties.m

```
% Air properties calculator
% Good for temperature range of 230-1000K.
% All value in SI unit.

clear; clc;

T = input('Input temperature(230-1000K):');
if T<230 || T>1000
    fprintf('Teperature out of range :(\n');
    return;
end

[R, mu0, k0, T0, Sk, Smu] = deal(287.06, 1.721e-5, 2.404e-2, 273.15, 202.2, 111.8);
[A, B, C, D, E, M] = deal(29058, 9390, 3012, 7650, 1484, 28.965);

mu = mu0 * (T / T0) ^ 1.5 * (T0 + Smu) / (T + Smu);
k = k0 * (T / T0) ^ 1.5 * (T0 + Sk) / (T + Sk);
cp = (A + B * ((C / T) / sinh(C / T)) ^ 2 + D * ((E / T) / cosh(E / T)) ^ 2) / M;
cv = cp - R;
Pr = cp * mu / k;
G = cp / cv;

fprintf('T = %6.2f\n',T);
fprintf('G = %5.3f, cp = %6.1f, cv = %5.1f, mu = %9.3e, k = %6.4f, Pr = %6.4f\n',...
        G, cp, cv, mu, k, Pr);
```

B.3 可压缩流动基本关系式和计算程序

这里提供的 MATLAB 函数用来计算等熵关系式以及膨胀波和激波的各种关系式，可以替代一般气体动力学书后面的数据表。每个函数单独存成同名的 *.m 文件即可调用（比如第一个函数存成 ma2Lambda.m）。当比热比为 1.4 时，该参数可空着不输入。

调用方式：

    lambda = ma2Lambda(2,1.4);   或者   lambda = ma2Lambda(2);

结果：lambda = 1.632993

MATLAB 函数：

```matlab
%% Isentropic relations
function lambda = ma2Lambda(ma,G)              % Ma -> lambda
    if nargin<2; G=1.4; end
    lambda=sqrt((G+1)/2*ma*ma/(1+(G-1)/2*ma*ma));
end

function ma = lambda2Ma(lambda,G)              % lambda -> Ma
    if nargin<2; G=1.4; end
    ma=sqrt(2/(G+1)*lambda*lambda/(1-(G-1)/(G+1)*lambda*lambda));
end

function tt = tsMa2Tt(ts, ma, G)              % (T_s, Ma) -> T_t
    if nargin<3; G=1.4; end
    tt=ts*(1+(G-1)/2*ma*ma);
end

function ts = ttMa2Ts(tt, ma, G)              % (T_t, Ma) -> T_s
    if nargin<3; G=1.4; end
    ts=tt/(1+(G-1)/2*ma*ma);
end

function ma = ttTs2Ma(tt, ts, G)              % (T_t, T_s) -> Ma
    if nargin<3; G=1.4; end
    ma=sqrt((tt/ts-1)*(2/(G-1)));
end

function lambda = ttTs2Lambda(tt, ts, G)      % (T_t, T_s) -> lambda
    if nargin<3; G=1.4; end
    lambda=sqrt((1-ts/tt)*(G+1)/(G-1));
end

function pt = psMa2Pt(ps, ma, G)              % (p_s, Ma) -> p_t
    if nargin<3; G=1.4; end
    pt=ps*(1+(G-1)/2*ma*ma)^(G/(G-1));
end

function ps = ptMa2Ps(pt, ma, G)              % (p_t, Ma) -> p_s
    if nargin<3; G=1.4; end
    ps=pt/(1+(G-1)/2*ma*ma)^(G/(G-1));
end

function ma = ptPs2Ma(pt, ps, G)              % (p_t, p_s) -> Ma
```

```
    if nargin<3; G=1.4; end
    ma=sqrt(((pt/ps)^((G-1)/G)-1)*2/(G-1));
end

function lambda = ptPs2Lambda(pt, ps, G)          % (p_t, p_s) -> lambda
    if nargin<3; G=1.4; end
    lambda=sqrt((1-(ps/pt)^((G-1)/G))*(G+1)/(G-1));
end

function pRatio = tRatio2pRatio(tRatio, G)        % T_t/T_s -> p_t/p_s
    if nargin<2; G=1.4; end
    pRatio=tRatio^(G/(G-1));
end

function rhoRatio = tRatio2rhoRatio(tRatio, G)   % T_t/T_s -> rho_t/rho_s
    if nargin<2; G=1.4; end
    rhoRatio=tRatio^(1/(G-1));
end

function tRatio = rhoRatio2tRatio(rhoRatio, G)   % rho_t/rho_s -> T_t/T_s
    if nargin<2; G=1.4; end
    tRatio=rhoRatio^(G-1);
end

function tRatio = pRatio2tRatio(pRatio, G)        % p_t/p+s -> T_t/T_s
    if nargin<2; G=1.4; end
    tRatio=pRatio^((G-1)/G);
end

function qLambda = lambda2Qlambda(lambda, G)      % lambda -> q(lambda)
    if nargin<2; G=1.4; end
    qLambda=((G+1)/2)^(1/(G-1))*lambda*(1-(G-1)/(G+1)*lambda*lambda)^(1/(G-1));
end

function lambda = qLambda2Lambda(qLambda, G)      % q(lambda) -> lambda
    if nargin<2; G=1.4; end
    if qLambda>1; lambda=NaN; return; end

    [N, Err]=deal(200, 1e-8);
    % subsonic value
    [lambda1,lambda2]=deal(0, 1);
    qLambda1=((G+1)/2)^(1/(G-1))*lambda1*(1-(G-1)/(G+1)*lambda1*lambda1)^(1/(G-1));
    for i=0:N
        lambdai=(lambda1+lambda2)/2;
        qLambdai=((G+1)/2)^(1/(G-1))*lambdai*(1-(G-1)/(G+1)*lambdai*lambdai)^(1/(G-1));
        if (qLambda1-qLambda)*(qLambdai-qLambda)>0
            lambda1=lambdai;
        else
            lambda2=lambdai;
        end
        if abs(lambda1-lambda2)<=Err; break; end
    end
    lambdaSub=lambdai;
    % supersonic value
    [lambda1,lambda2]=deal(1, sqrt((G+1)/(G-1)));
    qLambda1=((G+1)/2)^(1/(G-1))*lambda1*(1-(G-1)/(G+1)*lambda1*lambda1)^(1/(G-1));
    for i=0:N
        lambdai=(lambda1+lambda2)/2;
        qLambdai=((G+1)/2)^(1/(G-1))*lambdai*(1-(G-1)/(G+1)*lambdai*lambdai)^(1/(G-1));
        if (qLambda1-qLambda)*(qLambdai-qLambda)>0
            lambda1=lambdai;
```

```
            else
                lambda2=lambdai;
            end
            if abs(lambda1-lambda2)<=Err; break; end
        end
        lambdaSup=lambdai;
        lambda=[lambdaSub, lambdaSup];
    end

%% Mach angle
function miu = ma2Miu(ma)                         % Ma -> miu
    miu=180/pi*asin(1/ma);
end

function ma = miu2Ma(miu)                          % miu -> Ma
    ma=1/sin(pi/180*miu);
end

%% Prandtl-Meyer relation
function niu = ma2Niu(ma, G)                       % Ma -> niu(Ma)
    if nargin<2; G=1.4; end
    niu=180/pi*(sqrt((G+1)/(G-1))*(atan(sqrt((G-1)/(G+1)*(ma*ma-1))))...
        -(atan(sqrt((ma*ma-1)))));
end

function ma = niu2Ma(niu, G)                       % niu(Ma) -> Ma
    if nargin<2; G=1.4; end
    [N, Err]=deal(200, 1e-8);
    [maL, maR]=deal(1,100000);
    niu=niu*pi/180;
    niuL=(sqrt((G+1)/(G-1)))*(atan(sqrt((G-1)/(G+1)*(maL*maL-1))))...
        -(atan(sqrt((maL*maL-1))));
    niuR=(sqrt((G+1)/(G-1)))*(atan(sqrt((G-1)/(G+1)*(maR*maR-1))))...
        -(atan(sqrt((maR*maR-1))));
    for i=0:N
        maI=(maL+maR)/2;
        niuI=(sqrt((G+1)/(G-1)))*(atan(sqrt((G-1)/(G+1)*(maI*maI-1))))...
            -(atan(sqrt((maI*maI-1))));
        if (niuL-niu)*(niuI-niu)>0
            maL = maI;
        else
            maR = maI;
        end
        if abs(maL-maR)<=Err; break; end
    end
    ma=maI;
end

%% Normal shock
function ma1 = pRatio2Ma1(pRatio, G)               % p2/p1 -> Ma1
    if nargin<2; G=1.4; end
    ma1=sqrt(1+(G+1)/2/G*(pRatio-1));
end

function ma2 = pRatio2Ma2(pRatio, G)               % p2/p1 -> Ma2
    if nargin<2; G=1.4; end
    ma2=sqrt(1+(G+1)/2/G*(1/pRatio-1));
end

function ma2 = ma12Ma2(ma1, G)                     % Ma1 -> Ma2
    if nargin<2; G=1.4; end
```

```
            ma2=sqrt((ma1*ma1+2/(G-1))/(2*G/(G-1)*ma1*ma1-1));
        end

        function ma1 = ma22Ma1(ma2, G)                    % Ma2 -> Ma1
            if nargin<2; G=1.4; end
            ma1=sqrt((ma2*ma2+2/(G-1))/(2*G/(G-1)*ma2*ma2-1));
        end

        function tRatio = ma12TRatio(ma1, G)              % Ma1 -> T2/T1
            if nargin<2; G=1.4; end
            tRatio=(1+(G-1)/2*ma1*ma1)*(2*G/(G-1)*ma1*ma1-1)/((G+1)^2/2/(G-1)*ma1*ma1);
        end

        function pRatio = ma12PRatio(ma1, G)              % Ma1 -> p2/p1
            if nargin<2; G=1.4; end
            pRatio=2*G/(G+1)*ma1*ma1-(G-1)/(G+1);
        end

        function rhoRatio = ma12RhoRatio(ma1, G)          % Ma1 -> rho2/rho1
            if nargin<2; G=1.4; end
            rhoRatio=(G+1)*ma1*ma1/(2+(G-1)*ma1*ma1);
        end

        function ptRatio = ma12PtRatio(ma1, G)            % Ma1 -> p_t2/p_t1
            if nargin<2; G=1.4; end
            ptRatio=((G+1)*ma1*ma1/(2+(G-1)*ma1*ma1))^(G/(G-1))/(2*G/(G+1)*ma1*ma1...
                -(G-1)/(G+1))^(1/(G-1));
        end

        function lambda2 = lambda12Lambda2(lmbda1)    % lambda1 -> lambda2
            lambda2=1/lmbda1;
        end

        function rhoRatio = pRatio2rhoRatio_RH(pRatio, G)   % p2/p1 -> rho2/rho1
            if nargin<2; G=1.4; end
            rhoRatio=((G+1)/(G-1)*pRatio+1)/((G+1)/(G-1)+pRatio);
        end

        function pRatio = rhoRatio2pRatio_RH(rhoRatio, G)   % rho2/rho1 -> p2/p1
            if nargin<2; G=1.4; end
            pRatio=((G+1)/(G-1)*rhoRatio-1)/((G+1)/(G-1)-rhoRatio);
        end

        function tRatio = pRatio2tRatio_RH(pRatio, G)       % p2/p1 -> T2/T1
            if nargin<2; G=1.4; end
            tRatio=((G-1)/(G+1)*pRatio+1)/((G-1)/(G+1)/pRatio+1);
        end

        function pRatio = tRatio2pRatio_RH(tRatio, G)       % T2/T1 -> p2/p1
            if nargin<2; G=1.4; end
            pRatio=(G+1)/(G-1)*(tRatio-1)/2+sqrt(((G+1)/(G-1)*(tRatio-1)/2)^2+tRatio);
        end

%% Oblique shock relations
        function rhoRatio = maBeta2rhoRatio(ma1, beta, G)   % (Ma1, beta) -> rho2/rho1
            if nargin<3; G=1.4; end
            a=ma1*ma1*sin(pi/180*beta)^2;
            rhoRatio=(G+1)*a/(2+(G-1)*a);
        end

        function pRatio = maBeta2pRatio(ma1, beta, G)       % (Ma1, beta) -> p2/p1
```

```
        if nargin<3; G=1.4; end
        a=ma1*ma1*sin(pi/180*beta)^2;
        pRatio=2*G/(G+1)*a-(G-1)/(G+1);
    end

    function tRatio = maBeta2tRatio(ma1, beta, G)        % (Ma1, beta) -> T2/T1
        if nargin<3; G=1.4; end
        a=ma1*ma1*sin(pi/180*beta)^2;
        tRatio=(1+(G-1)/2*a)*(2*G/(G-1)*a-1)/((G+1)^2/2/(G-1)*a);
    end

    function ptRatio = maBeta2ptRatio(ma1, beta, G)      % (Ma1, beta) -> p_t2/p_t1
        if nargin<3; G=1.4; end
        a=ma1*ma1*sin(pi/180*beta)^2;
        ptRatio=((G+1)*a/(2+(G-1)*a))^(G/(G-1))/(2*G/(G+1)*a-(G-1)/(G+1))^(1/(G-1));
    end

    function ma2 = maBeta2Ma2(ma1, beta, G)              % (Ma1, beta) -> Ma2
        if nargin<3; G=1.4; end
        a=ma1*ma1+2/(G-1);
        b=2*G/(G-1)*ma1*ma1*sin(pi/180*beta)^2-1;
        c=ma1*ma1*cos(pi/180*beta)^2;
        d=(G-1)/2*ma1*ma1*sin(pi/180*beta)^2+1;
        ma2=sqrt(a/b+c/d);
    end

    function delta = maBeta2Delta(ma1, beta, G)          % (Ma1, beta) -> delta
        if nargin<3; G=1.4; end
        a = ma1*ma1*sin(pi/180*beta)^2-1;
        b = ma1*ma1*((G+1)/2-sin(pi/180*beta)^2)+1;
        delta=180/pi*atan(a/(b*tan(pi/180*beta)));
    end

    function beta = maDelta2Beta(ma1, delta, G)          % (Ma1, delta) -> beta
        if nargin<3; G=1.4; end
        c1=sqrt((ma1*ma1-1)^2-3*(1+(G-1)/2*ma1*ma1)*(1+(G+1)/2*ma1*ma1)...
            *tan(pi/180*delta)^2);
        c2=((ma1*ma1-1)^3-9*(1+(G-1)/2*ma1*ma1)*(1+(G-1)/2*ma1*ma1+(G+1)/4*ma1^4)...
            *tan(pi/180*delta)^2)/c1^3;
        a1=ma1*ma1-1+2*c1*cos((4*pi+acos(c2))/3);
        a2=ma1*ma1-1+2*c1*cos(acos(c2)/3);
        b=3*(1+(G-1)/2*ma1*ma1)*tan(pi/180*delta);
        beta=[180/pi*atan(a1/b), 180/pi*atan(a2/b)];
    end
```

B.4 拉瓦尔喷管计算程序

本例给出一个拉瓦尔喷管的计算演示，使用网页代码的形式，用 JavaScript 编写，便于可视化和交互。计算结果如图 B-1 所示，代码附后。使用文本编辑器把这里的代码存成扩展名为 .html 的文件，用浏览器打开即可使用。由于使用在线的 Plotly 资源，需要联网才能画图。

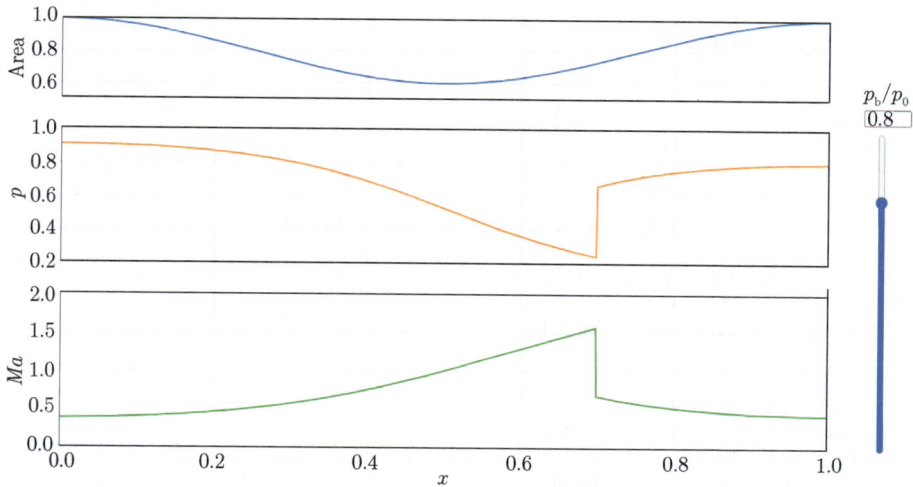

图 B-1 拉瓦尔喷管计算结果

Laval_Nozzle.html

```
<!DOCTYPE HTML>
<html>
<head>
    <meta charset="UTF-8">
    <title>Laval Nozzle calculator</title>
    <style type="text/css">
        #pb-title {
            position: absolute; top: 160px; left: 1030px;
        }
        #pb-val {
            position: absolute; top: 210px; left: 1030px;
        }
        #pb-slide {
            position: absolute; top: 430px; left: 850px; transform: rotate(270deg);
        }
    </style>
    <script src="https://cdnjs.cloudflare.com/ajax/libs/plotly.js/2.26.0/plotly.min.js"
            charset="utf-8"></script>
</head>
<body>
    <h2>Laval Nozzle Pressure & Mach number distribution @ different back pressure</h2>
    <div id="container" style="width: 1000px; height: 600px;"></div>
    <h5 id="pb-title">p<sub>b</sub>/p<sub>0</sub></h5>
    <input id="pb-slide" style="width: 400px;" type="range" orient="vertical" min="0"
           max="1" step="0.0001" value="0.8" oninput="render(this.value)">
    <input id="pb-val" style="width: 50px;" type="text" min="0" max="1" step="0.0001"
           placeholder="0.8" oninput="render(this.value)"/>
<script>
let pb = 0.8;
render(pb);
function render(pb) {
    document.getElementById("pb-slide").value = pb;
    document.getElementById("pb-val").value = pb;

    // 进气总压设为 1，故 pb = pb/p0
```

```
const G = 1.4;
let p = [], ma = [];

// area = f(x)
const N = 1000;
let x = [], area = [];
for(let i=0; i<=N; i++){
    x.push(i/N);
    area.push(0.8 + 0.2 * Math.cos(2 * Math.PI * x[i]));
}
let area_th = Math.min(...area);                    // 喉部面积
let n_th = area.indexOf(area_th);                   // 喉部位置
let area_e = area[area.length-1];                   // 出口面积

// 喉部壅塞
let qMa_e = area_th/area_e;
let lambda_e_sub, lambda_e_super;
[lambda_e_sub, lambda_e_super] = qLambda2Lambda(qMa_e)
let ma_e_sub = lambda2Ma(lambda_e_sub);             // 出口马赫数（亚声速）
let ma_e_super = lambda2Ma(lambda_e_super);         // 出口马赫数（超声速）

// 无冲击条件
let p_e_sub = 1/(1+(G-1)/2*ma_e_sub**2)**(G/(G-1));      // 出口压力（亚声速）
let p_b_sub = p_e_sub;                                   // 出口压力（壅塞）
let p_e_super = 1/(1+(G-1)/2*ma_e_super**2)**(G/(G-1));  // 出口压力（超声速）
let p_b_super = p_e_super*(2*G/(G+1)*ma_e_super**2-(G-1)/(G+1));
                                    // 背压（出口冲击）
// p 和 ma 被绘制在页面上
if (pb >= p_b_sub) {
    [p, ma] = lavalSub(pb);             // 亚声速贯穿
} else if (pb <= p_b_super) {
    [p, ma] = lavalSuper(pb);           // 膨胀段全超声速
} else  {
    [p, ma] = lavalShock(pb);           // 膨胀段的壅塞
}

// 亚声速贯穿的求解条件
function lavalSub(pb) {
    let lambda_i, dump;
    let p_i = [], ma_i = [];
    let ma_e = Math.sqrt(2/(G-1)*((1/pb)**((G-1)/G)-1));    // 出口马赫数
    for(let i=0; i<=N; i++) {
        let qMa_i = area_e / area[i] * lambda2Qlambda(ma2Lambda(ma_e));  // q(Ma)
        [lambda_i, dump] = qLambda2Lambda(qMa_i);
        ma_i[i] = lambda2Ma(lambda_i);                      // 马赫数
        p_i[i] = 1/(1+(G-1)/2*ma_i[i]**2)**(G/(G-1));       // 压力
    }
    return [p_i, ma_i];
}

// 膨胀段超声速的求解条件
function lavalSuper(pb) {
    let lambda_i, dump;
    let p_i = [], ma_i = [];
    for(let i=0; i<=N; i++) {
        let qMa_i = area_th / area[i];                  // 马赫数
        if(i<=n_th) {
            [lambda_i, dump] = qLambda2Lambda(qMa_i);   // 喉部前亚声速
        } else {
            [dump, lambda_i] = qLambda2Lambda(qMa_i);   // 喉部后超声速
        }
```

```
        ma_i[i] = lambda2Ma(lambda_i);                        // 马赫数
        p_i[i] = 1/(1+(G-1)/2*ma_i[i]**2)**(G/(G-1));  // 压力
    }
    return [p_i, ma_i];
}


// 膨胀段冲击的求解条件
function lavalShock(pb) {
    let lambda_i, dump;
    let p_i = [], ma_i = [];
    let area_i, ma_e, p_t_2;

    [area_i, ma_e, p_t_2] = bisecA(area_th, area_e);      // 平分法

    for(let i=0; i<=N; i++) {
        if(i<=n_th) {                                         // 收缩段
            let qMa_i = area_th / area[i];                    // q(Ma)
            [lambda_i, dump] = qLambda2Lambda(qMa_i);         // 喉部前亚声速
            ma_i[i] = lambda2Ma(lambda_i);                    // 马赫数
            p_i[i] = 1/(1+(G-1)/2*ma_i[i]**2)**(G/(G-1)); // 压力
        } else {                                              // 膨胀段
            if (area[i]<area_i) {                             // 冲击前
                let qMa_i = area_th / area[i];                // 等熵
                [dump, lambda_i] = qLambda2Lambda(qMa_i);     // 超声速
                ma_i[i] = lambda2Ma(lambda_i);               // 马赫数
                p_i[i] = 1/(1+(G-1)/2*ma_i[i]**2)**(G/(G-1));  // 压力
            } else {                                          // 冲击后
                let qMa_i = area_e/area[i]*lambda2Qlambda(ma2Lambda(ma_e));
                                                             // 冲击后等熵
                [lambda_i, dump] = qLambda2Lambda(qMa_i);        // 压声速
                ma_i[i] = lambda2Ma(lambda_i);                   // 马赫数
                p_i[i] = p_t_2/(1+(G-1)/2*ma_i[i]**2)**(G/(G-1));  // 压力
            }
        }
    }
    return [p_i, ma_i];

    function bisecA(area1, area2) {                            // 平分法
        const NN = 200, Err = 1e-8;
        let dump, lambda_i, lambda_e;
        let area_i, ma_e, p_t_2;

        for (let i=0; i<NN; i++) {
            area_i = (area1+area2)/2;
            let qMa_i = area_th/area_i;                        // 冲击前
            [dump, lambda_i] = qLambda2Lambda(qMa_i);         // 超声速
            let ma_1 = lambda2Ma(lambda_i);                   // Ma1
            let ma_2 = Math.sqrt((ma_1**2+2/(G-1))/(2*G/(G-1)*ma_1**2-1)); // Ma2
            p_t_2 = ((G+1)*ma_1**2/(2+(G-1)*ma_1**2))**(G/(G-1))/
                    (2*G/(G+1)*ma_1**2-(G-1)/(G+1))**(1/(G-1));        // p_t2
            let qMa_e = area_i/area_e*lambda2Qlambda(ma2Lambda(ma_2)); // 出口马赫数
            [lambda_e, dump] = qLambda2Lambda(qMa_e);         // 亚声速
            ma_e = lambda2Ma(lambda_e);                       // 出口马赫数
            let p_e = p_t_2/(1+(G-1)/2*ma_e**2)**(G/(G-1)); // 出口压力

            if (p_e>pb) {
                area1 = area_i;           // p_e > pb, 冲击位置太靠前
            } else {
                area2 = area_i;           // p_e < pb, 冲击位置太靠后
            }
```

```
                    if (Math.abs(p_e-pb)<=Err) {   // p_e = pb, 冲击位置正好
                        break;
                    }
                }
            return [area_i, ma_e, p_t_2];
        }
    }

// lambda -> Ma
    function lambda2Ma(lambda, G=1.4) {
        return Math.sqrt(2/(G+1)*lambda*lambda/(1-(G-1)/(G+1)*lambda*lambda));
    }

// Ma -> lambda
function ma2Lambda(ma, G=1.4) {
    return Math.sqrt((G+1)/2*ma*ma/(1+(G-1)/2*ma*ma));
}

// lambda -> q_lambda
function lambda2Qlambda(lambda, G=1.4) {
    return ((G+1)/2)**(1/(G-1))*lambda*(1-(G-1)/(G+1)*lambda*lambda)**(1/(G-1));
}

// q_lambda -> lambda
function qLambda2Lambda(qLambda, G=1.4) {

    if (qLambda>1) { return NaN; }

    lambdaA = bisecQ(0, 1);                         // 亚声速值
    lambdaB = bisecQ(1, Math.sqrt((G+1)/(G-1)));    // 超声速值
    return [lambdaA, lambdaB];

    function bisecQ(lambda1, lambda2) {
        const N = 200, Err = 1e-8;
        let lambdai, qLambdai;
        let qLambda1 = ((G+1)/2)**(1/(G-1))*lambda1*(1-(G-1)/(G+1)*lambda1*lambda1)
                    **(1/(G-1));
        let qLambda2 = ((G+1)/2)**(1/(G-1))*lambda2*(1-(G-1)/(G+1)*lambda2*lambda2)
                    **(1/(G-1));
        for (let i=0; i<N; i++) {
            lambdai = (lambda1+lambda2)/2;
            qLambdai = ((G+1)/2)**(1/(G-1))*lambdai*(1-(G-1)/(G+1)*lambdai*lambdai)
                    **(1/(G-1));
            if ((qLambda1-qLambda)*(qLambdai-qLambda)>0) {
                lambda1 = lambdai;
            } else {
                lambda2 = lambdai;
            }
            if (Math.abs(lambda1-lambda2)<=Err) {
                break;
            }
        }
        return lambdai;
    }
}

// 用 plotly 包绘制
let Area = {x: x, y: area, xaxis: 'x1', yaxis: 'y1'};
let P = {x: x, y: p, xaxis: 'x1', yaxis: 'y2'};
let Ma = {x: x, y: ma, xaxis: 'x1', yaxis: 'y3'};
```

```
    let data = [Area, P, Ma];
    let layout = {
      autosize: true,
      grid: { rows: 3, columns: 1, pattern: 'dependent', },
      margin: { l: 50, r: 20, t: 20, b: 30, pad: 0 },
      showlegend: false,

      xaxis1: { title: { text: "x", standoff: 12 } },
      yaxis1: { title: { text: "Area", standoff: 6 },
          zeroline: false, range: [0.5, 1.05], domain: [0.80, 1], },
      yaxis2: { title: { text: "p", standoff: 6 },
              zeroline: false, range: [0.1, 1.05], domain: [0.39, 0.75]},
      yaxis3: { title: { text: "Ma", standoff: 6 },
              zeroline: false, range: [-0.05, 2], domain: [0, 0.36]}
    };

    let config = {
            toImageButtonOptions: {
            format: 'svg', filename: 'Laval_nozzle', width: 1000, height: 600, scale: 1
            }
    };

    Plotly.newPlot("container", data, layout, config)
  }
</script>
</body>
</html>
```

B.5 二维超声速喷管计算程序

本例给出一个使用特征线法设计无激波的二维超声速喷管的程序，可以根据给定的出口马赫数得到壁面的形状和扩张段的膨胀波。图 B-2 给出了出口马赫数为 3.0、特征线为 10 条时的结果。

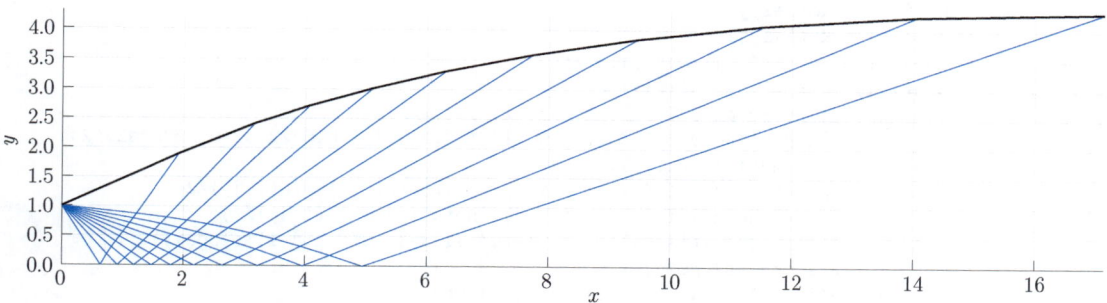

图 B-2 二维超声速喷管计算结果（Ma=3.0）

Nozzle_min_length.m

```
% 2-D supersonic nozzle design, based on charateristic line method
% Minimum nozzle length with sharp turning after the throat

clear; clc;

Ma_e = 3;       % Exit Mach number
```

```
N = 10;              % number of characteristic lines
G = 1.4;             % specific heat ratio
B = 1;               % half width of throat
[theta,Ma,miu,x,y]=deal(zeros(N,N));

% First C+ line, i-intersection, j-No of wave
[x0,y0] = deal(0,B);                                   % x,y at corner
niu_max=(sqrt((G+1)/(G-1))*atand(sqrt((G-1)/(G+1)*(Ma_e^2-1)))-atand(sqrt(Ma_e^2-1)))/2;
theta(:,1) = (niu_max/N:niu_max/N:niu_max);   % angles of expansion
niu = theta;                                   % expand from sonic, theta=niu
Km = theta + niu;                              % K- value
Kp = theta - niu;                              % K+ value
a1=(niu(:,1)/(180/pi*0.5*pi*(sqrt(6)-1))).^(2/3); % From P-M to Ma (Approx.)
Ma(:,1)=(1 + 1.3604*a1 + 0.0962*a1.^2 -0.5127*a1.^3)./(1 -0.6722*a1 -0.3278*a1.^2);
miu(:,1) = asind(1./Ma(:,1));

x(1,1) = x0 - y0/tand(theta(1,1)-miu(1,1));    % No1 wave, No1 intersect (center line)
y(1,1) = 0;
for i=2:N                                      % No.2-n intersect
    slope1 = tand(theta(i,1)-miu(i,1));        % slope of char. line No.1
    slope2 = tand((theta(i-1,1)+miu(i-1,1)+theta(i,1)+miu(i,1))/2); % ... No.2
    x(i,1) = ((y(i-1,1)-x(i-1,1)*slope2)-(y0-x0*slope1))/(slope1-slope2);
    y(i,1) = y(i-1) + (x(i,1)-x(i-1,1))*slope2; % intersect of No.1 and No.2
end

for j=2:N
    Km(1,j) = Km(2,j-1);
    theta(1,j) = 0;                            % center line
    niu(1,j) = Km(1,j);
    Kp(1,j) = -Km(1,j);
    a2=(niu(1,j)/(180/pi*0.5*pi*(sqrt(6)-1))).^(2/3);
    Ma(1,j)=(1+1.3604*a2+0.0962*a2.^2 -0.5127*a2.^3)./(1 -0.6722*a2-0.3278*a2.^2);
    miu(1,j) = asind(1./Ma(1,j));
    slope1 = tand((theta(2,j-1)-miu(2,j-1)+theta(1,j)-miu(1,j))/2);
    x(1,j) = x(2,j-1) - y(2,j-1)/slope1;
    y(1,j) = 0;
    for i=2:1+N-j
        Km(i,j) = Km(i+1,j-1);
        Kp(i,j) = Kp(i-1,j);
        theta(i,j) = (Km(i,j)+Kp(i,j))/2;
        niu(i,j) = (Km(i,j)-Kp(i,j))/2;
        a2=(niu(i,j)/(180/pi*0.5*pi*(sqrt(6)-1))).^(2/3);
        Ma(i,j)=(1+1.3604*a2+0.0962*a2.^2-0.5127*a2.^3)./(1-0.6722*a2-0.3278*a2.^2);
        miu(i,j) = asind(1./Ma(i,j));
        slope1 = tand((theta(i+1,j-1)-miu(i+1,j-1)+theta(i,j)-miu(i,j))/2);
        slope2 = tand((theta(i-1,j)+miu(i-1,j)+theta(i,j)+miu(i,j))/2);
        x(i,j) = ((y(i-1,j)-x(i-1,j)*slope2)-(y(i+1,j-1)-x(i+1,j-1)*slope1))...
                   /(slope1-slope2);
        y(i,j) = y(i-1,j) + (x(i,j)-x(i-1,j))*slope2;
    end
end

% Wall coordinate
[x_wall,y_wall] = deal(zeros(1,N+1));
[x_wall(1,1),y_wall(1,1)] = deal(x0,y0);
slope_wall = tand(niu_max);                    % Slope of wall line
slope_char = tand(theta(N,1)+miu(N,1));         % Slope of char.. line inter with wall
x_wall(1,2) = ((y(N,1)-x(N,1)*slope_char)-(y_wall(1,1)-x_wall(1,1)*slope_wall))...
                /(slope_wall-slope_char);
y_wall(1,2) = y_wall(1,1)+(x_wall(1,2)-x_wall(1,1))*slope_wall;
fprintf('  x_wall,    y_wall\n');
```

```
fprintf('%8.4f,  %8.4f\n',x_wall(1,1),y_wall(1,1));
fprintf('%8.4f,  %8.4f\n',x_wall(1,2),y_wall(1,2));
for j=3:N+1
    slope_wall = tand((theta(N-j+3,j-2)+theta(N-j+2,j-1))/2);
    slope_char = tand(theta(N-j+2,j-1)+miu(N-j+2,j-1));
    x_wall(1,j) = ((y(N-j+2,j-1)-x(N-j+2,j-1)*slope_char)-(y_wall(1,j-1)-...
                  x_wall(1,j-1)*slope_wall))/(slope_wall-slope_char);
    y_wall(1,j) = y_wall(1,j-1) + (x_wall(1,j)-x_wall(1,j-1))*slope_wall;
    fprintf('%8.4f,  %8.4f\n',x_wall(1,j),y_wall(1,j));
end

% Plot wall and characteristic lines
axis equal
axis([0 x_wall(end) 0 y_wall(end)])
grid on
hold on
for i=1:N
    plot([0 x(i,1)],[1 y(i,1)],'b-');          % initial waves
    plot([x(N+1-i,i) x_wall(1,i+1)],[y(N+1-i,i) y_wall(1,i+1)],'b-');
                                               % Straightenning section
    plot(x(1:N+1-i,i),y(1:N+1-i,i),'b-');      % intersect region, left running
    for j=2:N+1-i
        plot([x(i,j) x(i+1,j-1)],[y(i,j) y(i+1,j-1)],'b-');  % right running
    end
end
plot(x_wall,y_wall,'k-','LineWidth',1.5);       % Wall line
xlabel('x');
ylabel('y');
```

B.6 超声速气流外掠平板计算程序

本例给出一个超声速气流外掠平板的计算程序，采用空间推进法求解 N–S 方程组，求解格式采用 MacCormack。计算模型如第 11 章的图 11–12 所示。图 B–3 给出了计算结果，这个图在计算过程中会实时更新。

Supersonic_flow_over_flat_plate.m

```
% Supersonic flow over a flate plate
% Space marching with MacCormack algorithm

clear; clc;
tic

%% Parameters
[gamma, R, Pr, p0, T0] = deal(1.4,287.06,0.71,101325,288.15);
[nx,ny,N_max,N_out,Err,CFL] = deal(70,60,6000,50,1e-12,0.8);
[mach,x_length,y_scale] = deal(3,1.5e-5,5);

cp = gamma/(gamma-1)*R;         % cp
cv = 1/(gamma-1)*R;             % cv
rho0 = p0/(R*T0);               % free stream density
c0 = sqrt(gamma*R*T0);          % sound speed
mu0 = 1.735*10^-5;              % free stream viscosity
k0 = (cp/Pr)*mu0;              % free stream thermal conductivity
u0 = mach*c0;                   % velocity x
v0 = 0;                         % velocity y
Re0 = rho0*u0*x_length/mu0;     % Reynolds number
deltaY = 5*x_length/sqrt(Re0);  % Boundary layer thickness
```

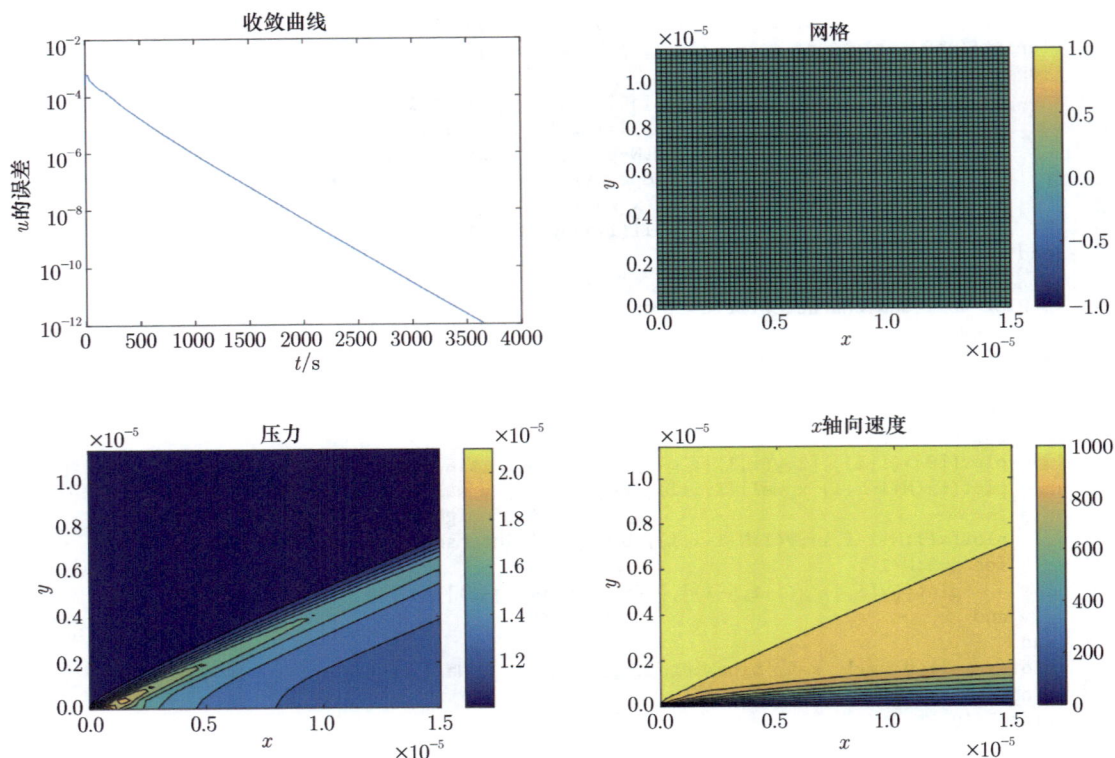

图 B-3 超声速气流外掠平板计算结果

```
y_length=y_scale*deltaY;          % domain y

%% Grids
x= linspace(0,x_length,nx);
y= linspace(0,y_length,ny);
dx= x(2)-x(1);
dy= y(2)-y(1);
[xx,yy]=ndgrid(x,y);

%% Initialization
vp = max(4/3*mu0,gamma*mu0./Pr)/rho0;
tstep = CFL/(u0/dx+v0/dy+c0*sqrt(1/dx^2+1/dy^2)+2*vp*(1/dx^2+1/dy^2));

[U,E,F,Ubar,Ebar,Fbar] = deal(zeros(4,nx,ny));
[dudx_E,dudy_E,dvdx_E,dvdy_E,dTdx]=deal(zeros(nx,ny));
[dudx_F,dudy_F,dvdx_F,dvdy_F,dTdy]=deal(zeros(nx,ny));
[tauxx,tauyy,tauxy_E,tauxy_F,qx,qy]=deal(zeros(nx,ny));

[U(1,:,:),U(2,:,:),U(3,:,:)] = deal(rho0,rho0*u0,rho0*v0);
U(4,:,:) = rho0 * (cv * T0 + 0.5*(u0^2 + v0^2));
[rho,u,v,T,p,e,Et]=getPrim(U,R,cv);
% du_mean=zeros(1,N_max);

%% MacCormack Iteration
converged = false;
for i=1:N_max
    % Predictor (forward)
    mu=calcMu(T);          % viscosity
```

```matlab
k=(cp/Pr)*mu;        % conductivity
u_old=u;

% E is forward in x, ddxs need to be bwd, ddys need to be central
dudx_E=ddxBwd(u,dx);
dudy_E=ddyCentral(u,dy);
dvdx_E=ddxBwd(v,dx);
dvdy_E=ddyCentral(v,dy);
dTdx=ddxBwd(T,dx);

%F is forward in y, ddys need to be bwd, ddxs need to be central
dudx_F=ddxCentral(u,dx);
dudy_F=ddyBwd(u,dy);
dvdx_F=ddxCentral(v,dx);
dvdy_F=ddyBwd(v,dx);
dTdy=ddyBwd(T,dy);

tauxy_E=mu.*(dudy_E+dvdx_E);
tauxx=2*mu.*(dudx_E-(1/3)*(dudx_E+dvdy_E) );
qx=-k.*dTdx;

tauxy_F=mu.*(dudy_F+dvdx_F);
tauyy=2*mu.*(dvdy_F-(1/3)*(dudx_F+dvdy_F) );
qy=-k.*dTdy;

E(1,:,:)=rho.*u;
E(2,:,:)=rho.*u.*u+p-tauxx;
E(3,:,:)=rho.*u.*v-tauxy_E;
E(4,:,:)=(Et+p).*u-u.*tauxx-v.*tauxy_E+qx;
F(1,:,:)=rho.*v;
F(2,:,:)=rho.*u.*v-tauxy_F;
F(3,:,:)=rho.*v.*v+p-tauyy;
F(4,:,:)=(Et+p).*v-v.*tauyy-u.*tauxy_F+qy;

Ubar=U-tstep*ddxFwdE(E,dx)-tstep*ddyFwdF(F,dy);
[rho,u,v,T,p,e,Et] = getPrim(Ubar,R,cv); % update (rho,u,v,T,p,e,Et)

% Inlet
[u(1,2:end),v(1,2:end),p(1,2:end),T(1,2:end),rho(1,2:end)]...
    = deal(u0,v0,p0,T0,rho0);
e(1,2:end) = cv*T0;

% Outlet
u(end,2:end-1)= 2*u(end-1,2:end-1)-u(end-2,2:end-1);
v(end,2:end-1)= 2*v(end-1,2:end-1)-v(end-2,2:end-1);
T(end,2:end-1)=2*T(end-1,2:end-1)-T(end-2,2:end-1);
e(end,2:end-1)=cv*T(end,2:end-1);
p(end,2:end-1)= 2*p(end-1,2:end-1)-p(end-2,2:end-1);
rho(end,2:end-1)=p(end,2:end-1)./(R*T(end,2:end-1));

% Farfield
[u(1:end,end),v(1:end,end),p(1:end,end),T(1:end,end)] = deal(u0,0,p0,T0);
e(1:end,end)=cv*T0;
rho(1:end,end)=p0/(R*T0);

% Wall
[u(2:end,1),v(2:end,1),T(2:end,1)] = deal(0,0,T0);
e(2:end,1)=cv*T0;
p(2:end,1)= 2*p(2:end,2)-p(2:end,3);
rho(2:end,1)=p(2:end,1)/(R*T0);
```

```
% Leading edge
[u(1,1),v(1,1),p(1,1),T(1,1)] = deal(0,0,p0,T0);
e(1,1)=cv*T0;
rho(1,1)=p0/(R*T0);

% Corrector (backward)
mu=calcMu(T);          % viscosity
k=(cp/Pr)*mu;          % conductivity

% ddxs need to be fwd, ddys need to be central
dudx_E=ddxFwd(u,dx);
dudy_E=ddyCentral(u,dy);
dvdx_E=ddxFwd(v,dx);
dvdy_E=ddyCentral(v,dy);
dTdx=ddxFwd(T,dx);

% ddys need to be bwd, ddxs need to be central
dudx_F=ddxCentral(u,dx);
dudy_F=ddyFwd(u,dy);
dvdx_F=ddxCentral(v,dx);
dvdy_F=ddyFwd(v,dx);
dTdy=ddyFwd(T,dy);

tauxy_E=mu.*(dudy_E+dvdx_E);
tauxx=2*mu.*(dudx_E-(1/3)*(dudx_E+dvdy_E) );
qx=-k.*dTdx;

tauxy_F=mu.*(dudy_F+dvdx_F);
tauyy=2*mu.*(dvdy_F-(1/3)*(dudx_F+dvdy_F) );
qy=-k.*dTdy;

E(1,:,:)=rho.*u;
E(2,:,:)=rho.*u.*u+p-tauxx;
E(3,:,:)=rho.*u.*v-tauxy_E;
E(4,:,:)=(Et+p).*u-u.*tauxx-v.*tauxy_E+qx;
F(1,:,:)=rho.*v;
F(2,:,:)=rho.*u.*v-tauxy_F;
F(3,:,:)=rho.*v.*v+p-tauyy;
F(4,:,:)=(Et+p).*v-v.*tauyy-u.*tauxy_F+qy;

U=0.5*(U+Ubar-tstep*ddxBwdE(E,dx)-tstep*ddyBwdF(F,dy));
[rho,u,v,T,p,e,Et]=getPrim(U,R,cv);  % update (rho,u,v,T,p,e,Et)

% Inlet
[u(1,2:end),v(1,2:end),p(1,2:end),T(1,2:end),rho(1,2:end)]...
    = deal(u0,v0,p0,T0,rho0);
e(1,2:end) = cv*T0;

% Outlet
u(end,2:end-1) = 2*u(end-1,2:end-1)-u(end-2,2:end-1);
v(end,2:end-1) = 2*v(end-1,2:end-1)-v(end-2,2:end-1);
T(end,2:end-1) = 2*T(end-1,2:end-1)-T(end-2,2:end-1);
e(end,2:end-1) = cv*T(end,2:end-1);
p(end,2:end-1) = 2*p(end-1,2:end-1)-p(end-2,2:end-1);
rho(end,2:end-1) = p(end,2:end-1)./(R*T(end,2:end-1));

% Farfield
[u(1:end,end),v(1:end,end),p(1:end,end),T(1:end,end)] = deal(u0,0,p0,T0);
e(1:end,end)=cv*T0;
rho(1:end,end)=p0/(R*T0);
```

```
    % Wall
    [u(2:end,1),v(2:end,1),T(2:end,1)] = deal(0,0,T0);
    e(1:end,end)=cv*T0;
    p(2:end,1)= 2*p(2:end,2)-p(2:end,3);
    rho(2:end,1)=p(2:end,1)/(R*T0);

    % Leading edge
    [u(1,1),v(1,1),p(1,1),T(1,1)] = deal(0,0,p0,T0);
    e(1,1)=cv*T0;
    rho(1,1)=p0/(R*T0);

    % Compute U
    U(1,:,:)=rho;
    U(2,:,:)=rho.*u;
    U(3,:,:)=rho.*v;
    U(4,:,:)=rho.*(cv.*T+0.5*(u.^2+v.^2));

    % Checking for convergence
    u_inter=u(2:end-1,2:end-1);
    uold_inter=u_old(2:end-1,2:end-1);
    u_err=mean((u_inter-uold_inter)./uold_inter);
    du_mean(1,i)=mean(abs(u_err));          % mean residual of u

    if mod(i,N_out)==0
        fprintf('Iter: %d, u residual: %8.3e\n', i,du_mean(1,i));
        figure(1);
        set(gcf, 'Position', [600,120,1200,800]);

        % Convergence plot
        subplot(2,2,1);
        semilogy(du_mean);
        title('Convergence curve'); xlabel('time'); ylabel('residual of u');

        % Grid
        subplot(2,2,2);
        pcolor(xx,yy,yy*0);
        title('Grid'); xlabel('X'); ylabel('Y'); axis image; colorbar;

        % Pressure contour
        subplot(2,2,3);
        contourf(xx,yy,p);
        title('Pressure'); xlabel('X'); ylabel('Y'); axis image; colorbar;

        % Mach contour
        subplot(2,2,4);
        contourf(xx,yy,u);
        title('x velocity'); xlabel('X'); ylabel('Y'); axis image; colorbar;
        drawnow
    end

    if du_mean(1,i) <= Err        % Checking for convergence
        converged = true;
        fprintf('Converged @ step %d. u residual: %8.3e\n', i,du_mean(1,i));
        break;
    end
  end

if ~converged
    fprintf('Maximum iteration reached. u residual: %8.3e\n', du_mean(1,end));
end
fprintf('Total time spent: %8.3f\n', toc);
```

calcMu.m

```
function val=calcMu(T)
    val=1.735e-5*((T./280.16).^1.5).*((280.16+110.4)./(T+110.4));

end
```

ddxBwd.m

```
function val=ddxBwd(f,dx)
    val=zeros(size(f));
    val(1,1:size(f,2))=(-f(1,1:size(f,2))+f(2,1:size(f,2)))./dx;
    val(2:size(f,1),1:size(f,2))=...
        (f(2:size(f,1),1:size(f,2))-f(1:size(f,1)-1,1:size(f,2)))./dx;

end
```

ddxBwdE.m

```
function val=ddxBwdE(f,dx)
    val=zeros(size(f));
    for i=1:size(f,1)
        val(i,:,:)=ddxBwd(squeeze(f(i,:,:)),dx);
    end

end
```

ddxCentral.m

```
function val=ddxCentral(f,dx)
    val=zeros(size(f));
    val(1,1:size(f,2))=(-f(1,1:size(f,2))+f(2,1:size(f,2)))/dx;
    val(end,1:size(f,2))=(f(end,1:size(f,2))-f(end-1,1:size(f,2)))/dx;
    val(2:size(f,1)-1,1:size(f,2))=...
        (f(3:size(f,1),1:size(f,2))-f(1:size(f,1)-2,1:size(f,2)))/(2*dx);

end
```

ddxFwd.m

```
function val=ddxFwd(f,dx)
    val=zeros(size(f));
    val(end,1:size(f,2))=( f(end,1:size(f,2))-f(end-1,1:size(f,2)) ) /dx;
    val(1:size(f,1)-1,1:size(f,2))=...
        (-f(1:size(f,1)-1,1:size(f,2))+f(2:size(f,1),1:size(f,2)))/dx;

end
```

ddxFwdE.m

```
function val=ddxFwdE(f,dx)
    val=zeros(size(f));
    for i=1:size(f,1)
        val(i,:,:)=ddxFwd(squeeze(f(i,:,:)),dx);
    end

end
```

ddyBwd.m

```
function val=ddyBwd(f,dy)
    val=zeros(size(f));
    val(1:size(f,1),1)=(-f(1:size(f,1),1)+f(1:size(f,1),2))/dy;
    val(1:size(f,1),2:size(f,2))=...
```

```
            (f(1:size(f,1),2:size(f,2))-f(1:size(f,1),1:size(f,2)-1))/dy;
    end
```

ddyBwdF.m

```
function val=ddyBwdF(f,dy)
    val=zeros(size(f));
    for i=1:size(f,1)
        val(i,:,:)=ddyBwd(squeeze(f(i,:,:)),dy);
    end

end
```

ddyCentral.m

```
function val=ddyCentral(f,dy)
    val=zeros(size(f));
    val(1:size(f,1),1)=(-f(1:size(f,1),1)+f(1:size(f,1),2))/dy;
    val(1:size(f,1),end)=(f(1:size(f,1),end)-f(1:size(f,1),end-1))/dy;
    val(1:size(f,1),2:size(f,2)-1)=...
        (f(1:size(f,1),3:size(f,2))-f(1:size(f,1),1:size(f,2)-2))/(2*dy);

end
```

ddyFwd.m

```
function val=ddyFwd(f,dy)
    val=zeros(size(f));
    val(1:size(f,1),end)=(f(1:size(f,1),end)-f(1:size(f,1),end-1))/dy;
    val(1:size(f,1),1:size(f,2)-1)=...
        (-f(1:size(f,1),1:size(f,2)-1)+f(1:size(f,1),2:size(f,2)))/dy;

end
```

ddyFwdF.m

```
function val=ddyFwdF(f,dy)
    val=zeros(size(f));
    for i=1:size(f,1)
        val(i,:,:)=ddyFwd(squeeze(f(i,:,:)),dy);
    end

end
```

getPrim.m

```
function [rho,u,v,T,p,e,Et] = getPrim(U,R,cv)
    rho = squeeze(U(1,:,:));
    u = squeeze(U(2,:,:))./rho;
    v = squeeze(U(3,:,:))./rho;
    Et = squeeze(U(4,:,:));
    e = Et./rho-(u.^2+v.^2)/2;
    T = e/cv;
    p = rho*R.*T;

end
```

参考文献

图书

[1]   陈懋章 . 粘性流体动力学基础 [M]. 北京：高等教育出版社 , 2002.

[2]   陈浮 , 宋彦萍 , 陈焕龙 , 等 . 气体动力学基础 [M]. 哈尔滨：哈尔滨工业大学出版社 , 2013.

[3]   丁祖荣 . 流体力学 [M]. 2 版 . 北京：高等教育出版社 , 2013.

[4]   董曾南 , 章梓雄 . 非粘性流体力学 [M]. 北京：清华大学出版社 , 2003.

[5]   冯青 , 李世武 , 张丽 . 工程热力学 [M]. 西安：西北工业大学出版社 , 2006.

[6]   刘道银 , 王利民 . 计算流体力学基础与应用 [M]. 南京：东南大学出版社 , 2021.

[7]   刘玉鑫 . 热学 [M]. 北京：北京大学出版社 , 2004.

[8]   潘锦珊 , 单鹏 , 刘火星 , 等 . 气体动力学基础 [M]. 北京：国防工业出版社 , 2012.

[9]   钱翼稷 . 空气动力学 [M]. 北京：北京航空航天大学出版社 , 2004.

[10]   钱学森 , 等 . 可压缩流体气动力学讲义 [M]. 盛宏至 , 陈允明 , 译 . 上海：上海交通大学出版社 , 2022.

[11]   吴子牛 , 王兵 , 周睿 , 等 . 空气动力学：上册 [M]. 北京：清华大学出版社 , 2007.

[12]   王保国 , 刘淑艳 , 黄伟光 , 等 . 气体动力学 [M]. 北京：北京理工大学出版社 , 2005.

[13]   王洪伟 . 我所理解的流体力学 [M]. 北京：国防工业出版社 , 2019.

[14]   王献孚 , 熊鳌魁 . 高等流体力学 [M]. 武汉：华中科技大学出版社 , 2003.

[15]   王新月 . 气体动力学基础 [M]. 西安：西北工业大学出版社 , 2006.

[16]   王竹溪 . 热力学 [M]. 北京：北京大学出版社 , 2014.

[17]   徐芝纶 . 弹性力学简明教程 [M]. 北京：高等教育出版社 , 1980.

[18]   阎超 . 计算流体力学方法及应用 [M]. 北京：北京航空航天大学出版社 , 2006.

[19]   张三慧 . 大学物理学（力学、热学）[M]. 3 版 . 北京：清华大学出版社 , 2014.

[20]   赵伊君 , 姜宗福 , 华卫红 , 等 . 气体物理力学 [M]. 北京：科学出版社 , 2017.

[21]   朱明善 , 刘颖 , 林兆庄 , 等 . 工程热力学 [M]. 2 版 . 北京：清华大学出版社 , 2021.

[22]   朱自强 . 应用计算流体力学 [M]. 北京：北京航空航天大学出版社 , 1998.

[23]   FENN J B. 热的简史 [M]. 李乃信 , 译 . 北京：东方出版社 , 2009.

[24]   INCROPERA F P, DEWITT D P, BERGMAN TL, et al. 传热和传质学基本原理 [M]. 叶宏 , 葛新石 , 徐斌 , 等 , 译 . 北京：化学工业出版社 , 2014.

[25]   OERTEL H, et al. 普朗特流体力学基础 [M]. 朱自强 , 钱翼稷 , 李宗瑞 , 等 , 译 . 北京：

科学出版社 , 2008.

[26]　圆山重直 . 热力学 [M]. 张信荣 , 王世学 , 译 . 北京：北京大学出版社 , 2011.

[27]　ANDERSON J D. Computational fluid dynamics–the basics with applications[M]. 影印版 . 北京：清华大学出版社 , 2002.

[28]　ANDERSON J D. Fundamentals of aerodynamics [M]. Columbus: McGraw–Hill, 1984.

[29]　ANDERSON J D. Hypersonic and high–temperature Gas dynamics [M]. 2nd ed. Reston: AIAA, 2006.

[30]　ANDERSON J D. Modern compressible flow[M]. Columbus: McGraw–Hill, 1982.

[31]　COURANT R. et al. Supersonic flow and shock waves [M]. 5th ed. Berlin: Springer, 1999.

[32]　DYKE M V. An album of fluid motion [M]. Stanford: The Parabolic Press, 1982 .

[33]　ELGER D F. Engineering fluid mechanics [M]. 10th ed. Hoboken: John Wiley & Sons, Inc, 2012.

[34]　FERZIGER J H, PERIC M, STREET R L. Computational methods for fluid dynamics[M]. 4th ed. Berlin: Springer, 2020.

[35]　PIERCY N A V. Aerodynamics[M]. 2nd ed. London: The English Universities Press, 1947.

[36]　GREITZER E M, TAN C S, GRAF M B. Internal flow–concepts and applications [M]. Cambridge: Cambridge University Press, 2004.

[37]　HEWITT P G. Conceptual physics [M]. 11th ed. 影印版 . 北京：机械工业出版社 , 2012.

[38]　KUETHE A M. Foundations of aerodynamics[M]. 5th ed. Hoboken: John Wiley & Sons Inc., 1998.

[39]　LEVEQUE R J. Finite–volume mechods for hyperbolic problems[M]. Cambridge: Cambridge University Press, 2002.

[40]　LOMAX H, PULLIAM T H, ZINGG D W. Fundamentals of computational fluid dynamics [M]. Berlin: Springer, 2001.

[41]　MALISKA C R. Fundamentals of computational fluid dynamics[M]. Berlin: Springer, 2023.

[42]　MORTON K W. Numerical solution of partial differential equation[M]. Cambridge: Cambridge University Press, 2005.

[43]　MUNSON B R, YOUNG D F, OKIISHI T H, et al. Fundamentals of fluid mechanic [M]. 6th ed. Hoboken: John Wiley & Sons Inc., 2009.

[44]　VERMEIRE B C, PEREIRA C A, KARBASIAN H R. Computational fluid dynamics[M]. Montreal: Concordia University, 2021.

[45]　VERSTEEG H K MALALASEKERA W. An introduction to computational fluid dynamics [M]. 2nd ed. London: Pearson Education, 1995.

[46]　WHITE F M. Fluid mechanics [M]. 4th ed. Columbus: McGraw–Hill, 1998.

论文和报告

[1]　HARRIS C D. NASA supercritical airfoils – a matrix of family–related airfoils[R]. NASA Technical Paper 2969, 1990.

[2]　HEASLET M A. The minimization of wave drag for wings and bodies with given area or volume[R]. NASA Technical Note 3289, 1957.

[3]　JACKSON K, GRUBER M R. HIFiRE flight 2 project overview and status update 2011[EB/OL]. 17th AIAA International Space Planes and Hypersonic Systems and Technologies Conference, 2011, San Francisco, California.

[4]　JONES R T. Theory of wing–body drag at supersonic speeds[R]. NACA–TR–1284, 1956.

[5]　KAPLAN C. On Similarity Rules for Transonic Flows[R]. NACA Report No. 894, 1948.

[6]　 MANN M J. One–dimensional shock Wave formation by an accelerating piston[D]. Golumbus: Ohio State University, 1970.

[7]　SEARS W R. On projectiles of minumum wave drag[J]. Quarterly of Applied Mathematics, 1947, 4(4): 361–366.

[8]　SHAPIRO A H, EDELMAN G M. Method of characteristics for two–dimensional supersonic flow–graphical and numerical procedures[J]. Journal of Applied. Mechanics, 1947, 14(2): A154–A162.

[9]　TSIEN H S（钱学森）. Similarity laws of hypersonic flows[J]. Journal of Mathematics and Physics, 1946, 25(1–4): 247–251.

[10]　VON KARMAN T. Supersonic aerodynamics–principles and applications[J]. Journal of the Aeronautical Sciences, 1947, 14(7): 373–402.

[11]　WANG, M, KASSOY D R. Dynamic compression and weak shock formation in an inert gas due to fast piston acceleration[J]. Journal of Fluid Mechanics, 1990(220): 267–292.